U0667907

国学经典

〔明〕洪应明 著 骆宾 译注

第一卷

菜根谭全集

吉林文史出版社

图书在版编目（CIP）数据

菜根谭全集 /（明）洪应明著；骆宾译注 . ―― 长春：吉林文史出版社，2017.7

ISBN 978-7-5472-4239-1

Ⅰ . ①菜… Ⅱ . ①洪… ②骆… Ⅲ . ①个人―修养―中国―明代②《菜根谭》―译文③《菜根谭》―注释 Ⅳ . ① B825

中国版本图书馆 CIP 数据核字（2017）第 118792 号

CAIGENTANQUANJI

书　名	菜根谭全集
著　者	（明）洪应明
译　注	骆　宾
责任编辑	于　涉　张涣钰
封面设计	余　微
出版发行	吉林文史出版社
地　址	长春市人民大街 4646 号　邮编：130021
网　址	www.jlws.com.cn
印　刷	北京德富泰印务有限公司
开　本	640mm×910mm　1/16
印　张	80
字　数	1000 千
版　次	2017 年 8 月第 1 版　2017 年 8 月第 1 次印刷
书　号	ISBN 978-7-5472-4239-1
定　价	298.00 元（全四卷）

前　言

　　宋儒汪革曾说："人就咬得菜根，则百事可成。"意思是说，一个人只要就够坚强地适应清贫的生活，不论做什么事情，都会有所成就。这句话，明代思想家、学者、道士洪应明深以为然。洪应明早年曾热衷于仕途功名，晚年则归隐山林，洗心礼佛，后来收集编著了一部论述修养、人生、处世的语录世集，《菜根谭》。

　　《菜根谭》是以处世思想为主的格言式小品文集，采用语录体，秉承道家文化以道为底本，糅合了儒家的中庸思想、道家的无为思想和释家的出世思想的人生处世哲学。它文辞优美，对仗工整，含义深远，耐人寻味，是一部有益于人们陶冶情操、磨炼意志、奋发向上的通俗读物。

　　《菜根谭》成书于明万历年间，距今已有近四百年的历史。在相当长的时间里，它并未受到足够的重视，清乾隆年间编纂《四库全书》，连"存目"都未收入。但是近年来，海内外刮起一股《菜根谭》热风，人们将其与《孙子兵法》《三国演义》等书一起视作中国传统文化的经典之作，这是出于何种原因呢？

　　洪应明生活的年代，是明朝社会后期。在这段时期里，明政府统治力下降，腐败现象逐渐成为常态，与此同时市民阶级发展壮大，商业繁荣、科技进步、思想活跃、言论趋向自由，社会价值观开始转向开放奢侈；世俗社会、平民社会已经取代贵族社会，恐怖极权主义成为主流。这一点从稍早于《菜根谭》问世的《金瓶梅》中已可见一斑。一些有见识的知识分子，在经历了仕途的风波挫折之后，纷纷退隐江湖。他们既不愿意与当权者同流合污，也不愿意违心迎合世俗的社会风气。于是，表现隐者高逸超脱情怀的作品大量出现，《菜根谭》就是其中的代表。

《菜根谭》虽然书名相当低调朴实，其中却含有真理的结晶，和万古不易的教人传世之道，为旷古稀世的奇珍宝训。同许多古籍一样，《菜根谭》以儒道为核心，拥有修身、齐家、治国、平天下等大道；融处世哲学、生活艺术、审美情趣于一体，这一切却又是以十分平实通俗的文字表达出来："欲做精金美玉的人品，定从烈火中煅来；思立掀天揭地的事功，须向薄冰上履过。"

古今诸位圣贤的学识固然令人佩服得五体投地，但历史和现实都能证明，最伟大的智慧永远出在群众身上。人创造历史、创造生活、也创造知识。《菜根谭》绝非风雅之士饮酒谈诗时的引用文集，但它的一字一句却能道出千万种人生和际遇。一杯佳酿就能引诗人挥毫写出千古诗篇，但一个人要耗尽一辈子，经历无数坎坷和转折才能悟出《菜根谭》短短的一句话。从这个角度来说，《菜根谭》算得上是一本雅俗共赏的奇书了。它对于人的正心修身，养性育德，有一种不可思议的潜移默化的力量。其文字简练明隽，兼采雅俗。似语录，而有语录所没有的趣味；似随笔，而有随笔所不易及的整饬；似训诫，而有训诫所缺乏的亲切醒豁；且有雨余山色，夜静钟声，点染其间，其所言清霏有味，风月无边。

《菜根谭》现存有大体两种不同版本：清刻版与明刻版。明刻版来自三峰主人于孔兼的题词，系日本内阁文库昌平坂学问所的藏本，据说当初刊载于明代高濂编辑的《雅尚斋遵生八笺》中。书分前后两集，前集 225 条，后集 135 条，共 360 条。本词条采用清刻版，以光绪丁亥年扬州藏经院木刻本为主，参以二十三年佛学书局排印本。此书与《围炉夜话》《小窗幽记》并称为"处世三大奇书"。明代于孔兼在《菜根谭题词》中评论《菜根谭》说："其谭性命直入玄微，道人情曲尽岩险。俯仰天地，见胸次之夷犹；尘芥功名，知识趣之高远。笔底陶铸，无非绿树青山；口吻化工，尽是鸢飞鱼跃。"《菜根谭》一问世便经久不衰，流传至今。日本著名企业家松下幸之助称《菜根谭》是一部"人人关心、爱读的书籍"。

总的来说，《菜根谭》反映了明代知识分子儒、道、佛三教合一的思想。或者说，这本书乃是秉承道家文化，以道为底本，糅合了儒家中庸之道、道教无为思想和释家出世思想，结合自身体验，形成的一套出世入世的法则。

目　录

第一编　修身养德篇

【解悟】

第二编　观心论道篇

第三编　立志问学篇

【解悟】

第四编　齐家兴业篇

第五编　待人接物篇

第六编　处世应酬篇

第七编　洞世体物篇

第八编　品评尚议篇

【解悟】

第九编　劝世喻理篇

【解悟】

第十编　闲适性情篇

附　呻吟语

第一编　修身养德篇

朴鲁疏狂，历事之道

涉世①浅，点染②亦浅；历事深，机械③亦深。故君子与其练达④，不若朴鲁⑤；与其曲谨，不若疏狂。

【注释】

①涉世：经历世事。
②点染：指沾染社会不良风气。
③机械：原指不良器物，此处比喻人的城府。
④练达：老练而通晓人情世故。
⑤朴鲁：朴实、粗鲁，此处指憨厚、老实。

【译文】

经历世事不多的人，就不容易沾染社会上的不良风气；饱经世事的人，心中的奸谋技巧就会比较多。所以，如果要成为一个品德高尚的人，与其圆滑老练，不如直爽纯真；与其谨慎小心，不如坦坦荡荡不拘小节。

客气下而伸正气，妄心杀而真心现

矜高①倨傲，无非客气②，降服得客气下，而后正气③伸；情欲意识，尽属妄心④，消杀得妄心尽，而后真心见。

【注释】

①矜高：高傲自满。矜，傲慢，自大。
②客气：指虚伪，不真诚。
③正气：指正义浩然之气。
④妄心：妄生出别的心思。

高傲自满、桀骜不驯，不外乎是因为内心的虚伪，不真诚。只有控制住这种情绪，才能够伸张浩然正气；感情、欲望、贪念，都属于虚无缥缈的意识。只有消除它们，真挚的情感才能显现出来。

心无杂念自然清

理寂则事寂①，遣事执理者，似去影留形；心空则境空，去境存心者，如聚膻却蚋②。

【注释】

①理寂则事寂：保持理性的思想，才能通晓道理。理，理性。
②蚋：蚊子一类的害虫，吸食人的血液。

【译文】

保持理性的思想才能明白道理，如果处理事情只凭理性，那么就好像是想驱走影子而留下形体一样无知；内心没有欲念就会自然清静，如果只是要求外界清静，然而内心深处充满贪念，就像堆满了腥膻的东西却想把蚊虫赶走一样愚昧。

前车覆，后车鉴

饱后思昧，则浓淡之境都消；色后思淫①，则男女之见尽绝。故人当以事后之悔悟②，破临事之痴迷③，则性定而动无不正。

【注释】

①淫：淫荡，贪恋女色。

②悔悟：悔恨醒悟。

③痴迷：痴心迷恋。

【译文】

吃饱饭后再去想那些山珍海味，味道的浓淡就会大大消失；情欲满足之后再去想那些贪恋女色的事情，男欢女爱的想法全部都断绝了。所以人们应该通过做事之后的悔恨醒悟，来破除遇事之时的迷恋。那么就可以心性稳定，一举一动没有不合乎道理的。

多此一举，尤为晚矣

气象要高旷而不可疏狂①，心思要缜密②而不可琐屑③，趣味要冲淡而不可偏枯，操守要严明而不可激烈④。

【注释】

①疏狂：放荡不羁的样书。

②缜密：细致严密。

③琐屑：琐碎。琐，细小。屑，碎末。

④激烈：激动浓烈。本文指极端。

【译文】

一个人的气度要高远而旷达，但不能狂放不羁；心思要细微周全，但也不必繁杂琐碎；个人兴趣要朴实淡雅，但不能太过单调枯燥；节操品行要严格而明确，但不能过于极端。

忙处悠闲，闹中取静

忙里要偷闲①，须先向闲时讨个把柄②；闹中要取静，须先从静里立个根基③。不然，未有不因境而迁，随事而靡者。

【注释】

①偷闲：抽出时间休息。偷，挤出。闲，悠闲。

②把柄：物品上用于手拿的地方。比喻用来要挟、攻击别人的手段。

③根基：基础。

【译文】

要想在繁忙中抽出时间休息，就先要有能够随时紧张起来的自身素质；要想在喧闹的环境中保持安静，就先要有在寂静的环境中不怕吵闹的本领。不然，心情就可能会随着环境的变化而变化，会随着事情的繁忙而奔波劳碌。

至精至诚，金石为开

人心一真，便霜可飞①、城可摧②、金石可贯。若伪妄之人，形骸③徒具，真宰已亡。对人则面目可憎④，独居则形影自愧。

【注释】

①霜可飞：夏天可以下霜，用来形容真心可以感动苍天。

②城可摧：城墙可以倒塌，也用来形容人的真诚可以感动苍天。

③骸：骨头，形体的总称。

④憎：憎恨，讨厌。

【译文】

真诚的心，可使夏天下霜、城墙倒塌、金石断裂。如果为人虚伪做作，只是空有一具形体，灵魂也消失了。与别人相对时，容貌会让人觉得厌恶，自己一个人时面对自己的影子也会感到羞耻。

水勿过清，人勿过察

地之秽①者多生物，水之清者常无鱼。故君子常存含垢纳污②之量，不可持好洁独行③之操。

【注释】

①秽：污垢。

②含垢纳污：垢，脏东西。指能容纳一切肮脏的东西，文中指能够容纳一切事情的宽宏大量。

③独行：独来独往。

【译文】

污垢多的地方通常有利于多种生物的繁衍生息，清水中通常没有鱼的生存。所以君子是拥有容纳一切的宽宏大量的人，要容忍别人的过失、缺点，不可秉持喜好高洁、特立独行的节操。

不恶辱秽，礼德贤愚

持身①不可太皎洁②，一切污辱垢秽，要茹纳③些；与人不可太分明，一切善恶贤愚④，要包容得。

①持身：修养身心的意思，这里指做人。

②皎洁：清洁明亮。

③茹纳：容纳。

④善恶贤愚：善良、丑恶、贤能、愚拙之人，比喻形形色色的人。

【译文】

做人不能太过孤芳自赏，要容忍一切污浊、屈辱、尘垢、秽恶之物；与人交往时界限不能分得太清，要学会包容形形色色的人。

澄我静体，修我圆机

把握未定者，宜绝迹①尘嚣②，使此心不见可欲而不乱，庶以澄吾静体；操持既坚者，又当混迹③尘俗，使此心见可欲而亦不乱，藉以养吾圆机。

【注释】

①绝迹：没有任何迹象。

②尘嚣：指尘世间的喧嚣。

③混迹：混在一起，隐藏不露。

【译文】

控制不住自己时，就要远离喧嚣的尘世，使自己不被各种欲望所诱惑心性，使自己保持心灵的纯洁；能够很好地控制自己的欲望时，自己则要进入嘈杂的俗世中，使自己的心在利益的引诱时纹丝不动，以此来使自己养成洁身自好的品行。

人力胜天，志一动气

彼富我仁，彼爵①我义，君子固不为君相②所牢笼；人定胜天，志一动气，君子亦不受造物之陶铸③。

【注释】

①爵：地位，俸禄。

②君相：比喻地位高，俸禄多。

③陶铸：陶器冶铸，比喻制造和培育。

【译文】

别人看重财富而我看重仁爱，别人看重官位而我看重义气，君子不被权贵的功名利禄所笼络束缚；人的力量一定可以战胜上天，意志就可以改造气运，君子也不受造化的摆布。

济节和衷，承功谦德

节义之人①，济以和衷②，才不启忿争③之路；功名之士，承以谦德④，方不开嫉妒⑤之门。

【注释】

①节义之人：即节操仁义的人。节义，气节仁义。

②和衷：指和气友善。

③忿争：忿，怒，愤怒；争，争执。

④谦德：谦虚的德行。德，品德。

⑤嫉妒：忌妒。

【译文】

节操忠义的人，增添和气友善的品行，这样才能不和别人发生争执；功成名就的人，要养成谦虚的德行，这样才不会被别人嫉妒。

逆作忆信，非贤所为

害人之心不可有，防人之心不可无^①，此戒疏于虑也；宁受人之欺，毋逆人之诈，此儆^②伤于察也。二语并存，精明而浑厚矣。

【注释】

①害人之心不可有，防人之心不可无：不能有伤害别人的心，但是要有防范别人的心。害，伤害。防，防范，防备。

②儆：提醒别人不犯错误。

【译文】

伤害别人的心不能有，但要有防范别人的心，这是告诫那些欠缺考虑的人；宁可让别人欺骗，也不要揣测别人有狡诈之心，这是用来告诫那些警惕过高，想得太细的人。如果一个人能够具备这两条，那么他一定是个既精明又忠厚的君子。

素淡明志，奢逸丧节

藜^①口苋肠者，多冰清玉洁；衮衣^②玉食者，甘婢膝奴颜。盖志以淡泊明，而节从肥甘丧^③矣。

【注释】

①藜：灰菜，嫩叶可吃，也做药材。在这里指五谷杂粮。

②衮衣：指古代帝王公侯穿的有卷龙的礼服。

③丧：丧失，丢失。

【译文】

甘于粗茶淡饭果腹的人，多有冰清玉洁的品行，而锦衣玉食之人，大多对人呈现卑躬屈膝的奴颜媚骨。因为淡雅的生活可以增强人的意志力，而富贵奢侈的生活则会使人失去节操。

心事天青日白，才华玉韫珠藏

君子①之心事，天青日白，不可使人不知；君子之才华，玉韫珠藏②，不可使人易知。

【注释】

①君子：性情和品德高尚的人。

②玉韫珠藏：韫：蕴含，包含。

【译文】

品德高尚的人心里所想的事情，如蓝天白云，没有不可告人的；君子的才气，如珍珠宝石，蕴含于大海高山之中，不能让人轻易知道。

节义自暗室，经纶出深履

青天白日的节义，自暗室屋漏①中培来；旋乾转坤的经纶②，自临深履薄处缲出。

【注释】

①暗室屋漏：指隐秘的地方。暗室，黑暗的房屋；屋漏，简朴的房子。

②旋乾转坤：乾指天，坤指地。经纶：比喻筹划国家大事。

【译文】

青天白日般的品格和节操，是在暗室漏屋的艰苦环境中培养出来的；定国安邦的宏韬伟略，是从小心谨慎的做事中领悟出来的。

去除心中冰，和气如春风

天运之寒暑易避①，人世之炎凉②难除；人世之炎凉易除③，吾心之冰炭④难去。去得此中之冰炭，则满腔皆和气，自随地有春风矣。

【注释】

①避：避开，躲避。

②炎凉：人情变化无常。

③除：消除，除掉。

④冰炭：指冰与火，时冷时热。

【译文】

自然界的酷暑严寒容易避开，但世间的人情变化无常却难以消除；世间的人情变化无常即使容易去除，但心中的冷暖之根源却难以去除。如果能去掉心中的冷暖，则对人就会是温和的态度，不自觉地就会感觉遍地都是煦煦的春风，心情就会舒畅愉悦。

欲厚其德，必先大识

德①随量②进，量由识③长。故欲厚其德，不可不弘其量；欲弘其量，不可不大其识。

【注释】

①德：品德，德行。
②量：度量，气度，数量。
③识：认识，知识。

【译文】

德行会随着度量的宽大而不断提高，而认识的提高影响着度量的大小。所以想要提高德行，就要扩大度量，而要使度量扩大，就不能不提高认识。

心伏降魔邪，气平慑外横

降魔①者先降自心，心伏则群邪退听；驭横②者先驭此气，气平则外横不侵。

【注释】

①降魔：佛教用语。常用作降服妖魔的典故。
②驭横：对蛮横行为进行制止。

要想驱逐妖魔鬼怪，就要先控制自己的内心，内心平静，那么所有的妖邪都会退让顺从；要想控制蛮横无理的人，就要先控制自己的脾气，心平气和才能抵挡所有的外来蛮横的入侵。

智慧照妖，魔鬼无踪

胜私制欲之功①？有曰识②不早、力不易③者；有曰识得破、忍不过者。盖识是一颗照魔的明珠，力是一把斩魔的慧剑④，两不可少也。

【注释】

①胜私制欲之功：胜，战胜，克服。制，制止。功，功劳，本文指方法。

②识：见识，认识。

③易：容易，不费力气。

④慧剑：带有智慧的宝剑，是指可以消除痛苦烦恼的智慧。

【译文】

怎样才能获得战胜私心克制欲念的方法？有的人是因为认识太晚而无能为力；有的人是因为虽然看破了，但不能自制。由此可以看出认识是一颗照出妖魔的明珠，而自制力是一把斩断妖魔的宝剑，这两者缺一不可。

谨慎言行，执着不舍

不可乘喜而轻诺①，不可因醉而生嗔②；不可乘快而多事，不可因倦而鲜终③。

【注释】

①轻诺：随便许诺。诺，诺言，承诺。

②生嗔：生气，气愤。嗔，生气，埋怨。

③鲜终：不能善始善终。

【译文】

不要在高兴的时候轻易向别人许下承诺，不要因为喝醉酒而怒气冲冲；不要在一时兴起的时候多管闲事自找麻烦，不要因为厌倦的而有始无终。

动心忍气，穷且志坚

横逆①困穷是锻炼豪杰②的一副炉锤③。能受其锻炼则身心交益；不受其锻炼则身心交损。

【注释】

①横逆：灾难，祸害。

②豪杰：指有才华的人。

③炉锤：锤炼，磨炼的意思。

【译文】

灾难与穷苦，就像是一副磨炼豪杰之士的熔炉和铁锤。能够经得住锤炼，那么身心都会得到益处；如果受不了这种磨打，那么身心都会受到严重的伤害。

勿为小恶，忽略小善

欲路①上事，毋乐其便而姑为染指②，一染指便深入万仞；理路③上事，无惮④其难而稍为退步，一退步便远隔千山。

【注释】

①欲路：欲望。
②染指：比喻分赃。
③理路：指道理、真理。
④惮：畏惧、害怕。

【译文】

与欲望有关的事，不要因为贪图它的便利而去做，只要有了开始就会很难结束，最后将会越陷越深，不能自拔；与道义有关的事，不要因为害怕困难就退出，只要退上一步，就会与真理远隔千山万水。

立身需高，处世需深

立身不高一步立，如尘里振衣①、泥中濯足②，如何超达？处世不退一步处，如飞蛾投烛、羝羊触藩③，如何安乐？

【注释】

①振衣：指敲打衣物。
②濯足：洗脚。濯，洗，洗涤。
③羝羊触藩：比喻办事进退维谷的样子。

【译文】

　　修身如不能用较高的品行来要求自己，就像在有污垢的地方敲打衣服，在浑水里洗脚，怎么能够超脱旷达呢？处世如不知进退，就像飞蛾扑火、公羊撞篱，怎么能够安宁快乐呢？

宁空勿溢，宁缺勿全

　　欹器^①以满覆，扑满^②以空全。故君子宁居无不居有，宁处缺^③不处完。

【注释】

　　①欹器：器皿，使人警戒的礼器。
　　②扑满：存钱的器皿，瓦制的。
　　③缺：缺失。

【译文】

　　当在欹器里装满水后，就会流出来；装钱的扑满，当在扑满里储满钱后，就要砸破。所以品行高的人宁愿什么都没有也不要集财富权力于一身；宁愿生活有所欠缺磨炼心志，也不愿功德圆满而变得骄傲自大。

就一身了一身，还天下于天下

　　就一身^①了一身者，方能以万物付^②万物^③；还^④天下于天下者，方能出世间于世间。

【注释】

　　①一身：自己。了：了解，明白。

②付：托付，交给。

③万物：指一切人和物。万，数量词，形容数目之多。

④还：交还，还给。

【译文】

只有跳出自身了解自我的人，才能够让一切人和物以自己的意愿去变化；能够把天下交还给天下人的人，才能够真正做到超越凡俗。

忧勤勿太苦，淡泊勿太枯

忧勤①是美德，太苦则无以适性怡情②；淡泊是高风，太枯则无以济③人利物。

【注释】

①忧勤：忧虑而勤劳。

②怡情：使情绪愉悦舒畅。

③济：救济，接济。

【译文】

为国事忧虑而勤奋工作是一种好的品行，但是太过艰苦忙碌就不能够培养出高雅的性情；淡泊名利是高尚的情操，但是过于清心寡欲，与人沟通就会有障碍，也会难以救济别人、改造社会。

知足常乐，不怠进取

事稍拂逆①，便思不如我的人，则尤怨②自消；心稍怠荒③，便思胜似我的人，则精神自奋。

①拂逆：逆境，背离。

②尤怨：怨天尤人。

③怠荒：日渐荒废，没有精神。

【译文】

事业不顺身处逆境中时，就想想那些不如自己的人，那么怨天尤人的烦闷就会慢慢解除；在精神上产生懈怠情绪时，就想想那些超过自己的人，就能更加振奋自己的精神。

少言勿躁，宁拙毋巧

十语九中，未必称奇；一语不中，则愆尤①骈集②。十谋九成，未必归功；一谋不成，则訾议③丛兴。君子所以宁默毋④躁、宁拙毋巧。

【注释】

①愆尤：埋怨别人。

②骈集：聚会，集会。骈，并列，并排。

③訾议：指责，非议。訾，指责，诋毁。

④毋：不，不要。

【译文】

十句话说对九句话，未必有人称赞你；如果有一句话说错了，那么就会聚集多方面的指

责。计谋中十条有九条都是成功的，功劳未必就是你的；如果有一条计谋没能成功，那么非议抵毁就会接连不断。这就是君子大多沉默而不多说话，宁愿让自己显得笨拙而不卖弄的原因。

贪念一丝，万劫不反

人只一念①贪私，便销刚为柔，塞智为昏，变恩为惨，染洁为污②，坏了一生人品。故古人以不贪为宝，所以度越③一世。

【注释】

①一念：转瞬即逝的念头，短暂的想法。
②污：污浊，玷污。
③度越：超过，超越的意思。

【译文】

人只要有一丝贪图私立的念头，那么即使再刚强的人也会变得软弱，头脑会丧失理智不清醒，把有恩的人当作仇人对待，品行被玷污，败坏一生的人格品行结果得不偿失，名誉扫地。因此古代圣人认为没有贪念是一种良好的品行，只靠这一条就可以超然脱俗度过此生。

良药苦口，忠言逆耳

耳中常闻逆耳之言①，心中常有拂心②之事，才是进德修行的砥石。若言言悦耳，事事快心，便把此身埋在鸩毒③中矣。

【注释】

①逆耳之言：不好听的话，尖锐锋利的话。逆耳，听起来使人觉得不舒服。

②拂心：不顺心，不称心。

③鸩毒：毒酒，用鸩鸟的羽毛制成。

【译文】

　　常听逆耳的话，多想不称心的事情，这才是加强品德修养，培养高贵的品质磨石。如果所听到的话都是顺耳的，遇到的事都很顺心，那就相当于把自己置身于毒酒中，自我了结生命。

张弛有度，文武之道

　　念头昏散①处，要知提醒②；念头吃紧处，要知放下。不然恐去昏昏③之病，又来憧憧④之扰矣。

【注释】

①昏散：迷惑散乱，不集中。昏，不清醒。散，分散。

②提醒：使……注意。

③昏昏：不清醒。

④憧憧：心神不宁。

【译文】

　　当头脑散乱注意力不集中的时候，要提醒自己振作起来；当注意力高度集中苦思冥想的时候，要知道让自己适当放松。不然就怕刚去除迷惑散乱的毛病，又惹来心神不宁的困扰。

多过勿羞，无过则忧

　　泛驾①之马，可就驰驱②；跃冶之金，终归型范。只一优游不振，便终身无个进步。白沙云："为人多病未足羞，一生无病是吾忧。"真确论③也。

【注释】

①泛驾：指不容易控制的车。泛，漂浮，此指不好控制。
②驰驱：驰骋。驰，奔跑。驱，鞭马疾行。
③确论：指精当确切的言论。

【译文】

不好控制的奔马，可以驱行千里；在熔化时爆出熔炉的金属，最终仍被铸成器物。做人如果只贪图安逸享乐，就会萎靡不振，永远不能做大事。明代学者陈献章说："做人有缺点错误并不可耻，一生安然无过才是我最大的忧虑。"这句话的确是精当确切的言论。

出淤泥而不染，近智巧而不受

势利①纷华，不近者为洁②；近之而不染者为尤洁。智巧机械③，不知者为高；知之而不用者为尤高。

【注释】

①势利：权势利益。
②洁：清洁，这里是高尚的意思。
③智巧机械：指运用心计权术。

【译文】

不去追逐权势利益的人，可以说是高尚的；本来容易获得但却不以此为荣者可以说是极其高尚的。不去了解心计权术，可以说是高尚的；知道使用它们能带来好处却不去用的人可以说是极其高尚的。

甜淡适中，刚柔有度

清能有容，仁能善断，明不伤察，直不过矫。是谓蜜饯①不甜，海味不咸，才是懿德②。

【注释】

①蜜饯：用蜂蜜或浓糖浆浸渍的果品等。
②懿德：美德。懿，美好。

【译文】

清廉而能容忍别人，仁爱而善于决断，聪明而不过分苛求，直爽而不娇枉过正。这就好像说蜜饯虽然甜但不腻，海产品咸淡适中，这才是美好的品德。

阴谋怪习，扰乱世态

阴谋怪习，异行奇能，俱是涉世①的祸胎②。只一个庸③德庸行，便可以完混沌④而召和平。

【注释】

①涉世：指经历人事。涉，经历，涉及。
②祸胎：指祸害的根源。
③庸：平庸。
④混沌：天地浑为一体。在本文中其是指使人的本性能够得到保全。

【译文】

对于那些耍阴谋诡计，行为异常有着古怪习气，特殊才能的人来说，他们的做法可能会成为为人处世时招致祸害的根源。其实只要做一个平庸的人，遵循普通的道德规范和行为准则就能保全本性纯朴，平安无祸。

事随心开而开，事随心翳而翳

怒雨疾风，禽鸟戚戚①；光风霁日，草木欣欣②。可见天地不可一日无和气，人心不可一日无喜神③密。

【注释】

①戚戚：悲伤，忧愁。
②欣欣：形容草木茂盛的样子。
③喜神：快乐、高兴的心情。

【译文】

当面临狂风暴雨时，鸟类就会变得不安；风和日丽时，草木也会很茂盛。由此可见天地间一天也不能没有详和的天气，人的内心一天也不能失去快乐的心情。

持身勿轻，用意勿重

士君子持身①不可轻，轻则物能挠②我，而无悠闲镇定③之趣；用意不可重，重则我为物泥④，而无潇洒活泼之机。

【注释】

①持身：立身，修身，来形容做人的态度。

②挠：阻挠，干扰。

③悠闲镇定：悠闲自得。镇定，镇静安定，遇到紧急情况而不慌张。

④泥：拘泥，束缚。

【译文】

君子在为人处世时不能有轻浮的举止，如果轻浮就会受到外部环境的干扰，从而失去悠闲自得的情趣；不能对一切事物看得太重，否则就会被束缚而身心疲惫，从而失去潇洒活泼的本性。

淡即真味，常即主人

酽①肥②辛甘非真味，真味只是淡；神奇卓异非至人③，至人只是常。

【注释】

①酽：浓烈的酒。

②肥：肥美，肥厚。

③至人：泛指思想品行极高的人。

【译文】

浓酒、肥肉、辛辣、甘甜，都不是真正的味道，纯真的味道是清淡；拥有神妙奇特、卓越异常才能的人不是最高境界的人，最高境界的人是那些深藏不露的平常人。

以退为进，以屈为伸

藏巧于拙①，用晦而明；寓清于浊，以屈为伸。真涉世之一壶②，藏身之三窟也。

【注释】

①拙：笨拙，笨。

②一壶：壶即葫芦，这里指待人处世的手段。

【译文】

用笨拙来遮掩机制技巧，韬光养晦，收敛锋芒，这才是明智之举；用浑浊来掩盖清澈，以容忍来掩盖伸张以退为进。这是在险恶的人世中的处世法宝，是安身立命狡兔三窟之法。

无事宜寂寂，有事宜惺惺

无事时心易昏昧，宜寂寂①而照以惺惺②；有事时心易奔驰③，宜惺惺而主以寂寂。

【注释】

①寂寂：指寂静而没有声音的样子。寂，寂静，沉寂。

②惺惺：清醒，机警。

③奔驰：快速地跑，这里引申为分心的意思。

【译文】

清闲安逸的时候人心容易糊涂迷乱，这时就应该在安逸的情形下保持清醒的头脑；当比较忙碌的时候思想容易冲动，这时应该在清醒的头脑作用下保持镇定。

勿形人短，勿忌人能

毋偏信①而为奸②所欺，毋自任③而为气所使。毋以己之长而形人之短④，毋因己之拙而忌人之能。

【注释】

①偏信：只相信一面。

②奸：奸诈，坏人，坏人。

③自任：以自我为中心，指刚愎自用。

④短：短处，缺点。

【译文】

不要偏听偏信，以防被坏人欺骗；不要以自我为中心，以免被个人的感情所左右；不要拿自己的长处和别人的短处相比；也不要因自己的缺点而妒忌别人的才能。

精神万古长存，气节千年不变

事业文章，随身销毁，而精神万古如新；功名富贵，逐世转移，而气节千载一日①。君子信②不当以彼易此也。

【注释】

①千载一日：千年如一日，没有任何变化。

②信：相信，信任，确实。

【译文】

事业和文章，会随着人的肉体销毁而被毁弃，但人的崇高精神却可以永垂不朽；功名和富贵，会随着时间的推移而有所变化，而高尚的节操却永远不会消失。所以，相信君子绝不会用事业文章、功名富贵来交换精神节操。

【解悟】

拿得起，放得下

舍得，舍得，舍在前得在后。心地善良、胸襟开阔等良好的品性，才是健康长寿之本。贪图小便宜，终究是要吃大亏的。适当放弃，舍弃那些看似美好，却不能使人再进步发展的方向。人必须不断在放弃中前进和生存。"追求"是个无止境的行动，但只有走得进又能走得出的人才是高人。经商是为了发财，但不能成为金钱的奴隶；求学是为了报效祖国，但不能为了学习而学习；从政是为了更好地服务于人民，但不能为了当官不择手段。如果为了求取功名富贵而不择手段，为了博得仁义道德的美名而虚情假意，即使取得了功名富贵，博得了仁义道德的虚名，也会丧失本来的意义。

有得必有失，有失才有得。"塞翁失马，焉知非福"揭示了一个亘古不变的真理。有"体操王子"美誉的李宁，退出体坛后选择了办实业的道路，不也取得了令人称羡的成就吗？如同一切时髦的东西都会过时一样，一切的荣耀或巅峰状态也都会被抛到身后，终会烟消云散。

所以，一个拥有智慧与理性的人，既然"拿得起"那颇有分量的光环，也同样应当"放得下"它，从而使自己步入柳暗花明的新天地，做出另一种有意义的选择。那么，我们还会有什么遗憾呢？

有这么一个故事，法国人从莫斯科撤走后，一位农夫和一位商人在街上寻找财物。他们发现了一大堆未被烧焦的羊毛，两个人就各分了一半捆在自己的背上。回来的路上，他们又发现了一些布匹，农夫将身上沉重的羊毛扔掉，选些自己扛得动的较好的布匹；贪婪的商人将农夫所丢下的羊毛和剩余的布匹统统捡起来，重负让他气喘吁吁、行动缓慢。走了不远，他们又发现了一些银质的餐具，农夫将布匹扔掉，捡了些较好的银器背上，商人却因沉重的羊毛和布匹压得他无法弯腰而作罢。这时，天降大雨，饥寒交迫的商人身上的羊毛和布匹被雨水淋湿了，他踉跄着摔倒在泥泞当中；而农夫却一身轻松地回家了。他变卖了银餐具，逐渐变得富足。

这就是所谓的拿得起放得下。正如我们人生路上一样，大千世界，万种诱惑，什么都想要，会累死你，而该放就放，你会轻松快乐一生。

爱憎分明，分寸适当

人生之中，每个人都会遇到许许多多令自己"难堪"的情境，对此，人们可以借助于"糊涂"，"忍让"一下，不过于斤斤计较，暂时"吃点小亏"，做点"退却姿态"。这种"糊涂"，可以让你有更多的时间去享受人生，更多地维护自己。什么事都要有一个度的衡量，否则性质就会发生变化，这就要求人们矫枉切勿过正。一个人很值得称道的优点也难免会伴随着不足，宅心仁厚的人可能会因为心肠太好而原则性不强，善于观察的人可能会因为明察秋毫而不轻易饶人，清廉正直的人可能会因为疾恶如仇而流于偏激。只有在发挥自己优点的同时又能克服自己的弱点，才能达到预期的目标。

一个人，做到爱憎分明不容易，而做到分寸适当就更加不容易了。对待小人的缺点和过失，我们常常心生憎恶，不去教育，那么小人依然还是小人。或者是连人带事一起批评，而不是从爱护的角度出发对事不对人，这样做的结果往往是伤害了小人的自尊心，使他们丧失了改过自新的信心。所以，洪应明认为，与其批评一个人，还不如真正去爱一个人。而对待比自己地位、声誉高的人，一般人都会去以礼相待，在这种情况下，最难做到的是礼节有度，而不是恭敬过度，以至流于奉承谄媚，所以这一切在度的把握上很重要。

在春秋时期，楚庄王大宴群臣，名叫太平宴。文武大小官员，宠姬妃嫔，统统出席，各要尽欢。席间奏乐歌舞，美酒佳肴，饮至黄昏，兴犹未尽。楚王命点烛继续夜宴，还特别叫最宠爱的两位美人许姬和麦姬，轮流向各位敬酒。忽然一阵怪风，吹熄了所有蜡烛，漆黑一团，席上一位官员乘机摸了许姬的玉手，许姬一甩手，扯断了他的帽带，匆匆回座附耳对楚王说："刚才有人乘机调戏我，我扯断了他的帽带，赶快叫人点起烛来看看谁没有帽带，就知道是谁了。"楚王听了，忙命不要点烛，却大声向各位说："寡人今晚，就要与诸位同醉，来，大家都把帽子摘下来痛饮一场。"

于是百官把帽子摘下，楚王命令点烛，都不戴帽子了，也就看不出是谁的帽带断了。席散回宫，许姬怪楚王不给她出气，楚王笑说："此次宴会，目的在狂欢，酒后狂态，乃人之常情。若要追究，岂不是大煞风景，这怎么会是宴会的本意呢？"

听完后，许姬方服了楚王装糊涂的用意。后来，在楚庄王伐郑的战斗中，有一健将独率数百人，为三军开路。斩将过关，直逼郑的都城，使楚王声威大震，这位将军后来承认他就是当年摸许姬手的那个人。

君子行事，以诚为贵

真诚是人的自我完善，它的方法是自己引导自己。真诚，贯穿于一切事物的始终，没有真诚就没有万物，因此君子以真诚为贵。真诚，并非只是自我完善而已，还要用来成就万物。自我完善，是仁义的表现；成就万物，是智慧的体现。

天赋的真诚品德，是结合了天地内外的道理，因此随时运用而无不适宜。因此，最真诚的德行是永不停息的，永不停息就能长久，长久就会通达，通达就可悠远，悠远就会广博深厚，广博深厚就会高大光明。广博深厚用以承载万物，高大光明用以覆盖万物，悠远用以成就万物。广博深厚与地相匹配，高大光明与天相匹配，悠远而无边无际。这样，不用表现却自然彰明，不用行动却能感人化物，无所作为却能自然成就万物。天地的德行可用一句话概括：它自身真诚不二，化生万物深奥难测。天地的德行真是广博、深厚、高大、光明、悠远、永久啊！

所谓自身品德修养，在于端正自己的内心。自身有所愤怒，内心就不能端正；自身有所畏惧，内心就不能端正；自身有所逸乐，内心就不能端正；自身有所忧患，内心就不能端正。心思不能集中，看东西就像看不见，听声音就像听不见，吃东西也不知道滋味。这就是说：修养自身品德在于把自己内心端正。最真诚的德行，可以把未来预知。国家即将兴盛，一定有吉祥的预兆；国家将要灭亡，一定有灾祸邪异。这些可以从占筮占卜的卦辞中发现，也可以从人们的动作威仪中察觉。祸福即将来临之时，是福必然能预先知道，是祸也必然能预先知道。因此最真诚的德行就好像神明一样。

全天下只有最圣明的人，才能做到聪明睿智至临视万物，宽厚温柔至包容天地，奋发刚强坚毅至决断事物，端庄公正至使人尊敬，条理清晰细致至辨别是非邪正。圣人的美德博大精深而又适时表现出来。博大像天，深沉像渊，表现在仪表上则人们没有不敬佩的，表现在言论上则人们没有不信任的，表现在行为上则人们没有不欢欣的。所以，他的美好声名广泛流传在中国，并传播到边远的少数民族部落：车船所到的地方，步行所到的地方，天所覆盖的地方。地所负载的地方，日月照耀的地方，霜露降落的地方，只要有血脉气息的人，就没有人不对他尊敬亲近：所以说圣人的德行可以与天匹配。

孔子说："天下只有最真诚的人，才能制定治理天下的法则，树立天下的根本，掌握天地化育万物的真理。"他要依倚些什么呢？多么诚恳啊他的仁爱之心，多么深远啊他的聪明才智，多么广大啊他的美德善行。如果他本来就不是聪明智慧、通达天赋美德的人，还会有谁明白天地的真诚呢？

天下只有最真诚的人，才能尽量发挥自己天赋的本性；能尽量发挥自己天赋的本性，才能尽量发挥其他人天赋的本性；能尽量发挥其他人天赋的本性，才能充分发挥万物天赋的本性；能充分发挥万物天赋的本性，就可以帮助天地哺化孕育万物，可以与天地匹配，并立而为三才。

那些比圣人稍次的贤人，把真诚推致细小事物上，在细小事物上能做到真诚，真诚就会显现出来，显现出来就会渐渐显著，渐渐显著就会彰明，彰明就会感动万物，感动万物就会变革人心，变革人心就能感化民众。只有天下最真诚的人才能把民众感化。

修身沽行才能立于不败之地

晋朝时，有人写信给阮籍先生说："天下没有比君子更加尊贵的了。他们的衣服有一定的颜色，表情有一定的准则，言谈有一定的标准，行为有一定的法式——站着就像磬一样坚固，作揖打拱就像抱着鼓一样，动静都有节度，走路的快慢都合乎音乐的节奏。进退应酬，都有规矩。心中好像怀有冰块一样，在不停地颤抖。约束自己、修养品行，一天比一天谨慎。走路时选择地方，唯恐失礼。背诵周公、孔子的遗训，赞叹唐尧、虞舜的道德。一心按礼法来修养自己、克制自己。手中捧着行仪礼的玉器，脚下踩着礼法之道。行为要成为当代的榜样，言论要成为后世的准则。少年时在家乡闻名，长大后名震邦国。往上想担任朝廷最高官职，往下说也不失为一州之长。因而能拥有金银财宝，身佩组绶，享受尊位，被封为诸侯。扬名后世，功超往古。侍奉君王，管理百姓。回到家里则治家求福，养育妻子儿女，占卜以求吉利的宅地，想使福禄代代传下去。远祸近福，永远使自己立于不败之地。这才真正是君子的高尚情趣，古今不变的美好品行。可是现在先生却披头散发独居大海之中，远离那些君子，我担心世人惋惜并非难先生。一个人的行为被世人所讥笑，无法使自己显达，这可以说是一种耻辱了。您身处困境，而且世人都对你行事的做法耻笑，我以为先生您是不对的。"

阮籍于是悠然自得地叹了一口气，凭借云霓而回答："你所谈的哪能说得通呢？所谓'大人'，他与造物者同体，与大地并生，在世上逍遥飘游，与世界的本原合为一体。生死变化，形体不定。天地造成大人先生的内心世界，表现在外面的是自在而明智。天地的永恒和坚固，不是世俗之士所能想到的。我现在就给你讲讲：过去，天曾经在下面，地曾经在上面，天地都能翻覆颠倒，不能安固，哪还有什么恒定不变的法度规范呢？天随地动，山丘陷落，河谷突起，云

散雷坏，四方和天地失去秩序，你又怎么能择地而行，连走路的快慢都含着音乐的节奏呢？物竞天择，万物终有一死，等到人老死去，身为泥土，一切都消失得无影无踪，你又怎么能修身洁行、谦恭有礼？李牧立功而被害死，伯宗忠谏而被断绝了后人，进身仕途、追求利益即有杀身之祸，贪求官爵封赏则有灭门之灾，你又怎么能拥有无数金银财宝，侍奉君王、保全妻子儿女呢？你没有看见过裤子之中的虱子吗？它逃进深深的衣缝里，藏在破败的棉絮中，自以为是安全吉利的宅地，行动不敢离开衣缝边，做事不敢走出裤裆，自以为行为合乎法则；饿了就咬人，自以为有无穷无尽的食物。但是在南方炎热之地，热浪像火一样流来，烤焦毁灭了城镇都邑，群虱都逃不出来而死在裤子里。你们这些正人君子处在人世上，与那些虱子处在裤子里有什么区别呢？可悲啊，而你们还自以为远祸近福，永远站立在不败的地方。"

内外兼修，实现自我

《菜根谭》确是一部形散而神不散的、富有禅意禅趣而又兼糅了儒道意识的处世恒言。《菜根谭》的首句箴言为：欲做精金美玉的人品，定从烈火中煅来；思立掀天揭地的事功，须向薄冰上履过。《菜根谭》的末句箴言则为：世态有炎凉，而我无嗔喜；世味有浓淡，而我无欣民。丝毫不落世情窠臼，便是一在世出世法也。这段文字的开头和结尾让我们把握住了一个关于内外兼修、实现自我的成功者的逻辑圆圈。

智慧之重要、之难得与难能可贵，一如数学公理之重要，就历史长河来看，都是不待证而自明的。可喜的是，智慧如盐，单调乏味，但它的加盟，却使所有的味道都得以激活，得以更鲜活，而其中的养分，更是不在话下，并在天长日久中体现出来。但是，在我们生活的这个时时处处在忙碌中透露出浮躁的时代，智慧尽管稀少，却总是供过于求。对照孔夫子的人生年龄设计，包括自己在内的不少现代人"有志于学"的年龄已早于十五，少数成功者的立业也在"三十而立"之年前。但在这之外，又有几人能真正"四十而不惑"呢？现实中不乏一些曾经春风得意、曾被公认为聪明无比的成功人士，落入了诸如"39岁现象"、"59岁现象"之类的俗套陷阱中，旁观者也可能不明白其中的道理。

智慧，并不是因聪明而反被聪明误的聪明。聪明是天生的，是个体的一种能力，是个体的慧根；智慧则是后天熏陶与培植的，是靠相应原则与信念构建的大厦，是个体的慧根长成的参天绿荫，可以超越时空，泽及无数后来者……所以，即使是小小幼儿，人也尽可以夸赞其聪明；而白发苍苍的老翁老妇，也不一定就是智慧老人。成功的终极精神因素，就是智慧培植的开发与扩衍。因此，把心性练大，把心力练强，提升自我的智慧，就是一切追求成功者所最需要解决的问题。史载，两千多年前，老子出关后写出《道德经》，是"不知所终"——这一幕。四百多年前写出了《菜根谭》的洪应明，同样也是"不知所终"——这一幕，从智慧的思想与信念不死的角度来看，老子、洪应明们是"不会有终"的。可见，与以往不同的是，我们生活的信息时代，真正缺乏的是智慧，而智慧却是获得最终成功、实现自我而且能使成功者笑到最后的充分条件。

经典如死般地躺在书架上，依然鲜活的唯有智慧的思想与信念。所以，当先哲们已化为宇宙的尘埃时，他们那些智慧的思想与信念，依然存世，依然在后世成为驱逐黑暗与愚昧的火炬。所以，通过阅读经典去寻找大师！在那里，即使找不到可以一劳永逸的全面结论，但还是能够找到闪光而又深刻的智慧之光，依然能给寻找者带来心性上的享受，激发相应的思幽怀古之情，引起浮想联翩，把握人事成败的沧桑，真正领悟成功的真谛。所以，我们说："古人不余欺也。"

智慧又是简洁的，难的不在于知道不知道，而是在行动上。对此，古人曾表达出类似的意识：三岁孩童也道得，八十老翁行不得。可见，智慧的践履，在于拒绝一念之差的行，在于数十年如一日的笃行。所以总是：一是少部分人因此而成功，二是大部分人因此而平庸，三是少部分人因此而失足。

《菜根谭》是部有字的大文章，人事成败却是部无字的大文章。你、我、他，或是这大文章中的一章、一节、一段，或是这大文章中的一句、一字、一符号。所以，我们总结成功人士之所以能走向成功，之所以能避免失败的个中奥秘，有以下几个关键：

第一，要确立高远的目标，"立身要高一步立"。没有哪个成功者是在自己不喜欢或不感兴趣的领域，取得自己毕生的最大成就的。因此，要成功，就要有的放矢，就要订立目标。要订立追求成功的目标，就要考虑与自己的兴趣兴奋点密切相连。从感性的角度说，成功者的目标是自己追求成功的欲望的表达，只有先明确"我要达到什么目标？"然后，才可能具体设想与设计"我如何才能达到这个目标？"从理性的角度说，目标又不仅仅是欲望，目标的内涵更具体，也有相应的空间时限。因此，目标是明确的，目标既受欲望、感情和兴趣兴奋点的牵动，同时也包括了自己要有主心骨，从而排除因油然而生的惰性而在散漫无序中游移不定的因素。

第二，要有广阔的胸襟，要有用天下之才、尽天下之利的气度。在人际关系上，这种大胸怀也要求最大限度的包容，如对异己者的包容，对陌生者的包容，对不如己者的包容，对于他人创见的尊重，对于不同意见的重

视，"毋因群疑而阻独见，毋任己意而废人言，毋私小惠而伤大体，毋借公论以快私情"，等等。如此，追求成功者才能形成一种博大而有无限涵存的人生观，提升自我的生命境界，加强团队的凝聚力，把事业做大，更上一层楼，最终攀上自我成功的顶峰。

第三，有要尝试与行动的勇气。面对着无限世界的无限可能性，人有着相应的到动性。目标明确后，通过不断的尝试与行动，才能更进一步知道自己更适合做什么，更进一步地明确自己到底要什么，然后更客观地明确目标，调整追求成功的策略与步骤。万事开头难，所以要毋惮初难；居安要恩危，所以毋恃久安。成功的一切转机，是从当事人的奋斗中来，是从动态的发展中来。要想成功，就必须尝试再尝试，行动再行动。

第四，要有耐性，有定力，通过坚持来获得最后的成功。许多事没有成功，不是由于目标不明确，不是行动策略不好，也不是由于完全没有努力，而是由于努力不够，功亏一篑最可惜。因此，要获得最后的成功，就必须拒绝形形色色的诱惑，排除各种各样的干扰，咬定目标不放松，在遇到困难时，要有一股决不放弃的韧劲。要牢记，坚持就是胜利，坚持就是成功。

最后，在同等的客观条件下，人事成败往往系于主观一念。成败得失之微妙，存乎一心。目标、胸怀、勇气、坚持、定力、道德等因素，因智慧的统率，是成功者之所以能获得成功尤其是最终成功的重要保证。

做人是人生第一大事

与人交往最重要的是慎重选择交往对象。还要注意，说话一定要谨慎。多说一句话，不如少说一句话；多认识一个人，不如少认识一个人。

当然，如果是有才能、德行好的朋友，那就越多越好。唯恐人才难得。要了解一个人相当困难，所以俗话说："要做好人，须交好朋友。酵母如果酸了，就酿不出好酒来。"又说："丧家亡身的人，八成是因为说话引起的。"

明代的高攀龙说：人活在世上，最重要的事就是要想做一个什么样的人，其他的事都处于次要地位。做人的道理，不必多说，只要看看《小学》这本书就行了。照着书中所说的去做，就不会有错。自古以来，那些聪慧、通达、明智的人，还有那些圣贤豪杰，对此看得最透彻，做得也最早，所以他们名垂千古、永不磨灭。如果听到这些话还不信，那就是平庸、蠢笨的人，他们应该猛醒过来。做一个好人，从眼前利益来看，得不到什么好处，但从长远利益来看，却是占了大便宜；做一个不好的人，眼前可以得到一些利益，但从长远来看，必然要吃大亏。自古以来，成功失败都显而易见，如果有人还执迷不悟，那将是很悲哀的。

治国先修身

小人亲近水而陷溺于水，君子喜欢辩论而陷溺于语言，掌管政权的人则常常被人们所陷溺，就是因为太过亲近而失去戒心。水和人很接近，所以人容易被它淹没；有随德的人熟习而容易亲近，很容易被熟习所陷溺；胡言乱语絮烦不堪，出口容易反悔难，很容易使人陷溺其中；人们不通情达理，有鄙陋的心计，对他们只能恭敬不能怠隉，否则很容易使人陷溺其中。所以对于这些人一定要小心谨慎。

孔子说：教令变得烦琐无作用，那都是因为执掌政权的人不亲信有才的人，而亲信才德卑的人，人民就跟着亲信失德的人。他办事求我的时候，唯恐得不到我。我答应他的要求后他只是殷勤留住我，并不信用我了。还没见到圣人的时候，好像自己永远见不到圣人；见到了圣人，又不能信用圣人来做事。

从天子到平民，都是要把修养自身道德作为根本。一个人自身的道德修养败坏，却要他整治家族、治理国家、使天下太平，那是不可能的。他所尊重的人轻视他，他所轻视的人却尊重他，这样要达到整治家族、治理国家、使天下太平，那是从来也没有过的事。这就叫作知根本，良知到来。

念真诚，就是不要自欺欺人。如同厌恶恶臭，如同喜欢美色，这叫作自求快意的满足。所以君子在独处的时候也一定要小心谨慎。小人在独处的时候做坏事，没有什么是做不出的。见到君子而后躲躲藏藏，掩饰自己的缺点，炫耀自己的优点。其实别人看自己就像看透他的肺肝一样清楚，这种隐恶扬善的做法又有什么好处呢？这就是内心是什么样的德行，必定会表现为相应的言行。所以君子在独处的时候也一定要小心谨慎。财富可以装饰房屋，道德可以修养自身，心胸宽广才能身体安舒，所以君子也不要自己欺骗自己。

身先士卒

建安三年三月，曹操再度亲临淯水东岸。

这次曹操仍留下荀彧及程昱这对最佳搭档驻守许都，自己带领荀攸、郭嘉、曹仁、曹洪、于禁、吕虔、许褚等浩浩荡荡出发。一路上麦田已经成熟，因听到军队路过居民吓得四处逃散，没有人敢留下来收割粮食。

曹操有感于汉末以来战祸连连，军纪败坏，平民受苦最烈，听说有军队到来无不谈虎色变，逃之夭夭。因此，他向各军下达指令："吾等奉天子明诏，出兵讨伐叛逆，与民除害。方今麦熟之时，不得已而起兵，大小将校凡过麦田，但有践踏者，并皆斩首，军法甚严，尔民勿得惊疑。"

官兵闻知，经过麦田时无不小心翼翼，皆下马以手扶麦，递相传送而过。偏偏只有下命令的曹操轻松自如地坐在马上，欣赏着随风起伏的黄金色麦田，对这次命令的政治效果，正在得意地暗自估评着。

突然，麦田里飞出一只鸠鸟，曹操的坐骑被吓了一跳，蹿入麦田中，踩坏一大片麦地。

曹操紧急之下，脑筋一动，立刻到主簿处请罪。

主簿很为难地表示："军令怎可用在丞相（当时曹操已由献帝授以丞相职位）身上呢？"

"我自己下的命令，怎么可先不遵守，这样如何让别人心服呢？"

曹操说完，便摆出一副准备自杀的模样。

郭嘉看出曹操的心意，立刻阻拦并表示说："古者春秋之义，法不加于尊，丞相统领大军，怎可自戕？"

曹操想了很久严肃地说："既然春秋有法，不加于尊，我姑且暂免死刑，但乃以头发代替之。"

说完，拔剑割下头发交给主簿，并传送各军营示众："丞相践麦，割发以代。"

于是全军悚然，没有人再敢忽视军令，纪律大整。

圣人的人格

为了标榜品行美好就说："言必仁义忠信，行必恭俭推让。"这是天下太平时那些读书人好为人师的做法，有学问的和当老师的，都好搞这一套。一开口就是如何立大功，建大名，以及怎样事君为臣，纲正朝野，这都是为追求如何治国济世而已。朝廷里当官的人，为的是尊君强国而奋斗、开拓疆土、建功立业，终生追求的就是这些。隐逸山泽，栖身旷野，钓鱼观花，只求无为自在而已。这是悠游江海之士，逃避现实、闲暇幽隐的人所喜好的。吹嘘呼吸，吞吐纳气，做一些黑熊吊颈、飞鸟展翅的运动，只不过为了延年益寿而已。这是导引养生、修炼气功者如彭祖一样高寿的人所喜好的。假如有人从来不刻意修养人品自然高尚，不讲求仁义道德自然美好，不求功名而天下自然大治，不处江海而无处不安适悠闲，不练气功而自然高寿，什么都没有但什么却都有，天地之大道，圣人之至德就是恬淡无极而众美汇聚，这才是天地之大道。正如孟子所说：对自己的德行过分崇尚，把自己显得超凡脱俗，高谈阔论，冷嘲热讽，所有这些只是为了显示自己的功高傲慢而已。有这些做法的人都是山林隐士、愤世嫉俗的。这类人远离红尘，形容枯槁，可他们偏偏喜欢这样。

修养身心是做事的根本

先修身，完善自身。这才是做事的根本，更别说治理国家了。修养身心是做事的根本，以武力夺得天下，打破了天子是不可变定律的说法。商汤对伊尹说："想要把天下治理好，怎么做才可以。"伊尹回答说："如果只是想把天下治理好，那天下不可能治理好；如果想把天下治理好的话，那就首先要把自己的身心修养好。"

历代的圣王，首先完善自身，天下大业才得以成功；首先修养自身，天下大局才得以安定太平。所以，回声好听的不在于回声，而在于产生回声的那种声音本身；影子好看的不在于影子，而在于产生影子的那种形体本身；治理天下的不在于怎样治理天下，而在于修养和完善自身。（即所谓声善则响善，形正则影直，身正则天下治。）

心得其理，就能够听到真实而正确的情况；能听到真实而正确的情况，事情就会处理得适宜得当；事情处理得适宜得当，自然会功成名就。

首先要克制自己，这样才能

够超越别人。想要评论别人的人，一定先要评论自己；想要了解别人的人，一定先要了解自己。不出门就能把天下治理得很好，这恐怕只有懂得自身修养并有自知之明的人才能做到吧！有修养的人说话，绝不胡搅蛮缠；有知识的人议论，也绝不胡说八道、信口开河。有修养、有知识的人，一定符合道理和原则，然后才说话或议论。

每件事的形成，都有其各自形成的原因。如果不知道它的成因，即使有时切合事物的实际（其实与不切事物的实际并没有根本上的不同），其结果必然为这种事物所困扰。凡事要先求诸己，即自己先要问一个为什么，只有真正明白该事物之所以是该事物的原因，才能进入自由不被外物所困扰。水从山里流出来奔向大海，并不是因为水厌恶山而向往大海，而是山高海低的形势使它这样的；庄稼生在田野而贮藏在粮仓中，并不是庄稼有这种欲望，而是人们都需要它。如果把黄金和黄米饭团分别放在小孩子面前，小孩一定会抓取黄米饭团；把和氏璧和黄金放在鄙俗的人面前，鄙俗的人一定会取走黄金；把和氏璧和关于道德方面的至理名言放在贤人面前，贤人一定会选取至理名言。

可见，智慧精深的人，所取的东西就越珍贵；智慧低下的人，所取的东西就越粗鄙。

积善成德

遇到什么事，能应付自如，立刻处理，像这样就可以叫作通达之士了。勤奋而又孜孜不倦，就是"君子"。能融会贯通，便是"圣人"了。

荀子说："要想具有圣人的思想，就必然要积善成德，聪明睿智。"积累细小的事情，每月积累不如每日积累，每季积累不如每月积累，每年积累不如每季积累。凡轻视小事，当大事来临之后，才开始去努力实行的人，常常不如那些努力去治理小事的人。这是因为小事来临频繁，办事所花的时间也多，积累起来数量也大；大事来临稀少，办事所花的时间也少，积累起来数量也小。不厌倦从善的人，以及接受规劝而能警诫自己的人，即便表面上看起来没有要求进步，也能够不断地取得进步。

处处完全合乎美德的法则是：调理血气，保养身体，那么就可以步寿星彭祖的后尘；培养道德品质，自立自足，那么名声就可以与尧、舜相媲美。既善于适应顺境，又善于度过逆境，靠的便是礼法和信义了。要想有所成就就必须运用血气、意志、智慧和思虑去处理问题，又要遵循礼法，不遵循礼法，就会悖乱松懈。凡是饮食、衣服、居处，一举一动遵循礼法的，就能和谐有节奏，不遵循礼法的，就毛病百出；凡是容貌、态度、进退、走路，遵从礼法就文雅，不遵循礼法就傲慢孤僻，庸俗粗野。

水火有气，但没有生命；草木有生命但没有知觉；禽兽有知觉但不懂礼仪。人有气，有生命，有知觉，又懂得礼，所以人是天下最高贵的。人的力气不如牛，奔跑不如马，但牛马却为人所役使，这是因为人能合群，牛马不能合群。人为什么能合群呢？因为人有等级名分，等级名分为什么能贯彻实行呢？因为有礼仪来协调彼此的关系。所以，用礼仪区别等级名分，各得其所，就能和衷共济，和衷共济就能团结一致，团结一致就力量强盛，强盛就能战胜万物。

学习到了实行这一步就达到了顶峰。实行了就能明白事理，明白了就是圣人。

圣人把仁义视为根本，是非

准确，言行一致，丝毫不差，在这里没有其他的道，其止境在于实行。所以，听到了不如亲眼见到，即使表面上广博也一定会出现错误；看见了而懂得，即使能记住也一定会出现假象；懂得了而不去实行，就算是内容充实丰厚也一定会出现困窘。

百善孝为先

古代蒙书读物《三字经》中有"香九龄，能温席"的记载。黄香小时候，家中生活很艰苦。在他九岁时，母亲就去世了。黄香非常悲伤。他本就非常孝敬父母，在母亲生病期间，小黄香一直不离左右，守护在妈妈的病床前。母亲去世后，他对父亲更加关心、照顾，尽量让父亲少操心。冬夜里，天气特别寒冷。那时，农户家里又没有任何取暖的设备，确实很难入睡。一天，黄香晚上读书时，感到特别冷，捧着书卷的手一会儿就冰凉冰凉的了。他想，这么冷的天气，爸爸一定很冷，他老人家白天干了一天的活，晚上还不能好好地睡觉。想到这里，小黄香心里很不安。为让父亲少挨冷受冻，他读完书便悄悄走进父亲的房里，给他铺好被，然后脱了衣服，钻进父亲的被窝里，用自己的体温，温暖了冰冷的被窝之后，才招呼父亲睡下。黄香用自己的孝敬之心，暖了父亲的心。黄香温席的故事，就这样传开了，街坊邻居们都夸奖黄香。夏天到了，黄香家低矮的房子显得格外闷热，而且蚊蝇很多。到了晚上，大家都在院里乘凉，尽管每人都不停地摇着手中的蒲扇，可仍不觉得凉快，入夜了，大家也都困了，准备睡觉去了，这时，大家才发现小黄香一直没有在这里。

"香儿，香儿。"父亲忙提高嗓门喊他。"爸爸，我在这儿呢。"说着，黄香从父亲的房中走出来。满头的汗，手里还拿着一把大蒲扇。"你干什么呢，怪热的天气，还出了满头汗？"爸爸心疼地说。"屋里太热，蚊子又多，我用扇子使劲一扇，蚊虫就跑了，屋子也显得凉快些，您好睡觉。"黄香说。爸爸紧紧地搂住黄香："我的好孩子，可你自己却累得出了一身汗呀！"

以后，黄香为了让父亲休息好，晚饭后，总是拿着扇子，把蚊蝇扇跑，还要扇凉父亲睡觉的床和枕头，使劳累了一天的父亲早些入睡。九岁的小黄香就是这样孝敬父亲，人称扇温席的黄香，天下无双，他长大以后，人们说："懂得孝敬父母的人，也一定懂得爱百姓，爱自己的国家。"事情正是这样，黄香后来做了地方官，果然不负众望，为当地老百姓做了不少好事，他孝敬父母的故事，也千古流传。

《二十四孝》上记载了这样一个故事，郯子是春秋时期人，他的父母同时染上了一种奇怪的眼疾，先是痒，后来又疼，最终竟然都双目失明了。郯子到处求医问药，整天在外奔波，也不知道试了多少种偏方奇药，数年过去了，药渣越堆越多，屋里的坛坛罐罐也愈积愈多，父母的眼疾却丝毫没有起色。尽管如此，郯子丝毫也没有动摇让父母双目复明的信心，仍然到处打听探问。偶尔听到人家说起某个地方有某个医生善于医治眼病，他必定上前详细询问姓名地址，然后回家安排好父母几天的饮食，背上几块干粮和几双草鞋就上路了。几年下来，方圆几百里以内的山山水水，到处都留下了郯子跋涉的足迹。至于拿着药锄翻山越岭，甚至冒着生命危险攀崖坠渊采集草药的事，就不必细说了。周围上百个村庄的人们，几乎没有不认识他的。由于锲而不舍的努力，加上众位乡亲的无私帮助，郯子终于又获得了一个良方。赠送此方的是一位世家名医。

这位名医亲口对郯子说，这个方子治疗眼疾有神奇的效果，只是这个药方中的药引子万分难求——野鹿乳。医生说，野鹿乳能滋润真阴、济助元田，有强筋骨、通血脉，消除阴翳的功能，对治疗眼疾以及其他疑难病症都有奇效。只是，要治愈失明已久的病人，必须取野鹿的鲜乳服用才能达到效果，因为母鹿一旦遭到捕获，由于受到惊吓，鹿乳的药用价值就大大降低了。可是，草原上的野鹿都是成群结队地出来饮水觅食，每个鹿群中都有好几个年轻力壮的公鹿负责警戒保卫，只要听到一点异常的动静，整队野鹿顷刻间就会跑得无影无踪。在这种情况下,要接近鹿群已是十分困难,再想挤取鹿乳,几乎是不可能的事。

郯子却有了主意。他先到猎人那里买了一张刚刚处理好的野鹿皮,又去买了一只又大又结实的银瓶,一路上,郯子风餐露宿,日夜兼程,不久就来到了野鹿出没的草原上。为了躲避猛兽,郯子只能在树上过夜,几天下来,累得腰酸背痛,令人欣喜的是他很快就发现了一个很大的鹿群。郯子试着接近它们,但是,一连好几次都被野鹿发现了。最后这一次,他觉得自己根本就没有发出任何响声,野鹿们却鬼使神差般地逃走了。开始他还有点莫名其妙,后来才慢慢地弄清楚了,野鹿们几次逃逸,并不是真的看到了他,而是闻到了他身上的气味。发现了这个秘密以后,郯子不再到树上睡觉了,反而专找鹿群停留过的地方过夜,有时甚至躺在野鹿的粪堆里呼呼大睡。这样做当然很危险,随时都有可能遭到猛兽的攻击,可是他已顾不上去想这些了,心里只有一个念头:尽快混入鹿群。

慢慢地,郯子的身上开始散发出一股浓烈的臊臭味,非常刺鼻。

他很高兴,觉得自己离成功不远了。也不知在草原上过了多少个日日夜夜,就在干粮快要吃完的时候,郯子惊喜地发现鹿群里有了刚刚出生的小鹿。他激动地对自己说,时机到了。为了一举成功,郯子小心翼翼地躲在灌木丛中,从逆风的方向朝着鹿群移动,越来越近、越来越近。野鹿们仍然安然地吃着草,没有丝毫紧张的样子。郯子觉得不会有什么问题了,就把鹿皮披在身上,把鹿头套在脑袋上,凭着感觉屏着呼吸朝着鹿群爬去。野鹿发现了他，可能觉得有些奇怪，但并不惊慌，有一只小鹿甚至蹦蹦跳跳地跑过来，在他的身上蹭来蹭去，母鹿也跟在小鹿的后面慢慢地走了过来。郯子暗自庆幸，趁着小鹿吃奶的时候，摘下腰间的银瓶，摸索着找到了母鹿的奶头，用以前在一位牧羊人那里学会的手法熟练地挤取鹿乳。母鹿有点不安，却没有跑开，静静地站在那儿，直到郯子把银瓶挤满了。

尽管鹿乳已经到手，郯子仍然不愿惊动鹿群，他悄悄地回到灌木丛中，掀掉身上的鹿皮，塞紧银瓶的盖子，然后换上了最后一双新草鞋，朝着来时的方向撒腿就跑。一进家门，郯子立即取出临行前准备好的草药放到火上煎熬，然后才一头扑到爹娘的身上，激动地说："我回来了！"说完，泪水禁不住流了下来。父母用颤抖的双手抚摸着他，一个个老泪纵横，泣不成声……药熬好后，郯子服侍着两位老人喝了药，然后从怀里取出银瓶，把带着自己体温的鹿乳给父母喂了下去。三天以后，已经失明了十几年的父母果真奇迹般地恢复了视力。他们拉着郯子的手，一遍又一遍地上下打量着他，哽咽着说不出话来。最后，还是父亲先开了口，他说："孩子，我和你娘虽然能看见了，你却变得老多了。这都是我们拖累得你呀！"郯子赶紧对父母安慰道："爹、娘，你们千万别这样说。只要你们活得好好的，无论吃多少苦，儿子心里也高兴！"这时，乡亲们也都来了，一起向两位老人表示祝贺，同时，对郯子的一片孝心表示敬佩。从此，郯子的贤名不胫而走。人们慕名而来，纷纷拜郯子为师，学知识、学做人。有的人为了求学的方便，干脆就在这里住了下来。人越聚越多，郯子的家乡由乡村变成了城镇，又由城变成了邦国，就称作郯国。后来，当地的人们都一致推举郯子做了郯国的第一任国君。

以义正我

谈到"义"，就要说到"利"。"义"和"利"都是天生的，二者缺一不可。物质的"利"用来养身，精神的"义"用来养心。由于"体莫贵于心，故养莫重于义"，身体的各器官没有比心更重要的，所以养心的"义"就显得特别重要了。义重于利，但是很多人却"忘义而徇利，去理而走邪"，甚至不惜坐监、砍头、破家！这是因为"利"对人的益处是近的，容易看得见；"义"对人的益处是远的，不易被发现。他们目光短浅只看到"利"，从而失去了"义"。

西汉时期，董仲舒说：义之法，要求用伦理道德来纠正自己，而不是纠正别人，我不自正，虽能正人，弗予为人。如果一个人自己灵魂肮脏，心术不正，行为不端，虽然能够整治别人，却不可以称之为"义"。义者，谓宜在我者，宜在我者而后可以称义。故言义者，合我与宜以为一言。以此操之，义为之言，我也。宜，即应该做的。我做了我应该做的就是宜。可见，义要从我做起，自己做不到的，要求别人做到；自己有错误，又批评别人有错误，这是无理且让人无法接受的。

所以我们要做的是"以义正我"。做到"以义正我"包括以下几个步骤和内容："内视反听"，反听，接受反面意见；内视，进行自我省察。"自称其恶"，发现了错误，要正视它，要敢于承认错误，自我曝光。"攻己之恶"。承认错误，也要自我批评，批判错误，不能留情，不能手软。"反理正身"，反，同返。返理就是返归道理、伦理，使自己身心完全端正过来。

将相本无种，男儿当自强

古语云："将相本无种，男儿当自强。"可见一个人不必太计较环境的好坏和出身的贵贱，关键是要自强、自尊、自爱、自信、自律，只有这样才能拥抱理想取得成就。对一个人的成长，环境固然有很大的影响，但一个人所处的环境并不能决定一个人的命运。养尊处优的环境可能会导致一个人的腐化堕落，困难重重的恶劣环境也许会激发一个人的斗志。犯错误的过程是一个积累经验的过程，失败的过程也是接近成功的过程，只要自身努力，再恶劣的环境也是可以改变的。我们可以选择很多事情，但就是不能选择性别和出身，所以，无论出身如何，将来的一切还是要靠我们自己。

勇于挑战的人往往会将自己的超常设想置于危险的边缘。因为他知道，只有这样的成功才是独一无二的，而只有独一无二的创新才是一笔最重要的财富。"野火烧不尽，春风吹又生"这句诗之所以千古流传，是因为它向人们阐述了一个生命力的概念，其寓意远远超出了诗句表现的"诗情画意"。当一个人被高山密林阻住了前进的方向，后退只能死亡，只有向前闯，有勇气开辟一条属于自己的新路，才可以突围出去。生存的欲望乃生命力之源，只要这种欲望不灭，生命力就会顽强地存在下去，并得到发展和繁衍。

有这么一个故事，一个叫原宪的人，住在鲁国，穷得叮当响，一间小茅草房，桑枝做门框，蓬草做成门，破罐子做窗户，屋顶漏雨地面潮湿。可是，原宪却端正地坐着弹琴。子贡骑着大马，穿着白色的衣服，里面衬着紫红的里子去见原宪。原宪戴着破帽子，穿着破鞋，倚着藜茎做的杖，在门口应答。子贡说："啊！先生得了什么病？"原宪说："我听说，没有钱叫作贫，有学识而不能照着做叫作病。现在我是贫，不是病。"子贡羞愧得无地自容。贫穷只意味着钱少或没有钱，并不意味着精神贫困。当人们在人生之路上不幸陷入贫穷时，不用惊慌失措，不用自责无能，因为忍受贫困本来就很重要。

严格要求自己，内外有度

在世界上不知道有多少人把自己所取得的成就归功于障碍与缺陷。如果没有那障碍与缺陷的刺激，他们也许只会发掘出他们25%的才能，但一遇到困境，才能把另外的潜能激发出来。

人的几种潜能除非遭到巨大的打击和刺激，否则永远不会显露出来，也永远不会迸发。这种神秘的力量深藏在人体的最深层，非一般的刺激所能激发，但是每当人们受了讥讽、凌辱、欺侮，便会产生一种新的力量来，做到从来做不到的事情。巨大的逆境所激发的潜力，并不是人人都有的，所以世界上真正能发现自己，把自己最好最大的能量发挥出来的人并不多见。有些人连做梦也没有想到自己竟然能做成这样的事。

曾经一个成功的企业家说，他在自己一生中所获得的每一个成功，都是与艰难苦斗的结果，所以，他现在对那些不费力而得来的成功，反倒觉得有些靠不住。他觉得，克服障碍以及种种缺陷，从奋斗中获取成功，才可以给人以喜悦。这个商人喜欢做艰难的事情，艰难的事情可以试验他的力量，考验他的才干；他反而不喜欢容易的事情，因为不费力的事情不是给他奋发向上的动力。

曾经有这么一个年轻人，原来家境非常贫寒，因此在他四年的大学生活中，常被那些家境富裕的同学开玩笑，他们不是取笑他衣衫褴褛，便是讥笑他寒酸。受着同学们这样的讥笑，他竟然不为讥讽所屈服，而是暗下决心。后来，这个青年果然有所作为。他说，自己在学生时所受的种种讥笑反倒成了对他雄心的最好激励。

严于律己，勿忘德责

我们每个人都可能会受到伤害，在受到伤害的时候，最容易产生两种不同的反应："一种是怨恨，一种是宽恕。"生活在现实中的人，每天都在和人打交道，一个人即使出于好意也会伤害他人。朋友背叛我们，父母责骂我们，爱人离开我们。产生怨恨的情绪是我们对受到深深的无辜伤害的自然反应，这种情绪来得很快。无论是被动的还是主动的，怨恨都是一种郁积着的邪恶，它窒息着快乐，危害着我们的健康。它对怨恨者的伤害比怨恨更大。为了我们自己，必须把怨恨消除。

宽恕是消除怨恨最直接有效的方法。宽恕必须承受被伤害的事实，要经过从"怨恨对方"到"我认了"的情绪转折，最后认识到不宽恕的坏处，从而积极地去思考如何把对方原谅。在生活中，宽恕可以产生奇迹，宽恕可以挽回感情上的损失，宽恕犹如一个火把，能照亮由焦躁、怨恨和复仇心理铺就的黑暗道路。也许当我们宽恕别人的时候，也正是我们人类固有的非凡的创造行为得以实现的时候，我们既治愈了创伤，又创造了一个摆脱过去痛苦的新方法。

宽容是风度，是美德，更是一种气质。悠悠岁月，茫茫人海，谁能保证不犯一点点的错误呢？抛弃怨恨，选择宽恕吧！宽恕别人，也是给自己展开一片新天地。

自检自省，慎独处世

人无论得意时，还是失意时，都注意依据不同的内容做自检自省：无事闲暇时，反省自己是否有闲杂的念想；有事忙碌时，反省自己是否因忙碌而心烦气躁；人生得意时，反省自己待人接物是否有骄矜辞色；人生失意时，反省自己是否有怨天尤人的埋怨情绪。

慎独还有一个重要的好处，就是能使人避嫌，在这方面，古人有"瓜田不纳履，李下不整冠"之类的训诫。意思是，当孤身一人经过别人的瓜田时，即使鞋子脱落了，也不要弯腰去提鞋子，以免别人怀疑你在偷瓜；同理，在经过别人的李树下时，即使帽子被碰歪了，也不要举手去戴正它，以免别人怀疑你在偷李子。可见，在处世时，要成为品格高尚的人，绕避类似瓜田李下的种种嫌疑，就不可不慎独。这个道理古今皆然。我们可以借鉴前人的自省标准，再根据自己的具体情况，定出切实可行的自省标准，务实不务虚，一旦定出，就应切实做到，不可一曝十寒，这一点很重要。

古代的君子，时时不忘寻找空闲的时间来自检自省，以保持安静的心境来做细密的打算，以减少行动上的失误，把那些不合时宜、不合规范的幻想抛弃。君子在处世时，不论是面临大事或小事，在人前或人后，能心中亮堂堂，坚持始终如一的处世道德观念。他们的高风亮节、磊落态度，是从小事、从无人处、从山穷水尽而如履薄冰时培植起来的，他们光照日月的思想，源自冥默精诚的为人原则，

是通过他们的具体言行，被他人所把握、认识和认同，进而影响到他人、团体、社区乃至国家，这也是他们指点江山、旋转乾坤的依据。

孔子的弟子曾子自述道："我每天都就三件事来反复检查自己：替人办事时，有未曾竭尽全力之处吗？与朋友交往时，有未能诚实相待之处吗？对老师传授的学业，有尚未认真温习的部分吗？"他每天依据这三条自律标准，逐条反省自己的日常作

为，好则发扬之，不足则改正之，使其作为认识自己、把握自己并最终提高自己的处世水准的有效途径，从而让自己的修养更趋向完善。

的确，自己最易找到自己的短处和不足。对此予以自检自省，对症下药，既可完善自己，又会有助于民众的事业和利益。如果能够自检自省、自我约束者，就不难做到慎独，就可以在无人监督或不受舆论谴责的境况中，谨慎处世、恪守自己的道德信念，洁身自好，从而自觉调整并处理好自己与他人、个人与团体、团体与社会的关系。

制定规矩严明赏罚

将帅在国家中的地位历来是非常重要的，有所谓"将者，国之辅也"之说。历代统治者都十分重视将帅的作用，但一国之将帅并非全是明帅良将，对于封建王朝最高统治者皇帝来讲，是否善于驾驭将帅就成为国家对军队是否能进行有效管理的重要一环。它的得失与否直接关系到战争的胜利和国家的安危。清朝的乾隆皇帝在驭将方面可以说是一位杰出的帝王，他为了巩固封建国家的统一和清朝江山的稳固统治，运用"赏固信，则罚亦严"的驭将方法，取得了明显的成就，较好地发挥了将帅的作用。

清朝初年，武功之赏较轻，魏源在《圣武记》中说："国初斩将搴旗，殉难死绥之人，往往仅荫一子入监读书。"对在战争中立有大功的清军将帅，其封赏是有所限制。如崇祯十五年降清的洪承畴，在清军中任总督、经略，率军从关外杀入关内，镇压江南抗清义军，立下汗马功劳。顺治十年，受命经略湖广、两广、滇黔，镇压各部农民起义军，收复五省。顺治十六年攻占云南后凯旋回京，仅予三等阿达哈哈番世职。明朝降将中，除吴三桂、孔有德、尚可喜、耿仲明四将外，洪承畴可以算是地位较高，归降较早，立有大功的战将，但得到的封赏确不算很高。清初其他将领的封赏也大致如此。清军从士卒当中提拔起来的将领，在战争中立有战功，其封赏也是较低的。康熙时期的名将宁夏提督赵良栋，平凉提督王进宝，十八年出兵参加平定三藩之乱，分兵定秦州、西和、礼县。赵良栋所部进破密树关，克徽县，下洛阳，进取阳平关。王进宝军出凤县定汉中，与良栋会师宁羌。一路所向披靡。十九年，复成都。二十年，赵良栋再破叛军，平云南。两将在乎三藩之乱中战功显赫，但论封赏，赵良栋却因失建昌之过，以功抵罪被夺官。至康熙二十五年，康熙帝"念良栋克云南，廉洁守法纪，复将军，总督原衔"。到三十四年才仅授一等精奇尼哈番。王进宝也大致如此，康熙十五年平定平原、固原后论功，授一等阿思哈尼哈番。可见清朝前期赏功封爵有所限制，控制较严。只由于清朝前期军风始治较为肃整，将帅治军也较为严格，将士在战场上还能奋勇效力。但选将如不能破格拔擢，其封赏不足以鼓励军心，久而久之将帅军士忠义奋勇之心必受其挫。且汉人封五等爵位，又无世袭例，消极影响颇大。

随着清军统一全国，大规模军事行动随之停止，清朝进入繁荣发展的阶段。然而承平日久，则人习宴安，清朝军队开始变得没有朝气，将疲士惰。乾隆即位后，边疆叛乱不断，人民起义也相继而起。乾隆善文好武，自称文治武功为古今第一人，为振励戎行，巩固自己的统治，他重视驭将励士，注重明赏严罚，一改过去封赏较低的做法。从乾隆三十二年始，概予以汉人封爵位，世袭罔替，追授了一批名将爵位。乾隆四十七年追进赵良栋、王进宝一等伯，世袭罔替。《啸亭杂录》中说道：

"国初定制，凡旗员阵亡者，荫以世爵，汉员犹沿明制，惟荫以难荫，官及其身已。纯皇念一体殉节而有等差，其制不偏袒之势，下诏命凡汉员文武各员如有阵亡者皆荫以世，虽微员末吏亦得荫云骑尉。故人皆感激用命。三省教匪之役，殉难以数千计，盖上恩泽论浃之深也。"

为了明确赏罚之制，乾隆帝在四十九年颁布了《行军简明军律》，严格规定了下几十条赏罚条例，用以"整饬戎行"。《军律》阐明："赏与罚，皆为军令所重，兹以军令各条谨加登载，至于计功叙赏，亦有一定之典，所以鼓励戎行，振兴士气。"将士在战场上只要勇于作战，都可获得从赏银到授予世职的不同奖赏。魏源在《圣武记》中论述说："国朝武功之赏，至乾隆而始重。"在用将方面，乾隆帝也是"尤多破格用人，不次拔擢"。最为著名的要数任举、高天喜二将。乾隆十一年，固原兵变，夜攻提署。固原游击任举闻乱，单骑诣鼓楼鸣角，叛兵惧而退，追斩十余人，擒四十余人，击败攻城叛军，即擢参将。十二年，征金，骁勇善战，乾隆帝谕谓："在军诸将狃于瞻对之役，庸懦欺蒙，已成夙习。今别用举等，皆未从征瞻对，无所掣肘，宜鼓励勇往。"总督张广泗也上奏说：在川镇将，忠减勇于无出任举右者。遂破格拔至重庆镇总兵。前后一年时间，任举由游击升至总兵。可见乾隆破格用将的气魄，任举战死于金川后，乾隆"阅疏为泣下"，并谕："举忠愤激发，甘死如饴，而朕以小丑跳梁，用良臣于危地，思之深恻。"命视提督例赐恤，加都督同知，谥勇烈，祀昭忠祠。以示厚爱之心。

高天喜是乾隆帝一手破格提拔起来的另一位清朝名将。乾隆二十二年（1757年）高天喜以甘州守备，随参将迈斯汉授副将军兆惠击噶尔部于北路，风雪道梗单骑往探，奋欲赴授，为迈斯汉所阻，乾隆诏革迈斯汉职，即以高天喜代为参将，寻迁金塔协副将，再迁西宁镇总兵，授领队大臣。一年之内由守备升至总兵，连跳数级，在有清一代也实属罕见。高天喜在乾隆二十三年，回疆之役中战死。乾隆御制诗悼之，称其为"绿旗中第一人"，"祀昭忠祠，予骑都尉兼云骑尉世职……图形紫光阁。"乾隆御制赞曰："爪牙之将，用不拘资，感予特达，授命何辞？百战百进，义弗旋踵，怒则面赤，是为血勇。呜呼！听鼓鼙之声，则思将帅之臣，听馨声，则思封疆之臣。"爱将之心溢于言表。乾隆帝破格用将，不次拔擢。重封重赏高天喜之例最为典型。在这种重赏擢拔政策下，乾隆一朝涌现出一批打仗勇猛，能征善战的将领，取得了一系列战争的胜利。

乾隆帝驭将，赏固信，罚亦严。对有功之将予以重赏，对于无功败将则处以重罚。平定大小金川之战，在近两年时间里总督张广泗以三万清军仅下五十余碉，进展迟缓，且死伤惨重。十三年，乾隆加派大学士讷亲为经略，至川指挥作战。张广泗与讷亲闹矛盾，各持己见。进攻四月有余，损兵折将，仍毫无进展。乾隆将张广泗、讷亲撤职诛杀，以示军威。此次统后将帅出征不能努力作战，故意迁延，教训惨痛，为此乾隆帝于十三年针对将帅贻误军机而"刑律内玩寇老师有心贻误，毫无正条"的问题，特意研究讨论增军律三条："一、统兵将帅苟图安逸，故意迁延不将实在情形具奏，贻误军机者，斩立决。二、将帅因私忿娼疾推诿牵制，以致糜饷老师贻误军机者，拟斩立决。三、身为主帅，不能克敌，转布流言蛊惑众心，借以倾陷他人贻误军机者，拟斩立决。"乾隆帝强调："此非朕欲用重典，实以昭示武臣肃纪律而励勇敢。"此三条针对将帅的军律制定后，乾隆帝对于那些再敢"玩冠老师"不努力作战者，坚决严惩不贷。

　　乾隆二十一年，平定阿睦尔撒纳之战，清将军永常及蒙古王额林沁拥精兵数千，坐视清大臣班第失败而不救，清帝诛额林沁，逮永常治罪，以玉保、达尔党阿为参赞大臣，分道进攻阿睦尔撒纳。玉保与将军策愣互相推诿，停军不前，致使阿睦尔撒纳逃逸，乾隆大怒将策愣、玉保撤职，逮拿槛送京师。再以达尔党阿、哈达哈二人代之，而两将军腐败无能，中敌缓兵之计，使阿睦尔撒纳再次逃脱，弘历逮达尔党阿、哈达哈治罪，诏曰："二臣皆勋贵子孙，袭爵专阃，而因循观望，坐失军机。"尽夺其官，发热河披甲。最后用兆惠平定了阿睦尔撒纳的叛乱。

另外，乾隆一朝严惩的败将还有：在回部之役，诛杀将军雅可哈善，参赞哈宁阿，都统顺德纳，提督马得胜。乌什之役，诛参赞纳世通，办事大臣卡塔海。缅甸之役，诛大学士经略杨应琚，提督李时升，参赞额尔登额。兰州之役，诛总督勒尔谨，布政使王延赞，等等。经过屡次惩戒，结果"众皆悚惧，每遇战伐，无不致命疆场，罔敢怀敬安之念也"。乾隆帝的赏固信，罚亦严的驭将政策起到了励将奋进的作用。

乾隆一朝武功极盛，大的战役有十次，均获胜利，乾隆帝为此志骄意满，夸耀"十全武功"，晚年自号"十全老人"。这十次战役的起因和性质不同，如何评价是一个复杂的问题，需要进行具体的分析，我们姑且不论。但这十次战役清军之所以最后均获全胜，与乾隆帝实施信赏严罚的驭将政策有着直接的关系。每次战役他亲自遴选将帅，批答奏章，每攻克一城，都要举行盛大仪式，祭告宗庙，重赏有功的将士，破格拔擢将弁，并在紫禁城建紫光阁，将战役中有大功之臣绘于其上，为其赋诗立传，极尽渲染之能事，以励将帅奋进之心。与此同时，乾隆帝对那些在战场上不能勇敢作战，畏阵退缩的将帅；不能和军共济，争功嫉能的将帅；不能遵守军纪，腐败无能的将帅，均严惩不贷。在十次战役中乾隆帝诛杀身为皇亲国戚、王公权贵的高级将领不下数十人，可谓用典严峻。

修身的品质要随时势而变

世上的君子，未必就是君子。英明的君主恭敬廉让，百姓也就不互相争斗了；君主好仁德礼乐，下民也就不会凶暴；君主推崇道义节操，百姓也会按道义节操行事；君主宽厚慈爱，百姓也会互相关心爱护。有这四种原因，所以有道之君不靠严刑峻法也能化导天下，使天下成为太平盛世。这样看来，世上的君子，是明主化导的结果。

世上的小人，未必就是小人。殷商的法律并不可通融，然而社会风气却极坏，草野盗贼成群，朝廷内外，大夫互相勾结，狼狈为奸，上行下效，法律也禁止不了。这是说商朝的末世，大夫们都干非法的事，没有遵纪守法的，这也都是君主化导的结果。由此说来，世上的小人，是昏君化导的结果。

世上的礼让，也可能不是出于人们的本性。晋国的范宣子执政，他好礼让，大夫们也都好礼让。栾厌虽然横暴，也不敢违抗这种礼让之风，因而晋国安定，几代人都仰仗范宣子树立的民风安定地生活。这是榜样好啊。在周朝开始兴盛的时候，那时的诗中唱道："以文王为榜样，众多国家也都讲诚信了。"这就是榜样好的缘故。待到周朝衰落时，那时的诗中唱道："大夫不公平，让我做的事比别人都多。"这就是说没有谦让了。由此说来，是时势造成栾厌那样的礼让。因此，世人的礼让，也不全是出于人们的本性。

所以君子也好，小人也好，礼让也好，都是时势造成的。世上虽然有生来就品德高尚的人，但百里不能挑一，不能作为天下普遍标准。因而君子、小人本来没有固定不变的品德，大部分都是因为时势的推移变化而变化的。

唐代的赵蕤说：有的人品德高尚，称为君子；有的人品格卑下，叫作小人，也有推崇互相谦让之风的时候。但是这些都不是出于人的本性，或出于理所当然，都是大的形势造成的。人们富余时才会退让，而不足时便会争斗。退让就产生了礼仪，争斗就会发生暴乱。财富多了欲望就减少，获取多了争斗就会停止。衣食丰足之后，才会有荣辱的观念产生。韩信是平民的时候，贫困潦倒，品行不正，不能被推举为官。待到汉中投奔刘邦，萧何向刘邦推荐他时说："韩信是国家难得的人才，天下没有人能比得上他。"品行不正，这是由于他是平民时，衣食不足啊！假如给伯夷、叔齐一个小官职，只发给他不多的俸禄，全家老小都吃不饱饭就很可能导致他开始改变节操了。

在水里游泳的人不能拯救淹在水里的人，由于他自己的手足不能抽出来救别人。在火灾中被烧伤的人不能救火，因为他自己的烧伤疼得厉害。在树林中没有卖木柴的，在湖上没有卖鱼的，因为没有人缺少这种东西。所以，太平盛世，道德卑下的小人也会奉公守法，不义之财也诱惑不了他。但在世道混乱的时候，品格高尚的君子也会像商纣王沉酗败德图干坏事，法律也禁止不了他。夏桀、商纣当天子的时候，天下一片混乱，虽然关龙逢、王子比干是贤者，但人们还是称那时为乱世，就是因为作乱的人太多啊。唐尧、虞舜当天子的时候，天下太平，虽然丹朱、商均作乱，但人们还是称那时为太平盛世，就是因为守法的人太多啊。在尧、舜的时代，天下没有不得志的人，并不是因为那时的人都聪明。在桀、纣的时代，天下没有显达的人，并不是因为那时的人都愚笨。这都是时势造成的。靠近河边的土地总是湿润的，靠近山边的树木，总是长得很高。那是同类互相影响的原因。长江、黄河、淮河、济水等四条大河，都是向东流入大海的，所以众多的小河也没有向西流的，这是小河仿效大河，水少的追随水多的原因啊！

宽以待人

传说一年冬季的一天，南宫敬叔路过一个青菜集市，看到两个青菜摊位前围满了人看热闹。只见一个卖青菜的年轻人和邻摊位的老年人激烈争吵起来。

那年轻人大声吵嚷道："我家虽穷，我也跟孔夫子上过半年学，我也是孔门弟子。我老师现任大司寇，他曾教育我们说：'己所不欲，物赐于人。'意思是自己不要的东西，不要白白扔掉，应送给别人。我卖白菜，将脱下来的白菜帮子送给你，散了集，你不是可以挑回去喂猪吗？我本来是好意，你怎么说我占你的摊位，耽误你卖菜呢？"

那老者反唇相讥："在这个青菜集市上，谁不知你刘二是个强词夺理，损人利己的人！你自称孔门弟子，不过是拉大旗做虎皮罢了。你跟孔子上了半年学，还不是当了半年学混子，你连妇孺皆知的孔子名言都说错了。不知'丢人'几个钱一斤！孔子说：'己所不欲，勿施于人。'意思是说，'自己不愿意的事情，也不要强加于人。'你把自己的烂白菜帮子堆在我的摊位上，难道不影响我卖菜吗？"

南宫敬叔上前打抱不平，对刘二说："老伯说得对，夫子的话是'己所不欲，勿施于人'，不是'己所不欲，物赐于人'。你不但说错了，而且也做错了！"

刘二气得脸红脖子粗，蛮有把握地对南宫敬叔说："要是我把孔子的话记错了，你可剁掉我的右手。要是我没记错呢？"

南宫敬叔说："要是你没把孔子的这句话说错，我输给你我头上戴的金冠！"

"这个赌非打不可，一言为定，谁输了之后反悔，不是娘养的！"刘二咬牙切齿地嚷道。

南宫敬叔当即从衣袋中掏出一块白绢说："你去到街对面那大户人家，请人把咱俩打赌的事写在上面，咱俩都盖上手印，再从围观的人中找个证人，拿着咱打赌的字据，一块前往，请孔子裁决！"

刘二说："好，好！就这么办！"说完，请人写好打赌的字据，双方盖了手印，并当场找一人当证人，拿着这块白绢。三人一同去大司寇府。

在大司寇府的休息室里，刘二抢先把情况叙说一遍，并让证人将那块写有打赌字据的白绢递给孔子，请夫子裁决。

孔子看过白绢上的字据，严肃地说："刘二说得对，是'己所不欲，物赐于人'。仲孙闻输了，快摘下金冠给刘二吧！"

南宫敬叔看了老师一眼，极不情愿地摘下金冠，交给了刘二。

孔子以目示意南宫敬叔暂时回避，南宫敬叔疑惑不解地退出休息室。

孔子当面指出刘二说错，做错了，并教育他如何做人。刘二亦认了错，给老师叩了一个头，并说不要这顶金冠。

孔子说："刘二，你可用这顶金冠换些粮食，养家糊口，今后不能做损人利己之事了！"

刘二连连点头称是，谢过孔子后，退去。

南宫敬叔回到休息室，问老师："今天，您老怎么这样处理问题？为何不教训刘二？"

孔子笑着说："你们两个为此事在众目睽睽之下打赌，既有证词，又有证人。我若判刘二输了，他被剁掉右手，就残废了。刘二只跟我读书半年就因为家里穷而辍学了。如果他成了残废，怎么养活他的全家？但是如果我判你输了，你也不过失掉一顶金冠而已。我看，丢冠保手，值得！南宫敬叔呀，在这件事上，你应想想，何为大德大义？何为小是小非？"

南宫敬叔用右手中指点着自己的脑袋说："该死、该死，弟子明白了！原来如此呀！老师处理此事，重大德大义，轻小是小非，学生受教颇深。"

刘二回到摊位，将孔子教育自己的做法向老者述说一遍，检讨说："老伯，我说错了，更做错了！"当即将打赌"赢得"的金冠作为致歉礼，送给了老伯。

还有这样一个例子，廉颇和蔺相如都是赵国的大臣。渑池会结束以后，由于蔺相如功劳大，被封为上卿，位在廉颇之上。

廉颇说："我是赵国将军，有攻城野战的大功，而蔺相如只不过靠能说会道立了点功，可是他的地位却在我之上，况且蔺相如本来是个平民，我感到羞耻，在他官位之下实在令我难以忍受。"并且扬言说："我遇见蔺相如，一定要羞辱他。"蔺相如听到后，不肯和他相会。每到上朝时，常常推说有病，不愿和廉颇去争位次的先后。没过多久，蔺相如外出，在回车巷远远看到廉颇，蔺相如就掉转车子回避。

于是蔺相如的门客就一起来直言进谏："我们所以离开亲人来侍奉您，就是仰慕您高尚的节义呀。如今您与廉颇官位相同，廉老先生口出恶言，而您却害怕躲避他，您怕得也太过分了，平庸的人尚且感到羞耻，何况是身为将相的人呢！我们这些人没出息，请让我们告辞吧！"蔺相如坚决地挽留他们，说："诸位认为廉将军和秦王相比谁厉害？"回答说："廉将军比不了秦王。"相如说："以秦王的威势，我都敢在朝廷上呵斥他，羞辱他的群臣，我蔺相如虽然无能，难道会怕廉将军吗？但是我想到，强大的秦国之所以不敢攻打赵国，就是因为有我和廉将军在呀，如今两虎相斗，势必不能共存。我之所以这样忍让，就是为了要把国家的急难摆在前面，而把个人的私怨放在后面。"

廉颇听说了这些话，就脱去上衣，露出上身，背着荆条，由宾客带引，来到蔺相如府的门前请罪。他说："我是个粗野卑贱的人，想不到将军您是如此宽厚啊！"

二人终于冰释前嫌，成为生死与共的好友。

立大志，成大事

为人处世应立大志、立高志，唯有比别人高一步立身，才可以超越眼前事物所带给人的那些局限，否则，就如在尘土飞扬之时晒衣服，在泥泞中洗脚展开的只能是一团糟的人生。从古到今，我们看到的成功者与失败者之差，往往仅是一步之遥、一分之差。高一步立身，高一步的追求，往往就能使一个人成为生活中的强者、竞争中的赢家。

通常情况下，个人有了追求卓越的心理意识，往往会促使自己更具进取心，从而也有助于自己取得更大的成绩。因此，可以这样说，每个人所取得的成绩之所以有大小高低的不同，首先是由每个人立志立身的高低不同所决定的。

运动员在赛跑中，零点几秒之差，冠亚军的分水岭立见；绿茵场上，甲队比乙队多踢进一个球，甲队就可以晋级夺冠。

领导了秦末农民起义的陈胜，在年轻时，因家贫就跟别的雇农一起给地主耕地。有一次在休息的时候，论及耕地的辛劳，都因失望而叹惜起来。陈胜有感而发，说道："倘若我们当中有人将来成了富贵者，可别忘了我们大家啊！"其他雇农听了此言，七嘴八舌地讥笑他说："我们人人都在为别人干活耕地，哪儿会来富贵呢？你是白日做梦吧。"陈胜叹了口气，说："唉！低飞觅食的燕雀哪会理解鸿鹄的冲天志向呢？庸人不可能知道英雄的胸怀。"正因为陈胜有着其他一般雇农所没有的高远的立身志向，所以，他和吴广能在大泽乡中率领一群平民兄弟揭竿而起，树立了中国历史上反对暴政的第一块丰碑，做出了一番惊天地、泣鬼神的辉煌事业。

淡泊以明志，宁静以致远

一个人的志向应当高尚远大，仰慕前辈的贤者，断绝欲念，抛弃一切羁绊。好学而希望成才的志向，长存于心中，无所隐蔽，使人有所感觉。

要能屈能伸，广泛向人请教。弃掉怀疑怨恨，虽然有时受到挫折，也无损于高雅的情趣，就不必担心会达不到目的。如果意志不坚定、意气不激昂，那就会碌碌无为，默默无闻，不能超凡脱俗，永远处于凡庸的地位，最终可能会沦为下游。不淡泊名利，就不能确立自己的志向；不排除外界的干扰，就不能有所前进。学必须静下来，才干来自学，不学就不能增长自己的才干；没有志向就不能使学习有所成就，怠惰就无法振作精神，急于求成就不能陶冶情操。

时间飞快，意志随岁月的流逝而逐渐消沉，最后像枝叶一样枯落。多数人不能继承先代的事业，到头来含悲空守着一个穷困的家庭，到时候后悔也晚了。

三国的诸葛亮说：只有排除外界干扰，才能得以修身；只有节俭才可以提高道德修养，这样才是有德行的。

欲不可纵，志不可满

博学与否会造成国家的兴亡，战争的胜败。无论在军中或朝里，不能为君主尽规划之功以利国家，君子是以此为耻辱的。但也常见一些文士，兵书读得不多，谋略也没有什么，在天下太平的时候，他们做的就是窥视宫廷秘事，幸灾乐祸，带头做逆乱的事，来欺骗善良的人们；在战乱的时候，他们在争斗双方（或几方）间反复无常地构陷煽惑，或帮这边或帮那边，合纵连横，不知存亡大势，胡乱拥戴别人为君主，最终导致陷身灭族之祸。

君子应该充实自己等待时机的到来并坚持原则崇尚道德。一时爵禄没有上去，这也是天命所致。有的人为了求官求禄，奔走钻营，不顾羞耻惭愧，去跟别人比较才能和功业，甚至大声叫骂四处吵闹；有的利用宰相的隐私缺点勒索取酬；有的四处夸饰自己，以求有名有官。用这种手段去获取官位，还说是"才力"，这样欺世盗名以获利，和偷盗食物致饱，偷盗衣服致暖又有何差别呢？世人见到用这样方法取得官禄的，就说"弗索何获"，而不知如果时来运转，不去追求也会到来的；他们见到静退而一时无官的，又说"弗为胡成"，不知道如果条件不来时，空求也无益处。凡求了仍不得和不求而自得的，哪里数得清啊！

正如颜之推所说："欲不可纵，志不可满。"宇宙虽大却有极限，但是性情却没有边界，只有靠自己用少欲知足来为它划个界限。先祖靖侯公告诫子侄说："我们家是书生门户。历世没有大富大贵的，以后做官不可超过两千石，子女婚配不要贪图高攀有权势的人家。"我把这一教导看成是至理名言。

如果想避免祸害，则要谦虚减损。穿衣只要能御寒，吃饭只要够充饥解乏，人身必需的东西尚不可过分，身外之物而要奢侈、骄纵就不可了。周穆王、秦始皇和汉武帝，富有天下，贵为天子，不知道收敛限制自己，尚且自取败累，何况普通人呢？常以为二十口的家庭，奴婢不可太多，不能超过二十人，田地限十顷，房屋只要能遮蔽风雨，车马可供老年人代步，钱财积蓄有几万可用来准备吉凶急用，超过这个限度的，可用合理的方法分散掉。即使没有达到这个数目的，也不能用不合法的手段去强求。

做官处在中品，前面有人，后面有人，这足以免掉耻辱，又少了倒台的危险。这样做官就可以做得太平。高于这个位置，就该自己辞官，回家享福了。从丧乱到现在，看见有人凭借形势环境的变化，侥幸获取高职位，白天还在位掌权，夜间便已尸填坑谷；朔日还欢乐得像卓王孙、程郑，晦日就像颜渊、原思那样穷而哭泣了。这样的人非常多。

孔夫子说："奢侈会造成不谦逊，节俭则会使人显得鄙陋。与其奢侈而造成不谦逊，不如节俭而显鄙陋。"他又说："即使有周公这样好的才智本领，如果同时有骄和吝的毛病，那么此人的其他优点就都不值得一提了。"照孔子的说法，"俭"和"吝"应是不同的，人应当可以俭而不可以吝。俭，应是指节省费用而合乎礼节；吝则是对别人遇到的危急困难不加帮助。现在的人往往讲到施与就不讲节俭，讲到节俭就显得悭吝。如果能做到虽施与但合礼，虽节俭而他人遇难仍能慷慨救助，那就好了。

要知道自己的不足之处

《尚书》中说有九种德行，即"宽、柔、愿、乱、扰、直、简、刚、强"，这些是天生的；而"粟、立、恭、敬、毅、温、廉、塞、义"这些是通过学习而养成的。

圣贤之所以能成为圣贤就是因为这些东西。后世有一些有性子急毛病的人佩带皮革，有性子慢毛病的人佩带紧绷的弓箭，都是出于这种原因。即使这样，自己的不足之处，也常常因自己无法知道而苦不堪言，必须向他人请教才能知道。大凡人们要谋划着做一件事，即使是日常生活中最微小的事，也定会发生一些摩擦和不如意而难以成功，或者即将成功但却失败了。经历几番后，才得以成功。然而这样反复以后，得到的成功却能保持永久，平安而又无后患。如果偶然间有一两件事情轻而易举就成功了，那么日后一定会发生一些不如意的事情。大千世界，事物的发展变化简直不可测度。静下心来仔细想想这个道理很容易明白，也就能安然释怀地对待事物的成功与失败。

人的品德、性格从来都不是完美的。有学问、修养的人知道自己的不足之处，所以用加强学的办法来弥补，于是就变成了一个具有完美品德的人了。普通的人不知道自己的不足之处，而被这种不足支配着任意妄为，所以造成许多过失。南宋时的袁采说：每个人都有其各自性格和品行的长短之处。与人交往，如果经常注意别人的短处，而无视他的长处，那么，就连一刻也难以与人相处。相反，如果常想着别人的长处，而不去计较他的短处，就能长时间的和睦相处。

豁达之心，洒脱人生

养性就是养心。心是神之主，情、意、喜、怒、欲、乐、忧、思，俱出于心，养得心性，自是忙中不乱，有条不紊。若是再进一步，即使是死亡的考验，也看得破，还有何事能动其心性？故古代一位名人曾经劝家人云："万里长城今犹在，不见当年秦始皇。"因此，平时树立正确的人生观，耿直的正义感，以及良好的品性，才能临危不惧，遇到事情时才能坦然处之。初涉人世的人，因为处世的经验很缺乏，还没有被社会不良习气所感染，即使已经被感染也不会太深，因此这种人自然还能保留纯朴天真的本性。而经历了人间种种惊涛骇浪和各种艰难险阻的人，积累的经验比较多，相应的城府也就比较深。因此，无论社会阅历浅还是社会阅历深的人，都应从成功和失败中吸取正面的经验教训，以此取得人生事业的成功，赢得世人的广泛称赞，而不应吸取反面的经验教训，追求世故圆滑、偷奸取巧，最终自食恶果。

统一企业的董事长高清愿认为，要能成就一番大事业，就必须要有肚量与气度，所谓江海不择细流，故能成其大；泰山不捐土壤，故能成其高。他举了自己的一个例子来说明，多年前，基于道义与情义，他在台南投资了一项自己全然陌生的事业，接手时，这个事业已摇摇欲坠，再加上市场开放竞争，百家争鸣，前景极为黯淡，面对这个必败的局面，他们苦撑多时，不得已，最后决定退出。

但是事情更为棘手，这家公司部分的高级员工，以他们退出为由，来凸显劳资对立的问题。这段期间，有很多不实的言论都落在高清愿董事长的身上，加上许多莫须有的罪名，皆极尽诋毁之能事，对个人造成不小的伤害，很多朋友都替他抱不平。之后，这家公司几番易主，他也逐渐淡忘此事，后来，有朋友告知，有一家企业负责人希望前来商议销售一事。打听得知这家企业竟然就是当初接手的那家公司，负责人虽已换手，但是当初诽谤他甚烈的一些员工，仍位居高位，在这种情形下，他还是决定和这些朋友会面，并愿意协助他们进行产品的销售。不久之后，又设宴款待这些新朋友，两方都尽欢才散。

有的朋友认为不值得也无此必要，但是，高董事长的想法是，在成人的世界要化敌为友不是一件容易的事，如果他仅是顺势帮他人一下，再诚心请别人吃饭、谈谈心，即能借此化解误会，为什么不做呢？

他说道，他也是个非常平凡的人，遇到无理或无礼的事，也会生气，不过这些气，常与忘性连在一起，事情过了，也就忘了。每次生气，很少过夜，隔天，就不记得了。

他也曾经被落井下石、恶意伤害过，那些伤害在当时的确留下难以抹平的伤痕，但是随着时间的流逝，他也能坦然面对那些落在身上的痛楚，并且学会用另一种宽容的心去面对。他觉得自己并没有损失，反而因此获益。与其在心中还留着怨恨，倒不如把心胸放宽，让自己有更多的包容力来面对人生，面对未来。

在供有弥勒佛的佛像前总有这么一副对联："大肚能容，容天下难容之事；开口便笑，笑天下可笑之人"。这副对联，是讲度量的，人能达到能容天下万事万物的度量，其思想便是进入"禅"的高层境界了。度量，是对他人长处、短处和过错的一种包容。度量大，能得人心、团结人、纳众谋，以成其强大，对创造和谐的工作环境，非常有好处。

人品的最高处是人的本然

人之所以成人，树立本真的人品，是至关重要的。

不然的话，假如一个人因某些不可告人的目的而时时处处隐匿起自己的真面目，靠假面具来装扮自己，结果必是糟蹋了自己的个性，扭曲了自己的性情，从言谈到行为都充满了虚伪的成分和矫揉造作的举止，那么，这种人就只可配称为徒具形骸的伪妄之人，无异于行尸走肉，只会把虚伪可憎的印象留给别人。

终有一天，这种人会发现他们最缺失的正是自我的本来面目。所以，头脑中只会留有形影孤单、自怜自愧的痛苦，摆脱不了因虚伪而引起的心理上的自我折磨。

显然，这种人不可能得到幸福，其人生只可算是失败的人生。因为他们仅仅是在演戏，也许他们表演得很美也很得体，但并不能使自己信服，不能蒙蔽眼睛雪亮的人。

假如我们在处世时，每每都戴着面具，写文章也到了需要修饰之时，必须注意的是，不能因此而损害了自己的本然人品和文章的朴实。原因在于，本然人品与优秀文章都是容不得虚伪与矫饰。中国优秀的传统文化十分强调这一点，从要求人保持天然的"本色"、"本来面目"乃至"君子坦荡荡"等说法，都是这种意思。

所以说，人活在世上能够保持清标傲骨而又有逸态闲情的人生，是一种可以面对自我、不修边幅、素面朝天的生活。对于清贫之家，洁净在于扫地；对于清贫家之女儿，洁净在于梳头，景色虽不艳丽，而气度同样落落大方，自有风雅。如此，士君子即使是穷愁寥落，又岂会自惭形秽、自怨自艾？用现在的一个词儿来做一概括总结，那就是"永远不作秀"。

长久以来，"东施效颦"的故事为人们所熟知。

相传在春秋时代，越国有一名叫西施的绝色美女，她有心病，在村里总是皱着眉头。本村的东头，有一名叫东施的丑女，每每见到西施的这副让人怜爱的模样，觉得很美。有样学样，她在村里，也学着模仿西施的那种手捧胸口、皱着眉头的模样。为此，村里人见了她，富人是关上了大门，穷人则是带着妻子儿女避开，谁见到她都躲着跑。

其实在东施盲目地去模仿西施的形貌动作时，她的作为只会增加她形貌上的丑陋度，使她失去自己的本来面目。事实上，爱美之心，人皆有之，东施也不例外，只不过她一味地模仿而失去了本真，结果是自取其辱。

所以，即使是相貌生得有些对不起观众，那么，一如流行歌词所吟唱——"我很丑，但我很温柔"，丑是客观，温柔是自然本色，丑加温柔，也是可爱之处。

说起人品，更是这样，人品有好与坏、高洁与卑劣、可信与不可信之分，而这些都通过每个人的个性、情趣爱好、行为追求和对人际关系的处理等表现出来。所以，如果是张飞，就不用如林黛玉般地吟诗焚稿、怄气吐血。如果是林妹妹式的人物，也不必似张飞那样去挥舞长矛，长坂坡大吼。

治世者首先要修治内心

大凡内心的形式状态，总是自我充实、自我完满、自我生长、自我形成。之所以精气会消失，一定是因为忧愁、快乐、欢喜、生气、嗜欲、求利致使的。如果能除去这些情感欲望，心灵就会归复圆满状态。人的内心特性，就是需要安详、宁静。保持不烦恼不紊乱，和谐之气自然而然会形成。这和谐之气，一会儿明白清晰，好像就在身边；一会儿恍恍惚惚，无法捕捉；一会儿缥缈如风，广远似没有边界。而实际考察时它却近在咫尺，每天人们都可以把它的功德享用。

道，是可以用来把人的内心形态充实的。但人们却不能稳守着它。道走了就不会回来，来了也不会久留，它模糊不清因而没有人能听到它的声音，但又会突然出现在人的内心；它昏暗不明因而没有人能看见它的形态，但又会连绵不断地与人们共同生长。虽然看不清它的形态，听不见它的声音，但它却井然有序地存在着，这就是人们所说的道。大凡道是无固定的居所的，遇到善良的心，便会安顿下来。心情平静，心理畅顺，就能使道停留不走。这种道并不遥远，人们可以依靠它生长；它并不远离人群，人们通过它而获得智慧。虽然道突如其来似乎完全可以求索，渺小微细又似乎无法得知它的所在。这就是道的特性了。它讨厌声音和言语，只有修养内心，静修意念，这才可以被得到。道这种东西，用嘴说不出，用眼看不见，用耳听不出。它是用来修养内心，端正形貌的。人们如果完全丧失了它就等于死亡，有了它，才会有生气；办事情如果失去了它就会失败，得到它才会成功。这种万物之道，没有根也没有茎，没有叶子也没有花朵，但万物的生存和生长都依靠它，所以人们把它称为"道"。在外形上不端正的人，是因为没有把德行养成；内心不平静的人，是因为内心没有治理好。端正了外表，修整了德行，就会像天一般仁厚，地一般正义了，这样就会渐渐地自然达到神明的最高境界，明彻地知晓世间万物了。内心保持虚静而不出差错，不因为外物而扰乱五官功能。不让五官扰乱内心感受，这就是所谓在内心中有所得到了。

在身边之中，原本就有一种精神存在，但它一会儿来，一会儿去，难以揣度。如果内心失去它，就会纷乱，得到它就会安定。谦虚恭敬地清扫自己内心污垢，这种精气就会自然而来。纯净思想去认真思考它，宁息杂念来仔细梳理它，肃整形态去敬奉它，它就会保持极为安定的状态。得到它就不要轻易放弃，那么耳目器官就不会被迷惑了。心中没有其他要求只要在身体中有一个端正的心，万事万物就有了一个标准尺度。道充满天下，普遍存在于人们身边，但人们却不知道。只要用一句话去挑明，它就会上能通达于天，下能畅游于地，并能足迹布满九州了。解释它的那句话是什么呢？就是"在于内心修治"。一个人的心治理好了，五官就会治理好，心安定，五官就会安定，而治理好整体的关键在于内心。

心中包藏着心，心中又存在一个心。那个心里面的心，是先有意识，后产生言语的。有了意识然后聚成具体形象，有了具体形象再用言语表达出来。有了言语的表达就可以进行调遣，那么就能把事情治理好了。不能治理好，就一定会发生纷乱，有了纷乱就必将会导致灭亡。在身体中存在精气，人就自然会生长。它的外在表现是人仪态安详，气色发亮；藏在人体内部，则有如源泉，浩大而平和，成为气的渊源。渊源不干涸，四肢才会强硬坚固；源泉不枯竭，九窍才会能顺。于是就能穷极天地，普及四海。心中没有迷惑的念头，身体就不会有邪恶的灾祸。心中能圆满不缺，身体就会端正周全，就不用担心会遇到天灾，也不用担心碰到人祸，这样就可以称作圣人了。

人如果能够做到内心端正、虚静，那么他的皮肤必定会丰裕宽舒，耳目五官感觉灵敏，筋络坚韧而且骨骼强硬。这样的人才能头顶天、脚踏地，思维像明镜一般清晰，目光像日月一般敏锐。恭敬谨慎而不会出差错，德行与日俱增，从而能遍知天下事，通晓四方地域。这样恭谨地发展这种精气，就叫作心中有所得。如果人们不能返回这种境界，就是生命中存在的遗憾了。

大凡道，必然是周全而细密的，是宽大而又舒放的，坚定而又牢固的。坚守着好的信念不舍弃，就可以驱逐淫邪，去除轻薄。充分领会了道的精髓，就可以返回到道德上来，一颗周全的心在身体当中是不可以隐藏的，它必定在形态容貌上表现出来，从肌肤色泽上也可以得知。带着和善的心去迎接别人，别人会觉得像见了兄弟一般亲切；怀着恶意去对待别人，会给人以戎兵相见的感觉。这都不是用言语表达出来的，却又比雷振鼓鸣来得更迅速。心和气的形态，比日月还要光明，比父母了解子女更要透彻。只有奖赏是不足以劝导百姓从善的，只有刑罚也是不足以惩罚犯了错的人。只有气的意向得当，天下间的百姓才会信服，内心的意向安定，天下就会顺从。

就像神明一样把所有精气集中，把万物存放在心中。能集中吗？能一心一意吗？能不用求占问卜就能预知吉凶吗？能随意停止吗？能随意完成吗？能不求别人而自己获得一切吗？这就要思考、思考、再思考了。思考还是不能得出结论，那么鬼神将会启发你。其实这并不是鬼神的力量，而是人的精气把它最强的力量展现。四肢身体已经端正，心血精气已经虚静，意念专心统一，心神集中，外物不能迷惑耳目，这样即使遥远的事物也好像在眼前一样。思考会产生智慧，惰怠散漫容易产生忧患，暴躁骄傲会引来怨恨，忧郁会积成疾病，疾病困迫就会死亡。思考过度，钻进牛角而不停息，也会内生疲劳，外受压迫，如果不及时想办法停止，那么生命就会离开身体。吃东西最好不要过饱，思考最好不要走极端，要适可而止地自我调剂，自然生命就会前来。

大凡人的生存，都是天把精气赐给他，地造就他形体，二者结合才成为人。二者和谐那么人就生机盎然，二者不和谐那么人就没有了生机。考察这种调和的规则，往往实情是不能看见的，它的征兆也无法归类。中正平和占据着心胸，融合于心里，这就可以长寿。如果忧愤恼怒失去了平衡，超出限度，就应该立刻想办法消除。节制五种情欲，除去喜怒两种凶事，做到不大喜不大怒，心胸被中正平和占据。大凡人在生存时，必须依照中正平和的原则。如果失去了这一本性，一定是因为喜怒忧患这些情欲。所以说，要节制怒气最好就是欣赏诗歌，去除忧愁最好就是欣赏音乐，节制享乐最好是遵循礼仪法规，遵

循礼仪，就要恭敬谨慎，要保持恭敬谨慎就要内心虚静了。内心虚静外表遵礼就能返回人的本性，本性也将会大为安定下来。大凡人的生存，一定要依靠欢乐的情感去对待事物。忧愁就会失去了生命的规则，发怒就让生命失去秩序。

忧郁、悲哀、欢喜、愤怒，这些情感，拥有了道就无处容身了。有了爱欲的杂念，就要平息它；有了邪乱的思想，就要端正它。不要强做引导，不要强做催促，祥和的福气自然会归来。那道也会自然地回来，人们就可以借此与道同谋，虚静自然会获得道，急躁必然会把道失去。心里存在灵气，时来时去，说它小，它微小得没有影踪；说它大，它大得没有外围。之所以会失去它，是因为急躁所害。内心如果能保持虚静，道将会停留下来。得道的人，邪气自然会从肌理间蒸发出去，从毛孔里排泄出来，从此心胸中没有腐败的东西。只要实行节制欲望情感的原则，就不会受到万物的侵害了。

正如春秋时，管仲说：大凡万事万物的精神和灵气，结合起来就会产生生机。在地下表现为五谷的生长，在天上表现为众星闪耀。漂流在天地之间的精气，就是人们所说的鬼神了；藏在心胸之中，人便成了圣人。因此，这些精气有时明亮得像登上了九重天，有时却幽远深邃得像跌入了万丈深渊，有时柔润得像浸在大海里，有时又高大挺拔得像站在高山上。所以，这些精气不能用强力去留住它，但能够用德行使它安顿下来；不能用声音去呼唤它，却能用意念去迎合它。恭敬地守候它不让它流失，这就叫做德行，德行养成了，智慧就会出现，对万事万物的了解和掌握就很透彻了。

修身养性，善于保养

快乐要适中，心也要适中。想长寿而憎恶夭折是人的本性，想荣耀而憎恶羞辱，想安逸而憎恶劳作，四种欲望得到满足，四种憎恶被排除了，那心就安适了。四种欲望的满足在于以理取胜，以理取胜用来修养自身就会保全生命，保全生命就会寿命长久。用以理取胜来治理国家，国家就能建立法制。建立法制天下就服从君王。所以以理取胜是让心适中的关键。

有五种保养办法：修筑宫殿房屋，安定床笫，节制饮食，这是保养身体的办法。建立五种颜色，敷陈五种色彩，陈列青赤相配的文和赤白相配的章，这是保养眼睛的办法。定正六律，调和五声，杂和八风之音，这是保养耳朵的办法。使五谷熟，烹煮六畜，调和五味，这是养口的办法。面容温和，言语和悦，恭谨地进入退出，这是养心志的办法。这五种方法，交替重用，就叫善于保养了。

音乐有它的精神，好像人的思想存在于肌肤形体之中，有思想就一定要用来滋养天性之物，过度的寒温劳逸饥饱，这六种情况无论哪种，都有所偏颇，是不适合天性的。凡是养性之物，都应仔细察验它不适合于人的天性的东西而使它适合于天性，能够与养性之物长久相处而且相互适应，那么生命也就长久了。人生本来是静止的，感于外物而后才知觉。外物使它有所知，一往而不返，最后被过度的欲望所挟制。过度的欲望无穷就一定会失去天性，过度的欲望没有穷尽就必定会有贪婪卑鄙惑乱的心思、淫逸奸诈之事情。所以强者威逼弱者，人多的损害人少的，勇猛的欺凌胆怯的，强壮的轻视幼小的，过度的欲望就会从这里产生。

想听到声音是耳的本性，但如果心中不快乐，五音在面前也不想听。眼的欲望是看到颜色，但如果心不快乐，五色在面前也不想看。鼻的本性是闻到芳香，如果心不快乐，芳香在面前也不想闻。口的本性是尝滋味，如果心不快乐，五味在面前也不想吃。有欲望的是耳目鼻口，快乐不快乐是人心。心一定要平和然后才有快乐，心一定要快乐然后耳目鼻口的欲望才有凭借的基础。所以，快乐的关键是使心平和，行为适中从而使心平和。

战国时吕不韦说："没有人不是依靠他的知识来生存，却又不知他为什么生活。"没有人不是用他的智慧来认识，却又不知道为什么能够有所认识。懂得为什么能有认识就叫懂得了道，不懂得为什么会有认识就叫遗弃了真正的宝物。遗弃了宝物的人一定会遭殃。世上的人君，大多拿珠玉戈剑当作宝贝，而这些东西越多，百姓的怨愤就越大，国家就越危险，自身就越受祸患。这就失去了宝的意义了。用木革发声，那声音如雷；用金石发声，那声音如霆；用丝竹发声，那声音像在叫闹，这些声音使人心生惧怕，耳目不宁静，用它来摇荡心气可以，用这种噪声制音乐就不会让快乐到达。

诚信则人，亲百事成

树立了诚信，那么虚假的话就可以鉴别，而虚假的话一旦鉴别出来，那么天地四方就都成为自己的了。诚信达到的地方，就都控制住了。控制住了却不加以利用，仍然是为他人所有；控制住了又加以利用，才是为自己所有。为自己所有，那么天地间的事物就会都为自己所用了。君主如果知道了这个道理，那他很快就能成就霸业了；如果臣子知道了这个道理，就可以成为辅助帝王的臣子。

不守信的君臣，百姓就会批评指责他们，国家就不会安宁；官员不诚信，年少的就不会敬畏年长的，地位尊贵的和地位低贱的就会相互轻视；赏罚不诚信，百姓就容易犯法，不可以役使；结交朋友不诚信，相互间就会离散怨恨，不能亲近；各种工匠不诚信，就会粗劣作假地制造器械，丹、漆等颜料就不纯正。

可以和它一起开始，可以与它一同终结，可以与它一同尊贵显达，可以与它一同卑微贫困的，大概只有诚信吧！诚信了再诚信，重叠在身上，就会与天意相同。这样来治理人，那么就会降下来好雨甘露，寒暑四季就会适宜了。正如战国时吕不韦所说："做人一定要诚实守信。"有了诚信，还会有什么人亲附不来呢？如果不诚信，事情就不会有所成，所以诚实守信所带来的功效太大了。

齐桓公征讨鲁国，鲁国人不敢轻率作战，离都城五十里封土为界。鲁国请求成为齐国的附庸国，听从指令，桓公同意了。曹刿对鲁庄公说："您是愿意死了又死，还是愿意生了又生？"庄公说："什么意思？"曹刿说："您听我的话，国土必定广大，自身必定安乐，这就是生了又生；不听我的话，国家必定灭亡，而自身也将遭到危险耻辱，这就是死了又死。"庄公说："我愿听从您的话。"于是在第二天，庄公与曹刿都怀揣着利剑去参加齐鲁两国的盟会。盟会上，庄公左手抓住桓公，右手抽出剑来指着桓公，说："鲁国都城离边境几百里，如今离边境只有五十里，已经没有生路了，同样是死，就让我死在您面前。"管仲、鲍叔牙要上去，曹刿手按着剑挡在两人之间说："现在两位君主将另做商量，谁都不许上去！"庄公说："在汶水封土为界就可以了，不然的话就请求一死。"管仲说："是用土地保卫君主，不是用君主保卫领土，您还是答应了吧！"于是齐国终于在汶水之南封土为界，跟鲁国把盟约定立。

齐桓公回到齐国以后想不还给鲁国土地，管仲说："不可以。人家只是要劫持您，不是要订立盟约，可是您不知道，这不能叫作聪明；面临危险却听任人家胁迫，这不叫勇敢；答应了却不还给人家土地，这不叫诚信。不聪明、不勇敢、不诚信，有这三样就不可以建立功名。还给鲁国土地，虽说失去了土地，但还能得到诚信的名声。用四百里的土地就在天下人面前显示了诚信，您还是有所获得的。"

齐桓公听从了管仲的话。庄公是仇人，曹刿是敌人。对仇人、敌人都讲诚信，更何况对不是仇人、敌人的人呢？桓公多次

与诸侯会盟而能成功，使天下一切都得到了匡正，并使他们听从，管仲可以说是能因势利导了。他把耻辱变成光荣，把困窘变成通达，虽然在前面有所失，不过可以说到后来有所得了。本来事情就不可能是尽善尽美的。

修身要养心、治心、诚心

人必须虚怀若谷，心胸坦荡，没有私心杂念的存在，然后才能真实无妄。诚实，就是不欺骗。人之所以要欺骗别人，心中必然还装着别的东西。有了私心，就不敢告诉别人。于是只得编造假话骗人。如果心中没有丝毫杂念，又何必欺骗人呢？他所以要自己欺骗自己，也是因为心中还有其他杂念。良知在于好德，私心在于好色。如果不能去掉好色的私心，就不能不欺骗自己好德的良知了。所以说，诚就是不说假话。替上司办事，应当以自己的诚意来感动他，以真心对待他，这才是真正的奉承上司之道。如果阿谀奉承，随声附和，这不是真正地对上司的尊敬。

养心修身，没有必要有太多的理，所知道的也不必太杂，与自己切身相关，每时每刻都用得着的，不过一两句话，就是要守约。古人患难忧虑的时候，正是他的品德、事业进步的时候，其功表现在胸怀坦荡，其效表现在身体健康。圣贤之所以成为圣贤，佛陀之所以成佛，其关键都在于遭到大难时，把心放得下，养得灵，有乐观的心胸，坦荡的意境，即使身体受了外伤，也不至于身体内部受到伤害。

自古至今的圣贤豪杰、文人才士，他们的志向不同，但豁达光明的心胸却大致相当。我们既然办理军务，就处在名利场中，应当时时勤劳，就如忙于收割谷物的农夫，忙于赚钱的商人，撑船下河滩的艄公。白天做事，晚上好好反思，以求把事办好。治理军事之外，其中应当有冲融气象。如果治事与冲融同时并进，为国勤劳，又淡泊名利，最是意味深长的了。写字的时候心情刚刚稳定下来，马上就感到安逸轻松了许多，由此可见，平时遇事不能忍耐，不能静下心来，必然导致疾病的产生。过去的日子里只注重患得患失，怎么能把宏图大志树立起来呢？

我们应当永远要待人以真诚，处世虚心。心诚则志气专一，历尽磨难，也不改变初衷，终有顺理成章，获得圆满结果的一天。虚心，则不会矫揉造作，不挟私见，最终可以被大家所理解。凡是正确的话、实话，多说几句没有关系，久而久之，人们自然能明白你的心意，即使直来直去的话，也不妨多说几句，但千万不可将攻讦别人的隐私当直话，尤其不可以在背后诋毁别人的短处。领导将领的艺术，最重要的是开诚布公，而不是对于权术的玩弄。

治心的方法，应先把心的毒害除去，外在的毒恶是愤怒，内在的毒恶是私欲。治身的方法，一定要防备身的恶患。刚烈的恶习是暴躁，柔懦的恶习是散漫。治口的方法，两者要交互警惕，一是谨慎说话、二是节俭饮食。大凡这数种，用什么药来医治呢？以礼来居守恭敬，以乐来保持和顺。外表刚强的恶习，用和来调适它。内在柔懦的恶习，用敬来把持它。饮食的不节制，用敬来检束它。说话多的过失，用和来收敛它。敬达到完美而表现为肃肃，和达到完善而表现出雍雍。尊敬和睦，这才是有德的容貌。雍容表现在外表，实际根源于内心。动和静交互颐养，温雅润泽就见于面，盎于背，成为有德之人的仪睿和姿态。首先心要安定下来，然后气才安定；气要安定，然后精神才安定；精神安定以后，身体才会安定。治理身心的最好办法，是以自己的力来战胜它，有两种方法：一种是以顽强的意志指挥气，一种是以静制动。凡人疲惫不堪、精神不振的时候，都是由于气弱。气弱则精神颓废。然而，意志坚强的人，气也会随意志而改变。比如早睡晚起的人，如果立志早起，就必然能够早起。在百无聊赖之时，是气在疲乏四散。如果端坐而固气，气也必会振作。这就是以志率气。久病则气虚胆怯，时时怕死，困扰于心，就是做梦，也难以安静。必须将生前的名誉，死后的一切事情，以及各种私心杂念，统统忘掉。这样，自然心中会生出一种恬淡的意味来。寂静至极，真阳自生，这就是以静制动的方法。

君子之道，最重要的是在天下倡导"忠诚"二字。每当天下大乱，无论上下哪一等人，都会放纵物欲，彼此都使奸诈的手段，相互争夺，以阴谋诡计来争夺胜负。自己则想尽办法谋求尽可能的安全，而把别人置于最危险的境地。怕难避害，不肯出一点点力来拯救天下的危难。只有忠诚的君子，才奋起匡正时乱，不惜牺牲自己的利益，为天下百姓做出贡献，除去天下虚伪的恶习，崇尚朴实。自己历尽危难，而不要求别人也和自己一样。为了国家，不惜舍弃自己的生命，视死如归，没有一丝一毫的畏惧。于是，感动了大家，都以他们为榜样，以苟且偷生为耻，以逃避事情为耻。

庄子曾说："只听说要使天下的人自在而舒服地生活，没有听说要统治天下的。"苏东坡就把这两句话摘取作为养心之道。你对《小学》很熟悉，可取"在宥"二字的训诂体会玩味一番，就知道庄子、苏东坡都有顺其自然的意思。个人保养身心是如此，治理天下也是这样。如果吃药而每天更换几种药方，无缘无故而整年猛烈地补养，病情本来轻微而妄加药物强求发汗，那就像商鞅治理秦国，王安石治理北宋，完全丧失了自然的妙味。柳宗元所说的"名义上是爱护，其实是伤害"，陆游所说的"天下本无事，庸人自扰之"，说的都是这个道理。苏东坡《游罗浮》诗中说："小儿少年有奇志，中宵起坐存

黄庭。"下句一个"存"字，正合庄子"在宥"二字的意思，因苏家父子兄弟都讲究养生，采取黄老之说精微的旨意，所以对他的儿子称赞为有奇志。

正确领导是引航灯

孟轲（公元前 372—公元前 289），字子舆。战国时期著名的政治家、思想家。公元前 336 年，孟子来到了魏国受到了魏国君臣的热烈欢迎。魏惠王问："老先生，您不远千里而来，想必是来我们魏国奉献利益的吧？"

孟子回答说："国君何必把利益挂在嘴上，应该以仁义为重。如果君王说怎样才能有利于我的国家，大夫说怎样才能有利于我的家族，下官与百姓说怎样才能有利于我自身，上下互相为了谋求利益而争斗，国家就危难了，这样也就没有仁德遗留给亲朋了，也就没有忠义去追随国君了。"魏惠王听了称赞说："好极了！"

起初，孟轲曾拜子思为师，孟轲问子思治理百姓的办法哪一种应放在前边，子思说："先给百姓以利益。"孟子又问："君子教育百姓只讲仁义二字，又何必再讲利益呢？"子思说："仁义本来也是为了利益，因为上边不仁下边就会不得其所，上边不义下边就会热衷于欺诈，这样才是大不利的呀！因此《周易》上说'利是义的总和'。《周易》还说'利益用来安定民心，而后才能使人崇尚道德'，这都是在讲利益是个大前提。"司马光评论说：子思和孟子的话是一致的。只有仁义的人才知道仁义是如何成为利益的，不讲仁义的人是不知道的，所以，孟子对魏惠王只讲仁义而不涉及利益的原因，是所讲的对象不同的缘故。

没有规矩不成方圆

孙武是齐国人，精通兵法，被吴王阖闾召见。吴王想拜他为将军，先故意考验他一下。

吴王告诉孙武说："你那十三篇兵法我都已读过，很好，但你能不能给我实际训练训练？"孙武说："可以。"吴王又说："你给我训练三百名宫女吧。"孙武知道这是吴王想测验一下自己，就决心给他亮一手，于是就答应了。孙武先把这些宫女分成两队站好，从吴王所宠幸的姬妾中挑选出两个，做这两个队的队长。命宫女们各持一件兵器，然后就开始教她们阵法。孙武首先问道："你们知道在军中要听从号令，服从指挥吗？"宫女们都觉得挺好玩，嘻嘻哈哈地答道："知道。"接着，孙武就告诉她们队伍要以鼓声为号令，前进或后退，要听从指挥，不服从命令者，斩首！

演习开始，第一遍鼓响，宫女们不但不按口令行动，反而捂着嘴笑。孙武说："约束不明，号令不行，这是大将的责任。"于是，又把军令重申了几遍。再次击鼓，宫女们仍如风摆杨柳，乱作一团。孙武大怒道："纪律已三令五申，号令已经熟知，而仍不按军令操练，这就是你们的责任了。"于是要斩两队的队长。

吴王一看要斩爱妃，很吃惊，忙让人阻止道："这是我最喜爱的女子，请不要杀她们。"孙武说："军令如山倒，将在军中，君主之命有所不受。"于是就把她俩斩首示众，另选了两名队长。然后又击鼓演习，宫女们终于明白这不是闹着玩，就按号令认真地操练起来，达到了兵法的要求。

孙武知道，这些宫女平时懒散惯了，又依仗着君主宠幸，根本不把他放在眼中。但他依据军令行事，终于震慑了她们，使军令得以顺利执行。

树立威信

1004年秋，辽国萧太后亲率二十万大军南下，进袭澶州，威胁北宋京城。对于辽军突然侵犯，宋真宗赵恒非常惊恐，连忙召集群臣商议对策。参知政事王钦若主张放弃东京迁都金陵，副宰相陈尧叟则主张迁都成都。

宰相寇准呵斥说："主张迁都者应当斩首，以谢天下！"他与主和派展开了尖锐的争论，最终说服宋真宗御驾亲征，以壮军民斗志。当宋真宗率兵到达东城时，辽军已至澶州以北的德清郡，形势十分紧急。真宗动摇不前，主和派乘机请奏迁都，以避敌军锋锐。寇准力谏说："现在敌兵逼近京师，情况非常危急，陛下只可前进，不能后退，况且黄河之北的将士日夜盼望看到陛下的车銮。如陛下驾到，士气一定会增加百倍；如陛下的车銮稍有后退，就会使前线的军队顷刻瓦解。"殿前都指挥高琼也进谏说："愿陛下速至澶州，臣等愿以死报国，敌兵可一鼓击破！"宋真宗无可奈何，只好继续向澶州进发。

辽军南侵虽然占领了大片土地，却因孤军深入，军事供应逐渐发生困难，于是加紧进攻澶州。辽军统帅萧挞览被宋军张瓌用伏兵弓弩射中前额，当晚身亡，士气大受挫折。宋真宗听到澶州告捷的消息，又想与辽议和，不准备前进了。

寇准十分着急地敦促说："陛下不过河，辽军的气焰压不下去，议和也没有希望。"在他再三催促下，宋真宗的辇车终于通过了黄河浮桥，登上了澶州的北城。宋军将士看到皇帝的黄龙伞盖，士气大振，齐声高呼"万岁"，呼声震天，传到了几十里以外。冬地援军纷纷向澶州集结，声威大振。辽军自知不能取胜，只好派使者表示与宋军议和，最后定下了"澶渊之盟"。寇准的扬威决胜之计，终于使辽军回师北方。但由于宋真宗的屈辱妥协，澶渊之盟只给北宋带来了短暂的苟安。

举贤任能

曾国藩重视人才，对于发现，造就人才的方法，他概括为八个字。他说："得人不外四事曰广收、慎用、勤教、严绳。"

"广收"，指广泛访求、网罗人才。这是延揽人才之道。主要有以下三点：

其一，"衡才不拘一格"。

曾国藩反对以出身、资历衡量人，"凡有一技一长者……断不可轻视"。他说衡人"不宜复以资地限之。卫青人奴，拜相封侯，身尚贵主。此何等时，又可以寻常条例困倔奇男子乎"！曾国藩认为，当今不是没有人才，而是只待人们搜罗、发现而已。人才"无人礼之，则弃于草野饥寒贱隶之中，有人求之，则足为国家干城腹心之用"。为此，曾国藩认为不能因求全责备而埋没人才。他说："衡人者但求一长可取，不可因微瑕而弃有用之才。如果过于苛求，则庸人反得幸全。"曾国藩本人对于人才的延揽正是不拘一格的。薛福成说他："在藉办员始，右塔齐布、罗泽南、李续宾、李续宜、王鑫、杨岳斌、彭玉麟，或聘自诸生，或拔自陇亩，或招自营伍，均以至诚相与，俾获各尽所长。"并说李世忠、陈国瑞在湘军将领中以"桀贪骜许"闻名，曾国藩对他们仍予以讽勉，"奖其长而指其过，劝令痛改前非，不肯轻率弃绝。"

其二，求才不遗余力。

曾国藩说："求人之道，须如

白圭之治生，如鹰隼之击物，不得不休。"

白圭，战国时周人，以善于经营、贱买贵卖著名。他捕捉赚钱的时机，就如同猛禽猫猎取食物一样迅速。自称："吾治生产，犹伊尹、吕尚之谋，孙吴用兵，商鞅任法。"他的这一套生财之术引起当时天下商人的效法。曾国藩主张求才要像白圭经营生产一样，一旦看准，就要像鹰隼猎取食物一样迅速，有不达目的不罢休的决心。曾国藩平日注意对僚属的才能的观察了解，并善于从中发现人才。他的《无慢室日记》列有"记人"一类，其中开列的名单中，有的为官员所推荐，有的为该员师友所推荐，也有毛遂自荐的，均附有曾国藩亲身察访所得的记录。

尤为可贵的是曾国藩无论是办团练之初，还是人困兵危的"未发迹之时"，甚至在身兼封圻的显达之后，都始终把网罗人才作为成就大事的第一要义。在办团练的时候，他时时谍府县，托朋友，"招致贤俊"，"山野材智之士，感其诚，虽或不往见，皆为曾公可与言事。而国藩逢乡里士来谒，辄温语礼下之，有所陈，务毕其说，言可用，则其斟酌施行，即不可行，亦不加诘责。有异等者虽卑幼与之抗礼，故人人争磨濯，求自效，一时中兴人才，皆出其门。"

曾国藩困顿祁门时，李鸿章已回江西，幕僚也大多离开。幕府仅有程尚斋（桓生，字尚斋）等几人，奄奄无生气。面对越来越冷落的"门庭"，曾国藩困窘不堪。一天，对其中一人说："死在一堆何如？"众幕僚默不作答悄悄将行李放在舟中，为逃避计，曾国藩一日忽传令曰："贼势如此，有欲暂归者，支付三月薪水，事平，仍来营，吾不介意。"众幕僚听到这段话，大受感动，都表示生死同之，"人心遂固"。

曾国藩担任两江总督之后，百事丛集，愈感人才之匮乏，而对人才的聚集、培养、选拔、使用问题亦愈加急切。他经常与人讨论人才问题，虚心体察自己在用人问题上的缺失。当他发现自己不如胡林翼对士人更有吸引力，不少人愿投胡林翼处而不愿跟他做事时，立即改弦更张，幡然悔过，与之展开一场广揽人才的竞争。他在给胡林翼的信中说："台端如高山大泽，鱼龙宝藏荟萃其中，不觉令人生妒也。"

　　每到一地，曾国藩即广为寻访，延揽当地人才，如在江西、皖南、直隶等地都曾这样做。他的幕僚中如王必达、程鸿诏、陈艾等人都是通过这种方法求得的。与捻军作战期间，曾国藩在其所出"告示"中还特别列有"询访英贤"一条，以布告远近："淮徐一路自古多英杰之士，山左中州亦为伟人所萃。本部堂久历行间，求贤若渴，如有救时之策，出众之技，均准来营自行呈明，察酌录用。""如有荐举贤才者，除赏银外，酌予保奖。借一方之人才，平一方之寇乱，生民或有苏息之日。"薛福成就是在看到告示后，上《万言书》，并进入幕府，成为曾国藩进行洋务的得力助手。在直隶总督任内，为广加延访，以改当地士风，曾国藩除专拟《劝学篇示直隶士子》一文广为散布外，还将人才"略分三科，令州县举报送省，其佳者以时接见，殷勤奖诱"。曾国藩与人谈话、通信，总是殷勤询问其地、其军、其部是否有人才，一旦发现，即千方百计调到自己身边。他幕府中的不少幕僚都是通过朋友或幕僚推荐的。为了增强对人才的吸引力，以免因自己一时言行不慎或处事不当而失去有用之才，曾国藩力克用人唯亲之弊。同时，自强自砺，"刻刻自惕"，"不敢恶规谏之言，不敢怀偷安之念，不敢妒忌贤能，不敢排斥异己，庶几借此微诚，少补于拙。"从其一生的实践看，他基本上做到了这一点。曾国藩周围聚集了一大批各类人才，幕府之盛，自古罕见，求才之诚，罕有其匹。事实证明其招揽与聚集人才的办法是正确的和有效的。

尊重人才任人唯贤

　　郁离子对执政者说："如今用人才，是只凭凑数呢，还是认为贤良而倚靠他来图谋治国呢？"执政者说："也是选取那些贤良者而录用的！"郁离子说："倘若是这样，那么相国您的执政和您说的话就不大一样了。"执政者说："为什么这样说呢？"

于是，郁离子向执政者谈了用人的道理。郁离子说："我听说，农民耕田，不用羊负轭；做买卖的商人赶车，不用猎担任骖服。因为知道它们不可能成事，恐怕被它们弄坏了事啊。所以夏、商、周三代取士的办法，首先必须学习，而后才可做官；必须用处理政事考核他，若有才能，然后才录用他。不管他的世系家庭如何，只看他是否贤良，不轻视那些有才德而位卑微的人。如今担任法度和纲纪职务的人，担负着像耳朵和眼睛那样重要的使命，要严格选拔。只看仪表服饰吗？只听言谈词语吗？您却不能公平对待天下的贤士，而全部录用那些世家贵族的后代、与自己关系亲近的纨绔子弟为官。您这样爱国家的做法，还不如农民爱耕田、商人爱车的做法呢。"执政者虽然口头上同意他的话，但内心却不以为然。

避免自傲，痛改前非

有的人，在无意中获得了一件心爱的宝物，或办成了一桩得意的事情，往往爱在人前炫耀一番。这种炫耀久而久之就变成了一种卖弄。这样一来，别人知道自己拥有了宝物肯定会投以赞赏和羡慕的眼光，而且自己还因为有这样一件宝物，时常为办成一件小事而沾沾自喜。

就算是功绩盖世，也会因居功自傲而前功尽弃。洪应明认为，无论是"矜"还是"悔"，其实人生就是一个"悟"字，就是要悟到真正的生存智慧，就是要认识到自己应该为什么而活着。面对世人的称颂，面对荣华富贵，如果你以为这些就是人最终的追求，一旦拥有了这些，就自足自骄起来，那就是自己把自己的功业断送掉了，甚至还会走向反面，对世人犯下悔亦不及的大罪过。古往今来，多少人在"骄傲"的问题上栽了跟头，出了问题。

有时候虚荣可以帮助我们，成为我们生命的动力；我们为了私欲而贪图虚荣，虚荣可以害我们，成为我们生命的累赘。因此不要带着这些负累去面对你漫长的人生之路。以一颗轻松、纯净的心去面对。那时我们就会发现，我们的人生路上充满了阳光。我们要像元代王冕《题墨梅》诗中说的那样："不要人夸好颜色，只留清气满乾坤。"

任何情况下都必须把自己的位置摆正。即使立下盖世奇功，成为天下崇拜的英雄，假如自己产生自傲的念头，不但功劳会在自傲中丧失，还会招来无妄之灾。切记："骄矜无功，忏悔灭罪。"与大家一起分享好东西，把自己拥有的好东西露给别人看一看，把自己的得意之事说给别人听一听，也没有什么不可以的，也没有什么不好的；但是，如果炫耀的心理太炽热，想听好听、奉承和赞美之话的渴望太强烈了，人就陷入了"卖弄"之歧途。而这种卖弄有时就像是毒药，会让你上瘾，最后把做人的本性失去。

爱卖弄的人总是故意要显露某些东西，企盼获得他人的喝彩，以满足自我的虚荣之心。这种人生状态虽不会给人带来什么灾难，但却常常引发他人的厌恶，甚至鄙视，且易养成骄傲自满的心理，这极为不可取。

曾经有一位农夫，在地里拾到一个非常脏的卢布。有人对他说："只要你愿意，我们就用三大把五分的硬币跟你调换。""不！"农夫想，"我一定要让你们出价更高。如果我略施小计，你们会争着抢着出大价钱来买哩！"于是他找了铅粉、树皮和砂纸，先把金卢布在砖上磨着，再用树皮刮着，然后用砂纸和铅粉擦着。最后，金卢布变得金光闪亮，可是却没有人要，因为它的重量减轻了，价值自然也就降低了。

在现实生活中，类似老农的人很多。我们往往把各种徒有其表的时髦当成典范。因此，当你为质朴的灵魂撕去粗野的外表时，千万不要糟蹋了他们善良的品质，而只落得虚有其表的光彩，到头来不但品质没有提高，反而以糟粕代替了精华。虚荣心很强是好卖弄的人的特点。虚荣是我们心灵深处的魔鬼，使我们变得自负，误以为自己很了不起，可事实上并非如此。有些人私底下常常十分无奈，但还是拼命想出风头，结果什么也得不到。一旦真相大白，他们便无地自容，失去信心，放弃了使自己重新振作起来的机会，到头来，虚荣带给他们的只有失败。其实，这些人是在玩一场注定要失败的赌博游戏，他们将变成一个固执己见的人，最终只能连连碰壁。

修身如雕石磨玉

人生在世，应当有职业。农民盘算耕种的事，商人议论货币财物的得失，能工巧匠精心制作器具，有才艺的人探索方法技术，武人练习武艺，文人讲议经书。经常可以见到许多文人、士族耻于务农经商、从事公务、劳役以及土木建筑事务。

射箭不能射穿铠甲，写字只能够把自己的姓名写上。酒足饭饱之后，无所事事，就这样虚度年华。有的人世袭先代的官爵得到一官半职，就自我满足起来，把学习的事置之度外。碰到吉凶大事，议论问题，就张口结舌，懵懵懂懂，如坐在云雾中。每逢公家私人宴饮相聚，谈古论诗的时候，毫无雅兴，只好默不作声，哈欠连天。有学问的人在一旁看着，替他们惭愧，恨不得能代他们钻入地下。与其这样丢丑，还不如努力学习几年，以免一生都会受到别的羞辱。

学习是为了增长知识，把事理通达。如果有超出众人的天才，做将领则能与孙武、吴起的战术相同；执掌朝政则能与管仲、子产的政教不谋而合，虽然没有读过书，我也说他已经学过

了。人们看到自己的邻居和亲戚中有名望地位的人，十分羡慕，让自己的子弟去学他们，而不知道向古人学习，这是多么糊涂啊！现在的人只知道把战马骑上，披上铠甲，手执长矛，自带强弓，就说"我能为将"；而不知道掌握节气、气候、阴晴、寒暑的变化，辨别战略上的有利地形，比较逆顺、通晓兴亡的奥妙。只知承上接下，把财富聚集，就说"我能为相"；而不知敬奉鬼神，转移风俗，改变习惯，掌握自然规律，发现和选拔人才。只知不接受贿赂，及时处理公事，就说"我能治理百姓"；而不知为人诚实，作为别人的榜样，治民就像驾驭马车一样得心应手，为百姓消灾免难、变善为恶的方法。只知死搬法令律条，早上判刑，晚上释放，就说"我能审理案件"；而不知同辕观罪，像汉代的何武一样明辨是非，像北魏时的李崇一样用假话来哄骗被告，使之露出马脚，像晋代的陆云审理奸情案一样不问而使案情大白。

东汉时期，王修说："从古至今神圣英明的帝王，都需要勤奋学习，何况是平民百姓！"显贵人家的子弟，几岁以后，没有不接受教育的。教材多的有《周礼》、《仪礼》、《礼记》、《公羊传》、《谷梁传》和《左传》，少的也有《诗经》和《论语》。等他们到了青年时候，性情稍稍稳定，顺着他们的天资，更须教育诱导。志尚高远的人，能够不断地磨炼自己，以成就儒业。没有节操的人，从此懈怠轻忽，也就变成了平庸的人。

梁朝鼎盛时期，来自显贵人家的子弟，大都没有学问。他们只知打扮，人人都用香料熏衣服，把脸修得光光的，擦粉抹口红。驾着很考究的车子，穿着有齿的木屐，坐着漂亮的座褥，斜靠着杂色丝做的软枕，左右陈列着赏玩的物品，走起路来态度从容，看上去就像神仙一样。参加明经考试的，雇人来代替自己对答；官家举行宴会，则请人吟诗歌赋。在这个时候，也算是豪爽快活的人。

遇到战乱的年代，朝廷变化迁徙改革，吏部选拔人才的官员，已经不是过去亲密的人；担任重要官职掌握大权的，找不到昔日的同党。

从他们身上找不到真才实学，让他们到社会上办事又毫无用处。失去华美的外表而露出拙劣的本质，呆立着像一段枯木，浅薄得像一条快要干涸的河流。在战争中颠沛流离，死后弃尸于沟壑之中，在这个时候，真是一个低劣的人。而有学问技术的人，就能安身在四方。自从灾荒战乱以来，多遭俘掠，世世代代为平民百姓而知道读《论语》和《孝经》的，还可以当个老师。祖祖辈辈不做官而没有文化的，无不耕田养马。由此看来，怎么可以不努力啊！

有客人责难主人说："我看见有人手执兵器，把罪人诛杀，使百姓安定，从而取得公侯爵位的。有人办理文书说明事宜，熟习吏事，拯救艰危的时势，使国家富强起来，以此取得卿、相之位的。但是有人学问贯通古今，才能兼备文武，却没有官职，老婆孩子跟着饥寒交迫，这样的人更是数不胜数，学问有什么值得重视的？"主人对答说："命运的好坏，就好像金玉木石有优劣一样。学习技艺，就像磨砻金玉、雕刻木石一样。把金玉磨得光亮，比没有磨过的矿、璞要美。没有经过雕刻的木石，比雕刻过的要难看。怎么能说雕刻过的木石，就必定胜过没有磨砻过的矿金璞玉呢？因为它们是不同的物质，不能相比。所以也不能把有才学而贫贱与无才学而富贵两者相比较。何况，披着铠甲当兵，咬着毛笔为吏，身死名灭的多如牛毛，卓然特立的如灵芝草一样罕见。努力读书，歌吟道德，辛苦无益的人像日食一样少见。贪图享乐，追逐名利的人像秋荼一样繁荣茂盛，怎么能相提并论呢？"

最高的德行如流水

水善于帮助万物生长而不与万物相争，它总是停留在普通人所不喜欢的地方，所以最接近于"道"。崇尚善的人，进退出入，能像水那样安于卑下低湿；立志存心，能像水那样博大深远；交朋结友，能像水那样仁爱相亲；说话发言，能像水那样诚实守信。崇尚善的人，在为政上，能像水那样有条有理；在办事上，能像水那样无所不能；在行动上，能像水那样伺机而动。正因为崇尚善的人像水那样洒脱超越，与世无争，所以从来都不会有过错。老子曰："最崇高的德行就如同水一样。"

没有什么东西比水更为柔弱，可是在攻陷坚强方面却没有什么东西能够胜水，这方面没有任何东西可以替代水。弱小的能够战胜强大的，柔弱的可以战胜刚强的，普天之下没有人不知道这个道理，可是就是没有人能够照着去做。

古代的时候那些善于行道的高人，生性精微奥妙而且深远通达，其境界之高深是普通人无法领悟理解。正因为他的境界不是一般人所能认识到的，所以只能勉强对他加以形容。他事先做到谨慎，就像在冬天时，淌水过河时的小心翼翼；他时刻警觉戒惧，就像提防邻国敌人的进攻；他有时恭敬端庄，就像在盛宴上做客那样严肃；他有时潇洒活泼，就像冰消雪融那样亲切和煦；他敦厚质朴，就像未经人为加工的木材；他旷达通脱，就像深谷那样能吞纳包容；他浑然一体，就像未经澄清的混浊之水。谁能够使浑浊停止，安静下来，就会慢慢变得澄清；谁能够保持静中有动，变动起来，就会慢慢打破宁静。达到这种"道"的境界的人从不追求人为的圆满。正因为他不追求圆满，所以虽然思想保守，但是却能够不断取得新的成功。

朴实自然是最高的仁义礼智信

不把人当外人是最高的礼节，最高的义是不把物当外物，最高的智慧是直率不用计谋，最高的仁是不存偏爱，最高的诚信是不以金钱为信物。最高的仁、义、礼、智、信，就是自然和朴实。所以，君子观察人，往往把他安排在远处使用，从而观察他是否忠诚；把他留在身旁使用而观察他是否恭敬；交给他做繁杂的事情而观察他的能力；突然向他提出问题而观察他的智慧；急迫地规定完成任务的期限而观察他的信用；委托他管理财政而观察他的廉洁；告诉他处境的危险而观察他的节操；用酒使他喝醉而观察他的仪态；使他男女杂居而观察他对色的态度。通过这几种检验，便可以鉴别出哪些是小人了。君子从九个方面对人进行考验，即把人安排在各种不同的环境中，故意给他制造一些麻烦和诱惑，用来观察他的品德行为、智慧和能力。

有一些活着的人，生于阴阳浑合之气，在天地之间居住，只不过姑且是人罢了，将来还要返归到本宗去。从根本上来观察，所谓生命，就是气聚合而成的东西。虽然有长寿的，有短命的，然而长寿与短命之间差别又能够有多大呢？人的一生只不过是一小会儿罢了。人是"气"的聚合产物，死了，又复归于"气"。从根本角度看，生死寿夭，只能顺应而不必刻意强求。

百里奚对爵位和俸禄从不放在心上，因而让秦穆公忘记了他的地位低下，把政权交给他。有虞氏从来不把死生放在心上，所以他的行动最能让人感动。爵禄不入于心，死生不入于心，才可能让人感激、感动。

正考父在被任命为士的时候，恭敬地弯着腰；在任命为大夫的时候，恭谨地低着头；在任命为卿的时候，俯下身子，沿着墙根走路。像正考父这样的人，谁能用不合道理的事情侮辱他呢？而一般的俗人，在任命为士的时候，就自高自大起来；在任命为大夫的时候，就高兴地在车上跳起舞来；在任命为卿的时候，就对长辈直呼其名起来。像这种人，谁会把他们与唐尧、许由相提并论呢？

好品行要靠后天的学习修来

恶是人的本性，而善是后天人为的。人生来就有喜好私利的本性，顺着这种本性，于是人与人之间相互争夺的事就发生了，谦让的事便消失了。人生来就有嫉妒、仇恨的本性，顺着这种本性，于是残害忠良的事发生了，忠诚信用的事便消失了。人生来就有七情六欲，喜好声色的本性，顺着这种本性，就会有淫乱的事发生了，礼仪、等级制度和道德观念也随之消失了。既然这样，放纵人的本性，顺着人的情欲，必然会发生争夺，出现违反名分、破坏社会礼仪秩序的事，从而导致暴乱。所以，一定要有老师和法制的教化、礼仪的引导，才能产生谦让，出现合乎等级制度的礼仪秩序，从而出现社会安定的局面。由此看来，人的本性是恶，这已经清楚了，性善，只不过是后天人为培养形成的。

君子只要通过广泛博览地学习，并且每天检查和反省自己，会明白许多道理，从而不会让自己的行动有所偏差。志向完美，就对权贵傲视，以道义为重，就藐视王公大臣；内心省察自己、注重思想修养，就觉得外物轻微了。如果你看见了好的品行，一定要认真地省察自己有没有这种好的品行；看见了不好的行为，一定要怀着忧惧的心情反躬自问。自己有了好的品行，一定要坚定不移地加以珍视；自己有了错误，一定要像被玷污了一样感到厌恶。

假如普通人把实行仁义法制作为主要内容来学习，专心一意，认真思考，仔细审查，长此以往，一天天地增进，积累善行而不停止，那么就能达到神明的境界。只要不停地前进，就是跛了脚的甲鱼，也能行走千里；只要不停地堆土，终究会堆成一座大山。把水源堵住了，又挖开沟渠让水流出，即使是深广的长江、黄河，也可能会干涸。见到好事，立刻去做，遇到疑难，立即去问，不等过夜。对于天下的各种事情不能融会贯通，就不能称作擅长学习了。

在人的资质秉性、知识和能力方面，君子与小人一样。爱好荣誉、厌恶耻辱；爱好利欲、厌恶祸害，君子与小人也一样。但是，求得荣誉和利欲、避免耻辱和祸害，君子与小人所采用的方法就不一样了。小人拼命做荒诞不经的事，还想要别人相信自己；拼命干欺诈的事，还想要别人亲近自己；行为如同禽兽，还想要别人用善意对待自己；心术叵测、行动诡诈，所持的观点难以站住脚，结果必然得不到荣誉与利益，也必然遭受耻辱与祸害。至于君子，对别人诚实，也想别人对自己诚实；自己忠厚待人，也想别人亲近自己；品行正直，办事中肯，也想别人用善意对待自己；襟怀坦白，行为安稳，所持的观点易于成立，结果必然得到荣誉和利益，肯定不会遭到耻辱和祸害。

图难于易，为大于细

想把树叶摇动的人，一片片地去摇，花费了很大的力气也不能使每一片树叶都摇动，左右拍打树上的叶子不就都摇动吗？善于撒网的人拿着网绳撒网，而不是拿着一个个网孔撒开。如果要拿着一个个网孔再撒开，劳累而难达到目的；拿着网绳撒网，鱼就会尽入网中。有形的、巨大的事物一定起于幼小的事物；经久的、众多的事物一定起于少量的事物。天下的难事必须从简单的事情做起，天下的大事必须从小事做起。图难于易，为大于细。千里之堤，溃于蚁穴；百尺之室，焚于烟囱的缝隙。所以，处理事物要从事物小的地方做起。

谈论迂远深奥，博大无涯，就没有什么实际的功用。良药苦口，聪明的人知道吃了它可以把疾病治好。忠言逆耳，贤明的君主知道采纳它可以建立功业。迂腐的学者不懂得社会治乱的道理，喋喋不休地诉说先古的经验教训，以扰乱当代社会。他们的智慧不足以避免陷阱之难，他们却妄自指责别人。听从他们言论的危险，运用他们计谋的混乱，这也是大愚、大祸。迂腐的学者和有道之士都有贤能之名，实际却相距很远。将他们进行比较，前者像蚍蜉的小土堆，后者则如同崇山峻岭一样。战国时的韩非说："顾全大局的人像天一样，没有它不笼罩的，像地无不运载，又像江海浩瀚、山谷高深。"日月朗照，四时运行；德泽云布，四方风动。

天有大道理，人也有大道理。香甜清脆的佳肴，醇厚浓郁的美酒，享受起来太舒服了，但影响身体健康。皮肤细嫩、牙齿洁白的美妙女郎，使人看了就喜欢、着迷，但损害人的精神。所以，要舍弃那些超过人承受能力的行为，就不会伤害身体了。不以智慧累心，不以私欲累己。以法律保障社会的太平，以赏罚处理人事的是非。不违背天理，不伤害性情；不吹毛求小疵，不洗垢求斑痕。不引绳之外，不推绳之内；不急法之外，不缓法之内。守成理，因自然。祸福生于道法，而不出于个人的爱好与厌恶。荣辱祸福，在于自己而不在于别人。所以最安宁的社会，就像清晨的露水那样纯洁。人们心里不结怨仇，嘴里不多说话。

君主的权力不能刻意显示，而要蕴含在平和、平静，看起来无所作为的状态中。事务在四方臣民，中央朝廷是关键，君主静静地等待他们，他们自然会效力。君主听人谈论，如果对别人华丽的辩词欣赏，看人的行为，认为迂腐不实用就是贤能。那么，群臣吏民夸夸其谈，行为就会远离社会现实。言说纤细难察，微妙难能，就不是能急于办理的事务。

富贵者更应树立己身

要有戒心，就必须树立己身。人生在世，自己无能而指望别人任用你，没有善行而指望他人爱你。当无人用你无人爱你时，就说："我生不逢时，现在不急需人才。"这就像农民不精耕细作，而埋怨天时不好，而又不想饿肚子，怎么能够做得到？唐代的柳珵说："有钱有势的家庭，应该存有戒心而不能有所恃仗而无所恐惧。"

如果一件事没有按先辈的教导去做，他的罪过就最大了。虽然活着的时候可以姑且取得名誉、地位，死后怎么到地下去见祖先？有钱有势能助长骄傲情绪，家庭繁盛容易被人嫉妒。即使有真才实学和美好的品德，别人也未必相信；只要有一些细小的缺点，大家都会来指责你。所以贵族的后代，必须把自己的品德修养提高，学问一定要扎实。

要树立自身，必须以孝顺父母、尊敬兄长为基础，以恭敬为根本，以谨慎为事，以勤俭为绳，要使家庭富起来，凡事必须都要忍让顺从；要想保持交情，必须待人诚实恭敬。多方面的品行都具备了，还要注意是否有不周到的地方。说话谨慎，还担心会失言。广泛学习，还唯恐不够，求取功名，就像是在无意中得来的一样。

把贪鄙与骄奢克服，就会少犯一些错误。做官要清白、精简事务，然后才可以谈执法。执行法令然后才可以谈培养。坦率不去接近祸事，廉洁不去沽名钓誉。薪水虽然微薄，但不可以看轻这些民脂民膏；答罚人的刑具虽然可以用，但不可以任凭狭隘的心胸想怎么做就怎么做。

忧患与幸福不能同时享有，廉洁与富裕不能并存。每见名门大族的子孙，祖先正值当官，以正大光明而出众，不畏强暴，等到衰落的时候，专门好冒犯尊长和上级，除此之外就没有别的才能了。如果祖先为人恭顺，以温顺来保身，避免过错，到衰落的时候，也只是愚昧无知，不知道如何是好。两者相差甚微，不是贤人不能够做到。

平常心的人，修饰词句，努力学习，轻率求进，患得患失，

随时想施展自己的才能；相信自己的命运不好而后退的人，学业文章却荒废而一无可取。唯有聪明的人善于思考，增长自己的见闻，坚定地进行学习，精通学业，用得着我我就干，用不着我，我就把自己的本事收起来。如果不是这样，怎么能算得上是君子呢？

自己损害名誉，祸害自己，辱没祖先，败坏家庭，造成这些过失的最主要的原因有五个方面，应当牢牢记在心里。一是自己只求安逸，不愿恬淡寡欲，只要对自己有利，不怕别人说闲话。二是不知道儒家的学术思想，不喜欢古代的学术、政治、道理、方法等，对前人的经书懵懵懂懂而不以为耻，谈论当代的文章而使人笑话，自己知识浅薄，而讨厌人家学问渊博；三是怨恨超过自己的人，喜欢吹捧自己，只喜欢谈笑，不喜欢学习。听到别人的优点就嫉妒，听到别人的缺点就宣扬，长期养成一种邪气，有损德义，这种人白白穿戴着衣冠，与下等人又有什么区别。四是喜欢游玩，嗜好饮酒，以此为高尚的情趣，以勤勤恳恳为庸俗的格调。学会这些容易受到迷惑，一旦觉悟，却难于悔改。五是急于出名做官，亲近居高位有权有势的人，也许会得到一官半职，但往往把众人的愤怒和猜忌招来，很少有能保全者。这五个方面的病理，比痈疽还要严重。痈疽可以治愈，而这些却是连名医都无法医治的。前世贤人有明白的鉴戒，典籍上也有清楚记载，近世也有人有失败的教训，不但可以听到，而且还可以亲眼见到。

第二编 观心论道篇

静悠恬淡，观心证道

静中念虑澄澈，见心之真体[①]；闲中气象从容，识心之真机[②]；淡中意趣冲夷[③]，得心之真味。观心证道[④]，无如此三者。

【注释】

①真体：指真实的本体。
②真机：指本性的动机，真正的动机。
③冲夷：安静平和。
④证道：悟道，领悟道理。

【译文】

平静时，思虑清澈透明，最容易看出真实的本体；闲逸时，气质形象从容大方，最容易看出内心的真实想法；淡雅平静时，意味情趣与人和平相处，最容易体会到纯真的趣味。因此通过内心的反映来领悟道理，再没有比这三种方法更适合的了。

静中寓动，忙处悠闲

天地寂然不动，而气机[①]无一息少停；日月昼夜奔驰，而贞明[②]则万古不易。故君子闲时要有吃紧的心思[③]，忙处要有悠闲的趣味。

【注释】

①气机：指万物活动的机能。
②贞明：光明，太阳的普照。
③心思：想法，思想。

表面上看天地寂静安然一动不动，但是万物的活动却每分每秒都在变化着；日月昼夜更替，但它们正大明亮的特性却永恒不变。由此看来，身为君子，在闲暇的时候也要保持紧迫感，在忙碌的时候要学会从中寻求休闲的乐趣。

识得真相走

以幻迹言，无论功名富贵，即肢体亦属委形；以真境①言，无论父母兄弟，即万物皆②吾③一体。人能看得破、认得真，才可以任天下之负担，亦可脱世间之缰锁④。

【注释】

①真境：指超越世俗的境地。

②皆：全，都。

③吾：我，用于自称。

④缰锁：指缰绳和链锁，束缚、约束。

【译文】

从虚幻这一角度来说，不论功名富贵，就连肢体也都不过是自然界的一种短暂形态；从超脱世俗的境界这一角度来说，不论父母兄弟就连世间万物都和我是一个整体。人只有能够看破所有、悟出真理，那么才可以担负治理天下的使命，也就可以摆脱世间任何东西的束缚了。

一念回光，迥然返照

一灯萤然①，万籁无声，此吾人初入宴寂②时也；晓梦初醒，群动未起，此吾人初出混沌③处也。乘此而一念回光迥然返照，始知耳目口鼻皆桎梏④，情欲嗜好悉机械矣。

【注释】

①萤然：指微弱的灯光。
②宴寂：寂静，沉寂。
③混沌：古代指天地没有形成之前的元气状态，文中指昏昏沉沉。
④桎梏：约束，束缚。

【译文】

灯光微弱，周围寂静无声的时候，正是人们休息身心的大好机会；黎明时从梦中醒来，四周没有喧闹的声音，这时人们刚刚摆脱昏沉状态。如果趁此时光来反思自我，就会幡然醒悟知道耳目口鼻等都是约束身心的缰锁，情感欲念都是诱使人们心灵变坏的陷阱。

逆来顺受，居安思危

天之机缄①不测，抑而伸，伸而抑，皆是播弄②英雄，颠倒豪杰处。君子只是逆来顺受，居安思危，天亦无所施其伎俩矣。

【注释】

①机缄：玄机、奥秘。

②播弄：捉弄，摆弄。

【译文】

　　天地的机理深不可测，有时先抑制个人的发展而后施展抱负；有时先施展抱负而后遭受压抑，这些都是地摆弄英雄之士，控制豪杰的手段。因此君子只有顺应天命、居安思危，这样上天也就很难施展它的权术了。

动静适宜，道之心体

　　好动者云电风灯①，嗜寂者死灰槁木②。须定云止水中有鸢飞鱼跃气象，才是有道的心体③。

【注释】

　　①云电风灯：云中的闪电，风中的烛灯，形容转瞬即逝。
　　②死灰槁木：熄灭的灰烬，枯死的树木，比喻死气沉沉的环境。
　　③心体：想法，思想。

【译文】

　　爱动者的思想就像云中的闪电、风中的烛灯，短暂而不稳定；爱静者的思想就像熄灭的灰烬、枯死的树木，毫无生机。因此做人应该有动有静，就像在白云下飞舞的老鹰，就像在池塘水面下跳动的鱼儿，只有做到动静皆宜才能领悟人生的大道理。

顺其自然，脱俗入圣

　　放得功名富贵之心下，便可脱凡①；放得道德仁义②之心下，才可入圣③。

①脱凡：超凡脱俗。

②仁义：仁爱、正义。

③入圣：指达到圣人的境界。

【译文】

唯有放下追求功名富贵的心，才能超凡脱俗；唯有摆脱仁义道德教条的束缚，才能达到圣人的境界。

盈满勿溢，危急不险

居盈满者^①，如水之将溢未溢，切忌再加一滴；处危急者^②，如木之将折未折，切忌再加一搦^③。

【注释】

①居盈满者：做任何事情都很顺利的人。盈满，盛满，形容狂妄自大的人。

②处危急者：指处境危险的人。

③搦：持；握；拿着。

【译文】

任何事情都很顺利的人，就像将水装满而没有溢出的时候，这时一定不要再加上一滴，不然水就会溢出来；处于险境的人，

就像将要折断而还没折断的树枝，这时一定不要再去碰它，不然就会断掉。

以我转物，逍遥之境

以我转物者[1]，得固不喜，失亦不忧，大地尽逍遥之境；以物役我者，逆固生憎[2]，顺亦生爱，一毫皆缠缚[3]之端。

【注释】

①以我转物者：指用人来控制自然界的运转。
②憎：憎恨，厌恶。
③缠缚：缠绕，束缚。

【译文】

以人类来控制自然界，得到了没有必要高兴，失去了也不必忧伤，因为天地之间处处都有施展才华的地方；以万物来控制人类，如果得不到便会憎恨，然而得到了又容易沉迷其中，这样一点微小的事会使人的天性受到束缚。

嗜欲乃天机，尘情即理境

无风月[1]花柳[2]，不成造化；无情欲嗜好，不成心体。只以我转物，不以物役我，则嗜欲莫非天机，尘情即是理境[3]矣。

【注释】

①风月：风花雪月，指事物美好的样子。
②花柳：花与柳，指游乐的地方。
③理境：理想境界。

【译文】

没有风月花柳，就不能成为大自然；没有情感欲望爱好，就不能成为身心健全的人。由人来控制万物，而不是万物控制人心，则爱好欲念就无不是自然的机趣，尘世俗念就都会成为理想的境界。

真空不空，在世出世

真空①不空，执②相非真，破相亦非真，问世尊如何发付？在世出世，恂欲③是苦，绝欲亦是苦，听吾侪善自修持④。

【注释】

①真空：指达到了一种忘我的境界。
②执：持，拿的意思。
③恂欲：寻求欲望。
④修持：指修行持道的意思。

【译文】

能够看破尘世而不能够超脱，只把握住事物的表面并看不清事物的真相，而把握不住事物的表面也看不清事物的真相，请问大师如何回答这种情况？人生在世，贪恋欲念是一种痛苦，根除欲念也是一种痛苦，怎样应对这些痛苦就要依靠个人的修行了。

缠脱只在自心，心了即是净土

缠脱①只在自心，心了则屠肆②糟廛③，居然净土。不然，纵一琴一鹤，一花一卉，嗜好虽清，魔障终在。语云："能休尘境为真境，未了僧家是俗家④。"信夫！

①缠脱：摆脱、解脱。

②肆：杂货店，店铺。

③廛：古时指平民所住的房子。

④俗家：指世俗的人。

【译文】

纠缠还是摆脱关键在于自己的内心，内心没有欲望，那么即使处在屠宰场或杂货铺中也会认为那里是一片净土。不然，即使只有一琴一鹤的陪伴，一草一木的相对，也提高不了自己的修养，因为这些嗜好虽然清高，但是内心深处仍有欲念修身的障碍始终还在。如别人所说那样"若能停止对尘世名利的追逐，尘世也是圣洁之地，心里有杂念出家也很难摆脱贪恋"。

有心栽花花不开，无意插柳柳成荫

贞士①无心徼福，天即就无心处牖②其衷；险人③著意避祸，天即就著意中夺其魄④。可见天之机权最神，人之智⑤巧何益！

【注释】

①贞士：指意志坚定的人。

②牖：诱使，促使。

③险人：指危险的人，小人。

④魄：魄力，精神。

⑤智：智慧，智商。

【译文】

意志坚定的人从不想着为自己祈求福祉，上天却要在意想不到时赐福给他促使他完成衷心的事业；小人费尽心机逃避灾祸，上天却要在他刻意躲避处加以惩罚。由此可见上天的神机如此之大，而人的智慧又有何用呢！

俗眼观纷纷异，道眼观种种常

天地中万物，人伦中万情，世界中万事。以俗眼①观，纷纷各异；以道眼②观，种种是常。何烦分别，何庸③取舍。

【注释】

①俗眼：一般的眼光。
②道眼：超凡脱俗的眼光。
③庸：岂，难道。

【译文】

天地间的万物，人世间的复杂感情，世界上的所有事情。用世俗的眼光去看，会让人感到各种各样；用超凡脱俗的眼光去看时，却会觉得它们是平常普通的。因此无论看什么，都应该一律平等，有什么必要分门别类，有什么必要取舍？

心体如天，道法自然

心体便是天体。一念之喜，景星①庆云②；一念之怒，震雷暴雨；一念之慈③，和风甘露；一念之严，烈日秋霜。何者少得，只要随起随灭，廓然无碍，便与太虚④同体。

【注释】

①景星：古人认为是一种代表吉祥的星星。

②庆云：古人认为是一种代表祥瑞的彩云。

③慈：仁慈，慈祥，慈爱。

④太虚：太空、天空、宇宙。

【译文】

人的心情像大自然一样。心中闪过欢喜的念头时，如瑞星闪烁、祥云缭绕；心中闪过愤怒的念头时，如雷声阵阵、狂风暴雨；心中闪过仁慈的念头时，如煦日春风带来雨露，滋养万物；心中产生严厉的念头时，如夏日骄阳、秋季严霜。不论情绪怎样，只要有起有灭，不要埋在心中，内心就会广袤无边毫无阻碍，就会和广阔的天空成为一体。

知成之必败，知生之必死

知①成之必败，则求成之心不必太坚②；知生之必死，则保生③之道不必过劳。

【注释】

①知：知道，了解。

②坚：坚持，坚硬。

③保生：保养生命。

【译文】

如果明白事情有成功就会有失败的义理，那么就没有必要对成功太过坚持；如果明白万物有生就有死的义理，那么就没有必要为保养生命太过劳累。

勘破生死，超然物外

试思①未生之前，有何象貌②？又思既死之后，作何景色③？则万念灰冷，一性寂然，自可超物外④，游象先矣。

【注释】

①思：想，思考。
②象貌：样子，相貌。
③作何景色：是什么样的情况。情形，情况，状况。
④物外：世外，超凡脱俗的意思。

【译文】

如果试着思考人在没有出生之前，长什么模样呢？再去想人死之后，又是什么样的情况呢？这样就会心灰意冷，心平气静。这样自然就能超越世俗，成为不被拘束的人。

肃杀之气，生意存焉

草木才零落，便留萌蘖于根苗；时序虽凝寒，终回阳气于灰管①。肃杀②之气，生意存焉，即是可以见天地之心。

【注释】

①灰管：为古代测试气候变化的工具。
②肃杀：指萧条的环境。

【译文】

草木刚刚凋零，根部就会孕育出新芽；时节次序中即使是严

寒的冬季，始终有气候回暖的那一天。在萧条的环境中，实际上孕育着盎然生机，由此可见天地胸怀的宽广。

心惬引人苦，心拂换得乐

世人以心惬①处为乐，却被乐心引入苦处；达士以心拂②处为乐，终③由苦心换得乐来。

【注释】

①心惬：惬意，知足。惬，知足，满意。
②心拂：遭遇横逆，心里不顺。
③终：最后，最终。

【译文】

人们都以实现自己的欲望为乐趣，但这种乐趣往往是人们痛苦的根源；达观的人以艰苦奋斗为乐趣，最后以自己的奋斗换来真正的乐趣。

乐天知命，随遇而安

释氏之随缘，吾儒之素位，四字是渡海的浮囊①。盖世路茫茫，一念求全，则万绪纷起。惟随遇而安②，斯无入而不自得矣。

【注释】

①浮囊：宝囊。
②随遇而安：安心于各种环境。

佛家比较重视缘分，就是根据具体情况来决定自己的行为，儒家重视素位，就是安于本分不胡思乱想。随缘素位这四个字是为人处世的宝囊。因为人生道路遥远而渺茫的，如果凡事都要求完美，那么就会遇到很多纷扰。只有安于本分，顺其自然才能获取欢乐。

【解悟】

要快乐，就要学会自我省察

无论是在平凡琐碎的日常生活中，还是在千钧一发的紧要关头，我们还是应该在各种各样的选择与考验面前，做到始终如一地保持一种足够清醒的态度和快乐平和的情绪。比如说，让自己的内心尽可能更为坦荡一些，少些毫无益处的虚与委蛇和刻意伪装。或是在为人处世的过程中尽量能以一种谦虚谨慎的态度和原则去面对周围的人和事，而不是因为取得了一点点的成绩就去得意忘形地炫耀自我。这不是什么虚伪世故的生存伎俩，而是我们应该学会的一点儿做人的根本道理罢了。虽然说来简单，但这却需要我们的勇气和智慧，当然一份自我省察的必要能力也是必不可少的。

在人生道路中，我们所谓的快乐与痛苦、成功与失败等问

题，并非完全是由客观条件的得失或是优劣来决定的，其中还包括另外一个更为重要的内在因素，那就是我们在这些条件下所抱有的态度和情绪。而这也就意味着一个人的种种际遇，往往也和自己在当时所选择的心态和情绪有关，有时甚至会完全由自己做出的选择来决定。

确实我们的态度和情绪常常会对自己的整个人生产生极为深远的影响。也正是因为如此，对于每一个想要在自己的生命中有所作为的人来说，除了要战胜各种各样的外在困难外，还需要时刻都能做到必要的自我省察，从而更好地战胜自己并由自己来支配自己。

要想过上真正意义上的自在人生，肯定少不了一种必要的自我省察。因为置身于现代生活中的任何一个人都不可避免地要去面对各种各样的实际问题，而每个人也都有保全自己、追求幸福的权利，所以要想在现实生活中更好地实现个人的目的和愿望，那么就应该学会在以诚待人的基础上来处理事情和解决问题。当然，这也不是说我们就一定要对所有的人和事，都必须直来直去地盲目信任，更不要轻易就展示出自己的全部才华与能力。毕竟社会是复杂的、人心是多变的，所以在很多时候还是要多长个心眼，既要以诚为本，又要注意避免因为过分炫耀才干从而把他人的妒忌甚至是伤害招致过来。但是在实际生活中，在实践自我省察能力时，却发现做到这些是非常难。当我们受到别人的无辜指责或是恶意伤害的时候，又有多少人能够真正做到平心静气甚至是笑脸相迎呢？没有破口大骂甚至是拳脚相向就已经很难得了，哪还有什么心思去调节自己的心态和情绪来从容地面对这些是是非非呢？说到底，这种能力不仅是一种道德品质的充分体现，更是一份难得的生存智慧的具体表现。至于那些能够做到这一点的人，既是因为他们的身上具备了常人所不具备的许多美德，更是由于他们具有一个更为远大的人生理想和追求目标。为了达到自己的最终目的，他们自然懂得"谦受益、满招损"以及"韬光养晦"这些人生道理，不仅不会刻意炫耀自己的才华与能力，更不会被那些暴躁甚至是恶意的言行所激怒，进而有过激行为的发生。而对于想处处以理服人的人来说，也一定要先学会用强有力的自我省察和自我节制来征服自己。

在这个问题上，历史上的很多伟大人物都已经给我们做出了足够参考，是我们学习的榜样。即使是在心事积压得自己有些无法承受的时候，如果一定要缓解和释放出那些不良心态和压抑情绪，以阻止它们对自己的身心健康造成某种不利的影响，那么真正聪明的人也往往都会选择那些无足轻重的细枝末节，而绝非是在那些极为关键甚至是重中之重的要紧事情上来发泄，这样才能把无可挽回的重大错误避免。

当然在适当的情况下发发脾气，并不会给我们的工作和生活造成什么极为严重的破坏或影响。毕竟身处于这个纷繁复杂的现实世界中，又有哪一个人能够总是时时顺心事事如意呢？只要能够在真诚待人的基础上，时不时地进行必要的自我省察和自我节制，那么也就可以在为人处世的过程中，更好地保全和发展自己了。

成功的人生，离不开人情世故

人们常说的"人情世故"指的是人际关系上的一种酬酢往来。虽然在绝大多数的情况下，这种关系只是一种形式上的东西，甚至还多少夹杂了一些虚伪的成分，可它在我们维系自己与他人之间关系的过程中，却是不可或缺的一个组成部分。不仅如此，对于那些渴望在社会生活上求得生存和长远发展的人来说，这是很重要的一个步骤。

所以，一个真正意义上的成功人生，是离不开这种人情世故的。有功劳固然要积极争取，但是总不能把这种好事往自己一个人身上大包大揽却吝啬于将其分享给他人。相反，过失虽然人人都不愿意承担，但也不该本着"一推二六五"的逃避态度，将其完全地推到他人身上。毕竟我们都不可避免地要置身于整个社会生活的各个集体之中，倘若总是采取这种趋利避害的做法，那么长此以往还有谁愿意和你相处和共事啊！这虽然只是人情世故的一个侧面，却足以影响到我们自身的长远发展，也与我们在未来的成败得失有着密切关系。

如今我们的整个社会就是由人情世故编织而成的一张看不见的大网。置身其中的每个人，也不过只是这张大网里最为微小的一根线头而已。既然整个大网都是由无数个像你我这样的线头连接而成的，那么我们又怎能轻易地将自己剔除在这张大网之外呢？如果说一切已经成为一种无可避免的定局，那么懂得了这些道理的我们，就更是不能轻视和忽略了人情世故的重要意义以及它的巨大作用，而且也应该努力地去学会掌握和运用这样的人情世故。与其在逃避的态度中弄得自己处处尴尬时时难堪，还不如干脆成为这张大网中最为坚固的一个部分，从而在这种千丝万缕的紧密连接中把自己的快乐人生实现。

"你走你的阳关道，我过我的独木桥。"这只不过是在事情已经发展到了无法弥补的程度时不得已而说出的一句负气话罢了。对于那些真正成熟的人来说，就不应该认为这样的一种结局就是我们最好的选择了。尤其是在我们这个素来讲究人情世故的礼仪之邦中，做任何事懂得一些必要的技巧和方法是必需的。

好事要主动与他人分享，坏事要勇于主动承担，这显然才是一种能够彰显个人博大胸襟和处世智慧的正确态度和做法，也是不断取得成功的最佳秘诀。在这件事情上，举世闻名的F1方程式赛车选手舒马赫就绝对堪称是一个值得我们学习的榜样人物。在取得了一系列的显赫战绩后，他在接受所有媒体采访的时候，总是要把功劳归功于自己身后的整个团队；而在遭遇失败和挫折后，他又总是把过错归咎于自己的操作失误。也正是因为有了这样的一种态度，不仅为他赢得了全世界的尊重与敬仰，也为自己的不断成功奠定了坚实的基础。

处变不乱，百折不挠

人生如战场，在竞争激烈的社会里，我们也会遇到艰难险阻，我们应该像将帅统兵打仗一样，驾驭自己的人生。勇敢而不蛮干，保存实力而不贪生怕死，性格刚毅而不暴躁，不畏艰险，不怕强敌，保持头脑冷静，正所谓"留得青山在，不怕没柴烧"，"山重水复疑无路，柳暗花明又一村"。

在这个世界上，从来没有什么真正的绝境。无论黑夜多么漫长，黎明总会到来；无论寒冬的暴风雪怎样肆虐，柔和的春风依旧会缓缓吹来。当困难接连不断，当挫折如影相随，当命运之门在我们的面前一次又一次地关闭，我们永远也不要放弃，永远也不要怀疑：总有一扇窗会为我们打开，总有一片天会属于我们自己。

在现实生活中，从来就没有真正的绝境。很多人之所以没有成功，就是因为他们缺少坚持下去的勇气。心不定则事不成，没有了勇气，自然就想不出解决问题的办法，一遇到困难就没了主意，除了放弃就是逃避，结果一事无成。其实，人们在最困难、最危险，甚至是陷入"绝境"的情况下，只要坚持奋斗，便可以创造转败为胜、起死回生的奇迹。

人们常说，打仗靠士气，正所谓"一鼓作气，再而衰，三而竭"。没有旺盛的士气，是不能打胜仗的。如果士气萎靡不振，打起仗来更是必败无疑。然而，士气说白了就是一股精神气，是情绪的表现，是人们在复杂环境下的情感和心理的流露。真正合格的将帅要智勇双全、临危不惧、处乱不惊、不避生死，且具有远见卓识。

三国时期，蜀国丞相诸葛亮错用马谡，失去街亭后，只有2500军士驻守在西城县。就在这时，哨兵忽然来报："司马懿引大军15万，往西城蜂拥而来！"众官员听得这个消息，个个大惊失色，因为此时此刻，诸葛亮身边无一员大将，只有一班文官。但见诸葛亮登上城头，果然尘土冲天，魏军分路往西城县杀来。诸葛亮当即传令道："将旌旗全部隐藏起来，军士们各守卫在城上巡哨的岗棚，如有随便出入城门及高声讲话的，杀！大开四个城门，每个城门用20个军兵，扮作百姓，打扫街道。魏兵到时，不可乱动，我自有计谋对付。"传令下去后，诸葛亮披鹤氅，戴纶巾，引两个少年携带一张琴，来到城头上，凭栏而坐，焚香操琴演奏。魏兵的前哨急忙将这个情况报告司马懿。司马懿立刻命令军队停止前进，自己飞马向前观望。果然见诸葛亮在城楼上，笑容可掬，焚香弹琴，左面一个少年，手捧宝剑，右面也有一个少年，手执麈尾，城门内外，仅有二十余名百姓，低头打扫，旁若无人。司马懿怀疑城中有重兵，连忙指挥部队撤退。其子司马昭见状说："莫非诸葛亮没有多少兵力，故意这样的？父亲为什么要退兵呢？"司马懿板着脸说："诸葛亮平时一向十分谨慎，从不冒险。今天大开城门，必定有重兵埋伏。我们若是冲进去，一定中计。你们懂得什么？还不快退！"诸葛亮见魏军远去，哈哈大笑起来。众官员问他："司马懿是魏国的名将，今统率15万精兵来到这里，见了丞相，慌忙撤退，这是什么原因呢？"诸葛亮说："他料定我平生谨慎，从不冒险，见我们这样镇定，怀疑有重兵埋伏，所以退去。我并非在冒险，只因为不得不这样啊！"大家敬佩地说："丞相的计谋，鬼神也不能预料啊。如果由我们来指挥，必定会弃城而走了。"诸葛亮说："我们只有2500人，如果弃城而走，必定走不远，不是很快就会被敌人追上吗？"可见，统领三军，他的一个命令，一个行动，不仅关系到三军将士的生死，还关系到国家的危亡，百姓的安危。因此，真正的大将要有大将风度，应该沉着冷静，不急不躁，处变不惊，从容应战。

保持一颗平常心

有很多愤恨会把别人伤害，有很多欲望会把自己伤害，多逸害性，多忧害志。容易发怒会伤害别人，私欲过多会害了自己，贪图安逸会有害于品行，忧虑太多会削弱意志。做人应注意制怒、少欲、适逸、戒忧。人的内心容易激动，我就追求平静；世事总是纷繁忙碌，我就追求清闲；日常生活中有很多恩恩怨怨，我就追求凡事看淡一些。这是做人的秘诀。

人生在世如何才能"淡然无欲"呢？想要达到"无欲"的境界就是一种欲望。关键在于不要被人套上笼头不得自由，不要任人役使鞭打，这就要有淡泊的欲望、真率的欲望、刚直的欲望。人品的高下，实际上就是人的欲望的高低。为人贪欲多就会对大义有亏，忧虑多就会影响思考力与判断力，恐惧多就会把勇气削减。拥有欲望嗜好，别人就能利用它来切中你的要害，只要无所欲求，别人就没有办法乘虚而入了。

不要认为微小就不提防

君子以公道正义把自己的私欲克制，所以能充满爱人之心；小人以私欲取代公道，所以多有害人之心。多有爱人之心，则别人有技能如像自己有技能；多有害人之心，则别人有技能就必然嫉妒怨恨。士人任职于朝廷，就要被人嫉恨；女人进入宫中，就要被人嫉妒；汉代宫中出现了"人彘"的悲剧，唐朝宫廷则有对"人猫"的恐惧。萧绎嫉才而毒死刘之遴，隋代众儒妒能而欲杀孔颖达。王僧虔自廉书画拙劣而免祸，薛道衡因为诗句华丽优美而被杀。

不要认为微小就掉以轻心，恶疮初发时不过像米粒那样小，却能使肌肤破裂，肠胃溃烂。不要以为微小就不加以提防，蚁穴可以溃堤、蜂虿可以螫人。隐患会因谨慎而消除，祸难皆因疏忽而产生。与其在大火后奖赏救火者，不如把别人改灶移柴的建议听从。以富欺贫，以贵凌贱，以强胜弱，以恶侮善，以壮轻老，以勇辱懦，以邪压正，以众攻寡，这是人世间的常情，也是常人逞勇表忠的机会。但认识到事物均有兴衰更替，就不敢再欺侮他人以取怨；认识到彼此力量对比必然发生变化，就不敢再对抗欺侮而横生是非。商汤服侍葛，周文王服侍昆夷，是忍侮于小。太王服侍匈奴，勾践服侍吴王，周文王服侍昆夷，是忍侮于大。忍侮于强大者优，忍侮于弱小者胜。面对侵夺应无动于衷，面对冷眼应该不动声色。

志不能被屈服者，得之于事先有所准备；轻易就被吓破胆者，受惊于变故仓促而致。能够搏击猛兽的勇士，却往往害怕蜂蝎；愤怒时能够打碎价值千金玉石的人，却不免失色于锅被打破。桓温带兵，"朝见"皇帝，王坦之吓得笏都拿颠倒了，而谢安却从容不迫，与桓温开怀畅谈。郭日希伏势作恶，白孝德彷徨无可奈何；而段透实却无所畏惧，单枪匹马赴郭日希军营，劝诫他弃恶从善。

喜欢把别人过度表扬的人是佞人，喜欢听阿谀奉承的人是愚人。故有讹言燕石为美玉，将鱼眼说成珍珠。将暴君桀尊为仁主尧，把强盗跖誉为圣人柳下惠。因爱憎而移其志趣喜好，说话颠倒是非。世上有伯乐，能够品评辨识良马，岂是庸人凡才所能确定劣马与骏马的价格？古代的君子，闻己有过则喜。好当面奉承人者，必然喜好在背后把人诋毁。

与地位高的人交往不阿谀奉

承，可谓把与人交往的关键感悟到了。花言巧语、察言观色，被讥为不仁的小人。公孙弘将学习的目的歪曲为阿谀取媚，汲黯能当面指责汉武帝的过失。萧诚和柔而善美言，张九龄因此断绝了与他的往来。郭霸品尝魏元忠的小便，宋之问为张易之等人端尿壶，赵履温甘为安乐公主拉车的牛马，丁谓在都堂为寇准擦胡须上的汤渍，这些人的劣迹都载入史册，千秋遗耻。

因快乐而发笑，别人就不会对他的笑容讨厌。卢杞发笑的原因深不可测，是因为他内心狡诈。虽然一笑看似小事一桩，却能招致祸患。齐妃笑话钟克足跛而晋国发兵伐齐；赵平原君的美妾笑话跛脚之客而使宾客离散而出。蔡谟以牛车这种无足轻重的话题开玩笑，因而得罪于王导；郭子仪支开妻妾左右，是担心她们笑话卢杞貌丑而招来灭族之祸。人世多碌碌庸人，谁能免俗？冯道因《兔园册》的玩笑而贬刘岳的官，娄师德却为了被讥讽是庄稼汉而恼怒。

春秋时期晋国大臣郤克出使齐国，外交接见的时候，齐国齐顷公的母亲萧夫人躲在帷后观看。郤克是个瘸子，走起路来一拐一拐的，他一出现，萧夫人就忍不住笑出声来，这使郤克感到受辱，导致了日后两国刀兵相见。

骑马不慎把宝物摔坏，裴行俭未加罪于小吏；喝醉酒误烧金帛，羊侃未责怪宾客；司马劝酒曳拉裴遐，他跌倒而未恼怒；谢万被人从座上推下，弄掉了帽子头巾，他并未怪罪蔡系；有人上诉犯了直呼其名之讳，宗如周却没当成回事儿。

结交朋友，也要有颗赤子般的心

真正的"朋友"，既不必志趣如何相投，也用不着有什么共同的利益关系，甚至可能不会拥有经常见面的机会。真朋友不在于他是否能帮你解决多少难题，帮你做多少事情，而仅仅取决于彼此之间能否在坦诚相见的基础上，做到始终如一地相互信任和相互支持。因为"朋友"本来就应该是我们生命中最大的一笔财富，其重要意义和无可取代的作用，就如同是双目失明的人手里的一根拐杖一样。

赢得朋友的最简单有效的方法，就是以一种赤子般的坦诚来对待他人。又因为这种真诚是相互作用的，所以一个善于结交朋友的人就应该先从自身做起。只要我们能够捧出一颗真诚的"素心"，就会有越来越多的朋友靠近我们。

"管鲍之交"不仅是一段千古传诵的人间佳话，也让后世的我们明白了一个最为简单朴素的道理，那就是一个真正意义上的朋友的全部内涵，以及我们在与朋友的相处过程中应该始终保持着的那一份赤子情怀。所谓"三分侠气"，就是这个道理。当然，这里的"侠义之气"，绝不是很多人嘴里所说的那种"哥们义气"，而是一种互相支持、患难与共的侠义精神，以及一份不为名利所动、始终坚持如一的道德操守。至于那种只是为了无聊时吃喝聚会、有事时相互利用的交友态度，不仅早已违背了正确的交友之道，而且以这样的态度和原则来待人接物，并非真正的朋友。

从春秋时期著名政治家鲍叔牙和管仲之间的故事中足以让我们对于"朋友"这两个字所蕴含着的全部内涵有了更好的理解。曾经，鲍叔牙和管仲合伙做过生意，而且也一样地出资出力。可是到了分配利益的时候，管仲却总是要多拿上一些。而鲍叔牙因为知道管仲家里贫穷且还有老母亲需要奉养，所以从来不把此事放在心上。另外，当有人由于管仲曾三次充当逃兵而讥笑他"贪生怕死"，或是因其屡次做官屡次失败而指责他没有才干时，鲍叔牙却一再地强调这只是因为管仲没有施展才能的机会罢了。

能够对朋友如此信任已经十分难得，而鲍叔牙在此后的所作所为，就更是让人叹服不已。因为那体现出的是一份为了友情甘居人后的品德。就在鲍叔牙成为齐国王位候选人公子小白的谋士后，管仲却选择为另一个王位候选人公子纠效力。而在那场王位争夺战中，管仲曾想尽办法阻止公子小白继承王位，甚至还用弓箭射过对方。

于是，当公子小白最终继承了王位（齐桓公）后，作为阶下囚的管仲自然命运难测。

齐桓公继位后，打算要拜鲍叔牙为相，还想杀了管仲以报那一箭之仇。可鲍叔牙却希望齐桓公能够不计前嫌，任用管仲为相，并指出管仲的才干远远胜于自己。于是，得到齐桓公重用的管仲，果然将其才华全部施展出来，不仅使齐国变得强大起来，甚至最终还让齐桓公成为第一个霸主。

做自己心灵的主人

在人生之中，总是会有太多的困惑和无奈，太多的失望与挫折。比如说家庭和婚姻，不像我们当初想象的那么完美；或是所从事的工作，不是我们心目中最理想的选择；再比如说付出的努力，与自己期望得到的回报相差甚远；又或是自己的生活现状与身边的其他人相比起来，还存在着很大的差距。所有这些不尽如人意的际遇，才是真正的人生。

生活固然如此现实，但如果一个人终日里总是愁眉苦脸，或者跟周围环境中的人和事总是显得格格不入，那么这样的生活又有什么乐趣可言呢？要想让自己快乐起来，我们就应该学会以一种开朗、乐观的心情去构筑生活的每一天，最终让我们的生活变成另外的一种状态。之所以这样说，只是因为世间的万事万物常常会随着我们的心理状况的变化而变化。比如说我们常常会有这

样的体验：当我们刚好处于怒火中烧的状态时，眼里看到的事物自然变得面目可憎，而当我们欢欣鼓舞之际，身边的所有情景也会在不经意间显得更加美好可爱了。

曾有这样的一位禅师，他每日对信徒们讲法时的第一句话都是："人生好快乐呀！"久而久之，这逐渐成了他在讲法时的一种象征。

后来当他重病躺在床上的时候，嘴里却不断地叫喊着："人生好痛苦呀！"于是，庙里的住持问他道："当初的你可不是现在这个样子呀。我记得从前的你在一次不慎落水后差一点儿被淹死，但后来被人救起来后却能面不改色，那种视死如归、无所畏惧的样子让我直到今天还记忆犹新呢。可现在的你怎么会变得如此脆弱？况且你在平时讲法时总是在讲快乐，为什么有病时就毫无顾忌地把自己的痛苦讲起呢？"

听到责问，禅师先是让住持和尚来到自己的床前，接着又反问道："住持大和尚，你刚才问我以前都是在讲快乐，现在却总是讲痛苦，那么请你告诉我，究竟是讲快乐对呢，还是讲痛苦对呢？"因为住持和尚明白如果按照佛法的解释，那么无论自己回答"快乐"还是"痛苦"都将是错误的。于是也就无话可说了。

这个故事告诉我们一个真理，那就是这个世界本来就不完美，总是存在着太多有所缺憾的人和事，北宋大文豪苏东坡也早在他脍炙人口的经典佳作中抒发过"月有阴晴圆缺，人有悲欢离合"的感慨。

既然酸甜苦辣避免不了，那么我们又何必要让外事外物左右自己的情绪呢？痛苦也好快乐也罢，完全可以自自然然地接受它们，学会用一种放松的心情去欣赏和享受人生中出现的所有风景。因为悲观足可使人丧失心志，暴戾更是会招来意外之祸，只有乐观奋斗的人才能享受幸福的生活。其实遭遇世事时自身情绪上的通与不通，也不过只是在于我们的一念之间罢了。能够成为自己心灵的主人，才能最终把更为完满的快乐人生得到。

每个生命对于自己已经逝去的青春岁月都有一份留恋和一番感

慨。可事实上，青春并不会因为我们的依恋和珍惜而稍做停留，就像这个世界也同样不会因为我们的快乐或是悲哀而有所改变一样。明白了这个最为普通最为寻常的事实以后，我们就应该努力让自己放下所有不必要的负担，去拥抱那种真正的自由。

人生也应该有一面"镜子"

英国作家萨克雷曾经说过："生活是一面镜子，你对它笑，它就对你笑，你对它哭，它也对你哭。"实际上这句至理名言也无非就是在提醒我们：无论是在成功还是失败的时候，都应该经常去照照这样的"镜子"。只有这样，快乐才可以变得更加长久，痛苦也终将在我们的生命里消失。想要有所作为的人，就应该为自己的人生找到一面有事无事时都可以经常照照的"镜子"，也就是一种自我约束和自我控制的能力。有了这样的一面镜子，也许我们并不会因此而得到更多，但至少可以让我们把更多失去避免。在人生中，每个人都会不断地经历着成功或失败，这本来就是一件极为正常的事情。可是如果一个人因为某一方面的成功就沾沾自喜、得意忘形，或是因为某一方面的失败就悲观失望、畏缩不前，那么久而久之就会丧失了对于自我的约束和控制能力，甚至还有可能会引发出许多难以预料的严重后果。

人生在得意时要知道尽早回头，失败时也不必灰心丧气。这种看上去不足为奇的"老生常谈"，却是我们的先人从长期的生活经验中总结出的至理名言，同时更是经过历史上的无数先例反复证明过的经验之谈。假如说出于对成功的渴望而迷失了自己还是一件值得同情也可以原谅的事情，那么因为对失败的恐惧便放弃了希望显然就是一种既令人悲哀又不可容忍的错误了。

所谓"弓满则折，月满则缺"，说的也都是"知足常乐"的人生哲理。懂得这些道理的人，常常能够在"功成"之后明智地选择"身退"，作为保全自己的最佳方法，就像春秋时期的范蠡或是西汉时代的张良等人。而不明白这些道理的人则往往因为一时的贪念最终落得一个脑袋搬家的下场，就像为秦国建功立业却终究难逃一死的李斯，或是西汉年间发动"七国之乱"的吴王刘濞等人。尽管追求名利是再正当不过的人之常情，可是如果为了贪恋这些终将失去的身外之物，却害得自己丢了气节甚至是掉了脑袋，这显然是得不偿失。

　　但是在我们生活的这个大环境中，确实存在着一种时时处处都在倡导的"自谦"和"自制"的社会风气，许多约定俗成、广为流传的至理名言，也时时刻刻在提醒着我们要有一种"自知之明"的人生态度。可是所有的这些社会风气或是人生态度，除了在告诫我们什么是需要避免地东西外，却没有提示我们什么是需要坚持的东西。这样一来，也许我们是学会了如何才能呵护自己和保全自己，可是我们丢失的却是执着奋斗的意志和锐意进取的信心。而人之所以能够成为一种拥有着高级智慧的生命，不仅在于我们可以在思考的基础上做出总结，更是因为我们能够通过约束和控制自己的情感和意志，来达到征服命运和改变世界的最终目的。所以只要在保证社会公理或是他人利益的前提下，能够做到正确地认识自我，我们就应该可以勇敢地面对任何的挫折和失败，无论是顺是挫都要把自己的追求继续下去。

　　并且，失败也并非那样可怕。只要我们能够在失败中发现自身存在的缺点和不足，在充实自己和完善自己的同时，提高和增强我们的意志力以及战斗力，也就等于是拥有了避免再次失败直至赢得成功的能力与智慧。而失败还有另外一个极其重要的意义，那就是能够让我们品尝到由失败造成的种种不健康的情绪。在经过了这样的磨砺后，当我们真正地赢得了成功的时候，我们才能更加充分地去享受那份快乐和喜悦，同时也就更加懂得如何去珍惜已经得到的这一切了。这就是失败的积极意义。

明知礼法立规成方圆

公元前 202 年，天下一统，汉高祖执掌天下，叔孙通也担任掌管典礼之职。

可是，当时不论王侯还是将军，多为游侠群盗之辈，对礼仪、法统一窍不通，甚至居然发生过以下的这种情形：

汉高祖待在洛阳南宫的某一天，从走廊上不经意地看到廊下多位将军，正三五成群聚在一处谈论某事。

高祖询问军师张良，张良言道："您不知道吗？那是阴谋造反之举。"

"天下虽定不久，何来此事？"

"自从陛下登基之后，获得封侯荣耀的，皆是陛下素来喜爱、中意之人。平日遭陛下厌恶之士，不免忧心责罚之日的到来。陛下眼下所见之人，都在评论各人的功绩。只是，纵使一视同仁施赏赐，则举尽天下土地，也不够分封。故而他们怀疑圣上会漏了封赏，或是以以上犯下的过失为借口，施予责罚。在这种疑心生暗鬼的情形下，因而密谋造反。"

"那该怎么办呢？"

"众人都知道陛下最厌恶的人是谁？"

"当然是雍齿。有时我真想杀了他，可是，他又立有战功，以致一直让我犹豫不决。"

"那么，请陛下尽速对雍齿封侯。"

就在高祖设宴封雍齿为"什方侯"的同时，亦火速对全体臣下论功行赏，群臣欢声雷动。

"连雍齿都能封侯，那还有什么好担心的呢？"

说简单似乎很简单，总之，人心惶惶所引起的集会，就在刹那间平息了。可是，这些人终非是单靠赏赐就能打发的。

当时，汉朝为安抚民心，将秦朝繁苛的法令彻底简单化。这么一来，却也使得礼法荡然无存。群臣在饮酒之中，互相夸耀战功，醉酒喧哗，甚至最后还出现拔刀劈砍宫殿庭柱的情形。即使是汉高祖，对这些现象也几乎一筹莫展。

叔孙通深深了解高祖忧虑所在，上奏言道："一般说来，儒者对夺取天下大业毫无功劳。可是，他们却是最适合稳固陛下江山的人选。希望陛下能允许我召集鲁地的学者和我的学生，一起为朝廷制定礼法。"

"嗯。不过，太过啰唆的可不行。"

"请陛下放心。昔时五帝制定各式不同的乐声，夏、商、周三朝的礼法也不尽相同。所谓的礼法，必须因应时代、风俗，既要繁复又可简略。我会参考古代与秦朝的礼仪，制定出一套新礼法来。"

"做做看吧，一定要简明易解，我可是受不了麻烦事。"

叔孙通前往鲁地，寻访了30多名儒者。但其中有两个毫不留情地予以拒绝："阁下侍奉的主君一个接着一个，而每一次又都恬不知耻谄媚阿谀，以获取高位。今日，天下好不容易安定下来，那些牺牲的臣民却仍被你们放任不顾。本来，制定礼法就要有符合制定礼法的步骤，不是天子应该先修积百年之德，才得以着手行的吗？阁下的做法，根本就是无视古来的道德，你还是赶快从我的眼前消失吧。要我助纣为虐，恕难从命。"

叔孙通大笑道："真是无可救药的冬烘儒士。你们一点也不明白时势的转变。"

最后，叔孙通带了30名学者返回都城，和出仕宫廷的饱学之士，再加上百余名的弟子，花了月余的时间修订礼法整理成册后奏请高祖检视。

"很好，这样的话我也做得到。"

高祖裁定完毕后，立即召集群臣进行讲习。

就这样，在200年的长乐宫内，举行了正月朝贺之礼。公侯、将军、宫官按照等级列位于西侧，丞相以下的文官则坐于东侧。皇上一出宫，则由王侯以下顺次引导向圣上走去，晋呈贺词。朝拜之后，尚有法酒之礼。在杯巡九回后，掌礼之人会下令"停酒"。不遵从者，会被毫不宽容地逐出场外。

礼仪结束后，虽转地举行酒宴，却无一人胆敢放情狂欢。

高祖衷心慨叹道："太了不起了，我到今天才真正尝到做皇帝的过瘾之处。"

天时莫违民心勿背

有一年，晋平公要在春天筑高台，大夫叔向劝谏说："不行啊！古代的圣王注重德政，并且尽力施行，减缓刑罚，顺应农时。现在您却在春天筑台，会耽误农时的呀！如果德政不能施行，民心就不会归顺，刑罚不减轻，百姓就有怨愤，再加上违背农时、耽误农耕，这是对他们沉重的压榨呀。王者统治百姓，应该是养育他们，现在却要压榨百姓，怎么能够长治久安、扬名后世呢？"

"噢，对呀！"晋平公肯定了叔向的观点，也就停止了筑台。

晋平公择善而从，压抑了自己的欲望，停止了"夺民时"的徭役，可称明君。如果自己本身就是圣君，压根儿就不会有春天筑台的举动。

晋国大夫赵简子在邯郸春天筑台。可是天不佑他，春雨不停，赵简子也知道"春雨贵如油"，正是播种的好时候，他对手下的官员说："该催促下种子了吧？"

家臣尹铎说："公事紧急，安排下种吧，又挂念筑台，即便想催促下种，也难以办到呀！"

尹铎这么一说，赵简子马上警醒过来，停止了筑台，停调劳役。他感慨地说："我把筑亭台当作要紧事，但它不如百姓播种的事急迫。我放弃筑台，老百姓会知道我对他们的仁爱。"

善待下属莫肆意妄为

孙皓是三国东吴的最后一个君主。由于他的残暴统治，一代英雄孙权开创的江山就丢在他的手里。据说，他生性嗜酒，经常与群臣宴会，而且一定要大家喝个烂醉，旁边派十个亲近臣官监督。他认为人只有酒后才吐"真言"，宴会之后，让这些宦官把文武百官说过什么话，有什么举动统统汇报给他，据此定罪。严重的当场杀戮，轻微的记录在案。凡敢逆鳞的，或剥面皮，或挖双眼，无所不用其极。

还是在武昌的时候，孙皓看到朝臣王蕃醉酒后趴伏在案子上，怀疑他是假装。平时王蕃品性高洁，不会看孙皓的脸色说话，甚至常有顶撞。孙皓心中十分恼怒，决心要治一治他，就令人把他架出去。稍停又下令召回王蕃。王蕃修整好仪表，克制着走了回来。孙皓更信他是装醉，当即令左右把王蕃斩首丁殿下。然后亲自登上城南的来山，把王蕃的头掷下山谷，任由虎狼群兽撕啮成碎片。

侍中韦昭，著有《国语注》等书，是东吴著名的学者。他领修国史，著《吴书》，孙皓要把其父孙和列入本纪，韦昭认为孙和没有当过皇帝，只能放在列传里。孙皓就老大不痛快，非斥即责，寻隙加罪。原来孙皓宴饮群臣，不问酒量大小，都要喝完七升，韦昭优容，以茶代之。现在孙皓硬是不许，逼其喝酒。韦昭实在喝不下去，孙皓就说他不奉诏命，抓进狱中杀掉。

孙皓还有一个怪毛病，不许别人正眼看他，大臣朝见，也只能双目视地，不敢抬头。后来镇西大将军陆凯劝诫说："皇上和臣下哪能互相不认识呢？一旦有突然事变，臣下怎么来救援皇上呢？"孙皓于是允许陆凯正视自己，其他人还是不行，不然就抓起来治罪。

孙皓修宫殿，起苑囿，又嫌后宫的美女太少。于是派出宦官们走遍各州郡，为他选取官宦之家的美女。朝中大臣家凡有姑娘，每年都要登记姓名，到了十五六岁就要在孙皓面前亮亮相，看不中的才可以出嫁。最后他宫中的美女达到万人，还总是不停地挑选。

中书令兼太子太傅贺劭曾经上书劝阻过他，说："陛下现在以严刑来禁止忠臣直言，以杯酒之罪使人们生死不保，这只能造成那些奸臣小人败坏国家大事。今天国家没有一年的储备，百姓家没有一月的积蓄，而后宫中的一万多美女却浪费大量钱财粮食，北方和强敌时刻注视着我们国家的盛衰，虽说有长江天险，一旦我们自己的将士无力来守，敌人借一束芦苇就可以过来……"孙皓读过奏章不但毫不警觉，反而恨透了这个多嘴多舌的贺劭。后来贺劭中风不语，请病假离朝。孙皓就说他是假装，抓起来反复拷打，可贺劭一句话也说不出来。最后竟用烧红的锯子锯下了贺劭的头。

孙皓动不动就杀戮大臣，而且手段残忍。会稽太守车浚清廉能干，只是因为干旱闹饥荒，请求开仓赈济穷人，孙皓就说他收买人心，派人把他杀掉悬首示众。尚书熊睦说应该待人宽容，孙皓把他抓起来后，不用刀砍，而是用刀把上的铁环猛击全身，最后体无完肤血尽而死。孙皓有一个宠爱的宫姬，派人到市场上抢夺财物。司市中郎将陈声依仗自己也是孙皓面前得脸的一个嬖臣，就将那人以法处置。不想孙皓也顶不住枕旁风，下令用烧红的锯锯下陈声的头，把他的身子从四

望山上抛入水中。

孙皓忌妒心特强，不容人在己之上。侍中、中书令张尚，口舌雄辩，经常铺陈利害，援古论今，说得孙皓无言以答。时间长了，孙皓羞愧成怒。一次他问张尚："我饮酒可以比谁？"张尚回答："陛下有百觚之量。"据说，战国时的平原君赵胜曾说过"尧饮千钟，孔子百觚，古之圣贤，无不能饮"的话，张尚本意是褒美孙皓。孙皓听了却勃然大怒："你明明知道孔丘一辈子有才而无成王之命，偏偏拿我来比他，岂不是说我也当不成皇帝吗？"立刻把张尚锁往建安造船。不久就把他杀了。

刻毒忠贤之臣，必然亲近谄媚小人，孙皓最信任的是内侍何定。何定在孙权时就曾在宫中任差，后被罢遣。孙皓即位后，主动回到宫中任侍从，专会窥测孙皓心意，逢迎巴结，大得欢心。他看孙皓爱吃兔子肉，就要每个将领都献上最好的猎犬，一只猎犬配上一名士兵，专门为孙皓捕兔下厨。将领们只得到市场上去买，狗价顿时上涨，每只值几十匹细绢，连扎狗脖子用的缨圈都值一万。大将陆凯斥责何定，孙皓却以为何定忠诚勤事，赐爵封侯，使得何定仗势作威作福，专权朝中。孙皓的堂弟孙秀，任夏口都督。由于神巫都说孙秀有当大才的贵相，对孙皓不利，他就派何定率五千士兵，以打猎为名直赴夏口。孙秀大惊，只得连夜率领亲兵数百人投奔晋朝。由于孙皓的统治不得人心，司马炎不费吹灰之力，便灭了东吴。

做回那个真正的自己

与其游走在各种人际关系之间八面玲珑，还不如在面对他人和处理事情的时候保持一份真实质朴的人生本色。与其事事小心谨慎处处委曲求全，倒不如在待人接物的时候豁达大度地展示出自己的纯真个性。也只有当我们真的能够在绝不有损于社会公理和他人利益的基础上，做回那个真正的自己，才会让我们重新获得一种简单自然的快乐人生，也才会更有利于我们实现生命之中渴望已久的一份成功与辉煌。至于古人所倡导的那种"有所为，有所不为"的君子风范，也无非就是要求那些具有高远理想和高尚道德的人，应该尽量在为人处世的过程中保持着自己的本色。

有许多年轻人在刚刚进入社会的时候，总是会经常抱怨着经验不足或是人心难测的一类问题，而在社会里浸淫得稍久一些后，又会时常感叹压力过大或是无人理解的种种遭遇。在他们的眼中，似乎自己只能在一种疲于奔命的状态中周而复始地生活下去，却早已看不到可以让自己率性而为、随心所欲的任何可能和机遇了。但是，这些人也许从来都没有严肃认真地想过一个问题，那就是终日在这种尔虞我诈、利令智昏的状态中忙来忙去，自己究竟能收获到多少真正有意义的东西。也许他们已经想过了这样的问题，只是还没有解决问题的气量而已。

拿出勇气，做回那个真正的自己，无论是对于哪一个人来说，都是一件有百利而无一弊的事情。在这个问题上，无论是君子或是凡夫、圣贤，亦或是普通人都是没有分别的。

曾经有这样一个故事，说的是一位国王因为年纪日益老迈而且又没有儿女来继承王位，所以就决定在自己的子民中挑选一个孩子收为义子，等到自己退位时再让他成为新的国王。为此，国王想到了一个极为独特的选子方法，那就是先给举国上下的每个孩子都分发一些花种，然后又宣布如果谁能用这些种子培育出最美丽的花朵，那么他就收这个孩子做义子。等到检验的那一天，除了一个家境贫寒、两手空空的男孩之外，其他的孩子都捧着各自培育出的鲜花等着接受国王的检验。可是国王在得知了那个男孩虽然历经努力却始终没能培育出鲜花的失败经历后，竟然宣布他就是自己选定的义子。原来国王发给所有孩子的花种全都是被煮熟的种子，这样的花种是根本不可能发芽开花的。国王这样做，终于给子民找到了一位诚实的新国王。

忧劳可以兴国

　　春秋时期的鲁国，有个叫公父文伯的大夫。他的母亲叫敬姜，是一位很有见识的妇女。公父文伯年轻的时候，就做了大官。别人都夸奖他，他也非常得意。有一天，公父文伯办完公事，兴冲冲地回家拜见母亲。他一进家门，就看见母亲正在摇着纺车纺麻线。那操劳不息的样子，活像穷苦百姓家的老婆婆。公父文伯"哎呀"一声走向前去，低头对母亲说："像我们这样做官的人家，主人还要摇车纺麻线，要是让人知道了，非笑话不可，还会怪我不孝敬、不侍奉母亲呢！"

　　敬姜听了，停下手里的活计，抬起头来，惊讶地上下打量了一番做了大官的儿子，摇摇头说："你连怎么做人还不懂呢！让你这样幼稚无知的人做官，鲁国就有灭亡的危险啦！"公父文伯惊讶地问："母亲，您为什么这样说？真有这样严重吗？"敬姜叫儿子坐在纺车对面，郑重地说："从前，圣明的君主，安置黎民百姓，常常要选择贫瘠的地方让他们去居住，让他们在那里生息。什么道理呢？那是因为大家为了生活，就得干活；为了生活得好，就得创造；要想创造，就得用心思考，思考就会产生智慧。反过来说，安逸享乐的生活，常常会使人放荡；放荡，就会忘记了好的德行，忘了好的德行，就必然产生坏心。"

　　公父文伯听得入了神儿，敬姜停了停，又继续说："你可以

细想一下，在土地肥美的地方往往有许多人不能成才，原因就是由于他们安逸放荡啊！在土地贫瘠的地方倒有许多聪明善良的人，原因就是他们能吃苦耐劳啊……"敬姜问儿子："我希望你天天勤勤恳恳地做事，要不断上进，培养好的德行，还多次提醒你：'千万不能毁了前辈艰苦创下的功业。'你还记得吗？"公父文伯说："记得。"敬姜又说："那你现在为什么又认为当了官就要享乐了呢？依你这样的态度，去做君主委任的官职，怎么能不叫我忧心忡忡呢！我深怕你会因失职而犯罪啊！"公父文伯赶忙安慰母亲说："我一定听从母亲的教诲，不贪图享乐。可这跟您纺麻线有什么关系呀？"

敬姜有点不高兴地说："我看你做了官以后，整天显出得意的样子。不知约束自己，总喜欢讲排场，把先辈艰苦创业的事都忘了。动不动就说什么'怎么不自我享乐呢'。这样下去，早晚有一天，你会犯罪的！我正是为你担心，才起早贪黑地纺麻线，为的是不让你忘了过去，遇事能谦让勤俭。你懂吗？"公父文伯红着脸说："懂了，母亲。"敬姜说："这就好。你不要因为少年得志，就贪图眼前享乐，否则将来犯了罪，自己倒霉不说，咱们家也要断了后哇！"

心胸狭隘，必为所害

周瑜在赤壁大破曹操后，乘胜北进要攻取南郡。忽报刘备派人送上贺礼。听来人说刘备，诸葛亮屯兵油江口，也有夺取南郡的动向，心中大惊。周瑜便以回礼为名，与鲁肃率三千名骑兵径奔油江口而来。

周瑜到达油江口见刘备军容整齐，阵势雄壮，心中不安。刘备、诸葛亮将周瑜接入帐中，设宴招待。谈到军情，刘备说："听说都督要攻取南郡，特来帮助。如果都督不要，我一定要占领。"

周瑜笑道："我东吴一直想吞并汉江，南郡已在我手心之中，为什么不要？"

刘备说："胜败可不一定。只怕周都督拿不下吧。"

周瑜说："我如果拿不下，那时再由您去拿下。"

刘备说："鲁肃、孔明两位先生在此作证，都督不要反悔。"

周瑜说："大丈夫一言既出，驷马难追。"

诸葛亮笑道："都督这个话说得十分公正。先让你们东吴去取，如拿不下，主公去取，有什么不可以！"

周瑜、鲁肃告辞后，刘备埋怨诸葛亮道："刚才先生教我这么说了，可转念一想，很是不对。目前我们没有立足之地，急切要得到南郡，如果叫周瑜取了，我们岂非一场空？"

诸葛亮说："主公不必忧虑，尽管让周瑜去厮杀，早晚我叫主公在南郡城中高坐。"

刘备说："你有什么妙计？"

诸葛亮附耳低语，只要如此如此。

刘备大喜，只在油江口屯兵不动，以待时机。

原来诸葛亮对攻取南郡的整个战局发展过程已了然在胸，料定曹操败回许都前，必定对南郡有所安排，求胜心切的周瑜必然中计吃亏。同时也料定，周瑜毕竟不是等闲之辈，吃了败仗一定会想办法报复。好，让他们双方拼杀吧，我在旁边可以乘虚取利。

果然，战争按照诸葛亮的预期进行着。周瑜先是引诱曹仁劫寨用伏兵将曹军杀得落花流水，得意扬扬地率部直取南郡。不料，当他来到城下时，却见城上布满旌旗，刘备的大将赵云威风凛凛地站立在南郡城头，说："周都督不要怪罪，我奉诸葛亮军师之命，已占领了此城。"

周瑜大怒，命部下攻城。城上乱箭射下，周瑜只得气咻咻暂回营寨。谁知探子又来报告："诸葛亮得了南郡，又派人冒充曹仁专使调荆州曹军来救南郡，却叫张飞乘虚袭取了荆州。"一会儿，又一探子来报告："夏侯惇在襄阳，被诸葛亮派人拿了兵符，假称曹仁求救，引诱夏侯惇来救南郡之时袭取了襄阳。"诸葛亮乘周瑜和曹仁往来厮杀损兵折将之际，略施小计，兵不血刃地连夺了南郡、荆州和襄阳。周瑜气得大叫一声，箭疮崩裂。

全面看人不为貌动

在明代科举史上，很有几个皇帝以貌取人。始作俑者，就是明太祖朱元璋。

查继佐的《罪惟录》记载，洪式四年（1371），明朝举行开国后的第一次科举考试。本来拟定郭羽中为状元，可是朱元璋觉得此人貌不惊人，不足以显示大明帝国的新兴气象，于是将气宇轩昂、相貌堂堂的吴伯宗点为状元。有其父必有其子，明惠帝朱允炆登基第二年，也就是建文二年（1400），殿试原拟王艮为第一名，明惠帝听大臣描述了王艮的长相，嫌王艮形象不佳，改为第二。谁为状元呢？阅卷大臣意见不一。一部分人主张定胡广，一部分人主张定汤溥，谁也说服不了谁，只好请皇帝定夺。惠帝命令宣胡广、汤溥上殿，他要亲自看看再定。胡广接到圣旨，立即前往。他长得文雅秀气，堂堂一表人才，惠帝一看即中，就定他为状元。不过惠帝觉得他名字不太好，"胡"通常指北方那些袭扰中原的少数民族敌对国，"蛮胡"怎么能让它扩张广大呢。惠帝让胡广改名为胡靖，"靖"有安定、肃清的意思。汤溥本来长相也不差，可惜他动作迟缓了些，胡广先他上殿，汤溥只能痛失状元桂冠。

前人创式，后人效尤，以貌取状元就形成了习惯。陆容的《菽园杂记》里说，正统元年（7463），明英宗朱祁镇第一次临朝试进士，大学士杨士奇主持阅卷。初定浙江的周旋为状元，名单刚宣读，就有人发问，周旋相貌如何，在场的几位浙江籍官员连忙插话，说这个人身材修长，皮肤白皙，算得上浙江的美男子。大臣们一听，那还有什么好说，又有文才，又有扮相。行，奏报皇上。御旨批准，周旋定为状元。等列传胪唱名，官员们大吃一惊。站出来的周旋不仅谈不上漂亮，而且相当丑陋。浙江籍的几个官员面面相觑，不知怎么回事。原来浙江应试的还有一个周王宣。周旋是温州人，周王宣是淳安人。"旋"和"王宣"，浙江人听来音差不多，浙江籍官员把周王宣当作了周旋，造成了误会。但生米已煮成熟饭，状元已经宣布出去了，也不好更改，周旋幸运地保住了状元头衔。

英宗有了第一次的经历，第二次就谨慎了。正统四年（1439）殿试，大臣奏报名次，定张和为第一名。英宗不放心，特地派贴身太监去实地观察一下长相。太监偷偷到张和的住处看了看，回来报告张和的一只眼睛有毛病。英宗提笔一下将张和降至二甲第一（总第四名）。可怜张和爹妈没有给一副好脸相，套到头上的状元帽又飞了。

让皇帝操心中魁状元的脸相，总不是个事。后来，殿试初定名次后，干脆就让新进士们都到内阁来唱一次名，看了长相再最后确定状元。陆粲的《庚已编》记录了一件趣事。成化十四年（1478）殿试，大学士万安主持阅卷。开始大臣们看了一天卷，找不出一份十分称意的卷子。万安左翻右翻，觉得江西泰和人曾彦的卷子比较出

色。大家经过反复比较，觉得万安有眼光。当天晚上，入选新进士唱名，喊到曾彦时，万安特意留神地观察了一下。看上去曾彦身材伟岸，面目英俊，气度不凡。万安暗暗高兴，一唱完名，就兴奋地对同僚们说，状元可以确定了。大家也一致同意万安的意见。宪宗问明情况，批准了万安所定名次。传胪唱名的那天，应声站出来的状元曾彦，皱纹满脸，髭须满腮，分明是个六旬老汉，毫无儒雅之气，万安和大臣

们大吃一惊。典礼结束后，他们急忙找出曾彦的卷子看，怎么文章也觉得非常平庸。一夜之间有这么大的变化，是人臣们眼睛有毛病，还是曾彦有神明相助，施了障眼法？其实，哪有神明相助，只不过是万安和大臣们老眼昏花而已，这一年录取进士350人，平常人也全看花眼，更何况万安是个60岁的老头呢。

郭羽中、王艮、张和都是不幸的，周旋、曾彦则是万幸。和他们比较起来，丰熙的命运是不幸之中的万幸。明弘治十二年（1499），殿试结束后，明孝宗亲自阅卷。看到浙江宁波人丰熙的对策，十分赞赏，定为第一。孝宗派人打听丰熙的相貌，回报说丰熙的脚有毛病。祖宗之法不可改，只得易人。于是，孝宗心生一法以做弥补，定丰熙为一甲第二，赏赐同状元。丰熙也就成了身着状元袍的假状元。

《徐九经升官记》里的徐九经，"皆因是爹娘没有为他生一副好五官"，结果便"才高八斗他难做官"。皇帝老儿以貌取人，不看本事看长相，让他"头名状元到那玉田县，当了一个小小的七品官"；王爷也是以貌取人，以为相貌丑陋的徐九经，一定心灵也丑，所以竭力保举他当大官，意图让徐九经为王府制造冤案。不料人不可貌相，这徐九经貌丑心不丑，要"做一个良心官"，宁可"刚做了大官，又要罢官"，决不"做一个昧心官"，使王爷的如意梦成了泡影。

俗话说："人不可貌相，海水不可斗量。"可是自古以来，就有人相信，相貌跟才能有关系，甚至跟命运有关系。鼻直口方，两耳垂肩，是帝王之相；倒眉豆眼，尖嘴猴腮，是鼠辈之相。唐代考选官员有明确的规定，考试之外，还要看应选者的身相口齿。当然，那主要还是出于朝廷官员形象的考虑，就像今天秘书、公关人员要求有漂亮的外表、优雅的风度一样。至于科试录取以貌定名次，这就有点牛头不对马嘴了。

识人学主张勿以貌取人，是因为以相貌取人容易识错人，用错人。只要稍懂得一点识人用人的历史，就不难理解这一点。

所谓貌，是指相貌、外表、姿态等，概言之，是说人的外貌，它与人的内貌有一定联系，又不一样。照理说，人的外貌应是其人的内貌的反映，如人的内心的喜怒哀乐，往往是从其外貌中表现出来的。但并非人人如此，有些人则喜怒不形于色；又有些人，内心所想的是一套，表现于外的却是另一套。这种表里不一的人，其城府甚深，使人难于测知。尤其是心险而巧的人，善于掩盖其真相，而以其假象骗人，使人落入其圈套而不自知，致把坏人当作好人。因此，在历史上，不少以貌取人者，往往失误，导致知错人用错人而自吃苦头，甚至败亡。

我们主张勿以貌取人，勿以貌识人。不仅是因为以貌取人和以貌识人有百害而无一利，还在于人的长相如何，跟他有无真才实学没有必然的关系。有的相貌堂堂，腹中空空如也；有的长得丑怪，却是经纶满腹，古今不乏这样的典型例子。而用人者以相貌取人，故往往知错人，用错人，甚至害己害国害民。

以退为进，也是求得成功的一种捷径

成功，具备执着向前的一种精神是必然的，但是如果能够做到合情合理地以退为进，无疑也是获得最终成功的一种捷径。而一旦拥有了这种捷径，我们又何必非要去走那些崎岖的道路呢？

以退为进是人生一条重要的准则。暂时的后退并不意味着畏难情绪的滋生或是消极态度的存在，而只是为了能够达到养精蓄锐、等待时机的目的罢了。就像故事中的这位博士所采取的策略一样，既然原本具备的高水准和高姿态不能让我们达到自己的目的，那么就不妨先退一步，在降低要求和希望的基础上，先给自己找到一个起码的立足之地，然后再去利用机会来展示自身的能力和才干，直到通过不懈的努力和执着的追求，去获得自己最期盼的成功。如果真的能够做到这，那么这种所谓的"退"也就已经具备了"进"的内涵。尤其是当合适的机会一旦出现后，这种有目的有策略的"退"，就更是可能随时变成一往无前直逼成功的"进"了。即使这种忍让和宽容，有时甚至需要建立在自己痛苦的基础上，但这却是我们完善自我人格、实现自我价值的最佳策略和方法。而那种"先天下之忧而忧，后天下之乐而乐"的态度和做法，之所以至今仍被广为传颂，其根本原因也正是由于它所展现出的就是这样一种人生智慧。

从功利角度看，凡事懂得以退为进的人生智慧，也同样堪称是我们求得最终成功的一种捷径。尤其是在如今这个事事都讲求突出自我、处处也都强调激烈竞争的时代里，虽然人人都渴望能在奋斗的过程中求得生存和发展，但适当地采取以退为进的处事原则，却更容易成功。

事实上，在某些情况下，当我们身处逆境或是遭逢不幸的时候，与其不管不顾地鲁莽行事或是怨天尤人地消极懈怠，而导致时间和精力上的巨大浪费，还不如选取以退为进、迂回向前的路径来达到自己的目的。因为一味地"进"很有可能就会转化为最终的"退"，而暂时的"退"也很有可能就会转化为日后的"进"，这种退与进之间的相互转变和因果循环，其实正像日月星辰在天地之间的运转和更替一样正常。如果不懂得这样的道理，自然也就无法通过暂时的"退"去换取长久的"进"，更不必说可能有任何成就了。

曾经有过这么一个在美国留学的博士高才生。几年前，刚刚完成学业的他在最切的求职过程中屡屡碰壁。之所以会有这样的结果，无非是因为他所拥有的那个博士头衔让众多企业望而生畏罢了。于是痛下决心的他终于在

隐藏起自己的博士身份后，成为一家公司的基层工作人员。此后，因为他拥有着极高的业务水平，于是很快得到了一次又一次的升迁机会，直到最后获得了与他的博士身份相对应的高级职位后，他才名正言顺地亮出了自己的博士证书。而他的这种求职策略不仅被事实证明是完全正确和足够聪明的，而且同时又再次证明了一个事实，那就是这种以退为进、间接行事的方式和策略，有时确实是比直截了当、贸然行事的那种做法更加行之有效，更容易做到。

凡事不必尽善尽美

凡事不必十全十美，其实就是要给自己留下一点儿空间。毕竟在这个一切都在以几何速度增长的时代里，留给每个人的空间都已经剩不了多少了。追求十全十美是绝对不可能实现的，那么凡事也就更没必要非去苛求一种所谓的尽善尽美了。所谓物极必反，事情有鼎盛就一定有衰亡，人生也同样有成功就一定会有失败。如果不是这样的话，道教的创始人老子就没有必要在《道德经》中说出"持而盈之不若其已，揣而锐之不可长保"的至理名言，而司马光也就更不会在《资治通鉴》中发出"汉三杰而已，萧何系狱，韩信诛夷，子房托于神仙"的千古遗憾了。

从某种角度上说，当我们学会了凡事都不去追求完美而是留有余地的时候，也就等于是掌握了一种可以更好地保全自己的处世方法。这样不仅可以为自己的继续进取留下足够的空间，同时也不会把他人的嫉恨甚至是伤害招惹到以致伤害自己。

许多人总认为自己的人生，就应该达到一种尽善尽美的状态。他们不仅对自己的任何事情都苛求完美，甚至无法容忍周围的其他人或事存在着一点点的错误或纰漏。也正是因为抱着这种近乎病态的人生态度，他们更是时刻都会因为自己在相貌、出身、贫富、工作、情感等各个方面所出现的缺陷和不足，深感痛苦或满怀抱怨，更有甚者还会因此而嫉妒和仇恨他人，或是干脆就因为一种深深的自卑情绪而最终陷入消极悲观的泥潭中不能自拔，更不用谈其他的了。

其实这些大可不必，因为"金无足赤，人无完人"，不应该让这种所谓的完美主义来干扰甚至是破坏自己的健康生活。要知道，无论是为人还是处世，所谓的十全十美是根本就不存在的。即便我们在很多时候也会使用"完美"这个词语来评价某些人或事，但那也只不过是一种相对意义上的完美罢了，其中带有的强烈的主观色彩，并不能把事物本身依然存在着的固有缺憾真正掩盖。

就算我们真的能够在某一天里把绝对意义上的那种完美实现了，那么我们也势必将会因为一种巨大的满足感，进而使自己处于一种空虚和无为的状态之中，自然也就不会再有任何的进步和追求可言了。人类只有在不断的变革和创造中才能得以持续向前发展和完善。而一旦所谓的绝对完美已经变成了现实，我们就会完全失去前进的勇气和追求的动力，这肯定不是我们所期望的。

当然，做事不求尽善尽美的，也并不意味着我们在面对他人或处理事情的时候就必须取消自己的努力和付出，甚至在明明可以做得更好的情况下却选择中途放弃。恰恰相反的是，在面对具体工作和日常生活的时候，我们还是应该始终如一地保持着追求完美和实现完美的一种基本态度，并以此作为动力去继续付出自己的全部努力。这只是一种积极向上的人生观的集中体现，而绝对不是什么看上去自相矛盾的明显错误。

其中最为关键的区别就在于，我们追求的只是一种相对意义上的完美，而不是强求什么。

享受山林之乐

能享受到山林之乐的人，必须要具备四个方面的素质，才能长享其乐、实有其乐，这是古往今来不容易做到的。哪四个方面呢？就是道德、文章、经济、福命。

道德，就是指性情不孤僻，不忌恨，不褊狭，不暴躁，不为外界纷扰而移情，不为世态炎凉而气恼。在家里做到严肃、平和、简朴、镇静，能为妻子儿女所信赖；在乡里做到厚道、持重、谦和，能受到邻里的尊重。要做到淡泊，少一点营求之心，无愧于自己的良心。不得罪别人，不贪慕世俗，不与人争斗，不难为自己，然后天地让他安逸，鬼神许他享福，没有使人心烦意乱的病痛，没有计较利害得失所带来的烦恼，这难道不是道德在起作用吗？

佳山胜水，茂林修竹，全部凭借着我的性情知识才能尽情欣赏，否则，这些佳境看一次觉得悦目，见多了也就感到厌烦了。有时吟诵古人的篇章，有时挥笔抒写自己的所见所感，一字一句都可能流传千古。即使默然无语，也能领悟到大自然的真谛。古人所言："行到水穷处，坐看云起时。"又说："登东皋以舒啸，临清流而赋诗。"这些境界绝不是没有文化修养的人能够领会到的。这难道不是文章在起作用吗？

虽然是茅亭草屋，但布置得很有规范；虽然是菜田瓜棚，但井然有序，一草一木的布置也有法度。生活淡泊可以免于饥寒，步行就不至于疲劳。良辰美景而酒壶不空，每年祭祀两次。分花乞竹的事，不用多费精神，而自有雅士送来；疏通池子和结篱笆之类的事，不用弄得很豪华，顺其自然也能入画。这难道不是经济在起作用吗？

平时最喜爱悠闲的人，好像都闲不了；而有空闲的人，好像都不喜爱悠闲。公卿将相，时机一到就能去做。而在山林享受清福，却是老天最吝惜给人的。试看世上的人，有几人能真正解脱？记载在书卷中的，也不多见。置身在穷达毁誉之外，名利不能让他去奔走，世俗也不能束缚他。家里有贫妻，而没有埋怨的话；田里有夏冬两次收获，就不用向人乞食。所谓心事都没了，这不是福命又是什么呢？

这四者中只要不具备一个方面，就不能够享受隐居山林的清福。所以，世上那些有聪明才智的读书人，也有一些只是一知半解的，不能全知山林的趣味，而最终不能身入其中，主要就是这个原因。

凡是喜怒哀乐劳苦恐惧的事，只用五官四肢去对付，心中有方寸之地，常常是空洞的，非常清醒的，绝不让外界的纷扰闯入，所以心情常常很宽松纯净。我把心中这块方寸之地变成一座城池，将城门紧闭，时时严加防守，唯恐外界纷扰擅自闯入。有时它们来势凶猛，城门稍一疏忽，它们就会闯了进来，这时应立即加以觉察，及时把它们驱赶出城外，随后牢闭城门，让这里仍旧宽绰洁净。十年来慢慢觉得外界纷扰闯入得少了，偶然有闯入的，无需很用力就能加以驱逐。这样，城外虽仍不免纷扰，但主人住在里面，还有浑然忘我的乐趣。倘若得以到田园归隐，见到山的时候多，见到人的时候少，空潭碧落，就可以了。

人贵自省

孟子说："不讲仁义的人，我们怎么能与他交流谈话呢？"一个人办事说话，能够深思熟虑，并且自己不断反省，这样的人不幸犯了过错，可以对他进行规谏劝告，帮助他把错误改正。至于那种随心所欲、无所顾忌、胡作非为，或者是明知道这件事是错误的，却非要故意去做的人，必定会凭借其凶狠暴戾，强健勇悍来排除别人对自己的议论。善于处理邻里关系的人，如果看到类似这样的人，不但不敢对他进行劝告规谏，就是听到别人议论他，自己也要躲开，这是为了避免受到他的侮辱。有人不忍心看平时交谊深厚的人犯有过失，用诚恳正直的话规谏劝告他，反倒引起那人的恼怒，说："我与你交情极其深厚，难道连你也来毁谤我吗？"

品德高尚的君子唯恐自己犯有过失和错误，暗暗察访别人对自己的议论，听到这些议论就会感谢别人，并且考虑改正过错。品德低下的小人听到别人对自己的议论，就爱强行替自己辩解，以至于断绝了朋友的交往，为此还有人对簿公堂。

圣人和贤者还不能够没有过错，何况一般人不是圣贤，怎么能够每件事都做得尽善尽美呢？一个人犯了过错，不是他的父母兄长，谁肯教诲责备他呢？不是他情投意合的朋友，谁肯规谏劝告他呢？关系一般的人，不过是背地里议论议论他而已。

有得必有失

相传，汉初北方有一个东胡国，向邻国寻衅，派一位使臣到邻国晋见国王，要国王送东胡一匹千里马。邻国国王冒顿觉得自己的实力还不够强大，不足以与东胡抗衡。便采用欲取姑予的策略，答应将本国最好的一匹宝马送给东胡。冒顿的大臣们认为，我国的这匹千里马是先王遗留下来的，不可轻易送人。冒顿却微笑着说："我与胡为邻，不能为了一匹马失了和气。"随即叫使者把马牵了回去。过了一段时间，东胡使者又带来国书，说东胡国王看上冒顿王妻子的美貌，要冒顿王把夫人送给东胡国王。冒顿的大臣们听后气愤万分，纷纷请求冒顿斩掉来使，发兵进讨东胡。冒顿又摇摇头说："他既然喜欢我的夫人，给他便是了，岂可为了一个女人，失去一个邻国？"东胡国王得了冒顿的良马、美人，日夜荒淫，并认为冒顿真的惧怕自己。于是，得意忘形，过了一段时间，他又遣使者向冒顿索要两国交界的宝地。冒顿群臣得信后，对如何应付意见不一，有的主张给予，有的则强烈反对。冒顿此时勃然大怒，说："土地乃国家之根本，怎能给人！"接着喝令左右将东胡来使斩首，迅即向东胡出兵，东胡军队猝不及防，连战皆败，顷刻全军覆灭。冒顿直冲宫中，杀了东胡国王，尽灭其国。

失小方能得多

郑武公是一个足智多谋、穷兵黩武的诸侯，他要扩张地盘，便打邻邦胡国（后之匈奴）的主意。但当时胡国是一个强大的国家。国王勇猛善战，经常骚扰边疆。用武力固然不容易，想政治渗透根本也不可能，因为当时胡国的内情实在是一无所知。

在这样文武无所施其技的时候，唯有采取逐步渗透的战略，不得不忍耐一下，派遣一个亲信到胡国去，说要攀个亲戚，把自己的女儿嫁给胡国国王。国王听说自然万分高兴。这样，郑武公就做了胡国国王的岳父。

这位新夫人是负有使命的。她到了胡国，下足媚劲，把国王迷惑得昏头昏脑，日日夜夜，花天酒地，连朝也懒得上了，对国家大事简直置之不理。

郑武公知道了，心里暗自高兴。过了相当长的时期，他忽然召开了一个公开的秘密会议，出席的全是文武高级官员，商议着要怎样开拓疆土，向哪一方面进攻。

大夫关其思说："从目前形势看，要扩张势力，相当困难，各诸侯国都是守望相助的，有攻守同盟的，一旦有事，必会增强

他们的团结，一致与本国为敌。唯有一条路比较容易发展，那就是向胡国进攻，既可以得实利，名义上又可替朝廷征讨外族，巩固周邦。"

郑武公一听，把脸一沉反问他："你难道不知道胡国国王是我的女婿吗？"

关其思还继续大发议论，口沫横飞地说出一大套非进攻胡国不可的理由，特别强调国家大事，不可牵涉儿女私情的话。

"放狗屁！"郑武公火了，厉声斥责他，"这话亏你说得出口！你要陷我于不仁不义吗？你想要我女儿守寡吗？好吧，你既然有兴趣叫人家做寡妇，就让你老婆先尝尝这滋味吧！左右！绑这家伙去斩了！"

关其思被斩的消息很快传到了胡国，国王更加感激这位岳父大人。他认为郑国再也不会找本国闹事，便放心了，更加纵情于声色之中，渐渐地连边关都松弛下来，而且郑国的情报人员也可以自由出入。

郑武公已掌握了胡国军政内情，认为时机成熟了，突然下令挥军进攻胡国。

各大臣都莫名其妙，连忙问："大王！关大夫过去是因为劝进兵胡国而被斩首的，为什么隔不多久，又要伐胡呢？岂不是出尔反尔？"

"哈哈，哈哈……"郑武公大笑一阵后，摸摸姑子，向群臣解释，"你们根本不知兵不厌诈的妙用，这是我的'欲取故予'的计谋呀！我对胡国早就打定了主意，肯牺牲女儿嫁给他，是为了刺探其国防秘密，斩关其思也不外乎坚定他的无外忧之虑的信心，使其放松防备，一到时机成熟，就出其不意，一下子就可以把胡国拿到手。"

"可是，大王，"其中一人说，"这样您的女儿不是要守寡吗！"

"还是关大夫说得对，国家大事，怎么可以牵涉儿女私情呢？"

果然，郑国所到之处，势如破竹，仅几个回合，整个胡国已入了郑国版图，那位快婿只空留一个脑袋去朝见岳父大人。

人生最苦是不知足

天下的事物，不能够凭借着怀疑的心理去看待。万物摆在我们眼前，水鸭短小而天鹅修长，绳直而钩曲，唐尧仁义而夏桀暴虐，伯夷廉洁而盗跖贪婪。性质已经区别清楚，本来就不应有什么疑惑，然而一旦产生怀疑的心理，就会把水鸭看作天鹅，把直绳看作曲钩，把唐尧看作夏桀，把伯夷看作盗跖。这并不是事物本身给人们造成的错觉，而是由于人们首先凭怀疑的心理去看待他们，因此他们所观察到的事物自然不是本来的面目。内心的疑虑没有解除，只看表面现象，必定会被蒙蔽。

从古至今讲凶德致败的道理大体有两条，一是长傲，二是多言。丹朱不肖，曰傲、曰嚚讼，就是多言。历代公卿，败家丧命，也大多是因为这两点。给夏桀、盗跖驾驭车马的人称赞夏桀、盗跖，从申不害、韩非门下出来的弟子称赞申不害、韩非，有谁能相信他们的赞美之词呢？以表里不一的伪善者的嘴脸来诋毁伯夷的廉洁，以村妇的身份来诋毁西施的美貌，有谁能相信他们诋毁的话呢？春秋时，宋昭公想除掉族中的众公子，而乐豫以族中公子的身份为众公子争辩。

乐豫的话虽然正确，而宋昭公固然认为自己对乐豫已经产生了怀疑。战国时，楼缓从秦国来到赵国，请求赵王割让土地给秦国。楼缓的话虽然正确，然而使赵国牢不可摧的妙计很难有机会被赵国统治者所采纳。由此看来，凡是言论发自于内心而被看作出于私情的，固然是由于君主对谏言的人有所疑虑，而君子又没有办法替自己辩白。

不知足是人生之苦。方苞讲汉文帝终身常觉得自己不能胜任天子的职位，最善于形容古人的心曲。大抵人怀愧对万物之意，便是载福之器具，修德之门径。比如觉得上天待我深厚，我愧对上天；君主待我恩泽优渥，我愧对君主；父母待我过于慈爱，我愧对父母；兄弟待我非常友善，我愧对兄弟；朋友待我情深义重，我愧对朋友，这样就觉得处处都是和善之气。如果总觉得自己对待万物无愧无怍，总觉得别人对不起自己，上天对自己刻薄，那么就觉得处处都是违戾不顺之气，道德因自满而会受到损害，因为骄傲福分会受到折减。

无知无为胜有知有为

凡是做官的，治理得好就奖励赏赐，治理得乱就惩罚处理。假如治理混乱却不加以惩处，那么混乱就更加重了。君主用喜好显露展示自己的才能，用喜好倡导来自夸，臣子用不诤谏来保持自己的官位，用曲意听从来换取容纳，这是君主代替主管官吏行使职权。这样，臣子就得以紧随其后来提高自己的职位。君主与臣子的关系不确定，耳朵即使在听也无法听清，眼睛即使在看也无法看清，内心即使知道也无法发动，这是形势使他们这样的。大凡耳朵能听是凭借着寂静，眼睛能看是凭借着光亮，内心能知是凭借着原则。君臣把各

自的职守交换，那么上述三种官能就被废弃了。国家灭亡的君主，他的耳朵不是听不到，他的眼睛不是看不到，他的内心不是不知道。君臣的职分混乱，尊卑上下不分，即使听到，又能真正听到什么？即使看到，又能真正看到什么？即使知道，又能真正知道什么？把没听到当作听到，把没看到当作看到，把不知道当作知道，达到随心所欲无所不至的境界，这是愚蠢的人所不能到达的。

耳朵、眼睛、心智，它们只能有限的了解、认识东西，它们能听见的东西很肤浅。凭着有限的、肤浅的知识推行天下、安定不同的习俗、治理全国人民，这种主张必定行不通。十里远的距离，耳朵就听不到了；帷幕墙壁的外面，眼睛就看不到了；三里大的宫室里的情况，内心就不能知道了。靠它往东到达开梧，往南安抚多�，往西降服寿靡，往北怀柔儋耳，能怎么样呢？所以当君主的，不可不明察这些话。治乱安危存亡，本来就没有第二种道理。所以，最大的聪明是丢弃聪明，最大的仁义是忘掉仁义，最大的德行就是不要德行。不说话、不思考，静待时机，时机到了做反应，心里闲暇的人取胜。凡时机到了做反应的道理，应是清静无为、公正质朴，使事物自始至终都端正。这样使事物自始至终都端正，即使没人倡导，但却有人跟随。

再说耳朵、眼睛、智术、技巧，本来就不能作为依靠，只有在研究那些方法、辨察那些规律时才可以依靠。韩昭厘侯视察用来祭祀宗庙的祭品，看见猪小了，命令官员更换它。官员又把这只猪拿了回来，昭厘侯说："这不是刚才的猪吗？"官员无话可说。昭厘侯就命令官吏惩处他。侍从问："君王您根据什么知道这一点的？"国君说："根据它的耳朵。"申不害听说这件事后说："根据什么知道他聋？根据他的听觉好；根据什么知道他瞎？根据他的视觉好；根据什么知道他疯狂？根据他言谈妥当。所以说，去掉听觉无法听就听清楚了，去掉视觉无法看就看清楚了，去掉智慧无法知道就公正无私了。三者都不使用就能治理得好，三者使用就治理得乱。"

古代的君王，他们做得少，沿着世袭得多。因袭，是当君主的方法；做事，是当臣子的准则。做事就会忙乱，因袭就会平静，适应冬天的寒冷，适应夏天的暑热，君主还做什么事呢？所以说，当君主的原则是无知无为，却胜过有知有为。这就把当君主的要领得到了。

主管官吏向齐桓公请示工作，桓公说："把这事告诉仲父。"主管官吏又请示，桓公说："去告诉仲父。"像这样有好几次。桓公周围的人说："第一次让找仲父，第二次还是让找仲父，当君主太容易了！"

桓公说："我没得到仲父时很困难，得到仲父以后，为什么要困难呢？"桓公得到管仲，做事尚且十分容易，更何况把道术得到呢？

被围困在陈蔡两国之间的孔子只能吃没有米粒的野菜汤，七天没有尝到粮食。颜回去讨米，讨到后烧火做饭。快要熟了，孔子看见颜回抓取锅里的饭吃，假装没有看见。眨眼之间饭熟了，颜回把饭端上来给孔子。孔子起身说："今天我梦见先君把饭弄干净了然后献饭祭祀。"颜回回答说："不行。刚才煤灰粒掉到锅中，扔掉食物不吉利，我就抓出来吃了。"孔子感叹说："所相信的是眼睛，可眼睛看到的仍不可相信；所依靠的是内心，可内心仍旧不能够依靠。学生们记住：了解人本来就不容易。"所以，有所知并不难，把知人之术掌握就非常困难了。

第三编　立志问学篇

穷愁寥落，不应废弛

贫家净拂①地，贫女净梳头。景色虽不艳丽②，气度自是风雅。士君子一当穷愁寥落③，奈何辄自废弛④哉！

【注释】

①拂：挥去，掸去。

②艳丽：光鲜亮丽。

③寥落：潦倒，失意。

④废弛：荒废松弛，指该做的事而没有做。

【译文】

穷苦人的家里总是很干净，贫苦家的女孩子的头发总是很鲜亮齐整，没有珠光宝玉的装饰。虽然外表不光鲜亮丽，但是有一种高雅脱俗的气质。君子贫困潦倒时，为什么要妄自菲薄荒废松弛从而降低对自己的要求呢！

摆脱俗情，与世无争

做人无甚高远事业，摆脱得俗情①，便入②名流；为学无甚增益功夫，减除得物累③，便超圣境④。

【注释】

①俗情：世俗的情感。

②入：与"出"相对，进入。

③物累：为外物所累，指心思受到物欲的损害。

④圣境：不凡的境界。

做人不一定要什么伟大的事业，只要能够摆脱掉世俗的情感，拥有超脱不凡的气质，就能够进入名人的行列；为学也不一定要增加什么特殊技能，只要能够不受外在物欲的诱惑，就能够达到不凡的境界。

心地需清净，读书易学古

心地清净①方可读书学古。不然，见一善行，窃以济私；闻②一善言，假以覆短③。是又藉寇兵而赍④盗粮矣。

【注释】

①心地清净：指心灵纯洁。清，洁净。净，干净，洁净。

②闻：看，见闻，见识。

③覆：掩盖，覆盖。短：不足，短处。

④赍：把东西送给人。

【译文】

只有内心单纯的人才能够通过读书学习古人的优点。不然，就会用一件好的处事方法，来为自己谋取利益；听到名言佳句，而用来掩盖自己的不足。这就像是向贼人借兵或者是给强盗送粮食一样。

勿让外物锢，需觅本来心

人心有一部真文章，都被残篇断简①封锢了；有一部真鼓吹②，都被妖歌艳舞湮没了。学者须扫除外物，直觅③本来，才有个真受用。

①残篇断简：残缺不全的书籍和文章。

②鼓吹：乐名，用鼓、钲、箫等乐器合奏。

③觅：寻觅，寻找，探索。

【译文】

每个人心中都有一篇优美的文章，但可惜的是都被那些残缺不全的书本所禁锢了；每个人心中本来都有一首动听的乐曲，但可惜的是都被那些妖艳的歌声的华丽舞蹈所遮掩了。因此只有摆脱外部的纷扰，去探索事物的本质规律，才会大有作为，才能受益匪浅。

体味真意，不误正道

读书不见圣贤，如铅椠佣；居官不爱子民，如衣冠盗；讲学不尚躬行，如口头禅①；立业不思种德，如眼前花。

【注释】

①口头禅：挂在嘴边的口头用语，在这里是空谈的意思。

【译文】

如果只知道埋头读书而不去思考书中的道理，那就会被文字所束缚；如果做官不为老百姓着想，那就像是衣冠禽兽；如果学习知识不身体力行，那就不过是

空谈无凭；如果追求事业不考虑积累功德品行，那就如昙花一样不会长久下去。

收拾精神，并归一路

学者要收拾精神①，并归一路②。如修德而留意于事功③名誉，必无实诣④；读书而寄兴于吟咏风雅，定不深心⑤。

【注释】

①收拾精神：收拢精神，集中精力。
②并归一路：合并为一条道路，文中指用心钻研学问。
③事功：指事业功名。
④实诣：指真正的进步。
⑤深心：用心良苦，本文指有所作为的意思。

【译文】

学者要集中精力，用心钻研学问。如果在修身养德时，又在意事业成败和小人卢誉，那么一定不会有真正的进步；读书时喜欢附庸风雅吟诗作赋，那么也会影响学业，一定不会有所作为。

勿妄自菲薄，毋夸所有

前人云：抛却自家无尽藏①，沿门持钵②效贫儿。又云：暴富贫儿休说梦，谁家灶里火无烟③。一箴④自昧所有，一箴自夸所有，可为学问切戒。

【注释】

①无尽藏：常指事物用之不尽。

②钵：器皿的一种，多指和尚化斋所用。

③烟：气体，烟火。

④箴：箴言，劝告。

【译文】

古人说：放弃自己家偌大的产业，而去学穷人沿门沿户以乞讨为生。又说：暴富的贫穷人，一定不要到处去炫耀，谁家炉头没有烟呢？这两句至理名言，一句是用来告诫人们不要看不到自己的优点而妄自菲薄，另一句用来是劝告人们不要狂妄自大，炫耀自己的长处，做学问的人都应该以这样的标准要求自己，引以为戒。

勘透表象，方知内涵

善读书者，要读到手舞足蹈处，方不落筌蹄①；善观物者，要观到心融神洽时，方不泥②迹象。

【注释】

①筌蹄：筌为捕鱼的器具，蹄为捉兔的器具，比喻陷阱。

②泥：拘泥，约束。

【译文】

会看书的人，能够看出书中让人手舞足蹈的地方，才不会落入文字陷阱；会观察事物的人，能够做到心神融会贯通，从而不拘泥于表面现象而看出其中所暗含的玄机。

文道皆要拙

文以拙①进,道以拙成。一"拙"字有无限意味,如桃源犬吠,桑树鸡鸣,何等淳庞②气象!至于寒潭之月,古木之鸦,工巧中便觉有衰飒③情形矣。

【注释】

①拙:笨拙,文中简单、自然。

②淳庞:淳朴敦厚。淳,淳朴。

③衰飒:衰落萧条的景象。

【译文】

写文章要简单、自然才能有所进步,寻觅道理也要质朴才能达到成功。朴实具有无限的深刻内涵,如世外桃源中的狗叫,桑树旁的鸡鸣一样,是纯朴敦厚而又茂盛的景致!至于水中明月的倒影,老树上的乌鸦鸣叫,虽然景象雅致,但是却给人一种衰落萧条的感受。

学道用恒心,得道一任天机

绳锯木断①,水滴石穿②,学道者须加努力;水到渠成③,瓜熟蒂落,得道者一任天机④。

【注释】

①绳锯木断:绳子能够锯断木头。比喻做事要持之以恒。

②水滴石穿:水能把石头穿透。

③水到渠成:水流到的地方自然就形成沟渠,比喻时机成熟,事情自然就会成功。

④天机:天意。

一条绳子能够锯断木头，一滴水能够穿透石头，因此做学问的人必须要加倍努力；水到自然形成沟渠，时机成熟，就会自然成功，瓜熟蒂落，因此学有所成的人能够顺应天意。

人生在勤，勿可虚度

春至时和①，花尚铺一段好色，鸟且啭几句好音。士君子②幸遇清时，复遇温饱，不思立好言、行好事，虽是有世百年，恰似③未生一日。

【注释】

①时和：气候祥和。

②士君子：君子，指道德高尚的人。

③恰似：正如，恰如的意思。

【译文】

春天到了，气候祥和，花儿开放为大地铺上一层美丽的颜色，鸟儿歌唱着发出婉转的鸣叫。君子如果能够有幸处在盛世，又衣食无忧，如果不想着去创立盖世学说，去做善事，那么即使在世存活一百年，也恰如未在世上生活一天，虚度了一生。

敛来清苦，毫无生机

学者有假兢业①的心思，又要有段潇洒的趣味。若一味敛束②清苦，是有秋杀无春生，何以发育万物？

【注释】

①兢业：兢兢业业，指做事认真负责。

②敛束：收敛约束。敛，收敛。束，约束，拘束。

【译文】

做学问的人，不仅要具备认真负责的吃苦精神，也要有洒脱的生活趣味。如果一直收敛自己的行为而过得索然无味，那么就如同自然界中只有秋天的凋零，而没有春天的万物萌生，如果是这样，怎么能够孕育万物呢？

苦乐相磨福长久，疑信互勘知真理

一苦一乐相磨炼①，练极②而成福者，其福③始久；一疑一信相参勘④，勘极而成知者，其知始真。

【注释】

①磨炼：历练，锻炼。
②极：尽头，顶峰。
③福：福气，幸福。
④勘：勘测，验证的意思。

【译文】

经历的苦难与快乐相互交替磨炼自己在艰困的环境中不断磨炼，而达到快乐的尽头，这样获得的幸福持续的时间才会长久；在事物的怀疑和笃信中交替验证，最后所获得的知识才可以称为真理。

心体莹然，本来不失

夸逞功业，炫耀①文章，皆是靠外物做人。不知心体莹然②，本来不失，即无寸功只字，亦自有堂堂正正③做人处。

①炫耀：夸赞，夸奖。

②莹然：指晶莹剔透的样子。

③堂堂正正：坦坦荡荡，光明磊落的人。

【译文】

夸赞自己的功业，炫耀自己的文章，这些都是靠着外在东西来提高自己的身价方法却不知人人内心都是晶莹剔透的。然而只要内心正派，不失做人的本性，即使没有一点功劳，没有一篇文章，也一样是个光明磊落的人。

【解悟】

自我满足是学习的大敌

自然界是慢慢形成的，理和气原来就是这样，即使想快也难以办到。但世间的读书人都喜欢讲一个"快"字，那只不过是没有根底的学问罢了。如果每个人都去掉了私心杂念，世上就能天地清静、万物安宁了。学问充满整个天地间，它的气势宏伟壮观。依我之见，根茎应种植于泥沙等九地之下，枝梢须插入九天之上，横枝应拓展到东西南北八方之外，这才算是圆满的功夫，无量的学问。

我相信自己，但别人不一定相信我，所以君子应设法杜绝嫌疑。假若胸怀像青天白日一样正大光明，或是如火热水寒一样坦诚真挚，哪里还需要回避呢？所以君子在做学问时首先要懂得信任的重要，只有取得了信任，事情才好办。做学问贵在体会与认识，不去读尽古今书籍，只要读一部千字文，就能让自己终身受益。假如不去体会和认识，就算把自古以来的每一卷书都记得烂熟，也只算是博学而已。那些学识只会让人口若悬河、文风飘浮、助长盛气、增加傲慢而已。所以君子做学问贵在体会与认识。

要辨清心术的真诚和虚伪，要分清学术是正义还是邪恶，要分辨政术是王业还是霸业。总体来说，只要心术诚恳，别的就不会差。圣人弟子做学问的要诀，只是要求不做"贼"即可。有人也许会问这是为何？回答是："做贼是自己欺骗自己的良心，自私自利不顾别人。做学问的人若在这两方面不能彻底摆脱，那又和做贼的人有什么区别？"彻底摆脱邪恶的习气，那才是真正的英雄。

用心领会是掌握道理的要诀，所以就必须潜心考虑。如果不这样，就只能停留在口头语言上。事实须用典故作为依据，所以必须广闻博览，否则，只是没有根据的凭空编造。

像尧舜那样伟业有成，像孔孟那样学术有成，这是君子们一生的渴求。有人问："像尧舜那样伟业有成，像孔孟那样学术有成，应该从什么地方着手呢？"回答是："把天地万物融为一体，这就是孔子与孟子的学术成就；使天下万物各得其所，这便是尧舜的功德。"总体来说这是一样的观念。

假如一个人得了上吐下泻的病，就算天天大吃大喝，也无法改变憔悴的容貌；若是听了就忘，不专心学习，就算天天读书，对自己的成长也没有半点好处。

做学问之人最大的敌人就是心胸狭窄、气量狭小。在识谈论事物时，最怕狭隘冥顽、固执己见。默契的奥妙在于能够超越诗、书、礼、易、乐、春秋这六经和古今圣人，直接与天地悄然接合，又无须同天交谈半句话，只需仰望苍天，就会产生心灵感应。

做学问的人一旦盛气凌人，便不会再有进步。将天和地归纳为一点，就难以进一步寻找；若将这一点发于天地，那么用处就无穷无尽，这种人才能称之为大人物。假若自己把自己看作庸人，从不创新立异，好像佛门弟子那样从来不自我满足，不狂妄自大而目中无人，这样的人才能称作以善服人。心术、学术、政术，这三种学术之间的关系不能不分辨清楚。

苍天与万物都是我们的，只要心灵真诚能够通达的地方，没有不能感应的。倘若遇到抵触，就是自身的修养功夫没有达到。自我修炼达到了通晓自然法则洞察万物的境界，那才是真正的学问，才是真正的功夫。若达不到这种地步，追悔自责都没有闲暇，又怎么能生出怨天尤人的心思呢？

读书是立身之本

圣贤认为，人心很容易变坏，而良好的品德却不容易培养起来。"危"指的是追求欲望之心，好像大堤约束水，堤围崩溃声；容易的事，一旦溃决就会一发不可收拾。"微"指的是理义伦常之心，好像帐子映灯火，似有似无。

一个人如果不读书，那么就会只看到自己的经历很苦，而产生无穷无尽的怨恨愤激之情，忧郁烦躁不安，为什么要弄到如此地步呢？况且富裕兴盛的事情，古人也会碰到，气盛权倾一时，转眼也都会没有了。所以读书可以增长道义之心，是保养身体的首要事情。读书时死记硬背大部头的文集，用以争长短胜负、名声利禄，那是很辛苦的。如果粗略浏览一遍，就不会弄到劳心疲神的境地，只当冷眼于自由自在之中看出古人文章里面重要而转折承接的地方就行了。

人的心胸至灵至动，不可过分劳累，亦不可过分安逸，只有读书学习才可以保养它劳逸适中。我们常常见到风水先生用磁石养护指南针，这个道理正好说明书籍才是保养身心的最佳选择。安闲逸乐无事可做的人整天不看书，那么他的起居出入，身体心灵就没有依留安定的地方。眼睛没有安顿的时刻，一定会精神涣散、杂乱颠倒，处于逆境感到不高兴，处于顺境也会感到不高兴。别人常常令他惊慌烦恼，觉得别人的一举一动没有顺眼的。这样的人必定是一个不读书学习的人。

古人说过，扫地焚香后，清福已经具有。有福气的人，在享福的同时也读书；没有福气的人，心中便会产生其他的念头。这些话真是讲到了最重要之处。对于那些违背自己意愿的事情，从不读书的人认为，似乎全被自己一人碰到了，感到极其难堪。这样的人由于不读书，所以他不知道古人碰到的违背自己意愿的事，比自己要多百倍，只是没能细心体验罢了。比如宋代苏东坡先生，一生吟诗作赋，在他死后，文章一刊印出来，名声震惊千古后世。而他在世之时忧虑别人说坏话，害怕别人讥笑毁谤，困苦艰难往复迁移于潮州、惠州之间，他的儿子光着脚过河，睡在牛栏边上，这是一种什么样的境况啊！又如唐代诗人白居易没有后代，宋代文学家陆游忍饥挨饿，这些都载在古书里面。他们都是名传千古的人，而所经历的事情却如此不尽如人意。如果平心静气地观察他们的经历，那么人世间所碰到的违背自己意愿的事情，就可以想得通，任何不满意的想法也会很快打消了。

诚是为学之道

晚辈不能忍受指责，就不配做人；听人说秘密，不能守住而随便泄露的人，也不配做人。

荥阳公曾说："世上喜欢说'无好人'这三个字的人，可以说是自己伤害自己的人。"包公做官时，百姓中有人说："有人借给我白银百两，他死了，我去还给他儿子，他儿子却不肯接受，请求包公帮我把白银归还。"包公召见那位不肯接受白银的人，那人却推辞说："先父未曾委托别人白银啊。"两人相互推让了好久。包公因而说："看了这件事，说世上无好人的，也许可以稍微有点惭愧了吧。人都可以成为尧舜，只要看这件事就知道了。"

刘器之小时在洛中侍奉司马公两年，临别时，问司马公为学之道是什么，司马公说："根本在于至诚。"器之就仿效颜回问孔子，说："请讲得再具体点。"司马公说："从不随便乱说开始。"器之从此以后用此话来约束自己，不敢有失误。

李君行从虔州进京，到泗州，他的小辈请求先行一步。君行问原因，回答说："科场近，想先到京师，注上开封籍贯以便应考。"君行不答应，说："你是虔州人，注开封籍贯，这不是想求侍君而先欺君吗？这样做怎么行呢？宁可缓几年，也不能这样做。"

正献公小时候不曾赌博，有人问他为什么，他说："收下别人的有伤廉洁，送给别人又败坏道义。"

荥阳公与父辈们从小官做起，坚守职责，不曾要人举荐过，把这作为小辈的戒条。仲父舜从在会稽任职，有人讥笑他不求长进，仲父的回答很好，他说勤守职事，其他不敢不谨慎，这就是求上进了。

韩魏公留守北京，曾经长期使用一个使臣，使臣要求离开他去参选做官，韩魏公不放他走。几年后，使臣抱怨韩魏公不放他走，对韩魏公说："我去参选是为了做官，如今一直留在您这里，总是做奴仆了。"韩魏公笑着屏退众人，然后说：

"你还记得某年某月某日，你偷窃官银几十两放进自己腰包的事情吗？只有我知道，别人是不知道的。我所以不放你，是怕你当官不小心，必定会丢官送命的啊。"使臣惭愧地道谢。韩魏公的宽宏大量让人如此佩服。

读无字书，弹无弦琴

提到书，人们就会想到黑字印在白纸上的有字书，或是历史上的汉简竹帛。提到无字书，则难免会有人感到困惑：书还有无字的吗？真的存在无字书吗？在《菜根谭》近四百则的语录中，其中不乏一些不易理解且富于人生哲理的语句，其中论及读无字书和弹无弦琴的章节，就很耐人寻味。

从狭义来看，无字书指的是不著录一字一文的白纸汇编。唐僧与孙悟空等师徒四人到达西天取经，首先得到的就是"无字真经"——无一字一句印录的白纸书——此乃《西游记》所描述的一段故事。而从广义的标准来看，无字书泛指的则是独立在有字书之外的、人们所过的生机盎然的日常生活，是风声雨声读书声，也是家事国事天下事；是衣食住行，也是男女私情；是你的对空长啸，也是她的望月感怀；是日月历天，也是江河东流；是鸟语花香，也是风云变幻……总而言之，无字书所囊括的，是有字书之外的一切。洪应明所讲的"无字书"，正是基于此意。如此看来，无字书的内容，要比有字书丰富得多，无字书的变化，要比有字微妙得多。举例以证之，现实生活中，恋人之间的那种心有灵犀一点通的瞬间，较之文学大师对此的最为优秀的文字描写，还会更多了千种风采、万缕情丝。

因此，解读无字书，无疑要比解读有字书更不容易。无字书的内容是无限的，是剪不断、理还乱的无尽的生活头绪，而有字书的内容则是有限的，是摘一个就是一个的、饱满的既有成果。归根结底，无字书是有字书的根源与依据。

读无字书也就是最根本也最彻底的，同时还是极富于禅意的。诚如清朝文学家张潮所言："山水亦书也，花月亦书也。能读无字之书，方可得惊人妙语；能会难通之解，方可参最上禅机。"在这个层面上，我们可以进一步理解，禅宗缘何通过不立文字、以心传心来立宗。理解了无字书的实质及解读无字书的必要，再去认识弹无弦琴，相对而言，就容易些了。

弹无弦琴的典故，出自东晋著名诗人陶渊明的一段往事中。据史书记载，陶渊明有一把无琴弦之琴，当他心情十分平静之时，他就会摆出这把无弦琴，在上面"弹奏"、"抚弄"一番。当然，这把没有可抚弄弹拨的琴弦的琴，自然是不会演奏出任何悦耳动听的琴声的。

而这，对于不谙音律的陶渊明来讲，却已经是足够的了。因为他所追求的是弹琴的神趣，是对弹琴的一种神悟、一种意会，用他自己的诗句言，就是"但识琴中趣，何劳弦上声？"况且，如果是琴中有了弦，难免就使弹者的手受到了阻碍；因弹拨琴弦产生了琴声，难免就限制了听者的无限乐思及其想象。这些都是陶渊明在弹无弦琴时所没有受到的束缚，一如他不愿为"五斗米而折腰"般的洒脱与超越。

故在弹无弦琴这种看似是反常的行为中，所隐含的就是中国传统文化对"弦外之音""象外之致"之类的境界追求。未尝不可把它视为一种智力的挑战，一种反常识与反逻辑的游戏，一种等待填充的空白，且看我们能否神思飘逸，能否也有足够丰富的精神意识来把握、理解并完成它。就如在面对一张白纸时，我们要经受能否就白纸而想象出一幅接近于尽善尽美的设计图一样的测试。读无字书，弹无弦琴难，但并非不可为。

古人在讲"读万卷书"时，还讲到"行万里路"，就可算是读无字书的路径与方法之一。至于更详尽、更丰富也更具体的路径与方法，则隐藏在我们的学习、工作与为人处世之中，有待于每个人各自去参详了。弹无弦琴，也是如此。进而能举一反三，不拘泥于形迹而能心领神会，则可得琴与书的真趣味，得人生的真趣味，这才是最重要的。

所以，无字书、无弦琴中的一个"无"字，看似简单，事实却不然。在这个包含有哲学智慧在内的"无"字中，肯定还有许多文章可以继续做，可以引申，可以做出新阐发。

以企业管理而论，据较新的资料显示，在日、美等当今世界的发达国家中，数十年来，已经掀起了一场"人性管理"的旋风。这种人性管理较之以往的管理模式，更尊重企业员工的感情与工作，尽量创造一切有利于激发他们创造潜力的条件，防止或是延缓他们在智力与体力上的老化与退化，从而使管理更有人性也更有人情的意味。

美国玛丽·凯化妆品公司运用人性管理的方法来管理员工，使公司在20年间，由只有9个人的小公司发展成为拥有20万员工的跨国大公司，也使公司的美容师和推销指导员的个人年收入超过了5万美元，因而也使"人性管理"受到了世界管理界的瞩目。而这种管理的最高境界，就是"无人管理"。所谓的"无人管理"，就是不再有直接地管理与监督企业员工的专职管理人员，而是由企业员工实行直接的"自主管理"，由他们制定管理章程，也由他们组成自己的审核小组，督促大家共同遵守章程，从而发自内心地强化自己的责任感与使命感，同心协力地把工作完成得更好。如此一来，企业员工们就觉得自己不是像牛马一样，要听从上司的训斥、指令乃至是惩罚（如扣工资、扣奖金甚至是处分及开除等）后才会完成本职工作的。就管理人员而言，他们也就可以摆脱平日的琐事杂事，也不用时时面对员工，以避免发生那些不必要的矛盾与冲突，而把主要精力放在人员

与任务的协调与调整上，放在最后的决策上。从而也就多少有一点"无为而治"的意味，有助于把生产搞上去，也有助于改善劳资关系。

当然，"无人管理"的施行，也需有一些前提，即员工必须有较高的文化素质与职业道德，彼此是团结的、合作的，同时还要具有较高的自觉性，管理人员与员工之间是彼此信任的，管理人员有足够的信心和措施来保证生产指标的完成，等等。显然，这些条件不会是先天就已有的，而是要靠企业的全体人员来共同创造出来的。可见，看无字书，弹无弦琴，实行无人管理，还有……触类旁通之处，奥妙存乎。

有志者立长志，无志者常立志

一般情况下，人对生活的迷失都是所要或所想得太多，而又一时达不到目标造成的。这种想法使很多人不能将精力专注于一项事业，他们总是目标多多，反而一再错过了许多近在眼前的景色，丢掉了一些可以马上把握的机会。人无法专注，总是做着这件事，又想着那件事，结果什么都做不好。内心的挫折感不断加大，结果只能是脚步匆匆，再也没有宁静。

一个人的精力是有限的，把精力分散在好几件事情上，不是明智的选择，而是不切实际的考虑，因为在通常状况下，这几件事情都不会做得很好。而如果每次我们专心地只做好一件事，精力便能够集中，也必定有所收益。等这件事做完后，再去做下一件事，这样我们每件事都能够做得很好了。大凡成功人士，都能专注于一个目标。林肯专心致力于解放黑人奴隶，并因此使自己成为美国最伟大的总统。伊斯特曼致力于生产柯达相机，这为他赚进了数不清的金钱，也为全球数百万人带来了不可言喻的乐趣。

每天都花一点点时间问一下自己的内心：你真正想要的是什么？什么才是你人生中最主要的？慢慢地，你会发现，那些遥远的不切实际的东西都是你行动的累赘，而那些离你最近的事物才是你的快乐所在。把精力集中在最能让你快乐的事情上，别再胡思乱想偏离正确的人生轨道。

只要我们一次只专心地做一件事，全身心地投入并积极地希望它成功，这样我们就不会感到精疲力竭。不要让我们的思维转到别的事情、别的需要或别的想法上去，专心于我们正在做着的事。选择最重要的事先做，把其他的事放在一边。做得少一点，做得好一点，我们就会得到更多的收获。

现代人之所以活得很累，心里很容易产生挫折感和种种焦虑，甚至不快，是因为迷失和被淹没在各种目标中的结果。现代人常把自己的思绪搞得一团乱，却很少有人进行必要的自我调节。在这种混乱的生活状态中，人的内心渐渐失去平衡，变得没有条理，生活的目标也跟着盲目起来。他们不知道自己所为何来，也不知道自己终将怎样。他们的想法很多，却不知从何着手。他们的思维混乱，长久下去便会产生心理疾病，从而又影响到了健康。人如果总是这样，就没有幸福可言，并会失去最主要的东西，并丢掉眼前的一些机会，变成"为明天而明天"的生活痛苦者。

有这样一个故事：有两个学生拜奕秋为师学习下棋。其中一个学生每次听课都全神贯注，一心一意地听奕秋讲解棋道；而另一个学生虽然很聪明，但上课时总是心不在焉，而且他今天想学下棋，明天又想学画画，不时地有新想法冒出来。一次上课时，有一群天鹅从他们头上飞过，那个专心的学生连头都没有抬一下，浑然不觉。而心不在焉的学生虽然看着也像是在那里听，但心里却想着拿了箭去射天鹅，而且想着有一天要做一名出色的弓箭手。若干年后，那位专心致志的学生成了一名出色的棋手，而另一位呢，却一事无成。

学无始时

学无始时，只要肯学。学而无止，只有恒之。人有坎坷，或者少年青年时没有机会学习，那就应当晚年补学，不可以自认失去机会而放弃。

明白六经的要旨，遍读百家的书籍，这样做了，即使不一定能使德行增益，能使风俗整齐，至少还是一种本事，对自己还是有用的。父兄不可能常被你依靠，乡国也不可能常保你平安，一旦流离失所，没有人保护，只好依靠自己了。谚语说"积财千万，不如薄技在身"，这"技"中容易学而有用的，没有比读书更好的了。世上人不分愚智，都希望多识些人，多见些事，而不肯读书，这好比想填饱肚子而懒得去做饭，想身体暖而不肯去裁制衣服。读书的人，从伏羲、神农时起直到现在，几千年，什么人没识过，什么事没见过，人们的成败好坏当然都已熟知，就是天地鬼神等，也没有不清清楚楚、了如指掌的。

孔子说的"五十以学《易》，可以无大过矣"，魏武帝曹操和袁遗年老了更努力学习，这些人都是从小就努力学习而到老仍坚持不懈。曾子七十岁才开始学习，后来名闻天下；荀卿五十岁才到齐国游学，还成了硕儒；公孙弘四十多岁才读《春秋》，竟做了丞相；朱云也是四十岁才开始学《论语》和《易》；皇甫谧二十岁才学《孝经》和《论语》，而他们最后都成了大儒。这些人都是

年少时没有学而后来学的。现在有人刚成年，就说自己老了而不学，这也太愚蠢了。年少就学，正如日出时的光芒；老了才学，则如点了灯烛在夜里行走，虽比不上日出之光，但比看不见好。

少壮者事事当用意，衰老者事事宜忘情

每个年轻人应尽心尽力地关注一切事情——至少是尽可能多的事情，否则，无所用心或用心不够，像随波漂浮的水鸭一样，都不会有展翅高飞的本领。每个年衰体弱者，则应对所有的事冷静处之，不动感情——至少是不动过分的感情，否则，俗情过重，像幼马一样，只顾忙碌奔走而不善驾车，不能够挣脱名利的缰锁。

"少壮者事事当用意"，在思想实质上，与同一时期的一副著名对联"风声、雨声、读书声，声声入耳；家事、国事、天下事，事事关心"颇有相似。在此之中，个人的使命感、责任感和高远的理想，溢于言表，都是告诫青春年华、年富力强者应该珍惜时光，培植并保持自己敏锐的心智，拓展自己丰富的知识面，学会全面地把握纷纷繁繁、大大小小的世事，千万不能每天吃饱喝足无所事事，虚度光阴。否则，人生容易慢慢老去，到那个时候伤心后悔，也于事无补了。

要做到"事事当用意"，要尽心于学问，也要尽心于生活，要认真地读有字书，也要认真地读无字书，这正是古今成大学问与大功业者的前提条件。这里，"事事当用意"所指的仅是少壮者所易忽略的全面性。但问题还有另一方面，那就是人生有限而知识无限，少壮者即使是精力旺盛，也不能不分主次轻重，不能不顾实际地全面出击，避免出现十个手指按十个跳蚤，结果是一个也按不住的局面。

更需要注意的是，青少年时期，正是长知识和人生观逐步形成的重要时期，所以，青少年的主要精力应放在学习知识、充实自己上。在工作中，就要注意处理好自己所学的专业与兴趣的关系，在读书时，则应处理好精读与泛读的关系，等等。总之，要注意全面成长的

同时，还要善于像聚透镜那样，将所有的光线聚集到一点上，把自己的工作和自己所挚爱的事业搞好，才能获得人生的真正成功。

试想，年轻的曹雪芹如果不是时时处处地留心观察种种的风土人情，不是对诗词歌赋、工艺美术、园林建筑乃至烹调、医药及农业知识均有所了解和研究，不是对人生的悲欢离合、少男少女们的情爱纠葛有着深切的体会和刻骨铭心的记忆，他又如何能写得出《红楼梦》。

所谓"功夫在诗外"，这种功夫就要事事当用意，不钻牛角尖，多向别人学习，从而进入留心处处皆学问的佳境。洪应明提出的"衰老者事事宜忘情"，作为经验之谈，就是对年老体衰者的一则养生忠告。年老体衰者在生理上，体力与精力已大不如青壮年，在思想感情上，饱经沧桑的人生履历已使他们变得更成熟，更豁达也更超脱，名利权势之类的诱惑力已经大大减少。他们和年轻人相比，更懂得生命的珍贵，也更懂得人生的真谛。他们要颐养天年，不为情困，不为情忧，就是一项必要的前提条件，为此就须重视自我情感与情绪的调节。

传统医学认为情分七种，即喜、怒、忧、思、悲、恐、惊。它们是个人对客观事物或事情的主观情感反映，它们的来去变化与人的精神与生理体态运动，有着密切的联系，并以五脏的生理反应作为其存在的基础。如在中医名著《素问》中，就有此言："肝在志为怒，心在志为喜，脾在志为思，肺在志为忧，肾在志为恐。"显然，喜怒哀乐之类的情感所造成的过分强烈或长期持续的情感刺激，会导致人的心肝脏腑发生功能性的紊乱与失调，从而导致疾病，不利于养生长寿，对于衰老者就更是如此。

人都是有感情的，情怀全忘，对于有血有肉又吃五谷杂粮者，是不可能的。所以，更现实地说，衰老者对于人的七情六欲，不可过分地看重，不要过分地执着。孔子的养生之道中，有一条便是："及其老也，血气既衰，戒之在得。"不失为经验之谈。所以，就要保持适度温和、不偏倚的性情和宁静的心境，通过修身养性来达到养生的目的。

俗话说："人生七十古来稀。"而在今天中国的一些长寿区，已是"人活百年不称奇"。随着生活水平的提高和医疗保健措施的改善，中国和一些现代化的国家已经即将迈入或已迈入老龄化社会。因此，在这里重温《菜根谭》及中国文化的一些养生养性的思想，还是非常有意义的。近代报界泰斗陶百川先生在百岁寿诞之际，曾自创"老年健康自律歌"：

> 日行三千步，夜睡七小时，
>
> 工作不过劳，饮食有节制，
>
> 以忍耐齐家，以和平处世，
>
> 俭能常有余，勤故无难事，
>
> 名利看得淡，大事不糊涂。

把名利看得淡的同时，又要在面临大事时不糊涂，看似矛盾对立，这正是《菜根谭》所论及的养生之道。

对于年老体衰的人来说，以上这些经验之谈，是可以落实到具体方面的。如待人接物时能豁达大度，凡事能从大处着眼，不因个人的得失而斤斤计较。勇于将事业传授给后来者，须知对于个体的有限生命而言，事是做不全的，书是读不全的，路是走不尽的，在一定意义上而言，天下事了犹未了，何妨以不了了之？在这方面，衰老者对年轻人的不信任甚至是还想和年轻人再争长短，这都是不理智甚至是愚蠢的。

古罗马雄辩家西塞罗在其名篇《论老年》中，曾嘲笑公元前6世纪的大运动家密罗。因为密罗在风烛残年的时候，当看到年轻人在竞技场上大显身手时，再看看自己的鹤骨鸡肤，竟忍不住号啕大哭，最后因不服气，狂劈橡木而死。类似密罗之类的心理与作为，自然是不足效仿的。

老年人与青年人交往，应注意要彼此真诚相待，以求互相了解，不应恃年龄、经验乃至是权威的优势来压制青年人，防止制造或是扩大隔代人之间的代沟。在家庭生活中，要注意创造一种和睦的家庭气氛，乃至淡化家庭琐事。子孙自有子孙福，对于子孙的就业婚姻，不操过分的心，让他们走自己的路。对于家庭的其他成员，避免计长较短，这也就是"不痴不聋，不做家翁"。另外，做一些自感兴趣又是自己力所能及的事，做到老有所为，情有所寄，对于亲朋故友的不幸，还要有节哀顺变的认可态度，等等。

如果能做到这些，老年人就可避免因过分的喜怒哀乐及焦虑、抑郁、悲哀、怨恨、愤怒、惊慌等所带来的消极影响，从而可以帮助自己更好地颐养天年。

人要立志

立志是每个人都要做的。从前立志是君子的事，后来也成为普通人的事，但如果不先立下一个志向，那么心中就没有确定的方向，就会胡作非为，成为天下的小人，大家都会讨厌你，瞧不起你。你发愤立志要做个君子，那么不管做官不做官，人人都会敬重你。这就是有无志向的区别。

一个人没有远大的志向，不能算人。君子考虑事情，应当效法好的，认真思考筹划后，再付诸行动。立志要做的事，就在心里发誓做好，始终不二。只怕自己力量不济，期于必成。如果放松懈怠，或因外物的牵挂，或受私欲的拖累，对眼前小事或私情摆脱不开，自己就会犹豫不决，心里引起矛盾斗争，导致功败垂成。这样的人，用于防守则不坚固，用于攻取则胆小懦弱，和他立誓约则相违背，和他商量事情则多泄密。碰上欢乐的事情则多放纵情感，自处安逸则极意声色，所以表面上虽繁华闪耀，而事实上无实效、无结果，这是令君子为之叹息的。至于申包胥到秦国哭援兵救楚，伯夷、叔齐饿死在首阳山，鲁国柳下惠守信不欺，西汉苏武持节不降，可称矢志不移。他们认为自己必须要那样做，这也是自己心中对志向的肯定。

对于县中长吏，有尊敬之心就行了，不要很亲密，不要经常拜访他，拜访他时要有个选择，和别人一同去，不要独自在前或独自在后。之所以要这样，是因为长吏好打听外事，恐怕有所举发，被他人猜疑，免不了要去四处打听。多做少说，谨慎自守，这样的话就可免受埋怨责备。

人的气质是与生俱来，不容易改变的，唯有读书能够影响气质。古代精于相术的人都认为读书可以变换人的骨相。要想彻底改变，必须先立下坚韧不拔的志气。为人处世，自然应当清高淡泊，如有人把烦劳之事嘱托你，要使人尽力，或托人之请求，应当婉言谢绝。不干预这些人的事，就可以取得谅解。如果事情急迫，觉得非要帮助，可以表面表示拒绝，而私下秘密帮助。这样做的原因，首先可以远离善恶是非之地，其次可以杜绝别人的许多请托，最终可以保全清廉的名声，这也是立志的一个重要方面。

学以致用，注重实际

学以致用，不要死读书，这样才会读出成就，读出思想。跳出小书斋，走向人生社会的广阔天地，这才是真正的课堂。但是许多读书人并不真正明白这个道理，只是局限于对现成书本的注释，满足于小小书斋中的安逸和宁静。我们这样讲并不是说不该去读书本的知识，并不是看不到书本知识的重要性，恰恰是看到了书本知识的作用，充分看到了它的作用和局限性，才提倡大家：走出书斋，走向生活。

扁鹊把他所学的医术运用到实践，为祖国医学做出了巨大贡献：他首先确立了"望、闻、问、切"的诊断方法。所谓"望"就是观病人的气色，看病人的舌苔；所谓"闻"，就是听病人的呼吸和说话声音；所谓"问"，就是问病人的发病经过，有什么感觉；所谓"切"，就是按脉搏，诊断心、肝、肺、胃、脾、肾等处有什么毛病。他在实践中所总结的这些诊断技术，成了历来中医的传统诊断方法，至今还被采用。此外，他还注意常见病、多发病的预防和治疗，会运用汤药之外的针灸、石砭、热敷、按摩等多种治疗方法，并具有一定的朴素的唯物主义思想，提出了不给"信巫不信医"，"骄恣不论于量"等人治病的"六不治"之说。

战国初年，在我国出了一位举世闻名的医学家——扁鹊。

扁鹊的医术很高明，流传了许多动人的治病故事。

有一次，他和他的两个徒弟路过虢国。恰好虢国的太子"死"了。京城里闹闹嚷嚷，有的人在祈祷，有的人忙着奔丧。

扁鹊找到了太子的从属官中庶子，详细地询问了太子发病的情况和"死亡"的时间，便说：

"我觉得太子还没有死。"

中庶子说：

"你这话说得太离奇了吧！死了的人怎么还能复活呢？骗谁谁都不会相信的。"

扁鹊说：

"既然您不相信，那就让事实说话吧——请您向国君报告一下，就说有一个名叫扁鹊的人，能救太子的命。现在等候在宫外，听候国君的吩咐。"

中庶子既然不相信这话，自然也就不愿意为他报告。后来，经过扁鹊的再三说服，中庶子才把扁鹊的话报告了国君。国君一听说扁鹊能把死去的太子治活，赶快跑出来迎接。

经过扁鹊的诊断，太子的

死是"尸厥症"，也就是我们现在说的"休克"或"假死"。扁鹊师徒三人，竭力抢救。不一会儿，太子果然活过来了，经过长时间的调养，虢太子完全恢复了健康。

从这以后，天下人都盛传扁鹊有起死回生之术。扁鹊听了，却说：

"我怎么能把死人治活呢！太子的这种病，只是从表面看上去已经死了，实际并没真死。我只是用适当的治疗方法，把他从垂死中挽救过来罢了。"

又有一次，扁鹊经过齐国。齐国的国君用接待宾客的礼节招待他。不料，他见到国君就说：

"您有病了。现在还在肤浅的部位，要尽快治疗，不然会越来越严重的。"

国君说："我没病。"

扁鹊听了这话就走开了。扁鹊走后，国君对他左右的大臣们说：

"当医生的就是见钱眼开，想要靠给没病的人治病，来显示自己的医术高明，博取名利。"

过了五天，扁鹊又来见国君，说：

"您的病已经发展到血脉里，如不治疗，还会往深处发展。"

国君又说："我没病。"脸上显出很不高兴的样子。

又过了些天，扁鹊又来了，说：

"您的病已经发展到肠胃里，如不赶快治疗，还会更严重。"

国君连理也没理他，扁鹊只好又走了。又过了五天，扁鹊又来了，他看了看齐侯的脸色，扭头就往回走，什么也没说。这一走，国君却慌了神了，赶快叫人问扁鹊是怎么回事。扁鹊说：

"国君的病已经发展到骨髓里了，我已经没有办法医治他了。"

果然过了不久，齐国的国君便呜呼哀哉了。

勿夸所有，可为学问

谦虚谨慎是一种美德，更是每个人走好人生之旅的必备之具。只有谦虚，才会不断要求上进，才会善采人之长而补己之短，才会更严格地要求自己，使自己学有所成。谦虚使人进步，骄傲使人落后。因为谦虚，可以学到很多东西。

唐初贞观二年，太宗谓侍臣曰："人言作天子则得自尊崇，无所畏惧。朕则以为正合自守谦恭，常怀畏惧。昔舜诫禹曰：'汝惟不矜，天下莫与汝能争；汝惟不伐，天下莫与汝争功。'又《易》曰：'人道恶盈而好谦。'（按：实为《易·谦》卦《彖辞》）凡为天子，若惟自尊崇，不守谦恭者，自身倘有不是之事，谁敢犯颜谏奏？朕每思出一言，行一事，必上畏皇天，下惧群臣。天高听卑，何得不畏？群公卿士，皆见瞻仰，何得不惧？以此思之，但知常谦常惧，犹恐不称天心及百姓意也。"魏征曰："古人云：'靡不有初，鲜魏徵像，图出自清·顾沅辑《古圣贤像传略》。克有终。'（按：见《诗经·大雅·荡》）愿陛下守此常谦常惧之道，日慎一日，则宗社永固，无倾覆矣。唐虞所以太平，实用此法。"

曾国藩去世后，江苏巡抚何璟首论其功，说道："臣昔在军中，每次听到谈论收复安庆之事，则推功于胡林翼之筹谋，多隆阿之苦战。其后金陵克复，则又推功诸将，而无一语及其弟国荃。谈及僧亲王剿捻之时，习苦耐劳，辄自谓十分不及一二。谈及李鸿章、左宗棠一时辈流，非言自问不及，则曰谋略不如，往往形之奏牍见之函札，非臣一人之私言也。"

从时代背景上看，处于乱世而谦抑，确实是一个明智的自保之道。但人都对名利情有独钟，有时甚至为了名而不要命。曾国藩能像东汉光武手下的"大树将军"冯异那样将功劳让给别人，实在是难能可贵。就像他自己所说的："贵谦恭，貌恭则不招人之侮，心虚可受人之益。吾人用功，力除傲气，力戒自满，毋为人所冷笑，乃有进步也。居今之世，要以言逊为直。有过人之行而口不自明，有高世之功而心不居，乃为君子自厚之道。"

学以致用

学、问、思、辨、行，都是所说的学，不去行的则不能称之为学。比如学孝，就必须服侍奉养，身行孝道，然后才叫作学。哪能光凭口说舌谈就可以叫作学孝呢？学射箭就必须张弓搭箭，拉满弓以击中目标。学写字，就必须准备好纸张笔墨。天下所有的学，没有不去行就能叫作学的。所以学的开始，本来已经是行了。勤学好问，问就是学，就是行。问又不能没有疑，有疑就有思。思就是学，就是行。恩又不能没有疑，有疑就有辨。辨就是学，就是行。辨已明了，思已慎了，问已审了，学已能了，还继续用功的学，这就叫作笃行。不是说学、问、思、辨以后，才落实去行的。所以，就为了能做成事来说，叫作学；就为了解除困惑来说，叫作问；就为了能通晓事物的道理来说，叫作思：就为了精细考察来说，叫作辨；踏踏实实地做，叫作行。它们的功用可以分为五个方面，结合这五个方面就是一件。我的心理合一为本体，知行并进是功夫的观点，不同于朱熹的观点的地方，正是在这里。只举出学、问、思、辨来穷尽天下的理，却不说笃行，这样只以学、问、思、辨为知，而穷理就没有行了。天下只有不行而学的，

哪有不行就可以叫作穷究天下的理的呢？

程灏说："只穷理，便尽性致命。"所以，必须行仁且达到仁的极致，然后才能说穷尽了仁的理；行义达到义的极致，然后才能说穷尽了义的理。行仁达到仁的极致，就能尽仁的性，行义达到义的极致，就能尽义的性。学已经穷理到极致，却还没有落实在行动中，天下不会有这样的情况，由此可见，不行不可以看成是学，不行不可以看成是穷究天理。知行二者是相统一的，缺一不可。

万事万物的理，就在我们的心中。而一定说穷尽天下的理，这大概是认为我心的良知不足，而一定要向外广求天下的事物，以增补内心的不足，这还是把心和理一分为二。学、问、思、辨、笃行的功夫，虽然有的人资质低，要付出比别人多百倍的努力，但努力到极致，到达尽性知天的功夫，也不过是尽我心的良知罢了。良知以外，不能加上任何丝毫？如今一定要说穷天下的理而不知返回内心探求，那么，所说的善恶的机缘，真伪的区别，舍弃了我心的良知，又将怎么样体察呢？所说的气的约束和物的蒙蔽，正是被"穷天下之理"约束和蒙蔽罢了。如今要除去这一弊病，不知在内心用功，却一味想向外探求，这就像眼睛看不清，不去服药调理医治眼睛，却盲目地在身外找寻光明，光明就不会从身外找得到，任情恣意的害处，也是因为不能在人心良知中细察天理。这就是差之毫厘谬以千里的问题，足以让人辨明。

知识如金字塔

三尺长剑，其作用是一丝宽的利刃；笔长三寸，真正能发挥作用的却只是笔尖那么一点点，其余的都只不过是没有什么大用处的装饰之物。即便如此，但是如果剑与笔只有利刃和笔尖，它们的用处也就难以发挥。那么如此看来，没有用的东西，却是那有用的东西的依托；有用的东西，却要靠没有用的东西来帮助发挥作用。善于烹调的易牙也不能没有人来帮厨，擅长铸剑的干将也不能少了砥手，善做木工的鲁班也不能没有钻工帮忙。既然不能缺少，那就等同于有用的，就不要认为它是多余的无用之物。

掺了味并不是最美的味道，五味中最美的自然是白水了。着了颜色并非是最美的颜色，所以无色反而成了五色中的主色。着了影像并非是最好的像，所以没有像反而是万象之母。着了力并非是最大的力，所以大地承载了万物就好像没有负载一样。着了情并不是至真至纯的情，因此天地生成万物却不亲。着了心并不是真正的最用心，所以说圣人处理万事万物就好像毫不用心一般。如果一个病人到了面无血色，发润如油的状态，就无法治愈了。因为一身的元气和血脉都集中到了面目之上。假如只有君主一个人富有，而天下的百姓都很贫穷，这是非常令人感到可怕的。

治理国家的人，让民众富足，体恤百姓，这并不仅是为了人民。这好比构筑城墙，下部宽广而上部窄小才会坚固不摧。又好比种树，浇灌根部，修剪树冠树枝，树木才会长得茂盛。城墙没有上宽下窄而不倒塌的，树木没有根部露在外面树梢繁茂而不枯萎死亡的。那就让人感到担心害怕了，天下的形势，都是逐渐积累而形成的。不能忽略一丝一毫的细节，装载羽毛的车子却折断了车轴，那是日积月累造成的；不要忽略那寒冷的露水，也许不久它就会变成坚冰，这也是逐渐积累造成的。自古以来，天下、国家、自身的败亡，都离不开"积渐"这两个字，累积之初是微小的，逐渐形成的也许是刚开始的，真让人感到心寒啊！

熊熊燃烧的大火不会冒烟，顺流而下的流水没有响声，人的心情平静就没有什么言语。风刚从山谷里吹出来的时候，它强劲的势力能拔木走石。吹远了风势就会减小。再远一点风势又会减弱，再远就变得微弱，再远一点就会灭尽了，这是它的必然势态。假如风从山里刮出来时，只能使树叶振动，使羽毛拂动，那它就寸步难行了。京城是号令发出的首要之地，纪法不能不让人感到它的振作和威严。背上有东西，上千万转回头看自己却看不到，因此就以为人言不可相信。假如一定要等到自己看见才相信，那就没有能够看见的时候了。有的人因害怕换衣服时的寒冷而一年都忍受寒冷，有的人因害怕打一针时的疼痛而心甘情愿保留那能置自身于死地的疮。一劳永逸的事情，只能限于和那有见识的人谈。牙齿紧密地排列在一块却不嫌互相压迫，这是自然理应如此的。假如其中某颗脱落了再补上，就觉得口中有了异物。只有保持原本应该存在的东西，多也不行，少了也照样不行。

对于坐井观天的人来说，不可以与他谈论天的广大，只有他自己从井里出来四下看看，才会知道天空的广大。虽然如此，但是如果被云彩和树木挡住了视野，那么所看到的天空就会受影响了。登上泰山的顶峰，就会看到天空显得广阔无边。虽然如此，不如亲自去游览八方极远的地方，心通到九重天之外，天在胸中好比太仓之中的一粒米那样，只有这样才会有言及通达的见识。

刚柔互用，不可偏废

自古帝王将相，称之为圣贤都是因为自立自强，即使作为圣贤，他们也各有自立自强的方法，所以才能够独立不惧，确定不移。过去我在京城，好与各位有名高位显的人闹意见，一开始就有挺然独立不畏强暴之意。近年来体会到天地之道，要刚柔互用，不可偏废，太柔了会萎靡不振，太刚了则容易折断。刚不是说暴虐，只是说强矫而已；柔也不是说要卑弱，而只是谦让而已。办事为公，就应勉力争取；争名逐利，就应当谦退；开创家业，则应勉励为之；守成安乐，则应谦退；与人相处，应当按矫；与家人相处，则要谦让。

强毅之气，决不能缺少，但强毅与刚愎不同。能够战胜自己的人才可称得上强。如自我控制力强，在宽恕别人的方面强，勉励自己向善良的方面靠近。如不习惯早起，而强制天未亮即起；不习惯庄重尊敬，而强制参与祭祝仪式；不习惯劳苦，而强制与士兵同甘共苦。勤劳不倦，这就是强。不习惯有恒，而强制自己坚定地持之以恒，这就是毅。力求以气势胜人，就是刚愎。二者表面上相似，实际上却有很大的差异，不可不辨识清楚，需谨慎从事。

既想建功立业，享有大名，又想求田问舍，贪图厚实的待遇。这两者都有盈满的征兆，全无谦退之意，这是绝对不能长久的。至于"倔强"这两个字，却不能缺少。功业文章都要有这两个字的精神贯穿其中，不然软弱无力，什么事情都做不好。孟子所说的至刚，孔子所说的贞固，就是从这两个字引发的。如果能除去愤恨的欲望而使身体强壮，多些倔强来激励志气，则会有无穷的进步了。

学习如登山

一个人没有远大的志向，心里不想学习，就不会有所成就。人在求进的道路上懒惰，自然不会达到目的。自己并非是天生道德高尚的正人君子，必须勤奋刻苦到了从心所欲也不违背规矩的程度，才可以放下书本。如果道德本性卑贱，始终是学不会的。

学习就如同攀登山峰一样，当他们在宽阔平坦的地方时，都是迈开大步朝前快走，等到了险峻坡陡的地方都止步不前了，这就要具有刚强勇敢毫不犹豫的精神才能有所前进。学习就好比做官要会处事，做文化人要先看志气。所以做官之前先教他学习处理事情，让他们先树立志向，教育最基本的问题则是志向。学习却不能够发掘掌握其中的事理，这主要是粗心造成的，就像颜回终于没有达到圣人的境界，就是因为他的粗心大意。

豁达自己的心胸，就能更多地体察天下万事万物。如果没能够体察到万事万物，那么就说明心不专一，心外有心。世上普通人的心，只停留在闻见这样狭小的范围；圣人能够充分施展发挥他的心，不让所见所闻束缚住他的心，所以当他们观察天下时，他的心里包含了所有东西。因此孟子认为全部施展自己的心，就会知人性和天的本质。这样说来天再大也没有外的东西，是因为人有心外之心，所以能使心和天心相合。见闻所知道的，主要是物和物相接触所产生的知，从德行中循理穷源所得的知，不是仅仅从知性达到的，但不以实际的礼加以训练，那性还并非能有所成，所以用知识和实际的礼结合养成性，道义就会表现出来，就像天地的规则变化运行一样。

说话要有教养内涵，行动符合法则，白天有所作为，晚上有自己的心得，休息有所存养，瞬间心存正义。认知道德以大中为根本目的，就可以把握问题的实质。选择中庸之道坚定不移地执行它，就是达到目的的具体过程和方法。只有知道学习然后才能有勤奋追求的动力，有了动力，然后就会逐渐进步，从而就会达到理想的境界。

孔子的"博学于文，约之以礼"，是说由最繁杂到最简洁，能使人不背离正道。孔子的"温故而知新"和《易经》中所谓有"多识前言往行以蓄德"，这是告诉人们只有学习前人的经验才能有所创新。考虑分析前人做不到的而今天自己达到了，依靠以往的知识来考察了解今天，都是这个意思。

登泰山而小天下

君子对待自然界的万物，爱惜它却不施以仁德；对于天下的人民，以仁德相待却不亲爱。君子亲爱亲人因而仁爱人民，仁爱人民因而爱惜万物。心是善于思考的器官，一加思考就能得到人本来的善性，不思考便得不到。不要仗着自己的权位高而发问，仗着自己的贤能而发问，仗着自己的年长而发问，仗着自己的功劳大而发问，仗着自己的交情深而发问。君子运用一定的方法在学问上达到很深的造诣，就是想让自己能自觉地获得学问。君子应该自觉地求得学问，自觉地获得它，就能牢固地掌握它；能够牢固地掌握它就能积累得深厚；能够积累得深厚，那就能左右逢源地获得知识。

高明的木匠不会因为笨拙的学徒而改变或抛弃操作时用的墨线；善射箭的羿也不会因学射箭的人笨拙而改变弯弓时应达到的限度。君子教人，也像羿教射箭一样拉开弓却不射箭，只是示范性做出跃跃欲试的样子，他立下一个合乎中道的学习原则，理解其中道理的人就能跟上去。

战国时期的孟子认为：孔子站在东山便觉得鲁国变小了，站在泰山就觉得天下变小了，所以见过大海的人就难被一般的江河所吸引，在圣人门下受过教育的人就不会被一般言论所打动。

人最怕的事不是不能胜任，而是在于不去做呀。慢点儿走，走在年长的人后面就叫作悌；走得很快，抢在年长的人前面就叫作不悌。慢点儿走，难道是人们不能做的吗？是不去做呀。尧舜之道，也只不过是孝悌罢了。你穿尧的衣，讲尧的话，做尧所做的事，那你就是尧了。你穿桀的衣，讲桀的话，做桀所做的事，那你就是桀了。

"静"能根治学者的百病

人的气质有好的地方，也有不好的地方。做学问的道理没有别的什么，只要培养好自己，纠正自身不好的一面就行了。

不能很好地运用所学的道学，只是因为自己没有打好根基；或是提出的倡议得不到别人响应，而势力孤单；或是因为自己坚守而受到他人阻挠排斥，而志向迷惑；或者是因为施行了而没有成功，于是就感到沮丧气馁；或是因为风俗的干扰，因此而杂念顿生。要想从这些情形中拔身而出，就必须有万夫莫挡的勇气和至死不渝的决心。不然的话，就算每天三五成群地聚在一起交谈，弄得口干舌燥，也不会办成什么事。

只有"静"才能根治学者的每一种毛病。做学问的保持心境澄清是根本，坚持慎口寡言是关键。读书学习能使人少犯错误，这是因为心境与道同在，邪念无法乘虚而入。没有作为就要学习，这是圣学的根源所在。学者在步入圣门时就应树立这种思想。当今的人几句话便落到有所作为上来，这是因为不能摆脱毁誉得失之心的原因，因此一张口谈的就是作为。

君子总是兢兢业业，对每一个小问题都谨慎行事。对细小的事物也不疏漏，害怕间断了功夫，害怕中断了善念，害怕私欲乘虚而入，害怕自欺欺人的念头重新萌发，害怕某一件事情一旦马虎就一发而不可收，害怕闲暇时懒散惯了而在正规场合也会疏懒。所以，在大庭广众之下可以看出独处时的行为；从言行中，可以看出一个人意念的美丑；意念有过错，独处时懒散，而大家都看得到，就是从上述独处的情形中检验出来的。君子独处时也不能够懒散轻慢，不然的话，在独处时马虎行事，而在友人面前故意做作，是不能够表现出自然神色，也不会表现得圆满，只不过是白费心机、徒劳无益罢了，而那谨慎独处的君子早已看透了他的心思。

古时的学者经常在修身养性上下功夫，所以外在的美德与品质相称；而如今的学者只注重外表的修饰，与内心不协调从而导致品质不良。每件事情的发生都有它的客观原因存在，每句话的说出都有它美妙的心境，每个事物的存在都有它深刻的道理，每个人都有他独特的处世之道。做学问的人最需要掌握的，就是这些。没有什么地方不可以学习，没有什么时间不可以用来学习，之所以不肯学习是因为没有学习的念头。没有完全掌握，没有达到至高境界就不会止步，只有如此才能称得上是真正的学者。现在的学者不都是如此，他们只关注那浩瀚博杂的群书，在那靡丽尖刻的辞章中消磨斗志，在扰乱真理破坏世俗的技巧上用尽心机，在繁杂、刻薄的礼仪上争强斗胜，真是可悲啊！而那些沉湎于醉生梦死的人，整天昏昏沉沉如一个傻子和病人一样，浑然不觉。常常穿着华贵，吃着美味却无所用心，那就更可悲了，因此学者的宝贵之处就在于爱好学习，更可宝贵的就是懂得如何去学习。

学士的耻辱是没有才华没有知识，既有才华又有学识，却又是学士的烦忧。拥有才学并不是很难，难就难在正确地使用与发挥。君子将才学当作修身养性的法宝对待，并不把它当成骄傲卖弄的资本。用它来济世安邦，并不用它来夸耀卖弄。否则，就会因此导致灾祸的。自古至今，十个人有十个，百个人有百个都因卖弄才学而招致灾祸，没有一个幸免，这让人更担忧。

绳锯木断，水滴石穿

求学问道不能有一蹴而就的思想，要勤于积累不断充实自己。积累就得勤学。绳锯木断、水滴石穿都是由积累而来，锲而不舍、金石可镂，就是刻苦修习的结果。无论学道、还是习艺，坚持始终如一，认准了就干下去，不改初衷，自然会水到渠成、瓜熟蒂落。正如俗语所说，上天不负有心人，百炼成钢，功成圆满。历史上勤学苦练的事太多了，头悬梁、锥刺骨的故事代代相传。传说李白少年求学，遇一老人在磨铁棒。要把铁棒磨成针，李白感到非常奇怪便问其原因，老人很自信地说：只要功夫深，铁棒磨成针。李白由此得到启发。玄奘西游，愚公移山的寓言，都说明了"绳锯木断，水滴石穿"的道理。

明代伟大小说家吴承恩在长篇神话小说《西游记》里，写了唐僧师徒一行西天取经的故事。《西游记》里所写的孙悟空等人物都是作者虚构的，那些降妖除怪的故事也都是作者虚构的。但在历史上，唐僧确有其人，取经也确有其事。

唐僧，就是玄奘，他因精通印度佛学中的《经藏》、《律藏》和《论藏》，而被誉为三藏法师，所以又称唐三藏。玄奘出生于一个官吏家庭，全家都信奉佛教。隋朝政府在洛阳考选和尚，他在13岁时便被破格录取而出家当了和尚。唐朝初年，他去四川研究佛经，发现汉文佛经译得不完全、不准确，越研究感到疑问越多。便学习了梵文，决心到佛教发源地——天竺去求取真经。

这样，他又来到了长安，邀约了同伴。一切准备妥当，但由于当时唐朝初建，突厥贵族经常骚扰边境，朝廷便严禁私人出境。由于出国申请未被官府批准，原来约好的伙伴都不愿意去了。但这却丝毫也动摇不了他西天取经的决心。629年（唐太宗贞观三年）8月，他从长安出发，混在返回西域的客商里，过了玉门关后，就开始了西行。

当他到达凉州时（今甘肃武威县），便被都督李大亮看管了起来，硬逼着他沿原路返回。后来，好不容易，在一位好心和尚的帮助下，才连夜逃出了凉州。

在玉门关时，他骑的马也累死了。玄奘过了五座烽火台后，便进入了荒无人烟的莫贺延碛沙漠，这就是号称八百里流沙的大戈壁滩。

他艰难地走了100多里路后，实在口渴难挨，停下来喝口水时，一不小心，皮袋掉了，洒光了所有的水。极目所见，茫茫沙漠，一望无际，哪里还找得到一滴水呢？他咬着牙，又极度艰难地走了五天以后，感到天旋地转，昏倒了。到半夜，刺骨的寒

风才把他给吹醒。天亮了，他突然看到前面不远的地方就有一块绿洲，便踉踉跄跄地奔了过去。果然有嫩绿的青草，清清的泉水。"阿弥陀佛"，终于得救了！

经过半个多月的苦难历程，玄奘终于走出了浩瀚的沙海，来到了高昌国（在今新疆境内）。高昌国王听说唐僧到达，不仅派了使臣去迎接他，而且还请他讲经说法。

玄奘离开了高昌国后，继续沿着丝绸之路前进。他从天山南路穿过新疆，又从葱岭北隅翻过终年积雪的凌山（今天山穆索尔岭），再经大清池（苏联境内侵塞克湖），到达西突厥叶护可汗王廷所在地的素叶城（碎叶，就是苏联的托兔马克）。渡过乌浒水（今中亚阿姆河），又折向东南，重新登上帕米尔高原，通过西突厥南端的要塞铁门关天险（在今阿富汗巴达克山），过了叶火罗（今阿富汗北部），整整走了一年。于628年夏末，最终到达了目的地。

玄奘历经千难万险，终于来到了摩揭陀国（今印度比哈尔邦南部）的天竺佛教最高学府——那烂陀寺，受到了1000多个手捧高香和鲜花的和尚的热烈欢迎。

那时那烂陀寺已经有700多年的悠久历史了。寺内常有僧众10000多人。寺的住持（当家和尚）戒贤是位年过百岁的佛学权威，早已不讲学了。但是，这位佛学权威却被唐僧西天求取真经的精神所感动，为了表示对大唐（中国）的友好情谊，特意收玄奘为弟子，特地为他重开讲坛，用了15个月的时间，亲自给他讲解了最高深、最难懂的佛经《瑜伽论》。

玄奘用了五年的时间，精研了佛学理论。在寺里，除戒贤精通全部经论外，在10000多个和尚里，能通晓20部的仅有1000人，能通晓30部的仅有500人，能精通50部的仅有10人，而玄奘就是10人中的一人，名副其实的佛学大师！

636年，玄奘辞别了戒贤，外出游学。他沿着恒河先到了现在的孟加拉，沿着印度半岛东岸南下，到了与现在的斯里兰卡隔海相望的达罗，又沿着印度半岛西岸北上，访问了世界著名的艺术宝库阿旃陀石窟，并曾一度深入印度半岛的腹地。然后，又西进到现在的巴基斯坦，再沿着印度河北上，到了现在的克什米尔南部的查谟，并在这里留居了两年，进行佛学理论研究。玄奘的声誉传遍了整个天竺，成为公认的最博学的佛学大师。

645年（贞观十九年正月二十四日），玄奘带着650多部佛经，历时18年，跋涉五万余里，回到了长安。

这天，长安城内人山人海，路两边摆满了香案和鲜花，锣鼓喧天，乐音缥缈，僧尼数万人排成长队，热烈迎接这位西天取经凯旋而归的伟大英雄，并把他带回来的经卷和佛像安放在弘福寺里。

唐太宗被唐僧取经的精神所感动，特地派了宰相房玄龄去长安把他迎接到洛阳行宫里来，召见了他，极有兴致地听他述说了西域和天竺的见闻，并劝他还俗，帮助自己治理国家。但玄奘不肯，婉言谢绝了。

三月初一这天，玄奘回到长安后。不久，便先后在弘福寺和慈恩寺主持译场，并在慈恩寺修建了大雁塔，作为储经之用。经过20年坚持不懈的努力，他和译员们译出了佛经75部，共1335卷。共同编写了《大唐西域记》。这部游记记叙并描述了包括现在我国的新疆以及阿富汗、巴基斯坦、印度、孟加拉、尼泊尔、斯里兰卡等国家的地域地貌、城市风光、风俗民情、名胜古迹、宗教文化、历史人物和传说故事，材料丰富、内容翔实、文笔严谨、准确可靠，被译成多种外文，成为一部世界名著，对研究中亚、南亚和中国西部的历史、地理和经济、文化，都有极为重大的学术价值。

磨炼福久，疑参知真

不论求幸福，还是求知识，都需要经过个人的努力，经过反复锤炼才会得到，这样才会牢靠。经过磨炼得到的幸福我们会珍惜的时间很长，在温室中的花朵是经不起风吹雨打的。求知也是同样的道理。

一个人一生的知识很多是从书中得来，不过也要听取人们的言论，观察周围事态的变化。因为仅仅靠书本上得来的知识是不够用的，更不要说书中知识还会有偏差和错误。当一个人学识肤浅时疑问也少，学问越是高深疑问也就越多，因此古人才有"学无止境"的说法。

陆九渊，字子静、号存斋，又称象山先生，南宋江西抚州金溪县青田人。其八世祖曾任唐昭宗之宰相，其六世祖于五代末避乱徙居，遂成金溪陆氏。

陆九渊从小就非常聪明，性若天成。三四岁时，经常服侍父亲，极善发问。一日，忽然问道："天地何所穷际？"其父笑而不答，他则"深思至忘寝食"；其父呵之，便姑置不想，而胸中疑团不散。5岁读书，6岁受《礼经》，8岁读《论语》《孟子》，尤善察辨。闻人诵程颐语录，便说："伊川之言，奚为与孔子孟子之言不类？"从此对程颐的理学发生怀疑。11岁时。经常是秉烛夜读，其读书不苟简，而勤考索。13岁时，与其兄复斋共读《论语》，忽发议论说："夫子之言简易，有子之言支离。"一日，复斋（时年二十）于窗下读《伊川易传》，读到《艮》卦，对程颐的解释反复诵读，适逢陆九渊经过，便问："汝看程正叔此段如何？"陆九渊答道："终是不直截明白。'艮其背，不获其身'，无我。'行其，不见其人'，无物。"如此透辟的解说，在他看来却非常容易理解，随口可说。又一日，读到古人对"宇宙"二字的注解"四方上下日宇，往古采今日宙"时，恍然大悟道："原来无穷！人与天地万物，皆在无穷中者也。"终于解开了十年前百思不得其解的难题。于是，他进一步开阐说："宇宙便是吾心，吾心即是宇宙。东海有圣人出焉，此心同也，此理同也；西海有圣人出焉，此心同也，此理同也；南海北海有圣人出焉，此心此理，亦莫不同也。"陆九渊心学之大端，于此尽显无遗。后哭，门人詹阜民问："先生之学亦有所受乎？"陆九渊说："因读《孟子》而自得之。"这正是陆九渊与理学家的不同之处。

53岁时，奉命守荆门军，此处乃古今征战之所，宋金边界重地，素无城壁。早有人欲意修筑，却惮费重不敢轻举。陆九渊仔细研究后，只用三万即告完成。平日他常常检阅士卒习射，中者受赏，郡民亦可参与。料理一年，兵容大振，周丞相称赞说："荆门之政，可以验躬行之效。"这充分说明了心学的修身应事之功。

陆九渊很早就开始探究"天地何所穷际"的秘密。陆九渊说："人心非血气，非形体。广大无际，变通无方。倏焉而视，倏焉而听，倏焉而言，又倏焉而动，倏焉而至千里之外，又倏焉而究九霄之上。'不疾而速，不行而至'，非神乎！不与天地同手？"又说："心，只是一个心。某之，吾友之心，上而千百载圣贤之心，下而千百载复有一圣贤，其心亦如此。心之体甚大，若能尽我之心，便与天同。"所以，当他看到"四方上下曰宇，往古来今曰宙"这句古文时，便不禁要发出感慨：原来无穷！天地无穷，我心亦无穷。"万物森然于方寸之间，满心而发，充塞宇宙，无非此理。"因而，"宇宙便是吾心，吾心即是宇宙"。"宇宙内事，是己分内事；己分内事是宇宙内事"。所以，他要人"收拾精神，自做主宰"，我们要不崇拜古人，不迷信先儒，做个真正顶天立地的超人。

天资聪慧的人也必须学习

自己内心的醒悟才是觉悟。若能看透自己的心思，才是真悟。明理省事，这四个字对于学者来说更为重视。

现在的人远不如古代的人，主要原因是没有知识。学问应该从夏、商、周三代以前学起，才能达到光明正大、中庸平和的地步。如今的人只会用秦汉以来的学术观点固执地与人争辩是非曲直，已是很可笑的了，何况以耳闻目睹的某些事情加上自己的一点小聪明做资本，盛气凌人又不愿听从别人的意见，岂不是更为可笑。

劝学的人总喜欢以功名利禄来引诱人；劝人为善的人总喜欢以幸福吉祥来诱导人，这是非常可悲的。读尽所有谈道的书，多读那些专业技术方面的书，不要读那些闲杂书，应该焚毁那些邪妄的书。君子吸纳有用的知识，不接纳无益的东西。不知道应该知道的知识就会愚昧，懂得没有益处的知识只能带给人烦恼。

功夫全靠冷静清醒时来体现。力量则靠深沉凝重来实现。万仞高山，若号召大家去攀登，愿意去的人一定很少。所以圣人所走的道路平坦，贤者所走的道路艰险。让人进入狭窄的洞穴，进去的人一定很少。因此圣人的道路宽广，贤者的道路就狭窄了。倘若用是非来决定做与不做，因利害而萌发悔改之心，也是很不合道理的。

任何事，都有古人留下的法则可依据，才做了一件事，就要思考古人做这件事时会如何做；才和某个人相处，就要想想古人和这种人交往会如何做。至于起居言行举止，莫不如此，时间长了言行就会与古人吻合，与道相合。要做到这点，最主要的还在于用心，平日修养的功夫在于诵读诗书时就要领会：这一点可以用来作为我去做某件事的方法，那一点又可以医治我做某件事上的毛病。这样做的话，遇事时立刻就会记起这些教导，就可以不假思索了。

就算天资聪慧，还要靠学问来维护。就算天资如圣人一般，也是需要学习的。夏商周三代以来没有出过全才。有的是辜负了天资，有的是缺少修养，纵使有人干出了惊天动地的伟业，但认真考察他，还有很多不足的地方。

从帝王到平民百姓，从尧舜到普通人，都是心中先有急切追求的理想和愿望，而后才能使德业有所长进，事业有所成就。子思说："我在吃饭的时候。多次听到祖父的教诲：'父亲砍柴，儿子却不能为父亲分担重量，这就是不孝。'我每每思索这一教诲，都感到压力巨大而不敢懈怠。"孔子听后欣喜地说："我没有忧虑了，我的事业将世代相传，而且将会昌盛。"

孔子说："礼，君子不可以不学习。人的容貌不可以不修饰，不修饰就没有仪容，没有仪容就失理，失理就不忠诚，不忠诚就会失去礼貌，没有礼貌就无法立足于人世间。离人远远的而有光彩的，是修饰；靠人近近的而更明显的，是学问。比如污水池。雨水、污物都流到那里，莞草、蒲草都生长在那里，从上面看下去，有谁知道它是不是活水的源泉啊！"

子上向他的父亲子思请教如何学习。子思说："祖先有教诲在，学习一定要从学圣道开始，这是为了能学习成才；磨刀一定要用磨刀石，这是为了能出利刃。所以，先祖孔子立下教诲：必须从学习《诗经》、《尚书》开始，而到《礼》、《乐》为止，不涉及杂说。"

学习可以使贫穷变得富有

想要变得高贵，由愚蠢变得聪明，由贫穷变得富有，这只能靠学习了！那些学习的人，学了能够实行的就是士；能够尽力而为的，就是君子；真正学习了的，就是圣人。上可以为圣人，下可以为士君子，就没人会束缚我。所以说：鸡鸣即起。像舜帝、盗跖那样的人也有自己执着追求的目标。

对那些不思上进的人，孔子忧虑地说："难道没有博弈的人吗？"害怕没有可以执着追求的理想或目标的人，不是成为舜那样的人就成为跖那样的人。如今的君子纵使没有什么作为，如不会像跖那样，虽饱食终日，既不做出没于深山幽林的隐者，又不关心天下大事，只是糊糊涂涂地浪费光阴。《易》书上说："君子进修德业，须及时行动。"其实不是这样，如果这样自命清高却无所成就，人们是不会相信的。孟子论及各朝代圣人学习的体会，不外乎是"忧勤惕厉"这四个字，其中最令人感到亲切的是："仰头而思，夜以继日，侥幸获取，坐等天亮。"这四句话不仅可做宰相的座右铭，还可做士人、农民、工人和商人的座右铭。

要始终保持"童心"

童心就是真心。童心不会有丝毫虚假，纯粹真诚的，是人心初时的根本。如果失掉了童心，也就失掉了真心，也就不再是一个真诚的人。做人如果不真诚，那就完全丧失了为人的根本。童子是人的根本；童心是心的根本。童心在许多人身上很快地就丧失了的原因是：在开始的时候，所见所闻从眼睛耳朵里进入人的内心，在心中成了主宰，童心于是丧失了；随着年龄的增长，知识道理通过所见所闻进入人的内心，成为心的主宰，童心便丧失了；随着时间的长久，知识和道理积累得越来越多，那么所懂得的和明白的就日益增多，于是就了解到好的名声人人喜欢，就争相来张扬它，于是童心就这样失去了；了解到坏的名声人人都厌恶它，就专门来遮掩它，于是童心便丧失殆尽了。

对于道理的所见所闻，都是因为读了很多书而从儒家经义与明理中得来的。古代的圣人，他们也都曾读书。然而，他们不读书，童心本来便存在，即使读了很多书，也注意保护童心不让它失去。不像一般的学者，因为读了很多书反而使自己的童心受到了蒙蔽。学者既然因为读了很多书懂得了很多道理，童心就受到了蒙蔽，为什么圣人又如此多地著书立说来困扰他们呢？童心一旦被匿扰，那么，人说出的话就不是从心里发出来的。落实到政事上去，政事便失了根基，把它写成书，则词不达意。不是内心所具有的就不彰明美好，不诚实也不能够吸引人，想求得一句纯真的话，成为始终也不可能的了。这是因为童心既然受蒙蔽，心里便都是些从外面听到见到的知识和道理了。

心里装的都是些儒家道理，所说的话自然都是些儒家的经义与名理了，不是由童心发出来的。文辞虽然巧妙，于我们有什么相干呢？难道不是以假人来说假话，做假事作假文吗？做人一旦假，那么就没有不假的了。既然如此，用假话对假人说，那么假人就欢喜；用假事对假人讲，那么假人就欢喜；用假话对假人谈论，那么假人就欢喜。没有不假的，也就没有不欢喜的了。全部都是假把戏，矮人看不清，就不会被分辨。这样，即使世上有最好的文章，都埋没在假人之中而没有全部被后人看到！此类事情很多。

为什么呢？这是因为天下最好的文章没有不是出于童心的。如果童心一直存在，那么大道理也就不流行，所见到的和所听到的也不会常存。那么就无时不可以作文，无人不可以作文，没有一样关于文字的体裁形式不是文章了。诗为什么一定效法于古选上的，文章为什么一定要效法于先秦？文章发展到六朝，变化成为近体诗，又变化成为传奇、院本、杂剧、小说、八股文。贤者说：圣人之道都是古今最好的文字，是不能凭时间先后来论的。所以有童心的人自然能写出好的文学作品，更别说什么《六经》，什么《论语》和《孟子》了。

心领神会，融于事物

做到心神融洽不泥迹象，你会很快进入一个新的境界。这样不但学到了知识，你的事业也会豁然开朗。读书做学问同样如此，既需要独立于身边万物的心智，又要使自己全身心地投入其中，并与自然万物及社会万事融为一体。

北魏孝文帝，他是一位了不起的少数民族政治家，因从汉俗促进民族融合而著名的。这位皇帝有一个突出的爱好，喜欢咏诗作赋。史家对他这一爱好珂：知所由，因为他生在北疆 5 岁登基，不可能受过老师的严格训练，却能有较深的文学造诣，是一般理论解释不了的。

像魏孝文帝这样的有名君王，史书自然不乏溢美之词，但很多史实并非虚构。比如说"手不释卷，在舆据鞍，不忘讲道。""帝善属文，多马上口占，既成，不更一字。""不更一字"恐怕有些夸张，但口授成文恐怕不会假。史书上还具体描写了孝文帝咏诗作赋的场面。孝文帝率兵攻打悬瓠，在和众大臣饮酒时互相以诗助兴，应酬答对。孝文帝率先作诗说："白日光天兮无不曜，江左一隅独未照。"彭城王勰紧接着说："愿以圣明兮登衡会，万国驰诚混日外。"郑懿说："去雷大振兮天门辟，率士来宾一正历。"在众臣应对后，孝文帝又咏诗道："遵彼汝坟兮昔化贞，未若今日道风明。"

他把对文学的爱好化作辛勤的创作活动，把自己的文集赠给大臣刘昶做纪念，并且说："虽然这里面的文章有很多是不符合文理要求的，但浓厚的兴趣又不能使我因无知而停止写作，所以这本书赠给你，暂且作为你茶余饭后的笑料吧。"大臣崔挺从外地来到孝文帝居住的地方，孝文帝对他说："自从和你分别到现在，眨眼之间两年已经过去了。我所写的文章已经汇成了一个小集子，现在把副本送给你。"

魏孝文帝又把卓越的文学才能施展于政治斗争之中，从太和十年后的14年间他亲自起草了全部治册，为统一北方增强民族团结做出了贡献。

心地干净，方可读学

心地无瑕，犹如璞玉，不用雕琢，而性情如水，不用矫饰，却馥郁芬芳。读书寂寞，文章贫寒，不用人家夸赞溢美，却尽得天机妙味，体理自然。读书做学问，在于安于贫寒心地安宁。好的作品，却是人间真情。

明末清初的一位大文人金圣叹，他满腹才学，但对功名利禄不感兴趣，安心做个靠教书评书养家糊口的"六等秀才"。在独尊儒术，崇尚理学的时风中，他偏偏钟爱为正统文人所不齿的稗官野史，被人称为"狂士"、"怪杰"。他对此全不在意，终日纵酒著书，我行我素，不求闻达，不修边幅。据记载，说他常常饮酒谐谑，谈禅说道，能三四昼夜不醉，仙仙然有出尘之致。

清顺治十八年二月，清世祖驾崩，哀诏发到金圣叹家乡苏州，苏州书生百余人借哭灵为由，哭于庙，为民请命，请求驱逐贪官县令任维初，这就是震惊朝野的"哭庙案"。清廷暴怒，捉拿此案首犯18人，均处斩首。金圣叹是为首者之一，自然也难逃灾厄，但他毫不在乎，临难时的《绝命词》，没有一个字提到生死，只念念不忘胸前的几本书，赴死之时，从容不迫，口赋七绝。《清稗类钞》记载，他在被杀当天，写家书一封托狱卒转给妻子，家书中也只写有："字付大儿看，盐菜与黄豆同吃，大有胡桃滋味，此法一传，吾无遗憾矣。"

读书·疑·信·悟·躬行

多少伟大的思想家、文学家、科学家虽然已经辞世了，而他们的精神成果犹在，所靠的就是书中所记载的文字。文字是超越时空的信息载体。

我们虽然不能在空白地带重新建造人类的精神文明，但我们可以虚心、审慎地接受前人所留下来的精神财富——尤其是其中有价值的成分。那么，读书就是重要途径之一。我们要读书，必须要读书。

知之越切，爱之越深。对人如此，对书也是如此，因为书是学习的依据，是怀疑与思考的轨迹，是人生了悟的记录，是实践躬行的指南。俄国著名作家赫尔岑说得好："书籍是和人类一起成长起来的，一切震撼智慧世界的学说，一切打动心灵的热情，都在书籍里结晶成形。书籍是未来的纲领，因此我们要尊敬书籍！"知道了书的宝贵，知道了读书的必要，也就容易对洪应明的这样一种认识产生共鸣：千年奇遇，比不上购到、借到和读到一本好书，比不上遇见一位挚友益友。

仔细想想，在平凡的日子里，一个真正爱读书而又重友情的人，能读到一本书，而这本书正是自己日夜所盼的；能在熙熙攘攘而又陌生的人群中，不期而遇自己的一位挚友，而那位挚友又是能理解与支持自己的，那时的心情，真是任何言语所难以言表，又充满着无比喜悦……假如你有过类似的经历与感受，那么，就应该祝贺自己并发扬下去。假如没有，那么，希望你尽快将此处空白填上，填上充实而又鲜活的书情与友情。

　　人的一生，能有好书相顾相伴，能有良友相容相念，就不算虚度，人生就有乐趣，可以说得上充实，也可以说得上幸福了。

　　真正的富有，是心智与知识的富有，身贫未必贫。因此，在洪应明看来，一个人即使是住在简陋的茅屋中，只要天天能诵诗读书，那就等于日日与古圣前贤们会面交谈了。谁能够说身贫者唯一拥有的只是困苦的生活？真可谓"人家不必论贫富，才有读书声更佳"。（唐伯虎诗句）

　　读书人要领会书的义理真谛，不能做书的奴隶，要做书的主人。

因此，在洪应明看来，一个人读书时，若不能见贤思齐，若不能领会圣贤先哲们思想的真谛，那就只会成为书本的奴仆佣人了。

　　要把书读好，还要有相应的行动与精神状态。在这方面的意识，《菜根谭》提到了三点：

　　（1）读书，做学问，似逆风撑船、淘沙寻金一样，从难处入手，在苦中收获，成效才真才大。在学习中，须有水滴石穿的精神，有恒心，要奋发努力。有此基础，在自然而至的机遇机缘出现时，才可能有水到渠成、瓜熟蒂落式的彻悟与收获。

（2）读书，须排除外界的不良影响，假如一个人在吵闹喧哗之处，还能潜心读书、专心向道，那就进入了一种最佳的状态。

（3）读书时，读书者必须身心自在轻松。为此，读书者就须摆脱世俗人情的种种诱惑，摆脱物欲的种种拖累，平平实实、恬恬淡淡地做来，才能学有所成，理解并达到古代圣贤的精神境界。

从古至今有许多事例，很好地证明了以上三点读书之道。

读书之苦，甚至不以"为伊消得人憔悴，衣带渐宽终不悔"为限。拿南朝文学理论家刘勰来说，他自小立志高远，热爱读书和思考，因怕婚后的家庭琐事拖累了学业，他就终身不娶，还搬到了环境幽雅宁静的寺庙里居住，专心向学，苦读苦思了十多年，终于写出了具有划时代意义的文学理论巨著——《文心雕龙》。可见读书的刻苦与读书的收获，是成正比的。

又好比青年时代的毛泽东，为了锻炼自己的心性定力，曾专门到人来人往、熙熙攘攘的闹市茶肆中去看书。当他全神贯注于书本时，周围的景象与嘈杂声在他的意识中逐渐淡化了，他也进入了一个耳边无噪声、心底有波澜的至高境界，他追求的是学识，而不是宁静的环境。而这种闹场能学道、茶肆能读书的锻炼，无疑有助于他逐渐培植起优秀的心理素质。他的一生，因此而得益颇多，这也是人尽皆知的了。

一个人，能从静中观物动，能在闲处看人忙，眼观世界，静思反省自我，才可能领会超尘脱俗的趣味；一个人，遇忙处会偷闲，处闹中能取静，自我的心灵世界不被五色五音等牵制，那就是一段安身立命的功夫。从闹场能学道的事例，从《菜根谭》所表达的意识，可见人生的动静、闲忙，应该是互补的。因此，行动时动如狡兔，读书或静思时静如处子，才是人生的理想态度之一。相反，唯求安静的喜寂厌喧者，往往一味地闭门避人以求静，殊不知，如此一心一意地执着于无人之境，便成了我执之相，心执着于静境，反成了内心躁动的根源。从心性修炼的角度言，这又怎么可能到达人我一空、动静两忘的境界呢？

真正的读书修学，不应该是哗众取宠、欺世盗名之事，也不是"都为稻粱谋"（龚自珍语）之事。因此，真正的读书人、学者都懂得摆脱俗情、减除物累的重要性，不至于因盲从"学而优则仕"之理而攀附权贵，也不至于困时髦的"经商热"而告别了书本……在这点上，还是钱钟书先生的比喻最恰当、最形象："大抵学问是荒江野老屋中二三素心人商量培养之事。"确实如此。

读书不是单纯的看与读，在最佳的读书状态中，疑与信也十分重要。疑，是疑书。在这点上，孟子曾有经验之谈："尽信书，则不如无书。"原来，他在读《书·武成》篇时，看到了在武王伐纣的战争中，有"血流漂杵"之语。他认为此语不可信，因为武王率领仁义之师讨伐暴虐无道的纣王，得到了民众的欢迎与支持，这样的军队怎么可能杀人杀到血流成河，连木棒都浮了起来呢？所以，他认为《书·武成》篇的可信处，仅有十分之二三，可见书上的话绝不能全信。

孟子可说是深知疑书之道，唯有疑，读书者才能保持独立思考，才能提出问题，也才可跳出前人的窠臼，不至于盲从书本，不至于成为一个仅是储存书本的两脚书柜，也才能解决新的问题，迎接新的挑战。

信，是信书。相信与接受书中的合理见解与正确认识，这一点也同样重要，因为读书就是一个接受知识、认同真理的过程。到现在，我们还经常遇到这样一些骄傲自大、患上"文人相轻"重症的读书人。他们读书时，最善于用缩小镜来看书本中的合理处，用放大镜来看书本中的缺陷毛病。于是，他们就不懂博采百家之长来立一家之言之道，只会指诘百家之短来强化自己那本来已经够刻薄尖酸而又肤浅庸俗的认识。因此，来看一下这则典故吧。20世纪40年代，一个军队少将曾向当代著名哲学家熊十力请教读书的书目与方法。当这位少将将自己所读过的书的缺点与不足，先后向熊十力侃侃道出时，却被熊十力严厉地打断了："你这个东西，怎会读得进书？任何书的内容都是好坏兼陈。你为什么不先看一本书的那些好的内容？却专门去挑坏的。这样读书，即使你读了百部千部，你又能得到什么益处？"

此当面一喝，如禅师的当头一棒，立刻使这位少将得以醒悟，进而在读书方法上有了起死回生的转折。日后，他卸下了戎装，专心向学，成为以弘扬中国传统的儒家文化为标识的"现代新儒家"的著名代表人物之一，他就是徐复观。这个事例，足证一个"信"字在读书过程中的重要。在洪应明看来，疑与信要密切结合起来，相互参照探究，当这种探究的功夫做到家时，读书人才可形成真知灼见。上面所说的，是读书的实在功夫，须读书人一步步做来。

另外，读书人要把书读好，灵性与悟性是必不可少的，它们是将死书读活的关键。灵性、悟性之类，给人的印象似乎是虚无缥缈、不可捉摸的。因为得鱼而忘筌、得兔而忘蹄、得意而妄言之类，是只可意会而不可言传、如人饮水而冷暖自知的，笔者对此再多做饶舌，无疑是多此一举。因此，这里只想再强调一遍洪应明所提出的思想：对于事物与真理的认识，仅是听别人的说解去领悟，还是包含有迷痴的成分，比不上自我领悟的那样彻底明白；人生的蓬勃意趣，仅是因外界景物而得以引发者，还是埋下了失落的预兆，比不上自我感悟所得的那样逸闲。事实上，仅是就字论字却不能了悟书的真谛者，恰似鸡啄米一样，啄得一粒是一粒，不能举一反三，

缺乏思想的飞跃与猛进。而在这方面，对待禅与诗，就很需要领悟与意会，不可咬文嚼字、冥思苦想而不得其解。

为什么读书呢？书呆子们从不去思考这个问题，他们只为读书而读书，但聪明的读书人却非常认真地正视这个问题。洪应明就属这种聪明的读书人。他鲜明地提出了这样的观点：一个善于讲学问、论道德的人，却不崇尚亲身去做、去行、去实践，那就只是口头禅罢了。何谓口头禅？禅宗和尚往往用一套常用语来作为启迪后来者的依据（"话头"），随着禅宗影响的逐步扩大，在社会上、佛门中，有不少不明禅理或对禅理仅一知半解者，就爱用这些常用语来作为自己谈话的点缀谈资，这也就是"口头禅"——泛指常挂在某些人嘴边而无实际意义的空话套话。因此，论"讲学不尚躬行，如口头禅"的原因，很简单，借用陆游就读书而示儿的两句诗，就是："纸上得来终觉浅，绝知此事要躬行。"聪明的读书人当切戒纸上谈兵，去呆气、傻气和迂腐的言行。否则，仅仅将读书的兴致寄托在对风雅诗文的吟诵上，夸夸其谈，那就不易有什么深刻的内心感受和大的收获。

以节俭为美德

古人以节俭为美德，现代的人却因为节约俭朴而相互讥讽。宋朝时期的司马光认为：我家贫寒，清白家风，世代相传。我生性不喜欢豪华奢侈，还是乳儿的时候，长辈给我戴上金银，穿上华美的服装，我害羞得脸发红，脱下来扔到一边。二十岁那年，侥幸考上进士，在皇上赐给新科进士的宴席上，人人的头上都戴着花，我独不肯戴。同我一起考上进士的人对我说："花是皇上赐的，不能违背皇上的旨意。"我因此才不得已把花插在帽檐上。我一生对吃穿不讲究，只求饱暖而已。但也不敢穿肮脏破烂的衣服，违背世俗常情，免得人家说你假装节俭，沽名钓誉，只是顺着我不爱奢侈的性情而已。众人都以奢侈、铺张浪费为荣，我却以节俭朴素为美。别人都讥笑我寒碜，而我不以此为缺点。回答讥笑我的人说："孔子说过：'与其骄傲，宁可寒碜。'又说：'因为俭省而犯过失的事例是很少的。'还说：'读书人有志于追求真理，而以吃得不好、穿得不好为耻辱，这种人是不值得与他谈论什么的。'"

另有一例，李沆为宋真宗担任宰相的时候，在封丘门建造住宅，厅堂前狭窄得仅能掉转马头。有人说太狭窄了，李沆笑着说："住宅是要传给子孙的。它作为宰相家的厅堂，确实太小了，但做太祝、奉礼郎一类小官的厅堂已经够宽了。"张知白当宰相的时候，他的生活水平跟在河阳做节度判官时一样，和他亲近的人劝诫他说："您如今俸禄已经不少了，而自己的生活水平竟这样，外面有不少人议论你，说您像汉武帝时的丞相公孙弘一样，是在装穷，您应该稍微随俗一点。"张知白叹息说："我如今的俸禄，让全家人吃好穿好，不愁做不到。但人之常情，由节俭到奢侈容易，由奢侈到节俭就难了。我如今的俸禄哪能长保？一旦情况不像今天这样，家里的人习惯奢侈的生活久了，不能立刻节俭，必然会没有着落。哪能像我做官与不做官，活着或死去，家里的生活都天天如此好呢？"这些大贤人的深谋远虑，怎么会是那些平庸的人所能达到的呀！

"节俭，是善行中的大德；奢侈，是邪恶中的大恶。"说的是有德的人都从俭朴中来，节俭就欲望少，有地位的人欲望少，就不会被物欲役使和支配，那他就可以依正道而行。普通老百姓欲望少，就能约束自己，节约用度，避免犯罪，使家庭富裕起来。所以说："节俭，是善行中的大德。"奢侈的人则欲望多，有地位的人欲望多，就会贪图富贵，不依正道而行，招致祸患。普通老百姓欲望多，那就会多方营求，误入歧途。所以做官必然会贪赃受贿。不做官必然去做贼。所以说：奢侈，是邪恶中的大恶。

古时候的正考父维持生活仅仅靠稀饭，孟僖子因此推断他的后代必有显达的人。季孙行父曾辅佐鲁文公、鲁宣公、鲁襄公，但他的偏房不穿丝织品做的衣服，不给马喂粮食，当时有名望地位的人认为他忠于公室。晋朝的何曾，每天花费在吃上的费用就有万吊，他的子孙也很骄狂，到永嘉末就倾家荡产了。石崇向人夸耀自己奢侈、浪费，最后也为此而身死于刑场。此正合于孔子在《尧曰》中所言："君子惠而不贵，劳而不怨，欲而不贪，泰而不骄，威而不猛。"

心胸宽广，不拘小节

"如何以'仁'的标准评价政治人物呢？"弟子们问。

孔子说："我讲一讲齐桓公（公子小白）与鲍叔牙、管仲的故事，你们从中琢磨吧。"

弟子们聚精会神地听老师讲述这个政治故事：

齐襄公时期，因襄公腐化堕落，横蛮凶暴，齐国发生内乱。襄公的弟弟公子小白在鲍叔牙的辅佐下逃至莒国，襄公的另一个弟弟公子纠（小白之兄）在管仲辅佐下逃奔鲁国。不久，襄公的堂弟公孙无知联合几个对襄公不满的人，起兵杀掉襄公，自立为齐君。后齐国大夫雍林杀死无知，齐国一时无君。这时大贵族国氏、高氏派人召小白回国。鲁国得知齐国无君时，准备派兵护送公子纠回国。管仲为保公子纠登上君位，亲率鲁军去莒国，武力阻止公子小白回齐。在莒国边境，管仲正遇上鲍叔牙和小白乘马车返齐。管仲当机立断，取箭射向小白，小白惨叫一声，倒在马车上。管仲误认为小白已死，放松了警

惕，致使公子纠放慢了回齐的速度。孰不知，小白机智过人，管仲的那一箭只射中了他衣服上的带钩，他假装中箭身亡，躲开管仲率领的鲁军之后，飞车疾驰，日夜兼程，抢先返回齐都，被国氏、高氏立为国君，即齐桓公。齐桓公即位后，当即派齐国精锐部队前往夹谷一带，抵抗护送公子纠回国的鲁军。两军相遇，齐强鲁弱，齐军一举打败鲁军，并切断了鲁军退路。鲍叔牙于阵前向鲁致函："我奉主公之命，致信贵方。鲁国如果不杀公子纠，如果不用囚车将管仲、召忽押送齐都，齐军将进攻鲁国！"迫于齐国的压力，鲁国无奈之下杀了公子纠，召忽殉主而死，管仲被装入囚车向齐国押送。押送管仲的囚车刚入齐境，鲍叔牙前来迎接。囚车至齐都后，齐桓公非但不报一箭之仇，反而拜管仲为相。

齐桓公为何如此宽宏大量、不记旧仇、任人唯贤呢？原来是这样的：小白登上君位后，立即传令速杀公子纠、管仲、召忽，鲍叔牙无比真挚地说道："如果主公只考虑治理齐国，由我和国氏、高氏辅佐就可以了；如果主公远见卓识，有振兴齐国、称霸诸侯的大志，只有委任管仲为相国才行。我十分熟悉管仲，他是个仁德之人，且才能超众，我远远不如他。如果主公拜他为相，我可以在他领导下谋事。"桓公有所悟地说："你甘愿把相位让给管仲，说明管仲确实是个杰出的贤能之人。寡人采纳你的建议！"从此，管仲辅佐齐桓公改革政治，加强了君主的地位和权力；改革军事，增强了武备能力；改革经济，农业、手工业大发展，齐国逐渐富强起来。他执政四十年，辅佐齐桓公在"尊王攘夷"（拥护周天子，抵御外患）口号下，成为天下第一霸主。

待孔子讲完，子路问："老师，您认为管仲是个怎样的人？"

孔子毫不含糊地回答："是仁人，是仁德之人！"

子路说："对于管仲是否是仁人的问题，我的看法与老师的看法不同，可以争辩吗？"

孔子笑着说："可以，以往你不是常与我争辩吗？"

子路说:"管仲曾劝说齐襄公应当如何施政,齐襄公拒绝,这说明管仲辩才不高!"

孔子说:"不对!管仲没能说服襄公,说明襄公没有眼光。"

子路说:"襄公死后,管仲辅佐公子纠没能得到齐国君位,说明管仲能力太差!"

孔子说:"不对!辅佐公子纠未登君位,那是时运不好。"

子路说:"管仲在鲁国沦为阶下囚而并不惭愧,说明他无羞耻之心!"

孔子说:"不对!管仲在鲁国身为囚徒而不惭愧,那是自省后的坦荡。"

子路说:"同为公子纠的老师,召忽为主守节自杀,管仲不殉主,是不仁不义!"

孔子说:"不对!召忽自杀,说明他是庸才,而管仲堪称治理天下的佐君贤才。"

子路说:"管仲从鲁国被押回齐国后,出仕于仇敌齐桓公,是对主人不忠!"

孔子说:"不对!管仲之所以敢于出仕于昔日的仇敌,是他权衡国家大事之后做出的正确选择。"

子路说:"总之,桓公逼死公子纠之后,管仲不去殉主,反而出仕于敌,管仲是算不上仁人的!"

"齐桓公不记私仇,不耍权术,公正用贤,可谓仁君!"孔子说道:"齐桓公以盟主身份,九次召集多国诸侯盟会,并没有使用武力,这就是管仲的能力所致!这就是管仲的仁德!"

子贡也问:"管仲不是仁人!当初,齐桓公杀了公子纠,作为纠的老师,管仲不仅没有自杀殉主,反而投身桓公……"

评价政治人物是否是仁人,应看大节舍小节,主要看他对社会、对国家的贡献,而不能用评价一个普通百姓的标准去评价一个伟大的政治人物!基于这一认识,孔子说:"管仲辅佐桓公,称霸诸侯,一匡天下（匡正整个天下，使天下安定），人民直到今天还享受他的恩惠。如果没有管仲，恐怕我们现在也要披散头发，衣襟向左开，蒙受异族的压迫统治呢。难道有必要苛求管仲像普通百姓那样，恪守诚信小节，自杀于沟渠，从此远闻于世，无人知晓吗？"

闵损说："从老师对管仲的评价中，我们明白了判定仁人的标准。可以说，齐桓公、鲍叔牙、管仲皆仁人也！管仲协助桓公，一匡天下，这个功劳太大了！如果当初他也像召忽那样，自杀殉主，他的大贤大才怎能变成一匡天下的大贡献呢？评价管仲，怎么能拘泥于小节而置天下万民于不顾呢？"

学无止境

学习的目的是为了求益。有的人其实只读了几十卷书，就目中无人，不把任何人放在眼里，对同辈人更是十分傲慢轻视，而别人恨他如仇寇，厌恶他如猫头鹰。这样因学习而使自己受到损害，还不如不学。读书做学问，能使人开心明目，以有利于做人。

对于不知道很好侍奉父母的，应当从读书中看到古人的先意承颜，怡声下气，不辞辛苦去为父母做好吃的东西，这样引起惭愧恐惧，而能对照古人行孝道。对于不知道忠君的，应从读书中看古人尽忠职守不越本分，遇到国家有难不惜牺牲生命，不忘直言上谏以利国、利民，这样对照自己，而想到学习他们。平素骄奢的，应从读书中看到古人的恭俭节省，谦卑自持，把礼看作教化之本，把敬看作立身之基，这样瞿然自失，知道自己的不足而收敛贬抑自己。平素鄙吝的，应从读书中看到古人的重义轻财，少私欲，忌满盈，能周济贫人，而感到自悔自耻，积聚的财货能够合理地分散使用。平素暴悍的，要从读书中看到那些古人小心克己，懂得牙齿硬而先弊，舌头软而久存的道理，能够含垢藏疾，尊贤人容众人，而感到疲倦沮丧，不再那样横暴反而弱不胜衣。平素怯懦的，要从读书中看到古人的达生任命，强毅正直，说话必信，求福不违的原则，而能勃然奋起，不知恐惧。除此以外，种种品行都能从读书中学得进步，纵然不能达到尽善尽美，总可达到去泰去甚的目的。学习得到的长进，在任何方面都能施行而见效。这是理想的情形。

实际上，现在不少的人，只能说，不能行，忠孝仁义各方面都没有真正做到，做具体事也不行。去断一件案子，不一定能断得合理；去管理一个千户的小县，未必能治好县里的民事；要问他造房，连楣是横的木兑是竖的也不一定知道；问他种田，他不一定知道稷和黍哪种该先种哪种该后种。只知道吟诗谈笑，讽咏辞赋，做些很悠闲的事，真正实际的国家地方军政事业，一点也没有作为能力。这些读书人被不读书的武人俗吏所讥笑议论，也许就是因为这些原因吧。

梁元帝当年在会稽时，只有十二岁，便开始好学。那时候元帝又患皮肤病，手足都不能伸屈自如，在空斋里张起一葛帏防蝇，独自坐在帐内，银瓯内藏着绍兴酒，不时喝一点，来解除痛楚。随心地读史书，一天二十卷，没有老师传授，有时遇不识的字、不懂的话，只是自己反复地读，不知道厌倦。他有皇子的尊贵地位，又在好逸厅的童年时候，还能这样努力学习，何况其他希望通过读书找到自己前途的普通人呢！

别人知道一件事，你要知道一百件

天下的人才不是现成的，也没有生来就具有远见卓识的人。人才大多数是在艰难困苦中磨炼出来的。《淮南子》说："功劳能够在强迫威逼下创造出，功名可以在强迫威逼下立起来。"董仲舒说："努力地做学问，所知道的知识就会广博；努力地寻求真理，道德修养会日日进步。"《中庸》里所说的"别人知道一件事，你要知道一百个，别人知道十件事，你要知道一千个"的话，就是要人多受困苦付出努力。现在的人都企盼为世所用，缺乏拯救社会的才略准备。假如真正能从古代典籍中加以对证，再向那些已经为社会做出贡献的人学习，苦苦思索为世所用的办法，并亲身去实践，努力再努力，那么就可以通达识变，才识就逐渐地培养起来了。才识能有益于社会，还用担心社会上不知道你吗？

即使有好的药物，但不针对病情，还不如一般的药物有效；就算是人才，但工作不适合他的特长，就不如去用差一些的人。质地好的木梁可以撞开城门，却不可用它去堵鼠洞。不可以用强壮的水牛去捉老鼠，也不可以用骏马守望家门。价值千金的宝剑用来砍柴，不如斧子好用。三代用过的传世宝鼎，很是贵重，但你用它开垦荒田，它还不如木犁。面对具体的时间、具体的事情，只要你用人恰当，普通人也可以收到神奇的效果。不然，分不开宝剑、锄犁的特性，什么事情都得弄糟。因此说世上不害怕没有人才，而害怕是不知道使用人才，量才而用。

魏无知在评论陈平时说："现在有个后生，很懂得孝德，但不懂得打仗胜负的谋略，您怎么用他呢？"当国家处于动乱时，用的不是掌握胜负之谋的人，即使有大德，也是不能用的。我平生喜欢用忠实可靠的人，但现在老了，才知道世上药物虽然多，也有治不了的病。

没有兵士，不值得焦虑，军费匮乏，不值得痛哭，而真正值得焦虑的是，不能够立即找到见利不争、义字当先、真挚做事的人才。这种人才也许能够得到，但由于他地位卑下，往往因此而气闷不舒、受尽委屈挫折、罢免离开直至死去。而那些暴虐贪婪又善于钻营的人却由于占据好的位置，而长享富贵，拥有受人尊

重的名誉，因健康长寿而不死。这是我最为慨叹无奈的事情。静观天下大势，这种情况难以挽回。我们所能共同勉励的，就是要尽力重用一些正人君子，培养几个好官，作为变革时事的种子力量。

不能身体力行，虽有所见亦作无用

清朝时期彭端淑解悟《菜根谭》时认为：天下的事有困难与容易之分吗？去做它，那么困难的事也变得容易了；不去做，那么容易的事也变得困难了。人们学习也有困难与容易之分吗？去学，那么困难的也变得容易了；不去学，容易学的也就变得困难了。我的天资如此迟钝，赶不上别人；我的能力这样平庸，也赶不上别人。假如天天都认真学习，一直坚持下去，毫不松懈，等到学成以后，也不知什么是迟钝和平庸了。假如我的天资聪明程度超过别人一倍，我的能力强过别人一倍，假使不去用它，那与天资迟钝、才能平庸的人就没有区别了。孔子的思想最后是由天资不高的曾参传了下来，那么愚笨平庸和聪明能干对一个人所起的作用，难道还是一成不变的吗？

蜀国靠近边界的地方有两个和尚，一贫一富，穷和尚对富和尚说："我想到南海去，你看怎样？"富和尚问道："您凭什么去？"穷和尚回答说："我就凭着一个装水的瓶和一个盛饭的钵已经足够了。"富和尚说："我好几年以来就想着雇条船顺江而下，还没有去成呢，您能行吗？"过了一年，那个穷和尚从南海的普陀山归来，介绍他的经历，那个富和尚为此面带羞涩。蜀国西部离南海的普陀山，不知有几千里路，富和尚一直不能去，而穷和尚却去了。人们确立的志向，难道还不如那个穷和尚吗？

这样看来，聪明与能干，既能够依靠又不能够依靠，自己倚仗着聪明能干而不肯学习的人，是自我失败的人。迟钝与平庸，既能够限制一个人又不能够限制一个人，自己不受这种迟钝和平庸的局限而能孜孜不倦地努力学习的人，才是力求上进的人。

不耻下问

因学习而快乐，这样的学问是一种甜瓜。一入门就以学习为快乐。它的快乐，又逍遥又自在，是在刻苦学习、忧虑勤奋、警惕自励中得来的。孔子以学习为快乐而忘却忧愁，因为发愤读书而废寝忘食，颜回没有改变这种快乐的状态，是因为他博约克复造成的。他们的快乐，悠然自得。无意寻找欢快，因此没有忧虑；没有放纵欲念，因而也就没有烦闷。假若感到还有可乐的地方，乃是乍有心得。若刻意模仿它的快乐，就是助长杂念私心，这样的人又有几个不猖狂嚣张的呢？

学者没有长进的根本原因，只在于掩盖自己的不足。听到一句赞美的话，就是不懂也不愿意去问。对有疑问的道理，也不肯问人，怕别人讥笑自己不懂。孔夫子不以向比自己身份低的人请教为耻辱，如今的人有自己所不知的却不愿请教有能力的人。颜回以自己所能而去向没有能力的人请教，如今的人有自己所不会的却不去请教那些会的人。假如怕被人耻笑，去与那受德山棒、受临济喝，与有道的高僧相比，在达摩台上呼唱，那又如何承受得了？这样把自己的缺点掩盖起来，最终仍不免被人嘲笑，难道为了逃避别人讥笑一次的学琴师襄图（讲述孔子向师襄学琴之耻辱），而终身受人耻笑就不感到羞耻吗？后来的人们应该引以为戒啊。

没有独处时的慎重，就算不得真正的学问；没有在大庭广众之下得到检验，就不算是真正的谨慎独处。整天唠唠叨叨，那只不过是口头禅罢了。体会认识事物要领会其中真正赏心悦目的含义，真正的读书人在取得很高的成就以后仍要发奋努力。住在山中的人不识莲，从药房里买了些干莲肉，吃过就夸奖味道很美，而后又到集市上买了些放了很久的新莲，吃了更夸味美。如果吃了从池中采来的鲜莲，那味道又是怎样呢？莲蓬一旦从池塘里采摘出来，那新鲜的滋味就会受到损失，假若卧在采莲船上挽着莲蓬剥开来吃，那它的美味又是怎样呢？现在的人们体会认识事物就像吃那干莲肉的人一样。再拿这棵树上的胡桃打个比方。如果连皮吞下，也不可说没有吃，但是不知道这种果子应该去掉厚皮，不然吃了会麻嘴；而后就去掉硬皮，不然就会损坏牙齿；再弄掉瓢上的粗皮，不然会让舌头发涩；最后去掉薄皮里面的萌皮，否则就不可有细腻可口。经过这样加工后再用蜂蜜浸泡，放糖水煎煮，那才是尽善尽美的食物。现在人们体会认识事物，就好比连皮带壳吃胡桃一样。只有像前面所说用吃莲吃胡桃那样的正确方式去体会认识，才能精细入微；只有像前面说的那样去用力，才会达到义精仁熟。

往上升达不可能一蹴而就。什么事情都有它上达的方式。比如洒水扫屋、待人接物、起居饮食，每件事都有其精义入神的地方。每一段有每一段上达的目标，从普通百姓到君子，从君子到圣贤之人，到商汤王、周武王以至尧舜那样的人都是如此。就算是尧、舜，他们自己也有上达的目标，他们仍然自叹不如无怀氏、葛天氏那样淳朴自然的理想世界啊！

第四编　齐家兴业篇

家庭有真佛，日用有真道

家庭有个真佛，日用有种真道，人能诚心和气愉色①婉言，使父母兄弟间形骸两释，意气交流②，胜于调息观心万倍矣！

【注释】

①愉色：愉悦的脸色。
②意气交流：心领神会，彼此相互影响。

【译文】

每个家庭都有为人处世的原则，大家每天都遵守着这个原则，这样家庭成员都能坦诚相待，心平气和，心情愉悦，言辞温婉。这样父母兄弟之间才能彼此理解、和睦相处。只要都能遵守既定的标准，这样的结果比修身养性的方法好万倍！

重德则业固，心善则子盛

德者事业之基，未有基不固而栋宇①坚久者；心者后嗣②之本，未有本不立而枝叶茂荣者。

【注释】

①栋宇：指房子。宇，房檐。
②后嗣：后人，后代。

【译文】

德行是事业的基础，就如基础不牢固的楼房很难持久坚固，良心是后代子孙的根本，就如同树的根部不发达就不会有茂盛的枝叶。

根固则叶荣，长后才成器

赤子者，大人之胚胎[1]；秀才者，宰相之基础。此时若火力不到，陶铸[2]不纯，他日涉世立朝，终难成个令器。

【注释】

①胚胎：萌芽。
②陶铸：陶器和冶铸，文中指培养、培育。

【译文】

婴儿是成为大人的第一步；秀才是做宰相的铺垫。如果这个时候不下足功夫，就像烧陶炼铁时火候不足而会出现残次品。以后走向社会，位列朝堂，终究难成国家栋梁之材。

德泽易享，福祉难受

问祖宗[1]之德泽[2]，吾身所享者是，当念其积累之难，问子孙之福祉，吾身所贻者是，要思其倾覆之易。

【注释】

①祖宗：祖先，长辈。
②德泽：德惠恩泽。

【译文】

如果问祖宗留下了什么恩

惠，那么我现在拥有的一切都是，应该多想当初祖先创业积累财富时的艰难；如果想知道后代以后是否会幸福快乐，这就要根据我们留给他们多少恩泽而定，不过你要想到所有的遗产都会很容易用尽衰败的。

责人宜宽，犹如春风解冻

家人有过，不宜暴怒，不宜轻弃。此事难言，借他事隐讽①之。今日不悟，俟②来日再警之。如春风解冻，如和气消冰，才是家庭的型范。

【注释】

①隐讽：用暗示性的语言来帮人改正过错。
②俟：等，等待。

【译文】

亲人犯了错误，不要动怒，也不要轻易放弃他。如果这件事不能直接劝说，那么可以用暗示性的语言劝告他。即使一时很难说通，可以等过些日子再来劝告他。总之要像春风驱走寒冷，像太阳融化坚冰一样，这才是解决家事的正确典范。

树人终生计，交友要谨慎

教弟子①如养闺女②，最要严出入、谨③交游。若一接近匪人，是清净田中下一不净种子，便终年难植嘉禾矣！

【注释】

①弟子：徒弟，学生。
②闺女：女儿。

③谨：严谨，谨慎。

【译文】

教育学生如同管教女儿，一定要严格地教导他们，谨慎地与人交往。如果一旦结交了坏人，就像是干净肥沃的土地里种下一粒坏种子，这样到头来也很难长出好庄稼。

从容处父兄，勿以优游待朋友

处父兄骨肉之变，宜从容①不宜激烈；遇朋友交游之失，宜剀切②不宜优游。

【注释】

①从容：淡定，镇定自若。
②剀切：指干脆直爽。

【译文】

如果父兄骨肉之间发生了争吵，那么应该心平气和地去处理，而不要大动干戈以免伤了和气；在与朋友交往过程中，如果自己的朋友有过失之处，要直截了当地告诉他其中的利弊，而不能忧客宽待。

眷眷亲情，天性伦常

父慈子孝，兄友弟恭，纵做到极处，俱是合当如此，着不得一毫感激的念头。如施者任德①，受者怀恩，便是路人，便成市道②矣。

【注释】

①任德：自认为是有恩德的人。

②市道：指市井商人之道。

【译文】

父母对子女慈爱，子女对父母孝敬；哥哥对弟弟友爱，弟弟对他毕恭毕敬。即使用最大的爱心去对待家人，那也是理所应当的，彼此之间用不着存在丝毫感激的念头。如果给予者自认为是他们的恩人，接受者也会对之心存感激，那么这就相当于把亲人当成了路人，把真挚的亲情就会变成了商人之间的交易。

【解悟】

勤俭持家，量入为出

把家业创立的人，之所以能够积累越来越多的财富，就是因为他们在服装、饮食、器皿、用具上以及在红白喜事的操办和各种日常花费上都很节俭，遵循发家之前的规矩，从不铺张浪费。因此，每天收入的钱财总要多于支出，所以他们能经常有所剩余。富家子弟之所以容易倾家荡产，就是因为他们在服装、饮食、器皿、用具上花费太多，操办红白喜事规模太大，总要依循旧制，并且数位兄弟又把财产分开各立门户，这样日常费用就比从前增加了好几倍。子弟中有能节省费用，做长远打算的，尚且还来不及呢，何况有的子弟尚未省

悟，如何才能把家业支持下去呢？

古人说："从节俭进入奢侈容易，从奢侈再回到节俭就困难了。"说的就是这种情况。权贵人家也不能保证子孙永不败坏家业。当他们身居高位的时候，即使不是主管要害部门，国家发给的俸禄供给十分丰厚，别人赠送给的礼物钱财也很多，他们面前那么多差役仆从，费用都是由州郡官方供给，他们的服饰、饮食、器皿、用具虽然都极其豪华奢侈，但那些费用都不是由自家财产中支付的。等到这些权贵的后世子孙，没有父祖辈做官时国家拨给的俸禄供给，也没有别人赠送的钱财礼物。差役仆从的薪水，日常生活所需的各种费用，都不得不从自家财产中支出。况且后世子孙又把一家分成好多家，而各种用度还和往昔一样，怎么能够不倾家荡产呢？这也是形势所趋，不可避免的事，做子弟的都应量入为出，依靠勤劳节俭来维持家庭。

把家业创立的人，看见自己所做的事没有不称心如意的，就认为自己的智谋已经十分巧妙高明了。不知道自己的成功是命运里偶然的事，得意扬扬，贪婪索取，不知满足。自认为家业能够永远兴盛下去，不能被败坏，这种想法能不为造物者所耻笑吗？那些败坏家业的人早已生在了他们家，或是儿子或是孙子，每天环立在他身边的，都是有朝一日会败坏父辈祖辈创立的家业的人。只可惜他们的父辈祖辈看不到这些人倾家荡产了。前辈有人建造宅第房屋，在东厢房宴请工匠说："这是建造宅第的人。"在西厢房宴请自家子弟，说："这些是将来卖掉宅第的人。"后来发生的事果然应验了他的话。近世有个士大夫说："能够看见的，就慢慢地经营好了；不能够看见的，就不用去谋划考虑了。"这是有见识的人知道有些事情是人力所不及的，所以，他心中宽缓安定，和那些被遮蔽迷惑的人相比，自然是有些不一样了。

有些人活在世上，既不对祖辈、父辈起家创业艰难考虑，把家业继承下去，也不考虑如果将来家业败落，子孙后代就会失去依靠，难免要忍饥受冻。他们不加节制地生下很多儿女，又对儿女不重视，看作陌路人一样，一味沉溺于酒色之中，赌博下棋、不务正业，败坏了家产，求取一时的享乐。这些人都是家门不幸。这些人连触犯刑律也不害怕，又怎么能用教诲劝导，用责骂来使他们回心转意呢？对他们只能是无可奈何，任由他们去了。创家立业的人把财富积聚起之后，就会每天忧虑不安，恐怕将来仍不免于饥寒交迫的境地；败坏家业的人，使家财逐渐减少，但还气宇轩昂地任意胡为，说："将来没有什么可担心忧虑的。"这就是所说的"有福之人把有福看作不幸的事，而无福之人却以不幸为好事"。这句话经常在一个人已经是壮年，但还未到老年，或已经是老年但还没死之前应验，有见识的人应该自己领会这个道理。

义应该讲，钱也应该赚

假如我们不受功名利禄所污染，品德心性自然显得格外纯真，与那些充满铜臭味的人相比就会有很明显的区别。明朝时期的洪应明认为：野菜生长在山间根本不必人们去灌溉施肥，生长在野外的动物根本不必人们来饲养照顾，可是这些野菜和野物的味道吃起来却非常甘美可口。

君子赠人以言，庶人赠人以财

抓住人心是统御之术的最高境界。怎样才能真正地抓住人心呢？有人认为物质可以帮助别人度过困境，殊不知，还有比物质更重要的东西，那就是一句安慰的话语，一声亲切的提醒。帮助他人有多种形式，除了物质的资助以外，在一个人痛苦伤心的时候，最需要的是给予安慰；在一个人无法申冤的时候，最需要说一句公道话；在一个人心灰意冷的时候，最需要的就是鼓励和理解。

比如，当对方情绪进入下列低潮时期，就是抓住人心的最佳时机：

（1）工作不顺时。比如因工作失误，或工作无法照计划进行而情绪低落。因为人在彷徨无助时，希望别人来安慰或鼓舞的心情比平常更加强烈。

（2）变动人事时。因为人事变动而调到单位的人，通常都会交织着期待与不安的心情，应该帮助他早日去除这种不安。另外，由于工作岗位的构成人员改变，部属之间的关系通常也会产生微妙的变化，不要忽视了这种变化。

（3）生病时。不管平常多么强壮的人，当身体不适时，心灵总是特别的脆弱。

（4）担心家人时。家中有人生病，或是为小孩的教育等烦恼时，心灵也总是较为脆弱。

在这些情形下，适时的慰藉、忠告、援助等，会比平常更容易抓住别人的心。因此，平常就要积累一些朋友的个人资料，然后熟记于心。

这就是抓住人心的最佳时机，下面介绍几个要点来察觉他人心情的跃动规律。

（1）脸色、眼睛的状态（内烁着光辉、咄咄逼人、视线等）。

（2）说话的方式（声音的腔调、是否有精神、速度等）。

（3）谈话的内容（话题的明快、推测或措辞）。

（4）身体的动作、举止行动是否活泼。

（5）姿势，走路的方式，整个身体给人的印象（神采奕奕或无精打采的）。

综合这些资料，就可以探索到他人心灵的状态。应该有意识地研究这些资料，以便能正确掌握各人的特征。这些措施对于吃软不吃硬的人最为有效。

望子成龙，但要因材施教

清朝时期林则徐认为：必须要遵守的五件事：一是要勤奋读书，尊敬老师；二是要孝顺母亲，很好地侍奉于她；三是兄弟间要友爱；四是对亲戚要和睦；五是要爱惜时间。

农民是四民之首，是世界第一高贵之人。我在江东的时候，就嘱你母亲购买北郭的空地，建筑别馆，并买周围种植粮食的田地四十亩，自己雇工耕种，就是为了你和拱儿作将来务农的准备。你如今已是个秀才，从此丢掉诗文，经常住在别馆里，跟随农民学习耕种，天亮起床，终日勤劳而不知疲倦，那就是擅长于种庄稼的好子弟。至于拱儿，年纪仅十三岁，还没有功名，也不到学种庄稼的年纪，应该督促他勤勤恳恳地用功读书。姚师是侯官地区的名师，在他门下的弟子，中举人、进士的，很难屈指数清。他所改的拱儿的作业，能将不通的语句，改动几个字，就成为警句。这样的高手，不要说在侯官的文人，都推他为名师，只怕在全中国也很难找到第二个。拱儿既然得到这样的名师，如不发奋苦读，就太不长进了。前个月寄来的五篇作业，文理还通，只是文字太枯涩了，这是因为书读得不多造成的。你应该督促他爱惜时间，除朗读作文外，剩余的时间必须看看历史书。你每看一种，须从头至尾仔细看完，然后再换另一种。最忌讳乱看，过目就忘，不能应用。看时要准备好笔记本，遇有心得体会，随手摘录出来，如果有不易理解或有疑问的地方，也要摘录出来，请姚师讲解，这样就会学到的更多。

父子兄弟也要讲究相处艺术

在人与人的相处之中，最亲的莫过于父子和兄弟。然而，父子与兄弟也有相处不融洽、不和睦的，或者由于父亲对孩子求全责备，要求太过苛刻，或者由于相互争夺家产财物。有的父子之间、兄弟之间并没有求全责备、争夺财产，却依然很不和睦。周围的人看见他们不和，有的便从这种不和中分辨是非，最后还是不能说服他们。大概人的性情，有的宽容缓和，有的偏颇急躁，有的刚戾粗暴，有的柔弱儒雅，有的严肃庄重，有的轻靡浮薄，有的克制检点，有的放肆纵情，有的喜欢娴雅恬静，有的喜欢纷纷扰扰，有的人识见短浅，有的人识见广博，因人而异，各不相同。

在社会生活中，父与子之间，有的彼此不思虑自己的职责却责备对方，从而导致父子不和。如果父与子各自都能反思一下自己，那么就会相安无事。做父亲的应该这样说："我现在做孩子的父亲，曾经也是别人的子女。大凡我原来侍奉父母的原则是每事力求尽善尽美，那么做子女的就会有所见闻，不等做父亲的去教导他们。他们就会明白怎样去对待父母了。倘若我过去侍奉父母未能尽善尽美，却去责备孩子不能做到这些，难道不是存愧于自己的良心吗？"做儿子的应该这样说："我今天作为别人的儿子，日后肯定会成为他人的父亲。今日我的父亲这样尽心尽力地抚养培育我，并且为我付出许多心血，可以称得上是厚爱了。日后我对待自己的子女，只有做到与我父亲待我的程度一样，才可以无愧于自己的良心。如果做不到这些，不仅仅有负于子女，更无颜面去见父亲。"

世上的人善于做儿子的，也很善于当别人的父亲，不能够孝事其父母双亲的，也常常想虐待其子女。这其中的道理就是，贤达的人能够自己反省自己，那么

就会做事稳当少出差错。不贤达的人不能够反省自己，做儿子多怨恨，做父亲多暴戾。过于慈祥的父亲容易造就败家子，儿子的孝顺有时却并不被父亲所觉察。大概依平常人之性情来说，碰到强大的事物就会回避，遇到较弱的事物就会大肆放纵。父亲严肃，儿子知道自己该畏惧什么，那么就不敢胡作非为；父亲宽缓，儿子对一切事物都持轻视态度，因而放纵自己的行为。如果对于儿子的不肖，父亲多宽容；对于儿子的谨慎诚实，为父的却责备不已。只有贤达充满智慧的人才不会这样。

父亲如果一定要强迫自己的子女顺从于自己的脾性，而子女的脾性未必是那个样子；兄长如果一定要强迫自己的弟弟合于自己的性格，而弟弟的性格也未必如此。他们的性格不可能做到相合，那么他们的言语与行动也不可能相合。这就是父与子、兄与弟不和睦的最根本原因。如果都遇到一件事情的时候，一方认为是正确的，一方认为是错误的；一方认为应当先做，一方认为应当后做；一方认为应该急，一方认为应该缓；观点不同竟然是这个样子。如果彼此都想要对方和自己的性格、脾气、观点相同，必然会导致争吵与论辩，争吵、论辩不分胜负，以至三番五次，甚至十次百次，那么不和就会由此产生，有的竟到了终其一生失去和睦的地步。如果大家都能领悟到这个道理，做父亲和兄长的对子女和弟弟通情达理，并且不苛责子女与弟弟与自己相同；做子女和弟弟的，恭敬地追随着父兄，却并不期望父兄只听取自己的意见，那么在处理事情的时候，必定相互和谐，自然不会争吵论辩。

孔子说："对待父母，屡次婉言劝谏，看到自己的意见不被采纳，还必须恭恭敬敬。不违背父母，仍然在做事的时候无怨无悔。"这就是圣人教给人们和家的最重要的方法，这是值得我们思考的。

从古到今的人伦关系，贤达和不肖相杂。有的父子不能够都做到贤达，有的兄弟不能够都做到美好，有的丈夫随便放荡，有的妻子悍厉粗暴，很少有谁家能免此患。即使圣贤之人也无可奈何。正如身上生有创伤和脓疽疮痛，虽然甚为可恶，却不能够除去，只应该以宽怀之心来对待。如果能知道这样一个道理，那么对待此事就会非常坦然。古人所说的父子、兄弟、夫妇之间难以言说的就是这些。兄长疼爱弟弟，弟弟却不敬重兄长，弟弟尊敬兄长，兄长却并不爱惜弟弟；丈夫正派，妻子却不和顺，妻子和顺而丈夫不正派的，也是由于一方强大了，另一方就很弱小；一方弱小，另一方就会强大。这是由逐渐积累而形成的。做父亲的，如果能将他人的不肖与自己的儿子做比较；做儿子的，如果能将他人不贤达的父亲与自己的父亲相比，那么父亲就会慈祥和顺，儿子就会愈加孝顺；儿子孝顺，父亲就会更加慈爱，这样就避免了偏颇的隐患。至于兄弟、夫妇之间，如果也各自都能以他人的缺点与自己亲人的优点去比较，就不会怕自己的亲人对自己不友爱、不恭敬、不正派、不和顺。

兄弟不和睦导致家庭破坏的原因，有的是因为父母对孩子们的偏爱造成的。衣服饮食，言语行动必然表现出对于所偏爱的人极为丰厚、和颜悦色，而对于所憎恶的人极为寡薄冷淡。被厚爱的孩子日益变得意气骄横，被憎恶的孩子心中日益不能平衡，积累长久之后，逐渐结成深仇。所谓的爱，正是害了他们，倘若父母把自己的爱平均地分给每一个孩子，兄弟可以自相和睦，这种两全齐美的做法就非常好。

儿子对于父亲，弟弟对于兄长，就好比军队里的小兵对于将帅，官府中的小吏对于官长，奴仆婢女对于雇主一样，不可以相互对待如朋友，每件事都想争论出是非对错。如果父亲、兄长的言论行动失误明显得几乎不可掩饰，儿子、弟弟仅仅止于和颜悦色地多次规劝。如果父兄把歪曲之理加在子弟身上，子弟也应该顺从地承受，却不能当面争辩。同时，做父兄的也要反省自己。

亲生骨肉之间的不和睦，往往都是因为一些细小琐碎的事，却最终导致了终身失和。终身失和的原因恐怕是失和之后，彼此各怀气愤，谁也不肯先提出和解，谁也不肯认输。人与人朝夕相处在一起，不可能没有相互失礼之处，倘若其中的一人能够先主动讲和，与对方平心静气地把话说开，那么彼此的关系就会自然和好如初，得到更好的恢复。

兴旺发达处于鼎盛时期的家庭，长幼之间相处多和谐美满，所希望得到的都能满足，自然就没有值得争论的东西。破败落拓之家，妻子儿女未曾有过失误，但是一家之长每每多责骂之声，连衣服食物都不能供给，遇事处理不妥，积累的怨愤无处发泄，只能在妻子儿女面前倾泻。妻子儿女如果能理解家长的这种不快与尴尬处境，最好的方法是顺从他，从而使他重新树立起自信心。

人们所说的家庭能经常和睦的原因，在于能够忍耐。然而徒知忍耐而不明白如何去忍耐，其中的失误会更多。大概忍耐中有的具有隐藏蓄积的意思在内。别人冒犯了我，我埋藏隐蔽而不显露，这种做法仅适用于一两次罢了。积蓄得越多，发泄之时，越像洪流决口，不可穷尽。不如将愤意随时发泄，随时调解，不应该记恨在心。并且自己安慰自己，不妨对自己说：他这样做是没有经过深思熟虑的；他这样做是愚昧无知的表现；他这样做是失误所导致的；他这样做是目光短浅、见识短小造成的；他这样做对我来说能有多大的利害关系呢？不使这种干扰进入我的心中，即使每天冒犯我数十次之多，也不至于在言语表情上表现出任何的愤怒之色，这样才能看出忍耐的功效是多么巨大啊，这样的人才是善于忍耐的人。

养子谨交游

人在幼儿少年和青年时期，具有很大的可塑性。他们是通过模仿而迈出人生的第一步的。此时，他们具有很强的好奇心，易于接受别人或明或隐，或有意或无意的暗示。因此，周围的人和环境，对他们都可能产生出程度不等的，或正面或负面的影响，"近朱者赤，近墨者黑"就是这个意思。

养子不教，乃父母之过，这种过失有时还是不可弥补的。所以，父母要教育好子女，就要从严要求，宁严毋宽。古人对此有语："子弟童稚之年，父母师父严者，异日多贤；宽者，多至不肖。"所以，父母对于子女所生活的环境，对于子女常接触的人，对于子女所交的朋友，要充分关注，予以正确的引导，防止产生疏忽，以免子女受到不良的影响。

父母作为孩子人生的第一老师，就更应事事处处以身作则，不论是在对待家庭事务或是社会公务上，父母都应该注意到自己的一言一行对孩子所可能产生的潜移默化的影响。倘若父母仅是撇孩子到一边去做作业，自己却吆三喝四地打麻将；或是仅在口头上要求孩子奋发上进，自己却在家中聚众赌博；或是仅要求孩子要文明礼貌，自己平日却少不了粗言滥语等，如此上梁不正，那么，对孩子的教育就难以获得积极的效果。所以，父母在教育子女时，应先正己，在子女前起到表率的作用，这也是应有的题中之意。

应该注意的是我们所认可的"严出入，谨交游"，并不是历史上的那种中门不迈、大门不出的被动规限，而且这也不是我们提倡的。

在封建社会中，官宦人家的未出嫁女子，一般就生活在自己的闺房中，男女授受不亲，与外界隔绝。即使是出嫁后，也是男治外女治内，男女有别。女性被囚禁在家庭这一狭小天地中，极大地限制了其生活的空间。

洪应明在这方面的认识，当然也不可能超越时代所提供的视野。即使如此，他在培养子弟时，须"谨交游"，防止他们的思想、情感和行为受到不良污染的认识，如今重温，感觉真好，有的地方还有很好的借鉴意义。

在中国历史上无数关于家教的故事与轶事中，"孟母三迁"就是这方面的典范。

这样，孟轲就能经常看到老师以书诗礼仪来教导学生，耳濡目染，他也就与新结识的小伙伴们在游戏中，引入了学习礼节和读书的内容。

在这种良好的生活环境里，他们母子两人也就安心地住了下来。正因为有慈母的严教勤督，孟轲自此后，专心向学，日后终于成为一个知书达理者，成了孔子之后的儒家学派最负盛名的思想家、政治家和教育家，后世将他与孔子并列，尊称为"亚圣"。

持家以早起为本

曾国藩在治家方面是人人称道的。仅从曾国藩对女儿、儿子和媳妇的教育上，就可看出他的家教思想极具特色。

他强调，如果一个家族有兄弟子侄，应当敬守八个字："考、宝、早、扫、书、蔬、鱼、猪。"又当谨记祖父的三不信："不信地仙，不信医药，不信僧王。"我日记中也讲到"八本"："读书以训诂为本，作诗文以声调为本，侍奉长辈以让其欢心为本，养生以戒怒为本，立身以诚信为本，持家以早起为本，做官以廉正为本，行军以不扰民为本。"这八本都是我在生活中的亲身体会，弟应当教育众子侄谨记笃行。不管治世乱世，家贫家富，只要能遵守祖父的八字和我的八本之说，就可以成为受人尊重的上等家族。

士大夫之家有的很快衰败，往往还不如乡里耕读人家家运持久。造成衰败的原因，大约不出以下四个方面：没有礼仪之家衰败；兄弟相互欺诈之家衰败；妇女淫荡秽乱之家衰败；子弟骄傲轻侮别人之家衰败。个人衰败的原因也有四方面：骄傲自满、轻侮别人的人衰败；

昏暗懒惰、偏信下人的人衰败；贪婪而且苛刻的人衰败；反复无信的人衰败。

天下凡是官宦家族，往往至多一代人便享用殆尽，其子孙后代便开始骄逸懒散，继而放荡不羁，最终走向堕落，最多延续两代。巨商富贾的家族，勤俭的能延续三四代；农耕读书的家族，谨慎朴实的能延续五六代；孝敬长辈、与人友善的家族，则能延续十代八代。我今生依赖祖宗积德，顺利得志，唯恐我一人享用殆尽，因此教育各位弟弟和儿辈，共同立志发奋成为耕读、孝悌、与人友善的家族，而不要成为仕宦家族。各位弟弟应用功多读书，切不可时刻为了达到科名仕宦的目的胡思乱想。如果不能识透这层道理，即使在科举考试中名列前茅，取得显赫的仕宦官位，也终究算不上先辈的贤德孝顺的后代，算不上我家的功臣。若能识透这层道理，那我就异常钦佩。澄弟常以我升官得志，便说我是孝子贤孙，殊不知这并非贤德孝顺。如果以升官得志为贤德孝顺，那么李林甫、卢怀慎之流，何尝不是一人之下、万人之上，显赫一时的人物，岂不可以说得上是孝子贤孙了吗？我深知自己学浅才疏，误得高位，于是事事留心，现在我虽在仕途宦海之中，却打算弃官上岸。假如到了弃官回家的时候，我本身可以不追求任何名利，妻子可以在家劳动，可以对得起祖父兄弟，对得起家族乡党，仅此足矣。

门户高一尺，气焰低一丈

家庭状况的贫穷和富足可以依靠父母和兄长，然而道德和名誉扫地的事却不是父母兄长能够庇护的；生育儿女可以由父母定夺，但遭遇险恶的事却不是父母能够左右的，这个道理为人子女都不可能不知道。

后夫的子女被继母虐待，原配妻子嫉妒偏房，从古到今都被看作是让人可恨的事。如果前夫的儿女不孝，丈夫的品行不端，则很少有人去过问这种事，世间人情的偏袒也已经很长久了。前夫的孩子认为后母并非自己的生母，后母却因为一些形似虐待的行为产生了虐待的嫌疑之名，其孩子又借着他父亲的名义大肆造谣诽谤、心生怨言、行为忤逆，其父也因此受到诬蔑牵连，这种事世间难道不存在吗？某些做丈夫的任意放纵自己淫狎的心性去宠爱那些年轻美貌的女子，依仗自己掌有一定的权势而侮辱伤害自己的原配妻子，如果孩子孝顺，父亲品行端正，那么娥母发妻有虐待与嫉妒的毛病，在亲朋好友面前则无法辩白了。这一点为官的人不可能不知道。

要想达到整齐，就把物品用锋利的刀切断，把参差不齐的物品变成长短一致。家是让人最为思恋的地方，情感丰富义气少，为私易而为公难。假若每个人都放纵自己的私欲，势必将导致不可收拾的局面。所以，古代人都把父母奉为家中严厉的君主，并把威严的家法制定，这就是找对了症结的整治方法。

明朝时期的吕坤说到，我告诫儿子说："门户高一尺，气焰低一丈。华山只让天，不怕没人上。"说话谨慎小心的地方，唯有家里最重要，应该慎重交谈说话的人，就是妻子儿女和仆人。这是伦理混乱的根源，也是祸福存在的根本。而人们往往把它疏忽，这是很可悲的呀！

烦恼皆因强出头

谁都不能否定，人是有权利通过自己的最大努力去实现心中理想的这一事实，但前提则是要看这个所谓的理想，是否真的符合了客观存在的实际情况。因为只有每个人都明确了自己的选择方向，然后再朝着这个方向去加以努力，才有可能在取得成功的同时实现自己的人生价值。所以孔老夫子才会告诫世人一定要懂得"尽人事，听天命"的处世道理，西班牙的民间智者也才会提出"干什么事，成什么人"的警世谚语。与之相反的是，如果不是在正确认识自我的基础上去做那些力所能及的事情，而是选择一味地盲目坚持那种好高骛远的奢望和空想，那么即便是我们付出了十足的努力或是百倍的心血，也还是会以一种毫无意义的失败作为最终的结局。这就像是说我们的知识和能力，决定了自己只能成为一个乞丐。这样的话，就算我们胸怀大志又能怎么样！

所以说，既然人生总是要在进退得失之间，不断地发生着各种各样的变化，而变化着的世间万物，也不会为任何人的存在而有所改变，那么一味强求或是固执坚守，也只是证明了我们还不具备一种"拿得起，放得下"的能力而已。可是在古往今来的漫长历史中，无论是凡人也好，伟人也罢，有谁能够总是得到而从不失去呢？又有谁能够做到彻底地杜绝一切烦恼呢？正所谓"知足者常乐"，如果我们总是不能知足，又何来的快乐可言呢？要知道欲望是永无止境的，与其为了满足无处不在的欲望而搞得自己顾此失彼，倒不如在抛开那些没有实际意义甚至是完全没有必要的空想和奢望后，得到一种可以拥有真正快乐的人生。这样一来，即使我们只能做个快乐的普通人，这难道不比痛苦的伟人，更为幸福吗？

想开了，也就开心了。其实理想的实现并不是什么特别值得庆幸的事情。因为一旦这个理想变成了现实，在短暂的欢乐之后就会出现巨大的空虚感，直到开始了为实现一个新的理想而不断努力的过程后，这样的一种空虚感才会渐渐消失。与之相比起来，倒是实现理想的过程本身，才是更值得我们去为之刻骨铭心的一件事情。因为就是在这样的

过程中，不仅可以看出一个人所拥有的勇气和毅力，更可以看出这个人的人生智慧。

该出头时就出头。只要可以远离那些不必要的烦恼，这就是出头的最好时机。"烦恼皆因强出头"，对于渴望成功的人来说，这只不过是那些安于现状的明哲保身者的一种借口和托词罢了。但是中国人已经积累了上千年的人生经验，就像一本厚厚的书，每每开卷便能让我们看到太多因为"出头"而最终酿成的人生悲剧，也常常会为那些名利苦海中的潮起潮落，或是富贵征程中的起起伏伏而感到触目惊心。

如此看来，能用一种泰然处之的良好心态，去取代争强好胜的追名逐利，确实就是避免造成那些人生悲剧的最好方法和最佳途径。毕竟名利场中还没有几棵常青树，而所谓的财富金钱也总是会有用尽耗光的时候，所以明智地放弃那些不必要的"出头"，才可能使自己最终远离所有的烦恼。

当然，这种"出头"，并不包括符合社会发展的规律以及自我完善的某种需要的行为，而只是指那种超出了自己力所能及的限度和范畴的功利欲望罢了。因为只要被这些欲望所征服，那么我们不仅会失去身心的自由，甚至最终沦为受这些欲望控制和支配的可悲角色，还可能会因此而给自己带来很多没有想到的人身伤害。

最好的财富，其实就在身边

拥有了能够发现幸福的眼睛，我们就可以在生活中找到值得我们去拥有和珍惜的东西，从而也会让我们的生活和生命本身充满活力和意义。当每个人都能像故事里的那个孩子一样，在平淡甚至是困顿的现实生活中找出潜在的幸福和乐趣，那么对于我们的人生而言，这就是一个无价之宝。

在寻找和发现幸福的过程中我们还要本着一切都脚踏实地的

根本原则，这样才能从身边的万事万物中，找到值得我们去珍惜的最好的财富。正所谓"千里之行，始于足下"，没有了对于身边事物的珍惜与重视，以至是让这些本该被好好利用的事物在我们的忽视甚至是无视中白白错失，那么到了追悔莫及的时候，一切都无济于事了。

有这么一个故事，说的是一位腰缠万贯的父亲，因为想让自己只有几岁大的儿子见识一下穷人的生活，于是就带着孩子来到乡下最穷的一户人家里住了几天。可是让他做梦也没有想到的是，回到城里的儿子却在这样的一番经历后不停地抱怨："我们家里只有一条狗，可那户人家里却有四条狗；我们家里只有一个通向花园的小小的水池，可那户人家的门口却有一条很宽也很大的河；我们家的花园里只有几盏灯，可坐在那户人家的院子里却能看到满天的星星。所以和那户人家比起来，我们家太穷了！"

也许会有人笑话这个孩子，竟然能够给出这种让他的父亲哑口无言的结论，只不过是由于他还无法理解贫穷与富有之间的真正差距罢了。但谁又能否认孩子的结论中就没有一点儿值得我们深思的道理呢？也正是从没有受到世俗观念的任何限制的孩子们的眼中，才能让我们更深刻地认识到一个事实，那就是最好的财富并不一定就是金钱上的极大丰富。相反倒是一双能够发现幸福的眼睛，才会发现这个美丽的世界。

宜净拭冷眼，慎毋轻动刚肠

人类真正的大患在于失去理智。亚里士多德说："人是理性的动物。"是的，人失去理性，便与禽兽无异了。禽兽有情欲而无理智，所以不得自由。人若无理智，任欲望横行，大则从事于互相毁灭的战争，搞得天翻地覆，哀鸿遍野；小则与周围环境不和谐，互相排斥、伤害，弄不好坏了别人的事，也损害了自己。

许多人因为"感情用事"而犯了错误，这是因为在感情强烈冲动的情况下，不根据事理，不考虑实际可能，其行为丧失理智，引起不良后果。有时，感情用事虽然没有引起直接的、明显的恶果，但从心理学角度看，这会挫伤别人的感情，造成心理上的创伤，影响人际间的交往，不仅不能御人甚至连维持都成问题。

唐朝时，魏征在劝谏唐太宗在赏罚上不能因为自己的喜怒哀乐而使赏罚不公正时写道："无因喜以谬赏，无以怒而滥刑。"其实我们这些凡夫俗子也明白这些道理，但当我们真的遇到一些事情无法判断时就会导致感情用事。

按正常来说，每个人都有爱惜、保护自己名利的倾向。也正因如此，有些人，常常会为了自己的利害关系而感情用事，以至于错误判断，因而失败。历史上项羽的乌江悲歌让多少人为之扼腕长叹，项羽是战场上的不败英雄，一生历经七十多场战争，无往不胜，这是他值得欣慰的最大资本，这是英雄最大的自豪。然而他又是个幼稚单纯的英雄。他太感情用事了，往往因一时冲动而击破脆弱的理智防线，燃起了熊熊烈火却无法熄灭，最终自食苦果。曾经的辉煌演奏成了一曲泣血的悲歌，感情用事所导致的后果非常严重。所以说，缺乏豁达心胸的人，在观察或考虑事情时，常常过分感情用事，所以容易失败。

为了把因感情用事带来的后果避免，我们每个人都需要有豁达的心胸。控制自己的感情并不是冷漠，而是将自己的感情化作力量，也就是善用自己的感情，从感情的背后看问题，单向思维，尽量排除感情的干扰，这样才能把清晰的思路顺下来。就算是一时的感情用事没有造成不良的后果，或被别人谅解了，但也不能掉以轻心。因为若不及时注意克服，一旦形成了习惯，不仅难以克服，而且迟早会造成严重的后果。那么，怎么才能避免感情用事呢？

（1）注重良好情绪的培养。易于冲动、感情用事的人，其举止常受情绪左右，在情绪冲动的一刹那，理智隐退，意志失控，凭感情用事。因此，克服感情用事的毛病，首先要培养自己的良好情绪。尤其需要努力以意志来控制自己的情绪，并排除外界事物对自己情绪的干扰。同时，健全自己的性格，磨炼自己的意志。

（2）勇于承认错误。人们常常因为感情用事而赌气发恨，造成友谊的裂痕、交往的中断或财物的损失。事后冷静下来，也感到不值得、不应该。但又觉得一言既出，驷马难追，不愿收回成言，生怕丢了"面子"。其实，这种顾虑大可不必。殊不知，一个勇于纠偏改错的人，哪能不受人们的欢迎呢？只有勇于认错，感情用事的毛病才更容易克服。

（3）吸取经验教训。由于感情用事往往不根据客观现实，只以自己的愿望行事，自然常常失败。但失败并不可怕，只要吸取教训，包括自己的也包括别人的，努力把自己的主观愿望与客观可能结合起来，冷静理智地分析问题和处理问题，这样就能避免感情用事。

为孩子多留遗产是愚蠢的

维持生活所需的费用，任何人都不可缺少，但不能追求多余，多了就会成为负担。如果使自己的子孙都很有德行，哪会发生吃穿不能自己解决，死于路上的事呢？倘若他们没有德行，即使黄金堆满屋，又有什么好处呢？所以多留给子孙更多的财富，我认为这种做法十分愚蠢。

难道古圣先贤都不对子孙后代的贫穷困乏关心吗？古代圣人要留给子孙高尚的品德与完备的礼法，贤人传给子孙廉洁的品质与俭朴的作风。舜出身卑贱却因修养品德，终于当上帝王，他的子孙们继承他的高尚品德，统治国家历经百代而不衰。周朝从后稷、公刘、太王、王季、文王开始积德积功，到了武王之时，终于夺取政权，统治天下。《诗经》中称："周文王谋及子孙，辅佐子孙。"指的是周文王积累恩德，申明礼法，而且将其传给子孙后代，使得国家安宁、江山稳固。因而周家子孙能够统治八百多年,他的旁系也成为天下望族,诸侯星罗棋布,遍及海内。难道周家始祖留给子孙后代的利益不大吗?

宋朝时期的司马光认为:现在给后人算计的人,不过是广为谋求财产遗留给后人,田地连成片,店铺一间挨一间,粮食装满仓库,黄金布匹装满箱子,这还嫌不够,自以为子子孙孙几代都用不完,十分得意。但不知对子女进行家庭教育,用礼仪法度整治家庭,以至于十多年辛辛苦苦积聚到的财产,几年内就被子孙们挥霍掉。反过来还讥笑祖先蠢,不知道自己享受。还埋怨他们小气,不给自己一点恩惠,从而粗暴地虐待他们。一开始是用欺骗、小偷小摸的手段来获得钱财以满足自己的欲望,满足不了时就立下字据向人家借钱,等待父母死后偿还债主。看他们的样子只担心老人长寿,甚至老人有病也不给医治,严重的还有暗中毒害老人的。他们当初想为后代造福,但适得其反,只是把子孙犯罪的欲望助长了,而且自己也深受其害。

前一阵儿,有一个官吏,他的祖先是当朝的名臣,十分富有但很吝啬,小到一升米、一尺布都要自己经手锁起来。白天把钥匙带在身上,夜晚把钥匙放在枕头下。病重的时候,他的儿孙偷了他的钥匙,打开储藏室,开箱拿钱财,他也不知道。等他苏醒过来,摸枕头下面的钥匙不在,大怒之后活活被气死了。他的子孙却不悲伤,忙着去争夺财物,因分财不均,告到官府。他的一个未出嫁的女儿为了争嫁妆也与兄弟对簿公堂,被乡里耻笑。这是由于子孙们从小到大,只知道利益而不知道义气。

早立遗嘱可减少后患

所谓遗嘱，都是有见识的人担心自己死了以后发生什么争执而生前预写的死后该如何处置的文书。但是遗嘱也必须公平，才能使家中免生是非，和睦兴旺。如果因为妻或妾凶狠狡诈，在立遗嘱时对于自己的后妻或孩子有厚有薄，有偏有私，或随便更改继承权，或轻易地驱赶孩子出门等，种种不合乎人情礼仪的事不知有多少。这都是引发家庭纠纷从而使家业败落的根源。

父祖辈年纪大了，不愿意对家事多管理干涉。大多将财产平均分给子孙了事。如果父亲、祖父们用心公正，一开始就没有偏袒，子孙们又都能同心协力经营家业，而不学浪荡子。平均分配之后，不但没有争执，家道反而会更兴旺。如果父亲、祖父长辈因为有过继的子孙，或虽然都是一样的子孙，自己却有爱有憎，平日有资助有不资助，但凡供给衣服食物钱财东西，又必然有厚有薄。这就使得子孙在分配财产时强烈要求平均分配。作为长辈又在暗中使分配不均，怎么能期望日后不起争端？如果因为家中有败家子，长辈担心他日后侵害别的孩子的利益，在分财产时虽然迫不得已地要分给他一份，也只能按时给一些钱粮而不将田产平均分他。如果你分他田产，他就觉得自己有了自主权，一定请求长辈订立契约而将田产卖掉。而田产卖光以后，他就会去骚扰其他弟兄想再贪占一点，这就必然引起诉讼，使得那些品行良好的子孙被他骚扰祸害，与他一同倾家荡产。对此不能不考虑。一般说来，子孙中即使有十多个人都安分守己，而只有一人是败家子，那么，这十几人都要深受其害，乃至倾家荡产。国家法令再严，也无法杜绝犯罪，父祖智谋再高，也不能防止发生上述事情。想使家族永远昌盛的，得看看别人家的兴衰历史，好好想一想自己家的将来。难道不可以从现在起修养道德，周详细致地计划，为将来做一个长远的谋划吗？

有些做父亲、祖父的害怕自己死后，孩子们会为财产问题而发生争执，就常常记挂着早早写下遗嘱。然而他们不知道祸福不定，时光荏苒，常犹豫不决。等到他们疾病发作，病势加重之时，虽然心中还明白，但已是口不能言，手不能动，只能含恨死去。何况有人在临终前已是神志不清，就更加没有办法把遗嘱立下来了。

慈母养逆子，严宅出孝奴

有人对别人说："我能使你变聪明而且长寿。"在世人听来一定是谎言。智慧是天生的，长寿是命里注定的。天生的和命里注定的是向别人学不到的。用人做不到的来取悦别人，这就是世人把它称作谎言的原因。对人说好听却不能实现的话那是奉承别人，奉承也是一种欺骗。用仁义教导别人，就好像使你智慧和长寿的说法一样，实行法制的君主是不会接受的。所以称赞毛嫱、西施的美貌，我们也不可能变美；而使用胭脂粉黛，就会比原来更美。谈论先王的仁义，对治国没有好处；明确自己的法律制度，坚决实行赏罚制度，这就是国家的胭脂粉黛，所以英明的君主急切需要有助治国的法律制度，而延缓颂扬先王的仁义，甚至不讲儒家学派的仁义。

墨子认为：石头地再大也称不上富饶；木偶和陶俑就算再多也称不上是强大。石头地不是不大，陶俑数量不是不多，这是因为石头地不能出产粮食，木人不能用来抗击敌人。而今商人和手工业者不耕田却有饭吃，这样，有土地却得不到开垦，就和石头一样了。文人和侠客没有战功却能得到显贵的地位和荣誉，那么百姓就不会听从使唤，这就与木偶没有什么区别了。只知道把石头地和陶俑看作祸害，却不知道文人和侠客就像不能开垦的土地和不听使唤的木偶一样是祸害，那是不知道事物之间类似的道理。

所以国力相当的君主虽然高兴我们有义气，我们却无法让他们进贡使他们称臣；关内侯虽然反对我们的行为，我们一定可以使他们拿着礼物来朝拜。所以力量大就有人来朝拜，力量小要向别人朝拜。英明的君主最懂得积聚力量，严厉的家里没有凶悍的婢仆，而仁慈的母亲却有败家的子女。我因此知道威严的权势可以阻止暴行，而厚道的德行却不能制止祸乱。

英明的君主治国，不依赖别人为自己做好事，而是要别人不可以做坏事。依靠别人为自己做好事，国境内找不到十个这样的人；让人们不去做坏事，就可以使一国的人整齐一致。治理国家的人不要致力于德治而致力于法治。只用自然长直的木头做箭杆，一百世也不会有箭；依靠自然长得圆的木头做轮子，一千世也不会有车轮。自然长得直的木头，自然长得圆的木头，一百世也难找到一棵，可是为什么世上的人都可以有车乘、可以有箭射鸟呢？那是因为使用了隐栝这种工具。即使有不依靠隐栝的矫正就自然变得直的箭竹、自然圆的木头，技术好的木匠也不重视它。为什么呢？乘车的不是一个人，射箭也不是一支箭。不依靠奖赏的鼓励、刑罚的管制而自身行为善，英明的君主不会重视他。为什么呢？国家的法律不可以丢弃，而所统治的也不止一个人。所以有策略的君主，不是追随偶然做出的善行，而要推行多数一定做得到的措施。

有亲不一定有情

袁采认为：父亲的兄弟被称为伯父、叔父；父亲兄弟的妻子被称作伯母、叔母、叔父、叔母；死后，侄儿为他们服丧略低于父母一等，说明伯父（叔父）、伯母（叔父）对侄儿的抚养教育也基本接近于父母。把兄弟的孩子称作犹子，也是因为他们侍奉孝顺伯父、伯母像儿子一样，接受儿子的孝道。所以从小失去父母，若有伯父、叔父，伯母、叔母，那么就不至于无人抚养；老了之后没有子孙的，倘若有侄子在，那么也不至于无人赡养。这是当初贤圣之君制定礼法的本意。但是现在有的人就不一样，只爱惜自己的孩子，而不顾惜兄弟的孩子。有的甚至因为他没了父母，就想兼并夺取他的财物，千方百计扰乱迫害侄儿。若如此又有什么理由要求侄儿对他尽孝呢？也难怪有些侄子把伯父、伯母、叔父、叔母看作仇人。

兄弟子侄贫富厚薄的实际状况各有不同，富裕的人不仅怀有一颗自己顾自己的"独善"之心，且非常骄横傲慢；贫穷的人不想着自己勉励自己，自力更生，甚至还喜欢妒忌，这样不和睦就会产生。如果富人不时地给穷亲戚分一点儿多余的东西，且不求回报。贫穷的人懂得贫富乃命中注定，也不期望别人定会给他分一些财物，那么就不会有争执了。

兄弟子侄生活在一起，产生不和睦的原因，本来就不是因为有什么大的争论和意见分歧。大概是由于其中的一两个人私心太重，缺乏公允，总是把私利放在首位。即便是蝇头小利，也一定要自己单独摄取，或者有时大家一起分配，他自己一定要比别人多拿一点儿才心理平衡。这样一来，其他的人心中自然愤愤不平，于是便会引起纠纷，甚至倾家荡产。这就是贪小便宜的结局。假如人们都知道这个道理，各能持有一颗公允之心，该私人出钱的就从私人那里支取，该公家出钱的就从大家的财物中支取。每个人都相互公平分配，就不会有争论。

兄弟子侄生活在一起，年长的依靠他们年长的优势欺凌年少之人。独自专横地使用大家的财物，自求温暖饱足，不顾虑他人，因而长期养成自私的习性。家中账目的收入和支出不让年少之人有清楚的了解，年少的到了饥寒的地步，必然引发纠纷。有时，

年长之人处理家庭事务极为公正，年少之人却不去顺从，暗中干一些鸡鸣狗盗的坏事，这样一来，家庭很自然就不可能和睦了。如果年长之人能够在总体上把握家庭的大方向，年少之人分担着干一些细小烦琐的家务；年长之人一定要为年少之人打算，年少之人一定得遵从长者的分配，各人都能尽量持有一份公允之心，那么自然而然就没有了争论和意见分歧。

家和万事兴

古人说君门远隔万里，这是说情感上的距离。不只是君门如此，父子不同心，同处一屋也会远隔万里；兄弟间离情，同在一户也远隔万里；夫妻反目，同在一榻也远隔万里。如果情相连志相通，即使相隔万里也好比同门、共室、并肩、如卧一榻。诸如此类，有的人出生在同一时代而互不相知，有的人相隔千百世而心神相通，就是这样的道理。可见离合是指两心是否相通，而不专指亲身相遇。只要亲身相遇又两心相通，这就是世间的至交相逢，君臣中的尧和舜，父子中的周文王与周公，师徒中的孔子与颜渊，就是至遇中的典型例子。

"隔"是人们交流感情的最大隐忧。所以君臣、父子、夫妇、朋友、上下级之间的交往，一定不要有隔，反之只会出现怨愤背叛。

仁义恩爱的家庭里，父子间相处愉快，夫妻间和睦恩爱，兄弟友爱，童仆间欢欣快乐，全家的气氛融洽和睦。重义的家庭里，父子闻严谨庄重，夫妻间恭敬严肃，兄弟间恭敬慎重，童仆间小心谨慎，全家的气氛恐惧慎重。仁者以恩惠取胜，处事该平和的就平和；义者以严肃取胜，处事冷漠而少恩惠。因此圣人处理家事，以仁为主，以义为辅，使人之常情融洽和谐，却又不曾违背礼义，让它井然有序。严加防备的，则是男女之分，即使是圣人，在家人中间也不敢忘记这一点。

父在居母丧，母在居父丧，要以顺应生者的意愿为重。因此孝子不因为死去的人而使在生的人忧愁，不因为小节而伤大体，不因固守常理而废权变，不因贪图声名而损害内实，不为保全自我而伤害亲友。对孝子来说，最宝贵的孝心就是按亲人的心意去做。

世上不可以一日没有君王，因此伯夷、叔齐批评商汤、周武王是为了阐明为臣的道理。明臣之道是天下的大防，不然就会有乱臣贼子，君王就难以持政。天下不可以一日无民，因此孔子、孟子以为商汤、周武王的做法是正确的，这是为了阐明做君王的道理。君王之道如果不明就会出现暴君乱主，老百姓日子会更艰难。

加冒进禄受人恩宠，圣人并不认为这是什么引以为荣的事，圣人也并不以为这会影响自己的地位。朝廷重视它是以此来鼓励我，然而我轻视它是为了表现自己的清高。这和君王的意思是相违背的，这样做只能削弱君王而鼓舞天下的权势。因此圣人虽然没有以得到爵禄恩宠为荣，而君王却要以给予他爵禄恩宠来使他们荣誉满身，以此来表现帝王的权威，来显示天下君王权力的重要，这就是为臣之道了。

为人之子和气欢愉，婉顺的容色要发自内心深处，只有接受长时间的教养才表现得出来。虽然父母脸色冰冷如铁，或如雷霆震怒，仍保持满腔的温和，一脸的春风，父母自然会回心转意，自然不会无故发怒。那么谗言又如何能听得进？隔阂又如何能产生？其次，不如恭敬小心到了极点，因此像舜王的父亲瞽瞍那样不辨善恶的人也顺从称是。温顺和善让人觉得可爱，可以消除融化父母的怒气；敬慎待人让人感觉到可怜，能激发出父母的怜悯。所以说积累诚意就能使人感动，就是养和致敬的意思。因此感化景人的功夫，只有和气最巧妙、最深刻、最迅速，要达到这点也最难，只有具备纯真性格和真正孝心的人才能做到敬慎。如今为人子的，用冷漠浅薄的脸色、懒惰散漫的身手、傲慢不驯的性格来对待父母，待到引得父母动怒，不仅不采取措施挽回，反而以狂放自傲的姿态加剧父母的愤怒，这样的人就放在孝悌之外而不必多加评论了。即使有往常平和温顺的孩子，碰上父母不高兴也表现出不高兴的神态，或者产生疑虑而迁怒别人，或不想迁怒别人而又不避嫌疑，或者不会避嫌而使嫌疑越大，渐渐地积怨成仇，导致与家人不和。这并非因父母不慈爱而造成。失去势力的臣子和失去宠爱的孩子应以此为戒。这是加强修养仁义之心应当遵循的妙道。

孝子服侍父母，最好是能揣测父母的心愿，其次是能继承父母的志愿，再者是能恭敬地听从父母之命。只会恭听，那么父母没有言明的志愿就无法继承；只继承父母的志向，那么父母没有明确表达的意愿就无法预见。如果能揣度到父母的心愿，那将是最让父母高兴的方法。服侍父母，就是为了让父母感到欢喜，只要是为了让父母欢喜，勤奋努力追求的并非其他事情，只是想了解父母的心愿。

作为晚辈，长辈如有议论，要恭敬听从，不要与之争论，若有询问，要慢慢地回答，不要仓促地说尽。表面上夸奖他做得好来讨他的欢心，内心却想让他不断变坏来使自己快意，这是结交朋友之道的大害。青天白日之下，有如此鬼怪的习惯，真是可悲啊！

宠爱不是爱

世人对子女的爱，也很少能做到平均。古往今来，这方面的弊病太多了。子女贤德聪明的固然应该赏识爱护，就是钝拙愚笨也应当怜惜。偏爱娇宠子女的人，主观上是想厚爱他，其实是害了他。比如共叔段之死，实际上就是他母亲造成的；赵王如意的被害，实际上也是他父亲造成的。有些父母，对子女不加教育而一味溺爱，常常不以为然。不论饮食言行，放纵他们的欲望，该告诫的不告诫，该斥责的不斥责。等到孩子长到知事识理的年龄时，以为应该这样。直到骄横傲慢已经成了习惯，再来制止，也就很难了。愤怒渐渐增长而怨恨也会随之增加，待到长大成人，终究还是道德败坏。三岁看大七岁看老，长期形成的习惯，好像本来就应如此。

父子之间要严肃，不可过于亲昵；疼爱骨肉，不可过于简慢。过于亲昵就会产生怠慢而得不到尊重；简慢就不能做到父慈子孝。儿子为父母搔痒抑痛，收拾床铺，就是使其不至于怠慢的教育方法。有人问道："陈亢听到君子疏远他的子女时感到高兴，怎么解释呢？"回答说："是的，这是因为君子不亲自教其子。"《诗经》里有讽刺的词句，《礼记》中有避嫌的告诫，《尚书》中记有荒谬违礼之事，《春秋》中有对不正当行为的讥讽。

少年当抑其躁心，老成当振其惰气

青春期的人，是成长的大好时机，血气方刚，情绪易冲动、易变，在为人处世方面，时有不周全之处。所以，他们虽有精神振奋、行为迅速敏达的一方面，也有因奋迅而可能转化成轻率鲁莽的一面。因此，洪应明对青少年，有一语重心长地劝诫：学会抑制自己的浮躁之心、暴躁之情和急躁之气，并具体指出潜心学问乃是一种极好的抑躁法。

春秋战国时的张良出生于韩国的相国之家，年轻时，亲眼目睹了秦国灭韩国的一幕，受到了极大的刺激。他因此变卖家产，决心报家国之仇，而当他把复仇的矛头对准秦始皇，并铤而走险地采取了埋伏谋刺的这种简单而又受偶然性支配的复仇之法时，已不难看到他的急躁与不够成熟的一面。

当这种孤注一掷的行刺失败后，他躲藏到了下邳（位于江苏）。一天，当他走到一座桥上时，见到一位高龄老人有意无意地将一只脚上的鞋掉到了桥下，

却吆三喝四地要张良到桥下将鞋捡起来。

当张良出于敬老之念，强忍怒火地将鞋子捡上来时，那老人却不谢不接，而要张良跪着给他穿上鞋，然后就大摇大摆地走远。

张良心中一动，猛觉他的不凡，立即随后跟上，要拜他为师。那老人也不多言，只约他在五天后的清晨，依然到此桥上会面。

第五天凌晨，当张良匆匆赶到桥上时，老人却已经先到了。老人因此而严厉地训斥了张良。因为按道理，应该是年轻的张良等着老人。老人因此约他五天后再会面。

到了那天的鸡鸣时分，张良就往桥上赶，却依然是迟了一步，老人已经先到了。

老人第三次约他五天后再来。

这次，张良更不敢怠慢了，在半夜时分就来到了桥上，静静地等待着老人的到来。不久，老人到了，他称赞了张良一句，就拿出写在竹简上的《太公兵法》赠送给了张良，之后也不留姓名，就飘然远去。

此后，张良勤奋钻研《太公兵法》，书中那种以柔制刚、弱能胜强的观点，对他产生了转折性的影响。再加上原有或逐渐培植起的敬老尊老、守时守信等观念，他原有的那些浮心躁思得到了抑制，思想情感趋于成熟，而这正是他日后能成功地成为刘邦的主要谋士所必需的心理与思想素质。所以，在日后楚汉双方空前激烈的你死我活的大相争中，他提出与筹划的一项项对策和谋略，分寸恰当，时机准确，不仅在理论上是无懈可击的，而且已经被历史雄辩地证明是英明正确的。

想想，隐名埋姓地躲藏在下邳的张良，在偶遇黄石老人及其后两人的约会时，如果不能抑制自己的心头火与躁心，耐得住黄石老人的种种刁难与考验，那么，历史上就不可能出现运筹帷幄、决胜于千里之外的张良，而只会成为一个因失败而不为世人所知的无名刺客——因为连"张良"之名，也只是他的化名而已。当然，这只是一项假设。

而就在历史事实与历史假设的这种比较中，可以清楚地看到，一个人因某种行为的挫折或精神的苦闷而急躁，只会走入见识、情感和行为的死胡同。因为躁心容不得学识，也不可能萌生智慧，只会自己耽误自己，正如明朝吕得胜所言："性燥气粗，一生不济。"一个人，唯有克服了急躁的情绪，戒绝鲁莽的言行，才可能真正平实地参与社会现实生活。在这方面，学问知识，是足以开启人的心智、陶冶人的性情、打消燥气的一把钥匙。《太公兵法》之于张良，就是一项显例。

老成者，是指那些具有较多的社会阅历而练达世事者。虽说世间也偶有少年老成者，但建立在阅历基础上的见识决定了老成者多为中老年人。老成者的为人处世，大多稳健持重，只是当这种特点被过分强化时，某些老成者就可能在对某些事情的处理上，偏向于消极保守、畏缩不前，显得老气横秋，以至于丧失机会，留下遗憾。因此，洪应明对于老成者，有一项积极通达的劝告：应当振奋精神，去除惰性情气。

无独有偶，当诸葛亮率军第六次伐魏时，为了引诱司马懿出战，他派使者屡下战书，甚至送上一套妇女的衣装来羞辱司马懿，而司马懿就是坚持屯兵坚守、不出击。

原来，司马懿从种种迹象判断诸葛亮将不久于人世，所以，他计划趁蜀军撤退时才出兵追杀。

不久，果然就见蜀军拔营而去，司马懿大喜，率领大军追赶，即将追上之际，猛听一阵鼓响，只见蜀军的后队变为前队，直向魏军冲来。

这种情景，使司马懿对自己的判断产生了怀疑，怀疑诸葛亮是否真的死了？怀疑蜀军的退却是否只是一诱敌之计？稍一犹豫，魏军的官兵已经开始逃跑，兵败如山倒，拦也拦不住，以致自我践踏，死伤数千人，蜀军也因此得以安然撤退。

诸葛亮这次是否真的布下了诱敌之计呢？

不是的，蜀军的确是因诸葛亮病死而撤退。只不过，蜀军的将领们严格按诸葛亮临死前订下的计策行事，实者虚之，利用司马懿多疑寡断的弱点，用诸葛亮的智慧与蜀军的威势吓退了魏军，成功避免了被动挨打的局面。这也就是当时老百姓称为"死诸葛吓走活司马"的一幕。

从司马懿的例子中，能看出惰性惰气所导致的失落，因为那是发生在战场上，机不可失，时不再来，容不得丝毫的含糊犹豫和退缩。事实上，不止是在战场上，就是在和平的环境中，惰性情气都会销蚀人的志气，妨碍你我他的进取，妨碍人们走向成功。

所以，对于老成，人们应取其思想情感成熟的一面，而不是应因老成而失朝气，不应因见识多、阅历广而顾虑多，以免庸人自扰、畏缩不前乃至错失良机，使自己的思想不受诸如"人到中年万事休"、"人过四十日过午"、"四十未娶，不宜再娶；四十未仕，不应再仕；四十未富，不必求富"等习惯说法及古训的左右。

其实，只要克服惰性，认真劳作，任何年龄者都可能取得成功。

且不论齐白石在绘画上的"衰年变法"、毕加索在九十高龄时还从事绘画与雕刻等艺坛轶事，就以涉及多学科的诺贝尔奖获得者言，据资料显示，在1987—1989年三届诺贝尔奖各科获奖者中，他们的平均年龄是：物理学奖60岁，化学奖55.7岁，医学奖61.6岁，经济学奖73.7岁，文学奖65.7岁。有关的研究也表明，除了诗人，其他行业的天才们，多是在中年以后才功成名就的。这充分表明中老年人依然拥有一个工作与创造的黄金时代，问题在于自我抓紧，以免失之交臂。真的，生命极为短促，我们必须珍惜自己的生命，切莫让惰性惰气来缩短这已经够短促的生命进程了。

老成者克服惰性的方法有多种，归结起来主要是：把握现时，从事有意义的工作。具体落实下来，或可包括这几方面：

一是重新检视与重建自己的人生目标，剔除那华而不实、幻而不真的成分。

二是在立意已定之后，马上开始行动，避免出现明日复明日，万事成蹉跎的局面。而且在这方面，不妨尝试一些新的冒险，走新的路，在全新的天地与行为中寻到新的体验、新的发现和新的机遇。须知由此而致的求知欲、创造欲的勃兴，正是撞击惰性的直接结果。

三是在人情练达之余，应力戒圆滑玲珑，以免磨去自己的棱角，认同于庸碌。

四是注意身体保健，开展适量的体育运动。因为健心必须先健身，身体是精神的基础，是事业的本钱，适量的体育活动能够通过激发潜在体能来振奋人们的精神，从而大大有助于克服人们的惰性惰气。

五是如洪应明所说，在自己产生懒怠思想并欲荒废事业时，不妨利用积极的比较法（不同于诸如"人比人，气死人"之类的消极比较法），想想那些在事业上远远超出自己的人，力求向他们看齐，就会产生振奋的精神，从而落实到相应的行动中，等等。

《菜根谭》所论及的"少年当抑其躁心、老成当振其惰气"的寥寥数语，做了以上的引申认识后，可以更明确地看到，那种视《菜根谭》之类的古籍为引导人们消极处世的书籍的看法，实属不全面的认识。因为洪应明同样有要求老成懈惰者振奋精神、积极进取的思想意识，尤其当这种意识与青少年应抑制自己骄躁心性的劝告，统一在一起时，他的认识就显得辩证全面了。

良药利身，良书利心，再看孙镠对《菜根谭》功效的肯定评价——"急功近名者服之，可当清凉散；萎靡不振者服之，可当益智膏。"由此可知，以老成者的智慧来抑制青少年的狂躁之心，以青少年的勃勃朝气来振奋老成者的惰气，是最明智的做法。

媒人之言不可信

古人云："心思缜密的人讨厌媒人。"这是因为媒人大都言而无信，满嘴谎词。在女方家里说男方如何富裕，在男方家里说女方如何貌美。其实男方并不富裕，女方也不是天仙。随着时间的推移，媒人说大话、谎话更是平常事：在女方家里，媒人会说男方不要求嫁妆多么丰厚，相反会出一些钱作为女方嫁女之资。在男方家里，媒人则说女方准备了多么丰富的嫁妆，并且虚编一个数字来欺骗男方。倘若轻信了媒人的话，让双方结婚，就会因被欺骗而恼怒在心，以至于夫妻反目成仇，因此而离婚。一般来说，婚嫁固然少不了媒人，可媒人的话决不可全信。鉴于此种情况，作为双方父母，一开始就要谨慎小心，察访清楚。

家中男孩要聘媳妇，女孩要定女婿，做父母的得考虑一下自家的子女条件。如果自家儿子愚笨平庸，却娶了一个美貌女子为妻，不但夫妻会不和，还有可能发生其他意料不到的事情。如果自家女儿又丑又笨还爱争风吃醋，却嫁了一个好女婿，万一夫妻不和，就很容易会被人家抛弃。大多男女结婚后，因为不般配而导致双方不能和睦相处的，都是做父母的事先没有考虑周全的过错。

作为父母决不要从小就为孩子订下婚事。大抵女方定亲，是要找一位可以托付终身的男人；男方定亲，是要找一位可以相依相伴的女子。如果现在看着他们还相匹配，就为他们定下亲事，将来一定会后悔的。因为家族的富贵兴衰变化无常。孩子的贤良与否，也得等到长大后才能看出。如果早早议定了婚事，而两家情况依然稳定，孩子均好，当然很好。可是万一以前富裕而现在穷了，或者以前有权有势而现在没了，或者所议定的女婿游手好闲，或者议定的媳妇性格怪僻，不知检点。那么依照以前所定的婚姻行事，则不可避免要破家毁业，不依婚约则又负不守信义的恶名，并由此引发官司诉讼。对此，作为父母，应当警惕！

嫁女时置办嫁妆，应量力而行，不能打肿脸充胖子。可如果确实家道殷实，也不可把她视为外人而不分财产给她。现在这个社会原本就有儿子不能依靠却依靠女儿家的说法，甚至有死后埋葬祭祀都要由女儿操办的，怎么能说生女儿是泼出去的水呢？一般来说，女儿家的心肠最让人爱惜。如果娘家富而婆家穷，就想法从娘家得些财物接济婆家。如果婆家富而娘家穷，就想法从婆家得些财物接济娘家。作为父母亲和丈夫的，对此都应持怜惜的态度而宽容她，等到自己的儿女长大成婚后，如果儿子家里富而女儿家贫，就会想法从儿子家拿一些钱物接济女儿家。如果女儿家富而儿子家穷，又会想法从女儿家得些钱物接济儿子。作为儿女的，对此都应该宽容对待，但是，如果把贫家的财物往富家拿，就不对了。

不可轻听背后之言

一般来说，如若有子弟或者妇女喜欢搬弄是非的话，那么他们所叫的公爹、公婆、伯父、叔父、妯娌之属都是因嫁给丈夫的缘由而来，虽然竭力地显示其亲近在称呼之上，却并非天然的血亲，没有血缘关系。所以能够很轻易地割舍恩义，随随便便就结下仇怨。除非其丈夫有远见卓识，否则就会在不知不觉中被牵着鼻子走，玩弄于股掌之间，一家之中的变故也将要发生了。于是有些亲兄弟亲子侄隔屋而居，连墙为邻，却老死不相往来；有些人没有子嗣却不肯过继其兄弟的儿子为后；又有自己有许多儿子而不愿给一个与其他兄弟的；有不体恤他兄弟家境窘迫，在奉养双亲时坚持一切用度绝对平摊，否则宁愿舍弃父母恩义而不负赡养之责的；有不体恤他兄弟经济拮据，在归葬父母时一定要均摊费用，不然宁可停棺于厅而不让父母入土为安的。诸如此类举不胜举。

不过也有这样的人，知道妇道之人不可能用言语道理说服他们，因而在外与兄弟们交往时，常私下里救济些财物，使兄弟度过急困，或私下里施送些东西，使他们得到帮助。兄弟间相互爱护不失和睦而相安无事，却又不让自己的妻子知道。这样一来，那位较困难的兄弟，虽然内心怨恨兄弟之妻，却因为敬重爱戴自己的兄弟，到了该分家分财物的时候，也不敢借口自己贫困而去图谋他兄弟的财产了。内里缘由，怕是那位见识高远之人不听信妻子的挑拨离间，能够预先厚待自己的兄弟，从而赢得了兄弟的敬重之心吧。

妇女中往往是那些奴婢和妾爱说闲话。奴婢和妾一般都愚笨没有修养，见识又很少，喜欢用背后说别人坏话的方式来讨主母的欢心。如果主母有见识，能够做到不听信闲言碎语，那么奴婢和妾以后也就不敢再在主母的耳边说别人的坏话了；如果主母听信这些话，并因此而宠爱善进谗言的婢妾，那么这些婢妾日后必定还会嘀嘀咕咕，说个不停。终于使主母与别人结了仇怨，那些婢妾才感到洋洋得意。有的佣人也是这样的。如果主人听信这些谗言，那么就会与本族、亲戚、朋友都闹出矛盾来，那些善良正直的仆人和佃农不会说谗言反而会因为主人听信谗言而大有可能受到惩罚。

兄弟如手足，关系也得处

人世间最难得的是兄弟之情。一定要保留兄弟间同根生的缘分，而不要伤害情感。玉昆金友，是羡慕兄弟都谦和贤能；兄弟能够和谐相处，称为花瓣与花蒂交相辉映；兄弟一起流芳百世，称为棠棣竞秀。兄弟在患难时互相照顾，就好像飞鸟在平地上向同类呼救；兄弟分开，就如同正在飞行的断翅的雁。元芳季方兄弟都具有高贵的品德，他们的儿子争论谁的父亲优秀，互不相让，结果问到元芳季方的父亲那里，太丘说："元芳难做兄，季方难做弟，二人不分高下。"宋郊、宋祁两兄弟都中了状元，当时的人称他们为大宋小宋。荀氏八兄弟，个个都有才干，得到了八龙的美誉；河东的薛攸与从兄元敬、族兄德音三兄弟，有过三凤的美名。周公出师东征，平定叛乱，大义灭亲，杀死管叔、蔡叔以明正典刑；有一年，赵孝的弟弟赵礼被贼人捉住，准备杀掉他煮了吃，赵孝自缚前往，愿意替弟去死，兄弟的深情感动了贼人，于是得以幸免。煮豆燃萁，指兄弟之间互相残害；哥粟尺布，讥笑兄弟之间互不相容。兄弟阋墙，是说兄弟内部不和；天生羽翼，是指兄弟之间互敬互助。汉朝姜肱与弟弟仲海、季江三人生性友爱，虽然各自娶妻，却不忍分开睡觉，于是做了一张大被一起睡觉。宋太祖因为弟弟病了而为他烧艾治病，弟弟觉得疼痛，于是宋太祖自灼艾叶，想要替弟弟分担痛苦。田氏三兄弟想分祖上的财产，连庭前的荆树也愤愤不平地枯萎。伯夷和叔齐是商末孤竹君的两个儿子，孤竹君死后，兄弟两人互让帝位，后来周灭了商，他们不齿于吃周粟，一起到首阳山采蕨薇充饥，后都饿死山中。虽然说在安宁的日子里，兄弟亲如朋友；其实现在的人，朋友有的并不如兄弟。

《诗经》中"此令兄弟，绰绰有余"一句是称颂兄弟关系亲密。孔子用"怡怡"来训诫兄弟要和睦相处。羯末封胡四兄弟都是有才学的人；陆机陆云名声享誉洛邑；季心季布的名气在关中随处可听闻。兄弟四人中，系绶的刘孝标独标一格；白眉的马李常是五兄弟中最杰出的。文采华丽要算苏轼、苏辙兄弟。许武为了成就弟弟的孝廉美名，自己选择了肥田美宅，让人讥笑；薛包与弟弟分财产，选择了荒顿的田庐以求得心安。一家桐木是说韩子华兄弟二人都做宰相，家庭荣耀；千里龙驹是称赞北朝的卢恩道少年英俊，当时没有人比得上。父母死后，兄长不抚恤孤弟，是不能与廉让江这个慈爱的地方媲美。闭门挝、唾面受是说兄弟之间要互相忍让。兄弟互相推让田地，这是百姓明白韩延寿教化而被感化的结果。兄弟洒泪停战是因为苏琼厚言相劝。孔文仲三兄弟名扬天下，推为鼎位。张知蹇五兄弟是通晓经书的贡生。尊敬兄长应该向司马温公学习，对兄长谦让、恭顺应该以杨延寿为师。

对叔辈则称呼诸父亚父；犹子、比儿，都是对侄儿辈的称呼。阿大中郎，是道韫对叔父谢安的雅称；杨昱赞美侄儿说"吾家龙文"。乌衣诸郎君，是江东人对王、谢两大族的称呼；吾家千里驹，是苻坚称赞侄儿苻朗的话。竹林是对叔侄的称呼，兰玉是赞美别人子侄的词语。晋朝邓伯道遇上赵石勒叛乱，他用箩筐挑着儿子和侄儿逃难。为了保住弟弟的后代，他抛弃了儿子，留下了侄儿，可悲的是邓伯道没有了继承人。柳公绰官居要职，把叔父当作自己的父亲一样奉养。卢迈没有儿子，认为侄儿跟儿子一样，可以处理自己的身后事；张范遇到强盗，儿子与侄儿都被劫持，他情愿舍弃儿子去换取侄儿的小命。

谢密年幼时就能明事理，他的叔父说他是能成大器的人。刘孺七岁就能写出好文章，他的叔父刘慎逢人就夸赞："这个孩子是我们家的明珠。"陈恭公做亳州判官时，一次他过生日，亲戚朋友大多献给他寿星图；他的侄儿陈世修却献给他一幅范蠡游五湖图。李约与他的叔父一起相依坐在大石上，盛赞招隐寺的景色迷人。陆纳的侄儿用精饭款待谢安，陆纳说这败坏了他家的朴素之风，其实这并不损害他家的朴素遗风。杨惜年幼时，举动与众不同，深得叔父杨昱青睐，他的叔父专门建了一间房子让他独居，每餐用铜盘盛上美味让他一人享用，这是与其他侄儿完全不同的待遇。谢安石在东山建了一座别墅，每次带他的侄儿出去玩都要挥霍百金。阮仲容住在北道，甘愿过着清贫的生活。王浑预测侄儿王彭祖将来长大后可以做都督。必破吾门，这是宗炳对侄儿宗悫前途预料的话。愚笨的侄儿只适宜去葱肆卖葱，聪明贤能的侄儿就能够归还祖传的金刀。

因为皇帝女儿的婚礼由公侯主持，所以皇帝的女儿叫公主；皇帝女婿不是坐在中间车驾，与皇帝同行时，只能坐侍从的马车，所以称为驸马。郡主、县君都是对皇室同宗女子的称呼；仪宾、国宾都是同宗女婿的称呼。旧时把关系好的两家人称为通家，关系好的亲戚叫懿戚。晋朝卫价与岳父乐于助人，岳父的品质洁白无瑕，女婿的资质如美玉般温润，冰清玉润是指丈人、女婿都有好的声望；泰山、泰水是称呼岳父岳母。新招的女婿叫娇客；高贵的女婿称为乘龙。入赘女方居住的男子叫馆甥；贤德的女婿叫快婿。东床是女婿的别称，做女婿应当尽半个儿子的义务。唐玄宗册立杨贵妃后，有歌谣称赞杨玉环能像男子一样光耀门楣。外甥又称为宅相，是说晋朝魏舒期报答母亲娘家的养育之恩。彼此共同叙说旧的亲戚关系，说原来有瓜葛之亲；自己谦称自己是低贱的亲戚，便说愧在远亲的末尾。大乔、小乔是称呼姨夫，连襟、联袂都是姨夫的称号。兼葭依附在玉树上，是自己谦称借了亲戚的光辉；茑萝附在乔松上，庆幸自己有了依附的地方。

卢纶、李益是内兄弟，苏轼、程德孺是表兄弟。王茂弘早年做官显赫，用拂尘招呼他妻子的侄子何充共坐。唐朝杨汝士带领妻子崔氏去东川任职时，曾经用青绿色的旗子在前面引路。庾彦达拿自己一年的薪俸供养姐姐，不独自享受荣华富贵。黄直卿很重情义，曾经邀请亲戚正月初十那天聚会增进感情。潘岳能够促进亲戚间的友谊，每次听他内弟阮瞻弹琴都会不觉疲倦。文中子操持内弟的丧事时不饮酒食，表示哀悼。元行冲的表弟韦述很有才学，于是被称为外家的宝贝。晋朝的阮件容和他姑姑的使女私通，后来他母亲离世，居丧期间，他姑姑带着使女要远行，他不顾居丧，借了一头驴去追赶姑姑，追回使女。晋朝的温峤，他姑姑有个女儿未出嫁，姑姑托温峤给表妹做媒，温峤自己想娶表妹为妻，于是以镜为聘礼，到了结婚那天，新娘子手披纱扇，半遮住面害羞地说："我早就怀疑新郎就是你这个老奴。"嫡长子的媳妇与庶子的媳妇是不能并排行走的；古代一个男子可以娶八个妾，年龄大的叫姒，年幼的叫娣，她们共同服侍一个男人，所以叫同出。汉朝吕禄不理军务，他姑姑就把家中的珠宝扔掉，以此刺激他，对他说："不要为别人守军营了。"晋献公的妹妹伯姬嫁到了秦国，一次伯姬回到晋国，献公的臣子史苏为献公占了一卦，卦上写道："不吉、归妹、寇张之弧，侄从其姑。"根据这个卦，献公把伯姬的侄女也嫁到了秦国。聂政有一个贤能的姐姐，屈原的姐姐也很好。不要因为萧氏家贫而嫌弃她，而不与她做亲戚，应该学习钟氏与郝氏两妯娌的做法，不因为自己出身富贵而欺侮人，也不因为暂时的贫穷而自惭形秽。

贫而无谄 富而无骄

现实是沉重的，贫而乐，谈何容易？有人会说这是阿Q精神。那么换句话讲，虽然我们暂时无法改变当前的境遇，却可以调整自己的心情。可以贫困，但不可以再潦倒，人穷志不穷。

生死由命，富贵在天。谁都有几起几落，不要丧失对未来的信念，一切都可以从头来过。孔子的弟子中最有钱的要数子贡了，年纪轻轻便在商界崭露头角，而且子贡在政治、外交等方面都表现出非凡的才能，属于那种干什么都能轻易取得成功的人。

在当今社会，有了钱就不知道自己是谁的人不少。

七八年前，珠海的某家夜总会，一个不知名的暴发户宣布，今晚在座各位的单我全买了。这时一个书生气十足的年轻人招手叫服务员，买单！服务员告诉他，刚才那位先生已经说了他买单。年轻人说："我不管他是谁，我只要买我自己的单。"暴发户听后愤怒了："你小子怎么这么不识抬举？"年轻人反问："你有多少钱？暴发户说他在北京、上海有多少多少家电器行，身家一两千万。年轻人听罢，对身边的随从说，统计一下这位老板的所有资产，明天我全数收购！暴发户傻眼了。后来别人告诉他，原来这位先生就是全国大名鼎鼎的某集团总裁。

改革开放几十多年来，浮浮沉沉的人和事实在太多了。如上可通天下可入地，信奉"最后一锄头理论"的牟其中，"老子就是法律"的大丘庄禹作敏……当初风风光光招摇过市的时候，怎会想到，自己也有身陷囹圄的一天？

有一次，子贡问孔子："贫而无谄，富而无骄，何如？"意思是，人在穷困落魄之时，依然不失其志，不谄媚，不低头。发财了，也不骄横跋扈，得意忘形。怎么样？言语间似乎就是在赞美自己，似乎以为自己的修养做到这个地步已经不错了，心想一定可以得到老师的夸奖，给他个九十或一百分。没想到孔子轻描淡写地说："可也。未若贫而乐，富而好礼也。"意思是你所说的那样，不过是刚及格而已。一个人仅仅做到了贫而不谄不算什么，真的贤者，应是安贫乐道之人。做到富而不骄并不难，难能可贵的是富而好礼，虚心求进，从而不断完善自我的修养。

孔子不愧为圣人，一语点中要害。子贡心服口服，感慨道："《诗经》上说，'如切如磋，如琢如磨'，君子的自我修养，就好像加工玉器一样，需要反反复复

地切磋和打磨啊！"孔子点点头："子贡啊，现在可以和你谈论《诗经》了，告诉你这一点，你就领悟了另一点。"

能做到穷而不失其志，的确不是件容易的事。孔子周游列国期间，曾在陈国断绝了粮食，跟随的许多弟子都饿得倒下了。性情刚烈急躁的子路满脸怨气地抱怨道："老师你天天君子君子的，现在同学们都要饿死了！君子也有穷成这个样子的时候吗？"孔子从容地答道："君子固穷，小人穷斯滥矣。"君子在穷困的时候依然能安守节操，坚定信仰，小人一穷就乱来了！也就是说，不是什么样的人都有资格穷的，受不了穷就算不得君子。

《论语》曰："饭蔬食，喝白水，曲肱而枕之，乐亦在其中矣。不义而得富与贵，于我如浮云。"吃粗粮，喝白水，弯着胳膊当枕头，乐亦在其中。孔子为了实现他的政治理想，一生忙碌奔波，但他的思想里，随处闪现着乐观主义精神。正是这种精神，体现了"不为五斗米折腰"的宝贵气节。

孟子这样说："贫贱不能移，富贵不能淫，威武不能屈。"然而又有多少人能真正做到宠辱不惊？

以平常心待人

人们经常碰到这样的情形：有人在贫困的时候，没有得到乡里人的照顾，等到他荣耀显达以后，就把乡里人视为仇人。乡里人当初不接济他，他感到怨恨。可是他没有想到现在他不厚待乡里人，乡里人他日难道就不记恨他吗？对那些平时鄙薄他的人，不与他深交也就罢了，大可不必怨恨他。对那些平时和他不相识的乡里人，如果我能周济帮助这些人，也应该这样做。

在乡里居住，或是寄居在外，都不可以轻易接受人家的恩惠。在没有发达的时候，受了人家的恩惠，常常要记在心里，每次见到施恩于自己的人，心里都很敬重。而那人因为觉得有恩于这个人，而经常表现在神色上。等到这个人荣耀显达以后，要想报答所有有恩于他的人，恐怕也很难做到，但是不报答人家的恩情又过意不去。因此，即使是一顿饭，一丝绢，也不能轻易接受。

前辈看见有人做官时广求知己，告诫他说："受别人的恩惠多，就很难在朝廷中立住脚。"这句话值得我们深思。住在乡里面，实在没办法，才能和别人争论，争论不能解决，才能和别人打官司。如果对方认了错就算了，不必耗费财物去勾结官吏，严惩对方，从而求得一时的痛快。至于和人打官司争夺财产，本来就是没理而夺理。遇到贪官污吏也可以使自己得到满足，但是这样做难道就不愧于神明吗？对方不服判决，还要上诉，这样所耗费的钱财，比所要争夺的东西要贵得多。遇到贤明的官吏也不一定能把无理讲成有理，一般来说，打官司的人都各有长短，各自扬长避短，官吏不能明察，就会牵牵连连，无法判决。如果碰到的是贪赃枉法的官吏，不按实情判决，不理智的人很有可能破产。

做事成功的三大因素

做人和立志都应当有极其宽宏的度量，应当有精通事业，对内振兴民族，对外领先于世界，开创伟大业绩的雄心壮志。只有这样，才无愧于父母的生养恩情，不愧为世界上高尚的人。

那么，做事成功的秘诀是什么？一要有大志，即要有忧患意识。值得忧虑的究竟是什么呢？这就是以自己不如舜帝、不如周公而忧虑，以自己不专修德行、不精通学业而忧虑。要忧虑社会腐败势力的顽固不化，忧虑外敌侵扰国家，忧虑坏人当道而优秀人才被排斥埋没，忧虑自己未能给平民百姓以恩惠帮助，这就叫作忧国忧民，怜悯贫弱。与此相反，比如那一己的成败，一家的温饱，现实生活中的荣辱得失、名誉地位等，真正有事业心的人是顾不上为这些事而忧虑费神的。

二要我们要做到明德行、做新人、办好事。如果读书不能落实到自己身上，认为以上三项与自己毫不相干，那么，读书还有什么用处？尽管能写文章、作诗篇，卖弄自己的文采，充其量是一个识字的放牧仔，怎么能够说得上是什么深明大理的有用人才呢？现在，国家依据考试中文章的优劣选用人才，认为这些人既然能够按照贤明领导者的意图立论做文章，也就必然懂得有益于人类社会的道理，做有益于人类社会的事情，身居官位而不脱离平民百姓，兢兢业业地遵循常规办事。如果以为深明德行，造福子民是分外的事，那么，即使能写文章、作诗词，却丝毫不懂得修养自己、治理社会，国家用这样的人做官，就如同用放牧仔做官。

三要有恒心，当年苏武出使西域，历尽千辛万苦。但苏武不气馁，克服困难，坚韧不拔，终于在 19 年后完成出使任务，回到京城。由此可见，年龄无论大小，事情无论难易，只要持之以恒，就能成功。这如种树养家禽一样，天天看着它却感觉不到它在长大，但是，日积月累，定会有质的变化。

忠孝是治家之宝

五常是指君臣、父子、兄弟、夫妇、朋友五种关系。九族是高祖、曾祖、祖父、父亲、自己、儿子、孙子、曾孙、玄孙九代亲属。鼻祖是最先得到姓氏的祖先，离高祖很远的孙，叫耳孙。父亲创造事业，儿子能够继承父亲的事业，叫作肯构肯堂；父亲与儿子都贤能，就说有这样的父亲，一定有这样的儿子。祖父长过父亲一辈，所以叫王父；父亲治家严谨，所以称为严君。父母亲都健在，叫作椿萱并茂；子孙飞黄腾达，叫作兰桂腾芳。

乔木挺且直，好像父亲的威仪；梓木低矮而且下垂，好像儿子的卑屈样。不扮傻扮痴，不装聋作哑，就做不好阿家阿翁；能够得到父母的欢心，顺从父母的心意，才可以做好儿子。掩盖父亲的过失，叫作干蛊；抚育别人的儿子，叫作螟岭。生子当如孙仲谋，这是曹操羡慕孙权的话；朱温赞叹李勖生子须知李亚子。菽水承欢，是说贫困人家赡养父母的欢乐。教育子女道德规范，这是父亲对子女的严格要求。绍箕裘，是说儿子能继承父亲的事业；恢先绪，意思是儿子把父亲留下的家业治理得井井有条，重振家族的声誉。具庆下，是说父母都健在；重庆下，是说祖父母都健在。燕翼贻谋，是称赞祖辈能给后代留下计谋，使他们富足。能够继承祖先的事业，是指能够效法贤德先人的子孙。鹿趾呈祥，是称赞人家有个好儿子。称赞官宦人家有才干、贤德的儿子，叫凤毛济美。

谋杀父亲，篡夺皇位，隋朝杨广的天性何存？杀掉自己的儿子，向君王献媚，齐国易牙的人心何在？给孙子分佳肴，以取得眼前的快乐，这是指王羲之逗孙子玩，从中得到乐趣；郭子仪有八个儿子七个女婿，孙数十人，每次孙子们向他向安时，他不能全部分辨清楚，只好以点头回答。和丸教子赞美仲郢母亲很贤惠；十三岁时还穿着彩色的服装做游戏，以博取父母的欢心。毛义高兴地捧着檄文应召，是因为他的母亲健在，为了使母亲高兴才这样做；伯俞泣杖，是因为他感到自己的母亲年老了。慈祥的母亲盼望儿子从远方回来，常倚在家门口，站在里巷去等待；漂流在外的人思念亲人时，都会登上高山遥望远处的家乡。疼爱人没有等级和差别，对兄长的儿子和邻人的儿子一样；你我的情分相同，我的父亲就是你的父亲。长子主管祭祀的神器，能干的儿子可以操持家业。儿子可以光耀祖宗叫充闾，儿子的能力

超过父亲叫跨灶。宁馨英畏是羡慕人家子弟，国器掌珠都是称赞人家儿子。子孙满堂令人爱慕，好像孟斯那样蛰居；值得羡慕的是后代的昌盛，如同瓜瓞那样大大小小，连绵不断。

汉朝韦玄成父子两人都因精通经学而位至宰相，于是有人道："遗子黄金笼，不如教子一经。"韦玄成很高兴有这样贤明的父兄。因擅长书法而出名，王羲之正是这样的好弟子。北齐王敬则的母亲曾对人讲："敬则应得鸣鼓角。"后来敬则封侯，出入有鼓乐迎送，这是母亲能预见儿子的荣耀。唐朝大诗人杜甫曾送他的儿子宗武一首诗，其中"莫带紫罗囊"是父亲规劝儿子不要懒惰，不要贪图安逸。宋之向的父亲有"富文辞，且工书，有力绝人"三绝，宋之向与他的弟弟们各擅长其中的一绝，所以说宋之向与他的弟弟们把他父亲的事业发扬光大了。狄仁杰的孙子狄兼漠刚强正直，很有祖父的遗风，这就是孙在后，祖在先，交相辉映。罗母焚烧裘衣，陵母侠剑自杀，她们都是贤惠的母亲。活鲤杀鸡，讲的是姜诗与茅荣孝顺母亲的故事。苏东坡《答马忠王》诗中"灵运子孙多是凤"是对谢灵运家的赞叹，这并不是曲意迎合私好；王僧虔的后代半为龙凤，这本来就不是自夸的词语。马磷，是马援的孙子，曾经读马援的自传文章，对其中的"大丈夫死于边疆，以马革裹尸"感慨万千，白勉说"令吾祖勋业坠地下乎"，于是发奋学艺，成为一代名将，这是子孙贤能；祁奚举荐自己的儿子祁午继承他的官职，没有因祁午是自己儿子而放弃举荐贤能之人，这都是因为儿子像他一样有才能。

战国时越国左师触奢很怜爱自己的小儿子舒祺，还曾在赵太后面前为小儿子请求清贵权重的官职；唐朝宰相萧俶看见曾孙学着传呼高官显贵出入时的声音，赞叹道："我不因自己做了宰相而感到高兴，幸运的是在我的有生之年，能看见曾孙出世。"王霸曾经因为自己的儿子不如别人而面带愧色；张苍梧是张凭的祖父，他曾说他不如张凭的父亲。张凭的父亲不理解，张苍梧说："你有个好儿子。"张凭的父亲说："你怎么可以对着儿子戏弄父亲呢？"李峤的儿子因不迎合皇上的心意，而使李峤留下被人讥笑的话柄，甘罗因受到吕不韦的赞美而令人羡慕不已。公才公望，是祝贺人家的云孙、仍孙能继承祖上的才干和名望；从祖父辈向下推算，恩义各不相同，不能说子孙与自己无关，只是天地暂且留我在这里的！杜氏家族遗留下来的"忠孝吾家之宝，经史吾家之田"的祖训依然存在，薛家仍在传颂"磐石精神"。唐朝的员半千善于词辩，他的孙子员淑九岁时就精于词辩，词辩是讲究渊源的。性格可以遗传，东汉的杨奇与他的祖父杨震一样，性格刚烈，顽强不屈。

考取功名易，苦志励行难

明朝时期的张居正在感悟人生，教导儿子时说：你从小就聪明灵活，学作文总是懂点窍门。我曾经把你看成千里马。有熟人同事见了都赞叹："你的几个儿子中，这个是最先闻名的。"但从万历元年那次科举考试后，我忽然发现你沾染上一种狂气：自不量力而好古的东西，骄傲自满，喜爱自我表现，这就像燕国人想学赵国邯郸人走路，不但没学好，连自己原来的走法都忘记了，只得爬着回去。万历四年春，我本不打算让你参加考试，是你的哥哥都来劝我，说不应挫伤你的锐气，我不得已才听了他们的话，可是你还是令我失望。技艺本来就不好，还能怪谁。但我私下却感到是一种幸运，认为这是老天爷或者想让你多积累些知识，然后一下发举起来。又想你一定会警戒再败的耻辱，而虚心地按规矩法度办事，可是一年内你的文章就像想阻住水而水越往下流一样。难道是你的资质不聪明吗？但没有小时聪明，长大反而糊涂的人。难道是你不努力吗？而我听说你一天到晚关着门，手不离开书本。难道是别人捏造的吗？要不然必定是好高骛远，涉及的方面很多，搞得精疲力竭，正所谓想到楚国去却向北走。如此想要努力向上，太困难了。

只有具备绝顶才能才可以做到求前贤的遗迹又符合当世的法

度。从明代以来，这样的人也不多见。我以前少年就中秀才，获得很大名气，就胡乱说什么屈原、宋五、班固、司马迁等人，全然不是什么不寻常的人。小小的一个进士，轻易就可得到。于是就放弃八股文，钻入古典文学中去了，过了三年，新的东西还没学成，旧的却已荒废了。现在回忆起当时的所作所为，真令人发笑，也是耻辱，嘉靖二十三年我没考上，然后总结教训，充分估计了自己的力量，又重操旧业，刻苦学习，用尽全身气力，考中进士。然而这仅仅是考中一个进士罢了，还不能在文场中从容执笔，夺得锦标。如今你的才能，没有胜过我，又不俯身去探求我成功的经验，而重蹈我失败的覆辙，这是大错。

我家以读书而做官，一生苦其心志，修炼自己的行为，才得以把榜样留给后人，自以为不敢落后于古代门第高、世代做官、德高望重的人家。希望你等继承祖先遗志，并且发扬光大，与历史上的名臣伊尹、巫咸为同一类人，名垂青史。岂能只以科举夺得第一为满足，来光大我张家门庭？我的确对你寄予厚望；急切希望你成功，没想到你居然自轻自贱，甘充驽马。如今你既然想叫我不管你，我也不对你多加责备。但你应该深思一下，不要自暴自弃。假使是你才能低下，不能勉强。你明明有能力去做而不去做，这就错了。自己不对，还能推诿于命运吗？实在太糊涂了！像写字这件事，我唠叨你好几年了，可你依然潦草，还出了差错，一点改变都没有，这也是你的命运造成的吗？微不足道的一点小技艺，难道一定得经过长时间才能

学会吗？我点到为止。你自己须深思！

张居正教导儿子的话语，对现代人或许有些启迪。

世事变化无常势，人生甜苦两参半

现在世人往往看到眼前的家业稍有些兴旺，就以为这一辈子的生活都可以安定了，不知道转眼间就家破人亡的事情实在是太多了。须知世事变化莫测，这是自然规律。

三十年河东，三十年河西，三穷三富活到老。不要说多久以前的事，就说乡里十年前、二十年前的情况与现在比一比，就会发现成败兴衰是没有定式的。有的人没有远见，见到别人兴旺发达或者有一些顺心如意的事就心生嫉妒，见到别人家业衰败或有些不顺心就讥讽嘲笑人家。同家族或同乡的人，最容易浸染这种毛病。如果懂得凡事没有固定不变的道理，那么，为自己的未来考虑还来不及，就根本没有时间去嫉妒和讥讽别人。

相应地讲，老年享受富贵的人，必当是年轻时吃尽了苦头、历尽了艰辛。从没有从小就享受安逸富贵直到老年，年少时就科举及第或早早被皇帝委了官职的，在中年时必定会仕途坎坷不平，不能顺心遂意，只是到了晚年才得以荣贵显达。如果是早年得意，官运亨通，那么其家中生活又一定窘迫拮据，家业微薄，常常为吃穿发愁，为儿女的婚姻事担忧。如果年纪轻轻就达官显贵，没品尝生活的艰辛苦难，又继承了父祖的丰厚家业，这样的人一般不会长寿。造物主安排人的命运时大多如此。生活中间或有一些自小到老始终享受荣华富贵的，这是有大福分的人，不过像这样的人太少。

人生三乐，一贪就错

经常有的人处于不好的境况而郁郁不快，动不动就产生后悔吝惜、忧郁戚戚之情。一个人如果能够冷静体会我的方法，能够打开胸境，就好比在热火坑中吃了清凉散，在苦海波中拥有八宝筏。高贵、富裕、多子孙是人生最快乐的三件事。这三个方面，能够妥善处理就是幸福，不能够妥善处理就会成为累赘，被这种累赘所拖牵去求得所谓的幸福而成功，那是不多见的。

为什么呢？第一，身居高位的人，同时也会遭人责备，是忌恨嫉妒的根源，生气怨恨的地方，利害得失的关卡，忧郁烦恼的场所，辛劳苦楚聚集的中心，诽谤讥讽的对象，攻击诬陷的对手。古代那些聪明的人，对这些往往望而却步，何况有荣必有辱，有得必有失，有进取就必定有退却，有亲近就必定有疏远。天下没有不劳而获的好事。只要自己没有什么大的过错遭人谴责，对别人又能够以平和淡泊之心去对待，这才是对待高贵的方法。

第二，佛教以货财作为五家公共之物：一是国家，二是官吏，三是水火，四是盗贼，五是不正派的子孙。一个人如想厚积钱财，就必定多方经营布置，生息防守，这样一来，必定有亲戚的请求，贫穷人产生的怨恨，仆人对他的欺骗，大的盗贼想方设法劫取他的资财，小的窃贼钻洞爬墙偷鸡摸狗，经商方面的亏本折扣，迷路，田地里禾苗方

面的灾歉，与别人抢夺引起的官司，家中子弟奢侈浪费。种种忧虑苦难，贫穷的人是不知道的，只有富人才有体会。一个人如果能够知道富裕的拖累弊害，就应当做到廉洁，而不一定要厚积钱财招来怨恨；应当看薄财物，而不必深深嫉妒别人而拖累自己的身心。思考着自己有了这些财物，那些贫困穷苦的人不向自己索取向谁去索取呢？不怨恨自己去怨恨谁？要不被外物所困扰，就要做到心平气和。自己居身节俭，而对待事物却要宽容大方；取利要微薄，而储藏却要谨慎，这就是对待富有的方法。

第三，至于子孙的牵连就更多了，年轻时忧虑如何医治疾病，年纪稍大一点就有他们的功名如何取得的忧虑，还有担心如果他们浮华奢侈不善于治理家庭的忧虑，有担心他们不走正道而结交地痞流氓、恶棍盗贼的忧虑，一旦他们离开自己，就会有他们在外边寒冷炎热、饥饿口渴如何应付的忧虑。以至于由忧虑儿子到忧虑孙子，往返无穷，忧虑不尽。

自己的年岁已经大了，子孙繁盛众多，他们疾病痛楚的事是难免的，贤惠愚妄参差不齐，升扬沉沦各不相同，聚集分散无一定数，忧伤和欢乐自然有所区别。但是，应当教导他们孝顺父母、友爱兄长，教导他们谦逊退让，教导他们树立良好的品行，教导他们读书学习，教导他们懂得慎择朋友，教导他们懂得修养身心，教导他们懂得勤俭节约，教导他们懂得振兴家庭。

父母不必忧虑他们的成败利钝，他们的聚散苦乐，父母不必忧郁思念过多而生成疾病。只看自己没有过分刻薄对待他们，子孙应当不会有更多更大的毛病，要公平对待他们，子孙自然没有抢夺偷窃的毛病。自己没有过分贪婪，子孙应当没有奢侈荡尽的毛病。至于先天安排的命运，如禀赋的愚笨，怀才不遇的，无故生疾病，聘请良医为他小心调治，聘请良师谨严教训他。做父母的责任已经尽到了，做父母的心意已经尽到了。这就是做到了善待多子多孙的方法。

富人当贼

贫富本来就不是固定不变的，田地房产也是可以易主的。有钱就可以买，没钱就卖掉。买财产的人家应当明白这个道理，不要乘机坑害那些因贫穷而卖财产的人。大凡变卖财产，或者是因为没有吃的东西，或者是因为欠了别人的债，也可能是因为生病、家里死了人、打官司等原因，需要多少钱就卖多少财产。如果买主能够按财产的实际价值付钱，那么卖主即便是卖了家产，也还能有所值，并能解决家里的用钱问题。可是有些为富不仁之人，知道人家急用钱，便表面拒绝购买，暗中却又在谋划，以便大压其价。等到订立了契约之后，只给人家十分之一二的钱，其余的答应在几天之内交清。过了几天去问他，又推托说没有办。以后多次催他，也只给你几千文钱来搪塞你，或者用米谷和其他东西折成高价来补偿。这样，卖财产的人家必然非常窘迫，卖家产所得到的一点钱，马上就耗费掉了，先前打算要办的事也办不成了，而因为卖家产还得付出一些往返索取的费用。那个得了便宜的富人还在暗暗地高兴，以为自己的谋略高妙。然而不知道害人是要受报应的，有的就报应在本人身上，有的不在本人身上，而在他的儿孙身上应验。可惜那些有钱的人大多不懂得这个理，这难道不是执迷不悟吗？

欲知廉耻就一定要先知足

古代的君子讲求廉耻，是如何竭其心力、修养德行，我们是不能见到了；他们修养身心，管理家庭，治理国家平定天下，全部秉持的是礼。从内部来说，如果舍弃了礼就无所谓道德；从外边来说，舍弃了礼就无所谓政务。所以六卿之官设置完备，而记录的书籍以《周礼》为书名。春秋时代，士大夫通晓礼，善于游说辞令的人常常能够说服人，而使他的国家强盛。战国以后，以仪式外表华美琐碎为礼，就是叔齐也要讥讽的。荀卿、张载小心谨慎地以礼为实务，可以称得上知晓根本，喜好古风，不去追逐流俗。近代张尔岐作《中庸论》，凌廷堪作《复礼论》，也可以从中看到先王教化的原貌。秦蕙田编《五礼通考》，把天文、算学录入观象授时门一类；把地理、州郡录入体国经野门一类。这样做，对于著书意义和条例来讲，有点繁杂不精了，但该书对古代经理世事的礼则全部做了汇总，这也说不上失误。

崇尚节俭，是用来养廉。过去，州县的佐杂官员到省城任职，国家并没有固定的薪水。如今，每月可以得到数十两银子，还嫌得到的少，这就是所说的不知足。要想知道廉耻，一定要先知足。看那些各地的难民，到处是饿死的人，而我们能不缺衣食住房，属于万幸了，还有什么奢望的呢？还敢任意糟蹋东西吗？我们要正当地获得利益，正当地获得名誉。不要贪图向上保举而获得功劳，不要贪图虚浮名誉。要事事知足，人人守纪律，正当的风气就可以挽回了。

清朝时期的曾国藩认为：翰臣方伯廉洁正派的作风，令人钦佩仰慕。他死后家境萧条，无法庇护自己的妻子家人，让人觉得清廉的官员不能去做，也特别觉得善人不可为。他一生好学不倦，正打算著书传之后世。我昨天送去一百两银子帮助他家办理丧事，为悼念他做了一副对联说："在豫章平定贼寇，保护家乡与人民，不要惊讶书生能够建立奇功，都是从二十年积累的道德学问产生；翠竹斑斑如滴泪，苍梧招魂欲返回，不要怀疑贤妻能够死身守节，也如同万古臣子为

忠孝而死的常行。"站出来大声呼吁，也颇有号召众人的意思。我处在客卿的位置上，估计没有响应的人，而只好独自叹息。韩愈说过："有德识的人常常无法维持自己的生存，无德无识的人却得意扬扬。"自古以来人们就对此长叹不已啊！

周济人要有所选择

有人遇到了无法克服的祸患困难，无处诉说困苦，贫穷得生活不下去，而这人又质朴木讷，面有愧色，不好意思向人求助。遇到这样的人，我虽然手头也不宽裕，但还是要尽力去帮助周济他。此人即使不能回报，也一定会感激我的恩德。如果有人本来并不贫困，只是到处去权贵富家门前阿谀奉承请求施舍。无论路过州还是县，他都这么干，得到人家的施舍就吹嘘自己有才能，得不到人家的施舍就和人家结下仇怨。这种人现在不会感激别人的恩德，以后也不会报答别人的恩德，对这种人完全可以不顾念不考虑。怎么能够舍出我平时都不舍得用的钱财，去帮助他干他不该干的事呢？

换一个角度，被救济的人家，为什么要靠别人周济呢？为什么不能对有的事情进行及早考虑打算。有男孩了的人家要替他找一份生计教给他生财之道，有女孩的人家也要及早为她准备衣物被服、梳妆用具，等到打发她出嫁的时候，就不必再费力筹办了。如果对这些事都置之不理，一旦事到临头，又有什么办法呢？只有临时变卖房产田地，或者根本就不顾及女儿的脸面。如果家中有老人，平时不把送丧的东西准备下来，等事到临头的时候，很难想出别的办法，也只好临时变卖田地，或者根本就不顾及后事合不合礼仪制度。现在有人生下女儿就种下一万棵杉树，等到女儿长大，就卖掉杉树给她做嫁妆，这样她的女儿就不至于因为没有嫁妆而不能嫁人了。有人在年轻力壮的时候，就置办下寿衣寿器还有坟地，这个人就不会死了三五天还没有寿衣棺材可以装敛，死了三五年还没有墓地可安葬。

一钱亦分明

世上那些贪婪的人，欲壑难填，永远难得满足，本来不足为怪，至于一般人看到别人的华美艳服和珍奇的玩赏物品，不能不动心，也是一种毛病。大凡人们的常情都是羡慕自己没有的东西，不满足自己已有的东西。只要仔细想一想，如果我有这个物品，究竟又有什么用处？让人羡慕，对我又有什么益处？如果真的这么去想，贪婪之心自然就消失了。至于那些天性淡泊或者饱学之士，就用不着这样了。

子孙后代中锋芒毕露的人最容易变坏。若有这样的人，做父母的应当引以为忧，而不可引以为荣。一定要切实认真地严加管束，让他们熟读经书和诸子百家的书。教训他们必须宽容、厚道、恭敬、谨慎，不要让他们与轻浮的人来往和相处。这样十年中，志向和情趣自然养成。否则，值得忧虑的事绝非一件。我这话是后人的良药，可以防止他们犯错。每个人都要谨慎，不要留下悔恨。

勿在意别人的议论

人的生活其实就是一种心情，一种感受。心情好了，生活一定美满、成功。如果整天要按别人的意志去生活，要看人家的喜恶行事，成了别人的精神奴隶，还能有什么好心情，生活更没有什么幸福可言。人最要紧的不是在争取别人怎么看你，而是要考虑自己的路该怎么走，怎么走才能走得更好。千万不要按别人的思维来对待自己，对待社会，什么鸣冤叫屈、埋怨自己、怨天尤人，敌对别人、仇视社会，只能上了别人的当，中了别人的圈套。那些存心搬弄是非的人，其目的就是要让你没有好日子过。

高明的人不会把自己的感情生活过多地与人交流，也不会太在意别人的生活。一般都是跟自己要好的朋友倾诉心声。如果听到某人的闲言碎语，不会到处去讲，也无须诚惶诚恐，因为事情可能没有传言中的那样糟糕。也许你有同样的感受，做人做事，哪怕是穿一件新衣服，说一句什么话，都会不自觉地考虑到别人会怎样看，会不会不高兴，总想办法，尽量按照别人的期望去做，担心顺了姑心失了嫂意，怕别人失望，被别人笑话，甚至责骂。对于偶尔未能尽如人意，或听到背后有人非议自己，就耿耿于怀而不可终日。

其实，一个人将生活的焦点和生命的重心放在看别人的眼光、脸色和喜恶上，千方百计去克制自己，迎合别人，是非常愚蠢的。且不说千人千性，众口难调，你不可能满足所有人的要求，即使能，也只能扭曲自己，最终失去自己，失去自己的生活乐趣和生命价值。

说实在的，无端被人责难、被人误解、被人诬陷，有时比遭到明火执仗的刀砍斧剁还要难受，特别是当内心的委屈、愤懑、悲伤无人诉说，有口难辩时，更是苦不堪言。有的人就是这样，因为"人言可畏"像阮玲玉一样走上了自我毁灭、一了百了的不归之路。

话又说回来："坐下来说人，站起来被人说。"评价人和被人评价都是一种正常的生活现象，哪个背后没人说，哪个人后不说人？"谣言止于智者。"不管别人怎么看你，如何说你，你大可不必太在意、太认真，更不要去理睬。舌头长在别人嘴里，说什么是他们的自由，该怎样做是你的权利。人是一种崇尚实力的动物，在这竞争激烈，弱肉强食的世界，关键是自己要有实力；没有本事，谁会理你，你又能怎样去理别人？试想，如果自己穷困潦倒，逼着你沿街乞讨，你还会在乎别人对你的看法吗？恐怕那些平日对你口水喷喷的人连点残羹剩饭都不会施舍于你。反过来，当你像李嘉诚、比尔盖茨一样强大，你会在乎人家在你背后的评头论足吗？即使让他们骂个口水连天又能奈何得了你什么？

古人说"毁誉褒贬，一往世情"，也就是说，一个饱经风霜尝尽人间酸甜苦辣看透人情世故的人，不管人情冷暖或世态炎凉如何反复变化，不管别人如何非议责骂甚至横加非难，都难得懒得睁开眼睛去过问其中的是非曲直，更不说浪费珍贵的口水去做无谓的解释。对一切毁谤赞誉都会无动于衷，不为所动，我行我素，饿了吃，困了睡，该干吗干吗，想干吗干吗。

当然，要做到不为旁人的闲言碎语所左右，并非易事，必须要有自己的生活志向和生存理念，也就是说要有志气和骨气。陶渊明诗云："心远地自偏。"一个人有了高远之志或对生活的信念，还会在意身边鸡毛蒜皮的琐事，在意长舌泼妇般的流言蜚语？还会对别人的批评指责而怀恨于心？还值得为一些小恩小怨去寻仇报复？更不可能因为别人的话而影响了你的生活。

记得日本哲学家西田几多郎有一首诗："人是人，我是我，然而我有我要走的道路。"是啊，我们有我们自己的生活目标和生活方式，如果我们自己不能选择自己喜爱的生活方式，走自己想走的路，而是处处要看别人的脸色行事，这无疑是在为别人而活，这样活法又有什么意义呢？为人处世，凡事总想讨到别人的欢心，实际上是一种心理乞丐。

勿慕贵与富，勿忧贱与贫

不要对那高贵和富豪充满羡慕，也不要忧虑贫穷低下，自己问自己道德怎么样，贵和贱又有什么值得考虑的呢？听到诋毁的话不要悲伤，听到称誉的话也不必很高兴，自己只要回头看看品行如何，那些诋毁和赞誉又算得了什么？不要恃依自己有才能而骄傲，以便不被人所侮辱；不要靠出卖颜色办事，以自尊自重其身价；出游和淫邪之事不沾边，居住在家与正人君子为邻。在家分清尊卑大小，对外人就不分远近亲疏，从外到内一齐修炼，静养自己平和纯净的心理，内心修养并不放弃外表磨炼。言行举止都严格按照仁义的标准行动。千里之行以脚下开始，巍峨高山从微小尘土积起。我们的道德品行修养也应该是这样，言行贵在有不断的提高。我不敢拿这些去规诫别人，聊自写在衣服上以自戒，并且要终身勉励自己，死后还要传给后代人，后代人中如果反其道而行之者，那么这些子孙就不算是我的子孙。

竹子，本来只是一种普通的植物，对于人来说有什么呢？因为它有人一样的品格，所以人才爱惜它，种植它，何况对待真正的贤德之人。然而竹子和普通草木相比，就像圣人和普通人。竹子不能够使自己超俗，是人将其异样看待；圣贤人也无法使自己异于常人，这些人被使用贤人的人分别不同使用。

竹子就如同是贤人一般，为什么呢？竹子根根牢固，坚固的东西树立了德的形象，君子见到竹子的根本，就会想到应该有所建树并且坚韧不拔；竹的体性非常直，直表现出立身精神，君子见到竹子的体性，就会想到保持中立不偏不倚直道而行；竹子的心是空的，空能够体味到道，君子见到竹心，就会想到应以虚心在现实中安心立命；竹子节很坚定，坚定说明有志向，君子见到竹节，就会想要砥砺自己的品行，做到任何情况下都坚贞不屈。正是由于以上这些原因，君子人家很多都种它作为院子中的植物。

家中也需讲礼节

男女要避开嫌疑要有区别，就算是父女、母子、兄妹、姐弟，仍要有避开嫌疑和表明微小差别的礼节。因此男女八岁时就不要在一起进餐。媳妇侍候公婆是符合礼节的，本来不要避嫌，但世俗最严的却是公公与儿媳之间的礼节，因此见影、闻声就要立即躲避。其次是丈夫的哥哥与弟弟的妻子要避嫌。除此之外都不避嫌的话，就已乱了纲常若叔嫂、姐夫、妻妹、妻弟之妻相互戏弄习以为常，不近乎下流了吗？不了解古代的远嫌有别，是指授受不亲，而不是要互相躲避。而男女的范围包括很广泛，自妻妾以外的，都应该把男女授受不亲的嫌疑避免，喜欢遵照礼制行事的人应该明确分辨。

孩子和儿媳妇是侍奉长辈的人，在没有侍候父兄之前不可让奴婢代其行事，不可滋长他们骄奢懒惰的情绪。应当每日让他勤奋劳动，让他觉得自己身份卑贱，这才是一生一世可以享用的福分。如果不这样，就是以骄奢懒惰来扼杀他们了。昏庸愚昧的父母和骄奢淫逸的子弟，对于这个道理，不可能不懂得。

给别人问候安康，要问侍候他的人，不问患者本人。如果问患者本人，就不知道如何去安慰他。居丧时该穿什么衣服，这是根据人情来定的，也是为了教导世人，因此有的人引用遵循，有的人就推辞不用，但都要从"恩义"二字出发，即使其中弄不清楚的地方也不少。观察那些会合变通的君子，当他们有制定礼节的时机时，定会有自己的见解，全部都把古道遵守也能算是达观的态度。

亲人去世而留有遗物在身边，与其不忍看见它将其烧毁，不如不忍忘却它而将它保存起来。

委任于人要慎重

对于管理仓库的差役，必须经常把他的账本检查核实。审查库内所存的东西，对于管理谷米的差役，必须经常严格地查看他的账本，留意他所掌管的粮仓的钥匙。一定要选择谨慎、老实的人来从事管理工作。一定要选择秉性忠厚、爱惜家财的人做放贷及买卖这种事。因为，具有中等财产的人家，每日的日常花费都难以应付，更何况是受雇于人的佣人，家里的温饱都没有保证。这样一来，品性居中的人看到自己所需之物，必然为之心动，更不用说那些大贱、愚笨之人了。他们见到吃喝享乐与美色，怎么能不动心呢？因为，这些人家里的财富从来不能满足他们的要求和欲望，因此，他只好在家与家人一起忍饥挨饿，在外则对别人的财富视而不见。现在，这么多财物在他的眼前堵满，这时，如果主人天天严格要求，小心看管，他也只好暂且遏制贪占之心。如果主家看管不严格，那么他还有什么可怕的而不做呢？开始的时候，只是挪用很少的东西，这时他还觉得日后能够赔偿得起，也未考虑后果。如果时间长了，主人还没有察觉，那么他的胆子就日积月累越来越大。到了一年后，挪用的东西已经很多了。这时，他的心中虽然惴惴不安，但又无法挽回，只得想办法掩盖。过了几年，他的欺骗行为已经暴露，无法掩盖。主人虽然想严惩他，也已经无济于事了。所以，凡是委托找差役的人，都要以此为鉴，选择人员一定要谨慎重视。

国学经典

第四卷

〔明〕洪应明 著 骆宾 译注

菜根谭全集

吉林文史出版社
JILINWENSHICHUBANSHE

卷三 射之集

应 务

001. 闲暇时留心不成，仓卒时措手不得。胡乱支吾，任其成败，或悔或不悔，事过后依然如昨。世之人如此者，百人而百也。"凡事预则立"，此五字极当理会。

【译文】

闲暇时不留心，一遇到匆忙的事情就不能应付自如。胡乱应付，支吾搪塞，不管事情是成功还是失败。有的会后悔，有的根本就不知道后悔，事情过后依然如故。世上这种不注意总结经验教训的人太多了。"凡事都要预先有所准备才能成功"，这个道理是非常值得认真理会的。

002. 人定真足胜天，今人但委于天，而不知人事之未定耳。夫冬气闭藏不能生物，而老圃能开冬花，结春实；物性蠢愚不解人事，而鸟师能使雀弈棋，蛙教书。况于能为之人事，而可委之天乎？

【译文】

人的力量真的足以胜过上天，但现在的人却把自己的命

运托付给上天，而不知道人为的努力也可以改变事情的成败。冬天气候寒冷，植物不能生长，但老园丁却能使花在冬天开放，在春天结出果实；动物本性愚蠢不懂人事，但驯鸟师能使雀鸟下棋，使青蛙教书。何况可以依靠人为的努力从而取得成功的事情，怎么能托付给上天呢？

003. 责善要看其人何如，其人可责以善，又当自尽长善救失之道，无指摘其所忌，无尽数其所失，无对人，无峭直，无长言，无累言。犯此六戒，虽忠告，非善道矣。其不见听，我亦且有过焉，何以责人？

【译文】

劝人向善，要看这个人本身怎么样，如果这个人可以劝他向善，就应当不断完善我们使他向善改过的方法。不要指责他忌讳的事，不要把他的过错一个不漏地都说出来，不要当着别人的面来指责他，不要过分地严峻刚直，不要长篇大论，不要喋喋不休。犯了这六戒，即使是忠告，也不是好的方法。如果对方不愿听，我本身肯定也有过错，怎能怪罪别人呢？

004. 余行年五十，悟得"五不争"之味。人问之，曰："不与居积人争富，不与进取人争贵，不与矜饰人争名，不与简傲人争礼，不与盛气人争是非。"

【译文】

我五十岁时，悟出了"五不争"的道理。有人问什么是"五不争"，我说："不与积聚产业的人争富，不与追求功名的人争贵，不与喜欢自我夸耀的人争名，不与简慢狂傲的人争礼节，不与盛气凌人的人争是非。"

005．五月缲丝，正为寒时用；八月绩麻，正为暑时用；平日涵养，正为临时用。若临时不能驾驭气质、张主物欲，平日而曰"我涵养"，吾不信也。夫涵养工夫岂为涵养时用哉？故马蹶而后求辔，不如操持之有常；辐折而后为轮，不如约束之有素。其备之也若迂，正为有时而用也。

【译文】

五月缲丝，正是为了在天气寒冷的时候能够派上用场；八月纺麻，正是为了在天气炎热的时候能够派上用场；平日修养，是为了在有事的时候能够派上用场。如果在有事的时候不能驾驭自己的气质，主宰物欲，平日却说"我有涵养"，这样的话我是不相信的。涵养的功夫难道就是为了涵养而涵养吗？在马踢了人之后才给它加上辔头和嚼子，不如平时多加训练；辐条折断了才去修车轮子，不如平时就好好保养。准备得很充分，正是为了在必要的时候能够派上用场啊。

006．肤浅之见，偏执之说，傍经据传，也近一种道理，究竟到精处，都是浮说彼辞。所以知言必须胸中有一副极准秤尺，又须在堂上，而后人始从。不然，穷年聚讼，其谁主持耶？

【译文】

那些肤浅的见解，偏执的言论，依据经典的传注，似乎也有一些道理，但如果深入研究，却都是肤浅的说法和偏颇的言论。所以能说出有远见的话语，必须是胸中有一副极准的秤尺，又能上得了台面，这样人们才会相信听从。不然的话，即便终年辩论，又有谁来判定是非呢？

007."因"之一字，妙不可言，因利者无一钱之费，因害者无一力之劳，因情者无一念之拂，困言者无一语之争。或曰："不几于徇乎？"曰："此转人而徇我者也。"或曰："不几于术乎？"曰："此因势而利导者也。"故惟圣人善用因，智者善用因。

【译文】

"因"这个字，真是妙不可言。依靠利益的人不用花一分钱，依靠害处的人不用费一点力，依据感情的人没有一个念头会违背他人之意，顺着别人的话说就不会与他人有争执。有人说："这不是近于屈从他人的行为吗？"回答说："这样正是让别人来顺从我的方法。"有人说："这不是近于权术吗？"回答说："这是因势利导的方法。"所以，只有圣人善于用"因"，只有智者才善于用"因"。

008. 天下之物，纡徐柔和者多长，迫切躁急者多短。故烈风骤雨，无崇朝之咸；暴涨狂澜，无三日之势。催拍促调，非百板之声；疾策紧衔，非千里之辔。人生寿夭祸福，无一不然，褊急者可以思矣。

【译文】

天下的事物，纡徐柔和的大多存在得长久，迫切急躁的大多会很短暂。所以暴风骤雨，不会持续一个早晨；惊涛骇浪，不会维持三天的强势。繁音急弦，不是长时间演奏的音乐；用力地鞭打、拉紧衔勒，不是对付千里马的办法。人生的寿夭祸福，没有不是这样的，那些性情急躁的人应该想想这个道理。

009. 干天下事无以期限自宽，事有不测，时有不给，常有余于期限之内，有多少受用处！

【译文】

无论做什么事，不要以规定的期限较长来宽慰自己，因为事情有难以预料的变化，时间也会有不足的情况，如果在限期之内做到留有余地，就会有许多益处。

010. 将事而能弭，当事而能救，既事而能挽，此之谓达权，此之谓才。未事而知其来，始事而要其终，定事而知其变，此之谓长虑，此之谓识。

【译文】

将要发生的事能够平息，正在发生的事能够补救，发生以后的事能够挽回，这叫作通权达变，这就是才能。事情还未来临时能预知它会到来，刚开始时能估计到它的结果，已经确定了的能知道它的变化，这叫作长虑，这就是识见。

011. 凡祸患，以安乐生，以忧勤免；以奢肆生，以谨约免；以觖望生，以知足免；以多事生，以慎动免。

【译文】

所有的祸患都是由于安逸享乐而产生，由于忧思、勤奋而得以免除；由于奢侈、任意妄为而产生，由于谨慎、自制而得以免除；由于贪得无厌而产生，由于知足而得以免除；由于多事而产生，由于慎重行事而得以免除。

012. 撼大摧坚，要徐徐下手，久久见功，默默留意，攘臂极力，一犯手自家先败。

【译文】

撼动强大的，摧毁坚固的东西，要慢慢下手，时间长了就有效果了，平时关注着它，不要因为急功近利而使用蛮力急切地去做，刚一动手而自己就已经先失败了。

013. 事必要其所终，虑必防其所至，若见眼前快意便了，此最无识。故事有当怒，而君子不怒；当喜，而君子不喜；当为，而君子不为，当已，而君子不已者。众人知其一，君子知其他也。

【译文】

做事必须考虑到最终的结果，思虑必须防止会发生的事情。如果只看到眼前痛快就行了，这是最没有见识的。所以事情有当愤怒而君子不愤怒的，有当高兴而君子不高兴的，有当做而君子不做的，有当停止而君子不停止的。这是因为一般的人只知道某个方面，而君子知道其他方面。

014. 激之以理法，则未至于恶也，而奋然为恶；愧之以情好，则本不徙义也，而奋然向义。此游说者所当知也。

【译文】

用道理和律法来激发他，也许本来还不至于作恶，他却可能会因此而奋然地作恶；用感情来使他感到愧悔，那么他也许本来不准备徙义向善，却可能因此而奋然徙义向善。对于这种情况，劝说别人的人是应该了解的。

015. 人有言不能达意者，有其状非其本心者，有其言貌诬其本心者。君子观人，与其过察而诬人之心，宁过恕以逃人之情。

【译文】

人的言语不能表达自己的心意，有时行为不能反映内心，有时言语外貌可以掩盖内心。君子观察人，与其过于仔细地去察验却冤枉别人的真心，不如宽恕一些，以放过他的本意。

016. 人情，天下古今所同。圣人防其肆，特为之立中以的之。故立法不可太激，制礼不可太严，责人不可太尽，然后可以同归于道。不然，是驱之使畔也。

【译文】

在人情世故方面，古今都是相同的。圣人为了防止人们太过放肆，就特意确立了个中正来作为标准。所以立法不能过于偏激，礼数不能太过严厉，责备别人不能太苛刻，这样，才可以使民众听从。否则，就有可能驱使民众离经叛道。

017. 我益智，人益愚；我益巧，人益拙。何者？相去之远而相责之深也。唯有道者，智能谅人之愚，巧能容人之拙，知分量不相及而人各有能不能也。

【译文】

我越是有智慧，显得他人越愚蠢；我越是灵巧，显得他人越笨拙。为什么呢？相差太远而责

望太深的缘故。只有道德修养高的人，自己有智慧却能体谅他人的愚蠢，自己灵巧却能容忍他人的笨拙。因为他们知道每个人的天分力量各不相同，而每个人又各有所长各有所短。

018．天下之事，只定了便无事。物无定主而争，言无定见而争，事无定体而争。

【译文】

天下的事，只要确定下来了就不会再出什么事了。万物由于没有固定的归属而使人争夺，言谈由于没有固定的见解而使人争论，事情由于没有固定的体制而使人争辩。

019．观一叶而知树之死生，观一面而知人之病否，观一言而知识之是非，观一事而知心之邪正。

【译文】

观察一片树叶就可以知道一棵树是死还是生，观察一个人的面色就可以知道这个人是否有病，听一个人讲的一句话就可以知道这个人的认识是否正确，看一个人所做的一件事就可以知道这个人的心术是邪还是正。

020．论理要精详，论事要剀切，论人须带二三分浑厚。若切中人情，人必难堪，故君子不尽人之情，不尽人之过。非直远祸，亦以留人掩饰之路，触人悔悟之机，养人体面之余，亦天地涵蓄之气也。

【译文】

论理要精辟详尽，论事要跟事理相合，论人要带有二三分浑厚之心。如果说中了内心的真情，他人必定难堪。所以君子不会把他人的内情完全说穿，不会尽数他人的过失。这不只是为了远离祸患，也是为了给他人留下掩饰的余地，触发他人的悔悟之心，维护他人做人的体面，这也是天地涵养蓄积万物的气量。

021. 凡有横逆来侵，先思所以取之之故，即思所以处之之法，不可便动气。两个动气，一对小人，一般受祸。

【译文】

每当有横暴的行为来侵犯时，先要想想招惹这种横暴行为的原因，然后再思考处理的办法，切不可立刻就生气发怒。如果双方都动气，那两个就都是小人，都一样会遭受祸患。

022. 喜奉承是个愚障。彼之甘言、卑辞、隆礼、过情，冀得其所欲，而免其可罪也。而我喜之、感之，遂其不当得之欲，而免其不可已之罪。以自蹈于废公党恶之大咎，以自犯于难事易悦之小人。是奉承人者智巧，而喜奉承者愚也。乃以为相沿旧规，责望于贤者，遂以不奉承恨之，甚者罗织而害之，其获罪国法圣训深矣。此居要路者之大戒也。虽然，奉承人者未尝不愚也，使其所奉承而小人也则可，果君子也，彼未尝不以此观人品也。

【译文】

喜欢被人奉承是愚蠢的障碍。他的甜言蜜语、谦卑的说法、隆重的礼节、过分亲密的感情，是希望得到他想得到的东西而免去他可能受到的责罚。而我却喜欢这些、为之感动，满足他不该得到的欲望，免去他不可饶恕的罪过，使自己犯下败坏原则偏袒恶人的大错，使自己成为不会处事容易被讨好的小人。这是奉承人的聪明，也是喜欢被奉承的人的愚蠢之处。还要以这种沿袭下来的旧习俗来责备和怨恨贤明的人，因为对方不奉承就怨恨他，甚至编造罪名来陷害他，这样做，是深深地违背国家的法律、圣人的教诲的罪恶之行。这一点是身居要位的人应该引以为戒的。虽然如此，奉承人的人也未尝不是愚蠢的，如果他奉承的对象是小人还好，如果恰好碰上的是个正人君子，君子未尝不会从你的奉承中看出你的人品来。

23. 疑心最害事。二则疑，不二则不疑。然则圣人无疑乎？曰：圣人只认得一个理，因理以思，因理以行，何疑之有？贤人有疑，惑于理也；众人多疑，惑于情也。或曰：不疑而为人所欺，奈何？曰：学到不疑时自然能先觉，况不疑之学，至诚之学也，狡伪亦不忍欺矣。

【译文】

疑心最能坏事。有模棱两可的情况就会产生怀疑，没有模棱两可的情况就不会产生怀疑。然而圣人就不会有疑心吗？回答说：圣人只认得一个理，用理来思考，按理来行动，又有什么可怀疑的呢？贤人有疑心，是在道理方面有疑惑；普通人有疑心，是在感情方面有疑惑。有人说：如果不怀疑有可能会被人欺骗，该怎么办呢？回答说：学习到了不产生怀疑的时候，自然就能事先发现别人是否在欺骗你，况且学会了不怀疑的学问，就是至诚的学问，即使是狡猾虚伪的人也不忍心欺骗你了。

024. 以时势低昂理者，众人也；以理低昂时势者，贤人也；推理是视，无所低昂者，圣人也。

【译文】

因时势的变化而对理进行褒贬，这是普通人的做法；以理来判断时势的好坏，这是贤人的做法；只看道理而没有任何褒贬，这是圣人的做法。

025. 凡听言，先要知言者人品，又要知言者意向，又要知言者识见，又要知言者气质，则听不爽矣。

【译文】

凡是听别人讲话，先要了解这个人的人品，又要知道他说话的意图，要知道他的见识，还要知道他的气质涵养，这样听别人讲话就不会有什么差错了。

026. 不须犯一口说，不须着一意念，只恁真真诚诚行将去，久则自有不言之信，默成之孚，薰之善良，遍为尔德者矣。碱蓬生于碱地，燃之可碱；盐蓬生于盐地，燃之可盐。

【译文】

不用说任何话，不必有任何念头，只要认认真真、诚心诚意地做下去，时间长了，自然能不说话就可以取得别人的信任，树立自己的信誉。诚实在不言不语中形成，用善良的美德来感化熏陶别人，人们就会普遍具有善良的美德。碱蓬生长在碱地，燃烧后就可以生成碱；盐蓬生长在盐地，燃烧后就可以生成盐。所说的就是这个道理。

027. 世人相与，非面上则口中也。人之心固不能掩于面与口，而不可测者，则不尽于面与口也。故惟人心最可畏，人心最不可知，此天下之陷阱，而古今生死之衢也。余有一拙法，推之以至诚，施之以至厚，持之以至慎，远是非，让利名，处后下，则夷狄鸟兽可骨肉而腹心矣。将令深者且倾心，险者且化德，而何陷阱之予及哉？不然，必予道之未尽也。

【译文】

世界之中，人与人相处，不是表现在脸上就是表现在语言上。人的内心固然不能被表情和语言所掩饰，但深不可测的也不能完全显现在表情和语言啊。所以说，人的内心是最可怕的，人的内心是最不可知的，它是天下的陷阱，是自古至今多少人的生死关口。我有一个笨方法：用至诚之心待人，用至厚之情待人，用谨慎之心待人，远离是非，谦让名利，甘于处在低下和落后的地位，这样的话，即使是异族人和鸟兽也可以变成骨肉之亲和心腹之人了。使城府深的人能真心相处，让险恶的人被道德感化，还有什么陷阱等着我呢？如果不能这样，是因为我的修养不够高未曾达到完善的境界。

028. 处世只一"恕"字，可谓以己及人，视人犹己矣。然有不足以尽者。天下之事，有己所不欲而人欲者，有己所欲而人不欲者，这里还须理会，有无限妙处。

【译文】

为人处世讲究一个"恕"字，就是所谓的推己及人，站在对方的角度去想事情，看待别人如同自己。但是还有"恕"不能发挥作用的地方。天下的事，有自己不想要而别人想要的，有自己想要而别人不想要的。这些还需要慢慢体会，自有无限的妙处。

029. 君子与小人共事必败，君子与君子共事亦未必无败，何者？意见不同也。今有仁者、义者、礼者、智者、信者五人焉，而共一事，五相济则事无不成，五有主则事无不败。仁者欲宽，义者欲严，智者欲巧，信者欲实，礼者欲文。事胡以成？此无他，自是之心胜，而相持之势均也。历观往事，每有以意见相争至亡人国家，酿成祸变而不顾，君子之罪大矣哉！然则何如？曰："势不可均，势均则不相下，势均则无忌惮而行其胸臆。三军之事，卒伍献计，偏裨谋事，主将断一，何意见之敢争？然则善天下之事，亦在乎通者当权而已。"

【译文】

　　君子与小人共事必然会失败，而君子与君子共事也未必就不会失败，这是为什么呢？因为意见不同的缘故。现在有仁者、义者、礼者、智者、信者这样五个人，他们五个人共同办一件事，如果五个人相互帮助，那么事情没有办不成的；如果五个人各有自己的主张，那么事情就没有不失败的。仁者想宽，义者想严，智者想巧，信者想实，礼者想文饰，事情怎么能办得好呢？这其中的原因没有别的，只是因为都强烈认为自己是正确的，而又势均力敌的缘故。分析一下古代的事，每次都因为意见不同而导致国破家亡，酿成祸变而不顾的，君子有很大的罪啊！那应该怎么办才好呢？我认为："势力不可以均衡，势力均衡就会不相上下，势力均衡就会肆无忌惮地实行心中的想法。军队中的事情，士兵献计，偏将副将谋划策略，主将最后做出决断，哪敢再提出意见争论呢？既然这样，要想治理好天下，也就在于让通达事理的人掌权罢了。"

　　030. 处天下事，只消得"安详"二字，虽兵贵神速，也须从

此二字做出。然安详非迟缓之谓也，从容详审，养奋发于凝定之中耳。是故不闲则不忙，不逸则不劳。若先怠缓，则后必急躁，是事之殃也。十行九悔，岂得谓之安详？

【译文】

处理天下的事，只需要"安详"二字。即使兵贵神速，也需要从这两个字做起。但安详不是迟缓的意思，而是从容镇定、精详周密的审查，在凝定之中养护奋发的精神的意思。因此，不安闲就不会忙碌，不安逸就不会劳累。如果先懈怠迟缓，那么以后必定焦急浮躁，这是事情成功的祸殃。十次行动九次都会后悔，怎么能叫作安详呢？

031. 果决人似忙，心中常有余闲；因循人似闲，心中常有余累。君子应事接物，常赢得心中有从容闲暇时便好。若应酬时劳扰，不应酬时牵挂，极是吃累底。

【译文】

果断的人看起来忙碌，实际上内心却有余暇和空闲。迟延拖拉的人看起来悠闲，实际上却很劳累。君子待人处世，能做到胸中从容闲暇就好，否则就会吃苦受累。如果应酬时疲劳不堪，不应酬时又牵挂不已，是非常累的。

032. 为善而偏于所向，亦是病。圣人之为善，度德量力，审势顺时，且如发棠不劝，非忍万民之死也，时势不可也。若认煞民穷可悲，而枉己徇人，便是欲矣。

【译文】

做善事而偏袒于自己喜欢的一方，这也是一种毛病。圣人做善事，总是会量力而行，审时度势，比如孟子不再劝齐王发放棠邑这个地方的粮仓去救济平民百姓，这样做并不是忍心让老百姓饿死，而是时势不允许他这样做。如果固执地认定老百姓穷困是非常可怜的，就委屈自己答应别人的要求，这就成了个人私欲了。

033. 圣人处事，有变易无方底，有执极不变底，有一事而所处不同底，有殊事而所处一致底，惟其可而已。自古圣人，适当其可者，尧、舜、禹、文、周、孔数圣人而已。当可而又无迹，此之谓至圣。

【译文】

圣人处理事情，有容易变化没有方略的，有执着不变的，有对于同一件事的处理方法不同的，有对于不同的事而处理方法是相同的，总之，只要行得通就可以了。自古以来圣人能够做到恰如其分的，只有尧、舜、禹、周文王、周公、孔子等几位圣人而已。能够把事情做得恰到好处而又不露痕迹，这样的人就是至圣了。

034. 昧者知其一而不知其二，见其所见而不见其所不见，故于事鲜克有济。惟智者能柔能刚，能圆能方，能存能亡，能显能藏。举世惧且疑，而彼确然为之，卒如所料者，见先定也。

【译文】

昏聩愚昧的人只知其一而不知其二，只知道自己能够看到的，而不知道还有许多自己看不到的事物，所以他们做事情很少有获得成功的。只有智慧的人能柔能刚、能圆能方、能存能亡、能显能藏。所有的人都感到恐惧而又怀疑的事情，而他们却认为是正确的，而最终果然和他预料的一样，这是有先见之明。

035. 字到不择笔处，文到不修句处，话到不检口处，事到不苦心处，皆谓之自得。自得者，与天遇。

【译文】

写字到了不择笔的程度，写文章到了不需要修饰句子的程度，说话到了不用想就能说的程度，做事到了不须煞费苦心就可以办好的程度，这都叫作自得。自得，就是达到了与天合一的程度。

036. 非谋之难，而断之难也。谋者尽事物之理，达时势之宜，意见所到，不患其不精也。然众精集而两可，断斯难矣。故谋者较尺寸，断者较毫厘；谋者见一方至尽，断者会八方取中。故贤者皆可与谋，而断非圣人不能也。

【译文】

谋划并不困难，而决断却不是一件容易的事。谋划的人能穷尽事物的各种道理，分析事情是否适合时宜，因而他的意见是非常精细

的。然而，把众多精细的意见汇集在一起，就会模棱两可、难以决断。所以说谋划的人计较尺寸，决断的人计较毫厘；谋划的人对一方面的情况考虑得很详尽，决断的人在听取各方面的意见后从中做出正确的决断。因此，贤人都可以参与谋划，而决断非圣人不可。

037. 人情不便处，便要回避。彼虽难于言，而心厌苦之，此慧者之所必觉也。是以君子体

悉人情。悉者，委曲周至之谓也。恤其私、济其愿、成其名、泯其迹，体悉之至也，感人沦于心骨矣。故察言观色者，学之粗也；达情会意者，学之精也。

【译文】

人之常情不便于让人知道的地方就要回避。对方虽然不便说出口，但是心中却很苦恼，有智慧的人对这点是必须觉察到的。因此君子体悉人情。悉，就是委屈周全的意思。顾虑到他的私心，帮助他实现心愿，使他成名，并且不留痕迹，这就是体悉到了极点，而能让人刻骨铭心地感动了。因此说察言观色是初等的学问，达情会意才是精深的学问。

038. 天下事只怕认不真，故依违观望，看人言为行止。认得真时，则有不敢从之君亲，更那管一国非之，天下非之。若做事先怕人议论，做到中间，一被谤诽，消然中止，这不止无定力，且是无定见。民各有心，岂得人人识见与我相同？民心至愚，岂得人人意思与我相信？是以做事，君子要见事后功业，休恤事前议论，事成后众论自息。即万一不成，而我所为者，合下便是当为也，论不得成败。

【译文】

天下的事只怕不认真对待，所以才会产生观望的情绪，看别人的言论来行事。如果认识对待，就算是对于君王和父母的命令也可不从，更不会理会国人的非议，甚至是天下人的非议。如果做什么事都先去害怕别人的议论，做到了一半，一旦被人谤议，就会慢慢停止自己的行动，这不仅是没有定力的表现，更是没有主见的表现。每个人都有自己的想法，每个人哪里会都跟我有一样的想法呢？民众的思想是很愚钝的，怎么可能要求每个人都相信我所说的呢？所以做事情时，君子要看到事情完成以后的功业，不要去理会做事之前人们的议论，事情取得成功以后众人的议论自然就会停息。即便是万一事情没有取得成功，而我所做的，原本也全都是应当作的，是不能用成败来评论的。

039. 士君子在朝则论政，在野则论俗，在庙则论祭礼，在丧则论丧礼，在边圉则论战守。非其地也，谓之羡谈。

【译文】

在朝廷士君子就谈论政治，在民间就谈论世间风俗，在庙堂就谈论祭祀的礼仪，在置办丧事时就谈论丧礼，在边境就谈论战斗攻防。如果是在不适合的地方谈论这些事，就是在说多余的话。

040. 处天下事，前面常长出一分，此之谓豫；后面常余出一分，此之谓裕。如此则事无不济，而心有余乐。若扣杀分数做去，必有后悔处。人亦然，施在我，有余之恩则可以广德；留在人，不尽之情则可以全好。

【译文】

处理天下的事，在事前要尽可能地考虑周全一些，这就叫作未雨绸缪；在事后要经常留有可以回旋的余地，这就叫作应对裕如。如果这样办事的话，事情就没有不成功的，而且心中也会很快乐。假如分寸没有把握好，就必然会有后悔的时候。做人也是这个道理，施舍恩惠的权力掌握在我的手中，留有余地就可以广施恩德；恩情施加到别人身上，他们的感激不尽之情则可以使双方维持长久的友好感情。

041. 非首任，非独任，不可为祸福先，福始祸端，皆危道也。士君子当大事时，先人而任，当知"慎果"二字；从人而行，当知"明哲"二字。明哲非避难也，无裨于事，而只自没耳。

【译文】

不是首当其冲，也不是一个人独揽，不用首先考虑是福是祸，福祸的开始，都是危险的。士君子面对大事的时候，首先担当，应该知道"慎果"这两个字；跟随着别人去做，应该知道"明哲"这两个字。明哲不是为了避难，假如不知道明哲保身，不但对事情没有好处，反而会害了自己。

042. 君子处事，主之以镇静有主之心，运之以圆活不拘之用，养之以从容敦大之度，循之以推行有渐之序，待之以序尽必至之效，又未尝有心勤效远之悔。今人临事，才去安排，又不耐踌肠，草率含糊，与事拂乱，岂无幸成？竟不成个处事之道。

【译文】

君子做事情，要镇定有主见，要运用灵活的手段，修养从容敦厚宽大的气度，遵守循序渐进的次序，等待必然会得到的成效，但又不会产生因为心劳力拙而见效太慢而后悔。现在的人总是要事到临头了才去安排，又没有耐心从容等待，做起事来又草率含糊，事情混乱没有一定的次序，难道没有侥幸成功的吗？即使有，也不是处事的办法啊。

043. 君子与人共事，当公人己而不私。苟事之成，不必功之出自我也；不幸而败，不必咎

之归诸人也。

【译文】

君子与他人一起共事时，应公正地对待自己和他人而不应有私心。如果事情办成了，不要把功劳归于自己；如果不幸失败了，也不要把责任推给他人。

044．有当然、有自然、有偶然。君子尽其当然，听其自然，而不感于偶然。小人泥于偶然，拂其自然，而弃其当然。噫！偶然不可得，并其当然者失之，可哀也。

【译文】

世上的事情，有理所当然的，有自然而然的，有偶然发生的。君子做事，应尽力去做理所当然的事，听其自然而然的事发展，而不被偶然出现的事迷惑；小人拘泥于偶然出现的事，违背自然而然的事，抛弃理所当然做的事。唉！结果偶然出现的没能得到，理所当然得到的也被丢掉了，这真是可悲！

045．不为外撼，不以物移，而后可以任天下之大事。彼悦之则悦，怒之则怒，浅衷狭量，粗心浮气，妇人孺子能笑之，而欲有所树立，难矣。何也？其所以待用者无具也。

【译文】

不因外界的影响而动摇心志，不为外物的诱惑而改变节操，这才可以担当天下的大任，干一番大的事业。见到别人高兴就高兴，见到别人发怒就发怒，内心浅薄，气量狭窄，粗心随意，心浮气躁，妇女小孩都会嘲笑他，这种人要想在事业上有所建树是很难的。为什么呢？就是因为他们不具备干大事业的素质。

046. 水之流行也，碍于刚，则求通于柔；智者之于事也，碍于此，则求通于彼。执碍以求通，则愚之甚也，徒劳而事不济。

【译文】

水在流动的时候，遇到坚硬物体的阻碍就会在松软的地方通过；有智慧的人做事，在这方面碰到阻碍就会设法从别的方面下手。执守障碍以求得畅通，是非常愚蠢的，其结果只能是徒劳无功，难以成事。

047. 计天下大事，只在要紧处一着留心用力，别个都顾不得。譬之弈棋，只在输赢上留心，一马一卒之失浑不放在心下。若观者以此预计其高低，奕者以此预乱其心目，便不济事。况善筹者以与为取，以丧为得；善弈者饵之使吞，诱之使进，此岂寻常识见所能策哉？乃见其小失而遽沮挠之，摈斥之，英雄豪杰可为窃笑矣，可为恸惋矣。

【译文】

考虑天下的大事，只需在紧要处专心用力就可以了，别的都不要管。譬如下棋，只在输赢上留心，丢失一马一卒都不要放在心上。如果观棋的人用一马一卒的损失来预计胜负，下棋的人因他的预计而扰乱了心目便不会赢。何况善于筹划的人把给予当作获取，把丧失当作得到；善于棋道的人下了诱饵等对方上钩，引诱其前进，这岂能是一般见识所能策划的呢？如果因遭到小的失败就马上予以阻挠、抛弃，英雄豪杰可能会因此私下嘲笑，因此哀恸惋惜啊！

048. 智者之于事，有言之而不行者，有所言非所行者；有先言而后行者，有先行而后言者；有行之既成而始终不言其故者。要亦为国家深远之虑，而求以必济而已。

智慧的人做事，有只说而不做的，有说和做不一致的；有先说而后做的，有先做而后说的；有已经做完而始终不说其原因的。总的来说，都是为国家深谋远虑，希望成功罢了。

049. 善用力者就力，善用势者就势，善用智者就智，善用财者就财，夫是之谓乘。乘者，知几之谓也。失其所乘，则倍劳而力不就；得其所乘，则与物无忤，于我无困，而天下享其利。

【译文】

善于用力的就靠力气，善于用势的就多顺势，善于用智的就多用智慧，善于用财的就趋向于用财，这就是所谓的乘。乘，就是能预知事物。失去了所乘的东西，就会加倍费力却不能获得成功；借助自己擅长的东西，就不会与事物相违背，对自己来说也没有什么困难，而天下人都能够从中得到利益。

050. 凡酌量天下大事，全要个融通周密，忧深虑远。营室者之正方面也，远视近视，曰有近视正而远视不正者；较长较短，曰有准于短而不准于长者；应上应下，曰有合于上而不合于下者；顾左顾右，曰有协于左而不协于右者。既而远近长短上下左右之皆宜也，然后执绳墨、运木石、鸠器用，以定万世不拔之基。今之处天下事者，粗心浮

气，浅见薄识，得其一方而固执以求胜。以此图久之大业，为治安之
计难矣。

【译文】

凡考虑天下的大事，一定要融通周密、深谋远虑。这就像建造房
子的人测量房子位置正不正一样，要从远处看看，再从近处看看，这是
因为有的从近处看是正的而从远处看就不正了；准确测量东西的长短，
是因为有的短一点儿就合适而长一点儿就不合适了；观察一下是该上
还是该下，是因为有的适合于向上而不适合于向下；看看左看看右，是
因为有往左一点儿就协调往右一点儿就不协调的。这样做了以后，远
近长短上下左右都合适了，然后拿起绳墨、运来木石、准备器具，打下
坚固的地基。现在的人处理天下大事，心浮气躁，见识短浅，只认识到
一个方面就固执地想取得成功。用这样的办法想成就宏图大业，使国
家长治久安，是很难成功的。

051. 君子之处事有真见矣，不遽行也，又验众见，察众情，协诸
理而协，协诸众情、众见而协，则断以必行。果理当然，而众情、众
见之不协也，又委曲以行吾理，既不贬理，又不骇人，此之谓理术。
噫！惟圣人者能之，猎较之类是也。

【译文】

君子处理事情时即使有真知灼见，也不会立即去做，要看众人
的意见，体察众人的情绪，理顺各种事理，理顺众人的情绪和见解，
然后才可以决定付诸实际行动。果真是理应去做的，但众人的情绪
和众人的见解还没有协调，就要委婉地按照自己认定的道理去做。
这样既不贬低自己的见解，又不使人们感到惊讶，这就叫作理术。
噫！只有圣人才能这样，道理与打猎大体类同。

052. 疏于料事，而拙于谋身，明哲者之所惧也。

【译文】

预料事情疏漏而不周详，又不善于为自身谋划，这是明哲的人所畏惧的。

053. 姑息依恋，是处人大病痛，当义处，虽处骨肉，亦要果断。鲁莽径直，是处事大病痛，当紧要处，虽细微亦要检点。

【译文】

无原则地宽容和恋恋不舍，是与人相处时的大缺点。在大义面前，即使是骨肉亲情也要果断行事。鲁莽轻率、直来直去，是处理事情的大缺点。在紧要关头，即使是很细小的事也要加以检点。

054. 正直之人，能任天下之事，其才其守，小事自可见。若说小事且放过，大事到手才见担当，这便是饰说，到大事定然也放过了。松柏生，小便直，未有始曲而终直者也。若用权变时，另有较量，又是一副当说话。

【译文】

正直的人能担当天下的大事。他的才能、操守在小事上就会表现出来。如果说小事暂且放过，面临大事时才见胆识，这便是虚假的话，这样的人遇到大事时必然承担不了。松柏还是小树时就是直的，没有开始弯曲而最终挺直的。如果是运用权变之术，那得用别的标准来衡量，就另当别论了。

055. 无损损，无益益，无通通，无塞塞，此调天地之道，理人物之宜也。然人君自奉无嫌于损损，于百姓无嫌于益益；君子扩理路无嫌于通通，杜欲窦无嫌于塞塞。

【译文】

　　不要在减少的情况下再减少，不要在增加的基础上再增加，不要在通畅时再加通畅，不要在堵塞时再增加堵塞，这是协调天地的办法，为人处世也应这样。但是国家的君主对自己的日常供应不要怕减少再减少，对百姓的利益不要怕增加再增加；君子扩充道路不要怕通了又通，杜绝欲望不要怕堵了再堵。

　　056．事物之理有定，而人情意见千歧万径。吾得其定者而行之，即形迹可疑，心事难白，亦付之无可奈何。若惴惴畏讥，琐琐自明，岂能家置一喙哉？且人不我信，辩之何益？人若我信，何事于辩？若事有关涉，则不当以缄默妨大计。

【译文】

　　事物的发展是有规律的，而且每个人的想法也。我按照一定的道理去做事，即使形迹可疑，心思难以表白，也没有办法。如果老是怕别人说闲话，总想为自己辩白，怎么能到每家都说一通呢？何况如果别人不相信我，自我辩解又有什么用呢？如果别人相信我，哪里又用得着自我辩解呢？但如果事情会涉及到别人，就不应当保持沉默以免耽误了大事。

057. 处人、处己、处事，都要有余，无余便无救性，此里甚难言。

【译文】

对人、对己、对事，都要留有余地，不留余地就难以补救，这个道理很难说得清楚明白。

058. 悔前莫如慎始，悔后莫如改图，徒悔无益也。

【译文】

与其对前面所做的事后悔，不如在开始做的时候就采取慎重的态度；与其事后后悔，不如改变做法以求进展。仅仅是后悔什么用处也没有。

059. 居乡而囿于数十里之见，径径然守之也，百攻不破。及游大都，见千里之事，茫然自失矣。居今而囿于千万人主见，径径然守之也，百攻不破。及观《坟》、《典》。见千万年之事，茫然自失矣。是故囿见不可狃，狃则狭，狭则不足以善天下之事。

【译文】

居住在乡间的人，他的见识局限在几十里以内，然而却固执地坚守着，怎么也攻不破。一来到大都市，眼界大开，见到千里之外的事情，不免一片茫然，若有所失。而今人们的见识被从众心理所局限，顽固地保守着一些陈腐的见识，怎么也攻不破；一看古籍上的记载，了解到千万年来发生的事情，不免茫茫自失。因此见识有限，就不能自以为是，自以为是就会使心胸狭窄，心胸狭窄了，就不能将天下的事情做好。

060. 天下之祸，多隐成而卒至，或偶激而遂成。隐成者贵预防，偶激者贵坚忍。

【译文】

天下的灾祸，大多是暗中滋长而突然发作的，或者是由于偶然的刺激突然爆发的。对于暗中滋长的祸事贵在平时的预防，对于偶然激发的祸事贵在意志的坚忍。

061．当事有四要：际畔要果决，怕是绵；执持要坚耐，怕是脆；机括要深沉，怕是浅；应变要机警，怕是迟。

【译文】

做事时要做到四要：关键时要果断，怕的是拖沓；做时要坚韧，怕的是脆弱；心机要深沉，怕的是浅薄；应变要机警，怕的是迟疑。

062．君子动人事，十利而无一害，其举之也必矣。然天下无十利之事，不得已而权其分数之多寡，利七而害三，则吾全其利而防其害，又较其事势之轻重。亦有九害而一利者，为之，所利重而所害轻也，所利急而所害缓也，所利难得而所害可救也，所利久远而所害一时也。此不可与浅见薄识者道。

【译文】

君子干大事，如果有十利而无一害，他必然决定干。然而天下无十利之事，不得已只好权衡利害的多少，如果利占七分害占三分，那么我就尽力地保全其利而防备其害。还要通过比较事情形势的轻重，即使有九害而只有一利，也要干的。所以要干，是因为利比较重，而害比较轻；利能很快得到，而害发生得缓慢；利难以得到，而害还可以挽救；利能延续久远，而害只是暂时的。这些都不能和见识浅薄的人述说。

063. 当需莫厌久，久时与得时相邻。若愤其久也而决绝之，是不能忍于斯须而甘弃前劳，坐失后得也。此从事者之人戒也。若看得事体审，便不必需，即需之久，亦当速去。

【译文】

凡是值得去做的事就不要怕花费长久的工夫，时间长了自然就离成功不远了。如果因为厌烦时间用得久而不去做，这是不能忍受一会儿的工夫从而甘愿前功尽弃，白白失去了后来即将得到的东西。这是干大事的人应该引以为戒的。如果看清了事物本身，不一定非做不可，即便需要很长的时间，也应当马上就放弃。

064. 天下之祸非偶然而成也，有辏合，有搏激，有积渐。辏合者，杂而不可解，在天为风雨雷电，在身为多过，在人为朋奸，在事为众恶遭会，在病为风寒暑湿，合而成痹。搏激者，勇而不可御，在天为迅雷大雹，在身为忿狠，在人为横逆卒加，在事为骤感成凶，在病为中寒暴厥。积渐者，极重而不可反，在天为寒暑之序，在身为罪恶贯盈，在人为包藏待逞，在事为人敝极坏，在病为血气衰赢、痰火蕴郁，奄奄不可支。此三成者，理势之自然，天地万物皆不能外。祸福之来，恒必由之。故君子为善则籍众美，而防错履之多，奋志节而戒一朝之怒，体道以终身，孜孜不倦，而绝不可长之欲。

【译文】

天下的所有祸事的形成都不是偶然的，有各种原因聚集凑合形成的，有突然爆发的，有逐渐积累而成的。各种原因聚集凑合而成的，原因复杂，没有办法解释，天上风雨雷电的形成，在自身就表现为许多过失，在人与人之间就是朋比为奸，在事情上就会表现为各种邪恶都聚集在一起，在病痛上就表现为风寒湿暑，集合而形成了瘫痹之症。突然爆发而成的，来势凶猛，不可阻挡，在自然之中就表现为迅雷大风冰雹，在自身就表现为暴戾愤恨，在人与人之间就表现为突然飞来的横祸，在事情上就表现为骤然发生的凶事，在疾病上就表现为中暑受寒突然昏厥。逐渐积累而成的，天长日久，积重难返，在自然中表现为寒暑四季的更替，在自身表现为恶贯满盈，在人与人之间表现为包藏祸心等待得逞，在事情上表现为极大的弊病，在病痛中表现为血气衰弱、痰火蕴积，奄奄待毙。以上三方面，都是道理和形势发展的必然结果，天地万物都不例外。祸福的到来，都是这些原因造成的。因此君子为善就应该多做好事，来防止犯错过多，振奋志向和节操，戒掉一时的冲动，用一生来体会其中的道理，孜孜不倦地学习，一定要杜绝那些不可滋长的欲望。

065. 在我有余，则足以当天下之感；以不足当感，未有不困者。识有余，理感而即透；才有余，事感而即办；力有余，任感而即胜：气有余，变感而不震；身有余，内外感而不病。

【译文】

自身留有余地，就足以应对天下之事，而以不足来应对天下之事，没有不困厄的。识见有余，遇理即透彻明白；才能有余，遇事能办好；力量有余，任事能成；气概有余，遇到变化也不会震惊；健康有余，遇内外环境变化也不会生病。

066. 语之不从，争之愈劢，名之乃惊。不语不争，无所事名，忽忽冥冥，吾事已成，彼亦

懵懵。昔人谓不动声色而措天下于泰山，予以为动声色则不能措天下于泰山矣。故曰："默而成之，不言而信，存乎德行。"

【译文】

在言语上别人不听从自己，就会争论得越来越激烈，如果最后定一个事名，对方才会感到惊慌。不讲话也不争论，不贪图名声，不动声色的，自己的事情已经办成了，而别人还不知道是怎么回事。过去人们说，不动声色就把天下治理得如泰山一样的安定。我认为动声色就不能把天下治理得如泰山般安定。所以说："在静默之中就把事情做成，不说话就能够使人们信服，这都存在于自身的德行之中。"

067．天下之事，在意外者常多。众人见得眼前无事，都放下心，明哲之士只在意外做工夫，故每万全而无后忧。

【译文】

天下之事出于意料之外的很多。普通人见眼前无事就放心了，而明哲之士却注重在防止意外上下功夫，所以他们做事常常万无一失而没有后顾之忧。

068．不以外至者为荣辱，极有受用处，然须是里面分数足始得。今人见人敬慢，辄有喜愠心，皆外重者也。此迷不破，胸中冰炭一生。

【译文】

不以从外界所得到的作为荣或辱的标准，这是非常有益的，但这需要自己内心具有相当的修养才行。现在的人，见到别人对自己恭敬或傲慢，心里就产生欢喜或恼怒，这都是看重来自外界的荣辱。不破除这种迷惑，一生心里都不会好受。

069. 才犹兵也，用之伐罪吊民，则为仁义之师；用之暴寡凌弱，则为劫夺之盗。是故君子非无才之患，患不善用才耳。故唯有德者能用才。

【译文】

运用才能和用兵打仗一样，如果用它讨伐罪恶，慰问百姓，就是仁义之师；用它欺侮弱小，就是打劫的强盗。所以君子不怕没有才能，只怕自己不善于运用才能。因此只有有德行的人才善于运用自身的才能。

070. 今人见前辈先达作事，不自振拔，辄生叹恨，不知渠当我时也会叹恨人否？我当渠时能免后人叹恨否？事不到手，责人尽易，待君到手时，事事努力，不轻放过便好。只任哓哓责人，他日纵无可叹恨，今日亦浮薄子也。

【译文】

现在人只看到前辈先达所做的事业，不是发奋努力，而是恨生不逢时，不知他们处于我这样的境地时是否也会叹恨他人？我处于他们的时代能否免于后人的叹恨呢？自己没有接手某件事情的时候，要求别人怎么做很容易，等到自己遇到了这样的事，就应该竭尽全力，不要轻易放过才好。如果只知道喋喋不休地责

备别人，即便将来没有让人叹恨的地方，今天也是个浅薄的人。

071. 两君子无争，相让故也；一君子一小人无争，有容故也。争者，两小人也。有识者奈何自处于小人，即得之未必荣，而况无益于得以博小人之名，又小人而愚者。

【译文】

两位君子之间不会互相争夺，这是因为他们互相谦让的缘故。一个君子一个小人之间也不会互相争夺，这是因为君子宽容大度的缘故。相互争夺的只会是两个小人。有见识的人怎能把自己置于小人的境地，即使得到了自己想要的也未必光荣，况且对取得个人的小小名声也是不会有帮助的，这又是小人中极为愚蠢的人。

072. 方严是处人大病痛。圣贤处世离一温厚不得，故曰"泛爱众"，曰"和而不同"，曰"和而不流"，曰"群而不党"，曰"周而不比"，曰"爱人"，曰"慈样"，曰"岂弟"，曰"乐只"，曰"亲民"，曰"容众"，曰"万物一体"，曰"天下一家，中国一人"。只恁踽踽凉凉，冷落难亲，便是世上一个碍物。即使持正守方，独立不苟，亦非用世之才，只是一节狷介之士耳。

【译文】

方正严肃是与人相处的大毛病，圣贤处世离不开"温厚"这两个字，所以《论语·学而》说对人民要有博爱，《论语·子路》说和谐但不相同，《中庸》说和睦相处而不同流合污，《论语·卫灵公》说合群而不拉帮结派，《论语·为政》说广泛团结而不偏袒，又说要爱他人，又说要慈祥，《诗经·小雅·青蝇》说要和乐平易，《诗经·周南·樛木》说要快乐，又说要亲民，要对人宽容，又说"万物一体"，又说"天下一家，中国一人"。如果只是孤独寂寞，对人冷漠难以亲近，便是世上一个碍事的东西，即使持正守方，独立不苟，也不是对社会有用的人，而只是一个拘谨自守、难于变通的人罢了。

073. 谋天下后世事，最不可草草，当深思远虑。众人之识，天下所同也，浅昧而狃于目前。其次有众人看得一半者，其次豪杰之士与练达之人得其大概者，其次精识之人有旷世独得之见者，其次经纶措置、当时不动声色后世不能变易者，至此则精矣，尽矣，无以复加矣，此之谓大智，此之谓真才。若偶得之见，借听之言，翘能自喜而攘臂直言天下事，此老成者之所哀，而深沉者之所惧也。

【译文】

谋划天下以及世间的事，最不可草率行事，而应该深谋远虑。一般人对事物的认识大致都是相同的，愚昧浅薄而又只顾眼前的利益。其次是众人之中能看清事情一半的人。其次就是还有一些英雄豪杰之士与洞明练达之人能看清事情的大概。再其次就是对事物有独特认识的精识之人。再往后就是有能够筹划治理国家的大策的人，在当时虽没有轰轰烈烈的表现，但这些大策后世都不会改变。只有到了这种境界，才算是至精至纯，尽善尽美，无以复加了，这就叫作大智，这就叫作真才。如果是偶然得来的见识，道听途说之言，就沾沾自喜而对天下大事高谈阔论，这是老成的人感到悲哀的事、深沉的人感到可怕的事。

074. 天下事要乘势待时，譬之决痈，待其将溃，则病者不苦而痈自愈。若虺蝮毒人，虽即砭手断臂，犹迟也。

【译文】

做天下大事要及时抓住有利的形势和时机，就好像治疗恶性的脓疮一样，如果等到它将要溃烂时再下手，患者就不会感到痛苦而脓疮也自然会痊愈。但如果是被毒蛇咬伤了，即便立刻就砍断受伤的手臂，也太迟了。

075. 饭休不嚼就咽，路休不看就走，人休不择就交，话休不想就说，事休不思就做。

【译文】

吃饭时不要不咀嚼就咽下去，走路时不要不看路就走，交朋友不要不加选择就与之结交，说话不要不经过大脑就说出来，做事不要不思考就去做。

076. 两相磨荡，有皆损无俱全，特大小久近耳。利刃终日断割，必有缺折之时；砥石终日磨砻，亦有亏消之渐。故君子不欲敌人，以自全也。

【译文】

两个物体相互摩擦碰撞，双方会都受到损害，不可能双方都完好无损，只是损害有大小、时间长短的区别而已。锋利的刀刃整天切割东西，必然会有缺折的时候；磨刀石终日被摩擦，也会渐渐地亏损消耗。所以君子不想与人为敌，就是为了保全自己。

077. 见前面之千里，不若见背后之一寸。故达观非难，而反观为难；见见非难，而见不见为难。此举世之所迷，而智者之独觉也。

【译文】

与其能够看到前面千里之外的事物，不如能够看到自己背后一寸之遥的事物，所以说要做到观察别人并不难，而要做到反观自身就难了；看到能够看到的东西不难，而要看到不能看到的东西就难了。世上的人对于这一点都感到迷惑，只有智者才能体会得到。

078. 上士会意，故体人也以意，观人也亦以意。意之感人也深于骨肉，意之杀人也毒于斧钺。鸥鸟知渔父之机，会意也，可以人而不如鸥乎？至于征色发声而不观察，则又在"色斯举矣"之下。

【译文】

高明的人善于领会别人的意愿，所以按照别人的意愿体谅别人，按照别人的意愿观察别人。用心意感动人可以深入骨髓，用心意杀人就比大刀斧子还要狠毒。海鸥能知道渔夫的杀机，是领会了渔夫的意思，人怎么会还不如海鸥呢？至于对表现出来的迹象、颜色、声音、言论不注意观察，就又不如《论语·乡党》所说的"看到人的脸色不善就振翅飞走的鸟"聪明了。

079. 士君子要任天下国家事，先把本身除外。所以说"策名委质"，言自策名之后，身已非我有矣，况富贵乎？若营营于富贵身家，却是社稷苍生委质于我也，君之贼臣乎？天之僇民乎？

【译文】

士君子要承担天下大事，就要先把自身除外，所以《左传》说，一旦你的名字登记在政府的书策上，你的身体就不属于自己了，何况是富贵呢？如果只为了自己的荣华富贵，那就是社稷苍生委身于我了，这是国君的贼臣，上天的罪人啊！

080．圣贤之量空阔，事到胸中如一叶之泛沧海。

【译文】

圣贤之人有宽阔宏大的气量，无论任何事情到了心里都像漂浮在沧海之中的一叶小舟那样渺小。

081．圣贤处天下事，委曲纡徐，不轻徇一己之情，以违天下之欲，以破天下之防。是故道有不当直，事有不必果者，此类是也。譬之行道然，循曲从远，顺其成迹，而不敢以欲速适己之便者，势不可也。若必欲简捷直遂，则两京程途，正以绳墨，破城除邑，塞河夷山，终有数百里之近矣，而人情事势不可也。是以处事要逊以出之，而学者接物怕径情直行。

【译文】

圣贤之人处理天下大事，往往采用迂回渐进的方法，不轻易滥用私情，而违背天下人的愿望，破坏天下的纲纪。因此走路有时候不一定非得走直路，办事也不一定非要取得成果，就是这个原因。比如走路，如果总是走曲折的道路而绕远，顺着前人踏出的道路走，不敢走适合自己的便捷的道路，这是形势所不允许的。如果一定要求简捷直达，那么从西京长安到东都洛阳，用绳墨直着量一量，拆毁城市，堵塞河流，夷平山脉，那就只有数百里的路程了，但这样做从人情上是根本办不到的。所以为人处世要谦逊、退让，而做学问的人待人接物怕的就是直截了当。

082．胸中无一毫欠缺，身上无一些点染，便是羲皇以上人，即在夷狄患难中，何异玉烛春台^①上？

①玉烛春台:《尔雅·释天》:"四时和谓之玉烛。"引申为君主如果有美如宝玉的德行,就可以使得四季的气候得到调和。春台,在春日登临远眺的游览胜地。

【译文】

如果心中没有一毫欠缺,身上没有点儿缺点,这便是伏羲氏以上的人,这种人即使处于夷狄或患难之中,同处于四时气候调和的境地,或春日登临游览的胜地又有什么不同?

083. 圣人掀天揭地事业只管做,只是不费力;除害去恶只管做,只是不动气;蹈险投艰只管做,只是不动心。

【译文】

圣人只管做惊天动地的事业,只是不浪费任何气力;只管做除害去恶的事,只是不动任何火气;也只管做有艰难险阻的事情,只是不动任何凡心。

084. 圣贤用刚,只够济那一件事便了;用明,只够得那件情便了,分外不剩分毫。所以作事无痕迹,甚浑厚,事既有成,而亦无议。

【译文】

圣贤使用刚毅,只要能够完成那件事就行了;使用洞明,只要明了那件事情就行了,至于分外的就不会剩下一分一毫。所以圣贤无论做什么事情都不露痕迹,非常浑厚自然,事情成功了也不会有任何异议。

085. 坐疑似之迹者，百口不能自辨；狃一见之真者，百口难夺其执。此世之通患也。惟圣虚明通变吻合人情，如人之肝肺在其腹中，既无遁情，亦无诬执。故人有感泣者，有愧服者，有欢悦者。故曰惟圣人为能通天下之志。不能如圣人，先要个虚心。

【译文】

如果处于被怀疑的境地，即使自己有一百张嘴也难以说清楚；如果只拘泥于一次看到的真实情况，有一百张嘴也难以说服他改变自己的看法。这是世人的通病。只有圣贤的能够明了变通符合人情，如同人的肝肺长在自己的腹中一般，既没有隐情，也没有诬陷固执。因此，人们有为之感动流泪的人，心服口服的人，快乐高兴的人。所以《周易》说"只有圣人能打通天下人的心志"。如果不能做到圣人那样，就先要做到谦虚。

086. 君子所得不同，故其所行亦异。有小人于此，仁者怜之，义者恶之，礼者处之不失体，智者处之不取祸，信者推诚以御之而不计利害，惟圣人处小人得当可之宜。

【译文】

君子的修养和德行不同，因此他们的行为也会有所不同。比如现在有一个小人在这里，仁爱的人会怜悯他，讲求道义的人会厌恶他，讲求礼法的人和他相处会不失大体，明智的人和他相处不会为自己招惹祸端，讲究诚信的人用诚心来对待他而不计较利害关系，只有圣人才会恰当地和小人相处。

087. 仕途上只应酬，无益人事，工夫占了八分，更有甚精力时候修正经职业？我尝自喜行三种方便，甚于彼我有益：不面谒人，省其疲于应接；不轻寄书，省其困于裁答；不乞求人看顾，省其难于区处。

【译文】

在官场上如果只靠应酬，对为人处世没有什么好处。应酬的功夫占去了八分，还有什么精力、时间去做正经事呢？我常常喜欢用三种方法，对于彼此都非常有好处。一是不亲自拜访人，省得别人疲于应接；二是不轻易给人写信，省得对方被回信的事所困扰；三是不乞求别人给予照顾，省得对方有为难之处。

088. 士君子终身应酬不止一事，全要将一个静定心，酌量缓急轻重为后先。若应穆箱情，处纷杂事，都是一味热忙，颠倒乱应，只此便不见存心定性之功、当事处物之法。

【译文】

士君子一生需要应酬的不只是一件事，就全靠有一个镇定的心态，要先分清事情的轻重以确定先后。如果碰到错综复杂、难以处理的事务，如果只是一味忙活，颠三倒四胡乱地应承，从这一点就看不到他有镇定情绪的能力、妥善的处理事情的方法。

089. 处天下事，先把"我"字搁起，千军万马中，先把"人"字搁起。

【译文】

处理天下大事的时候，要先把自己放在一边；身处千军万马战场时，要先把个人的性命放在一边。

090. 处毁誉，要有识有量。今之学者，尽有向上底，见世所誉而趋之，见世所毁而避之，只是识不定。闻誉我而喜，闻毁我而怒，只是量不广。真善恶在我，毁誉于我无分毫相干。

【译文】

对待别人的批评或称赞，要有见识和度量。现在做学问的人，只有向上的心思，看见别人的称赞就趋向它，看到别人的批评就躲开它，这样做只能说明他没有一定的见识。听到人家称赞我就高兴，听到人家批评我就发怒，只说明他的气量太窄。其实优点和缺点都客观存在于我的身上，别人的批评或称赞都和我没有关系。

091. 某平生只欲开口见心，不解作吞吐语。或曰："恐非'其难其慎'之义。"予矍然惊谢曰："公言甚是。但其难其慎在未言之前，心中择个是字才脱口，更不复疑，何吞吐之有？吞吐者，半明半暗，似于'开成心'三字碍。"

【译文】

我平生只想说开门见山的话，不会说吞吞吐吐的话。有人说："恐怕这不符合《尚书》所说的'要严谨要慎重'的意思。"我急忙惊讶地回答说："您说得很对。但要严谨慎重是指在没有说话之前，如果心里已经想好然后才开口，这就没有再需要怀疑的了，怎么会吞吞吐吐呢？说话吞吞吐吐的人，是因为他说话说一半藏一半，似乎对以诚相待有所损害。"

092. 接人要和中有介，处事要精中有果，认理要正中有通。

【译文】

待人接物，要温和而有原则；处理事情，要精细而又果断；认识道理要不偏不倚，而又灵活变通。

093. 天下之事，常鼓舞不见罢劳，一衰歇便难振举。是以君子提醒精神，不令昏眩；役使筋骨，不令怠惰，惧振举之难也。

【译文】

做天下大事，要一鼓作气才不会出现停息劳累，一旦衰竭了就很难再振作起来。所以君子要时刻提起精神，不要头昏眼花；要经常活动筋骨，不要松懈懒惰，这是害怕将来再振作时会很困难。

094. 听言之道，徐审为先，执不信之心与执必信之心，其失一也。惟圣人能先觉，其次莫如徐审。

【译文】

听别人说话的方法，最好先慢慢地思考，如果采用完全不信或是完全相信的态度，那所犯的错误都是一样的。只有圣人对于别人所说的话能够先知先觉，其他的人都不如先慢慢地思考审视。

095. 君子之处事也，要我就事，不令事就我；其长民也，

要我就民，不令民就我。

【译文】

君子做事，要主动去找事做，而不要等事情来找自己；君子管理民众，应该主动接近民众，而不要等民众来接近自己。

096．上智不悔，详于事先也；下愚不悔，迷于事后也。惟君子多悔。虽然，悔人事，不悔天命，悔我不悔人。我无可悔，则天也、人也，听之矣。

【译文】

智慧的人做事不会后悔，这是因为他们事先已经做好了周密的准备；特别愚蠢的人做事也不会后悔，这是因为他们即使在事后也还处于迷惑的状态。只有君子做事经常会后悔。即便如此，君子是后悔没有尽到人事而不是抱怨上天，是后悔自己做得不够好而不是抱怨别人。如果我自己没有什么可值得后悔的，无论天命也罢、别人也好，我就都只是听之任之而已。

097．某应酬时，有一大病痛，每于事前疏忽，事后点检，点检后辄悔吝；闲时慵懒，忙时迫急，迫急后辄差错。或曰："此失先后着耳。"肯把点检心放在事前，省得点检，又省得悔吝；肯把急迫心放在闲时，省得差错，又省得牵挂。大率我辈不是事累心，乃是心累心。一谨之不能，而谨无益之谨；一勤之不能，而勤无及之勤。于此心倍苦，而于事反不详焉。昏愦甚矣！书此以自让。

【译文】

我在应酬事务的时候，有一个很大的毛病，做事之前总是疏忽大意，而在事后才自我检点，检点之后就会后悔；平常的时候懒惰，到了忙的时候才知道着急，着急了就容易出现差错。有人说："这是分不清事情轻重缓急先后次序的缘故。"如果能在事前准备好，就省去了事后的检点，又省得悔恨；把着急的心思放在空闲的时候，到忙的时候省得出现差错，又省得牵肠挂肚。大体说来，我们这些人不是因为事情而累心，而是被心拖累。在应该谨慎的地方不去谨慎，却在那些毫无益处的事情上谨慎；应该勤奋的时候不勤奋，却在来不及的时候才勤奋。这样虽然加倍辛苦，做起事情来反而会不周全。这实在是昏懦得太厉害了！我记下这些用来责备自己。

098. 无谓人唯唯，遂以为是我也；无谓人默默，遂以为服我也；无谓人煦煦，遂以为爱我也；无谓人卑卑，遂以为恭我也。

【译文】

不要看到别人对自己唯唯诺诺，就以为是赞成自己；不要看到别人沉默不语，就以为是佩服自己；不要看到别人温柔可亲，就以为是热爱自己；不要看到别人谦卑恭顺，就以为是尊敬自己。

099. 我不能宁耐事，而令事如吾意，不则躁烦；我不能涵容人，而令人如吾意，不则谴怒。如是则终日无自在时矣。而事卒以偾，人卒以怨，我卒以损，此谓至愚。

【译文】

我做事没有耐心而又总想让事情合乎我的心意，不然就急躁烦恼；我不能包容别人而又总想着让别人合乎我的心意，不然就谴责发怒。如果这样的话，就会整天都没有轻松自在的时候。而事情最终会失败，人们最终也会因此而对我产生怨恨，我最终也会因此而受到损害，这就叫作最大的愚蠢。

100．有由衷之言，有由口之言；有根心之色，有浮面之色。各不同也，应之者贵审。

【译文】

有发自内心的话，也有随便说说的话；有发自内心的面貌，有只是浮在脸上的面貌。这些表现都是各不相同的，面对它们的人重在仔细观察。

101．富贵，家之灾也；才能，身之殃也；声名，谤之媒也；欢乐，悲之藉也。故惟处顺境为难，只是常有惧心，迟一步做，则免于祸。

【译文】

荣华富贵，有时候是一个家庭的灾害；才能出众，有时候会为自己带来灾祸；声誉名望，是产生诽谤的源泉；欢乐快意，有时候会产生悲哀。所以说只有处在顺境的时候是难事，只要常怀恐惧之心，什么事情都要经过深思熟虑迟一步去做，才能避免灾祸。

102．冲繁地，顽钝人，纷杂事，迟滞期，拂逆时，此中最好养火。若决裂愤激，悔不可言；耐得过时，有无限受用。

【译文】

处于繁华热闹的地方，遇到愚蠢迟钝的人物，处理纷乱繁杂的事情，碰到迟缓延滞的期限，遭遇悖逆不顺的时势，这些境况是最容易使人产生火气的。如果用十分激愤的态度去对待，最后都会后悔；如果能够忍耐过去，就会获益匪浅。

103．当繁迫事，使聋瞽人；值追逐时，骑瘦病马；对昏残烛，理烂乱丝，而能意念不躁，声色不动，亦不后事者，其才器吾诚服之矣。

【译文】

遇到繁乱紧迫的事情的时候，使用的却是又聋又瞎的人；正赶上需要奋力追逐的时候，骑的却是又瘦又弱的马；对着昏暗残留的烛光，整理坏烂繁杂的丝线，这时如果能够做到内心不烦躁，声色不动，而且不误事的人，他的才能和气量我就真心地佩服了。

104．妙处先定不得，口传不得。临事临时，相几度势，或只须色意，或只须片言，或用疾雷，或用积阴，务在当可。不必彼觉，不必人惊，却要善持善发，一错便是死生关。

【译文】

处事的好办法不能预先确定下来，不能口头散播。要临事临时，审时度势，或是只需要用眼色示意，或是只需要几句话，或用疾雷般迅速的办法，或用暗中积累的办法，务必都要适当可行。不要让对方发觉，也不要惊扰别人，但一定要妥善掌握妥善实行，这时，一旦出现错误就会事关生死。

105．养定者上交则恭而不迫，下交则泰而不忽，处亲则爱而不狎，处疏则真而不厌。

那些修养高深的人，和比自己的地位高的人交往恭敬而不窘迫，和比自己地位低的人交往安定而不忽视，和自己亲近的人相处慈爱庄重，和关系疏远的人交往就真诚而不感到厌烦。

106. 有进用，有退用；有虚用，有实用；有缓用，有骤用；有默用，有不用之用。此八用者，宰事之权也，而要之归于济义，不义，虽济，君子不贵也。

【译文】

有进用，有退用；有虚用，有实用；有缓用，有急用；有默用，有不用之用。这八种权用，是主宰事物者的权变之术，其主旨是为了要匡扶正义，如果不合乎义，就算会有帮助，君子也不会认为它可贵。

107. 责人要含蓄，忌太尽；要委婉，忌太直；要疑似，忌太真。今子弟受父兄之责也，尚有所不堪，而况他人乎？孔子曰："忠告而善道之，不可则止。"此语不止全交，亦可养气。

【译文】

责备别人要含蓄，切忌太苛严；要委婉，切忌太直接；要模糊有度，切忌太真实。现在的孩子受到父亲兄长的责备，尚且还觉得受不了，何况是他人的责备呢？孔子说："对别人提出忠告要好好说，如果这样不奏效的话，就应该停止。"这样不只是可以保全交情，也可以用来涵养气质。

108. 柔胜刚，讷止辩，让愧争，谦伏傲。是故退者得常倍，进者失常倍。

温柔的人能够战胜刚强的人，少言的人能够让雄辩的人停止说话，谦让能够使争夺的人感到羞愧，谦逊能使傲慢的人折服。因此谦退的人常常能够得到更多，而争夺的人常常会失去更多。

109. 应万变，索万理，惟沉静者得之。是故水止则能照，衡定则能称。世亦有昏昏应酬而亦济事，梦梦谈道而亦有发明者，非资质高，则偶然合也，所不合者何限？

【译文】

应对时势的千变万化，探索天地间的一切道理，这些只有那些沉静的人才能够做得到。因此水面在静止的时候就能够映照出万物，秤在平衡的时候才能称量物品。世上也有一些浑浑噩噩而把事情办好了的人，也有一些昏乱不明而有所阐明的人，这并不是因为他们的资质高，就是偶然巧合罢了，但不凑巧的次数就数不清了。

110. 祸莫大于不体人之私而又苦之，仇莫深于不讳人之短而又讦之。

【译文】

祸患没有比不体谅别人内心的隐私而又苦苦相逼更大的了，仇恨没有比不避讳指责别人的短处而又进行揭发攻击更深的了。

111. 不怕千日密，只愁一事疏。诚了再无疏处，小人掩著，徒劳尔心矣。譬之于物，一毫欠缺，久则自有欠缺承当时；譬之于身，一毫虚弱，久则自有虚弱承当时。

【译文】

不怕千日的谨慎缜密，只怕在一件事情上疏忽大意。假如真的再也没有疏忽大意的地方，而这些疏忽大意的地方都被小人掩饰起来了，最后就只能是使自己白费心力而已。比如，一件物品只要有一丝一毫的欠缺，时间久了自然会有为这种欠缺承当责任的时候；比如，一个人的身体只要有丝毫的虚弱，时间久了自然会有为这种虚弱承担不好的结果的时候。

112. 置其身于是非之外，而后可以折是非之中；置其身于利害之外，而后可以观利害之变。

【译文】

将自己置身于是非之外，而后才可以对是非做出公正的判断；将自己置身于利害之外，而后才可以看清楚利害关系的变化。

113. 善用人底，是个人都用得；不善用人底，是个人用不得。

【译文】

善于用人的人，认为人人都可以用；不善于用人的人，认为每个人都不能用。

114. 得了真是非，才论公是非。而今是非不但捉风捕影，且无风无影，不知何处生来。妄听者遽信是实，以定是非。曰："我无私也。"噫！固无私矣，《采苓》止棘、暴公《巷伯》，孰为辩之？

【译文】

只有看清了是非好坏，才能公正地判断是非。而现在的人不但看不清是非对错，而且无风无影，不知道这些是非是如何产生的。而那些妄听的人又立刻信以为真，并且以此来判断是非，还要说："我是没有私心的啊。"唉！固然是没有私心，《诗经》中《采苓》这一篇写晋献公听信谗言，《黄鸟》这一篇写秦国人哀痛三良殉葬，《小雅·何人斯》这一篇写公诋毁苏公，《巷伯》这一篇写寺人孟因为遭受谗言而最终被害，这些遭受谗言诽谤的人，谁来为他们辩护呢？

115. 谦忍皆居尊之道，俭朴皆居富之道。故曰：卑不学恭，贫不学俭。

【译文】

谦虚忍让是居于尊位的处世之道，节俭朴素是居于富位的处世之道。所以说：地位卑下的人不要学谦恭之态，家境贫寒的人不要学俭朴之态。

116. 水激逆流，火激横发，人激乱作，君子慎其所以激者。愧之则小人可使为君子，激之则君子可使为小人。

【译文】

水遇到极恶劣的阻碍就会产生逆流，火遇到激烈的阻碍就会横向蔓延，人被激发就要作乱，所以君子要慎重地运用激励的办法。有时候采取使对方感到羞愧的方法，能够让小人变成君子；而如果刺激他，就可能会使君子变成小人。

117. 说尽有千说，是却无两是。故谈道者必要诸一是而后精，谋事者必定于一是而后济。

【译文】

尽管说法有许多种，但正确的道理却只有一个。因此谈论道理的人必须紧紧抓住一个正确的道理然后才能够精益求精，谋划事情的人必须确定出一个正确的方案然后才能获得最后的成功。

118. 世间事各有恰好处，慎一分者得一分，忽一分者失一分，全慎全得，全忽全失。小事多忽，忽小则失大；易事多忽，忽易则失难。存心君子自得之体验中耳。

【译文】

世间的各种事情都有其各自恰到好处的地方，遇到事情谨慎一分的就能收获一分，疏忽一分的就会失去一分，假如能够全都谨慎就会全部得到，而如果全都疏忽就只能是一无所获。在小事上，多产生疏忽，就会因小失大；在容易的事上，多产生疏忽，结果就会因为疏忽了容易的而将难得的也一并失去。留心的君子从自身经历中得到的体会和感悟。

119. 到一处问一处风俗，果不大害，相与循之，无与相忤。果于义有妨，或不言而默默转移，或婉言而徐徐感动。彼将不觉而同归于我矣。若疾言厉色，是己非人，是激也，自家取祸不惜，可惜好事做不成。

【译文】

到一个地方就要问这个地方的风俗，如果没有什么害处，就要入乡随俗，不要相抵触。如果真的违背道义，或者不说话而默默地离开，或者婉言相劝使其慢慢被感化，对方就会在不知不觉中与自己想法相同了。如果疾言厉色，认为自己是对的而别人是错的，这是一种非常偏激的做法，自己会惹来祸端这并不可惜，可惜的是好事也做不成了。

120. 事有可以义起者，不必泥守旧例；有可以独断者，不必观望众人。若旧例当，众人是，莫非胸中道理而彼先得之者也。方喜旧例免吾劳，方喜众见印吾是，何可别生意见以作聪明哉？此继人之后者之所当知也。

【译文】

事情应该按照道义去做的，就不必拘泥于旧例；可以独自一个人做主的，就不必按照众人的脸色行事。如果旧例确实妥当，众人的看法确实正确，和我的想法完全一样，只不过是我心里的道理别人先明白罢了。这时应该为旧例可以免除我再去思考的劳累而感到高兴，众人的看法可以印证我的意见的正确而感到高兴，哪还会有别的意见来自作聪明呢？这是继承别人事业的人应当知道的。

121. 善用明者，用之于暗；善用密者，用之于疏。

【译文】

善于运用光明的人，会将光明用在黑暗的地方；善于运用缜密的人，会把缜密的心思用在容易疏忽的地方。

122. 你说底是，我便从，我不是从你，我自从是，何私之有？你说底不是，我便不从，不是不从你，我自不从不是，何嫌之有？

【译文】

你说得对，我就听从，我不是听从你，而是听从正确的意见，这有什么私心呢？你说得不对，我就不听从，我不是不听从你，而是不听从错误的意见，这有什么嫌恶呢？

123. 日用酬酢，事事物物要合天理人情。所谓合者，如物之有底盖，然方者不与圆者合，大者不与小者合，欹者不与正者合。覆诸其上而不广不狭，旁视其隙而若有若无。一物有一物之合，不相苦窳；万物各有其合，不相假借。此之谓天则，此之谓大中，此之谓天下万事万物各得其所。而圣人之所以从容中，贤者之所以精一求，众人之所以醉心梦意、错行乱施者也。

【译文】

在日常的交往应酬中，事事物物都要合乎天理人情。所谓合，就如同物品有底有盖，但是方的不会和圆的合，大的不会与小的合，斜的不与正的合。盖在上面不大不小，从旁边看没有缝隙的才算是相合。每个事物都有相合的东西，不能勉强凑合，万物各有与之相合的，不能互相假借，这就叫作天则；这就叫作大中，这就是天下万事万物各得其所。这就是圣人能够做到中庸，贤人能够做到精粹纯一，而众人则只会醉生梦死、错行乱施的原因。

124. 事有不当为而为者，固不是；有不当悔而悔者，亦不是。圣贤终始无二心，只是见得定了，做时原不错，做后如何悔？即有凶咎，亦是做时便大抵如此。

不应当做的事情却做了，这固然不对；不应当后悔的事情却后悔了，这也是不对的。圣贤自始至终都没有别的心思，只要确定了自己要做的事，做的时候就不会出现差错，做了以后又怎么会后悔呢？即便有祸患灾难，但做的时候也就不考虑后果了。

125. 心实不然，而迹实然。人执其然之迹，我辨其不然之心，虽百口，不相信也。故君子不示人以可疑之迹，不自诬其难辨之心。何者？正大之心，孚人有素；光明之行，无所掩覆也。倘有疑我者。任之而已，哓哓何为？

【译文】

心里其实不是这样想的，但行动却是这样表现的。人们抓住他外在表现出来的形迹，我却说这不是我心中所想，即使我有一百张嘴来说，人们也是不会相信的。所以君子不会表现出来让人怀疑的行迹，不会诬陷自己使难以辩白的内心。这是为什么呢？正大光明的心，平时就会被人相信；正大光明的行为，不用掩盖什么。如果有怀疑我的人，任凭他去根本就不用去理会他，有什么可喋喋不休地去辩解的呢？

126. 大丈夫看得生死最轻，所以不肯死者，将以求死所也。死得其所，则为善用死矣。成仁

取义，死之所也，虽死，贤于生也。

【译文】

大丈夫把生死看得很轻，之所以不愿意轻易去死，是想找到一件值得死的事情。死得其所，就是让自己的死亡有价值。取义成仁，就是死得其所，这样的人虽然已经死了，也比苟且活着要强很多。

127. 将祭而齐，其思虑之不齐者，不惟恶念，就是善念也是不该动底。这三日里，时时刻刻只在那所祭者身上，更无别个想头，故曰"精白一心"。才一毫杂，便不是精白；才二，便不是一心，故君子平日无邪梦，齐日无杂梦。

【译文】

将要祭祀时进行斋戒，如果思想上不斋戒，不只是有恶念，就是善念也不应该在这个时候产生。在进行斋戒的这三天中，时时刻刻都要把心思放在被祭祀的人身上，绝不能有别的想法，这叫作"精白一心"。仅仅有一丝杂念，就不是精白；仅有两个念头，就不是一心。所以君子平日没有邪恶的念头，斋日没有杂乱的念头。

128. 彰死友之过，此是第一不仁。生而告之也，望其能改，彼及闻之也，尚能自白。死而彰之，夫何为者？虽实过也，吾为掩之。

【译文】

揭露死去的朋友的过错，这是最不仁道的做法。如果在他活着的时候告诉他，希望他能改过自新，他能及时听到自己的缺点，还可以为自己辩白。等到他死了以后才去揭露，还有什么用呢？即便他确实有过错，我也一定要为他遮掩。

129. 争利起于人各有欲，争言起于人各有见。惟君子以淡泊自处，以知能让人，胸中有无限快活处。

【译文】

互相争夺利益是因为每个人都有自己的欲望，互相争执是因为人们心里都有自己的看法。只有君子能够以一种非常淡泊的心态来对待自己，以智慧和才能谦让于人，这样一来，他的心里自然会有无限快乐。

130. 吃这一箸饭，是何人种获底？穿这一匹帛，是何人织染底？大厦高堂，如何该我住居？安车驷马，如何该我乘坐？获饱暖之休，思作者之劳；享尊荣之乐，思供者之苦。此士大夫日夜不可忘情者也。不然，其负斯世斯民多矣。

【译文】

我吃的这一碗饭是什么人种植收获的？我穿的衣服是什么人纺织印染的？宽大的房屋怎么就应该让我居住呢？骏马车辆怎么就应该让我乘坐？获得保暖之余，就应该想到劳动者的辛苦；享受尊贵荣耀的快乐，就应该想到供应者的辛劳。这是士大夫任何时候都不能忘记的。不这样的话，有负这世界、这百姓的就太多了。

131. 公人易，公己难；公己易，公己于人难；公己于人易，忘人己之界而不知我之为谁难。公人处人，能公者也；公己处己，亦公者也。至于公己于人，则不以我为嫌，时当贵我富我。泰然处之而不嫌于尊己，事当逸我利我，公然行之而不嫌于厉民。非富贵我，逸利我也。我者，天下之我也。天下名分纪纲于我乎寄，则我者，名分纪纲之具也。何嫌之有？此之谓公己于人，虽然，犹未能忘，其道未化也。圣人处富贵逸利之地，而忘其身；为天下劳苦卑困，而亦忘其身。非曰我分当然也，非曰我志欲然也。譬痛者之必呻吟，乐者之必谈笑，痒者之必爬搔，自然而已。譬蝉之鸣秋，鸡之啼晓，草木之荣枯，自然而已。夫如是，虽负之使灰其心，怒之使薄其意，不能也。况此分不尽，而此心少怠乎？况人情未孚，而惟人是责乎？夫是之谓忘人己之界，而不知我之为谁。不知我之为谁，则亦不知人之为谁矣。不知人我之为谁，则六合混一，而太和元气塞于天地之间矣。必如是而后谓之仁。

【译文】

用公心对待别人容易，对待自己就难了；用公心处己容易，把用公心处己的情况用在别人身上就难了；使自己公正地对待他人很容易，而要忘记他人和自己的界限而不知道自己是谁就难了。能以公心对待别人，是有公心的人；能以公心对待自己的人，也是有公心的人。至于把用公心处己的情况也用在别人身上，不怕别人对我有什么猜疑，形势就会有利于我。我泰然处之，而不怕别人认为是为了使自己尊贵，事情使我安逸使我得利，然后我再去做，也不怕民众有暴戾苛刻的嫌疑。这不单会让我富贵，也会让我安逸获利。因为这时的我，就是整个天下的我。天下的名分纪纲都寄托在我的身上，那么我就成为名分纪纲的载体。这样还怕什么猜嫌呢？这就叫作使自己公正地对待他人。即便如此，仍然不能忘记这种修养还没有达到出神入化的程度。圣人处于富贵逸利的境地而能够忘却自身，为了天下劳苦

卑困也能够忘却自身。不说这是自己的本分应该如此，也不说自己的志向就是如此。圣人对这一点的态度就好比疼痛的人必定会呻吟，快乐的人必定会谈笑风生，身上痒痒的人必定会抓挠，这些都是出于自我的本能而已。就如同蝉的鸣秋，鸡的啼晓，草木的荣枯，都出于自然一样。如果能做到这一点，即便辜负了他要使他灰心，激怒了他要使他意志消沉，也都是不可能的。况且自己的本分还没有尽到，心里怎么能有一点儿怠惰呢？何况人情还没有信服，怎么能责备别人呢？这就叫作忘记了他人和自己的界限而不知道自己是谁。不知道自己是谁，也就不知道他人是谁了。不知道自己是谁，也不知道他人是谁，那么天地就会实现大同，而太和的元气会充满天地之间。只有达到这种境界，才能叫作仁。

132. 对忧人勿乐，对哭人勿笑，对失意人勿矜。

【译文】

在忧愁的人面前不要表现出快乐，在哭泣流泪的人面前不要发出笑声，在失意的人面前不要自我夸耀。

133. 过责望人，亡身之念也。君子相与，要两有退心，不可两有进心。自反者，退心也。故刚两进则碎，柔两进则屈，万福皆生于退反。

【译文】

过分地去责备别人，这是危害自身的想法。君子与别人相处，双方都要有退让之心，不能两个人都很强势。自我反省，就是退让之心。所以，如果两个都硬的东西相碰就会破碎，如果两个都柔软的话就会弯曲，万种福分都是因为退让反省。

134. 施者不知，受者不知，诚动于天之南，而心通于海之北，是谓神应；我意才萌，彼意即觉，不俟出言，可以默会，是谓念应；我以目授之，彼以目受之，人皆不知，两人独觉，是谓不言之应；我固强之，彼固拂之，阳异而阴同，是谓不应之应。明乎此者，可以谈兵矣。

【译文】

施与的人不知道，接受的人不知道，真诚表现在天之南，而诚心贯通于海之北，这叫作神应。我才刚萌发了一个念头，对方马上就觉察到了，还没等我说出来，对方已经领悟到了，这叫作念应。我用目光示意，对方以目光接受，别人都没有察觉，只有我们两个人知道，这叫作不言之应。我固执地勉强他，他固执地反对我，我们两个人表面上意见不同而暗中却是相同的，这叫作不言之应。明白这些道理的人，就可以谈论用兵之道了。

135. 卑幼有过，慎其所以责让之者：对众不责，愧悔不责，暮夜不责，正饮食不责，正欢庆不责，正悲忧不责，疾病不责。

【译文】

地位低、年龄小的人犯了错，责备他们的时候一定要非常谨慎：当着众人的面不要责备，他惭愧后悔了不要责备，夜里不要责备，正在吃饭的时候不要责备，高兴的时候不要责备，正在悲伤的时候不要责备，生病的时候不要责备。

136. 简静沉默之人，发用出来不可当。故停蓄之水一决不可御也，蛰处之物其毒不可当也，潜伏之兽一猛不可禁也。轻泄骤举，暴雨疾风，智者不惧焉。

【译文】

　　那些平时安静沉默的人，一旦爆发起来就不可阻挡。因此蓄积起来的水一旦决口就没有办法阻挡了，蛰伏的动物的毒性，人们是难以承受的，潜伏很久的野兽凶猛起来也是没有办法禁止的。而那些会轻易发作，突然举动爆发的东西，就像暴风骤雨一样很快就会过去了，有智慧的人是不害怕的。

　　137．祸之成也，必有渐；其激也奋于积。智者于其渐也绝之，于其积也消之，甚则决之。决之必须妙手，譬之疡然，郁而内溃，不如外决；成而后决，不如早散。

【译文】

　　祸患的形成一定是渐渐积累起来的，其突然爆发也是长期积累的结果。有智慧的人在祸患刚刚萌芽的时候就断绝它，在祸患还处于积累的过程中的时候就消灭它，严重的时候就会断绝祸根。断绝祸根时必须要有非常巧妙的方法，就像脓疮，郁积的时间长了其内部就会化脓溃烂，不如从外面切开它进行治疗；形成了脓疮然后才切开进行治疗，就不如在它刚开始长的时候就消散它。

　　138．涵养不定底，恶言到耳，先思驭气，气平再没错底；一不平，饶你做得是，也带着五分过失在。

【译文】

如果一个人涵养没有达到一定境界，在听到别人说自己坏话时，就要先想想如何控制住自己胸中的火气。火气平定了，就不会再出现错误；一旦火气平定不下来，即便你做得对，其中也会夹杂着五分过失。

139．明义理易，识时势难；明义理腐儒可能，识时势非通儒不能也。识时易，识势难；识时见者可能，识势非蚤见者不能也。识势而蚤图之，自不至于极重，何时之足忧？

【译文】

明白义理容易，但认清时势很难；明白义理，即便是腐儒也能做到；认清时势，不是博古通今的儒者是不能做到的。识时容易，识势难；识时，看到的人就能做到；识势，不是有预见的人就不能做到。认清了形势并能提早谋划，事情自然就不会发展到无法收拾的地步，还有什么时候值得忧虑的呢？

140．先事体怠神昏，事到手忙脚乱，事过心安意散，此事之贼也。兵家尤不利此。

【译文】

事前萎靡不振、稀里糊涂，事到临头手忙脚乱，事情一过就心安理得、精神涣散，这对于做事来说是一大害。对于用兵打仗的人来说尤其不应该这样。

141．善用力者，举百钧若一羽；善用众者，操万旅若一人。

【译文】

善于用力的人,举起一百斤的东西如同拿起一根羽毛那样容易;善于指挥人的人,统率万人之军就好像是只领着一个人那样容易。

142. 百代而下,百里而外,论人只是个耳边纸上,并迹而诬之,那能论心?呜呼!文士尚可轻论人乎哉?此天谴鬼责所系,慎之!

【译文】

百代以下,百里以外,都只不过是根据他的言语和文章评论他,把所有的行迹汇集起来诬陷他,哪能看到他内心的真实想法呢?天哪!文士岂可以轻易地去评论别人?这是连上天和鬼神都要谴责的事情,要慎重啊!

143. 或问:"怨尤之念,底是难克,奈何?"曰:"君自来怨尤,怨尤出甚底?天之水旱为虐,不怕人怨,死自死耳,水旱自若也。人之贪残无厌,不怕你尤,恨自恨耳,贪残自若也。此皆无可奈何者。今且不望君自修自责,只将这无可奈何事恼乱心肠,又添了许多痛苦,不若淡然安之,讨些便宜。"其人大笑而去。

【译文】

有人问:"怨天尤人的情绪,是很难克服的,应该怎么办呢?"回答说:"你从来只是怨天尤人,你怨恨的是什么呢?自然造成的旱涝灾害危害百姓,不怕人去埋怨,老百姓就算受灾死了,而旱涝灾害还是那个样子;有些人的贪婪残酷没有止境,他不怕你去埋怨,你就怨恨吧,他照样还是贪婪残酷。这些都是无可奈何的事。现在不能指望你能够自我反省提高修养,与其让这些无可奈何的事情使自己心烦意乱,又增添了许多痛苦,不如淡然去面对安然处之,这样还能觉得舒服一些。"这个人听完了我的这番话以后，大笑着离开了。

144. 见事易，任事难。当局者只怕不能实见得，果实见得，则死生以之，荣辱以之，更管甚一家非之，一国非之，天下非之。

【译文】

观察事情容易，做起事情来就难了。当局者迷只怕不能认识清楚，如果认识清楚了，就不怕死生也要去做，不怕荣辱也要去做，更不会理会一家的非议、一国的非议、甚至是天下的非议。

145. 闭户于乡邻之斗，虽有解纷之智，息争主力，不为也，虽忍而不得谓之杨朱。忘家于怀襄之时，虽有室家之忧，骨肉之难，不顾也，虽劳而不得谓之墨翟。

【译文】

在邻居之间发生纠纷的时候，而自己却闭门不出，即便有解决纠纷的办法，有让他们停止争斗的力量，也不去做。这样做虽然有点儿残忍，但也不能说就是一毛不拔的杨朱那样的人。为了解救洪水围困的灾难，即便家庭有了忧患，骨肉至亲身处危难之中，也不管不顾。这样的人就算再怎么辛勤劳苦，也称不上是墨子那样的人。

146. 欲为便为，空言何益？不为便不为，空言何益？

【译文】

想做就去做，只是说说有什么用呢？不想做就不做，只说空话有什么用呢？

147. 势之所极，理之所截，圣人不得而毫发也。故保釐①以时刻分死生，名次以相邻分得失。引绳之绝，堕瓦之碎，非必当断当敝之处，君子不必如此区区也。

【注释】

①保辜：古代刑律制度，规定凡打伤人者，官府立限，责令被告为伤者治疗。如伤者在期限内因伤致死，则以死论罪。如果伤者没死，就根据受伤程度来定伤人者的罪。其目的就是要求违法犯罪行为人在法定期限内积极救助受害人，在保证受害人不出现更为严重的伤害后果的同时，违法犯罪行为人也得以承担比较轻的罪责。

【译文】

判断时势是否到了极点，事情是否合乎道理，圣人如果特别仔细斟酌就得不出结论。所以，"保辜"这条法律是按时刻来判断是打死了人还是打伤了人，而排列相邻名次的分来分出胜负。至于说牵引的绳子断了，掉下来的瓦摔碎了，不必弄清这是在何处断的、碎的，对于这类事情，君子不必在这方面斤斤计较。

148. 礼无不报，不必开多事之端；怨无不酬，不可种难言之恨。

【译文】

礼尚往来没有不得到回报的，因此不要轻易惹起事端；怨恨没有不得到报应的，因此不要与人结下难以言说的怨恨。

149. 士君子之相与也，必求协之礼义，将世俗计较一切脱尽。今世号为知礼者全不理会圣贤本意，只是节文习熟，事体谙练，灿然可观，人便称之，自家欣然自得，泰然责人。嗟夫！自繁文弥尚而先王之道湮没，天下之苦相责，群相逐者，皆末世之靡文也。求之于道，十九不合，此之谓习尚。习尚坏人，如饮狂泉。

士人君子之间的相互交往，一定要求合乎礼义，将彻底摆脱世俗的那一套。现在人知道礼节但根本就不理解圣贤的本意，他们只是熟悉一些礼节仪式，做起事来显得很老练，看起来好像很能干的样子，人们就纷纷称赞他们，而他们自己也洋洋得意，泰然自若地责备起别人来了。唉！自从繁文缛节流行，先王之道就逐渐被湮没以后，天下人苦于彼此之间的相互责难，人们争先恐后地去追求的东西，都是国家到了末日的那一套虚伪烦琐的形式。用圣贤之道加以衡量，十有八九都不相符合，这就叫作习尚。习尚对于人的危害，就好像饮用了狂泉之中的水而使得人们都发狂一样。

150. 当急遽冗杂时，只不动火，则神有余而不劳，事从容而合理。一动火，种种都不济。

【译文】

当遇到紧急繁杂的事情，只要心里不动火气，就能够心有余而不辛劳，事情做得从容不迫而合乎道理。只要一动火气，什么事情都办不成了。

151. 凡当事，无论是非正邪，都要从容蕴藉。若一不当便忿恚而决裂之，此人终非远器。

【译文】

凡是遇到事情的时候，无论

是非正邪，都要表现得从容淡定而有涵养。如果一不留心表现出愤怒快要决裂的样子，这样的人终究也成不了大器。

152. 以激而发者，必以无激而废，此不自涵养中来，算不得有根本底学者。涵养中人，遇当为之事，来得不陡，若懒若迟，持得甚坚，不移不歇。彼攘臂抵掌而任天下之事，难说不是义气，毕竟到尽头处不全美。

【译文】

因为受到了刺激而行动的人，必然也会因为没有了刺激而颓废，因为这种行为不是从涵养中来的，算不得有德行底蕴的学者。那些有涵养的人，遇到应该去做的事情，做起来一点儿也不让人觉得太突然，表面上看起来好像很懒散很迟缓，但实际上他们非常坚持，从不改变，也不会停歇。那些振臂高呼摩拳擦掌说自己能够掌控天下大事的人，也不能说他们没有义气，但到最后终究不会尽善尽美。

养 生

001. 夫水遏之，乃所以多之；泄之，乃所以竭之。惟仁者能泄，惟智者知泄。

【译文】

流动的水，堵塞它，这就是聚积更多的原因；疏泄它，这就是流走枯干的原因。只有仁者能够疏泄，只有智者知道疏泄。

002. 天地间之祸人者，莫如多；令人易多者，莫如美。美味令人多食，美色令人多欲，美声令人多听，美物令人多贪，美官令人多求，美室令人多居，美田令人多置，美寝令人多逸，美言令人多入，美事令人多恋，美景令人多留，美趣令人多思，皆祸媒也。不美则不令人多。不多则不令人败。予有一室，题之曰"远美轩"，而扁其中曰"冷淡"。非不爱美，惧祸之及也。夫鱼见饵不见钩，虎见羊不见阱，猩猩见酒不见人，非不见也。迷于所美而不暇顾也。此心一冷，则热闹之景不能入；一淡，则艳冶之物不能动。夫能知困穷、抑郁、贫贱、坎坷之为详，则可与言道矣。

【译文】

天地间害人的，就是"多"；让人想多要的，就是"美"。美味让人多吃，美色让人多欲，美声让人多听，美物让人多贪，美官让人多求，美室让人多居，美田让人多置，美寝让人多逸，美言让人多听，美事让人多恋，美景让人多留，美趣让人多思，这些都是灾祸的媒介。不美则人不会多要，不多则不会带来灾祸。我有一室，题名为"远美轩"，其中有一匾题"冷淡"二字。我不是不爱美，而是害怕灾祸临头。鱼只看见鱼饵而看不见鱼钩，虎只看见羊而看不见陷阱，猩猩只看见酒而看不见人，不是真看不见，而是因为迷于自己所喜欢的东西无暇顾及其余。人心只要一冷，那么热闹之景就不能进入；只要一淡，那么艳冶之物就不能使我动心。如果能认识到困穷、抑郁、贫贱、坎坷是吉祥，那么就可以和他谈道了。

003. 以肥甘爱儿女而不思其伤身，以姑息爱儿女而不恤其败德，甚至病以死，患大辟而不知悔者，皆妇人之仁也。噫！举世之自爱而陷于自杀者，又十人而九矣。

【译文】

拿美味的食品让儿女吃而想不到会伤害他们的身体，用姑息溺爱儿女而不怕他们品德败坏，甚至生病而死，犯下杀头的大罪而不知悔恨，这都是妇人之仁。唉！举世之人因过分自爱而陷于自杀的，十人中有九人啊！

004. 今之养生者，饵药、服气、避险、辞难、慎时、寡欲，诚要法也。嵇康①善养生，而其死也却在所虑之外。乃知养德尤养生之第一要也。德在我，而蹈白刃以死，何害其为养生哉？

【注释】

①嵇康：人名，三国时期的人。著名的"竹林七贤"之一，讲求养生服食之道。

【译文】

现在养生的人，服药、练气、逃避危险、躲开危难、慎时、寡欲，确实是重要的方法。不过，嵇康是善于养生的人，但他的死却出乎意料。由此可知养德是养生中第一重要的。如果我有很高的品德，即使赴汤蹈火面对死亡，怎能说妨害养生呢？

005. 盗为男戎，色为女戎。人皆知盗之劫杀为可畏。而忘女戎之劫杀。悲夫！

【译文】

盗贼就像拿着凶器的男人，美色就像带着暗器的女人。每个人都知道盗贼杀人劫物是多么可怕，却并不知道美色也照样可以劫财杀人。实在是可悲呀！

006. 饥寒痛痒，此我独觉，

虽父母不之觉也；衰老病死，此我独当，虽妻子不能代也。自爱自全之道，不自留心，将谁赖哉？

【译文】

饥寒痛痒，这只有自己才能感觉到，即使父母也不能察觉；衰老病死，只有自己能担当，即使妻子儿女也不能代替。自爱自全的方法，如果自己不留心，将依赖什么人呢？

007. 语云："纵欲忘身。""忘"之一字最宜体玩。昏不省记谓之忘，欲迷而不悟，情胜而不顾也。夜气清明时，都一一分晓，着迷处便思不起，沉溺者可以惊心回首矣。

【译文】

俗话说："纵欲忘身。""忘"这个字最令人玩味。迷糊记不清楚叫作忘，被欲念迷惑住不醒悟，感情深厚时就不会顾及其他的事情。夜气清明时，每件事都记得清楚；着迷的地方，就想不起来了。沉湎于其中的人应该提醒自己回头啊！

卷四 御之集

天 地

001．湿温生物；湿热长物；燥热成物；凄凉杀物；严寒养物。湿温，中和之气也；湿热，蒸发之气也；燥热，燔灼之气也；凄凉，杀气，阴壮而阳微也；严寒，敛气，阴外激而阳内培也。五气惟严寒最仁。

【译文】

气候湿润温暖，万物出生；湿润炎热，万物生长；干燥炎热，万物成熟；凄冷，万物死亡；严寒，万物得到养护。温暖湿润，是中和的气；湿润炎热，是蒸发的气；干燥炎热，是燃烧的气；凄凉，是肃杀的气，阴盛阳衰；严寒，是收敛的气，阴气在外滋生而阳气在内培育。五种气只有严寒最温和。

002．天地不可知也，而吾知天地之所生。观其所生，而天地之性情形体俱见之矣。是故观子而知父母，观器而知模范。天地者，万物之父母而造物之模范也。

【译文】

天地深不可测，但我知道天地间所生长出来的东西。观察它们，天地的性情和形体就都看

见了。由此可知，观察子女就能了解他的父母，观察器物就能知道模具。天地就是孕育万物的父母，是造物的模子。

003．天地之气化，不齐，而死于齐。故万物参差，万事杂揉，势固然耳。天地亦主张不得。

【译文】

天地间气的变化，万物产生时是参差不齐的，而最终都是归于死亡。所以，万物有差别，万事错综交织，是由于势的缘故，天地也不能自作主张。

004．地道，好生之至也。凡物之有根种者，必与之生。尽物之分量，尽己之力量。不至寒凝枯败不止也。故曰坤，称母。

【译文】

土地之道，是非常喜欢生长的，只要是有根的事物，一定会让它不断生长。把物的分量完全发挥出来，用尽自己的力量，不到天气严寒、万物枯败的时候就不会停止。所以把土地叫作坤，称为母。

005．万物得天地之气以生。有宜温者，有宜微温者，有宜太温者，有宜温而风者。有宜温而湿者，有宜温而燥者。有宜温而时风时湿者。何气所生，则宜何气，得之则长养，失之则伤病。气有一毫之爽，万物阴受一毫之病。其宜凉、宜寒、宜暑，无不皆然。飞潜动植。蠕蠓之物，无不皆然。故天地位则万物育，王道平则万民遂。

【译文】

万物得天地之气而生长。有适宜温暖的，有适宜微温的，有适宜热一点温度的，有适宜有风的温暖的，有适宜温暖而湿润的，有适宜温和而干燥的，有适宜温和而又有时有风有时湿润的。什么气出生的就适宜什么气，得到这种气就会生长养护，失去就会受伤生病。气有一毫的差失，万物就会不知不觉受一些病。宜凉、宜寒、宜暑之物没有不是这样的，飞禽走兽，动物植物都是如此。所以，天地守好自己的本位，万物就会生长发育，王道得到实行，万民就会遂顺。

006. 天地原无昼夜，日出而成昼，日入而成夜。星常在天，日出而不显其光。日入乃显耳。古人云："星从日生。"细看来，星不借日之光以为光。嘉靖壬寅日食，既满天有星。当是时，日且无光，安能生星之光乎?

【译文】

天地间原本不分昼夜，太阳出来就有了昼，太阳落下就有了夜。星星经常出现在天上，太阳出来就看不到它的光，太阳落下它的光亮就显现出来了。古人说："星光是从日光产生。"仔细观察来看，星星并不是借太阳光来发光的。嘉靖二十一年间发生日食的时候，却有满天星星，可当时太阳一点光都没有，怎么能让星星发光呢?

007. 水静柔而动刚；金动柔而静刚；木生柔而死刚；火生刚而死柔；土有刚有柔，不刚不柔。故金、木、水、火皆从钟焉。得中故也，天地之全气也。

【译文】

水静止的时候是柔的，流动的时候是刚的；金流动的时候是柔的，静止的时候是刚的；木存活的时候是柔的，枯死以后是刚的；火燃烧的时候是刚的，熄灭的时候是柔的；土有刚有柔，而又不刚不柔，所以金、木、水、火都归于土。因为土得到中道的缘故，天地之气它都具备了。

008. 风惟知其吹拂而已。雨惟知其淋漓而已。雪惟知其严凝而已，水惟知其流行而已。火惟知其燔灼而已。不足则屏息而各藏其用。有余则猖狂而各恣其性。卒然而感则强者胜。若两军交战，相下而后已。是故久阴则权在雨，而日月难为明；久旱则权在风，而云雨难为泽，以至，水火霜雪莫不皆然。谁为之？曰：阴阳为之。阴阳谁为之？曰：自然为之。

【译文】

风只是吹拂而已，雨只是淋漓而已，霜雪只是严凝而已，水只是流动而已，火只是燃烧而已。它们不充足的时候就会屏住气息而不发挥它们的作用，多余的时候就会猖狂地发挥它的性能。它们突然接触那么强的一方胜利。有如两军交战，有一方失败后才结束。因此，长时间阴天，说明雨在主宰，日月很难照亮天空；天气久旱，说明风在主宰，而云雨不能润泽土地。至于水、火、霜、雪没有不是这样的。这是谁造成的呢？回答说是阴阳。阴阳是怎么形成的？回答说是自然形成的。

009. 生气醇浓浑浊，杀气清爽澄澈；生气牵恋优柔，杀气果决脆断；生气宽平温厚，杀气峻隘凉薄。故春气絪缊，万物以生；夏气熏蒸，万物以长；秋气严肃，万物以入；冬气闭藏，万物以亡。

【译文】

生气是醇浓浑浊的，杀气是清爽澄澈的；生气是优柔而缠绵的，杀气是果决而脆断的；生气是宽平而温厚的，杀气是冷峻狭隘而凉薄的。所以春气温柔而和暖，万物得以萌生；夏气灼热蒸腾，万物得以生长；秋气冷峻肃杀，万物得以成熟丰收；冬气闭塞藏匿，万物逐步消亡。

010. 一呼一吸，不得分毫有余，不得分毫不足；不得连呼，不得连吸；不得一呼无吸，不得一吸无呼。此盈虚之自然也。

【译文】

呼气与吸气，不可以多一点，也不能少一点；不能连续呼气，也不能连续吸气，不能只呼气不吸气，也不能只吸气不呼气。这是天地盈虚的自然法则。

011. 水，质也，以万物为用；火，气也，以万物为体。及其化也，同归于无迹。水性徐，火性疾。故水之入物也，因火而疾。水有定气，火无定气。放火附刚则刚，附柔则柔。水则入柔不入刚也。

【译文】

水是一种质体，对万物起作用；火是一种气，是万物的本体。水与火相会，则两者都化为无踪无影。水性缓和，火性迅急，所以水进入物体内如果遇到火就变快。水有固定的气，火没有固定的气，因此火遇着刚就刚，遇着柔就柔，而水却是能进入柔的地方而不进入刚的地方。

012. 天地全不张主，任阴阳；阴阳全不摆布，任自然。世之人趋避祈禳徒自苦耳。其夺自然者，惟至诚。

【译文】

天地完全不主宰什么，任凭阴阳的变化；阴阳完全不操控什么，任其自然发展。因而，世人趋吉避凶、祈禳求福，只会白白费力了。能够胜过自然的，只有至诚之心。

013. 形者，气之橐囊也。气者，形之线索也。无形，则气无所凭籍以生；无气，则形无所鼓舞以为生。形须臾不可无气，气无形则万古依然在宇宙间也。

【译文】

形，就是气的橐囊；气，就是形的线索。无形，就是气没有什么条件可以生成；无气，形就没有鼓舞来生长了。形一刻也不能没有气，气没有形的话可以亘古不变地存在于宇宙之中。

014. 浊气醇，清气漓；浊气厚，清气薄；浊气同，清气散；浊气温，清气寒；浊气柔，清气刚；浊气阴，清气阳；浊气丰，清气啬；浊气甘，清气苦；浊气喜，清气恶；浊气荣，清气枯；浊气融，清气孤；浊气生，清气杀。

【译文】

浊气是醇的，清气是漓的；浊气是厚重的，清气是稀薄的；浊气是聚合的，清气是离散的；浊气是温暖的，清气是寒冷的；浊气是柔和的，清气是刚硬的；浊气属阴，清气属阳；浊气丰厚，清气吝啬；浊气是甘甜的，清气是清苦的；浊气是喜悦的，清气是厌恶的；浊气是繁茂的，清气是枯萎的；浊气是融合的，清气是孤独的；浊气能生发，清气能肃杀。

015. 天地万物只是一个渐，故能成，故能久。所以成物悠者，渐之象也；久者，渐之积也。天地万物不能顿也，而况于人乎？故悟能顿，成不能顿。

【译文】

天地万物都是渐渐形成的，只有这样才能够形成，才能持久。事物形成之所以悠远，这是渐进的表象；之所以长久，这是渐进的积累。天地万物尚且不能片刻而成，更何况人呢？因此说思想可以有所顿悟，而形成系统却不是一时之事。

016. 盛德莫如地，万物于地，恶道无以加矣。听其所为而莫之憾也，负荷生成而莫之厌也。故君子卑法地，乐莫大焉。

【译文】

世上盛大的德行没有比大地更为广博的了，万物生长于土地，恶的东西无法加在万物的身上。任凭万物自身作为而不去动摇它，承受着万物听任它成长壮大而不厌恶它。所以君子效法大地的谦虚做法，没有比这更大的快乐了。

017. 禄位名寿、康宁顺适、子孙贤达，此天福人之人权也，然尝轻以与人。所最靳而不轻以与人者，惟名。福善祸淫之言，至名而始信。大圣得大名，其次得名，视德五分毫爽者。恶亦然。禄位寿康在一身，名在天下；禄位寿康在一时，名在万世。其恶者备有百福，恶名愈著；善者备尝艰苦，善誉日彰。桀、封、幽、厉之名，孝子慈孙百世不能改。此固天道报应之

微权也。天之以百福予人者，恃有此耳。彼天下万世之所以仰慕钦承疾恶笑骂，其祸福固亦不小也。

【译文】

禄位名寿、康宁顺适、子孙贤达，这些都是上天造福万民的权力，然而有时轻易地就赐予人。上天所最吝惜而从不轻易给予人的，就只有名声。说行善降福、为害降殃的话，只有到了出名的时候让人相信。大圣人得到大名声，差一点儿的得到名声，与他的德行丝毫不差。德行恶劣的人也是如此。禄位寿康都集中于某个人身上，他就会名满天下；禄位寿康只拥有一时，名声就会流传千古。德行恶劣的人享有百福，则恶名更加昭著；德善者备尝千辛万苦，名誉就会更加彰显。夏桀王、商纣王、周幽王、周厉王这些人的坏名声，他们的孝子贤孙百年之后也不能改变。这就是天道报应的小权力。上天能赐百福给人类，正是依靠这一点。如果一个人能得到天下万世的仰慕钦承或痛恶笑骂，他得到的祸或福就不少了。

018. 以理言之，则当然者谓之天，命有德讨有罪，奉三尺无私是已；以命言之，则自然者谓之天，莫之为而为，莫之致而至，定于有生之初是已；以数言之，则偶然者谓之天，会逢其适，偶值其际是已。

【译文】

从道理上来说，当然的事称为天，就如同命令有德的人讨伐有罪的人，只能依照铁面无私的法律去执行；从命来说，自然的事称为天。不想做而做了，不想来却来了，这种事是在出生的时候就已经定下来了；以气数来讲，偶然的事称为天。恰好遇到它，偶然有这样的际遇罢了。

019. 弥六合皆动气之所为也，静气一粒伏在九地之下以胎之。故动者静之死乡，静者动之生门。无静不生，无动不死。静者常施，动者不还。发人造之生气者动也，耗人造之生气者亦动也。圣人主静以涵元理，道家主静以留元气。

【译文】

整个天地间都有动气在运动，一粒静气是孕育在九地之下的小胚胎。所以说，动是静的死地，静是动的生门。没有静则万物不生，没有动则万物不死。经常处于静，动者不会回来。使天地之间生气发扬宏大的是动气，使天地之生气消耗的也是动气。所以圣人主张静默来涵养元理，道家主张静来保持元气。

020. 万物发生，皆是流于既溢之余；万物收敛，皆是劳于既极之后。天地一岁一呼吸，而万物随之。

【译文】

万事万物生长发育，都是开始于满溢之后；万物的收敛，都是处在极度疲劳之后。天地每年变化发展，万物也随它变化。

021. 天地万物到头来皆归于母。故水、火、金、木有尽，而土不尽。何者？水、火、金、木，气尽于天，质尽于地，而土无可尽。故真气无归，真形无藏，万古不可磨灭，灭了更无开辟之时。所谓混沌者，真气与真形不分也。形气混而生天地，形气分而生万物。

【译文】

天地间的万物，到头来都要回到出生的地方，所以水、火、金、木有尽头，而土没有尽头。这又是为什么呢？因为水、火、金、木的气归于天，体归于地，但是土不会尽。因此真气不会回归，真形无处隐藏，永生永世不可磨灭，灭尽了就不会有产生的时候了。所谓混沌，就是指真气和真形不分。真气和真形相结合就生成了天地，真气和真形分开了就生成了万物。

022. 天欲大小人之恶，必使其恶常得志。彼小人者，唯恐其恶之不遂也，故贪天祸以至于亡。

【译文】

上天要想增加小人的恶，必然使他的恶行常常得逞。那小人又唯恐他的恶行不顺利，所以就会得到上天降下的灾祸以至于灭亡。

023. 自然谓之天，当然谓之天，不得不然谓之天。阳亢必旱，久旱必阴，久阴必雨，久雨必晴，此之谓自然。君尊臣卑，父坐子立，夫唱妇随，兄友弟恭，此之谓当然。小役大，弱役强，贫役富，贱役贵。此之谓不得不然。

【译文】

自然叫作天，当然叫作天，不得不这样叫作天。太阳太热了就一定干旱，干旱的时间长了天气必然会阴，阴的时间长了必然会下雨，下雨的时间长了必然会转晴，这叫作自然。君主地位尊贵臣子地位卑微，父亲坐着儿子站着，妻子跟随着丈夫，兄长友善弟弟恭敬，都是理所应当的。小的被大的奴役，弱的被强的奴役，贫的被富的奴役，贱的被贵的奴役，这都是不得已的。

024．雪非薰蒸之化也，天气上升，地气下降，是干涸世界矣。然阴阳之气不交则绝，故有留滞之余阴。始生之嫩阳，往来交结，久久不散而迫于严寒，遂为雪为霰。白者，少阴之色也，水之母也，盛则为雪，微则为霜。冬月片瓦半砖之下着湿地，皆有霜，阴气所呵也，土干则否。

【译文】

雪不是因为气的薰蒸融化的，天上的气往上升，地气往下沉，那便是一个干涸了的世界。然而阴阳之气不结合便会断绝，因而有留滞下来而多余的气。阴气一开始形成，嫩阳就赶来与它交接，很久很久都不散，但迫于严寒的气温，就变成了雪，变成了霰。白色属缺少阴气的颜色，是水的源泉，多就成为雪，少就变成霜。冬日在一些砖瓦之下接近湿气的地方都有霜，这是阴气造成的，土地干燥的地方就没有。

025．世界虽大，容得千万人忍让，容不得一两个纵横。

【译文】

世界尽管很大，能容得许多互相忍耐谦让的人，但却容不下一两个骄横野蛮的人。

026．轻清之气为霜露，浓浊之气为云雨。春雨少者，薰蒸之气未浓也。春多雨则泄夏之气，而夏雨必少；夏多雨者，薰蒸之气有余也；夏少雨则积气之余，而秋雨必多，此谓气之常耳。至于有霪潦之年，必有亢阳之年，则数年总计也。蜀中之漏天，四时多雨；云中之高地，四时多旱；吴下之水乡，黄梅之雨为多，则四方互计也。总之，一个阴阳，一般分数，先有余则后不足，此有余则彼不足，均则各足，是谓太和。太和之岁，九有皆丰。

【译文】

轻薄干净的气变成霜露，浓密浑浊的气变成云雨。春季少雨，是因为水蒸气不太浓的缘故。春季多雨就会泄漏夏日的气，到了夏季雨水就会减少；夏日雨水多，是水蒸气多余的缘故。夏日雨水少，积蓄的气就有余了，秋天雨水就必定多，这就叫作气有常数。等到淫雨连绵的年份，日后必定会有干旱之年，这是从多年来雨水的总和上来说的。蜀地仿佛天漏了一样，一年四季都多雨；云中高原一带，四季多干旱；吴地水乡，黄梅时节雨水最多，这是从全国各地比较着来统计的。总之，只有一个阴阳，一样的数量，前面用了后面就不够了，这边用了那边就不够了，均衡了都能足够了，这就叫作太和。阴阳太和的年岁里，天下九州就都会获得丰收。

027. 冬者，万物之夜，所以待劳倦养精神者也。春生、夏长、秋成。而不培养之以冬，则万物之灭久矣。是知大冬严寒，所以仁万物也。愈严凝则愈收敛，愈收敛则愈精神，愈精神则生发之气愈条畅。譬之人须要安歇，今夜能熟睡，则明日必精神。故曰：冬者万物之所以归命也。

【译文】

冬天，是万物休息的夜晚，是让疲劳的人们养足精神的时候。春生万物，夏天生长，秋天收割。假如不在冬季培养，那么万物灭亡的时间就不长了。所以知道大冬的严寒，是对世间万物的仁慈。越严寒凝固就应该越收敛，越收敛就越精神焕发，越精神旺盛生长发育得就越顺畅。好比人需要安顿歇息一样，如果今夜能够安详熟睡，明天必定会有精神。因此说，冬天是万物生命回归的季节啊。

世　运

001. 势之所在，天地圣人不能违也。势来时即摧之，未必遽坏；势去时即挽之，未必能回。然而圣人每与势忤，而不肯甘心从之者。人事宜然也。

【译文】

势存在的时候，天地和圣人也不能违背。势来的时候即使去摧毁它，也不能马上毁坏；势去的时候即使想挽回它，也未必能挽回。然而圣人每次都与势相对抗而不肯甘心顺从。人们做事情也应该这样。

002. 世人贱老，而圣王尊之；世人弃愚，而君子取之；世人耻贫，而高士清之；世人厌淡，而智者味之；世人恶冷，而幽人宝之；世人薄素，而有道者尚之。悲夫！世之人难与言矣。

【译文】

世俗的人轻视老人，可是圣王尊重他们；世俗的人抛弃愚笨的人，可是君子收留他们；世俗的人以贫穷为耻，可是品德高尚的人可以看淡贫穷；世俗的人讨厌平淡，可是有智慧的人喜欢品尝；世俗的人厌恶冷清，而喜欢幽静的人把它当宝；世俗的人鄙薄平常的东西，而有道的人崇尚

平常的东西。可悲啊！很难和世俗的人讲清楚。

003．士鲜衣美食，浮谈怪说，玩日邀时。而以农工为村鄙；女傅粉簪花、治容学态、袖手乐游，而以勤俭为羞辱；官盛从丰供、繁文缛节、奔逐世态，而以教养为迂腐。世道可为伤心矣。

【译文】

读书人穿着鲜艳的衣服，吃着美味的食物，谈论时事，日日游玩，虚度时光，而认为农民工匠的劳作粗俗鄙陋；女子敷粉戴花，化妆媚态，袖手乐游，而把勤俭当作羞辱；官吏随从很多，供给丰盛，繁文缛节，追逐世态，却认为有教养是迂腐。这样的世道真让人伤心啊！

004．喜杀人是泰，愁杀人也是泰。泰之人昏惰侈肆。泰之事废坠宽罢。泰之风纷华骄蹇。泰之前如上水之篙，泰之世如高竿之顶，泰之后如下坂之车。故否可以致泰，泰必至于否。故圣人忧泰不忧否，否易振，泰难持。

【译文】

让人喜欢得要命的是安逸顺泰，让人愁得要命的也是安逸顺泰。处在安逸顺泰中的人昏庸懒惰而又奢侈放肆。安逸顺泰的事容易废弃沉坠，松懈罢怠。安逸顺泰的风气纷华骄蹇。安逸顺泰之前好比逆水行舟，安逸顺泰的世道好比高竿的顶端，安逸顺泰之后就像下坡的车子不能阻挡。所以说否可以达到泰，泰也可以达到否。因此，圣人忧虑泰而不忧虑否，因为否容易振作，而泰却难以维持久远。

005．世之衰也。卑幼贱微气高志肆而无上，子弟不知有父母，妇不知有舅姑，后进不知有先达，士民不知有官师，郎署不知有公卿，偏裨军士不知有主帅。目空空而气勃勃，耻于名义而敢于陵驾。

呜呼！世道至此，未有不乱不亡者也。

【译文】

世道衰败了，卑贱、年幼、低微的人都趾高气扬，毫无顾忌，目无尊长。子女不知道孝敬父母，媳妇不知道处理舅姑的关系，无知者不知道有先贤圣达，士卒民众不懂尊重长官和师长，郎署不知道尊重公卿，偏副将和小卒不懂得尊重主帅。目空一切而野心勃勃，把名分与礼义当作耻辱，大肆地凌驾其上。唉！世道混乱到这种地步，没有不混乱不危亡的？

006. 节文度数，圣人之所以防肆也。伪礼文不如真爱敬。真简率不如伪礼文。伪礼文犹足以成体，真简率每至于逾闲；伪礼文流而为象恭滔天，真简率而为礼法扫地。七贤八达，简率之极也。举世牛马而晋因以亡。近世士风崇尚简率，荡然无检，嗟嗟！吾莫知所终矣。

【译文】

礼节尺度，是圣人们用来防范别人放肆的。虚情假意的礼节不如真心实意地敬爱别人，而真正简朴率直的礼节却比不上虚假的礼节。虚伪的礼节可以使人体面，而简朴率直的礼节却带来闲散；虚伪礼节的流传为使这种现象蔚然成风，简朴直率的礼节却使礼法的尊严扫地。所谓的七贤八达，都达到简朴率直的典范。全国的人都像牛马一样没有礼法，晋国因为这点才会灭亡。现在的世人崇尚简慢率直之风，放荡不能自我检讨。唉！我真不知道最后的结果将会是怎么样的。

007. 天下之势顿可为也，渐不可为也。顿之来也骤，骤多无根；渐之来也深，深则难撼。顿着力在终，渐着力在始。

天下的形势，突然发生的问题，可以想办法挽救；渐渐产生的，就没法挽救了。突然发生的问题来得快，没有太深的根底；逐渐来的问题根底深厚，根底深厚的就难以动摇。对待突然发生的事情，处理时在结果上用力；对逐渐加深的问题，在开始时就要有所行动。

008．造物有涯而人情无涯。以有涯足无涯，势必争。故人人知足则天下有余。造物有定而人心无定，以无定撼有定，势必败。故人人安分则天下无事。

【译文】

创造事物有限度，人的欲望没有限度，以有限的东西来满足无限的欲望，那一定会出现争夺。因此每个人都知足了，天下就会有剩余。造物有定数而人心不安定，以不安定的人心来摇撼有定的造物，一定会失败。所以人人安分守己，天下就会无事。

009．古之居官也，在下民身上做工夫；今之居官也，在上官眼底做工夫。古之居官也尚正直，今之居官也尚毂阿。

【译文】

古代做官的人，在治理百姓方面用功夫；现代做官的人在迎合上司上下功夫。古代做官的人崇尚正直，如今做官的人崇尚依违随从。

圣 贤

001. 孔颜穷居，不害其为仁覆天下，何则？仁覆天下之具在我，而仁覆天下之心未尝一日忘也。

【译文】

孔子、颜回生活穷困，不因此而妨碍他们给天下施行仁爱，为什么能这样呢？因为他们有施行仁爱的本领，而且没有一天忘了仁爱天下之心。

002. 圣人不落气质，贤人不浑厚便直方，便着了气质色相；圣人不带风土，贤人生燕赵则慷慨，生吴越则宽柔，就染了风土气习。

【译文】

圣人的言行举止不妨碍他们的气质，贤人表现出雄浑厚道就是率直大方，就将气质体现在本人的行为举止上；圣人不沾染地方风俗，出生在燕赵之地的贤人豪侠慷慨，生长在吴越之地就宽容柔和，那便是染上了地方的风气习俗。

003. 性之圣人，只是个与理相忘，与道为体，不待思，惟横行直撞，恰与时中吻合。反之，圣人常常小心，循规蹈矩，前望后顾，才执得中字。稍放松便有过不及之差。是以希圣君子心上无一时任情恣意处。

【译文】

圣人的天性，只是让自己的个性和道理互不相冲，能和道融为一体，不需要考虑，只管大胆地横冲直撞，刚好和中庸之道相吻合。与这相反，圣人时时刻刻小心谨慎，按规矩行事，瞻前顾后，才能够达到中庸的境地。如果稍有放松，便会有超过或者达不到的差错。所以希望那些圣人君子的心目一刻也不要有肆意纵情的邪念。

004. 圣人一，圣人全。一则独诣其极，全则各臻其妙。惜哉！至人有圣人之功而无圣人之全者，囿于见也。

【译文】

圣人专一不二，就能达到道德完备，专一不二可以有精深的独到造诣，德才兼备就能领略各自的精妙。真可惜呀！有一定境界的人有圣人一般的功业，却没有圣人那样道德完备，是他们被自己的见识束缚住了啊。

005. 所贵乎刚者，贵其能胜己也，非以其能胜人也。子路不胜其好勇之私，是为勇字所伏，终不成个刚者。圣门称刚者谁？吾以为恂恂之颜子，其次鲁钝之曾子而已，余无闻也。

【译文】

性格刚毅之所以可贵，在于能用刚毅来战胜自己的柔弱，而不是用它来战胜别人。子路不能战胜自身好勇的缺点，被勇字所折服，最后也没能成为刚毅的人。圣人的弟子里谁能够称得上刚毅的人呢？我认为是谦恭温顺的颜渊，其次是笨拙迟钝的曾参，其他人就没有听说过了。

006. 贤人之言视圣人未免有病，此其大较耳。可怪俗儒见说是圣人语，便回护其短而推类以求通；见说是贤人之言，便洗索其疵而深文以求过。设有附会者从而欺之，则阳虎、优孟皆失其真。而不免徇名得象之讥矣。是故儒者要认理。理之所在，虽狂夫之言，不异于圣人。圣人岂无出于一时之感，而不可为当然不易之训者哉？

【译文】

贤人所讲的话对于圣人来说不免会有缺点，这是从整体上来讲的。奇怪的是那些庸俗的读书人，一听说是圣人所讲的话，就会竭力回避维护他的错误，还妄加推测让它通达正确；一旦听说是贤人说的话，就想尽办法来吹毛求疵，并且旁征博引来证明它的错误。假如有的人喜欢附会蒙骗别人，以为阳虎貌似孔子、优孟貌似孙叔敖就以貌取人，这就难免会认错人而受到别人的耻笑。所以作为读书人应该认清事理。有理的地方，就算是狂人胡言乱语，也不会比圣人所讲的逊色。圣人难道就没有因一时感慨而说出的话，而不能当作千古不变的训诫的言论了吗？

007. 尧、舜、禹、文、周、孔，振古圣人，无一毫偏倚。然五行所钟，各有所厚。毕竟各人有各人气质。尧敦大之气多，舜精明之气多，禹收敛之气多，文王柔嘉之气多，周公文为之气多，孔子庄严之气多，熟读经史自见。若说天纵圣人，如太和元气流行略不沾着一些四时之气，纯是德行用事，不落一毫气质，则六圣人须索一个气象，无毫发不同方是。

【译文】

尧、舜、禹、文、周、孔，自古以来的圣人，没有一丝一毫的偏倚之处。然而五行所赋予人的，各有各得天独厚的地方。毕

竟每个人都有自己的气质。尧的敦厚宏大之气较多，舜的精明洞达之气较多，禹的内敛蕴含之气较多，周文王的柔和美好之气较多，周公的文明作为之气较多，孔子的庄严之气较多，熟读经史典籍就会发现。如果说天道操纵圣人，如同天地之间元气的流行那样，一点也不沾染四季之气，纯粹是以德行来用事，没有损失一点气质，那么这六位圣人就应该是同一个气象，没有任何不同的地方才对。

008. 读书要看圣人气象性情。《乡党》见孔子气象十九。至其七情，如回非助我，牛刀割鸡，见其喜处；由之瑟，由之使门人为臣，怃然于沮溺之对，见其怒处；丧予之恸，获麟之泣，见其哀处；侍侧言志之问，与人歌和之时，见其乐处；山梁雌雉之叹，见其爱处；斥由之佞，答子贡"君子有恶"之语，见其恶处；周公之梦，东周之想，见其欲处。便见他发而皆中节处。

【译文】

读书要能够看到圣人的气象性情。读《论语·乡党》篇，对孔子的景况情态可以看出十之八九。至于孔子的喜、怒、哀、乐、爱、恶、欲这七情，如孔子说"回也非助我也"，又说"割鸡焉用牛刀"，可以看出孔子高兴的情态；子路在孔子的门口鼓瑟，使门人为臣，孔子对长沮、桀溺的答话感到不悦，这些地方可以看出孔子发怒的情态；颜渊死后孔子的悲恸，鲁哀公时，打猎捕获了麒麟，孔子为麒麟哭泣，可以看出孔子悲哀的情态；弟子在孔子的身边侍奉他时，孔子让他们每个人都谈谈自己的志向，别人唱歌，孔子相唱和的时候，可以看到孔子欢乐的神态；孔子赞叹山梁上雌野鸡的美丽，可以看出他喜爱时的神态；孔子斥责子路是佞人，回答子贡关于君子是否有厌恶之情的话，可以看出他厌恶的神态；孔子梦见周公，向往东周时代，可以看出他的欲望之所在。可以看出孔子所发出的情感都合乎节度。

009. 或问："孔孟周流，到处欲行其道，似技痒底？"曰："圣贤自家看低分数真，天生出我来，抱千古帝王道术，有旋乾转坤手投。只兀兀家居，甚是自负，所以遍行天下以求遇夫可行之君。既而天下皆无一遇，犹有九夷、浮海之思，公山佛肸之往。夫子岂真欲如此？只见吾道有起死回生之力，天下有垂死欲生之民。必得君而后术可施也。譬之他人孺子入井与已无干，既在井畔，又知救法，岂忍袖手？"

【译文】

有人问："孔子、孟子周游各地，到处想推行他们的主张，好像是技痒难忍似的，是这样吗？"回答说："圣贤把自己应该做的本分之事看得很真切，认为老天把自己生下来，怀有千古辅佐帝王之术，有扭转乾坤的本事，如果只是静静地在家中坐着，就辜负了这身才能，因此才走遍天下希望遇到能够施行其道的君主。但普天之下却没有遇到一个这样的君主，因此有了远走九夷、乘船渡海的想法，还想到叛臣公山弗扰和佛肸那里去。难道是真心想到那里去吗？只是认为自己的治国之道有起死回生的力量，天下到处都是垂死挣扎的百姓，而只有受到君主的重用，这些治国之道才能施行。这就好像是别人的孩子掉入了井中，本来与自己无关，既然就在井边，又知道挽救的办法，怎么能够忍心不管呢？

010. 平生不作圆软态，此是丈夫。能软而不失刚方之气，此是大丈夫。圣贤之所以分也。

【译文】

一生也没有表现出圆滑软弱的态度，这是丈夫。能够柔和又不失刚直方正的气概，这是大丈夫。圣人和贤人的区别也就在这里了。

011. 圣人于万事也，以无定体为定体，以无定用为定用，以无定见为定见，以无定守为定守。贤人有定体，有定用，有定见，有定守。故圣人为从心所欲，贤人为立身行己，自有法度。

【译文】

圣人对于世上的事情，以没有定体当作定体，以没有定用当作定用，以没有定见当作定见，以没有定守当作定守。而贤人有定体，有定用，有定见，有定守。所以，圣人做事随心所欲，贤人做事立身行己，都有自己的法度。

012. 圣贤之私书，可与天下人见；密事，可与天下人知；不意之言，可与天下人闻；暗室之中，可与天下人窥。

【译文】

圣贤人的私人书信，可以拿给天下所有的人去看；隐秘的事情，可以让天下所有的人都知道；无心的言论，可以拿来让天下所有人去听；在暗室之中的一举一动，可以让天下所有人去窥探。

013. 好问、好察时，着一"我"字不得，此之谓能忘。执两端时，着一"人"字不得，此之谓能定。欲见之施行，略无人己之嫌，此之谓能化。

【译文】

爱好提问，爱好观察，不带有个人的成见，这就叫作能忘。执两端而用中的时候，不要考虑别人的看法，这就叫作能定。把自己的主张付诸行动，省去了为人为己的嫌疑，这就叫作能化。

014. 积爱所移，虽至恶不能怒，狃于爱故也；积恶所习，虽至感莫能回，狃于恶故也。惟圣人之用情不狃。

【译文】

自己长期以来所深爱的人，即使非常坏也不会发怒，这是因为习惯了爱的缘故；自己长期憎恶的人，即便是被他的真情感动到令人欢喜的程度，也无法改变对他的厌恶，这是因为习惯于痛恨厌恶的缘故。只有圣人在用情时不受约束。

015. 圣人有功于天地，只是人事二字。其尽人事也，不言天命，非不知回天无力，人事当然，成败不暇计也。

【译文】

圣人对天地的功劳，只体现在"人事"这两个字上面。努力做事，不说天命，这并非是不知道回天无力，而是因为人事要求理所应当这样做，不去计较成败得失了。

016. 君子立身行己有法度，此有道之言也。但法度自尧、舜、禹、汤、文、武、周、孔以来只有一个，譬如律今一般，天下古今所共守者。若家自为律，人自为今，则为伯夷、伊尹、柳下惠之法度。故以道为法度者，时牛之圣；以气质为法度者，一偏之圣。

【译文】

君子立身处世有自己的尺

度和准则，这是很有道理的话。但是，法律尺度自尧、舜、禹、汤、周文王、周武王、周公、孔子以来就只有一个，就好比法令条文，是古今天下的人所共同遵守的东西。假如各家都自定法律，每个人都有各自的法令，那就是伯夷、伊尹、柳下惠他们那些人的法度了。因此说把道当作法度的人，是任何时候都能按道理来行事的"时中之圣"人；把气质当作法度的人，就是有些偏颇的圣者。

017. 圣人是物来顺应，众人也是物来顺应。圣人之顺应也，从廓然大公来。故言之应人如响，而吻合乎当言之理；行之应物也，如取诣宫中，而吻合乎当行之理。众人之顺应也，从任情信意来，故言之应人也，好莠自口，而鲜与理合；事之应物也，可否惟欲，而鲜与理合。君子则不然，其不能顺应也，不敢以顺应也，议之而后言，言犹恐尤也；拟之而后动，动犹恐悔也。却从存养省察来。噫！今之物来顺应者，人人是也，果圣人乎？可哀也已！

【译文】

圣人是事物来临了就顺应着行事，普通人也是事物来临了就顺应着行事。圣人的顺应行事，是从廓然大公出发的，因此回答应承别人的问话时，应答得如同炮响，又合乎应当说的道理；行为举止适应事物，好比从宫中取来各种物品，且又符合当行之理。而众人的顺应，却是从任情随意中来的，因此应答别人的话时就好话丑话胡说乱道，很少与道理相吻合；行为举止适应事物，是否合适也是随心所欲的，且很少与理相适应。君子就不是这样，不能顺应的时候，就不敢去顺应它，讨论了之后才敢说，说了之后却仍怕有错；计划好了之后才行动，就是行动开始了仍担心会后悔。这一切都是从修养和省察中得来的。唉！如今事情来临而顺应的人，人人都能做到，都能成为圣人吗？那真是可悲呀！

018. 为宇宙完人甚难，自初生以至属纩，彻头彻尾无些子破绽尤难，恐亘古以来不多几人。其余圣人都是半截人，前面破绽，后来修补。以至终年晚岁，才得干净，成就了一个好人，还天付本来面目，故曰汤、武反之也。曰反，则未反之前便有许多欠缺处。今人有过便甘自弃，以为不可复入圣人境域，不知盗贼也许改恶从善。何害其为有过哉？只看归宿处成个甚人，以前都饶得过。

【译文】

做一个没有缺点的完人非常困难，要想从降生到死亡不犯一点儿过错那就更难了，恐怕从古到今也找不出几个这样的人来。除了这以外的圣人，都是半截的圣人。前半生所犯的错误，留待后半生来修正补过，等到了晚年，才清清白白，成为一个好人，恢复本来的样子，因此说，商汤、周武王也是返璞归真才成为圣人的。所谓返璞归真，就是说在没有返归之前就有许许多多的过失和错误。如今的人有了一点过错便自暴自弃，认为再也不能修养到圣人的境界，却不知道连盗贼都允许其改过自新，有了一点儿过失又有什么可怕的呢？只需看看最后的结果是变成一个什么样的人，以前的过错都是可饶恕的。

019. 圣人低昂气化，挽回事势，如调剂气血，损其侈不益其强，补其虚不甚其弱，要归于平而已。不平则偏，偏则病，大偏则大病，小偏则小病。圣人虽欲不平，不可得也。

【译文】

圣人参与气化，挽回时势，如同调剂气血，减损其多余的地方而不使得其更强，补充其虚弱的地方而不让他更加虚弱，主要的目的就在于求得平衡。不平衡了就会出现偏差，出现偏差就会犯错，出现大偏差就会犯大错，出现小偏差就会犯小错。圣人即便想不求得平衡，也是无法做到的。

020．圣人绝四。不惟纤尘微障无处着脚，即万理亦无作用处，所谓顺万事而无情也。

【译文】

圣人克服了自身的四种毛病，这就是不凭空猜测、不绝对肯定、不拘泥固执、不唯我独是。做到了这些，不仅纤尘微障无处落脚，即使是万事万理也不能起作用，这就是所说的顺应万事而不带有个人的私情。

021．圣人胸中万理浑然，寂时则如悬衡鉴，感之则若决江河。未有无故自发一善念。善念之发，胸牛不纯善之故也。故惟旦昼之牿食，然后有夜气之清明。圣人无时不夜气，是以胸中无无，故自见光景。

【译文】

圣人的心中有许许多多道理混杂在一起，寂静的时候就如高悬的天平和镜子一样，感动的时候又像决堤的江河一样汹涌翻滚，不会无缘无故地产生一个好的念头。如果生发了善良的念头，是心中还没有真正达到仁善境地的缘故。所以只有在白天克服了不属于真善的想法，然后才能保持夜间之气的清明。圣人的心没有哪个时候不像夜气一样清明，所以心中没有了无缘无故产生的欲念，能够看清楚各种事物的真正面目。

022. 法令所行，可以使土偶奔趋；惠泽所浸，可以使枯木萌蘖；教化所孚，可以使鸟兽伏驯；精神所极，可以使鬼神感格。吾必以为圣人也。

【译文】

法令颁布施行，可以让泥人木偶都来遵守执行；恩惠所浸润的地方，可以让枯木萌生出新枝；教化所抵达的地方，可以让鸟兽都驯服；精神所感染的地方，可以让鬼神都感通。能够做到这些的，我认为他一定是个圣人。

023. 圣人平天下，不是夷山填海，高一寸还他一寸，低一分还他一分。

【译文】

圣人能使天下的事都趋于平衡，但并不是像移山填海那样，而是高出一寸就减掉它一寸，低一分就补添它一分。

024. 圣人心上再无分毫不自在处。内省不疚，既无忧惧。外至之患，又不怨尤。只是一段不释然。却是畏天命，悲人穷也。

【译文】

圣人的心中再也没有丝毫不自在的地方。自我反省没有感到愧疚，没有忧虑和恐惧。即便遇到外来的灾难，也不会怨天尤人。只是心里放不下，那就是敬畏天命，为百姓的穷困感到悲叹。

025. 定静安虑，圣人无一刻不如此。或曰："喜怒哀乐到面前何如？"曰："只凭喜怒哀乐，定静安虑，胸次无分毫加损。"

【译文】

定、静、安、虑这几种心态，圣人没有哪个时刻不是如此的。有人会问："喜、怒、哀、乐这样的事来到你面前会怎么样呢？"回答说："只是任凭它喜、怒、哀、乐，而圣人的定、静、安、虑的心境一丝一毫都不会有所改变。"

026. 物之入物者染物，入于物者染于物；惟圣人无所入，万物亦不得而入之。惟无所入，故无所不入。惟不为物入，故物亦不得而离之。

【译文】

当一种物体侵入另一种物体的时候，就会沾染另一种物体，侵入的物体也会被另一种物体所沾染；唯独圣人不会去沾染任何事物，各种物体也不能侵入圣人的身心。因此说，只有做到无所入，才能达到无所不入。只有不被物所侵入，所以物体也不能离开。

027. 日之于万形也，鉴之于万象也，风之于万籁也，尺度权衡之于轻重长短也，圣人之于万事万物也，因其本然，付以自然，分毫我无所与焉。然后感者常平，应者常逸，喜亦天，怒亦天，而吾心之天如故也。万感勋勃，众动穆搭，而吾心之天如故也。

【译文】

阳光对于万种形体，镜子对于万般景象，风对于各种事物发出的声响，尺度权衡事物的轻重长短，圣人对于天下万事万物，顺着它们的本性，交付于自然，我丝毫都不加以干涉，然后感受到的人常常平静，响应的人常常安闲。欢乐来自上天，愤怒来自上天，而我心中的上天依然如故。各种物体都因为受到感动而急迫不安，万众骚动而各种矛盾纵横交错，而我心中的自然依旧如故。

028.尧、舜虽是生知安行，然尧、舜自有尧、舜工夫学问。但聪明睿智千百众人。岂能不资见闻，不待思索？朱文公云："圣人生知安行，更无积累之渐。"圣人有圣人底积累，岂儒者所能测识哉？

【译文】

尧、舜虽然是生而知之、安而行之的圣人，但是尧、舜也有尧、舜的功夫与学问。但是聪明与睿智的人那么多，怎么能不靠见多识广，怎么不需要思考？朱文公说过："圣人生知安行，更没有渐渐积累。"圣人自有圣人的生活积累，一般的读书人怎么能知道呢？

029. 对境忘情，犹分彼我。圣人可能入尘不染，则境我为一矣。而浑然无点染，所谓"入水不溺，入火不焚"。非圣人之至者不能也。若尘为我役，化而为一，则天矣。

【译文】

身处在美妙的境界中忘却了自身的存在，但还可以区分出自己。而圣人能做到入尘不染，做到境我为一了。而又能浑然一体，没有半点儿被沾染之处，正是"入水不溺，入火不焚"。不是德行至高无上的圣人是做

不到这一点的。如果要凡尘能受我所役使，尘我化二而为一，只有上天能够做到。

030. 圣人尝自视不如人，故天下无有如圣人者，非圣人之过虚也，四海之广，兆民之众，其一才一智未必皆出圣人下也。以圣人无所不能，岂无一毫之朱至？以众人之无所能，岂无一见之独精？以独精补未至，固圣人之所乐取也。此圣人之心日歉然不自满足，日汲汲然不已于取善也。

【译文】

圣人们常常以为自己不如众人，所以天下的人没有一个比得上圣人的，这并不是圣人过分谦虚，天下这么大，人民如此众多，众人的才智未必都在圣人之下。以圣人的无所不能的才智，哪里有什么细小的地方不可以抵达的？以众人的没有什么能耐，哪里没有一见之独精？用独精来填补未至，本来是圣人所乐于采用的。这也是圣人的心每天都感到歉然不满足，每天都汲取别人长处、学习别人优点的原因。

品　藻

001. 独处看不破，忽处看不破，劳倦时看不破，急遽仓卒时看不破，惊忧骤感时看不破，重大独当时看不破，吾必以为圣人。

【译文】

一个人，如果他独处的时候不被人看破，疏忽的时候不被人看破，疲劳倦怠时不被看破，着急仓促时不被看破，吃惊紧张时不被看破，独当大事时也看不出有什么毛病，我一定会认为他是圣人。

002. 圣人做出来都是德行，贤人做出来都是气质，众人做出来都是习俗，小人做出来都是私欲。

【译文】

圣人做的都是德行的表现，贤人做的都是气质的表现，众人做的都是习俗的表现，小人做的都是私欲的表现。

003. 一种人难悦亦难事，只是度量褊狭，不失为君子；一种人易事亦易悦，这是贪污软弱，不失为小人。

【译文】

有一种人难以使他高兴，也难以同他共事，只是因为心胸狭小，不能说不是君子；有一种人容易共事，也容易使他高兴，但贪婪软弱，不能说不是小人。

004. 富于道德者不矜事功，犹矜事功，道德不足也；富于心得者不矜闻见。犹矜获见，心得不足也。文艺自多，浮薄之心也；富贵自雄，卑陋之见也。此二人者，皆可怜也。而雄富贵者更不数于丈夫。行彼其冬烘盛大之态，皆君子之所欲呕者也。而彼且志骄意得，可鄙孰甚焉！

【译文】

富于德行的人不会夸耀自己的功劳，如果仍然夸耀自己的功劳，是道德修养还不够；富于心得的人不会夸耀自己的见闻，如果仍然夸耀自己的见闻，是心得不足的缘故。具有文艺的才能就非常自负，这是轻浮浅薄之心；有钱有势就自命不凡，是卑鄙浅陋的见识。这两种人都是可怜虫。而因为有钱有势就傲视他人的人就不属于大丈夫之列了。这种人的那种糊涂迂腐端着架子的神态，所有君子见了就感到恶心呕吐了。而他却还是洋洋自得，还有比这更为可鄙的人吗？

005．藏名远利，夙夜汲汲乎实行者，圣人也。为名修，为利劝，夙夜汲汲乎实行者，贤人也。不占名标，不寻利孔，气昏志惰，荒德废业者，众人也。炫虚名，渔实利，而内存狡狯之心，阴为鸟兽之行者，盗贼也。

【译文】

隐藏美名远离利益，日夜都在踏实做事的人，这些是圣人。为修美名，为得利益，日夜都在实实在在做事情的人，这些是贤人。不懂得争名求利，昏昏沉沉思想懒惰，荒废道德功业的人，这些是普通人。炫耀虚名，谋取实利，而心怀狡黠的心，暗地里做一些禽兽不如的事情的人，这些人是盗贼。

006．阳君子取祸，阴君子独免；阳小人取祸，阴小人得福；阳君子刚正直方，阴君子柔嘉温厚；阳小人暴戾放肆，阴小人奸回智巧。

【译文】

具有阳刚之气的君子容易遭到祸殃，阴柔的君子却唯独能幸免；阳刚的小人容易遭到祸殃，阴柔的小人却能得福；阳刚的君子刚正方直，阴柔的君子温厚沉稳；阳刚的小人暴戾放肆，阴柔的小人奸诈狡猾。

007．上士宜道德，中士重功名，下士重辞章，斗筲之人重富贵。

【译文】

上等的读书人看重道德，中等的人看重功名，下等的人看重辞章，才识浅薄、气量狭小的人看重富贵。

008．人流品格，以君子小人定之，大率有九等：有君子中君子。才全德备，无往不宜者也。有君子，优于德而短于才者也。有善人，恂雅温朴，仅足自守。识见虽正，而不能自决。躬行虽力，而不能自保。有众人，才德识见俱无足取，与世浮沉，趋利避害，禄禄风俗中无自表异。有小人，偏气邪心。惟己私是殖，苟得所欲，亦不害物。有小人中小人，贪残阴狠，恣意所极，而才足以济之，敛怨怙终，无所顾忌。外有似小人之君子，高峻奇绝，不就俗检，然规模弘远，小疵常颖，不足以病之。有似君子之小人，老诈浓文，善藏巧借，为天下之大恶，占天下之大名，事幸不败。当时后世皆为所欺，而竟不知者。有君子小人之间，行亦近正而偏，语亦近道而杂。学圆通便近于俗，尚古朴则入于腐，宽便姑息，严便猛鸷。是人也，有君子之心，有小人之过者也，每至害道，学者戒之。

【译文】

人的品格，以君子小人来评定，大概可以分为九等：有君子中的君子。他们德才兼备，没有什么做不到的。有君子，道德方面高尚而才能有所欠缺。有善人，温和娴雅，只能够做到自守，思想虽然中正，然而却不能自我决断，虽然认真去做，但是却不能自保。有普通人，才能、品德、见识都没有可取之处，与世事沉浮，趋利避害，在禄禄的风俗之中没有什么突出之处。有小人，

心思不正，只想着自己的利益，偶尔得到自己想要的东西，也不会构成什么伤害。有小人中的小人，贪婪残忍、阴险狠毒，恣意妄为，然而其才能足以做到，对于别人的怨恨，无所顾忌。有外表像小人的君子，他们高峻奇绝，不随流俗，然而其胸襟宽阔宏大，常犯一些小错误，但不足以之为病。有外表好像是君子的小人，奸诈善辩，善于伪装自己，做天底下十恶不赦的大恶，却占尽天底下的美名，自己的所作所为侥幸没有失败，当时的人和后世的人都被他蒙蔽欺骗而不知道。有处于君子与小人之间的人，他们的行为近于中正而有所偏差，言语近于正道而驳杂，他们的学问圆通却近于世俗，崇尚古朴又落入陈腐，宽容就会变得姑息，严厉就会变成猛鸷。这种人，有君子的用心，小人的过错的人，往往会迫害正道，学者要以之为戒。

009. 上才为而不为，中才只见有为，下才一无所为。

【译文】

有才能的人做了好像没有做，中等才能的人只知道做，下等才能的人什么也做不了。

010. 心术平易，制行诚直，语言疏爽，文章明达，其人必君子也。心术微暧，制行诡秘，语言吞吐，文章晦涩，其人亦可知矣。

【译文】

心术平和简易，行为诚恳正直，语言直率爽朗，文章明白晓畅，这样的人一定是君子。心术隐微暧昧，行为诡秘，语言吞吞吐吐，文章晦涩难懂，这种人也就可想而知了。

011. 有涵养人，心思极细。虽应仓卒，而胸中依然暇豫，自无粗疏之病。心粗便是学不济处。

【译文】

有涵养的人心思细密。即使事出仓促，但心中依然有时间来做准备，自然就没有粗心疏忽的弊病。粗心疏忽就是学问不足的表现。

012. 观人括以五品：高、正、杂、庸、下。独行奇识曰高品，贤智者流。择牛有执曰正品，圣贤者流。有善有过曰杂品，劝惩可用。无短无长曰庸品，无益世用。邪伪二种曰下品，慎无用之。

【译文】

看人可以从以下五方面看，就是高、正、杂、庸、下。具有独行奇识的人是高品，这是贤能智慧的人。处理任何事物都合乎中道而又有所执持是正品，这是圣贤一类的人物。有善行善德也有过失的人是杂品，这类人，通过鼓励、惩戒还可以任用。没有短处也没有长处的就是庸品，对社会没有作用。奸邪、虚伪的人为下品，对这类人一定要谨慎，千万不要任用。

013. 气节信不过人。有出一时之感慨，则小人能为君子之事。有出于一念之剽窃，则小人能盗君子之名。亦有初念甚力，久而屈其雅操，当危能奋，安而丧其平生者。此皆不自涵养中来。若圣贤学问，至死更无破绽。

【译文】

在危难或紧急时刻表现出

来的气概和节操，不能完全让人相信。因为小人有时出于一时的感慨，小人也能做出君子的事情。有出于一时的剽窃的念头，小人就会盗用君子的名义。也有当初的念头很好，也很努力，但时间长了这种努力就松懈了，危难时能够奋起，而在安定中丧失了平生的志向。这些人的气概和节操都不是从长期的修养中得来的。至于圣贤的学问，至死也不会出现破绽。

014. 无根本底气节，如酒汉殴人，醉时勇，醒时索然五分毫气力。无学问底识见，如庖人炀灶，面前明，背后左右无一些照顾，而无知者赏其一时，惑其一偏，每击节叹服，信以终身。吁！难言也。

【译文】

没有一点气节，就好像喝醉的酒鬼殴打别人，醉着的时候十分勇猛，酒醒的时候就会索然没有一丝一毫的气力。没有学问见识的人，就好像厨师烘烤炉灶，只有面前的地方是明亮的，身边都照顾不到，但那些无知的人却只懂得欣赏一时，被偏见的东西所迷惑，每每对其击节叹服，还以为是一贯的气节呢，甚至终身都相信。唉！真是难以言说啊！

015. 众恶必察，是仁者之心。不仁者闻人之恶，喜谈乐道。疏薄者闻人之恶，深信不疑。惟仁者知恶名易以污人，而作恶者之好为诬善也。既察为人所恶者何人，又察言者何心，又察致恶者何由，耐心留意，独得其真。果在位也，则信任不疑；果不在位也，则举辟无贰；果如人所中伤也，则扶救必力。呜呼！此道不明久矣。

【译文】

众人都厌恶的事情一定要予以明察，这就是仁者的用心。不仁的人听到别人的坏话，就喜闻乐道；疏陋浅薄的人听到别人的坏话，就深信不疑。只有仁者知道恶名容易损害人，而作恶的人又喜欢诬蔑好人。所以要了解为人所憎恶的人到底是什么样的人，又要分析说他坏话的人是何用心，还要调查为什么会让人说他的坏话，通过耐心留意的调查分析最后得出正确结论。如果在官位上，就信任不疑；不在官位上，就竭力举荐；确实是被人中伤，就努力扶救。唉！这个道理不被明白很久了。

016. 见是贤者，就着意回护，虽有过差，都向好边替他想；见是不贤者，就着意搜索，虽有偏长，都向恶边替他想。自宋儒以来，率坐此失，大段都是个偏识见。所谓好而不知其恶，恶而不知其美者。惟圣人便无此失，只是此心虚平。

【译文】

见是圣人，就想方设法袒护他，即便有过错，也会替他向好的方面着想；见是不贤的人，就挖空心思来搜寻他的过错，即便有长处，也总是会向坏的方面着想。自宋代以来的儒者大都犯这个毛病，大多都有偏见。见到好的就不知道有坏的，说一个人坏就看不到他的好处。只有圣人才不会犯这样的毛病，圣人的心是虚空和公平的。

017. 君子之交怕激，小人之交怕合。斯二者，祸人之国。其罪均也。

【译文】

君子之间的交往最怕的是偏激，小人之间的交往最怕的是相互迎合。这二者，在祸国殃民方面，其罪过是一样的。

018. 未试于火，皆纯金也。未试于事，皆完人也。惟圣人无往而不可。下圣人一等皆有所不足，皆可试而败。夫三代而下人物，岂甚相远哉？生而所短不遇于所试，则全名定论，可以盖棺；不幸而偶试其所不足，则不免为累。夫试不试之间，不可以定人品也。故君子观人不待试，而人物高下终身事业不爽分毫，彼其神识自在世眼之外耳。

【译文】

没有用火来试验都可以称作纯金。没有在实践中试验，所有的人都可以称为完人。只有圣人才是无往不利的完人。比圣人低一等的都是有所不足的，都是可以通过试验而败露的。夏、商、周三代以后的人物，怎么会相去甚远呢？与生俱来的缺点没有遇到考验，就可以保全自己的美名而盖棺论定；如果不幸偶然间遇到考验发现了他的不足，就不免被他拖累。在试与不试之间，不能够判定一个人的人品。因此君子判断一个人的人品不需要去考验他，就能够把人物品行的高低和终身的事业不差分毫地判断出来，这是因为他们的见识是在普通人的眼界之外的。

019. 士气不可无，傲气不可有。士气者，明于人己之分，守正而不诡随。傲气者，昧于上下之等，好高而不素位。自处者每以傲人为士气，观人者每以士气为傲人。悲夫！故唯有士气者能谦己下人，彼傲人者昏夜乞哀，或不可知矣。

【译文】

士气不可以有，傲气不可以没有。士气，就是明白自己和别人的差别，坚守正义而不诡随他人。傲气，不明白上下的等级差别，喜欢高位而不愿居于常位。看自己常常以傲视别人为士气，观察他人常常以士气为傲人。可悲啊！因此，只有具有士气的人能谦虚地居于人下，那傲视别人的人可能会在黑夜乞求别人的哀怜，也未可知。

020. 体解神昏、志消气沮，天下事不是这般人干底。接臂抵掌，矢志奋心，天下事也不是这般人干底。干天下事者，智深勇沉、神闲气定，有所不言，言必当，有所不为，为必成。不自好而露才，不轻试以侥功，此真才也，世鲜识之。近世惟前二种人，乃互相讥，识者胥笑之。

【译文】

身体倦怠、精神昏聩、意志消沉、神气沮丧，大事不是这种人干的。将起袖子伸出胳膊、摩拳擦掌、发誓立志、情绪激昂，大事也不是这种人干的。做大事的人智慧深沉、勇气敛藏、精神安闲、神气安定。除非他们不说话，说了必然算数；除非不行动，行动必然成功。不喜欢显露自己的才能，不轻易做事求侥幸成功，这才是真才，而世人很少能够识别。现代社会只有前面两种人，还互相讥讽，有见识的人只能笑笑了。

021. 贤人君子，那一种人里没有？鄙夫小人，那一种人里没有？世俗都在那爵位上定人品，把那邪正却作第二着看。今有仆隶乞丐之人，特地做忠孝节义之事，为天地间立大纲常，我当北面师事之。环视达官贵人，似倪首居其下矣。论到此。那富贵利达与这忠孝节义比来，岂直泰山鸿毛哉？然则匹夫匹妇未可轻。而下士寒儒其自视亦不可渺然小也。故论势分。虽抱关之吏，亦有所下以伸其尊。论性分。则尧、舜与途人可揖让于一堂。论心谈道，孰贵孰贱？孰尊孰卑？故天地间惟道贵，天地间人惟得道者贵。

【译文】

　　贤人君子，哪个阶层没有？卑鄙小人，哪里没有？世俗的都从爵位高低判定品德优劣，而将德行的邪正反而作为第二要素看待。假如现在有个仆隶乞丐，所作所为全部合乎忠孝节义的标准，为世人树立了良好的榜样，那么我就应当拜他为师。环顾那些达官贵人，比那些地位卑下的人差远了。由此可见，富贵荣华与忠孝节义之间的差别，岂止是泰山与鸿毛之间的差别！所以平民百姓不可轻视，而地位微贱的文人学士，也不必看不起自己。因此从地位上来看，即使是守城门的小吏也有使得别人居于自己而保持自己尊严的地方。从品性来看，那尧、舜也可以和路途上的人在一间屋子里面交谈。如果是在一起谈心论道，又哪里会有身份贵贱、最贵卑微的差别？因此天地之间只有道最宝贵，天地之间只有得道的人最宝贵。

　　022. 世之人常把好事让与他人做，而甘居己于不肖，又要掠个好名儿在身上。而诋他人为不肖。悲夫！是益其不肖也。

【译文】

　　世上的人常常把好事让给别人去做，而自己宁愿不肖，还想为自己得个好名声。却抱怨别人不正派。悲哀啊！这是在增加自己的不肖。

　　023. 正直者必不忠厚，忠厚者必不正直。正直人植纲常扶世道，忠厚人养和平培根本。然而激天下之祸者，正直之人；养天下之祸者，忠厚之过也。此四字兼而有之，惟时牛之圣。

【译文】

　　正直的人必然不忠厚，忠厚的人必然不正直。正直的人能端正纲常、扶救世道，忠厚的人能培养和平、扶植根本。然而，造成天下祸患的，是正直的人；养成天下祸患的，是忠厚之人的过失。正直忠厚，这四个字同时具备的只有圣人。

024. 其事难言而于心无愧者，宁灭其可知之迹。故君子为心受恶，太伯是已。情有所不忍，而义不得不然者，宁负大不韪之名。故君子为理受恶，周公是已。情有可矜，而法不可废者，宁自居于忍以伸法。故君子为法受恶，武侯是已。人皆为之，而我独不为，则掩其名以分谤。故君子为众受恶，宋子罕是已。

【译文】

事情难以对别人说而心中无愧的，宁可消掉可能会被人知道的痕迹。所以君子为了隐藏内心的事遭到误解或诽谤，太伯就是这样。情理上不可以原谅，而道义上不可以不这样的，宁可冒着违背全天下人的罪名。所以君子会因为坚持正理而受到误解或诽谤，周公就是这样。情理上可以原谅，但法律上不可废的，宁可背负残忍的名声也要伸张法律。所以君子会因依法办事而受到人误解或诽谤，诸葛亮就是这样。人们都去做而只有我不去做，宁可掩盖自己的美名而分担诽谤。所以君子会因为保护众人受到误解，宋国的子罕就是这样。

025. 天之生人，虽下愚亦有一窍之明。听其自为用而极致之，亦有可观，而不可谓之才。

所谓才者，能为人用，可圆可方，能阴能阳。而不以己用者也，以己用皆偏才也。

【译文】

上天之创造人类，即便具有下等智慧的人，也会有一处聪明的地方。任凭他运用自己的这处聪明，如果发挥到了极点，也是很值得赞赏的，但不能称之为才能。所谓的才能，是能被别人运用，可圆可方，能阴能阳，而不是为了供自己使用。为了供自己使用就是偏才了。

026. 心平气和而有强毅不可夺之力，秉公持正而有圆通不可拘之权，可以语人品矣。

【译文】

心平气和而又具有刚毅不可征服的力量，秉公持正而又有圆通不受约束的能力，这样的人可以评论人的品德了。

027. 从容而不后事，急遽而不失容，脱略而不疏忽，简静而不京薄，真率而不鄙俚，温润而不脂韦，光明而不浅浮，沉静而不阴险，严毅而不苛刻，周匝而不烦碎，权变而不谲诈，精明而不猜察，亦可以为成人矣。

【译文】

从容但不耽误事情，急速但不改变容色，洒脱但不疏忽，简略宁静但不冷淡薄情，真率但不粗俗，温润但不阿谀圆滑，光明但不浅浮，沉静但不阴险，严毅但不苛刻，周密但不烦琐，随机应变但不好诈，精明但不猜疑，这样的人可以称为完美无缺的了。

028. 厚德之士能掩人过，盛德之士不令人有过。不令人有过者，体其不得已之心，知其必至之情，而预遂之者也。

【译文】

德行浑厚的人能掩盖别人的过错，德行盛大的人不会让人犯过错。不让人犯过错的人，能够体会别人不得已的苦心，知道别人必须这样做的内情，而能够提前就要他的愿望得以实现。

029．无识之士有三耻：耻贫，耻贱，耻老。或曰："君子独无耻与？"曰："有耻。亲在而贫，耻；用贤之世而贱，耻；年老而德业无闻，耻。"

【译文】

无见识的人有三耻：以贫穷为耻、以低贱为耻、以年老为耻。有人问："君子难道没有感到羞耻的事情吗？"回答说："有感到可耻的事。父母健在而自己贫穷，可耻；处于用贤任能的世道而地位卑贱，可耻；年老而德业不被人知道，可耻。"

030．初开口便是煞尾语，初下手便是尽头着，此人大无含蓄，大不济事，学者戒之。

【译文】

刚一开口说话就是结束语，刚一下手做就是尽头处，这样的人毫无含蓄可言，根本做不了大事，做学问的人要引以为戒。

031．或问："君子小人，辩之最难？"曰："君子而近小人之迹，小人而为君子之态，此诚难辩。若其大都，则如皂白不可掩也。君子容貌敦大老成，小人容貌浮薄琐屑。君子平易，小人跷蹊；君子诚实，小人奸诈；君子多让，小人多争；君子少文，小人多态。君子之心正直光明，小人之心邪曲微暧。君子之言雅淡质直、惟以达意，小人之言鲜称柔泽、务于可人。君子与人亲而不昵，直谅而不养其过；小人与人狎而致情，谀悦而多济其非。君子处事可以盟天质日，虽骨肉而不阿；小人处事低昂世态人情，虽昧理而不顾。君子临义慷慨当前，惟视天下国家人物之利病，其祸福毁誉了不关心；小人防义则观望顾忌，先虑爵禄身家妻子之便否，视社稷苍生漫不属己。君子事上，礼不敢不恭，难使枉道；小人事上，身不知为我，侧意随人。君子御下，防其邪而体其必至之情；小人御下，遂吾欲而忘彼同然之愿。君子自奉节俭恬雅，小人自奉汰侈弥文。君子亲贤爱士，乐道人之善；小人嫉贤妒能，乐道人之非。如此类者，色色顿殊。孔子曰：'患不知人。'吾以为终日相与，其类可分，虽善矜持，自有不可掩者在也。

【译文】

有人问道："君子和小人，最难区分的是什么？"回答说："是君子却有着近似小人的行迹，是小人却装出君子的形态，这确实难以分辨。若说大概，则如同黑白一样不能掩盖。君子的容貌敦厚老成，小人的容貌轻薄猥琐。君子平易近人，小人难以测度；君子诚恳实在，小人奸诈虚伪；君子总是谦让，小人总是争抢；君子很少掩饰，小人大多伪态。君子的心正直光明，小人的心邪僻暧昧。君子的言论雅淡质直，只求能表达自己的意思；小人的言论光鲜亮丽，务求能迎合别人的心意。君子和别人交往亲密而不亲昵，正直诚实，不助长别人的过错；小人和人交往亲近而不庄重，阿谀逢迎，而助长别人的过错。君子处理事情可以直对青天白日，即便是亲人也公正不阿；小人处理事情会随着世态人情而变化，即便是有悖于事理也无所顾忌。君子临义，慷慨向前，只看对天下国家人民事物是否有利，而丝毫不把祸福毁誉放在心上；小人临义，则是观望顾忌，先考虑对爵位俸禄身家妻子是否有利而不把社稷苍生放在心上。君子对待自己的上级，礼节上不敢不恭敬，但难以让他干那些违背事理的事情；小人对待自己的上级，就尽力巴结逢迎，一心只为了顺从上级的意思。君子治理下级，会防止他们走上邪路，能够体谅他们内心的感情；小人治理下级，只管按照自己的欲望来办事，不管其他下级有没有与自己相同的愿望。君子的日常应用节俭恬淡素雅，小人的日常应用总是奢侈浪费。君子亲近贤人雅士，乐意点说别人的优点；小人嫉贤妒能，喜欢说别人的缺点。像这一类的，样样不同。孔子说：'不患人不知己，患不知人也。'我认为相处时间长了，就能够分辨出，小人虽然善于掩饰自己，终究有掩饰不住的地方。

032. 狃浅识狭闻，执偏见曲说，守陋规格套，斯人也若为乡里常人，不足轻重；若居高位有今名，其坏世教不细。

【译文】

局限于浮浅的知识和狭隘的见闻，执持偏见曲说，坚守陋规俗套，这样的人，如果是乡里的平常人，其危害不足轻重；如果身居高位又有好名声，对社会教化的危害可就不小了。

033. 以粗疏心看古人亲切之语，以烦躁心看古人静深之语，以浮泛心看古人玄细之语，以浅狭心看古人博洽之语，便加品瞧，真孟浪人也。

用粗疏的心态去看古人的亲切的言语，用烦躁的心态去体察古人意味深奥的言语，用浮躁泛泛的心态去看待古人的玄细言语，以浅薄狭隘的心态去看古人的博洽的言语，如此就加以品评，真是鲁莽轻率的人啊。

034. 平生无一人称誉，其人可知矣。平生无一人诋毁，其人亦可知矣。大如天，圣如孔子，未尝尽可人意。是人也，五分君子小人皆感激之，是在天与圣人上，贤耶？不肖耶？我不可知矣。

【译文】

平生没一个人称赞，他的人品如何就可想而知了。平生没有一个人诋毁，他的人品也可想而知了。大如天，圣明如孔子，也不能尽合人意。而一个人，无论小人君子都会感激他，这个人就在天和圣人之上了，贤明还是不贤明？我就不知道了。

035. 寻行数墨是头巾见识，慎步矜趋是钗裙见识，大刀阔斧是丈夫见识，能方能圆、能人能小是圣人见识。

【译文】

只会背诵书本上的文句而不明义理，这是书呆子的见识；谨慎矜持亦步亦趋，这是女子的见识；大刀阔斧敢想敢干，这是大丈夫的见识；能方能圆、能大能小，这是圣人的见识。

036. 乐要知内外。圣贤之乐在心。故顺逆穷通随处皆泰；众人之乐在物。故山溪花鸟遇境才生。

【译文】

快乐要知道分个内外。圣贤的快乐在内心，所以无论是顺境还是逆境、穷困还是显达，都能够泰然自若；普通人的快乐在于外物，因此山溪花鸟这样的美景才会产生愉悦之情。

037. 能用天下而不能用其身，君子惜之。善用其身者，善用天下者也。

【译文】

能够利用天下的人才、事物，却不能很好地利用自己的才能，这样的人，君子为他感到惋惜。只有那些善于运用自身才能的人，才能善于利用天下的人和事物。

038. 学者不能徙义改过，非是不知，只是积慵久惯。自家由不得自家，便没一些指望。若真正格致了，便由不得自家，欲罢不能矣。

【译文】

做学问的人不能够改正过错，并不是自己不知道，只不过是长时间懒惰成为一种习惯。自己不能把握自己，就没有什么指望了。如果真正懂得了改正错误，便由不得自己，想要停止都不可能了。

039. 终日不歇口，无一句可议之言，高于缄默者百倍矣。

【译文】

终日不停地说话，却没有一句值得评论的，即便是这样，也比保持沉默强百倍。

040. 强恕，须是有这恕心才好。勉强推去，若视他人饥寒痛楚漠然通不动心，是恕念已无，更强个甚？还须是养个恕出来，才好与他说强。

【译文】

勉强别人推行宽恕，也必须是这个人有宽恕的心才行，如果只是勉强他去做，对别人的饥寒痛苦全都漠然无视，毫不动心，宽恕的念头已经没有了，还能勉强他什么呢？还是先培养宽恕的心，才好去勉强他。

041. 盗莫大于瞒心昧己，而窃劫次之。

【译文】

没有比违背自己的良心更坏的了，而抢劫和偷窃就差一些。

042. 只气盛而色浮，便见所得底浅。邃养之人安详沉静，岂无慷慨激切，发强刚毅时？毕竟不轻恁底。

【译文】

只是心气旺盛而表面上浮躁，就能够看出他的修养是很浅薄的。有深邃涵养的人安详沉静，难道就没有慷慨激切、奋发刚毅的时候吗？终归不会轻易就这样做。

043. 面色不浮，眼光不乱，便知胸中静定非久养不能。《礼》曰："俨若思，安定辞。"善形容，有道气象矣。

【译文】

一个人面色不浮，眼光不乱，就能知道内心是平静安定的，没有长时间的修养是做不到的。《礼记》说："思考时要面容庄重，说话时要言语谨慎。"善于形容有品德高尚人的神情形态。

044. 于天理汲汲者，于人欲必淡；于私事耽耽者，于公务必疏；于虚文烨烨者，于本实必薄。

【译文】

孜孜不倦追求天理的人，对于人的欲望一定看得很淡；沉溺于自己的私事的人，对待公务一定疏忽大意；崇尚繁文缛节的人，对于事物的实际效用一定不用心。

045. 有忧世之实心，泫然欲泪；有济世之实才，施处辄宜。斯人也，我愿为曳履执鞭。若聚谈纸上微言，不关国家治忽；争走尘中众辙，不知黎庶死生，即品格有清浊，均于宇宙无补也。

【译文】

有忧虑世事的真心，不禁潸然泪下；有救济世事的实才，实施之处都很适宜。这样的人，我愿意为他提鞋执鞭。如果只是聚谈书本上的精深之处，不关心国家的治理与忽怠；争着按照众人走过的脚印走路，不顾黎民的死活，品格有高低，对世道都是没用的。

046. 安重深沉是第一美质。定天下之大难者，此人也。

辩天下之人事者，此人也。刚明果断次之。其他浮薄好任，翘能自喜，皆行不逮者也。即见诸行事而施为无术，反以偾事，此等只可居谈论之科耳。

【译文】

遇事安稳庄重、镇定自若是优秀的道德品质。平定天下的危难，靠的就是这样的人；能在世上做一番事业的人，也是这种人。其次是做事果断、清正廉明的人。其他浅薄浮躁、好大喜功、炫才逞能、自以为是的人，都是行为有不足之处。如果让他们去做事却没有真才实学，成事不足却败事有余，这样的人只会是别人谈论的对象。

047. 小廉曲谨之士，循涂守辙之人，当太平时，使治一方、理一事，尽能本职。若定难决疑，应卒蹈险，宁用破绽人，不用寻常人。虽豪悍之魁，任侠之雄，驾驭有方，更足以建奇功，成人务。噫！难与曲局者道。

【译文】

小廉曲谨之士，循规蹈矩之人，在社会太平的时候，让他治理某一个地方、处理某一件事，能奉尽职守。如果是决断困难和可疑之事，应对突然发生的和有危险的事，宁可用有缺点的人，不用普通的一般人。即使是那些最豪悍的人、最任侠的人，只要驾驭得法，也可以建立奇功、成就大事。唉！这一点难以同曲局之人说明白。

048. 观人只谅其心，心苟无他，迹皆可原。如下官之供应未备，礼节偶疏，此岂有意简傲乎？简傲上官以取罪，甚愚者不为也。何怒之有？供应丰溢，礼节卑屈，此岂敬我乎？将以悦我为进取之地也，何感之有？

【译文】

看人只需要体谅他的内心，内心没有什么不好的迹象，其他的问题都是可以原谅的。比如手下官吏的供应之物没有准备齐全，礼节上稍微有疏忽，难道就是故意要表现出简忽傲慢吗？对待上级傲慢无礼使自己获罪，再愚蠢的人也不会这样做。有什么可恼怒的呢？对上级供应丰厚完备，礼节上做到了卑躬，这难道是表示尊敬吗？这是为了讨好上级以求得进取升迁的机会，有什么值得感动的呢？

049. 凡为外所胜者，皆内不足也；为邪所夺者，皆正不足也。二者如持衡然，这边低一分，那边即昂一分，未有毫发相下者也。

【译文】

凡是被外表的繁盛所迷惑的人，都是内在不足的；凡是被邪恶之气所改变的人，都是正气不足的。这二者就好像天平称量物体一样，这边低一点儿，那边就会高一点儿，不会有一分一毫的差错。

050. 善为名者，借口以掩真心；不善为名者，无心而受恶名。心迹之间，不可以不辩也。此观人者之所忽也。

【译文】

善于为自己制造名声的人，会用种种借口来掩饰真实想法；不善于为自己制造名声的人，会因为无心的话而背负恶名。因此，想法和行为到底怎么样，不可以不去明辨。这是观察人容易疏忽的地方。

051．观操存在利害时，观精力在饥疲时，观度量在喜怒时，观存养在纷华时，观镇定在震惊时。

【译文】

观察一个人的操守应该在利害攸关的时候，观察一个人的精力应该在饥饿疲劳的时候，观察一个人的度量应该在或喜或怒的时候，观察一个人的存心养性应该在繁华兴盛的时候，观察一个人是否镇定应该在震惊的时候。

052．功士后名，名士后功。三代而下，其功名之士绝少。圣人以道德为功名者也，贤人以功名为功名者也，众人以富贵为功名者也。

【译文】

看重功绩的人把名声放在后边，看重名声的人把功绩放在后边。夏、商、周三代以后，真正看重功绩和名声的人很少。圣人把道德修养当作功绩名声，贤人就把功绩名声看作功绩名声，普通人把富贵利禄看作功绩名声。

053．一切人为恶，犹可言也，惟读书人不可为恶。读书人为恶，更无教化之人矣。一切人犯法犹可言也，做官人不可犯法。做官犯法，更无禁治之人矣。

【译文】

一般人作恶还说得过去，只有读书人不可以作恶。读书人作恶，就再也没有教化世道的人了。一般人犯法还说得过去，做官的人不可以犯法。做官的人犯法，就再也没有禁止犯法、治理世人的人了。

054．君子当事，则小人皆为君子，至此不为君子，真小人也；小人当事，则中人皆为小人，至此不为小人，真君子也。

【译文】

君子主持政事，小人也可以成为君子，在这种情况下不做君子，就是真正的小人了；小人掌管政事，那么一般的人都会成为小人，在这种情况下不做小人，就是真正的君子了。

055．小人亦有好事，恶其人则并疵其事；君子亦有过差，好其人则并饰其非，皆偏也。

【译文】

小人也有做好事的时候，不能因为厌恶他的为人就包庇他做错的事；君子也有犯过失的时候，不能因喜欢他的为人就掩饰他的错误，这两种态度都很偏颇。

056．无欲底有，无私底难。二氏能无情欲，而不能无私。无私无欲，正三教之所分也。此中最要留心理会，非狃于闻见、章句之所能悟也。

【译文】

没有欲望的人有，没有私心的人就难有。释、道两家可以做到没有情欲，却不能做到没有私心。没有私心没有欲望，正是儒、释、道这三教的分水岭。这一点

最需要去留心体会，不要局限于自身见闻和书本才能领悟。

057. 迷迷易悟，明迷难醒。明迷愚，迷明智。迷人之迷，一明则跳脱；明人之迷，明知而陷溺。明人之明，不保其身；迷人之明，默操其柄。明明可与共太平，明迷可与共患忧。

【译文】

迷乱的人迷惑了容易醒悟，清醒的人迷惑了就难以醒悟了。清醒的人受迷惑是愚蠢的，迷乱的醒悟是智慧的。清醒的人迷惑了，一清醒就能从迷惑跳脱出来；清醒的人一迷惑，明明知道却还深陷其中。明白的人的清醒，不能够保全自身；沉迷之人的清醒，能够掌握自己的命运。清醒的人明白可以共享太平，清醒的人迷乱共同患难。

058. 闻毁不可遽信，要看毁人者与毁于人者之人品。毁人者贤，则所毁者损；毁人者不肖，则所毁者重。考察之年，闻一毁言如获琪璧，不暇计所从来，枉人多矣。

【译文】

听到诋毁别人的话不能立刻相信，要看诋毁别人的人和被诋毁的人的人品怎么样。诋毁别人的人是贤德的，被诋毁的人就应该受到贬损；诋毁别人的人不是贤人，被诋毁的人就应该被重视。考察民情的时候，听到一句诋毁的话就好像获至宝，不花时间考虑它为什么会有诋毁，被冤枉的人太多了。

059. 秀雅温文，正容谨节，清庙明堂所宜。若蹈汤火，袵金革，食牛吞象之气，填海移山之志。死孝死忠，千捶百折，未可专望之斯人。

【译文】

温文尔雅,端庄守礼,适合任职在明堂宣明政教。如果是赴汤蹈火,驰骋沙场,具有食牛吞象的恢宏气势,怀有移山填海的高远志向,不惜为忠孝而英勇献身千难万险也不屈不挠,不能把希望专门寄托在这样的人身上了。

060. 亲疏生爱憎,爱憎生毁誉,毁誉生祸福。此智者之所耽耽注意,而端人正士之所脱略而不顾者也。此个题目考人品者不可不知。

【译文】

亲近或疏远就会产生爱或憎;有了爱憎就会产生诽谤或赞誉;有了诽谤或赞誉就会产生祸福。这是智者时刻应注意的,也是品行端正的人容易忽略不顾的。这一点是考察人品的人不能不知道的。

061. 精神只顾得一边,任你聪明智巧,有所密必有所疏。惟平心率物,无毫发私意者。当疏当密,一准予道而人自相忘。

【译文】

一个人的精神只能照顾到一个方面,任凭你是多么聪明智巧,也有疏忽大意的地方。只有心平气和地对待事物,没有一点私心的人,应该是疏松还是周密,都要以中正之道为标准,达到物我两忘的境界。

062. 真是真非,惟是非者知之。旁观者不免信迹而诬其心。况门外之人,况千里之外。百年之后乎?其不虞之誉,求全之毁,皆爱憎也。其爱憎者,皆恩怨也。故公史易,信史难。

【译文】

真正的是非，只有处于是非当中的人才知道，旁观的人难免会相信表面的行迹而诬蔑他的用心，何况门外的人，何况是远在千里之外、百年之后的人呢？那些出乎意料的赞誉，求全的责备，都是爱憎产生的。而那些爱憎，都是恩怨造成的。因此，写一部官方的史书比较容易，让人相信的史书就很难了。

063. 名实如形影，无实之名，造物所忌。而矫伪者贪之，暗修者避之。

【译文】

名和实的关系就如同形体和影子的关系，没有实际的名声，就连造物主也很忌讳的。然而那些矫饰虚伪的人却贪图它，暗自潜心修养的人却努力避开它。

卷五　书之集

治　道

001. 庙堂之上，以养正气为先；海宇之内，以养元气为本。能使贤人君子无郁心之言。则正气培矣；能使群黎百姓无腹诽之语，则元气固矣。此万世帝王保天下之要道也。

【译文】

朝廷之内，应该以养正气为前提；四海之内，应该以养元气为根本。能够让贤人君子没有闷在心里的话，就是培育了正气；能够让黎民百姓心中没有怨言，元气就坚固了。这是历代帝王保持天下太平的要道啊！

002. 六合之内，有一事一物相凌夺假借，而不各居其正位，不成清世界；有匹夫匹妇冤抑愤懑，而不得其分愿，不成平世界。

【译文】

在天地四方之内，只要有一件事一件物互相欺凌、强夺、越位，而不能处在自己本来的位置，不能成为清静的世界；只要有一个平民百姓心有冤屈压抑愤

懑，而无法满足他们的愿望，不能成为公平的世界。

003．天下万事万物皆要求个实用。实用者，与吾身心关损益者也。凡一切不急之物，供耳目之玩好，皆非实用也。愚者甚至丧其实用以求无用。悲夫！是故明君治天下，必先尽革靡文，而严诛淫巧。

【译文】

天下的万事万物都应该讲求实用。所谓实用，是于我的身心好坏的东西。凡是一切不急需的东西，只是提供耳目感官享受的玩物，都是不实用的。而那些愚蠢的人甚至抛弃实用的东西去追求不实用的东西。实在可悲啊！所以，贤明的君主治理天下，一定会先全部去掉繁文缛节，并严厉制裁追求奢淫巧取的人。

004．兴利无太急，要左视右盼；革弊无太骤，要长虑却顾。

【译文】

实行改革不要太着急，要仔细研究考察；革除弊端也不能太快，要从长计议。

005．苟可以柔道理，不必悻直也；苟可以无为理，不必多事也。

【译文】

如果可以用柔和的方式来讲明道理，那就没有必要采取固执的态度；如果可以不需要做什么就能够讲明道理，那就没有必要再多事了。

006．为政之道，以不扰为安，以不取为与，以不害为利，以行所无事为兴废起敝。

【译文】

做官的道理，应该以不扰民安民，以不榨取民脂民膏为给予，以不祸害民众为利民，以不劳民伤财为兴利除弊。

007. 从政自有个大体，大体既立，则小节县抵牾，当别作张弛，以辅吾大体之所未备，不可便改弦易辙。譬如待民贵有恩，此大体也。即有顽暴不化者，重刑之，而待民之大体不变，待士有礼，此大体也。即有淫肆不检者，严治之，而待士之人体不变，彼始之宽也，既养士民之恶；终之猛也，概及士民之善，非政也，不立大体故也。

【译文】

治理政事应该有个大的原则，大的原则定下来了，那么小节即使有不顺畅的地方，可以另外想方法，以弥补大的根本的不足，绝对不可轻易改弦易辙损害这个大的根本。譬如对待民众贵在有恩于民，这是大的根本。假如民众中有顽固暴戾不可教化的人，用重刑来处罚他，但对待民众的根本却并不会改变，对待士人也讲求礼节，这是大的根本。假如士人中有淫乱放肆而不检点的人，就应当严加惩治他，但对待士人的大的根本却并不改变。如果开始治理的时候很宽容，这就容易使读书人和民众养成许多恶习；最后又实行严政，结果伤及了读书人和民众中的好人，这不是好的治理原则，其原因就在于没有确立大的根本。

008. 为政先以扶持世教为主。在上者一举措间，而世教之隆污、风俗之美恶系焉。若不管大体何如，而执一时之偏见。虽一事未为不得，而风化所伤甚大，是谓乱常之政。先王慎之。

处理政事应该以教化社会民众为主要目的。位高的人的一举一动都关系着教化的兴衰、风俗的好坏。如果不考虑大体上来说应该怎样做，而只是固守一时的偏见，虽然不见得一件事也做不成，而对风化的破坏却是很大的，这就是扰乱纲常的政治。先王应该慎重。

009. 君子之于风俗也，守先王之礼而俭约是崇。不妄开事端以贻可长之渐。是故漆器不至金玉，而刻镂之不止；黼黻不至庶人，锦绣被墙屋不止。民贫盗起不顾也，严刑峻法莫禁也。是故君子谨其事端，不开人情窦而恣小人无厌之欲。

【译文】

君子对待风俗，应该遵守先王的礼节而崇尚节俭，不乱开事端来造成渐渐滋长的弊病。因此漆器不改成金玉之器，雕刻花纹却不会停止；礼服上绣成的花纹不成为普通人，不用来装饰房子墙壁就不会停止。民众贫穷盗贼蜂起没有人管，严刑峻法也不能禁止风俗的衰败。因此，君子要谨慎地对待事情的开端，不开启人的情欲，不放纵小人无法满足的欲望。

010. 筑基树桌者，千年之计也；改弦易辙者，百年之计也；兴废补敝者，十年之计也。垩白黝青者，一时之计也。因仍苟

且，势必积衰：助波覆倾，反以裕蛊。先天下之忧者，可以审矣。

【译文】

打好基础，确定标准，这是千年的大计；改革变法，这是百年之计；兴废补敝，这是十年之计。在黑色的外面再涂上一层白色，这只是暂时的办法。沿袭旧规，苟且度日，形势必然会一天天衰败下去；推波助澜，反而纵容了小人，助长了坏事。对此，先为天下忧虑的人可以明察。

011. 微者正之，甚者从之。从微则甚，正甚愈甚。天地万物、气化人事，莫不皆然。是故正微从甚，皆所以禁之也。此二帝三王之所以治也。

【译文】

扶植衰微了的事物，甚至顺从他。任凭事情衰微下去，事情就会变得越来越糟糕；纠正越来越坏的事物，就可助其发展。天地万物、自然和人的发展，没有不是这样的。所以，扶持那些衰微的事物，任凭形势向坏的方向发展，都是应该加以禁止的。这就是尧、舜二帝和夏禹、商汤、周文王这三王用来治理政事的方法。

012. 圣人治天下，常今天下之人精神奋发，意念敛束。奋发则万民无弃业，而兵食足、义气充。平居可以勤国，有事可以捐躯。敛束则万民无邪行，而身家重、名检修。世治则礼法易行，国衰则奸盗不起。后世之民怠惰放肆甚矣。臣民而怠惰放肆，明主之忧也。

【译文】

圣人治理天下，常常使百姓精神奋发，思想意念收敛且有所约束。精神奋发那么百姓就不会荒废自己的事业，从而军饷充足，士气高涨，平时可以勤于国事，战争时为国捐躯。思想意念有所约束则民众就会没有邪恶的行为，而看重国家事业、注重自身的道德修养。国家的立法也就容易推行，即使国势衰微了奸盗也不会出现。后世的民众精神懈怠懒惰过于放纵，臣子和民众也都怠惰放肆，这是英明君主所忧虑的。

013. "民胞物与"。子厚胸中合下有这段着痛着痒心，方说出此等语。不然，只是做戏底一般，虽是学哭学笑，有甚悲喜？故天下事只是要真。二帝三王亲亲、仁民、爱物，不是向人学得来，亦不是见得道理当如此。曰亲、曰仁、曰爱，看是何等心肠？只是这点念头恳切殷浓，至诚恻怛。譬之慈母爱子，由不得自家，所以有许多生息爱养之政。悲夫！可为痛哭也已。

【译文】

"民胞物与"，天下的所有人都是同一父母（天地）所生的亲兄弟，其他的万物都是人类的朋友，意思就是把民众看成同胞，把事物看成朋友。只有内心怀有着这种关心人民痛痒的心情的人，才能说出这样的话来。不然的话，就如同演戏一样，即使是学哭学笑，又有什么真正悲喜的感情呢？所以天下的事只要求真心去做。尧、舜二帝和夏禹、商汤、周文王这三王对周围的人亲近，对百姓仁爱，对万物博爱，不是学就学得来的，也不只是认为从道理上来讲就应该如此。称作亲，称作仁，称作爱，看看这是什么样的心肠？只要这样的想法诚恳殷切，是真的为民众的疾苦感到忧伤，就好像慈母疼爱自己的子女，是出于本能，所以就有许多生存养护的办法。可悲啊！可以让人为之痛哭啊！

014. 为人上者，只是使所治之民个个要聊生，人人要安分，物物要得所，事事要协宜，这是本然职分。遂了这个心，才得畅然一霎欢，安然一觉睡。稍有一民一物一事不妥贴，此心如何放得下？何者？为一郡邑长，一郡邑皆待命于我者也；为一国君，一国皆待命于我者也；为天下主，天下皆待命于我者也。无以答其望，何以称此职？何以居此位？夙夜汲汲图，惟之不暇。而暇于安富尊荣之奉，身家妻子之谋。一不遂心，而淫怒是逞耶？夫付之以生民之寄，宁为盈一己之欲哉？试一反思，更当愧汗。

【译文】

做官的人，使自己所治理的民众个个都能维持生活，人人都能安守本分，物物都有自己的归宿，事事要协调适宜，是他们职责之内的事。只有做到了这些，才得畅快地欢乐一番，安然地睡上一觉。稍微有一民一物一事没有安排妥当，心里又怎么能放得下？为什么呢？作为一个郡邑的领导，整个郡邑的人都得听命于我的管理；作为一个国家的君王，全国的人都得听命于我的管理；作为天下的君主，天下的人都得听命于我的管理。不能满足民众的愿望，怎么能称职呢？怎么能坐在这个位置上呢？早晚努力想方设法实现它都怕来不及，哪有时间享受富贵尊荣？哪有时间去考虑身家妻子和子女的生计呢？哪能一不称心就暴怒呢？民众把生活希望寄托在我的身上，哪能只满足自己的私欲？这样一反思，就会羞愧得流汗。

015. 王法上承天道，下顾人情，要个大中至正，不容有一毫偏重偏轻之制。行法者，要个大公无我，不容有一毫故出故入

之心，则是天也。君臣以天行法，而后下民以天相安。

【译文】

国家的法律要顺应天道，顾及人情，要大中至正，不能有一点厚此薄彼的制度。要大公无私，没有一点故意违背法令的想法，这就是上天的法则。君臣按照天道来执行法令，民众才能按照天道相安无事。

016. 人情天下古今所同。圣人惧其肆，特为之立中以防之，故民易从。有乱道者从而矫之，为天下古今所难为之事，以为名高。无识者相与骇异之，崇奖之。以率天下，不知凡于人情不近者，皆道之贼也。故立法不可太激，制礼不可太严。责人不可太尽。然后可以同归于道。不然，是驱之使畔也。

【译文】

古今人们的感情都是相同的，圣人怕人们肆无忌惮，特地制定了一个中道来防备，所以民众顺从。有扰乱中道的人强行改变它，做一些天下古今难以做到的事，借此抬高自己的名声，而那些没有见识的人就感到惊异，进行推崇、赞赏，想为天下人做表率。他们不知道凡是不近人情的事，都是危害中道的。因此立法不可太偏激，制礼不可太严苛，责备人不可太详尽，然后才能同归于中道。不然，是逼迫民众叛乱啊！

017. 民情有五。皆生于便。见利则趋。见色则爱。见饮食则贪。见安逸则就。见愚弱则欺。皆便于己故也。惟便，则术不期工而自工；惟便，则奸不期多而自多。君子固知其难禁也，而德以柔之，教以偷之，礼以禁之，法以惩之。终日与便为敌，而竟不能衰止。禁其所便与强其所不便，其难一也。故圣人治民如治水。不能使不就下，能分之使不泛溢而已。堤之使不决。虽尧、舜不能。

【译文】

　　有五种民情，都是因为便利自己才产生的。看见利益奔他而去，看见美色就爱慕，看见饮食就贪图，看见安逸就想享受，看见愚弱之人就欺侮，都是为自己方便有利的缘故。只因方便有利，对那些权术不希望它玩弄得巧妙，但它自然会巧妙；只因为方便有利，不希望奸邪增多却自然会多。君子本来知道这些难以禁止，就用德来感化它，用教育的方法来开导，用礼仪来禁止，用法律来惩治，整天与便利做斗争竟然不能让它衰竭停止。禁止人们感到便利的东西与强迫不便利的东西，其困难程度是相同的。所以圣人像治水一样治理平民百姓，既然不能使水不向下流，就把它分流，避免它泛滥。建一道堤坝把水堵塞起来，不让它决堤，即使是尧、舜也做不到。

　　018. 官多设而数易，事多议而屡更，生民之殃未知所极。古人慎择人而久任。慎立政而久行。一年如是，百千年亦如是。不易代不改政。不弊事不更法。故百官法守一。不敢作聪明以擅更张；百姓耳目一，不至乱听闻以乖政令。日渐月渍。莫不遵上之纪纲法度以淑其身。习上之政教号令以成其俗。譬之寒暑不易。而兴作者岁岁有持循焉；道路不易，而往来者年年知远近焉。何其定静！何其经常！何其相安！何其易行！何其省劳费！或曰："法久而弊。奈何？"曰："寻立法之本意。而救偏补弊耳。善医者，去其疾不易五脏。攻本脏不及四脏；善补者，缝其破不剪余完，浣其垢不改故制。"

【译文】

　　官员设立得多又经常变更，事情多次商议却经常更换，民众的灾难不知什么时候才能到头。古人谨慎地选择人才并长久地任用，慎重地立法并使它长久通行。每一年都按照法令行事，千百年来都是如此。只要不改朝换代就不改变政令，不妨碍事情就不更改法律。因此百官都能遵守法令，不敢自作聪明而擅自更改；百姓听到的看到的都一样，不至于因为混淆视听而扰乱政令。天长日久，没有人不是遵守法令按照制度来办事的，遵守上面的法令已经成为人们的习惯。就如同寒来暑往永不变更一样，耕作的人年年按季节劳作；就像道路不变更，而往来的人都知道道路的远近。这是多么的定静，多么的经常，多么的相安，多么的易行，多么的节省劳力费用！有人说："法令出现时间久了就会有弊端，应该怎么办呢？"回答说："只要找到确立法令的本意，去纠正偏离的地方补修弊端就行了。善于治病的人，治好了病却不换五脏，治疗有病的器官却不碰其他四个器官；善于缝补的人，补好了破洞而不剪掉完好的地方，洗掉上面的污垢而用不着改换衣物的样式。"

019. 后世无人才，病本只是学政不修。而今把作万分不急之务，才振举这个题目，便笑倒人。官之无良，国家不受其福。苍生且被其祸。不知当何如处？

【译文】

后世缺乏人才，根本原因是不学习治理政事。而今把学习治理政事看作不紧急的事，才提出要重视学政，于是有些可笑。没有贤良的官员，国家不会得到他带来的福祉，老百姓也遭受他的灾祸。不知怎么处理这种情况？

020. 圣人在上，能使天下万物各止其当然之所。而无陵夺

假借之患，夫是之谓各安其分，而天地位焉；能使天地万物各遂其同然之情，而无抑郁倔强之态，夫是之谓各得其愿，而万物言焉。

【译文】

圣人高高在上，能够使天下万物各自处在他应该处于的位置上，而没有欺压、掠夺、假借的祸患，这就叫作万物各自安守自己的本分，而天地也就能各安其位；能使天地万物都顺从自然的规律，而没有抑郁或倔强的情态，这就叫作万物各自完成自己的心愿，而万物也才能生长发育。

021. 民情既溢，裁之为难。裁溢如割骈拇赘疣，人甚不堪。故裁之也欲令民堪，有渐而已矣。安静而不震激，此裁溢之道也。故圣王在上，慎所以溢之者，不生民情。礼义以驯之，法制以防之，不使潜滋暴决，此慎溢之道也。二者帝王调剂民情之大机也，天下治乱恒必由之。

【译文】

民情超过限度了，再来裁减抑制是很困难的。裁减抑制过度的民情就像割掉多余的手指或赘瘤一样，人们是难以忍受的。所以，裁抑的方式要让民众能够承受，只有渐渐地减少才行。民众安静而不震惊激愤，这才是裁抑超过限度的东西的原则。所以圣明的君王在位时，谨慎对待过度的东西，不产生不合法礼的民生情绪。用礼仪来驯化他们，用法制来防备它们，不让它暗中滋长突然爆发，这是谨慎对待过度的事情的原则。这两个原则是帝王调剂民情的关键所在，天下太平还是混乱都从此而来。

022. 创业之君，当海内属目倾听之时，为一切雷厉风行之法。故令行如流，民应如响。承平日久，法度疏阔，人心散而不收，惰而不振，顽而不爽。譬如熟睡之人，百呼若聋；欠倦之身，两足如跛。惟是盗贼所追、水火所迫，或可猛醒而急奔。是以诏令废格，政事颓靡，条上者纷纷，申饬者累累，而听之者若罔闻知，徒多书发之劳、纸墨之费耳。即杀其尤者一人，以号召之，未知肃然改视易听否。而迂腐之儒，犹曰宜崇长厚，勿为激切。嗟夫！养天下之祸，甚天下之弊者，必是人也。故物垢则浣，甚则改为；室倾则支。甚则改作。中兴之君，综核名实，整顿纪纲，当与创业等而后可。

【译文】

开创基业的君主，处在被人盯着听着的时候，实行的一切行之有效的法令，因此法令推行的顺畅，民众反映强烈。然而，太平的日子久了，法令制度就疏忽松懈了，人心涣散而不能凝聚，人们懒惰而不振奋，愚顽而不明智了。就如同熟睡中的人，怎么叫他都听不到就像聋了一样；长久疲倦的身体，两条腿就像跛了一样。只有在被盗贼追赶、被洪水大火所逼迫的时候，才能猛然醒来连忙逃走。因此诏令废弃搁置不用，政事颓废，上书言事的人陆续不断，君主告诫的文书也累累下达，而听到的人却置若罔闻，不过是没有意义的多次上书、下诏，白白地浪费纸墨罢了。即便杀了一个最顽顿的人，以此来号令天下，也不知道能不能迅速改变人们的视听。而那些迂腐的儒生，还在说应该崇尚宽厚精神，不要激动急切。唉！养成天下的祸患、加重天下弊端的正是这种人啊。所以，物品污浊了就要洗涤，更严重的话就要更换；房屋倾斜了就要支撑起来，更严重的话要就应该重建。中兴的君主，应该综核名实，整顿纪纲，应该与创立基业的君主一样行事才可以。

023. 先王为政，全在人心上用工夫。其体人心，在我心上用工夫。何者？同然之故也。故先王体人于我，而民心得，天下治。

古代的君王治理政事，全在人心上下功夫。他们体恤人心，全在自己的内心上下功夫。为什么呢？因为自己的心和别人的心都是一样的啊。所以古代的君王能像对待自己一样体恤民众，从而得到了民心，天下得到治理了。

024. 天下之患，莫大于"苟可以"而止。养颓靡不复振之习，成冱重不可反之势，皆"苟可以"三字为之也。是以圣人之治身也，勤励不息；其治民也，鼓舞不倦。不以无事废常规，不以无害忽小失。非多事，非好劳也。诚知夫天下之事，廑未然之忧者尚多或然之悔。怀太过之虑者犹贻不及之忧，兢慎始之图者，不免怠终之患故耳。

【译文】

天下的祸患，没有比"苟可以"就停止更大的了。养成颓靡不振的习气，形成非常严重不能逆转的形势，都是"苟可以"这三个字所造成的。所以，圣人修养自己的身心，不停地勤奋努力；治理人民时，鼓舞勉励不知疲倦。不因为没事就废除常规，不因为没有害处就忽视小的过失。不是多事，也不是喜欢操劳，而是因为真正认识到天下的事，勤谨地对待未必出现的祸患，尚且还会有许多偶然产生的懊悔；怀着过分的忧虑还会有考虑不到的地方，在开始的时候就兢兢业业小

心谨慎的谋划，还不免在结束的时候怠惰产生事故的原因。

025. 天下之祸，成于怠忽者居其半，成于激迫者居其半。惟圣人能销祸于未形，弭患于既著。夫是之谓知微知彰。知微者不动声色，要在能察几；知彰者不激怒涛，要在能审势。呜呼！非圣人之智，其谁与于此？

【译文】

天下的祸患，一半是由懈怠疏忽造成的，一半是由偏激急迫造成的。只有圣人能够把祸患消灭于萌芽状态，在祸患开始出现时就让它消失。这就叫作知微知彰。知道微小的萌芽而不动声色，关键在能察觉事物的征兆；看见彰显出来的苗头而不去刺激它，重点在能审时度势。啊！如果不是具有圣人的智慧，谁又能够做到这一点呢？

026. 精神爽奋，则百废俱兴；肢体怠弛，则百兴俱废。圣人之治天下，鼓舞人心，振作士气，务使天下之人如含露之朝叶，不欲如久旱之午苗。

【译文】

精神爽朗振奋就使百废俱兴，身体怠惰松懈就会使百兴俱废。圣人治理天下，鼓舞人心，振作士气，一定是使天下的人像含着带着露水的叶子那样，而不想让老百姓像干旱已久的禾苗那样。

027. 夫民怀敢怒之心，畏不敢犯之法，以待可乘之衅。众心已离，而上之人且恣其虐以甚之，此桀、纣之所以亡也。是以明王推自然之心，置同然之腹，不恃其顺我者之迹，而欲得其无怨我者之心，体其意欲而不忍拂，知民之心不尽见之于声色，而有隐而难知者在也。此所以固结深厚，而子孙终必赖之也。

民众内心怀有愤怒，因为畏惧而不敢触犯法律，只等待适当的机会。民众已经离心离德，而当官的人还恣意肆虐来加重人们的不满，这就是桀、纣走向灭亡的原因。因此，圣明的君主能够以自己出于自然的心情，体会别人同样的愿望，不只是看别人顺从我的外在表现，而是要努力得到他对我没有怨恨的真心，体会他的心意和愿望而不忍心去违背。不依赖顺从我的人的表现，却要得到对我没有抱怨的人的心，知道人们内心不表现在语言和容色上的想法，而是有隐藏于内心难以了解的思想。这就是感情团结深厚，子孙总会依赖它的原因。

028. 任是权奸当国，也用几个好人做公道，也行几件好事收人心。继之者欲矫前人以自高，所用之人一切罢去，所行之政一切更张。小人奉承以干进，又从而巧言附和，尽改良法而还弊规焉。这个念头为国为民乎？为自家乎？果曰为国为民，识见已自聋瞽：果为自家，此之举动，二帝三王之所不赦者也，更说甚么事业？

【译文】

即便是权奸当道，也会任用几个好人假装公道，也会做几件好事来收买人心。后任的人想矫正前任的错误以显示自己的高明，把前任所任用的人全都免去，把前任推行的政令全都改变。小人阿谀奉承谋求职位，用花言巧语来附和，终止好的措施而恢复弊端旧规。这样的念头是为国为民还是为了自己呢？如果说是为国为民，他的见识已经如同聋子瞎子一样出了毛病；如果是为了自己，这样的举动，即便是尧、舜二帝和夏禹、商汤、周文王这三王也不会饶恕，还说什么建立丰功伟业呢？

029. 势有时而穷，始皇以天下全盛之威力，受制于匹夫，何者？匹夫者，天子之所恃以成势者也。自倾其势，反为势所倾。故明王不恃萧墙之防御，而以天下为藩篱。德之所渐，薄海皆腹心之兵；怨之所结，衽席皆肘腋之寇。故帝王虐民是自虐其身者也，爱民是自爱其身者也。覆辙满前，而驱车者接踵，可恸哉！

【译文】

权势也有穷尽的时候。秦始皇以天下全盛的威力而受制于普通老百姓，这是为什么呢？普通百姓，本来是天子所赖成就权势的力量。自己倾覆了这些力量，反而被所依赖的力量倾覆。所以英明的君王不依靠宫墙的防御，而用百姓作为篱笆来防范。恩德到达的地方，四海之内都会有心腹之兵；怨仇相结的地方，即便是卧席之内也会成为心怀二心的贼寇。所以说帝王虐待民众其实是在伤害自己，而爱护民众其实也是在爱护自己。路上全是翻了的车，但赶车过路的人还是接连不断，真可悲！

030. "公"、"私"两字，是宇宙的人鬼关。若自朝堂以至闾里，只把持得公字定，便白天清地宁，政清讼息。只一个私字，扰攘得不成世界。

【译文】

公与私，是世界上分开人鬼的边界。如果从官吏到百姓，只要能坚持一个公字，就会天地干净安宁，政治清明没有诉讼。如果都只讲一个私字，世界就会乱得不成样子。

031. 王道感人处，只在以

我真诚恻怛之心，体其委曲必至之情。是故不赏而劝，不激而奋。出一言而能使人致其死命，诚故也。

【译文】

王道感人的地方，就在于用自己真诚恻隐之心去体会民众内心曲折而不得已的情感。因此，即使没有奖赏也会努力做事，不用激励就会奋发向前，一句话就能使民众拼死效力为他拼命，这是真诚待人的原因。

032. 人君者，天下之所依以忻戚者也。一念怠荒，则四海必有废弛之事；一念纵逸，则四海必有不得其所之民。故常一日之间，几运心思于四海，而天下尚有君门万里之叹。苟不察群情之向背，而惟己欲之是恣。呜呼！可惧也。

【译文】

君主，百姓所依托指望的人。一个念头懈怠玩忽了，天下就有被废弛的恶事；一个念头放纵安逸了，天下就有了无家可归的人。因此，常常在一天之内，多次为天下花心思操心，而天下的人仍有离君主很远的感叹。如果还不去了解民情的向背，而只是放纵自己的私欲。唉！太可怕了。

033. 圣人联天下为一身，运天下于一心。今夫四肢百骸、五脏六腑皆吾身也，痛痒之微，无有不觉、无有不顾。四海之痛痒，岂帝王所可忽哉？夫一指之疔如粟，可以致人之死命。国之存亡不在耳目闻见时，闻见时则无及矣。此以利害言之耳。一身麻木若不是我，非身也。人君者，天下之人君；天下者，人君之天下。而血气不相通，心知不相及，岂天立君之意耶？

【译文】

圣人把天下与自己连为一体，一心运筹天下的事情。四肢百骸、五脏六腑都是自己身体上的一部分，一丁点痛痒，就不会没有感觉，不会不管。天下的痛痒，难道帝王就可以忽视了吗？一个指头上长了一粒粟米大的疔疮，就可以要人的命。一个国家的存亡不表现在能听见看见的事情上，等到听见看见时就晚了。这是从利害方面来说的。一个人身体麻木了，好像不是自己的身体了。君主，是天下人的君主；天下，是君主的天下。如果血气不相通，心智不相连，难道符合上天确立君主的本意吗？

034. 用威行法，宜有三豫，一曰上下情通，二曰惠爱素孚，三曰公道难容。如此，则虽死而人无怨矣。

【译文】

用威势来推行法令，应该预先做好三种准备：一是上下感情相通，二是恩惠仁爱在平时，三是不容忍不公道的事情发生。这样，那么就算是死也没有怨恨了。

035. 第一要爱百姓，朝廷以赤子相付托，而士民以父母相称谓。试看父母之于赤子是甚情怀，便知长民底道理。就是愚顽梗化之人，也须耐心，渐渐驯服。王者必世而后仁。揣我自己德教有俄顷过化手段否？奈何以积习惯恶之人，而遽使之帖然我顺。一教不从，而遽赫然武怒耶？此居官第一戒也。有一种不可驯化之民，有一种不教而杀之罪。此特万分一耳，不可以立治体。

【译文】

为官之道，第一是要爱护百姓。朝廷把民众托付给你，而民众把你称作父母，试看父母对待子女是用什么样的情感，就明白为官治理百姓的道理。即便是愚钝顽固不化的人，也必须要有耐心，要渐渐地使他驯服。实行王道的君主一定一段时间后才能使仁政大行于天下，考虑自己的德政教化是否有过分的手段？怎么能使作恶成性的人，马上就顺服于我呢？一次的教育不顺从就勃然大怒呢？这是做官的人首先要警戒的事。有一种不可训导教化的人，有一种不必教育就可杀头的罪行。但这种情况只有万分之一的可能，不能以此来决定国家的政治体系。

036. 治道尚阳，兵道尚阴；治道尚方，兵道尚圆。是惟无言，言必行；是惟无行，行必竟。易简明达者，治之用也。有言之不必行者，有言之即行者，有行之后言者，有行之竟不言者，有行之非其所言者，融通变化。信我疑彼者，兵之用也。二者杂施，鲜不败矣。

【译文】

治国之道崇尚阳，治兵之道崇尚阴；治国之道崇尚方正，用兵之道崇尚圆融。要么就不说话，说了就要实行；要么就不实行，实行了就要坚持到底。容易、简单、明白、畅达，是治国有用的方法。有说了不必做的，有说了马上做的，有先做后说的，有做了不说的，有做的和说的不一样的，融会贯通，灵活变化。让我方的将士相信，而让敌人产生怀疑，这是用兵的方法。把治国和用兵的方法错乱使用，很少有不失败的。

037. 任人不任法，此惟尧、舜在上，五臣在下可矣。非是而任人，未有不乱者。二帝三王非不知通变宜民、达权宜事之为善也。以为吾常御天下，则吾身即法也，何以法为？惟夫后世庸君具臣之不能兴道致治，暴君邪臣之敢于恣恶肆奸也。故大纲细目备载具陈，以防检之，以诏示之。固知夫今日之画一，必有不便于后世之推行也，以为圣子神孙自能师其意，而善用于不穷，且尤足以济吾法之所未及。庸君具臣相与守之而不敢变，亦不失为半得。暴君邪臣即欲变乱，而弁髦之犹必有所顾忌。而法家拂士亦得执祖宗之成宪，以匡正其恶，而不苟从，暴君邪臣亦畏其义正事核也，而不敢遽肆，则法之不可废也明矣。

【译文】

使用人治而不使用法治，这只有尧、舜二帝，大禹、后稷、契、皋陶、伯益这五位贤臣在下辅佐才可以。否则如果不是使用人治，就没有不出乱子的。尧、舜二帝和夏禹、商汤、周文王这三王并非不知道通达权变对民众和治事都有好处，只是认为自己经常统治天下，自己就是法律，还制定法律干什么呢？但又怕后世的庸君和不称职的大臣不能治理好国家，暴君邪臣敢于任意妄为，所以将法律的条目内容详细地记载了下来，以防备和检查这样的君臣，来公布世人。二帝和三王知道今天统一的法律，必定有不便于后世推行的地方，认为后世圣子贤孙一定能效法他们的本意而妥善地加以广泛运用，并且补足原来法律没有涉及的方面。那些庸君和不称职的臣子也能遵守而不敢改变，也算是达到了一半的目的。暴君邪臣即便想要篡改或废弃这些法律，必定还要有所顾忌。那些执法的人，也可以拿着祖宗制定的成法，来纠正恶行，不必苟且顺从。暴君邪臣也畏惧他们所说的正义，事实摆在那里不敢任意妄为。法律不可废弛是很明显的。

038．居上之患，莫大于赏无功，赦有罪；尤莫大于有功不赏，而罚及无罪。是故王者任功罪，不任喜怒；任是非，不任毁誉。所以平天下之情，而防其变也。此有国家者之大戒也。

【译文】

君主的祸患，没有比奖赏没有功劳的人，赦免有罪过的人更大的了；没有比有功的人得不到奖赏而无罪的人却受到了惩罚更大的罪过了。所以，君王只论功劳罪过，不论个人的喜怒行事；只看是非，不看人们的诲谤或赞誉。这是安抚天下人的心，防止他们生变的方法。这是治理国家的人要引以为戒的。

039．下情之通于上也，如婴儿之于慈母，无小弗达。上德之及于下也，如流水之于间隙，无微不入。如此而天下乱亡者，未之有也。故壅蔽之奸，为亡国罪首。

【译文】

民情能够传到君主，就好像婴儿对于慈母一样，没有一件小事不被注意的。君主把恩德施于百姓，就像流水进入缝隙一样，无孔不入。做到这种程度还天下混乱或灭亡的，从来没有。所以说，那些堵塞上下之间的德政言路的奸臣，是使国家灭亡的罪魁祸首。

040．不齐，天之道也，数之自然也。故万物生于不齐，而死于齐。而世之任情厌事者，乃欲一切齐之，是益以甚其不齐者也。夫不齐其不齐，则简而易治；齐其不齐，则乱而多端。

【译文】

不整齐划一，是天的运行法则，是自然的变数。所以，万物在不齐中生长，而在整齐中灭亡。而世上任意妄为厌烦各种事物的人却想把一切都整齐划一，这样反而使得一切更加不齐了。不齐的事不整齐，就简单且容易治理；不整齐的事物整齐划一，就容易混乱多事。

041. 宇宙有三纲，智巧者不能逃也。一王法，二天理，三公论。可畏哉！

【译文】

宇宙有三种纲常，聪明灵巧的人也不能避免。一是王法，二是天理，三是公论。使人敬畏啊！

042. 既成德矣，而诵其童年之小失；既成功矣，而笑其往日之偶败。皆刻薄之见也，君子不为。

【译文】

已经成就了德业，还去说他小时候的小过失；已经成功，还去嘲笑他以前的偶然失败。都是刻薄的见解，君子是不会这样做的。

043. 公论，非众口一词之谓也。满朝皆非，而一人是，则公论在一。

【译文】

所谓的公论，并不是大家都说一样的话。满朝的人都说错了，只有一个人说得对，那么这个人所说的就是公论。

044. 使众之道，不分职守。则分日月，然后有所责成而上不劳，无所推委而下不奸。混呼杂命，概怒偏劳。此不可以使二人，况众人乎？勤者苦，惰者逸，讷者冤，辩者欺，贪者饱，廉者饥。是人也，即为人下且不能，而使之为人上。可叹也夫！

【译文】

役使众人的方法，不是分清每个人的职责，就是限定完成工作的日期，然后才能督责他完成任务而位高的人就不用劳累，做事的人不用推诿也不会耍奸滑。如果胡乱支使、乱下命令，对所有的人都发怒，只让一部分人劳累，这样做连两个人都无法役使，何况是很多人呢？让勤奋的人受苦，让懒惰的人安逸，让口讷的人受冤，让善辩的人欺骗，让贪婪的人饱食，让廉洁的人挨饿。这样的人，做一个下属都不称职，却让他居于人上管理政事，真是可叹啊！

045. 治病要择良医，安民要择良吏。良吏不患无人，在选择有法、而激劝有道耳。

【译文】

治病要选择好的医生，安抚百姓要选择好的官吏。好的官吏不担心没有人用，只要选择的方法得当，再加以劝导就行了。

046. 藏人为君守财，吏为君守法，其守一也。藏人窃藏以营私，谓之盗。吏以法市恩，不曰盗乎？卖公法以酬私德，剥民财以树厚交，恬然以为当然，可叹哉！若吾身家，慨以许人，则吾专之矣。

【译文】

管理府库的人为国君守护财物，官吏为君主守护法律，他们守护的职责都是一样的。如果管理府库的人私自拿国库财物占为己有，这就叫作盗窃。官吏出卖国家的法律来换取别人的感恩之情，难道就不是盗窃吗？出卖国家的法律来换取私人的赞誉，剥夺民众的财产来结交党羽，还不以为然地认为这是理所当然的，真让人叹息啊！如果是我自己把身家性命都慷慨地许给了别人，那么我一定会专心致志地把应该做的事情做好。

047．整顿世界，全要鼓舞天下人心。鼓舞人心，先要振作自家神气。而今提纲挈领之人，奄奄气不足以息，如何教海内不软手折脚、零骨懈髓底！

【译文】

整顿世界，全在于鼓舞天下人的心。而要鼓舞人心，首先要使自己振作起来。如今那些掌握大权的人，自己奄奄一息、毫无精神，怎能让天下的人不缩手缩脚、骨头酸软呢！

048．足民，王政之大本。百姓足，万政举；百姓不足，万政废。孔子告子贡以"足食"，告冉有以"富之"。孟子告梁王以"养生、送死、无憾"，告齐王以"制田里、教树畜"。尧、舜告此无良法矣。哀哉！

【译文】

让百姓丰衣足食，这是实行王政的根本。百姓丰衣足食，各种政事都能振举；百姓衣食不足，各种政事都会废息。孔子告诉子贡为政之道是"给百姓充足的衣食"，告诉冉有是"即要让百姓富足起来"。孟子告诉梁惠王要把让民众"养生、送死、没有遗憾作为实行王政"，告诉齐王要"制备田地、栽种树木饲养牲畜"。就算是尧、舜这样的圣明君主也没有其他的好办法。实在是可悲啊！

049. 法至于平，尽矣，君子又加之以恕。乃知平者，圣人之公也；恕者，圣人之仁也。彼不平者，加之以深；不恕者，加之以刻，其伤天地之和多矣。

【译文】

法律能够做到公平，就发挥作用了。而君子又提倡宽容待人。由此知道公平，是圣人的公平；懂得宽恕，是圣人的仁爱。那些不公平事，加重了不公平的程度；不宽容的事，更加的苛刻，会破坏天地之间的和谐气氛。

050. 天地之财要看他从何处来，又看他归宿处。从来处要丰要养，归宿处要约要节。

【译文】

社会中的物产资财要看从哪里得来的，又要看它用在了什么地方。物产的来源地方要使它丰富加以保护，使用时要节约俭省。

051. 御戎之道，上焉者德化心孚，其次讲信修睦，其次远驾长驱，其次坚壁清野，其次阴符智运，其次接刃交锋，其下叩关开市，又其下纳币和亲。

【译文】

抵御外族的办法，上策是用德行来感化他们，其次是讲究诚信维持友好关系，其次是把他们

驱逐到很远的地方，其次是修筑坚固的城墙来坚持防守，其次是运用兵法谋略来抵制他们，其次是兵刃相见。下策是打开关门进行贸易往来，最下策是送给他们钱财和亲。

052. 为政之道。第一要德感诚孚。第二要令行禁止。令不行，禁不止，与无官无政同，虽尧、舜不能治一乡，而况天下乎！

【译文】

为政之道，第一要用德来感化人、用诚心使人信服。第二要推行政令，有令不行、有禁不止，与没有官员和政府一样，即使是尧、舜也无法将一个乡治理好，何况是整个国家呢！

053. 防奸之法，毕竟疏于作奸主人。彼作奸者，拙则作伪以逃防，巧则就法以生弊，不但去害，而反益其害。彼作者十，而犯者一耳。又轻其罪以为未犯者劝，法奈何得行？故行法不严，不如无法。

【译文】

防备奸邪的法律，终究会有疏漏不管用的时候。那些作奸犯科的人，笨一点儿的是制造假象来逃避防备，巧一点儿的是利用法律的疏漏多生事端，结果不但没消除祸害，反而增加了害处。作奸犯科的人有十个，而被抓到的罪犯却只有一个。又从轻处罚他的罪行，以此来规劝没有抓到的罪犯，法律怎么能执行好呢？所以说，如果执行法律不严厉，不如没有法律。

054. 纪纲法度，整齐严密，政教号令，委曲周详。原是实践躬行，期于有实用，得实力。今也自贪暴者奸法，昏惰者废法，延及今日，万事虚文。甚者迷制作之本意而不知，遂欲并其文而去之。只今文如学校，武如教场，书声军容，非不可观可听，将这二途作养人用出来，令人哀伤愤懑欲死。推之万事，莫不皆然。安用缙绅簪缨塞破世间哉？明王不大振作，不苦核实，势必乱亡而后已。

【译文】

国家的纲纪法度整齐严密，政教号令完备周详。本来要用于实践当中，希望有实际的效用，获得实际的效果。如今，贪婪残暴的人破坏法律，昏庸怠惰的人废弛法纪，时至今日，所有的法令规定都变成了一纸空文。甚至有的人连制定法令的意图都不清楚，就想把这些法令都废掉。现在，文的方面如学校，武的方面如校场，读书声和军容不是不可观可听，但如果通过这两个途径来培养人才，真是令人哀伤愤懑欲死。以此来推断其他事情，没有不是这样的。那些权高位重的显贵之人充满了世间又有什么用呢？明君如果不努力振作，不多方面考察核实，必会延续到国家混乱灭亡才停止。

055. 安内攘外之略，须责之将吏。将吏不得其人，军民且不得其所，安问夷狄？是将吏也，养之不善则责之文武二学校，用之不善则责吏兵两尚书。或曰："养有术乎？"曰："何患于无术？儒学之大坏极矣，不十年不足以望成材；武学之不行久矣，不十年不足以求名将。至于遴选于未用之先，奈责于方用之际，综核于既用之后，黜陟于效不效之时，尽有良法，可旋至而立有验者。"

【译文】

制定安内攘外的策略，必须责成那些将官去完成。将官选用不当的话，军民就不能有自己的归宿，还能去管蛮夷民族吗？因此对于将官，培养得不好就应该责备文武两个学校，用得不好就应该责备吏部、兵部的尚书。有人问："有培养将官的办法吗？"回答说："怎么会怕没有方法呢？儒学已经颓败到了极点，没有十年不足以培养成才；武学的废弛也已经很久了，没有十年不能得到名将。至于在没有任用之前谨慎选拔，在使用之际根据有关法令制度提出各种要求，在任用之后进行综合考核，根据功劳政绩决定升迁或是罢免，这些好的方法是非常多的，还可以立刻就收到效果。"

056. 人情不论是非利害，莫不乐便己者，恶不便己者。居官立政，无论殃民，即教养谆谆，禁令倦憾，何尝不欲其相养相安、免祸远罪哉？然政一行，而未有不怨者。故圣人先之以躬行，浸之以口语，示之以好恶，激之以赏罚，日积月累，耐意精心，但尽薰陶之功，不计俄顷之效，然后民知善之当为，恶之可耻，默化潜移，而服从乎圣人。今以无本之令，责久散之民，求旦夕之效，逞不从之怒，忿疾于顽。而望敏德之治，即我且亦愚不肖者，而何怪乎蚩蚩之氓哉？

【译文】

人之常情，无论是非厉害，没有不喜欢为自己带来方便的事情，讨厌使自己不便的事情。当官处理政事先不讨论是否祸害民众，即

便是对他们谆谆教诲，苦口婆心地劝导，又何尝不是想让民众相安无事，免除灾祸远离犯罪呢？然而政令一旦实行，就没有不会抱怨的人。因此，圣人推行政令之前会以身作则，用通俗易懂的语言去教诲他们，展示给他们哪些是好的行为哪些是不好的行为，再用奖赏和惩罚来激励劝勉他们，时间一长，耐心地进行教诲，尽自己最大的努力去薰陶感化他们，不打算很快就见到效果，这样民众才知道好事是可以

做的，坏事是非常可耻的，他们在潜移默化中就慢慢地服从圣人的教导了。如今没有任何依据的政令，强加于长期涣散的民众，还想着很快就收到成效，不服从就发怒，对那些顽顿愚鲁的人大发脾气，希望他变得聪明有德行。然而指望天下大治，自己尚且还是愚昧缺少才能的人，又怎么去责怪那些普通的民众呢？

057. 骤制则小者未必贴服。以渐则天下豪杰皆就我羁鞚矣。明制则愚者亦生机械，默制则天下无智巧皆入我范围矣。此驭夷狄、待小人之微权。君子用之则为术知，小人用之则为智巧，舍是未有能济者也。或曰："何不以至诚行之？"曰："此何尝不至诚？但不浅露轻率耳。孔子曰：'机事不密则害成。'此之谓与？"

【译文】

如果突然去制服，即便是弱小的人也不会服帖。如果用渐进的方法，即便是天下豪杰也都会受我的约束。如果明着去制服，愚蠢的人也会变得机巧；如果暗中去制服，那么天下所有没有智慧的人都会被我掌控。这是驾驭外族、对待小人的小权术，君子运用起来就是道术才智，小人运用就是机智巧诈，除此之外没有成功的方法。有人问："为什么不采用至诚之道呢？"回答说：这何尝不是至真至诚呢？只是不轻易浅露罢了。孔子说：'机密的事如果不严密就会造成危害。'说的大概就是这种情况吧？"

058. 天之气运有常。人依之以事作，而百务成；因之以长养，而百病少。上之政体有常，则下之志趋定。而渐可责成。人之耳目一，而因以寡过。

【译文】

天的气运有一定的规律，人按照天的规律来办事，那么各种事务都可以做好；如果按照天的规律来休养生息，疾病就减少了。上面所实行的政令体制稳定有规律，下面的人的志气趋于稳定了，而这样就可以渐渐地要求他们完成任务。人的认识一旦统一了，就可以减少过失。

059. 事有便于官吏之私者，百世常行，天下通行。或日盛月新，至弥漫而不可救。若不便于己私，虽天下国家以为极便，屡加申饬，每不能行，即暂行亦不能久。负国负民，吾党之罪大矣。

【译文】

对官吏私人有利的事，千百年也会盛行，全天下都能通行，甚至会一天天发展壮大起来，以至于充满整个世间而无法挽救。如果是对于自己不利的事，就算全世界的认为极其便利，屡加告诫要去实行，却也是每每不能通行，即便暂时得以执行了也不会长久。辜负国家辜负民众，这些官吏的罪责就大了。

060. 上德默成，示意而已。其次示观，动其自然。其次示声色。其次示是非，使知当然。其次示毁誉，使不得不然。其次示祸福，其次示赏罚，其次示生杀，使不敢不然。盖至于示生杀，而御世之术穷矣。叔季之世，自生杀之外无示也。悲夫！

【译文】

最高深的德行是默默地显示出来的，只要示意就可以。其次是要让别人看到，依自然规律行事。其次是在喜爱和愤怒上表现出来。其次是表明是非，使别人知道应该是怎样的。其次是表现批评或赞誉，使人不得不这样做。其次是表明得祸还是得福，其次是奖赏或惩罚，其次是表现生杀大权，使人们不敢不这样做。如果到了用生杀来约束治理民众的地步，那么治理天下的手段也就用尽了。在王朝的末世，除了生杀的手段就没有其他的了。真是可悲啊！

061．权之所在，利之所归也。圣人以权行道，小人以权济私。在上者慎以权与人。

【译文】

权力所在的地方，也就是利益所归附的地方。圣人用权力来推行道义，而小人用权力来为自己谋取私利。君主应该谨慎把权力给予别人。

062．天下事，不是一人做底，故舜五臣。周十乱，其余所用皆小德小贤，方能兴化致治。天下事，不是一时做底。故尧、舜相继百五十年，然后黎民于变；文、武、周公相继百年，然后教化大行。今无一人谈治道，而孤掌欲鸣；一人倡之，众人从而诋訾之；一时作之，后人从而倾圮之。呜呼！世道终不三代耶？振教铎以化吾侪。得数人焉相引而在事权，庶几或可望乎？

【译文】

天下的事情，不是一个人就可以完成的，所以舜有五位大臣辅佐他。周朝有十位经时治世的能臣，此外还有一些德行和才能都比较小的人，如此才能治理好整个天下。天下所有的事情，不是一时就能完成的，所以尧、舜前后一百五十多年，这之后黎民百姓的生存状况才得到了改变；周文王、周武王、周公前后又有一百年，这之后教化才得以大行

于天下。如今没有一个人谈论治国之道，却想要一个人办好所有的事情；一个人提倡，大家出来诽谤诋毁；一时完成的事情，后人又将它倾覆推翻。唉！世道真的没有延续夏、商、周三代的教化吗？如果振兴教化来感化我们这些人，找一些志同道合的人来掌握教化的大权，这样，或许多少还有些希望吧？

063. 守令于民，先有知疼知热，如儿如女一副真心肠。甚么爱养曲成事业做不出？只是生来没此念头，便与说绽唇舌，浑如醉梦。

【译文】

郡守县令对于自己的民众，首先要有一颗知疼知热，当成自己的儿女一样的真诚心肠，如果这样，还有什么爱护民族、扶养民众、艰难困苦的事业会做不成呢？只不过生来就没有这个念头，就算你磨破了嘴皮子，也像喝醉了酒在睡梦中一样。

064. 当事者，须有贤圣心肠，英雄才识。其谋国忧民也，出于恻怛至诚；其图事揆策也，必极详慎精密。蹜蹜及于九有，计算至于千年。其所施设。安得不事善功成、宜民利国？今也怀贪功喜事之念。为孟浪苟且之图。工粉饰弥缝之计，以遂其要荣取贵之奸，为万姓造殃不计也，为百年开衅不计也，为四海耗费不计也，计吾利否耳。呜呼！可胜叹哉！

【译文】

当官掌权的人，要有圣贤一样的心肠和英雄一样的才识。他们为国家出谋划策为百姓担忧，都是出于至诚同情之心；谋划事情，计议策略，都会极其详细、谨慎、精细、周密。反复地从多方进行谋划思考，着眼到千秋万代以后的事业。他们的措施和布置，又怎么不会使事情成功、有利于国家民众呢？如今他们只是贪功好事的念头，苟且偷安的念头，忙于粉饰偷巧的心计见缝插针，做表面文章，满足他追求的荣华富贵，不考虑给百姓带来灾祸，不顾给百年大计开启祸端，不管耗费天下财力劳力，只考虑这样做对自己是否有利。唉！真让人感叹不尽啊！

065. 为政者立科条、发号令，宁宽些儿，只要真实行，永久行。若法极精密，而督责不严，综核不至，总归虚弥，反增烦扰。此为政者之大戒也。

【译文】

治理政事的人制定法律条例、发布号令时，宁可宽松一些，只要它们能够真正得到实行，长久执行下去就行了。如果法令非常严密，而监督不严，做不到考核，终究是一纸空文，反倒添了很多麻烦。这一点是治理政事的人的大戒。

066. 民情不可使不便，不可使甚便。不便则壅阏而不通，甚者令之不行，必溃决而不可收拾；甚便则纵肆而不检，甚者法不能制。必放溢而不敢约束。故圣人同其好恶，以体其必至之情，纳之礼法。以防其不可长之渐。故能相安相习，而不至于为乱。

【译文】

民众的感情不能不得到发泄，也不能过度发泄。不能发泄就会郁积在心里不得通畅，过度的话则会导致政令不能执行，最终必然会像决堤一样无法收拾；过度地发泄就会放纵肆意不加检点，严重的连法律都不能控制，最终只得听之任之而不敢约束了。因此圣人主张和民众的好恶相同，以体察民众内心的感情，将他们引到礼制法律的轨道上来，以防止出现上面所说的情况。因此民众才能相安无事、相沿成习，不至于发生变乱。

067．吏治不但错枉，去慵懦无用之人，清仕路之最急者。长厚者误国蠹民，以相培植。奈何？

【译文】

治理官吏不但要惩处贪赃枉法的人，罢黜懦弱无用的人，是整顿吏治的非常紧迫的内容。年长、宽度的人却耽误国家的大事，戕害民众，互相纵容助长，对此应该怎么办呢？

068．易衰歇而难奋发者，我也；易懒散而难振作者，众也；易坏乱而难整饬者，事也；易蛊敝而难久当者，物也。此所以治日常少，而乱日常多也。故为政要鼓舞不倦，纲常张，纪常理。

【译文】

容易衰歇而难以振作发奋的，是自己；容易懒散成性而难以振作发奋的，是民众；容易败坏混乱而难以挽救的，是事情；容易被蠹虫损坏而难以长久的，是物品。这就是为什么安定时间总是很少，而混乱的时间总是很多。所以，处理政事要精神振奋永不倦怠，纲纪经常执行，理顺法纪。

069．智慧长于精神。精神生于喜悦，喜悦生于欢爱。故责人者，与其怒之也，不若教之；与其教之也，不若化之。从容宽大，谅其所不能而容其所不及，恕其所不知而体其所不欲，随事讲说，随时开谕。彼乐接引之诚

而喜于所好，感督责之宽而愧其不材。人非木石，无不长进。故曰
"敬敷五教在宽"，又曰"无忿疾于顽"，又曰"匪怒伊教"，又曰"善
诱人"。今也不令而责之豫，不言而责之意，不明而责之喻，未及令
人，先怀怒意。梃诟恣加，既罪矣而不详其故，是两相仇、两相苦
也，智者之所笑而有量者之所羞也。为人上者切宜戒之。

【译文】

　　智慧是从精神中生发出来的，精神是从喜悦中生发出来的，喜悦
是从欢乐爱护中生发出来的。所以，责备人的人，与其发怒，不如去
教育他；与其教育他，不如去感化他。要宽宏大量，体谅他所不能做
到的，而容忍他所达不到的；宽恕他所不知道的，而体贴他所不想做
的。遇到事情就给他讲解，随时开导他。对方对你的以诚相待感到
高兴，喜欢你所爱好的事；感谢你对他的宽容督导而羞愧自己不能成
才。人不是木头和石头，没有不长进的。所以说"努力地宣传五常之
教，在于宽厚"，又说"不要对愚顽不化的人愤怒憎恶"，又说"不要
发怒教育别人"。又说"要善于诱导别人"。如今还没有下达命令就
要求别人做好准备，还没有说话就要求别人会意，还没有晓谕就要求
别人明白。没有下达命令，心里就有了愤怒的情绪，任意打骂他人，
对方已经受到了惩罚，却还不明白什么原因。这会使双方仇视，互相
痛苦！智慧的人会觉得可笑，有度量的人会感到羞愧。地位高的人
要引以为戒。

　　070. 德立形成了，论不得人之贵贱、家之富贫、分之尊卑。自
然上下格心，大小象指。历山耕夫有甚威灵气焰？故曰："默而成之。
不言而信，存乎德行。"

【译文】

　　道德操守修养好了，不必谈论人出身的贵贱、家庭的贫富、个人

身份的尊卑。自然上下齐心，大大小小的事情都看得清清楚楚。舜本来只是历山脚下的一个耕田的农夫，哪里有什么威势气焰？所以《周易·系辞上》说："默默地成功了，不说话别人就会相信，在于高尚的道德品行。"

071. 举人事，动众情，必协众心而后济。不能尽协者，须以诚意格之，恳言入之。如不格不入，须委曲以求济事。不然彼其气力智术足以撼众而败吾之谋，而吾又以直道行之，非所以成天下之务也。古之人神谋鬼谋，以卜以筮，岂真有惑于不可知哉？定众志也。此济事之微权也。

【译文】

进行大事业，调动民众的积极性，必须要众心协力才能获得成功。不能完全协调，就一定要用诚意去感动他，用恳切的话去劝说他。如果还不行，就要用婉转曲折的方式取得成功。如若不然，对方的气力智术足以撼动众人来败坏我的计划，而我又以直道推行，这不是成就大事的办法。古人神鬼的谋略，采用卜筮的办法预测，难道真的是因为迷惑于不可知的力量吗？只是安定众人的心啊！这是事业的微妙方法。

072. 世间万物皆有所欲，其欲亦是天理人情。天下万世公共之心，每怜万物有多少不得其欲处。有余者，盈溢于所欲之夕卜而死；不足者，奔走于所欲之内而死。二者均，俱生之道也。常思天地生许多人物，自足以养之，然而不得其欲者，正缘不均之故耳。此无天地不是处，宇宙内自有任其责者。是以圣王治天下不说均就说平，其均平之术只是絜矩。絜矩之方，只是个同好恶。

【译文】

世间的万物都有自己的欲望，这些欲望都是合乎天理人情的。天下万世出于共同的心理，每每怜悯世间万物有多少不能满足自己的欲望。欲望得到过分满足的，因为超过需要而死亡；不能满足的，为了要满足它到处奔波而劳累抑郁致死。二者均衡一下，都是与生俱来的。我常常想，天地孕育那么多的人和物，自然能够养育他们，却有很多时候不能满足他们的欲望，正是不均平的缘故。这没有上天什么错，宇宙内自有应该承担责任的人。所以圣王治理天下，不是说均，就是说平，均平的办法就是测量方正，测量方正的办法就是能根据共同的好恶推己及人。

073. 世人作无益事常十九。论有益唯有暖衣、饱食、安居、利用四者而已。臣子事君亲，妇事夫，弟事兄，老慈幼，上惠下，不出乎此。《豳风》一章，万世生人之大法，看他举动，种种皆有益事。

【译文】

世人所做没用的事占了十分之九，说到有益的事，只有暖衣、饱食、安居、利用这四个方面而已。臣子侍奉君王和父母，妻子侍奉丈夫，弟弟侍奉兄长，老人慈爱孩子，领导惠及下属，都不外于此。《豳风》这一篇，说出了万世人生的大道理，诗中所讲的种种举动，都是有益处的事。

074. 天下之事，要其终而后知。君子之用心、君子之建立，要其成而后见事功之济否。可奈庸人俗识，谗夫利口，君子才一施设辄生议论，或附会以诬其心，或造言以甚其过。是以志趣不坚、人言是恤者辄灰心丧气，竟不卒功。识见不真、人言是听者辄罢君子之所为，不使终事。呜呼！大可愤心矣。古之大建立者，或利于千万世而不利于一时，或利于千万人而不利于一人，或利于千万事而不利于一事。其有所费也似贪，其有所劳也似虐。其不避嫌也易以招摘取议。及其成功而心事如青天白日矣，奈之何铄金销骨之口夺未竟之施，诬不白之心哉？呜呼！英雄豪杰冷眼天下之事，袖手天下之敝。付之长吁冷笑，任其腐溃决裂而不之理。玩日愒月，尸位素餐，而苟且目前以全躯保妻子者岂得已哉？盖惧止匕也。

【译文】

天下所有的事，只有到最后才知道是怎么回事。君子的用心、君子的建立，要等到事情完成以后才能看出其是否有效。无奈那些庸人的俗见，谗夫的利口，君子刚开做事他们就议论，或者穿凿附会诬蔑君子的用心，或者造谣生事夸大君子的过失。所以那些意志不够坚强、怕人议论的人就灰心丧气了，最终没有获得成功。见识短浅、别人说什么就是什么的人就开始抵触君子的作为，致使事情半途而废。唉！真让人气愤心痛啊！古时候建立大业的人，有的对千秋万代有利而在当时却不利；有的对千万人有利而对一个人却不利；有的对千万件事有利而对一件事却不利。做事当中应有的花费好像被贪污了；应有的劳动好像虐待；即便做事不避嫌疑，也容易招来议论指责。等到事情成功，君子的心就如同青天白日一样正大光明。怎奈那些铄金销骨之口来破坏那没有完成的事业，诬蔑君子不能辩白的用心啊！唉！那些英雄豪杰冷眼观看天下之事，袖手旁观天下的弊端，只是给予长吁冷笑，任由它腐溃决裂而不管。只是虚度岁月，拿着俸禄却不做事，安于现状以保全妻儿，难道是自己的本意吗？实在是迫不得已啊！就是因为害怕那些庸人谗夫的谗言利口啊！

075. 变法者，变时势不变道，变枝叶不变本。吾怪夫后之议法者偶有意见，逞聪明，不知前人立法千思万虑而后决。后人之所以新奇自喜，皆前人之所以熟思而弃者也，岂前人之见不及此哉！

【译文】

变法的人，改变时势而不改变道理，改变细枝末节而不改变根本。我很奇怪后世那些议论变法的人，偶尔有了一点儿意见，就卖弄聪明，他们不知道前人立法时是经过千思万虑才决定的。后人觉得新奇暗喜的东西都是前人深思熟虑后放弃的，难道说是前人的见解不及今人吗？

076. 鳏寡孤独、疲癃残疾、颠连无告之失所者，惟冬为甚。故凡咏红炉锦帐之欢、忘雪夜申吟之苦者，皆不仁者也。

【译文】

鳏寡孤独的人、身有残疾的人和那些颠沛流离、无处诉苦的流离失所之人，一到冬天就更难熬了。所以说那些在锦帐里围着炉火狂欢、忘了雪夜呻吟之苦的人，都是缺乏仁爱之心的人啊！

077. 天下之财，生者一人，食者九人；兴者四人，害者六人。其冻馁而死者。生之人十九，食之人十一。其饱暖而乐者，害之人十九，兴之人十一。呜呼！可为伤心矣。三代之政行，宁有此哉！

【译文】

天下的财物，创造它的只有一个人，享用它的却有九个人；使它兴隆的只有四个人，破坏它的却有六个人。因寒冷饥饿而死去的人，创造财富的占了十分之九，而享用财富的却只有十分之一。丰衣足食而随意享乐的人，十个有九个是破坏天下财物的人，兴盛财物的人却只占了十分之一。唉！真让人伤心啊！如果夏、商、周三代时的政令现在还在推行，还会这样吗？

078. 居生杀予夺之柄，而中奸细之术以陷正人君子，是受雇之刺客也。伤我天道，殃我子孙，而为他人快意，愚亦甚矣。愚尝戏谓一友人曰："能辱能荣，能杀能生，不当为人作荆卿。"友人谢曰："此语可为当路药石。

【译文】

掌握生杀予夺的大权，却中了奸诈邪恶之人的阴谋来陷害正人君子，这就是受人雇用的刺客。伤天害理，殃及子孙，却让他人称心快意，未免太愚蠢了啊！我曾经跟一个朋友开玩笑说："能忍辱能得荣，能死能生，不应该替别人去做荆轲那样的刺客。"这位朋友回答说："这句话可以作为掌权人的医药之方。"

079. 赦何为者？以为冤耶，当罪不明之有司；以为不冤耶，当报无辜之死恨。圣王有大庆。虽枯骨罔不蒙恩。今伤者伤矣，死者死矣，含愤郁郁莫不欲仇我者。速罹于法以快吾心，而乃赦之。是何仁于有罪而不仁于无辜也。将残贼幸赦而屡逞，善良闻赦而伤心，非圣王之政也。故圣王眚灾宥过不待庆时。其刑故也不论庆时。夫是之谓大公至正之道。而不以一时之喜滥恩，则法执而小人惧，小人惧则善良得其所。

【译文】

为什么要赦免罪行呢？如果被冤枉了，应当治不明就里的官吏的罪；如果没有被冤枉，就应该为无辜的人报仇雪恨。国君举行大的庆典，即便是枯骨也都会蒙受恩惠。如今伤的伤，死的死，人们心含郁愤没有不想报仇的。要让罪人很快受到法律的制裁，使自己得到安慰。然而却赦免了他们，这是对有罪的人何等仁慈而对于无辜的人何等残忍呢？让凶残的坏人赦免的愿望屡屡得逞，善良的人因听到赦免坏人伤心痛苦，不是圣王应有的作为。所以，圣王如果想赦免罪人不会等到庆典的时候，实行刑罚的时候也不论庆典与否，这才叫作大义公道。不因一时的欢喜而滥施恩惠，如此法令得到执行而小人有所畏惧，小人害怕了，善良的人也就能安居乐业了。

080. 礼与刑，二者常相资也。礼先刑后。礼行则刑措，刑行则礼衰。

【译文】

礼法与刑法是相辅相成的。管理百姓要先用礼法后用刑法。礼法有效刑法就不用了，只用刑法那么礼法就衰微了。

081. 官贵精不贵多。权贵一不贵分。大都之内，法令不行，则官多权分之故也。故万事俱弛。

【译文】

官职贵在精而不在多，权力贵在集中不在分散。大概说来，法令得不到执行，就是官多权力分散的缘故。因此各种事务都废弛了。

082. 名器于人无分毫之益，而国之存亡、民之死生于是乎系。

是故衮冕非暖于纶巾。黄瓦非坚于白屋。别等威者非有利于身，受跪拜者非有益于己，然而圣王重之者，乱臣贼子非此无以防其渐而示之殊也。是故虽有大奸恶，而以区区之名分折之。莫不失辞丧气。吁！名器之义大矣哉！

【译文】

名号和车服仪制对于人没有一点价值，却关系到国家的存亡、民众的生死。因此帝王的衣服并不比头巾暖和，琉璃黄瓦的房子也不一定就比普通百姓的砖瓦房坚固，区别等级威权对自身并不利，接受跪拜对自己也没益处，然而圣明的君王却重视这些，因为没有这些就无法杜绝乱臣贼子日益滋长的非分之想，无法显示出君臣的差别。因此即使有大奸大恶的人也能用小小的名义来约束他，他就会理屈词穷。啊！由此可见，名器的意义很大啊！

083. 今之用人，只怕无去处，不知其病根在来处。今之理财，只怕无来处，不知其病根在去处。

【译文】

如今使用人才，只怕没有使用的地方，不知道这种情况的关键就在于选拔人才的地方。如今管理财物，只怕钱财没有来源，却不知关键就在于怎样使用这些钱财。

084. 用人之道，贵当其才；理财之道，贵去其蠹。人君以识深虑远者谋社稷。以老成持重者养国脉，以振励明作者起颓敝。以通时达变者调治化。以秉公持正者寄钧衡。以烛奸嫉邪者为按察，以厚下爱民者居守牧。以智深勇沉者典兵戎。以平恕明允者治刑狱。以廉静综核者掌会计。以惜耻养德者司教化。则用人当其才矣。宫妾无慢弃之帛。殿廷无金珠之玩。近侍绝贿赂之通，宠幸无不赏之赏。臣工严贪墨之诛。迎送惩威福之滥。工商重淫巧之罚。众庶谨僭奢之戒。游惰杜幸食之门。缯黄示诳诱之罪。倡优就耕织之业，则理财得其道矣。

【译文】

　　用人的道理，贵在充分发挥他的才能；理财的道理，贵在除掉耗损财物的蛀虫。国君用见识深远的人为国家出谋划策，用老成稳重的人来稳定国家根基，用勤奋实干的人来振兴事业，用通时达变的人来调节政治教化，任用秉公持正的人来执掌法律，用察奸嫉邪的人担任按察使之职，用厚爱百姓的人做太守州牧，用智勇双全的人来掌握军队，任用公正无私的人来管理刑狱，任用廉静综核的人来管理财务，任用道德高尚的人来管理教化，这样就做到人尽其才了。宫中的姬妾没有随意丢弃的布帛，朝廷上的官吏没有金银珠宝等玩好，身边的近侍拒绝收受贿赂，受宠的人没有不合名目的赏赐，群臣百官贪财受贿就会受到严厉惩治，迎送官吏时滥逞威福就要加重处治，工匠商人投机取巧就要受到重罚，普通百姓不守本分就要严加惩戒，游侠懒汉不劳而食就要坚决杜绝，出布告惩罚诳诱罪行，歌女伶人从事耕织事业，这样才算是找到理财的好方法了。

　　085. 古之官人也，择而后用，故其考课也常恕。何也？不以小过弃所择也。今之官人也，用而后择，却又以姑息行之，是无择也，是容保奸回也。岂不浑厚？哀哉万姓矣！

【译文】

古代任用官吏，认真选拔后加以任命，因此考核政绩的常常限制较宽。这是为什么呢？因为不会因小过失放弃千挑万选的人才。如今任命官吏，任用以后再加以选择，后来又总放纵他们的行为，等于没有选择，是用宽容保护那些奸邪的人。怎么不是宽厚呢？却是天下百姓的悲哀啊！

086. 世无全才久矣，用人者各因其长可也。夫目不能听，耳不能视，鼻不能食，口不能臭，势也。今之用人不审其才之所堪，资格所及，杂然授之。方司会计，辄理刑名；既典文铨，又握兵柄。养之不得其道，用之不当其才，受之者但悦美秩而不自量。以此而求济事，岂不难哉！夫公绰但宜为老。而裤谌不可谋邑，今之人才岂能倍蓰古昔？愚以为学校养士，科目进人，便当如温公条议，为数科。使各学其才之所近，而质性英发，能备众长者，特设全才一科，及其授官，各任所长。夫资有所近，习有所通，施之政事，必有可观。盖古者以仕学为一事，今日分体用为两截。穷居草泽，止事词章；一入庙廊，方学政事。虽有明敏之才，英达之识，岂能观政数月便得每事尽善？不免卤莽施设。鹘突支吾，苟不大败，辄得迁升。以此用人，虽尧舜不治。夫古之明体也，养适用之才。致君泽民之术固已熟于畎亩之中，苟能用我者，执此以往耳。今之学校，可为流涕矣。

【译文】

世上没有全能的人才已经很久了，用人的人只要充分发挥出每个人的长处就可以了。眼睛不能听声音，耳朵不能看东西，鼻子不能吃饭，嘴巴不能闻气味，都是必然的。如今用人，不考察对方能够胜任什么，不看他的资格能够达到什么程度，就胡乱地授给他官职。刚刚还在管理财物，一下子又去审理刑狱；刚刚担当文职，忽然又去掌管军权。

供养人才不掌握方法，任用人才又不能竭尽他的才能，被任用的人只顾自己高兴却不衡量自己的能力。这样做还想使事情获得成功，不是太难了吗？像鲁国的大夫孟公绰担任卿相之家的总管很适合年老的，而却不能让郑国大夫裨谌去管理行政为地方谋划，如今的人才难道会比古代多出几倍吗？我认为，用学校来培养人才，用科举的办法来选拔人才，就应当和司马光所上奏条议一样，设立若干科，使每个人学习和他的特长相近的科目，而天资聪颖掌握所有要领的，能兼备众人长处的专门为他们设立全才科，到授予官职的时候，按照各自的特长来授予。科目和资质相近，学习的东西各有精通，把这些才能用在政事上，一定会有很好的成绩。古人把做官和学习当作一件事，现在的人却把它分成了两部分。在茅草屋居住，只学习作一些诗词文章；一入朝为官，才开始学习政事。即便有聪明敏捷的才智、有英明特达的见识，又怎么能从政几个月就把每件政事都处理好了呢？难免会有鲁莽政策布置，胡乱应付的时候。如果没什么大错，还会得到提升。这样用人，即便是尧、舜也不能治理好天下。古代明治世事的方法，培养实用的人才，惠泽百姓的方法早在民间就已经非常熟悉了，如果有任用我的人，我就凭着这套本事去赴任。如今的学校，真让人为之感到难过啊！

087. 巧居官有五要：休错问一件事，休屈打一个人，休妄费一财，休轻劳一夫力，休苟取一文钱。

【译文】

巧妙做官有五点要领：不做错一件事，不冤枉一个人，不浪费一分钱，不要随意使用一个民众，不要贪污一分钱。

088. 天下之事，倡于作俑，而滥于助波鼓焰之徒。至于大坏极敝，非截然毅然者不能救。于是而犹曰循旧安常，无更张以拂人意，不知其可也。

天下的事情，由始作俑者提倡，却被推波助澜的人泛滥。到了极其败坏的程度，不是果断坚毅的人不能挽救。假如这个时候还说要遵循以往的规矩，不改变原来的规矩以违背众人的意见，不知是否行得通。

089. 因偶然之事，立不变之法；惩一夫之失，苦天下之人。法莫病于此矣。近日建白，往往而然。

【译文】

因为一件偶然发生的事情，就确立了不可变更的法令；惩戒一个人的过错，而使天下的人都跟着受苦。法令的弊病就在这里。近来的建议，往往也是这样。

090. 治世用端人正士，衰世用庸夫俗子，乱世用憸夫佞人。愉夫佞人盛，而英雄豪杰之士不伸。夫惟不伸也。而奋于一伸，遂至于亡天下。故明主在上必先平天下之情，将英雄豪杰服其心志。就我羁豹，不蓄其奋而使之逞。

【译文】

世事振兴用的是正人君子，世事衰败用的是庸夫俗子，世事混乱用的是奸佞小人。奸佞小人盛行，英雄豪杰就无用武之地。只是不能发挥才能而已，一旦发挥了，就能达到灭亡天下的程度。因此圣明的君王治理天下，一定要先平复百姓的情绪，收服英雄豪杰的心志，为我所用，不压制积累他们的愤懑之情，而施展他们的报复。

091. 愈上则愈聋瞀，其壅蔽者众也。愈下则愈聪明，其见闻者真也。故论见闻，则君之知不如相，相之知不如监司，监司之知不如守令，守令之知不如民。论壅蔽，则守令蔽监司。监司蔽相，相蔽君。惜哉！愈下之真情不能使愈上者闻之也。

【译文】

越是职位高的人就越容易昏庸，因为蒙蔽他的人太多；越是职位低的人就越明白，因为他看到的都是真实的。所以说见闻的话，君王所知道的不如丞相所知道的真实，丞相知道的不如监司所知道的真实，监司知道的不如守令知道的真实，守令知道的不如民众知道的真实。说到蒙蔽，就是守令蒙蔽监司，监司蒙蔽丞相，丞相蒙蔽君王。可惜啊！越是下面的真情越不能使上边的人知道。

092. 天之生民非为君也，天之立君以为民也，奈何以我病百姓？夫为君主道无他，因天地自然之利而为民开导撙节之，因人生固有之性而为民倡率裁制之。足其同欲，去其同恶，凡以安定之，使无失所，而后天立君之意终矣。岂其使一人肆于民上而剥天下以自奉哉？呜呼！尧、舜其知此也夫。

【译文】

上天孕育万民并不是为了君主，上天设立君主却是为了万民，怎么能因为国君而使民众受苦呢？做君主的原则没有其他的，就是依着天地自然的有利条件而为民众开导和约束，遵照人生固有的本性而为民众做表率裁制。满足人类共同的欲望，除去人们共同厌恶的东西，使民众都能安居乐业，没有人流离失所，这样上天设立君主的本意也就实现了。哪里会是为了让一个人踩在民众头上，剥夺财富来供养自己呢？唉！尧、舜大概知道这些道理吧！

093. 圣王同民心而出治道，此成务者之要言也。夫民心之难同久矣。欲多而见鄙，圣王识度岂能同之？噫！治道以治民也。治民而不同之，其何能从？即从，其何能久？禹之戒舜曰："罔咈百姓以从己之欲。"夫舜之欲岂适己自便哉？以为民也，而曰"罔咈"。盘庚之迁殷也，再四晓譬；武王之伐纣也，三令五申。必如此而后事克有济。故曰"专欲难成，众怒难犯"。我之欲未必非，彼之怒未必是。圣王求以济事，则知专之不胜众也，而不动声色以因之，明其是非以悟之，陈其利害以动之。待其心安而意顺也，然后行之。是谓以天下人成天下事，事不劳而底绩。虽然，亦有先发后闻者，亦有不谋而断者，亦有拟议已成，料度已审，疾雷迅电而民不得不然者。此特十一耳、百一耳，不可为典则也。

【译文】

君主应符合民心制定政策法规，这是成就治国大业的重要原则。然而不合民心已经很久了。民众的欲望繁多且见识浅陋，君主的见识度量怎么能和他们相同呢？唉！治理国家就是治理民众，治理民众而不符合他们的意愿，民众怎么会服从呢？即便服从，又怎么会长久呢？禹告诫舜说："不可以违背百姓的意愿而服从自己的欲望。"舜的欲望哪里是为了适应自己的方便呢？是为了民众啊！盘庚把都城迁到殷地时，反复地向民众讲明这样做的道理；周武王讨伐商纣王时，向民众三令五申。只有这样做事情才能成功。所以《左传》说"专断的欲望难以实现；众人的愤怒不能冒犯的"。我的欲望未必就是错误的，别人的愤怒也未必就是正确的，君王为了事情成功，就应知道自己的独断专行不能战胜民众，要不动声色地顺着他们，讲明是非使他们醒悟，说明利害关系来打动他们。等到他们心安意顺的时候，再推行自己的主张。这就是凭借天下的人来成就天下的事，不用劳累就能成功。即便如此，也有先行动后告诉百姓的，也有不和百姓商量而独断的，也有已经拟定好了意见，调查研究十分详细充分估计形势，然后以疾雷迅电般的速度去实行，而民众不得不遵从的。这些情况只占了十分之一、百分之一罢了，不能作为典范、法则。

094. 人君有欲，前后左右之幸也。君欲一，彼欲百，致天下乱亡，则一欲者受祸，而百欲者转事他人矣。此古今之明鉴，而有天下者之所当悟也。

【译文】

君主有了欲望，是前后左右的官吏们的幸运。君王想要一样，他们就想要百样，等到天下混乱灭亡，却只有一个欲望的人遭受祸殃，而有百种欲望的人又去待奉新的君王了。这是自古至今的一面明镜，拥有天下的人有所感悟。

095. "平"之一字极有意味。所以至治之世只说个天下平。或言：卜无高下，一经流注无不得平。曰：此是一味平了。世间千种人，万般物，百样事，各有分量，各有差等。只各安其位而无一毫拂戾不安之意，这便是太平。如君说则是等尊卑贵贱小大而齐之矣，不平莫大乎是。

"平"这个字非常耐人寻味,所以治理得好的朝代只说个"天下平"。有人说:水无论是从高处还是低处流出来,一汇入一个地方,就没有不平的。我说:这是一味的平了。世上有千种人、万般物、百样事,它们都各有其个性,各有等级。只要各自安分守己没有一点忤逆不安的心思,这就是太平。像你说的则是把尊卑贵贱小大等同了,没有比不平更大的了。

096. 国家之取士以言也,固将曰言如是行必如是也。及他日效用,举背之矣。今闾阎小民立片纸,凭一人,终其身执所书而责之不敢二,何也?我之所言,昭然在纸笔间也,人已据之矣。吁!执卷上数千言,凭满闱之士大夫,且播之天下,视小民片纸何如?奈之何吾资之以进身,人君资之以进人,而自处于小民之下也哉?噫!无怪也。彼固以空言求之,而终身不复责券也。

【译文】

国家根据文章选拔人才,所以日常处事行为必定就像文章中所说的一样,等到以后验证的时候,所做的和他所说的又都相反。如今民间百姓写下只字片言,凭着自己的人格,一生都按照所写的去做而不会违背,这是为什么呢?这是因为我说的话,清楚地写在纸上了,别人已经有了凭据啊!唉!读书人写文章动辄就有数千字,凭借着满考场的士人之口已经众所周知,与小民的只言片语比较又怎么样呢?为什么我足以靠它进入官场,君主靠他选择人才,而我却还不如普通小民呢?唉!这并不奇怪,因为他本来就是靠着空话来求官的,所以终身都不再去考察那一纸空文了。

097. 漆器之谏,非为舜忧也,忧天下后世极欲之君自此而开其萌也。天下之势，无必有，有必文，文必靡丽，靡丽必亡。漆器之谏，慎其有也。

【译文】

劝谏把漆器作为食器，这并不是对舜的忧虑，只是担心为后代穷奢极欲的君王开了头。天下万物的发展趋势，没有的东西必然产生，出现了以后必然会加以修饰，有了装饰就追求奢靡艳丽，过分奢靡艳丽必然会灭亡。对漆器的劝谏，是告诫人们在开始时就要谨慎。

098. 矩之不可以不直方也。是万物之所以曲直斜正也。是故矩无言而万物则之，无毫发违。直方故也。哀哉! 为政之徒言也。

【译文】

规矩不可以不直不方，是万物曲斜正直的原因。所以规矩不用说话，万物遵照它，一点也不会背离。这就是因为规矩是正直的标准的缘故。真是可悲啊! 当官为政的人只是空口说白话罢了。

099. 暑之将退也先燠，天之将旦也先晦。投丸于壁，疾则内射；物极则反，不极则不反也。故愚者惟乐其极，智者先惧其反。然则否不害于极，泰极其可惧乎!

【译文】

夏天快过去的时候还会热上一段时间，天快要亮的时候会先暗上一段时间。把弹丸扔向墙壁，速度太快就会反弹回来；事物发展到了极致就必然会反弹，没有到达极致就不会反弹。所以愚蠢的人会因为事物到了极点就觉得快乐，有智慧的人却害怕事物会反弹。但是，否卦到了极点并没有什么妨害，而泰卦到了极点真是可怕呀!

100. 法者，御世宰物之神器。人君本天理人情而定之，人君不得与；人臣为天下万世守之，人臣不得与。譬之执圭捧节，奉持惟谨而已。非我物也，我何敢私？今也不然。人藉之以济私，请托公行；我藉之以市恩，听从如响。而辩言乱政之徒又借曰长厚、曰慈仁、曰报德、曰崇尊。夫长厚慈仁当施于法之所不犯，报德崇尊当求诸己之所得为。奈何以朝廷公法徇人情、伸己私哉？此大公之贼也。

【译文】

法律条令，是治理政事、主宰事物的工具。君王依照天理人情制定法律，君王不能对它干预；臣子为了百姓万代而遵守它，臣子也不能对它干预。就好比拿着圭板和信节举行仪式，只有谨慎地执行而已。不是我自己的东西，我怎么敢据为己有呢？如今就不是这样，别人借法律条令来谋取私利，请托之事公然风行；自己借助法律条令来施行恩惠，响应的人就像是回声回应声音那样踊跃。而满口花言巧语的人又借口要长厚、要慈仁、要报德、要崇尊。长厚、慈仁是对没有触犯法律条令的人实行的，报德、崇尊应该是自己本身的行为，怎么能利用国家的公法来徇私情、伸张个人私欲呢？这是破坏公道的大害。

101. 卑卑世态，袅袅人情。在下者工不以道之悦。在上者悦不以道之工。奔走揖拜之日多，而公务填委；简书酬酢之文盛，而民事阁闻。时光只有此时光，精神只有此精神，所专在此，则所疏在彼。朝廷设官本劳己以安民，今也扰民以相奉矣。

【译文】

衰微的世态，摇曳不定的人情，位低的人用不做本职工作为乐趣上级，位高的人喜欢不合道义的公务。四处奔走奉承的时候多，使公务填塞虚委；参加应酬的请柬多，却对百姓的事不予理睬。一生的时间就只有这么多，精力也就只有这么多，把时间精力都用在这些地方，其他事情上就疏忽懈怠。朝廷设置官吏本来是为了为官者辛苦做事使民众安居乐业，现在却是扰乱民众让民众来奉养他们。

102. 动大众，齐万民。要主之以慈爱，而行之以威严。故曰"威克厥爱"。又曰"一怒而安天下之民"。若姑息宽缓，煦煦沾沾。便是妇人之仁，一些事济不得。

【译文】

要调动民众的积极性，使民众同心协力，要用仁慈爱护的心对待他，用威严的气势管理他，因此《尚书·胤征》说"能以威严制伏所爱，则必能获得成功"，《孟子·梁惠王下》说"君王一发怒天下百姓就会安定下来"。如果一味地姑息放纵，模糊暧昧，就是妇人之仁，有些事是做不成的。

103. 为政以徇私、弭谤、违道、干誉为第一耻。为人上者自有应行道理，合则行，不合则去。若委曲迁就，计利虑害，不如奉身而退。孟子谓枉尺直寻不可推起来，虽枉一寸，直千尺，恐亦未可也。或曰：处君亲之际，恐有当枉处。曰：当枉则不得谓之枉矣，是谓权以行经，毕竟是直道而行。

【译文】

处理政事，把徇私舞弊、制止诽谤、违背道义、追求名声看成最应该感到羞耻的事情，位高

的人应该有自己的原则，符合原则就可以继续下去，不合的话就不要去做。假如一味地委屈迁就，计算忧虑自己的利害得失，那就还不如全身而退。孟子认为不能把屈一尺伸八尺作为一种原则推行开来，即便是屈一寸而伸千尺，恐怕也不可以。有人说：处在君臣和亲情之间，难免有屈就的地方。我说：应该的屈就就不能算屈就了，叫作用权宜之计来执行常理，还是按照合乎道理的行为。

104. "与其杀不辜，宁失不经"。此舜时狱也。以舜之圣，皋陶之明。听比屋可封之民，当淳朴未散之世，宜无不得其情者。何疑而有不经之失哉？则知五听之法不足以尽民，而疑狱难决自古有之，故圣人宁不明也，而不忍不仁。今之决狱，辄耻不明而以臆度之见、偏主之失杀人，大可恨也。夫天道好生，鬼神有知，奈何为此？故宁错生了人，休错杀了人。错生则生者尚有悔过之时；错杀则我亦有杀人之罪。司刑者慎之。

【译文】

《尚书·大禹谟》中说"与其诛杀无辜的人，宁愿犯不合常规的错误"，是舜时代刑狱的原则。凭借舜的圣明，皋陶的明察，家家听有德行拥有值得封赏的民众，处于保存淳朴风气的世道之中，应该没有蒙冤受屈的人，怎么还怀疑会有不合常规的事呢？由此可知，从耳、目、语言、容色、口气这五方面来判断案情不足以完全处理民事，而不能定论的疑难杂案自古以来就有，因此圣人宁可存有疑虑也不忍心对人不仁义。如今断案，以不明事例为耻辱，就用主观臆测的看法、偏离事实的错误来杀人，太可恨了。天有好生之德，鬼神也是有知的，为什么这样做呢？所以，宁可错放坏人也不错杀好人。错放坏人的话坏人也许还有悔过的时候；而错杀了无辜的人就相当于自己也犯了杀人罪。掌管刑狱的人要谨慎对待。

105. 徇情而不废法。执法而不病情，居官之妙悟也。圣人未尝不履正奉公。至其接人处事大段圆融浑厚。是以法纪不失而人亦不怨。何者？无躁急之心而不狃一切之术也。

【译文】

合乎人之常情而不违背法律，执行法律而不违背人之常情，当官的人应该有所感悟。圣人未尝不是奉公守法，到了待人接物的时候大都做到圆融浑厚，因此不会违背法律、人们也没有怨言。这是为什么呢？是因为没有浮躁急切的情绪又不拘泥于既有的方法。

106. "宽"、"简"二字，为政之人体。不宽则威令严，不简则科条密。以至严之法绳至密之事，是谓烦苛暴虐之政也，困己扰民。明王戒之。

【译文】

"宽"、"简"这两个字，是处理政事的根本原则。不宽容的话威严的法令就很严格；不简省的话众多的科条目录就繁琐。这样用严密的法令约束责最繁琐的事情，就是苛刻暴虐的政策，困扰自己扰乱民心，圣明的君王应该引以为戒。

107. 弊端最不可开，弊风最不可成。禁弊端于未开之先易，挽弊风于既成之后难。识弊端而绝之，非知者不能；疾弊风

而挽之，非勇者不能。圣王在上，诛开弊端者以徇天下，则弊风自革矣。

【译文】

弊端是最不应该开始的，弊风是最不应该形成的。在弊端没有开始之前禁止它比较容易，在弊风形成之后要挽回就困难了。看清是弊端并禁绝它，不是智者就不能做到；痛恨弊风并纠正它，不是勇敢的人就不能做到。圣君治理天下，诛杀那些开启弊端的人以警戒天下人，弊风自然就会消除了。

108. 避其来锐，击其惰归，此之谓大智。大智者不敢常在我。击其来锐，避其惰归，此之谓神武。神武者，心服常在人。大智者可以常战，神武者无俟再战。

【译文】

避开敌人正面的锐气，在敌人疲乏不堪而后退的时候进攻，这叫作有大智慧。有大智慧的人不敢把心思经常放在自己身上。在敌人锐意前进的时候攻击，等到敌人疲乏不堪而后退就避开，这叫作神武。神武的人，常常可以让别人心服。有大智慧之人可以不断地战斗，神武的就不能再战斗了。

109. 御众之道，赏罚其小者。赏罚小，则大者劝惩。甚者，赏罚甚者，费省而人不惊。明者，人所共知。公者，不以己私。如是，虽百万人可为一将用。不然必劳、必费、必不行，徒多赏罚耳。

【译文】

领导众人的方法，应该奖赏小的功劳，惩罚小的错误。这样，对建大功的人就会有所劝惩。或者，要奖赏功劳特别突出的，要惩罚罪行特别恶劣的。这样节省精力，人们也不会惊惧。赏罚明确，大家都知道。赏罚公正，不掺杂自己的私利。这样，即使是百万大军也可以被一个将领统率，否则必定会劳心费力，还不能成功，只是白白增加了无谓的赏罚而已。

110. 为政要使百姓大家相安，其大利害当兴革者不过什一，外此，只宜行所无事，不可有意立名建功以求煊赫之誉。故君子之建白，以无智名勇功为第一。至于雷厉风行，未尝不用。譬之天道然，以中和镇静为常，疾风迅雷，间用之而已。

【译文】

做官要使百姓都能安居乐业，关键在于改革，都只不过占了总数的十分之一而已，除此以外，只应该采取无为而治的方法，不能故意去建功立名来博取显赫的荣誉。所以君子在提出建议意见时，要以不追求自己的名声、功劳为首要。至于雷厉风行的做事方法，也不是不行。像天道那样，以温和冷静为常态，至于疾风迅雷，偶尔可以。

111. 罚人不尽数其罪，则有余惧；赏人不尽数其功，则有余望。

【译文】

惩罚人时不全部列举他的罪名，他心中还会有恐惧；奖赏人时不罗列他所有的功劳，他会有再次得到奖赏的希望。

112. 匹夫有不可夺之志，虽天子亦无可奈何。天子但能令人死，有视死如饴者，而天子之权穷矣。然而竟令之死，是天子自取过也。不若容而遂之，以成盛德。是以圣人体群情，不敢夺人之志，以伤天下之心，以成己之恶。

平民百姓如果有不可改变的志向，即便是天子也拿他没有办法。天子虽可以让人死，有人却把死看作吃蜜糖一样美好，天子的权力也就没有办法了。最终把他处死了，这是天子自己知错犯错。不如宽容放纵他，以成就了自己的盛德之名。所以圣人能体会民情，不轻易改变别人的志向，以免让天下人伤心，让自己背负恶名。

113. 有一种人，以姑息匪人市宽厚名；有一种人，以毛举细故市精明名。皆偏也。圣人之宽厚不使人有所恃，圣人之精明不使人无所容。敦人中自有分晓。

【译文】

有一种人，以姑息坏人来获得宽厚的名声；有一种人，以列举鸡毛蒜皮的小事来换取精明的名声。他们都错了。圣人的宽厚不会让人有所依仗；圣人的精明不会让人感到无所适从。宽厚的人自有分晓。

114. 夫治水者，通之乃所以穷之，塞之乃所以决之也。民情亦然。故先王引民情于正，不裁于法。法与情不俱行，一存则一亡。三代之得天下，得民情也；其守天下也，调民情也。顺之而使不拂，节之而使不过，是谓之调。

【译文】

治理水患，用疏通的办法使水流畅通才可根除，用堵塞的办法只能造成决堤。对待民情也是如此。所以先王向正道引导民情，不用法度来裁治。法度和人情不能并行，一方面存在，另一方面灭亡。夏、商、周三代的君王能够得到天下，是顺应民情的缘故；守住天下，是调节民情的缘故。顺应民情而不违背它，节制民情而不过度，这叫作调节。

115. 进贤举才而自以为恩，此斯世之大惑也。退不肖之怨，谁其当之？失贤之罪，谁其当之？奉君之命，尽己之职。而公法废于私恩，举世迷焉，亦可悲矣。

【译文】

举荐贤才却总觉得自己对别人有恩，这是当今社会上的大的困惑麻烦。辞退不贤的人带来的怨怼，谁来承担呢？错失了贤人，谁来承担呢？接受了君王的命令，臣子就应该尽职尽责。如果国法因个人的恩怨而废弛，那么世人都迷惑了，太可悲了啊！

116. 法不欲骤变，骤变虽美，骇人耳目，议论之媒也。法不欲硬变，硬变虽美，拂人心志，矫抗之藉也。故变法欲详审，欲有渐，欲不动声色，欲同民心而与之反复其议论。欲心迹如青天白日，欲独任躬行不令左右借其名以行胸臆。欲明且确，不可含糊，使人得持两可以为重轻。欲著实举行，期有成效，无虚文搪塞，反贻实害。必如是而后法可变也。不然，宁仍旧贯而损益修举之。无喜事，喜事人上者之僇也。

【译文】

法令不应该突然改变，突然改变虽好，但会让人惊惧，成

为人们谈论的口实。法令不能强行改变，强行改变虽好，却违背人们的意愿，成为人们矫情违抗的借口。所以变法应有详细周密的考虑，要逐渐地改变，应不动声色，要符合民心并与他们反复地商量议论。内心要像青天白日一样，要能够独自担当不让身边的人借其名义胡作非为。要简单明确，不能含糊其词，让人觉得模棱两可，可以随意改变。要可以推行，期望收到成效，不用空文来对付，不然会带来很大的危害。完成了这些之后才可以变法。否则的话，宁肯依照旧法而稍做修改重新推出。不要多事，喜欢多事是居于高位的人的耻辱。

117. 新法非十有益于前，百无虑于后，不可立也。旧法非于事万无益，于理大有害，不可更也。要在文者实之，偏者救之，敝者补之，流者反之。怠废者申明而振作之。此治体调停之中策，百世可循者也。

【译文】

如果新法不比旧法好出十倍，对以后的法令没有影响，就不能确立。如旧法不是对事情没有一点儿好处，对事理有很大的妨害，就不会变更。主要在于充实文饰过多的地方，修正偏颇的地方，补订弊病的地方，修订流于形式的地方。把懒怠荒废了的加以申明重新发挥作用。这是治体调停的中正之道，百年后都可以遵循。

118. 善处世者，要得人自然之情。得人自然之情，则何所不得？失人自然之情，则何所不失？不惟帝王为然，虽二人同行，亦离此道不得。

【译文】

善于处世的人，要懂得人之常情。如果了解了人之常情，还有什么办不到呢？忽略了人之常情，哪有什么事情不失败呢？不只帝王是这样，即便是两个人相处，也离不开这个道理。

119. 兵革之用，德化之衰也。自古圣人亦甚盛德，即不过化存神，亦能久道成乎，使彼此相安于无事。岂有四夷不可讲信修睦作邻国耶？何至高城深池以为卫，坚甲利兵以崇诛？佾万乘之师。靡数百万之财以困民，涂百万生灵之肝脑以角力，圣人之智术而止于是耶？将至愚极拙者谋之。其计岂出此下哉！若曰无可奈何不得不尔。无为贵圣人矣。将干羽苗格、因垒崇降，尽虚语矣乎？夫无德化可恃，无恩信可结。而曰去兵，则外夷交侵。内寇啸聚，何以应敌？不知所以使之不侵不聚者，亦有道否也？古称"四夷来王"，八蛮通道。越裳重译，日月霜露之所照坠者莫不尊亲，断非虚语。苟于此而岁岁求之。日日讲之。必有良法。何至困天下之半而为此无可奈何之策哉！

【译文】

到了使用兵革武器的时候，道德教化已经衰微了。自古以来的圣人都是道德教化有过人之处，即便达不到所经之处人人都能被感化的程度，也会因为长久地推行德治，使得人们都相安无事。哪里会有不能和四邻讲信修睦做友好邻邦的呢？又怎么需要高城深池来保卫，用坚甲利兵来诛杀呢？怎么至于用方辆兵车的军队，耗费数百万的财富，使人民穷困，浪费百万圣灵的力量呢？圣人的智慧就只是这样吗？让极其愚蠢笨拙的人来谋划，他们出的计策难道会比这个更坏吗？如果说没有办法只能这样，那圣人还有什么尊贵的呢？通过干盾、羽扇降服三苗，修筑了军垒降服崇侯虎。都是假的吗？如果不依靠道德教化，不依靠恩德信义与人结交，只说退兵，那么外敌就会不断前来侵略，国内就会流寇四起，用什么人应对敌人呢？不知道使外夷不侵内寇不聚地方的道理吗？古代记载，东夷、西戎、南蛮、北狄都前来归顺，南方众多的少数民族也表归顺，远方的越裳国也派了翻译来为朝廷进贡，世上的人没有不互相尊重亲近的，这些决不是假话。如果天天追求这个道理，每天讲这个道理，一定会有好的方法，怎么至于天下一半的人力和财富都对此却毫无办法呢？

120. 事无定则人人各诿其劳而万事废，物无定分则人人各满其欲而万物争。分也者，物各付物，息人奸懒贪得之心，而使事得其理，人得其情者也。分定，虽万人不须交一言。此修齐治平之要务，二帝三王之所不能外也。

【译文】

事情没有定则就导致每个人都推脱他分内的事情而使所有的事都废弃了；财物没有固定的分配原则就会导致每个人都要满足欲望而争抢起来。分，就是指东西都有自己的归宿，平息人们奸佞懒惰贪婪的欲望，那么事情就可得到处理，人情就可得到满足。确定了职责标准，即便是处理万人之事也不需要说一句话。这是在修身、齐家、治国平天下的时候都应重视的，古代的尧、舜二帝和夏禹、商汤、周文王这三王也不能例外。

121. 娇惯之极，父不能制子，君不能制臣，夫不能制妻，身不能自制。视死如饴，何威之能加？视恩为玩，何惠之能益？不祸不止。故君子情盛不敢废纪纲，兢兢然使所爱者知恩而不敢肆,所以生之也,所以全之也。

【译文】

娇惯子女到了一定的程度,父亲管不住儿子,君王管不住臣子,丈夫管不住妻子,自己也不能克制自己。把死看成像吃蜜糖一样甜美的事了,还有什么样的威势能管束他呢?如果把恩惠当成儿戏,什么样的恩惠还能对他起作用呢?不碰到灾祸就不会停止。因此感情至深的君子不敢废弃纲纪,努力使所爱的人知恩而不敢放肆。这才是生存的方法,保全的办法。

122. 物理人情,自然而已。圣人得其自然者以观天下。而天下之人不能逃圣人之洞察;握其自然者以运天下,而天下之人不觉为圣人所斡旋。即其轨物所绳,近于矫拂,然拂其人欲自然之私,而顺其天理自然之公。故虽有倔强锢蔽之人,莫不憬悟而驯服,则圣人触其自然之机,而鼓其自然之情也。

【译文】

道理和人情,都是自然而然的。圣人能了解这种自然规律来观察天下,那么天下人都不能逃脱圣人的洞察;圣人掌握了这种自然规律来治理天下,那天下的人就会在不知不觉中被圣人所掌控。即便圣人规范事物的标准近于矫枉过正,也只是拂逆人欲方面的自然之私情,而顺应的是天理和自然规律。所以,即便是那些倔强顽固的人,也没有不醒悟而被驯服的,是圣人掌握了自然的规律,鼓舞了他们自然人情的缘故。

123. 凡居官,为前人者,无干誉矫情,立一切不可常之法以难后人;为后人者,无矜能露迹,为一朝即改革之政以苦前人。此不惟不近人情,政体自不宜尔。若恶政弊规,不妨改图,只是浑厚便好。

凡是当官的人，如果是前任，不要追逐名誉掩饰真情，建立起一些无法长久通行的法令使后人难以遵循；如果是后任，也不要为了表现才能表露业绩而去建立一些上任就改的政令来使前人难堪。这样做不仅不近人情，也与国家的整体不合。如果是邪恶的政策有弊端的规矩，不妨对其进行改革修正，只要浑厚就可以了。

124. 泰极必有受其否者。否极必有受其泰者。故水一壅必决，水一决必涸。世道纵极，必有操切者出。出则不分贤愚，一番人受其敝。严极必有长厚者出，出则不分贤愚，一番人受其福。此非独人事，气数固然也。故智者乘时因势，不以否为忧，而以泰为惧。审势相时，不决裂于一惩之后，而骤更以一切之法。昔有猎者入山。见驺虞以为虎也，杀之，寻复悔。明日见虎以为驺虞也，舍之，又复悔。主时势者之过于所惩也，亦若是夫。

【译文】

泰然安定到了极点，必然会有受到困顿的地方；困顿到了极点，必然会有泰然安定的时候。所以水一壅塞就必然会溃决，水一旦溃决就必然会干涸。世道放纵到了极点，就必然会有办事过于急躁严厉的人出现，那么不论贤愚，大家都要受到他带来的伤害。严厉到了极点，就必然会有宽厚者出现，其他人不论贤愚，都会蒙受其福泽。这不仅仅是人为的结果，气数也是如此。所以有智慧的人抓住时机，不因为困顿而感到忧虑，而是因为泰然安定而感到恐惧。审时度势，不因一次的惩创就决裂，不会骤然之间就更改一切法令。从前有个猎人上山打猎，看到驺虞还以为是老虎，就把它杀了，不久就后悔了。第二天看见一只老虎又以为是驺虞，就把它放了，结果又后悔了。主导时势的人惩罚不当，也大概就会这样。

125. 余息而在沟壑，斗珠不如升糠；裸程而卧冰雪，败絮重于绣縠。举世用人，皆珠般之贵也。有甚高品，有甚清流？不适缓急之用，即真非所急矣。

【译文】

在沟壑之中奄奄一息时，拥有一斗珍珠还不如拥有一升谷糠；赤身裸体躺在冰雪之地时，保暖的破棉旧絮比精美的轻纱贵重。推举贤能选拔用人时，都是像珍珠和轻纱般贵重的人，还有什么高尚的品质呢？还有什么清高的品格呢？在轻重缓急时都不能发挥的作用，就不是真正急需的人才。

126. 古者国不易君，家不易大夫，故其治因民宜俗，立纲陈纪。百地与己相安，然后从容渐渍，日新月盛，而治功成。故曰"必世后仁"，曰"久道成化"。譬之天地，不悠久便成物不得。自封建变而为郡县，官无久暖之席，民无尽识之官，施设未竟而谗毁随之，建官未久而黜陟随之。方腒熊蹯而夺之薪，方缫茧丝而截其绪。一番人至，一度更张，各有性情，各有识见。百姓闻其政令半不及理会，听其教化尚未及信从，而新者卒至，旧政废阁。何所信从？何所遵守？况加以监司之掣肘，制一帻，而不问首之大小，都使之冠；制一衣，而不问时之冬夏，必使之服。不审民情便否，先以簿书督责，即高才疾足之士，俄顷措置之功，亦不过目前小康，一事小补。而上以此为殿最，下

以此为欢虞。呜呼！伤心矣。先正有言：人不里居，田不井授，虽欲言治，皆苟而已。愚谓建官亦然，政因地而定之，官择人而守之。政善不得更张，民安不得易法。其多事扰民，任情变法，与惰政慢法者斥逐之，更其人不易其治，则郡县贤于封建远矣。

【译文】

在古代，国家不更换君主，诸侯不更换大夫，所以他们治事能适应民情民俗，设立纲纪法度。百姓与地位高的人都相安无事，随后国家渐渐地得到治理，日新月盛，最终大功告成。所以《论语·子路》说"说一定需要三十年才能使仁政大行于天下"。《周易·恒卦》说"时间长了民众才能受到教化"。就好像天地一样，时间不长久便不能化育万物。自从分封制变为郡县制以后，官员没有长期任职的地方，百姓没有完全了解的官吏，体制设施还没有完成流言蜚语随之而来，做官时间不长，罢黜升迁就随之而来。好比烹煮熊掌的时候撤掉了柴火，正在缫丝之时突然剪断一样。来了一个人，就换一种章法，每个人各有自己的性情，各有自己的见解。百姓听到他的政令还有一半没有来得及理解，听到他的教导还没来得及信从，新的官吏就又来了，原来的政令就被废止了。百姓到底应该听从谁的？到底应该遵守什么呢？何况官吏还要受到监察人员的约束，就如同制帽子不问脑袋大小，只要同一型号的；制作了一件衣服不管冬夏，都必须穿着同一件衣服一样。不审查是否适合民情，先用文书去催促督办，即便是本事很大、办事很快的人，采取短时间内就能推行的办法，也不过是目前有效，对某件事小有补益而已。然而位高的人却以此作为考察政绩的标准，位低的人也以此为快乐。唉！真让人伤心啊！先贤曾经说过：如果民众不按里居住，田地不按照井田的办法分配，即使想说治理国家，也只能得过且过。我认为设立官位也如此，政令要根据一个地方的实际情况来制定，官吏经过认真选拔而守驻一方，有效的政令不必再改变，民众能安居乐业就不必再变改法度。对多事扰民，任意改变法令的官吏，以及那些懒于政事、无视法令的官吏，都要训斥罢免。更换了官吏却不用改变法令，这样一来，郡县制就比封建分封制优越得多了。

127. 法之立也，体其必至之情，宽以自生之路，而后绳其逾分之私，则上有直色而下无心言。今也小官之俸不足供饔飧，偶受常例而辄以贪法罢之，是小官终不可设也。识体者欲广其公而闭之私，而当事者又计其私，某常例、某从来也。夫宽其所应得而后罪其不义之取，与夫因有不义之取也遂俭于应得焉孰是？盖仓官月粮一石而驿丞俸金岁七两云。

【译文】

法度的建立，要体察民众内心必然会有的感情，放宽能够让民众谋生的道路，然后才能约束那超越本分的私念，这样的话，位高的人有公平正直的态度，下面的人也不会有什么怨言。如今那些小官的俸禄还不够他们吃饭，偶尔接受一些早有传统的利益就以贪赃枉法的罪名被罢免，所以小官终究无法设立。识大体的人想给小官增加公禄，断绝他们的私财，而当事人却又计算他自己的私利，某一项按照规矩来说应该收取，某一项从来就是如此。增加他应该得到的俸禄，然后对他取得不义之财治罪，与因为他取得了不义之财就减少他的俸禄，哪种做法正确呢？这就是所说的管理仓库的官吏每个月的俸粮有一石，而驿丞等小官一年的俸银却只有七两。

128. 顺心之言易入也，有害于治；逆耳之言裨治也，不可于人。可恨也！夫惟圣君以逆耳者顺于心。故天下治。

【译文】

顺心的话容易听进去，对政事的治理却有害处；逆耳的话对于政事的治理有好处，但人们很难听进去。真是遗憾啊！只有圣明的君主才能把逆耳的话听了进去，所以天下才能治理得好。

129. 使马者知地险，操舟者观水势，驭天下者察民情，此安危之机也。

【译文】

骑马的人要知道地势的险峻，驾船的人要观察水势的缓急，统治天下的人要体察民情，这是决定国家安危存亡的关键之所在。

130. 宇内有三权：天之权曰祸福，人君之权曰刑赏，天下之权曰褒贬。祸福不爽，曰天道之清平，有不尽然者，夺于气数。刑赏不忒，曰君道之清平，有不尽然者，限于见闻，蔽于喜怒。褒贬不诬，曰人道之清平。有不尽然者，偏于爱憎，误于声响。褒贬者，天之所恃以为祸福者也，故曰"天视自我民视。天听自我民听"。褒贬者，君之所恃以为刑赏者也。故曰"好人之所恶，恶人之所好，是谓拂人之性"。褒贬不可以不慎也，是天道、君道之所用也。一有作好作恶，是谓天之罪人，君之戮民。

【译文】

宇宙之内有三种权力：天的权力叫作祸福，君王的权力叫作刑赏，天下人的权力叫作褒贬。祸福没有差错，叫作天道清平。也有不全是这样的情况，这是由气数造成的。赏罚公平，这是君道清平。也有例外的情况，局限于人君的见闻，蔽于他的喜怒所致。褒贬公正，这叫作人道清平。也有例外的情况，碍于个人的爱憎及误信了传闻。褒贬，上天降给人祸福的根据，所以《尚书·泰誓》说"百姓的眼睛就是天的眼睛，百姓的耳朵就是天的耳朵"。褒贬，是君主赏罚的依据，所以《孟子·万章上》说"好人有好报，恶人有恶报，是不违背人性的"。由此可见，褒贬不能不慎重，是天道和君道所依赖的。一旦喜好和厌恶都不符合实际，那就成了天下的罪人，君王的罪民。

131. 听讼者要如天平，未称物先须是对针，则称物不爽。听讼之时心不虚平，色态才有所著，中证便有趋向，况以辞示之意乎？当官先要慎址。

【译文】

处理诉讼案件的官吏要像天平一样，没有称量物品之前要对准指针，那么称量的物品不会出现差错。听理诉讼的时候，内心不虚心公平，在面色和态度上稍有显露，证人就会有所改变，更何况是用言辞示意呢？当官的要先对这一点慎重。

132. 天下之势，顿可为也，渐不可为也。顿之来也骤，渐之来也远。顿之著力在终，渐之著力在始。

【译文】

天下的时势，突然出现的事还可以补救，逐渐形成的事就不能挽救了。突然发生的事来得快，而逐渐形成的事来得早。突然发生的事应在结果处着手处理，逐渐形成的事要在它开始时就下功夫。

133. 屋漏尚有十目十手。为人上者，大庭广众之中，万手千目之地，譬之悬日月以示人，分毫掩护不得。如之何弗慎？

在简陋屋中尚且还有十只眼睛、十只手在对着自己。地位最贵的人，处于大庭广众之中，万手所指、千目所视之地，就好像是日月悬挂在天上让人观看，一点也没有掩护，怎么能不慎重呢？

134．有美意，必须有良法乃可行。有良法，又须有良吏乃能成。良吏者，本真实之心，有通变之才，厉明作之政者也。心真则为民恳至，终始如一；才通则因地宜民，不狃于法；明作则禁止令行，察奸厘弊，如是而民必受福。故天下好事，要做必须实做。虚者为之，则文具以扰人；不肖者为之，则济私以害政。不如不做，无损无益。

【译文】

有好的想法，必须要有好的方法才能实行。有了好的方法，还必须要有好的官吏才能成功。好的官吏，怀着真心实意，有通达权变的才能，努力推行明察振作的政令。真心实意那么为百姓着想的意念就恳切，且始终如一；有通达权变的才能，就能根据不同地区的实际情况来相应地管理民众，不拘泥于法则；明察振作，就能做到令行禁止，纠察奸人纠正弊病，这样的话，民众必然能得到好处。所以，天下的好事，要做就必须实实在在地做。如果虚伪地去做，就只是做做样子来扰乱人心罢了；让不肖的人去做，就只能是假公济私而危害政事。这样去做，倒还不如不做，既没有好处，也不会有什么害处。

135．古人事业精专，志向果确，一到手便做。故孔子治鲁三月而教化大行。今世居官，奔走奉承，簿书期会，不紧要底虚文，先占了大半。夫，况平日又无修改立事之心、急君爱民之志，蹉跎因循，但以浮泛之精神了目前之俗事。即有志者，亦不过将正经职业带修一二足矣。谁始此风？谁甚此风？谁当责任而不易此风？此三人之罪不止于罢黜矣。

【译文】

古代的人专心于自己的事业，精益求精，志向明确，一接手就着手做，所以孔子在鲁国为官治政三个月教就使得教化大行于天下了。如今的人做官，忙于奉承，写写文书、定个期限这些不紧要的虚套，就先占去了一大半工夫。况且平时又没有批改政务建立事业的心思、替君主分忧爱护民众的志向，消磨时间，因循旧制，以浮泛的精神来应付眼前的俗事。即便是有点儿志向的人，也不过顺带着做一两件正经事情而已。谁开始的这种风气？又是谁使得这种风气盛行起来的？谁有责任纠正此风气却没有加以改变？这三种人的罪过光把他们罢黜是不够的。

136．水以润苗，水多则苗腐；膏以助焰，膏重则焰灭。为治一宽，非民之福也。故善人百年始可去杀。天有四时，不能去秋。

【译文】

水可以滋润禾苗，水多了禾苗就腐烂；膏可以助燃火焰，膏太多则会使火焰熄灭。治理政事如果一味地宽容，并不是百姓的福分。所以，行善的人百年才能去掉杀戮。一年有四季，不能去掉秋天。

137．为政以问察为第一

要，此尧舜治天下之妙法也。今人塞耳闭目，只恁独断，以为宁错勿问。恐蹈耳软之病，大可笑。此不求本原耳。吾心果明，则择众论以取中，自无偏听之失。心一愚暗，即询岳牧刍荛，尚不能自决，况独断乎？所谓独断者，先集谋之谓也。谋非集众不精，断非一己不决。

【译文】

处理政事以勤问、明察为第一要务，这是尧、舜治理天下的奇妙之法。如今的人塞住耳朵闭上眼睛只凭借个人的独断，认为宁可错了也不要去问，生怕别人说他有耳根子软的毛病，真让人觉得好笑啊！这就是不探求事情的本来面貌啊！我心里确实明白，应该从众人的论断中选一个进行折中，自己就没有偏听的过失了。心一旦愚笨昏暗了，即便是询问四岳、十二牧这样的高官和割草打柴的普通百姓，也无法自己解决，何况是自己独断呢？所谓独断，是指先集中众人的智谋。智谋不是集中众人不够精细的智慧，不是自己做出的决断最终就难以确定。

138. 赏及淫人则善者不以赏为荣，罚及善人则恶者不以罚为辱。是故君子不轻施恩，施恩则劝；不轻动罚，动罚则惩。

【译文】

奖赏施给了邪恶的人，那么善良的人就不会把奖赏看作光荣；刑罚施于善良的人，那么邪恶的人也不会把它当作耻辱。因此正人君子不轻易施行恩惠，施行恩惠也要劝勉；不轻易动用惩罚，动用惩罚就要惩戒。

139. 在上者当慎无名之赏。众皆藉口以希恩，岁遂相沿为故事。故君子恶苟恩。苟恩之人，顾一时，市小惠，徇无厌者之情，而财用之贼也。

【译文】

居于高位的人应当谨慎地对待那些莫名的奖赏。众人都以某种理由作为借口请求恩赐，一年年传下来就成了一种惯例。所以君子厌恶莫名的恩惠。胡乱施恩的人，只能顾及一时，换得些小恩小惠，满足了贪得无厌的人的要求，却成了破坏国家财富的人。

140. 法者，一也。法曹者，执此一也。以贫富贵贱二之，则非法矣。或曰：亲贵难与疏贱同法。曰：是也，八议已别之矣。八议之所不别而亦二之，将何说之辞？夫执天子之法而顾忌己之爵禄，以徇高明而虐茕独，如国法天道何？裂纲坏纪，摧善长恶，国必病焉。

【译文】

法令，是一个标准。执法的人，要把握好这个标准。如果以贫富贵贱作为两个标准，就不是法令了。有人说：对亲密的人、地位高的人，难以和疏远的人、地位低贱的人用同样的法令。回答说：是这样啊！八议之法已经对人进行了分别。八议法规定以外的还要用不同的标准来执法，对此还有什么理由来解释呢？如果执行国家的法令却顾忌自己的爵禄，对居于高位或贤能的人徇私，却对那些孤独没有依靠的人虐待，把天理国法置于何地了呢？破坏纲纪，迫害善良的人，助长恶人的气焰，国家必然会出现问题。

141. 人臣有二惩，曰私，曰伪。私则利己徇人而公法坏，伪则弥缝粉饰而实政堕。公法坏则豪强得以横恣，贫贱无所控诉而愁怨多；实政堕则视国民不啻越秦，逐势利如同商贾而身家肥。此乱亡之渐也，何可不惩。

【译文】

为人臣子，有两个方面要惩戒，即自私和虚伪。自私就会为一己私利而徇私枉法；虚伪就只会弥足缝隙做表面功夫而实际政务被耽误。法令遭到败坏，豪强就横行霸道肆无忌惮了，贫苦百姓就会控诉无门而心中满是怨怼；政事衰落，就不会体恤民情，会像商人那样为追求利润而只顾养肥自己的身体和家庭。这样乱下去的话，国家离灭亡就不远了，怎能不进行惩戒呢？

142. 古今观人，离不了好恶。武叔毁仲尼，伯寮怒子路，臧仓沮孟子。从来圣贤未有不遭谤毁者。故曰：其不善者恶之。不为不善所恶，不成君子。后世执进退之柄者，只在乡人皆好之上取人。千人之誉不足以敌一人之毁，更不察这毁言从何处来，更不察这毁人者是小人是君子。是以正士伤心，端人丧气。一入仕途，只在弥缝涂抹上做工夫，更不敢得罪一人。呜呼！端人正士叛中行而惟乡原是师，皆由是非失真、进退失当者驱之也。

【译文】

从古至今，观察人都脱离不了喜欢和厌恶两方面。武叔诋毁孔子，公伯寮毁谤子路，臧仓说孟子的坏话，阻止鲁平公去见孟子。自古以来圣贤没有不遭人毁谤的。因此说：要让那些坏人厌恶你。不被坏人厌恶，就不是君子。后世掌握着用人大权的人，只在那些人们都喜欢的人中选人，一千个人的称赞也抵不上一个人的诋毁，不去考察这些诋毁的言论是从哪里来，更不考察这诋毁人的人是小人还是君子。因此使正义之士伤心难过，端正的人灰心丧气。一进入仕途，就只会做表面功夫，更不敢得罪一个人。唉！正直端方的人违背了中正之道而落入世俗，都是因为掌握用人大权的人是非不分进退不当造成的啊！

143. 图大于细，不劳力，不费财，不动声色，暗收百倍之功。用柔为刚，愈涵容；愈愧屈，愈契腹心，化作两人之美。

【译文】

从细微处图谋大事，不费力、不伤财、不动声色，不知不觉，暗中得到百倍的功效。以柔对刚，更加地包涵宽容；越是惭愧屈服，就能符合自己的心意，对双方都有利。

卷六 数之集

人 情

001. 无所乐有所苦，即父子不相保也，而况民乎？有所乐无所苦，即戎狄且相亲也，而况民乎？

【译文】

没有快乐只有痛苦，即使父子关系也不能维持，更何况一般百姓呢？只有快乐没有痛苦，即使是不同民族也能相亲相爱，更何况一般百姓呢？

002. 世之人，闻人过失，便喜谈而乐道之；见人规己之过，既掩护之，又痛疾之；闻人称誉，便欣喜而夸张之；见人称人之善，既盖藏之，又搜索之。试思这个念头是君子乎？是小人乎？

【译文】

世上的人，听到别人的过失，就津津乐道；见别人指出自己的过错，既要掩饰过失，又对那个人痛心疾首；听到别人的称赞夸奖，就欣喜若狂，并夸大其词；听到别人称赞他人优点，就去遮盖隐藏他人的优点，又百般挑剔他人的缺点。试问有这样念头的人，是君子还是小人？

003．乍见之患，愚者所惊；渐至之殃，智者所忽也。以愚者而当智者之所忽。可畏哉！

【译文】

突然飞来的横祸，愚蠢的人也会感到惊愕；缓缓而来的灾难，聪明的人也会有所忽略。假如愚蠢的人碰到聪明的人所忽略的祸患，那实在太可怕了。

004．情只往薄处求，说人心只往恶边想。此是私而刻底念头。自家便是个小人。古人责人每于有过中求无过，此是长厚心、盛德事。学者熟思，自有滋味。

【译文】

谈论人情的时候，只往人情淡薄处探求；论说人心的时候，只是往人心险恶的一边想。这是自私刻薄的念头，这种人自己就是个小人。古人责备人，往往从现有的过错中寻求没有的过错，这才是助长宽厚的心、广撒仁德的事。求学的人认真思考，其中自有一番滋味。

005．人说己善则喜，人说己过则怒。自家善恶自家真知，待祸败时欺人不得。人说体实则喜，人说体虚则怒。自家病痛自家独觉，到死亡时欺人不得。

【译文】

听到别人说自己的好就高兴，说自己的不好就恼怒。自己的好坏自己最清楚，等到遭祸落败时就谁也欺骗不了。听到别人说自己身体健壮就高兴，说自己身体虚弱就恼怒。自己的病痛只有自己感觉得到，待到死亡时就骗不了别人了。

006. 迷莫迷于明知，愚莫愚于用智，辱莫辱于求荣，小莫小于
好人。

【译文】

执迷莫过于执迷不悟，愚蠢莫过于自作聪明，耻辱莫过于忍辱求
荣，渺小莫过于好大喜功。

007. 两人相非，不破家不止，回头任自家一句错，便是无边受
用；两人自是，不反面稽唇不止，只温语称人一句好，便是无限欢欣。

【译文】

两个人互相攻击，不到家破人亡绝不罢休，只要低头为自己认
一个错，就会有非常大的好处；双方都自以为是，不到反唇相讥的地
步绝不罢休，只要温和地称赞对方一声好话，就会有无限的欢乐和
欣喜。

008. 将好名儿都收在自家身上，将恶名儿都推在别人身上，此
天下通情。不知此两个念头都揽个恶名在身，不如让善引过。

【译文】

把好的名声都归在自己身上，把坏的名声都推到别人身上，这是
天下人的通病。不知道这两个念头都会给自己带来恶名，不如把好
名声让给别人，把过错留给自己。

009. 露己之美者恶，分人之美者尤恶。而况专人之美、窃人之
美乎？吾党戒之。

【译文】

暴露自己好处的人可恶，分享别人好处的人更加可恶，何况占据别人的好处和窃取别人的好处的呢？我们应当对这样的事情引以为戒。

010. 守义礼者，今人以为倨傲；工谀佞者，今人以为谦恭。举世名公达宦自号儒流，亦迷乱相责而不悟，大可笑也。

【译文】

恪守道义礼法的人，现在的人认为是傲慢自大；擅长阿谀奉承的奸佞小人，现在的人认为是谦虚恭敬。世上那些有名望的王公贵族和达官贵人自称是儒门雅士，也迷惑不解，互相指责而不知道醒悟，太可笑了。

011. 无可知处尽有可知之人而忽之，谓之瞽；可知处尽有不可知之人而忽之，亦谓之瞽。

【译文】

忽略了没有人知道的地方仍然会有知道的人，这样的人被称作瞎子；忽略了应该知道的事情也会有不知道的人，这样的人也被称作瞎子。

012. 古人之相与也，明目张胆，推心置腔。其未言也，无

先疑；其既言也，无后虑。今人之相与也，小心屏息，藏意饰容。其未言也，怀疑畏；其既言也，触祸机。哀哉！安得心地光明之君子，而与之披情愫、论肝膈也？哀哉！彼亦示人以光明，而以机阱陷人也。

【译文】

古人相互交往时，坦诚相待，推心置腹。没说话的时候，也没有疑虑；已经讲了的话，也不必有后顾之忧。现在的人相互交往，谨小慎微，隐藏意图掩饰表情。还没有说话，就有了疑虑畏惧之心，说了以后，又担心引来灾祸。真可悲啊！哪儿有光明磊落的君子，可以与他诉衷情、披肝胆呢？可悲啊！那些表面上与人光明正大交往，暗地里却设陷阱害人。

013. 古人名望相近则相得，今人名望相近则相妒。

【译文】

古代名声威望差不多的人能和谐相处，现在名声威望差不多的人却相互嫉妒。

014. 言在行先，名在实先，食在事先，皆君子之所耻也。

【译文】

言语在行动之前，名声在实际行动之前，酬劳在做事之前，都是君子所羞耻的。

015. 两悔无不释之怨，两求无不合之交，两怒无不成之祸。

【译文】

双方都悔悟，就没有化解不了的怨恨；双方都有所求，就没有不能合作的朋友；双方都发怒，就没有酿不成的灾祸。

016. 己无才而不让能，甚则害之；己为恶而恶人之为善，甚则诬之；己贫贱而恶人之富贵，甚则倾之。此三妒者，人之大戮也。

【译文】

自己没有才华却不让给有才的人，甚至迫害他；自己作恶却嫉恨他人行善，甚至诬陷他；自己贫贱却嫉恨他人的富贵，甚至倾陷他。这三种嫉妒的人，是人群中最应当杀掉的。

017. 以患难时心居安乐，以贫贱时心居富贵，以屈局时心居广大，则无往而不泰然。以渊谷视康庄，以疾病视强健，以不测视无事，则无往而不安稳。

【译文】

在患难时能有安乐的心情，贫贱时能平静地对待富贵，以委屈局促时能有宽广的胸襟，就没有什么不能泰然处之。把深渊峡谷看作康庄大道，把疾病看作强身健体，把不测之祸看作无事，就没有什么时候不能安稳自处了。

018. 不怕在朝市中无泉石心，只怕归泉石时动朝市心。

【译文】

不怕在朝野中没有隐退的心思，只怕在山林里还有去往朝野的心思。

019. 积威与积恩，二者皆祸也。积威之祸可救，积恩之祸难救。积威之后，宽一分则安，恩二分则悦；积恩之后，止而不加则以为薄，才减毫发则以为怨。恩极则穷，穷则难继；爱极则纵，纵则难堪。不可继则不进，其势必退。故威退为福，恩退为祸；恩进为福，威进为祸。圣人非靳恩也，惧祸也。湿薪之解也易，燥薪之束也难。圣人之靳恩也，其爱人无已之至情，调剂人情之微权也。

【译文】

积累威严和积累恩德，二者都是祸害。积累威严而致的祸可救，积累恩德而致的祸难救。积威之后放宽一分对方就会安心，再恩宠二分对方就会高兴。积恩之后恩惠停止而不再增加，对方就以为薄情，才减少一些，就遭到怨怒。恩情到了极点就穷尽了，穷尽了就难以继续下去；宠爱到了极点就会放纵，放纵就让人难以忍受。不能再继续感情就不会增进，最终必然疏远。因此，威严退去了被认为是福，恩德减少了被认为是祸；恩德加深了被认为是福，威严加强了被认为是祸。圣人并不是吝惜施人恩惠，而是害怕带来祸患。解湿了的柴火容易，捆上干燥的柴火困难。圣人吝惜恩惠，爱护他人不要做到极致，是调和人情冷暖的方法！

020. 人皆知少之为忧，而不知多之为忧也，惟智者忧多。

【译文】

人们都知道担忧少，却不知道担忧多，只有大智的人才知道担忧多。

021. 众恶之必察焉，众好之必察焉，易；自恶之必察焉，自好之必察焉，难。

【译文】

众人都讨厌的事物一定要有所察觉，众人都喜欢的事物一定要有所了解，这都容易做到；自己讨厌的事物一定要了解，自己喜欢的事物一定要了解，这就难了。

022．有人情之识，有物理之识，有事体之识，有事势之识，有事变之识，有精细之识，有阔人之识，此皆不可兼也。而事变之识为难，阔人之识为贵。

【译文】

有的人有人情世故的知识，有的人掌握物理知识，有的人了解事物的本质，有的人了解事物的时势，有的了解事物的发展趋势，有的人精通细致的事物，有的人有开拓胸襟的知识，但这几种知识都不能同时兼备。其中，认识事物变化的知识最难，开拓胸襟的知识最可贵。

023．圣人之道，本不拂人，然亦不求可人。人情原无限量，务可人不惟不是，亦自不能。故君子只务可理。

【译文】

圣人的道理，本来就不违背大家的意愿，但是也不是为了迎合别人。人情原本没有限度，要做到让每个人都满意不只是不对，也不能做到。所以君子只求合乎情理。

024．施人者虽无已，而我常慎所求，是谓养施；报我者虽无已，而我常不敢当，是谓养报；此不尽人之情，而全交之道也。

【译文】

施恩给别人的人虽然没有私心，但我常常慎重地看待他们的请求，这叫作养施；给我回报的人虽然没有私心，但我却往往不敢接受，这叫作养报。这样为人情留有余地，是保全交情的方法。

025. 攻人者，有五分过恶，只攻他三四分，不惟彼有余惧，而亦倾心引服，足以塞其辩口。攻到五分，已伤浑厚，而我无救性矣。若更多一，是贻之以自解之资。彼据其一而得五，我贪其一而失五矣。此言责家之大戒也。

【译文】

挑毛病的人，对方有五分错误，只指出三四分。不使对方心有余惧，而且会引导心服口服，足以能够使他不能狡辩。指出五分，就伤了厚道，自己也没有转回的余地了。假如再多一分，就给了对方自我辩解的资本。他根据这一分来为那五分辩解；我多说了一分，就丧失了那五分的威信。这是责备别人要注意的。

026. 见利向前，见害退后，同功专美于己，同过委罪于人。此小人恒态，而丈夫之耻行也。

【译文】

见到利益就向前，见到危险就退缩；与别人共同建立功劳却将它全归于自己，与他人一起犯错却将责任都推卸给他人。这是小人的通常表现，大丈夫会以此为耻。

027. 任彼薄恶，而吾以厚道敦之，则薄恶者必愧感，而情好愈笃。若因其薄恶也，而亦以薄恶报之，则彼我同非，特分先后耳。毕竟何时解释？此庸人之行，而君子不由也。

【译文】

任凭对方的态度刻薄恶劣，我都以宽厚仁道来对待他，那么，刻薄恶劣的人必会心中有愧，且你们的情意会更加深厚。如果因为对方的刻薄恶劣而以同样的态度报复他，那么，双方就都错了，只是先后的区别而已，那么双方的怨恨什么时候才能消除呢？这只是庸人的做法而已，正人君子是不会这样做的。

028. 恕人有六：或彼识见有不到处。或彼听闻有未真处，或彼力量有不及处，或彼心事有所苦处。或彼精神有所忽处。或彼微意有所在处。先此六恕而命之不从，教之不改，然后可罪也已。是以君子教人而后责人，体人而后怒人。

【译文】

有六种情况可以宽恕别人：或者因为他见识不到，或者因为他听不真切，或者因为他力量不够，或者因为他心有所苦，或者因为他精神有所疏忽，或者因为他有微妙用意。先考虑这六种情况予以宽恕，而后还不服从命令、不听从教育的，这之后可按罪惩处。因此君子先教育人，然后才责罚人；先体谅人，然后才怪罪人。

029. 情不足而文之以言，其言不可亲也；诚不足而文之以

貌，其貌不足信也。是以天下之事贵真，真不容掩，而见之言貌。其可亲可信也夫！

【译文】

感情不深厚而用言语来文饰，这样的言语不可亲信；诚意不够而用外貌来文饰，这样的外貌不可信。因此天下的事情贵在真，真情是不能掩饰的，再加上真切的语言和容貌，就会让人感到可亲可信了。

030. 势、利、术、言，此四者公道之敌也。炙手可热则公道为屈，贿赂潜通则公道为屈，智巧阴投则公道为屈，毁誉肆行则公道为屈。世之冀幸受诬者。不啻十五也，可慨夫！

【译文】

权势、利禄、权术、诡言，这四个方面都是公道的大敌。炙手可热的权势歪曲真理；暗里行贿可使公道歪曲；投机取巧能使公道歪曲，诋毁诽谤、肆虐横行也可以让公道歪曲。世上希望公道却被诬陷的人，不只十分之五，真是让人感慨啊！

031. 圣人处世只于人情上做工夫。其于人情又只于未言之先、不言之表上做工夫。

【译文】

圣人处世只在人情世故上做功夫，对于人情而言，又只在没有言说之前、没有言说的表面上做功夫。

032. 人到无所顾惜时，君父之尊不能使之严，鼎镬之威不能使之惧，千言万语不能使之喻。虽圣人亦无如之何也已。圣人知其然也，每养其体面，体其情私，而不使至于无所顾惜。

【译文】

人到没有什么顾虑的时候，君父的威严也不能把他震慑，下锅煎烹这样的酷刑也不会让他害怕，千言万语也不能使他明白，即使是圣人也对他无可奈何。圣人知道这个道理，所以每次要保全人的体面，体谅他的感情和私心，而不让他沦落到无所顾忌的地步。

033. 称人以颜子，无不悦者，忘其贫贱而夭；称人以桀、纣、盗跖，无不怒者，忘其富贵而寿。好善恶恶之同然如此，而作人却与桀、纣、盗跖同归。何恶其名而好其实耶？

【译文】

用颜渊来称赞别人，没有不高兴的，却忘记了颜渊的贫贱和短命；把人比作桀、纣、盗跖，没有不大怒的，却忘记了桀、纣、盗跖的富贵和长寿。人们在喜好善、厌恶恶的心理是一样的，而做人却和桀、纣、盗跖一样，怎能只厌恶他们的恶名而喜欢他们的行为呢？

034. 今人骨肉之好不终，只为看得"尔、我"一字太分晓。

【译文】

现在的人骨肉亲情不能从始至终，只因为把"你、我"二字看得太清楚。

035. 好人之善，恶人之恶，不难于过甚。只是好己之善，恶己之恶，便不如此痛切。

【译文】

喜爱别人的优点，讨厌别人的缺点，其实并不难。但是喜欢自己的优点，讨厌自己的缺点，便不是那么痛快的了。

036. 诚则无心，无心则无迹，无迹则人不疑。即疑，久将自消。我一着意，自然着迹，着迹则两相疑，两相疑则似者皆真。故着意之害大。三五岁之男女终日谈笑于市，男女不相嫌，见者亦无疑于男女，两诚故也。继母之慈，嫡妻之惠，不能脱然自忘，人未必脱然相信，则着意之故耳。

【译文】

内心真诚，则不会有二心，无二心则没有形迹，没有形迹则不会令人生疑。即便有怀疑，时间长了也会自然消除。自己一着意，自然显露出来，露出形迹双方则产生猜疑，互相猜疑，相似的东西就变成真的了，所以说，刻意而为的危害很大。三五岁的男孩、女孩成天在街市上玩耍说笑，没有男女之嫌，看到他们的人也不会产生怀疑，这是他们内心真诚的缘故。继母的慈爱，嫡妻的恩惠，自己不能全部忘掉，别人也未必全都相信，这就是用心刻意的缘故。

037. 一人运一甓，其行疾；一人运三甓，其行迟；又二人共舆十甓，其行又迟。比暮而较之，此四人者其数均。天下之事苟从其所便，而足以济事，不必律之使一也。一则人情必有所苦。先王不苦人所便以就吾之一而又病于事。

【译文】

一个人一次搬运一块砖，他走得很快；一个人一次运三块砖，走得就慢了；两个人共同抬着十块砖，速度更加缓慢了。而等到了晚上一计算，这四个人所运的砖数却相等。天下的事如能成他人之方便，就可以完成，则不必强求用同一种方法去做，如果一定要用同一个办法，那必然会对他人造成不便。从前的君王不顾他人方便就按自己的想法行事最终会不利于事情的发展。

038. 人之情，有言然而意未必然，有事然而意未必然者。非勉强于事势，则束缚于体面。善体人者要在识其难言之情，而不使其为言与事所苦。此圣人之所以感人心，而人乐为之死也。

【译文】

人的感情，用言语表达出来是这样，心里未必就是这样想的，做出来这样，心里也未必就是这样想的，这种情况，不是受形势所迫，就是碍于体面。善解人意的人要识破对方的难以说出的心情，使他不被他的言行所困扰，这就是圣人能够感动人心而人们又甘心为他们赴汤蹈火的原因。

039. 人情之险也，极矣。一令贪。上官欲论之而事泄，彼阳以他事得罪。上官避嫌，遂不敢论。世谓之箝口计。

【译文】

人情的险恶达到了极点。一个县令贪污，他的上司将要对他治罪的消息泄露了出去，于是那个县官公开用别的事情得罪了上司，而他的上司为了避嫌，就不敢对他治罪了。世人称这种方法为箝口计。

040. 受病于平日，而归咎于一旦。发源于脏腑，而求效于皮毛。太仓之竭也，责穷于囤底。大厦之倾也，归罪于一霖。

【译文】

平时受病，却归罪于某天。起源于内脏，却往往只治疗外在皮毛。太仓的粮食全都空了，却归罪于储粮的囷底。大厦倒塌了，却归罪于一场大雨。

041. 世之人，闻称人之善辄有妒心，闻称人之恶辄有喜心。此天理忘而人欲肆者也。孔子所恶，恶称人之恶；孔子所乐，乐道人之善。吾人岂可另有一副心肠？

【译文】

世间的人，听到夸奖别人的优点就会生出嫉妒之心，听到别人的缺点就有欢悦之心，这是忘记了天理而让人的欲望肆意横行的结果。孔子所厌恶的，就是说别人的坏话；孔子所喜欢的，就是谈论别人的优点。连孔子这样的圣人都是如此，我们又怎么能有另一种想法呢？

042. 人欲之动，初念最炽，须要迟迟，就做便差了。天理之动，初念最房，须要就做，迟迟便歇了。

【译文】

人的欲望萌发出来，刚开始最为强烈，应缓一缓，马上去做就可能会出现差错。天理的念头萌生，起初最勇敢，想要立即施行，过些日子便放弃了。

043. 凡人为不善。其初皆不忍也。其后忍不忍半。其后忍之。其后安之。其后乐之。呜呼！至于乐为不善而后良心死矣。

凡人干坏事，刚开始都是不忍心去做，后来忍心和不忍心就各占了一半，再后来就忍心去做了，再后来就心安理得了，到了最后就以此为乐了。唉！一个人如果到了以做坏事为乐的地步，他的良心也就没有了。

044. 闻人之善而掩覆之，或文致以诬其心；闻人之过而播扬之，或枝叶以多其罪。此皆得罪于鬼神者也，吾党戒之。

【译文】

听到别人的优点就去遮掩，或者编造谣言来诬蔑人家的内心；听说他人的缺点大肆传播，或者添枝加叶来夸大他人的缺点。这些做法都得罪了鬼神，我们应引以为戒！

物　理

001. 鸱鸦，其本声也如鹊鸠。然第其声可憎，闻者以为不祥，每弹杀之。夫物之飞鸣，何尝择地哉？集屋鸣屋，集树鸣树。彼鸣屋者，主人疑之矣。不知其鸣于野树，主何人不祥也？至于犬人行、鼠人言、豕人立，真大异事，然不祥在物，无与人。即使于人为凶，然亦不过感戾气而呈兆，在物亦莫知所以然耳。盖鬼神爱人，每示人以趋避之几，人能恐惧修省，则可转祸为福。如景公之退荧星，高宗之枯桑穀，妖不胜德，理气必然。然则妖异之呈兆，即蓍龟之告繇，是吾师也，何深恶而痛去之哉。

【译文】

猫头鹰的鸣叫本和喜鹊和斑鸠一样，但因为叫声难听，听到的人就认为是不祥之兆，每次听到就要射杀它。然而鸟类飞时的叫声，何尝会选择地点呢？落在屋上就在屋上叫，落在树上就在树上叫。在屋上叫，屋子的主人对它产生疑虑，不知在野外树上鸣叫的，会对何人不吉祥？至于犬如人行，鼠如人言，豕如人立，真是非常奇异的事情，然而不祥只表现在动物身上，和人没有关系。即使对人是个凶事，也不过是物感受了乖戾之气而呈现出来的凶兆罢了，动物本身也不知其所以然。大概鬼神爱人，每次向人显示趋灾避难的征兆，人们都心存恐惧而修身自省，就可以转祸为福。如齐景公退彗星之祸，商朝高宗免桑谷生于朝之灾，妖邪战胜不了仁德，道理、正气必然占上风。然而出现了妖异征兆，就如同占卜时的预告，可以视作我们的老师啊！为什么要深恶痛绝地除掉它们呢？

002. 临池者不必仰观，而日月星辰可知也；闭户者不必游览，而阴晴寒暑可知也。

【译文】

站在池塘边的人不必仰头观看天空，就能看到日月星辰；闭门在家的人不必出外游览，就知道阴晴寒暑。

003. 有国家者要知真正祥瑞，真正祥瑞者，致祥瑞之根本也。民安物阜，四海清宁，和气薰蒸，而祥瑞生焉。此至治之符也。至治已成，而应征乃见者也。即无祥瑞，何害其为至治哉？若世乱而祥瑞生焉，则祥瑞乃灾异耳。是故灾祥无定名，治乱有定象。庭生桑谷未必为妖，殿生玉芝未必为瑞。是故圣君不惧灾异，不喜祥瑞，尽吾自修之道而已。不然。岂后世祥瑞之主出二帝三王上哉？

【译文】

坐拥国家的人要知道什么是真正的祥瑞，真正的祥瑞，能达到祥瑞的根本。老百姓都安居乐业，资产丰厚，天下清平安定，和气融融，这时祥瑞就会出现，这是治国达到完美境界的征兆。完美的政治达到了，祥瑞的征兆就会出现。即便没有祥瑞的征兆，又怎么会妨害这太平盛世呢？如果世道混乱却出现祥瑞，那么这时的祥瑞就成了灾难的征兆了。因此灾祸和祥瑞并没有固定的表现，政治混乱却有固定的表现。庭院里长出庄稼未必就是凶兆，殿堂里生出灵芝也未必就是祥瑞。因此，圣明的君王不因凶兆而畏惧，不因祥瑞而欣喜，他们只是尽力做自己的事而已。若非如此，后世曾出现祥瑞的那些君王会高于古代的尧、舜二帝和夏禹、商汤、周文王吗？

004．先得天气而生者，本上而末下。人是已。先得地气而生者。本下而末上，草木是已。得气中之质者飞。得质中之气者走，得浑沦磅礴之气质者为山河、为巨体之物。得游散纤细之气质者为蚁蠓蚊蚁蠢动之虫，为苔藓萍蓬聚菀之草。

【译文】

先得到天气而产生的，是本在上而末在下的人类。先得到地气而产生的，是本在下而末在上的草木。得到气中之质的能飞，得到质中之气的能走，得到浑沦磅礴气质的就成为山川河流和庞然大物，得到游散纤细气质的就成为蚁蠓蚊蚁蠢动的虫类和苔藓萍藻等植物。

005．入钉唯恐其不坚，拔钉推恐其不出，下锁唯恐其不

严，开锁唯恐其不易。

【译文】

钉钉子时怕不牢固，拔钉子时怕拔不出来。上锁的时候怕锁不严，开锁的时候怕不好开。

006. 以恒常度气数，以知识定窈冥，皆造化之所笑者也。造化亦定不得，造化尚听命于自然，而况为造化所造化者乎？堪舆星卜诸书，皆屡中者也。

【译文】

用永恒不变的东西来推测气数，用有限的知识去判定虚无缥缈的世界，这都是会被造化所嘲笑的。造化对这些也是不能定夺的，造化尚且听命于自然，何况是被造化所造化出的东西呢？推算星象占卜问卦的书，都是经过了很多次才被猜中的。

007. 火不自知其热，冰不自知其寒，鹏不自知其大，蚁不自知其小。相忘于所生也。

【译文】

火不知道自己是热的，冰不知道自己是寒的，大鹏不知道自己的巨大，蚂蚁不知道自己的微小，这是忘记自己由来的缘故。

008. 大风无声，湍水无浪，烈火无焰，万物无影。

【译文】

大风没有声音，湍急的水没有波浪，熊熊的烈火没有浓焰，世上万物没有影子。

009. 无功而食，雀鼠是已；肆害而食，虎狼是已。士大夫可图诸座右。

【译文】

没有劳动而获得食物，这是麻雀、老鼠的行为；肆意伤害他人而获得食物，这是虎狼行径。做官的人可以把这句话作为自己的座右铭。

010. 圣人因蛛而知网罟，蛛非学圣人而布丝也；因蝇而悟作绳，蝇非学圣人而交足也。物者，天能；圣人者，人能。

【译文】

圣人是根据蜘蛛织网而制作渔网的，蜘蛛并不是从圣人那里学会布丝的；圣人根据蝇悟出制作绳的方法，蝇并不是从圣人那里学会交足的。万物，天赋的本能；圣人，后天的才能。

011. 莫向落花长太息，世间何物无终尽。

【译文】

不要对着凋落的花瓣长长叹息，世上什么事物没有终点尽头呢？

广　喻

001. 剑长三尺，用在一丝之钻刃；笔长三寸，用在一端之锐毫，其余皆无用之羡物也。虽然，使剑与笔但有其铅者锐者焉，则其用不可施。则知无用者，有用之资；有用者，无用之施。易牙不能无爨子，欧台不能无砧手，工输不能无钻厮。苟不能无，则与有用者等也。若之何而可以相病也？

【译文】

三尺长的剑，真正起作用的只是一丝宽的利刃；三寸长的笔，真正用到的只是笔尖，其余的都只不过是没有用处的装饰。即便是这样，但是如果剑与笔只有利刃和笔尖，它们的用处也就难以发挥。那么没有用的部分，也成了有用的东西；有用的东西，也成了没用的设施。善于烹调的易牙也不能没有人来帮厨，擅长铸剑的欧冶子也不能少了砧手，善做木工的鲁班也不能没有钻工帮忙。既然不能缺少，那就和有用者等同，为何还要认为它是多余的无用之物呢？

002. 坐井者不可与言一度之天。出而四顾，则始觉其大矣。虽然，云木碍眼，所见犹拘也，登泰山之巅，则视天莫知其际矣。虽然，不如身游八极之表，心通九垓之外，天在胸中如太仓一粒，然后可以语通达之识。

【译文】

坐在井里的人，不可和他谈广阔的天，等他从井里出来四下一望，才知道天的大。虽然如此，如果被云彩和树木遮住了视线，所看到的天空也会有所局限。登上泰山的顶峰，看天空就不会知道它的边际在哪。既然如此，不如亲身游历八方，心通九垓之外，天在胸中有如太仓的一粒米一样，这才可以谈资丰富见识广大。

003．着味非至味也，故玄酒为五味先；着色非至色也，故太素为五色主；着象非至象也，故无象为万象母；着力非至力也，故大地载万物而不负；着情非至情也，故太清生万物而不亲；着心非至心也，故圣人应万事而不有。

【译文】

掺了调料味道并不是最美的味道，所以白水反而是五味中最美的；上了颜色并非是最美的颜色，所以白色反而成了五色中的主色；装饰好的景象并非是最好的景象，所以本真的象反而是万象之母；用了力并非是最大的力，所以大地承载了万物就好像没有负载一样；用了情并不是至真至纯的情，因此天地生成万物却不亲；用了心并不是真正的最用心，所以说圣人处理万事万物就好像毫不用心一样。

004．凡病人面红如赭、发润如油者不治，盖萃一身之元气血脉尽于面目之上也。呜呼！人君富，四海贫，可以惧矣。

【译文】

如果一个病人到了面色变成红褐色、发润如油的程度，就无法治愈了。因为一身的元气和血脉都集中到了面目之上。唉！假如只有君王一个人富有，天下的百姓都很贫穷，那就让人感到担心害怕了。

005. 有国家者，厚下恤民，非独为民也。譬之于墉。广其下。削其上，乃可固也；譬之于木，溉其本，剔其末，乃可茂也。夫墉未有上丰下狭而不倾，木未有露本繁末而不毙者。可畏也夫！

【译文】

拥有国家的人，厚待下属，体恤民情，并不只是为了民众。这就好比修筑城墙，要使下部宽厚、上边狭窄，这样才会坚固；又如同种树，要浇灌根部，修剪树梢，才会茂盛。上宽下窄城墙没有不倒的，根部外露树梢繁茂树木没有不死的。这种情况真是可怕啊！

006. 天下之势，积渐成之也。无忽一毫，舆羽拆轴者，积也；无忽寒露，寻至坚冰者，渐也。自古天下国家、身之败亡，不出"积渐"二字。积之微，渐之始，可为寒心哉！

【译文】

天下的形势，都是渐渐积累而成的。不忽略一丝一毫，装载羽毛的车也可能折断车轴，这是日积月累造成的。不要忽略寒冷的露水，不久就会出现坚冰，这是渐渐变化的结果。自古以来国家个人的败亡，都离不开"积渐"二字。从细微之处积累的，从开始之初渐变，都可让人心中害怕啊！

007. 火之人灼者无烟，水之顺流者无声，人之情平者无语。

【译文】

烧火的人烧东西没有浓烟，顺流的水没有声音，情绪平和的人没有愤懑之语。

008. 风之初发于谷也，拔木走石。渐远而减，又远而弱。又远而微，又远而尽，其势然也。使风出谷也，仅能振叶拂毛，即咫尺不能推行矣。京师号令之首也，纪法不可以不振也。

【译文】

刚从山谷吹出的风，可以拔起树木带走石块。吹远了风势就会减小，再远一点风势又变弱，再远就变得微弱，再远一点就会灭尽了，这是它的变化趋势。假如风从山里刮出来时，只能振动树叶吹起羽毛，那它就只能到达很近地方不能吹多远了。京城是号令发出的首要之地，法纪要有威严震慑之力。

009. 人有畏更衣之寒而忍一岁之冻，惧一针之痛而甘必死之疡者。一劳永逸，可与有识者道。齿之密比，不嫌于相逼，固有故也。落而补之，则觉有物矣。夫惟固有者多不得，少不得。

【译文】

有的人害怕换衣服时的寒冷而忍受一年的寒冷，因害怕扎针时的疼痛而心甘情愿保留那足以致死的毒疮。一劳永逸的道理，只能与那些有见识的人谈。牙齿紧密地排列在一块却不嫌互相逼压，是其本该如此的缘故。牙齿脱落了再补上，就觉得口中有了异物。只有保持原本应该存在的东西，不多不少就好。

010. 婴珠珮玉，服锦曳罗，而饿死于室中，不如丐人持一升之粟。是以明王贵用物，而诛尚无用者。

【译文】

与其戴珠宝佩玉器，穿绫罗绸缎，却饿死在室内，倒不如像乞丐一样拥有一升小米。因此圣明的君王器重那些有实用价值的物品，而摒弃那些没有用的东西。

011. 以果下车驾骐骥，以盆地真养蛟龙，以小廉细谨绳英雄豪杰。善官人者笑之。

【译文】

用骐骥这样的高大良马去拉只能在果树下行走的小矮车，用盆里的水来养蛟龙，用小廉细谨的规范来要求英雄豪杰，善于用人的人认为这是非常可笑的事情。

012. 千流万派，始于一源；木千枝万叶，出于一本；人千酬万应，发于一心；身千病万症，根于一脏。眩于千万，举世之大迷也；直指原头，智者之独见也。故病治一，而千万皆除；政理一，而千万皆举矣。

【译文】

千万条径流都源于同一个源头；树木的千万枝叶都出自于同一个根本；人的各种应酬都发于他自己的内心；身上的各种病症都源于某个内脏。眩惑于千万，这是全天下的最大迷惑。直接找出它的源头，是聪颖智慧的人才有的独到见解。因此治愈了一种病症，其他杂症也就随之消除了；治理好某一种政事，其他各种事物就都会兴盛起来。

013. 长戟利于锥，而戟不可以为锥；猛虎勇于狸，而虎不可以为狸。用小者无取于大，犹

用大者无取于小，二者不可以相诮也。

【译文】

　　长戟比锥子锋利，但长戟不能代替锥子使用；猛虎比狸猫勇敢，但猛虎不可代替狸猫。作用小的不能代替作用大的，就同作用大的不能取代作用小的一样，二者不能够相互讥诮。

　　014.　鉴不能自照，尺不能自度，权不能自称，囿于物也。圣人则自照、自度、自称。成其为鉴、为尺、为权，而后能妍媸长短，轻重天下。

【译文】

　　镜子不可以自照，尺子不可以自量，秤不可以自称，是物体本身有局限。圣人就能够自照、自度、自称。使自己成为一个活生生的镜子、尺子、秤，然后能衡量他人的美丑、长短，衡量万物的轻重。

　　015.　锁钥各有合，合则开，不合则不开。亦有合而不开者，必有所以合而不开之故也。亦有终日开，偶然抵死不开，必有所以偶然不开之故也。万事必有故，应万事必求其故。

【译文】

　　锁和钥匙是配套的，相合就打得开，不相合就打不开。也有相吻合而打不开的，肯定有打它不开的理由。也有总能打开，偶尔卡死打不开的情况，肯定有它偶然打不开的原因。万事必然有其原因，处理万事一定要找出它的原因。

　　016.　窗间一纸，能障拔木之风；胸前一瓠，不溺拍天之浪。其所托者然也。

【译文】

窗户上糊的一层纸，能够阻挡能拔起木头的大风；胸口挂个葫芦，能够抵抗波涛汹涌的大浪。这都是有所依托的缘故。

017. 海，投以污秽，投以瓦砾，无所不容；取其宝藏，取其生育，无所不与。广博之量足以纳，触忤而不惊，富有之积足以供，采取而不竭。圣人者，万物之海也。

【译文】

大海，把污秽的东西投进去，把瓦砾扔进去，都能容纳；挖出它的宝藏，猎取它养育的生物，它都会给予。它宽广博大的度量足以容纳万物，遇到忤逆它的事物而处变不惊，它富有的积蓄足以供给别人，取之不尽用之不竭。所谓圣人，就是容纳万物的大海。

018. 镜空而无我相，故照物不爽毫。若有一丝痕，照人面上便有一丝；若有一点瘢，照人面上便有一点。差不在人面也。心体不虚，而应物亦然。故禅家尝教人空诸有，而吾儒唯有喜怒哀乐未发之中。故有发而中节之和。

【译文】

镜子干干净净没有留下自身的痕迹，所以照物才能丝毫不差。如果有一丝尘迹，照出的人脸上就有一丝痕迹；如有一点瘢痕，照出的人脸上就有一点瘢痕，瑕疵并不在人脸上。假若人的内心世界不是虚无的，那他对事物做出反应也会这样。所以禅宗教导人万物皆空，而儒家却将喜怒哀乐寓于未发之中，所以发出时能够有所节制。

019. 人未有洗面而不闭目，撮红而不虑手者，此犹爱小体也。

人未有过檐滴而不疾走，践泥涂而不揭足者，此直爱衣履耳。七尺之躯顾不如一履哉？乃沉之滔天情欲之海，拼于焚林暴怒之场，粉身碎体甘心焉而不顾。悲夫！

【译文】

人洗脸时没有不闭上眼睛的，取红颜料时没有不注意自己手的，这只是爱惜身体的一小部分而已。人没有经过滴水的屋檐不快走的，走在泥泞的道路上不跷起脚尖的，这只不过是爱护衣服和鞋子罢了。七尺的身躯难道还比不上一只鞋子吗？而那些沉醉于滔天的情欲之中，拼搏于水火交融之地，宁可粉身碎骨也不管不顾，才真是可悲呀！

020. 左手画圆，右手画方，是可能也。鼻左受香，右受恶；耳左听丝，右听竹；目左视东，右视西，是不可能也。二体且难，况一念而可杂乎？

【译文】

左手画圆形，右手画方块，这是可行的。左边的鼻子闻香味，右边的鼻子闻恶臭；左耳听弦乐，右耳听管乐；左眼看东边，右眼看西边，都是不可能的。两个器官分开做不同的事都很难，更何况是一个意念怎能有杂念呢？

021. 掷发于地，虽乌获不能使有声；投核于石，虽童子不能使无声。人岂能使我轻重哉？自轻重耳。

【译文】

把头发扔在地上，即使是乌获也不能使它发出声音；把桃核扔在石头上，即使是儿童也不能使它没声音。别人怎能分辨我的轻重呢？只能自看轻重。

022. 日食脍炙者，日见其美，若不可一日无。素食三月，闻肉味只觉其腥矣。今与脍炙人言腥，岂不讶哉？

【译文】

天天吃美味佳肴，每天都要更美味的，好像一天也离不开它。吃三个月的素食，闻到肉味就会觉得它腥膻。如今和那些吃美味佳肴的人去谈腥味，他怎么会不惊讶呢！

023. 钩吻、砒霜也，都治病，看是甚么医手。

【译文】

钩吻、砒霜这样的毒草和毒药，都能够治病，那要看是什么医生了。

024. 未有有其心而无其政者，如渍种之必苗，热兰之必香；未有无其心而有其政者，如塑人之无语，画鸟之不飞。

【译文】

没有用心良苦而政事不明的，就好比给种子浇水会使它长出幼苗，焚烧兰草必然会散发出香气一样。没有不用心而政事清明的，就如雕塑的泥人不会说话，画出的鸟儿不会飞一样。

025. 舶鼾惊邻而睡者不闻，垢污满背而负者不见。

【译文】

鼾声惊动了周围的人，但睡觉的人自己却听不到；后背沾满了污垢，而背着污垢的人自己却看不到。

026. 爱虺蝮而抚摩之，鲜不受其毒矣；恶虎豹而搏之，鲜不受其噬矣。处小人在不远不近之间。

【译文】

喜爱毒蛇而抚摸它，很少有不被咬伤中毒的；厌恶虎豹而与它们搏斗，很少有不被它们咬伤的。和小人相处，要把握好距离。

027. 千金之子，非一日而贫也。日胶月削，损于平日而贫于一旦。不咎其积，而咎其一旦，愚也。是故君子重小损，矜细行，防微敝。

【译文】

非常富有的人，不是在一天之内就变得很贫穷的，而是日削月减造成的，平日里损耗，一天就变成了穷人。不归罪于平日的花费，而只归罪于这一天，那就是太愚蠢了。所以君子重视平日小的损耗，注重细言微行，防止出现微小的弊病。

028. 曳新屦者，行必择地。苟择地而行，则屦可以常新矣。

【译文】

穿上新鞋的人，走路必然会选择地方，若能够长期选择地方走路，那么鞋子就可以总是新的了。

029．坐对明灯，不可以见暗，而暗中人见对灯者甚真。是故君子贵处幽。

【译文】

坐在明亮的灯光下就看不到黑暗的地方，而身处黑暗中的人能清晰地看见灯光下的人。所以君子善于住在幽暗的地方。

030．无涵养之功，一开口动身便露出本象，说不得你有灼见真知；无保养之实，遇外感内伤依旧是病人，说不得你有真传口授。

【译文】

没有涵养功夫的人，一张口说话、一起身行动就露出本来面目，不能说你有真知灼见；没有真正保养身体的人，遇到一点感染或小伤病症就会成为病人，不能说你能够学习养生之道。

031．言教不如身教之行也，事化不如意化之妙也。事化信，信则不劳而教成；意化神，神则不知而俗变。螟蛉语生，言化也；鸟孚生，气化也；鳖思生，神化也。

【译文】

言教不如身教行得通，事化不如意化来得妙。以事实来教化让人觉得可信，相信了不花大力气就能达到效果；用意向来教化让人觉得神奇，神奇就会在不知不觉中改变原来的风俗。蜈蛉用言语来教化后代，这被称作言化；鸟用蛋来孵化后代，这便是气化；鳖通过思索生长，这便是神化。

032. 天道渐则生，蹙则杀。阴阳之气皆以渐，故万物长养而百化昌遂。冬燠则生气散。夏寒则生气收，皆蹙也。故圣人举事，不骇人听闻。

【译文】

天道缓慢进展就会长生，超越次序就会灭亡。阴阳之气都能使万物渐长，所以万物不断地生长发育而百物顺昌。冬季热就会使生气消散，夏日寒凉就会使生气收拢，都是超越气节的缘故。所以圣人干事业不骇人听闻。

033. 只一条线，把紧要机括提掇得醒。满眼景物都生色，到处鬼神都响应。

【译文】

只要一条主线紧紧把握住了，灵活操纵机关，满眼所看到的景物就会欣然生色，每个地方连鬼神都会响应。

034. 一法立而一弊生，诚是。然因弊生而不立法，未见其为是也。夫立法以禁弊，犹为防以止，水也，堤薄土疏而乘隙决溃，诚有之矣。未有因决而废防者。无弊之法，虽尧、舜不能；生弊之法，亦立法者之拙也。故圣人不苟立法，不立一事之法，不为一切之法，不惩小弊而废良法，不为一时之弊而废可久之法。

【译文】

设置一种法令的同时就会产生出一种弊病，确实如此。然而因为怕产生弊病就不立法，那也不见得是正确的。制定法令是为了防治弊病，这就如同修筑堤坝是为了防止水患一样。堤坝轻薄土质疏松而决堤，这种情况也是存在的，没有因为决堤就下令废掉堤坝的。没有弊端的法令，即使尧、舜也难以做到；制定有弊端的法令，也说明了立法者的笨拙。因此，圣明的人不随便立法，不为某一件事立法，不为切事立法，不因为有小的弊病而废除行之有效的法令，不因为暂时的弊病而废除可长久推行的法令。

035. 口塞而鼻气盛，鼻塞而口气盛，鼻口俱塞，胀闷而死。治河者不可不知也。故欲其力大而势急，则塞其旁流；欲其力微而势杀也，则多其支派；欲其蓄积而有用也，则节其急流。治天下之于民情也亦然。

【译文】

嘴被堵塞了，鼻子呼吸的气息就会加重；鼻孔堵塞了，嘴里呼吸的气息就会加重；鼻子和嘴都堵塞了，人就会被憋闷而死。治理河道的人不能不知道这个道理。所以要想使河水的流量大而急，就可以堵住它的支流；要想让河水的流势减弱而冲击力小，就要增加它的支流；想要积蓄河水以便将来使用，就要截断其急流。治理天下的人对于民情也应如此。

036. 积衰之难振也，如痿人之不能起。然若久痿，须补养之。使之渐起；若新痿，须针砭之，使之骤起。

【译文】

长久的衰败难以振兴，就像肌肉萎缩了的人不能站起来一样。假如长时间肌肉萎缩，就需要好好补养身体，使它能渐渐站立起来；假如刚刚萎缩，那就用针灸的办法来治疗，使他很快站起来。

037. 器械与其备二之不精，不如精其一之为约。二而精之，万全之虑也。

【译文】

两个不精良的器具，不如只准备一个精良的器具并且谨慎使用。两个都很精良，才是万无一失的考虑。

038. 我之子我怜之。邻人之子邻人怜之。非我非邻人之子，而转相鬻育，则不死为恩矣。是故公廨不如私舍之坚，驿马不如家骑之肥，不以我有视之也。苟扩其无我之心，则垂永逸者不惮今日之一劳，惟民财与力之可惜耳，奚必我居也？怀一体者，当使刍牧之常足，惟造物生命之可悯耳，奚必我乘也？呜呼！天下之有我久矣。不独此一二事也。学者须要打破这藩篱，才成大世界。

【译文】

自己的儿子自己疼爱他，邻居的儿子邻居疼爱他。不是自己的也不是邻居的儿子，就会转卖给别人去喂养，如果不死就算是好的了。所以公家的衙门不如私人的住宅坚固，驿站的马匹不如私家的马匹肥壮，因为它们都不是自己的东西。假若扩大了大公无私之心，那么想要永远的安逸就不会惧怕今日的劳苦，就必定会珍惜民众的财产和劳力了，何必只考虑自己的住宅呢？心怀万物的人，应该经常喂养牲畜，这样才算是爱惜造物主所创造的一切生命，何必只珍爱自己的马匹呢？啊！天下的人只想着自己，这已经很久了。不单独只是这一两件事情。做学问的人应该打破这个局限，才能创造大的世界。

039. 驼负百钧，蚁负一粒，各尽其力也。象饮数石，鼹饮一勺，各充其量也。君子之用人，不必其效之同，各尽所长而已。

骆驼能背负百钧重的东西，蚂蚁只能背负一粒米小的东西，都用尽了自己的力量。大象喝数石水，小家鼠只饮一勺，都填满了自己的肚子。君子选用人才，不一定要求个个效率都相同，只要发挥各自的长处就行了。

040. 得良医而挠之，与委庸医而听之，其失均。

【译文】

如果找到了一个好医师却去干扰他治病，那就如同托付给庸医随意治疗一般，二者的错误是相同的。

041. 以莫耶授婴儿而使之御虏，以繁弱授蒙瞍而使之中底，其不胜任，授者之罪也。

【译文】

把"莫邪"这样的宝剑交给婴儿去抗击敌人，把"繁弱"这样的良弓交给一个瞎老头去射中靶子，他们不能做到，是交给他们剑和弓的人的罪过。

042. 瓦砾在道，过者皆弗见也，裹之以纸，人必拾之矣。十袭而椟之，人必盗之矣。故藏之，人思亡之；掩之，人思捡之；围之，人思窥之；障之，人思望之，惟光明者不令人疑。故君子置其身于光天化日之下，丑好在我，我无饰也，爱憎在人，我无与也。

【译文】

瓦砾在道路上，过往的人都视而不见；用纸把石头包好，人们一定会将它拾起来；多层包起并放在盒子里，人们一定想把它盗走。所以，把东西藏起来，人们会想办法偷走它；掩埋起来，人们总想找到它；用东西围起来，人们总想偷看它；把它遮蔽起来，人们总想望见它，只有光明正大不会使人生疑。因此，君子将自身置于光天化日之下，美丑好坏是我自己的事，我没有掩饰；爱憎是别人的事，我不会胡乱干预。

043. 稳桌脚者于平处着力，益甚其不平。不平有二：有两隅不平，有一隅不平。于不少处着力。必致其欹斜。

【译文】

把桌子的四角放在平处使其平稳，但有时还会不平。不平的原因有两个：有两个角落不平，或者有一个角落不平。如果在不短缺的地方用力，必然会使桌子更加倾斜。

044. 极必反，自然之势也。故绳过绞则反转，掷过急则反射。无知之物尚尔，势使然也。

【译文】

物极必反，这是自然的发展势态。所以绳索绞得过分就会反转，物体掷得太急就会反射回来。没有知觉的物体尚且如此，自然之势使它这样的。

045. 蜀道不难。有难于蜀道者，只要在人得步。得步则蜀道若周行，失步则家庭皆蜀道矣。

【译文】

蜀道并不算难行。在蜀道中行走，主要看你走路的方法。方法对了，蜀道也好比大路一样；方法不对，即便在家里走也会像蜀道那样难。

046. 敬伯常经山险，谓余曰："天下事常震于始，而安于习。某数过栈道，初不敢移足，今如履平地矣。"余曰："君始以为险，是不险；近以为不险，却是险。"

【译文】

张敬伯经常从山间险路走过，他对我说："天下的事常常在开始的时候把人震住，又由于习惯而心安。我多次经过山间的栈道，刚开始的时候不敢迈步，如今好像在平地上走一样。"我说："你开始时认为危险，其实并不危险；现在你认为不危险了，其实却很危险。"

047. 君子之教人也，能妙夫因材之术，不能变其各具之质。譬之地然，发言万物者，其性也。草得之而为柔，木得之而为刚，不能使草之为木，而木之为草也。是故君子以人治人，不以我治人。

【译文】

君子教导别人，好在能够因材施教，不能改变他们天生所具备的本质。好比土地一样，使万物生长发育，这是大地的本性。草从地里长出是柔软的，树木从地里长出来却是坚硬的。不能让草变作树木，也不能让树木变成草。所以君子根据个人的特性来教导人，而不用自己的特性来教导人。

048. 无星之秤，公则公矣，而不分明；无权之秤，平则平矣，而不通变。君子不法焉。

【译文】

没有星子的秤，公是公正，但不很分明；没有秤砣的秤，平是平了，但无法变通。君子不能仿效这种做法。

049. 羊肠之隘，前车覆而后车协力，非以厚之也。前车当关，后车停驾，匪惟同缓急，亦且共利害。为人也，而实自为也。呜呼！士君子共事而忘人之急，无乃所以自孤也夫？

【译文】

狭窄的羊肠小路，前面的车子翻了，后面的车子就一定会帮助它，这并不是因为二者有深厚友谊。前面的车子挡住了去路，后面的车子停下不能前进，这不单是关系到缓急快慢，而且有共同的利害关系。帮助别人，实际上也是为了自己。唉，士君子与人共事却忘记了别人的难处，这难道不是使自己孤家寡人的原因吗？

050. 万水自发源处入百川。容不得。人江、淮、河、汉。容不得，直流至海。则浩浩恢恢，不知江、淮几时入，河、汉何处来，兼收而并容之矣。闲杂懊恼，无端谤求，傥来横逆。加之众人，不受，加之贤人，不受，加之圣人，则了不见其辞色，自有

道以处之。故圣人者，疾垢之海也。

【译文】

万道河水从发源处流入百川，百川容纳不下；流入长江、淮河、黄河、汉水，这些江河也容纳不下，就直流入海，浩浩荡荡，不知道是长江、淮河什么时候流入，不知道黄河、汉水从什么地方流来，都兼收容纳了。那些闲杂的懊恼，无端的诽谤诉求，突然飞来的灾祸，加到普通人身上就无法忍受，加到贤人身上也无法承受，降临到圣人身上，看不到他有什么推辞的神色，自有他处理这些问题的方法。所以圣人被称作能够容纳污垢疾苦的大海。

051. 两物交必有声，两人交必有争。有声，两刚之故也。两柔则无声，一柔一刚亦无声矣。有争，两贪之故也。两让则无争，一贪一让亦无争矣。抑有进焉。一柔可以驯刚，一让可以化贪。

【译文】

两个物体相撞一定会发出响声，两个人相交必定会发生争执。有声响，是因为两个物体都很坚硬的缘故。如果是两个都柔软或一柔一刚互相碰撞就没有声音了。有争执，是因为两个人都贪心的缘故。两人互相谦让就不会发生争执，一个贪心一个谦让也不会发生争执。还有更高明的，一柔还可以克刚，一让还可以化贪。

052. 石不入水者，坚也；磁不入水者，密也。人身内坚而外密。何外感之能入？ 物有一隙，水即入一隙；物虚一寸，水即入一寸。

【译文】

水流不进石头，是因为石头坚硬；水流不进磁铁，是因为磁铁坚密的缘故。如果人的身体内部坚硬健康，而且外部多加保护，外界的风寒怎能侵入呢？物体有一个裂缝，水就会渗入这个裂缝里；物体有一寸虚空，水就会渗透一寸。

053. 不怕炊不熟，只愁断了火。火不断时，炼金煮砂可使为，水作泥。而今冷灶清锅，却恁空忙作甚？

【译文】

不怕饭煮不熟，只怕断了火。火不熄灭，就算是金子也可以把它化为金水，就算是砂石也能把它化为泥浆。但如今没火没米，又空忙个不停做什么呢？

054. 有胾炙于此。一人曰咸，一人曰酸，一人曰淡，一人曰辛，一人曰精，一人曰粗，一人曰生，一人曰熟，一人曰适口。未知谁是。质之易牙而味定矣。夫明知易牙之知味，而未必己口之信从，人之情也。况世未必有易牙，而易牙又未易识，识之又未必信从已。呜呼！是非之难一久矣。

【译文】

非常精美的食物摆在那里，有的人说咸，有的人说酸，有的人说淡，有的人说辣，有的人说细，有的人说粗，有的人说生，有的人说太熟，有的人说合口，不知谁说得准确。让善于烹饪的易牙来鉴定一下，究竟是什么味道就可以明白。明明知道易牙是懂口味的，却未必就适合我的口味，这乃是人之常情。更何况世间不一定就有像易牙这样的人，而识别是不是易牙又不是件很容易的事，就算找到了易牙也不一定听信他的判别。唉！是非难辨已是长久以来的事了。

055. 水至清不掩鱼鲔之细，练至白不藏蝇点之缁。故清白二字，君子以持身则可。若以处世，道之贼而祸之薮也。故浑沦无所不包，幽晦无所不藏。

【译文】

水太清，就连细小的鱼苗也会藏不住；丝绸的质地太白，就连蝇屎也能够看得出来。因此说"清白"这两个字，君子用来修身还是可以的，如果用来处世的话，就会危害世道并且给自己带来灾祸。所以说混沌的状态无所不包，幽晦的地方没有什么不可以躲藏。

056. 一人入饼肆，问："饼直几何？"馆人曰："饼一钱一。"食数饼矣，钱如数与之，馆人曰："饼不用面乎？应面钱若干。"食者曰："是也。"与之。又曰："不用薪水乎？应薪水钱若干。"食者曰："是也。"与之。又曰："不用人工为之乎？应工钱若干。"食者曰："是也。"与之。归而思于路曰："吾愚也哉！出此三色钱，不应又有饼钱矣。"

【译文】

有个人进到饼店里，问："饼要多少钱一个？"店里人说："一个钱买一个饼。"这个人就吃了几个饼，并且如数付了钱。卖饼的人又说："我这饼不是用面来做的吗？还应付给我面钱。"这个人说："是啊！"于是又给了面钱。卖饼的人又说："我这饼难道不用柴禾与水吗？还应付给我柴禾与水钱。"这个人说："是啊！"于是又给了柴禾与水钱。卖饼的人又说："我这饼难道不用人工做成吗？还应付给我工钱。"于是这个人又付了工钱。走在回家的路上，这个吃饼的人想："我实在是太愚蠢了！出了这三样东西的钱，就不应该再付那饼钱了。"

057. 一人买布一匹，价钱百五十。令染人青之，染人曰："欲青，钱三百。"既染矣，逾年而不能取。染人牵而索之曰："若负我钱三百，何久不与？吾讼汝。"买布者惧，跽而恳之曰："我布值已百五十矣。再益百五十。其免我乎？"染人得钱而释之。

【译文】

有个人买了一匹布，花了一百五十钱，想让染布的人把它染成青色。染匠说："想染成青色要三百钱。"染好了之后，过了一年也不见这个人来取，染布的人找到他索取染钱说："你欠我钱三百，为什么隔了这么久也不还给我？我要告你去。"买布的人非常害怕，就跪着恳求染匠说："我的布值一百五十钱，我再给你一百五十钱，你就饶了我吧！"染布的人拿到了钱就放了这个买布的人。

058. 尝与友人游圃，品题众芳。渠以艳色浓香为第一。余曰："香不如清香。清香不若五香之为香；浓艳色不如浅色，浅色不如白色之为色。"友人曰："既谓之花，不厌浓艳矣。"余曰："花也而能淡素，岂不尤难哉？若松柏本淡素，则不须称矣。"

【译文】

曾和友人一起游花园，品赏各种鲜花。朋友认为色艳香浓应该称第一位。我说："浓香不如清香，清香又比不上以无香为香；艳色不及浅色，浅色又不如白色更耐看。"朋友说："既然叫作鲜花，就不应该嫌它香浓色艳。"我说："如果花也能清素淡雅，那不是更加难能可贵了吗？像松柏那样本身就素淡，也就不须什么称道了。"

059. 服砒霜、巴豆者。岂不得肠胃一时之快？而留毒五脏，以贼元气，病者暗受而不知也。养虎以除豺狼，豺狼尽而虎将何食哉？主人亦可寒心矣。是故梁冀去而五侯来，宦官灭而董卓起。

【译文】

吃砒霜、巴豆的人，肠胃能得到一时的舒畅，但是毒气却存留在五脏之中损害了元气，暗中受了病还不知道。养虎用来驱除豺狼，可豺狼灭尽了虎又吃什么呢？主人也会感到胆寒害怕的。所以除掉梁冀后又出现了五侯，宦官被铲除以后，董卓又兴起了。

060. 以佳儿易一跛子，子之父母不从。非不辨美恶也，各有所爱也。

【译文】

用聪明健康的孩子去换取一个跛脚的孩子，跛脚孩子的父母却不会答应。这并不是他们分辨不出美丑好坏，不过是各有各的喜爱罢了。

061. 一人多避忌。家有庆贺，一切尚红而恶素。客有乘白马者，不令入厩。闲有少年面白者，善谐谑，以朱涂面入。主人惊问，生曰："知翁之恶素也，不敢以白面取罪。"满座大笑。主人愧而改之。

【译文】

一个人有很多避讳。一次他的家里有吉庆的事，一切都用红色而忌讳素色。客人中有骑着白马来的，不让马进入马棚。有一个少年面孔非常白净，擅长开玩笑，就把自己的脸涂成红色来到了这户人家里。主人惊讶地问他为什么要搞成如此模样？少年回答说："我知道您一直就讨厌素色，不敢因为脸白而受到责备。"在座的客人都觉得好笑，主人感到很羞愧，就改正了这个毛病。

062．人有夫妇将他出者，托仆守户。爱子在床，火延寝室。及归，妇人震号，其夫环庭追仆而杖之。当是时也，汲水扑火，其儿尚可免与！

【译文】

有一对夫妻要外出，嘱托仆人看守门户。他们的爱子睡在床上，家里着火火势蔓延到了卧室。等到回来的时候，妇人大声呼号、哭喊，丈夫却满院子追打仆人。如果当时立即取水灭火，他们的孩子或许还可以幸免于难。

063．两家比舍而居。南邻墙颓，北邻为之涂墁丹垩而南邻不归德。南邻失火，北邻为之焦头烂额而南邻不谢劳。

【译文】

有两户人家紧挨着住着，南边邻居的墙倒塌了，北边的邻居把它重新修好了，可是南边的邻居没有夸赞对方的品德。南边的邻居失火了，北边的邻居为救火而焦头烂额，可南边的邻居并不感谢他的辛劳。

064．喜者大笑，而怒者亦大笑；哀者痛哭，而乐者亦痛哭；欢畅者歌，而忧思者亦歌；逃亡者走，而追逐者亦走。岂可以形论心哉。

【译文】

高兴的人大笑，而愤怒的人也大笑；哀伤的人痛哭，而欢乐的人也痛哭；欢畅的人放歌，而忧虑的人也唱歌；逃跑的人奔跑，而那追逐的人也掉奔跑。怎么可以用一个人的外在行为来确定他的心情呢?!

065. 一滴多于一尊,一分长似一寻。谁谓细微可忽? 死生只系滴分。

【译文】

有时候,一滴比一杯还要多,一分比一寻还要长,谁说细微的事物可以被忽视呢? 很多时候生死只是维系在这一滴一分。

词 章

001. 诗、词、文、赋,都要有个忧君爱国之意,济人利物之心,春风舞雩之趣,达天见性之精。不为赘言,不袭余绪,不道鄙迂,不言幽僻,不事刻削,不徇偏执。

【译文】

诗、词、文、赋,都要有为主分忧、热爱祖国的思想,有救济世人、兼利万物的心意,有自然天成、悠然自得的情趣,有通达天命、表现心性的境界;不包含不必要的言辞,不抄袭他人的思绪,不说鄙陋迂腐的见解,不道深幽怪僻的话语,不尖酸刻薄,不偏激固执。

002. 古今载籍之言。率有七种:一曰天分语。身为道铸,心是理成,自然而然,毫无所为,生知安行之圣人。二曰性分语。理所当然,职所当尽,务满分量,毙而后已,学知利行之圣人。三曰是非语。为善者为君子,为恶者为小人,以劝贤者。四曰利害语。作善降之百祥,作不善降之百殃,以策众人。五曰权变语。托词画策以应务。六曰威令语,五刑以防淫。七曰无奈语。五兵以禁乱。此语之外,皆乱道之谈也。学者之所务辨也。

【译文】

　　古今书籍所记载的言论,大体上有七种:一是天分语。这种言论的作者,身体由道铸成,心是由理铸成,完全是自然的,没有一丝人为的痕迹,他们是生而知之、安而行之的圣人。二是性分语。这种言论的作者,做理所当然的事,尽应该尽的职责,一定会竭尽全力,死而后已,他们是学而知之、利而行之的圣人。三是是非语。这种言论的作者,认为行善的人是君子,作恶的人是小人,并且以此来劝诫那些贤良的人。四是利害语。这种言论的作者,认为行善会带来各种吉祥,作恶会带来各种灾祸,以此来鞭策众人。五是权变语。这种言论的作者,找各种托词和策划各种计谋来应对世务。六是威令语。这种言论就像用五刑来防止违法的行为。七是无奈语。这种言论如同用各种武器来防止叛乱。除了这几种言论之外,都是些混乱视听的言论。学者务必加以分辨的言论。

　　003. 艰语深辞,险句怪字,文章之妖而道之贼也,后学之殃而木之灾也。路本平,而山溪之;曰月本明,而云雾之。无异理,有异言;无深情,有深语。是人不诚,而是书不焚,有世教之责者之罪也。若曰其人学博而识深,意奥而语奇。然则孔、孟之言浅鄙甚矣。

【译文】

　　怪僻深奥的言辞,少见难解的字句,使文章怪异,道理不明。

它给后学者带来障碍，这是木灾。路本来是平坦的，却要用山来阻断溪水阻隔；日月本来是明亮的，却要拿云雾来遮盖。没有不同的道理，却要用不同的言辞来表达；没有深厚的感情，却用深奥的语言来表达。对这样的人不加以警戒，对这样的书不予以焚烧，这是有责任教化世人的人的罪过啊！如果说这样的人是学问大、见识远，意境深邃且语言奇特，那么孔子、孟子的语言岂不是过于浅显鄙陋了吗？

004. 圣人不作无用文章。其论道则为有德之言，其论事则为有见之言，其叙述歌咏则为有益世教之言。

【译文】

圣人不写没有用的文章。他们谈论道时用饱含德行的言论，谈论事时用有见地的言论，叙述歌咏时用有益于世俗教化的言论。

005. 真字要如圣人燕居危坐，端庄而和气自在；草字要如圣人应物，进退存亡，辞受取予，变化不测，因事异施而不失其中。要之。同归于任其自然，不事造作。

【译文】

楷体字要像圣人在自家正襟危坐，既端庄又充满和气；草体字要像圣人应对万物，进退存亡、辞受取予、变化不测，随着事务的变化而采取不同的措施，但又能恰到好处而不失中正原则。总之，就是要顺其自然，不刻意造作。

006. 诗词要如哭笑，发乎情之不容已，则真切而有味。果真矣，不必较工拙。后世只要学诗辞，然工而失真，非诗辞之本意矣。故诗辞以情真切、语自然者为第一。

诗词要像哭和笑一样，发自内心不能自己，这样才会真切有味。果真能表达内心的真实感情，就不必计较文字的工巧拙劣。后人只要学习诗词的创作，就只会追求工巧而丧失本真，这不是诗词创作的本意。因此，诗词的创作应以感情真切、言语自然为首位。

007. 古人无无益之文章，其明道也不得不形而为言，其发言也不得不成而为文。所谓因文见道者也，其文之古今工拙无论。唐宋以来，渐尚文章，然犹以道饰文，意，虽非古，而文犹可传。后世则专为文章矣，工其辞语，涣其波澜，炼其字句，怪其机轴，深其意指，而道则破碎支离，晦盲否塞矣。是道之贼也，而无识者犹以文章崇尚之，哀哉！

【译文】

古人不写没有用处的文章，他们阐明道理时不会说不成体系的道理，发表言论时不会说不成文的话语。正所谓通过文章来明白道理，这与文章的古今优劣估且不论。唐、宋以来，人们逐渐崇尚文章，然而尤其用道来修饰文章，他们的文章虽然不是古体，但仍旧传于后世。后人则是专门为了写文章而写文章了。他们在修饰文句上下功夫，形成波澜壮阔的盛大气势，苦心锤炼字句，使得开合转承奇巧玄妙，使文章的意旨深奥，道理则破碎支离，晦涩难懂。这样的文章，只能有害于道，但那些没有见识的人仍然推崇这样的文章，实在是太可悲了。

008. 文章有八要：简、切、明、尽、正、大、温、雅。不简则失之繁冗。不切则失之浮泛。不明则失之含糊。不尽则失之疏遗。不正则理不足以服人。不大则失冠冕之体。不温则暴厉刻削。不雅则鄙陋浅俗。庙堂文要有天覆地载，山林文要有仙风道骨，征伐文要有吞象食牛，奏对文要有忠肝义胆。诸如此类，可以例求。

做文章有八大要领：简、切、明、尽、正、大、温、雅。不简练则有文字繁冗的过失，不贴切则有感情显浮泛的过失，不明确则有表意含糊的过失，不详尽则有疏漏的过失，不合正义就不能以理服人，不大气就失冠冕之体，不温厚就显得暴戾刻薄，不儒雅就显得鄙陋浅俗。撰写国事文章要有覆天载地的胸襟，寄情山水的文章要有仙风道骨的气象，出征讨伐的文章要有吞象食牛的气势，写上奏文章要有忠肝义胆的精神。诸如此类，可以仿照此类而求得。

009. 学者读书只替前人解说，全不向自家身上照一照。譬之小郎替人负货，努尽筋力，觅得几文钱，更不知此中是何细软珍重。

【译文】

学者们读书只为前人的文章作解说，全然不顾自己内心的真实情感。这就好比是小孩子替别人背货物，只顾用尽全身力气，挣几文钱，却不去想自己身上所背的到底是什么珍贵的宝物。

【解悟】

道要常悟，学贵有恒

从求学问道的角度来看，做学问的方法是多种多样的，但集中起来说却又离不开"有恒"二字。若要持恒，就必然要长时间学习，就要处理好读书和做事的关系。能否完成并做到持恒的关键在于你是否善于挤时间学习。不退之轮，就是佛经里所说的法轮。如来说法时，经常运用佛法摧毁众生的执迷邪恶，使众生恍然大悟之后转成正果，这种道理很像车轮碾轧过的地方，一切邪见都被摧毁。有时也叫

"不退转轮"。"不退之轮"，是说进德修业的心永不停止。

康熙帝十分好学，他的御书房里，摆满了各种古今书籍，其中有不少还是他亲自主编的，如《数理精蕴》、《康熙字典》、《律旨正义》等。正如他在《庭训格言》所言："朕自幼好看书，今虽午高，犹手不释卷。诚天下事繁，日有万机，为君一身处九重之内，所知岂能尽乎！时常看书，知古人事，靡可以寡过。"他读书的目的不是为了附庸风雅，炫耀知识，而是"……于典谟训诰之中，体会古帝王孜孜求治之意，即欲使古昔治化，实现于今。"身为一国之君，为求治国之道，使自己少犯过错，常以古今义理自悦，数十年如一日，不知疲倦。

三藩叛乱期间，康熙军政事务十分繁忙，以致最后累得生病吐血。养病期间，他仍是手不释卷。辅导他学习的大臣们都劝他休息，康熙坚决不同意，反驳道："读书就得吃苦。这是一种花苦功的事。只有功夫不断，学习方能长进。如果停学多日，必将荒废学业，前功尽弃。军务虽忙，总有空闲，可以挤时间进讲。"

在战争年代尚且如此，在和平时期更是孜孜不倦，惜时如金。1864年（康熙二十三年），他到南方巡视，船泊南京燕子矶，当时，已是夜深人静，万籁俱寂。三更过后，康熙座船上依然灯火通明，此时他还在与高士奇兴致勃勃地谈经论文呢！高士奇怕皇上劳累过度，要起身告辞，康熙却笑了笑说："这个问题今天不弄明白，我也睡不着呀。我从五岁读书，习惯晚睡。读书可以陶冶人的性情，增长知识，其乐无穷，就是稍有倦意，也被赶跑了。"巡视期间，不论是官员还是

老百姓，只要有学问，他都愿意与他们一起研讨，并因此而发现了不少人才。

康熙的读书兴趣非常广泛，除经、史、子、集外，天文、地理、历法、数学、军事、美术无不涉及。如他主持编纂的《数理精蕴》，就是在天文和数学方面，既保持我国传统成果，又吸收西洋精华的一本高水平学术著作。

康熙是我国历史上一位功业卓著的政治家，文韬武略，运筹帷幄。在统一祖国，发展生产，加强民族团结和抗击沙俄侵略中做出过重大贡献。他开创了中国历史上又一个昌盛的时代——"康乾之治"。他的勤奋好学，持之以恒，不仅给了他文治武功的能力，而且陶冶了他的情操。

道无所不在

道不曾有过界限，语言也不曾有过定说，为了争一个"是"字而划出许多的界限，如有左、有右、有伦序、有等差、有分别、有辩论、有争持，这是界限的八种表现。天地以外的事，圣人是存而不论的；天地以内的事，圣人只是研究而不评说。至于古代历史上善于治理社会的前代君王们的记载，圣人只评说而不争辩。天下事理有分别，就有不分别；有辩论，就有不辩论。这是如何讲呢？圣人把事物都囊括于胸、容藏于己，而一般的人则争辩不休，夸耀于外。所以说，凡事争辩，总因为有自己所看不见的一面。

高深的道是不可名状的，最了不起的辩说是不必言的，最具仁义的人是无所偏爱的，最廉洁的人是不必表示谦让的，最勇敢的人是从不伤害他人的。"道"完全表露于外就不算是道，"言"争辩总有表达不到的地方，"仁"常守滞一处就不能周遍，"廉"若露形迹就不真实，"勇"怀害意就不能成为勇。能做到这五种情况离道就不远了。

一个人能停止于自己所不知晓的境界，那就是明智到极点了。

谁能通晓不用语言的辩论，不用称说的很深的道理呢？若有谁能知道，就可称得上是天然的府库；无论注入多少东西，它都不会满溢，无论取出多少东西，它也不会枯竭，而且也不知这些东西源流自何处，这就叫作潜藏的光明。

战国时期的庄子认为：道无所不在，种种情态都有大智广博，小智精细；大言气焰凌人，小言则论辩不休。他们睡觉的时候精神交错，醒来的时候形体不宁，和外界交接相应，整天钩心斗角。有的出言迟缓，有的高深莫测，有的用词严谨缜密。小的惧怕惴惴不安，大的惊恐失魂落魄。他们发言就像放出的利箭一般，专门窥伺别人的是非来攻击；不发言就像发过誓一样，默默不语地等待制胜的机会；他们的衰败如同秋冬景物凋零，这说明他们日益销毁；他们沉溺于所作所为当中，无法使他们恢复到原来的情状；他们心灵闭塞好像被绳索缚住，这说明他们衰老颓败，没法使他们恢复生气。他们喜怒无常，他们躁动轻浮、奢华放纵、情张欲狂、造姿作态，好像乐声从中空的乐管中发出，又像菌类由地气蒸腾而成。这种种情态日夜在心中交侵不已，但不知道它们是怎样发生的。算了吧！算了吧！一旦晓悟到这些情态发生的道理，就可以明白这些情态所以发生的根由了吧！

种种情态和我息息相关，密不可分。我和它是近似的，然而不知道这一切是受什么所驱使的。仿佛有"真宰"，却又寻不到它的端倪。可从它的作用上得到信验，显然看不见它的形体，但它却是真实地存在着的。众多的骨节，眼耳口鼻等九个孔窍和心肺肝肾等六脏，全部齐备地存在于我的身上，我和它们哪一部分最亲近呢？你对它们都是同样的喜欢吗？还是对其中某一部分有所偏爱呢？这样，每一部分都只会成为臣妾似的仆属吗？难道臣妾似的仆属就不足以相互支配了吗？还是轮流做君臣呢？难道果真有什么"真君"存在着？无论求得真君的真实情况与否，那都不会对它的真实存在有什么增益和损害。

人一旦禀受成形侮不参与变化而等待形体耗尽，和外物接触便互相摩擦，驰骋追逐于其中，而不能止步，这是很可怕的悲剧。终身承受役使却看不到自己的成功，一辈子困顿疲劳却不知道自己的归宿，这能不悲哀吗？人的形体逐渐枯竭衰老，而人的精神又困缚于其中随之销毁，这能不算是莫大的悲哀吗？人生在世，本来就像这样迷昧无知吗？难道只有我才这么迷昧无知吗？

如果依据自己的成见作为判断的标准，那么谁没有一个标准呢？何必一定要了解自然变化之理的智者才有呢？就是愚人也是有的。如果说还没有成见就已经存有是非，那就好比"今天到越国去而昨天就已经到了"。这种说法是无中生有。如果要把没有看成有，即使是神明的大禹，尚且无法理解，我又有什么办法呢？

善辩的人议论纷纷，他们所说的话也不曾有定论。果真算是发了言吗？还是等于不曾说过什么呢？他们都认为自己的发言不同于小鸟的叫声，是真有区别，还是没有区别呢？

大道是怎样隐蔽起来而有了真伪之分的？言论是怎样隐蔽起来而有了是与非的？大道怎么会出现而又不复存在呢？言论又怎么存在而又不被认可？原来大道是被小的成就隐蔽了，言论是被浮华的辞藻隐蔽了。所以才有儒家和墨家的是非之争辩，肯定对方所否定的东西而否定对方所肯定的东西。若要肯定对方所否定的东西而非难对方所肯定的东西，那么不如用明的心境去观察事物本身的情形，从而求得明鉴。

万事万物都有与它自身对

立的那一面，也没有不存在它自身对立的这一面。从事物相对立的那一面看便看不见这一面，从事物相对立的这一面看就能有所认识和了解。所以事物所对立的两个方面是相互并存、相互依赖的。虽然这样，但是任何事物随起就随灭，随灭就随起；刚肯定就转向否定，刚否定就又转向肯定；有因而认为非的就有因而认为是的。所以圣人不走划分是非这条道路，而是观察比照事物的本身，也就是顺着事物自身的道理。

事物的这一面也就是事物的那一面，事物的那一面也就是事物的这一面。事物的那一面有它的是与非，事物的这一面同样也有它的是与非。事物果真有彼此的分别吗？又果真没有彼此的分别吗？彼此不相对峙，就是道的枢纽。抓住了道的枢纽，也就抓住了事物的要害，以顺应事物无穷无尽的变化。"是"的变化是没有穷尽的，"非"的变化也是没有穷尽的。所以说不如用明静的心境去观照事物的实况。

以大拇指来说明大拇指不是手指，不如以非大拇指来说明大拇指不是手指；以白马来说明白马不是马，不如以非白马来说明白马不是马。事实上，从事理相同的观点来看天地就是"一指"，万物就是"一马"。道路是人走出来的，名称是人叫出来的。可有它可的原因，不可有它不可的原因；是有它是的原因，不是有它不是的原因。为什么是？自有它是的道理。为什么不是？自有它不是的道理。为什么可？自有它可的道理。为什么不可？自有它不可的道理。一切事物本来有它是和不是的地方。没有什么东西不是，没有什么东西不可。所以小的草茎和大的庭柱，丑陋的女人和美貌的西施，以及一切千奇百怪的事情，从道的观点看它们都是可以相通为一的。万事有所分，必有所成；有所成，必有所毁。所以一切事物从通体来看就没有完成和毁坏的区别，都复归于一个整体。

只有通达的人才能了解这个通而为一的道理，因此他不用固执己见而寓于各物的功分上。这就是因应自然的道理。顺着自然的路径行走而不知道它的所以然，这就叫作"道"。

耗费心神去求得事物的一致，而不知事物本身就具有同一的性状和特点，这就是所说的"朝三"。什么叫作"朝三"？养猴的人给猴子吃小栗时说："早上给你们三升，晚上给你们四升。"这群被养的猴子听了都非常生气。养猴的人又说："那么早上给你们四升，而晚上给你们三升。"这群猴子听了都高兴起来。名和实都未改变，然而猴子的喜怒却因各为所用有了变化，这也是顺着猴子主观的心理作用的结果吧！所以圣人把是与非混同起来，悠然自得地生活在自然而又均衡的境界里，这就叫作物与我各得其所、自行发展。

古人的智慧达到了最高的境界。何以达到最高的境界呢？有的人认为，宇宙初始未曾形成什么具体的事物。这种认识是十分了不起的。次一等的人，认为宇宙之始是存在着事物，但是不曾有严格的区分和界域。再次一等的人，认为事物虽有分界，但不曾有过是与非的不同。是与非的显现，道就有了亏损。道的亏损，私爱也就随之而形成。果真有形成亏损吗？果真没有形成亏损吗？有形成亏损，则昭文弹琴。没有形成亏损，则昭文不弹琴。昭文善于弹琴，师旷精于乐律，惠施乐于靠着梧桐树高谈阔论。他们三个人的技艺，几乎都算得上是登峰造极的了，所以载誉于晚年。正因为他们各有所好，以炫异于别人；他们各以所好，而想显现于他人。不是别人所非了解不可的而勉强要人了解，因此终身迷于"坚白论"的偏狭一隅。而昭文的儿子又终身从事昭文的琴业，终身没有什么成就。像这样子可以说有成就吗？那么虽然我们没有成就，也可算有成就了。如果这样不能算有成就，那么人与我都谈不上有什么成就。所以迷乱世人的炫耀，乃是圣人所要摒弃的。所以无用均寄托于有用之中，这才是因事物的本然观察事物，而求得真知。

现在暂且在这里说一番话，不知道这些话和其他人的言论是否相同，无论是同类与不同类，既然发了言就都算是一类了，那么和其他的言论便没有什么分别了。既然如此，那么请容许我说说：宇宙有一个开始，有一个未曾开始的开始，还有它未曾开始的未曾开始的开始。宇宙之初的形态有它的"有"，有它的"无"，还有个未曾有无的"有"，同样也有那未曾有无的"无"。忽然间发生了"有"和"无'，却不知道"有"与"无"谁是真正的"有"、谁是真正的"无"。现在我已经说了这些话，但不知道我果真说了呢，还是没有说。

天下没有什么比秋毫的末端更大的东西，而泰山却是小的；没有比夭折的孩子更长寿的人，而彭祖却是短命的。天地和我共生，万物和我为一体。既然合为一体，还需要言论吗？既然已经称作一体，还能说没有言论吗？客观存在的一体加上我的议论就成了"二"。"二"再加上"一"就成了"三"，这样继续往下算，就是最精明的计算也不可能得出最后的数字，何况普通人呢？从无到有已经生出三个名称了，何况从有到有呢？没有必要再往前计算了，还是顺应事物的本原吧！

放下屠刀，立地成佛

人的身体是一座城，眼耳鼻舌是门户，外面共有五扇门，内心里有意门，心是大地，性是主宰，主宰者居住在大地上，人的性在主宰便在，性消失了主宰也就没有了；人性在人的身和心便好好地存在，人性离去人心便会败坏。

佛只向人的心性中求得便可，不必要从心性外去求索。自己的本性被迷住了便成了普通的人，自己的本性觉悟了便成了佛，内心里有了慈悲感就可称之为观音，喜欢施舍财物那就可称为大势至菩萨，能够做到清净就是释迦牟尼，平直就是弥陀。人我不分就好像住在妙高山，有邪心就是海水，人的烦恼就是海中波浪，有毒害之心便是恶龙，心里虚伪妄想之念就是水鬼海神，被尘世所劳就是海中鱼鳖，极度贪婪就是地狱，愚蠢痴呆便是牲畜。会觉悟的人，经常注意行为上的"十善"，便到了天堂，清除了人我之间的欲念，高山便会倒塌，去掉邪念，海水就会枯竭，没有了烦恼，波浪就会失灭，忘记了毒害的念头，鱼龙就会灭绝。自己在本心上似如来般觉悟了，心里绽放光明。向外照亮"六门"，使之清净，能够破除欲界的六天，自我心性照耀，清除了三毒、地狱等罪恶，即刻消减失灭，内里外在透明通彻，和西方诸佛便没有什么区别了。只有做这样的修行，才能达到彼岸佛的境界。

唐朝时期的慧能认为：识见高于普通众生，并具有觉悟和无限的智慧，世上的人本来各自都有，只因为本心被迷住而无法自觉悟出，因此必须借着大善的知识来诱导启发才能见出人的本性。同时除此之外还应当了解是愚笨的人还是聪明的人。人的觉悟的本性本无差别。只是因为人有迷惑和觉悟的不同，所以才有了愚人和聪明人。我现在为你们讲说"摩诃班诺波罗蜜法"，使你们各种各样的人都能得到智慧，专心致志注意听讲。我给你们解说超群的智慧和见识，世上的人整天口里念般若经，没有认识到自己的本性中就有般若，就好比是空口说吃饭，总也吃不饱。只是口中说空静，一万年也不会见到佛，最终也不会有什么益处。"摩诃班诺波罗蜜"是印度的一种语言，它说的是通过人的大智慧达到人生的彼岸、佛的境界，这个必须在心里去实施，而不在于口中诵念。嘴里说而心里不去实践，就好比是幻觉影子，就像露水和闪电，旋即消灭；口里诵念，心里实行，心和口相配合，就可见出自己本性中有佛。离开自己的本性，外面并没有佛。

欲路理路，全凭一念

"穷理于事物始生之际，研机于心意初动之时"，很多人生道路往往是在一念之间决定的，而一念不慎足以铸成千古恨事。但一念的铸成并不在当时而是在平时的锻炼，就像一个人在情绪特别激动的时候，往往会做出不计后果的事，而能出现这种情绪的本身说明这个人在平时可能还没意识到这件事是好是坏。可见一个人不能防邪念于未然,就可能"一失足成千古恨,再回头已百年身"。私心杂念和道德伦理并存是很矛盾很困难的,人必须拿出毅力恒心控制私心杂念,并且当机立断地把这种欲念扭转到合乎道德的路上。这个扭转只能在平时注意磨炼自己,那才可能操之在我。一念之间上可登天堂下可堕地狱。人不能总是到事后才悔恨,当生机在握时,当聿运在手时,决不可轻易放过。

明朝崇祯十四年,清兵大败明师于锦州,俘获明军统帅洪承畴。

清太宗久存并吞中原野心,想利用洪承畴做开路先锋,便派了一名说客劝他投降。洪承畴自诩为耿介名士,深明大义,所以凡有说服者,他皆执意拒绝,且绝食明志。

清太宗见无计可施,无精打采地回宫休息。皇后博尔济吉特氏问:"国主大败明师,中外震惊,为什么长叹起来?"

太宗说:"你们女流,怎知国家大事?"

"是不是中原还未征服呢?"

"你真是聪明,一下便说中了心事。只是为征服中原,才想招降明朝的将领洪承畴为我前驱,可是他却矢志不降。"

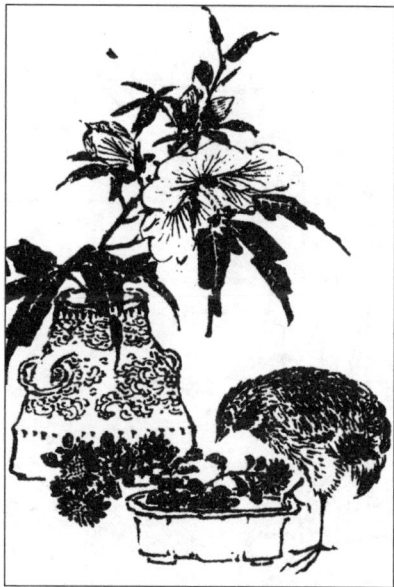

"怎会有不降的傻瓜?"皇后说,"威迫不来,利诱就行了!"

聪明的皇后却深知世上男子的弱点。帝后密议一番之后,事态便有了进一步的发展。

于是皇后特别打扮一番,黄昏时候,携了一个酒壶秘密出宫,独个儿走到禁闭厅。见洪承畴正闭目危坐,一副凛然不可侵犯的神态,乃细声轻问:"此位是洪将军吗?"声如出谷黄莺。

洪承畴是一个英雄，什么威逼利诱，毫不动心，唯独对于声音婉转，吹气如兰的女人特别敏感。于是他不知不觉地就把眼张开，咦！怎么会有这样一个美人儿？

但洪承畴仍正色问："你是什么人？谁叫你来的？有什么事？"

她深深行了一个礼，说："洪将军！我知道将军是忠心耿耿的，绝食明志了不起，就是以死殉国，还有什么可怕的！"说时嫣然一笑。

聪明的皇后看了看洪承畴，既庄重又妖媚地说："你且不要问，我此来是一片好心，想拯救你脱离苦海的！"

"什么！你拯救我？想劝我投降？嘿！我心如铁石，请闭嘴！"洪承畴又装起威武来了。

但她不介意："将军！你不要轻视我，我虽是女子，颇识大义，对将军这种英勇行为、殉节精神，衷心钦佩，岂忍夺将军之志？"

"那你来这里做什么呢？"

"唉，将军！我不是说过嘛，是来救将军的。"她的话充满同情，而又惹人怜爱。

"将军不是绝食等死吗？但绝食起码要经七八日才会气绝的。我煎好一煲毒药来敬将军。将军现所求不外一死，而绝食和服毒死，究竟有什么不同？将军如怕死则已。若不怕死，请饮了这煲药，不就减少死前痛苦吗？"说完捧壶送过去。

洪承畴经她这般一捧一跌、一怜一媚的摇荡，已身不由己，连呼："好好！我饮，我饮。死且不怕，何怕毒药！"立即接过壶来狂饮，不料流急气促，咳了起来，弄得药沫飞溅，喷得美人衣襟尽湿。

洪承畴自惭形秽，连忙向她道歉。她若无其事地谈笑自若，拿出香帕来慢慢拂拭，媚眼向洪承畴一翻说："看样子将军的阳寿还未尽哩！"

"我立志一死，不死不休！"

"将军可谓英勇之至，竟能视死如归，英雄！英雄！钦佩！钦佩！"她说，"不过，我还有一句话告诉将军。你现在既已为国殉了节，但身丧异域，去家万里，丢下家人，哭望天涯。深闺少妇，对着浮云发呆，春风秋月，苦想为劳，枕边弹泪，情何以堪？多情如将军，岂能闭眼不顾，不念旧情吗？"

洪承畴被勾起了心事，酸楚万分，想到毒药已下了肚，死期定不远，不禁泪如泉涌，长叹："事到临头，还有什么可说，什么可顾？唉，可怜无定河边骨，犹是深闺梦里人！"

只这一叹，就暴露了洪承畴内心世界已有所动摇。经过那么多次的审讯、威逼、说服、利诱都没有动过一丝决心的洪承畴，只和这么一个弱女子几番问答，就开始犹豫了。此时聪明的皇后看出他已动心了，又用话激他："决志殉国，将军可谓忠贞不贰，无愧臣节啦。但在我看来，却是笨得可以。"

"什么，照你所说，难道失节投降，反是英雄好汉？"

"将军！不是我说你，你身为国家栋梁，明朝对你的希望正殷，这样轻于一死，得了一个虚誉，究竟对国家有何补益呢？如果是我的话，会忍辱一时，渐图恢复，所谓忍辱负重，候机报君，方不负明帝重托，百姓仰望。断不会这般轻生，效匹夫匹妇所为！不过，士各有志，勉强不得。"

洪承畴虽然等死，但血脉格外畅通，既醉其美貌，又服其见识，心中忐忑，莫知所之，牙齿开始发酸，欲火已冒上了眉尖。

她又说："将军死后，有什么话要转告家人否？我两人既然相遇，亦是一段缘分，我无论如何有传递的责任！"

洪承畴听她这么一说，眼泪又流出来了。她再掏出香帕来，迎身靠过去替他拭泪："将军，不要伤心，看把衣服弄湿了。唉！我也舍不得你这样离开的！"

到天明，这位曾经为万民敬仰、飨过大明国祭的经略大臣、显赫将军洪承畴，终于被精明的皇后所说服入朝参见清太宗了。

茫茫世间，矛盾之密

清修于山林而为隐士，本是高雅之士所为，却成了求功名者扬名的途径；佛门本是信徒清修的场所，偏偏有许多六根不净的人要托身其中。至于武则天出家为尼更是由于政治需要。其实这些人要的只是形式。世事亦即如此，很多人做事不务实而只求形式，不行善却以善名行事骗人，给人们带来了更大的欺骗性。世事有很多看似矛盾其实却为必然的事。因此，人事纷陈，真假虚实相叠；天地辽阔，时时处处矛盾。

年方十四的武则天，便已艳名远播，被唐太宗召入宫中，不久封为才人，又因性情柔媚无比，被唐太宗昵称为"媚娘"。当时宫中观测天象的大臣纷纷警告唐太宗，说唐皇朝将遭"女祸"之乱，某女人将代李姓为唐朝皇帝。种种迹象表明此女人多半姓武，而且已入宫中。唐太宗为子孙后代着想，把姓武之人逐一检点，做了可靠的安置。但对于武媚娘，由于爱之入骨，始终不忍加以处置。

唐太宗受方士蒙蔽，大服丹丸，虽一时精力旺盛，纵欲尽兴，但没过多久，便身形枯槁，已是行将就木了。武则天此时风华正茂，一旦太宗离世，便要老死深宫，所以她时时留心择靠新枝的机会。太子李治见武则天貌若天仙，仰羡异常。两人一拍即合，山盟海誓，只等唐太宗驾崩便可仿效比翼鸳鸯了。

当唐太宗自知将死时，还想着如何确保李家江山的长久万代，要让颇有嫌疑的武则天跟随自己一同去见阎罗王。临死之前，他当着太子李治的面问武媚娘："朕这次患病，一直医治无效，病情日日加重，眼看的是起不来了。你在朕身边已有不少时日，朕实在不忍心撇你而去。你不妨自己想一想，朕死之后，你该如何自处呢？"

武媚娘感觉到自己身临绝境的危险。怎么办？她知道，此时只要能保住性命，将来就有机会夺权。然而要保住性命，又谈何容易，唯有丢弃一切的一切，方有一线希望。于是她赶紧跪下说："委蒙圣上隆恩，本该以一死来报答。但圣躬未必即此一病不愈，所以妾才迟迟不敢就死。妾只愿现在就削发出家，长斋拜佛，到尼姑庵去日日拜祝圣上长寿，聊以报效圣上的恩宠。"

唐太宗一听，连声说"好"，并命她即日出宫，"省得朕为你劳心了。"原来唐太宗要处死武媚娘，但心里多少有点不忍。现在武媚娘既然敢于抛却一切，脱离红尘，去当尼姑，那么对于子孙皇位而言，就不可能有什么危害了。

武媚娘拜谢而去。一旁的太子李治却如遭晴空霹雳，动也动不了。唐太宗却在自言自语："天下没有尼姑要做皇帝的，我死也可安心了。"

李治听得莫名其妙，也不去管他，借机溜到媚娘卧室。他见媚娘正在检点什物，便求道："卿竟甘心撇下了我吗？"媚娘叹道："主命难违，只好走了。"语音未落，泪如雨下，泣不成声了。太子道："你何必自己说愿意去当尼姑呢？"武媚娘镇定了一下情绪，把自己的计策告诉了李治："我要不主动说出去当尼姑，只有死路一条。留得青山在，不怕没柴烧。只要殿下登基之后，不

忘旧情，那么我总会有出头之日。"

太子李治解下一个九龙玉佩，送给媚娘作为信物。后来，李治登基不久，武媚娘果真再次进宫。

逆己情欲道在忍

在日常生活中，注意培养忍的意识，学会谦让，学会通过发自内心的真诚微笑来化解自己与别人所存在的误会与矛盾冲突，对于每个人而言，是十分有用和必要的——不论你是在街上步行，或是面对着亲朋好友或同事。禅宗六祖慧能大师曰："忍则众恶无喧"，确实有一定的道理。忍，对于领导者，更是一种应用的修养素质。小不忍则乱大谋。上述刘邦对待韩信自请称王之事的处理，就是一个好例子。因此，领导者在涉及集体、地区乃至国家、民族的利益时，在特定的情况下，为了不因小失大，就应有忍的度量。因为"忍"就是将刀刃架在心上的考验。

忍，是忍以待发，而不是忍而坐，坐以待毙。我们要学会有骨气地忍。洪应明十分重视一个"忍"字。"忍"字心头一把刀，在为人处世方面，自有其特有的效用及必要性。关于忍，还有一点要说明的是：就个人而言，我们所提倡的不是鲁迅笔下的阿Q式的那种忍，阿Q式的忍是一种在人际关系中逆来顺受，而又具有很强的自我麻醉成分的"忍"，是一种终会压垮与摧毁自己做人脊梁的"忍"。同样，在处理国家与民族的利益时，我们所说的"忍"，也绝不是清末统治者在面对外国侵略者的侵略时，所被动地采取的那种赔退银两、割地求和的"忍"让法。

提到"汉初三杰"之一的韩信，你可能会想起"韩信将兵，多多益善"这一妇孺皆知的千古美谈。综观韩信的一生，可说是为一个"忍"字，提供了正反两方面的经验：他因一时忍得住而得以建立大功业，却也因一时忍不住而导致了自己的人生悲剧。

早年，青年韩信是一个衣食无着的布衣百姓。一天，韩信佩带刀剑行走在淮阴的街头时，被一屠户家的少年无赖拦住，并当众嘲笑："你个头虽高大，整日身不离佩剑，而你的内心，却是十分胆怯懦弱的。"进而更以人身侮辱来向韩信挑战："你不怕死，那就拔剑刺死我吧。你如果怕死，就从我裤裆下钻爬过去吧。"韩信当即血涌心头，盯了那无赖很久，转念一想，终忍下了这口气，像狗一样趴在地上，从这个少年无赖的裤裆下钻了过去。此事一传十，十传百，很快，韩信在街坊邻里的眼里，成了一个有名的胆小鬼。

　　然而事实却并非如此。韩信之所以忍受了这奇耻大辱，是他不愿将生命葬送在无端的争执打斗上。果然，随着秦末农民起义的此起彼伏，他先是投奔项梁、项羽，未受重用，进而改向投奔刘邦。然后，发生了一段萧何月下追韩信的插曲，终被刘邦设坛拜为三军大将，率领百万大军，作战必胜，攻城必克，为创立汉王朝立下了汗马功劳。

　　随着威名的远播、军功的增多，韩信的个人名利心也在逐渐膨胀。在权位利禄的诱惑下，他终于按捺不住了。当他率军降服并平定了齐国之后，他就迫不及待地向刘邦上书，以齐国乃一是非之地为由，提出必须设置一代理齐王来镇抚人心，稳定局势，并毛遂自荐。

　　当时，刘邦正在荥阳被楚军围困，见到此信，破口大骂："我被困于此地，从早到晚，都盼着你韩信来助我一臂之力，你却在现时只想自立为王！"幸得他手下的谋士张良、陈平十分机智，反应敏捷，三言两语就向他晓明利害关系，认为在当时的形势下，禁止韩信称王，汉军的阵线就会出现大的变故。刘邦马上醒悟，他忍下了怒气，又继续假惺惺地大骂："大丈夫既可平定诸侯，就该做真正的齐王，哪有做代理齐王之理？"于是，他立即派张良去封韩信为齐王，以此驱动韩信率领大军继续为汉家争天下。

　　一念之差，一时不忍，一着不慎，韩信就在自己与刘邦的君臣关系中，埋下了一颗钉子。而刘邦在一转念中，却忍住了怒火，他犯不着为了一个齐王的封号，马上与韩信闹翻，失去唾手可得的天下。

后来，刘邦将韩信由齐王改封为楚王。得天下后，刘邦又借故将韩信贬封为淮阴侯。最终，韩信被吕后扣上谋反的罪名斩首，并受到诛灭三族之祸。

司马迁在《史记》中，曾做了一种假设评价："假令韩信学道谦让，不伐己功，不矜其能，则庶几哉"——假使韩信能够学点处世之道，知道谦虚忍让，不夸耀自己的功劳，又不恃才骄傲，就差不多了。换言之，韩信的人生结局，就不可能这么凄惨。

顺便交代一句，韩信被封为楚王后，衣锦还乡之时，对于那位曾侮辱过他的少年，韩信不仅没有杀他，还高姿态地称他为"壮士"，任命他当军队的中尉。原因在于当时正因容忍了他的侮辱，才取得眼前的成就。此时，韩信的确是懂得"雪忿不若忍耻之为高"的道理的。可惜，这未能一直贯彻落实在他的处世之道中。

人们在今天所面临的，已不再是韩信所面对的场景及黑暗的历史了，但这并不妨碍"忍"这一字，依然成为我们为人处世的法宝之一。

就拿我们上街而言，人行道上，人流熙熙攘攘，单车道上，车轮滚滚，不时难免有我碰了你或你撞了他之类的事发生。这本不是什么大事，只要真诚地道个歉，忍受一下小委屈，那么，彼此的过隙马上就会化解，彼此的心理平衡也就得到了恢复，或许还会开始另一种良好的人际交流。

倘不如此，而是在碰撞发生之后，马上就你一言我一语地对骂起来，这样只会恶化彼此的心境，把原有的美好情绪完全冲跑。时间一久，甚至还会招来一些好起哄的围观之徒，导致对骂的双方大打出手，皮肉之伤难免，有时还会有医院甚或牢狱之灾。

人生之戒数则

要想获得成功，思想交流是必要的，接受别人的合理意见就更是必要的，这种交流与互容，会有助于我们进入一种全新的境界。英国大文豪萧伯纳说得好："倘若你手中有一只苹果，我手中有一只苹果，彼此交换一下，那么你我手中仍各有一只苹果；但倘若你有一种思想，我有一种思想，彼此交换一下，那么，你我都将各有两种思想了。"

处世行事，总是有所为又有所不为的，成功者就更是这样。而有所为与有所不为，又是由相应原则所导引的。那些使人有所不为的原则，即可称为人生之戒。洪应明生活的时代，是一个将能极大地影响社会或人的未知因素视为鬼神作祟的时代，是一个信奉"天人感应"的时代，从而也就相信天地之间是否有祥和之气，也会影响人类社会是否和平、人际关系是否和睦的时代，是一个依然实行灭族株连法的时代。所以，从某种积极的角度出发，他认为任何有违于这些立场的一个念头、一句话语和一件事项，是最应戒绝的。

结合他的时代来看，这项人生之戒，是当时大多数士大夫知识分子所认可并选择的。时至今天，其中的一些意识已时过境迁，另一些则尚有借鉴的意义，如认为应戒绝因一言一语而伤了天地之间的和睦之气的意识。此外，他还论及了数项人生之戒：不要偏听偏信，以免为别有用心者所欺瞒；不要放任自己，以免为自己的任性意气所驱使；不要用自己的长处来比别人的短处；不要因为自己的无能而妒忌别人的才能；不要因为众人的怀疑，就阻止个人的独特见解；不要仅信任自己的思想感觉而拒绝别人的言论建议；不要因小失大；不要借助公众的议论来满足自己的私心私情。不要因过分喜悦而对人轻易许诺，不要因醉酒而发怒，不要因愉快过头而惹是生非，不要因自己的疲劳厌倦而使已经开始着手的事半途而废。

以上可称作君子的人生之戒，其中包含了自我控制、尊重他人意愿与意见的意识，"兼听则明，偏听则暗"的意识，不搞一言堂的意识，具体地处理好日常人际关系的意识，等等。它们合情合理。以"毋因群疑而阻独见"一语做例言，就很好地说明了人在团队中，不应以许多人有怀疑、不同意作为理由，扼杀、禁绝任何可能包含有真知灼见的独立见解。因为合理认识与真理的拥有，并不是由认识、掌握并相信它们的人数的多寡所决定的，而且无数的历史事实已证明，合理认识与真理，首先往往是由个别人所把握并拥有的。再以"毋任己意而废人言"来说，历史上的那些由成而败，由盛而衰的亡国败家者、害人害己者，除了非人力因素所可挽救者，多是因不能坚持此戒而自食苦果的。

战国时期的蔡桓公田午就是如此。某天，名医扁鹊（秦越人）向他进言说："我通过察言观色，发现主公有病，病在皮肤，宜及早医治。"蔡桓公挺挺自己的胸脯，弯了弯自己健壮的胳膊，相信并坚称自己无病，事后还揣度扁鹊进言之举，不过是借别人没病而找病治，多捞一些外快的伎俩而已。

五天后，扁鹊再次恳切地劝蔡桓公："主公确实有病，现病已渗入血脉，若再不医治，病就会严重起来的。"蔡桓公不高兴地拒绝了扁鹊之言，因为他自我的身体感觉颇好，所以坚信自己没有患病。

又过了五天，扁鹊又专门来对蔡桓公说："主公的病已至肠胃，再不医治，病就会加深，以至于不可收拾。"此时，蔡桓公已把扁鹊一而再、再而三地说他有病之语，视作咒语了。他干脆就不搭理扁鹊，扁鹊无奈，只能退下。

接着又过了五天，扁鹊见到蔡桓公已经耽误了十五天，病毒已由皮肤渗入血脉，再进入了肠胃，此时更进入了骨髓，已无法医治了，他也不再多说。

再过五天后，蔡桓公果然病倒了。他马上派人去找扁鹊，却总也找不到。原来，扁鹊自知回天无力，已经预先躲了起来。几天后，蔡桓公死了。

可以这样说，蔡桓公不是死于肆虐的病魔手中，而是死于拒听忠言的固执中。他至死也不知"忠言逆耳"、"忠言不中听，中听不忠言"的道理，教训是深刻的。可见，盲目地自信和一意孤行最终只会危及自己。

人啊，是得警惕。当一个人无足够理由却凭逞强的意气来一而再、再而三地拒绝别人的意见时，或许就是他正处在即将病入膏肓时。

做人要有知耻之心

做事常怀有羞耻之心，是相对于没有廉耻心而言的；拘谨的人有些事情不敢去做，是相对于没有什么不敢去做而言的。贤良与不贤良的区别，难道相距很远吗？没有什么不敢去做，正是他不知羞耻的地方。因此孔子常常提及一个"耻"字，用来激励大家。知道羞耻的地方，就不必担心有值得忧虑的事了。

对他人进行教导，首先要让他有耻辱感，还必须培养他的知耻之心。督责他，使他有所畏惧；表扬他，使他有所追慕。这都是教导的办法。到他无所畏惧、不知追慕时，就没法子了。

春秋时期的曾子认为：花开

得繁华茂盛，但结的果实却没有几个，是天生的现象；言论多端而行事少成的，是人为的现象。鹰和鹯认为山还是太低，而把巢筑到山顶的树上；鱼、鳖、鼋、鼍认为潭水还是太浅，而在水底另挖洞穴，最后它们还是被人抓到，那是因为贪吃诱饵啊！因此，君子真能够不贪利而妨害义，那么怎么会有耻辱呢？

人生福境祸区皆由念想造成

自己的观念是造成人生幸福与苦恼的根源。所以释迦牟尼佛说："名利的欲望太强烈就等于是跳进火坑，贪婪爱恋之心太强烈就如同沉入苦海；只要一丝纯洁清净的观念就会使火坑变为清凉水池，只要有一点警觉精神就会使火海变成幸福乐园。"可见意识观念略有不同，人生境界就会完全改变，因此一个人必须慎重地对待所思所想。

有位禅师说过："说个佛字满面惭愧，说个禅字拖泥带水。"说佛就是污染了本心，全都舍弃什么佛、禅、道，人本来的面目就是这样。大梅问马祖："佛是什么？"马祖答道："即心是佛，心就是佛。"佛就是心，这一说法与平常心是同义。烦恼之心，有憎有惜有欲有爱之心，这颗平常心就是佛，就是道，就是菩提。后来，大梅住到梅山中，有一僧问他："大师在这深山之中行什么禅？"大梅答道："即心是佛。"僧人告诉他："马大师以前是这么说，不过近日佛法有别。"大梅问："别在何处？"僧人答："马大师说'非心非佛'。"大梅回答道："这个老东西，老是拿这种东西迷惑人。我不吃他这套，不管他说什么，我只管即心是佛。"马祖听讯之后赞道："梅子成熟了！大梅成了真器了。"禅就是心，无心就是佛法，心本来是没有的，这就是真理。只要明白了真正的主体，识别了心的本质，就会明白佛法的精髓。

人要支配习惯

一个立志想要有所作为的人，首先要把庸俗之气摆脱。旧习气对于人的熏陶，使人像闻到醇厚的酒气，不饮就醉了。开始时没有头绪，到了最后又不知结果。挥舞拳头，为针尖大的小利争斗，一时间的疯狂，丸头牛也莫想制住。哪有真正的男子汉，甘心去做这种事。说起来这些人实在值得人可怜，我实在为他们感到惭愧。从时间上看，上有几千年，下要传延百世；从空间上看，广至全中国，旁及四边极远之地，有什么羁绊，有什么拘束，使人受到束缚呢？哪有志在千里的人，愿意和一般的人混在一起？天下那些无穷无尽的财富，怎么能够成为我个人的积蓄呢？

为人要清明高雅脱离庸俗，潇洒安康，心无拘束，高洁适中，如雨过天晴，一片明净景象。这样去读书，能领略到古人的深意；这样去立身处世，能成为英雄豪杰；这样去侍奉父母，能仰承父母之志；这样去结交朋友，能合乎道义。因为志趣高超，就能谦和平易，如灯烛辉煌，光芒照人。花草遍地，香气沁人心脾，像深潭映着碧波，眷山凝成翠色。高寿多福，长久吉祥。

高飞九千仞之上的凤凰，燕子和山雀只能在下面看它飞翔。你如果不去喝酸臭的酒浆，就可以闲在一旁看别人喝得烂醉。认字认得真切，俗气自然远离许多。"人"字一撇一捺，本来就和禽兽的"禽"字不一样。你如果

言行洒脱不同流合污，那就是一个顶天立地的男儿。

既要担当大事，也要忙中取闲

拥有高尚才识德行的人立下志向，就会有了去爱一切人和物的宏大气量，有圣人那样一种兼王者之位，以推行自然无为之道的功业，而后才不至于辱损父母对其养育之恩，不愧为世间完美无缺的人。这种人能拿得起，放得下；算得到，做得完；看得破，撇得开。以这种洒脱的处世风格应世，可以轻松潇洒地活着。

人生在世，要忍得住世俗的烦恼，在世事的纷扰之中能忙中取闲，胸中牵肠挂肚之事可以放得下。世界上的事情，有的必须担当，有的应当摆脱；有需要出力而不必操心的，有应当操心而不必出力的。世间之事，既要大力担当，又要善于摆脱。不担当就不能做一番有利于天下的事业，不摆脱就无法在尘世之外的快乐中享受逍遥。

以前的事情能把一件忘掉是一件，不必再去计较；现在的事情能了却一件是一件，是非宜早了结；将来之事能减少一件是一件，能够把事情平息，让人安宁就是上策。

不以贵骄人

仁义之士，极目纵望则忧世忡忡；不仁不义之徒，则违背天性拼命地贪求富贵。所以，我认为仁义并非是人的本性！不然的话，夏商周三代以来，为什么天下这么昏乱不堪喧嚣嘈杂呢？

至于因循着天地的自然本性，随和着六气的千变万化，以畅游于无垠无际的时空之中，那还有什么不可以凭借的呢？所以，至人物我两忘达到无己的境界，神人无功不追求世俗功业利禄，圣人不对名声威望追逐。把生命保全，必须先使生命不离开形体，生命和形体应当共存。可是有的人虽有形体，但生命已经死了，这就是通常所说的

"行尸走肉"。

我听说有个神龟在楚国,已经死了三千多年了;楚王用手巾包着用竹箱盛着把它珍藏在庙堂之上。这个龟是宁可死了留下尸骨显示珍贵呢,还是宁可在污泥之中摇曳着尾巴自由自在地活着?一定要静神清心,不要疲劳你的形体,不要动荡你的神气。这样,就可以长生了。眼睛什么也不看,耳朵什么也不听,心里什么也不想。这样,你的精神就能够守住你的形体,你的形体也就可以长生了。

有高尚道德的人,火不能把他烧灼,水不能把他淹死,严寒酷暑不能侵袭他,禽兽不能残害他。不是说他迫近了水火、寒暑和禽兽而不受侵犯,而是说他能明察安危,安于穷困和通达,慎于去留,因而也就没有什么能够伤害他。"至德者"能预先明察安危,且能安于处境,慎于行动,所以不会接近危险从而受到伤害。活着的圣人是和自然一样运行,死了是混同于万物的变化;静处时和阴气同宁静,行动时和阳气共波流。对于生、死、静、动,都能顺其自然的人,是人们理想中的圣人。

古代夏桀、商纣地位显赫,贵为天子,有众多财富,拥有天下。现在若是对奴仆马夫之类的人说:"你的德行如同夏桀、商纣。"他便会马上改变神色,毫不服气,这是因为连众人都鄙视桀纣的德行。仲尼、墨翟穷困得成为普通百姓,现在如果对宰相之类的人说:"你的品行如同仲尼、墨翟。"他便会马上改变神色,自愧不如,可见士是最尊贵的。所以,贵为天子,未必就尊贵;穷如百姓,未必就低贱。尊贵与低贱的根本区别在于他德行的美丑。

桀纣虽贵为天子,但却为众人所不齿;仲尼、墨翟穷为匹夫,却为众人所尊敬。所以,地位的贵贱不能决定一个人品行的美丑。权势高到做了天子也不傲视别人,富足得拥有天下也不戏弄别人。"不以贵骄人,不以财戏人"是难能可贵的品质。

藏巧于拙，以屈为伸

以守为攻，以退为进，同样能把主动权掌握在手里。胜券在握，潜藏不露才是人生的真正智慧。做人不必过于暴露锋芒，要善于潜藏，要善于韬光养晦，大丈夫能屈能伸，只有这样才能成就大事业。

南朝刘宋王朝的开国皇帝宋武帝刘裕临死托孤给司空徐羡之、中书令傅亮、领军将军谢晦、镇北将军檀道济。并告诫太子刘义符，在这些人中，谢晦最难驾驭，应当小心。刘裕是个有作为有见识的开国皇帝。但不幸的是，一没选好继承人，二没有完全正确估计这几位顾命大臣。刘裕死后，其长子刘义符即皇帝位，史称营阳王。刘裕的次子名义真，官南豫州刺史，封庐陵王。刘裕的第三个儿子名义隆，封宜都王，即后来的南朝宋文帝。刘义符做上皇帝后，不遵礼法，行为荒诞。

徐羡之在刘义符即位两年后，准备废掉刘义符另立皇帝。按刘义符的行为，废掉他是理所应当的。但徐羡之等人因为怀有私心，贪权恋位，谋权保位，竟把事情做绝，遭到杀身之祸。要废掉刘义符，就得有别人来接替皇帝的班。按顺序该是刘义真，但刘义真和谢灵运等人交好，谢灵运则是徐羡之的政敌。为了不让刘义真当上皇帝，徐羡之等人挖空心思，先借刘义符的手，将刘义真废为庶人。接着，徐羡之、傅亮、谢晦、檀道济、王弘五人合力，发动武装政变，废掉了刘

义符，以皇太后的名义封刘义符为营阳王。然而，还没等新皇帝即位，徐羡之和谢晦竟主谋分别将刘义符、义真先后杀死。刘义隆被他们拥立为新皇帝。刘义隆面临的是控制朝廷大权、杀死自己两个哥哥的几个主凶。

新皇帝当时正在江陵郡（治所在今湖北江陵）。徐羡之派傅亮等人前往迎驾。徐羡之这时又藏了个心眼，恐怕新皇帝即位后将镇守荆州重镇的官位给他人，赶紧以朝廷名义任命谢晦做荆州刺史、行都督荆湘七州诸军事，想用谢晦做自己的外援，于是将精兵旧将全都分配给了谢晦。

刘义隆对是否回京城做皇帝犹豫不决。听到营阳王、庐陵王被杀的消息，刘义隆的部下不少人劝他不要回到吉凶莫测的京城。只有他的司马王华精辟中肯分析了当时的形势，认为徐羡之、谢晦等人不会马上造反，只不过怕庐陵王为人精明严苛，将来算旧账才将他杀死。现在他们以礼来相迎，正是为了讨您欢心。况且徐羡之等五人同功并位，谁也不肯让谁，就是有谁心怀不轨，也因其他人掣肘而不敢付诸行动。殿下只管放心做皇帝吧！于是刘义隆带着自己的属官和卫兵出发前往建康，果然顺利做上了皇帝，但朝廷真正的实权仍在徐羡之等人手中。

刘义隆先升徐羡之等人的官，徐羡之进位司徒；王弘进位司空；傅亮加"开府议同三司"，即享受和徐羡之、王弘相同的待遇；谢晦进号卫将军；檀道济进号征北将军。同时认可徐羡之任命的谢晦做荆州刺史。谢晦还害怕刘义隆不让他离京赴任。但刘义隆若无其事地放他出京赴荆州。谢晦离开建康时，以为从此算是没有危险了，于是回望石头城说："今得脱危矣。"刘义隆当然也不动声色地安排了自己的亲信，官位虽不高，但侍中、将军、领将军等要职都由他的亲信充任，从而稳定帝位。

宋文帝元亮二年（425）正月，徐羡之、傅亮上表归政，即将朝政大事交由宋文帝刘义隆处理。徐羡之本人走了一下请求离开官场回府养老的形式，但几位朝臣认为，这样不妥，因此徐羡之又留下了。后人评论认为这几个主张挽留徐羡之继续做官的人，实际上加速了徐羡之的死亡。当初发动政变的五个人中，王弘一直表示自己没有资格做司空，推让了一年时间，刘义隆才准许他不做司空，最后他只做车骑大将军、开府仪同三司。直到这一年年底，宋文帝刘义隆才准备铲除徐羡之等人。因惧怕在荆州拥兵的谢晦造反，先声言准备北伐魏幽，调兵遣将。在朝中的傅亮察觉出事情不对头，便写信给谢晦通风报信。

宋文帝元嘉三年（426）正月，刘义隆在动手之前，先通报情况给王弘，又召回檀道济。他认为这两个人当初虽附和过徐羡之，但没有参与杀害刘义符、刘义真的事，应区别对待，并要利用檀道济带兵去征讨准备在荆州叛乱的谢晦。正月丙寅（426年2月8日），刘义隆在准备就绪后，发布诏书，治徐羡之、傅亮擅杀两位皇兄之罪。同时宣布对付可能叛乱的谢晦的军事措施。

就在这一天，徐羡之逃到建康城外二十里的叫新林的地方，在一陶窑中自缢而死。傅亮也被捉住杀死。谢晦举兵造反，先小胜而后大败，逃亡路上被活捉，最终被杀死。至此，宋文帝刘义隆由藩王而进京做上皇帝，由有名位无实权到做上名副其实的皇帝，最后顺利除掉杀"二王"的一伙权臣。

色欲名利，修身所忌

声色不忍的害处很大。忍声色则要修其身，固其本；对于人生男女之大欲，要适可而止。人生病时，会感到人生之虚幻与可悲，到了死地大概只剩求生一念了。所以人平时做事应朝事物的对立面想想。人生在世，宜控制自己的欲望而修些德行，做事勿为欲望丧失本性，否则会自取灭亡。历史的教训是深刻的。

189年，在镇压黄巾起义中卓有"战功"的董卓，率兵进入了洛阳，废掉汉少帝，立献帝，独揽朝中大权。董卓看出丁原是他专权的障碍，遂起杀机，收买了丁原的部将吕布，最后将丁原杀死。从此，董卓权倾朝野，为所欲为，司徒王允表面上效忠董卓，暗地里却对他恨之入骨，时刻想除掉他，于是王允授意貂蝉对付董卓之计。不久，董卓义子大将吕布在府中宴请宾客，于是王允借机派人参加，并送去许多珍贵之物。吕布不知为何居司徒高位的王允，要给自己一个小小的骑都尉送厚礼，于是决定亲去王府，一来探明究竟，二来作为回拜。吕布到王府后，被热情款待。王允笑着说："您是天下的英雄，我不过是略表敬意而已，区区薄礼，实在不值得将军挂在心上。"吕布本是见利忘义之人，王允也正是投其所好，才选择他作为除掉董卓的突破口。

听到王允的称赞，吕布心里十分舒畅，所以话语也多了。王允命貂蝉前来献酒。经过刻意修饰的貂蝉，容貌艳丽，楚楚动人，在侍女的搀扶下，由内室款款走出。吕布一见貂蝉不由得两眼发直，心中暗自说："真想不到天下竟有如此美女！"吕布看得愣住，直到王允和他说话，才回过神来忙掩饰地问道："小姐是府中什么人？"王允漫不经意地回答说："是小女貂蝉。"随后让貂蝉为吕布敬酒。貂蝉为吕布斟满了一杯酒，装出一副羞涩的样子，双手献给吕布。吕布连忙接过酒杯，偷看貂蝉，正巧貂蝉也在看他，二人的目光碰到一起。王允见状心中暗喜，对貂蝉说："你陪将军多喝几杯，让将军尽兴，今后我们还要仰仗将军呢！"然后让貂蝉坐在身边。

席间二人眉来眼去，有王允在旁又不便开口说话，吕布有些急躁。王允见时机已到，就借故离开。王允一走只剩吕布和貂蝉二人，吕布心中高兴，对貂蝉问长问短，貂蝉都一一回答。这时王允回到席前，暗示貂蝉回避，貂蝉心领神会，于是起身告辞吕布走向内室。吕布按捺不住地问王允说："小姐真是美丽无比，不知何人有此大福，能娶她做夫人？"王允回答："小女还不曾许配，我想高攀将军，不知您意下如何？"说完观察吕布的反应。吕布一听大喜过望，急忙向王允参拜说："岳父大人在上，请受小婿一拜！"王允扶起吕布说："将军不必多礼，待选个良辰吉日，就将小女送过府去成亲。"吕布再次拜谢了王允，才高兴地告辞。

第二天，散朝后王允、董卓走在一起，王允邀请董卓去府上喝酒，董卓很痛快地答应了。酒兴越来越浓。王允举手向侍从示意，音乐声徐徐响起，伴随着乐曲走出一队歌女，个个国色天香，婀娜多姿，尤其是领队的那位，更是美若天仙，看得董卓欲仙欲醉，就问王允说："这位漂亮的歌女是谁啊？"王允说："是我新买来的歌女，名叫貂蝉。"董卓笑道："不但人美，名字也悦耳。"一曲终了，王允叫众人退下，留住貂蝉给董卓敬酒。貂蝉手捧酒杯缓步上前为董卓敬酒，董卓满脸堆笑问道："今年多大了？"貂蝉微笑不语。王允在旁说："今年已经 16 岁了，您若是喜欢，就带回府去伺候您吧。"

吕布得知此事，怒气冲冲找到王允指责道："您既然已将貂蝉许配于我，为何又送给董卓？"王允见状四周环顾，见没有人，就压低声音对吕布说："这里不便细说，请将军随我回府。"说完立即同吕布一同回到王府。吕布迫不及待地问道："有人亲眼看见貂蝉在太师府中，这难道是假的不成？"王允见吕布怒火中烧，更不急于回答，给吕布让座后，又命人献茶，然后才一副无可奈何的样子说："前几天太师来我府中饮酒，席间说要见见我的女儿，我不好拒绝，就让小女出来给太师敬酒。谁知太师见后，就十分喜爱，说府中缺人侍候，暂时让她过去，待找到合适的人，再送她回来，我不能违抗太师的要求啊！"

吕布见王允说得合情合理，无可指责，也只好向王允赔罪，然后离去。吕布回府后，坐卧不安，第二天一早就借故来到太师府打探消息。侍卫告诉吕布，太师新得美人，还未起床呢。吕布听后心如刀割，但又不敢过于放肆，急得在大厅中团团转。后来，董卓来到大厅问吕布是否有事，吕布谎称刚刚听到义父得了美人，特地前来贺喜。董卓听后，称赞吕布有孝心，并让貂蝉出来相见。貂蝉在吕布面前装出愁眉不展的样子，趁董卓不备时，用手指向自己的心口，然后又指吕布。吕布领会貂蝉的示意，心中更加凄苦。董卓见已到上朝的时候，就和吕布一同而行。奉见皇帝后，董卓留在朝中处理政务，吕布借机来到太师府找貂蝉。正在二人难舍难分之际，董卓突然从外面进来，见到他们情意绵绵气得大喝一声直奔过来。吕布见势不妙，扔下貂蝉向外逃走。

　　第二天，王允将吕布请到府中，吕布满脸愁容，王允假装不知。问吕布因何事而闷闷不乐，吕布就将昨天在太师府中发生的一幕，详细地告诉了王允。王允听后，故意气愤地说："想不到董卓已经荒淫霸道到如此地步，连自己儿子的妻子都要强娶，这不但使我无脸见人，还是将军的耻辱啊！"王允的话音刚落，吕布就拍案而起，手握剑柄，满脸杀气地咬牙说道："我一定杀了他，报夺妻之仇！"王允见吕布决心已下，煽风点火说："将军如果杀了董卓不但报了仇，重要的是为国家除去一害，可以名留千古啊！"吕布伏地而拜，表示愿意听从王允调遣。几天后，董卓在去未央宫的路上死于非命。

修身种德，事业之基

　　一个人没有好的品德，再好的学识也不能有益于人，可能还会害人，而且知道越多害人越深，权势越大破坏越广。一个品行不端的人，很难在事业上有所成就，即使有所荣耀也不会长久。品德的修养，决定一个人一生行事是善是恶是美是丑，它是人生的基础。

《红楼梦》中讲到甄士隐曾资助过穷儒贾雨村。贾进京中了进士，又升任知府，旋即因贪酷侮上被革职，到林如海家做私塾教师。林如海妻亡故，遂起意让女儿黛玉进京依附外祖母，又得知雨村欲图谋复职，遂修荐书让内兄贾政为之周全，并让雨村随黛玉进京。雨村补授了应天府知府后，即碰到薛蟠为争夺甄香莲而打死香莲情夫冯公子的案子。甄香莲是甄士隐的女儿，雨村不思报恩，乱判此案，致使香莲父女永隔，有家难回，最终客死薛家。贾府有恩于贾雨村，但当荣、宁二府遭受查抄时，贾雨村当时地位已高，不但不从中保全，反而巴结贾府政敌忠顺王，煽风点火，助纣为虐，落井下石。但是，贾雨村最后也在宦海中沉沦，被撤职监禁。

茹纳容人，气量宽厚

俗话说，宰相肚里好撑船，其主旨就是要有广阔的胸襟、宽容的雅量，能容纳一切荣辱冷暖，方能治国经世成就大业。用人之道如此，为人之道亦如此。

南宋时期，金兀术采用火攻，烧毁了韩世忠的海舰。韩世忠退至镇江，收集残兵，只剩三千多名，还失掉了两员副将，一是孙世询，二是严允。韩世忠懊丧万分。梁夫人劝曰："胜败乃是兵家之常事，事已如此，追悔也莫及了！"韩世忠答曰："昨日还接奉上谕褒奖，现在竟弄得丧兵折将，我将如何向皇上交代呢？"于是，韩世忠上章自劾。

高宗接到了韩世忠自劾的奏章，正欲下诏处分，却接到了太后的手谕。太后在手谕中告诉高宗，三军易得，一将难求。像韩世忠这样的人，忠勇无比，世上无人可与他匹敌，现在因寡不敌众，以致先胜后败，应当宽其既往，以鞭策将来，不必加罪责备，让勇士寒心。高宗看后恍然大悟，便照太后所说的办。

韩世忠原来以为打了败仗，皇上定要加以处分。忽然有一日，卫兵进来报告说："钦使到了，请将军接旨。"韩世忠连忙更换朝服出迎，听了诏书不禁喜出望外。原来诏书中一味褒奖，并无半句责备之语，诏书中说："世忠部下仅有八千人，能摧金兵十万之众，相持了48日，屡次获得胜利，擒斩贼虏无数。今日虽然失败，功多过少，不足为罪，特拜检校少保兼武成感德节度使，以示劝勉。"韩世忠心怀感动，回到内衙，给梁夫人看。梁夫人说："皇上这样待咱们，咱们更应多杀敌，报效朝廷。"在以后的抗金战斗中，韩世忠每次都率领部队奋勇杀敌，多次取得胜利。

胜败乃兵家常事，高宗听从太后之计，没有处分韩世忠，反而加官晋爵，使韩世忠感恩戴德，更加为朝廷效力。

矜则无功，悔能减过

每个人，在任何情况下都应摆正自己的位置，保持谦虚的品质。即使是为国家建设有大功，成为天下崇拜的英雄，假如自己产生自夸功勋的念头，沉浸在荣誉的花环中，那他的大功不但会在自傲中丧失，可能还会招来意外的祸患。

8岁的康熙登基当了皇帝后，不能料理国事，便由四位辅政大臣代理。这四个人是鳌拜、索尼、苏克萨哈和遏必隆。其中拿大主意的是鳌拜。然而鳌拜是一个专横跋扈、野心勃勃的人。他利用其他三位辅政大臣的软弱退让，极力扩大自己的权势。凡是向他巴结献媚的，都受到提拔重用；凡是不肯顺从他的，不是被排斥罢黜，便是遭到不意陷害。辅政大臣苏克萨哈及大臣苏纳海、朱昌祚等人就因为与鳌拜持有不同的意见，而遭杀身之祸。他甚至经常在康熙皇帝面前耀武扬威，呵斥他人，而且多次擅自以皇帝的名义假传圣旨，滥用权力。朝廷内外的大小官员，凡是稍有一些正义感的，无不对鳌拜一伙的为非作歹恨之入骨。可是鳌拜的心腹党羽遍布中央到地方的许多重要机构，掌握着生杀予夺的大权，谁也奈何他不得。

康熙立志要做一个像汉武帝、唐太宗那样有作为的皇帝，因此对鳌拜擅权十分不满，决心改变大权旁落的状况。于是在亲政不久之后，他便下令取消了辅政大臣的辅政权，使鳌拜的权力受到限制。可是，这样一来，君臣之间矛盾便日益激化起来。鳌拜虽然意识到康熙要夺回自己的权力，但误认为"主幼好欺"，对于自己的所作所为非但不加收敛，反而更加肆无忌惮。在群臣向康熙朝贺新年时，鳌拜竟然身穿黄袍，俨如皇帝。在他托病不朝、康熙亲往探视时，他把刀置于床下，直接威胁皇帝的安全。对于鳌拜的这些欺君罔上的行为，康熙决心采取果断的措施，把他除掉。

康熙知道鳌拜的势力大、党羽多，除掉他不是很容易，必须要计划周密，谨慎行事。他一方面把近身侍卫索额图、明珠提拔为朝廷大臣，作为自己的左膀右臂，通过他们联络朝廷内外反鳌拜的势力；另一方面又给鳌拜封官加爵，麻痹他对自己的警觉。同时，一个擒拿鳌拜的计划也酝酿出来了。不久，康熙从各王公显贵府中挑选了100余名身强力壮的贵族子弟，以陪伴皇帝习武消遣为名入宫，鳌拜没有发觉其中有什么异常。一来是满族有让自己的子弟从小习武的习

惯，二来是把康熙看成一个年幼无知，只图玩乐的纨绔之辈，乐得他少过问政事，所以没有把这件事放在心上。不到一年，这班少年侍卫一个个学得拳术精通，武艺高强，连康熙本人也学到不少本领。康熙看在眼里，喜在心头，认为擒拿鳌拜的时机成熟了。于是便以下棋为名，召索额图入宫，商量除掉鳌拜的计划。

一日，正值鳌拜入朝之日，康熙事先把少年侍卫招来，对他们说："你们常在我的身边，好

像我的手足一样，你们是听从我的命令，还是听鳌拜的命令？"这些人对鳌拜的专横跋扈愤愤不满，又朝夕与皇帝相处，早已成为效忠于康熙的心腹，因此齐声高呼："听从皇帝的命令！"接着康熙历数鳌拜的罪状，布置擒捉之法，只等这个权奸来自投罗网。不久，鳌拜入朝，康熙传令要单独召见他。鳌拜不疑，欣然前往。到了内廷，只见康熙端坐在宝座上，两旁站立的全是一班少年侍卫。鳌拜一向把这些人看成是一群孩子，成不了什么气候，心里毫无戒备，仍旧摆出一副傲慢的架势。来到康熙面前，康熙一见时机已到，便果断地做出擒拿的手势。少年侍卫们一拥而上，把鳌拜团团围住。此情景让鳌拜大吃一惊，起先还以为是皇帝教一群孩子来与他戏耍，后来感觉不对劲，便全力进行挣扎，与这班少年打成一团。鳌拜也不是等闲之辈。他不仅生得熊腰虎背，有一股蛮力，而且精通武艺，曾经驰骋疆场几十年，立过不少大功，是清朝的一代骁将。讲近身交手，他并不外行。他仗着自己体大力强，拳脚并用，竟一连打倒好几个人，差一点脱身。可是，这些少年侍卫毕竟训练了一年，不仅气血方刚，武艺超群，而且都有除奸报君的决心，岂容奸雄逃脱！他们你一拳，我一脚，轮番向他攻击，直打得鳌拜气喘吁吁，汗流浃背，哪有还手之力，最后不得不束手就擒。

满招损，谦受益

俗话说"谦受益，满招损"，铭记它能令人终身受益。做人一定要胸怀坦荡，这是做人的基本原则。但处世时，我们则要蕴藏才华，这是处世的准则。德才兼备的君子并不忌讳别人知道自己的想法，这样可以让别人了解自己，建立和谐的人际关系。但自己的才华却不能炫耀，更不能恃才傲物，当然蕴藏才华并不是使自己的才干深藏不露，否则每个人都空怀才学，不仅是个人的悲哀，也是国家的损失。只有正确把握发挥才干和抓住时机的关系，才能永不消极颓废，脚踏实地地干出一番事业来。

"满招损，谦受益"，这些道家思想对中国人生活方式影响很大。道家是以虚无为本，认为天地之间都是空虚状态，但是这种空虚却是无穷无尽的，万物就是从这种空虚产生。子曰："三人行必有我师。"以孔子这样的千古圣人尚能不耻下问，何况吾辈凡夫俗子。"满招损，谦受益"，这是永远颠扑不破的真理。

谦虚无论是于自身还是于一国一家的事业，都是有百利而无一弊的。毛泽东曾经也说过，虚心使人进步，骄傲使人落后。大海不择细流，故能成其汪洋；泰山不择尘土，故能成其崔嵬。有这样一个故事：有位丹青爱好者千里迢迢来到法门寺向住持释圆和尚诉说："我一心一意要学丹青，可至今没有找到一个满意的师傅，许多人都是徒有虚名，有的画技还不如我。"释圆和尚听了淡淡一笑，要求其"现场直播"。绘画者问画什么，释圆说老僧平素最大的嗜好就是品茗饮茶，施主就为我画一把茶壶一个茶杯吧。年轻人寥寥几笔就画完了，一把倾斜的茶壶正徐徐吐出一脉茶水来，源源不断地注入茶杯。没想到和尚说他画错了，应该把杯子布置在茶壶之上才是。年轻人说大师有没有搞错啊，哪有杯子往茶壶里注水的。释圆哈哈大笑："原来你懂得这个道理啊！你渴望自己的杯子里能够注入那些丹青高手的香茗，但你总是将自己的杯子放得比那些茶壶还要高，香茗怎么注入你的杯子里？涧谷把自己放低，才能得到一脉流水，人只有把自己放低，才能吸取别人的智慧和经验。"

战国时期，魏昭王求贤，高参郭隗建议说：你把别人当作老师，那么比自己强百倍的人就会到来；你把别人当成朋友，那么比自己强十倍的人就会到来；你把别人当成部属，那么和自己能力差不多的就会到来；如果颐指气使，怒吼呵斥，那么招来的只能是奴隶。

人们凡事都追求完美，并想方设法地来达到这个目标。其实，任何事情都不应妄想登峰造极。因为有上坡就必然有下坡，也就是有上台必然有下台的一天，事情到了一定的限度必然发生质的变化。

应学会及时总结，使自己保持清醒的头脑。洪应明提醒世人，总想展示自己的才华，是缺乏见识的表现。一个真正学问广博的人，虽饱经学术，却表现甚少；学识贫乏的人却常常卖弄自己。

心理上的自满状态，会导致人丧失继续进取的兴趣，或者也会导致人产生疯狂地进取的冲动。不管是丧失了进取心还是异化了选取心，它们都有一个共同的特点：忽视自我检点，忽视周围的危险。言行上的自满姿态，就表现为得意扬扬或者不可一世。这会招来人们厌恶、引人嫉恨。一个人太出风头，就会遭受打击；一个人过分完美，反而会遭到挑剔和批评。大多数人能够同情弱者，却敌视比自己强的人，生活中这样的情况是非常多的，所以为人处世一定要谦虚谨慎，不能狂妄自大。

与人方便，与己方便

中国自古以来就是礼仪之邦。谦和、礼让更是中华民族的美德。当你在狭窄的路上行走时，要给别人留一点余地。在羊肠小道上，两个人互相通过时，如果争先恐后，互不相让，那么两个人都有坠入深谷的危险，在这种情况下停住脚步让对方先过去，不仅是安全的体现，更是种礼貌。谦让并不是一味地让步，即使是终身的让步，也不过百步而已。也就是说，凡事让步表面上看来是吃亏，但事实上由此获得的收益要比你失去的还要多。这正是一种成熟的、以退为进的明智做法。

当你遇到美味可口的佳肴时，要留出三分让给别人吃，这样才是一种美德。路留一步，味留三分，是提倡一种谨慎的利世济人的方式。在生活中，除了原则问题须坚持外，对小事互相谦让会使个人的身心保持愉快。

事物的发展都是相对的，谦让很多时候都会发生在竞争的情形之中，由于谦和礼让的出现而使矛盾完全化解，更免去了一次不必要

的争斗，对手变手足，仇人变兄弟。因此，避免斗争，对自身也有一定的价值。

如果得理不让人，让对方走投无路，有可能激起对方"求生"的意志。而既然是"求生"，就有可能是"不择手段"，这对你自己将可能造成伤害。好比老鼠关在房间内，不让其逃出，老鼠为了求生，会咬坏你家中的器物。放它一条生路，它"逃命"要紧，便不会对你的利益造成破坏。对方"无理"，自知理亏，你在"理"字已明之下，放他一条生路，他会心存感激，来日自当图报。就算不会如此，也不太可能再度与你为敌。

因此做事要留余地，给别人留面子，有好处时也多与人分享。留一步，让三分，即通常所说的谦让美德。适当的谦让不仅不会招致危险，反而是寻求安宁的有效方法，可以让人感到身心愉快，带来和谐的人际关系。清朝的张英与一个姓叶的侍郎，两家毗邻而居，叶家重建府第，将两家公共的弄墙拆去并侵占三尺，张家自然不服，引起争端。张家立即发鸡毛信给京城的张英，要求他出面干预，张英却作诗

一首："千里家书只为墙，再让三尺又何妨？万里长城今犹在，不见当年秦始皇。"张老夫人看见诗，即命退后三尺筑墙，而叶家深表敬意，也退后三尺。这样两家之间即由从前三尺巷形成了六尺巷，被百姓传为佳话。常言道："与人方便，与己方便。"一个人处处为他人着想，不仅是对自己德行的考验，也能取得别人对自己的帮助。一个自私自利的人只能是一个孤家寡人。"径路窄处，留一步与人行；滋味浓

时，减三分让人尝。此是涉世一极安乐法。"这句话旨在说明谦让的美德。在道路狭窄之处，应该停下来让别人先行一步。一个人时常心存这种想法，那么他的人生就会快乐平和。

今日的朋友，也许将成为明日的仇敌；而今天的对手，也可能成为明天的朋友。世事一如崎岖道路，困难重重，因此，走不过的地方不妨退一步，忍一时风平浪静，退一步海阔天空。让对方先过，哪怕是宽阔的道路也要留给别人足够的空间。时刻要记着，为他人着想，也就是给自己留后路。山不转水转，世界很大也很小，彼此相逢的事常有发生。你今天得理不让人，哪知他日你们二人又会狭路相逢。若那时他处于优势，而你处于劣势，你就有可能吃亏！"得理让人"，这也是为自己以后做人留条后路啊！正所谓"人情翻覆似波澜"。

要学会在平淡中见神奇

一部《中庸》，本来是极其平淡的，却也是极为神奇的。一个人能在伦常方面没有缺陷，日常生活中勤快劳作，治家节俭省用，待人接物，每一件事都合乎规矩法度，没有什么古怪之处，就是圣贤一类的人，难道不是最奇妙的吗？

如果举止怪异，说话诡异偏激，明明是平常的道理，却要牵强附会地找些古怪理由来固守偏差、掩饰是非。自以为境界高、不落俗套、不坠常境，实际上这是穷奇、梼杌那样的凶恶之流，哪里可能表现出什么奇异呢？

布匹和粮食是自古以来最具意味的东西，从早到晚都离不开，为什么唯独对与其同样重要的修身齐注、约束行为，不认为是"朝夕不能离"的呢？世界上的人，都是因为不懂得命运，不安于命运，才会产生出那么多忧愁和烦恼。圣贤明明告诉我们说"君子安于平易以等待着天道的命运"；又说"君子遵行法度以等待着天道的命运"；还说"修身养性以等待着天道的命运"。不知道命运就不能成为君子。

因为只有真切地知道命运，而后才能安心地等待命运。

清代的张英说："人们治家和修养身心，万不能只图好奇。"张英经历的处世经验很多，他对这个"知"字的认识很确切。他曾经与韩慕庐吃住在天坛，深夜畅谈。慕庐谈到了他当年参加乡试和会考的情况，在乡试时他就有考中的想法，在考场中很用心，到了会试和殿试的时候，就完全没有心思去夺会元和状元了。会试考场中大风吹来，把试卷都要吹走了，参加考试的人都用石头把试卷牢牢地压住，韩慕庐独独没有这样做，他祈祷似的说："如果独自考中就自然不会被风吹走。"结果竟然什么事也没有发生。所以在会试、殿试中的文章，都是游笔行文自如，浑成天然。他便对慕庐说："您会试和殿试两次名列前茅，该是多么勇敢顽强！告诉别人，别人绝不会相信，只有我一人相信。"

修身处世之根本

水是凉的，火是热的，金石是坚硬的，这几样东西并未自己标榜，可是人们都知道它们是哪种性质。这是什么原因呢？它的标记就附在它本身上面。所以说，假如我的所作所为诚如那几样东西一样，谁还会怀疑我的品行呢？如今人们不相信我的品行，却埋怨别人不相信自己，真是糊涂极了。修身有根本可察，做事有迹象可循，只要仔细观察，那就谁也无法掩饰真相了。

孔子说："修身处世有一定的准则，而孝敬父母是根本；送葬有一定的礼仪，而哀悼死者是根本；战阵有一定的排列方式，而勇敢作战是根本。"姜太公说："人民不尽力务家，不是我的人民；官吏不公平廉洁、爱护百姓，就不是我的官吏；宰相不能富国强兵，调和阴阳四时，使国君安居王位，不能选拔训练群臣，使其名副其实，法令彰明、赏罚得当，就不是我的宰相。"这都是修身的根本。

什么是做事的迹象？齐威王召见即墨大夫，对他说："自从你到

了即墨任职以后，每天都有人说你坏话。可是我派人去巡察即墨，看到荒地都开垦出来了，人民丰衣足食，官府没有积压的工作，东方一带因此宁静安定。这是因为你不用财物收买我身边的亲信以求荣誉啊。"因而将万家封给即墨大夫做采邑。又召见东阿大夫，对他说："自从先生做东阿太守后，每天都有人说你的好话。然而我派人去巡察东阿，只见到处荒芜，百姓贫困潦倒。赵国攻打甄城，你不能救助；卫国攻取薛陵，你竟然不知道。这是你常用财物收买我身边的亲信以求荣誉啊。"于是便杀了东阿大夫和身边亲信中说东阿大夫好话的人。

汉元帝时，石显专权，京房私下晋见皇帝，问汉元帝："周幽王和周厉王当政，国家是怎么陷入危机的呢？他们信任的是些什么人呢？"元帝说："君主不英明，信任的都是些投机取巧、吹吹拍拍的人。"京房说："是明知他们投机取巧、吹吹拍拍还要任用他们呢，还是认为他们有才能而任用他们呢？"元帝说："是认为他们有才能。"京房说："那么如今怎么知道他们不贤呢？"元帝说："根据当时社会混乱，在君主的地位受到威胁的情况下知道的。"京房说："齐桓公、秦二世也曾听到过这样的道理，但他们却嘲笑幽王、厉王的糊涂。然而他们仍然任用了竖刁、赵高这样的狡诈之徒，结果国家政治日渐混乱，造反的人满山遍野。为什么他们不能以幽王、厉王作为前车之鉴，从而认识到自己用人之非呢？"元帝说："只有懂得大道的人，才能鉴过去以知未来啊。"京房说："陛下看现在的朝政是清明还是混

乱呢？"元帝说："也是非常混乱的。"京房说："如今可信任受重用的是些什么人呢？"元帝说："有幸的是现在被任用的石显比竖刁、赵高他们都好。我认为朝政的混乱责任不在于他。"京房说："前世的齐桓公、秦二世也是这样认为的。我恐怕将来的人看现在情形就如同我们看过去的情形是一样的。"上面这些故事，便是凡事都有迹象表现出来的道理。

唐代的赵蕤说："考察一个人最有效的方法是看他怎么做而不是看他怎么说。人的品行总会有迹象表现出来，根据一个人的根本品质去参验他办事的迹象，那么是善是恶就无法掩饰了。"因此，不管修身，还是从政，都必须有一个最根本的准则。政治是否清明，人是否有才也都有迹象表现出来。如果能把持住根本，以办事的迹象作为考核的依据，那么就像水是凉的、火是热的一样，人的善恶就无法掩饰了。

不以物喜，追求完美

金钱本身并无善恶之别，主要在于使用金钱的人如何来运用它。金钱可以购买军火、毒品；同样也能够用来建造医院、教堂。赚取数目庞大的金钱，并不是罪恶，要看握有金钱资源的人们具备何种观念。所以，在我们踏上成功的起点，决心全面改变自己，去赚取更多金钱之际，先要明白金钱是好的，要确保它是在好人手中。尚未赚得财富之前，要先订下存钱的目标，否则即使收入丰裕，但入不敷出，仍要负债。最后，定下目标，不用怕数目太过庞大。只要你的用途是正确的并付诸行动去创造财富，上天即会逐次将你所需的金钱交付于你。

我们现代生活中，一些人在商品经济大潮中丧失原则，腐化堕落，最终被绳之以法，遭人不齿，这与那些为了美好的革命理想，坚贞不屈、英勇献身，浩气长存的伟人，有着本质的区别。

人生短暂，岁月永恒。趋炎附势，贪图眼前利益而不顾名节的人，虽然可以获得一时的荣耀，却永远也逃脱不了为后人耻笑和谴责的命运。像明朝的严嵩、魏忠贤和清朝的和珅等人，都是依仗权势作威作福的佞臣，最后都落得身首异处、凄凉万古的悲惨下场。相反，那些推崇高风亮节、义胆忠心、高尚道德的人，却能流芳百世。楚国的屈原、西汉的苏武、南宋的岳飞、文天祥，近代的谭嗣同等人，就是这方面的杰出代表。

　　坚持统一楚国的理想，不为腐朽的贵族所容的屈原，遭到诬陷，被楚怀王疏远。屈原被放逐后，在江边吟唱道："举世皆浊我独清，众人皆醉我独醒。"自古圣贤皆寂寞，只因他们洞察了世间的丑陋污秽，仍然坚持自己的良知和骨气，不愿与世俗同流合污。

　　岳飞是南宋名将，宋嘉定四年被追封为鄂王，谥忠武。不是形成了鲜明的对比吗？这些很值得我们深思。国外有位民族英雄带领人民揭竿而起，推翻了专制统治而成立民主政府。国会成立之后，第一项议案便是讨论要在首都中央公园内，为这位民族英雄立一座铜像。该议案立即获得全数通过。国会议员中有一位是这位民族英雄的好友，他等不及会议结束便匆匆赶到民族英雄的家中，向他报告了这个好消息。这位民族英雄听后也是大喜过望，忙问道："真有这么好的事？他们要为我立铜像？你知不知道他们打算花多少经费去建这座铜像？"朋友答："大约是两亿里拉，可真是一笔大数目，不是吗？"民族英雄忙道："两亿里拉！太好了，趁他们还没散会，你赶快回去告诉他

们。不用建那铜像了，只要盖基座就好，两亿里拉给我，我每天到中央公园去，站在那儿让民众瞻仰就行了。"

良药苦口，忠言逆耳

敢于正视问题，敢于接受不同意见，不仅不会损失什么，相反，一旦形成一种良好的风尚，自己在人们心目中的形象反而会大大改观。无论在哪一方面，每个人实际上都会存在一些问题和缺点的，就看当领导的如何去对待它。遮遮掩掩，有时也能过去；将错就错，有时也不会出什么大问题。然而这一习惯养成了，就会给事业带来巨大的损失。刘邦之所以取得天下主要是因为他善于听取不同意见。

公元前 207 年 10 月，刘邦率军逼近秦都咸阳。秦王子婴驾素车，乘白马，系颈套，捧着传国玉玺跪在车道旁，俯首请降。秦朝正式灭亡。刘邦来到秦朝宫殿里，只见雕梁画栋，曲榭回廊，构筑精致，规模宏大。后宫一班美人怯生生地前来迎接，个个有姿有色，刘邦看得目不转睛。刘邦是个酒色之徒，见到此情此景，不由春心荡漾，禁不住飘飘然起来。正在他出神的时候，突然一个声音传入他的耳中："沛公是安天下呢，还是图个富贵就行了？"刘邦一看，原来是樊哙。屠夫出身的樊哙跟随刘邦转战多年，在这关键时刻，给了刘邦一个有益的提醒。刘邦也知樊哙说得对，不过这送上门来的享受，他还是不甘心放弃。于是回答："就在这儿住一晚。"

不知何时张良也进谏："秦政无道，所以您才有可能到达这儿。现在刚入咸阳，就想在此享乐，恐怕今日秦亡，明日就是你亡了。良药苦口利于病，忠言逆耳利于行。请公听樊哙一句话，免得祸从天降。"

项羽在巨鹿击败章邯后，得知刘邦已进入关中，便预感到刘邦要与他争夺天下。于是，他便马不停蹄地指挥自己的队伍奔关中而来。那时，项羽有 40 万人，刘邦部下仅有 10 万人，从实力上说相差甚远，无论如何刘邦也不是项羽的对手。

好在刘邦听了樊哙、张良的话，及时还军灞上，摆出一副不与项羽争天下的姿态，这才避开了锋芒，极大地赢得了政治上的主动。

刘邦的优点就是善于听取各种不同的意见，于是连忙离开秦宫，回到驻军的灞上，并召集关中豪杰父老，订立了著名的"约法三章"："杀人者死，伤人及盗抵罪。"既废除了秦朝暴政苛法，又保护了私有财产，对民众起了稳定人心的作用。关中一带，秦民莫不为此而欢欣鼓舞。

养生全性之道

富贵却不懂得养生全性之道，足以成为祸患。与其这样，反不如贫贱。贫贱，难以有过分的物质享受，况且，就是想有过分的物质享受，哪有门路呢？出门乘车，入门坐步辇，以求安逸，这是颠覆的开端。吃肥肉喝醇酒，而且吃饱了还要吃，喝足了还要喝，这是烂肠穿胃的饮食。整天和细理弱肌、明眸皓齿的美人厮守在一起，沉迷于郑、卫之地的靡靡之音，纵情恣意地娱乐，这正是砍伐自己生命的利斧。这三种祸患，都是因为富贵而不懂得养生全性之道才招致的。所以有的古人宁守清贫（如尧时的许由、方回，舜时的雄陶，纣时的伯夷等），这是他们珍爱自己生命的缘故，并不是以疾富安贫的虚名自矜，此乃养生全性之实啊！

最初创造出生命的是天，养育生命并使之成长的是人。水本是清澈的，泥土使它浑浊，于是水不再清澈；人本来是可以长寿的，可是由于外物的干扰，于是不能永生。外物是用来养护生命的，不能耗费生命去追求外物。现在不少人多以耗费生命的代价去追求外物，这就是不知道轻重了。不知道孰轻孰重，就会以重为轻，以轻为重。长期这样，只会走向失败。

一万人拿着弓箭一齐射向同一个箭靶，这个箭靶没有不被射中的。万物茂盛，如果用以伤害一个生命，这个生命没有不被伤害的；如果用以养育一个生命，这个生命没有不长久的。对于声音，听了一定要感到愉快，如果听到以后使人耳聋，就一定不要听；对于颜色，看了一定要感到舒服，如果看了以后使人眼瞎，就一定不要看；对于食物，吃了一口定要感到满意，如果吃了以后使人成为哑巴，那就不要吃。因此，圣人对于声色滋味的态度是，有利于生命的就取它，不利于生命的就舍弃它，这是保全和发展人的生命的一条重要原则。不少富贵者迷惑于声色滋味，日求夜索，一旦得到就痴迷沉溺其中而不能自拔，最终他的生命绝对会受到伤害。

临难而不失其德

做人应当具备"临难而不失其德"的品格。不知羞耻的人获得富贵利禄，哗众取宠的人获得显赫的地位。获得大名大利的，大都是既没有羞耻又哗众取宠的人。所以，从名的角度来观察，从利的角度来考虑，这确实是这样的。如果丢弃名利，违背世俗的心愿，那么士大夫的行为不应该保持他的自然天性吗？抛弃名利思想而保持"天"是立身行事之道。

追求和营谋个人的私利是违背自然规律的；如果把个人的私利与整个天下统一起来，私利也就不会丢失了。从南海飞到北海的凤凰，非梧桐不栖，非练实不吃，非甘泉不喝。这时，鹞鹰逮到一只腐烂了的田鼠，恰巧凤凰从空中飞过，鹞鹰抬起头看着凤凰叫道："吓！"情操低下之人是无法理解情操高尚之人的思想感情。为对付撬箱子、掏口袋、开柜子的小偷而采取防备措施，就一定要用绳子把口袋捆紧，用锁环锁紧箱柜，这是世俗所谓的聪明。然而，大盗一来到，便背着柜子，扛起箱子，提着口袋逃跑了，还唯恐绳索、锁钮不牢固结实呢！既然如此，那么向来所说的聪明措施，不正是替大盗积聚财物的吗？将船只隐藏在深谷之中，将山林隐藏在水泽之中，可以说是十分安全的。但是半夜里一个大力士将它盗跑了，而睡着的人还一无所知。将小的藏在大的里面是很合适，但仍然会丢失。如果把天下藏在天下之中，就不会丢失了。这就是自然万物的常理。

安于自然变化是修身的上乘功夫

人的生死是不可避免的，犹如昼夜交替那样永远地变化着，是自然的规律。许多事情是人所不能干预的。人们都以为天是生命之父而终身爱戴它，何况那独立高超的道呢？人们都以为国君的权位超过了自己，而舍身效忠，何况那独立高超的道呢？泉水干竭，鱼儿困在陆地上，用大口呼吸以得到一点湿气。相濡以沫，不如彼此相忘于江湖。与其赞誉唐尧而非议夏桀，不如把两者都忘掉而融化于大道。大地把我的形体托载，并且用生存来劳苦我，用衰老来闲适我，用死亡来安息我。所以，把我的存在看作好事，也就因此可以把我的死亡看作好事。

道是真实而又有信验的，但又是无为和无形的；可以心传却不可以口授，不可以用眼见；道本身就是本、就是根，还没有天地之前，自远古以来道就存在着；它引出鬼帝，产生天地；它在太极之上却不算高，而在六合之下却也不算深，先于天地存在却不算久，长于上古却也不算老。深韦氏得到它，用来驾驭天地；伏羲氏得到它，用来调和元气；北斗星得到它，永远不会改变方位；太阳和月亮得到

它，永远不停息地运行；堪坏（山神）得到它，可以掌管昆仑山；冯夷（河神）得到它，用来巡游大江大河；肩吾（山神）得到它，可以主持泰山；黄帝得到它，可以登上云天；颛顼得到它，可以居住玄宫；禹强（北海神，人面鸟形）得到它，可以立足北极；西王母得到它，可以安居少广山上。没有人能知道它的开始，也没有人能知道它的终结。彭祖得到它，从远古的有虞时代一直活到五伯时代；傅说得到它，可以统领天下，死后成为天上的星宿，乘坐东维星和箕尾星，永远排列在星神的行列里。

真人出"真知"。什么叫"真人"呢？古时候的"真人"，不以多欺少，不自恃成功，不图谋事情。若是这样，错过了机会而不后悔，顺利得当而不自得。若是这样，登高不胜寒，下到水里不觉湿，进入火中不觉灼热。只有知识能达到与道相符合的境界才能这样。古时候的"真人"，睡觉时不做梦，醒来时不忧愁，饮食不求甘美，呼吸时气息深沉。"真人"呼吸凭借的是脚跟，普通人的呼吸只用咽喉。凡是嗜好和欲望太深的人，智慧一般都比较浅。古时候的"真人"，不知道喜悦生存，不知道厌恶死亡；出生不欣喜，人死不拒绝；无拘无束地去，无拘无束地来罢了。不记得自己从何处来，也不追求自己的归宿；事情来了欣然承受，忘掉死生任其重返自然，这就叫作不用心智去损害道，不用人的本领会帮助自然。这就叫"真人"。若这样，他的内心忘掉了一切，他的容貌静寂安闲，他的额头宽大恢宏。冷肃得像秋天，温暖得像春天，高兴或愤怒如四时运行一样自然，对任何事物都合宜相称而无法探测他精神世界的真谛。所以古代圣人使用武力，灭掉敌国却不失掉敌国的民心；利益和恩泽广施万世，却不是为了偏爱什么人，乐于交往取悦外物的人，不是圣人；是"仁"就不会有偏爱；伺机行事，不是贤人；不能看到利害的相通和相辅，算不上是君子；办事求名而失掉自身的本性，不是有识之士；丧失身躯却与自己的真性不符，不是能役使世人的人。像狐不偕、务光、伯夷、叔齐、箕子、胥余、纪他、申徒狄，这样的人都被役使世人的人所役使，都是被安适世人的人所安适，而不是能使自己得到安适的人。

古时候的"真人"，神情巍峨而畏缩，好像不足却无所承受；态度安闲自然、特立超群而不执着顽固，襟怀开阔而不浮华；舒畅自适好像格外高兴，一举一动好像是出自不得已；内心充实面色可亲，德行宽厚令人归依；气度博大犹如宽广的世界；高远超迈而不拘礼法；沉默不语好像喜欢封闭自己，不用心机好像忘记了要说的话。把刑律当作主体，把礼仪当作羽翼，用已掌握的知识去等待时机，用道德来遵循规律。把刑律当作主体的人，那么杀了人也是宽厚仁慈的；把礼仪当作羽翼的人，用礼仪的教诲在世上施行；用已掌握的知识去等待时机的人，是因为对各种事情出于不得已；用道德来遵循规律，就像是说大凡有脚的人就能够登上山丘，而人们却真以为是勤于行走的人。"天人合一"，不管人们是否喜欢，都是合一的。不管人认为合一还是不合一，它们都是合一的。认为天和人是合一的就和自然同类，认为天和人是不合一的就和人同类。"真人"是把天和人看作相互对立的。

能分清自然本领与人的本领就达到了认识事物的极点。知道自然的本领，是明白事物出于自然；知道人的本领，是用自己的智力所知道的去保养自己智力所不能知道的，使自己享尽天然的年寿而不中途死亡，这是智力对事物认识的最高境界。虽然这样，但是还有困难。知识一定要有所依凭的对象才能判断它是否正确，然而所依凭的对象却是变化不定的。怎么知道我所说的是本于自然的而不是出于人的所为呢？怎么知道我所说的是人为的又不是出于自然呢？

污泥不染，知巧不用

智术机巧是从智慧和才干中锻炼而来，假如为了自身利益就去施展权谋术数，反而不如那些不懂得智术机巧憨厚的人显得高尚。尤其是有机会把握权力，掌握金钱，却依然保持高洁，不因权力而贪污，不因金钱而堕落的人，这是非常可贵的。权势名利是现实生活中必然遇到的，有人格、有原则的人才可能出淤泥而不染；也正为了保持自己的人格，才耻于机巧权谋的运用，而视权势如浮云。经常见到这样的人遇到有利可图的事，就削尖脑袋往里钻，为的就是贪一点便宜。在有钱有权有势的人周围，天天都有趋炎附势的人聚集一堂，由于都是怀着一个贪字有求而来，所以以利益为驱动的组合缺少人间真情，出现"富居深山有远亲，贫在闹市无人问"的境况，这种世态炎凉是不足为奇的。为了保持人格的高尚不应为个人利益去争逐。

出生于战国时期楚国的屈原，忠君爱国，因遭小人的谗言陷害被无罪放逐。他忧心如焚，形容憔悴，徘徊于山泽之间。他抬头质问苍天，呼唤不绝。有一个退隐江湖之人以打鱼为生，见而问之："您不是三闾大夫吗？怎么到这里来了？"屈原回答说："举世皆浊我独清，众人皆醉我独醒，因此被流放。"渔夫说："聪明人要顺应时势，而不固执己见。举世皆浊，你为什么不混淆是非，同流合污？众人皆醉，你为什么不喝他们喝剩下的酒渣，与其一样昏沉？为什么偏要怀瑾握瑜（瑾、瑜皆美玉，喻美德）？"屈原答道："我听说：新沐（洗发）者必掸掉帽子上的灰尘，新浴（洗身）者必抖掉衣服上的污垢，怎能以清白之身遭外物玷污？我宁愿跳到江流，葬身鱼腹，又怎可使高洁心志蒙受世俗尘埃？"渔夫听罢只好微笑着摇头摆桨而去。屈原于是作《怀沙》之赋，抱着石头自投汨罗江而死。

屈原深知报国无门，才华被埋没，但他依然清高傲岸，操守如一，把自己的人格尊严和满腔的才情发挥到极致。

风雅不失，穷不潦倒

莲荷，出淤泥而不染，濯清涟而不妖。贫贱不移，依然值得敬仰。穷人的孩子不妨将头梳得整齐一些，把地扫得干净一些，这本是举手投足之劳，虽在清寒之地，却朴实典雅。

有一次，庄子穿着一身补了许多补丁的衣裳，鞋子也破得套不住脚了，只好拧了一股麻草将鞋子绑在脚上。之后去拜访魏王。魏王看到庄子的情景，吃惊地问："先生为什么会潦倒成这样子呢？"庄子纠正道："是贫穷而不是潦倒。读书人有事业，有德行，却实行不了，才是潦倒。衣服破了，鞋子破了，是贫穷并不算潦倒。这就是常说的不遇时啊。大王难道没见过那既会爬树，又跳得高的猴子吗？当它找到了楠竹、楸树、樟树等高大林木，便能攀援着树枝，在林中荡来荡去，既惬意又自如，即便后羿和逢蒙这样的古代射手，也不能斜眼看它。这是它遇到适合环境时的情景。等到落到黄桑林、丛生的小枣树，乃至枳壳、枸杞这类低矮的林木中时，那它就只有小心翼翼地步行，连眼也不敢斜视。这并不是它的筋骨变得僵硬，不柔韧不灵活了，而是因为环境不允许，以致不能施展它的技能了。"

真味是淡，至人如常

一个人绝俗超凡可以视为一种人生态度，有卓越的才华也是好事，但作为一个伟人，不只是追求一时的功名。只有在平凡之中才能保留人的纯真本性，进而在平凡中见英雄本色。

生活中平凡常见的东西往往容易被人们所忽视。像鸡鸭鱼肉、山珍海味，固然都是极端美味可口的佳肴，吃多了便会感到厌腻而难以下咽；粗茶淡饭，最有益于健康，在一生之中最耐吃。有一天，秋高气爽，太阳已爬在半空，庄子还高卧未醒。忽然门外车马喧闹，似乎有人在小心地敲门。原来楚威王久仰庄子的大名，想把他招进宫中给予高位，既用其名，复用其才，辅佐自己实现争霸天下的目的。楚威王派了几位大夫充当使者，领着两队壮士，抬着猪羊美酒，带着千两黄金，驾着几辆驷马高车，浩荡而隆重地来请庄子去楚国当卿相。

大约半个时辰后，才见庄子出来。使者作揖赔笑，呈上礼物，说明来意，不料庄子仰天大笑，说了一套洋洋洒洒的话："免了！免了！千金是重利，卿相是尊位，多谢你家大王。然而诸位难道没有瞧见过君玉祭祀天地时充当牺牲的那匹牛吗？想当初，它在田野里自由自在，只是它的模样生得端庄一点，皮毛生得光滑一点，于是就被人选入宫中，给以很好的照料。生活是好多了，然而正所谓'喂肥了再宰'。到时，牛的大限已到，当此关头，这牛倘想改换门庭，再回到昔日即使是劳苦的生活境况中去，还有可能吗？那么，去朝廷做官，与这头牛有什么差别呢？天下的君王，在他势单力孤、天下未定时，往往招揽海内英雄，礼贤下士，一旦夺得天下，便为所欲为，视民如草芥，对于开国功臣，则恐怕功高震主，无不杀戮，真是所谓'飞鸟尽，良弓藏；狡兔死，走狗烹'。你们说，去做官又有什么好处呢？放着大自然的清风明月、荷色菊香不去观赏消受，偏偏费尽心机去争名夺利，无聊矣。"几位使者见庄子对世情功名的洞察如此深刻，不好再说什么，只得快快告退。其中一位使者如当头棒喝，勘破数十年做官迷梦，就此决定回朝之上奏君王告老还乡。

庄子仍然过着洒洒脱脱的生活，登山临水，笑傲烟霞，寻访古迹，欣赏美景，抒发感慨，盘膝枯坐，冥思苦想，发为文章。在贫穷中享受人生的真谛，庄子就是最好的例子。

忧勤勿过，淡泊勿枯

"富贵于我如浮云"，心境也就自然平静清凉，如此无忧无虑该是何等飘逸潇洒。不过什么事都不要走极端，假如以淡泊为名而忘记对社会的责任，忘记人间冷暖以至自我封闭就不对了，甚至演变为不管他人瓦上霜而自私自利，就会被人视为没有公德没有责任感甚至有害于社会，这样最终只会被社会大众所唾弃。勤于事业，忙于职业是美德，但如果陷于事务圈而不能自拔，因无谓的忙碌而心力交瘁失去自我则是不足取的。

陶渊明不为五斗米折腰，采菊东篱，种豆南山，精神上是够幸福的。但他作为理智的性情中人，也应考虑基本的物质需求。陶渊明几次出仕，都只当小官吏。以他的个性来说，绝不可能巧取豪夺。既然打算要隐退，总得要为日后的衣食做打算。因此，陶渊明费尽周折谋取到了离家不远的彭泽令的职务。这次做官的目的就是"聊欲弦歌以为三径之资"。他还打算将公田全部种上粳米，用来酿酒备饮。但是，他的妻子反对全部田地种上粳米，劝他也要种些粮食，陶渊明才决定五十亩种秫、五十亩种粳米，以实现他"吾尝醉于酒足矣"的美好打算。这次赴任正好赶上岁末，有位督邮前来视察，旁人提醒他应该穿戴好官服毕恭毕敬，陶渊明心里愤愤不平，督邮算什么？我怎么能为五斗米折腰呢？恰在这时，他妹妹病故了，借此机会，他就奔丧去了，彭泽县便成了他仕途中的最后一站。他从29岁起出仕，到41岁归隐田间，前后共13年。在这13年中，仕与隐的矛盾始终交织不断，而且越往后斗争越激烈。一个东篱采菊，种豆南山，"猛志逸四海"的有理想、有抱负、慷慨激昂的青年，最后还是痛苦地"觉今是而昨非"。

陶渊明虽然向往林泉之趣的淡泊生活，但他要考虑到生计温饱问题，"吾尝醉于酒足矣"，由此可见艺术同生活的矛盾确实需要调和。

栖守道德，不阿权贵

在中国历史中，才人辈出，却大浪淘沙，说到底，归于文格、人格之高低。真正有骨气的人，恪守道德，甘于清贫，尽管贫穷潦倒，寂寞一时，终不免受人赞颂。仔细品味道德如吃饭穿衣，真切自然，它是人人所恪守的行为准则之一。

西汉著名文学家、哲学家扬雄，世代以农桑为业，家产不过十金，"乏无儋石之储"，却能淡然处之。他口吃不能疾言，却好学深思，"博览无所不见"，尤好圣哲之书。扬雄不汲汲于富贵，不戚戚于贫贱，"不修廉隅以徼名当世"。扬雄四十多岁游学京师。大司马车骑将军王音"奇其文雅"，召为门下史。后来，扬雄被荐为待诏，以奏《羽猎赋》合成帝旨意，除为郎，给事黄门，与王莽、刘歆并立。哀帝时，董贤受宠，攀附他的人有的做了两千石的大官。扬雄当时正在草拟《太玄》，泊如自守，不趋炎附势。有人还嘲笑他，"得遭明盛之世，处不讳之朝"，竟然不能"画一奇，出一策"，以取悦于人主，反而著《太玄》，使自己位不过侍郎，"擢才给事黄门"。扬雄闻言，著《解嘲》一文，用"位极者宗危，自守者身全。"表明自己甘心"知玄知默，守道之极；爱清爱静，游神之廷；惟寂惟寞，守德之宅"，决不追逐势利。

王莽代汉后，刘歆为上公，不少谈说之士用符命来称颂王莽的功德，也因此授官封爵，扬雄不为禄位所动，依旧在天禄阁校书。王莽本以符命自立，即位后，他则要"绝其原以神前事"。可是甄丰的儿子甄寻、刘歆的儿子刘棻却不明就里，继续作符命以献。于是王莽大怒，诛杀了甄丰父子，将刘棻发配到边远地方，受牵连的人，一律收捕，无须奏请。刘棻曾向扬雄学作奇字，扬雄不知道他献符命之事。案发后，他担心不能幸免，身受凌辱，最后就从天禄阁上跳下，幸好未摔死。

执拗偾事，归于失败

如果李自成能克服自己傲慢、浮躁的心态，虚怀若谷，礼贤下士，让吴三桂能踏踏实实地归顺，历史也许就大不一样了。即使吴三桂不投降，也应抱着冷静的心态从他的角度去分析一下他的感受和行为，以便采取相应的措施。遗憾的是，李自成陶醉于暂时的胜利中，只顾尽情地享受胜利的果实，完全沉迷在自己的美梦之中。正因为如此，当清军入关时，他才毫无措施，最后仓促逃离北京。

北京被李自成攻陷后，被胜利冲昏了头脑的他开始变得狂妄而骄傲，刚愎自用。吴三桂引清军入关与李自成处置失当有很大关系。李自成似乎根本就没把吴三桂放在眼里，也根本就没站在吴三桂的角度去思考过他的处境。吴三桂奉命率军据守山海关。山海关被称为"明之咽喉"，一面是波涛汹涌的大海，一面是险峻的燕山，山海关镶在其中，无疑是战略要塞。

当时，北边的清军尚未进入关中，李自成率领的农民起义军却攻陷了北京，崇祯皇帝在景山自缢，明朝走到了尽头。此时镇守山海关的吴三桂会怎样想呢？北边是虎视眈眈的清军，南边京城已经陷落，皇帝已经驾崩，他究竟是在替谁镇守山海关呢？吴三桂不是史可法，更不是屈原，他要设身处地地替自己考虑，于是，他决定投降李自成。投降以后的命运，是一个准备投降的人最关心的，吴三桂自然也十分关心这一点。他对李自成并不了解，还需要通过一些事实来判断自己投降之后的处境。

所以，他一方面带领自己的部队去北京向李自成投降，一方面又不断地派人四处打探消息。这时，消息传来了，父亲吴襄被抓，家产被抄，最宠爱的歌姬陈圆圆也被刘宗敏霸占。从这些消息里，吴三桂已清楚地判断出了自己投降李自成以后的命运。于是他立刻放弃了投降的打算，回守山海关。

李自成攻陷北京后，他和部下们都处在狂妄而骄傲的心态之中。这一心态使他们变得目空一切，妄自尊大，对客观局势丧失了判断力。他一方面抄了吴三桂的家产、抓了他的父亲、抢了他的爱妾；一方面还要让吴三桂投降，这根本不可能。倘若李自成能够静下心来，从吴三桂的角度去思考一下，他就会发现，自己的行为根本不可能让吴三桂归顺。吴三桂不投降，李自成就率领大军进攻山海关，逼迫其投降，否则就要彻底消灭他。他似乎忘记了山海关长城外面的敌人，他也似乎把吴三桂当成了崇祯皇帝，无路可走之时会自缢而死。

总之，李自成心高气傲、唯我独尊的心态，导致他对吴三桂的感受和行为一无所知，却只按照自己的意愿猛攻山海关。

吴三桂本来就不是一个胸怀民族大义的人，在被逼走投无路之时，他自然会投降清军，更何况多尔衮比李自成做得高明，他与吴三桂杀白马盟誓，相约永不相负，并许以封王封地。就这样，当八旗劲旅突然出现在李自成的农民起义军面前时，他们竟毫无准备，大惊失色，因为他们从来就没想到吴三桂会把清军引入关。

清兵进关，李自成想稳住阵脚，指挥抵抗，可已经来不及了，只好传令后撤。多尔衮和吴三桂的队伍里外夹击，起义军遭到惨重袭击。血腥的改朝换代从此开始了。

知足则仙，善用则生

老子说："知人者智，自知者明；胜人者有力，自胜者强；知足者富，强行者有志；不失其所者久，死而不亡者寿。"人的有限生命应该用到对人类有益的事业中去。在这样的事业中去发挥才智，展现能力，比起那些在功名富贵中拼杀的人来说，要强过许多倍。

樊重是东汉时南阳人，字君云，家中世代善于耕种，收益很多。他喜欢经商，人很温和、厚道，做事也很守规矩。三代人居住在一起，共享家产，家庭和睦，儿子、孙儿都能尊老敬贤，很懂礼仪。他们经营产业，不奢靡，不浪费，家里雇佣的童子、奴婢、仆人，各司其职，也都各有所得。所以全家上下能够团结一心，共同生产，收获也年年增长，后来土地达到300多顷。他们家造的房子，都是有几进的厅堂，高高的屋檐，很气派。这之后又养鱼放牧，完全能够自给自足。

有一次他家打算做漆器等物品，就先种了许多樟树和漆树。当时乡里的一些人都嘲笑他们，他们也不争执，过了几年，这些树木成材了，都派上了用场。过去那些讥讽他们的人，由于自己没有就都跑来求借，樊重便一一借给他们，备受邻人的称赞。等到家财万贯，富甲乡里了，他就开始救济乡里宗族以及乡亲们，并供养那些贫困的人。

有一次樊重的外孙兄弟俩发生了争执，闹上公堂。樊重认为因为财产就不念手足之情，不顾兄弟情义，实在是可耻的。于是从自己的田产中拿出良田二顷，分给他们兄弟，解除了他们兄弟之间的争讼。县里乡亲都赞扬樊重，推举他担任掌教化的乡官。樊重一直活了80多岁，去世的时候留下遗命给他的儿子们，让他们把多年以来乡亲邻人所借贷的数百万的文契全部焚烧掉，不用再让他们偿还。他的儿子们遵命烧了文契。那些曾向樊家借过债的人听说此事以后，都觉得非常惭愧，都到樊家来还钱。但樊重的儿子们遵从父命，全都没有收。

可见，知足常乐才能真正享受人生乐趣。

逃避名声，自身平安

做臣子的不可以名高盖主，除非你有野心、有实力想取代君王。作为皇帝，他不仅怕大臣的权力超过他，也怕大臣的名声超过他。作为臣子，你贪一点儿、"色"一点儿都不要紧，千万不要贤名超过皇帝，不要实力超过君主。自污声誉、气节，是躲避灾祸的有效手段。

战国末年秦王政准备继续他统一中国的大业，便召集大臣和将领们商议攻打楚国之事。

作战英勇的青年将领李信，在攻打燕国的时候，曾率数千秦军击溃了数万燕军，逼得燕王姬喜走投无路，只好杀了专与秦王政作对的太子姬丹，向秦王谢罪求和。秦王政想让李信做灭楚的秦军统帅，就问他攻灭楚国需要多少军队。气宇轩昂的李信不假思索地说："有大王的英明决策，挟秦军胜利之师的雄威，灭楚只要二十万军队就足够了。"

秦王听后，暗暗称赞李信果然是个少年英雄，有万丈豪气。因此事关系重大，想再听听他人的意见。他目光掠过群臣，最后停在鬓眉皆白、身形已有些佝偻的老将王翦脸上，徐徐问道："王将军，你认为呢？"

王翦身经百战，久经沙场，追随秦王多年，十分了解他的心性和为人，见秦王政听了李信的话后面露喜色，就知道他有轻敌之心。但这等大事是不能阿谀讨好的，于是王翦神色凝重地对秦王政说："大王，楚国原是个幅员数千里、军队数百万的大国。这些年来，楚国虽屡遭挫折，但一来其实力仍十分可观。二来楚人十分仇视秦国，楚军与秦军作战时，士卒凶悍不畏死。所以，仅 20 万人去攻打楚国是远远不够的。依臣之见，恐怕要……" 王翦原想说 20 万人出兵必败无疑，但想到这不吉利的预言会触怒日渐骄狂的秦王政，所以改口说："灭楚非 60 万大军不可。"

秦王政听了，毫不掩饰自己对王翦见解的失望，冷冷地说："看来，王将军果真老矣，胆子这么小，还是李将军有魄力，20万军队一定能够踏平楚境！"于是，秦王政派李信率20万军队去攻打楚国。

王翦料定李信必败，秦王政虽现在听不进他的意见，将来一定会采用。不过秦王政现在既已认为自己老朽无能了，如果继续赖着不走，恐怕会被秦王政随意找个罪名，加以罢黜，弄不好还会丢失性命。他马上告病辞官，回老家休养去了。面对自己的正确意见不能被采纳，老将王翦不是气愤不已，而是忍着他人的误解嘲笑，韬光养晦，不去计较。

结果正如王翦所料，李信带领20万秦军攻打楚国，被楚军连破二阵，结果率残部狼狈逃回秦国。

秦王政盛怒之下，把李信革职查办。秦王政毕竟是一代枭雄，他后悔当初自己轻率，随即下令备车驾，亲自去王翦的家乡，请王翦复出，带兵攻楚。秦王政见到王翦，恭恭敬敬地向王翦赔罪，说："上次是寡人错了，没听王将军的话，轻信李信，误了国家大事。为了一统天下的大业，务必请王将军抱病出马，出任灭楚大军的统帅。"

秦王的赔罪并没有让王翦忘乎所以，他冷静地说："我身受大王的大恩，理应誓死相报，大王若要我带兵灭楚，那我仍然需要60万军队。楚国地广人众，他们可以很容易地组织起100万军队，秦军必须要有60万才能勉强应付。少于六十万，我们的胜算就很小了。"

秦王政连忙赔笑说："一切都按将军说的办。"随后征集60

万军队交给王翦指挥，出兵之日，秦王政亲率文武百官到灞上为王翦摆酒送行。饮了饯行酒后，王翦向秦王政辞行。秦王政见王翦唇齿翕动，似有话要说，赶忙问道："王将军心中有何事？不妨对寡人讲一讲。"王翦装出一副惶恐的样子说："请大王恩赐些良田、美宅与园林给臣下。"

秦王政听了，有些好笑，说："王将军是寡人的肱股之臣，日下国家对将军依赖甚重，寡人富有四海，将军不必担心贫穷。"

王翦申辩说："大王废除三代的裂土分封制度，臣等身为大王的将领，功劳再大，也不能封侯，所指望的只有大王的赏赐了。臣下已年老，不得不为后代着想，所以希望大王能恩赐一些，作为子孙日后衣食的保障。"秦王政哈哈大笑，满口答应："好说，好说，这是件很容易的事，王将军就为此出征吧。"

自大军出发，王翦先后派回五批使者，向秦王政要求：多多赏赐些良田给他的儿孙后辈。

王翦的部将们都不理解，认为他老昏头了，胸无大志，整天只想着替儿孙置办产业。面对众人的误解，王翦说："你们不懂，我这样做是为了解除我们的后顾之忧。大王生性多疑，为了灭楚，他不得不把秦国全部的精锐部队都交给我，但他并没有对我深信不疑。一旦他产生了疑念，轻者，剥夺我的兵权，这将破坏了我们灭楚的大计；重者，不仅灭楚大计成为泡影，恐怕我和诸位的性命也将难保。所以，我不断向他要求赏赐，让他觉得，我绝无政治野心。因为一个贪求财物，一心想为子孙积聚良田美宅的人，是不会想到要去谋反叛乱的。"秦王政果然因此而相信王翦没有异心，放心让他指挥60万大军，发动灭楚战争。仅用了一年多时间，王翦就攻下了楚国的最后一个都城寿春（今安徽寿县），兼并了楚国。

王翦为消除秦王政的疑心，不惜自损其名，伸手向秦王要求赏赐，使部将以为他年老昏了头，却使秦王更加深信他，从而全力支持他对楚作战，进而使王翦无后顾之忧，把楚国一举歼灭。

讨厌别人的缺点易，讨厌自己的错误难

明朝时期的吕坤认为：圣人只是在人情世故上做功夫，而对于人情而言，又只在表面上做功夫。圣人们制定礼仪规矩，却不能制造情感。圣人根据人之交情而制定了礼仪规矩，君子见到礼仪便懂得了人情。大伙只把礼仪看作礼仪，却不懂得其中的感情，所以礼仪就成了天底下没有意义的虚假俗态，然而推崇真实的人就想抛弃这些虚伪的装饰。

一个人如果真的无所牵挂了，就算是君王、父亲的威严也无法让他肃穆起来，用下油锅这样的酷刑来对付他也无法使他畏惧，苦口婆心地劝导他也无法让他回心转意，即使是圣人来劝说他也无可奈何。圣人明白这个道理，所以常常顾及他的尊严和体面，体察他的隐衷，不让他沦落到无所顾惜的地步。

像孔子的弟子颜渊夸奖别人，人家没有不高兴的，从而忘却了颜渊的贫困和短寿。把别人比作桀、纣、盗跖，人家没有不愤怒的，从而忘记了桀、纣、盗跖的富贵荣华与长寿。喜善厌恶的心理状态竟是如此的相同，而为人却和桀、纣、盗跖一样，只讨厌他的恶名声却喜欢他的实质。

现在，即使是血脉相连的骨肉至亲也无法做到一辈子亲密友好，那只是由于把你我这两个字看得太清楚明白的缘故。圣人制定礼节本来就是为了用来体现人情的，并不是用来违背人情的。圣人的心也并非不想因人情的方便而用各方面都来顺从它，然而顺应某一时刻或者便利了某个人，那么就会使得后代世间的大叛逆者们来因循它。所以圣人不敢顾及少数人的利益而违背大多数人的利益，屈从一时的情感却给子孙万代带来弊端。圣人之所以违背人情，其实是为了后代好，更利于人情。

讨厌别人的缺点容易，讨厌自己的错误却很难了。

内心真诚，所做的事就不会别有用心，不是居心而为就不会留下形迹，没有留下形迹人家就不会产生怀疑，就算有怀疑，时间长了也自然会消除。自己一旦用心着意，自然就会显露形迹，暴露出形迹双方都会产生猜疑，偶有相似的东西也会变成真的了。所以说，刻意而为的危害很大。

继母对前夫孩子的爱，嫡妻对于婢妾们的恩惠，自己都不能忘记，别人更不会相信了，那便是用心刻意的缘故。而三五岁的男孩、女孩成天在街市上玩耍说笑，没有男女之嫌，看到他们的人也不会持什么怀疑态度，那是因为他们内心彼此真诚相待的缘故。

从前的君王为实施自己的统一规定，却不顾别人的方便只想到自己而刻意制造麻烦，这样只会阻碍了事情的进展。正如一个人一次搬运一块砖，他行走的速度很快；一个人一次运三块砖，行走的速度就比原来慢；两个人共同抬着十块砖行走，他们的速度就要更加缓慢了。但是这四个人所运的砖数却相等。天下的事假如按照他人方便可行的办法去做而又能够办成的话，不必非要用一种方法。如果一定要用同一个办法，那必然会对某些人造成不便。

贞士无心邀福，智者着意避祸

关于福祸转化的意识，在《老子》一书中，是通过这样一个著名的命题表述出来的，即"祸兮福之所倚；福兮祸之所伏。"意思是指，在灾祸的里面隐藏着幸福，祸是福的先行凭据；幸福的里面则潜藏着灾祸，福是祸的潜在前提。

老子在距今两千多年前的春秋战国时代，就具有这种思想。这表明了中国古代哲人已拥有了惊人的成熟的、富于穿透力的辩证思维。这种思想能够很有效地说明许多文学艺术或历史上的现象，在为人处世方面，能给历代人以深刻的启迪。

因此后来才有《淮南子》的"人间训"篇中的一则故事："塞翁失

马，焉知非福？"它形象地说明了，一个人人生的偶然性因素—如失马、得马以及骑马时摔下等。结合历史的必然进程——如战争爆发之中，在命运的天平上，个人的福祸是如何地产生摇摆，产生相反的转化，而且这种转化是相当的快捷，并且是一环紧扣一环的。

而《菜根谭》的人生祸福观，正是对此所做的更全面也更为完整的总结。

下面所讲到的萧何避祸的故事，也是大家十分熟悉的。

西汉十年，作为"汉初三杰"之一的萧何，协助吕后，用计谋诱杀了韩信。这与萧何早年月下追韩信之事，构成了一幕完整的"成也萧何，败也萧何"的历史喜悲剧。汉高祖刘邦此时率兵在外平叛，闻此讯后，立即派使者拜萧何为相国，外加许多优厚的恩赐奖赏。文武百官为此而来，向萧何贺喜。

唯有大臣召平却是非常担忧。召平对萧何说："目前诸王都心怀二志，所以，皇帝要亲自率兵在外平叛，无暇后顾。而相国你却镇守京都，不用冒负伤战死的危险，皇帝难免对你有疑心。可见，现时皇帝给你加封晋爵，用意只在于试探你。若你因此而居功自傲，日后就难免有不测之祸。所以，我恳请你坚决推辞这些封赐，还要拿出全部家财来资助劳师远征的军队。唯有如此，才可以消除皇上对你的疑虑。"

萧何听后，意识到事实果真如此。他从善如流，马上依计而行。对此，刘邦十分高兴，不再为后方分心。

同年秋天，淮南王黥布又起兵反汉，刘邦不得不再次率兵亲征。出发后，刘邦数次派遣来使回京，询问萧何在后方具体做了一些什么事。因此，萧何就想旧戏重演，准备在后方尽心尽力安抚百姓，并倾尽家产来资助前方的军队。

他的一位宾客知道后，马上劝阻他："您如果再像上次所做的那样的话，您就将要面临杀头灭族之祸了。您想想，作为相国，您已是功盖群臣，权力爵位已是登峰造极，而且在您初入关中时，就已深得民心，再经这七年多来呕心沥血的苦心经营，您就更受百姓的爱戴与拥护。现在，皇帝之所以数次派使者回来询问您的情况，就是怕您以自己的声望，搞成一个'后院起火'的不可收拾的局面。所以，您现在最好用贱价来强买民间的田宅，并向民众放债，以此来招致民众的怨恨，这样，皇帝就会对您感到放心了。"

听了这位宾客的话，萧何恍然大悟，依计而行。不久，就把自己搞得声名狼藉。刘邦在前线知道了萧何与民失和才安心，萧何也就因此而避开了即将加身的大祸。

这些史实，在司马迁的《史记》和班固的《汉书》中均有记载。由此不难看出，正因萧何善于听从别人的矫正，从善如流，事事谨慎，善于看到由福到祸的相互转换，并采取了相应对策，消除了杀机，使事情向有利于己方的方向发展，所以才有这样好的结果。

另外，萧何之所以只能采取被动的应对法，并非是出于多疑或神经过敏，而是封建社会的君臣附庸关系所决定的。

刘邦打败项羽建立汉朝之后，非刘姓王共有七人，刘邦在位时，为了长期保持自己的家天下统治，此事就一直成为他的心痛。后来，他就审时度势，逐步分批地设计消灭这些异姓王。最后，仅剩一个不足挂齿的长沙王吴芮。

在这种情况下，萧何虽是一人之下、万人之上的相国，但他对于自己"伴君如伴虎"的境地，是有着很透彻的认识的。所以他能事事处处小心谨慎，用智慧来转祸为福。在汉初三杰中，萧何堪称能把握住自己，且在名利富贵场上面面俱到的平衡大师。

司马迁对萧何的评价是"功冠群臣，声施后世"，这的确有一定的道理。

随着封建社会制度的被铲除，刘邦萧何之间所有的畸形的君臣关系，已是一去不复返的明日黄花了。因此，重提这个故事，一是为了说明洪应明的福祸思想观点；二则是为了说明这种福祸思想在人生观方面，给我们的处世所带来的启迪。

世无刘邦，世也再无萧何，但人生各种各样的恩怨福祸，并没有完全消失。月有阴晴圆缺，人有旦夕祸福。

因此，如洪应明所说，福来之时，不必过喜，要能恰如其分地承受；祸来之时，不必沮丧，要学会及时适度自救。对于福祸，要注意并参透它们所有或即将有的过渡转化，着意推动事情向有利于社会大众也有利于个人的方面发展。而在自身修养方面，则应注意培养自己气和心暖的性情，着意在智慧学问上的精进，不以奇行怪节来做自我标榜，从而得福免祸。这些是对我们有帮助的启迪。

龙蛇之屈，以求伸也

龙蛇，就是讲一直一曲，一伸一屈。清朝时期的曾国藩解悟《菜根谭》时认为："君子遇到圣明之时，就力行其道；遇到政治混乱、君主无道之时，就如龙蛇，可屈可伸。"这是《扬雄传》中所讲的。比如说，保持高尚情操，就属于伸的一方面；言语谦逊，就属于屈的一方面。这是说害怕行高于世，必受伤害，因此必须言语谦逊以自屈求全，此乃龙蛇之道。

诚恳的心意能在人的外貌上表现出来。古来有道的人，淡雅谦和无不表现出来。我的气色没有变化，是不是欲望没淡化？机心没消弭？我应该在心中猛醒，并表现在脸上。

凡是血气天性的人，都会很自然地去想有什么办法超过他人。他们讨厌卑微的职位，趋向崇高的权势，讨厌贫贱而希望富贵，讨厌默默无闻而思慕声名显赫。这是人之常情。而大凡人中君子，大都常常是终身寂静藏锋，恬淡地弃官隐居。他们难道跟一般人天性相异吗？实际上，他们才是真正看到了大的东西，而知道一般人所争逐的是不值得计较的。

自从秦汉以来，所谓达官贵人，哪里能数得尽呢？当他们高居权势要职时，举止仪态从容高雅，自以为才智超过他人万万倍。但等到他们死去再看，就跟当时的杂役贱卒、低下行当的买卖人，熙熙攘攘地生着，又草草地死去之人，是没有什么区别的。那么今日那些身居高位而取得虚名的人，自以为自己文章蕴含深义而地位显贵，因而泰然自若地自奉为高明，竟然不知道自己跟眼前那些熙熙攘攘执劳役供使唤的杂役贱卒、低下行当的买卖人一样都将要同归于尽，没有一点的差别。这难道不叫人悲哀吗？

以贵重欺凌别人，别人难以服平；以威望加于人，人无不讨厌。古代的英雄，胸怀和意图都很宽广，事业规模宏远。但是，他们教育与告诫子孙，总是显得虚心、谨慎、藏锋的样子，身体如同铜鼎一样稳固。

这是容易办到的事情。奇异的服装玩物，不应有太大兴趣。声色嬉游之类的活动，不应该让他们太过度了。赌博酗酒钓鱼打猎，这一切都不要做；供应物品穿用，都要有节度。应该适宜地多多引见佐吏，相见不多，他们与我就不亲近，不亲近就无法了解人们的感情思想，人情不了解，又如何知道民众的事情呢？这几位先生，都具备雄才大略，都有经营四海的志向，但他们告诫子弟，都是意旨简约，往卑微处着想，多收敛抑制。

贪得者虽富亦贫，知足者虽贫亦富

贪得者虽富亦贫，知足者虽贫亦富。这话对也不对，有了财富能够让物质生活过得好些，总比贫穷好，但为了财富丰厚而不择手段贪得无厌最后沦为财富的奴隶，就失去了人生的意义。

看待任何事物都要有一分为二的辩证态度。所谓深处味短，淡中趣长，指的是精神上的追求。有这样一种社会现象，说是有人穷，穷得只剩下钱；有人富，富得除了书本一无所有。这是不正常的。追逐金钱达到痴迷状态随之而来的便是精神空虚，而精神富足的人固然在理念世界能够做到真趣盎然，但没有一定的物质基础是没有体力来体会乐趣的。

管宁和华歆在年轻的时候，是一对非常要好的朋友。他俩成天形影不离，同桌吃饭、同榻读书、同床睡觉，相处得很和谐。

有一次，他俩一块儿去劳动，在菜地里锄草。两个人努力干着活，顾不得停下来休息，一会儿就锄好了一大片。只见管宁抬起锄头，一锄下去碰到了一个硬东西。管宁好生奇怪，将锄到的一大片泥土翻了过来。黑黝黝的泥土中，有一个黄澄澄的东西闪闪发光。管宁定睛一看，是块黄金，他就自言自语地说了句："我当是什么硬东西呢，原来是锭金子。"接着，他不再理会了，继续锄他的草。"什么？金子！"不远处的华歆听到这话，不由得心里一动，赶紧丢下锄头奔了过来，拾起金块捧在手里仔细端详。

管宁见状，一边挥舞着手里的锄头干活，一边责备华歆说："钱财应该是靠自己的辛勤劳动去获得，一个有道德的人是不可以贪图不劳而获的财物的。"华歆听了，说："这个道理我也懂。"手里却还捧着金子左看看、右看看，怎么也舍不得放下。后来，他实在被管宁的目光盯得受不了了，才不情愿地丢下金子回去干活。可是他心里还在惦记金子，干活也没有先前努力，还不住地唉声叹气。管宁见他这个样子，不再说什么，只是暗暗地摇头。

又有一次，他们两人坐在一张席子上读书。正看得入神，忽然外面沸腾起来，一片鼓乐之声，中间夹杂着鸣锣开道的吆喝声和人们看热闹吵吵嚷嚷的声音。于是管宁和华歆就起身走到窗前去看究竟发生了什么事。原来是一位达官显贵乘车从这里经过。一大队随从佩带着武器、穿着统一的服装前呼后拥地保卫着车子，威风凛凛。再看那车饰更是豪华：车身雕刻着精巧美丽的图案，车上蒙着的车帘是用五彩绸缎制成，四周装饰着金线，车顶还镶了一大块翡翠，显得富贵逼人。管宁对于这些很不以为然，又回到原处捧起书专心致志地读起来，对外面的喧闹完全充耳不闻，就好像什么都没有发生一样。华歆却不是这样，他完全被这种张扬的声势和豪华的排场吸引住了。他嫌在屋里看不清楚，干脆连书也不读了，急急忙忙地跑到街上去跟着人群尾随车队细看。

管宁目睹了华歆的所作所为，再也抑制不住心中的叹惋和失望。等到华歆回来以后，管宁就拿出刀子当着华歆的面把席子从中间割成两半，痛心而决绝地宣布："我们两人的志向和情趣太不一样了。从今以后，我们就像这被割开的草席一样，再也不是朋友了。"

管宁与华歆割席而坐表明的不仅仅是管宁高尚的气节和不愿堕落于尘俗的志气。汉末大乱，管宁避居辽东。在辽东讲学、广交良友，从他学习的人很多，朝廷屡次聘他做官，他始终不接受；管宁是一个志趣高洁，无意于功名利禄的人。华歆正好相反，他在东汉末年做尚书令，投靠曹操，替曹操进宫擒杀了伏皇后；到曹魏时，官至太尉。华歆是个热衷功名、贪恋富贵的人。这个结果早在"共园中锄菜"和"同席读书"的故事中就可以推测出来。也正因为管宁当时与华歆割席而坐，才能避免堕落于尘俗，不被平庸所染。

国学经典

〔明〕洪应明 著 骆宾 译注

第三卷

菜根谭全集

吉林文史出版社

第九编　劝世喻理篇

穷蹙时原初心，功成处观末路

人至事穷势蹙^①，宜原其初心；士当行满功成^②，要观其末路。

【注释】

①蹙：紧迫，穷蹙。
②行满功成：功德圆满。

【译文】

对待身陷困境的人，不要去责难怪罪，应该想一下他当初的雄心壮志；对待功德圆满的人，要想到他能否长期坚守下去。

富贵宜宽厚，聪明应敛藏

富贵家宜宽厚而反忌刻^①，是富贵而贫贱其行矣，如何能享？聪明人宜敛藏^②而反炫耀，是聪明而愚懵^③其病矣，如何不败。

【注释】

①忌刻：为人刻薄善妒。
②敛藏：收购储藏，此处指深藏不露。
③愚懵：愚昧无知。

【译文】

家财万贯的人本来应该对人宽容仁爱，但是很多人却为人刻薄善妒。这样的人虽然腰缠万贯，但是他的行为却已经走向贫困的道路，怎么能够长久享受荣华富贵呢？个性充满智慧的人本来应该谦虚谨慎，但是却到处炫耀自己，这样的人看起来很聪明其实很愚昧无知,怎么能够不失败呢?

守浑留正气,淡泊遗清名

宁可浑噩①而黜聪明,留些正气还天地;宁谢纷华②而甘淡泊,遗个清名在乾坤③。

【注释】

①浑噩:形容无知无识,糊里糊涂。
②纷华:繁华;富丽。
③乾坤:八卦中的两爻,代表天地。

【译文】

做人要宁可保持纯朴天真的本性而消除那些小聪明,保留一些正气给大自然;要宁可舍弃世间的荣华富贵而甘于清贫淡雅,遗留一个清白的名声在天地间。

木石之念,云水之趣

讲德修道①,要有木石②的念头。若一有欣羡③,便趋欲境;济世经邦,要段云水的趣味。若一有贪著,便坠危机。

【注释】

①修道:道德修养。
②木石:树木和山石,在此指坚定的意志力。
③欣羡:欣喜羡慕。

提高修养道德，要有像木头一样的坚定意志，如果有一丝艳羡外界物质的欲望，便会陷入追逐名利的境遇；救济管理天下，要有行云流水一样的宽广胸怀，倘若有一丝的贪念，便会陷入危险的境地。

富贵出于道德，自是舒徐繁衍

富贵名誉，自道德来者，如山林中花，自是舒徐①繁衍；自功业来者，如盆槛②中花，便有迁徙③废兴；若以权力得者，如瓶钵中花④，其根不植，其萎⑤可立而待矣。

【注释】

①舒徐：从容不迫。
②盆槛：花盆栅栏。
③迁徙：更改，改变，迁移。
④瓶钵中花：瓶钵中的插花。
⑤萎：枯萎。

【译文】

如果财富和地位是通过道德修养获得的，那么就会如同深山中的野花，会绵延不绝繁衍生息；如果是通过丰功伟业获得的，那么就会如同院子里的娇弱花朵一样，只要稍微一挪动便会衰败；如果通过权势获得，那么就如同盆子里的插花，由于根部

不发达，它的凋谢就会指日可待。

脚踏实地，心存长远

图①未就②之功，不如保已成之业；悔既往③之失，不如防将来之非④。

【注释】

①图：争取，图谋。
②未就：没有达到预期效果。
③既往：指已经过去的。
④非：不是，错误。

【译文】

与其谋划不会成功的事情，不如竭力维护已经取得的成就；与其后悔过去的失误，不如专心预防将来可能会发生的错误。

悬崖勒马，转祸为福

念头起处①，才觉向欲路②上去，便挽从理路③上来。一起便觉，一觉便转，此是转祸为福、起死回生的关头，切莫轻易放过。

【注释】

①起处：开始的地方。
②欲路：贪欲的道路。
③理路：思想或文章的条理，道理，此处指正路的意思。

在贪欲的念头刚萌发时，就发觉这样会诱使自己走向欲望的深渊，便马上悬崖勒马使自己走向正路。一有念头就发觉，发觉了便悔改，这正是把坏事变为好事、死而复生的紧要关头，一定不要轻易放过这个机会。

快意丧德，取舍有度

爽口^①之味，皆烂肠腐骨之药，只五分便无殃^②；快心^③之事，悉败身丧德之媒，只五分便无悔^④。

【注释】

①爽口：味道清爽可口。

②殃：危害，灾难。

③快心：感到畅快或满足；称心。

④悔：悔悟，后悔。

【译文】

清爽可口的山珍海味，吃多了便会成为伤害肠胃的毒药，只吃五分饱便不会危害到身；大快人心的事，大多是诱使人们身败名裂的媒介，保持五分畅快便不会感到懊悔。

猛然转念，立地成佛

当怒火欲水正腾沸处，明明知得，又明明犯^①着。知的是谁，犯的又是谁？此处能猛然转念，邪魔^②便为真君^③矣。

①犯：抵触，违反。
②邪魔：妖魔鬼怪，扰乱内心的心理。
③真君：高尚的人。

【译文】

当心中愤怒之气正浓烈的时候，明明知道不对，但还是做了。明白的是什么，违反的又是什么，如果在这时候能够幡然醒悟，邪恶的念头便会转化为修心养性的真理。

大行亦拘小节，君子禁于细微

有一念①而犯鬼神之禁，一言而伤天地之和，一事而酿②子孙之祸者，最宜切戒③。

【注释】

①念：心中的打算，想法，看法。
②酿：酝酿，酿造。
③切戒：务须避免，严肃告诫。

【译文】

因为一个小小的念头而触犯了鬼神的禁忌，因为一句话而伤害了人与人之间的和气，因为一件小事而给子孙后代造成灾祸，一定要避免这些小事的发生。

居官公廉，居家恕俭

居官①有二语，曰：惟公则生明②，惟廉则生威。居家③有二语，曰：惟恕则情平④，惟俭则用足⑤。

【注释】

①居官：担任官职；做官。
②明：明白，精明。
③居家：居住在家里，指处理家中的小事。
④情平：心平气和，情绪很平静。
⑤足：知足，满足。

【译文】

做官的人要知道这两句话，大概是：只有自己内心公平才能主持正义，只有自己清廉才能有让人望而生畏。对于处理日常琐事的人来说也有两句真理，大概是：只有对人宽容才能心平气和，只有勤俭节约才能衣食无忧。

立得风雨，看破危径

风斜雨急①处，要立得脚定；花浓柳艳②处，要着得眼高；路危径险③处，要回得头早。

【注释】

①风斜雨急：狂风暴雨。
②花浓柳艳：花红柳绿。
③路危径险：道路危险。

【译文】

在狂风暴雨中，要把握住自己的步伐、立得住脚跟；在风花雪月的场所，要放眼长远不要被眼前的东西所迷惑；在道路危险的地方，要及时回头，以免陷入深渊。

伏久者飞必高，开先者谢必早

伏久者^①飞必高，开先者谢^②必早。知此，可以免蹭蹬^③之忧，可以消躁急之念。

【注释】

①伏久者：歇息很久的鸟。伏，歇息的意思。
②谢：凋零，凋谢。
③蹭蹬：险阻难行。困顿、失意。

【译文】

停止飞行很久的鸟儿，飞翔的时候一定会飞得很高，升得早的花儿，一定凋谢也快。只要明白这个道理，就可以避免困顿失意的担忧，就可以消除心中躁动不安的情绪。

【解悟】

心，也要经常清洗

东汉时期的蔡邕认为：人的心就如同是人的头和脸一样，必须很用心地修饰它。脸面一朝不修饰，则被灰尘弄脏了；心一天不想着善念，邪恶之念就会侵进到里面了。

人们都知道要修饰面容而不知道修饰自己的心,这多么糊涂啊!面容不修饰,连愚笨的人都说丑;心不修饰,贤人称为恶。愚人说丑还情有可原,贤者称为恶将怎么容于天地之间呢?当你照镜子洗脸的时候,就要想到心的纯洁;抹粉的时候,则想到心的鲜明;擦胭脂的时候,就要想到心的柔和;洗发的时候,则想到心的和顺;用梳子梳头的时候,就要想到心的条理;结发髻的时候,就要想到心的端正;整理鬓发的时候,就要想到心的严整。

天下事不怕做不到,就怕筹划不到

清朝时期的曾国藩说:我一生都行走在危险的道路上,如履薄冰,却能够自全其身,保持我的宗旨不变,这也只能归结为尽自己的努力而听天做主了。天下事就怕筹划不到,不怕做不到;天下的人才怕的是不寻求,不怕没有人才。我一定扶病支撑,绝不告饶。湖北如果有危机,我愿生死相从担当大责。一定放心放手让别人做,其后才能谈得上英明,如果一分不安,也绝不推诿他人。人害怕不聪明,又害怕不愚笨,智与愚相合,力量就会大起来。一入仕途,总是碰运气,这如同古代所说的戴罪之人。

我奉皇帝之命任两江总督高位,才能浅薄,根基不厚,本来不足以有所作为,又恰值我精力疲惫之年,大局溃坏,多事之秋,我深深地害怕做错什么,让平生知己蒙上羞辱。时刻自觉的是,不敢怀有偷安之心,不敢妒

贤嫉能，不敢排斥异己，大概借此微弱无力的诚实，来稍微弥补我的笨拙。只是从军打仗的时间越来越长，资历声望越来越高，虚名越来越盛，原来的朋友已如落星一样七散八落，新结识的人有的把我看作岩石一样不可挑剔，因此说颂扬话的日益增多，讲规谏的话日发少起来。每当想到此，我就惶悚不安，无地自容。请求兄弟您嘉赐直言，并赐高深危疑之论。如果听到我有用人不周详，居心不光明的地方，尤其应当随时指示以避免重蹈覆辙，让最好的朋友蒙受耻辱。这是我最大的希望和祈求。

天下纷繁杂乱，我们正当这危难之时，诸葛亮不是说过"成败利钝，不可预料"吗？我们只有竭心尽力，恪尽职守，静待时机而已。凡人心发动，必须一鼓作气，尽力去做；稍有转念，便有疑心，疑心一起，私心也随之而来。

要舍命报效国家，就必须戒慎恐惧，养成良好的品行。古时说"服了金丹，就可以成仙"，我认为把远大志向立下，就是金丹。

喜怒爱恨时更能发现涵养

明朝时期的吕坤认为：不可以用大的利益去换取小的义气，更何况怎么能用细小的利益去损大的道义呢？贪婪的人应该以此为戒啊！

对自己身心伤害的不是什么刀剑，也不是什么贼寇仇人，而是自己邪恶的心把自己杀害了。这并不是危言耸听。

即使有尧帝一样的眉毛，舜帝一样的眼睛，周文王那样的身材，孔子那样的步态，而心却像盗跖那样坏，这样的人是正人君子所瞧不起的。假若有上述各位圣贤那样的高贵品质，就算相貌长得和盗跖一样，又有什么问题呢？

研究学术应当把不愧良心、不损害志向放在首位，同时要审察自己的心志是符合自然规律，还是主观意志。就算是符合客观规律，也还应该审察它是一般的意向还是自然规律。

做学问的人要在自己心中加强修养的话，只要把自己的人欲之心克制就可以达到。

心要常常安适，那么就算是处于忧愁劳苦、心存谨慎之中，或处在穷困艰难、压抑忧郁的时候，同样也要有这种胸怀。

不怕浓妆艳抹的到来，只怕它离去时心中挂恋，依依不舍。

以前都没有萌芽过，还说什么生机呢？平常说话小心谨慎还容易做到，为什么呢？是因为有心收敛的缘故。

唯有在喜怒爱恨时讲出的话符合分寸，没有让人厌烦的地方，才看得出一个人的涵养。信口胡言，行动有误，都是不用心考虑的缘故。因此君子在未做事前已有定见，遇到事情又认真思考。假如是见识所看不到的，力量所达不到的，就算出现失误，也问心无愧了。

居安思危自坦然

古人把物是人非、沧海桑田等境遇状态发生变化的种种神秘的、不可知的因素都归纳为天或天命。因此，在《菜根谭》中，洪应明依然沿袭同一思路。天或天命，是解释一切导致自然、社会，尤其是人事变化的不可测缘由、不可知因素的归纳性依据。

这是因为他看到了事物总是在发展变化的，因各种主客观条件在起作用，这种转化往往在向原有事物的相反方向转化。因此，历史老人在今天捉弄了昨日的英雄，使原来的豪杰头脚颠倒，落马失足，看沧桑历史，难寻永久牌的天之骄子。所以，就有了居安思危的言行及防备意识。

总在发展变化的事物还是有许多因素是人所未曾认识的。历史进程并不是人所可以完全把握的，任何祸患、什么灾难都有随时发生的可能，故人们在安居乐业的期间，明智者对此应有所预见、有所警惕并有所防备，以免在灾难浩劫袭来之时，因自己的毫无防备而措手不及，小则摔跤跌倒，大则招致灭顶之灾。

事实上，潜在或现实的危机，能激发我们竭尽全力反击。反之，无视潜在或现实的危机者，往往就会麻木地陶醉在一种舒适的生活方式中，对自己的生活抱有永远会风平浪静的幻想。显然，我们不能坐等危机或悲剧的到来，而必须从内心挑战自我，并使之成为我们生命力量的源泉。因此，从变动不居、源远流长的历史长河来看，居安思危的意识，是一项深谋远虑的意识，是处世言行中的忧患意识的一种体现。

无论是个人还是民族都是如此。无此意识者，则患了思想上的近视症。

春秋时期，有一次，郑国曾面临着被其他十二国联合围攻的危机，后经晋国的周旋，才化险为夷。郑国国君为此而给晋国国君晋悼公送去了大批礼物，以示感谢。这批礼物包括兵车一百辆、著名乐师三人、歌女十六人及许多钟磬之类的乐器。对此，晋悼公十分高兴，论功行赏之时，他就欲把歌女中的八人转赠给他的功臣魏绛，以奖赏他殚精竭虑，为国事谋划的丰功伟绩。

魏绛却谢绝了国君的分赠，并抓住时机向晋悼公做了一番不失分寸的劝告："国事之所以办得顺利，首先应归功于国君您的才能。其次，则是靠朝中同僚们的齐心协力，我个人没有什么贡献，我衷心希望您在享受安乐之时，还能想到国家尚有许多事要办。《书经》上有句十分正确的话语：'居安思危，思则有备，有备无患'，望您能牢记！"

个人如此，国家亦如此。

日本作为太平洋上的一岛国，资源贫乏。因此，日本举国上下对此常怀危机意识。另外，日本民族深受天灾人祸的影响，如因台风、地震而造成的灾难，是第一次也是迄今为止的唯一一次遭受原子弹袭击的国度等。因此，日本人对于随时都可能降临的各种灾难，始终保持着一种高度警惕的意识。

这件事，也反映出了此种状况：当电影《日本列岛的沉没》在本土上映时，创下了日本有史以来最高的票房价值。而片中的内容，不外乎是说日本发生了大地震，日本列岛正被呼啸而来的大海潮所吞没，而世界上的其他民族却显然无意给这场灾难的脱险者提供避难的地方……这部影片，充其量不过是一部着意渲染日本末日的恐怖与阴暗的科幻片，却引起了许多日本人的共鸣。因为在他看来，这种事情是必然会发生的，问题是发生的时间早晚而已。

从这个例子中，不难看到日本民众确有一种关注未来、居安思危的强烈危机意识、忧患意识。今人论日本，多是仅仅看到日本具有世界上运转效率极高的经济体制，是有着先进技术的发达工业国家。看到日本的那些汽车如流、高楼林立的表面繁华，而看不到日本人的头脑中所具有的那种居安思危的意识。事实上，从一定意义上说，日本在二战之后的经济腾飞，多少都是得益于这种意识的，因为有了这种意识，他们才能超越短视的目标，形成了个人为了群体的利益而不惜忍辱负重的观念，并能在具体的行为中付诸这种观念。

回顾日本在二战后几十年所走过的历程，不难看到日本人民的那些看似消极、被动的逆来顺受的言行中（如电视剧《阿信》等所描写的），也包含有富于韧性的默默无闻的抗争。这也正是他们居安思危的意识、逆来顺受的行为中所深深蕴藏的积极意义。

未来学家在预测世界的前景时，日本被认为是非常有前途的国家，主要是因为日本民族具有世界上其他民族所没有或不够强烈的优秀的精神意识，即居安思危意识。

所以，事实绝不像信奉"今朝有酒今朝醉"的浅薄者所认为的那样：居安思危的意识，是一种多余乃至是神经过敏、庸人自扰的意识。原因用一句话概括就是：居安思危，人才能走出困境。

可见，无论是治家还是治国，都不能缺少居安思危的意识。

以理服人

陆陇其是清朝初年讲授程朱理学的学者，当过知县、御史一类的小官。他不仅能认真领会程朱理学的道理，而且还能在实际中履践之，为百姓办了许多好事。陆陇其行政断案十分重视道德教化。他认为，天下万事万物中都包含着同样的"理"，人们只有懂得了这些"理"，才能使自己的言行符合规矩，遵守国家的法制。所以，他在行政断案时，首先要深入浅出地讲一番道理，以"理"化民。

催缴赋税，是朝廷赋予各级官员的一项极其重要的政务。一般的县令在催缴赋税时，总是指挥大批衙役下乡督促，稍有缓慢就采取惩罚手段，使官民产生对立情绪，甚至激成民变。而陆陇其却不这样做。

陆陇其在当嘉定县令时，当缴粮纳赋的日子临近时，通常把乡民召集起来，讲一番按时赋税的道理。他说："向大家收缴的钱粮，全是朝廷的国课，并非县官的私蓄。如果百姓们能急朝廷之所急，按时上缴钱粮，不仅自家心安理得，而且给当官的减去许多麻烦，以便有更多的工夫为民办事。我与大家没有任何宿怨，不想为收钱而杖责任何人。何况一旦受到杖责不仅要花许多冤枉钱，还要落得欠粮受责的名声。倒不如及早凑齐应纳之款，让大家都相安无事地办完这件事。"乡民们听了之后，觉得陆陇其的话说得实在、透彻，乐于接受，很少发生欠粮受责的事。

陆陇其对于监狱中的犯人，也好言开导。他曾经写过一篇《劝盗文》，派人给犯人们宣讲，大意是：人的本性原来都是善的，你们也不例外。只是由于一念之差，做出犯法的事来，关在这里受尽痛苦。这些都是由于心中的杂念蒙蔽了善性造成的结果。然而只要你们能够深刻地悔过，去掉心中的杂念，就能重新做人，依旧可以成家立业。听到这里，在场的犯人们不禁哭了起来。

1692年陆陇其逝世。次年冬天，朝廷需要委派两名文臣管理直隶、江南的书院。康熙未听从延臣们的主张，从翰林院中物色人选，而提出派陆陇其去江南管理书院。当康熙得知陆陇其已故的消息时，深感惋惜，他慨叹道："陆陇其是本朝不可多得的人才"。

鱼与熊掌不可兼得

《菜根谭》告诉我们：利益不能同时占有两头，忠诚不可能并有。不放弃小利就得不到大利，不放弃小的忠诚就不会成就大的忠诚。所以小利是大利的害，小忠是大忠的害，圣人放弃小的而保留大的。

晋献公派荀息向虞借道去攻打虢国。荀息说："请求用垂棘的璧和屈地所养的马来贿赂虞公，这样再求借道，一定可以达到目的。"献公说："垂棘的璧，是我先君的宝贝；屈地所养的马，是我的好马，如果他接受了我的钱财却不肯借道给我，那不是赔了夫人又折兵？"荀息说："不会那样。他如果不借道给我们，就一定不会接受我们的礼物。如果收了礼物而借道给我们，这些财物就如同从内府取出收藏在外府，如同将马从里面的马厩牵出放在外面的马厩，您也不必担心

什么了。"献公同意了。于是派荀息带屈地出产的马陈列在虞王的宫廷，又加上垂棘的璧，借虞国的道路出发去攻打虢国。虞公贪于宝马就想同意这个要求，宫之奇进谏说："不能答应。虞与虢，如同牙有脸颊保护，牙依靠脸颊，脸颊也依靠牙，这是虞虢两国的形势。前人有话：'唇亡齿寒'，虢不灭亡靠的是虞，虞不灭亡靠的是虢。如果借道给晋，那虢早上灭亡而虞到晚上也就跟着去了。还是不要借道的好。"虞公不听，把道借给了晋。荀息伐虢，战胜了虢，返回来就攻打虞，又胜了虞。荀息拿着璧牵着马回报献公，献公高兴地说："璧倒还是原来的璧，就是马的年龄大了。"因此可见，小利是大利之害。

楚共王和晋厉公在鄢陵作战，楚军失败，共王受伤。临战前，司马子反口渴找水喝，奴仆阳谷拿装三升的酒器给他。子反叱骂："下去！这是酒。"阳谷对答说："不是酒。"子反说："赶快下去，拿走。"阳谷又说："不是酒。"子反接过来饮了它。子反特别爱喝酒，喝起来就不能停口，因而醉了。仗打完了，共王想与子反谋划再战，派人召司马子反，子反推说心疼。共王亲驾来看他，进入军帐，闻到酒臭味就回去了。说："今天的仗，我亲临战场，所仗恃的就是司马，而司马又成这个样子，是忘了楚国的社稷不体恤我的将士啊。我没法再战了。"于是退兵，斩了司马。本来奴仆阳谷进酒，也不是想让子反喝醉成这样，他是忠心爱他，而这忠心正好杀了他。所以说小忠是大忠的害。

昌国君率领五国的军队去打齐国，齐国派触子率兵在济上来迎战天下之兵。齐王想开仗，派人到触子那里，羞辱訾骂他："不开战，就灭你家族，掘你家坟冢。"触子对此感到很痛苦，希望齐军失败。于是和天下之兵作战，交战就鸣金收兵，最后败北。天下之兵乘机而上，触子凭着一匹马跑掉，从此无声无息。达子又统率剩余的军马，驻扎在秦周，没有东西可以作为奖赏，派人请齐王给钱。齐王大怒说："你们这些该杀的贱人，怎么可以给你们钱？"齐军和燕军打仗，齐军大败，达子死，齐王逃亡到莒国。燕人追逐败兵直到齐国国都，把钱库里所有的钱都瓜分完了这就是贪图小利而失去了大利的结果，所以我们不应贪图眼前的小利而失去了更大的利益。

中山国有个地方叫繇，智伯没机会攻打它。于是为中山国铸造了一口大钟，用两车并行去送给中山国。繇之君打算把高岸铲低、低谷填高让路平整，来接取大钟。赤章蔓枝劝谏说："《诗》中说：'只有法可以使国家安定。'我们没有理由来接受智伯的钟，智伯的为人贪婪而不守信用，必定是想攻打我们而找不到办法，所以铸造大钟，并行两车用两道车轨来送给您。您为大钟铲低了高岸、填平谷地，他们的军队一定会跟着来。"王不听。没多久，赤章蔓枝又劝谏。君说："大国为了交欢，而您违逆他，不吉祥。您别管了。"赤章蔓枝说："做人臣的不忠诚是罪过，忠诚而不被信用，就可以使自身远离了。"赤章蔓枝到了卫国刚七天繇就灭亡了。想得到钟的心取胜了，那怎么能有存繇之说呢？凡听人家的话，对占上风的心思应该谨慎些，所以首要的是战胜自己的欲望。

名利如火坑，贪婪是苦海

个人的思想观念直接影响个人的幸福与苦恼，清朝的曾国藩在解悟《菜根谭》时这样认为。所以释迦牟尼说："名利的欲望太强烈就等于是跳进火坑，贪婪爱恋之心太强烈就如同沉入苦海；只要有一丝纯洁清净的观念就能使火坑变成清凉水池，只要有一点警觉精神就能使苦海变成幸福乐园。"意识观念的不同，人生境界就会完全改变。因此一个人的所思所想必须慎重。采用不正当手段骗取名誉的人，会有预测不到的祸患；窝藏隐瞒暧昧之事的人，经常忖度他人；诡计多端的人，会给自己带来恶果。

猜忌是引发祸机的最厉害因素。这是从古到今惯有的通病，败国、亡家、丧身，都是由猜忌所导致的。《诗经》中曾说过：不猜忌不贪婪，有什么事做不好呢？猜忌和贪婪，就同时具备了妾妇和盗贼的特点。事到如今，只有用"小心安命，埋头任事"这两句话来作为互相勉励的信条了，除此之外再没有别的立足之处。窦兰泉说："大丹将要炼成的时候，群魔环伺都想吞掉它，必须想出把这些恶魔打败的办法。"

生活在危险急迫的环境中，就像快要折断的树木，千万不能再施加一点压力，以免会立刻折断；生活在幸福美满的环境中，就像是已经装满了水缸的水将要溢出，如果多加一滴，就会流出来。凡属高位、大名、权重，这三者都应当忧惧，须处处收敛，不求得福，但求免祸。我们不能先知祸害的到来，但可以不贪财、不取巧、不沽名、不骄盈，只要我们坚守这四个原则，就可以防止祸端的发生。

害人之心不可有，防人之心不可无

战国时期，为了讨好楚国，魏王将一位具有绝代姿色的魏国美人送给楚怀王。她当即受到了楚怀王的宠爱。

楚怀王的夫人郑袖看见这样的情况，也表现出十分喜欢这位魏国美人的样子，在吃喝玩乐方面上，十分照顾她、依顺她。在包括楚怀王在内的其他人看来，郑袖对这位美人的喜爱，连楚怀王也比不上。楚怀王因此而称赞郑袖没有女人常有的妒忌心。

这样，那位魏国美人也因此把郑袖视为知己，对她言听计从。某天，郑袖很亲切地对这位美人说："君王很喜欢你，只是不喜欢见到你那不够漂亮的鼻子，为了使他更高兴，以后见到他，你最好把鼻子遮掩起来，那你就尽善尽美了。"

魏国美人听了郑袖的话，每次见到楚怀王都遮掩着鼻子。

如此反复几次后，楚怀王就犯疑了。楚怀王想到她与郑袖是最相好相知的，就向郑袖探询魏国美人为什么每次见到他时，都要掩鼻子？

郑袖先是以不好说来做托词，将楚怀王的好奇心吊起之后，她才故作神秘地说:"那是因为魏国美人讨厌闻到你的口臭啊!"头脑简单而又脾气暴躁的楚怀王,闻言大怒,喝令手下的人马上去处死那位魏国美人。

郑袖真是一个善于绵里藏针、笑里藏刀的奸巧者,她神不知鬼不觉地挑起了楚怀王的冲动与冒失,又借楚怀王之手,将不明底细的魏国美人变成了冤死鬼。或许那个魏国美人在临死前还感激郑袖的种种假恩假德呢。

这个例子正说明了难防在施恩外表下所隐藏的干戈,难逃在欢乐场面中所隐藏的陷阱。

绵里藏针与刀头之蜜的阴狠厉害,于此可见一斑。

洪应明提醒人们:不少大奸大恶的诡计,往往是隐伏在温柔亲切的外表之下的,所以,聪颖明智者应当防备绵里之针;深仇大恨经常是由爱欲转化而成的,所以,通达事理者应当远离刀头之蜜。

从典故的内容来看,"绵里藏针"与"笑里藏刀"的意思相同,都是指那些表面装得和气,内心却阴险尖刻并伺机残害别人的奸诈者。

"刀头之蜜",源自《佛说四十二章经》,经中将贪婪者贪恋财富美色,比喻为孩童贪吃利刃上的蜜糖,甜蜜的享受是短暂的,却带来了割舌的灾患。

人与人之间的矛盾需要伦理规范和法律秩序的调节梳理,那么,人与人之间的一切功利关系与情感好恶,就不可能完全公开透明地摆到桌面上,那些见不得人的阴谋诡计,就更是这样。它们要出现,要实施,一则须伪装埋伏,二则须一些能诱惑意志薄

弱而又头脑简单者的诱饵，使人不知不觉地落入圈套。在这个复杂多变的社会中，什么事都可能随时发生，所以，生活在这个复杂社会中的善良人们，对此就不能不提高警惕。洪应明对于人世间的那些疏忽大意，遇人遇事不认真动脑筋者，有这样一项醒世之语："害人之心不可有，防人之心不可无。"

事实上，即使没有读过《菜根谭》，我们中的不少人，对于这句名言也是十分熟悉的。就在一代代人对这句名言的口头流传中，人们学会了自我保护。

防人之心是一种防守性的防备心理，其包含了应有的敏锐警觉、冷静思考。这样，才可以正确地应对。另外，防人之心与防卫限度也有关联，对此，洪应明的主张是：即使是对于知己挚友，也须有一定的戒备（"相知犹按剑"的"按剑"即因防备而摸剑），切莫被复杂社会中的种种浮华表面所诱惑。

这样并不是说空穴来风、神经过敏或者是不近人情。以《水浒传》描写林冲被逼上梁山的那一段故事来看，那当然是以高俅、高衙内为首的恶势力胁迫所致，而就在这个迫害的过程中，作为林冲旧日"知己挚友"的陆谦，则起着一项别的人所替代不了的特殊作用。是他哄骗了林冲的夫人，使她险遭被奸；更是他带人赶到了林冲的流放地沧州，欲置林冲于死地。说起来，原因很简单，即陆谦把高官厚禄看得重于珍贵的友情，从而也就有了那种种卑劣的行为，真可谓"画虎画皮难画骨，知人知面不知心"（《增广贤文》)，知己朋友也有真假难分的一面。而一般人面对朋友时，戒备心总会降到最低的限度，直至消失，给一些假朋友、假知己带来可乘之机。

无论怎么说，我们既然不是生活在充满了爱的真空世界中，就不能毫无自我保护的措施——诸如"逢人且说三分话，未可全抛一片心"之类。因为正像美国心理学家马斯洛的人的需要层次论所揭示的那样，安全需要仅次于生理需要，是人之所以为人的最基本的需要之一，而学会自我保护，正是实现安全需要的最基本措施的关键。

对于那些因看人看问题过于细致以至于伤到自己的精明人来说，洪应明则有另一项警醒：宁可被别人蒙蔽，也不要事先毫无根据地去揣度怀疑别人，以免自欺自误。《论语·宪问》所论及的君子处世之道之一也说"不逆诈"。做到了这点，就能减少人与人之间的摩擦，减少自我的烦恼，世间的是非就会减少许多。因此，那些因为心智过分敏锐、想象力过分丰富和嘴巴太快而深陷于是非的沼泽并且已不堪其苦者，不妨学学糊涂，学会尊重事实而不是猜测，乃至学会讲"我什么也不知道"的一语……这样，心情自然会变得很轻松，人生的脚步也会迈得更清爽些。

天是不会塌的，不要学类似忧天的杞人那样精明与敏感吧。

精灵明察者，学会了"宁受人之欺，毋逆人之诈"的处世策略，他就具有了厚道的表现，此其一；淳朴厚道者，如果能谨记"害人之心不可有，防人之心不可无"的教诲，他就具有精明的心智，此其二。洪应明的警醒告诉我们，一个人为人处世，能将这两方面统一起来，那他就是既精灵聪明，又淳朴厚道的十全十美者。

不妨将这个理想的人，与自己做一下比较，然后再根据自身的情况，具体接受相应的合理认识，以做自我修正，以求自我完善。

毫无疑问，这里所说的全部，都要求我们要从自身做起，从现在做起。

学入歧途，后果更惨

夏商周三代以后，王道开始衰败，霸道代之兴盛起来。孔子、孟子死后，圣学淹没而邪说横行，教的人不再教圣学，学的人不再学圣学。行霸道的人，偷取与先王近似的东西，借助于外在的知识来满足自私的欲望，天下的人争相仿效，几乎没有圣人通行之道。人们互相仿效，每天寻求的是富强的方法、倾诈的阴谋和攻伐的计谋。人们追求一切欺天骗人可以得到一时好处，可以获取名利的方法。时间久了，人们之间的争斗抢夺，祸害无穷，最后人们沦落为禽兽夷狄，连霸术也行不通了。明朝的王阳明这么认为。

这时，世上的儒士感慨悲凉，他们搜寻以前圣王的典章法制，在焚书的灰烬中拾掇修补，他们想恢复先王之道。但是，圣学的年代已很遥远，霸术的传播，根深蒂固，即使是贤惠之士，也都难免沾染它的影响。这样，他们想讲明修饰，以求在世上重新发扬光大的努力，也只是增加了霸道的势力范围，再也看不到圣学的天地了。于是，有了训诂学，为了名去传播它；有了记诵学，为了显示博学去谈它；有了辞章学，为了华丽去夸大它。如此熙熙攘攘，天下之内群起争斗，不知有多少家。面对这种种，人们都无所适从。

世上的学者，好像进入了百戏同演的剧场，戏嬉跳跃，竞奇斗巧、献笑争妍的人。从四面竞相涌现，观者前瞻后顾，应接不暇，从而导致耳聋眼花，精神恍惚，整日整夜在那里流连忘返，如同精神病人，不知哪里是自己的家。当时的君王也被这些主张弄得神魂颠倒，他们终身从事写无用的虚文，却不知道自己说的是什么。偶尔有人觉得这些学问的空虚荒诞、零乱呆板而卓然奋发，想有所作为，但是他所能做到的，也不过是为争取富强功利的霸业而已。圣人的学问，逐渐被功利的习气所湮没。

虽然也有人曾盲从佛老，但佛老的学说最终也没能战胜人们的功利之心。虽然有人曾经综合群儒的主张，但群儒的主张最终也未能去除人们的功利之见。直到今天，功利的毒汁浸入人们的心底和骨髓里，积习成性已有几千年了。人们在知识上互相炫耀，在利益上互相争夺，在权势上互相倾轧，在技能上互相攀比，在声誉上互相竞争。

那些出仕做官的，掌管钱粮的还想兼营军事刑法，掌管礼乐的又想参与官吏的选拔，做了郡县的官，还想着藩司和臬司的高位，身居台谏又企望着宰相的要职。所以做不到的就不能兼做管那事的官；不通晓那一方面的知识，就不能得到那方面的荣誉。知识增多，正好让他去行恶；见闻广博，正好使他肆意诡辩；记诵广博，正好助长了他的傲慢；辞章华丽，正好掩饰他的虚伪。所以，皋、夔、稷、契不能兼做的事，如今初学的小孩都想通晓其主张，研究其技巧。他们打的名义旗号，都是共同促成天下的事业。而他们的意图就是以此为幌子实现他们的私心，满足他们的私欲。

以这样的积习，以这样的心志，而又讲这样的学术，难怪他们听到圣人的教诲，就把它看成累赘包袱，从而格格不入。这样看来，有这样的举措也很正常了。因此，他们认为良知并不完美，认为圣人的学问是无用之术，这也是势所必然的了。

士者此生，岂能求得圣人的学问？又岂能讲明圣人的学问？真可悲啊！士者此生，却想以学为志，难道不太劳累、太拘泥、太艰难了吗？有幸的是，人心中的天理始终不会泯灭覆没，良知的光明，万古如一日。那么，如果倾听了拔本塞源的主张，一定会恻然而悲，拍案而起，戚然而痛，如决口的河水，一泻千里而势不可挡！

积威，宽一分则安；积恩，减一分则怨

古人之间相互交往，光明正大，推心置腹。在他没说话之前，不必事先怀疑；说出话来之后，也无须有后顾之忧。如今的人们相互交往，小心翼翼，屏气凝神，用虚假的表情来隐藏他自己的真实意图。他还没有说话，就对别人已产生了怀疑和畏惧；他一旦说出来之后，就会招惹灾祸，真是让人感到可悲啊！到哪去找光明正大的君子，来

同他倾心交谈彼此的情怀，畅谈肺腑之言呢？真是可悲啊！某些人表面上看起来光明磊落，而暗地里却设下陷阱陷害他人。明朝的吕坤这么认为。

古代的君子，从不用自己的才能去困扰别人，这才是正人君子；如今的人却用自己所不能办到的事去困扰别人。古代名望和地位相近的人，能够相互友好相处，现在名望和地位相近的人，他们之间却彼此妒忌。

事情还未做就到处声张，事情还未做就去沽名钓誉，事情还未成功就领受俸禄，这些行为都是伪君子的行为，是君子的耻辱。双方都痛悔自己的过错就没有解不开的仇怨，双方都友好交往合作就会十分成功，双方都发怒生气就没有酿不成的灾祸。自己没有才能却不肯让位给有才能的贤士，甚至还设法陷害别人；自己作恶多端却痛恨别人行善积德，甚至还诬陷别人；自己贫穷卑微却痛恨别人富贵荣华，甚至还极力破坏别人的富贵，这三种爱嫉妒的人，实在是极恶之人。

用贫穷卑微时的心情来对待富贵时的日子，用身处患难中的心情来对待安乐的日子，用委屈不安的心情来对待能够自由伸展时的日子。这样，那么什么时候都能够泰然自若。把深渊峡谷看作是康庄大道，把健康的体魄看作疾病缠身，用惊警之心来对待安宁之日，任何时候都会感到安稳。不怕在朝廷当官时没有隐退的心思，只怕在山林里隐居时还有当官的想法。

积累威严和恩惠，都会招

惹灾祸。积威所带来的灾难可以补救，而积恩所带来的灾祸却难以补救。威严积累起来之后，只需放宽一点就会让人安宁，增加一些恩惠人家就会感到高兴；而恩惠积累起来之后，一旦停止施恩，对方就认为你有所淡漠冷薄，减少一点恩惠人家就会对你抱怨。施予人家的恩惠到了极限就会导致自身的贫困，一旦自己贫困就难以继续施恩；溺爱到了极限就会让人放纵，而一旦放纵就难以让人继续忍受。而不继续施恩下去，他们的关系便不会进一步改善，而威严和恩惠的势态也会大大减退。因此威严减弱就会带来福分，而恩泽减弱了就会招致灾祸。恩惠有所增加就会招来福分，而威严的增加就会招来灾祸了，圣贤之人并不是吝啬恩惠，而是害怕灾祸的缘故。

潮湿的柴火容易解开，而干柴却很难捆扎好。圣人之所以吝啬恩泽给别人，难道不是因为他爱人之情已达到了极限的缘故吗？所以这种方法是用来调剂人们感情的极微小的权变之法啊！

人们都只知道为少而感到担忧，却不懂得有时多也让人担忧。只有聪明能干的人才明白多了也让人担忧的道理。

生活中，我们能很容易发现一些令人讨厌的东西，众人都喜爱的东西也必定能察觉得到，这是容易的事情；自己讨厌的事物要察觉，自己喜爱的事物要察觉，这就比较难。有的人对人情方面的事懂得比较多，有的人对物理方面的知识了解得比较深刻，有的人对事物的变化了解得比较多，有的人对细致的事物了解得较为深刻，有的人对博大精深的事物了解得比较透彻，有的人对事物的时势了解得比较深刻，这些知识不是一个人所能全都具备的，而其中认识事物变化方面的知识是较为困难的。但是，具有渊博精深的知识更加难能可贵。

君子贵在善于处幽

锁和钥匙是互相吻合的，相合就打得开，不相合就打不开。也有相吻合而打不开的，那必然有其中的原因。经常能打开，却偶尔有卡死打不开的，那必定有偶然打不开的原因。万事必然有其原因，具体事情要具体对待，从中寻找根源。这是明朝的吕坤的观点。

胸口上的一个葫芦，能够不沉于波浪翻滚的水中；窗户上糊的一张纸，能够挡住掀起水波的大风，这难道不是有所依托的缘故吗？

无边无际的大海，容纳着一切东西，无论是污秽的东西还是瓦砾。挖出它海底的宝藏，猎取它海中生长的东西，没有哪一样它不给予的。大海的胸怀广博之量足以容纳触犯它、违抗它的任何事物而处变不惊，它富有的积蓄足以供给不断地采取它的人。圣人的心胸，就好像大海一样能容纳万物。

镜子要保持干干净净照物才能清晰分明。如果有一丝尘迹，照到人脸上就有一丝痕迹；假如有一点瘢痕，照到人脸上就有一丝差的感觉，原因并不在人的面容上。假若人的内心世界不是十净虚无的，那他心中的事物也不会干净虚无。所以禅宗教导别人把有形形色色的东西都当作虚空的，而我们儒家却将喜怒哀乐寓于未发之中，所以有发而中节之和。

人们在洗脸时总会自然地闭上眼睛，手脏了就会立刻去洗，这只不过是爱惜身体的一小部分而已。走在滴水的屋檐下没有不迅速走过的，踩在泥泞的道路上没有不踮起脚尖的，这只不过是爱护衣服和鞋子罢了。七尺的身躯难道还比不上一只鞋子吗？而那些沉溺于滔天的情欲之海中，抨击于焚林暴怒的场地，即使粉身碎骨也甘心情愿的人，一切都不管不顾，置于身外，那才是可悲呀！凶恶的话好像恶鸟的叫声，闲言好比燕雀的喧鸣，正义之言犹如狮子的吼声，仁义之言犹如鸾凤的和鸣。由此看来，说话一定要谨慎小心啊！

左手画圆形，右手画方形，这是每个人都可以做到的事。左边的鼻孔闻香味，右边的鼻孔闻臭气；左眼看东方，右眼看西方；左耳听弦乐，右耳听管乐，这是难以做到的事。两个器官尚且不能做不同的事情，更何况是一个意念。把头发丢在地上，即使是乌获那样的大力士也无法使它落地时发出声音；把核桃投到石头上，就算是小孩子也不能让它落下时不发出响声。别人不能够掌握轻重，只不过是自知轻重罢了。

背上沾满了污垢，背着污垢的人自己却看不到；鼾声惊动了相邻的人，而打鼾人自己却听不到。厌恶虎豹而去与虎豹搏斗，很少有不被它们咬伤的。喜爱毒蛇而去抚摸它，很少有不被毒蛇咬伤的。和小人相处，一定要与之保持距离。

君子重视平日小的损耗，注重平常细小的行为，这样才会避免微小的弊病出现。体现在外表的突发之病，要用比较深沉的手法来治疗；疑难杂病，要用平易的医术来治疗；虚阔的病，要以充实的医法来治疗。走出去不远又再走回来，不如在未走之前先看清楚再走。家里非常富有的人，不是一天就变得贫穷了，而是一天天损耗日积月累造成的，平日不停地损耗，而到了某个早晨就变成了穷人。假如不怪罪平日，而只怪罪这一个早晨，那就是愚蠢了。

能够劝诫贼，让他不再干坏事是非常好的办法，其次是看到贼就将他捉拿归案，再次就是看到贼就躲开他。

君子贵在善于处幽。穿上新鞋子就会走路，假如长期择路行走，那么鞋子可以长久地保持常新的样子；坐在明亮的灯光下看不到黑暗的地方，而身处黑暗中的人却能够清楚地看到明亮灯光下的事物。

不可少变其操履，不可太露其锋芒

洪应明在《菜根谭》中曾说过君子不可太露其锋芒的思想，人们不难发现其合理之处。"不可太露其锋芒"，并不是销蚀锋芒，而是指人应隐其锋芒，不要恃才恃权恃财而咄咄逼人，从而使自我更易被注重秩序与习俗的社会所接受，以免身受背后之箭的害，以免引致那些无谓的烦恼与挫折。

但是，在日常生活中，有一种自视颇高的人大量存在。他们锐气旺盛，锋芒毕露，处事则不留余地，待人则咄咄逼人，有十分的才能与聪慧，就十二分地表露出来；他们往往有着充沛的精力，很高的热情，也有一定的才能，但这种人却往往在人生旅途上屡屡遭受挫折。

曾经有这么一个本科毕业即分配到某矿务局工作的大学生。他下车伊始，就对单位的这也看不惯，那也看不顺。未到一个月，他就给单位领导上了洋洋万言的意见书，上至单位领导的工作作风与方法，下

至单位职工的福利，都一一综列了现存的问题与弊端，周详地把改进意见提出。但是没有想到的是，他被单位的某些掌握实权的领导视为狂妄、骄傲乃至神经病，不仅没有采纳他的意见，还用其他借口把他退回学校。在后来的两年里，他因同样的情况，换了四个单位，而且还是后一个比前一个更不如意，他的牢骚更甚，意见更多，却也无可奈何。他就是锋芒毕露者的典型，此君在为人处世方面少了一根弦，以致屡

屡在新的人际关系圈子中，未能处理好包括上下级关系在内的各种关系。加上在工作中，又不注意讲究策略与方式，结果不仅是妨碍了将个人的才能最大限度地服务于社会，还招来了多种的诽谤、妒忌猜疑和排挤打击。随着时光的流逝，这种人往往不会因锋芒毕露而走向成功，却极易因屡受挫折而一蹶不振，以至逐渐把锋芒磨掉。

在待人接物时，则要善于发现别人的长处，尊重别人，不要动辄就口无遮拦地对别人品头论足、议论别人的美丑贤愚，不要老揪住别人的小过失不放。须知一个人长得丑些、笨些和犯了一些小过失，多半不是他的过错。如果我们不学会尊重各种各样的人，就会影响人与人之间的亲密关系。

同理，平时不可以因为追求一时的口语之快而做意气之争，不可因意气用事而得理不饶人，总之，学会收敛锋芒，真诚宽厚地待人，掌握话语含蓄和行动稳重的技巧。所谓"敏于行而讷于言"，也就正是君子"内精明而外浑厚"的表现，这是避免锋芒毕露的方法。

当然，这些都要自觉地去做，容不得伪装，否则，倘若伪装忠厚的面貌来欺骗别人，总归是难瞒有识之士的。

东晋时，某天，少年王献之勤于练书法，将一个毛笔写就的"太"字，送到母亲处炫耀。当时，他的母亲评论道："这个字，仅那一点的功夫算是到家的啦！"

听到这句话后，王献之才深感自己的书法，在功夫与功力方面，尚欠火候。原来，那一点正是他父亲王羲之刚添加在他所写的"大"字上的。在这以后，王献之不慕虚声浮名，依缸磨墨，刻苦练字，把十八缸水都用完了，日后终成为与父亲齐名的大书法家。

不露锋芒的人，每每会以喜怒不形于色、平和恬淡、少言寡语的神态，绝不哗众取宠的态度来投入生活，做到处事练达，为人周到。

对于刚步入社会的人来说，不妨从多动脑、多动手、多用耳朵与眼睛，少用嘴巴，避免与人争强好胜、计长较短做起，从而踏实地把人生旅程走好。

慎语宁拙勿巧

洪应明在《菜根谭》中，对于慎语是这么认为的：

首先，一个人谈天说地、述人论事，在他所说的话中，即使有百分之九十是正确的，也未必可算为稀奇；假如其中百分之十是错误的，那就会成为天下的笑柄，成为别人攻击埋怨的目标。所以，君子宁愿沉默，不愿匆忙地做不稳妥的发言。一个人行动果决，筹谋了十件事，就有九件是成功的，他人也未必归功于他；但筹谋了十件事，有一件是不成功的，则有关他的坏话毁语就可能出笼。所以，君子应当宁拙毋巧。

其次，日常交往中，在与沉默寡语之人打交道时，君子应该注意心态的平衡，防止出现意志低沉与认识偏颇的心态；面对那些恼恨别人取得好成绩的自负者，君子就要谨语慎言，以免被对方抓住把柄，造成对自己存害的结果。

慎语，能使离家远行的人，不轻易对陌路相逢的路人道出自己的旅行意图，避免了各种利害话题。如此，骗子小偷之类也就不容易把你盯上。

慎语，能够在日常与人交流时，不传播无根据的小道消息，这同样也是个人的智慧与道德修养趋于完美的具体行动之一。

慎语，能使在工作中的人们，注意使言语变得更恰当、更简约也更凝练，减少废话与空话，减少出现失误的机会，从而有助于开展工作与解决问题。

所以，慎语，能够让人变得更加脚踏实地，也必会使这个人赢得别人的好感。

责己严，待人宽

　　唐朝时期的韩愈认为：古时候的君子，他对自身的要求严格而全面，他对待别人宽厚而简约。对自己的要求严格而全面，所以自己不怠惰；对待别人宽厚简约，所以别人乐于做好事。他听说古人中有个叫舜的，舜的为人，是一位实行仁义的人；他探求舜所以成为舜这样的圣人的原因，要求自己说："他是一个人，我也是一个人。他能够这样，而我竟不能这样！"于是早晚思考，改掉那些不如舜的缺点，发扬那些像舜的优点。他听说古人中有个叫周公的，周公是一位多才多艺的人；他探求周公所以成为周公这样圣人的原因，要求自己说："他是一个人，我也是一个人。他能够这样，而我竟不能这样！"于是早晚思考，改掉那些不如周公的缺点，发扬那些像周公的优点。舜是一位大圣人，后世没有人比得上；周公，是一位大圣人，后世没有人比得上。这个人竟说："不如舜，不如周公，是我的毛病。"这不是要求自己严格而全面吗？他对待别人，说："那个人能够有这种优点，这就足够算作好人了；能够擅长做这种事情，这就足够算作有才能的人了。"取他一样，不要求他两样；只看他的现在，不追究他的过去；提心吊胆地唯恐那个人得不到做好事的利益。一种优点是容易养成的，一种技艺是容易学会的。他对待别人，竟说："能够有这种优点，这也就足够了。"又说："能够擅长做这种事情，这也就足够了。"这难道不是对待他人宽厚而简约吗？

　　如今的君子和这个不一致，他要求别人全面，他对待自己随便。要求别人全面，所以别人就难于做好事；对待自己随便，所以自己得到的东西很少。自己没有什么优点，却说："我有这种优点，也就足够了。"自己没有什么本领，却说："我能够做这种事情，这也就足够了。"对外欺骗了别人，对内欺骗了良心，没有一点收获就停滞不前。这不是对待他人、自己太随便了吗？他对待别人，说："虽然他有这种优点，但他的人品不值得称赞；他虽然擅长做这种事情，但他的才能不值得称赞。"举出别人的一点，不会考虑别人的十点；追究别人的过去，不考虑别人的现在。提心吊胆地唯恐别人享有盛誉，这不是要求别人太全面了吗！这就叫作以一般人的标准来要求自己，而以圣人的标准来要求别人，我看不出他是对自己尊重还是不尊重。

话虽这么说，但这样做的人是有根源的，这根源就是怠惰与妒忌。怠惰的人不求上进，而妒忌的人怕别人上进。我曾经试着对大家说："某某是好人，某某是好人。"那些附和的人，必定是那个人的朋友；不然，就是和他很远、不跟他有利害关系的人；亦或者，就是怕他的人。要不然，强硬的人必定要在言语中表示愤怒，懦弱的人必定要在脸色上表示愤怒了。我又曾经对大家说："某某不是好人，某某不是好人。"那些不附和的人，必定是那个人的朋友；不然，就是和他很疏远、不跟他有利害关系的人；亦或者，就是怕他的人。

如果不是上面三种情况，强硬的人必定要在言语中表示高兴，懦弱的人必定要在脸色上表示高兴了。所以事情做好了，毁谤就发生了；道德高尚了，毁谤就随着来了。唉！士人处在这种时代，而希望光大名誉，传播道德，实在困难啊！

每日三省自身

春秋时期的曾子认为：有才能品德的人对于子女，喜爱他们却不在表面露出来，支使他们也不露声色，让他们依道行事却不勉强。心里很喜爱他们却不表露在外，还常常摆出一副严肃的面孔来管教他们，从不用美言悦色来讨他们喜欢。不让子女依道行事，就会把他们引上邪道。然而如果勉强他们做某事，又会损伤父子之间的和气。因此只有在漫漫的岁月里用言传身教去感化和教育他们的子女。

身体发肤，受之父母，用父母所赠给的身体，敢不畏惧吗？对君王不忠，不孝；居处之地不庄重，不孝；做官不敬业，不孝；交友不忠诚厚道，不孝；战阵不勇敢，不孝。五行不顺利，殃及亲人，怎么敢不有所畏惧呢？

先王用五种办法来治理天下：崇尚德行，崇尚老人，崇尚禄位高的人，尊敬年长的人，爱护幼小的人。这五种，就是先王用来安定天下的办法。所谓崇尚道德，是因为德行近似于圣贤；所谓崇尚老人，是因为他近似于自己父母；所谓崇尚尊贵之人，是因为贵人接近君王；所谓尊敬年长的人，是因为他近似于自己的兄长；所谓爱护幼儿，是因为他和自己的弟弟很近似。

好色者恕人之淫，好贷者恕人之贪

明朝时期的吕坤认为：有两三个志同道合的朋友，没有分别几天就相互想念，自己却以为这是世俗的想法，一分开就产生亲切深厚的情谊，相聚在一起时反而感到疏远。和低级趣味的酒肉朋友交往的感觉就迥然不同了，只是其中的道理还不够深刻。

孔子、孟子、颜回、子思，我们这一辈人何曾与他们接触过？但是如今诵读体会他们的文章时，就好像与他们朝夕相处同屋谈话一样，又好比同家人亲友一样相依恋，为什么呢？是心灵相通、精神相合的缘故，虽然相隔千年也好比生活在同一个时代，虽远隔千山万水也好像就在身边一样。久而久之，彼此相互融合，那还有什么亲和离疏的分别呢？如果友人之间相互处在一起就产生善念，一旦分别就产生出

欲望来，那么，就算朝夕相处，一生相伴，又有什么益处呢？

在平时得病，却往往把它归罪于某一天。起源于内脏，却往往只治疗皮毛。太仓储粮全部空了，却怪罪于储粮的囤底。大厦倒塌了，却要怪罪一场大雨。世间的人，听到对别人的优点长处夸奖总有妒心，听到说及别人的缺点就有欢悦之心，这是忘记了上天所教的道理，让人的欲望肆意横行而造成的。

孔子所欢喜的，就是高兴谈及别人的好处；孔子所讨厌的，就是讨厌说他人的坏话。圣人如此，我们怎么又可能会有另一种想法呢？

人萌发欲望，刚开始时最为热烈，此时就需要缓一缓，马上去做就可能会出差错。天理的念头萌生，最初的时候最勇敢，须要立即就施行，放缓一下就会停顿下来。

大凡人干坏事时，刚开始时都不忍心去做，后来忍心和不忍心便占了一半，再后来就忍心去做了，而后便心安理得了，到了最后竟为自己所做的感到快乐。一个人到了以做坏事为乐的地步，他的良心也就坏到极点了。

听说他人的缺点就为别人大肆传播，或者添枝加叶，来夸大他人的缺点；听到说别人的优点就去遮盖和掩藏，或者就罗织罪名来诬蔑人家的内心。这样的做法恐怕连鬼神都会得罪了呀，我们在一生中都一定要引以为戒！

"恕"这个字，原来是一个好道理，却要看那推心置腹的人是一种什么想法。好色的人饶恕别人的淫欲，喜欢借贷的人饶恕别人的贪婪，喜欢喝酒的人饶恕别人的狂醉，喜欢安逸的人则宽恕别人的懒惰和散漫。没有哪一种不是以己之心去揣度别人，没有哪样不是把别人看作自己，但这却是道义上的窃贼而已。所以对施行恕道之人，不能不细致地考察。

人心最怕三心二意，用情贵在专一。

有人总把他人的长短是非当作是自己的事，却感觉不到自家的痛痒，还要去问别人。不要用烦恼去求取恩爱，得不到恩爱却还要增添自身的烦恼。

对祸患的防范要到达意料所不能及的地步，对于利害要考虑到没有剩余的地步。

时机不到，深藏才智是上策

战国时期的庄子认为：以世俗的学问来对本性修治，来期求复归原始的真性；用内心情欲被世俗思想所扰乱，来求得明彻和通达，这就是称作被蔽塞蒙昧的人。

古时候对道术研究的人，凭借恬静涵养心智；心智生成，却不用智巧行事，可称它为用心智涵养恬静。心智和恬静交相涵养，而谐和顺应之情就从本情中表露出来。个人自我端正而且敛藏自己的德行，敛藏自己的德行而不冒犯别人，德行冒犯了别人那么万物必将会把自然的本性失去。

古时候的人，生活在混沌蒙昧之中，世上的人们都淡漠无为、互不相求。在那个时候，阴阳和顺宁静，鬼神也不搅扰，四季变化顺应时节，万物不受伤害。众生没有夭折现象，人虽然有心智，却无处派上用场，这就叫作完满统一的境地。在那时候，人们想怎么做就怎么做，而让万物顺任自然。

等到道德衰败颓落，到了伏羲氏开始统御天下，只能顺随民心却不能回到完满纯一的境地。道德再度衰落，到神农氏、黄帝开始统御天下，只能安定天下却不能顺随民心。道德又再度衰落，到了唐尧、虞舜开始统御天下，大兴教化之风，浅薄淳厚离散朴质，离开了道而作为，隐没了德而行事，然后舍弃了本性而顺从于各自的私心。心与心相互知道、辨别，也就不足以使天下安定，然后附加着文访，增加了博学。文饰浮华破坏了质朴之风，没有办法再返归活泼的性情而回复到自然的本初。

由此看来，世上把大道丧失，大道丧失了人世。社会和大道交相丧失，有道的人凭借什么兴起人世，人世凭借什么兴起大道呢？大道没有办法在人世兴起，人也没有办法让大道兴起，即使圣人不生活在山林里，他的德行也必将被隐没而且不再被人知道。隐没，却不是自己掩藏的。古时候的隐士，并非为了隐伏身形而不见人，并非闭塞言论不愿吐出真情，也并非是为了深藏才智而不愿发挥，是因为时机、命运大相悖谬呀！当时机、命运顺应自然大行于天下，就会返归混沌纯一之境而不显露形迹；当时机、命运不顺应自然而穷困于天下，就深藏缄默来静心等待。

这就是自身保全的方法。古时候善于把自身保存的人，不用辩说来巧饰智慧，不用智巧来使天下人窘迫，不用心智使德行受到困扰，独立自持地生活在自己所处的环境，而返归自然的本性，又何须一定得去做些什么呢？道本来是不必要仁义礼乐的行为，德本来是不必要是非分别的。小识会损伤德行，小行会损伤大道。所以说，端正自己也就可以了。快乐地保全自然的本真就可以称作心意上的自得而且自适自得而自造。

古时候对自得自适的人很称道，并不是地位高贵的人，说的是出自本然的快意而没有必要附加什么。现在所说的快意自适者，是地位高贵的人。荣华高位在身，并不出自本然，如同外物偶然到来，是临时寄托的东西。外物寄托，它们到来时不能抵御，它们离去时不能阻止。

所以不要因穷困窘迫而趋附世俗，不要为荣华高位而恣意放纵心志，身处富贵荣华与穷困窘迫的快乐相同，所以没有忧虑。现在寄托失去就不快乐，由此看来，即使有过快乐，又何尝不是心灵上的荒芜呢！所以说，由于外物而丧失自己，由于世俗而迷失本性，就叫作主次不分的人。

艰难困苦，玉汝于成

清朝的曾国藩在解悟《菜根谭》时认为：处在艰难困苦的环境中可使凡人磨炼成英雄，是艰难困苦玉汝于成的最好时机。李申夫曾说我怄气时从不说话，一味忍耐，慢慢地改变逆境，以图强大，并引一句谚语说："好汉打脱牙，和血吞到肚子里。"这两句话是我平生立志坚忍成功的秘诀。我在道光年间，被京师权责所唾骂；咸丰初年，为长沙官绅所痛骂；咸丰六七年，又被江西官绅所讥嘲。说起来像岳州之败，靖巷之败投水欲死，以及湖口之败连遗书都写下了一样，这都是打掉牙和着血吞到肚子里的时候啊！

耿恭简曾说过：做官以坚挺、忍耐烦恼为第一要义，带兵也是这样。和官场来往，我们兄弟都患在稍稍了解世态而又怀有一肚皮的不合时宜。既不能硬，又不能软，所以到处落落寡合。迪安妙就妙在全然不识世态，他肚子里虽也怀着些不合时宜，但却一味浑厚含容，永不发露。我们兄弟则时时发露，总不是带来福气的办法。雪琴与我们兄弟最相像，也少有投合的人。弟应当以我为戒，一味浑厚，永不发露。

将来养得性情纯熟，身体也健康旺盛，子孙也受用，不要习惯于官场机变诈伪。这样时间越长，德行就越浅薄了。

在议论时事时，我说应当挺起骨头，尽力坚持。三更时作一联，即"养活一团春意思，撑起两根穷骨头"用以自警。我作过很多的联，可惜没有写出留下来。丁未年在家作的联说："不怨不忧但反身争个一璧清，勿忘勿助看平地长得万丈高"，曾经有个联，和这差不多用本板刻写出来，就附在这里。

君子的言行要依照天理

洪应明的观点告诫人们亲眼看到的事，尚且不敢信以为真，听人说的事就更模糊不明了，绝不能轻易讲述。一句虚言，往往能断送一生的幸福，这是值得深思的。

阿谀奉承迎合别人应感到羞耻，刚愎自用则非常可恶，只有不固执、不迎合，才是合乎人间正道的。平常时候看不出来，但却能在波流风靡中立定，这才是高雅节操。

淡泊二字最好。淡即恬淡也，泊即安泊也，没有其他妄念，内心就会很快活。反过来如果追求浓艳，追逐权势，蝇营狗苟，那么就会心力交瘁，一天比一天艰难了，是不能够像淡泊的人那样每天心里都保持宁静的。

人要能够酌情办事，但圆通灵活也要合时宜。在《易经》中论及变化无方和事有定理时，加了"易贡"二字。这二字最好，变化时告诉别人，这就是圆通灵活之时。棱角峭厉不一定是正直，和光同尘混杂一起也不是圆通，固执不通也不是变易之理。这些是我们要明白的。

俗话说："自尊自重，自轻自贱。""自成自立，自暴自弃。"无论是成立还是暴弃，都在于自己，尊重与轻贱也都在自己，每个人都要审慎选择以立其身。

人与人相处，应考虑他人所最忌讳的。假如轻易出口，正好是他人所忌讳的，他一定会认为是故意讥笑嘲讽他，从而记恨在心。《诗》中说："善戏谑，不也是暴虐。"《书》中说："唯独说话最容易致引争斗。"尤其戏谑要更为谨慎。

因为性格耿直憨厚，因一时气愤所说的话所做的事，往往有不太合适的地方。虽然随即就感到后悔，但是话已说出口，后悔也来不及了。

我每听到一句善言，没有不进行阐发的，没有不牢记心中的。从前，我在北京碰到过一位喜好修道的老人，他偶尔见我恼怒发作，慢慢宽解我说："恼怒能杀人。"我一听这话，明白了赞扬也能杀人，不只是恼怒。他又曾对我说："天平的上针是天心，下针是人心，下针必须和上针相合。"这是多么好的比喻啊！又说："只有玻璃盏才能盛下狮子乳，就是金器银器也可能会渗漏。"这事我虽然没有试过见过，但听人善言，不以诚实之心接受，就不会像玻璃盏，这话也隐含禅机，应牢记。

顾名思义，自然能成立。不学着做好秀才，就是坏秀才，不学着做好百姓，就是坏百姓。以此相推，那些名义都不能不顾，不能不仔细考虑。说到底，关键在于依照天理遵守法纪。读书这件事在世间占有极高的地位，但它所占的地位是在人品上，而不是在权势官位上。

我们首先要做个好百姓。如果有天赋才华，擅长学问，就可以做个好秀才；若有运气，能求进取，就可以做个好官，但即使做到卿相之位，也要想着自己是个秀才，更是个百姓。及传之于后人，乡先生死后不能祭祀于社，还能成什么事？如果能安守本分，完纳税粮，不需县官督促催责的，就是好百姓；专心读书不管其他事，不需要学道督责的，是好秀才；不贪婪严酷，不要监司督责的，就是好官。

不追求其他的东西，只要能做到孝顺父母，尊敬长者，和乡里的人和睦相处，教导子孙，各自安分守己，不胡作非为这就是学好，这是太祖的圣谕。清白人家，不是苟且行事就可以承继的，说他们自己行事只讲究衣着俭朴，教家能追求节约，交游则本于道义。凡是声色货利，不合礼法，稍稍玷辱家声的，都要戒除而不去追求。凡是孝友廉俭，应该做的事，对提高家声有益的，都应竞相追逐着去做。而在长幼尊卑聚会时，又能互相规劝教诲，各自希望无愧于贤者后人，谁还能不说这是真正的清白？

大凡势焰熏天的人家，也不会一直享受其荣盛的，终有一天会尽的，是比不上持守天道从事本业的人，一团茅草般的诗，多咏几遍是很有深味的。

谚语说："慎是俭德，只是为了长久之计。""一日之计在于晨，一年之计在于春，一生之计在于勤。"创业的人，没有不由于节俭而创下产业的，但后来却由于奢靡而逐渐荒废的，这难道不是很可惜的？

凡事不可随心所欲

天赋予人们的功名利禄，皆有一定的数量。人们从上天所接受的衣服、食物和器具，都不能超过一定限度。乐极则生悲，祸来则福去。美人劝客饮酒，不成则斩；设锦障五十里，没有听说石崇一族延续百年。蒸猪用人乳以调味，成百的女婢手抚食器侍奉宴席，王济不过是让世人惊诧于一时。史书记载的这些，并不是赞誉，而是为了示警后人戒此奢侈。居家则有歌童舞女，出门则车辆结队。用酒做池，用肉做林，居室如淫窟，厨房如屠场。身着绣有日月星辰及山龙华虫彩绘的尊贵之服，没有雨水却在宅地上装饰漏雨的装置。奴仆贱人得志，就如同添翼的老虎，僭礼自比王侯，势盛惊动天地。鬼神降祸于奢侈者，奴仆见财眼开。这是元朝时期许名奎的观点。

覆巢无完卵，后悔莫及。

获取财物要取之有道切忌损害廉洁，故有可取与不可取之别。齐国馈赠薛国的黄金，收与不收全在于自我的判断。陶胡奴馈赠之米不被王修龄所接受，袁毅所送贿赂之丝被山涛束之高阁；计日发放的俸禄杨震欣然受之，夜晚时送来的贿金断然予以拒绝；李幼廉不接受徐干贿赂的金锭。他们的千古英名照耀史册。

急如弓统的猝至之事，要靠权宜之计处理解决。曹操以假话使战士望梅止渴，李穆鞭打主帅以诓骗追兵。判断死生于一瞬间，争夺胜负于顷刻之间。蝮蛇咬手，应当立刻砍断手腕。穿戴整齐才去救火，斯文相让才去打捞落水者，不知随机应变，让人感到叹息。

心不遵循德义的规范称作"顽"，口不讲忠信的话称作"嚚"。愚妄奸诈不友善，这样的人就是恶人，可以称作"浑敦"。这样的恶人，应当把他们流放到四方边远之地，去抵御妖魔鬼怪。唐虞的时代，民风淳朴。《尚书》中记下这些怪类，是要人们以此为戒。

秦汉之后民风浮薄，这些都是正常的反而不觉得怪异了。恶人的性情难以用义理来制约。是狂犬咬人，好像狗发疯相互撞击，如同公牛角斗。用宽恕的态度对待就会生乱，与他讲道理不会顺从，向他示弱会招致欺侮，用恩义去感化他却不尊重你。应当把他们看作禽兽，用不着与他们斗智斗力，让他们自取灭亡，总会有消失的一天。应实行老子

的恪守柔顺的学说，我们要保持不计较不忧虑的德行。

哪一个人不想生？不正直而生，只能说侥幸免于死。人固有一死，死得其所，是至善之道。被墙压死和被诛杀，皆是死于非命；从天地父母所得的身体应完整无损地归还回去，曾子换掉大夫所用的席子而得以正礼。召忽为公子纠而死节，管仲却未死。齐桓公三次洗浴三次熏香以重迎管仲之礼，管仲为相，民众受到他的恩泽。孔子困于陈蔡，颜回岂敢轻易而死！子路为主而死，却未合于义。百金之家的后代不骑在栏杆上，千金之家的后代不坐在堂边，难道是因为怕死才这样的吗？这是告诫人们勿轻举妄动。

自古随心所欲的事，听的人都要以此为戒。秦始皇随心所欲于刑法，公子扶苏遂受害于矫诏；汉武帝恣意而为于征伐，而晚年则罢轮台屯田以示悔悟。人生在世，凡事都想图个痛快。任意驰骋者，人马俱疲；信口开河者，错话驷马难追；轻易苟同他人者，必欺骗别人；醉心酒色者，病入膏肓。与其随心所欲而失误，不如细致入微地谨慎思考。

忍耐与冲动是福祸的两道门

自身的缺点是从自身修养中发现而来的。只要在行动和休息、谈话和沉默、待人接物与做事之前，细致地考虑每一件事，便会发现自己存在许多缺点、错误。所以，必须按照自然规则去行事，而后才会有正确的结果。在日常生活中不能存有一时一刻的疏忽，做学问的人应当反复思考这个问题。这是明朝时期吕坤的观点。

人生存在天地之间，每天都在思索着，这就需要有个思索的道理；没有哪天不做事，这就需要有一个做事的道理；没有哪天不说话，这就需要有一个说话的道理；没有哪天不与人交往，这就需要有一个与人交往的道理。而怨恨、愤怒、喜笑、高歌、伤悲感叹、顾盼指示、咳唾涕泣、造次颠沛、隐微委屈、疾病危亡，每种情形的存在都有其各自的道理，因此要时时体认，件件讲求。

微小的事物都需要顺应自然的规则，更何况天地人情常道这样的大节，更是不能超越法度的。因此从少儿时期开始，直到临死时，每个白昼与黑夜，都要有一颗自强不息的心，要忘却生死，把自己置于一个至善至关的境地。这是每个人从生到死做人的道理。每个人都有要实现自己欲望的心愿，这是一切有知觉的动物都具备的本能。如果作为人也如此的话，那就算不上万物之灵了。或许有人问：是不是有什么要领？回答说：有，那要领只在于存心。心又如何存呢？我回答说：只在于静，只要心静了，任何事情都顺应着法则，那么做事情就不会错了。

　　糊涂的人迷糊了，是很容易让他清醒的。聪明的人若陷入迷惑，就很难让他觉醒了。

　　相互信任的两个人则彼此间的行为就像泥土与草木那样融洽，不需要太多的言语来解释，若互相猜疑，那么他们的言行就成了互相猜疑的根源。所以通过起誓并不足以表明心迹，想避嫌却弄巧成拙，这是相互猜疑的缘故。心志仅一个，行为却多种多样。所以君子注重内心修养而不重视行为表现，因为心灵的虔诚忠实才是最高境界。

　　君子敬畏天道，不害怕什么人。只怕虚度一生，从不怕献身正义；只害怕名教，不害怕刑罚；只怕不合乎道义，不怕没有什么利益。

　　关系到福祸的关键就是忍耐和冲动。灾祸和过失的来由，大都是只图一时快活。所以君子在得意时常有顾虑，就连遇到喜事都有所顾虑。

每生一个念头，都要孜孜向善，这叫作正思。每生一个念头，都想达到自己的欲望，这叫邪思。想得很远，顾虑得又多。事无可疑，当断不断，叫惑思。事不关己，为别人担忧，叫狂思。非分之福，指望过高，叫越思。事前犹豫，事后悔恨，叫作索思。无可奈何，当罢不罢，叫作徒思。对自己的日常生活、职业和道德修养，朝思暮想，期望不要旷废，叫作本思。这九思，生活中我们不是想这个就是想那个。而善于养心之人只有本思。一个人自身有固定职业，每天有一定的任务，夜夜思考白天要做的事，晨起则计划今天要做的事，想什么干什么，不肯马虎一事，不肯放松一时。只有这样，心才会踏实有着落，不去想那些不切实际的事情，道德品质和事业才会日日有所长进。

　　自己经历过的高兴事总是铭刻在心中，得到它就欢喜，失去它就悲哀，这是人们通有的心态。世上还有什么事与自身关系如此密切，能让自己得到就高兴，失去就悲伤呢？圣人将自己的身体和悲欢看得并不重要，身体只不过是装载道义的口袋。对口袋内所载的道义他喜欢，却并不为了口袋而改变所获得的道义，就不会轻易放弃口袋内已得到的道义，更何况耳闻目睹的那种种快乐都只不过是身外之物。做学问的人如果只满足于欢欣和喜悦，那么他就不会有所进步。小人也有心灵坦荡的时候，那是因为他们对任何事情都无所顾忌。君子有时也经常忧心忡忡，那是因为他们始终都充满忧患意识。

　　一个人只要完全摆脱了轻浮浅薄之心，就可以达到思想品德的至高境界。然而，汉唐以后的读书人中，真正能摆脱轻薄这两个字的却没有几个。道义这副重担，普天之下必然有人去承担。有人以慷慨为己任，用柔弱之躯，绵薄之力去承担它，即使是牺牲了自己也不后悔。

功当受赏，罪当受罚

战国时期吕不韦认为：君子在做一件事情的时候一定遵循义的原则，行为必定成全义的原则，一般人虽然认为行不通，但君子认为行得通；行为不能成全义的原则，举动不能遵循义的原则，一般人虽然认为行得通，但君子认为行不通。这样看来，君子的行不通与行得通，跟一般人就有所不同了。所以，应该凭相应的功劳受奖赏，凭相应的罪过受惩罚。奖赏如果是不应该的，那么即使奖给自己也一定要谢绝；如果是该惩罚的，即使赦免了自己也不敢逃脱。

孔子谒见齐景公，景公送给他廪丘作为食邑，孔子谢绝了。从景公处出来后，孔子对学生们说："我听说君子凭相应的功劳而接受俸禄。现在我劝说景公，景公还没有实行我的主张，却赐给我廪丘，他也太不了解我了！"孔子虽是一平民，在鲁国才当司寇的官，然而拥有万辆战车的君主难以同他相提并论，三位帝王辅佐之臣比不上他显赫，都是因为他的取舍不苟且啊！

公上过在越国游说。公上过讲述了墨子的观点，越王很喜欢，对公上过说："您的老师如果肯到越国来，我就把原先吴国的土地、阴江沿岸三百里的土地和人民封给他老先生。"公上过回去禀告给墨子。墨子说："你认为越王会听从我的话，采用我的主张吗？"公上过说："不可能。"墨子说："不仅越王不了解我的心意，你也不了解我的心意。如果越王听我的话，采用我的主张，我将量体裁衣、量力而行，同一般人一样，不敢要求做官。越王不听从我的话，不采用我的主张，即使把整个越国给我，我也用不着它。越王不听从我的话，不采用我的主张，我却接受他的国土，这是拿理义做交易。而拿理义做交易，还有必要到越国去吗？在中原各国不就可以了吗？"

每个人都要细细考察这一点。秦国的鄙野之人，因为一点小利的缘故，弟兄之间相互诉讼，亲人之间相互残害。现在墨子可以得到越王的国土，却因担心会损害自己的道义而谢绝了，这可说是保持操守了。秦国的鄙野之人与他相比，是有差距的。

楚国与吴国将要作战，吴国军队在人数上占有绝对的优势。楚国将军子囊说："与吴国作战，必定失败。让君王的军队失败，让君王的名声受辱，让国家的土地受损，忠臣不忍心这样做。"他没向楚王禀告就悄悄跑回来了。到了城外，派人禀告楚王说："我请求死罪。"楚王说："将军你逃跑回来，是认为这样做是对的，事实证明你做对了，为什么还要求死呢？"子囊说："逃跑的人如不治罪，那以后当君主将领的人，就要都借口作战不利而效仿我逃跑。这样，楚国最终就会被天下诸侯所打败。"于是用剑自杀而死。

楚王说："让我成全将军的道义。"就给他做了三寸厚的桐木棺材，把斧子砧子等刑具放在棺上，以此来表示对他的惩处。君主的弊病是国家存在却不知为什么存在，国家灭亡却不知为什么灭亡。这就是国家存亡的情况屡次出现的原因。楚国成为国家已经相传四十二代了，曾经有过干谿谷之乱、白公之乱，曾经有过郑袖、州侯帮楚王行邪僻的事，可如今仍是拥有万辆兵车的大国，大概是因为它不断有像子囊那样的臣子吧！由此可见，子囊的节操，不仅仅在勉励一代的臣子啊！

楚昭王时，有个贤士叫石渚。他为人公正无私，昭王让他做廷理官。一次，有人杀人，石渚去追赶那个人，原来是他的父亲。他掉转车子返回来，在朝廷上说："杀人的人是我的父亲。对父亲施刑法，我不忍心；偏袒有罪的人，废止国家的法律，这

不可以。执法有过失要受惩处，这是臣子应遵守的道义。"于是就趴在刑具上，向楚王请求死罪。昭王说："追赶杀人的人没有追上，不是一定要处罚的，你重新担任职务吧。"石渚谢绝说："不偏爱自己的父亲，不可说是孝子；侍奉君主而歪曲法律，不可说是忠臣。赦免我，这是君上的恩惠；不敢废止国家的法律，这是臣子的操行。"他不让拿掉刑具，在昭王的朝廷上自刎而死。

根据公正的法律，违法者必定处死。父亲犯法，自己不忍心处以死刑；君王赦免自己，但自己却不能赦免自己。石渚作为臣子，已经做到忠孝两全了。

牙齿坚硬容易损坏，舌头柔软却能保存

元朝时期许名奎认为：人活一生总是会死去，如果对人不讲信用，就不能保全统治。尾生以死于信而得以闻名；解扬以履行信用而获释；范式、张劭未违背告别的欢饮之约，魏文侯不因行酒和下雨而失信于虞人的狩猎之约。世上有一种轻薄的风气，就是口是心非，信口开河却不负任何责任。这样做的话一定会遭到众人的怨恨，埋下祸根。不要效法张仪，诓骗楚国，把割地六百里的许诺改口为六里；晋国早上还受到秦国的惠顾，晚上即反目为仇，这都是自己造成的。

每个事物都有一定的限度来制约着。阴、阳、风、雨、晦、照六气超过适当限度，就会产生六种疾病，无病时须谨慎预防，这是真正的治病良药。如果人调理衣食失之不谨，就会有风寒暑热侵入体内而生病。有些人怀疑医药的作用，却对巫术深信不疑，最终陷入枉死的愚蠢境地，实为背离了圣贤的教诲。所以，有病时就要采用免俗绝欲的转移心性之法，无病时则信守嵇康的修心养生之论。切勿等到病入膏肓再求医，应当重视治病的苦口良药。

怒属于东方的性情并导致阴险之气，它破坏人内心的和谐，致使事物乖张不顺，如同火焰不被扑灭，就有燎原的可怕后果。大矛盾

产生战争和刑杀，小矛盾则导致争斗不已。唐太宗不能制怒而斩杀了张蕴古和卢祖尚，汉高祖却能息怒而满足了韩信的封王之请，并容忍了萧何称其为桀纣的言行。吕后因不堪忍受冒顿单于的书信谩骂，而险些同意樊哙率十万兵马征讨匈奴的贸然行动。所以，在上位者发怒，就会使在下者遭难；在下位者发怒，就会冒犯在上位者。国家之间积怨会使战事不断，家庭内不和则使人伦之道丧失。只有逆来顺受，才能行遍天下而不受怨恨。因此孔子有"忿思难"的告诫，陶潜有"徒自伤"的规劝。

有仁德的人，不埋怨胜过自己的人；别人以粗暴的行为对待我，就自我反省罢了。孔子不愤恨桓魋对他的伤害，孟子没有丝毫怨恨臧仓的诋毁。给人感慨很多，难以泯灭天理。

他们靠不义发横财，我靠自己的仁德。牙齿坚硬容易损坏，舌头柔软却能保存。尽力去做宽恕别人的事，这样达到仁德的境地就没有比它更近的了。克制自己就是仁德，这是值得铭记的训诫。

樗里、晁错都以智囊著称于世，前者以能混淆同异而寿终，后者因仗义执言而丧命。人不可以无智谋，但如果过多地使用了智谋则会引起众怨而招致祸害。所以孔子称赞宁俞善用智谋，而认为鲍庄智慧还不如秋葵，因此被砍断了脚。颜回号能闻智士，却大智若愚而不汲汲功名于世；士会杖打其子，是因为他以一知半解而炫耀于朝廷。

一柔可以克刚，一让可以去贪

明朝时期的吕坤认为：相碰的两个物体一定会发出响声，相对峙的两个人也一定会发生争执。有声响，是两个物体都坚硬的缘故。若两个柔软的东西相碰就无声了。有争执，是两个人都贪心的缘故。若两个人互相谦让就不会有争执，或一个贪心一个谦让也不会有争执。还有更进一步的，以柔克刚，以让去贪。

水流不进石头，是因为石头坚硬；水流不进磁铁，是因为磁铁坚密。若人的身体内部健康，而外部多加保护，则不会受到风寒的侵入。物体有个裂缝，水就会渗入这个裂缝里；物体有一寸虚空，水就会渗透一寸。

在羊肠的小路上，假若前面的车子翻了，后面的车子一定帮助他。这并不是因为他们有友谊，而是挡住了后面车子的去路，使其不能行走，不单关系到快慢，而且两者利害相同。帮助了别人，实际上也是为了自己。如果与人共事只想到自己而忘记了别人的难处，时间长了，自己就会把自己孤立了。

万道河水从发源处流入百川，百川容纳不下；流入长江、黄河、淮河、汉水，这些江河也容纳不下，就一直流入大海，浩浩荡荡，不知什么时候流入长江、淮河，不知道黄河、汉水从什么地方流来，都兼容并收了。

那些闲杂的懊恼，无端的诽谤，偶尔飞来的灾祸，加到普通人身上无法承受，加到贤人身上也无法承受，若降临到圣人身上就看不到他有什么不悦的脸色。圣人自然会有自己的方法处理这些问题。所以称圣人是能够容纳污垢痛苦的大海。

用来杀人的凶器是刀，被杀的人却不痛恨刀而痛恨凶手；打人的工具是棍棒，而挨打的人却不痛恨棍棒。

天下的事常常刚开始时感到有些害怕，习惯之后就感到安稳了。多次经过山间的栈道，开始时不敢迈开步子，如今却好像走平地一样了。刚开始时以为危险，其实并不危险，现在认为安全了，其实这却很危险。

君子教导别人，是因为他们能够因材施教，不改变他们各个人所具备的本质。好比地一样，使万物生长发育，这是大地的本性。草从地里长出是柔软的，树木从地里长出来却是坚硬的。土地不能让草变成树木，也不能让树木变成草。所以君子根据人的特性来教导人，而不用自己的特性来教导人。

没有秤砣的秤，没有星子的秤，是不公正的秤。君子不能做这种没星没砣的称。

世俗的好恶往往与事理相反

唐朝时期的赵蕤认为：事情常常不能如己所愿，理与情背。这常常使我们为之困惑。然而其中的道理对我们是很有益的。第一，正确分辨是非，不被私下的评论所左右，应以大局为主。第二，别人对自己的批评乃至成见，往往能督促自己改正缺点，不断进取。第三，对子女不可溺爱，否则，轻则使子女养成依赖习惯，重则会走上邪路。

事情有利于自己却有损于国家的，有顺理行事却不合道义的，有本为爱他却反害了他的，有讨厌自己却是于自己有好处的。过去楚灵王骄奢淫逸，暴虐无度，芊尹申亥按照灵王的意愿，把他埋葬在乾溪（今安徽亳州），并用两女子做了殉葬。这是顺理行事反而违背道义的。国君的命令是正确的，臣子才服从，这叫作顺。而如今国君违背道义，臣子却服从他，这能是顺吗？

慎夫人非常受汉文帝的宠爱，在后宫时慎夫人和皇后同席而坐。汉文帝游上林苑，郎署长安排座位，又安排慎夫人与皇后同席而坐，而袁盎便把慎夫人领到另一座位坐下。文帝大怒，袁盎上前说道："我听说尊卑之间一定有个次序，上下才能融洽。如今陛下既已册立了皇后，慎夫人不过是侍妾，皇后与侍妾是不能在同一席位上平起平坐的。如今你宠爱她，多赏赐她财物就行了。你认为让她与皇后同席是为她好，其实恰恰是给她留有后患。你不知道高皇帝的宠妃戚姬的下场吗？高皇帝死后，吕后把戚姬的双手双脚剁去扔到猪圈里，称作'人彘'。"文帝这才不生气了。这样看来，因爱成恨直至最后惹祸上身，是早就有的现象啊！

韩非子说："为老朋友徇私舞弊的，称之为不抛弃朋友；把公家财产分给别人的，称之为爱心；看不起官职俸禄而看重自己生命的，称之为君子；不顾法律规定而庇护亲人的，称之为品德；抛弃职务包庇朋友的，称之为侠肝义胆；避世隐居地称之为诚谨；互相争斗，违抗命令的，称之为刚烈；施些小恩小惠以收买人心的，称之为得人。所谓不抛弃才是朋友的官吏，一定有奸私；所谓的爱心，公家的财物却受到了损失；所谓的君子，国家难以使用他；所谓的品德，法制就会被毁掉；所谓的侠肝义胆，就会使官位出现空缺；所谓的诚谨，就是使人别做事；所谓的刚烈，就会使上级命令没人执行；所谓得人，就会使君主处于孤立的地位。其实这些都是老百姓的私誉，是对君主利益的极大损害。"

商鞅说："不实在的话，像是花朵；真实的话，像是果实；逆耳的话，像是良药；甜言蜜语，像是疾病。"

君臣利害不同的道理就如同韩非子说："君臣之间的利害正好是对立的，所以臣子不忠于君主。臣子的利益一旦获得满足，君主的利益随之就会破灭。"世俗的好恶往往与事理相反，只有明智的人才能看清楚这一点。

德不外露，万物自然亲附

王骀，鲁国人，他的一只脚被砍断了。跟他学习的人和孔子的弟子一样多。孔子的学生常季问孔子说："王骀是个被砍去了一只脚的人，跟他学习的弟子和先生在鲁国的一般多。他站着不能给人以教诲，坐着不能议论大事；跟他学的人却是空虚而来，满载而归。难道真有不用语言的教导，无形感化而达到潜移默化的功效吗？这是什么样的人呢？"孔子说："这王骀是圣人，我的学识和品行都落在他的后面，只是还没有去请教罢了。我准备拜他为师，还有很多不如我的人也应该去拜他为师，我将引导学生去跟他学。

"从事物千差万别的方面看，肝和胆同处人体就像楚国和越国相距那么远；从事物都有相同的方面看，万事万物又都是同一的。像这种人，将不知道耳目适宜于何种声色，只求自己的心灵自由自在遨游在忘形、忘情的混同的境域之中。从万物相同的方面去看就看不见有什么丧失，因而看自己断了一只脚就好像失落了一块泥土一样。

"人不会在流动的水面照自己的身影，而要在静止的水面照自己的身影，只有静止的东西才能使别的事物静止下来。接受生命于地，只有松柏禀自然之正，不分冬夏枝叶郁郁青青；接受生命于天，只有尧舜得性命之正，在万物之中为首领。幸而他们都能自正性命，才去引导别人。能保全本始的迹象，勇者的无所畏惧。勇敢的武士只身一人冲锋陷阵。将士为了求名尚且能够这样，何况主宰天地，包藏万物，把六骸视为旅舍，把耳目视为迹象，天赋的智慧能够烛照所知的境域，而心中未尝有死生变化的观念的人。这样超尘绝俗的人，大家都乐意跟从他，而他是不会以吸引众人为事的。"

鲁哀公问孔子说："卫国有个面貌很丑陋的人，名叫哀骀它。男人跟他相处，想念他而舍不得离开。女人见到他，立即请求父母说：'与其做别人的妻子，

不如当哀骀它的妾。'这样的女人已经十余个了，而且还在增加。从没听说哀骀它倡导什么，只是见他附和别人而已。他没有高居君王的地位而拯救别人的灾难，也没有钱财去喂饱别人的肚子。他面貌丑陋到使天下人看了感到惊愕，又总是附和他人而无倡导，他的知见超不出他所生活的四境，然而妇人男人都亲近他。这样的人肯定有和别人不一样的地方。我召他来看了看，果真发现他的相貌丑陋得使天下人惊骇。但是，和我相处不到一个月，便觉得他有过人之处；不到一年，我就十分信任他。这时国家没有宰相，我就把国事委托给他。他却淡淡然无意答应，漫漫然无心推辞。我深感羞愧，终于把国事交给他。没过多久，他就离开我走了，我内心忧虑得很，好像失掉了什么似的，好像国内再没有人可以跟我一道共欢乐似的。哀骀它究竟是什么样的人？"

孔子说："我曾经去楚国，碰巧看见一群小猪在吮吸刚死去的母猪的乳汁，不一会儿又惊慌地弃母猪而逃走。因为母猪已死去，不像活着的样子了。可见小猪爱它们的母亲，不是爱其形体，而是爱主宰形体的精神。战死沙场的战士，被埋葬时不用棺材上饰物来送葬；砍掉了脚的人，对于原来的鞋子，没有理由再去爱惜它，这都是因为失去了根本。做天子的嫔妃不剪指甲不穿耳眼；婚娶之人只在宫外办事，不得再到宫中服役。为保全形体的完整尚且如此，更不要说是德行完美而高尚的人了。现在哀骀它不说话也可取信于人，没有功业即可赢得人的亲近，使人乐意把国家政务委托给他，还怕他不肯接受，这一定是'才全'而'德'又不外露的人。"

哀公说："什么叫作'才全'呢？"

孔子说："死、生、存、亡、穷、达、贫、富、贤和不肖、毁、誉、饥、渴、寒、暑，这些都是事物的变化，自然规律的运行；好像昼夜轮转更替一般，而人的智慧却不能窥见它们的起始。因此，了解这一点它们就不会扰乱本性的谐和，也不至于让它们侵扰人们的心灵。要使心灵平和安适，通畅而不失信悦，日夜不间断地保持着春天般的生机，这样便会和外物产生谐和的感应。这就叫作'才全'。"哀公说："什么叫作'德'不外露呢？"

孔子说："水平是极端静止的状态。它可以拿来作为效法的准绳，内心保持极端的静止状态就可以不被外物所动。所谓德，就是完美纯和的修养。德不外露，万物自然亲附而不能离去。"

有一天哀公将孔子这一席话告诉给闵子说："起初我认为坐朝当政理天下，掌握法纪而忧虑人民的死亡。我自以为尽善尽美的了。如今我听了至人的名言，恐怕自己没有业绩，只是轻率地用我的身体而使国家危亡。我和孔子不是君臣关系而是以德相交的好朋友。"

所以只要不同于其他人的德行，形体上的缺陷就会被人所遗忘。真正的遗忘是遗忘了不该遗忘的东西（德行）。

所以圣人能自得地出游，把誓约看成是胶漆，把智慧看成是灾孽，把推展德行看作是接交外物的手段，把工巧看作商贾的行为。圣人不砍削，哪里用得着胶漆呢？圣人不图谋虑，哪里用得着智慧，圣人不感到缺损，哪里用得着推展德行呢？圣人不做买卖，哪里用得着经商呢？

这四种做法叫作天养。天养，就是受自然的饲养。既然受自然的饲养，哪里还用得着人为！有人的形体，而无人的真情。有人的形体，所以和人相处，无人的真情，所以是与非不会汇聚在他身上。所以，人类总是渺小的，而自然界则是伟大的。

珍惜生命，但不可苟且偷生

战国时期的吕不韦认为：只要是圣人想做的，必定先要考虑想要达到的目的和达到目的所用的方法及手段，甚至还要考虑到为达到自己的目的需要付出多大的代价。现在有这么一个人，用价值连城的隋侯珠弹打高在千仞之上的鸟雀，世上的人一定会嘲笑他。原因是因为他付出的代价太大，而他所要达到的目的又太微不足道啊！

至于生命，它的价值是比贵重的隋侯珠还要珍贵得多。

愉快和心情都有个适中问题。希望长寿而厌恶短命，希望安全而厌恶危险，希望光荣而厌恶耻辱，希望安逸而厌恶劳苦，这是人之常情。以上这四种愿望得到满足，四种厌恶得以免除，心情就会适中了。而四种愿望得到满足，在于遵循事物固有的情理；能够遵循事物固有的情理，生命就保全了，自然寿命因此得以长久。

大凡养生，应避免对养生不适中的情况以处于适中的情况，不使有所偏颇或过犹不及之事发生。要是能长久地处在适中恰宜的情况，那生命也就长久了。生命本身是清静无知的，由于受嗜欲的牵扰这才有知，或者说是由于外物的影响和刺激才得以有知。如果放纵嗜欲而不加约束，就会被嗜欲所牵制；而一旦被嗜欲所牵制，就会丧失身心健康。

所谓迫生，是指六欲没有一样适宜，所得到的都是十分厌恶的东西，像屈服和耻辱就都属于这一类。所谓死，是指已经无法知道六欲，又回到它未生时的状态。所谓亏生，是指六欲只有部分适宜，这样生命就要亏损，生命的天性就会被削弱，而且，生命越被损害，生命的天性削弱得也就越厉害。所谓尊生，就是全生。而所谓全生，就是六欲都各得其宜。

在耻辱当中，不义是最可耻的行为，所以行不义之事就是迫生，即苟且偷生，使生命的天性完全被压抑。况且，造成迫生的不仅仅是不义。所以，与其苟且偷生，还不如死。为什么说是这样的呢？比如说，耳朵听到讨厌的声音就不如没有听到，眼睛看

到讨厌的东西就不如没有看到。所以打雷的时候人们就会捂住耳朵，打闪的时候人们就会遮住眼睛。说追生不如死，也是如此。

六欲都知道十分厌恶的东西是什么。如果这些十分厌恶的东西一定不可避免，那就还不如根本不知道六欲。而没有办法知道六欲，那就是死了。因此，追生不如死。

喜欢喝酒，并不意味着连变质的酒也喝；喜欢吃肉，并不是什么肉都吃；而珍惜生命，也并不是要苟且偷生。

不可忽视小事物

元朝时期的许名奎认为：有生命的东西都有知觉，活着的时候很快活，死的时候就很悲伤。飞往蓬莱谢恩的黄雀，获救后用四枚白玉环报答恩人杨宝；蛇获救后用直径一寸大的珍珠报答恩人隋侯。老牛舐着它生下的小牛，母子之情亲爱和暖。把牛牵到厨房屠宰，它会浑身颤抖，恐惧身亡。鸟低头啄食，抬头四处张望，一粒弹丸飞来，随即扑倒下去。

不要以为一些小的动物微不足道，活着不知报恩，死了不知怨恨。仁义的君子，骑马遇到蚂蚁堆都要绕着躲开，虽然蚂蚁微不足道，却像爱惜人的生命那样爱惜它的生命；伤害猿猴是小小的过失，做这事的人却因此遭到桓温的痛斥；放掉小鹿，违抗了命令，秦西巴却因此受到孟孙的赏识。为什么早上杀了晚上就烹食，重视口腹的需求却如此轻视动物的生命？《礼记》中有不能无缘无故杀牲的戒律，《孟子》中有听到动物的哀叫声而不忍心吃动物肉的警语。

从古到今，陷害人的手段最厉害的就是颠倒黑白的谗言。贾谊遭受谗言流放到长沙，想到百余年前与自己同样遭遇的屈原，在湘水边哀悼屈原。屈原表明忠于楚国心迹的《离骚》《九歌》，千百年来引人心酸悲伤。《诗经·小雅·十月之交》篇中写道："没有罪过而遭受诽谤诬陷。"大夫被谗言伤害而作《巧言》，寺人被谗言伤害而作

《巷伯》。父亲听信谗言，忠孝之子也成了叛逆之子；国君听信谗言，忠臣也成了盗贼；夫妻之间，听信谗言就会怒目相视；兄弟之间，听信谗言就不会和睦相处；主人听信谗言，那么，平原君门下就没有门客了。

处在不平的状态就会发出声音，这是物理的常性，通达的人目光远大，与世无争。我的心境淡泊寡欲，不怨恨也不愤怒。他强大而我弱小，强弱一定有它的原因；他兴盛而我衰微，盛衰自然有它的定数。人多的话能胜过天的意志，而天的意志常常胜过人。

太保召公劝告武王的话，是不可做无益的事去妨害有益的事，不可看重奇异的物品而轻视日常所用的东西。万世都不可忽视它的深刻意义。沉溺于游荡会荒废正业，赌博浪费钱财，奇技淫巧浪费功夫，专好游猎废弃农业，这些都是没有益处的事情，而是导致贫穷的原因所在。

隋珠、和氏璧之类的珍宝，酱、筇竹之类的特产，寒冷时不能当作衣服御寒，饥饿时不能当作食物充饥。这些奇异的物品，远远不如日常食用的五谷。桓玄用画舸装书画玩物，战败时，他弃船空手而逃。王涯密藏于复壁的名书画，待他被诛杀后，尽弃于道路。两人精心修治的画舸、复壁，都是生前的徒劳。

盼望满仓的谷米，却只得到斗升；希望当上卿相一类的大官，却只得到郎官的职位。愿望没有得到满足，言谈和神色都表现出来了。所以，周亚夫郁郁不乐，杨恽呜呜歌呼不平，而后来，周亚夫落得关进牢狱的下场，杨恽后来被满门抄斩。

东晋陶渊明作《归去来兮辞》，西汉扬雄作《解嘲文》，排遣忧患，解除非分之想，就会非常快乐。得的多少由天而定，一阶一级的地位，是造物主确定的。应该处于高位，却居下位，是阴阳消长变化的结果；应该给予，却被夺去，是鬼神掌管的结果。与世无争将得失付之自然，就能心境开阔怡然自得。

时刻都要收敛自己的放纵之念

明朝时期的吕坤认为：心境应像天平那样动中有静，称量东西时，东西被搬来搬去而天平却一点也不忙乱，东西拿掉后天平依旧空悬在那里。只要让心境处在这虚无清静之中，岂不更是悠闲自在？无论是谁，时时刻刻都要能收敛自己放纵的心，千万不要像追逐放出的猪那样。既然已经把它关在圈栏中，就应该让它感到从容畅快，不能有拘束压迫、懊恼的状态。假如担心它难以收复，一直把它束缚在圈里，就和放在外边没有两样，这是因为那样还是没有收获。等下次再放它出去，它就会一逃了之不可收拾。君子之心要像受过训练的雄鹰一样，任它搏击飞腾，主人用不着一点儿担心。待它们回归到庭院中时依然那样悠闲自在，所以一点也不必担惊受怕。

心灵是不是能放开，关键是要看它在没在正道上。好比那些身在深山老林中的隐士，心中常常挂着朝廷，身处乱世却一心向往太平盛世；那些漂泊在外的游子思念着远方的亲人，坚守贞操的妇女思念着远方的丈夫，这就是放开了心灵。假如不计较邪道与正道，只计较它的出入，那只不过是佛家禅学之言而已。

做学问的人只要多注意身边事凡事留心，做事情一丝一毫都不敷衍了事，那么他的品德与学业的进步，就好比东流之水汩汩不断。不动气，就会一切称心如意。

有人问："怎样才能收回已经

放逐的心？”我说：“只要你这么一问，就证明已经收回了。心灵的收敛与放逐是非常容易的事，一旦昏昏沉沉时就放出去了，一旦清醒了便又收回了。”

人要始终保持头脑清醒，使眼睛保持明亮，才会有主见而不至于受外界迷惑，否则就会糊里糊涂地应酬。怎么没有偶然的巧合？假如有也毕竟不是自己心上经历过，所以最终没有长进。这好比在梦里吃东西，是不会吃饱的。

遏制欲望就像在拉逆水而行的小船，稍一松懈船就会顺水往下漂去；尽力做好事仿佛是在攀那没有枝丫的树木，一停脚就会往下滑落。因此，君子的心中要每时每刻都保持警惕。在好的念头还没有扩充之前，暂且好好地保持住，这是孕育其他善良愿望的开端。若随它任意来去，又不把它放在心中，就会像驿站一样永远没人常驻，心中也再不会有美好善良的愿望了。

多年来努力在道义上花功夫，却禁不住一刻的松懈。所以君子瞬息之间都要注意修身养性，时时刻刻不能离开道义，以防不义之事，好比家有千金要防止盗贼一样，担心丢失了将来会挨饿。

在没有人看见时仍保持高贵品质的功夫，就会做成大事业。君子不随意说话，讲出的话都是用心考虑过的。因此说“修辞立其诚”，不诚是不能够修饰好词句的。

放纵一个坏念头，百种邪念就会乘机而入；收敛一个坏念头，万种好念头就会产生。

慎于独处则身心安泰

清朝时期的曾国藩解悟《菜根谭》时认为：仔细想想古人修身功夫，主要在于这四个方面：慎于独处，则心胸安泰；端恭谨慎，则身体强健；追求仁义，则人们敬慕热爱；诚心诚意，则神灵钦敬。慎独，就是说遏禁私欲，连非常微小的方面也不放过，循理而行，时时如此，内省而无愧，成以心泰。主敬，就是说仪容整齐严肃，内心思虑专一，端恭不懈，所以说身体强健。求仁，就是说从本体上讲，有爱民惜物之怀，大公无私，所以人悦。思诚，就是说内心忠贞无二，言语笃实无欺，以至诚感应万物，所以神钦。如果真能达到上述四方面的修身功夫，效验自然而至。我虽然年老体衰但还想讲求此修身之功夫，以求得万一之效。

有关自身修养以及治理国家的道理，这四句话让人终身用之而受益无穷，这就是："勤于政事，节俭治家，所说的话忠信可靠，行事诚实无欺。"话不在于多少而在于深刻与否。

古往今来圣哲们的胸襟十分宽广，而达到至圣大德的成为圣人，约有四种境界：精诚感动神灵而可以生而知之，这是子思的遗训；安贫乐道而身体健康面无忧色，这是孔子、孟子、曾子、颜回的至高宗旨；笃恭修己而生出聪明睿智，这是二程的主张；欣赏大自然的美妙，吟诗作赋，而意志安适，精神愉悦，这是陶渊明、李白、苏轼、陆游的人生乐趣所在。后悔自己年轻时不努力，年长时常常有一种悔惧萦绕于怀，对于古代圣贤的心境，不能领略一二。反复寻思，喟叹不已。

所谓"独"这个东西，是君子与小人共同所有的。当小人在他单独一人之时往往会产生一个狂妄的念头，狂妄的念头多了就会产生纵肆，就会有欺负别人的坏事发生了。君子在他单独一人之时产生的念头由其真性决定，往往是真诚的。诚实积聚多了就会谨慎，而自己唯恐有错的功夫就下得多了。君子小人在单独处事上的差别，是可以得到评论的。

《大学》自穷究事物的原理而获得知识以后，把以前的言论和过去的行为，将其作为扩大与深入研讨的资料；日常一些琐事问题，可以加深他的阅历与见识。他的心在遇到事的时候，已经能剖析公与私的区别；在联系道理的时候，又能充分精辟地研究事理的得失。对于善事应当作，不善良的毛病应去掉，是很多人都知道的。而君子，唯恐一件善事办得不力，在晦暗中就会有堕落的行为；一个坏毛病改正不了，就会像涓涓细流长年不断地犯错。暗室之中凛然不动，主心骨坚如金石，在只有自己知道的地方单独行事，要谨慎而又谨慎。而那些小人，却不能有实实在在的见识，而去实行他所知道的应做的事。对于办一件好事，唯恐别人不能觉察到，自己白干，因而去办时迟疑不决；对于办一件不好的事情，侥幸别人一定窥视不到，因而改正得很不力。背地里独处之时，弄虚作假的情形就产生了，这就是欺骗。圣人遵奉的准则也是后人所遵奉的，也是要切实研究的问题。

以不知为道，以奈何为宝

战国时期的吕不韦认为：圣明的君主，最好的治理不是普照明万事万物，而是明白自己所应掌握的东西。有道术的君主，不是一切都亲自去做，而是懂得授权给百官这个关键。懂得了授权给百官这个关键，所以事情少而国家治理得好。明确了君主所应掌握的东西，所以大权集中，奸邪止息。奸邪止息，那么游说的就不来，真情也能了解了。真情不加雕饰，事实也就能显现了。

治理得最好的社会，人民不喜欢说空话假话，不喜欢邪恶的、流行的学说，贤德的与不贤德的都各自恢复其本来面目。按真心行事，对自己的本性不加雕饰，敦厚纯朴，以此来侍奉自己的君主。这样，勇敢的与怯懦的，灵巧的与拙笨的，愚蠢的与聪明的，能够得以按照法典调整

官职，调整官职后各自就更能胜任自己的职务了。

所以有职位都安心各就其职，君主不听他们的议论；没有职位的要求他们拿出事实，来检验他们的言辞。这两种情况弄明白了，就不会有人在朝廷说废话了。

君主顺天行事去掉爱憎之心，以虚无为根本，来听取有益的话，这叫听朝。凡是听朝，都是君臣共同招致理义，共同确立法度。君主从天性行事，那么，讲求理义的人就会前来归附了，法度的效用就确立了，就不会再有乖僻邪曲的人了。如此，贪婪诈伪的人就疏远了。

所以，治理天下的关键在于去除奸邪，去除奸邪的关键在于整顿官吏，整顿官吏的关键在于研习道术，研习道术的关键在于懂得天性。所以子华子说："君主厚重而不广泛，严肃地守住一个根本，喜爱正性。不与众人相会，而致力于学会忘记这种能力。全部忘掉的能力形成后，四方就会平定。那些符合天道的人，不求与天道相合却能达到相合，这就是神农之所以兴盛，尧舜之所以名声显赫的原因。"

君主自认为聪明，认为别人都愚笨，像这样，那么愚蠢笨拙的人就要请求指示了，灵巧聪明的人就要发布指示了。指示越多，请示的人就越多；请示的人越多，就将无事不请求指示。君主即使灵巧聪明，不能无所不知。凭着不能无所不知，应付无所不请，他的办法必定会穷尽。当君主多次被臣下弄得技穷，更没有办法治理人民了，技穷却不知道自己技穷，只怕又将更加自高自大，这就叫受到双重阻塞的君主，还怎么能保住国家？

所以，有道术的君主，因势利导却不去创造；去掉臆想，静待时机；责成臣子成功，自己不妄加指示；审察名分和实际，让官吏自己管自己的分内事；不说大话夸耀自己，不好大喜功矜夸自己；把不求知当作根本，把"怎么办"当作法宝。

赵襄子当政之时，任登为中牟令。他在上呈全年总结时，对襄子说："中牟有两个人，名叫胆、胥己，请您表彰他们。"襄子召见了他们并任命为中大夫。相国说："我想您只是听说而没有亲眼见过他们吧？像这样就任命为中大夫，不是晋国的成规。"襄子说："我提拔任登时，已经耳闻且目睹过他了。任登荐举的人，我再听说过又亲眼看过他。这样，用耳朵听用眼睛观察人就始终没完没了。"于是就不再询问，任命他们为中大夫。

襄子把"怎么样"当作任用人的原则，那么贤明的人自然就会为他竭尽全力了。君主的毛病，一定是委任人却不让他做事，让他做事却同不了解他的人议论他。横渡长江的人靠船，到远方去的人靠骏马，成就王霸之业的人靠贤人。伊尹、吕尚、管夷吾、百里奚，他们是成就王霸事业的船和骏马啊。放弃父兄与子弟，不是疏远他们；任用厨师、钓鱼的人和仇人、奴仆，不是偏爱他们。保国立功的原则迫使君主非做不可，如同卓越的工匠建筑宫室一样，测算一下宫室的大小就知道需要多少木材，估量一下板数和长度，就知道需要多少人了。所以管夷吾、百里奚被重用，天下人就知道齐、秦将成就霸业了；小臣伊尹、吕尚被重用，天下人就知道殷、周将要成就王业了。

成就王霸事业的当然有人，亡国的也有人。桀重用干辛，纣重用恶来，宋国重用唐鞅，齐国重用苏秦，于是天下人就知道那些国家要灭亡了。没有辅佐的贤人却想建立功业，就如同在夏至这一天却想让夜长一样。舜、禹尚且吃力，更别说是平庸的君主了。

人在不断否定中成长

战国时期的庄子认为：寓言占十分之九，其中重言占十分之七，无心之言、没有成见的言论层出不穷，这是符合自然的分际。寓言占十分之九的信誉度，是因为假托外人来论述。父亲不为自己的儿子做媒，因为父亲称赞自己的儿子，总不如别人来称赞。这不是做父亲的过错，是人们往往猜疑的过错。与自己意见一致就应和，与自己意见不一致就反对；重言占十分之七的信誉度，之所以能止息争辩，是因为这些都是长者。虽然年长，没有治世的本领和处理事情的头绪，只是白白地称年长，那就不能算前辈长者。

为人若没有超人的才德学识，就没有做人之道；为人不能尽其为人之道，这就称之为陈腐无用的人。无心的言论层出不穷，合于自然的分际，因循无尽的变化和连续不断的发展，所以能持久延年。

有言可发却不如不发，不发表言论事物的常理自然齐同，本来齐同的自然之理与分辨事物的主观言论相比较就不齐同了，既然主观言论与客观同一的自然之理不能谐和一致，发出与自然常理不谐和的言论就像没有说话，终身在说话，却像不曾说；世间的万物原本就有它是的方面，世间的万物原本就有它可的方面，没有什么物类不存在是的方面，没有什么物类不存在应当认可的方面。如果不是无心之言、没有成见的言论层出不穷，合于自然的分际，怎么能维持长久！万物都有它的种类，用不同的类型相传接，如终如循环，没有头绪，这就是自然均平的道理。自然的分际也就是自然的均平。

发出的声音应合于乐律，发出的言论当合于法度。孔子从教近六十年，而这六十年中，他与日俱新，不断简化，当初所认为对的，最终又否定了。孔子说过："禀受才智于自然，伏藏灵性而生。"将利义陈列于当前，进而分辨好恶与是非，这仅仅只能使人口服罢了。要使人心服，而且不敢违逆，还必须确立天下的定则。

曾子再度做官时心境较前一次又有不同，他说："我父母在世时做官，俸禄仅有三釜而心中觉得快乐；后来做官，俸禄三千钟然而还不及赡养父母，我心里很悲伤。"孔子的弟子同孔子说："像曾参这样至孝人，是没有受俸禄所牵挂的过错。"孔子说："曾参他还是心有所系。若心无所系，是不会出现悲伤的感情，那些心无所系的人看待三釜和三千钟，如同看待鸟雀和蚊虻从眼前飞过一般。"

第十编　闲适性情篇

得趣不在多，会景不在远

得趣①不在多，盆池拳石间，烟霞②俱足；会景③不在远，蓬窗竹屋下，风月自赊④。

【注释】

①得趣：领会情趣。

②烟霞：烟雾和云霞，也指"山水胜景"。

③会景：观赏景色。

④赊：欠，此处指很多的意思。

【译文】

领会山林的情趣不在多少，只要有一方水池几块石头，山水胜景，尽收眼底；观赏景色不必要走得很远，只要在茅窗的竹屋下就可以领略到风花雪月的盛景，自然就会心旷神怡。

登高心旷意远，读书神清兴迈

登高①使人心旷②，临流使人意远③。读书于雨雪之夜，使人神清④；舒啸⑤于丘阜之巅，使人兴迈⑥。

【注释】

①登高：站到高处，一般指爬山。

②心旷：心胸开阔。

③意远：胸怀旷达，意趣超逸。

④神清：心神清朗。

⑤舒啸：犹长啸。放声歌啸。

⑥兴迈：意气风发，振奋精神。

【译文】

站得高就可以使人心胸开阔，站在细水长流的地方就可以使人意趣超逸。在雨雪之夜中读书，可以使人变得心神清朗；放歌于山峰之巅，可以使人意气风发、精神振奋。

何地非真境，何物无真机

人心多从动处失真。若一念不生，澄然①静坐，云兴而悠然②共逝，雨滴而冷然俱清，鸟啼而欣然有思，花落而潇然③自得。何地非真境④？何物无真机⑤？

【注释】

①澄然：干净透彻，此处指心无杂念的意思。

②悠然：安闲、闲适的样子。
③潇然：豁然开朗。
④真境：道教之地，也指仙境。
⑤真机：玄机，玄妙之理。

【译文】

人的内心大多是心生贪念而失去纯真的本性。如果不产生一丝念头，安然若素地坐在那里，那么一切欲念都会随着白云的流转而消失，心灵会随着雨点的滴落而被冲刷干净，情绪会随着鸟儿啼鸣而感到愉悦，会随着花朵的飘落而豁然开朗。任何地方都有人间仙境，任何事情都有奥妙的玄机。

世亦不尘，海亦不苦

世人为荣利纠缠^①，动日尘世苦海，不知云白山青，川行石立，花迎鸟笑，渔唱樵歌^②。世亦不尘，海亦不苦，彼自尘苦其心尔。

【注释】

①纠缠：相互缠绕或遭人烦扰不休。
②樵歌：樵夫唱的歌。

【译文】

世上的人经常被荣誉和名利所缠绕，开口便说人间是个苦海，而他们却领悟不到被白云笼罩的青山绿水，溪流穿过的奇异怪石的良辰美景，也感受不到花的开放鸟的欢歌，以及樵夫唱歌的闲情逸致。世间并不是万丈红尘，四海也不是一片苦海，只不过是那些人们自己内心喧嚣而坠入苦海而已。

花看半开有佳趣，酒饮微醉宜思量

花看半开，酒饮微醉，此中大有佳趣^①。若至烂漫酩酊便成恶境矣。履盈满者宜思^②之。

【注释】

①佳趣：美妙的情趣。
②思：思考，思虑。

花卉在含苞待放的时候是最美的，喝酒喝到有一点醉的感觉是最适宜的，这样才能体会到其中的美妙情趣。如果去欣赏开得完美的花朵或者喝酒喝得烂醉如泥，那么就会大煞风景或伤害身体。所以功德圆满的人更要思考其中的道理。

要有段自得处，莫徒流连光景

栽花种竹，玩禽①观鱼，亦要有段自得②处。若徒流连光景，玩弄物华③，亦吾儒之口耳、释氏之顽空而已，有何佳趣④？

【注释】

①禽：鸟类。
②自得：指自觉得意、快意。
③物华：物的精华，此处指自然景物。
④佳趣：美妙的情趣。佳，美好。

【译文】

栽种一些花草树木，饲养一些鸟禽，观赏游鱼也要注意从中领悟悠闲自得的生活情趣。如果只是为了留恋光阴美景，玩弄自然景物，那么就会像儒家所说"耳听口出"、佛家所说的"不明事理"的故弄玄虚一样，这样还有什么美好的情趣呢？

茶不求精，酒不求冽

茶不求精，而壶亦不燥；酒不求冽，而樽亦不空。素琴无弦而常调，短笛无腔而自适。纵难希遇羲皇之世①，亦可匹俦嵇阮②之伦。

①羲皇之世：伏羲时代。伏羲、女娲、神农史称"三皇"，伏羲被人们尊为"羲皇"。

②嵇阮：三国魏文学家嵇康和阮籍的合称。二人在政治方面都不与魏国当权者合作。在文学创作方面上，嵇阮继承了建安文学的传统，就此形成了洒脱、浑朴、含蓄的风格。

【译文】

喝茶不一定要精益求精，但是要保持壶底干燥；喝酒不一定要味道浓烈，但是要保持酒杯不空。没有弦的琴虽然弹不出优美的旋律但是可以修身养性，没有孔的短笛虽然吹不出声音但是可以悠然自得。即使很难遇到伏羲时代的清静无为的生活，但也可以与嵇康阮籍的潇洒相媲美。

声自静里听，景从闲中观

林间松韵①，石上泉声，静里听来，识天地自然鸣佩②；草际烟光，水心云影，闲中观出，见乾坤③最妙文章。

【注释】

①松韵：松风，松涛。

②鸣佩：玉佩装饰，在走路时相碰发出的响声。

③乾坤：八卦中的两爻，代表天地。

【译文】

山林间阵阵松涛声，泉水流过石头时发出的响声，静下心来去听，就会领悟到大自然间如佩玉碰撞般悦耳的声音；被雾水笼罩的草丛，水中白云的倒影，悠闲地去观察，就会体会到天地间创造的美妙文章。

鱼忘乎水，鸟不知风

鱼得水游，而相忘乎水；鸟乘风飞，而不知有风。识此可以超物累^①，可以乐天机^②。

【注释】

①物累：外物给予人的拖累。

②天机：通常比喻自然界的秘密，也比喻重要而不可泄露的秘密。

【译文】

鱼只有在水中能游动，但是常常会忘记自己置身在水中；鸟儿只有乘着风才能起飞，却常常不知道有风的存在。懂得这其中的道理便可以超脱世俗的拖累，就可以领悟到人生的乐趣。

微吟灞陵桥上，独往镜湖曲边

诗思在灞陵桥^①上，微吟处，林峦^②都是精神；野兴^③在镜湖曲边，独往时，山川自相映^④发。

【注释】

①灞陵桥：桥梁名称，著名的有河南灞陵桥和甘肃灞陵桥，古人常在此桥上送别友人。

②林峦：山川树林。峦，山。

③野兴：对自然界或野游的兴趣。

④映：反映。

【译文】

作诗的灵感经常会出现在像灞陵桥这样有意境的地方，当低微吟唱的时候，会觉得树林山川都是有诗意的；野游的兴趣常常会出现在明亮的湖畔曲折的山峰之地，独自漫步的时候，会觉得山川相映景色优美。

千古英雄，一朝风月

会①得个中趣，五湖②之烟月，尽人寸衷；破③得眼前机，千古之英雄，尽归掌握④。

【注释】

①会：领会，意会。
②五湖：五大湖泊，泛指山川河流。
③破：破坏，破损。此处是看破的意思。
④掌握：控制，了解。

【译文】

能够领悟到事物的情趣，那么山川河流的美景就会尽收心底；能够看破眼前的玄机，那么千百年来英雄的权术就都会被自己了解。

非上上智，无了了心

山河大地，已属微尘①，而况尘中之尘；血肉身躯，且归泡

影，而况影外之影。非上上智②，无了了心③。

【注释】

①微尘：十分细小的灰尘。

②上上智：佛教专有名词，指声闻、缘觉、菩萨、佛四乘人观十二因缘之智，即下智观、中智观、上智观、上上智观四种。此处指智慧最高的人。

③了了心：消除杂念，使自己心根清净。

【译文】

相对于整个自然界来说，大地山川河流显得犹如灰尘般很渺小，更何况尘世中那些微不足道的琐事呢；相对于整个生命来说，身体血液最终会化为泡影，更何况躯体之外的小事呢。没有很高的智慧就无法使自己心根清净。

损之又损，忘无可忘

损之又损，栽花种竹，尽交还乌有先生①；忘无可忘，煮茗②焚香，总不问白衣童子③。

【注释】

①乌有先生：虚拟的人名或事物。

②茗：广为人知的茶，众口皆碑的茶。

③白衣童子：相传陶渊明重阳赏菊，见白衣人送酒而至，陶公更无多话，大醉而归。

【译文】

对物质的追求欲望要减少到最低的限度，多栽些花草树木，把一切欲念都交给乌有先生；把脑子里的东西忘到再也没有什么要忘记的程度，品味名茶烧香拜佛，即使有人来送酒只管饮而不用管他是谁。

心无物欲，座有琴书

心无物欲，便成霁①海秋空；座有琴书，便成丹丘石室②。

【注释】

①霁：雨雪停止，天放晴；也指怒气消除的意思，比喻心脑豁达。
②丹丘石室：泛道士和神仙居住的地方，此处是超凡脱俗的境地。

【译文】

内心没有关于物质利益的杂念，胸怀豁达就会像辽阔的大海、秋天的苍穹一样开阔；安静地坐下来看书弹琴，就犹如处在神仙的境地那样自由自在。

立处云生破衲，觉时月侵寒毡

松涧①边携杖独行，立处云生破衲②；竹窗下枕书高卧，觉时月侵寒毡③。

【注释】

①松涧：松林山谷。涧，涧谷，山谷。
②破衲：破烂的衣服。衲，和尚穿的僧服。
③寒毡：空气侵入毛毡，比喻清苦的读书人。毡，羊毛或其他动物毛经湿、热、压力等作用，缩制而成的块片状材料。

在满是松树的溪谷旁边，拿着拐杖独自行走，所走的地方浮起一片云雾，笼罩着自己破烂的长袍；在窗明几净的地方枕书而眠，当醒来的时候发现寒冷的月色侵入了自己的毛毡。

自得之士，自适之天

嗜①寂者，观白云幽石而通玄②；趋荣③者，见妙舞清歌而忘倦。惟自得之士，无喧寂，无荣枯，无往非自适④之天。

【注释】

①嗜：嗜好，喜爱。

②通玄：明白事物之间的玄机奥妙。玄，深奥不容易理解。

③趋荣：追求名利荣誉。

④自适：悠然闲适而自得其乐。

【译文】

爱好寂静的人，看到天上的白云地上的石头，也会从中领悟到事物间的玄机奥妙；追求名利荣誉的人，看到轻歌曼舞就会忘掉所有的疲倦，只有悠然闲适能够自得其乐的人，内心才会毫不在乎喧嚣与寂静，荣耀与失败，没有不闲适自得的。

孤云出岫，朗镜悬空

孤云出岫①，去留一任其自然；朗镜②悬空，妍丑③两忘于所照。

【注释】

①岫：光滑的山体，光滑的山石。
②朗镜：明朗的镜子，一般指月亮。
③妍丑：美好和丑陋。

【译文】

在山谷中浮出一片彩云，无拘无束地飞向天空；明亮的月光像一面镜子悬挂在空中，世间的美好和丑陋都与之没有任何的牵连。

浓处味常短，淡中趣独真

悠长之趣，不得于酿酽①，而得于啜菽饮水②；惆恨之怀，不生于枯寂，而生于品竹调丝③。故知浓处味常短，淡中趣独真也。

【注释】

①酿酽：酿，味醇的酒；酽，指茶、酒等饮料味厚。酿酽，此处指山珍海味的意思。
②啜菽饮水：啜，吃；菽，豆类。饿了吃豆羹，渴了喝清水。
③品竹调丝：泛指吹弹管弦乐器。

【译文】

让人意味深长的事情，并不是得益于山珍海味，而是得益于饿了能吃饱、口渴了能喝到水；让人心生厌烦的情怀，并不是因为枯燥乏味，而是被忧伤的音乐所引起。所以说味道愈浓，时间持续得愈短，而平凡的感情却是最长久最真实的。

浓不胜淡，俗不如雅

衮冕①行中，著一个山人藜杖②，便增一段高风；渔樵路上，来一个朝士华衣③，便添许多俗气。固知浓不胜淡、俗不如雅④也。

【注释】

①衮冕：古代皇帝及上公的礼服。此处指地位高的人。
②藜杖：藜，一种草的名字，指用草的根茎做的拐杖。
③朝士华衣：高贵之人的华丽衣服。
④雅：雅致，优雅。

【译文】

在达官贵人的行列中，如果出现一位拄着藜杖的老翁，便会增添一些清新高雅的气氛；在渔父樵夫往来的路上，出现一位身穿华丽衣服的高官，便会增添许多世俗的气味。所以浓艳比不上清淡，红尘世俗不如宁静高雅。

久在樊笼里，复得返自然

竹篱下，忽闻犬吠鸡鸣，恍似云中世界①；芸窗②中，偶听蝉吟燕语，方知静里乾坤③。

【注释】

①云中世界：形容自由自在的快乐世界。
②芸窗：指书斋。

③乾坤：八卦中的两爻，代表天地。

【译文】

在安静的竹篱笆旁边，突然听到几声鸡狗的鸣叫声，就会觉得仿佛置身于自由自在快乐的世界里；在书房里，偶然听到几声蝉鸣燕啼，就会体会到宁静间别有一番超凡脱俗的天地。

意随无事适，风逐自然清

意所偶会①，便成佳境②；物出天然，才见真机。若加一分调停布置，趣味便减矣。白氏云："意随无事适，风逐自然清。"有味③哉其言之也。

【注释】

①偶会：不经意间领悟到。
②佳境：美好的境界。
③味：玩味，趣味。

【译文】

领悟事情中暗含的趣味，便容易使自己置身于美好的境地；自然毫无修饰的东西，才能显现出真实的本性。如果增加一点的装饰，它的趣味便会大大减少。白居易曾经说过："意念无为才会让自己身心愉悦，自然之风才会让人感到清爽。"这两句真是值得玩味的至理名言啊！

斗室中捐万虑，三杯后真自得

斗室①中万虑都捐，说甚画栋飞云，珠帘②卷雨；三杯后一真自得，唯有素琴③横月，短笛吟风。

【注释】

①斗室：小得像斗一样的房子，形容屋子极小。
②珠帘：用线穿成一条条垂直串珠构成的帘幕。
③素琴：不加装饰的琴。实际上就是空琴，有名无实的琴。

【译文】

虽然居住在狭小的房子里，但是却可以消除掉所有的忧虑，还奢望什么雕梁画柱飞檐入云，珍珠串成的帘子像雨珠般玲珑的豪华设施；三杯酒下肚后，体会到悠然自得的情趣，对月弹琴，对风鸣笛，自然会得到很多雅致。

性天本不沉冥，机神最宜触发

万籁寂寥①中，忽闻一鸟弄声，便唤起许多幽趣②；百卉摧剥后，忽见一枝擢秀，便触动无限生机。可见性天本不沈冥③，机神最宜触发。

【注释】

①寂寥：寂静空旷，没有声音。
②幽趣：指幽雅的趣味。
③沈冥：幽居匿迹，低沉冥寂。

在万籁寂静空旷的时候，忽然听到一声鸟的鸣叫，就会勾起很多优雅的趣味；花卉凋谢之后，忽然看到一棵小草毅然直立，便会触动心灵无限生机。由此可以看出人的本性并不会低沉冥寂，在生命的机趣最容易被触发。

收放自如，善操身心

白氏云："不如放身心，冥然①任天造。"晁氏云："不如收身心，凝然归寂定。"放者流为猖狂②，收者入于枯寂③。唯善操身心④者，把柄在手，收放自如。

【注释】

①冥然：恍惚不可捉摸，暗指天意。

②猖狂：随心所欲，无所束缚。

③枯寂：枯燥烦闷，寂寞无聊。

④操身心：坚定的意志。

【译文】

白居易曾说："凡事不如放心大胆地去做，成功与否全靠天意。"晁补之曾说："凡事要小心谨慎，这样才能达到寂静淡定的境界。"放任自流的人狂妄自大，小心慎微的人又容易枯

燥烦闷。只有善于调节身心的人，才能控制好自己，达到游刃有余的境界。

造化人心，浑合无间

当雪夜月天，心境①便自清澈；遇春风和气，意界②亦自冲融。造化③人心，浑合无间。

【注释】

①心境：佛教语：指意识与外物。

②意界：意境、境界。

③造化：指自然界。

【译文】

在面对飞雪或者明月普照的风雪之夜，心净就会自然清澈明净；当春风吹拂、阳光和煦的夜里，意境也自然会通达、从容闲适。由此可见自然界万物的变化是与人的内心波动紧密相连的。

不可牵文泥迹，总在自适其情

幽人①韵事②，总在自适其情。故酒以不劝为欢，棋以不争为胜，笛以无腔为适，琴以无弦为高，会以不期约为真率③，客以不迎送为坦夷④。若一牵文泥迹，便落尘缘苦海⑤矣。

【注释】

①幽人：幽隐之人；隐士。

②韵事：风雅之事。旧时多指文人名士吟诗作画等活动。

③真率：真诚坦率。

④坦夷：舒坦平和。

⑤苦海：佛教比喻苦难烦恼的世间，也比喻困苦的处境。

【译文】

隐居的人做一些风雅之事，要以符合自己的本性为主。所以以不劝酒为快乐，下棋时要以不相争斗为胜利的标准，吹笛子要以陶冶性情为乐趣，弹琴要以娱乐身心为主，和朋友不期而会是最真诚坦率的，宾客住来以不迎送最为舒坦平和。如果受到世俗情理的约束，就如同坠入俗世苦海一样便体会不到其中的乐趣。

静者为之主，闲者识其真

风花之潇洒①，雪月之空清②，唯静者为之主；水木之荣枯③，竹石之消长，独闲者识④其真。

【注释】

①潇洒：大方自然，无拘无束。

②空清：透彻。

③荣枯：繁茂和枯萎。指草木的茂盛和干枯。

④识：见识，认识，领悟。

【译文】

清风之下，花朵无拘无束地随风飘舞，月亮明亮的风雪之夜，只有内心平静的人才能体会到；河水的涨起涨落、树木的茂盛枯萎，竹子的生长、石头的腐蚀，只有闲适的人才能领悟到其中的真理。

天全故其欲淡，人生第一境界

田父野叟[1]，语[2]以黄鸡白酒则欣然喜，问以鼎养[3]则不知；语以缊袍短褐则油然乐，问以衮服则不识。其天全，故其欲淡[4]，此是人生第一个境界。

【注释】

①野叟：指田间老翁。
②语：说话，交谈。
③鼎养：美味佳肴，用来形容富贵之人的豪奢生活。
④欲淡：清心寡欲。

【译文】

与田间老翁交谈，说到黄鸡煮酒他们就会很高兴，然而说到美味佳肴他们却不知道；说到粗布长袍他们则会悠然自乐，说到华丽高贵的衣物他们就会如同没见过一样，默不作声。他们的本性是淳朴善良的，所以能做到清心寡欲，这便是人生的最高境界。

兴逐时来，景与心会

兴逐时来，芳草地携杖闲行，野鸟忘机[1]时作伴；景与心会，落花下披襟[2]兀坐[3]，白云无语漫相留。

【注释】

①忘机：道家语，意为消除机巧之心。常用以指甘于淡泊，忘掉世俗，与世无争，忘记了危险。
②披襟：穿着衣服。

③兀坐：端坐，静静地独自端坐着。

【译文】

一时兴起，光着脚在草地上悠闲散步，野鸟也会忘记会被人捕捉的危险飞到身旁陪伴；大自然的景致和内心融会贯通时，披着衣服在落花下独自端坐，静静地沉思，不会言语的白云也会对自己留恋不舍离去。

雨余山色觉新妍，夜静钟声尤清越

雨余观山色，景色便觉新妍①；夜静听钟声，音响尤②为清越③。

【注释】

①新妍：清新而美好。妍，美好。

②尤：尤其，更甚。

③清越：清脆悠扬，高超出众；清秀拔俗。

【译文】

风雨过后去观赏山湖的景色，就会觉得景色焕然一新，清新而美好；夜深人静的时候听到远处的钟响，就会觉得声音尤其清脆悠扬。

得处喧见寂之趣，悟出有入无之机

水流而石无声，得处喧①见寂②之趣；山高而云不碍，悟③出有入无④之机⑤。

【注释】

①喧：声音杂乱。

②寂：沉寂，寂静。

③悟：懂得，领悟。

④出有入无：出入于有无之中。

⑤机：机会，时机，玄机。

【译文】

河水流过而石头却黯然无声，由此可见在喧闹中也能找到寂静的乐趣；山顶很高却阻挡不了云彩的游动，由此可见真理是出入于有无之中。

心无染着，仙都乐境

山林是胜地①，一营恋②便成市朝；书画是雅事，一贪痴便成商贾。盖心无染著，欲界是仙都；心有挂牵③，乐境④成苦海⑤矣。

【注释】

①胜地：著名的景色宜人的地方名胜。

②营恋：爱恋，依恋。

③挂牵：挂念，惦记。此处是指过分贪图。

④乐境：欢乐的地方。

⑤苦海：佛教比喻苦难烦恼的世间，也比喻困苦的处境。

【译文】

山川本来是景色宜人的地方名胜，一旦人们过分爱恋就会使它变成喧闹的街市；读书和绘画本来是很高雅的事，可是一旦产生贪婪的思想就会变成粗俗的市井商人。所以只要心地纯洁，丝毫不为外物所染，俗世也是仙境；心中有所挂念，即使置身山水间欢乐的仙境，也会使自己身处痛苦的环境。

静躁稍分，昏明自异

时当喧杂，则平日所记忆者，皆渺尔①若遗；境在清宁②，则夙昔所忽忘者，又恍然自现，可见静躁③稍分，即昏明④自异也。

【注释】

①渺尔：在此指模糊不清。

②清宁：清明宁静。

③静躁：静和动。

④昏明：昏暗和明亮。

【译文】

当处在喧嚣杂乱的环境中时，平常能够记住的东西，也会变得模糊不清很难想起；处在清明宁静的地方，就算平时忽略掉的东西，这个时候也会忽然想起，由此可见人心的安静与躁动稍微有一点点分别，对头脑的清醒与否有着很大的影响。

芦花被下，竹叶杯中

芦花被①下，卧②雪眠云，保全得一窝夜气③；竹叶杯中，吟④风弄月，躲离了万丈红尘⑤。

【注释】

①芦花被：指用芦花做的被子。

②卧：睡倒，躺或趴。

③夜气：夜间的清凉之气。

④吟：吟诵，吟唱。

⑤红尘：繁华的都市，俗世、尘世。

【译文】

用芦花当作被子，把雪地当作木床，把浮云当蚊帐，一觉睡醒虽有些清凉却保持一片宁静的气息；把竹叶当作酒杯，吟唱风花雪夜，这样就会远离尘世间的纷纷扰扰。

不玩物丧志，亦常借境调心

徜徉①于山林泉石之间，而尘心②自息；夷犹③于图画诗书之内，而俗气潜消。故君子虽不玩物丧志④，亦常借境调心。

【注释】

①徜徉：闲游，安闲自在地步行徘徊。

②尘心：凡心，俗世之心。

③夷犹：犹豫，徘徊不前。

④玩物丧志：玩，玩赏；丧，丧失；志，志气。常用来指醉心于玩赏某些事物或迷恋于一些有害的事情，就会丧失积极进取的志气。因沉迷在所爱好的事物中而丧失了雄心大志。

【译文】

经常在山林泉石之间闲游，凡心中的杂念自然就会消失；经常徘徊于琴棋书画，世俗之气自然就会打消。所以有道德修养的人不会沉迷于玩赏作乐丧失个人志向，但可以借助它们来调节自己的身心。

春日不若秋时，使人神骨俱清

春日气象繁华，令人心神骀荡①，不若秋时云白风清，兰芳桂馥②，水天一色，上下空明，使人有神骨③俱清也。

【注释】

①骀荡：舒缓荡漾的样子。

②馥：香气散发。

③神骨：指精神爽朗。

【译文】

春天是万象更新朝气蓬勃，繁荣热闹的季节，使人心神感到舒缓畅快，但是不如秋天时清风白云，丹桂飘香，天水相连，天地宽广，使人感到心胸宽阔，精神爽朗。

不以形气用事，若以性天视之

人情①听莺啼则喜，闻蛙鸣则厌；见花则思培之，遇草则欲去之。俱是以形气用事②。若以性天视之，何者非自鸣其天籁③，自畅其生意④也。

【注释】

①人情：人与人之间联系中的本能感觉。

②形气用事：义气办事。

③天籁：自然界的声响，如风声、鸟声、流水声等。

④生意：商业经营；买卖或往来，此处指生机的意思。

按照一般人的常情来讲，人们听到黄莺的啼鸣就会感到心情愉悦，听到青蛙的叫声则会感到厌烦；看到花朵的开放就会想栽种它们，看到杂草就会想除掉。这都是平时人们常说的意气用事。如果从生物的天性出发来看它们，哪一种不是在抒发自己所被赋予的自然界生命的声音，哪一种不是在舒展蓬勃的生机呢？

读《易》晓窗，谈经午案

读《易》①晓窗，丹砂②研松间之露；谈经午案③，宝磬④宣竹下之风。

【注释】

①《易》：《周易》《易经》。
②丹砂：朱砂，像朱砂样的红色。
③谈经午案：中午的时候在书桌旁朗诵佛经的意思。
④宝磬：对磬的美称。

【译文】

读《易经》在清晨的窗台前为最佳，用松树上的露水与朱砂相结合做成墨水来注释；朗诵诗经在中午的书桌前为最好，钟声伴随着竹林间的清风传到远方。

不减天趣，悠然会心

花居盆内，终乏生机①；鸟入笼中，便减天趣②。不若③山间花鸟，交错成文，翱翔自若，无不悠然会心④。

【注释】

①生机：生存的机会，生命的活力。

②天趣：自然的情趣，天然的风致。

③若：如果，像。

④会心：已经领会，明白对方的意思了。

【译文】

鲜花栽种在花盆里，总会让人觉得缺乏生命的活力；鸟儿被关在笼子里，就让人觉得减少了一份自然的情趣；不像山间的野花鸟虫，或交错掺杂在一起，或自由自在地翱翔，无不让人感到悠闲舒适、赏心悦目。

乾坤自在，物我两忘

帘栊①高敞，看青山绿水，吞吐云烟，识乾坤之自在；竹树扶疏②，任乳燕③鸣鸠，送迎时序④，知物我之两忘。

【注释】

①帘栊：窗户上的帘子。

②扶疏：枝叶茂盛，高低疏密有致。

③乳燕：雏燕，幼燕。

④时序：时间的先后顺序，季节的先后顺序，气候、时节。

【译文】

高高卷起窗帘，看到大好

山河，烟云弥漫，才体会到自然界是那么的潇洒自如；在枝叶茂盛的竹林中，看到飞舞的雏燕、鸣唱的斑鸠，冬去春来，能够让人达到物我合一、人我两忘的境界。

外物常新，我心自在

古德^①云："竹影扫阶尘不动，月轮穿沼水^②无痕。"吾儒^③云："水流任急境常静，花落虽频意自闲。"人常持此意以应事接物，身心何等自在^④。

【注释】

①古德：古时的大德。
②沼水：池塘里面的水。
③吾儒：现在的研究儒学的学者。
④自在：自由；无拘束；安然自得。

【译文】

古人曾说过："竹子随风吹拂，它的影子在台阶上飘过，但是地上的灰尘并不会因此而浮动，一轮明月穿过水池倒映在水面上，但是池中的水却不会有痕迹。"当今的儒家学者也说过："不论水流的速度有多快，只要我能够保持平静的心境，就不会被水流的声音打扰，鲜花虽然频频凋落，但是只要我保持安然闲舒、怡然自得，就不会被落花干扰。"人们如果能够用这种心态来待人接物，那么身心该会是多么的自由自在啊！

唤醒梦中梦，窥见身外身

听静夜①之钟声，唤醒梦中之梦②；观澄潭③之月影，窥见身外之身。

【注释】

①静夜：宁静的夜晚。

②梦中之梦：梦里的梦，比喻虚幻的境地。

③澄潭：清澈的潭水。澄，水干净而清澈。

【译文】

在宁静的夜晚，听到的远处传来的钟声，能够使我们领悟到虚幻的境界；观赏清澈潭水中月亮的倒影，能够使我们看到身体之外那个真实的自己。

天机清澈，胸次玲珑

鸟语虫声，总是传心①之诀②；花容草色，无非见道③之文。学者要天机清澈，胸次玲珑④，触物皆有会心处。

【注释】

①传心：心灵相互照应。

②诀：口诀，诀窍。此处是指暗号的意思。

③见道：佛学常见词汇，小乘以八忍八智之十六心为见道，在此处是指自然界的规律变化。

④玲珑：娇小灵活之意，泛指清越的声音，此处做光明磊落解。

鸟虫的鸣叫声，总是在传递心声的暗号；花草的颜色，没有不在表现着自然界的变化规律奥妙文章，有学问的人只要保持头脑冷静，胸怀光明磊落都能从所见所闻中，领悟到大自然的奥妙所在。

识得琴中趣，何劳弦上音

人解读有字书，不解读无字书①；人知弹有弦琴，不知弹无弦琴②。以迹③求，不以神求，何以得琴书之趣④。

【注释】

①无字书：指自然和人本身，因为自然和人本身包含着信息，因为不是用文字符号等表述的，所以称为无字书。

②无弦琴：没有弦的琴。

③迹：留下的印痕，踪迹。

④趣：趣味，情趣，乐趣。

【译文】

如果人只解读有字的书，而无法解读自然界和本身所包含的信息；如果人只知道弹有弦的钢琴，而不知道弹无弦琴，像那自然界万物所发出的声响。如果只享用有印痕，有踪迹的东西，而不去领悟事物暗含的神韵，又怎么能够体会到琴棋书画的真正趣味呢？

拒绝安逸，就是战胜自己

为什么我们会如此强调要拒绝安逸呢？那是因为一旦将自己限制在安逸与平庸的樊笼里，也就等同于是落入了一个看不见底的万丈深渊里，不仅丧失了一往无前的进取心和意志力，同时也就削减了那种在奋斗过程中先苦后甜的人生乐趣，甚至还会由此而彻底失去生命本该具有的真正意义。如果只是由于贪图眼前的享受，就白白浪费了时间与机遇，那么我们又和那些蛇虫鼠蚁或是行尸走肉有什么差异呢？

即使在一般情况下，作为普通人的我们只能过着一种最平凡的日子，可这并不应该成为我们坐享安逸、甘于平庸的借口和理由，更不能因此就使得我们放弃了原有应该坚持的勤奋和努力，以至于心甘情愿地在一种缺乏激情与活力的状态中，度过自己的宝贵人生。

美国康奈尔大学在 19 世纪末时曾经做过一个著名实验：工作人员先是将一只青蛙以最快的速度丢进一口盛满沸油的锅里，于是出于本能反应的青蛙，竟以常人难以想象的速度和力量，安然无恙地跳出了油锅。半小时之后，工作人员又把那只刚刚死里逃生的青蛙放入了一个同样大小却盛有五分之四冷水

的铁锅里，并在锅底用炭火缓慢地加热。可这一次实验中的青蛙，却因为对于渐渐升高的水温毫无知觉，而最终在这样的"享受"中难逃一死了。

其实，当面对生活的困苦或是生命的危险时，我们常常总是能够发挥出连自己都无法想象的巨大潜能，在战胜危难的基础上赢得成功和胜利；可一旦过上了安逸舒适、风平浪静的生活后，随着进取心和意志力的消失殆尽，我们的生命竟然也会逐渐地变得麻木不仁，不得不在新的考验到来的时候，被迫吞下失败的苦果。假若平庸与安逸所能带给我们的，不是在周而复始的享乐中沉沦，就是在日复一日的麻木不仁中堕落。那么这样的一种人生，对于每一个本该在通往成功的奋斗之路上不断前进的人来说，简直已经和地狱没有任何的差别了。

对于这种所谓的安逸生活，可能会给人类自身造成严重的恶果，著名作家叶天蔚就曾经做过极为准确的描述："在我看来，最糟糕的境遇不是贫困，不是厄运，而是精神心境处于一种无知觉的疲惫状态，感动过你的一切不能再感动你，吸引过你的一切不能再吸引你，甚至激怒过你的一切也不能再激怒你。即使是饥饿感与仇恨感，也是一种强烈让人感到存在的东西，但那种疲惫会让人止不住地滑向虚无。"

拒绝安逸也是战胜自己所必须具备的一份勇气和一种智慧的充分体现。我们虽然不能接受时时刻刻都险象环生，或是充满困难的逆境来锤炼自己。也没必要一定要把自己的人生建立在分分秒秒都要殚精竭虑的那种形势下来折磨自己，但我们至少应该在成功的时候多做一些防止再次失败的努力，或是在快乐的时候尽早做好杜绝再次落入痛苦境地的准备。要知道，假如这一点都做不到的话，我们又和那只躺在温水中坐以待毙的青蛙有什么两样呢？

孔子以德治天下

　　孔子，名丘，字仲尼。春秋时期思想家、政治家、教育家，儒家学说的创始人。孔子出生于鲁国陬邑，少"贫且贱"，问礼于老子，学乐于苌弘，学琴于师襄。年 50 岁，任鲁国司寇，摄行相事。

　　公元前 487 年，齐国君臣恐鲁国重用孔子日渐强盛，便致书鲁定公，约鲁侯于夹谷山相会，以通两国之好，永息干戈。宠臣黎弥献计，打算在乘车之会上拘押鲁侯和孔子，逼迫鲁国臣服。鲁定公不知是计，准行。孔子劝鲁定公说："有文事者，必有武备。诸侯出疆，应派大将同行。"于是安排左右司马各率兵车 500 乘，另由大夫兹无还率兵车 300 乘，在夹谷山 10 里待命。

　　届时，两君集于夹谷坛下，揖让而登。齐国是晏婴为相，鲁国由孔子为相，两相揖礼，各从其主，登坛交拜，共叙太公、周公之好，并互相赠送了礼物。齐景公说："齐国有新歌舞，愿与鲁侯共观之。"说完，下令奏齐乐，齐乐刚起，坛下鼓声大振，300 名兵士手执矛戟、剑盾蜂拥而至。狂呼乱喊，杀气腾腾。鲁定公吓得脸色发白，孔子走至齐景公面前说："两君相会通好，本行中国之礼，怎么能用蛮夷歌舞？"晏子不知黎弥阴谋，便劝齐景公斥退了兵士。

　　黎弥又生一计，安排优人献艺，任情戏谑，以淫词羞辱鲁国。然后，他升阶请示说；"请奏宫中之乐，为两君寿。"齐景公答应

了，和鲁定公一起观看。倡优侏儒20余人，异服涂面，装女扮男，涌至鲁侯面前，跳的跳，唱的唱，且歌且笑，满口淫词。孔子怒喝："匹夫戏诸侯者，罪当死！请齐司马行法。"齐景公不应，优人戏笑如故。孔子说："两国既已通好如兄弟，鲁国司马可代行执法！"话音刚落，鲁国二将飞身上坛，各执领班一人，当下斩首。齐景公吓得魂不附体，没了主意。黎弥仍想在坛下拘捕鲁侯，探得鲁军就在附近，只好缩着脖子忍下恶气。

孔子归鲁，鲁定公言听计从。孔子献策立纲陈纪，教以礼义，养其廉耻，所以鲁国民安吏治。三个月后，风俗大变，市场交易不饰虚价，男女行路而左右有别，夜不闭户，路不拾遗，四方之客入鲁境，皆有常供，宾至如归。

鲁侯问；"何谓政治的根本原则？"孔子说："君君，臣臣，父父，子子。"他主张君主要以德治天下，感化人民，让他们奋发向上。他大力宣传"仁"的学说，认为"仁"即"爱人"。提出"己所不欲，勿施于人"，而"克己复礼为仁"。他反对苛政和刑杀，并提出"不患寡而患不均，不患贫而患不安"的论点。

后来，齐国君臣离间鲁侯与孔子的关系，孔子只得周游宋、卫、陈、蔡、齐、楚等国，自称"如有用我者，吾其为东周乎？"晚年，孔子致力于教育，整理《诗》《书》等文献，并把鲁史《春秋》加以删修，成为我国第一部编年体的历史著作。弟子相传有3000人，其中著名的有72人。他注重"学"与"思"的结合，提出"学而不思则罔，思而不学则殆"，"温故而知新"等命题。

诚信乃成事之本

诸葛亮在第五次出祁山之前，长史杨仪曾向他进了一个分兵轮战的建议："数次兴兵，军力疲惫，粮草又很难供应及时；现在不如把军队分成两班，以三个月为期，循环作战，徐徐而进，中原就有希望攻下了。"诸葛亮采纳了杨仪的建议,率一半军队前去作战,另一半军队休整、种田,以百日为期限,轮流作战。

却说这日轮流作战的日子来了,诸葛亮便令前线部队各自收拾起程,准备返回后方。谁知刚刚下令,哨兵来报告,说曹军二十万前来助战,司马懿亲自点兵欲攻卤城。在这新兵未到,老兵欲行,敌人即将发起大规模进攻的危急时刻,部将都极力劝诸葛亮将换班人马暂且留下,待新兵来到再返回后方。

面对部将的劝说,诸葛亮说道:"我孔明用兵命将,以信为本;既然已经有令在先,怎么可以失信于他们呢?况且应该回去的蜀兵都已经收拾好,他们的父母妻子在家里倚门而望,盼望他们的亲人回家。我现在即使面临大难,决不能再留他们了。"于是,孔明传令:"叫那些应该回去的士兵,当天便起程吧。"当众军听说此事后,群情激奋,他们一致要求留下来抗敌。他们发誓说:"我们就是舍上一条命,也要杀退魏兵,报答丞相的恩德信义。"孔明不允许,但众军坚决要战,不愿回家。于是,诸葛亮下令部队出城安营,以逸待劳,迎击魏军。结果,当倍道而来、人疲马乏的曹魏西凉援军到达城下,刚要扎营歇息时,群情激昂的蜀军突然发起猛烈进攻,他们个个奋勇,人人争先,把雍、凉人马杀得尸横遍野,血流成河。

"信盖天下,然后能约天下。"这里讲的"信",就包含着信任、信誉、信义之意。无论是统帅用兵命将,还是领导布置工作只有守信用,严格照章办事,不徇私情,才能取得下属的信任。

防患于未然不贪名而知退

晋朝何曾,字颖考,晋武帝时为丞相,加赠侍中,又进位为太傅,一天三餐要花上万钱之多,还说不知有哪样菜好吃。

何曾侍奉皇上宴饮,回去之后,告诉他儿子何遵、何劭说:"国家承顺天命,接受了魏朝的禅让,创立基业,延续正统。可是,我每次与皇上宴饮，不曾听皇上提起治理国家的大政计划，只是谈一些家常琐事，这不是为后世子孙计谋着想的现象，这一番基业大概自身过去就结束了，后世子孙可能不堪设想。"

又告诉何遵说："这些孩子一定会遇到动乱危亡。"

随后指着诸位孙辈说："这些孩子一定会遇到动乱危亡。"

后来，何遵的儿子何绥被杀，何绥的弟弟何嵩悲伤地说："我祖父真是圣明啊！"

这一点在如下两个事例中也有所反映。

晋朝张翰辞去职务，对同郡的顾荣说："天下纷乱不安，拥有盛名的人，想要隐退都很难。我本来就是乡野之人，性好闲适，早已不求一时的名望。你要好好地以你的聪明防患于未然，以你的智慧预留退路。"

顾荣拉着季鹰的手，说："我也很想和你一起退隐，自在地去采拾山间的野菜，喝江河中的清水。"

季鹰有一天看到秋风吹起，想起吴中的莼菜羹、鲈鱼脍，说："人生的可贵，在于能够适情适性罢了。怎能因当官而被羁留在离故乡数千里的地方，为的只是虚名爵位？"

于是就叫人驾车赶回故乡。不久，齐王败亡，许多人都说季鹰能见事在先。

晋朝裴颁推荐韦忠给张华。张华要任韦忠为官，他却以疾病为由辞谢。

别人问他原因，他说："张华为人虚华不实，裴逸氏贪欲多而不满足，两人都不顾礼法制度，依附贾后，我时时担忧他们会遭覆败，波及我；怎么可以再撩起衣裳，不知顾忌地去接近他们呢？"

后来张华等果然遭祸，如韦忠所预言一般。

凡事都应有所节制

凡事都应有所节制。我们从很小的时候起，就接受了必须懂得节约的教育。比如说，节约粮食、节约水电、节约石油、节约煤炭，之所以要节约这些东西，其根本原因就在于它们都是不可再生的有限资源，用过了也就失去了，浪费了也就不会再拥有了。这些还都是实实在在的具体事物，而稍微抽象一些的不可再生资源，自然就是常常被人提及又常常被人忽略的时间了。

其实，与这些一去永不回的珍贵资源形成鲜明对比的，却有一种同样有些抽象却无穷无尽、永不休止的东西，那就是所谓的欲望，占有一切、消耗一切的欲望。虽然不可否认欲望也是人类得以进步直至今天的最大动力，可正是因为有了这种欲望，才有了越来越多的需要我们去节约的东西。但是我们也知道，欲望是永远不会得到完全满足的。俗话中所说的"吃着碗里的，看着盘里的，还想着锅里的"，其实正是对人类自身所拥有的欲望的一个最为形象的描述。

知道那个关于渔夫和金鱼的寓言故事吧！当软弱的渔夫在贪得无厌的妻子的一再催促下，不断地向那条拥有神奇力量并且愿意报恩的金鱼提出越来越过分的要求之后，终于落得个竹篮打水一场空的可悲下场，不仅没有实现更多的愿望，就连已经得到的也在转眼间烟消云

散。在欲望这个永远也填不满的无底洞前，渔夫和他的妻子终于因为人们常说的"这山望着那山高"的贪婪品性而一无所有。虽然说寓言总是有它虚幻的一面，但是如何才能做到适当地节制欲望，却显然是一个"话糙理不糙"的现实问题啊！

其实，欲望也是一种正常的需要。就连刚刚出生的小孩，都知道伸手去抓可以抓到的任何东西，而且即便是双手中已经再拿不下什么了，还是要下意识地去伸手，更何况是早已置身在这个欲望都市里的成年人呢？既然人的生命总是要由许多的追求和奢望来组成，而且也必须依靠这些作为自己前进的动力，那么我们其实也就没有必要一定要去否认或是无视欲望的存在了。只要自己懂得怎样去理智地控制欲望，不要彻底沦为它的奴隶也就足够了。

节制欲望并不是很困难的。只要我们在追求任何一个目标之前，都先想想自己的这种念头是不是合乎常理，以及会不会对其他的生命或是事情有所妨碍和损害也就可以了。在这个时候能够做到"三思而后行"，绝不应该被视为瞻前顾后或是畏首畏尾，而是一种足够理智和智慧的体现。

节制欲望从个人的身心健康及未来发展的角度来看，也是一种十分必要的正确行为。毕竟，和那些看得见摸得着的能源一样有限的，还有我们自身的精力。而对于欲望的节制，不仅可以使我们免于被一些无法实现的欲望带来的失落和痛苦所折磨，从而也有利于我们自身的发展和完善，而且也能够让我们的一言一行更符合整个时代的总体发展趋势，并最终实现个人与社会之间的一种完美结合。

琴棋书画，修身养性

中国古代的四大艺术：琴、棋、书、画，还有中国诗歌，几千年来，一直是中国智慧在文化意识与艺术情趣之中，最瑰丽、最富于艺术情调的结晶。

中国古琴所奏出的和美清雅的悠扬乐声，使人神思飞扬，神飘天外……

中国围棋作为一项有益的娱乐棋戏，可提高下棋者与观棋者的逻辑思维、推断与直觉判断力，令人感到奥妙无穷……

中国古诗具有独特的节奏韵律，通过记录诗人面对自我、社会、人生和自然的独特感受，表现了文化心灵之旅，极大地丰富了数千年来中国人的心灵世界，并成为世界文化中独树一帜的瑰宝……

中国的书法，则以线的收放、象形字的结构、韵致的布局，通过单纯的墨色，铺陈在独特的宣纸中，表现出了一种含蓄、深邃而又抽象的艺术意境……

中国画，在或充实、或空灵的场景中，人与自然融为一体，令观者可以神游其间，心旷神怡。因此说，琴、棋、诗、书、画，一直被传统文化当作开启人的灵性、陶冶人的性情、增添人生情趣的最有效手段之一。而这些过程与结果证明，如此作为，确实有助于个人心智的启蒙、完善以及视野的开阔。

关于中国围棋的起源，自古以来就存在着两种传说。一种是，舜帝因儿子商均的智力低下，所以就发明了围棋，用来启蒙和引导儿子。另一种则是，远古时代的尧帝因儿子丹朱荒淫傲慢，就创制了围棋，用来引导丹朱，并受到了丹朱的喜爱。在这两种不尽相同的说法中，已明确一致地肯定了围棋可移人性情，可当作开启智慧宝库的钥匙，可引导参与博弈者的心智向和善的方向发展。

事实上，围棋的黑白两色棋子，反映出了中国传统文化中的阴阳意识。当这些黑白子被布落在纵横各十九路的棋盘上时，棋盘就能生出如不可尽数的天星般的丰富变化。因此，至今我们还有成语将"星罗"与"棋布"并称的。如此，围棋本身也就含藏着一种经天纬地的宇宙意识，这是其他棋戏所不可企及的。另外，围棋的弈理，也处处透露着兵法的玄机，这也就是洪应明所说的"漫履揪枰观局戏，手中悟生杀之机"。可见他能以小见大，从容地以弈喻兵。一方面，围棋的每一佳着，既意味着能最大限度地攻击对方，又能最严密无隙地卫护己方，弈理因此具有兵法上的战略意识；另一方面，弈理所注重的布局、做活、搏杀、收官等，又不乏兵法上的战术意识。当然，以上只是一种随意的联想，因为围棋只是机智而又游戏性地容纳了兵法，其成败也就不带有任何现实的伤害性，这正如唐太宗的《五言咏棋》诗所写："舍生非假命，带死不关伤。"

同样，中国的琴、书、诗、画，也各自具有独特而又丰富的蕴含，它们同样追求含蓄、追求深远的意境，在有限的音乐、文字和画面之中，能使人体验到无穷的意蕴与韵致。

中国的琴、棋、书、诗、画有规范，但规范并没有束缚后来入门者的创造力，后来的入门者，既以自然造化为师，又形成了自己的心得体会（"外师造化，中得心源"），从而推动了琴、棋、书、诗、画事业的不断发展。那些领悟并把握到了琴、棋、书、诗、画的真谛者，当他们沉湎于琴、棋、书、诗、画时，他们专心致志，如入禅定之境，精神上的痛苦与压力得以减轻和缓解，乃至趋于消失。此时，人艺合一，他们能专注地品味和享受到艺术的乐趣、人生的乐趣，心中充满着怡然自得之情。

琴、棋、书、诗、画，是清和的乐事雅趣。因此，据此而建立起的人际友谊关系，如棋友、琴友、画友、诗友、书友等，是人生的清友，彼此之间可以不计年龄、地位、财富的距离，而变成人生的知音。如在著名的"高山流水"的典故中，擅长于弹琴的伯牙和擅长于听琴的钟子期，就是一对千古知音，当伯牙将琴摔断在先逝的钟子期的墓前，发誓不再弹琴时，表露的正是他对知音故人的无限怀恋和对死神的蔑视。

从更高的层次看，人们还可以从琴、棋、书、书、画中，体验到深刻的禅意禅境。

宗白华先生说：禅是中国人接触佛教大乘义后体会到的自己心灵的深处而灿烂地发挥到哲学境界与艺术境界。静穆的观照和飞跃的生命构成艺术的两元，也是构成"禅"的心灵状态。

中国历史上的琴棋诗书画的大家，如王维、苏东坡、黄庭坚、严羽等，均深受禅的影响，他们的处世与作品，也都不乏禅机禅意。在现代，诸如日本棋圣藤泽秀行等围棋界的前辈，还屡屡叮嘱中国的年轻围棋国手要多学一些禅宗的历史，因为这会有助于心智、棋品和人品的升华和提高。

现代人的这种高速度、快节奏的生活，使人更难摆脱身心上的更多困扰。假如一个人只是对与自己有利害关系、属于自己职业范围之内的事才感兴趣，那么，他就会成为一部周而复始地运转的机器，会处在疲劳、神经紧张和忧郁的恶性循环中，体会不到人生的乐趣，反过来，还可能会危及生活与工作的正常进行。相反，假如一个人能在工作之余，将一部分时间花在琴棋诗书画的创作或欣赏上，就不乏生活上的闲情逸致，那么，他的艺术素养将会得到提高，智慧也得以激发，还会获得身心上的一种松弛，得以保持身心的均衡协调，从而提高自己思维与行为反应的机敏性，更有利于工作的展开，人生因此而变得丰富。

学会选择

孔子对待人生选择方面有很多重要的启示，他的学生对一块美玉是留着还是卖掉，难以做出选择的时候，孔子决绝地指出："卖给识货的人"。

生命的每时每刻我们都会面临两难境地，需要做出抉择，常常是摆在我们面前的两条或两条以上的路。每条路上都有无限风光，可能理性和前人的经验告诉我们最不该走的路上"风景这边独好"，更加充满了神秘、新奇、刺激和诱惑。英国作家毛姆曾说："一个人因为看到另外一种生活方式更有重大的意义，只经过半小时的考虑就甘愿抛弃一生事业前途，这才需要很强的个性呢，贸然走出这一步，以后永不后悔，那需要的个性就更多了。"更难的是我们往往不知道哪条路收获和风险的比例是多少，选择其中一条，就必须放弃另外一条，这种放弃往往是令人痛心的。失去之痛让人常常叹息，于是人生的抉择变得无比艰难，人生的路就像唐僧取经的路一样，无比艰辛、险象环生。那些明目张胆的妖魔鬼怪或许好对付一些，那些用金钱、美色、名利堆砌的陷阱我们就很难不为之动容，面对难以抵御的诱惑，往往产生非理性的自信，过分相信自己的运气铤而走险，企图鱼和熊掌兼得。

有的人经常玩一种危险的游戏，把两只脚分别踏在看似平行实际并不平行的两条道上，骑跨在两条路上前行，越走就发现两条路的间距越来越大，且中间是深沟，问题越走越严重了，以至于无法将重心调整到正常的路上来，等待自己的只有自由落体产生的失重感和最后与地面的撞击，轻者跌得鼻青脸肿，重者落下残疾甚至粉身碎骨。

是啊，人生有许多事情是要你去选择的，什么样的选择决定什么样的生活。今天的生活是由几年前我们的选择决定的，而今天我们的选择将决定我们几年后的生活。我们要选择接触最新的信息，了解最新的趋势，从而创造自己更好的未来。

选择人生道路是每个正常人所面对的最艰难的课题。古人早就有了一句安慰我们的名言——"鱼和熊掌不可兼得"，同时还加上一句极富哲理的劝告——"鱼我所欲也，熊掌亦我也所欲也，两者不可得兼，舍鱼而取熊掌也。"鱼和熊掌似乎比较容易选择，两者相差甚远。可事实上生命中大多数抉择并没有这么简单，总是劝告别人：权衡利弊，把得与失写在一条线的左右两边，当得大于失时就做，当得小于失时就放弃。现实生活远非如此单纯，得与失是很难做出正确的判断的，何况万事万物都处于剧烈的变化发展当中，并且还是可以相互转化的。因为得到的东西，与将因得到而失去的东西没有太多的距离，于是将失去的一切更令人无法忍受。

面临抉择让我们备受折磨，痛苦不堪，精疲力竭，生活几乎无法继续。痛苦着，犹豫着，真希望奇迹从天而降，希望上帝帮自己做出抉择，免得难以取舍，这样也不必后悔或无法后悔，因为这是上苍的安排。因此人们信仰宗教，把一切自己无法承担的痛苦和煎熬的因果关系都推给神，自己所要做的就是用今生换取来生，用前生来解释今生，用来生激励今生，用因果轮回来给人生加注解，为自己无法安宁的心灵寻找一个安慰的理由。所以宗教成为一个失意人生的疗养所。我们祈祷神灵的出现，给我们带来希望之光，帮我们快速走出迷茫，步入人生新的里程。当然，奇迹还是没能出现，我们依然无法抉择，煎熬依然存在，我们还在等待上帝的启示，痛苦地品读着属于我们的人生，并把它当成生命的必然。

当然，一个人的家庭出身、社会背景、遗传因素、心态、性格、悟性和其他诸多偶然因素会对人生产生重大的影响，可以说是由很多偶然构成了自己独特的人生。因此，生命才会变得不可预测，使生活充满着无数的未知。人生有点像电视连续剧，整体是一个完整的故事，每一集有

每一集的重点，每一集都要承上启下，任何一集演不好，都会影响到全剧的整体效果。

选择的不同构成了不同的人生，选择时自己无法判断对与错，只代表要走不同的人生之路而已。就像路上的无数岔路一样，每条岔路都通向不同的目的地，不同的岔路上有不同的风景，不同的人走在不同的岔路上，欣赏不同的风景，享受不同的人生。但如果一个懦夫站在岔路中不往前走的话，那就永远无法看到真正的风景，无法走到真正的目的地。

虽然选择时没有对与错，那么选择有没有什么一定的依据呢？孔子说过："富与贵，是人之所欲也；不以其道得之，不处也。贫与贱，是人之所恶也，不以其道得之，不去也。"尽管两千多年前圣人就告诫过我们"不以其道得之，不处也"，但确实有些人没有把握好自己，而走了一条本不该走的路。更加残酷的是：在人生的词典里根本就没有"如果"这一条目，别去设想：如果当初我选择另一条路会怎么样这类可笑的话题。除了感叹人世的艰辛，活着的不易，我们几乎对之无能为力。

听从心的呼唤，按照本性或人性来做出应有的抉择。选择之后就立刻行动，走属于你的人生之路，而且是当前唯一的路。愿意为之付出代价，并承担自己选择的一切责任和后果，当然更能享受选择之后的人生。一旦做出决定，你就会发现生活马上变得明朗起来，整个人充满着活力和动力，知道自己接下来可以干什么和应该干什么了，生命终于得以延续，人生之路继续往前延伸。

人生之路，无论每个双项或多项选择中都有正确项，使人生的轨迹始终在一条优化的路上，走最少的弯路并获得期许的成功，是每个人的愿望，但这种理想只能是愿望，实际上可能不存在。一个成功的人，在他获得成功以后，回顾他的人生轨迹，发现他有今天的成就是因为他的每次选择都是正确的，这仅仅说明在现有成功的结果条件下他的选择是正确的，反之，如果他选择了别的道路他干别的什么事，他可能获得比现在更大的成功或许相反，这就是人生的不确定性和不可逆性，这就是我们的无可奈何。

但是人生是多样性的，不可能像工厂化生产一样确定每个人的型号、规格、性能和用途，也不可能像木材加工厂一样根据木料来加工型材，甚至都不能像林场一样去育才，因为人的差异存在有先天的，家庭的教育，学校的教育，生活和生长环境等诸多差别，每个因素都可能成为决定因素。

有一棵苹果树，上面结了一些大小不同的苹果。有五条虫子都想用各自的方法得到一个苹果。

第一条虫子不知道自己怎么生的，不知道自己应当怎么活下去，不知道什么是苹果，当然更不知道为什么迷迷糊糊地就爬到了苹果树下，看到别的虫在往树上爬它也爬，一切都在无数个未知和也许中，这就是大多数虫子的自然选择，它的得到苹果与否，既是偶然也是必然。

第二条虫子只知道这是一棵结满了大小果子的苹果树，但它不知道大苹果具体长在什么地方，于是它就假定大苹果长在大枝上，于是它就拣最粗的枝往上爬。有这种想法的不只一条虫子，而是一批虫子，这条路上的竞争也最激烈，这是一条优胜劣汰，相对公平的竞争之路，在每一个分支处都有大批的同类被淘汰，得到苹果的仅仅是其中不被淘汰的一小部分，最终获胜者是那些付出最多，综合素质最高的虫类。

第三条虫子非同一般，它有备而来，在苹果树下掏出望远镜，浏览了树上的所有苹果，选择了一个大的苹果作为自己的目标。然后，它就沿着这个大苹果的方向，确定出得到这只苹果的最佳路径，并设想出中途出现的预想不到的问题的解决预案。结果可想而知。

第四条是神虫，它未卜先知。在苹果刚开花时，它就已经和苹果花打得火热并藏在其中，它和苹果一起长大，当别的虫子在拼死拼活时，它已经美美地享用苹果了。它的超前意识，不是其他虫类想学就能学得来的。

第五条虫子什么都不做，专等它的同类给它扔下一个苹果，因为它爷爷、它爸爸、它哥哥都已经各得到了属于自己的不止一个苹果，当然别人不会把最大的给它。尽管不是最大的，但也足够它享用。但是千万确定它爷爷、它爸爸、它哥哥肯定得到了，并且还有多余的。如果什么都没有，你想在树下得到掉下来的苹果，是非常危险的，弄不好不是因为得不到苹果而饿死，就是被不知道什么时候掉下的苹果砸死。

能在无数的人生选择中获得成功，这仅仅是一个美好的憧憬，实际上一个人取得被社会认可的成功的概率还不到百分之五。不参与怎么知道自己行还是不行，就像奥运会一样，有那么多人积极去争，夺冠的才是英雄。

我们知道，人生什么样的事情都可能发生，所以，上下浮沉都是很自然的事，不过是一幕戏剧的片段而已，大可不必放在心上。上去的时候，满心欢喜，下来的时候，黯然神伤，这是人之常情。人们

都想往高处走，谁也不想走下坡路。但是，真正做大事的人，真正有智慧的人，其实就是那些能上能下的人。过好日子的时候，大鱼大肉吃得很香，过苦日子的时候，粗粮淡饭一样吃得开心；升官的时候，心里高兴，下来的时候，也照常认真工作，不会觉得比别人矮三分。只要你不放弃，总会有机会再度上台，即使一直上不去，也没什么大不了的，做好自己的工作最要紧。

在人生的舞台上，由主角变

成配角也是很自然的事，所以，这时候不要悲叹时运不济，也不必怀疑是谁故意与你过不去，你要心平气和地扮演好你的配角，向别人证明你主角配角都能演好。因为如果你连配角都演不好，那个撤换你的导演会认为他的决断是正确的。如果能将配角演好，一样会获得掌声。如果你仍然具有演主角的能力，自然会有再度独挑大梁的一天。成功者无论在任何际遇下都能上能下，昔日韩信甘受胯下之辱，越王勾践卧薪尝胆之耻，都是忍受屈辱，能上能下的典型。

的确，人生上上下下就是那么回事，能上的人是英雄，能下的人更是英雄！待价而沽，实际上已经做出了选择。对于我们来说，只有将自己的本领准备好了，才会有识货的人来重用你。但前提很关键，一定要有充分的准备，因为机遇总是青睐那些有准备的人！

小不忍则乱大谋

孔子说："花言巧语就会败坏人的德行。小事情不忍耐就会败坏大事情。"

"小不忍则乱大谋"，这句话在民间极为流行，甚至成为一些人用以告诫自己的座右铭。的确，这句话包含有智慧的因素，有志向、有理想的人，不会斤斤计较个人得失，更不应在小事上纠缠不清，而应有广阔的胸襟，远大的抱负。只有如此，才能成就大事，从而达到自己的目标。

"小不忍则乱大谋"，其核心就是一个"忍"字。所谓"心字头上一把刀，遇事能忍祸自消"。所谓"忍得一时之气，免却百日之忧"。

因此，在中国传统的观念里，忍耐也是一种美德。这一观点尽管与现代这种竞争社会不合拍，但是，很多学者已经发现，中国传统文化里有些东西并没有过时，相反，其中的学问博大精深，如果运用于现代人的生活，必将使人们受益匪浅。其中，忍耐就大有学问，忍耐包括很多种。当与人发生矛盾的时候，忍耐可以化干戈为玉帛，这种忍耐无疑是一种大智慧。

唐代著名高僧寒山曾问拾得和尚："今有人侮我，冷笑我，藐视我，毁我伤我，嫌我恨我，诡计欺我，则奈何？"拾得和尚说："子但忍受之，依他，让他，敬他，避他，苦苦耐他，装聋作哑，漠然置他，冷眼观之，看他如何结局？"这种忍耐里透着的是智慧和勇气。

人生不可能总是风调雨顺，当遇到不如意、不痛快，甚至是灾难时，一个人的忍耐力往往就能发挥出奇制胜的作用。很多时候，因为小地方忍不住，而坏了大事，这是得不偿失的。

三国时，诸葛亮辅佐刘备在祁山攻打司马懿，可司马懿就是不出来应战。诸葛亮用尽了一切手段，极尽所能地侮辱司马懿，但司马懿对诸葛亮的侮辱总是置之不理。总之，司马懿就是不出来与诸葛亮交锋。等到蜀军的粮食吃完了，不得不退兵回蜀国，战争就这样结束了。诸葛亮六次出兵祁山，每次都是无功而返。司马懿之所以不战而胜，就是因为一个"忍"。

与别人发生误会时的忍耐，那只是一时的容忍，比较容易做到。难得的是在漫长时间里，忍受着各种各样的折磨，而只为完成心中的理想。这种忍耐力是难能可贵的，但也是做人最应该拥有的一种能力。

人，贵在能屈能伸。伸，很容易，但屈就很难了，这需要有非凡的忍耐力才行。只要这个人真正有智慧，有才干，不管他忍耐多久，终究会有出头之日，而且他的忍耐力反而会更加富有魅力和内涵。人生很多时候都需要忍耐，忍耐误解，忍耐寂寞，忍耐贫穷，忍耐失败。持久的忍耐力体现着一个人能屈能伸的胸怀。人生总有低谷，有巅峰。只有那些在低谷中还能坦然处之的人，才是真正有智慧的人。走过低谷，前面就是海阔天空。回过头来，那些在低谷里忍耐的日子，那些在苦难中挣扎的日子，那些在寂寞里执着的日子，都会显得弥足珍贵。

忍耐，这是一种宝贵的人生财富！

大凡有人的地方，就会有矛盾。世界这么小，你不碰我，我还会碰你，关键是如何看待，如何处理。得饶人处且饶人，相逢一笑泯恩仇。一张笑脸，一句诚恳的道歉，就能化干戈为玉帛，冰释前嫌，何必为区区小事而斤斤计较、耿耿于怀呢？

　　没有爬不过去的山，也没有蹚不过去的河。忍一时的委屈，可以保全大家的宁静、和谐，并不损失什么，反而还会赢得一个更为宽阔的心灵空间。何乐而不为呢？

处变不惊

　　公元前 497 年深秋，已在卫都帝丘客居半年多的孔子，意识到卫灵公听信谗言，派人以侍奉为名，实则监视自己。于是，决定去陈国。

　　孔子一行辞别送行的蘧大夫、颜大夫和新结识的朋友们，离开帝丘，向西南方向走去。刚走了一个多时辰，忽遇几辆马车飞奔而来。一位衣着华丽、英姿焕发的青年跳下马车，来到孔子坐的车前，施礼道："晚辈特来拜师！"说完，扑通跪地叩头。

　　"站起回话！"孔子下了车，看着这位双眼闪着灵气的美貌青年问："姓名？贵庚？哪里人氏？怎来这里？"

　　那青年恭恭敬敬地回答："我叫公良孺，陈国人，今年二十岁。上月，我遵父命乘车去鲁都找您拜师。到曲阜后，方知您已客居帝丘。到帝丘后，我听到老师急需车辆和银两，我还在街上见到了老师和师兄们。我想，还

是先回家带来马车再拜师为好。我回到家里，与父亲商议，父亲满口答应。我带来了五套车马和一些银两，献给老师，以壮行色。"

孔子问："我正在周游，教学与磨难相结合，你是富家子弟，能吃得消吗？"

"吃得消，我自幼受父亲严教，家富而不奢侈，素以吃苦为乐，读书、习武两不误，您看我体魄多健壮！"公良孺爽快地回答。

"好，好，收下你这个小弟子。"孔子激动地说。

孔子一行分乘七辆车，弟子们争着驾车。一路扬鞭策马，车轮滚滚，人欢马叫，喜气洋洋，气派非凡。

进入卫国匡地时，孔子的弟子说："当年阳虎由此攻进匡城！"接着，大家议论起阳虎来了。恰在这时，一个骑马的年轻人听到议论阳虎，仔细看了看孔子，突然快马加鞭，飞驰而去。

天气逐渐变得阴沉起来，微微的秋风里略带雨味。

突然，黑压压的一大片人马迎面而来，由远逼近，横断前面。

孔子急令停车观察。

原来，那个骑马的年轻人是个探子，匡地的头目接到"阳虎又来了"的禀报，立即带兵马前来堵截。一个持刀挎剑、骑着高头大马的壮汉拦住去路，高声叫骂："阳虎老儿，一年前，你侵扰匡地，欠下血债。今天，你进入了我公孙戍的手心，老子让你粉身碎骨！小子们，先把仇敌围起来！"

霎时，几百名匡人一下子将孔子师徒团团围住。

孔子站在车上，对弟子们说："原坐不动，不必惊慌，匡人认错人了，仲由前往说明。"

子路走至公孙戍马前，施礼道："子路奉老师之命，特来向公孙先生说明白，我师徒是经匡地去陈国，非阳虎也！"

公孙戍不以为然地说："我的探兵说，去年阳虎血洗匡地时，他亲眼看见阳虎是个大个子，还看清了他的模样。今天，你们刚进入匡地，就谈阳虎如何如何，被我们探兵听到了，他已来报。"公孙戍指着孔子说:"阳虎是个大个子,那人不就是阳虎吗?我的探兵说,'他的模样与阳虎一样!'"

子路哈哈大笑说:"阳虎是叛国贼,已逃至晋国去了。你说的那个身材伟岸之人,就是我们的老师——世人皆知的圣人孔夫子!"

公孙戍带着惊疑的神色问:"他真的是孔丘吗?"

子路说:"正是,一点不错!"

公孙戍下令:"后退一段距离,继续包围监视,待弄明其真实身份后,再放行也不迟。"遂暗自派人去鲁国打听孔子的情况。

孔子干脆安排弟子们:"原地休息,免生祸患。"

夜色降临,秋雨淋沥。孔子师徒衣服淋湿了,冷气袭人,人人身上起了鸡皮疙瘩。

天明了,风止雨停,日出东方,弟子们显得面色憔悴。孔子安慰学生说:"文王死了以后,周公文化的传统不都在我身上吗?老天爷如果要毁弃这文化,就不应让我有此抱负;老天爷不想断绝这文化,匡人又怎能奈何我们呢?"孔子铿然有力的宣讲,给弟子们助了威,壮了胆。

公孙戍的家丁们十个一簇,八个一堆,一边吃送来的热饭,一边监视对方的行动。

第二天过去了,孔子师徒带来的食品已经吃完。饿得吃不消时,便开始就地采一些野菜充饥,加之没有水喝,人人舌干唇裂,没精打采。

子路看到这种状况,七窍生烟,说:"是谁让我们遭受这种困境的啊!"欲操兵器与公孙戍拼个死活。

孔子连忙制止:"与其死拼,不如用弹琴唱歌的办法退敌人!"

子路弹琴高歌,孔子亦弹琴和唱,唱道:"周文王死了以后,所有的文化遗产都掌握在我这儿吗?上天如果非要毁灭这些文化,那我又能有什么办法?上天如果不想毁灭这种文化,那匡人又能把我怎样呢?"公孙戍听到琴声、歌声,自言自语:"看样子,那个大个子不像阳虎。阳虎是粗野草寇，怎会弹唱呢？"于是下令撤兵，孔子一行得以脱困。

正心诚意与致知格物

　　明朝时期的洪应明认为：假如一定认为学问不必到心外探求，只应当专心反观内省，那么，"真心诚意"这四个字不就全部包括了吗？没有必要在学问的着手处用格物这一功夫让人迷惑不解。如果说学问的关键，"修身"二字也就足够了，何必又说"正心"呢？"正心"二字就足够了，何必又说"诚意"呢？"诚意"二字也就足够了，何必又说"致知"，又说"格物"呢？只因为学问功夫很详密。

　　然而，总之只是一件事，这样才是"精一"的学问，这里正是不能不深思的。理不分内外，性不分内外，所以学也不分内外。讲习讨论，未曾不是内；返身自省，未曾就撇弃了外。若以为学问一定要到心外寻求，那就是认为自己的性还有外在的部分。这正是"有我"，正是"自私"。这两种见解都不明白性尢内外之分。

　　"格物"是《大学》切实的下手处，从头到尾，自初学到成圣人，只是这一个功夫而已，不是只在入门时有这一功夫。正心、诚意、致知、格物，都是为了修身。格物，就是使人所用的功夫每天有可以看见的地方。所以，格物是格其心中的物，格其意中的物，格其知中的物。正心，就是正其物的心。诚意，就是诚其物的意。致知，就是致其物的知。这里哪有内外彼此的区别？理只有一个。就理的凝聚而言叫作性，就凝聚的主宰处而言叫作心，就主宰的发动而言叫作意，就发动的明觉而言叫作知，就明觉的感应而言叫作物。因此，就物而言叫作格，就知而言叫作致，就意而言叫作诚，就心而言叫作正。正是正的这个东西，诚是诚的这个东西，致是致的这个东西，格是格的这个东西。都是所说的穷尽天理而尽性。天下没有性外的理，没有性外的物。圣学不明，都是因为世上的儒者认为理是外在的，以为物是外在的，却不知道以义为外的观点，孟子曾经驳斥过它。以至于重蹈覆辙还没觉察，这里不是也有好像是却难以说明的地方吗？这是需要明察的。

认定它是内而非外；认定它只一心注重简约的纲领本原，而忽视了详细的细节条目；认定它深陷于枯槁虚寂之中，而不能穷尽物理人事的变化；认定它只肯定返身自省而摒除了讲学探讨的功夫。若真如此，哪里只是圣学和朱子的罪人呢？这是用异端邪说欺骗百姓，是背道离经，人人都可以讨伐诛灭他。若真如此，世上略懂一些训诂，知道一点先哲言论的人，也都能明白它是错误的。我所讲的格物，已把朱熹所谓的九条都囊括进去了。然而，我的格物有中心，其作用与朱熹的不同。这正是人们说的有毫厘之差。但在此处，差之毫厘即可产生谬以千里的错误，因此不得不辨明。

镜子是物中圣人

明朝时期的吕坤认为：得、失、毁、誉，这四个字是我们真正所想的。要做一桩善事，最先考虑的是要获得利益与荣誉；人不敢做坏事的原因，就是担心失去利益、损毁前程。有人总怀着贪欲和虚伪的念头，这种人与圣人相比简直是天壤之别。圣人产生善念，就好像饿了的人要吃饭，渴了的人要喝水一样自然。圣人若不愿做不好的事，就好像平常人不愿跳进烈焰熊熊的大火中，不愿投入深不可测的深渊中一样，是非常自然的事。有才干的人的思维中只考虑该不该做。按常理该做的，就自强不息地干到底；不该做的，就坚决克制自己不去做。若如此，得失毁誉的念头就能完全去掉吗？回答是：怎么能说就消除了呢？而世上品德修养属中等的人最多。

这四个字，圣贤之人凭借它们训导世人，君子则靠它们来检点反省自身。有人说做善事将会带来许多幸福，做坏事将会导致很多灾祸，用得失二字来训导世人，还有人说：人最可怕的灾难是一生一世没有个好名声，到四十岁还干坏事，用毁誉二字来教导世人。圣人用这样的道理来教导世人。而那些资质中等的人，不害怕这四个字并用来反省检点自己，将会取得什么样的成就呢？因此尧舜能够抛开这四个字，不在乎个人得失去做善事，是因为他们忘记了得失毁誉。而桀纣不能抛开这四个字，敢干坏事，是由于不在乎这四个字。

心灵要保持虚心宁静，不能有一点污秽；心灵要保持充实，不能有丝毫的欠缺。倘若某件事不曾留心，那么这件事将不会符合真理。倘若不曾留心一件物品，那么将会忘记这件物品存放何处。一个人倘若能做到大公无私，那么他的心就会包括涵容天下的气象。君子在为人处世方面，时时刻刻每件事都要认真用心去做。倘若有某一件事没有尽心而为，就是盲目的行动，倘若某一时刻心不在焉，那时他便成了一具行尸走肉。

区分圣人与狂人，只在苟和不苟这样两个词。我非常喜欢在万籁俱寂的时候，独自在安静的屋子里徘徊。也许有人会问："那样不是太寂寞了吗？"我说："这时心境缥缈无边，自由自在啊。"

古代的人也是人，而现在我们的人到底该算什么样的人呢？如果没有愧疚，不发奋上进，那实在是太没有志气了。

就算没有特长却热衷于自己感兴趣的事，这需要具备多么深的涵养啊！所以程颐见到打猎就想亲手试试。做学问的人各自有各自感兴趣的事，就理所应当为自己感兴趣的事去努力。欲望，只会让人进取而不让人退缩；理智，只会使人谦虚而不思进取，知道修身养性的人懂得审视进退之间的辩证关系而已。

圣人不会先用自己的思想去感应天下的事，而用空虚明静的心等候天下的事物来感应。感应的时候，用自己胸中的道理去顺应；没有感应的时候，自己的心中空空洞洞，寂静旷然。这好比一面镜子，光亮的存在，有物体来照就照着它；物体离开后，光亮依旧存在。物体没有来而镜子定要去照，这是拿镜子去找物。通常说镜子是物中圣人，镜子日照万物而常明亮，是因为镜子无心而不至于劳累的缘故。圣人每天应付许多事而不累，是有心而不被他人支使的缘故。只有被事物所役使，心才会累，然后才会有偏颇执着。

用心应该在有和无之间才行。当看到世上的人都没有罪过时，那是宽恕的心培养到最高境界了。有的东西因为不经意地放置而丢失，也有的因为过分珍藏而失去。礼仪有时因为疏忽大意而失误，也有的由于过分敬重害怕而导致差错。

吃得苦中苦方为人上人

春秋时代，越王勾践被吴王夫差打败。为了日后东山再起，他伴装向吴国投降，俯首称臣，借以蒙蔽敌人。

他派大夫文种到吴国去，把越国的许多金银财宝和珍奇古玩献给夫差，并且还献给他许多美女，古代四大美女之一的西施就是其中的一个。后来勾践又表示他愿意永远做夫差最忠实的仆人，夫差不顾大臣们的反对接受了这一请求。勾践夫妇身穿粗布衣服，带领大夫范蠡还有 300 名随从来到吴国。在夫差面前，他长跪于地，猛磕响头，极其谦卑地向吴王感谢不杀之恩。

夫差叫勾践给他当马夫。勾践不仅亲自喂养马匹，而且每当夫差外出，勾践套好马后，就伏在地上当上马凳，让夫差踩在背上上马。夫差喜怒无常，还常常给他几马鞭。勾践不仅不生气，反而脸上始终带着谦卑的笑容，再三向吴王表示，他是多么感谢吴王给他留了一条活命。夫差生病了，勾践衣不解带，昼夜服侍，甚至还用舌头亲自检验夫差的粪便，告诉夫差他的身体很快就要康复。

勾践如此真诚的表现，终于迷惑住了夫差。夫差把他当成了最忠实的仆人，对他不再存有丝毫的戒心。三年之后，就让勾践带着那一帮人回国了。

回国后，为了不忘复仇雪耻，勾践天天卧薪尝胆，他要让那令人难以忍受的苦味时刻激励自己发愤图强。他一边向吴国称臣，不让他们起疑心，一边暗中备战，悄悄积蓄力量。他忍辱负重以待时机，招贤纳士以励精图治，引咎责己以取民心，团结国民，同仇敌忾。经过十年生聚、十年教训的艰苦努力，终于为他的复仇雪耻做好了充分的准备。

由于夫差刚愎自用、纵情享乐，吴国国力渐衰，又加上连年旱灾，吴国已外强中干。于是勾践率领军队向吴国大举进攻，迅速攻占了吴国。越国终于雪了国耻。

顾大局，讲团结

孔子说的"君子周而不比，小人比而不周"，讲明了这样一番道理：一个道德高尚的人，讲的是团结，而不是勾结；道德低下的小人，则只知勾勾搭搭，不知照顾大局和讲求团结。只有做到像君子那样团结他人，你的事业和人生才能够畅达。

《孟子·公孙丑》中有"得道多助，失道寡助"，"多助之至，天下顺之；寡助之至，天下畔之"的论述。有道德的人定会有天下这是很简单的道理。社会上有道德的人多了，彼此之间就会多一些关心与尊重，社会自然也就和谐起来。那些为构造和谐社会做出卓越贡献的人，自然也就赢得了民心。

孔子所说的，其实就是人际关系。所谓人际关系，是指人们在各种具体的社会领域中，通过人与人之间的交往建立起心理上的联系，它反映在群体活动中，人们相互之间的情感距离和相互吸引与排拒的心理状态。和谐、友好、积极、亲密的人际关系都属于良好的人际关系，对于一个人的学习、生活和工作是有益的；相反，不和谐、消极、紧张、敌对的人际关系则是不良的，对一个人的学习、生活和工作都是有害的。社会心理学的调查研究表明，良好的人际关系是一个人得以保持个性健康、心理正常发展和生活具有幸福感的重要条件之一。古语云："天时不如地利，地利不如人和"。

有人认为："一个人事业上的成功，只有百分之二十是由于他的专业技术，另外的百分之八十则要靠人际关系、处世技巧。"此话也许说得有些绝对，但却从另一侧面说明良好的人际关系对成就事业的重要性。所以学会建立良好人际关系的方法，掌握其途径，是十分必要的。

良好的人际关系是圆满解决事情的"关键"。当人一旦感受到人际关系错综复杂时，就会想尽办法逃避。如果可以的话，总想与人保持一定的距离。但是，如果只是心不甘、情不愿地勉强保持距离，很容易产生不必要的误会。如果你能在工作场合积极地处理人际关系，那么你的生活一定会有所改变。

孟尝君是战国时期赫赫有名的"四君子"之一。在当时的战国时期，他家世富裕，地位显赫。

有一次，孟尝君门下的食客冯谖自告奋勇，要替他到其封地薛地去讨债。临行前，冯谖问孟尝君是否要他顺便带点什么回来。孟尝君觉得很好

笑，因为自己家里应有尽有，几乎什么都不缺，他想冯谖应该知道这点。于是他就随口说："你看我家里缺什么，就顺便买点什么吧。"

冯谖到了薛地，就将应当还债的百姓召集起来，假借孟尝君的名义，将债款全都赐给了这些百姓，并将借据当场烧毁。薛地的百姓感激涕零，喜出望外，齐呼"万岁"！

冯谖回来后，孟尝君问他："你去薛地，讨债是否顺利？"

冯谖回答说："非常顺利，我已经把所有的债务都了结了。"

孟尝君听后很高兴，于是问："那你要回来多少钱啊？"

冯谖说："我把钱都买了您家里所缺的东西了，一个钱也没带回来。"

孟尝君好奇地问："你到底买了什么东西，竟然花了这么多钱？"

冯谖回答："我看您门外肥马满厩，家中珍宝如山，身边美女如云，真是什么都不缺，但您唯独缺少'仁'啊！所以我就把所有的钱都给您买了'仁'。"

孟尝君听得一头雾水，不解地问："那你是怎么买的'仁'呢？"

冯谖就把讨债的经过一五一十地告诉了孟尝君。孟尝君听后哭笑不得，但又不便发作，以免丢失风度，只得讪讪地说："没事了，你下去休息吧。"

孟尝君心里非常不高兴，但表面上并没有表现出来。因为一下子就失去了这么多钱，很心疼。冯谖这次的做法让他很不满意。

一年后，孟尝君失宠于齐王，官职也被罢免了，他只好返回自己的封地——薛地。当时，孟尝君心灰意冷，万念俱灰。没想到，当他的马车距离薛地还有百里之遥时，薛地的老百姓就早已扶老携幼、争先恐后地在路上迎接他了。孟尝君看到这种情形，精神为之一振，心中又燃起了希望。至此他才恍然大悟，原来冯谖当初的举措，就是替自己积德，使自己在被贬谪时不至于没有立足之地。

望着眼前老百姓热烈的欢迎场面，孟尝君感慨地对冯谖说："先生，您替我买的仁，为我积的德，我今天看到了，我真的很感激您！"

冯谖所谓的买"仁"，其实就是收买人心。他的这种做法为孟尝君营造了一个极为安全的据点，使他进可攻，退可守。同时，也使他得到了老百姓的拥护。

孟尝君当初对冯谖的自作主张很不满，但他却糊涂了之，结果为自己找到了一条稳妥的后路。

了解他人的性格，是踏出良好人际关系的第一步。站在了解他人性格的基础上来进行交流，才是最重要的。这样做可以避免不必要的误解和错觉，顺利地建立良好的人际关系。也就是说，了解了对方的性格，才能真正让工作顺利进展、人际维持良好。

那么，要了解对方的性格，最主要的就是要会观察别人。实际上，观察力迟钝或敏锐也属于一个人性格的一部分。无论是多么复杂的人际关系，对于极端迟钝的人而言，是根本不会感到厌烦的，因为他们认为别人的事无论如何都事不关己。

除此之外的人，虽然在敏锐度上有所差异，但一般的观察能力还是有的。正如"借鉴他人，矫正自己"。如能做到借鉴他人，矫正自己，就是迈出了建立良好人际关系的第一步。

人生在世，如果能得到别人的友情和认可，拥有良好的人际关系，便是人生一大快事。心理学家研究表明，良好的人际关系可以使人心情愉快，充满活力和信心。反之，如果受到他人的排挤，则会感到寂寞和孤独，对未来缺乏信心。

人际关系可以帮助一个人，同时也可以摧毁一个人。融洽、良好的人际关系是生命成长的滋

润,是发展个人潜能的导引,是美满人生的基础,如处天堂。相反,对抗、恶劣的人际关系会损伤生命,压制个人发展潜能,令人生痛苦难堪,如处地狱。无法与人建立关系,就像一艘在海洋中间漂浮的孤舟,漂泊不定,无法安息,感到孤立无助,生命将会渐渐萎缩。

没有规矩不成方圆

孔子说:"君子对于天下之事,没有规定一定要怎样做,也没有规定一定不要怎样做,只以道义为准就行了。"

季孙相国的财产多于周公,比周公富裕。冉求作为季孙的家臣,在季孙氏属地费邑附近的莒国实施田赋,搜刮民财,为季孙氏增加了更多的财富。

"冉求不是孔子的弟子吗?他以民脂民膏讨好季孙氏,距仁德太远了!"

孔子在鲁都大街上听到这些舆论之后,气得七窍生烟。回到学堂,义愤填膺地对几位弟子说:"冉求不是我的学生了,你们要大张旗鼓地攻击他!"

次日,孔子命弟子带着鼓,与有若、樊迟、公良瑞、曾参乘马车去冉求任职的莒国(鲁国的一个小附属国)。

在莒国南门外,弟子们击鼓一阵又一阵,把冉求批评一通又一通……

莒城南门守护人向冉求报告说:"你的老师和同学在南门击鼓,怒气冲冲地评说你实行田赋的过错,已有一个时辰了。"

冉求命家人立即准备酒饭,并对下属说:"原来我老师和同学对我误解了,才专门击鼓声讨我。现在,他们骂累了,也该消消气了。尔等快随我出城迎接。"冉求来到南门,亲自开门,快步向老师走去……

孔子一见冉求,怒容满面地说:"对你我已说过,'非吾徒也。小子鸣鼓而攻之可也！'我听说你辅佐莒公之后，向季孙相国纳贡赋比以前多了，多刮黎民血汗讨好季孙氏！你把仁义道德全丢了！有何面目见我！"

师弟们轮流发言，批评得也很激烈。

而冉求不争不辩，虚心听取。待老师和师弟都说完了，这才躬身施礼道："老师和各位师弟远道而来，一路辛劳，冉求不知，有失远迎，还请恕罪！门人禀报，我已命家人准备酒饭，快到家里歇息就餐。趁此机会，我亦可向老师禀报来莒为政情况，请老师和师弟们赐教。"

好话暖人解怨，孔子和弟子们的怒气有所缓解。孔子说："好吧！坐下来，便于把话说透。"

酒饭过后，冉求汇报说："老师和师弟们鸣鼓责骂我，我无怨无悔。因为我整天下乡穷忙，没能抽空回去向老师禀报，大家听到舆论，误会了，这都怨我不会办事。"冉求喝了一口茶，接着说："情况是这样的，以前，莒国实行的也是周朝的井田制：把地块共分为九块，八块作为私田分给农民，农民承担劳役地租，一块当作公田由农民耕种，其收入作为租税上缴公家。结果，百姓劳役地租沉重，农民苦不堪言，而公田地荒减产，上缴很少，季孙氏想借此加重劳役地租。在这种情况下，我推行了初税亩，改劳役地租为实物地租，以土地面积为标准，庄户人家根据自己种地的多少，向田主纳税。这样一来，农民人身自由了，干活有劲了，早起晚睡，四季不闲，耕作及时，管理

得当，庄稼长得好，连片的土地都丰收。当然，按规定，赋税稍多了一些，但相应地，农民家里的粮食也增多了，比以前富足了，不再挨饿了。这样做，庄户人家满意，季孙氏也满意，不是一举两得吗？"

大家听了，默不作声。

停了一会儿，公良孺说了一句："这情况与在曲阜大街上听到的可不一样啊！"对此，孔子也不置可否，只说了一句："返回！"冉求送些盘缠，又把老师和师弟送出莒城。

离开莒城，孔子下乡私访。多数农民的反映与冉求说的一样，家里的粮食多了，比以前富裕了。看来，农民对初税亩比较满意，都说冉求治政有方。但也有个别人仍然留恋井田制。

回曲阜的路上，有若问："老师，您看冉求的做法对吗？"

孔子面容严肃，没有作声。过了一会儿，轻轻地点了点头，意味深长地说："君子对于天下的事情不必拘泥于一个模式，应向好的方面发展。君子没有一定要怎样做也没有一定不要怎样做的道理，应根据实际，怎样做合适便怎样去做。"

曾参说："从老师的这几句话中，我们又学到了新的东西！"

公良孺问："冉求是从政的优秀人才吗？"

孔子微笑着点了点头。

樊迟逗趣说："看来，我们对冉求'鸣鼓攻之'，还很有收获哩！"

弟子们忍不住笑出了声，孔子也笑出了声。

人生不可患得患失

孔子曰"鄙夫可与事君也与哉？其未得之也，患得之；既得之，患失之。苟患失之，无所不至矣。"这句话的含义是：当人们没有得到的时候，拼命地想去追求；等得到了，又时时刻刻担心害怕失去。

人生无非就是一个不断得到和失去的过程，只收获不失去是不可能的。人获得了生命，到最后还不是要归于尘埃？所以大可不必在得到与失去之间苦苦地挣扎、徘徊，该是你的，迟早都是你的，不该是你的，不管你怎么费力也不会得到。得到的时候，不要得意忘形，因为一时的得意，并不代表永久的得意，要看清前方的路；失去的时候也不要悲观沮丧，谁都有不如意的时候，重要的是振作起来，谁都有重新来过的机会，谁也不能证明你就不行。天下万事万物都有正面和反面两个极端。你得到了金钱，同时你就可能会失去休闲的时间，会失去健康的体魄；你失去了爱情，同时你可能就会获得与人相处的智慧，懂得如何去关心别人，爱护别人，为你日后获取另一份爱情打下坚实的基础。得失之间，需要你细细地去品味和权衡。得到的时候，不要张狂失态；失去的时候，不要太过计较。

人生处世的一大禁忌，便是患得患失。自古以来，在芸芸众生中，既有超然物外者，也有患得患失者。前者是一种健康而积极的人生态度，奉行这种人生态度的人，往往容易体会到心灵的自由和满足，能够过着悠然洒脱的生活，充分享受人生的尊严和快乐。后者则是一种病态消极的处事心理，这种人往往终日在得与失的罗网里钻来钻去，无法得到内心真正的超脱，更无法体悟到人生真正的快乐滋味。这就是人们常说的，"患得患失常戚戚，超然物外天地宽。"

著名的"扬州八怪"之一郑燮，名板桥，以诗、书、画"三绝"为后人称道。他写的诗歌，自然流畅，大都来自真情实感，不矫揉造作。他的书法融隶、楷、行、草为一体，苍劲有力，自成一家。他的画富于灵性，栩栩如生。他最擅长画兰和竹，所画竹子，挺拔潇洒，疏落有致；所画兰花，含蓄秀气，兰蕊如蝶。

1736 年，郑板桥考中进士，做了县令。他刚直不阿、清正廉明，对人民的苦难生活深感同情，并且不满于那些残害人民的官僚，终因得罪达官显贵被罢官。回到扬州后他心静如水，并在心底深深渴望着清静幽雅的生活，企望从中感受大自然赋予自己的惬意和安详，体悟生命的乐趣。

这种旷达超然的人生态度，不仅表现在他一生的情感和行为中，尤其体现在著名的《范县署中寄舍弟墨第四书》中："吾弟所买宅，严紧密栗，处家最宜，只是天井太小，见天不大。愚兄心思旷远，不乐居耳。是宅北至鹦鹉桥不过百步，鹦鹉桥至杏花楼不过三十步，其左右颇多隙地，幼时饮酒其旁，见一片荒城，半堤衰柳，断桥流水，破屋丛花，心窃乐之……清晨日尚未出，望东海一片红霞，薄暮斜阳满树。立院中高处，便见烟水平桥。家中宴客，墙外人亦望见灯火。南至汝家百三十步，东至小园仅一水，实为恒便。或曰：'此等宅居甚适。只是怕盗贼。不知盗贼亦穷民耳，开门延入，商量分惠，有什么便拿什么去；若一无所有，便王献之青毡，亦可携取质百钱救急也。'吾弟当留心此地，为狂兄娱老之资，不知可能遂愿否？"

郑板桥的这一段话，可以说是他心胸旷达、不为物欲所累的最真实写照。由此我们可以看到，他是真正悟透了"不患得，斯无失"的人生真谛，所以，他一生生活得无拘无束，自由自在，惬意安乐。

在古代，还有一个与郑板桥人生态度截然相反者的故事，故事的内容是这样的：

从前，有一个神射手名叫后羿，他练就了一身百步穿杨的好本领，知道他的人都很佩服他。夏王也从侍从的口中听说了后羿的神奇本领，并在无意中目睹了后羿的表演，对他非常赏识。

有一天，夏王想把后羿召到宫中，单独让他一个人表演一番，好尽情领略他那炉火纯青的射技。于是，夏王命人把后羿带到后花园的一处宽阔地带，叫人拿来了一块一尺见方、靶心直径大约一寸的兽皮箭靶，用手指着说："今天请先生来，是想请你展示一下你精湛的本领，这个箭靶就是你的目标。为了使这次表演更精彩，我还特意定了一个赏罚规则：如果你射中了，我就赏给你黄金万两；如果你射不中，那就要削减你一千户的封地。现在开始吧！"

后羿听完夏王的话，一言不发，脸色变得十分凝重。他慢慢地走到距离箭靶一百步的地方，然后取出一支箭，搭上弓弦，准备好姿势开始瞄准。这时，他一想到自己这一箭出去可能发生的结果，一向镇定的后羿呼吸变得急促起来，拉弓的手也微微发抖，瞄了几次准都没有将箭射出去。后羿终于下定决心把箭射了出去，它却钉在距离靶心足有几寸的地方。后羿看到后，脸色一下子就白了。他再次弯弓搭箭，没想到精神却更加不集中，射出的箭也偏得更离谱了。

最后，后羿悻悻地离开了王宫。夏王在失望的同时却百思不得其解，就问侍从："后羿平时是百发百中，为什么今天我给他定下了规则，他就大失水准了呢？"侍从回答说："后羿平时射箭，持的是一颗平常心，水平自然也就能正常发挥。可今天他射出的结果直接关系到他的切身利益，这叫他如何能静下心来施展射技呢？"

夏王听后说："看来，一个人只有真正把赏罚置之度外，才能成为当之无愧的射箭手啊！"

纵观人间世事，有得必有失，有失必有得，这是常理。可有些人总想不通这层理儿，只要涉及个人利害得失之事，总少不了要去争，要去斗，要从争斗中得到更多。殊不知这种做法，总会给人带来莫名其妙的烦恼，难以言状的痛苦，排解不掉的忧愁。名利尽管得到，可是人的尊严丧失了，人的洁净丧失了，人的品位丧失了……这样，看来是有所"得"，但失去的是否比得到的更多？而且这种"得"究竟有什么意义？

人生在世，有所得，必有所失，两者总是很难兼顾的。因此，在生活中，对于所拥有的，要珍惜，要知足；对于那些不该得到的东西，切勿不择手段，一味奢求；对于失去的东西，不要耿耿于怀，老是放不下。这是精明、智慧和机智的生活态度。当然，在得失问题上，还要弄懂弄通两者之间相辅相成的关系。这正是祸福相依相成的道理。所以对得失，尤其对功名利禄方面的得失，应该豁达一些，淡泊一些，千万不可太介意，太看重。

过于注重个人的得失，会使一个人变得心胸狭窄，目光短浅。人在患得患失间不但会失去欢乐，还会失去机会，失去把握人生方向的能力。塞翁失马，焉知祸福？祸往往与福同在，福中又往往潜伏着祸。得到了不一定就是好事，失去了也不见得就是坏事。得与失都是你迟早的经历，如果在得与失中苦苦挣扎，那人生未免太过无聊。"不以物喜，不以己悲。"古人早在一千年前就得出了这个道理，何况我们今天的现代人？

不患得患失是活得久、过得好的艺术。在患得患失中度过一生的人，他的生活无时无处不充满忧虑，生命也因此衰老得更快；而在不患得患失中的人，他的生活时时刻刻充满乐趣，因而他的生命也获得久长。精神的力量传递给肉体并感染着肉体，美好的情绪既能使人快乐，也能使生命延伸。让活得长久、过得快乐的艺术成为每个人的座右铭吧，因为它可以使人生充满快乐。

患得患失者，整天或为得失所忧，或被得失所累，生活郁郁寡欢。生活中往往有这样一些人，整天被笼罩在患得患失的阴影之中，心房被得失纷扰得没有片刻安宁。这些人，你给他十两银子，他会想象你肯定得了十两金子。这些人整天神经兮兮，心情忐忑忑忐、惴惴不安，生活哪来轻松与愉快？

患得患失是人生最常见的心理隐患，是人生的精神枷锁，是附在人身上的阴影。生活中出现阴影是因为我们挡住了人生的太阳。人生的太阳是什么？是理想，是追求，是热爱生活，是拥抱生活乐观积极的人生态度。要铸就辉煌的人生，必须砸碎精神枷锁，丢掉思想包袱，走出患得患失的阴影。

附　呻吟语

卷一　礼之集

性　命

001. 德行以收敛沉着为第一，收敛沉着中又以精明平易为第一。大段收敛沉着人怕含糊，怕深险。浅浮子虽光明洞达，非蓄德之器也。

【译文】

德行中以收敛沉着最为重要，收敛沉着中又以精明平易最为重要。一般说来，收敛沉着的人怕的是含含糊糊，怕的是高深阴险。浅薄轻浮的人看上去虽然光明磊落、明了通达，但不是能够修养高尚道德的人。

002. 真机、真味要含蓄，休点破。其妙无穷，不可言喻。所以圣人无言。一犯口颊，穷年说不尽，又离披浇漓^①，无一些咀嚼处矣。

【注释】

① 离披浇漓：往裂缝里浇水。披，裂缝。

【译文】

真机、真味要含蓄一些，不

要轻易点破。这样，其中的奥妙就会无穷无尽，难以用言语表达。所以圣人从不夸夸其谈。真机、真味一旦点破，说一年都说不完，就像往裂缝里浇水一样支离破碎，没有任何耐人寻味的地方了。

003. 性分不可使亏欠，故其取数也常多，曰穷理，曰尽性，曰达天①，曰入神②，曰致广大、极高明。情欲不可使赢余，故其取数也常少，曰谨言，曰慎行，曰约己，曰清心，曰节饮食、寡嗜欲。

【注释】

①达天：达到上苍所赋予的最高境界。
②入神：人的道德修养达到最高境界。

【译文】

人的天赋本性不能有亏缺，因此它的表现形式也是多种多样的，这就是"穷理"、"尽性"、"达天"、"入神"、"致广大、极高明"。人的情欲不能过分地扩大，它表现出来应该有一定的限度，因而要"谨言"、"慎行"、"约己"、"清心"、"节饮食、寡嗜欲"。

004. 深沉厚重是第一等资质，磊落英雄是第二等资质，聪明才辩是第三等资质。

【译文】

深敛沉着、敦厚持重是第一等资质，光明磊落、豪迈雄健是第二等资质，聪明机智、多才善辩是第三等资质。

005. 凡人光明博大、浑厚含蓄，是天地之气；温煦和平，是阳春之气；宽纵任物，是长夏之气；严凝敛约、喜刑好杀，是秋之气；沉藏固啬，是冬之气。暴怒是震雷之气，狂肆是疾风之气，昏惑是霾雾之气，隐恨留连是积阴之气，从容温润是和风甘雨之气，聪明洞达是青天朗月之气。有所钟者，必有所似。

【译文】

一个人光明博大、深厚含蓄，这是禀受了天地之气；温厚煦暖、心平气和，这是禀受了阳春之气；宽恕纵容、放任外物是禀受了盛夏之气；严凝敛约、喜刑好杀，这是禀受了秋天之气；深藏厚敛、顽固悭吝，这是禀受了严冬之气。凶暴横怒，是禀受了震雷之气；狂妄放肆，是禀受了疾风之气；昏弱迷惑，是禀受了霾雾之气；隐恨留连，是禀受了积阴之气；从容温润，是禀受了和风甘雨之气；聪明洞达，是禀受了青天朗月之气。一个人有所偏爱禀受了什么气，必然表现出相似的气质。

006. 先天之气发泄处不过毫厘，后天之气扩充之必极分量。其实，分量极处原是毫厘中有底，若毫厘中合下原无，便是一些增不去，万物之形色才情，种种可验也。

【译文】

每个人先天的气质，可以发扬的地方只不过是一点点而已，然而，通过后天扩充的气质必然能够达到至高无上的境界。其实，修养能够达到至高无上的境界也还是靠原来那点儿先天气质做底子，如果一点先天的气质都没有，那就丝毫也不会增多，世间万物的形、色、才、情，凡此种种都能验证这个道理。

007. 人之念头与气血同为消长。四十以前是个进心，识见未定而敢于有为；四十以后是个定心，识见既定而事有酌量；六十以后是个退心，见识虽真，而精力不振。未必人人皆此，而此其大凡也。古者四十仕，六、七十致仕，盖审之矣。人亦有少年退缩不任事，厌厌若泉下人者；亦有衰年，狂躁妄动喜事者，皆非常理。若乃以见事风生之少年为任事，以念头灰冷之衰夫为老成，则误矣。邓禹①沉毅，马援②矍铄，古诚有之，岂多得哉！

【注释】

①邓禹：人名，东汉光武帝时人。少时游学长安，与光武帝友谊深厚。

②马援：人名，东汉名将。他在八十四岁高龄的时候，仍旧能够率军出征。

【译文】

人的思想是随着身体气血的消失增长而变化的。四十岁之前具有奋发进取之心，这时虽然见识不多，但是敢于闯荡一番作为；到四十岁以后人的心就逐渐稳定下来了，这时已经是见多识广，而且遇到事情都会斟酌一下；六十岁之后人的思想就进取心开始减退了，这时虽然见识真切，但是精力不够。虽然这种情况不一定适用于每个人，但大体上都是如此。在古代人们四十岁做官，六七十岁告老还乡，大概就是因为这个原因。当然，人们中间也有年纪轻轻却思想消极，无所事事的，无精打采得就像一个垂死之人；也有一些年老之人，性情狂躁，喜欢多事，但这些都不合乎常理。如果把那些遇事风风火火的少年人有所作为，而把那些意志消沉的衰老之人当作老成持重的话，

那也是错误的。像邓禹年少时就深沉坚毅，马援那样虽年老却精神
矍铄的人，古代确实有过，但毕竟不是多数！

008. 命本在天，君子之命在我，小人之命亦在我。君子以义处
命，不以其道得之不处，命不足道也；小人以欲犯命，不可得命而必
欲得之，命不肯受也。但君子谓命在我，得天命之本然；小人谓命在
我，幸气数之或然。是以君子之心常泰，小人之心常劳。

【译文】

人的命运本来是上天注定的，但君子的命运却掌握在自己手中，
小人的命运也掌握在自己手中。君子用道义来对待命运，不做违背
道义的事，自己的命运好坏不放在心上；小人因为自己的贪欲而去抗
拒上天注定的命运，没有那样的命运却想得到它，命运不肯授予他。
只是这里所说的君子的命运掌握在自己手中，是因为他顺从了上天
的安排；而所说的小人的命运掌握在自己手中，只不过是他寄希望于
侥幸，寻求可能。这就是君子的内心常常能够保持平静泰然，而小人
的内心却是经常劳碌不安的原因。

009. 气、习，学者之二障也。仁者与义者相非，礼者与信者相
左，皆气质障也。高髻①而笑低髻，长裾②而讥短袂③，皆习见障也。
大道明率，天下气质而归之，即不能归，不敢以所偏者病人矣。王制
一齐，天下趋向而同之，即不能同，不敢以所狃④者病人矣。哀哉！
兹谁任之？

【注释】

①髻：梳在头顶上的发结。

②裾：衣服的大襟，衣的前后均称裾。

③袂：衣袖。

④狃：习惯，拘泥于。

【译文】

气质与习惯，这是做学问的人想要进步的两大障碍。仁与义这两者互相抵触，礼与信这两者互相违背，这都是气质所形成的障碍。梳高发髻的人讥笑梳低发髻的人，穿长衫的人讽刺穿短衫的人，这都是习惯造成的障碍。大道光明兴隆，整个天下的气质都会归向大道，即使不归顺于它，也不能用偏离大道的东西来伤害他人。王者的制度一旦统一，天下就会归向他并与他一致，即使不能一致，也不能用偏离王制的制度去伤害别人。悲哀啊！使大道光明兴隆、王制统一这样的重任由谁来担当呢？

010．父母全而生子，子全而归之，发肤还父母之初，无些毁伤，亲之孝之也；天全而生之，人全而归之，心性还天之初，无些缺欠，天之孝子也。

【译文】

父母健全将子女完好地生出来，子女就应该再将自己完好地还给父母，头发身体应该和降生时一样没有损伤，这才算是父母的孝子；上天使人完整无缺地生出来，人也应该将自己完好无缺地归还给上天，心性也和上天降生自己的时候一样，没有丝毫的欠缺，这才算是上天的孝子。

011．性，一母而五子。五性者，一性之子也。情者，五性之子也。一性静，静者阴；五性动，动者阳。性本浑沦，至静不动，故曰："人生而静，天之性也。"才说性，便已不是性矣。此一性之说也。

人的本性有一个根源，而有仁义礼智信这五种表现形式。这五种本性都是善性繁衍出来的儿子。情是五种子性的产物。人的本性是虚静的，属于阴性；而五性的衍生形式则是运动的，属于阳性。人的本性原来是混沌不清、寂静不动的，所以说："人生来就喜欢宁静，是人的天性。"当说到具体的性时就又不是人的本性了。这就是对人的本性的看法。

存　心

心要如天平，称物时物忙而衡不忙，物去时即悬空在此。只恁静虚中，正何等自在！

【译文】

人心要犹如一台天平。天平在称量物体的时候，物体被搬运个不停，而秤杆却安然自在，物体搬开后，就空悬在空中。人心如果能像天平那样处在静虚中正的状态，会多么的自由自在啊！

002. 学者只事事留心，一毫不肯苟且，德业之进也，如流水矣。

【译文】

做学问的人，只要事事留心认真、一丝不苟，德行学业的进步就会像涓涓流水一样不会终止。

003. 常使精神在心目间，便有主而不眩。于客感之交，只一昏昏便是胡乱应酬。岂无偶合？终非心上经历过，竟无长进。譬之梦食，岂能饱哉？

【译文】

常常使精神处在清醒状态，这样就可以有主见，而不被外界事物所迷惑。只要神志稍微不清，便会随意应付。难道没有偶然巧合的？然而这种情形不是出自内心，最终不会长久。就好像梦里吃东西，难道真的能吃饱吗？

004. 防欲如挽逆水之舟，才歇力便下流；力善如缘无枝之树，才住脚便下坠。是以君子之心无时而不敬畏也。

【译文】

防御欲念好比牵挽逆水而行之船，刚一歇息船就要向下游漂流；努力向善好比攀爬没有树枝的大树，刚一歇脚身体就要下滑。因此，君子的内心无时无刻不是处在警惕与敬畏之中。

005. 一善念发，未说到扩充，且先执持住，此万善之囮①也。若随来随去，更不操存此心，如驿传②然，终身无主人住矣。

【注释】

①囮：捕鸟时用来诱捕其他鸟的活鸟。这里是指原因。
②驿传：古时传送公文以及来往官员中途住宿或换马的地方。

【译文】

一个好的念头一旦产生，如果能在它没有扩充之前好好地保持住，这就是孕育其他善良念头的原因。如果任凭好的念头任意来去，更不用心保持这种善念，就会像古代驿站那样，永远没有长期居住的主人了，也就是心里永远不会长期拥有美好善良的念头了。

006. 千日集义，禁不得一刻不慊于心。是以君子瞬存息养，无一刻不在道义上。其防不义也，如千金之子之防盗，惧馁之故也。

【译文】

即使千日养气集义，也抵挡不住片刻之间产生的私欲。因此，君子每时每刻都要进行修养，在道义上一刻也不放松。君子防止不义的行为，如同富有之家防盗贼一样不能松懈，是害怕日后忍受饥饿的缘故。

007. 君子口中无惯语，存心故也。故曰："修辞立其诚。"不诚何以修辞？

【译文】

君子嘴里没有习惯用语，这是存心的缘故。所以说："修饰言辞来表达诚心。"心不诚，修饰言辞有什么用呢？

008. 一念收敛，则万善来同；一念放恣，则百邪乘衅。

【译文】

收敛一个出自私心的念头，各种善行就都会来；放纵一个出自私心的念头，各种邪恶就会乘虚而入。

009. 得罪于法，尚可逃避；得罪于理，更没处存身，只我底心便放不过我。是故君子畏理甚于畏法。

【译文】

触犯法律而犯罪，尚且还可以逃脱；违背天理而犯罪，便没处藏身，就连自己的心也放不过自己。这就是君子畏惧天理比畏惧法律更厉害的原因。

010. "静"之一字，十二时离不了，一刻才离便乱了。门尽日开阖，枢常静；妍蚩尽日往来，镜常静；人尽日应酬，心常静。惟静也，故能张主得动，若逐动而去，应事定不分晓。便是睡时此念不静，做个梦儿也胡乱。

【译文】

"静"这个字，十二个时辰都不能丢开，只要丢开一刻便会乱套。门整天不停地开合，但门上的转轴永远是静的；美丽的和丑陋的人整天来来往往照镜子，但镜子永远是静的；人整天应酬，而心是静的。只有做到心静，才能以静制动，如果心随事动，必然遇到事情不能恰当地处理。就是睡觉的时候心不静的话，那做个梦也一定是胡乱荒诞的。

011. 把意念沉潜得下，何理不可得？把志气奋发得起，何事不可做？今之学者，将个浮躁心观理，将个委靡心临事，只模糊过了一生。

【译文】

让意念沉静下来，什么道理悟不出来呢？让志气振作起来，什么事情做不成呢？现在求学的人，用浮躁不定的心来探求道理，以萎靡不振的心来面对事情，这样只能糊里糊涂地度过一生。

012. "心平气和"，此四字非涵养不能做，功夫只在个定火，火定则百物兼照，万事得理。水明而火昏。静属水，动属火，故病人火动则躁扰狂越，及其苏定，浑不能记。苏定者，水澄清而火熄也。故人非火不生，非火不死；事非火不济，非火不败。惟君子善处火，故身安而德滋。

【译文】

要做到"心平气和"这四个字，没有一定的涵养是不行的。修养的功夫，关键在于稳定火性。火性稳定后万事万物都会清晰明了、各得其理了。水性透明而火性昏躁。静的属性是水，动的属性则是火。因此，病人一旦发火就会越发狂躁不安，等他安静以后，就对发火的事情记不清了。之所以能够苏醒安定，是因为水澄清了火熄灭了。所以人没有火性就无法生存，而正是因为火性才会死亡；干事情没有火性就不能成功，也正是因为火性才会失败。只有君子善于处理火性，才能够身体安康，德行增进。

013. 当可怨、可怒、可辩、可诉、可喜、可愕之际，其气甚平，这是多大涵养！

【译文】

一个人在可以抱怨、发怒、争辩、控诉、高兴、惊讶的时候，他能够做到平心静气，这是多么深厚的涵养啊！

014. 天地间真滋味，惟静者能尝得出；天地间真机括①，

惟静者能看得透；天地间真情景，惟静者能题得破。作热闹人，说孟浪语，岂无一得？皆偶合也。

【注释】

①机括：关键要害部位。机，弩的发射器。括，矢末扣弦的地方。

【译文】

天地间的真滋味，只有心静的人才能尝得出；天地间事物真正的关键，只有心静的人才能看得透；天地间的真情景，只有心静的人才能写得出。喜欢凑热闹的人和喜欢说鲁莽话的人，难道不会做对一件或说对一句吗？但那都是偶然碰上的。

015. 自家好处掩藏几分，这是涵蓄以养深；别人不好处要掩藏几分，这是浑厚以养大。

【译文】

将自己的长处掩藏几分，这是内敛含蓄，可以培养自己深沉的性格；将别人的短处掩藏几分，这是淳朴敦厚，可以培养自己博大的胸怀。

016. 宁耐，是思事第一法。安详，是处事第一法。谦退，是保身第一法。涵容，是处人第一法。置富贵、贫贱、死生、常变于度外，是养心第一法。

【译文】

宁静忍耐，是思考事情的最好方法。安稳周详，是处理事情的最好方法。谦虚忍让，是保全自身的最好办法。包含宽容，是为人处世的最好方法。把富贵、贫贱、生死以及人生变迁都置之度外，是修身养性的最好方法。

017. 胸中情景，要看得春不是繁华，夏不是发畅，秋不是寥落，冬不是枯槁，方为我境。

【译文】

胸中之情景，要看得到春天并不一定是繁花似锦，夏天并不一定是生机勃勃，秋天并不一定是冷落凄凉，冬天并不一定是枯萎寂灭，这样才能摆脱外境的影响而达到自我的最高境界。

018. "躁心浮气，浅衷狭量"，此八字进德者之大忌也。去此八字，只用得一字，曰主静。静则凝重，静中境自是宽阔。

【译文】

"心浮气躁，浅衷狭量"，这八个字，是谋求功德进步的人的最大忌讳。要去掉这八个字，只需用一个字，这个字就是"静"。静，就能够保持稳重厚实，在静的境界里自然是万物开阔。

019. 君子洗得此心净，则两间不见一尘；充得此心尽，则两间不见一碍；养得此心定，则两间不见一怖；持得此心坚，则两间不见一难。

君子如果将自己的心洗涤干净，那么心之内外将会一尘不染；如果使自己的心充满平静，就不会有哪怕一点点障碍；如果通过修身养性让自己的心安定下来，那就不会产生任何可怕的思想；如果通过磨炼使自己的心变得坚定不移，那么做任何事都不会有困难了。

020. 人只是心不放肆，便无过差；只是心不怠忽，便无遗忘。

【译文】

一个人只要其心不放纵任意、无所顾忌，就不会出现什么差错；只要其心不怠惰松懈、疏忽大意，就不会出现遗忘。

021. 胸中只摆脱一"恋"字，便十分爽净，十分自在。人生最苦处，只是此心沾泥带水，明是知得，不能断割耳。

【译文】

心中只要去掉一个"恋"字，就会非常爽净、自由自在。人生最苦恼的，就是心灵被外界的人和事所干扰、拖泥带水，明明知道这样无济于事，但就是不能割舍。

022. 盗只是欺人。此心有一毫欺人，一事欺人，一语欺人，人虽不知，即未发觉之盗也。言如是而行欺之，是行者言之盗也。心如是而口欺之，是口者心之盗也。才发一个真实心，骤发一个伪妄心，是心者心之盗也。谚云瞒心昧己，有味哉！其言之矣。欺世盗名其过大，瞒心昧己其过深。

盗窃只不过就是欺骗他人而已。如果心中有一丝欺骗别人的念头，有一桩欺骗别人的事情，有一句欺骗别人的话语，别人虽然不知道，也可以说是未被发觉的盗窃。嘴上说的是这样，实际上做的又是另一回事，这样的行动就是言语的盗贼。心里想的是这件事，而嘴里说出的是另一件事，这样的语言就是思想的盗贼。刚刚萌生一个真实的念头，又突然生出一个虚伪的念头来，这是自己的心在欺骗自己的心啊。有句谚语说"瞒心昧己"，这句话令人玩味啊！这句话说的就是以心欺心，干出欺世盗名的事，它的罪过实在很大；可是自己欺骗自己这样的罪过更深。

023．目不容一尘，齿不容一芥，非我固有也。如何灵台内许多荆榛却自容得？

【译文】

眼睛中容不下一粒灰尘，齿缝中容不得一点菜茎，因为这些东西都不是眼睛和牙齿中固有的东西。但是为什么人们的心中有那么多的杂念欲望却能容得下呢？

024．心一松散，万事不可收拾；心一疏忽，万事不入耳目；心一执着，万事不得自然。

【译文】

思想一放松，什么事情都无法收拾；思想一疏忽，什么东西都听而不闻、视而不见；思想一固执，做任何事情都不会合乎自然之道。

025．当尊严之地、大众之前、震怖之景，而心动气慑，只是涵养不定。

当一个人身处庄严的地方，在众人面前、面对让人恐怖的情形时，如果心惊肉跳、害怕恐惧，这只是因为涵养还不够。

026. 久视则熟字不识，注视则静物若动。乃知蓄疑者乱真知，过思者迷正应。

【译文】

长时间地注视着某个字，即时是个熟字也会觉得那个字好像不认识了；长久地注视着某个物体，即时它是静止的也会觉得那个物体好像在动。由此可见，疑虑积累太多就会扰乱对真理的认识，过分地思虑也同样会使人将正确的东西弄得糊里糊涂。

027. 不存心，看不出自家不是。只于动静、语默、接物、应事时，件件想一想，便见浑身都是过失。须动合大则，然后为是。日用间如何疏忽得一时？学者思之。

【译文】

如果不用心，就发现不了自身的缺点。每当在行动和休息、谈话和沉默、待人接物与处理事情的时候，每一件都认真地想一想，结果就会发现自己有很多过失。所以，必须让自己的行动符合自然法则，这样才会正确。在日常生活中做事情的时候怎么能有一时一刻的疏忽呢？做学问的人应该思考一下这个问题。

028．心相信，则迹者土苴也，何烦语言？相疑，则迹者媒蘖也，益生猜贰。故有誓心不足自明，避嫌反成自诬者，相疑之故也。是故心一而迹万。故君子治心不修迹，中孚治心之至也。豚鱼且信，何疑之有？

【译文】

只要内心相互信任，那么彼此之间的行迹就如同泥土与草木那样融洽，哪里还需要劳烦更多的语言来表达呢？如果互相猜疑，那么他们的行迹就成了互相猜疑的根源。所以通过起誓并不足以表明心迹，想避嫌疑反而会弄巧成拙招来诬构陷害，这是相互猜疑的原因。因此心里的念头只有一个，而外在的行为却多种多样。所以君子注重自己内心的修养而不重视外在的行为，然而内心的最高境界就是忠诚。连河豚和鱼儿都能互相信任，人与人之间还有什么可猜疑的呢？

029．君子畏天，不畏人；畏名教，不畏刑罚：畏不义，不畏不利；畏徒生，不畏舍生。

【译文】

君子畏惧天理，不畏惧人情；畏惧纲常名教，不畏惧刑罚；畏惧做出不义之举，不畏惧利害得失；畏惧一生无所作为、白白地活在这世上，而不畏惧为正义献身。

030．一念孳孳，惟善是图，曰正思。一念孳孳，惟欲是愿，曰邪思。非分之福，期望太高，曰越思。先事徘徊，后事懊恨，曰蒙思。游心千里，岐虑百端，曰浮思。事无可疑，当断不断，曰惑思。事不涉己，为他人忧，曰狂思。无可奈何，当罢不罢，曰徒思。日用职业，本分功夫，朝惟暮图，期无旷废，曰本思。此九思者，日用之间，不在此则在彼。善摄心者，其惟本思乎？身有定业，日有定务，暮则省白昼之所行，朝则计今日之所事。念兹在兹，不肯一事苟且，不肯一时放过，庶心有着落，不得他适，而德业日有长进矣。

【译文】

每产生一个念头，只是孜孜向善，叫"正思"；每产生一个念头，只是想实现自己的欲望，叫"邪思"；贪图非分之福，期望太高，叫"越思"；事先犹豫不定，事后懊恼后悔，叫"蒙思"；东想西想，千思万虑，叫"浮思"；事情本无可疑，当决断时不决断，叫"惑思"；事情与自己无关，为他人担心，叫"狂思"；事情本已无可奈何难以挽回，却摆脱不了，叫"徒思"；对个人的日常生活、自己的职业、自身的道德修养，朝思暮想，希望不要耽误荒废，叫"本思"。这九思，日常生活中，不是想这个就是想那个。善于养心的人，大概只有"本思"吧？本身有固定的职业，每天有固定的任务，夜晚就反思白天做的事，早晨就筹划今天该做的事。想着这件事就干这件事，对任何事都不肯马马虎虎、草率从事，任何时候不肯松懈大意、得过且过，这样心才会有着落，不会想那些与自己毫不相干的事，品德事业也才能日日长进。

031. 斯道这个担子，海内必有人负荷。有能慨然自任者，愿以绵弱筋骨助一肩之力，虽走僵死不恨。

【译文】

"道"这副担子，天下必定会有人出来承担。如果有慷慨激昂、自觉自愿来承担的，我愿以微弱之躯助他一臂之力，即使累死也不会悔恨。

032. 耳目之玩偶当于心，得之则喜，失之则悲，此儿女子常态也。世间甚物与我相关，而以得喜以失悲耶？圣人看得此身亦不关悲喜，是吾道之一囊橐耳。爱囊橐之所受者，不以囊橐易所受，如之何以囊橐弃所受也？而况耳目之玩又囊橐之外物乎？

【译文】

当耳闻目睹的东西都称心如意的时候，得到了它就高兴，失去了它就悲伤，这是世间之人的心态。世上还有什么东西与自身的关系如此密切，能让自己得到就高兴，失去就悲伤呢？圣人不会把自身和高兴悲伤联系起来，他们把身体看作装载道义的口袋。他们喜爱口袋内所装载的道义，但不会为了口袋而改变所获得的道义，如此又怎么会因为口袋而放弃其中的道义呢？更何况耳闻目睹的那种种快乐都只不过是身外之物而已呢？

033. 人情有当然之愿，有过分之欲。圣王者，足其当然之愿，而裁其过分之欲，非以相苦也。天地间欲愿止有此数，此有余而彼不足，圣王调剂而均厘之，裁其过分者以益其当然。夫是之谓至平，而人无淫情无觖望①。

【注释】

①觖（jué）望：因为希望没有得到满足而抱怨。

【译文】

人有理所应当的愿望，但也有过分的贪欲，这是人之常情。

圣明的君王只满足自己正当的愿望，而放弃那过分的贪欲，从而使自己不受贪欲的困惑。人世间正当的愿望和过分的贪欲是有定数的，满足了这一个就会欠缺那一个。圣贤的人能将它们协调得非常均衡，裁掉那些过分的贪欲，满足那些正当的愿望，这样才称得上很公平，而且人们也不会因为得不到过分的贪欲而抱怨了。

034. 种豆，其苗必豆；种瓜，其苗必瓜。未有所有如是，而所发不如是者。心本人欲，而事欲天理；心本邪曲，而言欲正直，其将能乎？是以君子慎其所存。所存是，种种皆是；所存非，种种皆非，未有分毫爽者。

【译文】

种下的是豆籽，长出来的苗必然是豆苗；种下的是瓜子，长出来的苗必然是瓜秧。没有种下的是这种东西，而长出来的是另一种东西的情形。心中想的本来是人欲，而做出事来却想合乎天理；心中本来是邪恶的，而说出话来却想正直，这哪可能呢？因此，君子对自己所要保持的东西是非常谨慎的。保持的最根本的东西是正确的，表现出来的种种言行必定都会正确；保持的最根本的东西是错误的，表现出来的种种言行必定都会错误。以此来验证事理，没有出现一点差错。

035. 吾辈所欠，只是涵养不纯不定。故言则矢口所发，不当事，不循物，不宜人；事则恣意所行，或太过，或不及，或悖理。若涵养得定，如熟视正鹄而后开弓，矢矢中的；细量分寸而后投针，处处中穴。此是真正体验实用功夫，总来只是个沉静。沉静了，发出来件件都是天则。

【译文】

我们这些人所欠的就是涵养不纯不定。因此说话时就脱口而出，根本不考虑是否同事相合，是否遵循了事物的法则，是否与人适宜；遇到事情则随意而为，或做得太过分，或做得还不够，或违背常理。如果涵养功夫到家了，就如同看清了靶子再开弓射箭一样，箭箭都能射中目标；又如同量好穴位然后再针灸一样，每一针都能扎中穴位。这才是真正的体验，也才是实用的功夫，总的说来只是要沉静。能做到沉静，做出来的事、说出来的话，件件都符合自然规律。

036. "暮夜无知"，此四字百恶之总根也。人之罪莫大于欺。欺者，利其无知也。大奸大盗皆自无知之心充之。天下大恶只有二种：欺无知，不畏有知。欺无知还是有所忌惮心，此是诚伪关。不畏有知是个无所忌惮心，此是死生关。犹知有，良心尚未死也。

【译文】

"暮夜无知"，这四个字是各种恶行的总根源。人的罪恶没有比欺骗更大的，欺骗就是利用了对方不会知道这一点。大奸大盗之人都是认为别人不会知道才发展起来的。天下的大恶只有两种：一是欺骗别人，不让别人知道；二是欺骗了别人不怕别人知道。欺骗了别人不让人知道，心中还是有所畏惧，这涉及真诚与伪善的分水岭。不怕别人知道，就是肆无忌惮的心态，这就涉及生与死的分水岭。知道有所畏惧，说明良心还没有完全泯灭。

037. 天地万物之理出于静，入于静；人心之理发于静，归于静。静者，万理之橐籥①，万化之枢纽也。动中发出来，与天则便不相似。故虽暴肆之人，平旦皆有良心，发于静也。过后皆有悔心，归于静也。

【注释】

①橐籥（tuó yuè）：古代冶铁时用来鼓风的器具。这里是指关键之所在。

【译文】

天地间万事万物的道理，都是出于静又入于静；人心的道理，都是发自于静又归入于静。静是各种道理的关键所在，也是万般变化的关键所在。动中所发出来的，与自然规律就不相似。所以，即使是暴怒狂肆的人，平时也很有良心，这是因为出于静的缘故；事情过后都会产生悔过之心，这是因为归于静的缘故。

038．动时只见发挥不尽，那里觉错？故君子主静而慎动。主静，则动者静之枝叶也；慎动，则动者静之约束也。又何过焉？

【译文】

做事的时候，只是觉得精力用不完，哪里肯去想自己还有什么过失？所以，君子主张保持虚静而谨慎行事。保持虚静，那么动便是静的枝叶；谨慎行事，那么动便会受到静的制约。这样的话又哪里还会出现失误呢？

039．童心最是作人一大病，只脱了童，便是人人君子。或问之。曰："凡炎热念、骄矜念、华美念、欲速念、浮薄念、声名念，皆童心也。"

【译文】

有幼稚之心是做人的一个大毛病，只要脱离了幼稚之心，任何人就是品德高尚的君子。有人问这话是什么意思。回答说：

"凡是趋炎附势的念头、骄傲矜夸的念头、享受侈华美物的念头、想迅速成功的念头、浅薄虚浮的念头、追求声名的念头，都是童心。"

040. 吾辈终日念头离不了四个字，曰：得失毁誉。其为善也，先动个得与誉底念头；其不敢为恶也，先动个失与毁底念头。总是欲心、伪心，与圣人天地悬隔。圣人发出善念，如饥者之必食，渴者之必饮。其必不为不善，如烈火之不入，深渊之不投，任其自然而已。贤人念头只认个可否，理所当为，则自强不息；所不可为，则坚忍不行。然则得失毁誉之念可尽去乎？曰：胡可去也？天地间惟中人最多。此四字者，圣贤籍以训世，君子藉以检身。曰"作善降之百祥，作不善降之百殃①"，以得失训世也。曰"疾没世而名不称②"，曰"年四十而见恶③"，以毁誉训世也。此圣人待衰世之心也。彼中人者，不畏此以检身，将何所不至哉？故尧、舜能去此四字，无为而善，忘得失毁誉之心也。桀纣能去此四字，敢于为恶，不得失毁誉之恤也。

【注释】

①这句话出自《尚书·伊训》。
②这句话出自《论语·卫灵公》。意思是深感遗憾的是直到死也没有能够闻名于世。
③这句话出自《论语·阳货》。

【译文】

我们这些人，终日的念头都离不了"得"、"失"、"毁"、"誉"这四个字。在做善事的时候，先动个想得到什么和希望别人赞誉的念头；不敢做坏事时，先动个会不会损失什么和遭到别人诋毁的念头。这些念头都属于欲心、伪心，与圣人相比有天壤之别。圣人发出善念来，就如同饥饿的人要吃饭，口渴的人要喝水一样。他们不做不善的事，就如同不走进烈火、不踏向深渊一样，任凭其自然而然。贤人的念头只考虑到这事可以做还是不可以做，从道义上看是应当作的，就自强不息地做下去；从道义上看是不应当作的，就坚持忍耐不去做。这样得失毁誉的念头可以完全去掉吗？回答是：怎么能去掉呢？天地间只有平常人最多。这四个字，圣贤要凭借它来教诲世人，君子要凭借它来反省自身。《尚书》中说"作善降之百祥，作不善降之百殃"，就是以得失来教诲世人。《论语》上说"疾没世而名不称"，又说"年四十而见恶"，这是以毁誉来教诲世人也。这是圣人对待衰微之世的人心的办法。那些平常人，如果连这些都不畏惧并以此来约束自身，还会有什么事情做不出来呢？尧、舜之所以能去掉这四个字，是因为他们做善事不是为了得到什么，完全忘掉了得失毁誉之心；桀纣也能去掉这四个字，敢于作恶，他们根本不考虑得失毁誉。

041. 只大公了，便是包涵天下气象。

【译文】

只要能够做到大公无私，便具有了涵容天下万事万物的心胸。

042. 士君子作人，事事时时，只要个用心。一事不从心中出，便是乱举动；一刻心不在腔子里，便是空躯壳。

【译文】

士人君子为人处世，每时每刻、件件事都认真留心。如果一件事不认真留心，便会轻举妄动；一刻不加以用心，就会成为一个没有思想的空躯壳。

043. 古人也算一个人，我辈成底是甚什人？若不愧不奋，便是无志。

古人也是人，和古人相比，我们这些人到底属于什么人？面对古人，如果不知愧疚、不知奋发上进，就是没有志向。

044. 无技痒心，是多大涵养！故程子见猎而痒。学者各有所痒，便当各就痒处搔之。

【译文】

虽然没有技能却对自己感兴趣的事有去做的冲动，这需要多么深的涵养啊！所以程颐见到有人打猎就想亲自去试试。做学问的人各自都有感兴趣的事，就应当在自己感兴趣的事上下功夫做好。

045. 物有以慢藏而失，亦有以谨藏而失者；礼有以疏忽而误，亦有以敬畏而误者。故用心在有无之间。

【译文】

东西有不用心存放而丢失的，也有因谨慎存放而丢失的；礼仪有因疏忽而出现差错的，也有因过于敬重而出现差错的。所以，人们应该在有意与无意之间下功夫。

046. 说不得真知明见，一些涵养不到，发出来便是本象。仓卒之际，自然掩护不得。

　　如果自己说不出来有见地的话，这说明在涵养方面还有一些欠缺，言行举止之中难免就会暴露出自己的本来面目，匆匆忙忙之中，自然掩盖不住自身的缺点。

047. 欲理会七尺，先理会方寸；欲理会六合，先理会一腔。

【译文】

　　如果想要了解一个人，那么应该首先从了解他的一点一滴开始；如果想要了解整个天下，那就应该首先从了解一个人开始。

048. 士君子一出口无反悔之言，一动手无更改之事。诚之于思故也。

【译文】

　　那些正人君子话一旦说出来就绝不会再反悔了，一旦着手行事就决不会再更改了，这是因为他们事先早已经过了深思熟虑的缘故。

049. 和气平心，发出来如春风拂弱柳，细雨润新苗，何等舒泰！何等感通！疾风、迅雷、暴雨、酷霜，伤损必多。或曰："不似无骨力乎？"余曰："譬之玉，坚刚未尝不坚刚，温润未尝不温润。余严毅多，和平少，近悟得此。"

【译文】

　　心平气和，表现出来犹如春风拂弱柳、细雨润新苗，这是多么舒畅泰然！多么痛快畅通！疾风、迅雷、暴雨、酷霜，伤损外物必定很多。有人说："这样不是显得太没骨力了吗？"我说："比如玉，说它坚硬也的确坚硬，说它温润也的确温润。我这个人严肃刚毅多，温和平静少，近来体悟到了这一点。"

050. 俭则约，约则百善俱兴；侈则肆，肆则百恶俱纵。

【译文】

勤俭就会节约，节约就能百善俱兴；奢侈就会放肆，放肆就会百恶俱纵。

051. 天下国家之存亡，身之生死，只系敬、怠两字。敬则慎，慎则百务修举；怠则苟，苟则万事隳颓。自天子以至于庶人，莫不如此。此千古圣贤之所兢兢，而世人之所必由也。

【译文】

国家的存亡、人的生死，就在"敬"、"怠"这两个字上。恭敬就会慎重，慎重做什么事都会成功；怠懈就会苟且，苟且做什么事都不会成功。上自天子，下至黎民百姓，无不这样的。这也是千古以来圣贤之人兢兢业业，而世俗之人必须遵循的原因。

052. 每日点检，要见这念头自德行上发出，自气质上发出，自习识上发出，自物欲上发出。如此省察，久久自识得本来面目。初学最要知此。

【译文】

每天都要反省检点自己，要出现反省自己的念头应该从品德习性上发出来，要从气质上发出来，要从习惯、认识上发出来，要从物欲上发出来。如果能够像这样每日反省、审察自己，久而久之就能正确地认清自己的本来面目了。初学的人最需要认识到这一点。

053. 过差遗忘只是昏忽，昏忽只是不敬。若小心慎密，自无过差遗忘之病。孔子曰："敬事。"樊迟粗鄙，告之曰："执事敬。"子张意广，告之曰："无小大，无敢慢。"今人只是懒散，过差遗忘安得不多？

【译文】

出现过失差错或是遗忘，只是因为迷糊疏忽造成的，造成迷糊疏忽是因为做事情不慎重。如果做事小心慎重而且严密，自然就不会出现过失差错或遗忘的毛病了。孔子说："做事应该慎重。"孔子的弟子樊迟粗俗鄙陋，孔子告诫他说："对待事情应当慎重。"孔子的弟子子张心气浮躁，索求很多，孔子对他说："事情不分大小，都不可以怠慢。"现在的人总是很懒散，过失差错或遗忘的毛病能不多吗？

054. 忧世者与忘世者谈，忘世者笑；忘世者与忧世者谈，忧世者悲。嗟夫！六合骨肉之泪，肯向一室胡越之人哭哉？彼且谓我为病狂，而又安能自知其丧心哉？

【译文】

忧国忧民的人和那些隐士谈话，隐士就会讥笑他们；隐士和忧国忧民的人交谈，忧国忧民的人就会为他们感到悲哀。天哪！天下骨肉同胞的泪水又怎能洒向小小的异国他邦的人呢？他们都认为我疯癫了，又怎能明白他们自己早已丧失了那颗纯真的心呢?

055. "得"之一字,最坏此心。不但鄙夫患得,年老戒得为不可。只明其道而计功,有事而正心,先事而动得心,先难而动获心,便是杂霸杂夷。一念不极其纯,万善不造其极。此作圣者之人戒也。

【译文】

"得"这一个字,是最损坏人心了。不但鄙陋的人计较得失,就连年长的人也不能戒掉。只是明白这个道理就用它来衡量自己的功劳,行事才会合乎道义。假如在做事之前先考虑自己能得到什么,还没有解决困难就先考虑自己能够获得什么,就跟恶霸蛮夷差不多了。如果一个念头不纯正,那么就算做再多善良的事也达不到最佳效果。这是作为圣贤之人应该尽力戒除的。

056. 充一个公己公人心,便是胡越一家;任一个自私自利心,便是父子仇雠。天下兴亡、国家治乱、万姓死生只争这个些子。

【译文】

如果心中具有大公之心,即便是胡越也能成为一家;如果任由自己的自私自利之心放纵,即使是父子也会成为仇人。天下的兴亡、国家的治乱、百姓的生死,都和公私之心密切相关。

057. 沉静非缄默之谓也。意渊涵而态闲正,此谓真沉静。虽终日言语,或千军万马中相攻击,或稠人广众中应繁剧,不害其为沉静,神定故也。一有飞扬动扰之意,虽端坐终日,寂无一语,而色貌自浮。或意虽不飞扬动扰,而昏昏欲睡,皆不得谓沉静。真沉静底自是惺谧,包一段全副精神在里。

沉静并不是缄默。意念深藏含蓄而神态安闲端庄，这才是真正的沉静。做到了这一点，即使整天说话，或在千军万马中冲杀，或在稠人广众中忙于应酬，都不会损害其沉静，这是因为神定的缘故。一旦产生了纷扰杂乱的意念，即使整天端坐，寂然不说一句话，但神色形貌却显露出来；或者即使没有纷扰杂乱的意念，却一副昏昏欲睡的神情，都不能称作沉静。真正的沉静是，头脑清醒，沉着稳定。

058. 明者料人之所避，而狡者避人之所料，以此相与，是贼本真而长奸伪也。是以君子宁犯人之疑，而不贼己之心。

【译文】

聪明的人能够料到别人所避讳的事，而狡诈的人却能避开别人料到的事，按照这个道理相互循环，就会削弱善良真实的本性而助长奸诈虚伪的心态。所以君子宁愿受到别人的猜疑，也不愿削弱自己正直善良的心。

059. 室中之斗，市上之争，彼所据各有一方也。一方主见皆是己非人，而济之以不相下之气，故宁死而不平。呜呼！此犹愚人也。贤臣之争政，贤士之争理亦然。此言语之所以日多，而后来者益莫知所决择也。故为下愚人作法吏易，为士君子所折衷难。非断之难，而服之难也。根本处在不见心而任口，耻屈人而好胜，是室人市儿之见也。

【译文】

家庭纠纷，市井争吵，双方都各执己见。每个人都认为自己正确别人错误，有时因为心中不服气，为了发泄心中的怨气，宁死也不肯罢休。天哪！这些都是非常愚蠢的人。那些贤明的大臣因为治理国家大事而互相争辩，贤士在理义上的争辩也是这样的情形。因此不同的意见日益增多，使后来的人都不知道如何抉择了。所以让那些下层愚昧的人判案很容易，但让那些贤士君子判断是非就难了。这并不是因为判断难，而是要让他们心服口服难。最根本的是如果心中没有是非观念而是信口开河，喜欢争强好胜而认为向他人认输就是羞耻，这就是妇人之见、小人之见了。

060. 为恶唯恐人知，为善唯恐人不知，这是一副甚心肠，安得长进？

【译文】

如果一个人干了坏事就害怕被别人发现，做了好事又恐怕没人知道，这样的一种心态，怎么能让自己的品德修养有所提高呢？

061. 人心是个猖狂自在之物，陨身败家之贼，如何纵容得他？

【译文】

如果一个人的心肆意妄为、无拘无束的东西，损害性命、破坏家庭根源，怎么能够纵容他呢？

062. 学术以不愧于心、无恶于志为第一，也要点检这心志是天理、是人欲。便是天理，也要点检是边见、是天则。

【译文】

搞学术研究应该把不愧对自己的良心、不违背自己的志向放在第一位,也要审查一下自己的志向是符合自然规律,还是只是自己的欲望。即便符合客观规律,也还应该审察它是主观偏见还是自然法则。

063. 学者欲在自家心上做功夫,只在人心做功夫。

【译文】

做学问的人如果想要加强内心的修养,只要在克制自己过多的欲望上下功夫就可以了。

064. 平居时有心切言还容易,何也? 有意收敛故耳。只是当喜怒爱憎时发当其可,无一厌人语,才见涵养。

【译文】

日常生活中小心说诂一定比较容易做到,这是什么原因呢? 是因为有意收敛一下的原因。只有在喜怒无常爱憎分明时的时候讲出恰当的话,并且没有一点让人觉得厌烦的地方,才看得出一个人的涵养有多深。

065. 世之人何尝不用心? 都只将此心用错了。故学者要知此用心,用于正而不用于邪,用于要而不用于杂,用于大而不用于小。

【译文】

世上的人怎么会不用心呢? 都只不过是把心用错了地方罢了。因此,做学问的人要知道应该怎样用心,要把自己的心用在正道上而不要用在歪门邪道上,要把心用在主要的方面而不要用在那些次要的方面，要把心用在那些大的方面而不要用在小的方面。

066. 世间好底分数休占多了，我这里消受几何，其余分数任世间人占去。

【译文】

世上的那些好处不要占得太多了，我自己只需要享受其中的一部分就行，其余的就任由世上的其他人去享受好了。

067. 小人终日苦心，无甚受用处。即欲趋利，又欲贪名；即欲掩恶，又欲诈善。虚文浮礼，唯恐其疏略；消沮闭藏，唯恐其败露。又患得患失，只是求富贵；畏首畏尾，只是怕事怕人。要之温饱之外，也只与一般人，何苦自今天君无一息宁泰处。

【译文】

那些小人整天都挖空了心思去谋划，结果却什么用处也没有。他们既想获得利益，又贪图美好的名声；既想掩饰自己的恶行，又想假装善良。在那些没有意义表面应酬的礼节上，唯恐有什么疏忽略过的地方；对自己的恶行极力掩藏，他们又唯恐败露出来。他们又在得失上忧虑，一心只想着荣华富贵；做事畏首畏尾，胆小怕事。他们这样做以后除了能得到温饱以外，跟一般的人没有什么区别，又何苦到今天总是感到自己的内心没有一丝宁静泰然的感觉？

068. 第一受用，胸中干净；第二受用，外来不动；第三受用，合家没病；第四受用，与物无竞。

【译文】

第一受用的事，是心中没有邪恶的念头；第二受用的事，是不因为外物的得失而在心情上有所触动；第三受用的事，是全家人都身体健康没有任何疾病；第四受用的事，是与世无争。

069．善根中才发萌蘖，即着意栽培，须教千枝万叶。恶源处须有涓流，便极力雍塞，莫令暗长潜滋。

【译文】

在善良的根刚刚发出一点萌芽的时候，就应该立刻用心栽培，这样才能让它浓密茂盛起来。只要出现一点邪恶的念头，就一定要把它堵塞住，不能让它暗中滋长起来。

070．处世莫惊毁誉，只我是，无我非，任人短长。立身休问吉凶，但为善，不为恶，凭天祸福。

【译文】

为人处世不要被荣誉成败所惊扰，只要认为自己做的是正确的，没有做那些违反道义的事情，就不要在乎别人的评价。立身在世不要问吉凶祸福，只要自己努力行善，不去做恶事，是福是祸就让上天来做决定吧。

伦　理

001．亲母之爱子也，无心于用爱，亦不知其为用爱，若渴饮饥食然，何尝勉强？子之得爱于亲母也，若谓应得，习于自然，如夏葛冬裘然，何尝归功？至于继母之慈，则有德色、有矜语矣。前子之得慈于继母，则有感心、有颂声矣。

亲生母亲疼爱自己的孩子，不会意识到自己是用心去爱，也不知道自己所做的一切都是处于对孩子的爱。这爱就像是渴了要喝水，饿了要吃饭一样自然，哪里会是勉强能做出来的呢？孩子从亲生母亲那里得到爱，就好像是理所应当得到的，就好像是习惯成自然一样，就好像夏天要穿麻布做的衣服，冬天要穿裘皮做的衣服一样，怎么会想到要归功于母亲呢？至于继母的慈祥，要么做出自己很有德行的样子，要么对别人夸耀自己的功劳。如果丈夫和前妻所生的孩子得到了继母的慈爱，就会怀有一颗感恩的心，会不由自主地说出赞美继母的话了。

002. 一家之中，要看得尊长尊，则家治。若看得尊长不尊，如何齐他得？其要在尊长自修。

【译文】

如果在一个家庭之中，能很尊重长辈，那么这个家就会治理得很好。如果连长辈都不尊敬，那这个家还怎么能治理好他人呢？治理好家庭最重要的地方就是家长要加强自身的修养。

003. 人子之事亲也，事心为上，事身次之。最下事身而不恤其心，又其下事之以文而不恤其身。

【译文】

儿子侍奉父母，最重要的是体量他们的心，其次是照料好他们的身体；再次一点的是只照料饮食而不体量他们的心；最差的是只说空话而连他们的身体都不照料。

004. 进食于亲，侑而不劝；进言于亲，论而不谏；进侍于亲，和而不庄。亲有疾，忧而不悲；身有疾，形而不声。

【译文】

在侍奉父母吃饭时，只陪伴在身边使他们吃得高兴，而不要劝他们多吃；向父母提意见时，只讲道理，不要规谏；服侍父母起居时，态度和蔼而不要严肃呆板。父母有病时，心中忧伤但不要悲泣；自己有病时，面容难受但不要声张。

005. 侍疾忧而不食，不如努力而加餐。使此身不能侍疾，不孝之大者也。居丧羸而废礼，不如节哀而慎终。此身不能襄事，不孝之大者也。

【译文】

侍奉生病的父母忧愁得吃不下饭，不如尽力多加餐。如果因不吃饭自己也生了病而不能侍奉父母，这是最大的不孝。为父母居丧时，悲伤得瘦弱不堪，不能依丧礼行事，不如节制自己的悲哀情绪而谨慎地依礼办好父母的丧事。不能亲身办理丧事，这也是最大的不孝。

006. 雨泽过润，万物之灾也；恩宠过礼，臣妾之灾也；情爱过义，子孙之灾也。

雨水过多，是万物的灾难；恩宠超过礼制，是臣子和妻妾的灾祸；恩爱超越了义，是子孙后代的灾祸。

007. 人心喜则志意畅达，饮食多进而不伤，血气冲和而不郁，自然无病而体充身健，安得不寿？故孝子之于亲也，终日乾乾，唯恐有一毫不快事到父母心头。自家既不惹起，外触又极防闲，无论贫富、贵贱、常变、顺逆，只是以悦亲为主。盖"悦"之一字，乃事亲第一传心口诀也。即不幸而亲有过，亦须在悦字上用功夫。几谏积诚、耐烦留意、委曲方略，自有回天妙用。若直净以甚其过，暴弃以增其怒，不悦莫大焉。故曰：不顺乎亲，不可以为子。

【译文】

如果一个人内心高兴，他的情绪自然就会舒畅通达，食欲增加而不会伤害身体，气血通畅而不会忧郁，自然就没有毛病而且身强体壮，怎么会不长寿呢？所以孝子对自己的父母整天都会特别小心恐怕有丝毫的不高兴的事让父母烦心。自己不能惹父母不高兴，又要尽力防范外界的干扰，不管自己富贵、贫贱、坎坷、顺境还是逆境，让父母高兴才是最重要。大概"悦"这个字就是子女侍奉父母的第一秘诀。即使不幸碰到父母有什么过失，也应该在让他们高兴上多下功夫。规劝应该诚心诚意，耐着性子，不厌其烦，婉转柔和，自然会起到很好的效果。如果直言不讳地过分地指责父母的过失，或是对他们不理不睬来增加他们的愤怒，没有比这更让他们不高兴的了。因此说：不孝顺父母，就不能为人子女。

008. 长者有议论，唯唯而听，无相直也；有咨询，謇謇而对，无遽尽也。此卑幼之道也。

长辈在谈话时，要恭敬而顺从地去听，不要打乱他们的谈话；有所询问时，要慢慢地耐心回答，不要匆匆忙忙地一下就说完了。这是地位低的、年纪小的对待地位高的、年长者的态度。

009. 古称君门远于万里，谓情隔也。岂惟君门？父子殊心，一堂远于万里；兄弟离情，一门远于万里；夫妻反目，一榻远于万里。苟情联志通，则万里之外犹同堂共门而比肩一榻也。以此推之，同时不相知，而神交于千百世之上下亦然。是知离合在心期，不专在躬逢。躬逢而心期，则天下至遇也。君臣之尧舜，父子之文、周，师弟之孔、颜。

【译文】

古人说君门远于万里，这是指感情的距离太远。岂是只有君门

如此？如果父子不同心，就同处一堂而远于万里；兄弟离情，就同在一门而远于万里；夫妻反目，就同在一榻而远于万里。假如情相连志相通，相距万里之外也如同堂共门、比肩一榻。以此类推，有的生在同一时代而互不了解，即使相处千百世也是徒然。以此可知离合是指两心是否相期许，而不专指亲身相遇。亲身相遇加上两心相许，这是天下的至遇；君臣中的尧、舜，父子中的周文王、周武王，老师弟子

中的孔子、颜渊，就是至遇的典型。

010. "隔"之一字，人情之大患。故君臣、父子、夫妇、朋友、上下之交，务去隔。此字不去而不怨叛者，未之有也。

【译文】

隔阂是人情交往的大患。所以，在君臣、父子、夫妇、朋友、上下的交往中，务必要去掉隔阂。不去掉隔阂而又不出现怨恨、背叛的事还不曾有过。

011. 父在居母丧，母在居父丧，以从生者之命为重。故孝子不以死者忧生者，不以小节伤大体，不泥经而废权，不徇名而害实，不全我而伤亲。所贵乎孝子者，心亲之心而已。

【译文】

父在居母丧或母在居父丧时，要以顺从活着的人的愿望为重。所以孝子不因为死者而使生者忧愁，不因为小节而伤大体，不固执于常理而不知权变，不为了名义而损害实质，不为了保全自己而伤害父母。孝子最可贵的，就是要把父母的心意当成自己的心意。

012. 爵禄恩宠，圣人未尝不以为荣，圣人非以此为加损也。朝廷重之以示劝，而我轻之以示高，是与君忤也，是穷君鼓舞天下之权也。故圣人虽不以爵禄恩宠为荣，而未尝不荣之，以重帝王之权，以示天下帝王之权之可重，此臣道也。

【译文】

加官晋爵、增加俸禄以及受君王恩宠，圣人未尝不以此为荣，圣人也并不以为这会对自己的地位有什么提高或损害。朝廷重视这些是用它们来鼓励我，然而我轻视这些是来表示我的清高。这样做和君王的意思是相违背的，会削弱君王用来鼓舞天下人的权术。因此圣人虽然心里不以得到爵禄恩宠为荣，外在上却没有这样表现出来，重现帝王的权力，他们以此来表现对帝王权威的重现，来显示天下君王权力的重要，这就是为臣之道。

013. 人子和气愉色婉容，发得深时，养得定时，任父母冷面寒铁，雷霆震怒，只是这一腔温意、一面春风，则自无不回之天，自无屡变之天。谗谮何由入？嫌隙何由作？其次莫如敬慎。夔夔斋栗，敬慎之至也。故瞽瞍亦允若。温和示人以可爱，消融父母之恶怒；敬慎示人以可矜，激发父母之悲怜。所谓积诚意以感动之者。养和至敬之谓也。盖格亲之功，惟和为妙、为深、为速、为难，非至性纯孝者不能敬慎，犹可勉强耳。而今人子以凉薄之色、惰慢之身、骄蹇之性，及犯父母之怒，既不肯挽回，又倨傲以甚之，此其人在孝弟之外，故不足论。即有平日温愉之子，当父母不悦而亦愠见，或生疑而迁怒者，或无意迁怒而不避嫌者，或不善避嫌，愈避而愈冒嫌者，积隙成衅，遂致不祥，岂父母之不慈？此孤臣孽子之法戒，坚志熟仁之妙道也。

【译文】

为人之子应该和颜悦色，这要依靠长时间的修养才表现得出来，任凭父母或是脸色冰冷如铁，或是大发雷霆，仍旧保持满腔的温和，一脸的和悦之色，这样的话，父母自然会回心转意，自然不会无缘无故地发脾气。谗言怎么能听得进去呢？隔阂又怎么会产生呢？其次，不如恭敬谨慎。整天保持着畏惧的样子，就是恭敬谨慎到了极点。因此像舜的父亲瞽瞍那样不辨善恶的人也会对父母很顺从。善良温和地对人，可以消除融化父母的怒气；谨慎恭敬地待人，可以激发出父母的怜悯之心。所以说积累诚意就能使人感动，就是养和致敬的意思。因此要想感化亲人，只有和气才是最巧妙、最深刻、最迅速，也是最难的办法，如果不是本性孝顺的人，是不能做到恭敬谨慎这一点的，这是不能勉强的。如今为人子的，用冷漠浅薄的脸色、懒惰散漫的样子、傲慢不驯的性格来对待自己的父母，等到惹父母发怒了，他们不仅不采取措施来挽回，反而以更加傲慢的态度使父母更加生气，这样的人不懂得孝顺父母、尊敬兄长，所以不值得多加评论。即使平日里有温和孝顺的子女，但当看见父母不高兴时自己也会表现出不高兴的样子，有时产生疑虑而迁怒于别人，有时虽然不想迁怒于别人而又不避嫌，有时不善于避嫌，反而越避嫌越会冒犯别人，渐渐地积怨成仇，导致与家人不和。这难道是因为父母不慈祥吗？这是失去势力的臣子和不知道孝顺的子女应该引以为戒，以用来加强修养和仁义之心的方法。

014. 孝子之事亲也，上焉者先意，其次承志，其次共命。共命则亲有未言之志不得承也，承志则亲有未萌之意不得将也，至于先意而悦亲之道至矣。或曰："安得许多心思能推至此乎？"曰："事亲者，以悦亲为事者也。以悦亲为事，则孳孳皇皇无以尚之者，只是这个念头，亲有多少意志，终日体认不得？"

【译文】

　　孝顺的子女服侍自己的父母，最好的办法就是能事先揣测到父母的心意，其次是能继承父母虽未说明但已经表露出来的志愿，再者是能听从父母的命

令。只知道听从父母的命令就没有办法继承父母没有言明的志愿；只知道继承父母的志向但父母没有表露出来的心意就没有办法实现。如果能揣度到父母的心意，那就是孝顺父母最好的办法了。有人问："哪里有那么多心思来揣测父母的心愿呢？"我回答说："服侍父母，就是为了让父母感到心情愉快，只要是为了让父母心情愉快，勤奋努力追求的并非其他事情，只是想了解父母的心愿。父母亲又能有多少心愿呢？难道整天体会揣测还能不知道吗？"

015．孝子侍亲不可有沉静态，不可有庄肃态，不可有枯淡态，不可有豪雄态，不可有劳倦态，不可有病疾态，不可有愁苦态，不可有怨怒态。

【译文】

孝子在侍奉自己的父母时，不能表现出沉默静寂的神态，不能表现出庄严肃穆的神态，不能表现出呆滞冷淡的神情，不能有豪迈雄壮的神态，不能有辛劳疲倦的神色，不能表现出疾病缠身的状态，不能有忧愁痛苦的样了，不能有怨恨愤怒的状态。

016．问安，问侍者，不问病者。问病者，非所以安之也。

【译文】

问候有病的人是否安康，要问服侍他的人，不要问病者本人。问病者本人，不是使他人心安的方法。

017．慎言之地，惟家庭为要；应慎言之人，惟妻子、仆隶为要。此理乱之原而祸福之本也。人往往忽之，悲夫！

　　说话小心谨慎的地方，应该是在家里；应该慎重交谈的对象，就是妻子儿女和仆人。这是伦理混乱的根源，也是祸福的根源。而人们却往往疏忽了这一点，这是非常可悲的！

　　018. 门户可以托父兄，而丧德辱名非父兄所能庇；生育可以由父母，而求疾蹈险非父母所得由。为人子弟者不可不知。

【译文】

　　门第、家业可以依赖父兄，但做出丧德辱名的事，却不是父兄所能庇护的；生育下来是父母决定的，但走上邪路做坏事，却是父母管不了的。作为子女不可不明白这些。

　　019. 齐以刀切物，使参差者就于一致也。家人恩胜之地，情多而义少，私易而公难，若人人遂其欲，势将无极。故古人以父母为严君，而家法要威如，盖对症之治也。

【译文】

　　用刀切物体，就能使参差不齐的东西变成长短一致的。家是让人最为思恋的地方，情感多而义气少，为私容易而为公难。假若每个人都随心所欲，势必一发不可收拾。所以，古代的人都把父母奉为家中严厉的君主，而威严的家法，也许这就是根治症结的方法。

　　020. 家长，一家之君也。上焉者使人欢爱而敬重之，次则使人有所严惮，故曰严君。下则使人慢，下则使人陵，最下则使人恨。使人慢，未有不乱者；使人陵，未有不败者；使人恨，未有不亡者。呜呼！齐家岂小故哉！今之人皆以治生为急，而齐家之道不讲久矣。

家长是一家之主。最好的家长受到子女的喜爱和敬重，其次是家长使子女感到严厉而有些害怕，人们叫作"严君"。不好的家长被子女轻视或凌辱，最差的家长被子女所痛恨。家长被轻视的家庭没有不混乱的，家长被凌辱的家庭没有不破产的，家长被痛恨的没有不亡家的。唉！治理好一个家庭难道能说是小事吗？现在的人们都为谋生而奔波，很久没有人讲治家之道了！

021. 儿女辈常着他拳拳曲曲，紧紧恰恰，动必有畏，言必有惊，到自专时，尚不可知。若使之快意适情，是杀之也。此愚父母之所当知也。

【译文】

对于子女，要经常教育他们自制、规规矩矩，行动必须有所畏

惧、说话必须有所顾忌，即使这样，到他们独立生活时为人如何也还很难估计。如果让其随心所欲、任意放纵，那就是毁了他们。这一点做父母的都应当明白这个道理。

022. 责人到闭口卷舌、面赤背汗时，犹刺刺不已，岂不快心？然浅隘刻薄甚矣。故君子攻人，不尽其过。须含蓄以令人之愧惧，令其自新，方有趣味，是谓以善养人。

【译文】

责备一个人，在他到了哑口无言、面红耳赤、汗流浃背的时候，仍然没完没了地数落，岂不痛快？但是，这样也太浅隘刻薄了！所以君子批评他人时，不要说尽他人的过错，而要留有余地用含蓄的口气，使他内心中感到羞愧和畏惧，让他改过自新，这样才有意义，这叫作以善养人。

023. 恩礼出于人情之自然，不可强致。然礼系体面，犹可责人；恩出于根心，反以责而失之矣。故恩薄可结之使厚，恩离可结之使固，一相责望，为怨滋深。古父子、兄弟、夫妇之间，使骨肉为寇仇，皆坐"责"之一字耳。

【译文】

恩德和礼节出于内心的自然情感，不可强求于他人。然而礼数关系着体面，还可以责成别人；而恩德根于内心，反而会因责成他人而失去。所以恩情浅薄可以通过交结使之深厚，恩情离散可以通过交结使之牢固，一旦因责求他人而形成怨恨，就会怨恨日深。古代父子、兄弟、夫妇之间，骨肉成为寇仇，都是由于犯了"责"这个字。

024. 责善之道，不使其有我所无，不使其无我所有，此古人之所以贵友也。

【译文】

要求向善的道理，不要求他具备我本身也没有具备的品德和才能，也不让他没有我所具备的品德和才能，这是古人重视朋友的原因。

025. 谨言不但外面，虽家庭间，没个该多说底话；不但大宾，虽亲厚友，没个该任口底话。

【译文】

不仅仅在外面说话要小心谨慎，即使在家里面，也不应该什么话都说；不只是当着重要的客人的面不应该乱说话，即使是当着自己的亲人和挚友，也不应该信口开河。

谈　道

001. 有处常之五常，有处变之五常。处常之五常是经，人所共知；处变之五常是权，非识道者不能知也。不擒二毛，不以仁称，而血流漂杵，不害其为仁；二子乘舟不以义称，而管、霍被戮，不害其为义。由此推之，不可胜数也。嗟夫！世无有识者，每泥于常而不通其变；世无识有识者，每责其经而不谅其权。此两人皆道之贼也，事之所以难济也。噫！非精义择中之君子，其谁能用之？其谁能识之？

【译文】

有处于正常环境的仁义礼智信，有处于权变之际的仁义礼智信。处常之仁义礼智信是常行的义理，人所共知；处变之仁义礼智信是权变之法，不识事理的人是不能理解的。春秋时宋国与楚国开战，宋襄公主张不俘虏年纪老了的敌人，但后世并不认为他是"仁"；而周武王伐纣时血流漂杵，没有损害周武王的"仁"。卫宣公的两个儿子为了不拂逆父志而争死，并不能称为"义"；而周公杀管叔放蔡叔，不损害他的"义"。以此类推，这类事情不可胜数。唉！世上那些没有看清事物本质的人，每每拘泥于常态而不懂变化；世上那些不能理解有识之士的人，每每要求他们按常理办事而不理解他们的权变之法。这两种人都会损害道，所以事情也就难以成功。唉！不是精于义理而又能择其中道而行的君子，有谁能把常和变运用好？又有谁能识别何时用常何时用变呢？

002．庙堂之乐，淡之至也。淡则无欲，无欲之道与神明通。素之至也，素则无文，无文之妙与本始通。

【译文】

庙堂里的音乐，最为清淡，清淡就没有欲望，没有欲望才能与神明相通；最为朴素，朴素就没有什么文采，没有文采的妙处在于它能与本色相通。

003．真器不修，修者伪物也；真情不饰，饰者伪交也。家人父子之间不让而登堂，非简也；不侑而饱食，非饕也，所谓真也。惟待让而入，而后有让亦不入者矣；惟待侑而饱，而后有侑亦不饱者矣，是两修文也。废文不可为礼，文至掩真，礼之贼也，君子不尚焉。

【译文】

真正的器物不需要修饰，修饰以后就成了伪物。真情也不需粉饰，粉饰就是伪交。家人父子之间，进屋时不必谦让，这不是简慢；吃饭时不必劝而吃饱，这不是贪吃，这就是"真"。只有等谦让后才进来，以后就会有谦让也不进来的人了；只有等劝吃后才吃饱，以后就会有劝吃也吃不饱的人了，这是双方都在文饰的缘故。不讲文饰就没有礼仪，过分了又会掩盖真情，这都是危害礼的东西，君子不崇尚这些。

004. 百姓得所，是人君太平；君民安业，是人臣太平；五谷丰登，是百姓太平；大小和顺，是一家太平；父母无疾，是人子太平；胸中无累，是一腔太平。

【译文】

老百姓能各得其所，君主就会安宁无事；君主和民众能安居乐业，朝廷官员就会安宁无事；五谷丰收，老百姓就太平无事；老少和睦，一家人就会安宁无事；父母没有疾病，做子女的就能安宁无事；心中无牵无挂，心境平静，内心就会安宁无事。

005. 除了个中字，更定道统不得。傍流之至圣，不如正路之贤人。故道统宁中绝，不以傍流继嗣，何者？气脉不同也。予尝曰："宁为道统家奴婢，不为傍流家宗子。"

【译文】

除了这个"中"字，就没有办法确定道系了。旁流之中的最高圣人，也不如正统之中的一个贤人。所以，道统宁可半途断绝，也不会让旁流的人来继承，这是为什么呢？是因为气血经脉不同。我曾经说过："宁可做道统家的奴隶，也绝不做旁流家的世子。"

006. 自然者，发之不可遏，禁之不能止，才说是当然，便没气力。然反之之圣，都在当然上做功夫，所以说勉然。勉然做到底，知之成功。虽一分数境界，到那难题试验处，终是微有不同，此难以形迹语也。

【译文】

所谓"自然"，就是事物生成以后不能抑制，禁止时也不能停止。才说是"应该是这样"，就没有这么大的力量了。然而经过后天修养而达到至善之性的圣人，都是在"当然"上做功夫。所以说他们是尽力而为，尽力做到底，知道他们一定会成功修养成为圣人，虽然和天生的圣人达到了同一境界，但遇到艰难困苦检验时，最终还会微有不同。这一点难以从形迹上讲清楚。

007．愚不肖者不能任道，亦不能贼道，贼道全是贤智。后世无识之人，不察道之本然面目，示天下以人中至正之矩，而但以贤智者为标的。世间有了贤智，便看得中道寻常，无以过人，不起名誉，遂薄中道而不为。道之坏也，不独贤智者之罪，而惟崇贤智，其罪亦不小矣。《中庸》为贤智而作也，中足矣，又下个庸字，旨深哉！此难与曲局之士道。

【译文】

愚蠢和才能平庸的人，不能担负起道的大任，也不能损害道，损害道的人，都是一些才智超群的人。后世无知的人，没有明察道的本来面目，就向世人宣布至大至中至正的准则，只是以贤明睿智的人的意见为标准。世界上有了贤明睿智的人，就把中道看得很平常，认为没有什么超越常人的，也不能增加人的声誉，于是就看轻中道而不去实现。道的败坏，不只是贤明睿智的人的罪过，然而一心推崇他们的人，罪过也不小。《中庸》是针对贤明睿智的人提出的，"中"本来已经足够了，又加了一个"庸"字，含意是很深的。这番道理很难向中庸之外的人说清楚。

008．道者，天下古今共公之理，人人都有分底。道不自私，圣人不私道，而儒者每私之，曰"圣人之道"。言必循经，事必稽古，曰"卫道"。嗟夫！此千古之人防也，谁敢决之？然道无津涯，非圣人之言所能限；事有时势，非圣人之制所能尽。后世苟有明者出，发圣人所未发而默契圣人欲言之心，为圣人所不为而吻合圣人为之事，此固圣人之深幸而拘儒之所大骇也。呜呼！此可与通者道，汉唐以来鲜若人矣。

【译文】

道，是普天之下、从古至今共同的规律，每个人都有贡献。道本身不自私，圣人也不把道据为私有。而儒者每次把道据为己有时，会说这叫"圣人之道"。说话必然引经据典，行事必定征引古代，并把它称作"卫道"。唉！这是从古到今最大的堤防啊，谁敢不遵守呢？然而道是无边无际的，不是圣人的几句话所能限定的；事情有时间和形势的变化，也不是圣人所都能控制的。后世如果能出现一个圣明之人，能够说出圣人想说而没有说出的话并互相默契，能够做出圣人想做而没有做的事业并互相吻合，这固然是圣人的大幸，但也会让拘泥经典的儒生很震惊。唉！这个道理可以和通情达理的人说，然而汉、唐以来像这样的人太少了。

009．在举世尘俗中，另识一种意味，又不轻与鲜能知味者尝，才是真趣。守此便是至宝。

【译文】

在尘世间能发现另一种趣味，却又不轻易让很少能品尝出这种味道的人品尝，这才是真正的趣味。能够把握住它，便是获得了最宝贵的财富。

010．道在天地间，不限于取数之多，用心勤者得多，不用心衰微得少，昏弱者一无所得。假使天下皆圣人，道亦足以供其求。苟皆为盗跖，道之本体自在也，分毫无损。毕竟是世有圣人，道斯有主；道附圣人，道斯有用。

【译文】

道存在于天地之间，不限制人们得到多少，勤奋的人得到的就多，懒惰的人所得就少，而昏弱的人会一无所得。假如天下的人都是圣人，道也足够这些人的需求；如果都是盗跖，道的本体也是自然存在的，并不会有丝毫的损伤。毕竟世间有了圣人，道才有了主人；道只有依附于圣人，才能够起到它应有的作用。

011. 或问："中之道，尧、舜传心，必有至玄至妙之理？"余叹曰："只就我两人眼前说，这饮酒，不为限量，不至过醉，这就是饮酒之中；这说话不缄默，不狂诞，这就是说话之中；这作揖跪拜，不烦不疏，不疾不徐，这就是作揖跪拜之中。一事得中，就是一事底尧、舜。推之万事皆然。又到那安行处，便是十全底尧、舜。"

【译文】

有人问："适中之道，尧舜心传，里面必定有至玄至妙的道理。"我叹息说："仅仅拿大家眼前的事说，喝酒不限制酒量，又不至太醉，这就是喝酒适中；说话的时候不沉默，不狂妄怪诞，这就是说话适中；作揖跪拜时，不烦琐不粗疏，不快不慢，这是作辑跪拜的适中。一件事做到适中，就是尧舜的道理。以此类推，所有事情都是这样。如果什么事都做到适中，那就是十全十美的圣人。"

012. 理路直截，欲路多岐；理路光明，欲路微暧；理路爽畅，欲路懊烦；理路逸乐，欲路忧劳。

天理之路直截，人欲之路多崎岖；天理之路引导人趋向光明，人欲之路引导人坠入黑暗；天理之路让人清爽舒畅，人欲之路使人懊恼烦躁；天理之路让人安逸快乐，人欲之路使人忧虑劳神。

013. 天下之人防五，不可一毫溃也，一溃则决裂不可收拾。宇内之大防，上下名分是已；境外之人防，夷夏出入是已；一家之人防，男女嫌微是已；一身之人防，理欲消长是已；万世之人防，道脉纯杂是已。

【译文】

世间的人都必须提防五件事，不能有丝毫的懈怠，一旦懈怠就会崩溃并一发不可收拾。国内最需要提防的是上下等级名分的划分；边境最需要提防的是外族的侵略；一个家庭最需要提防的是男女之间微妙的关系；个人最需要提防的是天理人欲的消长；千秋万代最需要提防的是正道血统的纯正与混杂。

014. 人皆知异端之害道，而不知儒者之言亦害道也。见理不明，似是而非，或骋浮词以乱真，或执偏见以夺正，或狃目前而昧万世之常经，或徇小道而溃天下之人防，而其闻望又足以行其学术，为天下后世人心害亦不细。是故，有异端之异端，有吾儒之异端。异端之异端，真非也，其害小；吾儒之异端，似是也，其害大。有卫道之心者，如之何而不辩哉？

【译文】

人们都知道异端邪说能够损害道，而不知儒者的言论也可以损害道。对真理的认识不明确，似是而非，或运用浮夸的言辞来扰乱真相，或执持偏见来压倒正理，或拘于目前而使可行万世的正常原则混乱，或顺从于小的道理而使天下之大防溃毁，而其声望又足以使其学术流行，对天下后世人心造成的祸患的确不小。所以说有异端的异端，有儒家的异端。异端的异端，是真正错误的，它的害处小；儒家的异端，好像是正确的，但它的害处大。有卫道之心的人，怎么能不辨别清楚呢？

015. 天下事皆实理所为，未有无实理而有事物者也。幻家者流，无实用而以形惑人！呜呼！不窥其实而眩于形以求理，愚矣。

【译文】

世间万事万物的存在都是有实实在在的道理的，没有实理的事物是不存在的。魔术师没有实物而用外表来迷惑人以寻求真理。唉！不看事物的本质却妄想从影像中追求真理，是多么愚蠢啊！

016. 禅家有理障之说，愚谓理无障，毕竟是识障。无意识，心何障之有？

【译文】

禅家有"理障"的说法。我认为真理是没有障碍的，归根结底是认识上的障碍。如果没有意识的内心，哪里会有什么障碍呢？

017. 七情总是个欲，只得其正了，都是天理；五性总是个仁，只不仁了，都是人欲。

人的七情终究都是欲望，只要行得正就都是天理；人的五性终究都是仁义，如果不仁不义就都是人的私欲。

018. 万籁之声，皆自然也。自然，皆真也。物各自鸣其真，何天何人？何今何古？六经，籁道者也，统一圣真。而汉宋以来胥执一响以吹之，而曰是外无声矣。观俳谑者，万人粲然皆笑，声不同也而乐同。人各笑其乐，何清浊高下妍蚩之足云？故见各鸣其自得，语不诡于六经，皆吾道之众响也，不必言言同、事事同矣。

【译文】

世间万物的声音都是自然发出的。自然发出的声音，都是真实的。万物各自发出自己真实的声音，无论是天还是人，无论是古代还是现代，都是如此。儒家的六经就是万物道理的载体，集合了天地间的自然本真。然而汉、宋以来，人们各成一派来鼓吹自己，并且说除了自己的主张之外就没有其他的真理了。观看其滑稽戏谑的表演，许多人都会发出笑声，笑声虽然不同，但是快乐的心情却是一样的。人们各自为自己的快乐而欢笑，有什么清浊高低美丑之分呢？因此听见每个人都说出自己的见解，话虽然不同但只要不背离六经的义理，都是道的不同凡响，不必要求每句话、每件事都要相同。

019. 气者，形之精华；形者，气之渣滓。故形中有气，无气则形不生；气中无形，有形则气不载。故有无形之气，无无气之形。星陨为石者，先感于形也。

【译文】

气是形体的精华，形体是气的渣滓。所以形体中有气的存在，没有气就生不成形体；气中没有形体存在，有了形体，气就无法承载万物了。所以，有没有形体的气，却没有无气的形体。星星坠落下来能够成为石头，就是因为先有了形体的缘故。

020. 私恩煦感，仁之贼也；直往轻担，义之贼也；足恭伪态，礼之贼也；苛察岐疑，智之贼也；苟约固守，信之贼也。此五贼者，破道乱正，圣门斥之，后世儒者往往称之以训世，无识也与？

【译文】

市私恩、报私惠是对仁的伤害；鲁莽轻率承担责任是对义的伤害；过于谦恭、虚伪作态是对礼的伤害；苛察与多疑是对智的歪曲；随便相约、固执坚守是对信的伤害。这五种行为败坏正道、扰乱正理，受到孔子信徒的斥责。而后世的儒家对此却往往称道，并用来劝勉世人，岂不是太无知了？

021. 气盛便不见涵养。浩然之气虽充塞天地间，其实本体间定冉冉口鼻中，不足以呼吸。

【译文】

气太盛了就没有涵养。正大刚直之气，即使充满天地，它的根基其实是闲适平静的，不能够通过嘴和鼻子的慢慢呼吸得到。

022. 有天欲，有人欲。吟风弄月，傍花随柳，此天欲也。声色货利，此人欲也。天欲不可无，无则禅；人欲不可有，有则秽。天欲即好底人欲，人欲即不好底天欲。

【译文】

有天欲，有人欲。吟风弄月，傍花随柳，这就是"天欲"。声色货利，这就是"人欲"。天欲不可没有，没有天欲就进入禅境；人欲不可有，有就入于污秽。天欲就是好的人欲，人欲就是不好的天欲。

023．以吾身为内，则吾身之外皆外物也。故富贵利达，可生可荣，苟非道焉，而君子不居；以吾心为内，则吾身亦外物也。故贫贱忧戚，可辱可杀，苟道焉，而君子不辞。

【译文】

把自己的身体当作内在世界，那么身体之外就是万物。因此富有、高贵、遂顺、显达，可以让人存活和获得荣耀，但如果背离了正道，君子并不看重这些。把自己的心灵当作内在世界，那么，自己的身体也成了外物。因此贫穷、卑贱、忧愁、悲戚，可以让人感到羞辱可以让人死去，但如果符合正道，正人君子也不会推辞的。

024．先难后获，此是立德立功第一个张主。若认得先难是了，只一向持循去，任千毁万谤也莫动心，年如是，月如是，竟无效验也，只如是，久则自无不获之理。故功夫循序以进之，效验从容以俟之。若欲速，便是揠苗者，自是欲速不来。

【译文】

先经过艰难的努力然后才去考虑收获，这是想立德立功的人首先应当作到的。如果认识到开始是困难的，只要如既往坚持地做下去，不管遭到多少毁谤也不动心，年年如此，月月如此，就算没有明显的效果也如此，时间长了自然没有无收获的道理。所以说功夫要循序渐进，而效验则要从容等待。若想速成，就是拔苗助长，欲速则不达。

025. 造化之精，性天之妙，惟静观者知之，惟静养者契之，难与纷扰者道。故止水见星月，才动便光芒错杂矣。悲夫！纷扰者，昏昏以终身，而一无所见也。

【译文】

造化的精巧，性情的奇妙，只有那些静观事物的人才能够知晓，只有那些安静修养的人才能够体会，很难和那些受到世间纷扰的人去说。所以，只有从平静的水面才能够看到星星和月亮，只要稍微一动，光芒就会变得错杂混乱了。可悲呀！世间纷纷扰扰的人，浑浑噩噩地度过了自己的一生，却没有一点见识。

026. 万物生于性，死于情。故上智去情，君子正情，众人任情，小人肆情。夫知情之能死人也，则当游心于淡泊无味之乡，而于世之所欣戚趋避漠然不以婴其虑，则身苦而心乐，感殊而应一，其所不能逃者，与天下同其所；了然独得者，与天下异。

【译文】

世间万物都生于天性，在感情上毁灭。因此有大智慧的人会与感情保持距离，品德高尚的人会端正自己的感情，普通人会任凭感情发展，小人则会放纵自己的感情。既然知道感情能使人毁灭，那么就应当让心淡欲寡味，而对世人为之高兴、忧虑、追逐、逃避的事情冷漠淡然、无动于衷，虽然身体劳累但内心快乐，感受不同但回应的方式相同。那些不能逃避这些事情的人，与天下人是相同的；而泰然自得的人，就跟天下人不同了。

027. "已欲立而立人，已欲达而达人"，便是肫肫其仁、天下一家滋味。然须推及鸟兽，又推及草木，方充得尽。若父子兄弟间便有各自立达、争先求胜底念头，更那顾得别个。

【译文】

"自己想自立于世，也应帮助他人以自立；自己想通达，也应让别人通达"，这是诚挚的仁心，有天下一家的味道。但是这种仁心还要扩充到鸟、兽和花木，然后才能充实。如果父子兄弟之间，各自都只想自己立达，争先求胜，哪还能顾得上别人呢？

028. 道是第一等，德是第二等，功是第三等，名是第四等。自然之谓道，与自然游谓之道士。体道之谓德，百行俱修谓之德士。济世成物谓之功。一味为天下洁身著世谓之名。一味为自家立言者，亦不出此四家之言，下此不入等矣。

【译文】

道是第一等，德是第二等，功是第三等，名是第四等。自然叫作道，与自然交游的叫作得道之士。能体现道的叫作德，各种品德都修养很高的人叫作修德之士。救济世人成就他物叫作功。一心为了天下而又保持自己的清白，因而闻名天下的人叫作名士。一心要建立自己学说的人，也不会超出道、德、功、名这四类。除此以外就不入等了。

029. 凡动天感物，皆纯气也。至刚至柔，与中和之气皆有所感动，纯故也。十分纯里才有一毫杂，便不能感动。无论佳气、戾气，只纯了，其应便捷于影响。

【译文】

凡是能感动上天感动万物的，都是纯正之气。至刚至柔之气，与中和之气都能够相互感应，这是因为它纯正的缘故。只要这纯正之中掺杂一丝杂念，便不能互相感应。不论是正气还是斜气，只要纯正，它的感应就比影响还要迅速。

030. 自非生知之圣，未有言而不思者。貌深沉而言安定，若蹇若疑，欲发欲留，虽有失焉者，寡矣。神奋扬而语急速，若涌若悬，半跲半晦，虽有得焉者，寡矣。夫一言之发，四面皆渊阱也。喜言之则以为骄，戚言之则以为懦，谦言之则以为谄，直言之则以为陵，微言之则以为险，明言之则以为浮。无心犯讳，则谓有心之讥；无为发端，则疑有为之说。简而当事，曲而当情，精而当理，确而当时，一言而济事，一言而服人，一言而明道，是谓修辞之善者。其要有二：曰澄心，曰定气。余多言而无当，真知病本云云，当与同志者共改之。

【译文】

除非是天生就知晓道理的圣人，没有说话时不需要思考的。外貌深沉，言谈安定，好像有什么阻碍又有什么疑虑，想要发表见解又想要有所保留。这样做即使有失误，也比较少。神气昂扬，语速过快，口若悬河，半通不通，这样做即使有正确的言论，也比较少。说出一句话，四面都是陷阱。说高兴的话，别人以为你骄傲；说悲伤的话，别人以为你懦弱；说谦虚的话，别人以为你谄媚；说正直的话，别人

以为你盛气凌人；说轻描淡写的话，别人以为你阴险；说明白易懂的话，别人又认为你肤浅。无心去触犯别人的忌讳，别人则认为你有心在讥讽；无目的的话，别人则怀疑是有目的在说。说话能够简单而符合事实，委婉而符合人情，精练而符合事理，确当而适合时宜，一句话就能办成事，一句话就能使人信服，一句话就能讲明道理，这就是善于讲话的人。想达到这个标准，要领有两点：一是静下心，二是沉住气。我这个人平时话多而不恰当，现在真正了解到病根就在上面讲的这个道理上，我要和志同道合的人一起改正它。

031. 知彼知我，不独是兵法，处人处事一些少不得底。

【译文】

知道对方，了解自己，这不仅仅是兵家的法则，处人处事时一点也不可缺少。

032. 静中真味，至淡至冷，及应事接物时，自有一段不冷不淡天趣。只是众人习染世味十分浓艳，便看得他冷淡。然冷而难亲，淡而可厌，原不是真味，是谓拨寒灰、嚼净蜡。

【译文】

静中的真滋味是至淡、至冷的，到了待人接物时，才会有一种不冷不淡的情趣。只是由于众人沾染世俗习气太重，才不以为然。但是过冷就会让人难以亲近，过淡就会令人讨厌，原本不是"静"的真味道，而是像拨冷灰、嚼净蜡一样毫无任何意义。

033. "子欲无言"，非雅言也，言之所不能显者也。"吾无隐尔"，非文辞也，性与天道也。说便说不来，藏也藏不得，然则无言即无隐也，在学者之自悟耳。天地何尝言？何尝隐？以是知不可言传者，皆日用流行于事物者也。

【译文】

孔子说"我不想说话了"，这里不是指谦虚的话，是指那些不能用言语表达出来的道理。孔子又说："我没有隐藏的东西。"这不是指文辞，是指人性与天道。这些东西无法用语言表达、藏也藏不住的，说不出来但也没有隐藏，在于学习的人自己去顿悟。天地什么时候说过话？天地什么时候有所隐瞒？由此可以知道，那些不能用语言来表达的，都是平时流行的事物。

034. 天地间道理，如白日青天；圣贤心事，如光风霁月。若说出一段话，说千解万，解说者再不痛快，听者再不惺惚，岂举世人皆愚哉？此立言者之大病。

【译文】

天地间的道理就像白日青天，圣人的心事就像光风霁月。如果说了一段话，做出千万种解释，解说的人还觉得没有说透，听的人也听不明白，难道举世之人都是蠢人？这是著书立说之人的一大弊病。

035. 正大光明，透彻简易，如天地之为形，如日月之垂象，足以开物成务，足以济世安民，达之天下万世而无弊，此谓天言。平易明白，切近精实，出于吾口而当于天下之心，载之典籍而裨于古人之道，是谓人言。艰深幽僻，吊诡探奇，不自句读不能通其文，通则无分毫会心之理趣；不考音韵不能识其字，识则皆常行日用之形声，是谓鬼言。鬼言者，道之贼也，木之蘖也，经生学士之殃也。然而世人崇尚之者何逃之？怪异，足以文凡陋之笔；见其怪异，易以骇肤浅之目。此光明平易大雅君子为之汗颜此颡，而彼方以为得意者也。哀哉！

正大光明、透彻简易,如同天地之成形、日月之垂象,足以揭示万物真相,成就一番事业,足以达到济世安民的目的,流传到天下万世也无任何弊端,这叫作天言。平易明白、切近事理、精辟实在,从我口中说出而符合天下人的心意,载入典籍对古人讲的道理又有所补益,这叫作人言。艰深幽僻、怪诞奇异,不逐字逐句读不能读通他的文章,读通了也没有一点让人心领神会的理趣;不考察音韵不能认识他的文字,认清了都是日常通用的字,这叫作鬼言。鬼言,是害道的东西,如同树木长出的多余枝杈,这对学习经典的人来说真是祸害。然而世人崇尚这些鬼言,这是为什么呢?因为这些怪异的文辞可以文饰那些平凡浅陋的文章,看到怪异的文辞又会使那些见识肤浅的人惊讶。这真让那些运用光明正大和平易近人,品行高雅的正人君子为之汗颜,而那些运用鬼言的人还自以为得意,真是可悲啊!

036. 君子之于事也,行乎其所不得不行,止乎其所不得不止;于言也,语乎其所不得不语,默乎其所不得不默。尤悔庶几寡矣。

【译文】

君子做事时,一定要到不得不做的时候才做,不得不停止的时候才停止;说话时,说那些不得不说的话,在不得不沉默的时候才沉默。这样,过失与懊悔就少了。

037．才有一分自满之心，面上便带自满之色，口中便出自满之声，此有道之所耻也。见得大时，世间再无可满之事，吾分再无能满之时，何可满之有？故盛德容貌若愚。

【译文】

内心才有一点满足感，脸上便会带上自满的神情，口中便说出自满的话，这是道德高尚的人感到羞耻的行为。见过大世面的人，认为世间没有值得骄傲自满的事，也没有可以感到自满的时候，有什么可以自满的呢？因此，往往德行高尚的人，外表看起来就像是一个愚蠢的人。

038．诚与才合，毕竟是两个，原无此理。盖才自诚出，才不出于诚，算不得个才，诚了自然有才。今人不患无才，只是讨一诚字不得。

【译文】

诚信与才华可以相结合，但两者毕竟是有区别的，本来是没有这个道理的。因为才华出自诚信，才华如果不是出自诚信，就算不上是真正的才华，有诚信自然会有才华。现在的人不担心没有才华，而是缺少诚信。

039．道有一真，而意见常千百也，故言多而道愈漓；事一有是，而意见常千百也，故议多而事愈愦。

【译文】

道只有一个本真，然而人们对于道的见解常常有很多种，因此言论越多道就会越分散、越浅薄；事情只有一种简洁是正确的，然而人们对于事情的看法却有很多种，因此议论得越多，事情就会越败坏。

040. 吾党望人甚厚，自治甚疏，只在口吻上做功夫，如何要得长进？

【译文】

我们常常对别人的要求过多，而对自己的要求却很少，只是在嘴巴上下功夫，这样能有什么长进？

041. 说自然是第一等话，无所为而为。说当然是第二等话，性分之所当尽，职分之所当为。说不可不然是第三等话，是非毁誉是已。说不敢不然是第四等话，利害祸福是已。

【译文】

说"自然"是第一等话，看似无所作为却能在不知不觉中成功。说"当然"是第二等话，这意味着出于本性应当尽力，按照职责应当作好。说"不可不然"是第三等话，因为这只关系到个人的是与非，诋毁与赞誉。说"不敢不然"是第四等话，因为这只关系到个人的利害祸福。

042. 人欲扰害天理，众人都晓得；天理扰害天理，虽君子亦迷，况在众人！而今只说慈悲是仁，谦恭是礼，不取是廉，慷慨是义，果敢是勇，然诺是信。这个念头真实发出，难说不是天理，却是大中至正天理被他扰害，正是执一贼道。举世所谓君子者，都是这里看不破，故曰"道之不明"也。

【译文】

如果人想要扰乱天理，一般人都知道；如果上天想要扰乱天理，即便是君子也会被迷惑，更何况是一般人呢？如今都认为慈悲就是仁慈，谦恭就是礼仪，不取就是廉洁，慷慨就是正义，果敢就是勇敢，允诺就是诚信。如果内心真是这样理解的话，很难说它不是天理。但实际上那大中至正的天理却常常被这些观念所扰乱侵害，正是因为人们偏执了一面而走上了歪道。世上所谓的君子，都是因为这一点没有看透，所以《中庸》才会说"道之不明"。

043．只隔一丝，便算不得透彻之悟，须是入筋肉、沁骨髓。

【译文】

只差一点，就不能算是大彻大悟，必须像进入筋骨、沁入骨髓那样才算是彻底明白了。

044．天下之事，真知再没个不行，真行再没个不诚，真诚之行再没个不自然底。自然之行不至其极不止，不死不止，故曰"明则诚"矣。

【译文】

天下的事，真正认识清楚了就没有行不通的，真正去做就没有不真诚的，确实真诚去做就没有不自然的。顺其自然地去做，如果没有达到极致就不会停止，生命不息也不会停止，所以《礼记·中庸》才说"明则诚"，即明德就会至诚。

045．千万病痛只有一个根本，治千病万痛只治一个根本。

各种病痛都只有一个病根，要治疗这些病痛只需治好这个病根就行了。

046．到至诚地位，诚固诚，伪亦诚；未到至诚地位，伪固伪，诚亦伪。

【译文】

如果已经到了至诚至真的地步，真诚固然是真诚，虚伪也会变得真诚；如果还没有到至诚至真的地步，虚伪自然还是虚伪，真诚也变得虚伪了。

047．信知困穷、抑郁、贫贱、劳苦是我应得底，安富薄荣、欢欣如意是我倘来底，胸中便无许多冰炭。

【译文】

深信懂得贫困、抑郁、贫贱、劳苦等种种苦难都是自己应该承受的，荣华富贵、欢欣如意等种种幸福都是偶然得来的，心中就不会再感到那么世态炎凉了。

048．事有豫而立，亦有豫而废者。吾曾豫以有待，临事凿枘不成，竟成弃掷者。所谓权不可豫设，变不可先图，又难执一论也。

【译文】

做事之前有充分的计划和准备会成功，也有事前做好准备会失败。之前我曾经计划好并等待希望的事情会发生，但等到事情来临的时候因为各种矛盾交替出现而无法进行，最后只好放弃它了。所谓的权变之术不能事先安排好，世事的变化也不能事先就预料到，人们对这种观点也很难有统一的定论。

049. 耳目口鼻四肢有何罪过？尧、舜、周、孔之身都是有底；声色货利可爱可欲有何罪过？尧、舜、周、孔之世都是有底。千万罪恶都是这点心，孟子"耳目之官不思而蔽物"，太株连了。只是先立乎其大，有了张主，小者都是好奴婢，何小之敢夺？没了窝主，那怕盗贼？问谁立大？曰：大立大。

【译文】

耳、目、口、鼻、四肢有什么罪过呢？这些尧、舜、周公、孔子的身上都有；声色货利让人喜爱并且能够满足人的欲望有什么罪过？尧、舜、周公、孔子的时代都有的。其实所有的罪恶都只在于人的一颗心。孟子说："耳目这些器官不思考，容易被外物所蒙蔽。"这种说法太勉强了。只有先立好了大的，有了拿主意的，小的自然就会听从大的使唤，哪个小的敢来争夺呢？如果没有了盗贼的头目，哪里用得着害怕盗贼呢？问：谁来立大？回答说：大的来立大。

050. 威仪养得定了，才有脱略，便害羞赧；放肆惯得久了，才入礼群，便害拘束。习不可不慎也。

【译文】

威严的言行举止一旦形成，哪怕有一点儿放纵，也会感到非常羞愧；放肆的行为举止养成了长久习惯，如果进入讲究礼仪的人群中，就会感到十分拘束。因此，对于习惯的养成不能不慎重啊！

051. 絜矩是强恕事，圣人不絜矩。他这一副心肠原与天下打成一片，那个是矩？那个是絜？

在道德上去规范他人是推行恕道的事，圣人从来不在道德上去规范别人。圣人的心中所想的原本就是要与天下人打成一片，又怎么会区分哪个是标准，哪个是法度呢？

052. 内外本末交相培养，此语余所未喻。只有内与本，那外与末张主得甚？

【译文】

如果不论内外本末，都交杂在一起培养，对这种话我有不明白的地方。如果抓住了起主要作用的内因和根本，那么外因和末节又能主宰什么呢？

053. 世之欲恶无穷，人之精力有限，以有限与无穷斗，则物之胜人，不啻千万，奈之何不病且死也？

【译文】

世间的欲望和罪恶是无穷无尽的，而人的精力却是有限的，如果用有限的精力与那些无穷的欲恶去争斗，那么物欲胜过人的力量不仅仅是千万倍，怎么可能不因此而生病甚至疲惫致死呢？

054. 处明烛幽，未能见物，而物先见之矣。处幽烛明，是谓神照。是故不言者非暗，不视者非盲，不听者非聋。

【译文】

　　身在亮处去照暗处，还没看到暗处的东西，而被暗处的东西却先看见了你。身在暗处去照明处，这就是所谓的神照。所以说，不说话的人并不一定就是哑巴，不看东西的人并不一定就是盲人，不听声音的人并不一定就是聋子。

　　055. 儒戒声色货利，释戒色声香味，道戒酒色财气，总归之无欲，此三氏所同也？儒衣儒冠而多欲，怎笑得释道！

【译文】

　　儒家主张戒除声色货利，佛家主张戒除色声香味，道家主张戒除酒色财气，总而言之都是要求人没有欲望，这就是三家相同之处吗？身穿儒衣头戴儒帽的人内心充满了欲望，怎么能够去嘲笑佛、道两家呢！

　　056. 敬事鬼神，圣人维持世教之大端也。其义深，其功大。但自不可凿求，不可道破耳。

【译文】

　　让世人尊敬供奉鬼神，是圣人维持世间教化的重要手段。这样做意义深远、效果显著，但绝对不能深入研究，也不能说破。

　　057. 世之治乱，国之存亡，民之死生，只是个我心作用。只无我了，便是天清地宁、民安物阜世界。

世间的治与乱，国家的存与亡，民众的生与死，只是我的心在起作用。只要心中无物，便是天下安宁、百姓安居乐业、世界物产富足的局面。

058．以虚养心，以德养身，以善养人，以仁养天下万物，以道养万世。养之义大矣哉！

【译文】

用虚静来养心灵，用道德来养身体，用善性来养人本身，用仁义来养天下的万物，用道来养千秋万世。这养的意义是多么重大啊！

059．万物皆能昏人，是人皆有所昏。有所不见，为不见者所昏；有所见，为见者所昏。惟一无所见者不昏，不昏然后见天下。

【译文】

世间万物都能迷惑人，是因为每个人皆有能够被迷惑的原因。有看不见的东西，结果就被看不见的东西所迷惑；有看得见的东西，结果又会被看见的东西所迷惑。只有什么都看不到的人才不会被迷惑，不被外物迷惑才能看清天下的事物。

060．道非淡不入，非静不进，非冷不凝。

【译文】

对于那些研习道的人来说，如果没有平淡的心境是不能入道的，如果没有平静的心态是不能进道的，如果没有冷静的态度就不能使道凝聚巩固。

061. 损之而不见其少者，必赘物也；益之而不见其多者，必缺处也。惟分定者，加一毫不得，减一毫不得。

【译文】

减损它却看不到它有所减少的东西，必定是其多余的东西；增加它却看不到其增多的东西，必然有缺少它的地方。只有大小多少固定的东西，才会增加一点儿也不行，减损一点儿也不可。

062. 知是一双眼，行是一双脚。不知而行，前有渊谷而不见，傍有狼虎而不闻，如中州之人适燕而南、之粤而北也。虽乘千里之马，愈疾愈远。知而不行，如痿痹之人，数路程，画山水，行更无多说，只用得一"笃"字。知底功夫千头万绪，所谓"匪知之艰，惟行之艰"。"匪苟知丰，亦允蹈之"。"知至至之，知终终之"。"穷神知化"，"穷理尽性"，"几深研极"，"探赜索隐"，"多闻多见"。知也者，知所行也；行也者，行所知也。知也者，知此也；行也者，行此也。原不是两个。世俗知行不分，直与千古圣人驳难，以为行即是知。余以为能行方算得知，徒知难算得行。

【译文】

知是人的一双眼；行是人的一双脚。如果不知而行，就算面前有深渊峡谷也看不见，身边有豺狼虎豹也看不见，这就如同中原人要到北方的燕去反而向

南走、到南方的粤反而向北走一样。如果这样的话，即使骑着一日能行千里的马，跑得越快，离目的地却越远。知而不行，就如同身体瘫痪的人计算路程、在画中画山水一样，根本起不到任何作用。行就不用说了，只要认定一个"笃"字就行了。而知的功夫却是千头万绪，《尚书·说命》说"不是知难，而是行难"，"不光要知道的多，还要去实践"；《周易·乾卦·文言》说"知道多少就要做多少；知道了终点，就要到达终点"；《周易·系辞下》说"深究事物的精微道理"；《周易·说卦》说"要穷尽研究义理和人的本性"；《周易·系辞上》说"对关键问题要深入研究，达到极精微之处"、"窥探幽深，求索隐微"；《论语·为政》说"要多听多看"。知，就是要知道所要行动的事情；行，就是要实践那些已经知道的东西。知就是要知道这些，行也是要去实践这些，知和行原本就不是两个没有联系的东西。但世俗之人往往知行不分，一定要对千古以来的圣人进行辩驳、非难，认为行就是知。我认为能行才算是知，如果只是做到了知，不一定能行。

063. 有杀之为仁，生之为不仁者；有取之为义，与之为不义者；有卑之为礼，尊之为非礼者；有不知为智，知之为不智者；有违言为信，践言为非信者。

【译文】

有的时候杀人就是仁，而让他活着就是不仁；有的时候夺取是义，而给予就是不义；有的时候降低别人的身份就是礼，而尊敬他就是非礼；有的时候不知道是明智，而知道就是不明智；有的时候违背诺言就是讲信用，而兑现诺言就是不讲信用。

064. 觅物者，苦求而不得，或视之而不见，他日无事于觅也，乃得之。非物有趋避，目眩于急求也。天下之事每得于从容，而失之急遽。

【译文】

那些找东西的人，苦苦寻觅却总也找不到，或是明明看到了却没有注意，以后不再想去找了，结果却反而找到了。这不是东西在躲避人，而是因为急于寻找而眼花了。天下的事，常常在从容的时候就能得到，而过分地急迫的时候往往会失去。

065. 公生明，诚生明，从容生明。公生明者，不蔽于私也；诚生明者，清虚所通也；从容生明者，不淆于感也。舍是无明道矣。

【译文】

公而无私就会明白事理，诚实守信就会明白事理，从容淡定就会明白事理。大公无私就会明白事理，是因为不受私欲的蒙蔽；诚实守信就会明白事理，是因为通晓清静虚无的道理；从容淡定就会明白事理，是因为不被外在的感官所困扰。除了这些以外，就没有能使人明白道理途径了。

066. "喜怒哀乐之未发，谓之中"，自有《中庸》以来，无人看破此一语。此吾道与佛、老异处，最不可忽。

【译文】

《中庸》说："人的喜怒哀乐没有发泄出来的时候就叫作中。"自从有了《中庸》这部书以后，还没有人能看透这句话的意思。这是我们儒学与佛教、道教之间的不同之处，是最不能被忽视的地方。

067. 知识，心之蘗也；才能，身之妖也；贵宠，家之祸也；富足，子孙之殃也。

知识，有时候是心灵的祸害；才能，有时候是身体的祸害；显贵而受宠信，有时候是家庭的灾祸；富足，有时候会让子孙遭殃。

068. 今古纷纷辨口，聚讼盈庭，积书充栋，皆起于世教之不明，而聪明才辨者各执意见以求胜。故争轻重者至衡而息，争短长者至度而息，争多寡者至量而息，争是非者至圣人而息。中道者，圣人之权衡度量也。圣人往矣，而中道自在，安用是哓哓强口而逞辨以自是哉？嗟夫！难言之矣。

【译文】

从古至今，学者都喜欢辩论，聚集在一起互相争论，藏书很多，这些都是因为不明白世教，而那些聪明又善辩的人各自固执于自己的见解来求胜的缘故。因此争论轻重的人直到有了称轻重的器械才会停止争论，争论长短的人直到有了尺度才会停止争论，争论多少的人直到遇到量器才会停止争论，争论是非的人直到遇到圣人才会停止争论。圣人用中庸之道来作为衡量世事的标准。虽然圣人不在了，但中庸之道还在，哪里用得着通过喋喋不休的争吵来证明自己的道理是正确呢！真是很难说啊！

069. 人只认得"义、命"两字真，随事随时在这边体认，果得趣味，一生受用不了。

【译文】

人们只要能把"义"、"命"这两个字的本质认识清楚了，而且不管在任何时候做任何事都能对这两个字体验和领会，最后体会到了其中的乐趣，这是一辈子都受益无穷的事。

070."夫焉有所倚"，此至诚之胸次也。空空洞洞，一无所着，一无所有，只是不倚著。才倚一分，便是一分偏；才着一厘，便是一厘碍。

【译文】

《中庸》说："至真至诚是发自内心的，哪里需要有所依靠和偏倚呢？"这是指至真至诚的心胸。如果心里空空洞洞的，没有什么依附，也没有任何东西，只是没有可以依靠的东西。一旦有了一点倚着，就是有了一点偏差；才附着上一厘，就有了一厘的障碍。

071.形用事，则神者亦形；神用事，则形者亦神。

【译文】

用身体行事，那么精神可以通过身体展现出来；用精神行事，那么身体可以通过精神展现出来。

072.威仪三千，礼仪三百，五刑之属三千，皆法也。法是死底，令人可守；道是活底，令人变通。贤者持循于法之中，圣人变易于法之外。自非圣人而言变易，皆乱法也。

【译文】

礼仪的细节有很多种，各种礼仪有很多种，墨刑、劓刑、刖刑、官刑、大辟这五种刑罚的条例也有很多种，这些都是法律。法律都是死的规定，目的是让人要遵守；但道是活的，人可以变通。贤能的人能够很好地运筹于法律之中，圣人能在法律之外灵活变通。如果不是圣人的谈论法律变通，都会违背法律的。

073. 礼教大明，中有犯礼者一人焉，则众以为肆而无所容；礼教不明，中有守礼者一人焉，则众以为怪而无所容。礼之于世大矣哉！

【译文】

礼教修明，如果有一个人触犯了礼教，那么众人都会认为他太放肆而无法容忍；礼教不修明，如果其中只有一个人遵守礼教，那么大家都会认为他很奇怪也不能接纳他。礼对于世人来说作用太大了！

074. 良知之说，亦是致曲扩端学问，只是作用大端费力。作圣功夫当从天上做，培树功夫当从土上做。射之道，中者矢也。矢由弦，弦由手，手由心。用工当在心，不在矢。御之道，用者衔也。衔由辔，辔由手，手由心。用工当在心，不在衔。

【译文】

良知的说法，也是从一个善端出发而加以扩充的学问，只不过需要花费大量的心力。修身养性应该从天性上下功夫，栽培树木应该在土地上下功夫。射箭的技巧，就是射中靶心。箭是由弓弦弹出的，弓弦是由手来操作的，手是由心来掌控的。因此要想箭射得准，应当在心上下功夫，而不是在箭上下功夫。驾车的技巧，起作用的是马嚼子。马嚼子是由缰绳控制的，缰绳是被手控制的，手由心来控制的。因此也应当在心上下功夫，而不是在马嚼子上下功夫。

075. 圣门功夫有两途："克己复礼"，是领恶以全好也，四夷靖则中国安。"先立乎其大者"，是正己而物正也，内顺治则外威严。

【译文】

修行成为圣人有两种途径：一种是《论语·颜渊》所说的"克己复礼"，意思是去恶从善，以至全部变好，这就如同四方的蛮夷之族平定了，那么中原地区也就安定太平了。另一种是《孟子·告子》所说的"先立乎其大者"，意思是先修正了自身而世间万物自然就会归正，就如同内部安定了，外在的威严自然会表现出来。

076. 中，是千古道脉宗；敬，是圣学一字诀。

【译文】

"中"是从古到今道家所遵循的宗法；"敬"是圣人学问的一个诀窍。

077. 生成者，天之道心；灾害者，天之人心。道心者，人之生成；人心者，人之灾害。此语众人惊骇死，必有能理会者。

【译文】

万物能够生存成长，是因为上天的道心；给万物带来灾害，是因为上天的人心。天的道心，是由人造成的；人心，是由人的恶行所造成的。这种话一般人听后觉得十分震惊，但是也一定会

有能都领悟这个道理的人。

078. 先天，理而已矣；后天，气而已矣；天下，势而已矣；人情，利而已矣。理一，而气、势、利三，胜负可知矣。

【译文】

先天，只不过是一个理而已；后天，只不过是一个气而已；天下，只不过是一个势而已；人情，只不过是一个利而已。理只有一个，然而气、势、利却有三个，以一对三，谁胜谁负也就可想而知了。

079. 天地间惟无无累，有即为累。有身则身为我累，有物则物为我累。惟至人则有我而无我，有物而忘物。此身如在太虚中，何累之有？故能物我两化。化则何有何无？何非有何非无？故二氏逃有，圣人善处有。

【译文】

天地之间只有什么都没有才不会累，只要有了就会累。有了身躯那么身躯就成为我的累赘，有了东西那么东西就成为我的累赘。只有道德修养达到极高境界的人才能做到既有我又无我，有物忘记物的存在。整个人如同幻境中一般，有什么累的呢？因此能够做到物我相融。化育生长之后什么是有，又什么是无呢？什么不是有，什么不是无呢？所以佛家和道家逃避有的存在，而只有圣人善于处理有的存在。

080. 知费之为省，善省者也，而以省为省者愚，其费必倍。知劳之为逸者，善逸者也，而以逸为逸者昏，其劳必多。知苦之为乐者，善乐者也，而以乐为乐者痴，一苦不返。知通之为塞者，善塞者也，而以塞为塞者拙，一通必竭。

懂得花费能更好地节省，这是善于节省的人，而认为只有节省才能达到节省目的的人是愚蠢的，他们的花费必然会加倍。明白劳动是为了安逸，这是善于寻求安逸的人，而认为只有寻求安逸才能永远得到安逸的人是糊涂的，其付出的劳动会更多。知道吃苦是为了享受快乐，这是善于寻找快乐的人，而认为只有一味地享受快乐才能永远快乐的人是痴迷的，这样只会永远地苦下去。知道打通是另一种堵塞，这是善于堵塞的人，而认为只有不断地堵塞才能最终堵塞的人是笨拙的，这样一旦打通了就会永远也堵塞不住了。

081. 理会得"简"之一字，自家身心、天地万物、天下万事尽之矣。一粒金丹不载多药，一分银魂不携钱币。

【译文】

如果能够明白了"简"这个字的道理，那么自己的身心、天地万物、天下万事就尽在自己的掌握之中了。如果带上一粒金丹就不必再带更多的药，如果带着一分银魂就不必再携带很多的钱币。

082. 耳闻底、眼见底、身触头戴足踏底，灿然确然，无非都是这个，拈起一端来，色色都是这个。却向古人千言万语，陈烂葛藤钻研穷究，意乱神昏了不可

得，则多言之误后人也。噫！

【译文】

亲耳听到的，亲眼看到的，身体接触、头上佩戴的以及脚上穿的，明明白白、的的确确，都是这些东西，就其中一项看来，个个都是这些。但是有人却对古人的千言万语、陈葛烂藤打破砂锅问到底，即使神志不清了也没有得到什么，可见古人的著述太多也会贻误后人哪！

083. 鬼神无声无臭，而有声有臭者，乃无声无臭之散殊也。故先王以声息为感格鬼神之妙机。周人尚臭，商人尚声，自非达幽明之故者，难以语此。

【译文】

鬼神没有声音没有气味，而有声音有气味的东西，则是没有声音没有气味的东西扩散出来的特殊体。所以先王以声音和气味为作为感通和研究鬼神的方法。周人崇尚气味，商人则崇尚声音。没有达到幽明通达境界的人，很难跟他说明这些道理。

084. 使人收敛庄重莫如礼，使人温厚和平莫如乐。德行之有资于礼乐，犹身体之有资于衣食，极重大，极急切。人君治天下，士君子治身，惟礼乐之用为急耳。自礼废，而惰慢放肆之态惯习于身体矣；自乐亡，而乖戾忿恨之气充满于一腔矣。三代以降，无论典秩之本，声气之元，即仪文器数，梦寐不及。悠悠六合，贸贸百年，岂非灵于万物，而万物且能笑之。细思先儒"不可斯须去身"六字，可为流涕长太息矣。

【译文】

　　能够使人收敛庄重的没有比礼更合适的了，能够使人温厚平和的没有比音乐更合适的了。品德本性的修养需要礼乐的辅助，就像身体的成长需要衣食一样，是非常重要，非常急迫的。君主治理天下，士君子修养自身，只有用礼乐是当务之急。自从礼制被废怠以后，人们就习惯了懒散懈怠；自从音乐消亡以后，人们的内心就充满了乖戾愤恨的情绪。夏、商、周三代以后，无论是典章秩序的根本，还是声音气息之本源，即使是具体礼节、器物规格，人们即使在做梦时也不会想到。悠悠天下，人生百年，作为万物之灵的人，难道不比万物有灵性吗，怎么能够被万物所耻笑呢？仔细想想先儒所说的"不可斯须去身"这六个字，真是让人感动、让人感叹啊！

　　085．千载而下，最可恨者乐之无传。士大夫视为迂阔无用之物，而不知其有切于身心性命也。

【译文】

　　千百年以来，最令人遗憾的，是《乐经》没有流传下来。士大夫都把它看作迂阔无用的东西，而不知道其实音乐有益于身心性命的修养提高。

　　086．学术要辩邪正。既正矣，文要辩真伪。既真矣，又要辩念头切不切，向往力不力，无以空言辄便许人也。

研究学术要分辨正邪。就算已经是正确的，文章也要分辨出真假。就算是真的，又要看思想切不切题，是否努力去实现。不要用几句空话就去赞许他人。

087．百姓冻馁，谓之国穷；妻子困乏，谓之家穷；气血虚弱，谓之身穷；学问空疏，谓之心穷。

【译文】

百姓受冻挨饿叫作国家贫穷；妻子儿女困顿贫乏叫作家庭贫穷；自己的身体气血虚弱叫作身体贫穷；学问空洞浅疏叫作心灵贫穷。

088．心之好恶不可迷也，耳目口鼻四肢之好恶不可徇也。瞽者不辨苍素，聋者不辨宫商，齆者不辨香臭，狂者不辨辛酸，逃难而追亡者不辨险夷远近。然于我无损也，于道无损也，于事无损也，而有益于世，有益于我者无穷。乃知五者之知觉，道之贼而心之殃也，天下之祸也。

【译文】

不能不确定自己心里喜欢什么、厌恶什么，自己的耳目口鼻四肢喜好什么、厌恶什么不能轻易顺从。瞎子不能辨别颜色，聋子不能听辨宫、商、角、徵、羽这些音律，鼻塞不通的人不能闻出香臭，神志不清的人不知道什么是辛酸痛苦，正在逃难或者逃亡的人不会计较路途的险平远近。然而这些对于我并没有什么损失，对道也没有什么损失，对事物本身也没有损失，而且对于世道和我自身的好处却是无穷无尽的。由此可以知道，以上这五种知觉，就像是道的危害和心的祸根，是危害天下的祸患。

089. 悟有顿，修无顿。立志在尧，即一念之尧；一语近舜，即一言之舜；一行师孔，即一事之孔。而况悟乎？若成一个尧、舜、孔子，非真积力充、毙而后已不能。

【译文】

悟有突然就能顿悟的，而修养没有立刻就能够修养成功的。立志学习尧，只要有一个念头像尧那样想，就是一个念头的尧；只要有一句话讲得像舜，就是一句话的舜；只要有一件事像孔子那样去做，就是一件事的孔子。更何况是顿悟呢？如果想成为一个像尧、舜、孔子那样的人，如果不能真正持久的功夫，没有死而后已的决心是做不到的。

090. 圣人制规矩不制方圆，谓规矩可为方圆，方圆不能为方圆耳。

【译文】

圣人只制定可以画出方圆的规矩，却不制定方圆。是因为有了规矩就可以画出方圆，而方圆本身却不能画出方圆来。

091. 圣学入门先要克己，归宿只是无我。盖自私自利之心是立人达人之障，此便是舜、跖关头，死生歧路。

【译文】

　　圣人的学问，入门的时候先要学会克制自己，最后达到无我的境界。也许自私自利之心是推己及人的障碍，这就是做圣人还是做盗贼的关键，是死还是生的岔路口。

卷二 乐之集

修 身

001. 世上没个分外好底，便到天地位、万物育底功用，也是性分中应尽底事业。今人才有一善，便向人有矜色，便见得世上人都有不是，余甚耻之。若说分外好，这又是贤智之过，便不是好。

【译文】

世界上没有完美无缺的东西，即使像孕育万物的天地，也只是尽到了自己分内的职责而已。现在的人刚刚有了一点儿才能，就向他人表现出傲慢的神色，就认为其他所有人的身上到处都是缺点，我为这样的人羞耻。如果要说完美无缺，这就是圣贤智者离开中道的过错言辞，就不是好了。

002. 率真者无心过，殊多躁言轻举之失；慎密者无口过，不免厚貌深情之累。心事如青天白日，言动如履薄临深，其惟君子乎！

【译文】

直率真诚的人，内心没有过错，只是多有说话浮躁、轻举妄动的过失；谨慎周密的人，说话没有过错，但不免有外貌厚重、

城府很深的牵累。心事如青天白日一样明朗，言语和行动如履薄冰如临深渊一样谨慎，大概只有君子才能做到吧？

003. 沉静最是美质，盖心存而不放者。今人独居无事，已自岑寂难堪，才应事接人，便任口恣情，即是清狂，亦非蓄德之器。

【译文】

沉静是最好的品质，这是因为沉静的人心有所存而不放任自流。而今人独居无事时，往往寂寞难以忍受，刚刚与人与事接触，就信口开河、纵情而为，这就是清狂，也不是真正有道德修养的人。

004. 攻己恶者，顾不得攻人之恶。若哓哓尔雌黄人，定是自治疏底。

【译文】

努力克服自己缺点的人，顾不得去指责别人的过失。如果一天到晚喋喋不休地随意指责他人，肯定是自身修养很差。

005. 大事难事看担当，逆境顺境看襟度，临喜临怒看涵养，群行群止看识见。

【译文】

大事、难事面前可以看出一个人是否敢于担负起责任，逆境、顺境中可以看出一个人的胸怀度量，遇到令人高兴或恼怒的事可以看出一个人的修养如何，同众人在一起共事可以看出一个人见识的高低。

006. 身是心当，家是主人翁当，郡邑是守令当，九边是将帅当，千官是家宰当，天下是天子当，道是圣人当。故宇宙内几桩大事，学者要挺身独任，让不得人，亦与人计行止不得。

【译文】

管理身的事由心来担当，管理家的事由户主来担当，管理郡邑的事由守令来担当，守卫九边的事由将帅来担当，管理众多官吏的事由家宰来担当，治理天下的事由天子来担当，弘扬道的重任由圣人来担当。因此宇宙内的几桩大事，学者要能挺身而出独自担当，不能谦让，也不能和别人一起考虑进退。

007. 作人怕似渴睡汉，才唤醒时睁眼若有知，旋复沉困，竟是寐中人。须如朝兴栉盥之后，神爽气清，冷冷劲劲，方是真醒。

【译文】

做人就怕做个像瞌睡汉那样的人，刚刚被喊醒的时候睁着眼好像什么都知道，但很快又沉睡过去了，竟然是个没有清醒的人。做人应该像早晨起来梳洗完毕的人一样，神清气爽，精神抖擞，这才是真的清醒了。

008. 人生得有余气，便有受用处。言尽口说，事尽意做，此是薄命子。

【译文】

人生在世要留有余地，就会有受益之处。一开口就把什么话全都说完，做事也不留余地，这是短命鬼。

009. 讲学论道于师友之时，知其心术之所藏何如也；饬躬励行于见闻之地，知其暗室之所为何知也。然则盗跖非元恶也，彼盗利而不盗名也。世之大盗，名利两得者居其最。

【译文】

在和老师朋友讲学论道的时候，要知道他心中藏的是什么想法；别人在听得见看得见的地方努力正身修行，要知道他在别人看不见的地方的所作所为是怎样的。然而盗跖并非是元凶，他只是盗利而不盗名。世上的大盗，想要名利两得者是最大的元凶。

010. 圆融者，无诡随之态；精细者，无苛察之心；方正者，无乖拂之失；沉默者，无阴险之术；诚笃者，无椎鲁之累；光明者，无浅露之病；劲直者，无径情之偏；执持者，无拘泥之迹；敏练者，无轻浮之状，此是全才。有所长而矫其长之失，此是善学。

【译文】

通达事理、办事灵活的人没有妄随人意的姿态；精明心细的人没有苛刻察验的心态；刚方正直的人没有乖张执拗的过失；深沉缄默的人没有阴险奸诈的心术；诚实真挚的人没有粗鲁愚钝的负累；光明正大的人没有浅陋的毛病；刚劲直率的人没有任意而为的偏差；执着持正的人没有过分拘泥的行迹；敏捷练达的人没有轻浮的样子，这就是全才。身有所长而又能矫正其所长带来的过失，就是善于学习。

011. 不足与有为者，自附于行所无事之名；和光同尘者，自附于无可无不可之名。圣人恶莠也以此。

没有能力而有所作为，他们常常以无事可做为名；把光荣和污浊同样看待的人，他们则常常自附于孔子无可无不可的境界。这就是圣人为什么厌恶跟良莠不齐的人混杂在一起的缘故。

012. 世之人形容人过，只象个盗跖；回护自家，只象个尧、舜。不知这却是以尧、舜望人，而以盗跖自待也。

【译文】

世上的人在形容他人的过失的时候，总是把别人说得就像盗贼那样坏；而维护自己和家人的时候，却总是把自己和家人形容得像尧、舜那样贤明。殊不知这样做只会显得别人像尧、舜，自己像盗贼了。

013. 少年之情，欲收敛不欲豪畅，可以谨德；老人之情，欲豪畅不欲郁阏，可以养生。

【译文】

年轻人的性情，应收敛而不应豪放不羁，这样能够使自己的道德严谨；老年人的性情，要豪放不要抑郁，这样可延年益寿。

014. 坐间皆谈笑而我色庄，坐间皆悲感而我色怡，此之谓乖戾，处己处人两失之。

【译文】

和朋友们聚在一起的时候，大家都在谈笑风生而自己却神情凝重，或者大家都很悲伤，而自己却神情愉悦，这就叫作不合情理，这样无论是对于自己还是对于别人，都是失误。

015. 精明也要十分，只须藏在浑厚里作用。古今得祸，精明人十居其九，未有浑厚而得祸者。今之人唯恐精明不至，乃所以为愚也。

【译文】

精明也要有十分，只是需要藏在淳朴老实中发挥作用。自古至今遭遇祸患的人，十分之九都是精明的人，没有淳朴老实人而招来祸患的。现在的人唯恐精明得不够，这就是愚蠢的原因。

016. 分明认得自家是，只管担当直前做去。却因毁言辄便消沮，这是极无定力底，不可以任天下之重。

【译文】

能够明确断定自己是正确的，就勇敢地担当起来努力去做。可是却因遇到诽谤就消极退缩垂头丧气，这是缺乏坚定信念的表现，这种人不能担负国家的重担。

017. 小屈以求大伸，圣贤不为。吾道必大行之自然后见，便是抱关击柝，自有不可枉之道。松柏生来便直，士君子穷居便正。若曰在下位、遇难事姑韬光忍耻，以图他日贵达之时，然后直躬行道，此不但出处为两截人，即既仕之后，又为两截人矣。又安知大任到手不放过耶？

【译文】

忍受小的屈辱以求大的伸展，圣贤不这样做。我信守的道如果必须等待我发达之日才能显现出来，那么这只是托词。即使是守门的小吏、敲打木梆的巡夜人，也有他心中的不可屈枉之道。松柏生来就是直的，道德高尚的人在穷困的时候也是正直的。如果说居于低下的地位、遇到困难的事情就暂时韬光养晦、忍受耻辱，以求将来贵达之后躬行正道。这不但表现为两截人，即使是做官以后，也容易变成两截人。又怎么知道你担当大任的时候，不采取小屈以求大伸的手法呢？

018. 才能技艺，让他占个高名，莫与角胜。至于纲常大节，则定要自家努力，不可退居人后。

【译文】

才能和技艺可以让别人有胜过自己美名，不与别人去争强斗胜。但是在纲常伦理这样的大事上，自己一定要发奋努力学习，绝对不能落在别人的后面。

019. 处众人中，孤另另底别作一色人，亦吾道之所不取也。子曰："群而不党。"群占了八九分，不党只到那不可处方用。其用之也，不害其群，才见把持，才见涵养。

【译文】

处在众人当中，自己偏要特立独行、与众不同，儒家认为这种行为是不可取的。孔子说："合群但不拉党结派。"在这里，群体的比例占得比较大，只是到

了不得不用的时候才会结党。在运用它的时候，要做到不损害整个群体，这样才能显示出自身的定力，较深的涵养。

020. 今之人只是将"好名"二字坐君子罪，不知名是自好不将去。分人以财者，实费财；教人以善者，实劳心；臣死忠、子死孝、妇死节者，实杀身；一介不取者，实无所得。试著渠将这好名儿好一好，肯不肯？即使真正好名，所为却是道理。彼不好名者，舜乎？跖乎？果舜耶，真加于好名一等矣；果跖耶，是不好美名而好恶名也。愚悲世之人以好名沮君子，而君子亦畏好名之讥而自沮，吾道之大害也，故不得不辨。凡我君子，其尚独，复自持，毋为哓哓者所撼哉！

【译文】

现在的人只是一味地把"好名"这两个字当成君子的罪过，而不知道名声这种东西是自身带来又挥之不去的。把钱财分给别人的人，其实是耗费钱财；教导别人要行善的人，其实是耗费心力；臣子对君王死守忠义，子女对父母死守孝道，女子对丈夫死守贞节，其实是在伤害自身；一样东西都不拿的人，其实什么都得不到。如果请你试着让这个好名声更好，愿不愿意呢？即使是真有好名声的，他的所作所为都是有道理的。那些不好名的人，到底是舜呢，还是跖呢？是舜的话，那就真应该是一等一的好名声了；如果是跖的话，那他就是不喜欢美名而喜欢恶名了。我因为世人将好名的罪过强加在君子身上而感到悲哀，而君子也因为害怕别人讥讽自己好名而自我拘束，这是我们儒道的大患，因此不能不去辨别清楚。凡是君子，都应该崇尚独立的精神，又要把持住自己，不要被世人的满口闲言碎语所动摇。

021. 大其心，容天下之物；虚其心，受天下之善；平其心，论天下之事；潜其心，观天下之理；定其心，应天下之变。

【译文】

心胸开阔，就能容纳天下万物；谦虚谨慎，就能接纳天下的善行；平心静气，就能畅谈天下大事；潜心钻研，就能纵观天下道理；坚定信心，就能应对所有变化。

022. 古之居民上者，治一邑则任一邑之重，治一郡则任一郡之重，治天下则任天下之重。朝夕思虑其事，日夜经纪其务。一物失所，不遑安席；一事失理，不遑安食；限于才者求尽吾心，限于势者求满吾分，不愧于君之付托、民之仰望，然后食君之禄，享民之奉，泰然无所歉，反焉无所愧。否则是食浮于功也，君子耻之。

【译文】

古代的地方官，治理一座城市就把这座城邑的事务当作第一要务，治理一个郡就把该郡的事务当成第一要务，治理天下就以天下为己任。这些政事日思夜想如何才能处理好，日夜忙于操劳自己该做的事。有一件事没有处理好，就不能够安稳入睡；有一件事情没有处理妥当，吃饭时就会感到心里不安。如果是自己能力有限，那么起码要尽到自己最大的心意；如果是权势地位所限，那么就尽到自己的最大努力。不愧对于君主的所托和百姓的希望，然后才心安理得地拿朝廷的俸禄，受百姓的爱戴，心里才能泰然处之而没有亏欠的感觉，以后想起来心里也不会觉得惭愧。否则就是无功受禄，君子认为这是很可耻的事。

023. 荣辱系乎所立，所立者固，则荣随之，虽有可辱，人不忍加也。所立者废，则辱随之，虽有可荣，人不屑及也。是故君子爱其所自立，惧其所自废。

一个人的荣辱跟他的建树有关，如果建树很牢固，那么荣誉就会随之而来，虽然也可能会有耻辱的事情，但是人们也不忍心去加在你的身上。如果用以立身的都被荒废了，那么耻辱也会随之而来，虽然有时会有荣誉的事情，人们也会视而不见。因此君子喜欢有所建树，害怕的是荒废自己的事业。

024. 掩护勿攻，屈服勿怒，此用威者之所当知也；无功勿赏，盛宠勿加，此用爱者之所当知也。反是皆败道也。

【译文】

当别人自我掩饰的时候就不要再去攻击他，当别人已经屈服的时候就不要再向他发怒，这两点是有权势的人所应当知道的；如果没有功劳就不要给予奖赏，如果宠爱已经很多就不要再增加，这是使用仁爱的人应当知道的。如果不这样做都会导致失败。

025. 称人之善，我有一善，又何妒焉？称人之恶，我有一恶，又何毁焉？

【译文】

称赞别人的善行，对自己来说也是一种善行，为什么要去嫉妒别人呢？指责别人的过失，这也是自己的过失，为什么要去诋毁别人呢？

026. 善居功者，让大美而不居；善居名者，避大名而不受。

【译文】

善于居功的人，会把最大的功劳让给别人而不自居；善于居名的人，会躲避盛大的美名而不接受。

027. 善者不必福，恶者不必祸，君子稔知之也，宁祸而不肯为恶；忠直者穷，谀佞者通，君子稔知之也，宁穷而不肯为佞。非但知理有当然，亦其心有所不容已耳。

【译文】

做善事的人不一定会有好报，做恶事的人不一定会有恶报，君子是熟知这个道理的，但君子宁肯得祸也不肯做恶事；忠厚正直的人贫穷，阿谀奉承的人显达，这个道理君子也是熟知的，但君子宁肯穷困也不肯做阿谀奉承之人。这样做不只是因为理所当然，而是因为自己的心不容许自己去做那些事情罢了。

028. 攻我之过者，未必皆无过之人也。苟求无过之人攻我，则终身不得闻过矣。我当感其攻我之益而已，彼有过无过何暇计哉！

【译文】

指出我的错误的人，不一定都是没有犯过错误的人。假如苟求从来没有犯过错误的人才有资格指出我的过失，那么我终身就听不到别人指出我的错误了。我应当感谢那些指出我的错误的人所带给我的好处，至于他本身有没有错误又哪里有功夫去计较呢？

029. 做人要做个万全，至于名利地步休要十分占尽，常要分与大家，就带些缺绽不妨。何者？天下无人己惧遂之事，我得人必失，我利人必害，我荣人必辱，我有美名人必有愧色。是以君子贪德而让名，辞完而处缺，使人我一般，不巉巉露头角、立标臬，而胸中自有无限之乐。孔子谦己，尝自附于寻常人，此中极有意趣。

【译文】

做人要做个万全的人，至于名利，不要自己全都占尽，要经常跟大家分享，哪怕自己有些缺憾也没有关系。这是为什么呢？天下没有让自己和别人都感到满意的事情，我有所得有人必然有所失，我获得利益必然会有人受到损害，我得到利益必然会有人被损伤，我有了美名必然会有人面带愧色。所以君子应注重德行而谦让名利，推辞完美而有所欠缺，使自己和众人一样，不争强好胜地显露头角、不要成为众人憎恨的对象，那样胸中自然会有无限的快乐。孔子很谦虚，经常认为自己只是普通人，其中的道理是非常耐人寻味的。

030. 胸中有一个见识，则不惑于纷杂之说；有一段道理，则不挠于鄙俗之见。《诗》云："匪先民是程，匪大猷是经，惟迩言是争。"平生读圣贤书，某事与之合，某事与之背，即知所适从，知所去取，否则口《诗》《书》而心众人也，身儒衣冠而行鄙夫也，此士之粮莠也。

【译文】

一个人如果有自己的主见，就不会被众说纷纭的言论所迷惑；对任何事情如果有自己的见解，就不会被众人的鄙俗之见所困挠。《诗经·小雅·小旻》说："匪先民是程，匪大猷是经，惟迩言是争。"意思是批评那些不以古代圣贤的行为作为标准，不以大的规则作为常道，只用那些浅薄的语言进行争辩的人。平生读圣贤之书，什么事情与圣贤之道相吻合，什么事情与圣贤之道相违背，就会知道应该怎么做，应该去追求什么了。不然的话，就算读的是《诗经》《尚书》这样的圣贤之书而内心的想法却跟众人是一样的；身上穿戴的是儒家的衣冠，而行为却和粗鄙浅薄的人一样，这就如同危害禾苗的稂莠一样，也是读书人中的杂草啊！

031. 世人喜言无好人，此孟浪语也。今且不须择人，只于市井稠人中聚百人而各取其所长。人必有一善，集百人之善，可以为贤人。人必有一见，集百人之见可以决大计。恐我于百人中未必人人高出之也，而安可忽匹夫匹妇哉？

【译文】

世间之人都喜欢说："这世界上没有好人。"殊不知这是很轻率的说法。现在你不必特意挑选人，只要在大街上随便找出一百个人，然后找出每个人的长处。每个人必定都有一个优点，集合百人的长处就可以成为一个贤人；每个人必定都有一种正确的见解，集合百人的见解就可以决定一件大事。恐怕我和这一百个人相比，未必会比每个人高明，哪里可以小看那些普通百姓呢？

032. 学欲博，技欲工，难说不是一长。总较作人，只是够了便止。学如班、马，字如钟、王，文如曹、刘，诗如李、杜，铮铮千古知名，只是个小习艺，所贵在作人好。

【译文】

想要有广博的学识，高超的技艺，不能不说这是一个优点。但和做人相比较，学识和技艺只要够用就可以了。即便学问如同班固、司马迁一样，书法如同钟繇、王羲之一样，文章如同曹植、刘桢一样，诗如同李白、杜甫一样，他们都是千古流芳的名人，但这些都只是小技艺，最重要的还是要做一个品德高尚的人。

033. 循弊规若时王之制，守时套若先圣之经，侈己自得，恶闻正论，是人也，亦大可怜矣，世教奚赖焉！

【译文】

遵循那些有漏洞的法规就如同遵守以前国家制定的制度，固守当时的老一套方法就如同遵循先王圣人的经典，总是夸大自己的见解，却讨厌听到正确的言论，这样的人，也太可怜了，教化世人怎么能够依靠他们这些人呢？

034. 心要常操，身要常劳。心愈操愈精明，身愈劳愈强健。但自不可过耳。

【译文】

内心要经常操劳，身体要经常劳动。心越操劳就会变得越精明，身体越劳动就变得越强健。但两者都不能过度。

035. 士君子之偶聚也，不言身心性命，则言天下国家；不言物理人情，则言风俗世道；不规目前过失，则问平生德业。傍花随柳之间，吟风弄月之际，都无鄙俗蝶慢之谈，谓此心不可一时流于邪僻，此身不可一日今之偷惰也。若一相逢，不是亵狎，便是乱讲，此与仆隶下人何异？只多了这衣冠耳。

【译文】

那些正人君子偶尔相聚在一起的时候，不是谈论修身养性，就是谈论天下大事；不是谈论风土人情，就是谈论风俗世道；不是规劝眼前的过失，就是追问平生的德业。傍花随柳，吟风弄月之时，也都没有庸俗鄙陋的言语，这就是所说的一刻也不能让心中产生邪念，一天也不能让身体松懈下来。如果一见面，不是猥亵狎侮，就是信口开河，这和仆人奴隶又有什么区别呢？只不过是穿着一身学者的衣服罢了。

036. 作人要如神龙，屈伸变化，自得自如，不可为势利术数所拘缚。若羁绊随人，不能自决，只是个牛羊。然亦不可哓哓悻悻。故大智上哲看得几事分明，外面要无迹无言，胸中要独往独来，怎被机械人驾驭得？

【译文】

做人要好像神龙那样，能屈能伸，悠然自得，不被功名利禄、法则定数所束缚。如果随时随地都好像被捆绑着一样，不能自己做主，那就像是个牛羊之类的牲畜。但是也不能喋喋不休、偏激固执。因此那些有大智慧的圣贤能够把那些细微的事情分析得很透彻，表面上不露痕迹，很少说话，心里面却有独到的见解，这样的话那些玩弄心机的人怎么驾驭得了呢？

037. "财色名位"，此四字考人品之大节目也，这里打不过，小善不足录矣。自古砥砺名节者，兢兢在这里做功夫，最不可容易放过。

【译文】

"财、色、名、位"这四方面，是考察人品的主要方面。如果在这四个方面过不了关，小的长处就更不值得一提了。自古以来那些注重磨炼修养自己的名誉和节操的人，都会努力在这四个方面下功夫，万不可在这些方面疏忽的。

038. 古之人非曰位居贵要，分为尊长，而遂无可言之人、无可指之过也；非曰卑幼贫贱之人一无所知识，即有知识而亦不当言也。盖体统名分，确然不可易者，在道义之外；以道相成，以心相与，在体统名分之外。哀哉！后世之贵要尊长而遂无过也。

【译文】

古时候的人并不认为官位显赫、身份尊贵的人，别人就不能批评他，就不能指出他的过失；并不认为地位卑贱、阅历短浅的人就什么也不知道，或者即使有自己的见解也不应当提出来。大概是身份地位的确立而不能改变，这是道义之外的事情；如果是以道来互相辅助，以真心互相交往，这些就都在体统和地位之外了。可悲啊！难道后来那些官位显赫、身份尊贵的人就没有过错吗？

039. 往见"泰山乔岳以立身"四语甚爱之，疑有未尽，因推广为男儿八景云：泰山乔岳之身，海阔天空之腹，和风甘雨之色，日照月临之目，旋乾转坤之手，磐石砥柱之足，临深履薄之心，玉洁冰清之骨。此八景予甚愧之，当与同志者竭力从事焉。

【译文】

从前我见到泰山的高峻，就写下了"泰山乔岳以立身"那四句话，自己非常喜爱，但仍怀疑没有完整表达自己的想法，就推而广之写成了男儿八景，这八景是：泰山乔岳之身，海阔天空之腹，和风甘雨之色，日照月临之目，旋乾转坤之手，磐石砥柱之足，临深履薄之心，玉洁冰清之骨。对照这八景，我感到非常惭愧，应当与那些志同道合的人共同努力按照这八景去做事。

040. 求人已不可，又求人之转求；徇人之求已不可，又转求人之徇人；患难求人已不可，又以富贵利达求人。此丈夫之耻也。

【译文】

去求人已经很不应该了，又要请求别人去转求其他人；答应别人的请求已经很不应该了，又转求其他人也答应别人；在患难的时候求人已经很不应该了，又为了功名利禄去求人。这些都是大丈夫认为可耻的啊！

041. 文名、才名、艺名、勇名，人尽让得过，惟是道德之名则妒者众矣。无文、无才、无艺、无勇，人尽谦得起，惟是无道德之名则愧者众矣。君子以道德之实潜修，以道德之名自掩。

【译文】

一个人有了文采之名、才华之名、技艺之名、勇敢之名，人们都互相谦让，只有道德高尚的人，嫉妒的人就非常多了。说一个人没有文采、没有才华、没有技艺、没有勇气，这个人往往都能谦虚地承认，只是说一个人没有道德就会使人感到羞愧。真正的君子要用道德来修身养性，而不要去贪图道德高尚的名声来掩饰自我。

042. "有诸己而后求诸人，无诸己而后非诸人"，固是藏身之恕。有诸己而不求诸人，无诸己而不非诸人，自是无言之感。《大学》为居上者言，若士君子守身之常法，则余言亦蓄德之道也。

《大学》中所说的"有诸己而后求诸人，无诸己而后非诸人"，意思是"自己具有某种优点要求别人也具有，自己做不到不要求别人做不到"，这固然是值得称道的宽恕之道。但是自己具有某种美德却不要求别人也具备，自己没有某种毛病也不指出别人身上的毛病，自然就没什么可说的了。《大学》是针对道德修养极高的人所说的话，如果正人君子能够把每一点作为修身处世的准则，那么我所说的话也是一种修养道德的方法了。

043. 乾坤尽大，何处容我不得？而到处不为人所容，则我之难容也。眇然一身，而为世上难容之人，乃号于人曰："人之不能容我也。"吁！亦愚矣哉！

【译文】

天地如此之大，何处不能容下一个我呢？然而仍然到处不被人们所接纳，那么就是自己难以让别人容纳啊。这样渺小的一个身躯，竟然不能被世上的人所容纳，竟然还大声对人讲："世人都不能容纳我啊！"唉！这样做也太愚蠢了。

044. 圣人之道，太和而已，故万物皆育。便是秋冬不害其为太和，况太和又未尝不在秋冬宇宙间哉！余性褊，无弘度、平心、温容、巽语，愿从事于太和之道以自广焉。

【译文】

圣人的道，只是阴阳会合的太和之气而已，所以万物都能够生长发育。即使是在秋冬季节，也不妨碍有太和之气，更何况太和之气未尝不存在于秋冬季节的宇宙间呢！我这个人的性情比较褊狭，没有宏大的气度，缺少平心静气、温和从容、谦逊的语言，我愿意学习太和之道来扩大自己的心胸。

045. 只竟夕点检，今日说得几句话，关系身心；行得几件事，有益世道，自慊自愧，恍然独觉矣。若醉酒饱肉，恣谈浪笑，却不错过了一日；乱言妄动，昧理从欲，却不作孽了一日。

【译文】

那些注重自身修养的人每天晚上都认真反省自己，检查哪几句话是关系到自己的身心的，哪几件事是有益于社会的，如果能够这样不断自我反省，自己会有不满足而，自己恍然就明白了。如果整天只懂得喝酒吃肉，恣谈浪笑，那不就是浪费了一天的大好时光吗？如果整天胡言乱语、轻举妄动、蒙昧事理、放纵自己的欲望，这岂不是做了一天的孽吗？

046. 明镜虽足以照秋毫之末，然持以照面不照手者何？面不自见，借镜以见，若手则吾自见之矣。镜虽明，不明于目也，故君子贵自知自信。以人言为进上，是照手之识也。若耳目识见所不及，则匪天下之见闻不济矣。

【译文】

明镜虽然能够照出非常细微之处，但是为什么人们经常用它来照面孔而不用它照手呢？这是因为自己看不见自己的面孔，只有借助镜子才能看见，而手则是自己能够看见的。镜子虽然明亮，但是没有眼睛看得清楚，因此君子贵在有自知之明。把别人的话作为自己行动的准则，就好比是用镜子照手一样的见识。如果自己不能亲眼看到，亲耳听到，那么即使借助天下人的所看所听也不会有任何帮助。

047. 义、命、法，此三者，君子之所以定身，而众人之所妄念者也。从妄念而巧邪，图以幸其私，君子耻之。夫义不当为，命不能为，法不敢为，虽欲强之，岂惟无获？所丧多矣。即获亦非福也。

【译文】

道义、性命、法度，这三个方面，是君子用来立身的方式，而普通的人却妄想出不切实际的念头。有了虚妄的念头，就会做出邪恶的行为，就会投机取巧来满足自己的私欲，君子以这种做法为耻。凡是在道义之下不该做的事，生命不能做的事，法度之内不能做的事，如果勉强去做，怎么会一无所获呢？只不过失去的更多罢了。也就是说即使得到了也并非就是福气。

048. 避嫌者，寻嫌者也；自辩者，自诬者也。心事重门洞达，略不回邪，行事八窗玲珑，毫无遮障，则见者服，闻者信。稍有不白之诬，将家家为吾称冤，人人为吾置喙矣。此之谓洁品，不自洁而人洁之。

【译文】

避嫌的人，往往自寻嫌疑；自己为自己辩解的人，反而会诬陷自己。只有把心中之门完全打开，一点儿也不回避，做起事来才会光明磊落，一点儿也不遮遮掩掩，这样的话，看到的人才会佩服，听见的人才会相信。即使稍有不白之冤，也将会是家家为你喊冤，人人为你鸣不平。这种人叫作清白的人品，不用自证清白别人就会帮你清白自身。

049. 善之当为，如饮食衣服然，乃吾人日用常行事也。人未闻有以祸福废衣食者，而为善则以祸福为行止；未闻有以毁誉废衣食者，而为善则以毁誉为行止。惟为善心不真诚之故耳。果真果诚，尚有甘死饥寒而乐于趋善者。

【译文】

做人就应该时常做善事，这就好像人需要吃饭穿衣一样，是我们日常生活中必不可少的事情。没有听说过因为祸福的影响而不穿衣吃饭的人，然而做善事却要考虑是得福还是得祸才决定做不做；没有听说过有因为别人的毁誉而不吃饭穿衣的人，然而做善事却因为受到别人的毁谤或称赞而停止。这些都是因为自己的为善之心不够真诚的缘故。如果真心为善的人，即使是忍饥挨饿也会乐于去行善的。

050. "本分"二字，妙不容言。君子持身不可不知本分，知本分则千态万状一毫加损不得。圣王为治，当使民得其本分，得本分则荣辱死生一毫怨望不得。子弑父，臣弑君，皆由不知本分始。

【译文】

"本分"这两个字的妙处是无法用语言表达的。君子立身处世不能不知道本分，知道本分就会在做事的时候有分寸容不得丝毫增加或减损。圣贤的君主治理国家，应当使子民知道他们的本分，知道自己的本分之后就不会对生死荣辱产生一丝一毫的奢望和怨恨。子女杀害自己的父亲，臣子杀害自己的君主，都是因为他们从来都不知道自己的本分是什么。

051. 毋以人誉而遂谓无过，世道尚浑厚，人人有心史也。人之心史真，惟我有心史而后无畏人之心史矣。

不要因为受到别人的赞扬就认为自己没有过错，社会风气崇尚诚实厚道，每个人心中都有自己的一本账。人们心里的记载才是真实的，只有自己的心里也有一本账，才不会怕别人心中的那一本账。

052. 淫怒是大恶，里面御不住气，外面顾不得人，成甚涵养！或曰："涵养独无怒乎？"曰："圣贤之怒自别。"

【译文】

过分的暴怒就是大的罪恶，发怒的时候驾驭不住自己的脾气，外面又顾不得别人的感受，这样的人怎么会有涵养呢？有人问："有涵养的人难道就不会发怒吗？"回答说："圣贤之人发怒和普通人发怒是有区别的。"

053．凡智愚无他，在读书与不读书；祸福无他，在为善与不为善；贫富无他，在勤俭与不勤俭；毁誉无他，在仁恕与不仁恕。

【译文】

判断一个人是智慧还是愚昧没有别的，就看他读书不读书；判断一件事是得福还是遭祸，就看他是否为善；判断一个人的日子过得贫穷还是富裕，就看他勤俭不勤俭；判断一个人的行为会招来毁谤还是得到赞誉，就看他仁恕不仁恕。

054. 古人之宽大，非直为道理当如此，然煞有受用处。弘器度以养德也，省怨怒以养气也，绝仇雠以远祸也。

【译文】

古人之所以心胸宽广，并不仅仅是因为理应这样，而是因为在事实上也有很大的用处。使自己宽宏大量可以提升自己的德行，减少内心的怨恨可以修养自己的身心，杜绝仇敌就可以远离祸患。

055. 只见得眼前都不可意，便是个碍世之人。人不可我意，我必不可人意。不可人意者我一人，不可我意者千万人。呜呼！未有不可十万人意而不危者也。是故智者能与世宜，至人不与世碍。

【译文】

如果对自己身边的事都不如意，这个人就一定是个妨碍社会的人。如果人家都不合我的心意，我一定也不合别人的心意。如果不合别人心意的只是我一个人，而不合我心意的却是千千万万个人。天哪！世上没有不合那么多人的心意而不危险的人啊。所以聪明的人能够融洽地与世人相处，德高的人不会妨碍社会的。

056. 士君子作人不长进，只是不用心、不著力。其所以不用心、不著力者，只是不愧不奋。能愧能奋，圣人可至。

【译文】

士人君子之所以没有长进，是因为不用心、不努力。他们之所以不用心、不努力，因为不知道愧疚，不懂得奋发努力向上。如果懂得愧疚并且奋发努力向上，那么即便是圣人的境界也是可以达到的。

057. 有道之言，得之心悟；有德之言，得之躬行。有道之言弘畅，有德之言亲切。有道之言如游万货之肆，有德之言如发万货之商。有道者不容不言，有德者无俟于言。虽然，未尝不言也。故曰："有德者必有言。"

【译文】

有道理的话，是用心顿悟得到的；品德修养高深的话，是通过亲身实践总结出来的。有道理的话宏大通畅，有道德修养的话温和亲切。有道理的话好像是逛货物繁多的商店，有德行的话好像批发货物的商贾。有道理的人不能不说，有德行的人不等人言便使人明白。即便是这样，也并非就什么也不说，所以《论语》说："有德行的人必定有品德高深的话。"

058. 或问："不怨不尤了，恐于事天处人上更要留心不？"曰："这天人两项，千头万绪，如何照管得来？有个简便之法，只在自家身上做，一念、一言、一事都点检得，没我分毫不是，那祸福毁誉都不须理会。我无求祸之道而祸来，自有天耽错；我无致毁之道而毁来，自有人耽错，与我全不干涉。若福与誉是我应得底，我不加喜；是我悻得底，我且惶惧愧郝。况天也有力量不能底，人也有知识不到底，也要体悉他。却有一件紧要，生怕我不能格天动物。这个稍有欠缺，自怨自尤且不暇，又那顾得别个？孔子说个'上不怨、下不尤'，是不愿乎其外道理，孟子说个'仰不愧、俯不怍'，是素位而行道理。此二意常相须。"

【译文】

有人问："不怨天不尤人了，是不是在遵循天意和为人处世上要更加小心谨慎呢？"回答说："天和人之间的关系，千头万绪，怎么能够照管得过来呢？有一个简便的方法，那就是从自身做起，对每一个想法、每一句话、每一件事都要仔细反省检查，如果没有一点差错，就不用理会那些祸福毁誉。我没有惹祸而祸来了，自有上天来承担过错；我没有做诽谤之事而引来诽谤，自有他人来承担过错，和我完全没有关系。如果福分和荣誉是我应得的，我也不会过度喜悦；如果是侥幸得来的，我将会惶惧羞愧。何况上天也有无能为力的时候，人也有认识不到的地方，也要体谅这些。但是最重要的事情，就是担心自己不能感通天地万物。如果这方面有所欠缺，自怨自尤还来不及，又怎么能顾及别的呢？孔子说'上不怨天、下不尤人'，就是不要把自己的成败归咎于自身以外，孟子说'仰不愧于天、俯不怍于地'，说的是平生而行应该遵行的原则，这两个意思是相互依存、互相补充的。"

059. 外劫敌五：声色、货利、名位、患难、晏安。内劬敌五：恶怒、喜好、牵缠、褊急、积惯。士君子终日被这个昏惑凌驾，此小勇者之所纳款，而大勇者之所务克也。

【译文】

一个人的外部世界有五个强敌：声色犬马、钱财利禄、名誉地位、忧患艰难、太平安逸。内心也有五个强敌：憎恶愤怒、喜乐爱好、牵缠踌躇、狭隘争躁、积习惯癖。士君子整天被这些敌人所迷惑扰乱，勇气不足的人就只好向他们屈服投降随波逐流，而勇气充足的人则一定要克制它们。

060. 奋始怠终，修业之贼也；缓前急后，应事之贼也；躁

心浮气，畜德之贼也；疾言厉色，处众之贼也。

【译文】

开始的时候很勤奋最后却以懈怠告终，这是修养学业的大忌；开始的时候拖拖拉拉后面却焦急万分，这是处理事情的大忌；心浮气躁，这是修身养性的大忌；对待他人言语轻快、面容严厉，这是和众人相处时的大忌。

061. 见义不为，又托之违众，此力行者之大戒也。若肯务实，又自逃名，不患于无术，吾窃以自恨焉。

【译文】

看到正义的事情却不去做，又以违背众意为借口，这是努力做事的人最应该忌讳的。如果能够踏实肯干，又不追求名誉，就不愁一事无成。我就是因为不能做到这点而感到遗憾。

062. 古人慎言，每云"有余不敢尽"。今人只尽其余还不成人过，只是附会支吾，心知其非而取辨于口，不至屈人不止，则又尽有余者之罪人也。

【译文】

古人说话非常谨慎，每次都会有所保留而不会把话说尽。现在的人把所有话都说尽还不算什么大过失，只是还要附会支吾，心里明明知道不对还要狡辩，别人不屈服自己就不停止，这种人比那些把所有话都说尽的人的错误更大。

063. 贫不足羞，可羞是贫而无志；贱不足恶，可恶是贱而无能；老不足叹，可叹是老而虚生；死不足悲，可悲是死而无闻。

【译文】

贫穷不值得令人羞愧，令人羞愧的是贫穷但心中没有志向；低贱不值得令人厌恶，令人厌恶的是低贱却没有才能；衰老不值得令人叹息，令人叹息的是衰老了而已经虚度了一生；死不值得悲哀，令人悲哀的是直到死都是默默无闻的。

064. 喜来时一点检，怒来时一点检，怠惰时一点检，放肆时一点检，此是省察大条款。人到此多想不起，顾不得，一错了便悔不及。

【译文】

如果人能够做到在高兴的时候自我反省，在发怒的时候自我反省，在怠惰的时候自我反省，在放肆的时候自我反省，这是进行自我反省的最重要原则。但人到了这些时候，往往就想不起来，顾及不到了，一旦出了差错就后悔莫及。

065. 治乱系所用事。天下国家，君子用事则治，小人用事则乱。一身，德行用事则治，气习用事则乱。

【译文】

天下是太平还是动乱，取决于是谁在掌权。一个国家，如果是君子掌权天下就会太平，如果是小人掌权国家就会发生动乱。对于一个人来说，如果凭德行做事，事情就会很顺利，如果是意气用事、习惯行事，就会把事情搞砸。

066. 处利则要人做君子，我做小人；处名则要人做小人，我做君子，斯惑之甚也。圣贤处利让利，处名让名，故淡然恬然，不与世忤。

处理利益关系的时候就让别人做君子，自己做小人；在名誉面前就让别人做小人，自己做君子，我对此做法感到非常不解。圣贤之人在面对利益时就推让利益，在面对名誉时就推让名誉，所以他们能够十分淡然洒脱，不会与世道相抵触。

067. 任教万分矜持，千分点检，里面无自然根本，仓卒之际、忽突之顷，本态自然露出。是以君子慎独。独中只有这个，发出来只是这个，何劳回护？何用支吾？

【译文】

任凭一个人十分庄重，不停地自查，如果不是自己本性的流露，一旦遇到匆忙慌乱和突发事件的时候，本来的面目就会暴露出来。所以君子即便在独处的时候也非常谨慎。独处的时候是这样，表现出来的也是这样，哪里又用得着掩饰？哪里又用得着支支吾吾呢？

068. 力有所不能，圣人不以无可奈何者责人；心有所当尽，圣人不以无可奈何者自诿。

【译文】

如果是一个人的能力达不到，即使是圣人不会因为没有能力而去指责别人；但心要尽到自己的最大努力，圣人不会用无可奈何作为借口来推诿。

069. 寡恩曰薄，伤恩曰刻。尽事曰切，过事曰激。此四者，宽厚之所深戒也。

【译文】

缺少恩情叫作薄情，伤害感情叫作刻薄，做事太急叫作切，做事过头叫作激。这四种过失，是宽厚博大的人应该引以为戒的。

070. 愈进修，愈觉不长；愈点检，愈觉有非。何者？不留意作人，自家尽看得过；只日日留意向上，看得自家都是病痛。那有些好处？初头只见得人欲中过失，到久久又见得天理中过失，到无天理过失，则中行矣。又有不自然、不浑化、着色吃力过失，走出这个边境，才是圣人，能立无过之地。故学者以有一善自多，以寡一过自幸，皆无志者也。急行者，只见道远而足不前；急耘者，只见草多而锄不利。

【译文】

越是修养学习，越是觉得自己没有长进；越是反省检点，越是能感觉到自身有缺点。这是什么原因呢？不用心审视自己的时候，看自己哪里都还过得去；只要自己每天都注意修养，就会看到自己身上到处都是毛病，哪里还有什么优点呢？刚开始只能看到人的欲望上的过失，时间长了就会认识到天理中的不足，如果达到了连天理都没有过失的境界，那就能够按照中庸之道行事了。这时还有不自然、不浑化、着色吃力的过失，如果走出了这个边境，才能像圣人那样，能够站在没有过错的境地。所以做学问的人，如果有的人认为有一个优点就自满，因为少犯一个错误就暗自庆幸的，都属于胸无大志的人。这就好比那些急于赶路的人，只看到路途遥远而双脚却原地不动；急着耕耘的人，只看到了草多就放慢了锄草的速度。

071. 大行之美以孝为第一，细行之美以廉为第一。此二者，君子之所务敦也。然而不辨之申生，不如不告之舜；井上之李，不如受馈之鹅。此二者，孝廉之所务辨也。

【译文】

大品行中，孝道是第一位的；小的品行中，清廉是第一位的。这两种品德，是君子所要努力具备的。然而一味顺从父亲，遇到陷害不去为自己争辩而被杀害的申生，比不上不征求父亲的意见就娶尧的两个女儿为妻的舜；像陈仲子那样吃井边被虫吃过的李子，还不如吃别人赠送给他兄长的鹅。对于这两种做法，孝顺清廉的人一定要辨别清楚。

072. 吉凶祸福是天主张，毁誉予夺是人主张，立身行己是我主张，此三者不相夺也。

【译文】

人生的吉凶祸福都是由上天掌控的，毁誉予夺则都是由人来把握的，而立身行己却是由自己来做主的。这三个方面都不能互相替代。

073. 凡在我者，都是分内底，在天在人者，都是分外底。学者要明于内外之分，则在内缺一分便是不成人处，在外得一分便是该知足处。

【译文】

凡是自己的努力就可以做到的事，就都是自己分内的事；凡是由上天和别人掌握的事，都是自己分外的事。做学问的人要分清楚哪些是分内的事，哪些是分外的事。那么是自己分内的事，做错一点便做不好人；如果是分外的好处，即使得到了一点，自己也应该知足。

074. 听言观行，是取人之道；乐其言而不问其人，是取善之道。今人恶闻善言，便訑訑曰："彼能言而行不逮，言何足取？"是弗思也。吾之听言也，为其言之有益于我耳，苟益于我，人之贤否奚问焉？衣敝枲者市文绣，食糟糠者市粱肉，将以人弃之乎？

【译文】

观看其言行，是选择人才的方法；只喜欢听到别人对自己的批评而不去管那个人是谁，这是完善自身的方法。现在的人不喜欢听到善意的批评，听到就沾沾自喜地说："他只是会说，自己都做不到，他说的话能相信吗？"这种态度是因为没有认真思考的缘故。我们听别人的言论，是因为他说的话对我有好处。如果对我们有好处，又何必问说话的人是否是贤能的人呢？衣衫褴褛的人可以去买绣花衣服，吃糟糠的人可以去买白米猪肉，人们难道因为这些买东西的人穿得不好吃得不好就不卖给他吗？

075. 取善而不用，依旧是寻常人，何贵于取？譬之八珍方丈而不下著，依然饿死耳。

【译文】

得到了好的建议而不去实践它，这样的人只能是一个平常的人，怎么会因为得到而显得高贵呢？就好像眼前一丈见方的地方摆满了山珍海味而不动筷子一样，还是会饿死。

076. 有德之容，深沉凝重，内充然有余，外阒然无迹。若面目都是精神，即不出诸口，而漏泄已多矣，毕竟是养得浮浅。譬之无量人，一杯酒便达于面目。

【译文】

凡是德行较高的人容貌上看上去都深沉稳重，内心非常充实，而外表却不表现出来。如果看上去精神异常，即使不开口说话，涵养的浅薄也已经流露出来了，这种人毕竟还是修养不够。就好像没有酒量的人，只喝一杯酒脸上就会表现出来了。

077. 言一也，出由之口，则信且从；出跖之口，则三令五申而人且疑之矣。故有言者，有所以重其言者。素行乎人，是所以重其言者也。不然，且为言累矣。

【译文】

一句同样的话，如果从孔子的学生子路的口中说出，那么人们就会相信并且听从；而如果是从一个盗贼口中说出，那么就算是三令五申而人们依然会怀疑。所以，说话的人有使得他的话语被别人重视的方法。如果一个人平时的行为一直能够取信于人，就能使人们相信他的话。否则的话，就会被自己的言论所拖累。

078. 毁我之言可闻，毁我之人不必问也。使我有此事也，彼虽不言，必有言之者。我闻而改之，是又得一不受业之师也。使我无此事耶，我虽不辨，必有辨之者。若闻而怒之，是又多一不受言之过也。

【译文】

可以听一下诋毁我的话，但说这话的人就不必再追问了。假使我真做了不应该做的事，即使他不说，也必然会有人说。我听到我的缺点并改正了它，是又得到了一位不专门授课的老师啊。假如我没有做过应该被人诋毁的事，即使我不辩解，也必然会有人为我辩解。如果听了就发怒，这是又多了一个不能听取意见的过失啊。

079. 只一个贪爱心，第一可贱可耻。羊马之于水草，蝇蚁之于腥膻，蜣螂之于积粪，都是这个念头。是以君子制欲。

【译文】

如果一个人有一颗贪爱之心，就是最下贱可耻的事。羊马对于水草，蝇蚁对于腥膻，蜣螂对于积粪，都源于这个贪爱的念头。所以正人君子要努力克制自己的欲望。

080. 权贵之门，虽系通家知己也，须见面稀、行踪少就好。尝爱唐诗有"终日帝城里，不识五侯门"之句，可为新进之法。

【译文】

有权有势的家庭，即使是世代交好的知己，也应该以少见面、少来往为好。我很喜欢唐诗"终日帝城里，不识五侯门"这两句，这可以作为刚刚步入仕途之人的处世方法。

081. 闻世上有不平事，便满腔愤懑，出激切之语，此最浅夫薄子，士君子之人戒。

【译文】

一听到世间的不公平事，就会满腔愤怒，从而说出一些过激的语言，这些都是最浅薄的人，士君子应该引以为戒。

082. 仁厚刻薄是修短关，行止语默是祸福关，勤惰俭奢是成败关，饮食男女是死生关。

【译文】

仁厚还是刻薄，是修养好坏的关键；行动还是静止、说话还是沉默，是人生的祸福有关键；勤劳还是懒惰、节俭还是奢侈，是事业成败的关键；吃喝饮食、男女之情，是人生死的关键。

083. 言出诸口，身何与焉？而身亡；五味宜于口，腹何知焉？而腹病。小害大，昭昭也，而人每纵之，徇之，恣其所出，供其所入。

【译文】

话是从嘴里说出来的，跟身体有什么关系呢？然而招来祸患后却要身亡；酸甜苦辣等滋味都是适宜于口，肚子怎么能知道这些滋味呢？然而却要肚子生病。小能害大，这是非常明显的事，但是人们每次都放纵自己，信口开河，贪吃美食，来满足嘴的欲望。

084. 浑身都遮盖得，唯有面目不可掩，面目者，心之证也。即有厚貌者，卒然难做预备，不觉心牛事都发在面目上，故君子无愧心则无怍容。中心之达，达以此也；肺肝之视，视以此也。此修己者之所畏也。

【译文】

人的全身上下都可以掩盖，

只有脸不能掩盖，因为脸是心灵的窗户。即使是拥有忠厚相貌的人，突然也很难做好准备，这样就会不自觉地将心事全都表现到了自己的脸上，因此君子如果心里没有感到愧疚的事情，那么脸上就不会表现出惭愧的神色。内心的所有想法，都会表现在脸上；要想看到一个人的内心，可以先看他的面目。这是注意道德修养的人所害怕的事。

085. 韦弁布衣，是我生初服，不愧此生，尽可以还。人造轩冕，是甚物事？将个丈夫来做坏了，有甚面目对那青天白日？是宇宙中一腐臭物也，乃扬眉吐气，以此夸人，而世人共荣慕之，亦大异事。

【译文】

普通人所穿戴的粗布衣帽，是我们生下来以后就开始穿戴的，如果不愧对此生，就可以回到本初的样子。高官厚禄，乘轩车、穿官服，这是什么东西？把大丈夫们的人品都给带坏了，还有什么面目去面对青天白日呢？这样的人，只是天地之间的一个腐臭之物罢了，却以此来扬眉吐气，在人前夸耀，而且世上的人却都很羡慕他，这也真是一件很奇怪的事啊。

086. 世间至贵，莫如人品，与天地参，与古人友，帝王且为之屈，天下不易其守。而乃以声色、财货、富贵、利达，轻轻将个人品卖了，此之谓自贱。商贾得奇货亦须待价，况士君子之身乎？

【译文】

世间最珍贵的东西莫过于人品了，可以与天地并列，可以和古人为友，帝王尚且向它屈尊，天下任何人也不会轻易改变自己的原则。然而有的人却因为声色、财货、富贵、利达这些私欲，轻易地就将自己的人品给出卖了，这就叫作自轻自贱。商人们得到了稀有的货物尚且还要待价而沽，何况是士人君子的人品呢？

087．身以不护短为第一长进。人能不护短，则长进至矣。

【译文】

修身养性最能够使人长进的就是不掩饰自己的缺点。如果一个人能够做到不掩护缺点，就可以使自己最大限度地长进了。

088．君子有过不辞谤，无过不反谤，共过不推谤。谤无所损于君子也。

【译文】

君子有了过失就不怕被指责，即使没有过错也不反驳别人的指责，与别人共同犯下错误时不会推卸责任。指责诽谤对君子根本不会造成损害。

089．惟圣贤终日说话无一字差失，其余都要拟之而后言，有余不敢尽，不然未有无过者。故惟寡言者寡过。

【译文】

只有圣贤之人整天说话却不会有任何的差错。其他的人都要考虑好了以后再说，要留有余地，不能说尽，否则的话就没有出现差错的。所以，只有那些沉默寡言的人才能少犯过错。

090．心无留言，言无择人，虽露肺肝，君子不取也。彼固自以为光明矣，君子何尝不光明？自不轻言，言则心口如一耳。

【译文】

如果心里藏不住秘密，说话不分对象，即使说的都是些肺腑之言，君子也是不会这样做的。你自以为自己是光明正大的，君子又何尝不是光明正大的呢？但君子不会轻易就发表一些言论，而一旦有话要说也会心口如一。

091. 恒言"疏懒勤谨"，此四字每相因。懒生疏，谨自勤。圣贤之身岂生而恶逸好劳哉？知天下皆惰慢则百务废弛，而乱亡随之矣。先正云：古之圣贤未尝不以怠惰荒宁为惧，勤励不息自强。曰惧曰强，而圣贤之情见矣。所谓"忧勤惕励"者也，惟忧故勤，惟惕故励。

【译文】

人们常说的"疏懒勤谨"，这四个字是互为因果的。懒惰就会产生疏忽，严谨来自勤奋。圣贤之人又怎么会是生来就喜欢劳动厌恶安逸呢？但他们明白如果天下人全都懒惰懈怠，那么就会使各行各业都荒废松弛，随之而来的就会是动乱和灭亡了。以前的圣贤曾说：古代的圣贤没有不害怕懒散懈怠，而以勤励不息来自强自立。说惧怕说自强，由此就可以知道圣贤的心情了。所谓的"忧勤惕励"。只有忧虑才能勤勉，只有警惕才会激励。

092. 谑非有道之言也，孔子岂不戏？竟是道理上脱洒。今之戏者媟矣，即有滑稽之巧，亦近俳优之流，凝静者耻之。

【译文】

有道德的人不会讲戏谑的话，孔子难道就没有戏言吗？只是孔子的戏言是在讲道理的时候一种洒脱的表现。当今那些开玩

笑的人就太过轻慢，即便滑稽十分巧妙，却也近似于供人取乐的滑稽演员之类的作为，喜好庄重的人耻于这样做。

093. 沾沾煦煦，柔润可人，丈夫之大耻也。君子岂欲与人乖戾？但自有正情真味，故柔嘉不是软美，自爱者不可不辨。

【译文】

和悦恭顺，温柔可人，大丈夫最耻于这样做。君子哪里是想和人相抵触呢？但君子自有内心真正的感情，所以待人接物表现出来的是柔嘉而不是软美，懂得自爱的人对此不能不辩明。

094. 且莫论身体力行，只听随在聚谈间，曾几个说天下国家身心性命正经道理？终日哓哓刺刺，满口都是闲谈乱谈。吾辈试一猛省，士君子在天地间，可否如此度日？

【译文】

且不说亲身去做，只要随意听听平时聚会时的谈话，有几个人是在谈论国家大事或修身养性方面的正经道理？很多人整天喋喋不休，夸夸其谈，满口都是些闲言碎语。我们这些人实在应该好好反省一下，堂堂君子生活在天地之间，可不可以就这么虚度光阴呢？

095. 君子慎求人，讲道问德，屈己折节，自是好学者事。若富贵利达向人开口，最伤士气，宁困顿没齿也。

【译文】

君子在求人的时候一定要慎重。如果是为了请教学术、提高自身的道德修养，即便是低声下气，起码也体现出了好学之人追求上进、不耻下问的精神。如果为了谋求高官厚禄而去求人，实在是有损士大夫的身份，宁可一辈子贫困潦倒也不要向别人开口。

096．自家才德，自家明白底。才短德微，即卑官薄禄，已为难称。若已逾溋分而觖望无穷，却是难为了造物。孔孟终身不遇，又当如何？

【译文】

自己的才能德行，自己心里是最清楚明了的。对于才能低下、德行浅薄的人来说，卑微的官职和微薄的俸禄，就已经难以相称了。如果超出了这个界限，却还是有非分之想，那可真是难为了造物主。比如像孔子、孟子这样贤明的圣人，一辈子都怀才不遇，又能怎么样呢？

097．不善之名，每成于一事，后有诸长，不能掩也，而惟一不善传。君子之动可不慎与？

【译文】

不好的名声往往是因为一件事造成的，以后即使会有种种善行，也无法弥补以前的过失。好事不出门，坏事传千里。君子的一举一动，怎么能够不慎重呢？

098．既做人在世间，便要劲爽爽、立铮铮底，若如春蚓秋蛇，风花雨絮，一生靠人作骨，恰似世上多了这个人。

【译文】

既然是在世间做人，就要精神抖擞、顶天立地。如果像春天的蚯蚓和秋天的蛇，或者像风中的飞花和雨中的飘絮那样，一辈子都要依靠别人，就好像这个人是多余的一样。

099. 有人于此：精密者病其疏，靡绮者病其陋，繁缛者病其简，谦恭者病其倨，委曲者病其直，无能可于一世之人，奈何？曰：一身怎可得一世之人？只自点检吾身，果如所病否？若以一身就众口，孔子不能。即能之，成个甚么人品？放君子以中道为从违，不以众言为忧喜。

【译文】

有个人在这里说：做事精密的嫌他疏忽，崇尚靡绮的人嫌他鄙陋，喜好繁缛的嫌他简约，举止谦恭的嫌他倨傲，行事谨慎的人嫌他耿直，世上所有的人都对他不满意，怎么办呢？回答说：一个人怎么可能使得世上所有人都满意呢，只要反省自身，看看自己是不是真的有这些缺点。如果让自己一个人来满足所有人的要求，即使像孔子这样的圣人也是做不到的。即便能够做到，那会成为什么样的人品呢？所以君子把中庸之道来看是否违背道理，而不要因为众人的言论让自己或高兴或忧愁。

100. 君子之出言也，如啬夫之用财；其见义也，如贪夫之趋利。

【译文】

君子说话，就像吝啬的人花钱一样；君子一见到道义，就像贪婪的人追逐利益一样。

101. 清者，浊所妒也，而又激之，浅之乎其为量矣。是故君子于己讳美，于人藏疾。若有激浊之任者，不害其为分晓。

【译文】

清廉的人，被污浊的人所嫉妒，然而你还要去激他，其度量未免也太小了。因此君子忌讳谈自己的美德，对于别人包容隐藏别人的缺点。如果是担当肃清污浊责任的人，不妨把清浊分辨清楚。

102. 处世以讥讪为第一病痛。不善在彼，我何与焉？

【译文】

为人处世最大的毛病就是讥讽嘲笑别人。缺点在别人身上，和我有什么关系呢？

103. 处身不妨于薄，待人不妨于厚；责己不妨于厚，责人不妨于薄。

【译文】

对待自己不妨刻薄一些，对待别人不妨宽厚一些；责备自己不妨重一些，责备别人不妨轻一些。

104. 坐于广众之中，四顾而后语，不先声，不扬声，不独声。

【译文】

坐在大庭广众之中，先看看周围都有什么人，然后再开口说话，不要先开口说话，不趾高气扬地说话，也不要自己独自说话而不管不顾别人。

105. 滑稽诙谐，言毕而左右顾，唯恐人无笑容，此所谓"巧言令色"者也。小人侧媚皆此态耳，小子戒之。

【译文】

说话时滑稽轻浮，说完了又左顾右盼，唯恐别人脸上没有高兴的神色，这就是那些"巧言令色"的人。小人讨好别人都是这副神态，年轻后生要引以为戒。

106. 人之视小过也，愧作悔恨如犯大恶，夫然后能改。无伤二字，修己者之大戒也。

【译文】

假如人们犯了小的错误，就惭愧悔恨得像犯了大奸大恶之罪一般，这之后就能够彻底改正。"无伤"这两个字，是修身养性之人的大戒。

107. 有过是一过，不肯认过又是一过。一认则两过都无，一不认则两过不免。彼强辩以饰非者，果何为也？

【译文】

有了过错只是一个过错，不肯认错又增加了一个过错。一认错则两个过错就都没有了，一不认错则两个过错就都免不了。那些想以强辩来掩饰自己的错误的人，到底是为了什么呢？

108. 君子之为善也，以为理所当为，非要福，非干禄；其不为不善也，以为理所不当为，非惧祸，非远罪。至于垂世教，则谆谆以祸福刑赏为言，此天地圣王劝惩之大权，君子不敢不奉若而与众共守也。

【译文】

君子之所以行善，是因为他认为这是理所应当的事，而不是为了要得到幸福，也与利禄无关；君子之所以不去做坏事，是因为他认为不应该这样做，而并不是因为害怕灾难降临，也并不是为了避免祸患。至于那些相信世教的言论，却用祸福刑赏的道理来教导世人，这是天地圣明君王的权利，是君子不敢不奉行并且与民众共同去遵守的。

109. 茂林芳树，好鸟之媒也；污池浊渠，秽虫之母也。气类之自然也，善不与福期，恶不与祸招。君子见正人而合，邪人见檢夫而密。

【译文】

茂密的树林和繁茂的枝叶，这是鸟儿们喜欢生活的地方；污秽的池塘和浑浊的沟渠，是害虫滋生的场所。这是因为散发出的气息相同而自然出现的事情。善行并没有与福气有过约定，罪恶也没有同灾祸打过招呼。君子看到正直的人就会觉得志同道合，而小人见到奸邪的人就会感觉亲密无间。

110. 吾观于射，而知言行矣。夫射审而后发有定见也，满而后发有定力也。夫言能审满。则言无不中；行能审满，则行无不得。今之言行皆乱放矢也，即中，幸耳。

【译文】

我观看射箭的时候，就从中学到了说话办事的道理。在射箭之前要先对准目标之后才放

箭，这是有了确定的目标；要将弓拉满之后再射出去，这就是做事要有定力。如果说话之前把事情都考虑周全，那么就不会说错了；行动之前如果能把事情都考虑好了，那么做什么事情都能成功。现在人们说话做事都是无的放矢，即使射中了，也只是侥幸罢了。

111. 蜗以涎见觅，蝉以身见粘，萤以光见获。故爱身者，不贵赫赫之名。

【译文】

因为有黏液的痕迹蜗牛才会被人找到，蝉因为发出叫声才被人粘住，因为有光亮萤火虫才被人捉住。因此爱惜自身的人，不注重名声显赫为尊贵。

112. 大相反者大相似，此理势之自然也。故怒极则笑，喜极则悲。

【译文】

相悖甚远的事物往往却是十分相似的，这是道理和形势发展的必然结果。因此愤怒到了极点反而会发出笑声，欢乐到了极点反而会感到悲痛。

113. 磨砖砌壁不涂以垩，恶掩其真也。一垩则人谓粪土之墙矣。凡外饰者，皆内不足者。至道无言，至言无文，至文无法。

【译文】

用磨好的砖砌墙就不用再涂白色的土了，这是因为不愿让白色的土遮盖了里面的砖的本来面目。一旦刷上了白色的土，人们就会说这墙是粪土做的。但凡是有外部装饰的，都是因为里面有缺陷。道的最高境界是无法用言语来表达的，最精僻的语言也是无法用文辞来修饰的，最好的文章没有文法定式。

114. 万事都要个本意。宫室之设，只为安居；衣之设，只为蔽体；食之设，只为充饥；器之设，只为利用；妻之设，只为有后。推此类不可尽穷。苟知其本意，只在本意上求，分外底都是多了。

【译文】

做什么事情都要有个本来的意图。修建宫室房屋，是为了居住；穿衣戴帽，是为了遮盖身体；吃饭吃菜，是为了充饥；工具物品的摆设，是为了让人使用；迎娶妻妾，是为了传宗接代。以此类推，不可胜数。如果知道某件事情本来的意图，只需要在本意上要求就行了，额外的要求就都是多余的了。

115. 儿辈问立身之道。曰："本分之内，不欠纤微；本分之外，不加毫末。今也本分弗图，而加于本分之外者，不啻千万矣。内外之分何处别白？况敢问纤徽毫末间耶？"

【译文】

后辈们向我询问立身的方法。我说："自己本分之内的事情，不要差一丝一毫；自己本分之外的东西，也不要强加一丝一毫。现在的人不去做本分之内的事，而追求本分之外的事情，这样的人不止成千上万件。本分内外还有什么区分呢？又如何敢问细微的差别呢？"

116. 学者事事要自责，慎无责人。人不可我意，自是我无量；我不可人意，自是我无能。时时自反，才德无不进之理。

【译文】

做学问的人遇事都先要自我批评，不要轻易责备别人。别人不适合我的心意，是因为自己没有肚量；我不适合别人的心意，那是因为我没有能力。只要时时刻刻都能进行自我反省，才识和德行就没有不长进的道理。

117. 习威仪容止，甚不打紧，必须是瑟僴中发出来，才是盛德光辉。那个不严厉，不放肆？庄重不为矜持，戏谑不为蝶熳，唯有道者能之，唯有德者识之。

【译文】

修养威仪和举止，没有什么要紧的，因为这必须是从内心的矜庄和威严中发出来的，只有这样才算是盛德散发出来的光辉。人哪有不严厉、不放肆的？庄重而不矜持，幽默而不轻浮。只有真正的有道德修养的人才能做到，只有真正有德行人才能认识到这一点。

118. 枕席之言，房闼之行，通乎四海。墙卑室浅者无论，即宫禁之深严，无有言而不知、动而不闻者。士君了不爱名节则已，如有一毫自好之心，幽独言动可不慎与？

【译文】

枕席间的言语，房屋中的行为，都是能够传播到四面八方的。墙破屋陋的人家尚且不说，即便是在皇宫那样戒备森严的地方，也没有说出来的话不被人知道的，做出来的事也没有人们不知道的。如果士人君子不爱惜自己的名声也就算了,只要有一点爱惜名誉的心思,即使是在独处的时候言行举止也十分谨慎!

119. 富以能施为德,贫以无求为德,贵以下人为德,贱以忘势为德。

【译文】

富人向穷人施舍就是德,穷人没有欲望就是德,高贵的人谦逊待人就是德,卑贱的人不趋炎附势就是德。

120. 入庙不期敬而自敬,入朝不期肃而自肃。是以君子慎所入也。见严师则收敛,见狎友则放恣,是以君子慎所接也。

【译文】

进入宗庙没想到要恭敬,但自会生出恭敬之心,进入朝廷没想到要严肃,但自会产生严肃之心,因此君子要慎重对待进入的地方。看见严厉的老师要有所收敛,看见亲密的朋友可以放肆任情,因此君子与人结交也十分谨慎。

121.《氓》之诗,悔恨之极也,可为士君子殷鉴,当三复之。唐诗有云:"两落不上天,卜覆难再收。"又近世有名言一偶云:"一失脚为千古恨,再回头是百年身。"此语足道《氓》诗心事,其曰"亦已焉哉",所谓"何嗟及矣",无可奈何之辞也。

【译文】

《氓》这首诗,表达了主人公追悔莫及的心情,士人君子可以引以为鉴,应当经常反复诵读它。李白的《妾薄命》一诗中有这样两句:"雨落不上天,覆难再收。"还有明代的杨仪在《明良记》中说:

"一失脚为千古恨，再回头是百年身。"这句话足以解释《氓》诗所要表达的意思，就是诗中所说的"亦已焉哉"的含义。《诗经》中另一首诗所说的"何嗟及矣"，表达的就是无可奈何的意思。

122. 平生所为，使怨我者得以指摘，爱我者不能掩护，此省身之大惧也，士君子慎之。故我无过，而谤语滔天不足谅也，可谈笑而受之；我有过，而幸不及闻，当寝不贴席、食不下咽矣。是以君子贵"无恶于志"。

【译文】

平生的所作所为，怨恨我的人能够抓住把柄指责我，爱我的人无法替我辩护，这是修养身心最害怕的事，士君子要特别谨慎。所以当我没有过失的时候，即使外界各种诽谤诋毁我的话铺天盖地，我也不用吃惊，仍旧可以谈笑自如；当有了过失的时候，如果听不到别人的批评，就应该睡不好觉、吃不下饭了。因此君子的可贵之处就在于《中庸》所说的"无恶于志"，也就是问心无愧。

123. 身要严重，意要安定，色要温雅，气要和平，语要简切，心要慈祥，志要果毅，机要缜密。

【译文】

体态要严肃庄重，意志要坚定，神色要温雅，心态要平和，语言要简洁，心灵要慈祥，意志要坚毅，做事要缜密。

124. 四十以前养得定，则老而愈坚；养不定，则老而愈坏。百年实难，是以君子进德修业贵及时也。

如果一个人在四十岁以前能够有很高的修养，那么年纪大了之后就会更加坚定；如果达不到那种境界，那么老了以后就会变得更加糟糕。人很难活一百年，因此君子修身养性贵在及时。

125. 涵养如培脆萌，省察如搜田蠹，克治如去盘根。涵养如女子坐幽闺，省察如逻卒缉奸细，克治如将军战劫敌。涵养用勿忘勿助功夫，省察用无怠无荒功夫，克治用"是绝是忽"功夫。

【译文】

修身养性就如同培育幼苗，反省检讨自身就如同搜寻田间的蠹虫，克制自己的缺点就像除去盘根。提高自身的涵养就像女子坐在幽静的闺房，反省检讨自身就像巡逻的士兵缉拿奸细，克制改正自身的缺点就像将军与强敌作战。提高涵养要不断下勿忘勿助的功夫，反省检讨要防止偷懒、荒废，克制改正要在《诗经》所说的果断、坚决上努力。

126. 世上只有个道理是可贪可欲底，初不限于取数之多。何者？所性分定原是无限量底，终身行之不尽，此外都是人欲，最不可萌一毫歆羡心。天之生人各有一定底分涯，圣人制人各有一定底品节，譬之担夫欲肩舆，丐人欲鼎食，徒尔劳心，竟亦何益？嗟夫！篡夺之所由生，而大乱之所由起，皆耻其分内之不足

安，而惟见分外者之可贪可欲故也。故学者养心先要个知分，知分者，心常宁、欲常得。所欲得自足，以安身利用。

【译文】

　　世界上只有道理这种东西是可以贪图多有的，并不限制人们拿走的多少。什么原因呢？那是因为这些东西原本就是无限量的，人一辈子都用不完。除此之外的东西都是人欲，是最不能萌生一丝一毫的羡慕他人贪欲的。上天生人都有一定的本分，圣人管理人都有一定的品节，比如挑担子的人都想坐轿，乞丐想要美食，只不过徒劳，能有什么好处呢？唉！篡权夺位都是因此产生的，天下大乱也是由此引起的，都是因为人们对内心的不满足，从而看到自己本分以外的东西就起了贪欲之心的缘故。所以做学问的人如果要修养身心就要先知道自己的本分，知道自己本分的人，心就会常常处于安宁之中，想得到的东西就能得到。得到东西后知道满足，也就可以满足安身利命之用了。

　　127. 心术以光明笃实为第一，容貌以正大老成为第一，言语以简重真切为第一。

【译文】

　　人的心术最重要的就是光明磊落，人的容貌最重要的就是大方稳重，人说话最重要的就是简洁朴实。

　　128. 学者只把性分之所固有，职分之所当为，时时留心，件件努力，便骚骚乎圣贤之域。非此二者，皆是外物，皆是妄为。

【译文】

　　做学问的人只要把自己天性中固有的东西，自己职责内的事情，时时刻刻都放在心上，每一件都努力做到最好，就能够迅速地进入圣贤的领域。除了这两者之外，其余的东西都应该是身外之物，都只是胡作非为。

129. 进德莫如不苟，不苟先要个耐烦。今人只为有躁心而不耐烦，故一切苟且。卒至破大防而不顾，弃大义而不为，其始皆起于一念之苟也。

【译文】

提升德行没有比不做苟且之事更有效的方法，要不做苟且之事首先要耐得住寂寞。现在的人只是因为有了浮躁之心而变得不耐烦，所以无论什么事情都是草草了事。最终导致坏了大事而不管不顾，抛弃了大义而不做任何努力，这些都是开始于苟且的念头。

130. 不能长进，只为"昏弱"两字所苦。昏宜静以澄神，神定则渐精明；弱宜奋以养气，气壮则渐强健。

【译文】

一个人的修养不能有所长进，只是因为"昏弱"这两个字所妨害。头脑不清醒适合在安静的状态下定定神，一旦人的精神安定下来头脑就会逐渐清晰了；身体虚弱适合用振奋精神来调养内气，内气强壮了那么身体就会逐渐强健起来。

131. 恣纵既成，不惟礼法所不能制，虽自家悔恨，亦制自家不得。善爱人者，无使恣纵；善自爱者，亦无使恣纵。

【译文】

如果已经养成了放纵的习惯，不仅礼法限制不了，就连自己悔恨也控制不住自己。爱别人的人，就不要放纵他人；自爱的人，也不要自我放纵。

132. 天理与人欲交战时，要如百战健儿，九死不移，百折不回，其奈我何？如何堂堂天君，却为人欲臣仆？内款受降？腔子中成甚世界？

【译文】

天理在和人欲交战的时候，要如同身经百战的健儿，九死不移，百折不回，如果能够这样做，人欲对我有什么办法？为什么堂堂的天理，却要做人欲的奴隶？为何要向它投降呢？这样的内心究竟是一个什么样的世界？

133. 士君子澡心浴德，要使咳唾为玉，便溺皆香，才见功夫圆满。若灵台中有一点污浊，便如瓜蒂藜芦入胃，不呕吐尽不止，岂可使一刻容留此中耶？夫如是，然后溷厕可沉，缁泥可入。

【译文】

士人君子修身养性，一定要达到发言皆金玉、身后留馨香的境界，才算功德圆满。只要心中有一点点污浊，就如同把瓜蒂藜芦吃到了肠胃中，不呕吐完了就不会停止，怎么能让这些污浊在心中容留片刻呢？像这样的话，这之后到猪圈厕所去，那么可将污秽之物沉入粪便和泥土中。

134. 与其抑暴戾之气，不若养和平之心；与其裁既溢之恩，不若绝分外之望；与其为后事之厚，不若施先事之薄；与其服延年之药，不若守保身之方。

【译文】

与其抑制暴戾的脾气，不如修养和平的心性；与其裁减多施的恩惠，不如断绝非分的奢望；与其事后给予优厚的报偿，不如事先给予微薄的帮助；与其服延年益寿的长生药，不如谨守保养身体的方法。

135. 猥繁拂逆，生厌恶心，奋守耐之力；柔艳芳浓，生沾惹心，奋跳脱之力；推挽冲突，生随逐心，奋执持之力；长途末路，生衰歇心，奋鼓舞之力；急遽疲劳，生苟且心，奋敬慎之力。

【译文】

人在庞杂烦琐、违逆不顺的时候，就会产生厌恶的心理，这时就要坚持忍耐；在温柔艳丽、芳香浓郁的时候，就会产生沾惹的心理，这时要奋发摆脱；在坎坷不平、跌撞冲突的状况下，就会产生随波逐流的心理，这时要坚定信念；在长途跋涉、穷途末路的状态下，就会产生松懈的心理，这时要振作鼓励；在急切突然、疲于应付的情况下，就会产生苟且的心理，这时要谨言慎行。

136. 进道入德，莫要于有恒。有恒则不必欲速，不必助长，优优渐渐自到神圣地位。故天道只是个恒，每日定准是三百六十五度四分度之一，分毫不损不加，流行不缓不急，而万古常存，万物得所。只无恒了，万事都成不得。余最坐此病。古人云："有勤心，无远道。"只有人胜道，无道胜人之理。

修养道德，最要紧的是有恒心。有恒心就没有必要要求快速达到目的，没有必要揠苗助长，悠悠闲闲自然而然就会达到那种境界。所以天道只讲究一个恒定，每天定准了是三百六十五度四分之一，丝毫不增减，运行起来不紧不慢，从而能够万古常存，使万物各得其所。如果失去了这个恒常，就什么事情都做不成了。我这个人最大的毛病就是这一点。古人说过："只要有了勤奋之心，就没有到达不了的地方。"人可以战胜道，但道绝对战胜不了理。

137. 士君子只求四真：真心、真口、真耳、真眼，真心，无妄念；真口，无杂语；真耳，无邪闻；真眼，无错识。

【译文】

士人君子只需四种真实：真心、真话、真听、真看，真心，没有虚妄的念头；真话，就是不乱说话；真听，就是不听信那些邪恶的言论；真看，就是不要对事物有错误的认识。

138. 愚者人笑之，聪明者人疑之。聪明而愚，其大智也。《诗》云："靡哲不愚。"则知不愚非哲也。

【译文】

愚笨的人会遭到别人的耻笑，聪明的人却会遭到别人的怀疑。只有内心聪明而外表却表现得很愚笨的人，才是最聪明的人。《诗经》说："靡哲不愚。"意思是聪明人的外表都会表现出愚笨，可见如果一个人外表不显得愚笨，他就不是真正的聪明人。

139. 以精到之识，用坚持之心，运精进之力，便是金石可穿，豚鱼可格，更有甚么难做之事功、难造之圣神？士君子碌碌一生，百事无成，只是无志。

【译文】

如果有精到的见识，坚持的恒心，勇往直前的力量，就算是金石也能够穿透，豚鱼也能够感通，还有什么更难做的事情、更难以到达的神圣境界呢？所以有的人一生庸庸碌碌，一事无成，只是因为没有志气。

140. 其有善而彰者，必其有恶而掩者也。君子不彰善以损德，不掩恶以长慝。

【译文】

那些一做善事就到处张扬的人，也一定是一做坏事就急于遮掩的人。君子不会张扬自己的善行以损害自己的德行，也不会掩饰恶行以助长自己的过错。

141. 吾辈终日不长进处，只是个怨尤两字，全不反己。圣贤学问，只是个自责自尽，自责自尽之道原无边界，亦无尽头，若完了自家分数，还要听其在天。在人不敢怨尤，况自家举动又多鬼责人非底罪过，却敢怨尤耶？以是知自责自尽底人，决不怨尤；怨尤底人，决不肯自责自尽。吾辈不可不自家一照看，才照看，便知天人待我原不薄恶，只是我多惭负处。

【译文】

我们这些人整天没有长进，就是因为怨天尤人道理，不能自我反省。圣贤的学问，只是讲究一个自责自尽，自责自尽的完全原本是无边无界，也没有尽头的，做好了自己分内的事，还要听从上天的安排。不要抱怨别人，何况自己的一举一动又多有指责别人是非的罪过，哪里还敢怨天尤人呢？由此可知能够自责自尽的人，绝不会怨天尤人；心存怨尤的人，也绝不会自责自尽。我们这些人不能不自我反省，才刚刚反省，就知道上天和众人待我原本就不薄不恶，只是我有很多惭愧之处。

142. 果是瑚琏，人不忍以盛腐殃；果是茶蓼，人不肯以荐宗枋。履也，人不肯以加诸首；冠也，人不忍以藉其足。物犹然，而况于人乎？荣辱在所自树，无以致之，何由及之？此自修者所当知也。

【译文】

如果真的是宗庙祭祀时所用的贵重祭器皿瑚和琏，人们是不会忍心用它们来盛腐臭之物的；如果真的是茶和蓼那样的野草，人们也不会用它们来祭祀宗庙。人们不会把鞋子放在头上，人们也不会把帽子穿在脚上。物品都是如此，更何况是人呢？一个人是荣是辱，都在于自己平时的建树，自己没有做或荣或辱的事，又有什么理由招致荣辱呢？这是那些进行自我修养的人应该懂得的道理。

143. 立身行己，服人甚难也。要看甚么人不服，若中道君子不服，当蚤夜省惕。其意见不同，性术各别，志向相反者，只要求我一个是也，不须与他别白理会。

【译文】

立身处世，最难的是让人信服。但要看是什么人不服，如果是遵行中道的正人君子不服，就应当早晚反省警惕。如果只是意见不同，性情、方法不同，志向不同的人不服，那么只要认为自己做得正确，就没有必要去和他们争辩理论。

144. 其恶恶不严者，必有恶于己者也；其好善不亟者，必无善于己者也。仁人之好善也，不啻口出，其恶恶也，进诸四夷，不与同中国。孟子曰："无羞恶之心，非人也。"则恶恶亦君子所不免者。但恐为己私作恶，在他人非可恶耳。若民之所恶而不恶，谓为民之父母，可乎？

【译文】

对恶行不是特别严厉的人，他自身必定有恶行；不是特别喜欢善行的人，他自身必定有不善的行为。仁爱之人喜好善，不仅仅是口头说说而已；仁爱之人厌恶恶，就恨不得把恶扔到四周的偏远地区去，不想让恶和自己共同留存在中原地区。孟子说："没有羞恶之心，就不是人。"由此可知，君子都免不了讨厌恶行。但仅仅为了自己的私利而去作恶，别人不一定认为是恶。如果百姓都认为那是恶而你不厌恶它，还说是民众的父母，怎么可以呢？

145. 世人糊涂，只是抵死没自家不是，却不自想，我是尧、舜乎？果是尧、舜，真是没一毫不是？我若是汤武，未反之前也有分毫错误，如何盛气拒人，巧言饰己，再不认一分过差耶？

【译文】

世间的人都很糊涂，光是认为自己没有过错，却不知道想一想，自己难道是尧、舜那样的人吗？如果真的是尧、舜那样的圣人，就真的没有一点过错了？如果自己是汤、武那样的明君，那他们在没有造反之前也同样是有一些过错的，怎么能够盛气凌人，巧言掩饰自己的错误，而不承认自己也有过错呢？

146. "懒散"二字，立身之贼也。千德万业，日怠废而无成；千罪万恶，日横恣而无制，皆此二字为之。西晋仇礼法而乐豪放，病本正在此。安肆日偷，安肆，懒散之谓也，此圣贤之大戒也。甚么降伏得此二字？曰"勤慎"。勤慎者，敬之谓也。

【译文】

"懒散"这两个字，是君子立身的大敌，千秋伟业如果一天被荒废就可能会失败，各种恶行一日变得肆意横行就可能不被约束，都是因为懒散的原因。西晋时的士人都仇视礼法而追求豪放，其病因就在这里。安于放纵、日日怠惰，也就是所说的懒散，这是圣贤修养身心应该引以为戒的。那么，什么能够降伏这两个字呢？只有"勤慎"能够做到。而勤慎，就是所谓的敬，也就是谨慎的意思。

147. 不难天下相忘，只怕一人窃笑。夫举世之不闻道也久矣，而闻道者未必无人。苟为闻道者所知，虽一世非之可也；苟为闻道者所笑，虽天下是之，终非纯正之学。故曰众皆悦之，其为士者笑之，有识之君子必不以众悦博一笑也。

【译文】

让天下人忘记并不难，只害怕还有一个人在暗自偷笑。整个天下已经很长时间不闻正道了，但是闻正道的人也未必就没有。如果能够被闻道的人所理解，即便自己一辈子被人非难也没有关系；如果被闻道的人所嘲笑，即便天下人都认为自己做得对，终究也不是纯正的学问。所以说，众人都喜爱的，也许就是有道之士所耻笑的，有见识的君子一定不会去做为了博取众人的喜爱却招致士人嘲笑的事情。

148. 山西臬司书斋，余新置一榻，铭于其上。左曰：尔酣余梦，得无有宵征露宿者乎？尔炙重衾，得无有抱肩裂肤者乎？古之人卧八埏于襁褓，置万姓于衽席，而后突然得一夕之安。呜呼！古之人亦人也夫，古之民亦民也夫。右曰：独室不触欲，君子所以养精；独处不交言，君子所以养气；独魂不著碍，君子所以养神；独寝不愧衾，君子所以养德。

【译文】

我担任山西按察使的时候，在我的书斋中新添了一副卧榻，并且在它的上面写了两条座右铭。左边写着：在你酣然入梦的时候，有没有想到过晚上露宿街头的人？当你盖着暖和的棉被的时候，有没有想到过那些被冷得蜷缩着皮肤被冻裂的人？古代为官的人把八方之民都妥善安置好衣食住处后，然后自己才能在晚上睡好觉。唉！古代做官的人也是人，古代的百姓也是百姓啊。右边写着：独处的时候不触动欲望，这是君子用来养精蓄锐的方法；独处的时候不互相交谈，这是君子用来养气的办法；独自思考的时候没有任何阻碍，这是君子用来养神的方法；独自安睡的时候不觉得愧对自己的衾枕，这是君子用来养德的办法。

149. 近世料度人意常向不好边说去，固是衰世人心无忠厚之意。然士君子不可不自责，若是素行孚人，便是别念头，人亦向好边料度，何者？所以自立者足信也。是故君子慎所以立。

【译文】

现在的人揣测别人的心思常常往不好的方面去想，这固然是身处衰世，人心不厚道的原因。然而士人君子不能够不自责反省，如果是平时的行为一直让人们信得过，就算偶尔有了不对的念头，人们也会向好的方面去想，什么原因呢？就是因为自己所树立的足够值得让别人相信。所以君子对自己一定要非常谨慎才能立于世。

150. 人不自爱，则无所不为；过于自爱，则一无可为。自爱者先占名，实利于天下国家，而迹不足以白其心则不为。自爱者先占利，有利于天下国家，而有损于富贵利达则不为。上之者即不为富贵利达而有累于身家妻子则不为。天下事待其名利两全而后为之，则所为者无几矣。

【译文】

如果人不自爱，什么事都会去做；如果人过于自爱，就会什么事情也做不成。自爱的人如果首先图的是名誉，那么即使是有利于天下国家但不足以光大其名的事他也不会去做。自爱的人如果首先图的是利益，那么即使是有利于天下国家但有损其富贵利达的事他也不会去做。好一点的即使不是为了个人的富贵利达，但会拖累妻子儿女的事也绝不会去做。如果天下的事只有名利双收的才去做，那么能做的事也就没有多少了。

151. 与其喜闻人之过，不若喜闻己之过；与其乐道己之善，不若乐道人之善。

喜欢听别人的过失，不如喜欢听自己的过失；喜欢宣扬自己的优点，不如喜欢宣扬别人的优点。

152．自心得者，尚不能必其身体力行，自耳目入者，欲其勉从而强改焉，万万其难矣。故三达德不恃知也，而又欲其仁，不恃仁也，而又欲其勇。

【译文】

内心意识到的，都不能一定能够做到身体力行，听到看到的东西，却希望尽力能改正，那就更加困难了。因此智、仁、勇这三种美德，不依赖才智还要做到仁爱，不依赖仁爱，还要做到勇敢。

153．人生天地间，要做有益于世底人。纵没这心肠、这本事，也休作有损于世底人。

【译文】

人生在天地间，就要做个有益于社会的人。如果没有这个心思或这个本事，也不要做对社会有害的人。

154．说话如作文，字字在心头打点过。是心为草稿而口誊真也，犹不能无过。而况由易之言，真是病狂丧心者。

说话就像写文章，每个字都在心里仔细考虑过。用心打草稿而从口中说出话来，即使是这样尚且也不能保证没有差错。更何况是没有经过认真思考而轻易就说出来的话呢？不经过思考就轻易把话说出来的人都是丧心病狂的人。

155. 心不坚确，志不奋扬，力不勇猛，而欲徙义改过，虽千悔万悔，竟无补于分毫。

【译文】

如果一个人的内心不坚定，斗志不昂扬，力量不勇猛，而想要他遵循道义、改过自新，即使是悔恨无比，也根本是于事无补的。

156. 福莫美于安常，祸莫危于盛满。天地间万物万事，未有盛满而不衰者也。而盛满各有分量，惟智者能知之。是故卮以一勺为盛满，瓮以数石为盛满。有瓮之容，而怀勺之惧，则庆有余矣。

【译文】

幸福最美好的莫过于安宁与平凡，灾祸最危险的莫过于盛大与完满。天地之间的万事万物，从来没有达到了鼎盛完满之后而不衰竭的。然而鼎盛完满也有自己的尺度，只有智慧的人才能知道。所以只要往酒杯中放一勺水就满了，而往大瓮中却要注入好几石重的水才能让它满。如果一个人有瓮的容量而常常怀有勺的危惧感，那么就十分庆幸了。

157. 物忌全盛，事忌全美，人忌全名。是故天地有欠缺之体，圣贤无快足之心。而况琐屑群氓，不安浅薄之分，而欲满其难厌之欲，岂不安哉？是以君子见益而思损，持满而思溢，不敢恣无涯之望。

【译文】

物忌讳完盛，事忌讳完美，人忌讳完名。所以天地间的事物都有缺陷，圣贤也不会有高兴满足的时候。更何况那些平凡普通的人，他们不安于浅薄的现状而想满足自己难填的贪欲，这不是妄想吗？因此君子看见多了就想着减少，满了就想着溢出，从来不敢放纵自己无止境的欲望。

158. 今人苦不肯谦，只要拿得架子定，以为存体。夫子告子张从政，以无小大、无众寡、无敢慢为不骄。而周公为相，吐握、下白屋，甚者父师有道之君子，不知损了甚体？若名分所在，自是贬损不得。

【译文】

现在的人就是不肯谦虚，只要把架子端稳了，就以为是保住了体面。孔子告诫子张从政的道理，认为无论权势大小、无论管辖的人口有多少，都不能疏忽轻视，这才叫作不骄。周公为相的时候，为了接待天下的贤士，即使正在吃饭，也多次吐掉口中的食物跑出来，正在沐浴的时候，就握住头发而出来接待贤士，他还亲自到普通的读书人家中造访，更有甚者，他还以道德高尚的人为父师，他这样做难道就是有损体面吗？如果名声地位到了一定程度，即使别人想贬损你也没有办法啊。

159. 过宽杀人，过美杀身。是以君子不纵民情，以全之也；不盈己欲，以生之也。

过于宽厚也能够杀人，过于完美也会招来杀身之祸。所以君子不放纵民情，这是为了保全他们；不过多地满足自己的私欲，是为了保全生路。

160. 手容恭，足容重，头容直，口容止，坐如尸，立如斋，俨若思。目无狂视，耳无倾听，此外景也。外景是整齐严肃，内景是斋庄中正，未有不整齐严肃而能斋庄中正者。故检束五官百体，只为收摄此心。此心若从容和顺于礼法之中，则曲肱指掌、浴沂行歌、吟风弄月、随柳傍花，何适不可？所谓登彼岸无所事筏也。

【译文】

手的姿势要谦恭，脚要稳重，头的姿势要昂正，嘴要停止说话，坐的姿势要像接受祭祀的神主一样岿然不动，站立的姿势要像在斋戒，严

肃的时候就像在思考。眼中没有狂妄的神色，耳朵不去听闲言碎语，这些都是外在的表现。如果外在的表现是严肃庄重的，内心才会是正直的，没有外表不严肃庄重而内心却正直的人。因此检点约束自己的五官和肢体，只是为了收束管好自己的心。如果心能顺从礼法从容和顺，那么曲肱而卧、指掌而谈、在沂水沐浴边走边唱、吟风弄月、随柳傍花这些文人雅事，有什么不可以呢？正所谓到达彼岸之后就不用去撑船了。

161. 敬对肆而言，敬是一步一步收敛向内，收敛至无内处，发出来自然畅四肢，发事业，弥漫六合。肆是一步一步放纵外面去，肆之流祸不言可知。所以千古圣人只一敬字为允执底关捩子。尧钦明允恭，舜温恭允塞，禹之安汝止，汤之圣敬日跻，文之懿恭，武之敬胜，孔子之恭而安，讲学家不讲这个，不知怎么做功夫。

【译文】

敬是相对于肆而言的，敬是一步一步地向内收敛，直到收敛到内心最深边，如此散发出来自然能够使通体舒畅，使事业发达，使天地都有所扩散。肆是一步一步地向外面放纵，肆所造成的祸害是不言而喻的。所以千古以来的圣人都把这个敬字当作持身的关键。尧明达恭敬，舜温良恭顺内外充实，禹安于其位，商汤圣明恭敬的德行日有长进，周文王的恭敬、周武王的谨敬、孔子的恭敬安顺，讲学的人如果不讲这个敬，那就不知道怎样去修身养性了。

162. 窃叹近来世道，在上者积宽成柔，积柔成怯，积怯成畏，积畏成废；在下者积慢成骄，积骄成怨，积怨成横，积横成敢。吾不知此时治体当何如反也？体面二字，法度之贼也。体面重，法度轻；法度弛，纪纲坏。昔也病在法度，今也病在纪纲。名分者，纪纲之大物也。今也在朝小臣藐大臣，在边军士轻主帅，在家子妇蔑父母，在学校弟子慢师，后进凌先进。在乡里卑幼轧尊长，惟贪肆是恣，不知礼法为何物。渐不可长，今已长矣。极之必乱，必亡。势已重矣，反已难矣。无识者犹然甚之，奈何！

【译文】

我感叹近来的世道，地位高的人过于宽厚便成了柔弱，过于柔弱就成了怯懦，过于怯懦就成了畏惧，过于畏惧便成了废人；地位低的人过于懈怠成了骄傲，过于骄傲成了怨恨，过于怨恨成了蛮横，过于蛮横便肆无忌惮。我不知道到了这时候国家的治理应该怎么挽回？体面这两个字，是法律制度的大敌。把体面看得重了，法律制度就会被看轻；法律制度松弛了，纲纪就要败坏。过去的问题是法纪不明，如今的问题是纲纪败坏。所谓名分，是纲纪的主要构成部分。如今在朝廷小臣藐视大臣，在边境军士轻看主帅，在家里孩子瞧不起父母，在学校弟子怠慢老师、后进欺凌先进，在乡里卑幼排挤尊长，只知贪婪放肆，不知礼法是什么。不可逐渐助长的风气，如今已经发展起来了，到了极点必然要发生动乱，以至灭亡。形势已经很严重了，想挽回已很难了。没有见地的人还在恶化这种混乱的局面，有什么办法呢？

163. 祸福者，天司之；荣辱者，君司之；毁誉者，人司之：善恶者，我司之。我只理会我司，别个都莫照管。

【译文】

人的祸福是由天掌握的，荣辱是由君主掌握的，毁誉是由别人掌握的，善恶是由自己掌握的。我只管自己能够掌握的事，别的都不会去管。

164. 清无事澄，浊降则自清；礼无事复，己克则自复。去了病，便是好人；去了云，便是晴天。

【译文】

本来就清的水不需要专门澄清，等浊物沉下去了水自然就清澈了；礼法没必要去刻意恢复，只要克制自己的私欲，自然就会恢复。没有病，人自然就会恢复健康；云彩散了，天自然就会晴了。

165. 七尺之躯，戴天覆地，抵死不屈于人。乃自落草以至盖棺，降志辱身，奉承物欲，不啻奴隶。到那魂升于天之上，见那维皇上帝，有何颜面？愧死！愧死！

【译文】

人的堂堂七尺之躯，顶天立地，至死不能屈服于他人。但是有的人从出生到死亡，不惜降低了志向，辱没了身份，阿谀奉承去追求物欲，和奴隶没有什么两样。当灵魂升天的时候，见了那皇天上帝，还有什么颜面？羞愧死了！羞愧死了！

166. 受不得诬谤，只是无识度。除了当罪临刑，不得含冤而死，须是辨明。若诬蔑名行，闲言长语，愈辨则愈加，徒自愤懑耳。不若付之忘言，久则明也得，不明也得，自有天在耳。

【译文】

如果一个人受不了别人的诬陷诽谤，是因为自己没有度量。除非是获罪到了行刑之时，不能使自己含冤而死，必须要为自己辩解清楚。如果只是诬蔑你的名声行为，或是闲言碎语，就会越争辩越说不清楚，只不过白白增添自己的愤怒罢了。不如把这些话都忘了，时间长了，事情弄清楚了也好，没弄清楚也罢，自有上天明白。

167. 不患无人所共知之显名，而患有人所不知之隐恶。显名虽著远迩，而隐恶获罪神明，

省躬者惧之。

【译文】

不怕没有大家都知道的显赫名声，就怕有不为人知的恶行。显赫的名声虽然能够使人闻名遐迩，但隐蔽的恶行却会使人得罪神明。自我反省的人应当有所畏惧。

168. 要得富贵福泽，天主张，由不得我；要做贤人君子，我主张，由不得天。

【译文】

要想获得富贵福泽，是由上天主宰的，由不得我；要想做个贤人君子，这是由我主宰的，由不得上天。

169. 不为三氏奴婢，便是两间翁主。三氏者何？一曰气质氏，生来气禀在身，举动皆其作使，如勇者多暴戾，懦者多退怯是已。二曰习俗氏，世态即成，贤者不能自免，只得与世沉浮，与世依违，明知之而不能独立。三曰物欲氏，满世皆可砷之物，每日皆殉欲之事，沉痼流连，至死不能跳脱。魁然七尺之躯，奔走三家之门，不在此则在彼。降志辱身，心安意肯，迷恋不能自知，即知亦不愧愤。大丈夫立身天地之间，与两仪参，为万物灵，不能挺身而竖而倚门傍户于三家，轰轰烈烈，以富贵利达自雄，亦可怜矣。予即非忠臧义获，亦豪奴悍婢也，咆哮踯躅，不能解粘去缚，安得挺然脱然独自当家为两间一主人翁乎！可叹可恨。

【译文】

假如能够不做三氏的奴隶，那就可以成为天地之间的主人。三氏是指什么呢？第一叫作气质，气质是与生俱来的，人的一举一动都受到气质的指挥，比如勇敢的人大多比较暴戾，而软弱的大多退让懦弱。第二叫作习俗，世态已经形成了，就连贤人自己也不能脱离尘世，而只能与世沉浮，顺从世态的安排，明明知道应该怎样做却不能独自做主。第三叫作物欲，全天下都是可以使人困扰的事情，每天所做的事情都是为了满足自己的欲望，于是就沉湎于物，流连忘返，到死也无法逃脱。很多人空有魁梧七尺之躯，却每天都奔走在这三氏的家门，不在这家就在那家。降低了志向，辱没了身份，心甘情愿，迷恋其中不自知，即便知道也不会感到羞愧愤恨。大丈夫立身于天地之间，可以和天地并列，是万物的灵长，却不能挺身自立，而是依靠于三氏的门户，整天都闹闹哄哄的，以富贵利达为自豪，也太可怜了！我即使不是忠诚的人，也要成为豪壮彪悍的奴隶，而如果只是大声叫嚷却不行动，不能解除自己身上的束缚，又怎么能够成为挺然独立、无拘无束的，天地间的主人呢？真是可叹可恨啊！

170. 过也，人皆见之，乃见君子。今人无过可见，岂能贤于四君子哉？缘只在文饰弥缝上做功夫，费尽了无限巧回护，成就了一个真小人。

【译文】

自身有了过错，而且每个人都能看得见，这才表现出这个人是个君子。如今的人，别人看不到他身上的缺点和错误，这样的人难道能认为他比君子还要好吗？只是因为他在掩饰自己过错的方面下了很多功夫，绞尽脑汁付出很多机巧之事来挽回掩饰错误，结果也就成为一个实实在在的小人。

171. 常看得自家未必是，他人未必非，便有长进。再看得他人皆有可取之处，我自己只是过错太多，就更有了长进。

如果一个人能意识到自己所做的未必都正确，而别人所做的未必都错误的时候，便会有所长进。如果再到了看看别人都有可取的地方，而自己却存在很多缺点和过失，就会有更大的长进了。

172. 或问：傲为凶德，则谦为吉德矣？曰：谦真是吉，然谦不中礼，所损亦多。在上者为非礼之谦，则乱名分、紊纪纲，久之法令不行。在下者为非礼之谦，则取贱辱、丧气节，久之廉耻扫地。君子接人未尝不谨饬，持身未尝不正大，有子曰："恭近于礼，远耻辱也。"孔子曰："恭而无礼则劳。"又曰："巧言令色足恭，某亦耻之。"曾子曰："胁肩谄笑，病于夏畦。"君子无众寡，无小大，无敢慢，何尝贵傲哉？而其羞卑佞也又如此，可为立身行己者之法戒。

【译文】

有人问：骄傲是不好的德行，那么谦虚就是好的德行吗？回答说：能做到真正谦虚才好，但如果谦虚得不符合礼法，所带来的损失就会更多。地位高的人如果表现出了不符合礼法的谦虚，就会破坏名分等级、扰乱纲常法纪，时间长了，就会使得法令无法推行了。地位低的人如果表现出了不符合礼法的谦虚，就会自取其辱、丧失气节，时间长了，就会没有廉耻之心了。君子与人交往没有不谨慎收敛的，立身行己从来没有不光明正大的。孔子的弟子有若说："态度容貌端庄有礼，就能够远离灾祸。"孔子说："如果只注重态度容貌的端庄，却不懂得礼节，就不免会疲倦。"孔子又说："花言巧语、假装做出温顺的容貌，我认为这也是可耻的。"曾子说："耸起两个肩膀，做出谄媚讨好的笑容，这要比夏天在菜地里干活还累。"君子不论人多人少、势力大小，都不敢怠慢，又怎么会重视高贵骄傲的神态来呢？而认为谦卑佞巧也是同样的可耻，这一点立身修德之人应该引以为戒。

173. 士君子常自点检，昼思夜想，不得一时闲，却思想个甚事？果为天下国家乎？抑为身家妻子乎？飞禽走兽，动骛西奔，争食夺巢；贩夫竖子，朝出暮归，风餐水宿，他自食其力，原为温饱，又不曾受人付托，享人供奉，有何不可？士君子高官重禄，上藉之以名分，下奉之以尊荣，为汝乎？不为汝乎？乃资权势而营鸟兽市井之图，细思真是愧死。

【译文】

士君子经常进行自我反省检点，日思夜想，没有一点儿空闲的时间，究竟在想些什么呢？真的是在想国家大事吗？或者是在为了妻子儿女着想呢？那些飞禽走兽，每天都到处奔逐，抢夺事物争占巢穴；那些贩夫竖子，每天都早出晚归，风餐露宿，他们这样做也是自食其力，原本也只是为了求得温饱，他们又不曾受到别人的托付，不享受别人的供奉，那样做又有什么不可以呢？但那些当官的往往是官高禄重，上面赐予名位，下面给予尊荣，这是因为你自身呢，还是不因为你自身呢？而你还要凭借手中的权势像鸟兽和市井小人那样为了自己的私利而到处钻营，仔细想想，真是惭愧死了。

174. 学者视人欲为寇仇，不患无攻治之力，只缘一向姑息他如骄子，所以养成猖獗之势，无可奈何，故曰识不早，力不易也。制人欲在初发时极易剿捕，到那横流时，须要奋万夫莫当之勇，才得济事。

做学问的人如果能把欲望看作敌寇和仇人，就不愁没有克服的力量，只是因为对待欲望如同对待自己宠爱的孩子那样姑息纵容，所以才养成日益猖獗起来，直至无可奈何了。因此说，假如不早些认识到这一点，就不容易克服。人要克制自己的欲望，在欲望刚刚产生的时候非常容易讨伐逮捕，如果到了欲望肆无忌惮的时候，就必须拿出万夫莫当之勇才能成功。

问　学

001. 学必相讲而后明，讲必相直而后尽。孔门师友不厌穷问极言，不相然诺承顺，所谓审问明辨也。故当其时，道学大明，如拨云披雾，白日青天，无纤毫障蔽。讲学须要如此，无坚自是之心，恶人相直也。

【译文】

学问必须相互讲述然后才能明白，讲述必须相互质疑辩论然后才能弄清是非。孔门师友询问、讨论问题喜欢穷根究底，不轻易同意或顺从对方的意见，这就是所说的"审问明辨"的真正含义。所以，他们所处的时代，先圣之学大放光彩，好比拨开云雾，只见白日青天，没有丝毫的障碍、遮蔽。讲论学问就要这样，不要固执地认为自己的意见就是正确的，也不要厌恶别人的质疑。

002. "熟思审处"，此四字德业之首务；"锐意极力"，此四字德业之要务；"有渐无已"，此四字德业之成务；"深忧过计"，此四字德业之终务。

【译文】

反复思考、谨慎对待，这是成就品德学业的首要条件；锐意进取、竭尽全力，这是成就品德学业的重要条件；循序渐进、坚持不懈，这是成就品德学业的成败的关键；深思熟虑、反复琢磨，这是成就品德学问的最终保证。

003. 静是个见道底妙诀，只在静处潜观，六合中动底机括都解破若见了。还有个妙诀以守之，只是一，一是大根本，运这一却要因时通变。

【译文】

心静才是获得道的秘诀，只有在静中潜心观察，世上各种事物运动的奥秘都能被解开，就好像看到了一样。还有一个妙诀要遵守它，这个妙诀就是一，一是个根本，利用这个一还要根据时势灵活变通。

004. 学者只该说下学，更不消说上达。其未达也，空劳你说；其既达也，不须你说。故"一贯"惟参、赐可与，又到可语地位才语，又一个直语之，一个启语之，便见孔子诲人之妙处。

【译文】

做学问的人只应该说学习从一般的知识学起，不用说通达那些高深的道理。如果没有通晓那些高深的道理，不管怎么说也只是空谈；如果已经通晓了那些高深的道理，不需去宣扬别人也就知道了。所以孔子历来只与曾参和子贡谈论"我道一以贯之"这句话，而且是到了可以和他们谈论的时候才谈论的，和曾参谈论的时候是直接说的，而和子贡谈论的时候却采用了启发式的方法，由此可以看出孔子因材施教的巧妙之处。

005．能辨真假，是一种大学问。世之所抵死奔走者，皆假也。万古唯有真之一字磨灭不了，盖藏不了。此鬼神之所把握，风雷之所呵护。天地无此不能发育，圣人无此不能参赞。朽腐得此可为神奇，鸟兽得此可为精怪。道也者，道此；学也者，学此也。

【译文】

能辨别真假是一种大学问。世上的人拼命为自己所追求的，实际上都是虚假的。万古只有"真"这个字磨灭不了，掩盖不了。"真"是鬼神掌握、风雷呵护的东西。天地如果没有"真"就不能发育万物，圣人如果没有"真"就不能参赞造化。腐朽的东西得到"真"可变为神奇，鸟兽得到"真"可以变为精怪。所谓道，就是这个"真"；所谓学习，也就是学习这个"真"。

006．上吐下泻之疾，虽日进饮食，无补于憔悴；入耳出口之学，虽日事讲究，无益于身心。

【译文】

如果患了上吐下泻的病，即使每天照样吃饭，对憔悴消瘦的面容也无益；常识性的学问，若是学过了就忘，就算天天读书，对自己的身心也没有半点儿好处。

007．天地万物只是个"渐"，理气原是如此，虽欲不渐不得。而世儒好讲一"顿"字，便是无根学问。

【译文】

天地万物都是渐渐形成的，理和气原本就是这样，即使不遵循逐渐这一规律也是难以办到的。但世上的读书人都喜欢讲一个"顿"字，那只不过是没有根据的学问罢了。

008. 我信得过我，人未必信得过我，故君子避嫌。若以正大光明之心如青天白日，又以至诚恻怛之意如火热水寒，何嫌之可避？故君子学问第一要体信，只信了，天下无些子事。

【译文】

我信得过我，别人未必信得过我，所以君子要避嫌。但如果能以青天白日般的正大光明之心处事，又以火热水寒般至诚同情之意待人，还有什么嫌疑可避呢？所以君子做学问，第一重要的是要体现诚信。只要做到了诚信，天下自会太平无事。

009. 要体认，不须读尽古今书，只一部《千字文》①，终身受用不尽。要不体认，即《三坟》②以来卷卷精熟，也只是个博学之士，资谈口，侈文笔，长盛气，助骄心耳。故君子贵体认。

【注释】

①《千字文》：南朝梁萧衍命周兴嗣编写的一本儿童读物，用了一千个不同的字。

②《三坟》：远古时代的书籍。另一种说法是指伏羲、黄帝写的书。

【译文】

做学问贵在体会与认识，不必去读尽古今所有的书籍，只要读一部《千字文》，就能让自己终身受益。如果不去体会和认识，就算把《三坟》以来的每一卷书都精读熟知，充其量也只算是博学的人，只能是供人谈资、浪费文笔、增添盛气、助长骄傲自满之心而已。所以君子做学问贵在体会与认识。

010. 学者大病痛，只是器度小。识见议论，最怕小家子势。

【译文】

求学的人最大的毛病就是器量和气度太小。发表意见，议论事物，最怕小家子气。

011. 学者只是气盈，便不长进。含六合如一粒，觅之不见；吐一粒于六合，出之不穷，可谓人人矣。而自处如庸人，初不自表异；退让如空夫，初不自满足，抵掌攘臂而视世无人，谓之以善服人则可。

【译文】

求学的人只要气盛，便不会有长进。含纳天地六合如含一粒米，却寻觅不见；吐出一粒米到天地六合中，又出之不穷，这样的人可以称得上是大人了。而自处时同普通人一样，起初并没显示出和别人有什么不同；退让时好像一个腹中空空无任何学识的人，开始时也没有自满自足的表现，手舞足蹈，旁若无人，并说他是以善服人，那么是可以的。

012. 心术、学术、政术，此三者不可不辨也。心术要辨个诚伪，学术要辨个邪正，政术要辨个王伯。总是心术诚了，别个再不差。

【译文】

心术、学术、政术，这三者不可不分辨清楚。心术要辨别出是真诚还是虚伪，学术要辨别出是邪说还是正理，政术要辨别出是王道还是霸道。总之，如果心术是真诚的，其他的也不会出现什么差错。

013. 理以心得为精，故当沉潜，不然耳边口头也。事以典故为据，故当博洽，不然臆说杜撰也。

【译文】

道理只有从心中体会出来才精确，所以应当潜心沉思。不然，只不过是听到、说了而已。做事要以典故为依据，所以应当作到识见广博。不然，只不过是随心所欲地杜撰。

014. 天是我底天，物是我底物，至诚所通，无不感格，而乃与之扦隔抵牾，只是自修之功未至。自修到格天动物处，方是学问，方是工夫。未至于此者，自愧自责不暇，岂可又萌发出个怨尤底意思？

【译文】

天是我的天，物是我的物，只要用至诚之心去感通，无不为之感通。而有的人却与天和物格格不入、互相抵触，这是因为自我修养的功夫还不够。自我修养到能感动天地万物的程度，才是真正的学问，才是真正的功夫。还没有达到这个程度的，自愧自责还来不及，怎么还能萌发出怨天尤人的意念呢？

015. 扶持资质，全在学问，任是天资近圣，少此二字不得。三代而下无全才，都是负了在天底，欠了在我底，纵做出掀天揭地事业来，仔细看他，多少病痛！

【译文】

保持扶植天资、品格，全在于学问。即使你天资接近圣人，也少不了学问这两个字。三代以后没有全才，都是辜负了天生的资质，亏欠了自我品格的修养，纵然做出惊天动地的事业来，仔细一看，他身上的毛病又有多少！

016. 万仞峻增而呼人以登，登者必少。故圣人之道平，贤者之道峻。穴隙迫窄而招人以入，入者必少。故圣人之道博，贤者之道狭。

【译文】

山高峻险拔，如果招呼大家去攀登，攀登的人一定很少。所以圣人所走的道路平坦，贤者所走的道路险峻。洞穴的通道非常紧迫狭窄，如果招呼人们进去，进去的人 定很少。所以圣人所走的道路宽广，贤者所走的道路狭窄。

017. 怠惰时看工夫，脱略时看点检，喜怒时看涵养，患难时看力量。

【译文】

在懈怠懒惰时可看出一个人的功夫，放任轻慢无拘无束时可看出一个人的对自己行为的约束检点，高兴恼怒时可看出一个人的涵养，忧患艰难时可看出一个人的力量。

018. 圣人以见义不为属无勇，世儒以知而不行属无知；圣人体道有三达德，曰：智、仁、勇；世儒曰知行只是一个。不知谁说得是？愚谓自道统初开，工夫就是两项，曰"惟精"，察之也；曰"唯一"，守之也。千圣授受，惟此一道，盖不精则为孟浪之守，不一则为想象之知。曰"思"曰"学"，曰"致知"曰"力行"，曰"至明"曰"至健"，曰"问察"曰"用中"，曰"择乎中庸，服膺勿失"，曰"非知之艰，惟行之艰"，曰"非苟知之，亦允蹈之"，曰"知及之，仁守之"，曰"不明乎善，不诚乎身"。

【译文】

圣人认为见义不为是不勇敢，世上的儒者认为知而不行是无知；圣人体察之后认为道有三种通达的德行品质，就是智、仁、勇；世上的儒者认为知和行是同一种事物。不知道究竟是谁说得对呢？我以为自从道自从产生以来，修道的办法就有两种，一种是"唯精"，讲的是体察；一种是"唯一"，讲的是专心坚守。几乎所有的圣人所传授坚持的，都是这个原则，如果不精心辨察那就是鲁莽放肆，不专一就是凭空想象的。这就是《论语》所说的"思考"和"学习"，《大学》所说的"增加知识"，《中庸》所说的"亲身实践"，"达到明辨"和"力争完善"，"虚心询问，用心体察"和"不偏不倚，坚持中庸"，"服膺中庸可避免过失"，《尚书》所说的"要懂得认识并不难，只有行动才难"，《论语》所说的"不要以为有了认识就可以满足，应该不断进取"，"既然具备了认识，就应该坚持不变"，《孟子》所说的"要知道没有明察

仁善,自身就到不了真诚境地”的道理。

019. 自德性中来,生死不变;自识见中来,则有时而变矣。故君子以识见养德行。德行坚定则可生可死。

【译文】

从德行中产生的,无论生死都不会改变;从识见中产生的,有时会改变。所以君子要用识见来修养德行。德行坚定了,就能经得起生死的考验。

020. 学问之功,生知圣人亦不敢废。不从学问中来,任从有掀天揭地事业,都是气质作用。气象岂不炫赫可观?一入圣贤秤尺,坐定不妥贴。学问之要如何?随事用中而已。

【译文】

做学问的功夫,就算是生而知之的圣人也不敢荒废。假如不是从学问出发,任凭干出了惊天动地的事业,也只不过是气质的作用。伟大的事业怎么会不夺目耀眼显赫一时呢?但只要一用圣贤的标准来衡量,就肯定还有不妥之处。学问的关键是什么呢?那就是无论什么事都应该坚守中庸之道。

021. 学者,穷经博古。涉事筹今,只见日之不足,唯恐一登荐举,不能有所建树。仕者,修政立事,淑世安民,只见日之不足,唯恐一旦升迁,不获竟其施为。此是确实心肠,真正学问,为学为政之得真味也。

【译文】

求学的人,要通读经书、博览古籍、涉足世事、筹划时务,只感到时间紧迫不够用，只担心一旦被举荐做官，不能有所建树。为官的人，要治理政务、树立政绩、改造世风、安定百姓，只担心时间紧迫不够用，只担心一旦升迁，不能够将自己的施政完成。这才是实在的心肠，这才是真正的学问，这才算体会到了为学为政的真正意味。

022．进德修业在少年，道明德立在中年，义精仁熟在晚年。若五十以前德行不能坚定，五十以后愈懒散，愈昏弱，再休说那中兴之力矣。

【译文】

提升品德、钻研学业在少年时期，明白道理、成就道德在中年时期，精通义理、谙熟仁道在晚年时期。如果五十岁以前还不能使自己的德行坚定，五十岁以后就会更加懒惰散漫，更加昏聩、懦弱，还谈什么中年人的振兴之力？

023．世间无一件可骄人之事，才艺不足骄人，德行是我性分事，不到尧、舜、周、孔，便是欠缺，欠缺便自可耻，如何骄得人？

【译文】

世上没有一件事可以让人骄傲自大，才华技艺不值得骄傲，道德品性是我本性中应该具备的分内事，不达到尧、舜、周公、孔子的境界，就是在德行上有欠缺，有欠缺自己就该感到羞愧，哪还有什么值得骄傲的呢？

024．天下至精之理、至难之事，若以潜玩沉思求之，无厌无躁，虽中人以下，未有不得者。

【译文】

天下最精辟的道理，最艰难的事情，如果能够进行潜心研读、认真的思考用心探求，不厌倦、不急躁，即使这个人的资质在中等人以下，也不会一无所获。

025. 为学第一工夫，要降得浮躁之气定。学者万病，只一个静字治得。

【译文】

做学问最重要的功夫，就是要戒除掉浮躁之气保持情绪安定。学者的很多困惑和阻碍，其实只要一个"静"字就都能治理了。

026. 读书能使人寡过，不独明理。此心日与道俱，邪念自不得乘之。

【译文】

读书不只是能使人少犯错误，还能使人明白道理。每天心中所想的都能和道相符，邪恶的念头自然不能乘隙而入。

027. 古之学者在心上做工夫，故发之外面者为盛德之符；今之学者在外面做工夫，故反之于心则为实德之病。

【译文】

古代求学的人，注重在内心的修养上下功夫，所以体现在外表上的是他高尚品德的标志；现在求学的人，只是在表面上下功夫，同他内心所想的完全相反，因而有损于德行。

028. 事事有实际，言言有妙境，物物有至理，人人有处法，所贵乎学者学此而已。无地而不学，无时而不学，无念而不学，不会其全、不诣其极不止，此之谓学者。今之学者果如是乎？留心于浩瀚博杂之书，役志于靡丽刻削之辞，耽心于凿真乱俗之技，争胜于烦劳苛琐之仪，可哀矣！而醉梦者又贸贸昏昏，若痴若病，华衣甘食而一无所用心，不尤可哀哉？是故学者贵好学，尤贵知学。

【译文】

件件事中都有实情，句句话中都蕴含着妙境，每个事物中都包含着至理，任何人都有与人相处的方法，学者最可贵的，就是能学这些而已。没有一个地方不在学，没有一个时刻不在学，没有一个念头不在学，不领会它的全部、不达到顶点不停止，这才叫学者。现在的学者果真能做到这样吗？他们留心于浩瀚、繁多、芜杂的书籍，用心于靡丽、雕琢、险僻的文辞，沉迷于穿凿附会、以假乱真、扰乱世俗的技巧，争胜于烦劳、苛刻、琐碎的仪式，真是可悲啊！而那些处于醉梦之中的人又贸贸昏昏、若痴若病，华衣甘食，而对什么事都无所用心，不是更可悲！所以学者贵在好学，尤其可贵的是知道学习。

029. 无才无学，士之羞也；有才有学，士之忧也。夫才学非有之为难，而降伏之难。君子贵才学以成身也，非以矜己也；以济世也，非以夸人也。故才学如剑，当可试之时一试，不则藏诸室，无以炫弄，不然，鲜不为身

祸者。自古十人而十，百人而百，无一幸免，可不忧哉？

【译文】

无才无学，是读书人的耻辱；有才有学，是读书人的忧患。想要拥有才学不是难事，驾驭才学才是难事。君子所贵的是使才学能够成就自身，而不是用来炫耀自己；是为了匡时济世，而不是用来夸耀于人。所以说才学如剑，在可用的时候要用，不用的时候就藏在剑鞘中，不要炫弄，不这样的话，很少有不成为自身祸患的。自古以来，那些爱炫耀自己才学的人，十人中有十人，百人中有百人，无一人可以侥幸免除祸患，这难道不让人担忧吗？

030. 人生气质都有个好处，都有个不好处。学问之道无他，只是培养那自家好处，救正那自家不好处便了。

【译文】

每个人生下来以后都有好的地方，也都有不好的地方。做学问的方法没有别的什么，只是培养自身那些好的地方，纠正弥补自身不好的地方就可以了。

031. 道学不行，只为自家根脚站立不住。或倡而不和，则势孤；或守而众挠，则志惑；或为而不成，则气沮；或夺于风俗，则念杂。要挺身自拔，须是有万夫莫当之勇，死而后已之心。不然，终日三五聚谈，焦唇敝舌，成得甚事？

【译文】

道德学问不能推行，只是因为自己的脚跟站立不稳。或者因为自己提倡而无人应和，就会势单力孤；或者因为自己坚守而众人阻挠，就会意志昏惑；或是因为努力去做没有成功，就会灰心丧气；或者因为迫于风俗的压力，就会产生杂念。要想昂首挺立，坚韧不拔，必须要有万夫莫当之勇，死而后已之心。否则，整天只是三五人在一起聚谈，即使谈得唇焦舌敝，又能成就什么事业呢？

032. 涵养不定底，自初生至盖棺时凡几变，即知识已到，尚保不定毕竟作何种人。所以学者要德行坚定，到坚定时，随常变、穷达、生死只一般，即有难料理处，亦自无难。若平日不遇事时，尽算好人，一遇个小小题目，便考出本态，假遇着难者、大者，知成个甚么人？所以古人不可轻易笑，恐我当此，未便在渠上也。

【译文】

涵养没有形成的人，不知道从生到死会发生多少变化，即便是已经具备了一定的知识，也无法保证最终会成为什么样的人。所以学者的德行修养一定要坚定。到涵养稳定的时候，就会把正常和变化、贫困和发达、生存和死亡都看得很平常，即使碰到意料之外的事情，也不会觉得有多难。假如平常没有遇到什么事的时候完全算是个好人，一旦碰上一个小小的麻烦就检验了本来面目，如果碰上难事、大事，谁知道变成什么样的人？所以古人不会轻易地嘲笑别人，恐怕自己在遇到这些情况的时候，未必就会比人家做得好。

033. 屋漏之地可服鬼神，室家之中不厌妻子，然后谓之真学、真养。勉强于大庭广众之中，幸一时一事不露本象，遂称

之曰贤人君子，恐未必然。

【译文】

简陋的房屋却可以使鬼神信服，在家中不厌烦妻子儿女，这才算是真正有学问、真正有修养。如果在大庭广众之中，侥幸凭借一时一事没有露出本来面目，就称之为贤人君子，恐怕未必是这样的。

034. 这一口呼吸去，万古再无复返之理。呼吸暗积，不觉白头。静观君子，所以抚髀而爱时也。然而爱时不同，富贵之士叹荣显之未极，功名之士叹事业之未成，放达之士恣情于酒以乐余年，贪鄙之士苦心于家以遗后嗣。然犹可取者，功名之士耳。彼三人者，何贵于爱时哉？惟知道君子忧年数之日促，叹义理之无穷，天生此身无以称塞，诚恐性分有缺不能全归，错过一生也，此之谓真爱时。所谓此日不再得，此日足可惜者，皆救火追亡之念，践形尽性之心也。呜呼！不患无时，而患弃时。苟不弃时，而此心快足，虽夕死何恨？不然，即百岁，幸生也。

【译文】

这一口呼吸过后，万古也不会再返回来。每天一呼一吸，不断地悄悄积累，不知不觉头发就白了。冷静地观察这一现象的君子，会拍着大腿感叹时光的易逝而爱惜时光。然而爱惜时光是各不相同的，富贵之士感叹荣华显贵没能达到极点，功名之士感叹事业还没有成就，放达之士纵情于美酒来欢度晚年，贪鄙之士苦心经营家业以留给子孙。然而这里尚有可取的，只有功名之士而已。其他的三种人，他们的爱惜时光又有什么可贵的呢？只有求道的君子忧虑年岁一天天过去，感叹义理的无穷无尽，上天生下自己的身体没有可以充塞的，唯恐性分有所欠缺不能全部归还上天，而错过了一生。这才叫真正爱惜时光。平时所说的此日不再得，此日足可惜的话，都是勉励人要有救火追亡般的念头，要有尽力体现人天赋资质、修养完满心性的意念。啊！不害怕时光不多而要害怕浪费时光。如果不浪费时光而心情愉快满足，即使晚上就死，又有什么遗憾呢？否则，即使活一百岁，也是苟且偷生。

035. 身不修而惴惴焉毁誉之是恤，学不进而汲汲焉荣辱之是忧，此学者之通病也。

【译文】

不修养自身的品行，整天惴惴不安，只为个人的毁誉而担心；不努力求学，成天急切奔忙，只为个人的荣辱而忧心。这是求学人的通病。

036. 冰见烈火，吾知其易易也。然而以炽炭铄坚冰，必舒徐而后尽；尽为寒水，又必待舒徐而后温；温为沸汤，又必待舒徐而后竭。夫学岂有速化之理哉？是故善学者无躁心，有事勿忘从容以俟之而已。

【译文】

当坚冰遇到烈火，我们都知道它很容易就融化了。然而用热炭来融化坚冰，就必须要慢慢地进行而后才能完全化为水；等到坚冰完全融化成水以后，必须要经过缓慢的过程而逐渐加温；温水变沸腾以后，又必须经过缓慢的过程之后才能蒸发熬干。那么做学问怎么会有速成的道理呢？因此，善于学习的人不能有急躁的心理，遇到事情不要忘记从容淡定，慢慢等待。

037. 与人为善，真是好念头。不知心无理路者，淡而不觉；道不相同者，拂而不入。强聒杂施，吾儒之戒也。孔子启愤发悱，复三隅，中人以下不语上，岂是倦于诲人？谓两无益耳。故大声不烦奏，至教不苟传。

【译文】

和别人友善地相处，这的确是一个好想法。对于那些不认识、道不同的人冷漠却不自知；道不相同的人，根本就听不进别人的观点。强迫别人听从并且实施多种手段，这是儒家应该引以为戒的。孔子提倡"启愤、发悱、复三隅"，意思是在他想明白的时候再去开导他，在他想说话的时候再去启发他，教授给他知识就要求他能够举一反三，"中人以下不语上"，意思是对于智力在中等水平以下的人就不传授给他高深的学问，孔子这样做难道是对于教导别人感到厌倦吗？只是认为如果不这样的话，就会对双方都没有好处。所以美妙的音乐不怕重复演奏，深奥的教义也不能随随便便地传授给别人。

038. 罗百家者，多浩瀚之词；工一家者，有独诣之语。学者欲以有限之目力，而欲竟其津涯；以鲁莽之心思，而欲探其蕴奥，岂不难哉？故学贵有择。

【译文】

涉猎百家学说的人，说起话来大多是滔滔不绝；专心钻研一家学说的人，往往会得出自己独到的见解。那些做学问的人想凭借自己有限的精力，博采众长穷尽所有的学说；以一种鲁莽急躁的心态，想要探究各种学说中所蕴藏的奥妙，岂不是很难吗？所以，做学问的人贵在对于学习的内容有所选择。

039. 学识一分不到，便有一分遮障，譬之掘河分隔，一界土不通，便是一段流不去，须是冲开，要一点碍不得。涵养一分不到，便有一分气质，譬之烧炭成熟，一分木未透，便是一分烟不止，须待灼透，要一点烟也不得。

【译文】

学问有一分不到位，就会有一分障碍，就好比是挖河分界，只要有一段界土没有挖开，水就流不过去，需要等着水把土冲开，就要一点儿障碍也没有。人的涵养功夫只要有一分欠缺，就会有那么一点气质，就好像把木头烧成炭，只要木头有一点还没烧透，就会不停地冒烟，必须要等到木头完全烧透了，不冒一丝烟了才行。

040. 心得之学，难与口耳者道。口耳之学，到心得者前，如权度之于轻重短长，一毫掩护不得。

【译文】

用心学习得来的学问，和那些只限于从表面的听闻中获得学问的人是很难言说的。那些从表面的听闻中获得的学问，在经过苦心钻研得来的学问面前，就好像是用度量器来衡量物体的轻重长短一样，一丝一毫都是无法掩饰的。

041. 学者只能使心平气和，便有几分工夫。心平气和人遇事却执持担当，毅然不挠，便有几分人品。

【译文】

做学问的人只要能够做到心平气和，修养的功夫就会有几分。

心平气和的人遇到事情能够独自担当，并且意志坚定、不屈不挠，人品就已经有了几分。

042. 学莫大于明分。进德要知是性分，修业要知是职分，所遇之穷通要知是定分。

【译文】

做学问的最重要就在于明白自己的本分。提高德行要知道是自己本性之内的事，勤于工作要知道是自己职业之内的事，遭际的贫困或通达要知道是冥冥之中的定术。

043. 一率作则觉有意味，日浓日艳，虽难事，不至成功不休；一间断则渐觉疏离，日畏日怯，虽易事，再使继续甚难。是以圣学在无息，圣心曰不已。一息一已，难接难起，此学者之大惧也。余平生德业无成，正坐此病。《诗》曰："日就月将，学有缉熙于光明。"吾党曰宜三复之。

【译文】

无论什么事只要尽心尽力地去做，就会体会到其中的趣味，而且兴趣会一天天浓厚起来，即便是难事，也会不到成功就不罢休；不管什么事一旦中断了，就会渐渐感到生疏，内心会天天胆怯害怕，即便是容易的事，再继续做下去也会感到非常困难。所以圣人学习从不间断，圣人的心没有一时一刻的放松。一旦停歇，想继续做下去就会非常困难，这是学者最害怕的事。我一生品德学业没有什么成就，就是因为有这个毛病。《诗经》说："每天都学习，学业上一定会有所成就。"对于这些话，我们应该每天都把它放在心里多温习几遍。

044. 性躁急人，常令之理纷解结；性迟缓人，常令之逐猎追奔。

推此类，则气质之性无不渐反。

【译文】

性情急躁的人，以常让他多做一些整理乱麻、解开死结这样的事；性情迟缓的人，经常多让他参加一些追逐狩猎的奔跑活动。长期以此类推，那么人的气质之性都是可以渐渐走向反面的。

045. 正门学脉切近精实，旁门学脉奇特玄远；正门工夫戒慎恐惧，旁门工夫旷大逍遥；正门宗指渐次，旁门宗指径顿；正门造诣俟其自然，旁门造诣矫揉造作。

【译文】

正宗的学术流派一向主张精益求精实事求是，旁门左道注重奇特虚幻；要求谨慎忧虑，旁门左道空旷逍遥；正宗学派倡导循序渐进，旁门左道则主张直接而有所顿悟；正宗学派主张顺其自然，旁门左道则有些矫揉造作。

046. 学问，博识强记易，会通解悟难。会通到天地万物为一，解悟到幽明古今无间，为尤难。

【译文】

做学问，博闻强识是容易的，但融会贯通、理解顿悟就难了。融会贯通达到天地万物融为一体的境界，理解领悟达到或暗或明古往今来的道理都紧密联系，则是更难的。

047. 无慎独工夫，不是真学问；无大庭效验，不是真慎独。终日哓哓，只是口头禅耳。

【译文】

如果在独处时达不到谨慎的境界，就算不上真正地有学问；没有在大庭广众之下得到成效检验，就不算是真正的谨慎独处。整天唠唠叨叨的，那也只不过是些口头禅罢了。

048. 上达无一顿底，一事有一事之上达，如洒扫应对，食息起居，皆有精义入神处。一步有一步上达，到有恒处达君子，到君子处达圣人，到汤、武圣人达尧、舜。尧、舜自视，亦有上达，自叹不如无怀、葛天之世矣。

【译文】

想向上达到一种更高的境界没有一顿悟就能达到的，每一件事情都有它上达的方式，就好比洒水扫屋，待人接物，饮食起居，每件事都有其精义入神的地方。每一步都有每一步的目标，一直到永恒。想要达到君子那样的境界就需要以君子为目标，想要成为圣人，就要像商汤王、周武王以至尧、舜那样。就算是尧、舜，他们也有上达的目标，他们还会自叹不如远古时代的无怀氏、葛天氏那样淳朴自然的理想世界呢。

049. 学者不长进，病根只在护短。闻一善言，不知不肯问；理有所疑，对人不肯问，恐人笑己之不知也。孔文子不耻下问，今也耻上问。颜子以能问不能，今也以不能不问能。若怕人笑，比德山棒、临济喝①，法坛对，众如何承受？这般护短，到底成个人笑之人。一笑之耻，而终身之笑顾不耻乎？儿曹戒之。

①德山棒、临济喝：中国佛教禅宗的某些派别，在接待初学参禅的人的时候，对于所问的问题往往不做正面回答，而是用棒打或大喝一声的方式来暗示或启悟对方。相传棒的使用始于唐代德山宣鉴，喝的使用始于临济义玄。

【译文】

做学问的人得不到长进的根本原因在于总是竭力掩饰自己的缺点。听到一句很好的话，自己不知道也不愿意去问；对自己怀疑的道理，也不肯向别人请教，怕别人耻笑自己无知。孔夫子不以向比自己身份低的人请教为耻辱，现在的人却以向那些比自己有才能的人请教为耻辱。学识渊博的颜回以自己所能去请教那些不能的人，现在的人即使自己不能够也不去请教那些有能力的人。如果怕被人耻笑，那与那些受德山棒、受临济喝的高僧相比，在达摩台上对着众人回答问题，众人又如何承受得了？这样掩盖自己的缺点，最终仍被人耻笑。难道为了逃避别人讥笑一次的耻辱，就置终身受人耻笑的耻辱而不顾吗？儿辈们应该以此为戒啊。

050. 日落赶城门，迟一脚便关了，何处止宿？故学贵及时。悬崖抱孤树，松一手便脱了，何处落身？故学贵著力。故伤悲于老人，要追时除是再生；既失于将得，要仍前除是从头。

【译文】

太阳已经落山了，赶着要进城去，只要慢一步，城门就关了，到哪里去住宿呢？所以说做学问贵在及时。在悬崖边上抱着一棵孤树，只要一松手，身体就会掉下去了，将会掉到哪里呢？所以说学习的人贵在坚持不懈。到已经年老了才因为没有学识而感到伤悲，想要追回虚度的光阴，除非是再生为人；将要得到学识的时候又因为不努力而失去了，想要继续前进，除非是能够从头再来。

051. 把矜心要去得毫发都尽，只有些须意念之萌，面上便带着。圣贤志大心虚，只见得事事不如人，只见得人人皆可取，矜念安从生？此念不忘，只一善便自足，浅中狭量之鄙夫耳。

【译文】

要把自我夸耀的心思消除殆尽，只要心里还存在着一点儿自我夸耀的念头，脸面上就会显现出来。圣贤之人志向远大内心谦虚，他们只看见自己事事都不如别人，只看见每个人身上都有优点，自我夸耀的念头从哪里产生呢？如果不能忘记自我夸耀的这个念头，只要自己有一点儿优点就感到满足了，这样的人就是心胸肤浅气量狭小的凡夫俗子。

052. 师无往而不在也。乡国天下古人师善人也，三人行则师恶

人矣。予师不止此也，鹤之父子，蚁之君臣，鸳鸯之夫妇，果然①之朋友，乌之孝，驺虞②之仁，雉之耿介，鸠之守拙，则观禽兽而得吾师矣。松柏之孤直，兰芷之清芳，萍藻之洁，桐之高秀，莲之淄泥不染，菊之晚节愈芳，梅之贞白，什之内虚外直，圆通有节，观草木而得吾师矣。山之镇重，川之委曲而直，石之坚贞，渊之涵蓄，土之浑厚，火之光明，金之刚健，则观五行而得吾师矣。鉴之明，衡之直，权

之通变，量③之有容，概④之平，度⑤之能短较长，箑⑥之卷舒。盖⑦之张弛，网之纲纪，机之经纶⑧，则观杂物而得吾师矣。嗟夫！能自得师，则盈天地间皆师也。不然尧舜自尧舜，朱均自朱均⑨耳。

【注释】

①果然：也作猓然，即长尾猿。

②驺（zōu）虞：也作驺吾、驺牙，一种野兽。

③量：计量多少的器具。

④概：古代量米麦的时候用来刮平斗斛的器具。

⑤度：计量长短的器具。

⑥箑（shà）：扇子。

⑦盖：用白色的茅草编织而成的覆盖物品的用具。

⑧经纶：整理丝缕，理出丝绪叫作经，把丝编织成绳子叫作纶。引申为筹划治理国家大事。

⑨朱均：是指尧的儿子丹朱和舜的儿子商均，这两个人都是不肖之徒。

【译文】

老师是无处不在的。天下的古人把善良的人当作自己的老师，三人同行，恶人也可能会成为我的老师。我的老师还远远不止这些，白鹤父子相亲，蚂蚁君臣有别，鸳鸯夫妻恩爱，猓然这种长尾猿重朋友义气，乌鸦孝敬母亲，驺虞这种野兽仁义诚信，野鸡耿介，斑鸠守诚抱拙，观察这些鸟兽就可以从中找到我可以学习的东西啊！松柏孤直，兰芷清高芳香，萍藻清洁，梧桐高秀，莲花出淤泥而不染，菊花到了晚秋季节反而更加幽香，梅花贞白，竹子内虚外直、圆通有节，观察这些草木也可以从中找到我可以学习的啊！山岳凝重高拔，河川既曲折而又直流向前，石头坚贞，峡谷涵蓄，土浑厚，火光明，金刚健，观察这五行，还可以从中找到我可以学习的啊！镜子明亮，秤杆平直，秤砣变通，量器有容，概平整，度能测量长短，扇子舒开卷合，盖子揭开合上，网上的总纲，织机上的经纶，观察这些物品也可以从中找到我可以学习的啊！如果自己能够主动去寻找老师，那么满天地之间的事物就都是自己的老师。否则，生来是尧、舜的秉性，就是尧、舜；生来是丹朱、商均这样的不肖之徒，就只能是不肖之徒了。

国学经典

〔明〕洪应明 著　骆宾 译注

第二卷

菜根谭全集

吉林文史出版社

第五编　待人接物篇

谗言易破，蜜话易伤

谗夫毁士，如寸云蔽日，不久自明；媚子①谀人②，似隙风侵肌③，无疾亦损。

【注释】

①媚子：喜欢的人。
②谀人：奉承别人。谀，谄谀。
③侵肌：侵蚀肌肤。侵，侵入，侵蚀。肌，肌体，肌肤，人的皮肤。

【译文】

造谣谄媚诋毁他人，如一小块的云彩遮住了太阳，不久就会露出真相；谄谀奉承喜欢他人，像邪风侵蚀肌肤，即使不得病身体也会受到损伤。

勿以所短而扬，勿以所顽而责

人之短处，要曲为弥缝①，如暴而扬之，是以短攻短；人有顽固，要善为化诲。如忿而疾之，是以顽济顽。

【注释】

①弥缝：弥补，补偿。

【译文】

对于别人的错误，我们要委婉地帮他弥补，如果揭露并到处张扬，就等于是用错误来对待错误，错上加错；对于性情顽固的人，我们要善于进行感化教诲，如果愤怒地责怪，就等于用愚昧的办法来帮助愚昧。

待人宜宽，交友毋滥

用人不宜刻，刻则思效者去；交友不宜滥①，滥则贡谀②者来。

【注释】

①交友不宜滥：交朋友不要泛滥。
②贡谀：阿谀奉承。

【译文】

用人不要过于苛刻，否则想效忠你的人也会离开；交朋友不要太过泛滥，应该要有所选择，不然就会交到那些善于谄媚奉承之人。

人心叵测，守口应谨

遇沈沈①不语之士，且莫输心②；见悻悻③自好之人，尤须防口。

【注释】

①沈沈：深沉，沉默，形容心事重重的样子。
②输心：把心交给别人，即推心置腹地对待别人。
③悻悻：愤怒，怨恨。

【译文】

遇到沉默不善言辞的人，我

们不要轻易地推心置腹；遇到经常怨恨别人的人，说话时要注意有所防范，不要口不择言。

中材之人，难与共事

至人①何思何虑，愚人②不识不知。可与论学，亦可与建功。唯中材的人，多一番思虑智识，便多一番臆度猜疑，事事难与下手。

【注释】

①至人：超越凡俗之人。
②愚人：愚昧无知的人。

【译文】

品德高尚的人心里想什么，心里忧虑什么，愚昧无知的人是不知道也不理解的。我们可以和这两种人讨论学问这两种人合作创业。只有平庸的人，办起事思前想后，也就多一分揣测，多一分猜疑别人，事事很难与之合作相处。

宽待他人，陶冶众生

遇欺诈①的人，以诚心感动之；遇暴戾②的人，以和气熏蒸之；遇倾邪私曲的人，以名义所节激励之。天下之人，无不入我陶冶③中矣。

【注释】

①欺诈：欺骗奸诈，待人不诚实。
②暴戾：残暴无度。
③陶冶：熏陶，培养。

遇到狡猾奸诈的人，要用诚恳的心去感化他；遇到残暴无度的人，要用心平气和去熏陶他；遇到自私自利、品行不正的人，要用名气义气、节操观念去激励他。如果能做到以上三点，那么天下的人，没有不受我熏陶而有所改变。

善人急亲，恶人难走

善人未能急亲，不宜预扬，恐来谗谮①之奸，恶人未能轻去，不宜先发，恐招媒孽②之祸。

【注释】

①谮：恶语中伤。
②媒孽：酝酿邪恶的事情，栽赃陷害。

【译文】

和品德高尚的人交往时，不要过早和他亲近，开始也不要赞扬他，恐怕他会惹来谗言恶语的邪恶之事；如果心胸狭窄的小人没能轻易离开，一定不要先打发他走，尤其是不要让小人知道，以免招致小人的栽赃陷害祸患。

【解悟】

人际交往道在恕

孔子最早提出了"恕"的思想。《论语》记载：子贡曾问孔子："有一个可以终生不渝地履行的字吗？"孔子回答说："那就是'恕'字吧！自己所不喜欢的事，就不要施加到别人的身上。"（原话："其恕乎，己所不欲，勿施于人。"）

其后的大儒们对此都做了继承性的发挥，如孟子认为人只要坚持据"恕"而行，就接近"仁"的境界了；朱熹则认为"恕"就是推己及人。

于是，"恕"字，在传统意识中已成为处理人与人之间的人际关系的原则之一。正是在这种思想背景下，洪应明继续论述了"恕"的具体应用。《菜根谭》论及"恕"的几段话语，指出了在待人接物时应持推己及人的态度。

按照"恕"的原则，他主张自己应节制情欲，不应自己宽恕自己的过错与失误；但对于别人的合理情欲，则应以顺应和引导的方法来予以宽恕谅解。即使是在家庭内部，也唯有执行了"恕"的原则，家庭成员之间的感情才可以和睦融洽。他使用疑问的语气，反对了当时流行的意识：执行贯彻"恕"的原则，仅是为了求得自己的舒适顺畅。

一个"恕"字，强调的是对别人尊重，并表现为设身处地地为别人着想，所以，至今它还有着非常重要的伦理价值和生命力。通常情况下，在特定的时空环境中，每个人的社会角色都是相对明确的，如在商店内，一个人在购物，那他就是顾客，另一个人在接待顾客，那她就是售货员，此时顾客与售货员之间能否互相尊重，能否设身处地为别人着想，将决定着购买过程能否完成和购买数额的大小。特别是在

售货员的一方，如果她能体察顾客的喜好需求，待客热情周到，无疑会有助于商店的盈利。反之，就会给商店的信誉带来损害，面临门庭冷落鞍马稀的局面。

所以，一些深受传统儒家思想熏陶的近代民族企业家，都注意到了"恕"的应用。如宋棐卿开办的天津东亚公司，就高悬着用大字写的"己所不欲，勿施于人"、"你愿人怎样待你，你就先怎样待人"的训条，以此来要求公司的各级人员要和颜悦色地对待顾客，不能贪一时的营业额而不负责任地将伪劣产品推销给顾客……唯有如此，才能增进供需双方的感情，使公司迎来一批又一批的回头客。这反映了公司管理者的管理有方。

实际上，经商者与顾客交际应酬须讲究"恕"的原则，只是其中之一。在我们的日常生活中，不论是在家庭、单位或是多种其他场合中，"恕"的原则都是我们所应坚持奉行的。它使我们能以自己之心去体悟别人的合理要求，不逆悖别人的合理情意，节制自己，不执着于自己的意愿与利益，学会并更好地为别人着想，君子的处世风度也因此而得以成立。在此基础上，才可使人人都能生活在以和为贵的社区中，这就是一个"恕"字给人们留下的最现实的启迪。

还需要我们注意的是，类似"恕"的原则与意识，并不仅仅是中国或东方文化所特有的。如作为西方文化源头之一的《圣经》就有言："你们愿意别人怎样待你们，你们也要怎样待别人。"现代物理学巨匠爱因斯坦则说："对于我来说，生命的意义在于设身处地替人着想，忧他人之忧，乐他人之乐。"

天下的道理是相通的，东西方文化对此的认识，真可谓不谋而合。难怪今天的老外们还称赞孔夫子把如此有价值的思想，全浓缩在一个"恕"字之中。如果记住一个"恕"字，履行一个"恕"字，就会终生受用不尽——不管你是在此时或彼时，身处何方和什么人打交道。

对人不可轻为喜怒，对物不可重为爱憎

中国人为人修养的传统，是十分注意喜怒不形于色的。如大家所见，中国人的为人处世更讲究含蓄，注意把握自己的情感好恶，认为量小者易怒，浅薄者易喜。这些是不同于情感外露、喜怒溢于言表的欧美人。

从洪应明的认识中，不难看到，轻喜易怒的人在为人处世时，往往偏重于情感好恶，极易因此而造成判断上的失误。而且这种藏不住思想情感的表现，还很容易被别有用心者所觉察，被别有用心者所利用。急性判官之所以陷入圈套，教训之一也就在于他的轻易喜怒。所以，一个人要在人际交往中做到喜怒不形于色，心胸就须有包容乾坤的雅量，有足够情感喜怒回旋的心理空间，这并不是很容易做到的。林则徐因此也时时以"制怒"来警诫自己，这也正是文化熏陶的结果。

待人不可轻为喜怒，是待人的分寸感。对于财物不可重为爱憎，则是接物的分寸感。把握好待人接物的分寸感，人就可以不沉湎在物欲财欲中，就可以超脱"鸟为食亡"的困境。

唐朝大文学家柳宗元曾记下这样一个舍命爱财者的故事。

故事发生在江水暴涨的湘江，一只船被激浪冲翻了，船上的人们落入了水中，各自奋力向岸边游去。

唯有一位平日游泳技术最佳、速度最快的永州汉子，却远远地落在众人后面。水中的同伴不解，问其原因，才知他腰上缠着一千枚大钱。同伴劝他将钱扔掉，轻装游上岸，以保性命，但他毫不犹疑地拒绝了。

不久，其他人都游到了岸边，而他依然在中流挣扎。有人就对他大声呼喊："你真蠢，你被金钱迷得太深了！现在你濒临死地，要钱还有什么用？"

固执的他还是摇头拒绝了众人的劝告，终于与那一千枚大钱同归水底，被水溺死了。

作为一个重财物而轻生命的典型，他丢掉性命的原因，正是精神意志完全为财物所主宰制约的结果，作为金钱的奴隶，他甚至忘记了宝贵的生命对于每个人而言，都只有一次。

那么，应该怎样看待常识中宝贵的财物呢？

且看智慧的一休禅师的一则故事。

一休的师傅有一只非常宝贵的茶杯，是件稀世之宝。

一休在无意中将这个茶杯打破了，内心为之一紧。

就在这时候，一休听到了师傅的脚步声，他连忙把打破的茶杯藏在背后。

当他的师傅走到面前时，一休忽然问道："人为什么一定要死呢？"

"这是自然之事，"他的师傅答道，"世间的一切，有生就有死。"

这时，一休不紧不慢地拿出了被打破的茶杯，说道："这个茶杯的死期到了！"

急性判官是不值得我们仿效的，永州汉子的作为是可笑的，一休的机智与智慧则令人会心一笑。与此类似的例子都表明，一个人学会控制自己，不将自己的狂喜、愤怒、挚爱和憎恨完全挂在嘴上、写在脸上，胸中有城府，那么，大至培养个人正确的人生观、顺利地走完人生的旅途，小至调剂好日常的人际关系，必然对你会有帮助。

从交际这方面来说，对新知旧好不轻做喜怒状，会有助于以理性控制情感，正确地看待别人、看待别人对自己的评价。对财物不过分地注重爱憎，就不会挖空心思地去贪图不属于自己的财物，在分配财物时也不会仅从自己的利益出发，斤斤计较。试看你我周围的那些拥有良好人际关系的人，有谁不是这样做的呢？

禅宗慧能大师有言："至道无难，唯嫌拣择。"然也。

所以，"于人不可轻为喜怒"，"于物不可重为爱憎"，乃人生的真名言之一，很有人生的指导意义。

林则徐的父亲林宾日，看到少年林则徐时常被一些不尽如人意的小事所困扰，并因此而发怒、耍性子，高兴生气都挂在脸上了。

为了纠正儿子的不足，林宾日给儿子讲了这么一个故事：

从前，曾有一位十分孝顺父母的急性判官，人人皆知他最恨天下那些不孝顺父母的犯人，对他们一律施以重刑。

某天，有两个大汉将一小伙子扭送到急性判官所主持的衙门，告这小伙子在家是个不孝之子，不仅咒骂亲娘，还动手殴打亲娘。

判官听闻此言，火冒三丈，还没来的及听小伙子辩解，马上令手下人将他杖打得半死不活。

不久，一个老太婆来报案，说两个强盗入她家偷窃，被她儿子发现后，他就想把他们扭送官府查办。无奈孤身一人，反而被他们绑架走了。

经过查证，原来刚才被杖打的小伙子就是那老太婆的儿子。

此时，急性判官才知自己的情感喜怒被强盗利用了，再令人寻找那两个大汉，他们早已逃之夭夭了。

这个故事给少年林则徐很大的触动，日后，他就十分注意在众人的面前控制自己的喜怒哀乐。在影片《林则徐》中，观众可看到他书房悬挂着书有"制怒"二字的横匾，是有充分的历史依据的，所以他一直以"制怒"作为自己的人生座右铭之一。

善人未能急亲，恶人未能轻去

待人从容，处世遇事须从长计议，这就是掌握"善人未能急亲"，"恶人未能轻去"原理的诀窍。我们在生活与工作中，要学会判别各种各样的人，要掌握与各种各样的人打交道的技巧，少不了要明确善与恶的标准，掌握与善人和与恶人打交道的不同技巧。有句俗语说：一粒米养百种人。这句话说的确实如此，世界之大，无奇不有，无所不包。

从洪应明的体察认识到，首先，具体到每个人的人性善恶，未必对应地在其外在的善恶言行上表现出来。比如，一个人在做坏事的时候就担心会被人发现，那么，在他这种畏惧的心理中，还表明他有重新走上归善从良之路的希望。而另一个人则沸沸扬扬地行善，唯恐天下人不知、迟知或是少知，以此为资本来要誉要名，那么，他行善之时所培植的正是恶根恶芽。

什么道理呢？因恶行忌讳不为人知，否则，作恶者就不易得到外来力量的帮助来矫正，就不易弃恶就善。而善行则忌讳广为人知，否则，行善者就可能萌生出求功求名的不良动机，也可能因此而遭到嫉妒者的讽刺打击，不利于自己的修养，也不利于自己的处世。

因此结论也就是辩证而又深刻的：作恶早为人知、广为人知者，他闯的祸就浅，反之就深。行善早为人知、广为人知者，他立的功就小，反之就大。洪应明认为，对于能严格要求自己的君子而言，即使他前面有两种抉择，一是自己未曾行善，但却得到了别有用心者的称誉；二则是自己未曾作恶，但却受到居心不良者的毁谤。他会选择后者，原因不挑自明：前者所带来的虚荣，是人生的迷魂汤；后者所带来的苦难，则是人生的磨砺石。

这些思想，能使人们明确一些判别善人与恶人的标准，也能更好地解答以下问题：中国的传统美德为什么推崇施恩而不图报者？中国普通百姓为什么更愿做好事而不愿留名?

每个人活着,都不能只想到自己。所以,一个人应该真心诚意地帮助别人,并在帮助别人时,将自己的思想情感提升到一个新的境界,成为一个高尚而又纯粹的人,并因此而抛弃虚荣心。不像那个不谙世事的小孩一样,他省下了父母给的早餐钱,交给老师并谎称这是在路上捡到的,为的只是听到老师对他的表扬。更不同于那些借行善来宣扬自己,以求达到种种不可告人目的的别有所图者。

人世间有很多的善人,还存在着少量的恶人。那么,人们就不能不讲究待人的方式,做到因人而异。在这方面,洪应明的经验之谈有二:其一,不应过急地亲近善人,不宜预先显扬善人,原因在于:唯恐招来奸诈之徒的毁谤中伤。其二,不能轻率地离开恶人,不宜无分寸地提前揭露恶人,原因在于:唯恐招来恶人们的构陷诬害。

历史与现实的很多事例,说明了"善人未能急亲"的必要性。

就以刘备"三顾茅庐"的历史来说吧,当刘备亲率关羽、张飞去恭请诸葛亮出山辅政时,因第一、第二次都未能碰上诸葛亮,关、张两人就已经很不耐烦。当刘备第三次光顾诸葛亮的茅屋,终请出他辅政后,刘备对诸葛亮是言听计从。

这种情形可把关、张两人急坏了,于是联合向刘备发牢骚:"诸葛亮年纪轻轻,有什么了不起?您对他是言听计从,我们跟您打了这么多年的仗,现在还不如他了?"刘备说:"我得了诸葛亮,就像鱼得到了水一样,请你们别这么说。"

其后,诸葛亮逐年累月所

表现出的才干与能力，证明了刘备所言不虚。关、张两人才心悦诚服。

从历史上看，关、张两人算不上是奸诈之徒，但他们已是牢骚满腹，不服的怨气溢于言表。如果真是碰上奸诈之徒或是中了敌方的离间计，那么，内耗与内乱就势在必现。结果必是自我削弱乃至自取灭亡。历史上，项羽正因为不善待人，气跑了韩信、气走了范增，终落得个自刎乌江边的结局。

再说说"恶人未能轻去"，这的确是保存善人，减少人世间悲剧的途径之一。

战国时，魏惠王邀请鬼谷子的得意门徒孙膑出山治军。孙膑至魏后，不想却遭到了自己过去的同窗、时任魏国军师的庞涓的陷害，身受脸被刺字、膝盖被剜的酷刑。

为了摆脱恶人的陷害，孙膑就装痴扮傻，时哭时笑，称酒饭为毒药，抓泥土、猪粪当饭团吃，终于使庞涓一伙放松了对他的监督，最后安然到达了齐国，成为齐国军师，设计斩杀庞涓于马陵道上。

从以上的例子可以看出，孙膑不仅是伟大的军事家，也是处世的大师，他十分通晓对待恶人、小人们的对策与技巧。

类似的技巧，在现实中并未完全失去存在的价值，在现实生活中，曾发生过这样一件事：

一个小孩被人贩子劫持，他马上就欲反抗，却又猛然想起父母时常教导他不可急躁、不可蛮干、要用智慧战胜困难的叮咛，再掂量自己远非人贩子的对手。于是，他装出一副贪吃好玩、不谙世事的样子，对人贩子的吩咐也是言听计从。

过了些天，人贩子对他的监视明显放松了。当经过一个城镇的交通岗时，这个小孩趁机向交通警察跑去，从而得以回到父母的怀抱，还协助大人们抓获了人贩子。

显然，这是一种十分有价值的、智勇兼备的自我保护之举。试想，他如果不是靠智慧与技巧，不是做到揭发得时，他很可能就被拐卖，也可能死在人贩子的淫威与暴力之下。

孙膑与小孩所运用的技巧，是一样的，其关键之处是选准离开并揭露、擒获恶人的适当时机。

从以上事例，人们很容易认同洪应明的以下思想：对善人应该是宽待善待，令其善有善报；对恶人，应是严待恶待，让其恶有恶报。治国者对一般的大众，则应是该宽待则宽待，该严待则严待，宽严并存，宽严互济。这些，也正是社会的道义、公理与法律的要求与体现。

安于愚拙，诚恳对待

"人无信不立。"诚信，是我们的做人之本，它与狡诈、欺骗、虚伪是天生的冤家、死对头。诚信，是一种无形的资本，需要人们精心维护，慢慢积累。而如果你不讲诚信，仅仅一次，就会把长期的积累挥霍一空。

"人无信不利"，这是说做人要讲诚信，这也是做人的一个基本原则。"巧诈不如拙诚。""巧诈"，是指心怀鬼胎，有目的有意图地故意表现出某些能够吸引人、迷惑人的假象，这是自以为聪明的奸诈之举。这种做法，乍看起来，机动灵活，善于应变，亦容易抓住别人的心，很有好处。实际上，这种做法只适合于一次性的人际交往，即打过一次交道后便各奔东西，互不相遇了。在这种情况下，施巧诈有时能够欺瞒住对方从而达到自己的目的，获取利益。但如果交朋友施此巧诈之术，则往往会搬起石头砸自己的脚，弄巧成拙。朋友不像别的关系，朋友之间相处的时间长，而巧诈往往带有欺瞒哄骗之举，这种巧诈一旦经过一段时间就会露出破绽，让人识破。鬼把戏被人戳穿之后，别人就会对你失去信赖，朋友们会唾而弃之，最终非但获利不多，反而会损失更大，赔了夫人还要再折兵。"拙诚"就是说心中不存恶念，诚心诚意地做事，或许有时行为举止略显愚直拙笨，但从不欺瞒别人。这种做法的不足之处在于虽不能当即抓住别人的心，不适宜用于一次性交际活动，但交朋友的时候却适用。"路遥知马力，日久见人心"。

朋友之间毕竟要长久相处的，拙诚的人貌似愚拙，却因其诚而赢得别人对他的信赖。从长远角度来说，拙诚的眼前利益不大，但长远的利益却十分充足。交友应以诚信为本，一个名叫谢福慕的人，为人不够诚实。他在某单位上班，初到那里时，他担心自己会受"外来户"的待遇。于是在一次聚会时，他给大家讲了一个故事。"大家可能都以为我叫谢福慕，其实，我本不姓谢，而是姓解。在我三岁那年，我们沧县，对，是沧县，我本来是沧县人，我们沧县发了大水，巨大的洪水吞没了村庄，吞没了房屋，还有我可怜的爹娘。"

说到这里谢福慕声音凄切，还流出几滴泪来，众人听了又惊又同情，他看看大家接着说："我娘怕我淹死，把我裹好放在一个大木盆里。我便随着大水四处漂流，后来被我现在的承德的父母救起。他们把我养大，给我起了名字'谢福慕'，实为'谢谢浮木'之意。

到我长大后，才知道我亲生父母并未过世，曾四处找过，登了启示，最终与我的亲生父母取得了联系。实际上，我们也是同乡！"

这样，大家都非常同情他，特别是沧县的老乡更是纷纷关心他，真正把他当作老乡看待。他的日子顺心如意，他暗喜自己这一绝妙的欺骗。但是，好景不长，后来人们都知道了他的话不过是信口捏造的。顿时，大家对他格外小心，无论他说什么，大家都认真考虑一番，不敢确定是真是假。时间一长，他无法立足于单位，只好调换了单位。

知足常乐是仙境

禅者则有言："知足者是最富有的人"、"知足者，身贫而心富；贪得者，身富而心贫"，据此再思考洪应明的相应认识，不难体悟到其中所含有的老庄佛祥的智慧意识。

说到"知足"，许多人会想起"知足常乐"这个古老而又屡遭世人议论的话题。的确如此，知足与故步自封一样，会使人产生惰性，不思进取。从小的方面言，妨碍了个人的进步；从大的方面言，则会使历史的车轮失去了动力而停滞不前。所以，从彻底的意义上言，知足心理所折射出的，往往是小生产者狭隘的目光、毫无希望的企求和平庸的生活，他们满足于"三十亩地一头牛，老婆孩子热炕头"之类的与世无争的生活。平生之愿就是过上免去饥寒之苦的生活，缺乏一种远大的抱负、无限的追求意识，没有冒险的勇气，没有参与竞争、谋求更大发展的作为，从而也就安于现状，万事是既然昨天如此，今天也只能如此，明天也一样如此得过且过了。这是不值得我们仿效，不为提倡的。这是由于社会发展的要求，因为我们的国家正在向现代化迈进。这也是因为个人进步的要求，因为我们不应也不可能在社会日新月异的发展中，再去充当小农的角色，仿效小农的作为。

对于现代人来说，如何将人生的知足意识与奋发向上的追求，和谐而协调地统一起来，是非常有意义的课题。一个人过高地要求自己，总是不知足，当然就不容易寻找到快乐。而人在许多时候都需要积极的激励，需要自律，需要自己对自己的肯定。知足者常乐，其积极意义在于，必要的自我知足，是进步的基础，是快乐的途径。

除此之外，在处理各种人际应酬与面对物质享受时，"知足常乐"

的命题，也还是有一定的借鉴意义的。试想想，在人际交往中，有一个成年人在面对各种利益的诱惑时，就像一个毫不知足而又第一次走入百货商店的孩子一样，这也想要，那也欲取，总是贪得无厌。那么，不用说，这个人在人际圈子中必是不受欢迎者，而且他还不会像那不知足的孩子，因为幼稚可爱的天性而被人原谅。

再想想，在面对永无止境的物质享受时，假设一个人总是热衷于攀东家比西家，当他的期望值不能在现实中获得合理的实现时，他就可能想入非非，或利用职位权柄，或明火执仗，做出铤而走险、一失足而成千古恨的事来。

很多诸如此类的事例，在现实生活中，是不难看到的。究其主观原因，当事者没有树立起正确的人生观，对物质利益与享受常怀不知足的欲望，缺乏谦让意识，通过不正当的手段来谋取合法利益。这些都是相应的答案，其中又以不知足的心理较为明显。从某种程度上说，足与不足，除了必须有保持生存的基本物质条件之外，往往是因人而异，因人的不同人生理想、生活标准而有所不同。

《列子》中有这么一则寓言：讲曾有一齐国人，他朝思暮想的只是金子。所以，他在大白天来到市场卖金子的摊铺前，抓起金子就走。他自然不可能逃脱众人的追捕，当人们问他为何在光天化日之下、众目睽睽之时偷别人的金子时，他的回答是："在我偷金子时，没有看到别人，我仅仅看到了金子。"

这虽是夸张的寓言，但却描述了贪婪者永不知足、利令智昏的心理实质，正是不知足的心理驱使他们做出了糊涂事。罪犯如此，一毛不拔的守财奴也是如此，这里所涉及的已不是财富多寡的问题，而是守财奴对于聚敛财富，总怀着一种永不知足的变态追求，他们甚至拒绝合理的消费，对财富是至死不撒手，结果使自己成为财富的奴隶、金钱的走狗。这样，他们怎么会成为世间的幸福者？比如将汉朝改为"新朝"的"新皇帝"王莽，在绿林军兵临城下之时，还依然手执短刀，守护着六十万两黄金，终遭杀头之灾，这就是个典型的例子。

这些类似巴蛇吞象的贪得无厌，用一语来予以归纳，就是不自量力的不知足。因此，从正面即积极的层面来认识和实行知足的原则，就是在自己应得的报酬、荣誉之外，不应向人索取额外报酬，不沽名钓誉，不向社会提出过分的要求，更不能以非法的手段来进行违法乱纪的活动。要珍惜自己的声誉、维护自己的尊严，在事关人格国格的大是大非问题上，绝不做出奴颜媚骨、摇尾乞怜的姿态。即使在日常生活中，也不应持有顺手牵羊、鸟过拔毛之类的凭侥幸而占小便宜的意识，否则，就会降低自己的人品，也不会受到别人的信赖与欢迎。作为领导者，更不应因不知足而凭借手中的权力来谋私取利，即使是对于送上门来的礼物礼金，也不能揽入怀中，应理智地予以退还。

中国历史上的清官，在这方面留下了许多佳话。

如东汉时任南阳郡太守的羊续，上任伊始，就立志纠正郡衙之内越演越盛的请客送礼之风。所以，面对一位下属送来的一条又大又鲜的鲤鱼，他再三推辞不过，就让家人将这条鱼悬挂在屋檐下。

几天后，当这位下属又再送上一条更肥更大的鲜鱼，羊续就以自己身为太守，更应廉洁奉公为由，不仅是退回了这条鲜鱼，而且把这位下属上次送来、现已风干的鱼一并退了回去。

此事一传开，送礼者的身影不再出现，羊续也以"悬鱼太守"之誉而垂名青史。

像这样的清官，之所以能两袖清风、戒贪拒贿，知足常乐的意识正是其心理依据之一。

知足，能使人维护心理的平衡，保持心情的宁静，在物质享受上不至于过分奢侈，看菜吃饭、量体裁衣，一切都量力而行。知足，更有助于个人将有限的精力投入事业中，投入到有益的娱乐中。如此看来，知足作为个人立身处世的诀窍之一，作为自制自律的一项内容，是具有积极作用的。

知足的原则，实际上也就是划定底线的原则。在事业追求上，做大事业，是一切追求成功者的追求；而将大事业做得更大，则是不少已成功者的追求。这些，是无可厚非的，因为这种追求正是进步后再进步、成功后更成功的主观动力。问题的另一面，那就是任何事业做得再大，也不能是无限的，就如新大陆的开拓，总是有疆域的一样。而且，对于已有一定基础的成功者而言，在高利润和新创业的诱惑之外，往往还存在着守业的问题，存在着巩固原有产业的问题。古人云："创业难，守业更难。"

如何对待这两方面？作为中国房地产龙头企业的深圳万科，它一些成功经验，堪为借鉴。在追求利润方面，早在1992年房地产热方兴未艾之时，针对不少地产商那种不做低于40%利润的项目的暴利心态，万科董事长王石明确了万科"高于25%的利润不做"的经营理念。而这种理念的成型，在于万科在此前的十年。在原先从事的贸易行业，也曾获得过几倍甚至几十倍的超额利润。但随着市场的成熟，高利润率逐渐走向平均利润，结果不仅是低利润率难以为继，原来所赚的超额利润也赔回了市场，因为炒作和经营是两个概念，赚惯大钱后就不屑也不会赚小钱了，必然会受到市场的惩罚。

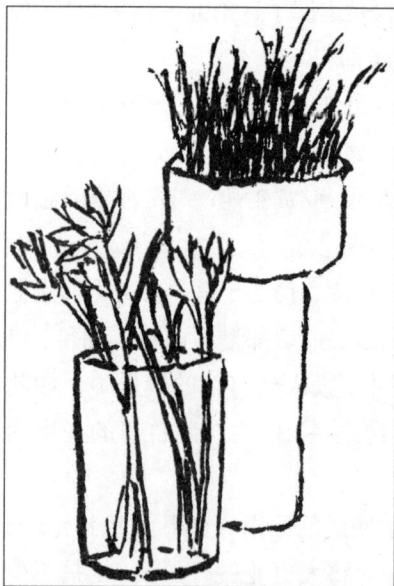

同样在那个年代，当不少已有相当积累和一定规模的企业，一味地做跨行业，盲目地铺摊子，或兼并，或重组，或一窝蜂地引进高科技概念。在不知不觉地迈入多元化的陷阱之时，万科却选择了只做房地产的专业化道路。为此，万科卖掉了所有与房地产无关的项目，即使是收益很好的万佳百货。

如此，有所为有所不为，有着明确的底线，万科也就明智地选择了一条符合企业发展规律之路，赢得了收益，赢得了中小投资者的认同，也赢得了社会的尊敬。从万科告别追求暴利心态，一心一意走专业化道路的事例中，我们可以理解什么是"图就之功，不如保已成之业"。这足以说明，知足则不败，划定底线则进退自如。

以上，关于知足与否的正反两方面的事例及相应道理，最终可归结为老子在《道德经》(《老子》)中所最早提出的两个命题，即"知足不辱"，此乃其一；"祸莫大于不知足"，此乃其二。

因势利导，权宜之计

很多人都喜欢那种迎风挺立的傲松，认为没有定性的草不好。从另一方面来说，大家都承认的一个原则就是：骨气是每个人必有的。审时度势，相机而动。这就像墙上的草，迎风无力，任意东西，左右摇摆不定，风吹向哪里，便倒向哪边。

是的，一个人为人处世缺不得骨气，我们这里所说的相机而动，也绝非是要人们学墙上之草，随风任意摇摆。事物总是具有两面性，任何事物都有长处，也都有短处。正如孔子所说："择其善者而从之，其不善者而改之。"墙头之草固然是左右摇摆，但这也是一种求存之道。几尺高墙之上生有一草已属不易，寸土之上，瓦砾之间，独出新芽，婀娜于天地之间，这难道不是件奇事吗？墙头草自知身单力薄，生性柔弱，便避免与这强风劲吹分庭抗礼。相风而动，因风而摇。都说它错了，但是它却能保全自己，挺立于墙头之上。

礁石挺立于海中，与海浪争锋。排浪滔天，礁石却迎风顶浪，屹然不动，终落得千沟万痕，伤痕斑斑，坑坑点点。都说礁石好，却落得面目模糊，断肢残骸。因此，我们不能说墙上草就无可取之处，墙上草随风倒正是为了求存。试想，如果连自身都保不住，还有必要谈宏伟的理想，远大的志向吗？还创什么宏图大业。有这么一个传说故事：

有一个国王与北方的一个国家打仗，来到一条大河边，河水滔滔，波浪翻滚，湍流如箭，没有船桥，无法过河。当时又值九月，离河水封冻尚早。国王在河边率兵马无计可施，军心浮动，士气不高。国王心急，便派一人出去观看河水冰冻情况，那人跑到河边一看，河水滚滚，毫无冻冰之象，便跑回来报："回国王，河水毫无冰冻之迹象。"

国王听罢，非常生气，一挥手："拉下去，杀了！"

一声令下之后，那人被推出去砍了头。国王又派一人出去察看，那人来到河边。河水汹涌，依旧奔腾不息，浪花翻滚，哪里有半点封冻征兆，那人回来如实回报："国王，河水的确没有冻冰之迹象。"

国王问也不问，同样说了一句："推出去，杀！"

第二人又被斩头。

国王又派第三个人去探看，那人到河边观望，河水奔流如故，他并不比前两个人多看到什么，但他回来后，没有如实报告，而是随机应变说："河水已经封冻，冰层厚盈几尺，如钢浇铁铸，大兵即可渡河。"

国王大喜，说："重重赏他，传令三军，今晚渡河。"

第三人非但活命，而且得了重赏。当夜晚间国王率兵踏水而过，顺利渡河。

我们先不讨论故事本身是真是假，但其中的道理却是让人深思。第一个人和第二个人都如实回答，遭到的却是灭顶之灾。第三个人随机应变，审时度势，却领了重赏。国王让看河水冻结与否的目的在于稳定军心，而绝非河水本身。前两个人，思想僵守，不懂应变，杀身之祸在劫难逃。第三人善于思变，巧妙回答，点中了国王的心事，从而得到了国王的赏识。

做人不要太死板，许多时候善意的谎言是必要的。任何事物都有其负面的影响。善意的谎言不是地地道道的欺骗，而是以使别人快乐为目的。任何"善意的谎言"——借口，都有润滑作用，使用借口的人可以用它来保护自己或避免伤害别人。

汉武帝时有个叫东方朔的大臣，他性格诙谐幽默，善于审时度势，相机而动。在一个三伏天，武帝给朝臣赏赐肉食。大家等了半天，负责分肉的官员却一直没来。东方朔不耐烦了，对同僚说："按照我朝先例，三伏天上朝可以早退，所以不好意思，我先领自己的那份肉去了。"说罢，他便拔出佩剑，切了一大块肉，扬长而去。负责分肉的官员知道后，非常气愤，就到皇上那里告了东方朔一状。

第二天上早朝的时候，武帝果然厉声斥责，东方朔立刻摘下帽子，俯伏在地，听候处置。看他一下子这么听话，武帝一下子童心大起，想要捉弄他一番，于是说道："你要是真心悔改，就当着大家骂自己一顿，嗓门放大点！"东方朔恭敬地拜谢完毕，一本正经地站了起来，扯开嗓子大喊了起来："东方朔呀东方朔，没等陛下分赏，就擅自拿走赐品，真是无礼之极！拔出佩剑，大块切肉，简直壮烈之至！那么多肉，只取小小一块，堪称寡欲的楷模！一口没吃，全部带给老婆，更是疼爱妻子的表率！"

话未说完，武帝就笑得合不拢嘴了，大臣们也笑倒了一大片："真有你的！本想让你丢一回脸，没想到却看了场好戏！"笑够了，武帝特地赐了一石酒和一百斤肉给东方朔。

东方朔懂得审时度势，相机而动，才使自己不被治罪，因而还受到赏赐。

察人之法

知人难，但不是不能知。如果想知道一个人是否忠诚，可以派他到遥远的地方办事就可以看出来；如果想观察他是否尽职，让他在跟前办事就可以观察出来。一个劲儿让人做繁杂的工作，可以看出他有没有临烦不乱的才能，突然间向一个人提问可以观察其机智。有连续不断之应变能力的人，是有谋略的人。可以用仓促间和一个人约定的办法来观察他是否守信用，办事过程中不向你隐瞒消息，就可以称作有信用；使一群人杂然而处，看某个人的神色变化，就能发现其人的种种隐情；让人随便看各种各样的东西，可以观察出他对什么事是坚持不变的。

　　知人最难的就是难以分辨真假。如果一个人的修养是源于道家，他就会言谈自然，崇尚玄妙虚无；如果是出自儒家，一开口就是礼仪制度，崇尚公平正直；如果是出自纵横家，就好谈论权力、机变，崇尚改革、变法。诸子百家各有不同的追求，知人之难就是各有不同的长处，分辨他们的不同。当一个人静默不动的时候，怎样才能知道他将如何行动？当一个人说话的时候，怎样才能知道他真正想说的是什么？在他从政的时候，会做出怎样的业绩？在他赋闲的时候，他的学识怎样？这四种情况虽然各不相同，仔细观察，总能发现它们的不同。所以这也不是我们所说的难处。我们所说的难处，是指有的人说起话来引经据典，头头是道，实际上是在为自己的阴谋奸诈找理论根据：看风使舵，八面玲珑，受了侮辱却标榜自己如何如何品德高尚；贪得无厌却满口清正廉洁；残害众生却偏说自己多么仁慈；怯懦无能却说自己英勇非凡；为人奸诈却要信誓旦旦；淫荡好色偏偏装出坚贞不贰的样子。凡此种种的伪君子，都有一套以假乱真的技巧，会花样翻新地混淆人们的视听。有德行的人，力求使自己的内心纯洁空灵，虚心平和地待人，任凭外界物欲横流，但永不动摇端方正直的立身总则。明白了这些，才算明白了最正确的观察人的方法。百家九流，都

有他们一贯坚持的原则。内心有了正确的观察人的方法，对外坚持原则，那些千方百计伪装的阴险小人就无处藏身了。谁都会空唱高调，但只要以实践检验其实质，那么就能很快辨清是非了。

在人们都睡着的时候，就无法分辨谁是盲人；当人们都不说话的时候，谁都不知道谁是哑巴。醒了之后让他们看东西，提出问题让他们回答，盲人和哑巴就无法隐瞒了。看口齿，观毛色，即使是最优秀的伯乐也看不出哪个是好马，只要让马驾车奔驶，就是不善相马的奴仆臧获也能辨别是好马还是驽马；从一把宝剑表面的颜色和铸锻的纹理去鉴定，就是善观剑的欧冶子也未必知道好坏，只要在地上宰狗杀马，在水里斩截蛟龙，即使是蠢人也能分辨剑的优劣。这样看来，最高明的办法就是通过实践考察事情、人物的真伪。

这里总结了古人想要了解一个人的很多实用办法。如果你想知道一个人语言的表达能力，可以向他隐晦含糊地突然提出某些问题；连连追问，直到对方无言以对，可以观察一个人的应变能力；与人背地里策划某些秘密，可以发现一个人是否诚实；直来直去地提问，往往能看出一个人的品德如何；让人外出办理有关钱财的事，就能考验出他是否廉洁；还有一种方法，就是把钱财交给他，由他支配，可以观察他是否仁义，或者让他面临有利可图的事情，也可以看出他是否廉洁；用女色试探他，可以观察一个人的节操，或者让他待在令人兴奋的美女身边，就能知道他是不是一个淫乱的人。

通过观察一个人的居室，就能大致估计出他的亲朋好友是些什么人，志向如何；经常接近一个人要体味他说话的真意；一个人倒霉、穷困时要看他不喜欢什么东西，看他不敢做的是什么，会不会做坏事；贫贱时要看他不爱做什么事，这样就能看出他有没有骨气；在一个人高兴时能检验出他是否有自制力或者是否轻佻；快乐时能检验出他的嗜好是什么，是否俭朴；让人发怒可以考验他的本性优劣；或者用仇人触怒他，可以看出他是不是个记仇的人；让人悲伤能知道一个人是否仁爱，因为宅心仁厚的人见别人悲哀也就会与之同哀；艰难困苦可以考验一个人的志气。

有小聪慧的人，在小时候就能有所表现。所以说，文才本于辞藻丰富，辩才始于口齿伶俐，仁爱出于慈善怜恤，好施生于大方，谨慎生于畏惧，廉洁起自不拿别人的东西。壮年人，要看他是否廉洁实干，勤恳敬业，大公无私；老年人，要看他是否思虑慎重，各方面都衰退了，身体精力都不济了，是否还要拼命挣扎。父子之间，看父亲是否慈爱、儿子是否孝顺；兄弟之间，看他们是否和睦友善；朋友之间，看他们是否讲信义；君臣之间，看君主是否仁爱、大臣是否忠诚。我们把这些用以识别区分人的方法叫"观诚"。

用人有原则

《淮南子》上说："天下最毒的药草就是附子，但是高明的医生却把它收藏起来，这是因为它有独特的药用价值；麋鹿上山的时候，善于奔驰的大獐都追不上它，等它下山的时候，牧童也能追得上。这就是说，在不同的环境中，任何才能都会有长短不同。比如胡人骑马方便，然而一旦换过来去做，就显得很荒谬了。"

每个人做自己能做的事，从而使每个人的特点都得到了充分发挥。管仲在向齐桓公推荐人才的时候说："对各种进退有序的朝班礼仪，我不如阴朋，请让他来做大行吧；开荒种地，充分发挥地利，发展农业，我不如宁戚，让他来做司田吧；吸引人才，能使三军将士视死如归，我不如王子城父，请让他来做大司马吧；处理案件，秉公执法，不滥杀无辜，不冤枉好人，我不如宾胥无，请让他来做大理吧；敢于犯颜直谏，不畏权贵，尽职尽忠，以死抗争，我不如东郭呀，请让他来做大谏吧。你若想富国强兵，那么，有这五个人就够了；若想成就霸业，那就得靠我管仲了。"黄石公说："起用有智谋、有勇气、贪财、愚钝的人，使智者争相立功，使勇者得遂其志，使贫者发财，使愚者勇于牺牲。用兵最微妙的权谋就是根据他们每个人的性情来使用他们。"

基于这一道理，魏武帝曹操下诏说："有进取心的人，未必一定有德行；有德行的人，不一定有进取心。陈平有什么忠厚的品德？苏秦何曾守过信义？可是，陈平却奠定了汉王朝的基业，苏秦却拯救了弱小的燕国。这就是因为他们都发挥了各自的特长。"由此可见，让韩信当谋士，让董仲舒去打仗，让于公去游说，让陆贾去办案，谁也不会创立先前那样的功勋，也就不有今天这样的美名。所以，"任长"的原则，应当仔细研究。

魏时桓范说："审时度势，合理使用人才。是帝王用人的原则，打天下的时候，以任用懂得军事战略的人为先；天下安定之后，以任用忠臣义士为主。晋文公重耳先是遵照舅舅子犯的计谋行事，而后在夺取政权时又因雍季的忠言奖赏了他。汉高祖刘邦采用陈平的智谋，临终时把巩固政权的重任托付给了周勃。"古语说："和平的时期，品德高尚的人受到尊崇；战乱发生的时候，战功多的人得到重赏。"诸葛亮说："老子善于养性，但不善于解救危难；商鞅善于法治，但不善于施行道德教化；苏秦、张仪善于游说，但不能靠他们缔结盟约；白起善于攻城略地，但不善于团结民众；伍子胥善于图谋敌国，但不善于保全自己的性命；尾生能守信，但不能应变；前秦方士王嘉善于知遇明主，但不能让他来侍奉昏君；许子将不能靠评论别人的优劣好坏来笼络人才。"这就是用人之所长的妙处。

济人利物行好事

接济、救济和帮助别人就是我们所说的济人。利物则是指为一切有情感、有意识的生物谋取福利与安乐，也就是佛教所说的利乐有情（众生）的意思。为了让我们彼此的人生多感受一些春天般的温暖，为了让我们生活的世界多保留一些鱼跃鸟飞的生机，为了让我们的后代依然拥有广阔的天地，在日常生活中，我们要多一点平常心的智慧，对地球多一点平常心的敬畏与尊重。因此，我们一定要牢记济人利物的原则，更要具体地履行它。

洪应明认为，每当时光又将天地万物带入温暖祥和的春天，自然界就会呈现出一派万紫千红、莺歌燕舞的生机蓬勃的景象。生活在其间，连鲜花也会为辽阔的大地铺列出一段又一段春色，小鸟也会自由地飞翔唱出几声赞词。那么，作为万物之灵长的人呢？有气节的读书人（士君子），倘侥幸崭露出了头角，又能过着衣食不愁的温饱生活，却不思在人世间写出好文章、为他人做好事。那么，即便是长命百岁，也等于没在世上活过一天。他更为强调，士君子在济人利物时，应该务实，而不应追求虚名。否则，对自己的道德修养就会有所损害。

济人利物之举，可具体落实在许多方面上。

"从热闹场中出几句清冷言语，便扫除无限杀机"说的是在人声沸沸扬扬的危急关头，善于济人助人者，道出几句既在理又为关键人物所接受的清言冷语，就能圆事于股掌之中，救人于虎口之下。

春秋时期，楚庄王拟用大夫之礼来礼葬一匹刚刚病故的爱马，对于直言进谏的大臣们则要格杀勿论。一时间，朝堂之上，正直的大臣们全被隐含着无限杀机的氛围所笼罩。

楚国宫廷内的优孟（一位名叫孟的以乐舞戏谑为业的滑稽艺人）听到这件事后，就来到了楚庄王前，边哭边说："堂堂的楚国，仅以大夫之礼来安葬大王所钟爱的马，太寒碜了！应以君王之礼来埋葬它。因此，就应用玉石雕棺，用梓木做椁，派军卒去挖墓道，派老者弱者去背墓土，下令齐、越、韩、魏国的来使参加陪祭，像祭太庙一样，让有万户人家的县邑负责拜祭。这样，其他诸侯听到了这件事，就会知道大王是怎样轻贱人而贵重马了。"

优孟的这番话说得既谐又庄、似褒实贬、语顺意谏，终使本欲一意孤行的楚庄王收回了成命，也将朝堂上那无限的杀机一扫而光。

优孟有着机智的才思与敏捷的口才，可以堪称济人方面的高手。他的诀窍，是先顺着楚庄王的思路来思考，并有过之而无不及，从而将这种思路的谬误及其不可弥补的害处，真切地揭示了出来，用以子之矛攻子之盾的手段，达到了说服对方的目的。

如果想要除去杀机，重要的是要去掉杀心。即使是闲逸事如水边垂钓，钓鱼者的手中也持着对鱼虾的生杀之柄；即使是清雅戏如手弈一局，对弈者的心中也会涌动着争强好胜的意念。可见，喜欢这种蕴含着杀心与杀机之事，不如省去这些事，多一事不如少一事；多了这些能耐，不如没有这些能耐，如此更能接近自然之纯真。人处世上，不必处处想着邀功，没有过失便是功。多些反省，我对人有功，不可念念不忘，而因我而产生过失，则不可忘记，要多加反省。

可见，济人不仅仅是在物质金钱上接济别人。在日常生活的许多场合中，善于济人者，即使囊乏一文，也是可能用一两句或由衷，或温存，或正确的话语来救济、帮助那些需要帮助、安慰与提醒的人们的。比如，对一些因电路火灾而惊呆、茫然无措者，及时说一声"快拉电闸"就可能免除或是减轻一场灾难的降临。这些都是解人于痴迷、救人于危难的行为，是见义勇为、济人助人精神的表现，正合"救人一命，胜造七级浮屠"之说。

在物质利益上济助别人，通过花费千金来巴结权豪和纳容贤士，哪里比得上倾尽自己仅有的半瓢米去接济那些饥饿者呢？通过构建豪华的房舍来招徕宾客，哪里比得上用茅草来覆盖那些破漏的茅屋，以庇护天下的那些家世寒微的读书士子呢？此项意识，既反映出了他关于做人须耿介刚直的意识，也反映出了他对天下贫苦者温饱要求的同情与支持。

因此，在济人方面，具体到是济贫或是济富的问题，他的答案是：济贫更为重要。做个比喻，即是认为"雪中送炭"较之"锦上添花"，更为迫切也更为必要。所以，洪应明为人处世的观点告诉我们身贫者以一言来醒人救人，也就建树了不可限量的功业与德行。这是由其本性所衍发出的益人助人的恩泽。

"安得广厦千万间，大庇天下寒士俱欢颜，风雨不动安如山？呜呼！何时眼前突兀见此屋，吾庐独破受冻死亦足。"这是诗圣杜甫的博大、蕴含无限爱意的胸怀。洪应明在利物济物方面，则是提倡心萌一点不忍之念，长养一种恻隐之心，也就是怜爱天下万物之心，不忍伤害天下万物，不忍杀生之念。不忍的程度，借用并略改苏东坡的两句诗来论述，是："为鼠常留饭，怜蛾纱罩灯。"（苏东坡的原诗句是："为鼠常留饭，怜蛾不点灯。"即因怜惜老鼠会因缺吃而饿死，就经常

有意识地为老鼠留一些饭粒；因为怜惜扑火自焚的虫蛾，就专门用纱布罩灯，以免火焰伤及虫蛾）这自然是就极端的情况而举的例子，对于在秋收时深受老鼠之害、在夏夜时深受虫蛾之扰的人们来说，这种养鼠护蛾的观点似乎过于迂腐。为什么要有一种养鼠护蛾之心呢？这是使黎民百姓得到教养（生民）、使万物得以繁衍生长（生物）的根芽基础。这是我们能赢得身心新生的契机，缺了这种契机，人就仅是徒

具土木形骸的行尸走肉而已。这样看来，培养一颗博大而慈爱万物之心是多么重要。一次，程颐见到宋哲宗随手折断了一条柳枝，就声色严肃地说："正值春天和暖的季节，草木万物正在发芽生长，不能够无故地摧残折断它们。"

程颐严肃地指斥宋哲宗折断柳枝，则是说明人在万物欣欣向荣的春天，不应无端地对弱小的动植物施以强暴，以免将损毁生命的遗憾留在自己的身后，从而既防止了损坏大自然的俏丽和谐的面庞，也使人杜绝萌生那种荼毒生命的残暴心性。从这种立场出发，就很容易理解古人主张人在春游时，不应轻易摧叶折枝，以及"劝君莫打三春鸟，子在巢中盼母归"之类的劝诫。

第二条理由，则是从人类应该通过具体护生行为来培养出慈爱万物之心的角度而言的。在这方面，曾作《护生画集》的现代艺术名家丰子恺居士，"我的护生之旨是护心，不杀蚂蚁非为爱惜蚂蚁之命，乃为爱护自己的心，使勿养成残忍。"这段话就说得非常在理。

《伊索寓言》中的一则故事，同样也涉及类似的认识。

在海边，一位哲学家目睹了一艘船沉没遇难，船上的水手和乘客全部被淹死了。

哲学家便抱怨上帝不公，只因一个罪犯偶尔乘坐这艘船，上帝竟然让全船无辜的人都死去。

正当他沉迷于抱怨时，他发现自己被一大群蚂蚁围住了。原来，他正站在蚂蚁窝旁，有一只蚂蚁便爬到他脚上，咬了他一口。

顷刻间，他就用脚将这些蚂蚁全踩死了。

这时，天神赫耳墨斯现身了，并用棍子敲打着这位哲学家，说道："你自己也和上帝一样，如此对待众多可怜的蚂蚁。你也不能做判断天道的评判者。"

可见，相应的意识重要，知行合一就更为重要。

据此，再去理解洪应明所提倡的养鼠护蛾之心，即知这只不过是就极端例子而列举的护生之心。既然能连鼠蛾都予以呵护，那么，天下还有什么生物的生命不应予以呵护呢？所以，我们所应培植并予以珍惜的，正是这种济物护生之心，而不必拘泥于那种养鼠护蛾之说（鼠蛾毕竟还是害虫）。

于是，从这种济物护生之心出发，我们更欣赏在影视文学作品或现实生活中所见的这样一些场景：或是一个饥渴难忍的濒临绝境者，连滚带爬地来到了一条溪水旁，喝了水后，刚缓过气，他就为自己所发现的一朵花或一条小鱼、一条小蝌蚪，感到无限的喜悦，他小心翼翼地给这朵花浇水，或将那条鱼、那条小蝌蚪轻轻地放入水中，让它们再次自由自在地遨游在碧波里。

这些，绝不仅仅是一些富于闲情逸致和诗情画意式的场景，因为从中，我们可以感悟到人与其他生物种类的情感沟通。学会珍惜爱护其他生物种类的生命，也养成了热爱生命的和平之心，这正是人类无愧于万物之灵的称誉的表现之一。

洪应明在《菜根谭》中的观点认为，人们在闲暇中，流连于动植物之间，常识虽多认为木石偏枯了一些，鹿豕则不乏顽蠢，但它们都是天地生机的体现，都相通于人的真如本性。

依据济人利物的原则做了以上的阐述之后，很容易认同洪应明所论及的三条原则，即：

（1）在处世时，不能自欺欺人，也就是说，要凭良心去做人做事；

（2）在与别人交往时，不要逆悖别人的真情实意，要合群，要随缘；

（3）在向自然索取物质财富时，要注意适量适度，不做不留余地的搜刮之举，避免类似竭泽而渔的蠢举。

洪应明论及这三条原则的立场，带有他的时代认识的特色，如认为这是为天地立心、为生民立命的意识。另一方面，他主张为子孙造福的意识，则是十分正确的远见卓识，一代又一代人的不竭物之举，正是为了造福而不是遗祸于后世。在今天，此点尤有强调的必要，是因为地球上的不少地区，人们已经在不顾后果地滥伐森林，滥采矿藏与原油，人类也正因此而逐渐领受到了大自然的惩罚与报复。现在，已经到了迫切需要采取具体措施来实施不竭物力的思想之时了。

孔子曰："四时行焉，万物生焉，天何言哉！天何言哉！"确实，天地有大美而不言。如果人类对于生养我们的地球继续做贪婪无度的破坏性摄取，等到有一天，春天不再有鸟鸣花香，地球温室反应更高，不再有瑞雪飘飞的冬天，人间也就没有好时节了。

欲知其人，观其所使

听人说话，必须弄清他的本意；看人做事，必须对照其结果；观察别人的品行，必须考察他的实绩。喜欢许诺的人说话不一定守信用，能说会道的人不一定能够身体力行，能够身体力行的人不一定能说会道；大声叫骂的人未必就是勇敢的人，说话温和的人未必就是怯懦的人；说话迟钝寡言少语的人不见得愚蠢，巧舌如簧滔滔不绝的人不一定聪明；粗鄙朴拙不听话的人未必会背叛，承欢顺命使人满意的人不一定忠诚。因此，通过观察人的言行举止就可以了解一个人。

观察人的办法，逃不过眼睛，因为眼睛不能掩藏人内心的丑恶。光明正大的人，眼睛明亮坦诚；心术不正的人，眼睛昏暗闪烁。听人讲话时，注意观察其眼神，此人的善恶好坏又怎能隐藏得住呢？评价人物应当评论其是与非，不应计较其成功或失败。看人应在遇到大事、难事的时候看其能否胜任自如，在逆

境、顺境中看其襟怀和气度，在喜怒之际看其涵养，在和众人的言谈举止中看其见识。利害关头可以观察出人的品行节操，喜怒之际可以观察出人的涵养肚量。对于地位尊贵的人要看他的举措是否合适，对于富有的人要看他的施舍是否慷慨，对于不得志的人要看他是否非义不受，对于地位低下的人要看他是否非礼不为，对于贫穷的人要看他对钱财是否非应得不取。根据其经历的患难，可以知道一个人是否勇敢；用人所喜乐之事加诸其身，可以观察一个人的操守；一个人有没有仁德，委托以财就可得知；用恐惧之事来震慑，可以了解一个人的气节。这都是评价一个人的方法。

防谗防奸，确保平安

谗言是诬蔑不实之词。由于别人的胜利，自己的失败，造成自己处于劣势，一时无法打败对手，只能靠谗言的力量来诋毁对方。或是由于对方的功劳高于自己，于是产生了妒忌心理，没有办法宣泄，也不可能击倒对手，只好背后打小报告，进谗言。谗言害人，谗言也误国。作为领导者，应该有自己的主见，用人不疑，不要听信小人的谗言，这样才能上下一心，成事立国。

《史记》中记载，韩非虽然写了完美的《说难》一书，但自己却难逃悲惨的命运，并且指责韩非的思想过于理智，缺乏感情。他有这样的悲惨结局就是没有提防之心。

韩非是战国末期的思想家，原是韩国公子，与李斯同出于荀卿门下。曾多次上书韩王，倡议变法图强，但都没采纳他的倡议，于是他发愤著书立说，宣传自己的思想。后来秦王政看到了他的著作，慕其名，遣书韩王，强邀韩非使秦。在秦，因为他的才能被李斯所妒，不仅没有得到发挥，最后为李斯、姚贾所诬害，冤死狱中。而妒贤嫉能的李斯，最终也没落得好下场。

韩非天生口吃，因此与别人说话总是结结巴巴。但是他擅长写文章，对人性心理的观察很敏锐，是荀卿门下最优秀的门生。

当时韩国衰败，受到他国侵略。领土愈来愈狭小。韩非屡次向韩王提出建议，要求打破现状。韩王不喜欢口吃的韩非，根本无视他的建议，也不打算进行改革。

韩王身边围绕的都是阿谀奉承的人，韩王重用他们，使他们肆无忌惮。但是对国家来说，最重要的却是制定法令制度，以王权治理国家，富国强兵，并寻求真正有才能的人，提拔真正的贤者。

因此，廉明正直的韩非，感叹小人当道及自己的不得志，认清了自古以来王者的政治得失与成败，写了《孤愤》、《五蠹》、《内外储说》、《说林》、《说难》等十余万字的书，就是后来的《韩非子》。

韩非本是天才的说服家，但一直没有能够发挥他的才能。韩非受到韩王的疏远，认为韩国的前途渺茫，他分析天下的形势，认为将来必定是秦称霸天下。

郑国为战国时著名的水利专家，曾开凿郑国渠。水工郑国被派遣到秦国建设大规模的灌溉工程，本来是韩非的策略。后来郑国叛变，巴结秦王，使秦国集中兵力攻击韩国。

郑国在进入秦国时，曾以韩非的书献给秦王政，这就是《孤愤》、《五蠹》二书。

秦王政读后感叹地说："这么出色的书，如果能与韩非见一面，死而无憾。"

当时秦王并不知道韩非这个人。

"韩非是与我同门的韩国人。"客卿李斯惶恐地对秦王说。

李斯是楚国人，与韩非同是荀子的门下，但成绩却不及韩非，后投效秦国，是吕不韦的食客之一，因此能够接近秦王而成为幕僚。

秦王立刻派遣使者到韩国，要求见韩非一面。秦王指名要见韩非，韩王心乱如麻，心想：虽然韩非看起来很不起眼，秦王却想招揽他，或许他真的是一个人才。如果真是人才，实在舍不得出让。而且韩非一直受到自己的冷落，不知道会在秦王面前说什么对自己不利的事，因此深感不安，但又不能拒绝秦王的要求。

韩非到了秦国，向秦王上书，建议打破六国合纵的盟约，阐述统一天下的策略，秦王非常高兴。

李斯害怕韩非会取代自己的地位，就向秦王说："韩非是韩国人，秦王想并吞诸侯之地，韩非必定会为自己的祖国韩国打算，而不会为秦国设想，这是人之常情。现在他长期留在秦国，一旦遣送回国必将为害我国。最好的方法就是施以酷刑，杀了他。"

秦王听了他的话，逮捕韩非入狱。

韩非虽想为自己辩白，却无法把自己的意思传达给秦王。李斯派人送来毒药，并附带一封信："秦国重臣对客卿甚为不满，决定将他们全部放逐，当然也不会让他们这么回去，自己服毒自杀吧！"

韩非终于明白，服毒身亡了。

后来，秦王很后悔逮捕韩非入狱，于是匆忙下令赦免，但韩非已自杀身亡。

用人不刻，刻则人离

凡用人过刻者皆不得成事，而用人"贵适用、勿苟求"的皆有奇勋。

三国时，诸葛亮足智多谋，但在用人方面却存在着"端严精密"的偏见，他用人"至察"，求全责备。正如后人评价他时所说："明察则有短而必见，端方则有瑕而必不容。"他用人总是"察之密，待之严"，要求人皆完人；而对一些确有特长，又有棱角的雄才，往往因小弃大，见其瑕而不重其玉，结果使其"无以自全而或见弃"，有的虽被"加意收录，而固不任之"。例如，魏延"长于计谋"，而诸葛亮总抓住他"不肯下人"的缺点，将其雄才大略看作"急躁冒进"，始终用而不信；刘封本是一员勇猛战将，诸葛亮却认为他"刚猛难制"，劝刘备因其上庸之败而趁机除之；马谡原是一位既有所长也有所短的人才，诸葛亮在祁山作战中先是对他用之不当，丢失街亭后又将其斩首。正因为其对人处之苛刻，而使许多官员谨小慎微，以至于临终前将少才寡。与诸葛亮相反，齐桓公小白对与人争利、作战逃跑而又怀有箭杀之仇的管仲却不责之过刻，委以重任，而使管仲竭心尽力，最后使得齐国"九合诸侯，一匡天下"，称雄一时。

在春秋战国时代首先称霸的是齐桓公，原因多在依靠他的参谋管仲。

桓公名小白，原是齐国公子。管仲原本是小白之兄公子纠的师父。齐国的君主僖公死后，各公子相互争夺王位，到最后剩下公子小白与公子纠的争夺。管仲为了替公子纠争王位，还曾用箭射伤公子小白。争夺的结果是小白回到齐国继承了王位，是为齐桓公。帮助公子纠争王位的鲁国在与齐国交战中大败，只得求和。桓公要求鲁国处死纠，并交出管仲。

消息传出后，大家都同情管仲，因为被遣送到敌方去无疑是要被折磨致死。有人就对他说："管仲啊！与其厚脸皮被送到敌方去，不如先自杀。"但管仲只是一笑了之。他说："如果要杀我，当初就该和主君一起被杀了。如今还找我去，就不会杀我。"就这样，管仲被押回齐国。

意想不到的是，桓公马上任用管仲为新政府的宰相，这连管仲也没有想到。

管仲备受重用，是因为桓公原来的师父鲍叔牙的推荐，他和管仲自幼就是密友。鲍叔牙也是个出色的人才，原本在桓公继位后，要出任宰相。但是他却对桓

公说："如果大王只认为当上齐君就满足了,或许我可以胜任;如果想称霸天下,我的才能还不够。只有任用管仲为相,才能达到目的。管仲的才干是天下无人能比的。"

鲍叔牙自己引退而力荐管仲,尤其是提拔一个该杀的敌方谋士为相,令左右的人感到惊讶。而明智的桓公却因鲍叔牙一席天下霸业的话,决定赌上一赌。

果然,管仲处事敏捷,事事谨慎,判断正确,在关键时刻能迅速解决困难,掌握整个局面。

凡事学会换位思考

孙膑从魏国到了齐国,齐威王十分高兴。他早就从元帅田忌那里听说,孙膑精通兵法,有智有谋,是个难得的人才。不过,齐威王还没有亲自领教过,他很想找机会试一试孙膑的智谋。

有一天,齐威王由元帅田忌和其他几个大臣陪着,与孙膑一块儿来到一个山脚下。齐威王对周围的人说："你们谁有办法让我自己走到这座小山顶上去?"这道考题出得未免太怪了。大家端详了一下小山,又你看看我,我看看你,谁也想不出什么好办法来。

过了一会儿,元帅田忌说:"现在正叶落草黄,在周围点起一把大火,陛下就得往山上走。""这是用火攻。"齐威王说,"也是一个办法,不过太笨了点。""再就是用水淹。"一个大臣这么说,齐威王摇了摇头,没作声。"要引外国军队打进来,包围起这座山,不怕陛下不上去。"一个大臣心里这样想,不过没敢说出口。大家想来想去,都说实在没有什么好办法能让陛下自己走上山。

这时,齐威王问孙膑:"你有什么办法能让我走上山吗?"一直没出声的孙膑,见威王问,十分为难地说:"陛下,我没有办法让你自己从山脚下走到山顶上去。可是,你要是在山顶上,我倒有办法让你自己走下来。""真的?""陛下不妨试一试。"于是,齐威王由元帅、大臣们簇拥着，往山顶走去。边走，齐威王边琢磨：孙膑能用什么办法让我自己走下来呢？大家也都边走边想：孙膑能有什么妙法呢？到了山顶，孙膑谦虚地对齐威王说："陛下，请饶恕我的冒昧，我已经让您自己走到山顶上来了。"

这时人们才恍然大悟。孙膑过人的智谋，赢得了每个人由衷的敬佩。孙膑运用聪明才智赢得了大家的赞许，更赢得了齐威王的赏识。

清咸丰年间，太平天国英王陈玉成、胡以晃的起义军，在安徽境地，遭曾国藩统领的湘军围剿。两军每次交战都非常激烈，却又总是难分胜负，暂时处于对峙状态。

一天，有人向曾国藩密报，说有些军人心存不轨，劣迹累累，经常去民家抢劫财物、调戏民女。曾国藩听说后，便到乡间微服私访，了解到许多良民对依仗权势欺压他们的贪官污吏，非常痛恨，对一些地主的强横恶霸之行，更是敢怒不敢言。人们怨仇在心，却不敢向衙门检举控告。曾国藩将了解的情况对下属们说了，有人建议在营署前挂一个大箱子，然后张贴文告：凡是地方有人想控诉某人，可以用匿名信的形式，写好控诉文书投入箱内，定时派人从箱中取出文书，即行究办。曾国藩觉得此法可行，便很快采纳了。

文告贴出不久，果然很奏效，每天晚上开箱都取出许多信件。根据信中所检举之事，进行调查后查办了不少人。没有检举到的贪官污吏、恶霸闻听后，也将自己的行为收敛了不少。可是，也有许多不尽如人意的地方，一些心地不善、心术不正的百姓，因与人存有私怨，就捏造

事实投书控告，以泄个人私愤。一时投告之风四起，甚至有高风亮节、行正品优的官吏，因秉公办事，得罪了一些小人，这些卑鄙之徒，就借机诬告陷害。尽管最终都能查明为诬陷，但审判质询，往往令人很难堪，也极大地伤害了其自尊心。而担任主审判的官员，对这些无中生有的申诉，却又很难找到原告，以至于处理起来十分困难，弄得他们很烦恼。于是，有一位官员向城中的一位讼师求教，该怎样解决此类问题。

这位老讼师德高望重，经验非常丰富。他沉思了一会儿说："你放心，三天之内此事就会销声匿迹。"这位官员听后将信将疑，又不便多问，就谢过老讼师回去了。老讼师说这话后的第二天，曾国藩突然下令，将营署外的大箱子全部撤掉，停止投诉之事。

原来，老讼师写了十几张匿名控诉文书，都是痛斥曾国藩本人的。曾国藩对此既不能置之不理，可又实在查不出是谁写的。抓不到诬告人，只得夜夜反省自己，觉得自为官以来，总是竭尽职守、秉公办事，却竟然遭严厉的指责！想到自己所管辖的官吏，也会无缘无故地被诬告，那么，这文诉箱便与初衷相违了。留它还有何意义呢？只好取消了先前的命令，撤掉了文诉箱。

在遇到问题时，不要一条路走到底，转换考虑问题的角度，同样可以得到事半功倍的效果。做事情要动脑子，机智灵活。讼师的方法成功了，文诉箱成功地被撤除。既然不能解决它，那么就加剧它的矛盾，让它自己去退缩，这就是换位思考的结果。

听其言而观其行

孔子有个学生叫宰予，字子我，鲁国人。

宰予说起话来，言辞美好，妙语连珠，娓娓动听。起初，孔子很喜欢宰予，认为他将来能有所作为。可是时隔不久，宰予的毛病就暴露了。

一天，上课时间，宰予无故缺课。孔子一向重视课堂纪律，不准随便缺课，便让一学生去找宰予。那弟子回到课堂报告老师："大白天，人家宰予在房中睡得正香呢！"同学们哄堂大笑。

"吾以言取人，失之宰予！"孔子心怒，伤感地说，"腐烂的木头是不能雕刻的，废土筑的墙是不可粉刷的，对于宰予，我们还能再批评他什么呢？"孔子又说："从前，我听了一个人的话，就相信他言行一致；现在，听其言而观其行。我听了一个人的话之后，还要观察他的行为，这个改变，是宰予给我的启发。今后看人，就应听言观行！"

听到严厉批评之后，宰予认为老师的话是在生气的情况下说的，是爱护性的批评，而不是要抛弃自己。于是，主动找老师承认错误，表示请老师对自己"听言观行"。

宰予确实能够正确对待、虚心接受老师的批评。从此之后，把老师的批评教育化为力量，刻苦学习，注重德行修养，不断进步，终于成为孔门弟子中的佼佼者。

宰予以"言语"著称。孔子把自己的教学内容分为四科，并对四科的优秀生予以公示。德行：颜渊、闵子骞、冉伯牛、仲弓；言语：宰予，子贡；政事：冉有，季路；文学：子游，子夏。可见，宰予的言辞表达能力确实很强，排在了能言善辩的子贡前面。

宰予能力出众。他在出使楚国时，楚昭王要向孔子赠送一辆华丽的马车。宰予以孔子"言不离道，动不违仁"为由，代表孔子拒受如此大礼……楚昭王通过与宰予接触，并听楚国官吏评价宰予，惊赞道："在我的官吏中，没有一个能赶上宰予才能的。"孔子对宰予使楚甚为满意。

宰予还有很好的德行。陈蔡绝粮是孔子周游列国期间最困苦的阶段，宰予非但不叫苦，还鼓励同学们坚信夫子之道，努力克服困难，坚定不移地跟随老师，听老师讲课，帮老师做事。

从宰予虚心接受批评，不断进步中，孔子得出一条结论："不能以言取人，也不能以貌取人，只有'听言观行'，才能正确评价一个人。"

不能以貌取人

孔子曾说："君子不会因为别人讲得好听就举荐他，也不因为不喜欢某个人而否定他的言论。"

澹台灭明，字子羽，鲁国武城人。他出身书香门第，性格内向，体态粗矮，面目丑陋。

奉父之命，澹台灭明投入孔门，施礼拜师。孔子将子羽引进书房，让他谈谈家庭情况、此前学业、拜师求学的目的。他神情紧张，脸红心跳，显出一副窘态，站也不是，坐也不是，面容更加难看，言谈平淡无奇。他给老师的第一印象是资质低下，才薄欠敏，难以成才。孔子虽然同意收他为徒，但从谈及子羽的语意中，对他的发展前途并没有抱什么希望。

成为孔门弟子之后，子羽严格要求自己，努力加强个人的道德修养。早起晚睡，废寝忘食，勤奋读书，认真思考，不懂就向老师或同学们请教。同学们都认为子羽是个静思好问，苦学超常的好学生。

后来，孔子的学生子游（言偃）任武城宰。孔子问言偃："你在武城当父母官，发现人才了吗？"

子游说："学兄澹台灭明便是一个人才。他行走大路而不走捷径小路，为人光明正大，不投机取巧；没有公事，从不进我衙署。凡来官府，都是为了公事，不假公济私，不巴结官府，不利用同学关系办私事。"

孔子听后，点了点头。

孔子晚年时，一天，子游回家探亲回鲁后，即去看望老师，并汇报说："这次，我回老家吴国看望父母，听说子羽南游至长江一带，跟从的弟子达三百多人，招生有原则，教学有制度，形成了势力很大的学派，名声大，威望高，各诸侯国都传颂着子羽的名字。可见，他入孔门求学之后，学业成就是很大的！"

孔子上次听子游介绍了子羽的品德表现，这次又听子游介绍了子羽学业方面的成就，感慨地说："以貌取人，失之子羽。"

有错就改，是孔子一生的美德。孔子多次向学生们检讨当初对子羽认识的失误。他说："人不可以貌相，以貌相去判断一个人的德才，往往会有错误。我凭相貌判断人的品质、能力，结果，对子羽的判断就错了。"

说话委婉如春风

人们都说"佛要金装，人要衣装"。商品要有新颖的包装才会吸引顾客，女人要有漂亮的衣裳才能更显现出她的美丽风姿。而说话也要像商品和衣服一样，需要经过良好的包装才能让人接受和信服。俗话说"良药苦口利于病，忠言逆耳利于行"，但在现实中，真正乐于听取逆耳忠言的却寥寥无几。在人情关系学中，要注意尊重他人，即使是指责批评，也要加以包装和修饰，这样说才会让对方乐意地接受。

如果你去揭发别人的短处，别人也来揭发你的缺点，这样一个缺点就导致了两个错误。所以发现别人的不足，一定要善意地去帮助、去开导，当自己有缺点时也能得到别人的提醒，这样做不是更好！

生活中我们要努力做到以下几点：

（1）难以启齿的话，要用机智与笑话包装起来。

大家在所难免都会遇到必

须讲一些难以启齿的话的时候。这种时候，如果直接说"实在很伤脑筋"、"很麻烦"，很可能引起对方的反感，或者让对方产生不快。如果把想说的话用机智与笑话来传达，以比较委婉的方式，对方就会一笑置之，既不伤害到对方，说的人心理也不会有很重的负担。

（2）警告别人时不要指出缺点，而要强调如果纠正过来会更好。

有位公司经理慨叹纠正别人实在难，稍微提醒一下部属，部属不是置之不理，就是越变越坏。这位经理只是指出对方的缺点加以批评而已。他如果换一种方式，强调矫正过来会更好，那就会是另一种情况。

有位足球教练在纠正选手时，不说"不对，不对"而说"大致上不错，但如果再纠正一下，结果会更好"。这样，他并没有否定选手，而是先加以肯定再纠正。也就是说先满足对方的自尊心，然后再把目标提高。如果只是纠正、警告的话，只会徒然引起选手的反感，那样是不会有什么效果的。

（3）传达坏消息时，要附加一句"令人无法相信"。

听到坏的消息的时候，心情总是沉重的。所以，这个时候就需要一些思考，把话说得婉转一些。

直接说"你有如何如何的谣言"，前面加一句"虽然我不相信……"那么对方所受到的冲击就会轻很多。有一位初中教师，他对成绩退步的学生说："实在难以置信，你考这样的分数。"如果老师能换一种方式说话，那位同学下次成绩一定会提高。倘若只是传达事实的话，机器人也办得到，但效果却不会令人十分满意。但是，"令人难以置信"这句话只是传达事实显示出的则是机械所不具备的机灵。

（4）不小心提到对方的缺点时，要加上赞美的话。

每个人都曾有不小心说话伤到对方或对对方不礼貌的时候。话一旦说出来就无法收回，现场气氛就不好了。这种情形大多数人都会连忙辩解，或者换上温和一点的措辞，这实在不是好方法，因为对方认为你心里这么想才会出言不逊。这种时候不要去否定刚才说出来的话，要冷静沉着，若无其事地附带说道："这就是你吸引我的地方，但是，你也有什么什么优点，所以表面上的缺点更显得有人性。"人们所说的最后一句话总是留给人很深印象，附加赞美的话，对方便认为结论是赞美的，即使前面说过令人不愉快的话，也不会放在心上。

（5）假托第三者传达对对方的批评可以一石二鸟。

某企业的经理说，他的公司有几位兼职的女职员言谈很不高雅，甚至对他这个上司说起话来像对待朋友一样。有一天，他告诉一个已经任职两三年的女职员："最近的年轻人说话有点随便，请你代我转告一下好吗？"结果却很令人意外。那几个兼职的女职员谈吐多少有所改善，而那个负责转告的女职员对自己的谈吐最为小心翼翼。恐怕是"最近的年轻人"这句话让那个女职员觉得自己也包括在内。

主管也没想到这会对女职员有所影响。这也可以用作批评别人时的方法，也就是说托诸"第三者"而不要直接批评。如此一来，对方就会虚心接受而不太会产生反感。但是这种托诸"第三者"的批评，要掌握好尺度，不要太过明显，让人觉得像"指桑骂槐"就不好了，这是非常值得注意的。

睿智者韬光养晦，至人逊养而公善

嫉贤妒能，是每个人的本性，所以有才华的人会遭受更多的不幸和磨难。《庄子》中有一句话叫"直木先伐，甘井先竭"。一般选用木材，多选择笔直的树木来砍伐；水井也是涌出甘甜井水者先干涸。由此可见，人才的选用也是如此。有一些才华横溢、锋芒太露的人，虽然容易受到重用提拔，但是也非常容易遭到嫉妒。聪明，是一件好事。但如果因此而处处显得比别人聪明，甚至总是依仗聪明不把别人放在眼里，甚至有些盛气凌人的感觉，这样不会有什么好处，往往还会把自己置于十分危险的境地。

在历史上，以聪明人自居而招灾惹祸的例子非常之多。

隋代的薛道衡，13岁时，能讲《左氏春秋传》。隋高祖时，做内史侍郎。炀帝时任潘州刺史。大业五年，被召还京，上《高祖颂》。炀帝看了不高兴，说："这只是文辞漂亮。"拜司隶大夫。炀帝自认文才高而傲视天下之士，不想让他们超过自己。御史大夫乘机说道衡自负才气，不听诏示，有无君之心。于是炀帝便下令把道衡绞死了。所有人都认为道衡死得冤枉。他不就是太锋芒毕露遭人嫉恨而命丧黄泉的吗？如曾帮刘邦打天下立下汗马功劳的韩信，官封淮阴侯，不久就落下了杀身之祸。原因就在于他自恃有才而锋芒毕露，再加上其功高震主，所以一抓住其"谋反"的借口，刘邦就迫不及待地把他给杀了。

应该如何处理这种情况呢？《庄子》中提出"意怠"哲学。"意怠"是一种很会鼓动翅膀的鸟，别的方面毫无出众之处。别的鸟飞，它也跟着飞；傍晚归巢，它也跟着归巢。队伍前进时它从不争先，后退时也从不落后。吃东西时不抢食、不脱队，因此很少受到威胁。

表面看来，这种生存方式显得有些保守，但是仔细想想，这样做也许是最可取的。什么事都要给自己留条后路，不过分炫耀自己的才能，这种人才不会犯大错。这是现代高度竞争社会里，看似平庸，却是保护自己的一种生存方式。

钟繇，三国魏河南长葛人，字元常，官至大傅，故世称钟大傅。钟繇痴迷书法简直到了"心发狂"的程度。据说韦诞有本蔡邕的练笔秘诀，钟繇央求韦诞借给他，同样痴迷书法的韦诞，却赶紧把书藏了起来。钟繇苦苦哀求，韦诞就是不借，气得钟繇情急失态，捶胸顿足大闹三日，最后昏倒在地，奄奄一息。曹操马上命人抢救，钟繇才渐渐苏醒过来。事情闹到这一步，"铁公鸡"韦诞仍然不理不睬。钟繇无可奈何，只有自己生闷气。这口气一直憋到韦诞死后，钟繇派人掘其墓盗书，才如愿以偿。

有的人喜欢卖弄自己，他们掌握一点本事，就生怕别人不知道，无论在什么人面前都想"露两手"。这种人爱出风头，总想表现自己，对一切都满不在乎，头脑膨胀，忘乎所以。在为人处世中，这种人没有几个是成功的。所以有才华的人必须把保护自己也算作才华之列。一个人不会保护自我才华，埋没自己的才华，就不能为社会做更多的事。

严责君子，勿过高要求小人

"好名者当严责夫君子，不当过求于小人"，这句话听起来挺对的，但是在现实生活中，对于一个贪图名声的人，我们怎样知道谁是君子谁是小人呢？

这里有一个 NBA 球员乔丹和皮彭之间鲜为人知的故事。当时在公牛队里，皮彭是公牛队最有希望超越乔丹的新秀，他时常流露出一种对乔丹不屑一顾的神情，还经常说乔丹某方面不如自己，自己一定会把乔丹推倒一类的话等。但乔丹没有把皮彭当作潜在的威胁而排挤，反而对皮彭处处加以鼓励。

有一次，乔丹对皮彭说："你的三分球投得好，还是我的三分球投得好？"皮彭有点心不在焉地回答："你自己知道还问我干什么，当然是你。"因为那时乔丹的三分球成功率是 28.6%，而皮彭是 26.4%。但乔丹微笑着纠正："不，是你！你投三分球的动作规范、自然，很有天赋，以后一定会投得更好，而我投三分球还有很多弱点。"并且还对他说："我扣篮多用右手，习惯地用左手帮一下，而你，左右都行。"连皮彭自己都不知道这些。乔丹的无私深深地感动了皮彭。从此，皮彭和乔丹成了最好的朋友。而乔丹这种无私的品质则为公牛队注入了难以击破的凝聚力，从而使公牛队创造了一个又一个神话。乔丹不仅以球艺，更以他那坦然无私的广阔胸襟赢得了包括对手在内的所有人的拥护和尊重。

多栽桃李少栽荆

人非圣贤，孰能无过，每个人都有犯错误的时候，朋友也不例外。当朋友损害了我们的利益时，应该以一颗宽容之心对待他，这样，我们自己的心灵不但能得到解脱，同时我们的宽容也能拯救朋友堕落的灵魂。英雄的勇猛和胆识过人，是因为他的肚量和策略不凡，他不与小人一般见识，不逞一时之气。"多栽桃李少栽荆"，这就是说我们要多做益事，广结善缘，不要作恶，也不要得罪人。

山中大王老虎要出远门，临行之前，它对猴子说："我出门在外的时候，你掌管一切吧！"

猴子平时在山上游荡惯了，到处攀爬，和其他猴子一起嬉戏，一时间还真找不到做代埋大王的感觉。这只平凡普通的猴子开始想办法，揣摩威风凛凛的老虎的心理，模仿它的神态和举止，提高嗓门，尽量让自己显得威严庄重。猴子真的很聪明，不久它真的像大王了，因此以前和它一起玩耍的猴子都对它敬重有加，甚至诚惶诚恐。它自己也特别满意，感慨地说："做大王真过瘾！"

不久，老虎回来了。猴子又开始苦闷起来，自己毕竟还是猴子，可是它怎么努力也难以恢复到以前。它的同类开始讨厌它，因为它还是一副大王的架子，甚至对它们颐指气使，在它们面前喜怒无常。

平凡的猴子痛苦地对同伴说："为什么你们就不能对我尊敬些呢！毕竟我也是做过大王的！但很难一下子恢复过来，你们是不理解这些的！"

为了逞一时之快，不择手段地打击报复，终会让自己付出沉重代价。想要伤害别人的人，最终只能伤害自己。希望通过给别人制造不愉快来让自己得到安慰是无法如愿的，倒不如以德报怨反而会得到更好的结果。

刘宽是我国汉朝时代的人，为人仁慈宽厚。在南阳当太守时，小吏、老百姓干了错事，他只是让差役用蒲鞭责打，表示羞辱。他的夫人为了试探他是否像人们所说的那样仁厚，便让婢女在他和下属集会办公的时候捧出肉汤，把肉汤泼在他的官服上，结果刘宽不仅没发脾气，反而问婢女："肉羹汤烫了你的手吗？"还有一次，有人曾经错认了他的驾车的牛，硬说这牛是他的。刘宽什么也没说，叫车夫把牛解下给那人，自己步行回家。后来，那人找到自己的牛，便把牛送还给刘宽，并且向他赔礼道歉，刘宽反而安慰那人，并与那人成为朋友。

小心聪明反被聪明误

每个人都想表现得很聪明，谁都想让自己更聪明。但如果一个人老耍小聪明就成了一种愚蠢。建议你在面对人生际遇时，切勿自作聪明，而要学学糊涂。聪明人应该做的是充分地认识自己，明确自己的能力，面对问题冷静判断，量力而行。如果你真的想表现得比其他人更聪明一些，那么你就应该有自知之明，没有必要总是向他人强调自己的聪明，更没有必要利用所有机会向众人表现自己的聪明。

很多人都想让自己表现出来的聪明才智得到认可。可是事实上，世上真正意义上的聪明人几乎是没有的，而本不聪明却要自作聪明的人，却是随处可见。一则笑话说：有个人，天天闲得无聊，抓了几粒稻子吃起来，觉得又扎嘴、又苦涩。他想：如果把稻子去掉皮壳，再煮熟就是非常好吃的米饭；如把煮熟的米种到地里，将来收获时不更好吃了吗？于是，他煮了一锅米饭，撒到地里。结果可想而知，这便是自作聪明的结果。

三国时期，曹操的手下杨修任主簿一职，刚开始曹操非常器重他，杨修却处处耍小聪明。例如，有一次，有人送给曹操一盒奶酪，曹操吃了一些，就又盖好，并在盖上写了一个"合"字，大家都不明白这是什么含义。杨修见了，就拿起匙子和大家分吃，并说："这'合'字是叫一人吃一口啊！"还有一次，建造相府，造好大门后曹操亲自来察看了一下，没说话，只在门上写了一个"活"字就走了。杨修一见，就令工人把门改窄。别人问为什么，他说门中加个"活"字不是"阔"吗，丞相是嫌门太大了。这样的情况出现几次以后，曹操就非常讨厌杨修了。

建安二十四年（219），刘备进军定军山，曹操的大将夏侯渊被刘备的大将黄忠所杀，曹操亲自率军到汉中来和刘备决战，但战事不利，前进则困难重重，撤退又怕被人耻笑。一天晚上，护军来请示夜间的口令，曹操正在喝鸡汤，就顺便说了"鸡肋"，杨修听到以后，便不等上级命令，教随从军士收拾行装，准备撤退，影响了军心。曹操知道以后，他还辩解说："魏王传下的口令是'鸡肋'，可鸡肋这东西，弃之可惜，食之无味，正和我们现在的处境一样，进不能胜，退恐人笑，久驻无益，不如早归，所以才先准备起来，以免到时慌乱。"曹操一听，大怒道："你竟敢扰乱我军心！"于是喝令刀斧手，推出斩首，并把首级悬挂在辕门之外，以此警戒三军。

一般人都认为曹操杀杨修是因为曹操心眼小，借机杀人。其实关键是杨修聪明过头。世上有真聪明与假聪明之分。可惜的是有些人属于假聪明，却并不自知，其结果可想而知。杨修就是这样，经常不看场合，无视别人的好恶，只管卖弄自己的小聪明。结果自然越来越遭人讨厌和憎恨，为自己招来了杀身之祸。虽然曹操事后不久果真退了兵，但平心而论，杨修之死也确实罪有应得。试想两军对垒，是何等重大之事，怎么能根据一个口令，就卖弄自己的小聪明，随便行动呢？即使真的撤军，也要用正面的语言和行为来表达，不然会军心大乱。而军心是军队的命根，这是最起码的军事常识。但杨修违背了，他这是自寻死路。

曾国藩的弟弟曾国荃和他一样都是个精明的人，他们就因为精明吃过不少亏。

对于读书人，曾国藩还能以诚相待。他说："人以伪来，我以诚往，久之则伪者亦共趋于诚矣。"但是对于官场的交接，他们兄弟俩却不堪应付。他们懂得人情世故，但又怀着一肚子的不合时宜，既不能硬，又不能软，所以到处碰壁。这是很自然的，你对别人怎样，别人也会同样对你。

而曾国藩的朋友迪安有一个优点，就是全然不懂人情世故。虽然他也有一肚子的不合时宜的话，但他却一味浑含、永不显露，所以他能悠然自得、安然无恙。而曾国藩兄弟却时时显露，总喜欢议论和表现，处处显露精明，其实就是处处不精明。曾国藩提醒曾国荃说："这终究不是载福之道，很可能会给我们带来灾难。"

最后，曾国藩似乎明白了，他在给湖北巡抚胡林翼的信中写道："唯忘机可以消众机，唯懵懂可以被（消除）不祥。"但很遗憾，他未能身体力行。所以，为学不可不精，为人不可太精，还是糊涂一点儿的好。

自作聪明，总会上当吃亏。只有当拥有真才实学时，才能真正永久地拥有智慧。拥有聪明的人只会快乐一时，拥有快乐的人才会幸福一生。"聪明"是相对的，是对某一具体的方面、具体的人而言的。我们在这个人面前很聪明，而在另一个人面前，恐怕什么也不算。所以，聪明还是不"聪明"并不是什么做人的资本，根本不值得卖弄。

入世而有为，出世而无染

人的一生有限，时光流逝、岁月无情，所以，每个人都应当在自己那短暂的一生中，为社会为大众做更多有益之事。不要因人生的平凡而掉以轻心，须知平凡也非易事。也不要因人生的挫折而厌世，须知自古磨难多英才。为了能超越有才华，我们要防止因过多地沉湎于单纯的入世而妨碍了精神意识的升华。

人间红尘被佛教称之为俗世。于是，古代人尤其是士大夫知识分子，在人生抉择上就面临着两种选择：一是大多数人所选择的人世、在世生涯，这意味着花前月下、食肉饮酒、娶妻生子，或入仕，或务农，或经商，或做学问。总之，是成家立业，做经世致用的事业，图个光宗耀祖、封妻荫子；于国，则是先天下之忧而忧，为民众求幸福。二则是少数人所选择的离世、出世生涯，或因信佛（教）而出家修行，或因仰道（教）而从仙羽化，或是入山甘当隐逸之士。总之，是斩断尘缘，抛却尘情，不事尘务，不受世俗观念的约束，走上自我独善之路。

一个人要出世，要闲适自在、逍遥度日，就不能入世，犹如你讲你手中的盾牌是最坚固的，就不能再说你另一边手中的长矛是最锐利的，无坚不摧。回过头说，也是一样。你要入世，要成就功业、赢取荣名，就不能出世、入世与出世，确实是鱼与熊掌不可兼得的两难抉择。这对矛盾获得了调和性的解决，是由于禅宗的出现，禅意识的确立。

因为由慧能实际创立的禅宗，主张出世不离入世，修禅悟道者同样也离不开俗世的现实生活，也就是慧能所说的："佛法在世间，不离世间觉，离世觅菩提，恰如求兔角！"——佛法就存在于人世间，不可能远离人世间而获得觉悟，谁若想离开人世间而寻找智慧，那就等于寻找并不存在的兔角一样。于是，禅就得以融入禅者日常生活的方方面面，运水搬柴是禅，行坐住卧是禅，吃饭后去洗钵也是禅，直至提倡务农与修禅同时并举的"农禅并作"的生活。这样，在那种饥来吃饭，困来睡眠的自然生活中，就有着一种随缘任运的逍遥，自我解脱的通达，人生就该完成自己所应所能做的工作。

在禅意识中，主张的是不离俗世地寻找真理，不着意绕避、不刻意摆脱俗世的各种人情纠葛与烦恼。即"烦恼即菩提"说，指出人生的种种烦恼之中就蕴含有智慧。

正是在禅意识的影响下，洪应明在《菜根谭》中，得以提出入世出世法说：只有领悟了人世间的种种寻常之道，才可论说出世，因为出世之道即包含在处世历事中。所以，求道者不必断绝与人的交往，不需逃避世俗生活，这就像要了悟自心，就体现在全心尽意地去生活，没有必要通过禁欲或绝欲的手段来求取灰心厌世一般。在他看来，入世与出世是互相依存、互相补充的，一个人要在俗世中有所作为，他就必须领略到出世的意识。否则，就不可能脱离尘世的种种污浊病垢的污染；反之，一个人只要能尝遍人生种种酸甜苦辣就可以超越俗世而不受污染，否则，就不可能在出世后持守空寂的清苦乐趣。这些意识对"宗教热"中的一些现象，确实有一些启迪作用。

因为一两次的失恋，一些青年人就看破红尘、遁入空门。而

这种所谓的"看破红尘"，显然是十分幼稚而浅薄的认识，因为它是以将恋爱等同于人生的简单认识作为基础的。所以，人一失恋，世界就显得灰暗一片，人生就全无意义，自己就再无接受人生的其他挑战的力量，在他们这种封闭的意愿与行为取向中，表现出了极为脆弱的情感和粗浅的认识。事实上，他们并没有更多地品尝人生的各种滋味，没有经受过人生的各种摔打锻炼，就以一种虚假的、灰暗的虚幻沧桑感，代替了自己日后可能对人生所拥有的更全面的认识。因此，他们种种所谓的看透看破之论，也就是空的虚的，缺乏实在的内容。另外，他们以为进入空门就可以"六根清净"，就可以出世独居而不受杂务的干扰，也未必现实。君不见，佛门内部至今也还是等级俨然，和尚也要分个科级处级，应酬繁多的吗？其实，这也是古已有之的，南宋诗人杨万里曾有诗云"袈裟未着言多事，着了袈裟事更多"，说的就是这种情形。由此看来，世间并无纯然的出世。

洪应明的观点认为，既反对无节制的纵欲，也反对苦行的禁欲；反对执着于具体事物，也反对执着于空虚之相。人只能依据自身的了悟，才可认识天下万物的真谛，才能立足于人世间而自然而然地萌生出世的意识。

于是，要有所作为，要尽力担当起社会人生的使命，做出有助于世的事业，不会因厌世遁世而浪费生命，这就象征着入世。出世，则意味着要善于摆脱世间的琐事杂事，不为庸俗的世情所束缚，不以世俗的荣宠为怀，喜怒不形于色，处变不惊，不被眼前的景物所束缚，从而养成真正超脱豁达的胸怀。这样，即使是面对炎凉的世态，尝到浓淡不一的世味，也能不轻起喜怒之心，不轻起欣厌之意，从而不受人间俗情的局限。如果能这样，人虽身处俗世，精神意识却已得到了超越和升华。

在相应传统文化的熏陶下，近现代的文化大家如李叔同、朱光潜等，就赞成并践履了在世出世法说。

长亭外，

古道边。

芳草碧连天；

晚风拂柳笛声残，

夕阳山外山。

天之涯，

地之角，

知交半零落，

一瓢浊酒尽余欢。

今宵别梦寒。

这么一曲妇孺皆知、如倾如述、亦真亦幻又意切情真的《送别》，令人想到了其作者李叔同。

在 20 世纪初，青年李叔同到日本留学，专攻油画并旁及音乐戏曲。他先后扮演过《茶花女》等著名话剧的女主角，开创了国人演出现代话剧的先河。回国后，他先后担任过报刊编辑和图画音乐教师。现代艺坛名家如丰子恺、潘天寿等都是他的学生。

在当时很多人眼里，青年李叔同是一位善于吟诗作画、填词赋曲的多才多艺而又多情的风流才子，而在别人看他春风得意之时，他却忽然离开了发妻爱妾与稚子，抛弃了世誉名利，皈依了佛门，出家为僧，法名弘一。此后就是持戒守戒，绝无懈怠，为此而决然放弃了他所擅长的音画诗词。他又专志于弘扬佛教南山戒律，成为佛教律宗的一代宗师。他的前半生以入世为归属，后半生以出世为归属。但两者又是互有联系、互有渗透的，正因他入世时已萌生了出世的意识，他的为人与艺术才显得清新自然、超尘脱俗，又正因出世是他的全部入世生活与情感经验导致的自然归宿，他出家后就能持守那种种空寂的清苦情趣，能由绚烂而归于平淡。而且出世也并不意味着决然地淡忘世事，如在抗日战争时期，他就鲜明地提出了"念佛不忘救国、救国不忘念佛"的主张，并身体力行之。由此可见，他选择出家之路的缘由，并非是厌世、想决然地逃避人世，而是对生命与终极信仰的一种真诚的追求。所以，他的人生之路虽特殊，但他的人生是充实的，却在一定方面暗合了《菜根谭》所述及的在世出世法说。

所以，著名的美学家朱光潜先生曾总结出了"以出世精神做入世事业"的人生理想，从而通俗而又具体地揭示出了在世出世法说的普遍意义。想想，作为一位饱经沧桑的哲人，他的人生无疑是为他的人生理想所做的最佳注脚，正是"出世精神"，使他能洒脱豁达地摆脱人生的种种挫折、磨难和遭人误解批判的困窘境地，做到宠辱不惊，绝不自暴自弃；"入世事业"则具体地落实在他毕生对知识与智慧的热诚追求中，结晶在他的美学理论著作中。今天，斯人虽逝，而精神永生。再接续洪应明的思想来看，作为学者的朱光潜先生，他一生所做的入世事业，不就是由那段"兢业的心思"所引导的吗？他一生所怀的出世理想，不正是那段"潇洒的趣味"所表现出来的吗？两者兼备，他就不是那种严厉地束缚自己的苦行僧，因此，他的人生不会像秋天里的万物一样萧条，而似春日的万物复生，生机盎然，终结出累累硕果。显然，朱光潜先生的"以出世精神做入世事业"之说更具普遍的现实意义——即使对于并不是人人都想当学者的我们来说，同样如此。

可以说，能真正做到"以出世精神做入世事业"，那就真正悟禅入禅、实现自我了。在世出世法说，虽然不用禅文化来命名之，但却蕴含了浓郁的禅意了。

无矫无伪，以诚待人

在人际交往中，一个诚字值千金，我们只能用爱来交换爱，我们只能用信任来交换信任。朋友之间的交往、恋人之间的相恋、同志之间的工作关系等，无不如此。谁的心中有了这个诚字，就不会自恃权势身世而傲慢不恭地对待别人，就会使人与人之间的关系具有更多的和气、顺气与正气。否则，谁在为人处世时少了这个诚字，就很难在事业上取得成功。况且，即使能侥幸骗得过别人，良心发现之夜，就会心神不宁，摆脱不了精神上的自我折磨，悔恨、羞愧，甚至还可能搬起石头砸了自己的脚。

正像故事中的那个牧羊少年一样，当他第一次以"狼来了"来哄骗大人并以之取乐时，就已经撒下了悲剧的种子。于是，当真正的狼出现时，他的真诚呼救再也没有使大人们做出反应。势孤力单的他，只能看着羊羔被饿狼吞噬了。

故事虽简单，道理虽浅显，但却包含着深刻的智慧。但是这些，又是说来容易，做来也不难的，问题还在于要一以贯之地贯彻坚持下去。一定要切记，以诚待人。

中国古典文化一向推崇"诚"。"诚"乃一种发自我们内心的诚挚之意，作为为人之道，"诚"就是信实无欺、真实无妄。聪明者在处事时，能诚实待人。洪应明的观点，强调了个人在待人接物时，一方面应精明练达，另一方面应该有奉献自己的诚意。下面这些就是聪明者以诚待人的事例。

孔子的弟子曾参，他经常教导子女要诚实无欺，并以身作则。

某天，曾参的妻子要去集市，儿子哭闹着要跟去，她就诓哄孩子要学乖乖，大人回家后就杀猪给他吃。等她赶集回到家里，一眼就见曾参正在磨刀准备杀猪。

她忙拦住劝阻："我刚才这样说，只是为了哄孩子，不能当真啊！"

曾参对此颇不以为然，说："我们不能哄骗孩子，因为孩子时刻在模仿父母，现在你哄骗他，等于教他用同样的方法去哄骗别人；而且当他知道母亲刚才只是为了哄骗他时，他就不会再信任自己的母亲了，以后就不能很好地教育他了。"

最终，曾参还是杀了猪，让孩子吃到了猪肉。更重要的是，他使儿子懂得了做人须诚实的道理，父母的威信在孩子的心目中也更稳固了。

人与人之间，有着各种各样的关系，有父母子女的血缘关系，也有上级与下级的隶属关系。上下级之间同样需要真诚相待，据此才能保证上情下达，下情上识。

西周时期，周公代替年幼的周成王执政，集天下军政财权于一身。

但是，周公还是一如既往地礼贤下士，真诚地对待部属。他曾就此告诫自己的儿子伯禽道："我作为文王的儿子，武王的弟弟，成王的叔父，地位可算不低了。但我有时洗一次头，还要三度停下来握住散乱而又湿漉漉的头发，有时吃一口饭，还要三次停下来，吐出口中所含的食物，马上动身去接待来访的天下仁人贤士，即使这样做了，我还唯恐失去了天下有才能的人呢。"凭着这种赤诚的态度与客气的言行，周公以天下为己任，虚怀若谷，竭力揽能招贤，巩固了周朝的江山，大大推动了当时社会的发展。曹操也称赞他："周公吐肉脯，天下归心。" 这也是那些专搞阴谋诡计、自高自大的政客永远做不到的地方。

同理，在谋求最大利润而又竞争激烈的商业经营中，哪家企业与商店赢得了顾客，就可以求得生存与发展。其中的秘诀很多，但都离不开真诚待客这一条。周公像中国的那些商号老、产品资格老、开业时间长的企业商店，它们之所以能在顾客心目中保持着长久的信誉，跟它们的货真价实而又真诚待客的宗旨是分不开的。

从相反的方面看，那些生产伪劣商品的厂家之所以昙花一现，跟它们的经营者怀抱欺骗顾客的侥幸心理是密切相关的，他们是无法长时间欺骗顾客的。

用人不宜于刻，交友不宜滥

从古到今，用人问题一直困扰着领导，对此能否予以全面准确地把握，往往是判断领导者的领导艺术高下的标准之一。因为它是事业成败乃至关系到当事者性命的一项主要依据。现在，形容那些不务正业、专在小偷小摸上打主意的浪荡儿，通常用"鸡鸣狗盗之徒"一词，语气是不屑与轻蔑的。但在历史上，引出"鸡鸣狗盗"这句成语的两个无名小卒，却演出了一幕至今尚难令人忘怀的历史剧。

战国时代，秦昭王久闻齐国的孟尝君田文很有能耐，很得人心，就邀请他到秦国当丞相。因此，孟尝君就带着一批寄居于自己门下的帮闲食客，来到了秦都咸阳。不料，此时的秦昭王受手下大臣的调唆，不但没有重用孟尝君，还把他软禁了起来。被软禁的孟尝君，如身处热锅上的蚂蚁，不得不托人向秦昭王的宠妃燕姬求救。燕姬答应帮忙，开出的条件是要孟尝君送她一件白狐裘（由纯白的狐狸皮制成的袍子）。孟尝君听后，感到很为难。因为他仅有的一件白狐裘，已在先前送给了秦昭王做见面礼，现已锁入秦宫大内衣库。这时，他手下一位善偷窃的门客，马上拿出看家本领来为主人分忧排难。他在黑夜中，灵巧地学狗吠骗过了宫中的侍卫，钻狗洞潜入秦宫，终偷出了那件白

狐裘，并立刻献给燕姬。经燕姬的如簧巧舌一说，秦昭王同意释放孟尝君。

孟尝君唯恐夜长梦多，马上就启程逃出咸阳。到达函谷关时，正值半夜，函谷关的大门紧闭，按规定，只有每天清晨鸡鸣之后，守关的士兵才能打开关门，让人通过。心急火燎的孟尝君，面对着紧闭的关门，为秦昭王的可能反悔而忧心忡忡。这时，孟尝君门客中，另有一位善于模仿鸡鸣者，开口喔喔喔地叫了起来，引得关里的公鸡都一鸣百应。如此的半夜鸡叫，却使守关的士兵以为天就要亮了，便打开关门，孟尝君一行人才逃出了秦国。

假设此次孟尝君没有这两位擅长鸡鸣与狗盗的门客，那么，就很难保住他的性命了。孟尝君之所以能逃脱这次厄运，并在其后取得了一定的政绩，跟他的容人度量与不苛刻的用人方法，有着密不可分的联系。他对于天下投奔他的人，不管是有什么能耐，一概收留，免费为他们提供衣食住行的种种方便，当时号称"食客三千"。正因孟尝君对这些食客不挑、不嫌更不疑，相信天生他才必有用，况且对他们待遇优厚、礼遇交加。因此，鸡鸣狗盗之徒也得以厕身孟尝君的门客之列，有事之时，门客也都各施所能，尽心尽力地报效主人。

作为政治家，孟尝君在这方面是较为成熟的。他不定出统一而又苛刻的模式来拒绝那些具有包括鸡鸣狗盗之类贱技的门客，他也不像同时代的楚国大臣屈原那样，强调天下唯我独醒、唯我品德高洁，以免将自己立在天下人的对立面。他认可当时的现实，将三教九流、善恶贤愚者都招揽于自己门下，当他们的特殊作用也得以发挥之时，结果在一定程度上对他的事业还是起到了有利的作用。

在用人之术上，孟尝君的做法是成功的，在中国历史上也是独树一帜的。这就是："用人不宜刻。"

社会发展到今天，人才的重要性显而易见，依然悬而未决的，则是更具体的问题，人才的标准，就是其一。眼下，有传媒以"年薪十万是人才标杆"、"年薪是衡量人才的唯一标准"为题，在相当范围内引发了对人才定义与标准的相关讨论。以年薪作为衡量人才的唯一标准，优点在于标准够简洁，而且可以量化。从更深层面看，其论点的面市，表明了在市场经济的大环境下，财经实力已经是整个社会最具分量的话语权之一。

但这是具有片面性的。因为仅以薪酬论人才，尤其是以一个人眼下是否能拿十万年薪作为他是否是人才的唯一标准，不做具体的区分，一竿子打倒一船人，在不少地域与行业，就会出现专业精英非人才的笑谈。而且年薪是动态变数，往往更多地与经济环境、地域与行业是否发展平衡等因素密切相连，仅以十万元作为标杆，就会出现今年是人才明年非人才的反复。

以薪酬定人才论的提出，很大程度是针对以往流行的学历学位定人才论的。其实，在知识经济时代，强调知识的重要，是无可非议的。必须注意的是，一个人的学历学位只表明他接受了相应的专业与知识教育，同样不是人才的唯一标准。由于现在还有因地区差别而导致的人才引进、人事调动与迁移等事项，在企业与社会之外，政府有关部门也是人才标准的主要定义与鉴别者，从而起到一种更趋全面性的导向作用。人才的标准是具体的，人才的标准同样是多维多样化的，也是动态的。薪酬、学历学位、才华学识、专业技能、经验积累及实干业绩等，是可以共融在人才标准圈内的。

如果说如何用人，是领导者、政治家所应十分注意的问题。那么，如何交友的问题，则是人人会碰到、人人想解决得更好的问题。因为没有朋友的人，是天下最不幸的人。你的社会阅历越丰富，年岁越大，离家门越远，你的这种体验就会越深刻。

首先，交友要交君子之交，不宜滥交。否则，那些别有他图者，就会利用某个人滥交朋友的弱点，想方设法地献媚取悦于这个人。这里，判别是不是君子之交在于：求君子之交的双方，必须是各自光明磊落，能坚持己见，又彼此肝胆相照，做到和而不同，互相补充的。也许，他们彼此开始时因陌生而不易结交，甚至曾有不打不相识的过节，但在相知相识后，往往就成为一生的挚友。相反，那些仅为利用别人而不是真正交友的奸巧之人，见到可被自己利用者，往往会装出一副一见钟情的模样，对其百依百顺，言行举止超乎常规地切合你的心意，给人一种两人似乎是同一模型制造出来的样子，这种交情多是易变的。

本质而论，交友讲究的是质量，而不是数量。春秋时期，著名琴师俞伯牙在弹奏表现高山流水的曲目时，知音也仅是青年樵夫钟子期一人而已。后来，钟子期先死，伯牙悲痛万分，在子期墓前弹了最后的一曲之后，就将瑶琴摔碎，以自己不再弹琴之举，来表达对自己唯一知音的恒久怀念之情。君子之交，可以超越贫富、身份等的差别，可以超越民族、语言、年龄和地域等的隔阂。君子之交，注重的是心地相通，而不仅是酒肉意气的相投。"君子之交淡若水，小人之交甘若醴；君子淡以亲，小人甘以绝"说的正是如此。

其次，在交友的问题上，洪应明也论述了一些对待小人与君子的策略，如不必与小人结仇，无须向君子献媚等。至于说到"待小人不难于严，而难于不恶"，是指对待道德品行不端的人，对他们抱严厉的态度并不困难，困难的是在内心并不憎恨他们。"待君子不难于恭，而难于有礼"，指的则是常人一般都能对君子持恭敬之态，但却不易做到真正地礼贤下士——领导者尤其如此。所以，刘备三顾茅庐也就成为千古佳话。类似的认识，反映出洪应明观人论世思想的深刻与独到。

最后，君子之交，会经得住历史的任何风风雨雨的考验，不

会因岁月的流逝而受到损害或削弱，岁月的尘埃不会掩盖住友情的灿烂光芒。相反，岁月越久，友情就越纯；磨难越多，友情也越真挚。因此，泛泛地去结交那些打哈哈式的朋友，其意义绝对比不上对旧日友情的促进，这也就是"结新知不如熟旧好"的真谛之所在，正所谓"衣不如新，人不如旧"。结交那些希望你快乐和成功的人，你在人生的路上将会有很多好处。对生活的热情具有感染力，因此同乐观的人为伴，能让我们看到更多的人生希望。

况且，君子之交，是肝胆相照之交，是与友为善之交。看到自己的朋友在交友方面有过失，就应马上结合事理来指出他的不足，而不可犹豫，更不可做悠然自得的旁观，等等。这都是君子之交所应有的题中之义。所以，在用人问题上，"用人不宜刻"，也正如龚自珍所言的"不拘一格降人才"，是值得努力的方向。所以，在交友问题上，应切记：一万个口惠而实不至的泛交，不如一个同生死共患难的知己。

给人好处，掌握分寸

一定要记住，给人好处不能吝啬。不轻给，更不能滥给，要掌握分寸。但有一种情况例外，就是我们要收买人心以及情势所迫时，要慷慨大方地给。每个人都会给别人好处，也唯有给人好处，才能从别人身上也得到一些"好处"！如果不给人好处，那么这个人可能就不会有太大的成就。不过，给人好处也是一种学问，别以为"给"这个动作很容易，其实，给得不恰当，不但对方不会感激你，有时还会怨你。你白白损失"好处"，又招人怨，这可能是天底下最冤的事情了。所以，要给人好处，就要掌握好分寸！

南宋初年，面对着金人的大举入侵，当时号称名将的刘光世、张俊等人，只会一味地避敌逃跑，不敢奋起反击。这一方面因为他们天生长的一身软骨头；另一方面也因为他们官已高、位已尊，认为即使自己立了大功，也不会有更大的升迁，便安于现状，什么国家利益、民族利益，在他们的心目中根本就没有什么地位。

当时岳飞入伍不久，还没有太大的名望，只有他在和金人进行着殊死的战斗。当时有个叫郡缉的人，上书朝廷，推荐岳飞。那封推荐书写得很有意思：

"如今这些大将，都手握强兵，威胁控制朝廷，专横跋扈，不能够再重用这些人了。驾驭这些人，就好像饲养猎鹰一样，饿着它，它便为你博取猎物；喂饱了，它就飞掉了。如今的这些还没出猎的大将都早已被美肉喂得饱饱的。因此派他们去迎敌，他们都会掉头不顾。"

"但是岳飞却不一样，他虽然拥有数万兵众，但他的官爵低下，朝廷对他也没有什么特别的恩宠。这正像饥饿的雄鹰迫切希望振翅高飞。如果让他去立一功，然后赏他某一级官爵；完成某一件事，给他某一等荣誉。用手段去驾驭他，使他不会满足，这样他必然会为国家一再立功。"

岳飞英雄盖世，即使不使用这些手段，也会为民族大义鞠躬尽瘁。但在岳飞还位低职卑的时候，郡缉的计谋是奏效的。郡缉深知那些被皇帝"喂饱"的将军失去了进取心，当然也为朝廷出不了多少力。对于岳飞这只饥饿的雄鹰，可以一点点喂养，逐渐提升岳飞的待遇和在军中的官职，从而让岳飞全心全意地效力。

我们在现实生活中，给人好处的时候，也要遵循"循序渐进"的原则，总是要让对方为这"好处"吃一些苦头，花一些心力，让他在"付出"之后才"得到"，这样"得来不易"的好处，他才会珍惜。如果得到满足，可能有以下三种结果：

（1）如果你把太多"好处"一下子给人，或想以"好处"来讨别人欢喜，那么，因为来得容易，他不会珍惜这些"好处"，并且对你也不会有任何感激之心，反而还会嫌少、嫌不够好，甚至一再向你要好处，你如不给或给得不如前次好、不如前次多，还要受到对方责怪。

（2）对人的恩情过重，会使对方自卑乃至讨厌你，因为他一来无法报答，二来还会感到自己低能。

（3）你一次给得过多，人家的口袋里鼓鼓的，再也没有了上进心，工作也没有以前那样积极了，对你的依赖性也会随之降低。这样，掌握在自己手里的砝码就轻了很多，放开的缰绳就不可能被收回来了。

（4）别人有了第一桶金作为资本，就有可能成了你的竞争对手。自己用心良苦地培养出来的人今天却要从自己的嘴里往外扒饭，这是所有人都不想看到的。

不过，如果你故意不给，或摆明有意要在"折磨"他之后才给，那么你也有可能招怨，你要向对方表明你的"好处"其实不如他所想的那么好那么多，要给他也有身不由己的困难，或是还要同他人"研究研究"等等。决定给他好处了，你也要让他知道，你是如何费尽九牛二虎之力才促成这件事，这样子，对方因你给的好处，心里自然会有压力，从而对你是不胜感激。

人有恩于我不可忘，怨于我则不可不忘

鲁迅先生曾说："中国是古国，历史长了，花样也多，情形复杂，做人也特别难。"许多初涉人世者和那些有一定社会阅历者，有时也会因一时的逆境而陷于怨天尤人的心态中，或因工作上一时的不周而挥不去同事的埋怨之声，或因公耽误家事而招致亲人的怨言，最常见的一句慨叹语是做人难！

我们不可能因做人难而不做人，那么，问题就在于，怎样才能把做人难变为不难了？在这点上，《菜根谭》所论及的一些行之有效的为人准则，尚可借鉴。冰释化解自己怨天尤人的心绪，化解自己对别人或是别人对自己的怨恨，对有恩于己者知恩图报的释怨报恩原则，可算其中的一条。

春秋时期，齐国曾发生了公子纠和公子小白君位之争。当时，齐国原国君被杀，因为国不可一日无主，齐国的大臣们派人去迎接流亡

在鲁国的公子纠回国即位，鲁庄公亲自率兵护送。

效忠公子纠的管仲，为了防止流亡莒国的公子小白先回到齐国即位，就率先领兵去拦截公子小白，亲手用箭射中了公子小白，见其大叫一声，吐出鲜血，扑倒在兵车后，才掉转马头，优哉游哉地护送公子纠回齐国即位。

但是，当他们到达齐国地界时，公子小白已抢先一步即位，成为齐国国君齐桓公。原来，管仲的那一箭只是射中了公子小白的带钩，他趁势咬舌吐血，蒙蔽了管仲，然后抄近道急奔回齐国，经谋士鲍叔牙说服了齐国众大臣，终于登上了王位。公子纠、鲁庄公对此，自然是不服。齐鲁两国也因此而兵戎相见，结果是鲁国大败，公子纠被杀，管仲被押送回齐国。因管仲是个经世治国之大才，齐桓公听从了鲍叔牙的建议，任命他为相国。

正因为公子小白在逆境中不怨天尤人，相信事在人为，有设计力争的作为，他才能成为日后的齐桓公。又正因为他能不计旧怨，任用了与自己有一箭之仇但却具有治国才能的管仲为相，齐国才能很快强盛起来，齐桓公也成为春秋时期的第一个霸主，成就了一代宏伟的霸业。

齐桓公对于管仲，叮说是以恩报怨。管仲效忠于齐国和齐桓公，则可谓是知恩图报。这使他们之间的恩怨故事，成为中国历史上释怨报恩的最好例子之一。

说起恩怨，人们总会相提并论，处理得好，怨就会变成恩，上例就是。但处理得不好，恩也有可能转化成怨。

春秋时期，宋国与郑国军队

在大棘展开激烈的战争。

战前，宋军主帅华元，为提高和鼓舞士气，命令宰羊来犒赏三军。但在分发羊肉时，因不慎而忘掉了驾驭主帅战车的羊斟。羊斟因此而对华元滋生了怨恨之心，认为主帅瞧不起自己。

于是，在宋郑军队交战的阵前，羊斟意气用事，故意将华元乘坐的战车驾到郑军的阵地里去，结果使华元被郑军生擒。宋军因此而陷入群龙无首的混乱局面，惨遭大败。

在这个历史掌故中，羊斟因私怨而毁大局，这就是小人的作为。但作为主帅的华元也有疏忽之处，他在犒赏三军时，未能做到周密细致，结果是结怨于部下，因小怨而蒙大辱，恩化为怨，好事也就变为了坏事，内中的教训是深刻的。

与上述两例事实相似，场合与人物有所不同的更多事例，表明释怨与报恩的为人准则，不仅是适用于政治家和军人，而且适用于现实中的广泛人群。因为人是社会关系的总和，人生活在社会中，难免会碰上不尽如己意的事情，甚至会经受挫折与失败的考验，如果一味怨天尤人，就会背上心理负担，找到懈怠的借口，变得萎靡不振，不思进取。

另外，在日常生活中与别人因小事而结怨，就会造成人际间的隔阂，轻者不利于团结，重者则发展成窝里斗，妨碍了事业的发展，当事者还可能两败俱伤，谁也占不了便宜，乃至身败名裂。因此，从任何方面说，在解决人民内部矛盾时，都是怨宜解而不宜结的。这样，那种因怨而引致的种种不良乃至是犯法的行为就会越来越少，直至销声匿迹。在不失原则的前提下，不忘别人对己之恩，知恩图报的言行，既是个人良知的标识，也会加强加深人际关系的友好度。在这个意义上，洪应明那些关于恩怨的思想，其中一些辩证的认识，更值得我们注意。如认为别人有恩于己时，不应忘记别人的恩德；而当自己对别人施以援手时，则不可要求别人对自己感恩戴德，以免沾上心术不正之嫌。再如，将自己和不如自己的相比，从而打消怨天尤人的心绪，因为这可以矫正自己的好高骛远之处，而绝不是向落伍者看齐，不思作为。

忍得一时之气，才做得人上之人

忍是一个人生存的第一能力，能屈能伸方为大丈夫本色！我们在生活中一定要学会忍，忍中具有道德、智能，忍中具有真善美。这样，我们也不会觉得苦，不会觉得累。

做人的另一种本领，另一种境界就是要懂得变曲，并敢于弯曲。生活中糊涂一些，懂得弯曲，也不失为大丈夫。这种弯曲不是见风使舵，不是奴颜婢膝，不是媚上欺下，相反，它是另一种意义的人格和超脱。懂得弯曲，是为了正直。有时候，适当的弯曲是一种理智。弯曲是战胜困难的一种理智的忍让。弯曲是为了更好、更坚定地站立。弯曲不是毁灭，而是为了退一步的海阔天空，是为了让生命锻炼得更坚强。

生活中，做人做事需要一点弹性空间。否则，一味地硬挺，你自己累，身边的人也累。而适当地弯曲一下，也许你一时难以解决的问题，就会在你弓起的脊背上悄然滑落。自我保护的一种方法就是喜怒不形于色。"君子报仇，十年不晚"，"忍得一时之气，才做得人上之人"，说的就是这个道理。洪应明的为人处世观点告诉我们，在遇到被人欺骗侮辱时，要审时度势，不动声色，不吃眼前亏，才能保存自己。

应该如何忍呢？答案就是学会弯曲的做人艺术。山路十八弯，水路十八盘，人生之路也必定充满了荆棘坎坷，这就决定了我们在人生旅途上不仅要有挑战困难的决心，更应具有一颗学会弯曲的心。

三国时期，蜀国名将关羽兵败麦城，被东吴擒杀。张飞得知以后，悲痛欲绝，严令三军赶制孝衣，为关羽戴孝，逼得手下将官无奈，最后铤而走险，将其刺杀。刘备为报东吴杀害关羽之仇，举兵伐吴。诸葛亮、赵云等人苦苦相谏，都没有用。这时的刘备已完全失去了理智。结果被吴将陆逊一把火烧得溃不成军，数万军士丧生，刘备本人带着残兵败将退归白帝城，羞愧交加，一命呜呼。从此蜀军一蹶不振了。

魏大臣司马懿多谋善变，遇事沉着冷静，从不被自己的情绪左右。一次，诸葛亮出兵伐魏，进军至五丈原。司马懿率军渡过渭水，筑垒抵御。当时，蜀国大军出动，粮草有限，利在速战，司马懿则坚守不出，以待时机。为了激怒司马懿出战，诸葛亮心生一计，派人给他送去了妇女的服饰以侮辱他，讽刺他胆小如女人。

但司马懿看到后只是表面很生气，却始终按兵不动。诸葛亮也就没有办法了。最后，诸葛亮看同魏军长期相持，难以取胜，心力交瘁，加之过度操劳，病死在了五丈原军营中，蜀军只好退走。

善泳者死于溺，玩火者必自焚

智者说：做人要有道德，道德是成就事业的第一步，只要有了道德，才可以完善自我。做人要有才学，没有才学就会流于平庸，成为凡夫俗子，才学是成就事业的关键。

真正的人才就是"才"与"德"的完美结合，就是所谓的"德才兼备"。一个无才无德的人很难结交到真正的朋友，获得长久的事业成功的。这样的人不能与人长期合作，因为这种人不是搞一锤子买卖就是过河拆桥。这种人在家庭中，也会做出不道德的事情，极有可能造成对方和孩子的痛苦和不幸，甚至还可能因为某种利益的驱动，铤而走险而落入法网。

要走向成功，需要以德立身，这是一个成功者必须确立的内在标准。没有这个内在的标准，人生之路就会失去支撑，最终导致失败。以德立身的前提是自律，一味讲"哥儿们义气"并不在以德立身之列。俗话说："近朱者赤，近墨者黑。"在社会上，缺德之友最终会成为我们成功路上的定时炸弹。例如，明知这笔贷款不合手续，但因为对方是朋友，所以大开绿灯；明知这个项目不能担保，因为受朋友的委托，所以还是办妥了。像这样的事情多数发生在年轻人身上，他们重朋友、讲义气，交往中自以为彼此很了解底细，因此在合作中绝对信任对方，毫无防备，不能办的事也不好意思拒绝，什么事情都来之不拒。这样，如果被缺德之人利用，自己的前程必然会受到毁坏。

做人的根本原则是以德立身贯穿于每个人的人生全部。在人生的不同阶段，道德对于人的要求虽有着不同的变化，每个人体验和经历的内容也不一样，但是，"以德立身"的人生支柱是不变的，它对人生大厦起着支撑作用的定律是不变的。

一本万利的方法就是在关键时刻能够不为小恩小惠所动，能够放弃小的利益。当然，用自己的利益做赌注，即使再小也不是任何人都愿意去做的，这就要求我们要有长远的眼光。

太子刘盈当了皇帝后，吕后成了吕太后。吕太后见刘邦死了，就大肆消灭异己，朝廷的大权都由吕太后一人把持。

刘盈当皇帝的第二年，刘盈听说哥哥刘肥来看他，非常高兴，就吩咐摆酒招待，并且让哥哥坐在上头，自己在下面作陪。吕太后看了很不高兴，因为皇帝是至高无上的，怎么能坐在下面呢？于是，她就叫人斟了两杯毒酒递给刘肥，让他给惠帝祝酒，不想惠帝见齐王起身，也跟着站起来，拿过另一杯酒，准备兄弟两人干一杯。吕太后一看很着急，她装作不小心的样子，把刘盈手中的酒撞泼了。刘肥便知道吕太后想置他于死地，所以回到住处后，很害怕。这时一人献计说:"太后只有当今皇上和鲁元公主一儿一女,自然对他特别宠爱。如今大王您的封地有70多座城,公主却只有几座城。您要是向太后献出一郡,把它作为公主的领地,太后定会高兴,你也就免除危险了。"刘肥听后,就照着这位谋士的方法,把自己的封地城阳郡送给了公主。太后果然高兴,刘肥也因此平安地离开了长安。

刘肥以失去了一座小城的代价,保全了自己,这就是明智的选择。

知人才能善任

知人才能善任,知人是恰当用人最基本的前提条件。然而,"知人知面不知心"说明了知人之难。怎样才能既知其人,又知其心?古人为我们提供了丰富的经验。人才难得,要想成就一番事业,必先得一等人才。有齐桓公见稷之诚,刘备三往隆中之专,人才可得,事业可成。

用人就应该懂得"尺有所短,寸有所长"。善用人的长处,是因人成事的第一要务。每个人都是不一样的,德有高下,性有贤愚。你知道何为圣人,何为智者,何为英雄,何为豪杰,何为儒、法、术、道……吗?知道了各类人等的确切定义,做人才能知道自己该做一个什么样的人,管人才能知道管的是些什么样的人。造器尽其材,用人适其性。用一种人才,便成就一种事业。赵王用赵括而亡国,诸葛亮用马谡而前功尽弃,这些血的教训足以提醒我们对用人的重视。

要想政治清明，必须要有英明的君主，贤能的臣子，辅之以完善的管理体制。国家如此，部门如此，军队如此，任何一个"治人"或"人治"的单位莫不如此。从中央到地方，以金字塔结构组成的官吏是一个特殊的阶层。它像枢纽，像门阀，最精彩的悲喜剧都在这里上演，国家的兴亡在很大程度上取决于这个阶层。国家兴衰成败的关键在用人，而用人最重要的是要知道每个官员的优点和缺点，以及怎样使用他们才能扬长避短。这样，才可以知人善任。

　　在特定的时空内，是非、善恶是有标准的。然而，时空越大，其标准就越模糊。大到整个宇宙，长到几万年，就无是非，无善恶了。因为整个时空只有一个最高的法则——阴阳反正。可是有限的人生总想永远处在最佳状态，即所谓"人不要老，钱不要少"。这里就告诉你一个秘诀，即"欲穷不得、欲达不衰、欲贵不贱"的奥妙。

　　时代在变，治国方针也要跟随其变。即使在不同的历史阶段，其治国方略也得适应当时社会发展的变化。百家争鸣，各有道理，也各有弊端，因为有不同的出发点，所以结论也就各不相同。只有取其精华，去其糟粕，才能得到真实客观的结论。

　　由友及朋，由朋及党，由党及群，与自己志同道合的人滚雪球般越来越多，以自己为中心的势力范围逐渐扩大、蔓延，最终如火如荼，发展成不可遏制的局面。等到有一天，时机成熟，揭竿而起，天下响应，夺取政权便如探囊取物一样了。

　　每个管理者应该把握的原则是：识大体，弃细务，这也是君道。要记住：为官，以不能为能。

看人要用自己的眼睛，识人要依自己的判断

　　不要误信他人的片面之词，以免受到奸诈之徒的欺骗；不要过分相信自己的才干，以免受到一时意气的驱使；不要仰仗自己的长处去对比宣扬人家的短处；更不能因为自己的笨拙，就嫉妒他人的聪明才能。

怎样才可以识人？

孟子说："国君选拔人才要慎重，左右亲近的人都说某人好，不可轻信；众位大夫都说某人好，也不可轻信；全国的人都说某人好，然后去了解，发现他真有才干，再任用他。左右亲近的人都说某人不好，不可听信；众大夫都说某人不好，也不可听信；全国的人都说某人不好，然后去了解，发现他真不好，再罢免他。"孟子说了这么多，其实归纳起来也就是一句话：看人要用自己的眼睛，识人要依自己的判断。这段话是值得我们记住的。

求备一人，百中无一

圣人从不故意挑剔别人的小毛病，不刻意苛察别人的隐私。一百个人中也很难找到一个完美无瑕的人。君子应当关注、从事大的善举而不要为极小的善事过于沉溺心智；应当谨慎防范大的恶行而不要为极小的恶事遮蔽了眼睛，牵制住注意力。

评论立有大功绩的人，应不去注意其微小的过失；对于做了大好事的人，更不要对其小错吹毛求疵。别人有高尚的品德，就不要去计较他的小节问题；一个人受到大家的称赞，就不要去挑剔他的小毛病。如果能成就大的德行，就不必拘泥于小事细节是否适合，不要因为有个别的过错而掩盖主要的功德。

君子注意从小事上严于律己，但不以小节去衡量别人。人们常犯的错误就是因小而失大，计较小节而忽视主流，应该引以为戒。

知人难，莫过于以己观人

分析别人是不是善于识人时，就以为别人不会识人。为什么呢？因为人总有自己的局限，往往能够识别同类型人的长处，却不能够了解不同类型人的长处。人与人的交往中，刚开始很难相互了解，尤其是读书人，无论才能大小，都自以为能够知人。往往只是从自己的角度观察别人，就以为可以知人了。

清廉节俭的人以正直为法度，所以，善于识别性格品行较为端正的人，而不能接受善于使用谋略和诡计多端的人。制定法度的人以规矩道理为准则，所以能够识别考较器量方直的人，而对善于变化的人认识不足。讲求权术计谋的人以思考谋划为标准，所以欣赏具有谋略的人才，而不赏识安分守己的人。才能之士以辩护为尺度，所以能够识别方针策略，但不了解制度法规的根本。智慧明识的人，能够推测揣摩事物的本意，所以能够识别出计谋的变化，但不重视常规法令。重视技能的人以建立功名为原则，所以欣赏热衷于获取功业的人，而不重视道德教化的重要性。

遇到同类型的人，就言语投机，容易沟通。遇到与自己不同类型的人，虽然长久相处，还是不能相互了解，不能和睦相处。凡是这种类型的人，都叫作只有一种素质的人才。如果具备两种气质以上，也就随着他所兼备的才能，达至人性不同方面。所以，具备一种气质的人，只能够识别一种类别的好处，具备两种气质的人，能够识别两种类别兼备的优点。具备所有人才的长处的人，也就能识别各种人才。因此，这就是说，兼才与国家的栋梁之材是一样的人。

只要一天时间，就可以观察一个人的某一方面，要更进一步探究更详细的部分，就需要三天的时间。为什么说需要三天的时间呢？国家的栋梁之材兼有三种才能，所以谈论这种人不用三天的时间就无法将他说清楚。用一天的时间讨论道德，用一天的时间讨论法制，用一天的时间讨论策术，然后才能充分地发掘他的长处，从而举荐他。

那么该如何判断一个人是兼才还是偏才？有这么一种人，善于根据不同类别来谈论各家各派的长处，并且加以品评定名，这样的人就是兼才。如果只是述说个人的长处，希望别人来称赞自己，却不想了解别人的优点和长处，这样的人就是偏才。不想了解别人，对别人的话就会听不进去，就会表示怀疑。因此，和见识短浅的人谈论深奥的道理，谈得越深，意见分歧就越大，就必然会导致相互对立，以至相互非难和攻击。所以，述说自己的正直就以为他了解到了别人的长处，静听不言就以为他内心空洞无物，高谈阔论就以为不够谦逊，谦恭礼让就以为浅陋低下，谈话中只显示某一方面的专长就以为不够广博，旁征博引就以为变化多端，自己的想法被别人道破就以为别人分享自己的成果，别人发现自己的错误而提出疑问就认为别人不理解自己，别人看法与自己不一样就以为别人在与自己较量，广博而丰富就认为是不得要领，言谈举止与自己属于同类型时才高兴，与之亲近、偏爱，进而称道、举荐和赞誉。以上这些，是偏才常有的偏失。

考人心志知其人

有修养的人，总是努力做到精神要深沉悠远，气质要美好凝重，有远大的志向，抱有一个谦虚谨慎的心态。只有精神幽静才能进入神妙的境界，只有修养美好才能尊崇道德和品操。志向远大才能担负重任，谦虚谨慎才会时时警惕。从而得知，心小志大的人，是可以与圣贤比肩的人；心大志大的，是属于豪杰一类的人；只有不知天高地厚、放荡任性的狂妄之徒才是心大志小；平庸、碌碌无为的人，则是心小志小。

如果一个人说话的语气缓和，神色恭敬而不谄媚，先礼后言，常常自己主动表露自己的不足之处，这样的人是可以给人带来好处的人。如果说话盛气凌人，话语上总想占上风，想方设法掩盖自己的不足，这种人只会损害别人。奸险之人常是夸夸其谈，抬高自己的为人，喜欢高谈阔论，非议时俗的人。因此，可以通过与对方谈话来考核他的心志。

质朴的人神情坦率而不轻慢，言谈正直，不掩饰自己的美德，不掩盖自己的过失；淳厚宁静的人会不因别人给他好处而高兴，也不因别人不给他好处而恼恨，沉静而寡言，多守信用但不在外表上炫耀；伪君子则是不打扮，不修饰，蓬头垢面，破衣烂衫，讲的是清静无为，说是无利无欲，实际上贪得无厌；虚伪之人表现出的神情总是讨好别人，言谈尽是阿谀奉承，好做表面文章，尽量表现他微不足道的善行，因此而自鸣得意；最难察知的人是心中隐藏着极大的不诚实，把小小的诚实表露出来，以便达成其目的。

假如一个人感情的喜怒不会因外物使人心情烦乱，且心志不被迷惑，则是内心平静、坚贞不屈的人。得到足以使人荣耀的财物但不高兴得手舞足蹈，受到突然惊吓也不恐惧，坚守着正义而不见异思迁，不对金银财宝所动心，这才是真正的正人君子。

不取强行进取的人，这是孔子择取人的方法。强行进取就是贪。贪取的流弊竟然如此之大！如果因外在事物的变化而或喜或怒，因事情繁杂而心生烦乱、不能平静，见了蝇头小利就动心，一受威胁就屈服，这种人是心性鄙陋而没有血气的人。如果设法说服一个人，他在动听的言辞诱惑下意志动摇，已经答应又犹豫不决，这种人是感情脆弱的人。如果一个人在不同的环境中都能果断地处理事情，遇事不惊，从容应对。不用文采就能表现出灵秀，这是有智慧、有头脑的人。

有名无实，在家里和在外面说的话不一样，宣扬自己的善行，掩饰自己的不足，当官和归隐都是为了功名，这种人是不能与之共谋大事的。随着外界环境的变化而表现出来，乱七八糟的琐事虽为厚利的诱惑所动，不向权势的威胁低头，这种有智慧有头脑的，其弊端也恰恰在这里。如一个人不能适应各种情况的变化，又不听人劝说，固守一种观念而不懂得变通，固执己见而不懂得改正，这是愚钝刚愎的人。志士坚守节操，愚蠢刚愎的人不知变通，从表面上看，在坚持自己的观念这一点上是相同的，实际上一个表现了智慧，一个表现了愚蠢。

善于应变的人无论对什么样的诡诈都有办法应付；通达事理的人对任何怪异的事都不会惊慌；善于辨别言辞真意的人，任何花言巧语都不会使他上当；秉性仁义的人不会为利而动摇，所以一个君子的特点是虽然竭力使自己博闻多见，但是行为却很忠厚质朴。五彩缤纷的颜色不能玷污他的眼睛，甜言蜜语不能扰乱他的听觉；把整个齐、鲁的财富给他也不能动摇他的志向；就是让他活上千年，其高尚的品行也不会改变。在这一原则的前提下，他始终如一地坚持自己的道义，保持自己的节操，推进事业的成功，建立不朽的功勋。观察对待道德、事业的不同，就可以发现有智慧的人与愚蠢的人之根本区别了。有的人自认为是，别人说什么都不听，自私自利，毫不掩饰，强词夺理，颠倒黑白。这种人喜欢诬陷他人，是嫉妒他人的人。

不贪为宝，安度一世

在处世中，贪婪者因常有永无止境的贪婪意识，有时也能占一些小便宜，而这又进一步刺激起了他们更贪婪的心理。殊不知，此时已经埋下了得不偿失的隐患。用宝珠来弹打小小的鸟雀，因弹雀而坠入深井，就是贪婪者的个人行为与命运的一种真实反映。

更大的方面，如在敌我交战的双方中，明智的统帅总会以一些小便宜、小恩惠诱使敌方的首领上钩，从而夺取更大的胜利。我们中的许多人，很少有机会遇到这种大场面，但在日常生活的小场面中，性质类似的现象也是常有发生的。如在上街购物时，往往可以看到一些商店或街边无证摆卖的商贩每每以降价多少折、放血大拍卖、赔本生意等字眼来推销商品。如果谁贪买便宜货，就会心花怒放地又不加捡择地开始购物，那么，买下来的就或滞销、或过时，还可能是质量不过关的伪劣产品。从这种意义上讲，"便宜无好货"，确实是经验之谈，可见小便宜贪不得。

更大的不义之利，就更是贪不得。倘如你是一个单位的领导者或企业的管理者，就应遵循职业道德，不贪图非分之利，否则，一念之差，就会玷污了自己一生的人品，毁了自己的发展前途。更重要的是，这还危害了民众的事业与社会的利益，所以一定要谨慎思之。

可见，不论是处理何种人际交往关系，坚持勿贪的原则，是十分重要的，也是十分现实的。我们应该把它与人生的积极进取密切地联系起来。

勿贪是人际交往中，善于掌握处世分寸的一种表现，同时也是评价个人修养的标准。它主要是指不贪图名位财利。

春秋时期，有一个宋国人偶然得到了一块玉，就想把它献给本国的执政大臣子罕，子罕坚决不接受。

献玉者见状，就解释说："我已经将这块玉让玉器专家作过鉴定，得出了这是一块十分珍贵的宝玉的结论，想来只有您才配珍藏享用它，所以我才敢向您献玉。"

子罕还是不愿接受，说："我以不贪为宝，就像你以宝玉为宝一样，如果你把宝玉送给我，而我也接受了，那么，我们就都要丧失各自的宝物了，我看还是各自珍惜与保藏自己的宝物为好吧。"

就这样，子罕坚持履行"以不贪为宝"的原则，最终也没有接受献玉者自动献上来的宝玉。洪应明所讲的"古人以不贪为宝，所以度得一世"的历史依据，就是由此而来。

广州石门有一泉水名为"贪泉"，据说饮了贪泉的泉水者，即使是清廉之士，喝了这贪泉水的人，也会变成贪婪之人。

晋朝的吴隐之在前往广州任刺史时，路经此地，他酌泉而饮，并写了这样一首诗：古人云此水，一歃怀千金；试使夷齐饮，终当不易心。意思是说，自古相传，只要喝过贪泉之水的人，就会对财宝起贪婪之心；假如类似伯夷与叔齐这些自古相传的清廉节义之士，也饮了贪泉之水，他们一定不会放弃清廉高洁的人品精神。

吴隐之到了广州任职，操守清廉，日常菜谱不外是青菜加干鱼而已。他手下的人为了讨好他，每次都去掉鱼骨之后，才把鱼肉呈献上来。他毫不领情，还对他们予以处罚。

诸如此类的故事，在中国历史上还有很多。以不贪为宝，强调的是以自律来实现自我节制，杜绝并鄙弃那些贪得无厌的欲望，从而维护自己的高洁人品，增长智慧。

这在人际交往，尤其是在官民、强弱双方的交往时，对于处于官方、强方者更为重要。

第六编　处世应酬篇

观物外之物，恩身后之身

栖守道德①者，寂寞一时；依附权势者，凄凉万古。达人②观物外之物，思身后之身，宁受一时之寂寞，毋取万古之凄凉。

【注释】

①道德：衡量人的素质的标准，一种社会意识形态。
②达人：通达的人。

【译文】

坚守道德的人，可能会感到一时的寂寞；然而依附权贵势力的人，则会感到永久的凄凉。通达的人，由于考虑到自己死以后的声誉，宁愿忍受一时的孤寂，也不去趋炎附势，以免受到万世辱骂。

事无圆满，处处留余

事事留个有余不尽的意思，便造物①不能忌我，鬼神不能损我。若业必求满，功必求盈②者，不生内变，必召外忧。

【注释】

①造物：造物主、造物者。
②求盈：寻求完美。盈，满。

【译文】

做事要对别人留点余地，那么造物主也不会妒忌我，鬼神也不会伤害我。如果事业一定寻求圆满，功业一定追求完美，那么即使没有内患，也必会召来外部忧虑。

居高怀山林，处远思廊庙

居轩冕①之中，不可无山林的气味；处林泉之下，须要怀廊庙②的经纶。

【注释】

①轩冕：古代大夫以上的官员，本文比喻高官。
②廊庙：指在朝廷做官。

【译文】

身份地位位列高官的人，不能没有隐居山林的情趣；身处在山林泉水中，也要胸怀在朝为官者治理国家大事的抱负。

功过不容少混，混则人怀惰堕

功过不容少混，混则人怀惰堕①之心；恩仇不可太明，明则人起携贰②之志。

【注释】

①惰堕：懒惰而堕落。
②携贰：怀有二心。

【译文】

上级对下级的功过得失容不得一点含糊不清，功过不明，那么人们就会懒惰而堕落；上级对下级的恩惠和仇恨也不要太过鲜明，太过鲜明，则会使人怀有二心。

韬光养晦，功成身退

爵位不宜太盛，太盛则危；能事①不宜尽毕，尽毕则衰；行谊②不宜过高，过高则谤兴而毁来。

【注释】

①能事：能干，有才能。
②行谊：指德行和情谊。

【译文】

官位不要做得太高，官位太高就会容易出现危险；才能不要全部表现出来；德行和情谊不要太过清高，否则就会很难与人相处，会招致诽谤和诋毁。

醒人痴迷，救人急难

士君子贫不能济物①者，遇人痴迷②处，出一言提醒之；遇人急难处，出一言解救之，亦是无量功德。

【注释】

①济物：指用东西救济别人。济，救，救济。物，财物。
②痴迷：迷恋，顽固不化，不思悔改。

君子如果生活贫困而不能用物品救济别人时，那么当别人思想迷茫时，要说句话来提醒他；在别人遇到难处时，要说句话来帮助他解除困境，这些也都能算得上做了修行的好事。

真恳做人，圆活涉世

作人无点真恳①念头，便成个花子②，事事皆虚；涉世无段圆活机趣，便是个木人，处理有碍。

【注释】

①恳：诚恳，真诚。
②花子：古时的女子用来贴或画在脸颊上的装饰，本文指虚伪狡诈的人。

【译文】

如果做人连一点诚恳的念头也没有，便完全是一个虚伪狡诈的人，无论做什么事都是虚伪的；如果处世没有一点圆滑的技巧，便会成为一个呆滞的人，无论做任何事都会遇到阻碍。

顺其自然，水落石出

事有急之不白者①，宽之或自明，毋躁急以速其忿；人有操之不从者，纵之或自化②，毋操切以益其顽。

【注释】

①不白者：不明白的人。不白，不清楚，不了解。
②自化：自我开化，自己顿悟。

【译文】

事情有时在紧急的情况下一般会很难搞清楚，这时候最好暂时缓和回避一下，或许等到冷静之后，事情就会不解自明，对这样的事情不要过于急躁以免给他人造成紧张的情绪，有些人不听从你掌控的某项工作，这时候不妨就顺着他的想法或自己顿悟，或许慢慢就会有所改变，对待这种情况不能操之过急以防止他产生更加固执的情绪。

急流勇退，独善其身

谢事当谢于正盛①之时，居身宜居于独后②之地。

【注释】

①盛：兴盛，盛世。
②独后：不与人竞争，而甘于落后。

【译文】

隐退应在事业兴盛的时候归隐；居家度日应居住在不与人争的地方，这样才能修身养性。

奉我衣冠，我胡喜怒

我贵而人奉之，奉此峨冠大带①也；我贱而人侮之，侮此布衣草履也。然则原非奉我，我胡为喜；原非侮我，我胡②为怒。

【注释】

①峨冠大带：高高的帽子，宽大的衣带。
②胡：原因，缘由，为什么，何故。

【译文】

我富贵了别人就来奉承我，实际上是在奉承我戴的高帽和身上穿的衣服；我身份低微的时候，人们欺负侮辱我，其实是在侮辱我身上的粗布衣着。既然本来就不是奉承我本身，我为什么要高兴呢？本来就不是侮辱我，我为什么要生气呢？

不近恶事，不立善名

标节义①者，必以节义受谤；榜道学②者，常因道学招尤③。故君子不近恶事，亦不立善各，只要和气浑然，才是居身之宝。

【注释】

①节义：指节操仁义。
②道学：道家学说。
③尤：埋怨，怨恨。

【译文】

以节操仁义来标榜自己的人，必定会因为节操的问题而遭到别人的诽谤；以道学来标榜自己的人，经常会因为道学问题而受到别人的怨恨。所以君子要不仅不做坏事，也不要以善人自居，只有保持安宁与平和相结合，才是为人处世的法宝。

高绝褊急，君子谨戒

山之高峻①处无木，而溪谷回环②，则草木丛生；水之湍急③处无鱼，而渊潭停蓄，则鱼鳖聚集。此高绝之行，褊急④之衷，君子重有戒焉。

【注释】

①高峻：高险陡峻。
②回环：环绕。
③湍急：水流速度快。
④褊急：急躁，心胸狭窄。

【译文】

高险陡峻的地方一般不会生长花草树木，然而溪水长流的山谷中，草木就会很茂盛；河流水速快的地方往往没有鱼类的生存，然而在寂静的渊潭中，却能聚集生存着很多水族。这就说明，这种高傲绝决的行径，心胸狭窄的内心，君子一定要引以为戒。

居官杜幸端，居乡敦旧好

士大夫①居官，不可竿牍②无节，要使人难见，以杜幸端；居乡不可崖岸太高，要使人易见，以敦旧好。

【注释】

①士大夫：古时对学问渊博、地位较高的知识分子或官吏的称呼。

②竿牍：书写在竹子上的文字，文中指上书。

【译文】

读书人做官时，不能总是上书推荐别人而没有节制，对于有所要求的人要尽量少见，这样容易招致不适合的人，从而杜绝他们的仕途之路；当回乡之后，不要总摆着一副官架子，与人相处要平易近人，要和父老乡亲们多交流以此增加感情。

无过便是功，无怨即是德

处世不必邀功①，无过②便是功；与人不求感德，无怨便是德。

【注释】

①邀功：请求获得功名。邀，请，求，谋取。
②过：过失，过错。

【译文】

处世时，没有必要自己为自己谋取功名，只要没有过错就是功劳；与人交往时不要指望别人对你心存感激，只要别人不埋怨你就是有德。

居高思危，当局莫迷

居卑而后知登高之为危，处晦①而后知向明之太露②。宁静而后知好动之过劳，养默而后知多言之为躁。

【注释】

①处晦：处于不起眼的地方。
②露：暴露，显露，露水。

只有职位低下才会了解地位高的险恶，只有处在不起眼的地方，才会明白追求显赫太过暴露。只有宁静才能让人体会到好动的烦恼，只有在养成安静少言的性格以后，才会发觉轻易发表议论是浮躁的表现。

不行处退一步，功成时让三分

人情反覆①，世路崎岖②，行不去处；须知退一步之法。行得去处，务加让三分之功。

【注释】

①反覆：翻来覆去的样子，比喻事情变幻莫测。

②崎岖：形容山路曲曲折折，高低不平。

【译文】

人情世故总是变化无常，世间的道路曲曲折折。当遇到困难走投无路时，要学会倒退的法则。当事情顺利时，也要小心谨慎，遇到事情都要让人三分。

无罪于冥冥，无罪于昭昭

肝受病则目不能视，肾受病耳不能听。病受于人所不见，必发于人所共见。故君子欲无得罪于昭昭①，先无得罪于冥冥②。

【注释】

①昭昭：敞亮、光明，这里指清晰可见的意思。

②冥冥：黑暗，昏暗。

【译文】

肝脏有了毛病，就会影响到眼睛的视力；肾脏有了毛病，就会影响耳朵的听力。因此，疾病虽然产生在人看不到的地方，但是特征却表现在人能看得见的地方。所以，如果君子要想不被上天惩罚，就要保证不在别人看不到的地方做伤害别人的事情不要得罪上天。

君子之道，能屈能伸

处治世宜方①，处乱世宜圆②，处叔季③之世当方圆并用；待善人宜宽，待恶人宜严，待庸众之人当宽严互存。

【注释】

①方：方正，正直。

②圆：圆滑、圆通。

③叔季：古代用伯、仲、叔、季作为兄弟排行的顺序。

【译文】

在天下太平的时候，做人应该要端正。在天下大乱的时候，做人要学会圆滑。而在不稳定的年代，就应该既要有原则，又要学会变通；对待善良的人应该宽松，对待恶毒的人应该严厉，对待普通大众则要宽严相结合。

相观对治，方便法门

我之际遇^①，有齐^②有不齐，而能使己独齐乎？己之情理，有顺有不顺，而能使人皆顺乎？以此相观对治，亦是一方便法门^③。

【注释】

①际遇：运气，命运，机遇。

②齐：顺利，顺畅。

③方便法门：佛教术语。指入佛的门径，这里指比较奏效的方法。

【译文】

人生命运，有时顺利有时不顺，难道真的能使自己一直顺利吗？自己的情绪，有时顺畅，有时郁闷不顺畅，难道能够要求别人永远都顺着自己吗？依据这个道理，一一对照，确实是非常有效的为人处世原则。

小人^①之心，君子之腹

淡泊^②之士，必为浓艳者所疑；检饬^③之人，多为放肆者所忌。君子处此，固不可少变其操履，亦不可太露其锋芒。

【注释】

①小人：古代指地位较为低下的人，后来引申为性情卑鄙的人。

②淡泊：指清心寡欲。

③饬：小心，谨慎。

【译文】

淡泊名利的人，常被贪图名利的人所猜忌攻击；小心谨慎的人，

常被为所欲为的人所怨恨。因此，君子面对这种情况，既不要改变自己高尚的品行，同时也不要锋芒毕露。

不犯公道，不着权门

公道正论，不可犯手①，一犯则贻羞万世②；权门私窦③，不可著脚④，一著则玷污终身。

【注释】

①犯手：触及，压制。

②万世：万代，指时间很长久，年代很久远。万，数量词，指很多。

③私窦：指结党营私的地方。

④著脚：把脚踏进去，进入。

【译文】

正义的言论不要去镇压，否则就会被万代世人辱骂；和权贵人家结党营私的地方千万不要踏进去，否则就会因为这些污点而影响自己的声望。

爱重反为仇，薄极反成喜

千金难结一时之欢，一饭①竟致终身之感。盖爱重②反为仇，薄极③反成喜也。

【注释】

①一饭：一顿饭。

②爱重：爱护尊重。

③薄极：很少的救济。

【译文】

在别人富贵的时候，用千金也很难讨得欢心，在别人贫困的时候，施舍一顿饭就会得到别人的终身感激。所以，太过爱护尊重反而会招致别人的反感，恰到好处的小小恩惠反而会让别人心情欢喜。

不偏不废，识得大体

毋因群疑而阻①独见，毋任己意而废人言；毋私小惠而伤大体②，毋借公论以快私情。

【注释】

①阻：阻止，阻碍。
②大体：大致整体，大局，即事情的主流。

【译文】

不要因多数人的疑虑而不坚持自己独到的见解，也不要我行我素而不听从别人的劝告；不要因为极少的恩惠而不顾大局，也不要借助大家的言论来解决私人恩怨。

趋炎之祸来，守逸之味美

趋炎附势①之祸来，甚惨亦甚速；守逸栖恬②之味美，最淡亦最长。

【注释】

①趋炎附势：奉承依附有权势的人。
②恬：恬淡，淡泊。

因为阿谀奉承有权势的人而招致的祸害，既悲惨又迅速；坚持安逸闲适的美好生活，虽然比较清贫淡雅，但是从中得到的欢乐却能保持长久。

退后自宽平，清淡自悠长

争先的径路窄①，退后一步，自宽平一步；浓艳②的滋味短，清淡一分，自悠长一分。

【注释】

①径路：小径道路，近路，通常用来指捷径。
②浓艳：指浓烈而鲜艳。

【译文】

与别人争着走，道路就会变得很狭窄，如果自己倒退一步，就会使道路变得宽广；太浓重的味道容易让人减少食欲，清淡一点，味道自然就会持久而让人回味无穷。

多藏者厚亡，高步者疾颠

多藏者厚亡①，故知富不如贫之无虑；高步者疾颠②，故知贵不如贱之常安。

【注释】

①多藏者厚亡：多藏者，指积累财富较多的人。此语出自《老子》："是故甚爱心大费，多藏必厚亡。"

②疾颠：迅速摔倒。

【译文】

拥有的财产越多，越就容易丢失，所以说富人不像穷人那样活得逍遥快活无忧无虑；登得越高，就越人容易摔下来，所以富贵的人不像平凡人那样过得安稳祥和。

世法不染，其臭如兰

山肴①不经世人灌溉，野禽②不受世人豢养，其味皆香而且冽。吾人能不为世法所点染③，其臭④味不迥然别乎。

【注释】

①山肴：指山里的美味。肴，佳肴，用美味的菜。

②野禽：野外生活的鸟类。禽，鸟类。

③点染：感染，传染。

④臭：不好的味道。

【译文】

生长在山里的蔬菜没有经过人类的浇灌，野外的禽兽也没有经过人类的饲养，但我们吃起来却会感觉清香、清醇。由此来看，如果我们不被世俗的法则所传染，那么我们所展现的气质就会不同于市井之人。

人生本傀儡，根蒂在谁手

人生原是一个傀儡①，只要根蒂②在手，一线不乱，卷舒自由，行止在我，一毫不受他人提掇③，便超出此场中矣。

【注释】

①傀儡：木头人，用来比喻被人操控的人或组织机构。
②根蒂：指植物的根，用来比喻做事情的基础。
③提掇：提着，比喻操控。

【译文】

人本来就是一个木偶，只要做事有自己的底线，就如同控制住了操控木偶的绳子，人生就可以由自己掌握。只要绳子不乱，那么就可以能屈能伸，行动都由自己控制，不被别人操控。如果为人处世能够做到这样，就很出众了。

操履严明，心气和易

士君子处权门要路①，操履②要严明，心气要和易。毋诡随而陷腥膻③之党，亦毋矫激而忘蜂虿④之危。

【注释】

①要路：重要的地位。
②操履：操纵。
③腥膻：腥味膻味，常用来形容丑陋的事物。
④蜂虿：蝎子一类的害虫。比喻奸诈的小人。

【译文】

君子处于权势并重的地位后，操行要严明，心性要平易近人。不要巴结有权势的人而与奸诈的小人结党营私，也不要太过激进以免小人的栽赃陷害的危险。

以退为进，利人利己

处世让一步为高，退步即进步的张本①；待人宽一分是福，利人实利己的根基②。

【注释】

①张本：指为做事情之前做好准备。张，张望、看。
②根基：根本，基础。

【译文】

为人处世让别人一步是非常明智的做法，一时的让步是为了更好地前进做好准备；对待别人宽容是一份福气，于人有益实际上是于己有益的基础。

至人无己，圣人无名

市私恩①，不如扶公议②；结新知，不如敦③旧好；立荣名，不如种隐德；尚奇节，不如谨庸行。

【注释】

①市私恩：指用恩惠争取人心。
②扶公议：主持公道。

③敦：敦厚，诚实。

【译文】

用小恩小惠来拉拢别人，不如给人主持公道，伸张正义；结识新知己，不如加深老朋友的旧情谊；要拥有好名誉，不如偷偷去做善事；崇尚引人注意的举止，不如小心谨慎地做好平凡的小事。

一念慈祥，寸心洁白

一念慈祥①，可以酝酿两间和气；寸心洁白，可以昭垂②百世清芬③。

【注释】

①慈祥：慈爱祥和。
②昭垂：昭示。
③清芬：清新芬芳，比喻品德高尚淡雅。清，高洁。芬，芬芳，香气。

【译文】

如果为人处世慈爱祥和，那么就可以使人与人之间产生和气的氛围；如果可以使自己保持质朴高尚的心灵，那么高尚淡雅名声就可以千古流传，永垂不朽。

畏大人之德，敬小民之辛

大人①不可不畏，畏大人则无放逸之心；小民亦不可不畏，畏小民则无豪横②之习。

【注释】

①大人：指地位高的人。这里指名声很好的人。

②豪横：刁蛮无理。

【译文】

对于德高望重的人不能不尊重敬畏，尊重敬畏他，就不会有放任自流的想法；对于普通老百姓也不能不尊重敬畏，尊重敬畏他，就不会养成刁蛮无理的习性。

处患难而不忧，对茕独而惊心

君子处患难①而不忧，当宴游而益加惕②厉；遇权豪而不惧，对茕独③而反若惊心。

【注释】

①患难：指处在危险的环境。
②惕：警惕，小心。
③茕独：指孤苦伶仃的人。

【译文】

君子要处于困境时没有忧虑，但对歌舞升平却要加倍小心谨慎；当遇到豪强权势的人时要不惧怕，当看到无所依靠的人时要感到强烈的不安。

不为法缠，不为空缠

竞逐①听人，而不嫌尽醉；恬淡②适己，而不夸独醒。此释氏所谓不为法缠，不为空缠，身心两自在者。

【注释】

①竞逐：竞争逐求。

②恬淡：清心寡欲。

【译文】

别人追求名利时不要去管，但是也不要嫌恶他们，疏远他们；操守恬静淡雅的性情只是自己一个人的事，也不要炫耀自己品德高尚。这就是佛家思想所说的不被世俗所左右，不被虚幻所约束，这样可以达到超凡脱俗的意境。

【解悟】

切不可妄自尊大

与别人交往，不管对方地位高低，态度上都必须要平和亲切，切记不可妄自尊大，讲究穿着服饰。如果言谈举止是一副高高在上的派头，那么谁还愿意和你接近呢？

然而也不能和人过分亲近。喝酒聚会的时候，固然应该高歌欢笑，尽情畅饮，但也要说话谨慎，否则，在嘲讽中触犯了别人禁忌避讳的事，也许就要引起争吵了。南宋时期的袁采这样认为。

许多亲朋好友，故交旧识，因为说话不当而交情破裂的，不一定都是因为说了伤害别人的话。很多是因为言辞、态度、语气过于粗暴，所以激起了别人的愤怒。比如，规谏别人的短处，话语虽然恳切直爽，却能和颜悦色，纵使不被对方听取，也不至于惹怒对方。平常说话，本无伤人之心，而言辞声色都很严厉，就算是不惹对方恼怒，也会引起别人怀疑。

古人说："在家里生气后，难免会把怒色带到外面去。正值他生气的时候，和别人说话一定不会表示谦逊。别人不知道是什么原因，怎么能不奇怪呢！"因此在大怒的时候和别人说话更应该警惕不要伤害别人。前辈曾经说过：喝酒后戒说话，吃饭时忌生气。要能忍受难以忍受之事，不与自以为是的人争论。如果能经常坚持这样做，对自己是有许多好处的。

亲戚朋友、故交旧识，即使在彼此关系融洽感情深厚的时候，也不能把自己的隐私全部告诉他们。恐怕一旦双方关系恶化，那么从前所说的话就成了他人和你争讼时所凭借的资本。还有在和别人关系恶化的时候，也不要用太过分的言辞侮辱人家，恐怕怒气平息之后还要和他恢复以前的友好关系，甚至成为亲戚。那样从前所说的话可就会令人惭愧了。

俗话说："打人莫打脸，说人莫揭短。"一般来说，在怒不可遏的时候，切不可揭露别人的隐私和避讳的事情，或暴露别人父辈、祖辈所做过的恶事。我们可能被一时的怒气所驱使，一定要揭露人家的短处来攻击人家，而不知道人家对我们的怨恨因为这个而深入骨髓，古人说："言语对人的伤害，比长矛剑戟还要厉害。"这是有一定道理的。

谦虚得益骄傲必败

《尚书·大禹谟》中认为：满招损，谦受益。自满会招致损失，谦虚可以得到收益。

展露才华智慧宣传自己，这样做缺乏见识。学问广博的人，虽然饱学却好像还不充实；学识不充足的人，却急于让人知道自己。藏在匣子里等待高价售出的珍宝，不达千金不会出卖；在市巷叫卖的东西，一文钱就可以买到。敲击却不响的，是朝廷的重器黄钟大吕；响声喧嚣刺耳的，是那些低劣的陶盆瓦釜发出的声音。最擅长辩论的人看起来像不善言辞，最聪明的人看起来像个笨拙的人。辽东的白猪并不是奇异的东西，少见多怪，给后人留下笑柄；贵州驴子的技艺，仅仅是踢一下而已，终不能救自己的性命。

金玉满堂，却无法持守。富贵而骄奢，将自食恶果。国君对人傲慢会失去政权。大夫对人傲慢会失去领地。富贵不与骄傲相约，但骄傲自会跟着富贵到来；骄傲和死亡并没有联系，但死亡也自会随骄傲来到。恶果以骄傲自夸为先兆；灭亡以骄奢出现而确定。天下太平自然骄傲奢侈之风容易出现；骄傲奢侈自然会招致危难灭亡。先前贤人的话，人们若不听，会怎么样呢？"骄傲心伴随衰败"这句话让人回味无穷。

只要你不自夸自大，世人就不会和你比功劳；只要你不自吹自擂，世人就不会和你争高低。自夸自吹会因为贬损蔑视别人从而引起别人的嫉恨与竞争。

骄傲自大，拂袖而去的人就会很多；谦虚对待别人，前来亲近的人就会很多。越是谦虚，就越会得到别人的遵从；自我夸耀，必然会遭到别人的怀疑。被人赞誉而能自谦，那就又增加了一种美德；吹嘘自己而遭失败，还会受到别人的嘲弄。约束住自己不发怒，因而能与周围的人和睦相处；赢得了胜利而不骄傲，更能使世人信服。自我吹嘘的人，是想让别人羡慕自己，却不知会因此遭到别人的耻笑。

"恶盈好谦"是中国人传统道德取向之一。才华能力切忌锋芒毕露，脾气切忌盛气凌人，心意切忌骄傲自满。讨厌骄傲自满的人，喜欢谦虚谨慎的人，这是人之常情。

顺其自然

要等待绳墨、规矩来校正的，便是砍削事物自身本性的做法；要等待绳索、胶漆来稳固的，是伤害事物本性的行径。战国的庄子这样认为。

卑躬屈节来实行礼乐的形式，嬉皮笑脸来显出仁义的样子，让天下人心得到安慰，这实际上是失去了人生本来的正常情态。

正常的情态就是：方的不用矩尺取方，圆的不用圆规画圆，曲的不靠曲尺取弯，直的不靠绳墨求直，附着不需胶漆，捆绑不用绳索。如此，天下事物才能怡然自生，而不知其生长的原因；同样地有所得，但又不知所以得到的原因。

天工人可代，人工天不如，或者人定胜天，征服自然。这都是肯定人有巨大的创造变化之功。

另一方面，自然变化无穷，人也是自然的一部分。阅尽人间春色，常常发现，一场战争，一段历史成就的许多功业，改变了自然，改变了人。但又过一段时间，人们奇迹般地发现，自然与人又回到了原来的状态。

自然变化之功就是这样巨大。油脂因为可燃烧照明而自招煎熬，山木因为材质可用而招致砍伐。漆树因为可以用，所以招致刀割，桂树因为可以吃，所以遭到砍伐。人们都知道有用的用处，但不懂得无用的更大用处。

对待小人，难于不恶

　　问心无愧的君子是不怕流言的。小人看你揭露了他的真面目，为了自保，为了掩饰，他是会对你展开反击的。也许你不怕他们的反击，也许他们也奈何不了你，但你要知道，小人之所以为小人，是因为他们始终在暗处，用的始终是不法的手段，而且不会轻易罢手。别说你不怕他们对你的攻击，看看历史的血迹吧，又有几个忠臣能逃过奸臣的诬陷？

　　所以，还是尽量不要和小人一般见识，内方外圆地和他们保持距离。小人毕竟不是敌人，不必过于刚直，疾恶如仇地和他们划清界限，他们也是需要自尊和面子的。

　　唐德宗时一个宰相叫杨炎，是中国历史上著名的理财能手，他提出的"两税法"对缓解当时中央政府的财政危机立下了汗马功劳。后来的史学家评论他说："后来言财利者，皆莫能及之。"可见杨炎确实是个干练之才，受时人的尊重和推崇。此外，还有一个同任宰相的人叫卢杞，杨炎与卢杞在外表上也有很大不同，杨炎是个关髯公，仪表堂堂，卢杞脸上却有大片的蓝色痣斑，相貌奇丑，形象琐屑。尽管杨炎有宰相之能，性格却过于刚直。特别是对卢杞这样的小人，他压根儿就没放在眼里。两人同处一朝，共事一主，但杨炎几乎不与卢杞有丝毫往来。按当时制度，宰相们应一同在政事堂办公，一同吃饭。杨炎因为不愿与卢杞同桌而食，便经常找个借口在别处单独吃饭。有人趁机对卢杞挑拨说："杨大人看不起你，不愿和你在一起吃饭。"

　　因相貌丑陋内心自卑的卢杞自然怀恨在心。不久，节度使梁崇义，发动叛乱，德宗皇帝命淮西节度使李希烈前去讨伐。杨炎不同意重用李希烈，认为此人反复无常，对德宗说："李希烈这个人，杀害了对他十分信任的养父而夺其职位，为人凶狠无情，他没有功劳都傲视朝廷，不守法度，若是在平定梁崇义时立了功，以后就更不可控制了。"

然而，德宗却说："这件事你就不要管了！"谁知，刚直的杨炎并不把德宗的不快放在眼里，还是一再表示反对用李希烈，这使本来就对他有点不满的德宗更加生气。而这时恰恰诏命下达之后，赶上连日阴雨，李希烈进军迟缓，德宗又是个急性子，就找卢杞商量。卢杞看到这是扳倒杨炎的绝好时机，便对德宗皇帝说："李希烈之所以拖延徘徊，正是因为听说杨炎反对他的缘故，陛下何必为了保全杨炎的面子而影响平定叛军的大事呢？不如暂时免去杨炎宰相的职位，让李希烈放心。等到叛军平定以后，再重新起用，也没有什么大关系！"

　　这番话没有一句伤害杨炎，看上去完全是为朝廷考虑。德宗皇帝果然信以为真，就听信了卢杞的话，免去了杨炎的宰相职务。就这样，只方不圆的杨炎因为不愿与小人同桌就餐而莫名其妙地丢掉了相位。

　　从此卢杞独掌大权，杨炎可就在他的掌握之中了，他自然不会让杨炎东山再起，接着他又诬陷杨炎有谋反之心。于是，在卢杞的鼓动之下，勃然大怒的德宗皇帝，将杨炎贬至崖州（今海南省境内）司马，随即下旨于途中将杨炎缢杀。

　　由此可见，对待小人，难于不恶。

冤家宜解不宜结

　　清朝的蒲松龄认为：立，就是卓然自立的意思。要在怨仇之时，是非之间，站稳脚，站牢身。所交往的都是正派人，所做的都是好事，使了解我的人爱我而不忍伤害，恨我的人怕我而不敢妄动，这样的才可称之为人。有的人能够筹划算计，关起门过日子，家里粮满仓，钱满柜，这也可算是自立了。然而十里而外，没人知道其姓名，亲族之中，多不了解其人，如侥幸无事，才可以暂得安宁。这种人仅仅可说是人而已，实在说是可有可无了。更有不能称作人的：他们高不能读书考察古事，以获取好的名声，低不能费心出力，以换取钱财；只能在卑琐的地方，碎草土堆里，喝几口浊酒，吃两碗脏饭，见到不三不四的同伙，就呼兄唤弟，神气活现，而见到正人君子，却敛声匿气，萎缩避藏。这种人品行越来越乖张，而家业越来越衰败，现在成何样子，将来又会是什么样的结局啊？

人不是圣人贤哲，怎么会没有过失？有了过失能够改正，就是没有过失了。及第之人有的身居高位、听不到别人的忠告；有的处身于偏僻乡里，看不到正事；所作所为不仁不义，竟然习以为常，不以为愧。当此之时，就有赖于良友的规劝了。他为声色所迷，我以冷淡的态度提醒之；他暴怒发火，我用宽和的态度缓解之。忠言劝告，从善如流，这才是良友。

在燥热之中当头浇盆凉水，能够豁然省悟的，本是势所应该。不过勃然变色、听不进劝谏的人，也是常有的。如果他以怨报德，此所谓当事者迷，这时不宜再做辩白，而应抽身而去。等到他时兴过去，大祸临头，就会悲从中来，痛哭流涕地说："我要是早听某人的话，一定不会落到这步田地的。"到这个时候，我虽然为朋友的败落而难过，然而在朋友情分上却是问心无愧的。倘若当时一味奉承迎合，唯唯诺诺，只为取得对方高兴，那么，朋友的小痛小痒倒是未必喜欢我来搔的。而一经等到为后人所指责，不得好下场的时候，他回想当年某人在场，并未有一言劝告，于是就会喊着名字痛骂："小人！小人！"这样，我还怎么做人呢！

《论语》说："人如果不守信用，真不知道怎么可以。"所以大

丈夫不要轻易对人许诺。甚至两国之间交往，不要盟誓而只要季路的一句话，没有别的，只因季路讲究信誉。有的人酒席上说得相互投机，便慷慨许愿，人家还在等待中，许愿者却早已经忘了，这还能够为人吗？更有虚妄荒诞之人，信口胡言，并非出之于心，望风捕影，恍如亲见，乍听起来，煞有介事，因失去信誉，再见到此人，便不被当作人看待，逗引做鸡叫狗吠的样子，当作笑料，也够可悲的了。还有人知人有畏惧心理，就制造凶险的消息吓唬他，知人对什么事抱有希望就编造好消息欺骗他，并在一旁指指点点，取笑取乐，自以为得意。如果是小来小去，闹着玩儿，还可以说得过去。倘若事关重大，就会惹出杀身之祸、人命大事来。所谓信，即诚实。没有什么可以不实在，朋友之间自然不例外。父子兄弟之间，诚实固然能够相亲相爱，相疑倒也不必担心。只有朋友原本是疏远之人，而在一起相处的，即便披肝沥胆，尚且怕不能相互信任，如果变化不定，不守信用，谁还拿他当人呢！

人与人没有一点关系的话，怎么会产生怨恨？产生怨恨的人，就算不是乡里故旧，也一定是和我相识的人。即使有小事纠纷，小怨小恨，也应当原谅对方。他本是失之偶然的情绪冲动，内心里实际上没有什么。当怨恨之气刚起时，就应当扪心自问，想自己不对的地方，这样火气便可减去一半。若进一步追想："这人和我在一起打交道的时间最长，这人平时和我要好的时候还很多。"这样，怒气就全消了。况且，一生起气来就会越想越气，逞起强来时很像英雄似的，然而气头一过，无穷烦恼就会随之而来。

相反，没有别的因素干扰，想开时火气就会全消，尽管克制自己有时会因有失面子而不大好受，然而过了这一阵，心情却会十分轻快清爽。再说冤家宜解不宜结，不解怨就会积怨成仇，越积越深，彼此间幸灾乐祸，怨对怨、仇对仇，什么时候能够完结？如果其中有一方能取主动，在对方有喜事时去祝贺，有悲哀事时去安慰，有灾难病患时去帮助，那么，对方没有不被感化释怨的，否则就不是人了。既然这样，为什么我不去主动感化人，反而等着人家来感化我呢？

君子有所不为才能有所为

战国时期的孟子强调：只有盛满水的欹器才会倾覆，扑满由于腹中空无一物才得以保全。所以一个品德高尚的君子，宁愿处于无争无为的地位，也不愿站在有争有夺的场所；日常生活宁可感到欠缺一些，也不必追求过分完满。

人必须要有所不为，然后才可以有所作为。

百里奚是虞国人，后来来到秦国做了卿相，帮助穆公成就了霸业。百里奚当初在虞国时，晋人罔美玉、良马向虞公借路去攻打虢国。虞国大臣纷纷劝说虞公不要应允，唯独百里奚不去劝，因为他知道虞公不会听从任何劝阻，劝也是白劝。他并不死守在虞国，而去辅佐秦国，是因为他知道虞公无道，注定亡国，而秦穆公才是一位可以与他有所作为的人。我认为，像百里奚这样的人，才是真正的聪明人。

君子之交淡如水

唐贞观年间，薛仁贵尚未得志之前，与妻子住在一个破窑洞中，衣食无着落，全靠王茂生夫妇接济。后来，在跟随李世民御驾东征时，因薛仁贵平辽功劳特别大，被封为"平辽王"。

一登龙门，身价百倍，前来王府送礼祝贺的文武大臣络绎不绝，可都被薛仁贵婉言谢绝了。他唯一收下的是普通老百姓王茂生送来的"美酒两坛"。负责启封的执事官打开酒坛，发现里面装的是清水，吓得面如土色，指责王茂生戏弄薛仁贵。薛仁贵听了，不但没生气，还命令执事官取来大碗，当众饮下三大碗。在场的文武百官不解其意，薛仁贵喝完之后说："我过去落难时，全靠王兄夫妇资助，没有他们就没有我今天的荣华富贵。如今我美酒不沾，厚礼不收，却偏偏要收下王兄送来的清水，因为我知道王兄贫寒，送清水也是王兄的一番美意，这就叫君子之交淡如水。"此后，薛仁贵与王茂生关系甚密，"君子之交淡如水"的佳话也就流传了下来。

王茂生送给薛仁贵的礼品是水而不是酒，当然不是因为王茂生贫困没有能力送酒，只是为了表示两人之间的友谊并不掺杂任何功利的成分。而且，君子交友平淡得像水那样无味，小人交友热情得像美酒那样甜。君子平淡，互相亲密；小人热情，容易断绝。那样的朋友很容易结合，也很容易分离。

因君子有高尚的情操，所以他们的交情纯得像水一样。这里的"淡如水"不是说君子之间的感情淡得像水一样，而是指君子之间的交往不含任何功利之心，他们的交往纯属友谊，却长久而亲切。如果对方是为了获取利益而同你保持友情，那么，一旦利益不在了，你们之间的交情也就完结了。无论对方平日里以多少厚礼相赠、百般讨好，这种友谊也是脆弱的。这种小人之间的友情看似热闹，实为寂寥，交往之间不过是互谋好处，装腔作势而已。小人之间的友情也许看似深厚，但其实都是为了他们自己，并非抱有关怀对方的心情。一旦出现天灾人祸，他们绝对是会一刀两断，从此陌路的。也正是因为如此，不抱有二心、不被金钱包装的友谊才显得格外真挚、纯净，令人动容。

信言不美，美言不信

清朝的王庭奎解悟《菜根谭》时认为：诚实的话未必美丽动听，美丽动听的话往往不能相信。

喜好当面奉承别人的人，也喜好背后诋毁别人。沉默是良好的品行，但有意不露声色的人可能藏有奸谋；谦虚是美德，但过于谦虚的人可能心中有诈。不要以为表面正经的人就必定内心正直，要学会提防那些貌似正人君子，而实际上居心叵测的人。

即使有些人虽是痛哭流涕，心里未必很悲伤；有些人笑脸相迎，内心却未必友善。人的内心世界与表面行动往往并不一致，难以看透。肯定我而恰当的人，是我的朋友；批评我而恰当的人，是我的老师；不适当地恭维奉承讨好我的人，就是伤害我的人。说别人的坏话，不能称之为直爽；帮助别人做坏事，绝对不能称之为讲义气。

画虎画皮难画骨，知人知面不知心。真与假会在事情的发展过程中显露出来，人心的变化在事前则很难预测。

厚赠钱财、言辞甜美的人，古人也对这种人忌讳提防。"厚币甘言"者往往另有所图，实为行贿，诱人徇情枉法。此等人物古已有之，后来者不绝，现在人更不能不防备这种人。所以，害人之心不可有，防人之心不可无。

小事糊涂成就大聪明

宋朝宰相对待大事从不糊涂，严贡则对细微末节小事斤斤计较，并侦视观察。小事糊涂可成就大聪明，而在小事上过于聪明往往会造成大糊涂。清朝的郑板桥这样认为。

志向远大的人不会因为图谋眼前利益而放弃长远利益、好马也不会因为眷恋马槽里的饲料而不去驰骋千里。

负有重大使命的人不可能心浮气躁说空话，胸怀宏图大志的人是不会急功近利于眼前的。

能得到人心的人都应审时度势顾全大局，斤斤计较于细节小利的人会失人心。斤斤计较于小利，肯定干不成大事。

贪图眼前利益就会失去长远利益，沉溺于物质利益就会有损于名誉。近与远，名与利并非完全对立，关键在于把握一定的"度"，才能二者兼顾。

试看世间精于算计的人，怎么可能因为算计而得到别人的一点东西，到头来只是把自家算尽罢了。

遇事多从反面想想

明明知道的事却当自己不知道，这是真正的高明；实际不知道但却自以为知道，这就是毛病。正因为把这种毛病当作毛病，因此就不会有毛病。圣人是不会犯错误的，这是因为他把这种毛病当作毛病。春秋时期的老子这么认为。

要想做到收敛，就应当先把它扩张，打算要削弱它，必须暂且先加强它；打算要获取它，必须暂且先给予它；打算要废除它，必须暂且先兴举它。这就叫作高明微妙的谋略，也是柔弱终究会战胜刚强的道理。正如鱼儿不能离开水一样，国家的权谋手段，不能随便让人知道。

迈开大步希望走得快，结果反而快不了；踮起脚来希望站得高，结果反而站立不稳。积极于自我标榜的，反而不能建立功绩；刻意自我表现的，反而不能展现自己；处处自以为是的，反而不能判明是非；一贯自高自大的，反而不能出人头地。以上这类情况如从"道"的标准来考察、衡量，就叫作"剩饭"、"赘瘤"。人们大多都十分讨厌它，所以有"道"的人是不可能这样做的。

好于逞强不顾一切，就会死亡；勇于柔弱无为，就能生存。两种勇敢的结果，有的遭受灾害，有的获得利益。天道所厌恶的，没有人会知道这其中的缘故，因此连圣人也难以把这层道理说清楚。自然的规律是不斗争

而善于取胜，不讲话而善于回应，不召唤而自动到来，表面行动迟缓而实际善于谋划。自然的罗网极为广大，网孔即使稀疏，但却从来没有漏失。

用无为的方法治理国家，用奇谲诡诈的方法指导用兵，用自然无为的原则统率天下。但你怎么会知道这样做的正确性呢？根据就在于：天下的禁令越是繁多，民众就越陷于贫穷；民间的有用器具越是众多，国家就越是陷于混乱；老百姓越是智巧机诈，各种邪物就越是层出不穷；法令越是分明具体和周密，社会上的盗贼就越会增多。所以圣人说：我无所作为，那么民众自然就归化；我安好恬静，那么民众自然就会端正；我不惹是生非，那么民众就会自然富足；我没有贪婪的欲望，民众自然就会变得自然淳朴。

政治苛察严酷，民众就机诈狡黠；政治上仁厚宽大，民众就会厚道淳朴。幸福时常倚靠在灾祸旁边，灾祸时常潜伏在幸福里边。有谁能知道这种变化的究竟，要知道这本来就没有一个标准。正常的会随时转化为反常，善良的也会随时转化为丑恶。人们在这方面的迷惑，是由来已久了。因此，得道的人方正却不显得生硬，有棱角却不会伤人，正直坦率却不放肆无忌，光洁明亮却不刺眼炫目。

善有时得恶报

唐朝时期的赵蕤说：善有善报，恶有恶报，是天下必然的规律，但这定要从长远来看才行。有时做善事未得善报甚至还得了恶报；相反有人作恶却未得恶报反而有善报。这都是因为善或恶的积累还没有达到足够的程度，一旦时机成熟，都会得到应有的报应。所以我们不应对暂时的不合理现象感到迷茫从而动摇行善的信念。

"积善之家，必有余庆；积不善之家，必有余殃。"这是《易经·文言传》中的一句话，对中国历史上的善恶报应之说有重大影响，尤其是对著名的劝善书《文昌帝君阴骘文》有直接的影响。在现实生活中，我们常常发现有的人老是做好事，但却不得好报，有的甚至短命，怎么会这样呢？

《易经》上说："积善之家，必然会有善报。"又说："不积善就不能成名。"这种说法怎么来证明呢？孟子曾说："仁者战胜不仁者，就像水能灭火一样，但是如今为仁的人就像用一杯水去试图熄灭一车干柴燃起的烈火，火不灭就说水不能灭火。这和用一点仁爱之心去消除不仁到极点的社会现象是同样的道理。又如五谷的品种再好，假如没有成熟，那还不如稗的种子。所以，仁爱也在于是否成熟啊！"尸佼说："吃饭会变得肥胖，假如只吃一顿饭，就问别人说：'怎么样，我胖了吗？'那么大家都会嘲笑他。而治理天下，是最大的事情，不是一朝一夕可以看到成效的，现在人们往往急功近利，就像吃了一顿饭就问别人'我胖了吗'一样。"这是善德太少，还达不到成名的程度啊。

恶也是如此，正如《尚书》上说："商纣王已是恶贯满盈了，所以上天授命武王诛灭他。其余不顺天命的人，只视他罪恶的轻重程度而发落。"由此看来，只是罪恶未满盈而已。当一些人看到作恶的还没有受到惩罚，就简单地认为即使自己有罪恶也不值得惧怕，这就是世上罪恶者一个接一个灭亡的原因啊。所以说："罪恶不积累到一定程度，暂时是不会灭亡的。"这是圣人的劝告啊！

善德是由一点一滴积累而成的。如果有人看到历史上徐偃王

讲仁义却亡了国，就认为仁义不值得依仗；看到古代承桑国国君讲文德而国家灭亡，就认为文德不值得依仗，这就像用一杯水去救火，吃一顿饭就问人"我胖了吗？"一样糊涂了。

荀子说："积水成渊，积土成山，积善成德。"他还说："不积跬步，无以至千里；不积小流，无以成江海。"古人早就认识到，任何伟大的事业都是从细微起步，坚持不懈，逐渐积累的结果。同理，那些巨恶元凶，也不是生来就穷凶极恶，也是从小事情积累，小环境促成的。

善良的人时常心存好意，即使受到伤害，但总是想给恶人一个改过自新的机会，但这恰恰给了恶人继续作恶的空子。人们常说：心慈手软。善良的人十有八九软弱，软弱就必定会受欺，即使受了欺侮也忍气吞声，所以恶棍才敢于胡作非为。其实，善良并不等于懦弱。如果看到歹徒行凶，却视而不见，甚至欺侮到自己头上也逆来顺受，那就不是善良，而是麻木不仁了。

古人说得好："莫以善小而不为，莫以恶小而为之。"总之，对于正义必定战胜邪恶这一信念，一定要坚定不移，只有坚持积善止恶，才能使我们的社会一步步走向更高级的文明阶段。

毋形人短，不持己长

人过于自信就容易偏信，傲以待人便会无人，这样意气用事，被人利用，妒人之能，却难自知。有些人有点小本事就盛气凌人，由于有些能力，就很自信，往往瞧不起不如自己的人，以至目无一切。一个修养好的人，往往具备诚恳、公正、无私、同情的品性，而偏袒、欺骗、自私、嫉妒则往往在修养较差的人身上表现出来。人有本领、能力强是好事，但如果靠这个而形成许多恶习，就变成了坏事。

三国时期，盘踞汉中地区的汉中太守张鲁，打算夺取西川，扩大势力，登上"汉中王"的宝座。益州牧刘璋急派别驾张松到许都向曹操求援。张松走时，除携带一批准备献给曹操的金银珍宝以外，还暗地藏了一幅西川的地形详图。由于刘璋糊涂而又懦弱，当时川中的有识之士都感到群雄竞争的形势下，刘璋绝对不能保住西川，因此不少人都有另投靠山的打算。

张松借出使的机会，带着这幅极有价值的军事地图，就是这么考虑的。来到许昌后，张松被接待在驿馆里，等了三天才得到接见的通知，心中很有些不高兴。而且丞相府的上下侍从都公开索贿，才肯引见，这使得张松更加摇头。曹操接见张松时态度极为傲慢，责问说："你的主人刘璋，为什么这几年都不来进贡？"张松巧妙地解释："因为道路艰难，贼寇又多，常常拦路抢劫，不能通过。"曹操大声呵斥说："我已扫清中原地区，哪里还有什么贼寇！分明是捏造借口。"

张松虽然生得头尖额翘，鼻低齿露，身长不满五尺，但嗓音洪亮，说话犹如铜钟之声。他读书很多，有超人的见解，以富有胆识闻名。他早是西川有名的人物。自来许都后，遭到如此慢待，心中早已不快。今天又见曹操这般蛮横，便断了投奔他的念头，决心教训他一番。

曹操刚讲完话，张松嘿嘿一笑说："目前江南还有孙权，北方存在张鲁，西面站着刘备，他们中间拥有军队最少的也有十余万人，这算得上太平吗？"曹操被这一顿抢白窘得说不出话来。曹操一开始见到张松，觉得他个子小，面孔怪，猥猥琐琐，已有五分不喜欢，现在又发现他言语冲撞，让人很不高兴。于是一甩袖子，起身转进后堂去了。

后来，尽管主簿一再在曹操面前夸赞张松，要求重新接见张松。终因双方的观点差距太大，张松又讽刺了曹操一顿，然后离开许都，把身上带着的那张十分有价值的地图献给刘备去了。

可惜曹操一辈子都在搜罗贤才，却因自己一时的骄矜之态而错过了一个极佳的机会。可见毋形人短，不持己长多么重要。

知退一步，须让三分

多少人把"忍一时风平浪静，退一步海阔天空"作为处世座右铭！这句话与当今商品经济下的竞争观念似乎不大合拍，事实上，"让"与"争"并非总是不相容，反倒经常互补。在外交场合也好，生意场上也好，在个人之间、集团之间，也不是一个劲"争"到底，妥协、退让、牺牲有时也很有必要。作为个人修养和处世之道，让则不仅是一种美好的德行，更是一种难得的智慧。

明朝时，有一位姓尤的老翁开了个当铺，有好多年了，生意一直不错。某年年关将近，有一天尤翁忽然听见铺堂上人声嘈杂，走出来一看，原来是站柜台的伙计同一个邻居吵了起来。伙计连忙上前对尤翁说："这人前些时典当了些东西，今天空手来取典当之物，不给就破口大骂，一点道理都不讲。"那人见了尤翁，仍然骂骂咧咧，不认情面。尤翁却笑脸相迎，好言好语地对他说："我晓得你的意思，不过是为了度过年关。街坊邻居，区区小事，还用得着争吵吗？"于是叫伙计找出他典当的东西，共有四五件。尤翁指着棉袄说："这是过冬不可少的衣服。"又指着长袍说："这件给你拜年用。其他东西现在不急用，不如暂放这里，棉袄、长袍先拿回去穿吧！"

那人一声不响拿了两件衣服走了。当天夜里，他竟突然死在另一人家里。为此，死者的亲属同那人打了一年多官司，害得

别人花了不少冤枉钱。这个邻人欠了人家很多债，无法偿还，走投无路，事先已经服毒，知道尤家殷实，想用死来敲诈一笔钱财，结果只得了两件衣服。他只好到另一家去扯皮，那家人不肯相让，结果就死在那里了。

后来有人问尤翁说："你怎么能有先见之明，容忍这种人呢？"尤翁回答说："凡是蛮横无理来挑衅的人，他一定是有所恃而来的。如果在小事上不稍加退让，那么灾祸就可能接踵而至。"人们听了这一番话，都被尤翁的见识而折服。

退后一步，清淡一分

做人贵在自然，做事不可强求，在大是大非面前，在天下兴亡的大义面前，不争何待？假如世人都有这种"退步宽平，清淡悠久"的处世观，人与人之间就不会有那么多纠纷了。但事实上很难，这就存在一个适时的问题，即在什么样的条件下应该争胜，什么样的情况下应该退让。在名利场中，在富贵乡中，在人际是非面前，退让一步又有何妨？

战国时，齐国有三个大力士，一个叫田开疆，一个叫公孙捷，一个叫古冶子，号称"齐国三杰"。他们因为勇猛异常，被齐景公宠爱，晏子遇到这三个人总是恭恭敬敬地快步走过去。可是这三个人仗着齐景公的宠爱，为所欲为，每当见晏子走过来，坐在那里连站都不站起来，根本不把晏子放在眼里。

晏子很想除掉他们，又怕国君不听，反倒坏了事。于是心里暗暗拿定了主意：用计谋除掉他们。有一天，鲁昭公来齐国访问。齐景公设宴招待他们。鲁国是叔孙诺执行礼仪，齐国是晏子执行礼仪。君臣四人坐在堂上。"三杰"佩剑立于堂下，态度十分傲慢。正当两位国君喝得半醉的时候，晏子说："园中的金桃已经熟了，摘几个来请两位国君尝尝鲜吧！"齐景公传令派人去摘。晏子说："金桃很难得，我应当亲自去摘。"不一会儿，晏子领着园吏，端着玉盘献上六枚桃子。景公问："就结这几个吗？"晏子说："还有几个，没太熟，只摘了这六个。"说完就恭恭敬敬地献给鲁昭公、齐景公每人一个金桃。鲁昭公边吃边夸金桃味道甘美，齐景公说："这金桃不易得到，叔孙大夫天下闻名，应该吃一个。"叔孙诺说："我哪里赶得上晏相国呢！这个桃应当请相国吃。"齐景公说："既然叔孙大夫推让相国，就请你们两位每人吃一个金桃吧！"两位大臣谢过齐景公。晏子说："盘中还剩下两个金桃，请君王传令各位臣子，让他们都说一说自己的功劳，谁功劳大，就赏给谁吃。"齐景公说："这样很好。"便传下令去。

话音未落，公孙捷奔了过来，得意扬扬地说："我曾跟着主公上山打猎，忽然一只吊睛猛虎向主公扑来，我用尽全力将老虎打死，救了主公性命，如此大功，还不该吃个桃吗？"晏子说："冒死救主，功比泰山，应该吃一个桃。"公孙捷接过桃子就走。

古冶子喊道："打死一只虎有什么稀奇！我护送主公过黄河的时候，有一只鼋咬住了主公的马腿，一下子就把马拖到急流中去了。我跳到河里把鼋杀死了，救了主公，像这样大的功劳，该不该吃个桃？"景公说："那时候黄河波涛汹涌，要不是将军除鼋斩怪，我的命就保不住了。这是盖世奇功，理应吃个桃。"晏子急忙送给古冶子一个金桃。

田开疆眼看金桃分完了，急得跳起来大喝道："我曾奉命讨伐徐国，杀了他们主将，抓了五百多俘虏，吓得徐国国君称臣纳贡，临近几个小国也纷纷归附咱们齐国。这样的大功，难道就不能吃个桃子吗？"晏子忙说："田将军的功劳比公孙将军和古冶将军大十倍，可是金桃已经分完，请喝一杯酒吧！等树上的金桃熟了，先请您吃。"齐景公也说："你的功劳最大，可惜说晚了。"田开疆手按剑把，气呼呼地说："杀鼋打虎有什么了不起！我跋涉千里，出生入死，反而吃不到桃，在两国君主面前受到这样的羞辱，我还有什么脸活着呢？"说着竟挥剑自刎了。公孙捷大吃一惊，拔出剑来说："我的功小而吃桃子，真没脸活了。"说完也自杀了。古冶子沉不住气说："我们三人是兄弟之交，他们都死了，我怎能一个人活着？"说完也拔剑自刎了。人们要阻止已经来不及了。

看到这个场面鲁昭公无限惋惜地说："我听说三位将军都有万夫不当之勇，可惜为了一个桃子都死了。"所以，退后一步，清淡一分。

事在人为

聪明的人采取行动时一定要顺应时机。即使时机不一定成熟，但人却不能放弃努力，时机成熟也好，不成熟也好，一定不要放弃努力。靠别人所能做到的托举起自己所做不到的，就像船能渡河，车能远行。战国时期的吕不韦这样认为。

北方有一种叫蹶的兽，老鼠一样的前腿，兔子一样的后腿。它要小步快走就会绊倒，要跑就会跌倒，常常拿甘饴的草让蛩蛩距虚吃，而蹶在患难时，这蛩蛩距虚就背着它逃跑。这就是靠自己做得到的托举起别人做不到的。

战国时，齐国的鲍叔牙、管仲、召忽，三个人相互友好，想一同使齐国安定，认为公子一定能立为王。召忽说："我们三个人对于齐国，好比鼎有三足，少一个都不行。公子小白不久肯定立不住了，不如我们三个人辅佐公子纠。"管仲说："不可以。国人厌恶公子纠的母亲，殃及公子纠；公子小白没有母亲，国人怜悯他。这事情不好料定，不如让一个人去随侍公子小白。拥有齐

国的必定是这两个人中的一个。"所以让鲍叔牙做公子小白的老师，管仲、召忽都住在公子纠的住所辅佐他。公子纠能否被立为王的事　是出人意料的。虽然这样，管仲的谋虑也是合乎情理的。像这样尽了人力的安排还不周全，那便是天意了。齐国攻打廪丘，赵国派孔青率领敢死队去救援。与齐国交战，大败齐军，齐将战死。赵国缴获了战车两千乘，得敌尸三万，堆成两座"京"（尸堆）。

宁越对孔青说："可惜了，不如将尸体还给他们，让他们内部混乱。我听说，古代关于打仗的，使敌人进退两难，匍匐在地，让出屋子存放尸体，车甲都在战斗中消耗殆尽，府库中钱物都在殡葬中用光，这就是内攻之术。"孔青说："齐国是敌国，他们不收尸该怎么办呢？"宁越说："打败仗，这是他们第一条罪；让人民出去打仗而没带他们回来，这是第二条罪；给他们尸体还不取，这是第三条罪。人民因这三条罪怨恨他们的君王，君王没法调遣臣民，臣民也不侍奉君王，这可以叫作重重攻击了。宁越可以说是懂得文武夹攻之道了。运用武力是靠力量取胜，运用文攻就要靠德行取胜了。文武都胜，还有什么敌人不可以战胜呢？"晋文公想与诸侯会合，咎犯说："不行。天下人还不知道您的义呢！"公问："怎么办呢？"咎犯说："天子因异母弟叔带发难，躲出住在郑国。您为什么不营救他，借这个机会定大义呢？而且能借此机树立您的信誉。"文公说："做得到吗？"咎犯说："事情如果能成功，就是经营了文公的大业，定了武王的功绩，扩充土地安定了边疆，都在此一举了。事情如果不成功，补了周室的缺，救了天子的难，成就了教化，名垂青史，也在此一举了。您不要疑虑了。"文公听从了他的意见。于是联合戎国、翟国，使天子在成周安定下来。天子将南阳的土地赐给晋文公，于是文公就称霸于诸侯。此举动既获得了义的名声又获得了实利，建立了大功业，文公可说是聪明了。这都是咎犯的谋略。文公离开国十七年，回国才四年就称霸，都是听了像咎犯这样人的意见呀！

知道国家的大礼，知道大礼就是知道根本，那么不知道国事都可以了。管仲、鲍叔牙辅佐齐桓公处理国事，齐国东郊边远地区的人都是刻苦努力的。管仲死了，倭臣小人竖刁、易牙被任用，国人常常不刻苦努力。不刻苦努力，最后倒成了齐国的好官吏，子孙受用。

明枪易躲，暗箭难防

小人，常常披着君子的外衣，其实他们比真正的小人更具有欺骗性和危险性。在生活中这种道貌岸然的人还真不少，尤其是在工作中。即使他们满嘴是仁义道德，其实肚子里全是阴谋诡计，表面上和你称兄道弟，实际上在想办法把你挤下去他上来。所以说，"明枪易躲，暗箭难防。"

一个公司的成员来自四面八方，其中既有君子，也必定会有小人。另外，公司的有些业务，君子办不成的，小人反而可能手到擒来。可以说公司里的人全是君子不行，全是小人更不行。君子和小人各有所用，还真是谁也离不开谁，如何管理君子和小人绝对是个问题。

世界上每个地方都有小人，小人之所以如此为人们所厌恶，是因为他们身上有许多不良品质。诸如言而无信，阳奉阴违，两面三刀等，这些理应为常人所不齿。可是，人们却常常发现这样一种怪现象：越是小人越走运，许多小人可能正是你顶头上司的亲信和心腹，自古以来就是如此。

你要想成功地管住小人，首先就要先防止被小人所害，就必须了解小人招人喜爱的"高招妙策"。归纳起来看，主要有以下几个方面：

（1）以善传情。这种人特别善于恭维，拍我们的马屁，开口便是大哥大姐，叫得又自然又亲热，也不管和我们认识多久。除此之外，小人的情感神经发达，演技精湛。只要用得着我们，哪怕"不共戴天"也能恨在心头，笑在眉头，颂在嘴头，不惜借妻挈雏，全家效忠，并搭上一把鼻涕一把泪。如此假戏真演，可以说，达到相当高的程度。往往铁打得心肠，乃至"扛过枪、渡过江"的汉子也心软骨酥。怪不得有人感叹：英雄难过小人关！

（2）笼络人心。千万要加强警惕而不能被其加了糖的麻醉剂弄得放松了应有的警惕。比如在午餐时，我们可以与小人聊一些无关痛痒的家长里短、琴棋书画。不要让小人牵着我们的话头走。如果他发牢骚抱怨公司的各种弊端，或是议论别人的长短，即使与我们心里所想的非常合拍，我们也千万不能随声附和，这时我们最好把话题岔开。否则，日后这些话就会被他添油加醋地传出去，说成是我们的意见，叫"哑巴吃黄连"——有苦说不出。

（3）善抬轿。新官上任，很需要帮手，更需随声附和的吹鼓手，小人投其所好，正中此怀。所以，每当新旧交替之际，他们都能"平稳过渡"，即使上司之间发生"地震"，鱼死网破，他也能在夹缝中"游刃有余"。尽管居心叵测，但不露丝毫破绽，硬是打点得方方面面眉开眼笑。

（4）精算计。小人很会算计：花的是公家的票子，换来的是个人的面子，不花白不花。选定的往往是逢年过节、婚丧嫁娶的日子，打出的是"人情往来"的牌子，良辰吉日，名正言顺，花了也没事。如此这般，名目繁多，行情看涨，一些单位便接纳不暇，消受不尽。结果不知不觉中亏了单位肥了自己。

（5）能办事。这种人有这么一个优点，凡是我们想到的他都能替我们办到，没有想到的也能替我们想到办到。有人专门揣摩上司的饮食起居、喜怒哀乐，以便投其所好，按需办事；贪杯的就让你一日三餐围着桌子转，嗜赌的便让你昏天黑地围着骰子转，恋色的则让你24小时围着裙子转……反正只要能博得上司高兴，刀山敢上，火海敢跳，管它什么合理不合理、合法不合法，反正天塌下来自有你这杆大旗顶着呢！

在某些喜欢小人的领导眼里，自然是一块可享用的臭豆腐。这也是我们不得不面对小人的真正原因所在。

在生活和工作中，不要忽视小人，更不要得罪小人。小人可能帮不上我们，但是他能坏我们的事。如果一不小心得罪了那些小人，他们可能会处心积虑地对付我们，甚至不把我们置于死地而不甘心。

所以，不论是否愿意、是否高兴，在生活工作中总得面对小人的"张牙舞爪"，面对小人的阿谀奉承。我们必须要学会过小人这一关。

（1）切记不可欠小人的人情。小人是最斤斤计较的，谁也没他们的算盘打得精。我们若欠了他们的人情，这笔债迟早是要讨还的，说不定就是"驴打滚"般要人命的"阎王债"。

（2）说话时要特别注意。美国前总统林肯曾经说过：对暂时斗不过的小人要忍耐。与其和狗争道被咬伤，还不如让狗先走。因为即使你将狗杀死，也不能治好被咬的伤。所以，我们对付小人的第一要诀，就是应当忍让为上，千万不要冲动。

所以说对君子要善待，要亲近；对小人，既要回避，又不要失去礼节。得罪君子，不得罪小人！时刻防备小人对我们背后捅刀。

凡事好察并非明智

东汉时期的班固说：太清澈的水就养不了鱼，过于精明的人就没有朋友了。

聪慧通达的人，须防止过于明察看透；孤陋寡闻的人，须避免闭塞无知。闭塞无知者，最易受人蒙骗；明察秋毫者，最易招人嫉恨。

在做人方面过于明洁单纯是不可取的，要能容忍得下肮脏和污辱；对人不能过于爱憎分明，要能宽容得下所有善恶贤愚的人。为人太清高就会被人嫉妒，大家所孤立的也就是过于高洁的人。

心思过于计较好恶，就会觉得没有一件物品合适；区别贤明愚笨的心思过于分明，就不容易和一般人亲近（古人不赞成以两极思维区分、取舍世间的人和物）。

过于高洁而挑剔苛求在处世中是非常忌讳的。心中应当是非分明，然而也应有宽容的度量，对人对事，不可过于挑剔。

每战欲必胜之人并非勇敢，所有事都察并非明智。根据不同情况，当胜则能胜，不应该胜的就不要战胜，这才是勇敢；当察则能察，不必察的则不去察，方可称为明智。

直率不等于狂发

一个人如果言行不一，开始和结局背道而驰，内心和外表不相符合，假立名节以蒙骗他人，这叫"毁志"。真正的人品不端与人性是相抵触的，对人对事永远都不会公正。按照这种心性行事，看上去仿佛很直率，实际上只能互相攻讦，好人受气。真正的宕拓不羁表面上很率直，但是永远不能走上正道。依照这种性情行事，似乎很痛快，然而他的行为狂傲，必将违背礼节。

所以说，直率的人和狂放的人在揭人短弊这一点上是相同的，但出发点则不同；明快的人和放浪的人在率性自然这一点上是相同的，但本质却不同。考察其出发点是否相同，就可以明白"毁志"的含义是什么了。

一个人如果和别人相亲近是因为吃吃喝喝，因行贿送礼而结交，以损人利己而臭味相投，一旦有了权力和名誉就把感情隐藏起来，这种人就是贪婪而卑鄙的人。如果有人只有一些小聪明而没有大学问，只有小能耐而不能办大事，只看重小利益而不知大道理，这就叫作虚假。假如一个人不是为了事业，而是为了升官发财、飞黄腾达，就不珍惜自己的生命，只要有利，就闻风而动，这种人千万不要与其结交。

每个人都有他的不足，只要大节不坏，就应该肯定；每个人都有微小的过失，不应因此而背上包袱，但是如果大节不好，就要否定。

强攻不如智取

没有鲁班那样眼力的工匠，就无法看出工艺的奇巧；打仗的人如果没有孙武那样的智谋，就不能制定高超的计策。三国时诸葛亮这样认为。

善于打仗的人不发怒，善于取胜的人不畏怯。计谋要详尽，攻敌要迅猛。英明的将领先有了取胜的把握才去打仗，愚昧的将军则是先去打仗再争取胜利。善于进攻的人不依靠兵器；善于防守的人不会依靠城郭。敌人想要固守，就攻其不备；敌人想要进攻，就出其不意。

以近待远，以饱待饥，以逸待劳，以实待虚。我起敌止，攻其左右；我往敌来，谨加防守。两军对垒，勇者相遇智者胜，智者相逢奇者胜。计奇者，疾如风雨，舒如江海，不动如泰山，难测如阴阳，神神秘秘，真真假假，虚虚实实，攻其不备，出敌不意，从而出奇制胜。施计用谋，能使敌有深间而不能窥实，敌有大智而不能穷其理，这才是好的计谋。

不做徒劳无益之事

太阳、月亮出来了，却还点着火把，想用火把增加光亮，不是很多余的吗？雨水及时降落了，却仍然人工灌溉，这对于增加水分来说，不也是多余的吗？瞎子无法使其看到艳丽的花纹色彩，聋子无法使其听到钟鼓的音乐之声，难道仅仅是形体上有瞎子和聋子吗？其实在心理智慧上也有瞎子和聋子。战国时期庄子这样认为。

有个贩帽子的宋国人到越国做买卖，而越国人剪掉头发身刺花纹，根本用不着帽子。

徒劳无益的事不宜去做。爝火对于日月来说不能增加光辉，浸灌对于时雨则属徒劳。

对于冥顽不灵、失去理智思维能力的人，无法给他讲清楚道理，跟这种人讲道理是没用的。

人非圣贤，孰能无过

人非圣贤，孰能无过，每个人都有犯错误的时候。我们最好的朋友在生活中，可能会有意无意做了伤害自己的事情，是宽容还是远离他？离开或报复可能符合人们的心理，但这样做了，怨会越结越深，冤冤相报何时了？

由于各种原因，人在社会交往中，很有可能对人产生猜疑。如果在与人交往时总是猜疑别人，那么彼此的关系就难以继续维持。为了避免猜疑对社交活动造成的妨害，必须克服这种非正常的心理。避免无端的怀疑，首先应该坚持一个原则，那就是"眼见为实，耳听为虚"。对于任何事情，都应该只相信自己的眼睛和耳朵，若非亲眼所见、亲耳所闻，决不为间接的消息所动摇。听到其他人传的消息，一定要反复甄别，仔细推敲，在没有证实的情况下，决不轻易信以为真。唯有这样，才能避免瞎起疑心。

如果是因为误会使朋友之间产生了猜疑，一定要保持头脑冷静，不能疑神疑鬼。要仔细权衡和对方的交情，想一想这种交情是否能够承受这次误解的冲击力。还要不时地站在对方的角度为他想一想，寻找消除误会的办法。越是发生了误会，越要珍惜彼此的感情，千万不能意气用事。要尽量把事情的真实情况讲明白，从而消除彼此心头的疑问。能否避免猜疑的关键，还在于彼此之间相互信任的程度有多深。

与朋友交往，一定要有诚意，要相互信任。如果相互之间没有信任，只有猜疑，相互提防，那就不是社交，而是弄得自己也很累。持有猜疑想法的人，要么就是心胸狭隘，不够坦荡，为一次小纠纷耿耿于怀，总是把事情往坏处想；要么就是因为对朋友还缺乏了解，不能判断在一次争吵之后对方一般会是什么心理，以致凭空瞎猜，怀疑对方。要避免猜疑，就得放宽心胸，把所有的不愉快全部抛到脑后，尽量把人往好处想，不要总觉得对方会记恨在心、有一天会报复；要避免猜疑，就得在与人交往的时候，多观察、多交谈，从而加深对对方的了解，正确判断对方对于争吵是非常在意的，还是事过便忘。

朋友之间处理关系时，凡事要换个角度想想，这样或许能够理解朋友的所作所为。每个人都希望和那些懂得容忍自己的人相处，而不希望和那些时刻对自己挑三拣四的人在一起。相信那些专门找别人小毛病，动辄教训别人的"批评家"不会有什么朋友。而那些能容忍和喜欢别人以本来面目出现的人，往往具有感动人和促使人积极进步的力量。

所以，如果想同朋友友好相处，就要尊重朋友的人格和优点，容忍对方的弱点和缺陷，千万不能责备求全。

雪中送炭胜过锦上添花

人在困难消沉中,有人向他伸出的援助之手,可以使人产生长久的感恩之情。一帆风顺的人生是不可能的,难免会碰到失利或面临困境的时候。这时候最需要的就是别人的帮助,这时雪中送炭的帮助会让人铭记一生的。

金钱的标准,往往因状况不同而有很大的差异,因此,"雪中送炭"远比"锦上添花"有意义。

锦上添花固然是件美事,但与雪中送炭相比,其重要程度就不能相提并论了。沙漠里的一壶水,其价值远远超过了一袋黄金。一个事物在最需要的时候,才最能体现出它的宝贵之处。所以,人们常说:"贫贱之交不可忘"。因为寒微贫贱之时的朋友,互相之间所给予的,是最为珍贵的友情;而等到富贵之时再与人论交,相互之间所看重的,则往往是彼此间的相互利用。

曾当过日本首相的田中角荣在担任自民党干事长时,一面忙着主持自民党选举事务,然而,他却不忘记派人将慰问金送到落选的议员家中,并且勉励他们不要气馁,下次重新再来。

田中角荣的勉励让落选的议员深受感动,而送慰问金,更加深了他们的感激之情。在此之后,拥戴田中的人越来越多,竟形成了一个"田中派"。如果田中在当时将相同的金额或礼品送至当选的议员家中,情况就不同了，那些礼品、礼金成了锦上添花，一点也不特殊，更不能取得效果。只有在别人困顿时伸出援手，才能得到真正的友谊。田中角荣毕竟是真正吃过苦头的人，能够完全了解人类微妙的心理。在别人的婚礼上或荣升宴会上大肆破费，不如在人病痛或朋友有难时，伸出援手。

与朋友相处时，人们总是可以敏感地觉察到自己的苦处，却对别人的痛处缺乏了解。他们不了解别人的需要，更不会花工夫去了解；有的甚至知道了也佯装不知，大概是没有切身之苦、切肤之痛吧。

"雪中送炭"而不是"锦上添花"，这样才能给自己获得一个好义的名声。因为在对方落难，别人避之唯恐不及的时候，你却向他抛出最及时的一根救命稻草，无疑是给对方最大的帮助。等他有成就后，还怕不报答你吗？敬人者人互敬之，助人者人互助之。

雪中送炭的帮助，可以让人铭刻心中，一种感恩之情深埋心中。当你有求于他时，他定会出手相助，你还有什么事办不成呢！

在社会中，性情过于冷酷的人很难得到人们的协助。古道热肠毕竟让人愿意接受，和和气气更是持家立业之根本。

"敬人者人互敬之，助人者人互助之"

己所不欲，勿施于人，用希望对方对自己的方式去对待别人，我们就会受到更多的欢迎。只要以善意、亲切、诚挚和热情，使别人觉得温暖，他一定会做我们需要他做的事情。没有人会拒绝和别人打交道，所以没有人能在不照顾别人的情况下达成自己的目的。

晚清重臣张之洞，他当过多年的湖广总督，资格老、官位高，而且又满腹经纶，自命清高，与文人、名士颇有交往。但他从不把下属放在眼里。属下明知张之洞瞧不起他们，但慑于他的威势却也无可奈何。

当时有这么一位布政使，因为是下级，也不被张之洞以礼相待，心中不免忿忿然。有一次，他去总督府拜见张之洞，谈完公事便向主人告辞。按照清代官场礼节，张之洞应该将布政使送到仪门。但张之洞一副不屑的样子，只将他送到厅门，就止住脚步回头了。这位布政使回过头来，故作机密地对张之洞说："请大帅多走几步，下官还有几句话要告诉你。"张之洞不知道他有什么用意，就又陪着他走了一段路。还不见布政使开口，这时两人已经走到了仪门，张之洞不耐烦地问道："你不是有话对我说吗？"这个大胆的布政使，回身长揖，有点得意地说："其实我只想告诉你，按照礼仪制度，总督应该将布政使送到仪门，现在大帅已经按照规定将我送到了仪门，现在就请你留步吧。"张之洞听了，气得说不出话来，但又不能斥责他，因为这是符合清代官场礼节的。

以前，人们大都对商店售货员的服务态度感到不满，认为他们态度冷漠，没有热情。

可有一位老太太却说："我不抱怨那些可怜的售货员，他们有时也碰到很糟的顾客。可是，我总能得到很好的服务，他们对我都很友好，不过我是有意使他们这样做的。"接着，她谈到了自己的方法："我走到一位售货员面前，微笑着说：'您能帮助我吗？'从来没人拒绝过我。"她脸上闪出顽皮的微笑。

她接下去解释自己的第二步骤："接着我马上说我对要买的商品一窍不通，我很需要售货员的帮助。无论我买一只纽扣还是一台冰箱，我都这样说。每个售货员都很乐于帮助我，并且我挑多久都没关系。"

必须互相合作、互相尊重才能进步，所谓"敬人者人互敬之，助人者人互助之"。

忘怨忘过，念功念恩

为人不可斤斤计较。少想别人的不足、别人待我的不是；别人于我有恩应时刻记取于心。人人都这样想，矛盾就化解了，人际关系就和谐了，世界就太平了。有修养的人与一般人的不同点在于，首先在于待人的恩怨观是以恕人克己为前提的。一般人总是容易记仇而不善于怀恩，因此有"恩将仇报"、"忘恩负义"、"过河拆桥"等说法。古之君子却有"涌泉相报"、"以德报怨"、"一饭之恩终身不忘"的传统。

人家有恩于我，虽滴水之恩，也当涌泉相报，而人家得罪于我，冒犯于我，则应当宽以释怀。对人有功，没有必要张扬炫耀；但如有过错，则应当严加自责。这是一种超越自我、完善自我的态度。

唐太宗李世民临终前，预感到自己在世的日子已经不多了，于是作了《帝范》十二篇赐给太子。他说："修身立德，治理国家的事情，已经全在里面了。我有何不测，这就是我的遗言。除此以外，就没有什么可说的了。"太子接到《帝范》，非常伤心，泪如雨下。李世民说："你更应当把古代的圣人们当作自己的老师，你若只学我，恐怕连我也赶不上了！"太子说道："陛下曾叫臣到各地视察，了解民间疾苦。臣所到的地方，百姓都在歌颂陛下宽仁爱民。"李世民说道："我没有过度使用民力，百姓受益很多，因为给百姓的好处多、损害少，所以百姓还不抱怨；但比起尽善尽美来，还差得远呢！"他又告诫太子说："你没有我的功劳而要继承我的富贵，只有好好干，才能保住国家平安，若骄奢淫逸，恐怕连你自己都保不住。一个政权建立起来很难，而要败亡，那是很快的事；天子的位子，得到它很难而失掉它却很容易。你一定得爱惜，一定得谨慎啊！"

太子李治叩着头说:"父皇的教诲儿臣当铭记在心,决不让陛下失望。"李世民说:"你能这样想,我也就没有什么不放心的了。"唐太宗教育太子,要求宽仁待人,报民众拥戴之恩,同时要念自己的过错,并不断地调适自己,端正行为。这种博大的心胸,宽以待人、严于律己的精神,我们永远都要奉为楷模。

功过不混,恩仇务明

功过不混,恩仇务明。作为一个领导,在领导别人时,在方法上有一条重要的原则,即对人要功过清楚,赏罚分明。赏罚是使人努力的诱因,一个丧失工作诱因的人,他的工作情绪必然不会高昂。假如是一两个人这样还不要紧,万一全体都如此,这个集体乃至社会必然要陷于不进步的停顿状态,所以赏罚又是促进整个社会进步的一大动力。

历朝皇帝打天下,哪一个不是以论功行赏作为调动文臣武将积极性的手段呢?就现实生活中的人来讲,不论是做官还是一般的领导,都需要讲究方式方法,以便团结一致完成一件事。

1628年,皇太极率十万大军攻打明朝的谭化城。这是一场异常惨烈的攻坚战。明军壁垒森严,箭矢、滚石如雨,八旗兵士冒着炮火,迎着箭矢、滚石,奋勇攻城。很多战士抬着云梯冲到城下,攀梯而上。其中有个士兵,名叫萨木哈图,他不顾乱石飞矢,第一个奋勇登上城头,挥舞着大刀,一连砍倒许多守城的明军,使后援的清军乘机一拥而上,攻破了明军的防御,并迅速地扩大战果,占领了全城。萨木哈图勇猛奋战、第一个登城而入的事很快就被皇太极知道了,皇太极十分高兴,立即召见了萨木哈图,并与之畅谈了许久。

没过多久,皇太极在遵化城举行庆功大会。会上,凡立功的都被叫到他面前,由他亲自授奖。当萨木哈图走到皇太极跟前时,皇太极端着《清实录》中的后金与明军交战图责的金卮,亲手斟满美酒,赐予萨木哈图，并看着他把酒喝下去，然后当众宣布封他为"备御"，授予"巴图鲁"的荣誉称号。顿时，整个会场欢声雷动，全都沸腾起来了，因为萨木哈图原来只是一个普通士兵、无名小卒。

从这以后，量功拔将就成为一种定制。由此，每逢攻坚，将士们都冲锋陷阵，争当勇士，清军的战斗力也就大大提高了。

所以，功过分明不容忽视。

处进思退，得手图放

做事要胸中有数，不要贪恋功名利禄，不要做无准备之事；做事要随机应变，随势之迁而调整。悬崖勒马及时醒悟固然是值得提倡的补救方法，但毕竟已处于进退两难的尴尬境地；骑虎之势已成，世事不由自己，至此悔恨都已晚矣。假如人不能在权势头上猛退，到头来难免像山羊触藩一般弄得灾祸缠身。做事是为了成事，一股劲猛进不可取，犹犹豫豫也不可取，应当知进知退，有张有弛，在行进时想着退路才是最好的方法。

唐中兴时名将郭子仪，这位功极一时的大将为人处世却极为小心谨慎，与他在千军万马中叱咤风云、指挥若定的风格全然不同。

761年，郭子仪被封为汾阳郡王，住进了位于长安亲仁里金碧辉煌的王府。

令人不解的是，堂堂汾阳王府每天总是门户大开，任人出入，不闻不问，与别处官宅门禁森严的情况判然有别。客人来访，郭子仪无所忌讳地请他们进入内室，并且命姬妾侍候。有一次，某将军离京赴职，前来王府辞行，看见他的夫人和爱女正在梳妆，差使郭子仪递这拿那，竟同使唤仆人没有两样。儿子们觉得身为王爷，这样子是不太好，一齐来劝谏父亲以后分个内外，以免让人耻笑。

郭子仪笑着说："你们根本不明白我的用意，我的马吃公家草料的有500匹，我的部属、仆人吃公家粮食的有1000人。现在我可以说是位极人臣，受尽恩宠了。但是，谁能保证没人正在暗中算计我们呢？如果我一向修筑高墙，关闭门户，和朝廷内外不相往来，假如有人与我结下怨仇，诬陷我怀有二心，我就有口难辩了。现在我无所隐私，不使流言蜚语有滋生的余地，即使有人想用谗言诋毁我，也找不到什么借口了。"

几个儿子听了这一席话，都对父亲的深谋远虑深感佩服。

郭子仪的谨慎与小心使他历经玄宗、肃宗、代宗、德宗数朝，身居要职60年。虽然在宦海也几经沉浮，但总算保全了自己和子孙，以80多岁的高龄寿终正寝，给几十年戎马生涯画上了一个完美句号。

急流勇退，功德圆满

江山代有才人出，并不是官越大，就表明能力越强；权越大，功绩越丰。不论大人物、小人物，作用发挥到一定程度就要知进退。退并不意味失败，主动退正是人能自控、善于调整自己的明智之举。

人人都知道"急流勇退"这个成语，能自觉做到这一点的人却不多。一个大人物要想使自己的英名永垂不朽，必须在自己事业的巅峰阶段勇于退下来。做事业需要意志，退下来同样需要意志。任何事都存在物极必反的道理，随着事业环境的变化，以及人自身能力的限制，自身作用的发挥 必然随之而变。

不同的人对于名利权势态度各不相同。有的人很明智，知道权势不一定能够给人带来幸福，所以不去争权夺势，而是忍耐住自己对权力的渴望，在事业成功时全身而退。

西汉张良，号子房。公元前201年，刘邦江山坐定，册封功臣。封给张良齐地三万户，张良不受，推辞说："当初我在下邳起兵，同皇上在留县会合，这是上天有意把我交给您使用。皇上对我的计策能够采纳，我感到十分荣幸，我希望封留县就够了，不敢接受齐地三万户。"张良选择的留县，最多不过万户，而且还没有齐地富饶。

回到封地留县后的张良，潜心读书，搜集整理了大量的军事著作，为当时的军事发展，做出了重要的贡献。

所以，急流勇退，才能功德圆满。

安危相易，福祸相生

《易经》中说："物禁太盛，极则必反"。当你春风得意的时候，一定不能得意忘形，须知这世间没有完美的事物，什么事情做得太满，走到极端就会向相反的方向转化，要给自己留下余地，以备不测之变。

有个年轻人，有一天，他到外狩猎时，非常意外地捕捉到一匹野马。他兴奋地带着野马回到了部落，好消息传遍了族内，人们无不对野马的俊美夸赞，并为年轻人的奇遇感到嫉妒。大家都说他是一个幸运的男孩。然而不幸的是，年轻人为了驾驭野马，不慎摔下马背，跌断了腿。于是族人开始传说野马为不祥之物，才会为年轻人带来如此的灾祸。

年轻人只得躺在床上休养，家人对这匹野马心生怨怼，纷纷躲避，并为年轻人的遭遇感到难过。正巧，那时正逢兵荒马乱，族内的年轻男丁皆被抓去充军，躺在病床上的年轻人，因摔断了腿，留在家中免受征召。族人又开始众说纷纭，赞许"良驹"为年轻人带来幸运，免于一劫。

活的长寿是人们的愿望，与其活得长，倒不如活得好。重要的不是你活了多久，而是你活得

"好"；重视生命的"亮度"而非长度。

大多数人都希望能做些使生命更完整的事，而且也都意识到这件事的迫切。那么，还等什么呢？为什么要等到只剩下"最后"的七天，才愿意去做这些事？为什么不现在就做？

即使遭遇挫折也不要轻言放弃，坚持一下，也许一切都会出现转机。"安危相易，福祸相生"，说的就是这个道理。

虚心使人进步，骄傲使人落后

骄傲使人落后。骄傲自满是做人的一个忌讳，一个人的力量是有限的，个人的成就中都包含着别人的支持和帮助，成功的时候不要忘记感谢他人的功劳，否则只能让别人觉得你过于傲慢，以后还会有人帮助你吗？

骄傲使我们谴责那些我们认为自己已经改正的缺点，同时使我们蔑视那些我们自己不具备的好品性。骄傲激起我们的嫉妒之心，我们必须正确制约它。

骄傲会滋生并增长盲目，让我们看不到眼前一直向前延伸的道路，让我们觉得自己已经到达山峰的顶点，再也没有爬升的余地，而实际上我们可能正在山脚徘徊。骄傲的害处是很多的，但最危险的结果就是让人变得盲目，变得无知。所以说，骄傲是阻碍我们进步的大敌。同情我们敌人的不幸，常常更多的是由于骄傲而非善良，我们之所以对他们表示同情并不是我们出于安慰的好心而是我们为了显示自己。

法国著名画家贝罗尼到瑞士去度假，但他并不是单纯地四处游玩儿，而是每天仍然背着画架到瑞士各地去写生。这一天，贝罗尼正在日内瓦湖边用心画画，来了三位英国女游客，站在他身边看他画画，还在一旁指手画脚地批评，一个说这儿不好，一个说那儿不对，贝罗尼没有反驳，都一一修改过来，最后还跟她们说了声"谢谢"。

第二天，贝罗尼在车站又遇到昨天那三位妇女，她们此时正交头接耳不知在讨论些什么。那三位英国女游客看到他，便朝他走过来，向他打听："先生，我们听说大画家贝罗尼正在这儿度假，所以特地来拜访他。请问你知不知道他现在在什么地方？"贝罗尼朝她们微微弯腰致意，回答说："不好意思，我就是贝罗尼。"三位英国妇女大吃一惊，又想起昨天不礼貌的行为，都不好意思地溜走了。

骄傲的身份有时很难确定。就其情感实质来说，我们分不清自豪与骄傲有什么本质区别。说白了，自豪无非是骄傲的又一种扮相罢了，只是更具伪装性，让人看不到它的本来面目。骄傲和其他人类的特质一样有它的古怪之处，比如我们常为自己勇于承认错误而感到无比骄傲，骄傲这时似乎又成为对我们错误和缺点的掩饰。

骄傲的人，往往用骄傲来掩饰自己的卑怯。骄傲是一个人对自己在某个方面或领域有卓越价值的肯定，是人对自己成绩的认知。骄傲是人难以避免的情绪，但过度的骄傲就是高傲。一个高傲的人，是不会把别人放在眼里的，他们都认为自己比别人强。但这些人都忘了，高傲的人只能让人厌烦。

天外有天，人外有人，过于骄傲只会自找麻烦。

适可而止，留有余地

讲艺术体现在做事上也是非常有必要的，在办事过程中，如果发现对方的做法与自己的要求不符，可以通过巧妙的暗示，这比使对方恼怒的指责要高明得多。如果对方办事的方法不符合你的要求，当面指责只会造成对方的反抗，容易把事搞砸。而巧妙地暗示对方注意自己的错误，这样就轻松地把事情解决了。

卡尔·兰福在奥兰多市当市长时，时常告诫他的部属，要让民众来见他，他宣称施行"开门政策"。然而他社区的民众来拜访他时，都被他的秘书和行政官员挡在了门外。最后，这位市长决定把办公室的大门给拆了。他的助手们知道了这件事，也只好接受了。从此之后，这位市长真正做到了"行政公开"。

这种做法，使人们易于改正错误，又维护了自尊，使他自己以为自己很重要，使他希望和你合作把事情办好，而不是反抗或抵触。

世间的事物没有十全十美的，但也正因为如此，这个世界才得以不断发展。月无常圆，金无足赤，就是因为有残缺，才会激起我们对完美的追求，虽然永远无法达到完美的境界，但这追求本身就是最有意义的。万事万物都在不停地发展，如果有什么东西达到了极致，从某种程度上说也就是停滞或死亡，所以我们经营事业也好，享受生活也好，都要掌握一个"度"。

清初著名学者朱舜水先生就说过："满盈者，不损何为？慎才！慎之！"给事物的发展都留有余地是很重要的。

道不同不相为谋

孔子是位既高明又中庸，高出尘世也深通世故的圣人。他主张我们要"道不同，不相为谋"。其实他的意思就是要与仁德的人交往，接受其熏陶，与其愉快相处。

每个人的道德修养既是个人的事，又必然与所处的外界环境相连。重视对朋友的选择，是儒家一贯注重的问题。一个人初出茅庐，如果能够得到别人的正确指点和帮助，会在创业的途中大为受益。这就是"近朱者赤，近墨者黑"的现实意义。

人们大都愿意与品德高尚的人结交，而品德低劣的人，却常常被人所鄙视，很少有人愿意与之交往。管宁不愿与华歆为伍的故事就是一个很好的例子。

　　东汉末年的管宁和华歆在年轻的时候，是一对非常要好的朋友。他俩成天形影不离，同桌吃饭、同榻读书、同床睡觉，相处得非常好。

　　有一次，他俩一块儿在菜地里锄草。只见管宁抬起锄头，一锄下去，碰到了一个硬东西。黑黝黝的泥土中，只见一个黄澄澄的东西闪闪发光。管宁定睛一看，是块金子，他就自言自语地说了句："我当是什么东西呢，原来是锭金子。"接着，他不再理会了，继续锄草。

　　"什么？金子！"不远处的华歆听到这话，赶紧丢下锄头奔了过来，抓起金块捧在手里仔细端详。

　　管宁见状，边干活边责备华歆说："一个有道德的人是不可以贪图不劳而获的财物的，钱财应该靠自己的辛勤劳动去获得。"

　　华歆听了，口里说："这个道理我也懂。"手里却还捧着金子舍不得放下。后来，他实在被管宁的目光盯得受不了了，才不情愿地丢下金子回去干活。但他心里还在惦记金子，所以干活也没有先前努力。管宁见他这个样子，暗暗地摇了摇头，没再说什么。

　　又有一次，他们两人坐在一张席子上读书。正看得入神，忽然外面传来一片鼓乐之声，中间夹杂着鸣锣开道的吆喝声和人们看热闹吵吵嚷嚷的声音。于是管宁和华歆就起身走到窗前去看究竟发生了什么事。

　　原来是一位达官显贵乘车从这里经过。一大队人马，威风凛

凛。而他的车子更是豪华：车身雕刻着精巧美丽的图案，车上蒙着的车帘是用五彩绸缎制成，四周装饰着金线，车顶还镶了一大块翡翠，显得富贵逼人。

管宁看了看，又回到原处捧起书专心致志地读起来，对外面的喧闹完全充耳不闻。华歆却不是这样，他完全被这种张扬的声势和豪华的排场吸引住了。他嫌在屋里看不清楚，干脆放下书跑到街上，尾随着车队细看。

管宁目睹了华歆的所作所为，再也抑制不住心中的叹惋和失望。等到华歆回来以后，管宁就拿出刀子当着华歆的面把席子从中间割成两半，痛心而决绝地宣布："我们两人的志向和情趣太不一样了。从今以后，我们就像这被割开的草席一样，再也不是朋友了。"

这就是"割席断交"的故事。这个故事告诉我们：真正的朋友，应该建立在共同的思想基础和奋斗目标上，一起追求、共同进步。如果没有内在精神的默契，只有表面上的亲热，这样的朋友是无法真正沟通和理解的，也就失去了做朋友的意义了。

有位心理学家曾做过这样一个实验，将十几个素不相识的人关在一间屋子里，与世隔绝。几天后发现，有共同爱好和追求的人大都成为好朋友，而没有共同爱好和追求的人则形同陌路。

司马迁说："世上学老子的人不屑于儒学，学儒学的人也不屑于老子。道不同，不相为谋。"这是思想观念、学术主张不同，不相为谋的典型。

伯夷、叔齐，相传为殷代孤竹君之二子。武王灭殷，天下宗周，伯夷、叔齐义不食周粟，隐居首阳山，终于饿死。

司马迁由此而感叹说："道不同，不相为谋，真是各人追随各人的志向啊！"这是政治态度不同不相为谋的典型。

"道不同，不相为谋"是择友的一个重要原则。朋友是要志同道合的，志不同道不合那也只会南辕北辙，越走越远。

培根说："财富非永久的朋友，朋友才是永久的财富。"

真正的朋友不会把友谊挂在嘴上，他们并不为了友谊而相互要求，而是彼此为对方做一切能办到的事。在我们的日常生活中，看得更多的则是，为了一点点小事而斤斤计较，各自只会为了自己的利益，而不会想到别人的情景。

有一种朋友，就是酒桌上的酒肉朋友，这是最不可靠的朋友。有些人历来会做表面文章，在酒桌上觥筹交错、推杯换盏，似乎一个个都是铁哥们。其实呢，人一走，茶就凉。

有人说："生意场上没有真正的朋友。"这话的确有一定的道理。我们看到生意场上的朋友大多都是很虚伪的：一句"你好"，然后一张名片就成了朋友。为一点蝇头小利，商人们蝇营狗苟。一旦生意谈崩，甚至要到法庭见面。

人与人相交才会有真正的朋友。然而，不相信任何人和盲目相信任何人都是错的。德谟克里斯特说过："不要对一切人都以不信任的眼光看待，但要谨慎而坚定。"

人与人的思想不同，想到的办法也就不同。如果坚持己见的话，或多或少会引起一些争执，可能就会造成矛盾，朋友间闹得不愉快。有时候可以退一步想，他有他的想法，你有你的想法，各自找出自己的答案。也许答案出来的时候就会发现，其实都错了，只是认定了自己的就不肯罢休，往往就因为你一时的坚持导致朋友间关系的僵持。所谓"道不同，不相为谋"，何不先放弃和对方争执，先了解真正的意义所在，最后朋友间的意见也许会变成一致。

处世为人要有益于人

南北朝时北齐的颜之推在《颜氏家训·勉学》篇中写道："古之学者为己"是说古人用学习来为自己弥补不足，"今之学者为人"是说今人学习只是用来说说罢了。古之学者为人，是说古人学好了用以行道利世，为人做事。今之学者为己，是说今人自己学习是为了步入仕途。这学就像种树，春天观赏花，秋天收获果；讲论文章好比春天的花，修身利行好比秋天的果。

帮助别人做饭可以得到品尝，帮助别人争斗却只能得到伤害。别人做好事可以参加，别人做坏事却要远离，不要去附和帮助别人做不义的事。凡有损于他人的事情，都不要参加。如果飞鸟投入人的怀中，仁人也是怜悯的，何况死士来投靠我，能不管他吗？所以，伍员藏身渔舟，季布藏身广柳车，孔融藏张俭，孙嵩匿赵岐，这些事为前代人赞赏，也是我认为应当作的。即使因此自己获罪，死也是瞑目的。至于郭解代人去报仇，灌夫怒骂为田蚡来求魏其侯土地的人，这是游侠的行为，不是君子的行为。如果有逆乱的行为，因而得罪于君亲，这又不足怜恤了。亲友有危难，自己的力量和家财自然无所吝惜，若是他们生出计谋，提出无理的要求，则不是我们所赞成的。墨翟一派人，人称热心肠，杨朱这一派，人称冷心肠，而心肠不可过冷过热，所有事都要以仁义为调节依据。人的脚站于地上，也不过是几寸的地方，但如果路真的只有几寸，走路的人便会跌倒；如果桥梁只由一根拱把的木头筑成，人也常

会掉到水中去，这是什么原因？这是由于脚旁没有余地。君子立身处世，或许也可从中得到启发。一个人的至诚之言，别人不一定信他，至洁之行，有人还会怀疑他，这也都是由于他的言行之外名声没有余地。我每每被人不信、怀疑，常因此自责，怪自己平日没有名声上的余地。如果能够开辟平坦大道，加宽渡河的舟桥，那么别人就无所不信了。仲由的话有信用，比诸侯间登坛

所立之盟更为人所信；赵熹的言行名声对于降城的作用，相比那些有本事的大将的作用还要大。

君子为人处世，要以有益于人为贵，不能只是高谈阔论，抚琴读书，不做实事，这样是空费国家的俸禄官位。国家需用的人才，大致分起来不过这六方面：一是朝廷上的大臣，这要他们能对政治上的原理看得清，治国的才能又能博雅；二是文史方面的臣子，这要他们在著述中能不忘前代圣贤的遗意；三是武臣，这要他们有决断有谋略，强有力而能干，对军旅的事熟悉；四是地方官员，这要他们对地方风俗明晓能清白爱百姓；五是担任外交使命的臣子，这要他们能随机应变，在外不辱使命；六是营造工程的官员，这要他们能计算工程节省费用，能有计划、执行的本事。

以上六点，都是能勤学、能洁身自好的人才能办到的。人的才能有长有短，难道要求一个人在这六方面都完美无缺吗？非也，只要明晓为人为臣的大旨，能做好自己本身的职务，就无愧于君无愧于民了。

精通进退之道

春秋时期的范蠡说：飞鸟尽，良弓藏；狡兔死，走狗烹；敌国破，谋臣亡。

既能够功成名就，又能远离灾难，避开祸乱是修身处世的秘诀。世间一切事物都在不断变化，时世的盛衰和人生的沉浮也是如此，所以必须待时而动，顺其自然。这就意味着，为人处世要精通时务，懂得"急流勇进"和"急流勇退"的道理。

兵器就是凶器，作战就是逆行，争斗就是下策。暗中图谋逆行，喜欢玩弄凶器，用自身去尝试种种下策，这样做一定不利，老天爷会惩罚这些人。

想要节制事理的人，必须效法地道的因时制宜；想要保持盈盛的人，必须效法天道的盈而不溢；想要平定颠覆的人，必须懂得人道的谦卑受益。现在既然打了败仗，只有忍辱退让，用谦卑的言辞和厚重的礼物去乞求和解，无论条件多么苛刻，都得答应，哪怕你亲自去给吴王夫差当仆人。

忍得苦中苦，方为人上人，小不忍则乱大谋。精通进退之道，方能成大事。

非善不交，知贤必亲

宋朝时期的邵雍认为："善"，也就是平时常说的"吉"；"不善"，也就是平时常说的"凶"。所谓"吉"，就是眼睛不看不合乎礼仪的现象，耳朵不听不合乎礼仪的声音，嘴巴不说不合乎礼仪的话，脚不踏不合乎礼仪的地方。不是善良的人不与他交往，不是合理的物品不去索取。亲近贤良就好比接近芝兰香草一样高兴，回避丑恶就好比害怕蛇蝎毒虫一样恐怖。所谓"凶"，就是语言怪诞，行动举止阴险，喜好名利并掩饰自己的过失，贪恋女色并幸灾乐祸，憎恨善良如同与之有冤仇一样，经常违反法令好像天天离不开吃饭一样。小而言之就丧失生命，大而言之就毁灭宗族、断绝后嗣。也许有人会说这不算叫作"凶人"，可我是不会相信的。你们是想为吉人呢，还是想为凶人呢？如果有过错和失误却不去改正，知道是贤德之人又不肯去亲近他，这样的人虽然活在人世上，那根本就算不上人。

善恶是没有多少区别的，就是在于"有过能改不能改，知贤肯亲不肯亲"，这里存在着是小人还是君子的问题，他们也可以在这中间被区分开来。如果有过能改正过来仍不失为君子，如果执迷不悟又时而反复，终归会成为小人。

良药有成效才会有利于把病治好，白玉没有斑点才可称为珍世之宝。要想成为有用的材料必须加以雕刻琢磨，有了过失为什么不悔过自新呢？

以其人之道，还治其人之身

南宋时期的朱熹认为：以其人之道，还治其人之身。

古人强调对付和整治恶人，用他的方法来对付他，直到他改正为止。不能跟争强好胜的人争执胜负；不能跟兴致很高的人商量去留问题；不能跟多情的人讨论是美还是丑的问题；不能跟重情谊的人讲究孰取孰予的问题；不去跟嗜酒而易醉的人辩论是非。

人的胸怀是否宽广，在于自身，检验评价由别人。别人喜欢我，我一定喜欢别人；别人讨厌我，我必定也讨厌别人。人际交往中不必过于在乎别人的意见，对不友好的人不妨也以同样态度回击他。与有钱人说话，要大气豪爽；与地位尊贵的人说话，要气宇轩昂；与穷人说话，要多给予他利益。

自我鄙弃的人，不能与之一起干大事；墨守成规的人，不可与之讨论变法改革；自己看不起自己的人，不能与之商谈正事道理；拘泥于礼法的人，不可与之过于亲切随便。思想志趣全然不同的人，不必相聚谋事。志同道合，才能共同谋取大事。

轻举妄动的人，不可与之长期共事；多嘴多舌的人，不可与之谋翊大事；目光短浅胸无大志的人，不可与之商议重大事情。当着矮个子面前，不要说讥笑矮人之类的话。当面讥嘲别人的缺陷和弱点，无视别人的自尊，这是立身处世大的忌讳，也是不道德的行为，和聪明的人说话，要

学识渊博；与博学的人说话，要善于思辨；与善辩的人说话，要提纲挈领。

面对哀伤哭泣的人不要喜笑颜开，面对忧心忡忡的人不要表现得兴高采烈，面对不得志的人不要矜夸自大。对于小人是应当疏远的，但切不可公开与其为敌；对于君子是应当亲近的，但也不能曲意附和。责罚小人，则要用肉体惩罚或者使之感到肉痛的方法；责罚君子，要用使之感到心灵耻辱的办法。避开对手的长处，攻击对手的短处；施展自己的优势，避开自己的不足。

顺势而为

知识是无限的，而人的生命却是有限的。以有限的生命去追求无限的知识，就会弄得很疲困；既然如此还要不停地追求知识，就会弄得更加疲困不堪了！做了世人所谓的善事却不去贪图名声，做了世人所谓的恶事却不至于面对刑戮的屈辱。顺着自然的道理以为常法，就可以保护生命，可以保全天性，可以养护身体，享尽寿命也是可以的。战国时期的庄子这样认为。

庖丁给文惠君宰牛，手所触及的，肩所倚着的，膝所抵住的，足所踩到的，都发出曜曜的响声。进刀割破发出的哗啦响声，没有不合的音节，既符合桑林舞曲的节奏，又合于经首乐章的韵律。

文惠君说："啊！好极了！技术怎能到达这般地步？"

放下屠刀的庖丁回答说："我所爱好的是道，已经超过技术了。我开始宰牛的时候，所看见的没有不是一头整个的牛。几年之后，就不曾再看到整体的牛了。现在，我只用心神来领会而不用眼睛去观看，器官的作用停止而只是心神在运用。顺着牛体自然的生理结构，劈开筋肉的间隙，导向骨节的空隙，顺着牛体的自然结构去用刀，从不曾碰撞过经络结聚的部位和骨紧密连接的地方，何况那些大骨头呢！好的厨师一年换一把刀，他们是用刀去割筋肉；普通的厨师一个月换一把刀，他们是用刀去砍骨头。现在我这把刀已经用过十九年了，所解的牛有几千头了，可是刀刃的锋利就像刚从磨刀石上磨过一样。因为牛骨节是有间隙的，而刀刃是没有厚度的；以没有厚度的刀刃切入有间隙的骨节，当然是游刃恢恢而宽大有余了。所以这把刀用了十九年还是像新磨的一样。虽然这样，可是每遇到筋骨盘结的地方，我知道不容易下手，小心谨慎，眼神专注，手脚缓慢，刀子微微一动，牛就哗啦解体了，如同泥土溃散落地一样。此时，牛还不知道自己已经死了呢！这时我提刀站立，张望四方，感到心满意足，把刀子擦拭干净收藏起来。"

文惠君说："好啊！我听了厨师这一番话，得到养生的道理了。"

第七编　洞世体物篇

夜深观心，得大机趣

夜深人静，独坐观心^①，始觉妄穷而真独露。每于此中，得大机趣。既觉真现而妄难逃，又于此中得大惭忸^②。

【注释】

①观心：检查内心，自我反省。
②惭忸：惭愧。

【译文】

夜深人静的时候，独自坐下来进行自我反省，就会发觉所有的欲念都消失了，真实的性情显露出来。每当这个时候，就会得到很多天机的启示，既发现了自己的真情情而欲望又难以躲避，从中可以知道自己的缺点，并内心感到羞愧。

神酣布被窝中，昧足藜羹饭后

神酣布被窝中，得天地冲和之气；昧足藜羹^①饭后，识人生淡泊^②之真。

【注释】

①藜羹：用灰菜做成的粥，通常指粗俗的食物。藜，灰菜。
②淡泊：清心寡欲。

【译文】

人能够在用劣质的布料做的被子里睡得很甜美，一定能获得天地的祥和之气；人能够把粗茶淡饭当成美味佳肴来吃，一定能体会到清心寡欲生活的纯真乐趣。

居安虑患，坚忍图成

衰飒①的景象，就在盈满中；发生的机缄②，即在零落③内。故君子居安宜操一心以虑患，处变当坚百忍④以图成。

【注释】

①衰飒：衰落萧瑟，没有生机，指落魄的境遇。
②机缄：指重要的时刻。
③零落：指凋零衰落。
④百忍：指强大的忍耐力。

【译文】

死气沉沉的景象，一般在生机勃勃的时候就显现出来了；事情发展的紧要关头，一般是事物凋零衰落的时候。由此君子在安稳的时候要时刻应该预防着困难的发生，处在变幻莫测的环境中只有具有强大的容忍力才能达到成功。

过而不留，空而不著

耳根①如飙②谷传声，过而不留，则是非俱谢；心境如月池浸色，空丽不著，则物我两忘。

【注释】

①耳根：能够听到声音的部位，佛教语。耳朵是听根，属六根之一。
②飙：速度快，狂风。

耳朵听到的东西，应该像疾速的风刮过山谷时所发出的声响一样，不留下任何东西，这样是非对错就会自然消失了；内心的想法，应该像寂静的清潭中月亮的影子一样，昙花一现，这样就会达到忘我的境界。

气无凝滞，心无障塞

霁青天，倏变为迅雷震电；疾风怒雨，倏转为朗月晴空。气机何尝有一毫凝滞①，太虚②何尝有一毫障塞。人心之体亦当如是。

【注释】

①凝滞：停滞不前。
②太虚：古时指天地间的一切事物。

【译文】

万里无云的天空中，会突然雷电交加；狂风暴雨时，又会突然晴空万里。大自然在变化的时候哪敢有一丝的停滞，广阔的太空，又怎么会停止运转半刻！人的内心也要像自然界这样。

热恼须除，穷愁要遣

热不必除，而热恼①须除，身常在清凉台上；穷不可遣，而穷愁②要遣，心常居安乐窝中。

①热恼：指因为天气热而产生的忧虑。

②穷愁：指因为贫困潦倒而产生的忧愁。

【译文】

气候的炎热根除不了，但是如果能够摆脱由闷热产生的忧虑，就如同自己站在微风徐徐的亭子上；生活的穷苦消除不了，但是如果能够忘掉由贫穷而产生的忧愁，就如同置身于安逸的生活中。

心无可清，乐不必寻

水不波则自定，鉴①不翳②则自明。故心无可清，去其混之者而清自现；乐不必寻，去其苦之者而乐自存。

【注释】

①鉴：青铜材质的镜子。

②翳：掩盖。

【译文】

水面没有风的波动自然就会寂静，镜子没有灰尘的遮蔽掩盖自然就会明亮。所以人的内心因为受外部环境的影响而不能保持纯洁，消除混沌的欲望自然会使心灵质朴重现；因此不用去寻找乐趣，只要去除心中的苦恼，自然就会获取快乐。

节义傲青云，文章高白雪

节义傲青云①，文章高白雪②。若不以性情陶镕之，终为血气之私、技能之末。

【注释】

①青云：青天白云，比喻地位高的人。
②白雪：指古代一首乐曲的名字。

【译文】

节操和义气足以傲视身居高位的人，优美的辞藻比过乐曲《白雪》。如果品行不用高雅质朴的性情来熏陶感染，那么也只能是一时冲动的举动，而文章也不过是不值一提的雕虫小技。

心虚性现，意净心清

心虚①则性现，不息心②而求见性，如拨波觅月；意境则心清，不了意而求明心，如索镜增尘。

【注释】

①心虚：虚心，谦虚。
②息心：指刻苦修行，以使自己根除恶劣的行为。

【译文】

只有心里纯洁明亮，才会凸显出人的真性情，不勤奋修行而希望领悟天性，就如同拨动湖面的水来寻找明月；只有意念明了，才能使内心清静，不消除欲念而渴望内心明了，就如同用满是灰尘的镜子来照自己的容貌，很难清楚可见。

为鼠常留饭，怜蛾不点灯

为鼠常留饭，怜蛾不点灯。古人此等念头，今人学之，便是一点生生^①之机^②。无此，便所谓土木形骸^③而已。

【注释】

①生生：生命，气息。
②机：机会，机遇。
③土木形骸：树木的躯壳、人的形体。

【译文】

经常剩些饭菜给家里的老鼠，为了保护飞蛾而不点油灯。古人的这种善良的念头，现在的人能够效仿，就说明为生命提供一点机遇，爱惜生命。没有这一点，就只是行尸走肉而已。

登山耐侧路，踏雪耐危桥

语云：登山耐侧路，踏雪耐危桥。一"耐"字极有意味，如倾险^①之人情，坎坷之世道，若不得一耐字撑持过去，几何不堕人榛莽坑堑^②哉！

【注释】

①倾险：险恶。
②榛莽坑堑：指杂草丛生的深渊。比喻人生道路的困难险阻。

【译文】

古语说：登山时要能爬得了险峻的地方，踏雪时要能走得过危险的桥面。一个"耐"字意味悠长，险恶复杂的世俗人情，曲折坎坷的人生道路，要不是凭着一个"耐"字而支撑下去，又怎么能确保不坠入布满荆棘的人生道路的陷阱！

烈士暮年，壮心不已

日既暮而犹烟霞绚烂。岁将晚而更橙橘芳馨①。故末路晚年②，君子更宜精神百倍。

【注释】

①芳馨：芬芳清香。
②末路晚年：年老的时候，风烛残年。

【译文】

太阳落山之后，天空就会出现绚烂的晚霞。到了晚冬的时候，满山就会充满柑橘的芳香。所以就算是到了晚年，君子更应充满百倍精神。

聪明不露，才华不逞

鹰立如睡，虎行似病，正是他攫①鸟噬人法术。故君子要聪明不露，才华不逞，才有任重道远②的力量。

【注释】

①攫：挖，抓。
②任重道远：指道路远，负担重。形容任务重大。

【译文】

老鹰站着的时候像是在睡觉，老虎走路的时候像是生病，这正是它们抓鸟吃人捕捉食物的伎俩。所以君子要使自己的聪明不外露，使自己的才华有所保留，这样才能够担负起重要的任务。

浓夭不及淡久，早秀不如晚成

桃李虽艳，何如松苍柏翠之坚贞①；梨杏虽甘，何如橘绿橙黄之馨冽②。信乎浓夭③不及淡久，早秀不如晚成也。

【注释】

①坚贞：坚贞不渝，意志坚定，在此指常青的树木。
②馨冽：浓烈的香味。
③浓夭：浓艳妖娆。

【译文】

桃树李树的花朵虽然艳丽，但是也不如四季常青的松柏。梨树杏树的果实虽然甘甜，但是也不如清爽可口的橘黄橙香味浓烈。由此可见艳丽芳香不如清新淡雅长久，小时聪慧不如老有所成。

喜事不如省事，多能不若无能

钓水①，逸事也，尚持生杀之柄②；弈棋，清戏也，且动战争之心。可见喜事不如省事之为适③，多能不若无能之全真。

【注释】

①钓水：钓鱼。
②柄：把柄，器物用手握的部位，文中指权势。
③适：适宜，适合。

在水边钓鱼，看起来是闲情趣事，但是在垂钓的时候却掌握着鱼的生死；两人下棋，看起来是很高雅的活动，但是在对峙的过程中却暗含着争斗之心。由此可见多一事不如少一事更适宜，知识渊博的人不如一无所知的人具有真性情。

乾坤之幻境，天地之真吾

莺花茂而谷艳山明，总是乾坤①之幻境；水木落而崖枯石瘦②，才见天地之真吾。

【注释】

①乾坤：乾为天，坤为地，指天地。
②瘦：瘦小，弱小。

【译文】

春天，百花齐放，百鸟争鸣，一片山川秀丽的景象，但它们只不过是自然界的转瞬即逝的景致；秋天，草木凋零，草枯水竭，光秃一片，这个季节才能够看得清万物的真实面貌。

鄙者自隘，劳者自冗

岁月本长，而忙者自促①；天地本宽，而鄙者②自隘；风花雪月自闲，而劳攘者③自冗。

【注释】

①自促：自我督促，本文指时间短促。

②鄙者：目光短浅的人。鄙，鄙视，瞧不起，浅陋。

③劳攘者：指忙碌的人。

【译文】

岁月本来是很漫长的，然而奔波忙碌的人却觉得时间非常短暂；天地本来是非常宽广的，然而目光短浅的人却把自己束缚起来；风花雪月本来是调剂身心的闲情雅致，但是那些忙碌的人却认为，因为无所事事才会沉迷其中。

光阴究有几何，世界究有许大

石火光中，争长竞短，光阴究有几何；蜗牛角①上，较雌论雄，世界究有许大。

【注释】

①蜗牛角：狭小的地方。后来比喻为小利而争执不休。

【译文】

在击打石头时迸出的火花的一瞬间，去珍惜时间，又能得到多少时光呢？在像蜗牛触角那样小的地方争夺地盘，又会争到多大的地方呢？

雪上加霜，虽败犹荣

寒灯无焰①，敝②裘无温，总是播弄③光景；心似死灰，身如槁木④，未免堕落顽空。

【注释】

①焰：火焰，火苗。

②敝：凋敝，破烂。

③播弄：摆弄，捉弄。

④槁木：槁死的树木。槁，枯萎。

【译文】

在寒冷的深夜里灯光被熄灭，破烂不堪的裘衣没有一点温度时，总会感觉是老天在摆弄我们；心情像死气沉沉的灰烬，身体像枯死的树木一样，这时难免自甘堕落，认为命运在愚弄我们。

当断不断，反受其乱

人肯当下休①，便当下了。若要寻个歇处，则婚嫁完，事亦不少；僧道虽好，心亦不了。前人云："如今休去便休去，若觅了时无了时。"见之卓②矣！

【注释】

①休：休息，罢休。

②卓：高明，高见。

【译文】

　　人在做事情的时候如果想要停止的话就应该立马停止，如果想要找个时机再停下来，这就像举办婚礼之后，还有很多事情等着去做；出家做和尚道人虽然很好，但是他们仍然有烦恼的事。前人说过："如果现在能放手就放手，想寻找了结机会就永远找不到机会。"真是真知灼见啊！

由冷视热，从冗入闲

　　从冷视热人，然后知热处之奔驰①无益；从冗②入闲境，然后觉闲中之滋味最长。

【注释】

　　①奔驰：奔跑，这里是奔走的意思。
　　②冗：繁杂，繁忙。

【译文】

　　当人受到冷落以后，然后再用冷眼相待那些喜爱某事的人的奔走忙碌，便会感觉对他们没有什么好处；当繁忙变为清静后，然后再去想那些紧张的日常生活，就会感到安逸生活的趣味最长久。

不栖岩穴，有心即可

　　有浮云富贵之风，自不必岩栖穴处①；无膏肓泉石之癖，亦常自醉酒耽②诗。

①岩栖穴处：居住在深山中，过着隐居的生活。
②耽：喜欢，喜爱。

【译文】

如果能够把富贵权势看作过往的烟云，就不用隐居在深山中修养身心了；如果不喜欢大好山川，那么常常饮酒作诗作乐。

延促由于一念，宽窄系之寸心

延促①由于一念，宽窄系之寸心。故机闲者，一日遥于千古；意广者，斗室②宽若两间。

【注释】

①延促：漫长短促。
②斗室：指一斗大的房子，形容面积狭小。

【译文】

时间的长短在于自我的感受，物体的宽阔狭窄也出于自我的感受。所以对无所事事的人来说，一天好比千年那么长久；对于思想开阔的人来说，一间房屋就像两间一样宽敞。

有意者反远，无心者自近

禅宗①曰："饥来吃饭倦来眠"。诗旨曰："眼前景致②口头语"。盖极高寓于极平，至难出于至易；有意者反远，无心者自近也。

【注释】

①禅宗：为我国佛教宗派之一，以静坐默念为修行方法。

②景致：景象，风景。

【译文】

禅宗说过："饥来吃饭倦来眠。"作诗的宗旨，即"眼前景致口头语。"大概的意思是最高境界往往寓于极其普通的事物中，最深奥的道理往往通过最容易的事实反映出来；有意去接近反而会离得更远，不刻意寻找反而会容易得到。

和而不同，心内了了

出世之道，即在涉世①中，不必绝人以逃世②；了心之功，即在尽心内，不必绝欲③以灰心。

【注释】

①涉世：涉入人世。

②逃世：逃脱俗世。

③绝欲：杜绝欲望。

【译文】

超越世俗的道理，就在平常所经历的世事中，不一定要断绝人际关系逃脱俗世；要做到清心寡欲，就要尽量做好自己该做的事情，不一定要杜绝所有的欲望而灰心丧气。

身放闲处，心在静中

此身常放在闲处，荣辱得失，不受拘牵^①；此心常安在静中，利害是非，谁能瞒昧^②。

【注释】

①拘牵：拘束牵制。在此指不必太过在意的意思。
②瞒昧：隐瞒欺骗。

【译文】

要使自己经常处于悠闲的状态，荣誉和耻辱不受拘束牵制；要使内心经常处在安静的状态，这样就容易看清利害与是非，以有谁能隐瞒欺骗。

何忧利禄香饵，何畏仕宦危机

我不希荣^①，何忧乎利禄之香饵^②；我不竞进，何畏乎仕宦^③之危机。

【注释】

①希荣：在乎荣华富贵。
②香饵：诱饵，在此用来比喻引诱人上圈套的事情。
③仕宦：仕途官爵。

【译文】

我不看重荣华富贵，又怎么会担心别人把利益俸禄当作诱饵来引诱我呢？我不热衷于做高官，又怎么会对惧怕官场上的是非呢？

任幻形之凋谢，识本性之真知

发秃齿疏，任幻形①之凋谢；鸟吟花笑，识本性之真如②。

【注释】

①幻形：佛教用语，即虚幻的形体。
②真如：亘古不变的实体，即宇宙间的万事万物。

【译文】

从秃顶的头发、疏散的牙齿，可以看出虚幻的形体是会逐渐凋零败落的；从鸟儿的吟唱、花儿的微笑，可以看出真性情是能长久存在的。

扰其中者不见其寂，虚其中者不知其喧

扰其中者，波沸寒潭，山林不见其寂①；虚其中者，凉生暑夜，朝市②不知其喧。

【注释】

①寂：寂静，沉寂。
②朝市：朝廷和集市，后来泛指名和利。

【译文】

内心扰乱的人，冰凉的潭水也会像开水那样沸腾，即使在深山老林中也很难感受到寂静；人的内心空虚无所欲，就好像酷暑的夜晚刮来阵阵清风，就算再喧嚣的集市中也不会被打扰。

不复知有我，安知物为贵

世人只缘①认得我字太真，故多种种嗜好，种种烦恼。前人云：
"不复知有我，安知物为贵"。又云："知身不是我，烦恼更何侵②"。真
破的③之言也。

【注释】

①缘：缘由，原因。

②侵：侵入，渗透。

③破的：说中要害。

【译文】

只是因为世人太过重视自我，所以才会有各种爱好，各种烦恼。
古人说："如果不了解自我的价值，又怎么会明白其他事物的重要
呢？"又说："既然知道身体也在幻化中，不是我所能掌握的，那么
又有什么事情能够使我烦恼呢？"这些话真是一语命中要害，说破
了真机。

自老视少，在瘁视荣

自老视少，可以消奔驰角逐①之心；在瘁视荣②，可以绝靡丽纷华③
之念。

【注释】

①奔驰角逐：奔跑追逐。

②在瘁视荣：瘁，憔悴，困苦。视，看。荣，荣华富贵。

③靡丽纷华：奢靡繁华。

在年老的时候回忆年轻的事情，就可以消除为名利奔跑追逐的想法；当困苦的时候再去看荣华富贵，能够摆脱掉追求繁华的想法。

人能常作如是观，便可解却胸中冒

人情世态①，倏忽②万端，不宜认得太真。尧夫云："昔日所云我，而今却是伊③；不知今日我，又属后来谁。"人能常作如是观，便可解却④胸中矣旨。

【注释】

①世态：世间万物。
②倏忽：忽然，很快。
③伊：他。
④解却：解除，化解。

【译文】

人世间的万物，总是变幻莫测，所以不要看得太过重要。邵雍曾说："从前所说的'我'，现在却变成了他；不知道现在的我，以后又会是谁。"如果人们都能够常常这样想，那么心中的烦恼便会解除。

热闹中著一冷眼，冷落处存一热心

热闹①中著一冷眼，便省许多苦心思；冷落②处存一热心，便得许多真趣味③。

①热闹：指场面活跃，本文指争名夺利的场合。

②冷落：不被重视，冷清落寞。文中指困难的境遇。

③趣味：乐趣，爱好。

【译文】

在场面活跃的地方，如果能够保持内心的平静，就会避免很多烦恼；在困难的处境中，如果能够保持积极的心态，就会从中获取很多纯真的乐趣。

心地上无风涛，性天中有化育

心地①上无风涛，随在皆②青山绿树；性天中有化育，触处见鱼跃鸢③飞。

【注释】

①心地：内心深处。

②皆：全，都。

③鸢：老鹰。

【译文】

如果内心深处没有起伏，那么就会觉得四周都是青山绿水的景致；如果性情是淳朴的，那么就会感觉像游鱼和飞鹰一样自由自在。

盛衰何常，强弱安在

狐眠败砌^①，兔走荒台^②，尽是当年歌舞之地；露冷黄花^③，烟迷衰草，悉属旧时争战之场。盛衰^④何常，强弱安在，念此令人心灰。

【注释】

①败砌：破败不堪之地。
②荒台：荒芜的亭台。
③黄花：指菊花的别名。
④盛衰：兴盛衰败。

【译文】

现在狐狸睡在破败不堪的地方、兔子奔跑的荒芜的亭台，都是当年歌舞升平之地；现在菊花凋零败落，烟雾缭绕枯草遍地，都是当年争斗的战场。兴盛和衰落如此无常，那么强大弱小又在什么地方呢？想起这些就会无限伤感。

胸中无物欲，眼里自空明

胸中物欲^①，半点都无，已如雪消炉焰冰消日；眼里空明^②，一段自在，时见月在青天影在波。

【注释】

①物欲：追求物质利益的欲望。
②空明：指心无杂念，光明磊落。

如果内心深处追求物质利益的欲望，一点都没有，就会像炉火化雪、阳光融化冻冰一样，眼睛所看之处光明磊落，自由自在地生活，就会像是看到皓月当空月光倒映在水中一样寂静。

念净境空，虑忘形释，游行其中

人心有个真境①，非丝非竹②而自恬愉，不烟不茗③而自清芬。须要念净境空，虑忘形释，才得以游衍④其中。

【注释】

①真境：超离俗世的境界。
②非丝非竹：没有乐器。
③不烟不茗：没有茶水。
④游衍：逍遥自在地游玩。比喻不受约束。

【译文】

人的内心要保持安宁祥和的超离世俗的境界，即使没有音乐的陪伴也会感到恬静愉悦，不用煮茶也会有幽香的气味。只有心无杂念，忘掉世俗的烦恼，才能使自己活得潇洒自在。

后思非早智，先知显卓见

遇病而后思健之为安，处乱而后思平①之为福。非早②智也；幸福而知其为祸之本，贪生而知其为死之因。其卓见③乎！

①平：安稳，太平。

②早：提前，预知。

③卓见：独到的见解。

【译文】

人们总是在生病的时候才会想到健康的好处，处在动乱的年代才会想起天下太平时的幸福，这并不是预知的智慧；幸福快乐的时候而想到这是灾难的本源，生命完好无缺的时候而明白这是死亡的缘由，这才是真正的独到见解。

妍丑何存，雌雄安在

优伶①傅粉调朱，效妍丑②于毫素。俄而③歌残场罢，妍丑何存；弈者争先竞后，较雌雄于枰间。俄而局尽子收，雌雄安在？

【注释】

①优伶：戏曲演员。

②妍丑：漂亮和丑陋。

③俄而：不一会儿，时间短。

【译文】

戏曲演员在上台之前，涂脂抹粉来装扮自己，然后再用笔勾勒出美丽或丑陋的脸谱，几分钟之后曲终人散，唱戏之人的美丑

又在什么地方？对弈下棋的人勾心斗角，在棋盘中为了分出胜负而各不相让。几分钟之后对峙结束，胜负又在什么地方？

达人撒手悬崖，俗士沉身苦海

笙歌正沸时，便自拂然长往①，羡达人②撒手悬崖；更漏已残③时，犹然夜行不休，笑俗士沉身苦海。

【注释】

①拂然长往：挥一挥衣袖而离去，指从容豁达的态度。
②达人：达观的人，通晓事理。
③更漏已残：夜深人静。

【译文】

当歌舞盛宴欢腾的时候，就起身拂袖而毫无留恋地离去，羡慕心胸宽广的人能够在这重要时刻猛然回头；当夜深人静时，还在忙着奔走不肯休息的人，已经坠入痛苦的深渊却不知道，真是可笑啊！

机息之时，心远之处

机息①时便有月到风来，不必苦海人世；心远处自无车尘马迹，何须痼疾②丘山。

【注释】

①机息：机心止息，指内心没有杂念。
②痼疾：顽固的疾病，不容易治好。

如果内心没有杂念，便会感觉到月亮的明亮清风的凉爽，就不会体会世间的烦恼；如果内心安静，便感觉不到世间的扰乱，哪里还需居住在深山中来摆脱疾苦和弊病。

【解悟】

游说要出奇制胜

战国时期的鬼谷子认为：对人加以说服就是所谓的游说；要想说服人，就要帮助人。带有粉饰性的说辞，都是谎言；所谓不真实的谎言，既有好处也有坏处。所谓进退应对，必须有伶俐的外交口才；所谓伶俐的外交口才，品质上是一种轻浮的言辞。所谓形成信义，就是与人肝胆相照；所谓要对人肝胆相照，是为了验明真伪。所谓难以启齿的话，多半都是不同意见；所谓有不同意见，就是诱导对方说出心中机密的话。说奸佞的话的人，由于会谄媚而变成忠；说阿谀话的人，由于会吹嘘而变成智；说平庸话的人，由于能果决就变成勇；说忧愁话的人，由于善衡量就变成信；说冷静话的人，由于惯于逆反而变成胜。为实现自己的意图来钻别人欲望空子的就是谄媚；用很多美丽辞藻来夸张的就是吹嘘，精选谋略而献策的就是揽权；即使舍弃也无疑虑的就是果决；自己不对而责备他人罪过的就是背叛。口是用来宣布或封锁情报的器官。耳目是心的辅佐，是用来侦察奸邪的器官。所以说："只要心、眼、耳三者协调呼应，就会走向有利的道路。"所以虽然有烦琐的语言也不纷乱，虽然有翱翔的怪物也不迷惑，虽然有变化多端的骗局也不危险，关键是能够抓准要点、掌握规律。对瞎子，不可以拿五色给他们看；同理，对聋子不可以拿五音给他们听。因此不可以去的地方，是那里没有什么情报可泄露；同理，不可以来的原因，是因为这里没有什么情报可得到。行不通的事情就不必去从事。有句话说："嘴可以吃东西，不可以发言。"因为说话容易犯忌，这就是所谓"祸从口出"。

按照常理，只要自己把话说出来都希望有人听，只要自己把事情做出来都希望能成功。所以聪明人，不用自己的笨处，而用愚鲁人的巧处，不用自己的短处，而用愚鲁人的长处；因此自己永远遇不到困难。当说到对方的短处时，就要回避对方的短处；当说到对方的长处时，就要发挥对方的长处。所以甲虫的防卫，必须用坚硬的甲壳；螫虫敢于行动，必须依靠有毒的螫针。可见动物也知道用它们的长处，进言的人就要知道用他该用的游说术。

外交言辞有五种：喜言、怒言、忧言、怨言和病言。所谓喜言，就是由于散漫所说的没有重点的话；所谓怒言，就是由于妄动所说的不能控制的话；所谓忧言，就是由于闭塞所说的不能宣泄的话；所谓怨言，就是由于伤心所说的无主见的话；所谓病言，就是由于气力不足所说的没精神的话。以上这五种外交言辞，精炼之后才可以使用，便利之后才可以推行。

所以跟辩者说话时，要简单；跟智者说话时，要渊博；跟贫者说话时，要利害；跟拙者说话时，要详辩；跟贵者说话时，要有气势；跟贱者说话时，要谦敬；跟勇者说话时，要果敢；跟富者说话时，要高雅；跟过者说话时，要敏锐。所有这些都是待人接物之术，然而很多人却背道而驰。因此跟聪明的人说话就要用这些来加以阐明，跟不聪明的人说话就要用这些来进行教诲，

事实上要做到这一点很难。

因此说话时有很多方法，做事时也有很多变化，可见即使整天在谈论，也不要忽视说话的方法，如此事情也就不会混乱。虽然整天在变，也不至于迷失做人原则，所以一个聪明人最重视的就是不胡作非为。耳朵好才能听话明白，通晓事理才能周到地思考问题，出奇制胜才可以去游说。

不可无故受恩于人

清朝时期的张之洞解悟《菜根谭》时认为：吃人家半碗，被人家使唤。受人恩惠，就会受制于人。贫贱时少攀缘，他日少一掣肘；患难时少一请乞，他日少一疚心。

不要随便接受别人的财物或款待。无故而受恩于人，人情债难偿。诚如俗谚所云："无功受禄，寝食不安。"

男子汉受人恩惠必须以自己的报偿能力为限度，不能轻易受恩于人。受恩须报答，人情债难还。

接受别人施舍的人常因得人恩惠而对施主低声下气，向人施舍的人常因有恩于人而自觉高人一等从而狂妄自大。

多受宠爱但缺少道德，身居高位但才能低下，受厚礼而身无人功，这三种处境可谓最危险。

宁人负我，我不负人

与人相处要注意心平气和。人家不是有意冒犯的，可以用道理去排解，别人有忘记礼节的，可以用感情去宽恕。如果子弟仆人与别人发生冲突，就应该反躬自责。宁人负我，我不负人。那些怒气冲冲、护短以求一时之胜的人，必将招来祸害。如果因对方蛮横不讲理而使自己感到十分难堪，这时就应当想一想古人的遭遇，他们遇到比这还要过分的事时，仍然能够以雅量来包容，你就为什么不可以包容呢？这样想自然就消气了。明朝时期的庞尚鹏这样认为。

与人相处，谦逊诚实最重要。同别人一起吃饭勿要尽挑好吃的，同别人一起做事勿要躲避劳苦，同别人一起走路勿要尽择好路走，同别人一起寝睡勿要抢占床席。宁可自己吃亏，也不要让别人吃自己的亏。见到别人的优点，要向大家称赞不已；听到别人的过失，要绝口不对他人说。别人有恩于我，应当终身不忘；别人与我结怨，应当随时忘掉。有人向你说起某人恼恨你并说你的坏话，你应该说："我和他平时最要好，他岂存嫌我说我坏话的道理？"那么恼恨你的人听了，他的怨恨马上就会消解。有人向你说某人非常感激你，你应该说："他有恩于我，我无恩于他。"那么感恩的人听了，就会越发感激。别人比你强的，应该仰慕敬重，不可骄傲嫉妒；别人不如你，应该谦逊对待，不可瞧不起。与别人交往，时间长了，就会更加亲密。按照这些准则去立身处世，不管做什么总会受人欢迎。

要学会做什么都要比别人更先一步。与人相处，必须有宽容别人的雅量。颜回受到冒犯丝毫不计较，孟轲每天多次自我反省，像这样平心静气，一点也不受影响，才是真正有容人之量。如果一句话不如意，一件事不称心，就勃然大怒，这是那些没有素质的匹夫之辈的表现。韩信受胯下之辱，张良在桥头给人穿鞋，这是英雄忍辱负重以成大业的举止。曹静修曾说："娄师德的'唾面自干'的鬼话最是害人，何不在别人未向脸上吐唾沫之前春风满面呢？"

谋事在人，成事在天

大势所在，就算是圣人也不能违抗。大势所在时，无论怎样毁灭它，不一定能得到破坏；大势已去时，即使尽力挽回，它也未必能挽回得了。然而圣贤之人也常与大势做对抗，不肯心甘情愿地服从，所以说谋事在人成事在天。明朝时期的吕坤这样认为。

庸人看不起老人，但圣贤君王却对老人尊崇有加；世上的人讨厌淡泊，而智者更愿意品味淡泊；世上的人唾弃愚昧，而圣人君子却有所采纳；世上的人以贫穷感到羞耻，而高尚的人却把它看得很坦然；世上人淡泊朴素，而有道德的人却非常推崇它；世上的人憎恶冷清，而隐士们却把它视为珍宝。真可悲啊！和世间的俗人说话都很困难了。世界还是和唐虞时代一般的模样，百姓还是和唐虞时代一样的百姓，而社会的治理却不如古时候，这并非世风的罪过。

终结与开始相接，困顿至极与财运亨通相接。

三皇时期是一个道德世界，五帝时讲仁义，三王时代讲礼义，春秋时期注重威力，战国时期注重智巧，汉朝以后则是一个势利的世界。

女子擦粉簪花、冶容学态、袖手乐游，却以勤俭节约为羞辱；读书人着鲜衣吃美食，言谈轻浮，学说奇怪，终日游玩，虚耗时光，却认为农民工匠劳作粗俗鄙陋；官员侍从众多，供给丰美，繁文缛节，奔逐世态，却以教养为迂腐。这样的世道风俗可悲也！

让人喜欢得要命的是安逸顺泰，让人愁得要命的也是安逸顺泰。

处在安逸顺泰中的人昏庸懒惰而又奢侈放肆。安逸顺泰的事容易废弃沉坠，松懈罢怠。安宁顺泰的风气纷华骄蹇。安逸顺泰之前好比逆水行舟，用竹篙划船。安定顺泰的世道好比高竿的顶端，安逸顺泰之后就好比下坡的车子，往下滑而难以阻挡。所以说否极泰来，泰也必至于否。因此圣人忧虑泰而不忧虑否，否易让人振作，而泰却难以维持久远。

世道衰败了，穷困潦倒的人也都趾高气扬，毫无顾忌，目中无人。士卒民众不懂如何尊重长官，子女不知道孝敬父母，媳妇不知道处理舅姑的关系，晚辈不懂得尊敬先生，邓署不知道尊重公卿，偏副将和小卒不懂得尊重主帅。目空一切而野心勃勃，把名分与礼义当作耻辱，大肆地凌驾其上。像这样，最终只会导致世道混乱乃至危亡。礼节尺度，是圣人们用来防范别人放肆作乱的规矩。虚情假意的人不会真心实意地敬爱别人，而真正简朴率直的礼节却比不上虚假的礼节。

虚伪礼节的流传将导致虚伪的行为蔚然成风，简朴直率的礼节却使礼法的尊严扫地；虚伪的礼节尚足以保持体面的外表，而简朴率直的礼节却会导致过分的闲散。所谓的七贤八达，都达到简朴率直的极限。东晋之所以灭亡就是因为当时的人如牛马一般粗鄙而不懂礼法。世人崇尚散漫率直成风，放荡不羁。

天下的局势，若是突然出现问题，还可以想法子补救，若是渐渐败落的，就没有办法补救了。突然出现的问题来得快，来得快的事大多没有太深的根基；慢慢来的问题根基深厚，根基深的事就难以动摇。对待突然而来的事，处理时在结果上用重力；对待渐渐加深的问题，则在开始时就要用心处置。

只要每个人都安分守己，那么天下就会太平。因为创造的事物是有限的，但人的欲望却是永远不能满足的。以有限的事物去满足无限的欲望，势必会引发纷争，只有知足常乐则财富才会充足。创造的事物是有一定限度的，但人心却没有止境，以没有止境的东西去动摇有止境的，它的结果必然会导致失败。

心境如月，空而不著

六根清净，是指眼、耳、鼻、舌、身、意六者都要不留任何印象。而物我两忘是使物我相对关系不复存在，这时绝对境界就自然可以出现。可见想要提高人生境必须除去感官的诱惑，六根清净，四大皆空。

在现代人看来，绝对的境界即人的感官一点不受外物的感染，但通过提高自身的修养，加强意志锻炼，控制住自己的种种欲望，排除私心杂念，完全可以建立高尚的情操境界。

1643年9月20日，皇太极病死于沈阳清宁宫。虽然皇太极临终前已有了安排，但围绕皇位继承问题还是闹了不少风波。少数少壮派贝勒想立皇太极的长子豪格，因为豪格年龄较大，在青年贝勒中有一定的影响。代善之孙阿达礼（多尔衮之侄）和其叔硕托亲王想立多尔衮，按当时的情况来看，多尔衮一派力量较为强大一些，尤其是多尔衮本人，既军权在握，又骁勇善战，在军队中颇有威望，性格也刚毅果断，所以才为他人所拥立。但多尔衮考虑到自己若登皇位将会引起内乱，尤其是皇太极的长子豪格一派的力量更是难以制服。最终，他还是决定立福临为帝。

其实多尔衮立福临为帝的用心大家是看得很清楚的，当年福临年仅6岁，即位后必然由多尔衮摄政。多尔衮就会一步步地剪除异己，控制局面，在适当的时机再登皇位。因此，一些亲王不愿意同多尔衮合作，阿济格就称病不出，撒手不管。福临即位，即顺治皇帝。嫡母和生母吉特氏俱被尊为皇太后，多尔衮摄政，被尊为皇父。

庄妃心里也十分明白，孤儿寡母秉政，若无人尽心辅佐，必然权位不保，所以对多尔衮一意笼络。不久，多尔衮亲自告发并主持审理了阿达礼、硕托叔侄的谋逆案件，杀了阿达礼，并罪及其妻子，以表明自己的心迹。这使得庄妃极为感激，从此更加信赖多尔衮。

多尔衮也可谓"兢兢业业"，凡事无论大小都一概禀告庄妃。庄妃也让多尔衮随便出入宫廷，便宜行事，不必事事奏告，也不必多避嫌疑。于是，多尔衮随意出入宫禁，有时甚至留宿宫中。

多尔衮其人据说长得一表人才，十分精干秀拔，但是很好色，庄妃也正值盛年，时间一久，便有了苟且之事，宫廷内外便有了一些闲言碎语，连顾命大臣济尔哈朗也说三道四。多尔衮知道以后，告诉了庄妃，让她拟了一道圣旨，派济尔哈朗前去攻打山海关。

多尔衮嗜色如命，庄妃既年轻美丽，又聪慧能干，多尔衮想渔猎其色，可想而知。多尔衮的好色无耻，还可以用另一件事来证明。一次，多尔衮在庄妃那里见到了一位十分美丽的妇人，与庄妃之美不相上下，他十分眼馋。回去一打听，才知道原来是皇太极的长子、肃王豪格的福晋。从此，多尔衮又迷上了这位福晋，最后竟然使肃王豪格死于狱中。

这一时期，努尔哈赤的几个有兵权的儿子相继病死或战死，孝端皇太后也驾崩了。平时，庄妃虽与孝端皇后同为皇太后，但毕竟名分上有差，一是正室，一是侧室，所以虽时有专权之举，还是多少有所顾忌。好在孝端皇太后并不过问朝政，庄妃也就放心了。孝端皇后一死，庄妃再无顾忌，便大胆地处理起政务来。就在这时，多尔衮那边又发生了变化。

原来，多尔衮的原配妻子听说多尔衮与侄媳鬼混，就经常与多尔衮吵闹，但多尔衮一如既往，无丝毫的改悔。她极为气愤，日久生疾，竟得了气鼓病，不久就死了。多尔衮办完了丧事，竟明目张胆地娶了豪格的福晋，福晋正式做起夫人来了。

庄妃知道，如果任其发展下去，自己同多尔衮的关系难保，于是当机立断，派小太监把多尔衮请来，与他密谈了半日。回去以后，多尔衮忙找范文程等极为老成持重而又大有学问的老臣来商量，他们耳语了半天，只见多尔衮面上有红羞之色，范文程则眉头皱了几皱，但最后还是范文程大有主意，向多尔衮献了一计。多尔衮大喜，忙拜托他们几

个人立即办理。

范文程等人给顺治帝上了恐怕是中国历史上最为奇怪的一道奏章，其内容是要皇上嫁母的，皇父（多尔衮）刚刚死了老婆，而皇太后又独居寡偶，秋宫寂寂，这不合我们皇上以孝治天下的办法。根据我们这些愚陋的臣下的见解，应该请皇父皇母，到一个宫室里居住，以尽皇上的孝敬之道。这千古一绝的奏章一上，立即交由内阁讨论，大家都知道多尔衮势大，皇太后又同意，哪个还敢反对。于是大家都随声附和，连连说好。

朝廷内外忙了好多天，大婚之时，朝臣全往拜贺，十分热闹。庄妃与多尔衮结婚之后，倒也恩爱，但多尔衮还忘不了那位侄媳，不免偷寒送暖，经庄妃盘问，多尔衮据实相告。最后，庄妃只得让多尔衮把豪格的福晋立为侧福晋。

后来多尔衮宠爱朝鲜的两位公主，经常出外打猎，让两位朝鲜公主陪伴，很长时间不回宫廷。侧福晋备受冷落，多有吵骂，多尔衮本就是喜新厌旧的脾气，对她不再理会。至于对待庄妃，多尔衮一则敷衍，一则命令宫中的太监使女紧密封锁消息，不让庄妃知道。

不久，多尔衮因纵欲过度，在喀喇城围猎时，不幸得了咯血症，最终不治身亡。

多尔衮死后，平时怨恨他的大臣就纷纷趁机上书攻击多尔衮，起初庄妃还从中调解，后来大臣得知顺治帝隐恨多尔衮，便放胆揭发，把多尔衮宠爱两位朝鲜公主的事告知了庄妃。庄妃大怒，才知道之前为什么多尔衮时常出猎，于是发狠说："如此看来，他死得迟了。"

至此，许多大臣罗列了多尔衮的罪状：收受贿赂，逼死豪格，引诱侄媳，私制御服，私藏御用珠宝等。最后顺治下诏，诛除多尔衮的党羽，追夺多尔衮家属所得的封典。

德在人先，利居人后

生活中人的品质修省是从实际的利益中体现和磨炼出来的。范仲淹说"先天下之忧而忧，后天下之乐而乐"，这是一种传统的优良的人生态度。现在提倡"吃苦在前，享乐在后"，体现的同样是"德在人先，利居人后"的境界。

曾经在"苛政猛于虎"、百姓不堪重负的元代，董文炳在县令任上，敢于为民获罪，设法隐实不报实际户数，使百姓大为减少朝廷加的赋敛的负担。后又拒绝府臣的贪得无厌，最终居然以"理终不能剥民求利"的情怀，弃官而去。董文炳出任县令，逢朝廷开始普查百姓的户数，以便按户数征收税赋，并且下令敢于隐瞒实际户数的，都要处以死刑，没收家财。董文炳看到百姓的税赋太重，要百姓聚居一起，以减少户数，众官吏都反对此举，董文炳说："为百姓犯法而获罪，我心甘情愿。"百姓中也有人不太愿意这样做，董文炳说："他们以后会知道我要他们这样做的好处，会感谢我而不会怪罪我的。"

由此，赋敛大为减少，百姓都因而很富足。董文炳的声誉响彻四周，旁县的人有诉讼不能得到公正判决的，都来请董文炳裁决。董文炳曾到大府去述职，旁县的人纷纷聚拢来看他。有人说："我多次听说董县令，无缘一见。今看到董县令也是人，为何明断如神呢？"当时的府臣贪得无厌，向董文炳索取钱物，董文炳拒不肯给。同时有人向府里进谗言诋毁董文炳，府臣便欲加以中伤陷害，董文炳说："我到死也不会剥削百姓。"说完就辞去官职不干。

董文炳不仅"终不能剥百姓求利"，而且处处为百姓谋利，除上述他冒死罪要百姓聚居一起减少户数，以减轻赋税外，他还多次慷慨地为百姓捐私产。《元史·董文炳传》载：当地十分贫穷，加之干旱，蝗虫肆虐，而朝廷的"征敛日暴"，使得百姓无法生存。董文炳拿出私粮数千石分给百姓，以使百姓的困境有所宽解。又因为前一任县令"军兴乏用，称贷于人"，而贷家索取利息数倍，县府没办法还贷，欲将百姓的蚕丝和粮食拿来偿还。这时，董文炳站出来说："百姓实在太困苦了，我现在位当任县令，义不忍视百姓再遭搜刮，由我来代偿吧。"于是将自己的"田、庐若干亩，计值与贷家"，同时"复籍县问田以民为业，使耕之"，使得流离失所的百姓逐渐回来安居乐业，几年后百姓都能吃饱穿暖了。

只做有利于百姓的事情，即使是违犯了朝廷的法令也不在乎，不怕丢官，甚至不怕丢命，"为民获罪，吾所甘心"。贪婪的府臣索贿不成，欲借机加以陷害，董文炳弃官而去，其理由则是至死也不愿为个人的前程去剥夺百姓，满足那些贪官污吏难填的欲壑。

董文炳勇于舍弃前程，给贫民捐粮，他不忍心取百姓的衣食还前任县令的借贷，而是将自己的田地、房舍抵贷，这些都是为苍生百姓着想。不谋私利，不敛钱财，为民请命，体察民情。在世俗官吏的眼中董文炳没有为官一任，富己一人，是大大的糊涂，但百姓没有忘记这样的糊涂。

董文炳领兵进入福建后对百姓秋毫无犯，《元史·董文炳传》有记载："文炳进兵所过，禁士马无敢履践田麦，曰：'在仓者，吾既食之；在野者，汝又践之，新邑之民，何以续命。'是以南人感之，不忍以兵相向。"后来，"闽人感文炳德最深，高而祀之"。百姓和历史都会记住这样的良吏。

在名利享受上不争先，不分外；在德业修为上时时提高，是个人走向品德高尚的具体表现。

浓夭淡久，大器晚成

人到晚年固然有夕阳黄昏之叹，"岁寒尔后知松柏之苍劲"。但"老骥伏枥"，老当益壮之雄心更显得辉煌。人的一生，没有精神追求，即使是正当少年，但颓靡自堕，又有何用？有精神追求和理想抱负，即使在老年却生机勃勃，又何来"徒伤悲"之叹呢？

戴震（1723—1777），字慎修，又字东原，是安徽休宁隆阜（今屯溪市）人。我国18世纪杰出的大学问家、思想家和教育家，尤长于考据、训诂、音韵，为清代考据学派的重要代表人物。

戴震的祖父和父亲，都是大字不识的小贩，养家糊口也很难。戴震稍长时，在乡从塾师学习。他十分珍惜学习机会，勤学好问，善于独立思考。戴震青少年时，家庭生活困难，他不得不放弃上学的机会，肩挑小货担，出外做些小买卖。在做小商贩的行途中，他一有机会就拿起书本边走边看，边看边诵，边诵边记。往往出门做一回生意，他就要背诵数页书。就这样，他对《十三经注疏》了如指掌。

戴震生活艰辛，但总忘不了读书。后来，他随父做生意客居南丰，在这里他开始"课学童于邵武"。他一边教童蒙学馆以维持生活，一边努力读书，研究学问，故经学日益长进。20岁时，他结识了当时著名的学者江永，即受学于江氏门下。近40岁时，他才参加乡试并中举。从此，生活才有了些安顿。

尽管戴震成了举人，但在以后十余年里，却屡试不第，只好以教书为业。50岁时曾主讲于浙东金华书院，被钱大昕称为"天下奇才"，推荐给尚书秦蕙田协助修《五经通考》。后会试不第，应直隶总督方观承之聘，修《直隶河渠志》。尔后又游山西，讲学于寿阳书院，修《汾州府志》和《汾阳县志》。

乾隆三十八年（1699年），清政府开四库馆，由《四库全书》

总编纪昀等人引荐，奉诏入四库馆为纂修官。乾隆四十年，戴震已53岁，奉命与当年贡士同赴殿试，赐同进士出身，授翰林院庶吉士。他在馆校书五年间，除《仪礼集释》、《大戴礼记》外，还校有《九章算术》、《海岛算经》、《孙子算经》、《五曹算经》、《夏侯阳算经》等，对于中国古算学的恢复与发展做出了不少贡献。最后他因积劳成疾而去世，享年55岁。

非上上智，无了了心

现实生活中有形的东西可感可觉，如功名利禄，人们逐之如蝇。但从茫茫宇宙，从人生来看，人何其渺小，功名利禄转眼而空。苏东坡在《念奴娇·赤壁怀古》中，以"大江东去，浪淘尽千古风流人物"的博大气派而发人生宇宙之兴叹，胸怀何其广，气度何其宏，可称得上豁达之人，彻悟了人生。也正因为他有高尚的智慧，远大的抱负，厚实的修养，所以才能明山川之真趣，弃名利于身外。

宋神宗熙宁七年秋天，苏东坡由杭州通判调任密州知州。我国自古就有"上有天堂，下有苏杭"的说法，北宋时期杭州早已是繁华富足、交通便利的好地方。密州属古鲁地，交通、居处、环境都不能与杭州相媲美。

东坡说他刚到密州的时候，连年收成不好，到处都是盗贼，温饱成问题。东坡及其家人还时常以枸杞、菊花等野菜做口粮。人们都认为东坡先生过得肯定不快活。

谁知东坡在这里过了一年后，不但长胖了，甚至过去的白头发有的也变黑了。东坡说，我很喜欢这里淳厚的风俗，而这里的官员百姓也都乐于接受我的管理。于是我有闲情自己整理花园，清扫庭院，修整破漏的房屋。在我家园子的北面，有一个旧亭台，稍加修补后，我时常登高远眺，放任自己的思绪，做无穷遐想。往南面眺望，是马耳山和常山，隐隐约约，若近若远，大概是有隐君子吧！向东看是卢山，这里是秦时的隐士卢敖得道成仙的地方；往西望是穆陵关，隐隐约约像城郭一样，姜尚、齐桓公这些古人好像都还存在；向北可俯瞰潍水河，想起淮阴侯韩信过去在这里的辉煌业绩，又想到他的悲惨命运，不免慨然叹息。亭台既高又安静，冬暖夏凉，一年四季，朝朝暮暮，我时常登临这个地方。自己摘园子里的蔬菜瓜果，捕池塘里的鱼儿，酿高粱酒，煮糙米饭吃，其乐无穷。

从小处着手

不听诬陷和邪恶的话语；不说粗野和蛮横的话语；损伤别人的心思，不要隐藏在心里。这样，即使有专事诽谤和说长道短的小人，也无所依附了。春秋时的墨子这样认为。

爱护帮助他人而得到幸福的，夏禹、商汤、周文王和周武王这些圣王就是例证；行恶而遭灾祸的，夏桀、商纣、周幽王和周厉王这些暴君就是例证。

处世的谋略很多，从大处着眼，从小处入手是其中最基本的一条。人世间的活动无始无终、无穷无尽，概括起来则简单不过，两句话囊括一切：多什么减什么，少什么补什么。

多什么呢？多灾难，自然的灾难，社会的灾难，没完没了地威胁着人类，让人类不敢有片刻的疏忽大意；多仇恨，人类共处，怨恨难免，消除怨恨，是人类梦寐以求的。

少什么呢？少财富，于是一代又一代，世世代代地创造财富，少友爱，于是，人们不断地呼唤爱，寻找爱，数千年如一日，因为友爱是人的精神需求。

财富和友爱人人喜欢，灾难和仇恨人人讨厌。然而，少的永远少，多的永远多。财富友爱再多也是少，灾难和仇恨再少也是多。何况，现实生活中，财富友爱并不算多，灾难仇恨却不见少。增补少的，减去多的，是代代相袭的主题。知道缺少而努力去增添，知晓多余而努力去削减，这就是智慧。该补时补，该减时减，这就叫自然。如果违背了这种法则，就是聪明反被聪明误，搬起石头砸自己的脚。

时不待我

圣人为人处世，外表看缓慢而实际急切，好像迟宕而实际迅速地在等待着时机。文王因为父季历被殷拘困而死，所以很痛苦，他不忘自己被囚在笼子里的耻辱，只是时机未到。武王侍奉纣王，日夜不懈怠，也不忘王门被拘之辱。武王即位十二年，就成就了甲子日擒获纣王的事业。得到时机并不容易，战国时期的吕不韦这样认为。

伍子胥想见吴王见不到，请人和王子光打了招呼。王子光见到子胥后却讨厌他的相貌，不听他说话就拒绝了他。门客为这事询问王子光。王子光回答道："他的相貌恰恰是我最讨厌的那种。"门客将王子光的话传给了伍子胥。伍子胥说："这是容易事。让王子光坐在堂上，用几重帷幕挡住再接见我，看见他的衣服就像看到他的手，就如见其人。请这样对他说。"

王子光同意了。伍子胥说到一半，王子光就掀开帷幕，拉着伍子胥的手与他一起坐下，听他说。王子光听后非常欢喜。伍子胥认为拥有吴国的必定是王子光。王子光后来代替吴王僚成了王，重用伍子胥。于是子胥就修订法制，礼下贤士良才，选练兵士，演习战斗；吴王阖闾六年，在柏举大胜楚军，九战九胜，追赶败兵到千里之外。楚昭王逃奔随国，吴占了楚都郢。子胥亲射王宫，鞭打楚平王坟三百下。从前在吴耕作，子胥不是忘了父仇，他在等待时机。

有个才子田鸠想见秦惠王，然而留在秦国三年都未见到。有门客将此事告诉了楚王。后来田鸠见楚王时，楚王非常喜欢他，最后叫他拿将军的符节出使秦国。田鸠到了秦国后，见到秦惠王后对人说："到秦国的路，还得从楚国来吗？"原来就有离得近无由相见如同隔得远的道理，路远却能见到，远的也就近了。时机的道理也是如此。光有桀、纣的混乱时代，却没有汤、武的贤明，也成就不了王业；光有汤、武的贤明，却没有桀、纣混乱的时机，汤、武也成就不了王业。

圣人眼里时机与人事的关系如同竿子与影子形影不离。所以有道之士没遇到时机便隐藏不露，勤勉地准备，等待时机。时机一到，有人从百姓成为天子，有人从诸侯得到了天下，有人从卑贱成为帝王的辅佐，有人从平民成为万乘之王。所以圣人重视时机。水刚结冰，后稷不种植，后稷要种植一定要待春天到来。

所以说，时机并不一定能建立功名。叶子正茂盛时，整天采摘也不觉得它少了，秋霜一到，整个树林都会凋零。事情的难与易，不在于大小，只在于知道时机。

地窖里满是饿狗，没有声音，是没见到骨头；马厩里充满了饥饿的马，却没有声音，是因为没见到草料。看见骨头与草料，自然会躁动起来。乱世的人民无言，是没看见贤明的人，看见了贤明的人，就会禁不住地向往他。向往他不是形式，而是人心。赵国邯郸因造寿陵扰民，民心不附，而卫国趁势掠取了茧氏的城邑。齐国因为闵王僭称东帝让人民与他离心离德，而鲁国趁

势掠取了徐州。凭鲁、卫的弱小，却都在大国得了手，就是抓住了时机。天不会给人第二次机会，机不可失，时不再来，有能力也不会两次同样成功，举事就在于时机相合。

相合才得以相遇。时机不合，就一定要等到合适的时机才能行动。所以，比目之鱼没遇到合适的时机就老死于海中，比翼之鸟没遇到合适的时机就老死在树上。孔子周游列国，不止一次接触过当世君主，从齐国到卫国见了八十多位君王，拜在孔子门下做弟子的就有三千人，有七十二位得意的弟子。这七十二人，万乘的君王得一个用就可以做君王之师，就不会抱怨没有人辅佐了。孔子凭修行明道周游列国，自己的官职是鲁国的司寇，这就是周天子绝灭、诸侯大乱的原因。混乱中，愚人就大多很难侥幸了。而君王宠幸愚人让他们任职，他们必定不能胜任。任职长久却不胜任，那宠幸反而变成祸殃。越受宠幸，对国人的祸害就不只是殃及自身。所以君子不居宠幸地位，不做苟且之事，一定要衡量自己然后才任职，任职之后应量力而行。

不宜遇合的人却受到遇合，就必定政教败坏；宜于遇合的人却不受遇合，最终导致国家混乱世道衰落。天下的人民，他们的苦愁劳务就是从这种情况产生的。

大凡举荐提拔人的根本，第一是心志，第二是做事，第三是功劳。如果这三种情况都不能受到举荐，那么坏人都到来，国家一定残亡，自身也定遭受死殃。

把握时机以弱胜强

曹操在官渡同袁绍交战，由于袁军势大，曹操只能坚守待机。无奈军粮告竭，渐渐支持不住，眼见有失败之虞。

就在这个节骨眼上，袁绍的谋士许攸由于得不到袁的信任，反而遭其辱骂，便借着与曹操是少年时代朋友的关系投奔曹操。曹操喜出望外，竭诚欢迎，并向许攸虚心讨教破袁大计。

许攸说："粮草是军队的命脉。与敌对垒，胜负未分，有粮则胜，无粮则败。现在袁绍的军粮辎重，都堆积在乌巢，他派淳于琼守卫，可那家伙是个酒鬼，疏于防备。您可以自选精兵假称袁军将领蒋奇率部到那儿去护粮，趁机烧毁他的粮草辎重，那么袁绍军队就会不战自乱。"

曹操满心欢喜，重重款待许攸。

第二天，曹操自选五千马步军，准备亲自前去乌巢烧粮。部将张辽劝道："乌巢是袁绍屯粮之处，难道没有防备？丞相不可轻敌，而且许攸新来，不一定可靠。"

曹操笑道："不必多疑。许攸来投奔我，这是老天要让袁绍失败了。今天我军粮食快完了，难以坚持。如果不采用诈攸的计策，那是坐以待毙。再说，如果许攸说的话有假，他还肯留在我们营寨里吗？你们不要阻挠了。"

张辽说："也要防御袁绍乘虚来偷袭我军营寨。"

曹操笑道："我已筹划好一切了。"传令荀攸、贾诩、曹洪同许攸坚守大寨，夏侯惇、夏侯渊率一支军队埋伏于左边，曹仁、李典率一支军队埋伏于右边，以备不测。命张辽、许褚在前，徐晃、于禁在后，曹操自己带诸将居中，共五千精兵，打着袁军旗号，士兵人人都带着柴草，勒马衔枚，乘着黄昏径向乌巢进发。

经过袁绍几处营寨，寨兵问是何部，曹操派人应对："蒋奇奉命前往乌巢护粮。"袁军见是自家旗号，不再盘查，一路无阻。到乌巢时，四更已尽。曹操命士兵将柴草堆于粮屯周围放火。当时有一支袁军运粮返回乌巢，见粮囤失火，急来救应。

探子飞报曹操："袁军在我军背后赶来。"众将说："请丞相分兵抵抗。"曹操大喝道："大家只顾向前进攻，务必将乌巢粮草烧毁。等敌人咬到我们屁股，再回转迎战不迟！"于是，官兵们拼力奋战，大破乌巢，火焰四起，烟迷太空，袁绍粮草全被烧毁。

此后曹操一鼓作气，又向袁绍发起全面进攻。但是袁绍毕竟根基深厚又兵多将广，相比之下，曹操仍然有一定的实力差距。

曹操手下谋士如云。荀攸向曹操献计："我们必须分散袁绍兵力，才能予以击破。"曹操问："如何分散袁兵？"荀攸说："我们可以扬言调兵遣将，一路攻取酸枣、邺郡，一路攻取黎阳，断绝袁兵归路。袁绍听到消息，一定惊惶不安，必定分兵抵抗。我们可乘他调兵之际，出其不意，大举进攻。"曹操听了非常赏识，便依计而行。

袁军探子听得消息，赶紧报告袁绍说："曹操要兵分两路，一路进攻黎阳，一路进攻邺郡。"袁绍一听大为震惊。邺郡、黎阳是自己兵退河北的咽喉要地，如果此两处有失，那真是死无葬身之地。袁绍深知曹操用兵神速诡诈，决不可等闲视之。况且刚被曹军烧了鸟巢粮道，惊魂未定，岂能再被曹贼偷袭成功？

袁绍急派袁谭分精兵五万回救邺郡，派辛明分精兵五万回救黎阳，连夜进军。

曹操知袁绍已中计，便命令自家军队兵分八路，正面呈包围形冲击袁军营寨。袁军刚分兵而去，留守士兵毫无准备，遭此袭击，士气顿失，狼狈逃窜。袁绍连披挂都来不及，穿着寝衣，蓬头包上头巾匆匆上马而逃。曹军大将张辽、许褚、徐晃、于禁四名将领急追不舍。袁绍急忙渡过黄河，兵士们在渡门争先恐后上船，被曹操手下部将砍落水中不少。袁军丢下的金帛车辆不计其数。袁军最后只剩下八百余名骑兵逃回了河北。曹操大获全胜，彻底击败了袁绍。

不加功于无用

不加功于无用，不损财于无谓。不做徒劳无益的事情，不在毫无意义的事情上耗费钱财。东汉时期的班固这样认为。

朽烂之材，不受雕漆之饰；必死之痛，不下苦口之药。

不可能成功的事情就不去做，不贪求不应得到的东西，不立足于不能持久的地位，不去干不可再行的事情。肯定不听劝告的人，用不着多费口舌去劝说；肯定行不通的事，绝不要轻易去做。说话得当合乎情理，是聪明睿智；恰到好处地保持沉默，也是聪明睿智。

求人办事要摸清情况，找到主攻方向和关键所在。宁愿向能够解决问题的人央求一次，不愿向不能解决问题的人再三请求白费气力。

不说不该说的话，需要说的就一定要说得恰当；不必做的事不做，需要做的事就一定要把它做好。

万事不能失去依托

战国末期的韩非子认为：借助车子走远路，凭借船只渡江海。贤士要立功成名，就需有资产、财物的援助。古代最好的木匠公输班能用国王的木材建成宫室、台榭，却不能为自己建一间小屋，这是因为木料不足；善铸剑的欧冶子能用国王的铜铁铸成金炉大钟，却不能给自己做一些日常用具，这是因为没有用料的缘故。君子能够通过君主的朝政，使百姓和睦，对百姓施恩，却不能使自己的家庭富有，是情况不允许的缘故。所以舜在历山耕种，却不能给州里的人带来任何恩惠；姜太公在商朝的国都朝歌宰牛，却不能使自己的妻子远离穷困，得到了实权后，他们造福于民众的恩泽遍布四面八方。所以舜只有通过尧，太公通过文王，才能恩流八荒，德溢四海，造福于民。有道德的人应借助大道来修炼自己，而不是图谋私利。

腾蛇驾雾，飞龙乘云，等到云开雾散时，它们就跟蚯蚓没有区别，为什么会这样呢？因为失去了它们所凭借的东西。千钧的重量有船的支撑就不会沉下去，细小的东西没有船的承载也不会浮起来。这不是因为千钧轻而锱铢重，而是因为他们有依托。所以失去了依托，事情就不能成功。秦国的大力士乌获能举起千钧重物，从而使自己的身体也显得很沉重，然而却不能使自己的身体变轻而使千钧变重，因为他不能形成那样的依托；离娄走一百步轻轻松松，却无法在睫毛上行走，不是百步的距离近而睫毛的距离远，而是在道理上就行不通。

少说多做

守口如瓶，防意如城，意思是说话谨慎就像将话封装在瓶子里一样，防止私欲膨胀就像把守城池防御敌人一样。言必有防，行必有检，意即说话必须有所防备，行为检点。杰出的人物不一定能言善道，胸有成竹而沉默不语的人才令人回味无穷。言之有物，简明扼要，没有废话，是最好的语言。不道人短，不显己长。宋朝的周密这样认为。

尚未取得别人信任就直言批评其过失，别人会以为你是在攻击他，因此为人处世说话谨慎可以避免灾祸。意志坚定的人发表意见简明而有分量，意志刚强的人发表意见果断有气势。

事情做了五成而只说三成的话，这话语就很少有差错；如果有两分业绩而只有一分名誉，这名誉就能确定而不会毁坏。做事不能随心所欲，说话不能口无遮拦。信口雌黄容易遭人反感，所以说话要谨慎是自我修养的要点之一。

不要趁着一时高兴就口没遮拦喋喋不休，不要因为一时痛快就轻易答应某件事情，高兴之时的许诺多半不能兑现，发怒之时的话语往往很不得体。人在感情冲动时，说话一般难以深思熟虑。话语虽然十分恰当，但对着全然不听劝告的人来说就成了荒谬之说。说话须看对象，不必说无用的话。

说话谨慎是立身处世的根本。言语最要谨慎，交友最要审择。多说不如少说，多识一人，不如少识一人。

揣摩之术

所谓"摩"，就是揣测的权术；所谓"内符"，指揣测的对象。在运用这种揣摩之术时要有道，揣摩这种道必须暗中进行。进行初步揣摩时，必须有一定的目的，然后进行侦察刺探，其内部必然暗合呼应。呼应时，必然有所表现，因此适当地加以排除，这就叫作"堵塞漏洞、隐匿痕迹、伪装外表、逃避实情"，而使他人不知，所以事情成功也不会招来他人攻击。先进行"揣摩"，使对方发生"内符"，两相呼应，那就没有什么事不能成功的了。战国时期的鬼谷子这样认为。

古人善于运用"揣摩之术"，就像拿着钓钩来到深渊钓鱼一样，只要他把带有鱼饵的钩投进深渊，钓到大鱼就不难，所以说："所主持进行的事成功了还没人知道，所指挥的军事行动成功了还没人感到恐惧。"圣人进行的谋划都是在暗中进行的，所以才被称为"神"；而其成功都显现于光天化日之下，所以才被称为"明"。

所谓"主兵日胜"的人，是说经常在不争不费的情况下作战，以致使人民不知所从，不知所畏，而且把天下比作神明。所谓"主事日成"的人，就是积有暗德的具体表现；而人民有安全感，却不知道其中的好处，这就是积有善行的具体表现。假如人民以此为正道，而不知其所以然的话，那就可以把天下比作神明。

运用"揣摩之术"时，有用行为逼迫的，有用廉洁感化的，有用愤怒激励的，有用和平进攻的，有用正义责难的，有用名声威吓的，有用信义说服的，有用利害诱惑的，有用谦卑套取的。正义就是直爽，和平就是安静，信义就是明智，讨好就是取悦，名声就是声誉，廉洁就是清高，行为就是成功，利害就是追求，愤怒就是恐吓，谦卑就是谄媚。因此圣人所单独使用的"揣摩之术"，众人也都能明了。然而运用不成功，那就是运用得不当。因此谋略最难莫过于周到细密，游说最难的莫过于要对方全部听信，做事最难的莫过于每事必成。如果谁能做到这三方面那么他真的是有才能。

谋略必须要做到周密，而且要选择跟你通好的人游说，所以才叫作"如果要结交就应没有嫌隙"。要想把事情做成功，必然跟揣摩之术相合，所以说"道理、权术、天时三者合一才能成事"。所游说的内容能被对方接受，首先肯定是内容合理，所以说"合乎情理才有人听"。万物都各归其类，例如往平地倒水，低的地方必然先进水；抱着柴草往火堆跑，干燥的柴火必然先燃烧。这就是物类互相呼应的道理，在这种情势下那是必然的结果。而"内符呼应外摩"也是如此。

假如对他人的揣摩也能这样的话，又怎么会有不呼应的呢？再顺着对方的欲望去揣摩，又如何有不听从的呢？至于那些精通关节的人，都不可以坐失良机，成为功成不居的圣人，时间长了自然可以改变世界。

宽大为怀

大山是因为不立好恶的标准，因而能容纳各种土石堆积成高山；江河海洋不拒绝溪流的加入，所以能形成浩瀚的水域。处世待人应当兼容并蓄，吸取各方长处，只有这样才能增长见识才干。唐朝时期的魏征这样认为。

士君子为人处世应当追求"宽"。然而"宽"并非是达观，并非恣纵放荡，它既不是放任自流，也不是装聋作哑。"宽"应当是用学问培养、以世事锻炼，使之自然达成的一种无所不容的境界。

做人应当宽容而庄重，柔和而能干，正直而平易近人；做人要能做到"宰相肚里能撑船"，保持自己的独立人格和主见。为人胸襟开阔，能兼容并蓄博采众长，只有这样才能成就大的德行。

平心静气议论天下事情，专心致志观察天下情理，开阔心胸宽容天下万物，虚心恭谨吸收天下长处，镇定心神适应天下变化。所以君子能尊贤，也容庸；鼓励有才干的人，同时也同情能力低下的人。

鹌鹑焉知凤凰之志

唐朝时期的赵蕤认为：眼力相同看到的东西才会相同，听力一样的人才能听见同样的声音。同心同德的人才会相亲相爱。声音的频率相同，即使在不同的地方也会互相呼应。志趣相同才会彼此欣赏，怎么才能证明这一点呢？楚襄王问宋玉说："先生你莫非哪些地方做得不够好吗？为什么大家都不钦佩你呢？"宋玉这样回答："鸟中有凤凰，鱼中有巨鲸。凤凰一飞，冲上九万里云霄，翱翔于清空之中，那笼中的鹌鹑怎能知道天有多高？鲸鱼早发昆仑，晚宿孟津，水沟里的小鱼，怎能知道海有多大？所以不单是鸟中有凤，鱼中有鲸，士人中也有与凤和鲸一样的人啊！圣人心志瑰玮，超然独处。世俗之人，是不能了解我的所作所为啊！"

我们可以这样来讨论这一问题：世间的善恶，不易了解。如果不是聪慧之人，是分辨不出善与恶的。大臣被桀、纣否定，不一定真的愚蠢；被尧、舜否定，才是真的愚蠢。文章被士人嗤笑，不一定就不好；被扬雄、司

马迁所嗤笑，那才是真的不好呢！

世俗的赞誉与毁谤不值得相信。技艺与众人相同的人，不能做一流的匠人；智慧与众人相同的人，不能做人的老师。老子曰："凡夫俗子听到'大道'时，就会哈哈大笑，如果他不大笑，就不是'道'了。"其实常人所嘲笑的，恰好正是圣人所重视的。

路遥知马力

人人皆知路遥知马力，日久见人心。经过大风吹刮，才能看出坚韧的草挺立不倒；危难之中，才显示出人的坚强意志和正直气节。人用财试，金用火烧。意思是考验一个人可以用钱财的诱惑来测试，检验金子可以用火烧的办法来测验。明朝时期的宋濂这样认为。

不能仅仅根据一时一事的赞扬或诋毁，来判断一个人是君子或是小人。君子不会仅凭举止神情而轻易对他人有所怀疑，也不会仅凭言谈而轻易相信他人。

俗话说人不可貌相，海水不可斗量。外表过分恭顺的人，内心必然刻薄；当面奉承别人的人，背后必定诽谤别人；擅长议论别人的人，往往不会自我反省，刻意揭发甚至攻击正直人隐私或过失的人，发言中常会有诽谤不实之词而露出马脚。

口若悬河，滔滔不绝的人，说话往往不负责任；言语谨慎，不苟谈吐的人，说出的话经得起推敲。观精力在饥疲时，观操守在利害时，观度量在喜怒时，观镇定在震惊时。

小人总是推卸罪责于人，掠取功劳归己；掩饰所犯过失，夸耀自己的功劳，这是一般人的作为；美名谦让于人，成绩归于人，这是君子的作为；分担过失的责任并承受批评指责，这是道德高尚之人的作为。

怀疑别人行为不正的人，往往是品德不佳的小人；待人傲慢以为人不如己的人，必定见识浅薄。讨厌一个人，也应知道他的优点；喜欢一个人，也应了解他的缺点。看待一个人应当避免以情感好恶取代是非判断。

恶语伤人六月寒

我们在与任何人交往时，要时时注意别冒犯别人，给人留个面子。我们做任何事都要讲究个"度"，说话也是一样，一定要把握分寸。力度不够，就达不到预期的效果；话说得太过，就会适得其反，伤害别人。我们每个人都会有缺陷、弱点，这也许是生理上的，也许是隐藏在内心中的不堪回首的经历。尤其是在生理上的缺陷，本人无法去改变它，而且内心也许常为此懊恼。不可以拿对方的缺陷来开玩笑，就算为自己的利益着想，也不应去触痛别人的"疮疤"。因为对任何人来说，被击中痛处，都会引起不快。

中国文化中友道的精神，在于"规过劝善"，这是朋友的真正价值所在。有错误相互纠正，彼此向好的方向勉励，这就是真朋友。但规过劝善，也有一定的限度。因为不给别人留面子的人，自己往往也会跌了面子。

《三国志·周群传》中说刘备"少须眉"。在古代，胡子、眉毛稀少，被认为是没有男子汉气概。刘备下巴是光秃秃的，可能跟太监长得很相似。刘备刚来到西蜀时，嘲笑刘璋手下的官员张裕胡须茂盛，他说："我从前住在涿县，那里的许多人都姓毛，而且四面八方散落居住，涿县县令就说：'诸毛绕涿居。'"涿和啄谐音，指嘴的颜色，诸和猪同音，刘备的话意思是"猪毛绕嘴居"，意在嘲笑张裕的嘴像多毛的猪嘴。张裕马上反唇相讥，道："从前有个人是做上党郡潞县的县令，后来迁任涿县县令。离职后有人想写信给他，称呼他的官爵，写潞县就漏了涿县，写涿县就漏了潞县，干脆就称呼他为'潞涿君'。""潞涿"和"露啄"同音，这是嘲笑刘备嘴上无毛，下巴光光的。刘备没占到便宜，很是生气，但又不好发作，他把这口气忍在了心里。后来他赶跑了刘璋，张裕成为了自己的下属。有一天刘备找了一个借口，把张裕杀了，诸葛亮求情也没用。

世界上没有十全十美的人，随随便便说人家的短处，或揭发别人的隐私，不仅有碍别人的声望，而且足以表示你为人的卑鄙。首先你要明白，你所知道关于别人的事情不一定可靠，也许还另有隐衷非你所详悉。你若贸然把你所听到的片面之言宣扬出去，这样非常容易颠倒是非，混淆黑白，传出去就收不回来，事后你明白了全部真相时，你还能更正吗？

如医生给人看病，遇到病情较严重而又诊治不及时的病人，就直言道："你怎么这么瘦哇！脸色也很难看！""你知道你的病已经到了什么地步了吗？哎呀！你是怎么搞的？你这个病为什么不早点来看哪！"这些说法里所包含的消极作用会使病人怎么想呢？作为医生这是治病还是致病呢？相反，如果医生换一种方式说："幸好你及时来看病，只要你按时吃药，多注意休息，放下思想包袱，相信你很快就会好起来的。"这将给病人很大的鼓舞。又如，当我们去拜访朋友，主人热情地拿出水果、零食招待我们，而我们却直言说："不吃，不吃，我从来就不喜欢吃零食，再说我刚吃完饭，肚子饱得很，哪还有胃口吃这些东西。"这样不仅让人扫兴，而且还伤了主人的自尊心。我们应该体谅到主人的一片热情和好意，委婉地说："谢谢，谢谢！多新鲜的水果，多香的糖，只可惜刚吃完饭，没有胃口吃了，太遗憾了！"

尊敬别人，是谈话艺术必需的条件。伤害对方，只不过是逞一时之强，得一时之快，这样对于别人对于自己都没有好处。我们如果不想别人损害自己的尊严，那么也不可损害别人的尊严。如果张裕当年不损害刘备的自尊，也不会导致被杀的下场。

古话说得好，"一滴蜜比一桶毒药捉住的苍蝇还多"，图嘴上的一时之快没有任何意义，只能说明自己的修养不够。人世间的关系大半是非常复杂的，若不知内幕，就不宜胡说八道。社会上总有那么一些人，专好兴波助浪，把别人的是非编得有声有色，夸大其词地逢人就说。世间不知有多少悲剧由此而生，我们虽然不至于这样，但偶然谈论别人的短处，也许无意中就为别人种下悲剧恶果，而恶果的滋长到什么程度，是我们所难预料的。任何人、任何事都不是十全十美的，我们不可只据片面的观察就妄自批评别人，指责别人，揭发别人。

恶语伤人六月寒，对己无益，对人有损。

不可轻信传言

重用人才是为了提高全社会的文化教育水平，人人都奉公守法，从善如流。有道德、有觉悟的人从事领导工作，有才能、有经验的人管理各行各业，物质财富和精神财富都丰富了，只有这样才会给全社会带来幸福祥和，举国上下就会感怀这种政治的恩德。等到这种清明政治被败坏以后，好人和坏人往往要结为同党来争权夺利，党同伐异，趋炎附势，狼狈为奸，各自推举圈子里的人，把国家、人民的利益置于脑后，苦心经营小集团的势力，内外勾结，把私党里的人安插到各个领导岗位上。最后，一旦元凶利用、操纵权力，窃国篡权，那么真正有贤德的人就会或被冤杀，或被迫退隐，尚贤政治就走向了它的反面。唐朝时期的赵蕤这样认为。

不要轻信某些人的推荐，社会上说张三是圣人，李四是天才，你就信以为真，那就坏了。殊不知世俗中人说好说坏都没有个准，老百姓有时很盲从，他们所说的天才，也许是个骗子，只是私党把他吹捧成天才的样子而已；他们所说的圣人，也许是个地地道道的奸雄，因为社会关系多，众人把他塑造成圣人的样子。你如果根据社会舆论，把世俗群众推举的人当作有贤德的人，把世俗群众诋毁的人当作坏人，那么朋党多的人就会上台，朋党少的人就会被排挤。于是结党营私、蒙蔽群众的人就会利用时机，打击、陷害真正有本事的人，最终天下大乱。

那该怎么做才能任用到真正的贤能之人呢？

文武百官，职权要分明。国王要出以公心，按职务、按国事的需要提拔人才，实事求是，不讲人情，选拔优秀人才，考核他的政绩、才能。只有这样才能获得真正的人才。

正如古人所说：把私人的利益放在第一位，领导人就会被蒙蔽；争名于朝、夺利于市就会伤天害理，出卖朋友；急功近利、好大喜功就要损害国家、人民的利益，破坏领导者的形象，从而丧失威信。所以，不可轻信传言。

三思而行

清朝时期的王庭奎解悟《菜根谭》时认为：人无远虑，必有近忧。事不三思，终会后悔。说话必须考虑后果，做事必须考察不利的因素。讲话不宜求多，但一定要求主旨；做事也不宜求多，但必须弄清为什么要这样做。置身于是非之外，而后可以明是非之因；置身于利害之外，而后可以观利害之变。人必须借鉴前人的经验教训，审慎地做人处世，才能够使自己的一生不出现大的失误。

人有前后眼，富贵一千年。人如果能看清楚一切事物，那么保持长久富贵并不难。

因循守旧，不敢逾越常规，不算英雄好汉；轻浮急躁，容易莽撞行事，导致烦恼与悔恨。浮躁固然当戒，而谨慎亦不可过分。过于谨慎，就会流于因循。忧时纵酒愁更愁，肯定会有害健康；怒时作札欠考虑，容易写出不恰当或失礼的话。

谨慎不是拘泥于细枝末节。拘泥于小节的人做不成大事业，忍受不了小耻辱的人绝对不可能建立功勋声名远播。

站在对方听驳论

兼听则明，偏信则暗。不能轻信诋毁他人的话，要看看诋毁者和被诋毁者的人品如何，并经过一段时间观察。如果听到诋毁他人之词，便如获至宝，也不想想毁谤之言从何而来，这样必然就有人受冤。宋朝时期的司马光这样认为。

轻易听信别人的议论，怎么知道其人不是在诬陷中伤？所以应当仔细思考再做决定；遇到事情与人争执，怎么知道自己到底对不对？所以必须冷静考虑，才能看清事情的真面目。

"智者"也有"千虑一失"。聪明能干的人未必事事周详、言可尽信；反之"愚人"也有"千虑一得"，愚蠢笨拙的人未必事事糊涂，言无可取。

不传播没有根据的荒唐议论，不理睬流言蜚语。听信错误的意见会带来诸多害处，听信荒谬的意见会招致失败。

不要随便听信别人的话而急忙做出反应。搬弄是非的流言蜚语耳边总会有，不去听自然就没有。听别人说话固然可以了解一个人，然而轻信别人的话也会导致对人做出错误的评价。

不能仅仅因为某人能言善辩而予以推荐重用，不能因为不满意某人而不听取其正确的意见。

冷静地看待世间万物

不怕权贵，只畏惧公理；不依仗别人，只依仗天理的才是大丈夫。明朝时期的吕坤这样认为。

用超然物外的心境去看待世间万物，好比用照妖镜降服妖怪一样，一丝一毫都看得分外清楚。

追求品德上上进的人最忌讳"心浮气躁，心胸狭窄"。要除去这八个字，只需要用一个字就可以了，这就是"静"。静能使人稳重深沉，宁静中心境自然海阔天空。

正人君子应该修心养气，一旦心中的气衰竭，一切事情都无法做了。孔子的弟子冉有就是个心气不足的例子。

君子如果让清净充满身心，就不怕那一点点障碍；如果能做到将身心洗涤干净，那么二者将会一尘不染；若身心彻底得以修养，那就不会怕见到任何恐怖的情景了；若坚定不移地保持这种心境，那么一切事情就会迎刃而解了。

人只要心中能摆脱贪恋，就会觉得非常爽快明净，十分自由自在。人生最痛苦的地方就是心底藕断丝连，拖泥带水，明知无法拥有，却还是执迷不悟地不割舍。人只要身心不随意放纵，将不会有什么过失与差错；只要精神不懈怠，不疏忽，就不会有遗憾和忘却。

盗窃就是欺骗他人。只要内心有一丝欺骗别人的念头，有一桩欺骗别人的事情，有一句欺骗别人的话，即使没被人发现察觉，也是盗窃。表里不一，自己的话就是行动的窃贼；心中所想与嘴上所说不一致，语言就是思想的窃贼。刚刚萌生一个真实的念头，又突然生出一个虚伪的想法，这是自欺欺人。有句谚语讲："瞒心昧己，这句话令人玩味啊！"做出欺世盗名的事情，它的罪过实在很大；瞒心昧己，实在是罪过深重。

人的心中如果有不能扭曲的真知灼见，有不能屈服的坚定见解，哪怕舌头被割断不能表达出来，也绝不人云亦云，也绝不盲目认同别人的见解。

刚说要睡觉，却又睡不着；刚说要忘记，却又忘不了。我的心随处都存在。去掉了我这颗私心，就会四通八达了，感觉整个宇宙海阔天空无边无际。要忘却私心，就该时刻自我反省：这心中的念头是为了天下万物，也是为了我自己。

手有手的功用，脚有脚的功用，耳朵、眼睛、鼻子、嘴巴都各自有各自的用途。只不过它们都像奴婢一样，听从大脑的指挥。大脑让它们干正经事，它顺从；让它们干坏事，它照样顺从。它们自身并没有过错。如果说有什么罪过的话，那么责任都应当由大脑来承担。

眼里容不得一粒灰尘，齿缝间容不下一丝菜茎，这并不是我一个人特有的感觉。可是，在人们的心里却有许多荆棘丛生，那人们怎么能容得下？

人的心思一旦松散，一切事情都无法收拾。心思只要有疏忽大意，所有事情都不堪进入耳目。心思一旦过于固执，一切事情都难以适应自然规律。当一个人身处庄严的场合，或在大庭广众下目睹让人恐怖震惊的场面，而心神不安，这就说明他的涵养不够。

长时间注视着熟悉的字，反而觉得那个字不认识，长久地注视着静止的物体，反而觉得那个物体在动。由此可见疑虑积累太多就会干扰大脑正常运行，过分

地思虑也同样会使人对正确的事物感到迷惑。

保持冷静的力量胜过千头牛，勇猛要超过十只虎。

身处局中，心在局外

处事应身在局中而心在局外。做事就怕执迷不悟，这样可能会把谬误当真理，把错误的当正确的。而要超然于事外，超脱于尘世，除了自身要有高尚的修养与较好素质，还要学会善听谏言，多了解实际情况。所谓当局迷而旁观清，偏信暗兼听明。人处于事中不仅易迷且往往被其势所左右，变得激情磅礴，不能理智思考，冷静处之。

魏征以直言敢谏著称，深为唐太宗敬畏。史载唐太宗喜爱一只罕见的鹞鹰，一次置于臂上时魏征前来奏事，唐太宗怕他看见，忙把鹞鹰纳入袖中。等魏征退下，唐太宗才敢取出鹞鹰，可它早已被闷死了。又有一次，魏征出外办事回来后对李世民说："听说陛下要外出巡幸，浩大的装备都已布置妥当，怎么还没起程？"唐太宗笑着说："前阵子有此打算，想到卿必定要来劝谏阻止的，所以干脆在卿谏阻前打消了念头。"魏征是贞观年间，也可以说是我国古代最杰出的谏官。在短短的几年里，魏征所陈谏的事情多达200余件，且其中多被采用，深得唐太宗的赞赏。

魏征虽然有名，但当时敢于直言忠谏且劝谏有功的大臣不只是魏征一人。贞观年间，君臣共商国是，谏净蔚然成风。这是我国封建社会政治史上的特异光彩，也是唐初"贞观之治"之所以引人注目的重要方面。像王珪、刘洎、房玄龄、褚遂良、杜如晦，甚至包括长孙皇后，都是敢于忠言犯颜且卓有成效的进谏者。

王珪被荣封为侍中，便奉诏入谢。见有一美女侍立在李世民身旁。王珪觉得面熟，便故意盯着美女看。李世民见势向他说明："这是庐江王李瑗的姬人。李瑗听说她长得漂亮，就杀了她的丈夫而娶了她。"王珪听后故意问："陛下认为庐江王做得对还是不对？"李世民答:"杀人而后抢人妻子,是非已很清楚,何必要问?"王硅说:"臣听说齐桓公曾经向郭国遗老询问郭国败亡之因,遗老说是因为善的不用而恶的不除。今陛下纳庐江王侍姬,臣还以为圣上要肯定李缓的做法,否则便是想自蹈覆辙了。"李世民一惊,随后觉悟:"不是爱卿来提醒,朕差点要怙恶不悛,坚持错误了。"等王硅一离去,李世民立即把美女放回娘家去了。

贞观六年三月,一次退朝后,唐太宗厉声怒骂道:"总有一天我要杀死这个田舍翁!"长孙皇后忙问田舍翁是谁。唐太宗道:"就是魏征!他多次在我身边絮叨,还常在大廷上屈辱朕躬,除掉他才能解朕心头之恨!"长孙皇后听后惊讶不已,随后赶快退下。一会儿,她正儿八经地换上了上朝司礼用的严整朝服,向唐太宗拜贺道:"妾听说君主清明,臣下才会忠直。当朝既有魏征这样的忠直之臣,便可以想见陛下当政无比圣明了。"唐太宗听后,立即转怒为喜了,于是打消了心中的念头。

贞观年间谏净之风盛行一时,犯颜直谏、面折廷争的事例屡见不鲜。当时上自宰相御史,下至县官小吏,旧部新进,甚至宫廷嫔妃,都不乏直言切谏之人。人们不禁要问:"何以在漫长的历史长河中,单单在贞观年间出现如此令人惊喜的开明局面呢?"这不能不归功于唐太宗"恐人不言,导之使谏"的"采言纳谏"之计了。

魏征说得好:"陛下导臣使言,臣所以敢言。如果陛下本是个不愿采言纳谏的君主,臣下自然不敢触犯忌讳,以卵击石。"唐太宗非常欣赏"兼听则明,偏信则暗"的哲理。有一次,他把生平所得而珍藏的数十张"良弓"送给工匠验看,不料工匠看后却说,这些弓木心不正,脉理皆邪,统统不是良弓。于是唐太宗感叹说:"天下之务,其能遍知乎!"既然人无完人,就只能依靠"采言纳谏"来弥补。他对大臣们说:"朕高高居于皇位,无法看清天下的各种细节。卿等分布各处,应该力求像朕之耳目一样,帮助朕增长见识。"

唐太宗既深知不"采言纳谏",必使自己愚昧固执,最终必然会使国家昏暗衰败，因而千方百计要使"采言纳谏"之计得以切实施行。因此，他竭力鼓励极言规谏。早在他刚被立为皇太子时，就"令百民各上封事"，广泛提出治国意见与建议。登基后，为打消臣下进言的顾虑，力求使自己和颜悦色，诚恳和气，并多次表示，即使是"直言忤意"，他也决不加以怒责。而且，唐太宗还从制度上来促进广开言路、"采言纳谏"的施行。他沿袭了隋朝三省六部制，同时又让一些职位稍低的官员以"参与朝政"的名义，加入最高决策层。特别规定重要政务都须经过各部门商议，经宰相筹划，认为切实可行时，再向他申报。如果诏书有不稳妥之处，任何人都必须扣住，不准因顺旨便立即施行，而应恪尽臣下上谏之责。唐太宗还特别注重选择谏官，并敢把杰出的谏官直接升为宰相。

不忧利禄，不畏仕危

在古代官场中四处布满陷阱充满荆棘，从而有"香饵之下必有死鱼"，"善泳者死于溺，玩火者必自焚"的说法。所以要想不误蹈陷阱误踏荆棘，最好是把高官厚禄和荣华富贵都看成过眼烟云。

的确，一个人如果不希冀官场的升迁就自不会去投机钻营，不会去阿谀奉承，也就会无所畏惧，那权势又奈我何？权势对于小人，对希图荣达者自有一番诱惑。名利对于想图功名者来说才是陷阱，他绝对不会陷到轻名利者。

有一次，孟子本来准备去见齐王，恰好这时齐王派人捎话，说是自己感冒了不能吹风，因此请孟子到王宫里去见他。孟子觉得这是对他的一种轻视，于是便对来人说："不幸得很，我也病了，不能去见他。"

第二天，孟子便要到东郭大夫家去吊丧，他的学生公孙丑说："先生昨天托病不去见齐王，今天却去吊丧。齐王知道了怕是不好吧？"孟子说："昨天是昨天，今天是今天，今天病好了，我可以办我自己想办的事情。”

孟子刚走，齐王便打发人来问病，孟子的弟弟孟仲子应付差役说：“昨天大王有命令让他上朝，他有病没去，今天刚好一点，就上朝去了。但不晓得他到了没有。”

齐王的人一走，孟仲子便派家丁在孟子回家的路上拦截他，告诉他不要回家，快去见齐王。孟子仍然不去，而是到朋友景丑家住了一夜。

景丑问孟子：“齐王要你去见他，你不去见，这是不是对他太不恭敬了呢？况且这也不合礼法啊。”

孟子说：“哎，不能这么说，齐国上下没有一个人拿仁义向王进言，难道是他们认为仁义不好吗？不是的。他们只是认为够不上同齐王讲仁义。这才是不恭敬哩。我呢，不是尧舜之道不敢向他进言，已经够恭敬了。曾子说过，‘晋国和楚国的财富我赶不上，但他有他的财富，我有我的仁，他有他的爵位，我有我的义，我为什么要觉得比他低而非要去趋奉不可呢？’爵位、年龄、道德是天下公认为最宝贵的三件东西，齐王哪能凭他的爵位便轻视我的年龄和道德呢？如果他真这样，那么我没有必要同他相交，没必要委屈自己去求见他！”

自老视少，瘁时视荣

世事经历多了之后，自然能悟出其中的道理，大有曾经沧海难为水之叹。不管是儒家提倡贫贱不移的修养功夫，还是道家奉劝世人消除欲望，或者佛家清心寡欲的出世思想，都在告诉世人，不要在富贵与奢侈、高官与权势中去争强斗胜，浪费心机。在得意时，要多想想失意时的心情，以失意的念头控制自己的欲望。

自老视少，可以消除奔驰角逐之心；自瘁视荣，可以断绝纷华靡丽之念。这是一种正向、逆向思维相结合的方法。

《南史》里记载了一位渔父的故事。据说，南朝宋时有很有才学的渔父，但人们不知其姓名，也不知其乡居何处。孙缅在浔阳担任太守时，有一天傍晚，他到江边漫步，见一叶扁舟在波涛中时隐时现，一会儿便看见渔父驾船而来。渔父神韵潇洒，垂纶钓鱼，并发出阵阵长啸。孙缅感到十分奇怪，便问道："您钓鱼是为了卖钱吗？"渔父笑着回答说："倘若我钓鱼并不是卖鱼，又怎能是卖鱼之人？"听了渔父的回答孙缅更加惊奇。于是他提着衣服蹚着河水靠近小船，对渔父说："我暗中观察先生，知道您是一位有才学的人。但是你每日驾舟捕鱼，也十分劳苦。我听说黄金白璧是重利，驷马高车为显荣，当今之世，王道昌明，海外隐居之士，靡然而归。您为何不向往天下的光明，反而隐藏自己的才华呢？"渔翁回答道："我是山海间的一位狂人，不通达世间杂务，也分不清荣贵和贫贱。"说完便悠然划桨而去。

渔翁的高明之处就在于他能逆向思维，世人若是把官场的起落看成贪饵吞钩，那么他就是一条上钩的鱼。

热心助人，其福必厚

待人应该热情，和气待人，给困难之人以援手，而不应当像秋风扫落叶那般无情，这历来都是中国人所尊崇的。待人热情，首先不孤独，乐于助人，显然能帮助人们渡过生活的难关。胡雪岩的"好运自然来"，其实是他乐于助人的结果。

胡雪岩，名光墉，字雪岩。1823 年出生于徽州绩溪。徽州多商，徽商遍布各地。受经商之风的影响，胡雪岩在父死家贫的窘境中，在他 12 岁那年，便告别寡母，只身去杭州信和钱庄里当起了学徒。

开始，胡雪岩和其他伙计一样在店里站柜台，后来东家和"大伙"都看他顺眼，就派他出去收账。胡雪岩认真操办，从来不曾出过纰漏，深得东家赏识。

有年夏天，胡雪岩在一家名叫"梅花碑"的茶店里跟一个叫王有龄的攀谈,知道他是一名候补盐大吏,打算北上"投供"加捐。

清代捐官不外乎两种,一种是做生意发了财,富而不贵,美中不足,捐个功名好提高身价。像扬州的盐商,个个都是花几千两银子捐来的道台。这样一来便可以与地方官称兄道弟,平起平坐,否则就不算"缙绅先生",有事上公堂,要跪着回话。再有一种,本是官员家的读书子弟,就是运气不好,3年大比,次次名落孙山,年纪大了,家计也艰窘了,总得想个谋生之道。走的就是"做官"的这条路,改行也无从改起,只好卖田卖地,托亲拜友,最后凑一笔钱去捐个官做。

王有龄就是属于后者。他的父亲是候补道,没有什么好差事,分发浙江,在杭州一住数年。父亲老病浸夺,心情抑郁,最终不幸死在异乡。又因身后没有留下多少钱,运灵柩回福州,要很大一笔盘缠,而且家乡也没有什么可以投靠的亲友,王有龄就只好奉母哥居在异地了。境况不好,且又举目无亲,王有龄穷困潦倒,每天在茶馆里穷泡,消磨时光。虽然捐了官却无钱去"投供"。

在清代,捐官只是捐了一个虚衔,凭一张吏部所发的"执照"取得某一类官员的资格,如果要想补缺,必得到吏部报到,称为"投供",然后抽签分发到某一省候补。王有龄尚未"投供",更甭说补缺了。

胡雪岩认定眼前这个落魄潦倒的王有龄必定会扭转乾坤,从而大富大贵,只是火候未到,还缺一位帮他的贵人罢了。胡雪岩年龄尚轻,二十出头,正处于多梦时代。他想象自己正是刚肠侠胆、救人危难的豪爽之士,虽算不上"贵人",但手里尚握重

金——那五百两未交给老板的银子，亦是助人成就大业的本钱。

王有龄却不知胡雪岩的心思，他心不在焉地呷口茶，冲胡雪岩拱拱手，然后起身告退。"老哥不忙走，请看一样东西。"胡雪岩说罢从衣兜里掏出布包，一层层掀开，露出一张500两的银票。原来老板当初交代胡雪岩去讨一笔倒账，并无十分把握，即使讨不回来，也并不怪罪他。故而胡雪岩未把银票交回钱庄，他寻思把这钱做本钱，投资一笔大生意，如今瞅准了王有龄，正好在他身上下功夫。胡雪岩见识高明，他认定以钱赚钱算不得本事，以人赚钱才是真功夫。倘若选人得当，大树底下好乘凉，今生发迹才有靠山。这种思想一直左右着胡雪岩，才使他成为一代大贾巨富。

当时，王有龄盯住银票入定一般，半天回不过神来。当他听胡雪岩说这些银票要送给他进京"投供"时，他双手乱摇不肯接受。这么大一笔钱，没有人敢替他作保，他实在还不起！

然而当他感知胡雪岩是真心实意，绝非儿戏时，顿时又感动万分，热泪盈眶，曲腿便要下拜。胡雪岩慌忙扶住他，两人互换帖子，结拜为弟兄。胡雪岩重又唤来酒菜，举杯庆贺，预祝王有龄马到成功、衣锦荣归。两人如同亲弟兄一般，说不完的知心话，道不尽的手足情。

第二天，王有龄买舟启程北上，胡雪岩到码头相送，两人依依惜别。秋风鼓动白帆，客船飞快远去，运河水面百舸争流，千帆竞发。胡雪岩站在码头上，望着此情景，忽然生出念头：运河犹如大赌局，不知王有龄能赢否？但胡雪岩能肯定一点，那就是王有龄一旦发迹是绝不会忘记他的。

胡雪岩资助王有龄的这笔款子原是吃了"倒账"的。就钱庄而言，这笔钱已经作为收不上来的"死账"处理了，如果能够收到，完全是意外收入。欠债的人背后有个绿营的营官撑腰，钱庄怕麻烦，也知惹不起他，只好自认倒霉。但巧的是此人偏偏跟胡雪岩有缘，两人很谈得来。他欠的债别人收不来，可胡雪岩一开口就另当别论了。而此人最近又发了财，当胡雪岩登门说明来意后，他立即把钱如数交到了胡雪岩手中。

胡雪岩当时心想，反正这笔款子钱庄已当无法收回处理，转借给困境中的王有龄，将来能还更好，万一不能还，钱庄也没有损失。如果胡雪岩把这事悄悄办了也不会出问题，可是他竟然和盘托出了，而且自己写了一张王有龄出面的借据送到总管店务的"大伙"手里。

钱庄老板听说后对胡雪岩的自作主张非常震怒，认为把店里的钱拿去做人情，不仅给钱庄带来了经济损失，而且在店员中树起了一个恶例。尽管胡雪岩坦言相告，但并不能保证其他店员不跟胡雪岩学这类似的转手把戏。长此下去，还不把钱庄给砸了？

同行和熟人那里，也有人私下议论，绝不相信以胡雪岩的精明，会做出损己利人的事。所以他们都不相信胡雪岩的坦言，而且觉得大可从这些交代中怀疑下去。保不准是狂嫖滥赌，欠下一屁股债，现在没办法了，就挪用款项，然后编造出一个"英雄赠金"的故事来。

总之这种人不能用。不但原店不能用，而且同行也不能用。同业中虽都知他是一把好手，但恶名一传，别人想用也不敢用。胡雪岩在杭州无法立足，只好离开到上海去了。胡雪岩到上海后，生计窘迫，只好去做苦力，每日烧饼白开水充饥，艰难时只得把自己的袍子也送进了当铺。

他一度求职无门，最后回到杭州托人介绍他到妓院去给别人扫地挑水做杂务。这是一段茫无尽头的苦日子。因为胡雪岩只是把钱赠给了王有龄，但是王有龄是否能捐官成功，何时能捐官成功，并不确定。他只能在心里默默念道："王有龄啊王有龄，但愿你一帆风顺，如愿以偿，我胡雪岩才有出头之日！"

王有龄花银子加捐为候补知县，分发浙江，拿了一张簇新的"部照"和交银收据。打点回程，到杭州候补。不久，被委为浙江海运局坐办，主管海上运粮事宜，是个很有油水的差事。王有龄到"海运局"上任后的第一件事就是帮胡雪岩重新找回饭碗。

王有龄有意到钱庄摆一摆官派头，替胡雪岩出一口恶气，但胡雪岩并不原意让钱庄的"大伙"难为情。胡雪岩很细心地考虑到他那些昔日老同事的关系、境遇、爱好，花了整整一上午的时间，替每人备了一份礼，然后雇了一个挑夫，担着这一担礼物跟着他去了钱庄。

钱庄上下人等都知道以前错怪了胡雪岩，现在胡雪岩有王大人撑腰，这次胡雪岩重回钱庄他们准没好果子吃。大家惴惴不安地等着胡雪岩的到来。可他们万万没想到胡雪岩满脸微笑，好像从前的事从没发生过似的，更出乎意料的是胡雪岩竟还给每个人备了份礼。众人收下礼物后在背后不住地摇头叹息："唉！咱当初是怎么对待人家的呀，这……唉！"

就这样，胡雪岩就把众人给收服了。人人都有这样一个感觉：胡雪岩倒霉时，不会找朋友的麻烦，他得意时，一定会照应朋友。胡雪岩的所作所为，为王有龄所叹服，对他这位莫逆之交愈发敬重，大事小事总要先向胡雪岩请教之后才去办理。

可见，胡雪岩最终能出人头地，平步青云，都是因为他能够善待他人。

第八编　品评尚议篇

臆见是蟊贼，聪明乃藩屏

利欲未尽害心，意见乃害心之蟊贼①；声色未必障道，聪明乃障道之藩屏②。

【注释】

①蟊贼：吃禾苗的两种害虫，喻危害人民或国家的人。
②藩屏：屏障，阻碍。

【译文】

追求物质利益不都是会毒害心灵，心里的欲念才是腐蚀本性的蠹虫；沉迷于歌舞女色不一定是追求道义的妨害，但是过于聪明反而会成为妨害追求道义的屏障。

一念之差，咫尺千里

人人有个大慈悲，维摩①屠刽无二心也；处处有种真趣味，金屋茅檐非两地也。只是欲蔽情封，当面错过，便咫尺②千里矣。

【注释】

①维摩：梵语维摩诘简称，是印度大德居士，汉译叫净名。与释迦同时人，辅佐佛来教化世人，被称为菩萨化身。
②咫尺：指很短的距离。

【译文】

每个人心中都有大慈大悲的念头，维摩诘和屠夫、刽子手在本质上其实是一样的；世间到处都充满了真正的生活趣味，其实富丽堂皇的高楼与茅房在本质上都是相同的。只不过是私心贪欲蒙蔽了人们的内心，所以即使慈悲和乐趣就在眼前，很短的距离也会像远在千里之外。

诗家真趣，禅教玄机

一字不识而有诗意者，得诗家真趣①；一偈②不参而有禅味者，悟禅教玄机③。

【注释】

①真趣：真机乐趣，此处指内在气质。
②偈：佛经中的唱词，四句话为一偈。
③玄机：佛家、道家所称的奥妙道理。

【译文】

有的时候一个字也不认识的人说出的话却富有诗情画意，这就表明他具备了诗人的内在气质；不修行坐禅的人说出的话却富有深刻道理，这就表明了他已经领悟到了佛教义理的奥妙。

人心不同，各如其面

吉人①无论作用安详，即梦寐神魂，无非和气；凶人②无论行事狼戾③，即声音笑语，浑是杀机。

【注释】

①吉人：指纯真质朴的人。
②凶人：凶狠险恶的人。
③狼戾：凶狠。

　　纯真质朴心无杂念的人，无论言谈举止都极镇定安祥，即使在睡觉的时候也会想着做些好事这都是内心平和的缘故；凶狠残暴的人，无论做什么事都残忍无度，就是欢声笑语中，也暗藏着杀气。

少事即是福，多心才是祸

　　福莫福于少事，祸莫祸于多心①。唯苦事者②方知少事之为福；唯平心者③始知多心之为祸。

【注释】

　　①多心：想得多，起疑心，胡乱猜忌。
　　②苦事者：受到繁重事务困扰的人。
　　③平心者：心平气和的人。

【译文】

　　最大的幸福莫过于没有烦心事，最大的灾祸莫过于胡乱猜忌。只有身负繁重事务的人，才能了解到悠闲是多么幸福的事情；只有心平气和，心无杂念的人，才能体会到胡乱猜忌别人是多大的灾难。

有心求不得，无意功在手

　　施恩者，内不见己，外不见人，即斗粟①可当万钟之惠②；利物者计己之施，责③人之报，虽百镒④难成一文之功。

【注释】

　　①斗粟：一斗米，指少量的粮食。

②惠：恩惠。

③责：责怪，责备。此文指要求，索要。

④百镒：古时重量名，二十四两为一镒。

【译文】

施恩惠给别人的人，不要一直把恩惠记在心头，也没有让别人回报的想法，这样即使是一斗米也会得到万钟的报答；用财物救济别人的人，如果计较自己对别人的施舍，而且想要求别人的回报，这样即使是施舍一百镒，也很难获取一文钱的功劳。

贫而有余，拙而全真

奢者①富而不足，何如俭者贫而有余；能者劳而府怨②，何如拙者逸而全真③。

【注释】

①奢者：豪奢的人。

②府怨：怨恨很深。

③全真：保持真实的本性。

【译文】

豪奢的人虽然已经很富有了却还是不满足，怎么能够比得上节俭的人虽然很贫苦但是却感到很满足；有才华的人终日操劳奔波操劳却心存怨恨，怎么能够比得上愚笨的人既能享受安逸的生活又能够保持纯真的本性。

贪者图名，拙者用术

真廉无廉名，图名者所以为贪；大巧①无巧术，用术者乃所以为拙②。

【注释】

①大巧：有大智慧的人。
②拙：笨拙，不聪明。

【译文】

真正清廉的人并不在乎拥有清廉的声望，贪图廉洁名声的人正好表现了他内心贪婪的本质；拥有大智慧的人并没有奇异的技巧，使用权术来耍小聪明的人才是真正的笨拙。

拔除名根，消融客气

名根①未拔者，纵轻千乘甘一瓢，总惰其情；客气②未融者，虽泽四海③利万世，终为剩技④。

【注释】

①名根：名利的欲念。
②客气：客套，不真诚。
③四海：全国各地。这里是用来形容豪放、放达。
④剩技：多余的权术。

【译文】

如果不能根除追求名利的欲望，就算是放弃高官厚禄而过着贫困的生活，必然还会坠入名利之流；如果不能消除虚伪客套的习性，就算是恩泽全国各地、以利千秋万代，终究不过是多余的伎俩罢了。

洁出自污，明蕴于晦

粪虫①至秽，变为蝉，而饮露②于秋风。腐草无光，化为萤，而耀采于夏月。固知洁③常自污出，明每从晦④生也。

【注释】

①粪虫：粪便中的臭虫。

②饮露：吸收露水。

③洁：清洁，高洁。

④晦：黑暗，阴暗。

【译文】

粪便中肮脏的臭虫，蜕变成蝉以后，就会只饮秋天的露水。杂乱丛生的野草本来没有光泽，但是化为萤火虫，却能够在炎炎夏日的夜晚放出明亮的光芒。由此可以知道，清洁往往出自肮脏的地方，明亮的光芒常常产生在黑暗的地方。

功名利禄，终是了了

人知名位①为乐，不知无名无位之乐为最真；人知饥寒为忧②，那知不饥不寒之忧为更甚。

【注释】

①名位：名利和官位。

②忧：担忧，忧虑。

世人都明白追求名利和地位是人生的乐趣，却不知道没有名利、地位平庸的人才是最快乐的；世人只明白饥寒交迫是人生最忧虑的事情，怎么会知道在衣食无忧之后产生的种种不能实现的欲望的痛苦呢。

恶中犹有善，善处却见恶

为恶而畏①人知，恶中犹有善路②；为善而急人知，善处即是恶根③。

【注释】

①畏：敬畏，害怕。

②善路：弃恶从善的方法。

③恶根：灾祸的根源。

【译文】

所做的坏事如果担心被别人知道，那么就说明这个人还有弃恶从善的可能；所做的善事如果急着让别人知道，那么这样的善行就成以后作恶的根源。

福不可邀，祸不可避

福不可邀①，养喜神②以为召福之本而已；祸不可避，去杀机③以为远祸④之方而已。

【注释】

①邀：请，获得。

②喜神：兴奋的神情。

③杀机：杀气，杀人的动机。

④祸：灾祸，祸害。

【译文】

幸福是不能强求的，只有养成生性乐观豁达，才能体会到幸福的根本；灾难是避免不了的，只有根除心中凶狠的杀气，才是摆脱灾祸的有效途径。

天理路甚宽，人欲道也窄

天理①路上甚宽，稍游心，胸中便觉高明广大；人欲路上甚窄，才寄迹②，眼前俱是荆棘泥涂③。

【注释】

①天理：指自然的义理。

②寄迹：动身，迈步。

③泥涂：泥沼。

【译文】

自然的道理就像世间的道路一样非常广阔，只要稍微留心，心胸就会变得宽敞明亮；人的欲望就像非常狭窄的道路，才动身就会觉得前途布满了荆棘泥沼，一不留神就会掉进去。

惺惺不昧，独坐中堂

耳目闻见为外贼；情欲意识为内贼。只是主人翁惺惺①不昧，独坐中堂②，贼便化为家人矣。

【注释】

①惺惺：聪明机警。
②中堂：厅堂的中央。

【译文】

耳朵听到的、眼睛看到的都是外部的侵害；情感欲望是内在的敌人。只要自己保持清醒的头脑不愚昧湖涂，如做事公正的主人独坐在厅堂的中央，不管是"家贼"还是"外贼"都变成提高自己修养的帮手。

人生一世，善始善终

声妓①晚岁从良，一世之胭花②无碍；贞妇白头失节，半生之清苦俱非。语云："看人只看后半截，"真名言也。

【注释】

①声妓：古代富人家里的歌舞妓，一般指妓女。
②胭花：胭脂花粉，一般指卖笑。

【译文】

卖身卖笑的歌女妓女，如果到了晚年能够嫁人从良，那么以前的以卖笑为生歌女生涯就不会对她造成妨碍；坚持贞操的妇女，如果晚年因寂寞而失身，那么她前半生的坚守就会被人遗忘。俗话说："要评价一个人，就要看他晚年的所作所为。"这句话确实很有道理。

无位公相，有爵乞人

平民肯种德①施恩，便是无位的公相；士夫徒贪权市宠②，竟成有爵的乞人。

【注释】

①种德：积德，布施恩惠，行善做好事。
②市宠：讨人欢心，即获取别人的宠爱。

【译文】

如果普通的人能够行善做好事，那么就好像是没有官位的公卿宰相；如果身居高位的人只顾贪图权利阿谀奉承，那么就好像是满街乞讨的贵人。

诈善君子，不及小人

君子而诈善①，无异小人之肆恶②；君子而改节，不及③小人之自新。

【注释】

①诈善：伪装行善。
②肆恶：无所顾忌作恶多端。
③不及：比不上。

【译文】

道德高尚的人虚伪行善，就

和卑鄙的人肆无忌惮的作恶没什么区别；道德高尚的人丢掉纯洁的品质，还比不上知错就改的小人。

逆境皆针药，顺境满兵戈

居逆境^①中，周身皆针砭^②药石^③，砥节砺行^④而不觉；处顺境内，眼前尽兵刃戈矛^⑤，销膏靡骨^⑥而不知。

【注释】

①逆境：困难的境遇，比喻遇到了挫折、困难。

②针砭：古代用来治病的石针，比喻发现或指出错误，以求改正。

③药石：药剂和砭石，泛指治病用的药物。

④砥节砺行：磨炼节操与德行。砥，细的磨刀石；砺，粗的磨刀石，引申为磨炼。

⑤兵刃戈矛：戈、矛都为古代兵器。

⑥靡骨：身体粉碎而死，比喻了某种目的或遭到什么危险而丧失生命。

【译文】

处在困难的环境中，就好像全身都扎着针、敷着药，在浑然不知中就磨炼了自己的节操与德行；处在一帆风顺的环境中，周围就好像摆满了各种兵器，不知不觉身心就受到了腐蚀从而走向失败。

奢欲无度，自铄焚人

生长富贵丛中的，嗜欲^①如猛火，权势如烈焰。若不带些清冷气味，其火焰若不焚人，必将自铄^②矣。

①嗜欲：爱好和欲念。

②铄：销毁、削弱，毁谤。

【译文】

身处富贵权势环境里的人，嗜好和欲望的危害就像大火猛烈，追求专权弄势的性情就像火焰一样烫人。如果不能够早日清醒，用清雅的思想冲淡一下强烈的欲望，那么这种猛烈的火焰虽然不至于让自己粉身碎骨，也必定会自我销毁。

持盈履满，君子兢兢

老来疾病，都是壮①时招的；衰后罪孽②，都是盛时造的。故持盈履满，君子尤兢兢③焉。

【注释】

①壮：健壮，强壮。

②罪孽：佛教语。指应当受到报应的恶行。

③兢兢：警惕，认真负责。

【译文】

人老的时候所得的疾病，都是因为年轻时不注意爱护身体所招致的病根；当事业衰败后还会罪孽深重，都是在事业鼎盛所造成的。因此有修养的人在生活富足事业巅峰时，也要兢兢业业，认真负责。

君子所行，独从于道

曲意^①而使人喜，不若直躬^②而使人忌；无善而致人誉，不若无恶而致人毁^③。

【注释】

①曲意：委屈己意而奉承别人。
②直躬：以直道立身，指为人正派。
③毁：诋毁，诽谤。

【译文】

趋炎附势地去奉承别人，不如主持正义而让别人害怕忌惮；没有善行而得到很好的名誉，不如品行端正而招致别人的诋毁。

燮理的功夫，敦睦的气象

吾身一小天地也，使喜怒不愆^①，好恶有则，便是燮理^②的功夫；天地一大父母也，使民无怨咨，物无氛疹^③，亦是敦睦^④的气象。

【注释】

①愆：罪过，过失。
②燮理：燮，调和；理，治理，调理。
③氛疹：因为不好的氛围染成的疾病。
④敦睦：敦促和睦。

【译文】

我们自己的身体就像是一个小世界，在高兴或愤怒的时候都没有过失的行为，而且对是非能够保持自己的原则，这就是谐和调整的功劳；而自然界就像人类的大父母，如果每个人都没有牢骚埋怨，万物没有因环境污染而产生的疾病，能够顺利地生长，也算得上是一片祥和的景象。

妍媸相对，洁污相仇

有妍①必有丑为之对，我不夸妍，谁能丑我；有洁必有污为之仇②，我不好洁，谁能污③我。

【注释】

①妍：美好。

②仇：仇恨，仇视，此处指匹配的意思。据陆机《文赋》说："妍蚩好恶，可得而言。"

③污：污点，污秽，污浊。

【译文】

世上一切事物，有美好就会有丑陋和它相对比，如果我不夸赞自己的美好，谁又会说我丑陋呢；世界上的东西，有清洁就会有肮脏，如果我不自夸高洁，谁又会说我的行为卑劣呢。

富贵多炎凉，骨肉尤妒忌

炎凉①之态，富贵更甚于贫贱；妒忌之心，骨肉尤狠于外人。此外若不当以冷肠，御以平气，鲜不日坐烦恼障②中矣。

【注释】

①炎凉：热冷。比喻人情势利，反复无常。

②障：障碍，阻碍，此处是环绕的意思。

【译文】

世间人情冷暖反复无常，富贵人家要比贫穷人家更加鲜明；人们之间相互猜忌、嫉妒，骨肉亲朋之间甚至比陌生人还要严重。处在这样的场合如果不能看得淡一些，不能心平气和地去处理，那么就会很难摆脱这种氛围所带来的烦恼。

显恶祸小，阳善功小

恶忌阴①，善忌阳②。故恶之显者祸浅，而隐③者祸深；善之显者功小，而隐者功大。

【注释】

①阴：阴暗，隐秘。
②阳：明亮，明显的地方。
③隐：隐藏，隐蔽。

【译文】

做的坏事最怕不易被人发现，做的好事最怕自己到处张扬。所以坏事如果能够被及时发现危害就会小一些，如果不容易被发现那么危害就会变大；做的好事被人们都发现了那么功劳就弱小了，如果不被人察觉那么就会功德圆满。

德者才之主，才者德之奴

德者才之主，才者德之奴。有才无德如家无主而奴用事①矣，几何不魍魉②而猖狂。

①用事：处理事情。

②魍魉：妖怪，常形容为人不正派，做事不规范。

【译文】

品德是才华的主人，而才华只是品德的仆人。如果一个人只有才华学识而没有品德修养，就如同家里没有主人而让仆人当家处理事情一样，这样哪有不使家里失去秩序，而乱成一团。

返己辟善，尤人浚恶

反己者①，触事②皆成药石！尤人者③，动念即是戈矛。一以辟众善之路，一以浚诸恶之源，相去霄壤④矣。

【注释】

①反己者：反己，即反过来要求自己。反己者，对自我要求严格的人。

②触事：遇到的事情。

③尤人者：怨天尤人之人。

④霄壤：天地之间，比喻相去极远，差别很大。

【译文】

经常反省自己的人，平时所遇到的事情都成了提高自己的良药！怨天尤人的人，只要思考便会伤害到别人。前者是做好事的源泉，而后者则是坏事萌生的源头，这两者真是相差甚远。

机里藏机，变外生变

鱼网之设，鸿则罹①其中；螳螂之食，雀又乘其后。机里藏机，变外生变，智巧何足恃②哉！

【注释】

①罹：罹难，苦难，遭遇不幸。
②恃：握，依靠。

【译文】

本来是想要设网捕鱼，却在无意之中捉到了空中的鸿雁；贪心的螳螂一心想要吃掉前面的蝉，却没想到身后的黄雀正想要吃掉它。由此可见世间万物的玄机中暗藏玄机，变化之中又生变化，人的聪明技巧又有什么值得依靠的呢！

清心寡欲，安贫乐道

交市人，不如友山翁；谒①朱门②，不如亲白屋③；听街谈巷语，不如闻牧唱樵歌；谈今人失德过举，不如述古人嘉言懿行④。

【注释】

①谒：拜谒，拜访。
②朱门：古代王公贵族的住宅大门漆成红色，表示尊贵。指豪富人家。
③白屋：茅屋。指平民的住所。
④嘉言懿行：嘉、懿，美，好。常指有益的言论和高尚的行为。

与商人接触，不如和山里的老翁结交；结交王公贵族，不如与平民相处融洽。听大街小巷里的人议论纷纷，不如去听放牧的人和砍柴的人歌唱。批评当代人的错误，不如去述说古代人的高尚言行。

诚信为本，不疑不诈

信人者^①，人未必尽诚，己则独诚矣；疑人者^②，人未必皆诈^③，己则先诈矣。

【注释】

①信人者：相信别人的人。

②疑人者：对别人猜疑的人。

③诈：欺诈，欺骗。

【译文】

相信别人的人，别人说的话不一定要全部相信，自己真心的对待别人就可以了；经常猜忌别人的人，虽然别人所做的事情不一定都是虚伪的，但是可以表明自己也已成为狡诈之人。

厚者煦育，刻者阴凝

念头宽厚^①的，如春风煦育万物，遭之而生；念头忌刻^②的，如朔雪^③阴凝万物，遭之而死。

【注释】

①宽厚：宽而厚。指待人宽容厚道。

②忌刻：为人刻薄善妒。

③朔雪：深冬的雪。

【译文】

胸怀宽厚老实的人，就像和煦的春风能够孕育万物，能使一切有生命的事物生机勃勃；刻薄善妒的人，就像深冬的白雪，能使一切生物凋零衰落。

君子持身之符，小人营私之具

勤者敏于德义①，而世人借勤以济其贫；俭者淡于货利，而世人假俭以饰其吝。君子持身之符，反为小人营私②之具③矣，惜哉！

【注释】

①德义：德行信义。

②营私：谋求私利或满足个人目的。营，谋取的意思。

③具：器具，工具，具有。

【译文】

勤劳的人应该追求道德仁义，然而有些人却靠着自己的勤奋使自己成功摆脱贫困；质朴的人本来不应该不贪图财物和名利，然而有些人假借简朴的名义来掩盖自己的吝啬。勤俭节约本来是君子为人处世的信条，却成了小人谋求私利的器具，真令人感到可惜！

意兴难久，情识难悟

凭意兴①作为者，随作则随止，岂是不退之车轮；从情识解悟②者，有悟则有迷③，终非常明④之灯烛。

①意兴：兴趣。
②解悟：领会；领悟。
③迷：迷失，迷惑，迷恋。
④明：明亮，鲜明。

【译文】

凭一时兴起和兴趣做事的人，随着兴趣和兴致的消失，事情就会停下来，哪里会像一直向前辗转的车轮一样啊；凭着感情去认识了解领悟真理的人，有时能够领悟有时也会被迷惑，这种做法终究不会像一直明亮的烛灯那样。

为奇不求异，求清不为激

能脱俗便是奇，作意①尚奇者，不为奇而为异；不合污便是清，矫情②求清者，不为清而为激。

【注释】

①作意：起意，决意，别有用心。
②矫情：强词夺理，蛮横，无病呻吟。

【译文】

如果做人能够超凡脱俗就可以算得上是奇人，如果别有用心地去追求与众不同的人就不是奇人而是怪人了；不与人同流合污就算得上清高，如果不合乎伦理强词夺理无病呻吟而去追求清高，那就不再是清高而是偏激了。

百炼之金，千钧之弩

磨砺①当如百炼之金，急就者必非邃养②；施为宜似千钧③之弩④，轻发者决无宏功⑤。

【注释】

①磨砺：磨打历练。

②邃养：邃，精深，精通；养，修养。

③千钧：三十斤为一钧，千钧即三万斤。通常形容力量大或器物重。

④弩：一种用机械力量射箭的弓，泛指弓。

⑤宏功：伟大的功绩。

【译文】

磨炼自己，就要像炼钢一样反复陶冶锤炼，着急成功的人一定不会修养深厚；做事情的时候，就要像千钧一发的弓箭一样，假如任意发射便不会取得伟大的功绩。

好利者害浅，好名者害深

好利者①逸②失于道义之外，其害显而浅；好名者窜入③于道义之中，其害隐而深。

【注释】

①好利者：热衷于利益名望的人，形容人见利忘义。

②逸：安逸，超逸，超越。此处指远离的意思。

③窜入：冲进去，跑进去。

【译文】

热衷追求物质利益的人，他的行为举止本来就是已经越出了世俗的法则，因为他的危害容易被发现所以不会造成很大的破坏；追求名誉的人，常常以仁义道德为幌子沽名钓誉，他的所作所为容易蒙骗人们，所以他所造成的危害会影响深远。

小人之心，宜切戒之

受人之恩①，虽深不报，怨则浅亦报之；闻人之恶，虽隐不疑②，善则显亦疑之。此刻之极，薄之尤③也，宜切戒④之。

【注释】

①恩：恩德，恩惠。

②疑：怀疑。

③尤：特异，突出。

④切戒：务须避免，严肃告诫。

【译文】

受到别人的恩惠，虽然很多，却不想着报答。但是有一点点怨恨，就费尽心机想要报复；当听到别人做了坏事，即使很隐秘也确信无疑。对别人所做的好事，即使很浅显也不会相信。这样的人真是尖酸刻薄到了极点，应该务必避免。

圆融顺通。执拗失机

建功立业者,多圆融之士①;偾事②失机者,必执拗之人③。

【注释】

①圆融之士:指灵活变通的人。

②偾事:指坏了事情。

③执拗之人:指固执己见的人。执拗,固执任性,不听别人劝告。

【译文】

能够建立丰功伟业的人,大多是那些能够灵活变通的人;惹是生非把事情搞砸的人,大多是那些固执己见不听别人劝告的人。

鄙啬伤雅道,曲谨多机心

俭,美德也,过俭则为悭吝①,为鄙啬②,反伤雅道;让,懿行③也,过让则为足恭,为曲谨④,多出机心⑤。

【注释】

①悭吝:吝啬,小气。

②鄙啬:世俗吝啬,斤斤计较。

③懿行:指品德高尚。

④曲谨:谨慎小心。

⑤机心:心思,计谋。此处指机巧之心。

【译文】

本来节俭是一种品德高尚的行为,但是过分节俭就成是小气吝啬，斤斤计较，这样反而会有伤自己的声望；本来谦让也是一种高尚的品行，但是过分谦让就会趋炎附势卑躬屈膝讨好别人，会让人觉得是出于某种心思我们应谨慎小心。

吉于宽舒，败于多私

仁人心地宽舒^①，便福厚而庆^②长，事事成个宽舒气象；鄙夫^③念头迫促^④，便福薄而泽短，事事得个迫促规模。

【注释】

①心地宽舒：胸怀宽广。
②庆：祝贺，庆祝。
③鄙夫：人品鄙陋、见识浅薄的人。
④迫促：急迫，急促。

【译文】

仁爱的人因为胸怀宽广，于是福气就会优厚且绵延不绝，就会觉得一切事都很顺利；然而见识浅薄的人因为急功近利，所以好运总是会很少而且很短暂，做任何事情都只顾眼前而临事紧迫的局面。

得山林之乐，忘名利之情

羡^①山林^②之乐者，未必真得山林之趣；厌名利^③之谈者，未必尽忘名利之情。

【注释】

①羡：艳羡，羡慕。
②山林：有山和树木的地方。

③名利：名位和利益，名位与利禄。

【译文】

羡慕在山林中获取生活乐趣的人，不一定能够真正领悟到山林所带来的乐趣；大肆宣扬厌恶名利的人，不一定能够真正忘掉内心对名利感情。

聚散无常，悲喜交加

宾朋云集①，剧饮淋漓②，乐矣。俄而③漏尽烛残，香销茗冷，不觉反成呕咽④，令人索然无味。天下事大率类似，人奈何⑤不早回头也。

【注释】

①云集：指人群密集的地方，形容从四面八方迅速集合在一起。
②淋漓：形容痛快，畅快。酣畅淋漓。
③俄而：不一会儿，不久。
④呕咽：呕吐难咽，形容身体很不舒服。
⑤奈何：怎么办，为什么。

【译文】

宾朋从四面八方聚在一起，痛快地饮酒作对，酣畅淋漓，这是人生的一种乐趣。但是不久，人们纷纷离去，留下残羹冷炙，香茶也变得冰冷了，因为反差太大反而会呕吐不止，让人觉得枯燥乏味。世间的事情大概就是如此，人为什么不早早地回头呢？

知足者常乐，善用者则生机

事到眼前，知足者①仙境，不知足者凡境②；因出世上，善用者生机③，不善用者杀机④。

【注释】

①知足者：感到满足、感到知足的人。
②凡境：俗世间。
③生机：生存的机会，生命的活力。
④杀机：杀气，即杀人的念头。

【译文】

对现实生活遇到的事情感到满足的人就会享受到神仙一样的快乐，对于不知足的人来说就摆脱不了俗世间的欲望；事物总是因缘和合而生，假如能够善于运用就会到处充满生机，不善于运用就会到处充满杀气。

色欲火炽，幻消道长

色欲火炽，而一念及病体，便兴似寒灰；名利饴①甘，而一想到死时，便味如嚼蜡。故人常忧死虑病，亦可消幻业②而长道心③。

【注释】

①饴：饴糖，用麦芽制成的糖。
②幻业：虚幻的功业。此指邪念。
③道心：佛教用语，"人心"的对称，此指品德。

【译文】

色欲像烈火一样，但是一想到生病时的痛苦，欲念就会变得像一堆冷灰；名利就像糖一样甘甜，但是一想到死亡时的情景，名利就像嚼蜡一样索然无味。所以经常为生老病死而忧虑，就可以消除心中的邪念而提高自身的修养。

隐逸无荣辱，道义泯炎凉

隐逸①林中无荣辱②，道义路上泯③炎凉④。

【注释】

①隐逸：隐居不仕，遁匿山林，也指隐居的人。
②荣辱：荣耀和耻辱。荣，荣耀、荣誉。
③泯：消灭，丧失，泯灭。
④炎凉：热和冷，比喻人情势利，反复无常。

【译文】

隐居在山林中与世隔绝的人，往往没有俗世中的荣辱观，讲求仁义道德的人，往往对人情冷暖看得很淡，没有了人情势力的反复无常。

贪得者恨不得玉，知足者旨于膏粱

贪得者①，分金恨不得玉，作相怨不封侯。权豪②自甘为乞丐；知足者，藜羹③旨于膏粱④，布袍⑤暖于狐貉。编氓何让于王公⑥。

【注释】

①贪得者：贪婪不知足的人。贪，贪婪，贪图。
②权豪：有权力的豪门。
③藜羹：指用藜菜做的羹，泛指粗劣的食品。
④膏粱：膏，肥肉；粱同"粱"，细粮，泛指美味的饭菜。
⑤布袍：布制长袍。
⑥王公：王爵和公爵，泛指显贵的爵位。

【译文】

对于贪得无厌的人，给他了金子他还恨不得得到珠玉，让他做公爵他还埋怨没给他侯爵。这样的人虽然很富足但实际上和行乞之人无异；容易满足的人，即使吃五谷杂粮也比吃山珍海味香甜，即使身穿粗布棉袍也比穿狐裘皮衣暖和。这样的人虽然是平民，却比王公贵族过得舒坦。

逃名之趣，省事之闲

矜名①不若逃名趣，练事②何如省事③闲？

【注释】

①矜名：矜，夸耀；名，名誉，名声。
②练事：精通世事，练达。
③省事：减少事务。引申为方便，不费事。

【译文】

到处夸耀自己名声的人，不如隐姓埋名的人活得真实；精通于各种事情的人，又怎么能比得上没有事情干扰的人过得安逸呢？

猛兽易伏，人心难降

眼看西晋之荆榛①，犹矜白刃②；身属北邙之狐兔，尚惜黄金。语云：猛兽易伏，人心难降；溪壑③易盈④，人心难满。信哉！

【注释】

①荆榛：泛指丛生灌木，多用以形容荒芜情景。

②白刃：原意是指锋利的刀，在此是武力的意思。

③溪壑：溪谷。亦借喻难以满足的贪欲。

④盈：充满，满足。

【译文】

眼看着强盛的西晋王朝变成杂草丛生的荒荒之地，但是还有人在那里炫耀自己高强的武功；黄芩的贵族死后被埋在北邙山，尸体已成为野兽的猎物，又何必那么爱惜自己的钱财。古人说：猛兽容易被制服，但是人心却很难降服；溪谷容易被水充满，但是人的欲望却难以满足。这句话确实很可信！

奈何火牛风马，不思自适其性

峨冠大带①之士，一旦睹轻蓑小笠②，飘飘然逸③也，未必不动其咨嗟④；长筵广席之豪，一旦见净几疏帘，悠悠然静也，未必不增其绻恋⑤。人奈何驱以火牛、诱以风马，而不思自适其性哉。

【注释】

①峨冠大带：高高的帽子和宽松的衣着。古代士大夫的装扮。

②轻蓑小笠：古时老百姓的装束。蓑，蓑衣；笠，斗笠。

③逸：安逸，休闲。

④咨嗟：哀叹，赞叹。

⑤绻恋：恋恋不舍的样子，在此指羡慕的意思。

穿着典雅高贵的古代士大夫，一旦看到身穿蓑笠的普通老百姓飘飘然安逸的样子，大概也会感到很放松，不禁会哀叹自己；整日出席豪奢的筵席，一旦看到窗明几净悠闲宁静的环境，内心也许会安静下来，心生羡慕之情。人为什么要去争名夺利，而不思考真正适合自己性情的生活呢？

无事道人，不了禅师

才就筏①便思舍筏，方是无事②道人；若骑驴又复觅驴，终为不了禅师③。

【注释】

①筏：用竹、木等平摆着编扎成的水上交通工具。
②无事：指无为。即道家主张的顺乎自然，无为而治。
③禅师：和尚之尊称，尤指有德行的和尚。

【译文】

刚坐上竹筏，便想到上岸之后竹筏就丢弃了，这才是懂得不被外界所羁绊的道人；如果骑着驴还在寻找别的驴，那就终究也达不到禅师的境界了。

冷眼观英雄，冷情当得失

权贵龙骧①，英雄虎战，以冷眼观之，如蚁聚膻②，如蝇竞血；是非蜂③起，得失猬兴，以冷情当之，如冶化金，如汤④消雪。

【注释】

①龙骧：比喻气概威武。

②膻：膻气，在这里指腥膻的食品。

③蜂：原指蜜蜂，比喻众多成群。

④汤：热水，煮东西的汁液，烹调后汁特别多的副食。

【译文】

有权势的达官贵人，像飞龙一身威武，英雄好汉像猛虎般争斗，用冷静的眼光去看，便会觉得如同蚂蚁聚集在腥膻之地，苍蝇聚集在血腥之地；是非成败如同群蜂飞舞一样慌乱，得失就像刺猬竖起的毛一样严密；用冷静的情绪去看，便会觉得如同金属被熔化，雪花被热水浇融一样。

华萼枝叶易空，子女玉帛难守

树木至归根①日，而后知华萼②枝叶之易空；人生到盖棺③时，而后知子女玉帛④之难守。

【注释】

①归根：回归原地，在此处指死亡。

②华萼：华，花；花瓣。

③盖棺：盖上棺材，此处指死亡。

④玉帛：玉器丝绸，古代典礼所用，泛指礼器。

【译文】

树木在枯死即将落叶归根的时候，才发现繁茂的树叶美丽的花朵已经凋落；人们死后进入棺材的时候，才发现子女财富很难坚守下去。

好名不殊好利，焦思何异焦声

烈士让千乘，贪夫争一文，人品星渊①也，而好名不殊好利；天子营家国，乞人号饔飧②，位分霄壤也，而焦思何异焦声。

【注释】

①星渊：繁星和湖泊。比喻相差甚远。
②饔飧：早饭和晚饭；饭食。

【译文】

忠肝义胆的人会毫无眷恋地把千乘大国拱手让给别人，贪婪无度的人就连一文钱也不会放过，他们的品行真是有天渊之别相差甚远，但就沽名钓誉和贪得无厌来说这二者根本没有什么区别；皇帝治理整个国家，乞丐是为了讨得一日三餐，就地位而言确实相差极大，但皇帝整天奔波劳累，这和乞丐乞讨的哀求又有什么不同。

前念不滞，后念不迎

今人专求无念①，而终②不可无。只是前念不滞③，后念不迎，但将现在的随缘④，打发得去，自然渐渐入无⑤。

【注释】

①无念：佛教语。谓无妄念。
②终：终究，终于，始终。
③滞：凝积，不流通，停留，呆滞。
④随缘：顺应机缘；任其自然。
⑤无：没有，这里指没有欲望的境界。

当今世人总是在追求没有杂念的境界，但最终又放不下欲望。只要以前的杂念不停留在心中，以后的杂念不进入心中，只将现在的杂念随缘消除掉，也会逐渐达到胸无杂念的境界。

万钟如瓦缶，一发似车轮

心旷①则万钟②如瓦缶③，心隘④则一发⑤似车轮。

【注释】

①心旷：指心胸开阔。旷，宽大，辽阔。
②万钟：指丰富的粮食。钟，古量器名。
③瓦缶：小口大腹的瓦器。
④心隘：指胸怀狭窄。隘，狭小，狭窄。
⑤一发：更加，越发，此处指一根头发。

【译文】

胸怀开阔的人，即使拥有丰富的粮食也会觉得像砖瓦那样毫无价值；胸怀狭窄的人，即使一根小小的头发也会觉得像车轮一样重要。

顺逆一视，欣戚两忘

子生而母危，镪①积而盗窥②，何喜非忧也？贫可以节用，病可以保身，何忧非喜也？故达人③当顺逆④一视，而欣戚⑤两忘。

【注释】

①镪：钱串，引申为成串的钱。后多指银子或银锭。

②盗窥：盗贼，偷窥。

③达人：通达事理的人。

④顺逆：顺正与邪逆。

⑤欣戚：欣，欢快。戚，亲戚，此处指休戚。

【译文】

生孩子的时候母亲是最危险的，家财万贯的时候最容易招致盗贼偷窥，什么样的欢喜不掺杂着悲伤呢？贫困能够使人们养成节约的习惯，生病能够使人们注意爱惜自己的身体，什么样的痛苦不隐藏着欢乐呢？所以通达的人通常以同样的心态对待顺境和逆境，把自己的悲伤的事和高兴的事都忘记。

清苦饶逸趣，鄙略具天真

山林之士①清苦，而逸趣自饶；农野之夫鄙略，而天真浑具。若一失身市井②、侪伍屠侩，不若转死沟壑③，神骨犹清。

【注释】

①山林之士：指山林中的隐士。

②市井：街市、市场，含有粗俗鄙陋之意。

③沟壑：溪谷，山涧。

【译文】

在山林中过着隐士生活的人，虽然生活很清贫，但精神却很充实、生活安逸富有乐趣；种田的农夫，见识虽然粗俗鄙陋，但是却很真诚朴素。一旦投足到城市中，与奸诈商人屠夫同流合污，那不如死在山涧溪谷，还能够保持清白的名声。

不求非分之福，不贪无故之获

非分①之福，无故之获，非造物之钓饵②，即人世之机阱③。此处着眼不高，鲜不堕④彼术中矣。

【注释】

①非分：不合本分，非本分所应有。
②钓饵：钓鱼时用以引鱼上钩的食物，以此比喻引诱人的事物。
③机阱：陷阱。
④堕：掉下；落下。

【译文】

不是自己应该得到的东西，却不经意间得到了，如果不是上天用来考验你的诱饵，那就是别人用来陷害你的陷阱。为人处世要特别注意小心谨慎，不然很容易陷入狡诈的人设的圈套之中。

释道清静之门，常为淫邪渊薮

淫奔①之妇，矫而为尼；热中②之人，激③而入道。清净之门，常为淫邪之渊薮④也如此。吁！可嗤已。

【注释】

①淫奔：抛弃丈夫而和情人逃跑；旧时指私自投奔所爱的人（多指女子）。
②热中：对与自己相关的事物急于获得。
③激：激动，激烈。
④渊薮：比喻人或事物集中的地方。渊，深水。

【译文】

淫荡而和别人私奔的妇女，常常会到庙里当尼姑；沉迷于权势名位的人，常常会因为一时的激进而当了道士。远离俗世纷扰清静无为的地方，常常聚集着淫荡邪恶的人，唉，真是太令人嗤笑了。

身在事中，心超事外

波浪兼天，舟中不知惧①，而舟外者寒心②；猖狂骂座，席上不知警，而席外者咋舌③。故君子身虽在事中，心要超事④外也。

【注释】

①惧：惧怕，畏惧。
②寒心：因失望而痛心。
③咋舌：咬舌，形容吃惊、害怕，说不出话或不敢说话。
④超事：超脱世俗。

【译文】

处在惊波骇浪的境遇，坐在船上的人并不会感到害怕，然而在岸上的人看到了却很害怕；酒后肆无忌惮失口大骂，同桌的人并不会感到奇怪，但席外的人却很害怕的不敢说话。由此可见，君子虽然身陷俗世，却要有超脱的思想。

人生减省一分，便超脱一分

人生减省一分，便超脱一分。如交游①减，便免纷扰②；言语减，便寡愆尤；思虑减，则精神不耗；聪明减，则混沌③可完。彼不求日减而求日增，真桎梏④此生哉。

①交游：交结朋友。

②纷扰：混乱；纷乱骚扰。

③混沌：传说中指盘古开天辟地之前天地模糊一团的状态。此处指蒙昧无知的样子，也指纯真。

④桎梏：束缚，压制。

【译文】

为人处世能够有少些事情便会多些超脱的气质。交结朋友的数量减少，便会少些世俗的困扰；说话少一些，就会避免很多错误；思考的事情少一些，精神就不会消耗太多；不耍小聪明，就会保持纯真的本性。那些不仅觉得自己的事情少而要求一天天地有所增加，这样就等于是用枷锁把自己的一生牢牢地困住了。

【解悟】

圣贤也会有错

明朝时期的吕坤认为：从总体上讲，贤人所讲的话对于圣人来说不免会有缺点。奇怪的是那些庸俗的读书人，一听说是圣人所讲的话，就会竭力回避掩盖他的错误，还妄加推测让它通达正确；而一旦听说是贤人所说的话，就想尽办法来吹毛求疵，并且旁征博引来证明它的错误。比如有的人喜欢附会蒙骗别人，以为阳虎貌似孔子，优孟貌似孙叔敖就以貌取人，这就难免会认错人而最终受到别人的耻笑。

所以作为读书人必须应该认清事理。事物的道理所在之处，就算是狂人胡言乱语，也不会比圣人所讲的逊色。圣人难道就没有因一时感慨说出的话，而当作千古不变的训诫的言论吗？

尧舜二帝功绩伟大，道德修养全面，以至于连孔子这样的圣人都对他们赞不绝口。但是，就尧舜本身而言，他们的心中究竟对自己又有多少缺憾和不满足的地方呢？原本道是体悟不尽的，心也是难以满足的。有的时候是形势不允许，有时候却是个人的力量无法达到，圣人的内心世界是不能完全满足的。所以圣人身处在时势、名分、能力之中，而他的内心世界却超出了时势、名分、能力的范围。如果他知足了，那么就不是尧舜了。

爱好提问，爱好观察，不带有个人的成见，叫作志。碰上模棱两可的事情，不要在乎人家的议论，叫作定。把自己的主张付诸行动，又省去了为人为己的嫌疑，叫作化。

在没有过错的人群以外去寻找圣人，要找寻圣人不可能从没有缺陷、差错的人群之外去寻找完人，那也是找不到完人的。贤能而又具有智慧的人要在没有过错的人之外去寻找奇特之人，这是在危害道义。

有人说："那些不断进取的所谓狂人，动不动就大讲古人如何如何，而他本身所讲的话却不一定都能实现，这不就是行为举止无法顾及言语了吗？而孔子为什么却还要对这种人有所肯定呢？"因为，这种人和行为不顾及言论之人的，人品截然不同。

譬如射箭，将靶子树在百步之外，连射九箭都能射中，这是神箭养由基能做到的事情。假若用一个身体虚弱而又不善于射箭的人来射箭，起初拉弓弦的时候，他看着靶子也希望把箭射中，但是箭却射不到十步之外，连一丈见方那么大的目标也射不中，怎么又能说他没有想射中的意向呢？又怎么能知道他天天拉弓，月月射箭，练到头发都白了的时候，又怎么不会变成养由基那样出色的射手呢？

学者贵在有志向，圣人也都赞许有志向的人。胸襟狭窄的人说一尺就做一尺，见一寸就守一寸，孔子认为这种人差一等，他们的言行还不如努力进取的狂人。他们可取的地方在于认识到的就能够坚决地做到，却为他们的志向不够远大而抱憾。如今的人心安理得地处于简陋平凡的地方，甚至还厌恶那些有进取心求上进的人，把人家的所作所为说成是行为与言论不相符，以至于诽谤他们讲得对做的却不行。殊不知道修养成圣人没有一蹴而就的道理，希望成为圣人，怎么能在一个早上就会成功呢？哪里会有捷径和快速的方法呢？可能会有有志的人半途而废，没有志向的人却连半步也迈不出去的情况。

又有人问，不说话光是亲自去做又怎么样呢？答案是：这是相当聪明的人才能做到的事。如果智力在中等以下的人必须要讲求博学、审问、明辨，和志趣相投的人互相鼓励发奋努力，这也是讲的另一种方法，又怎么能不言说呢？假若是行不顾言，说的是一套，做的又是一套，表里不一，这种人又怎么可能和那奋发向上的所谓狂者同日而语呢？

对于自己长期以来所深爱的人，虽然是到了令人痛恶的地步也不会大发雷霆，这是因为习惯了爱的缘故；对于自己长期所憎恶的人，即使是被他的真情感动到令人欢喜的程度，也无法改变对他的厌恶，这是因为习惯于痛恨厌恶的缘故。只有圣人在用情时不会受到习惯的约束。

圣人有功于天地，只体现在"人事"这两个字上面。圣人只管尽力要求做到人为的努力而不说天命。这并非是不知道回天无力，而是因为人事必须要求这样做，根本无法顾得去计较。

君子为人处世，有自己的尺度和准则，这是很有道理的话呀。但是，法律尺度自尧、舜、禹、汤、文、武周、孔以来就只有

一个，就好比法令条文，是天下及古今大众所共同遵守的。倘若各家都自定法律，那么，每个人都有各自的法令，成为伯夷、伊尹、柳下惠他们那些人的法度了。因此说以道为法度的人，是任何时候都能按道理来行事的"时中之圣"人。

那些以气质作为法度的人，就是一个有些偏颇的圣者。圣人是指事物来临了就顺应着行事，普通人也是事物来临了就顺应着行事。但是，圣人的顺应行事，是从廓然大公而来的。因此回答应承别人的问话时，应答得如同炮响，而且又当然合情合理；行为举止的适应事物，好比从宫中取来各种物品，且又符合当行之理。而普通人的顺应，却是从任情随意中来的。因此应答别人的话时就好话丑话胡说乱道，很少与道理相吻合而为举止的适应事物，是否合适也是随心所欲的，且很少与理相适应。君子不然，不能顺应的时候，就不敢去顺应它，讨论了之后才敢说，说了之后却仍怕有错；计划好了之后才行动，就是行动开始了仍担心会后悔。这一切来自修养和省察。如今事情来临而顺应的人，人人都能做到，他们果真都能成为圣人吗？那真是可悲！

圣人和众人一样，圣人掌握了大家所掌握的道理。所不同的地方是，众人自己将圣人另眼相待罢了。

天道把变化无常当作常规，以清静无为当作有所作为。圣人把没有用心当作有所用心，把无所事事当成有事。万事万物都是希望各自的愿望得以实现，唯有圣人的心愿希望万物遂愿，而忘却了自己的遂愿。

做一个没有缺点的完人非常难。如果说生死存亡从头到尾都不犯一点过错那就更难。恐怕从古到今找不出几个这样的人。除开这以外的圣人，都是半截的圣人。前半生所犯的错误，留待后半生来修正补过，等到到了晚年，才能清清白白地成为一个较为完善的人，还原上苍赐予的本来面目。因此说，商汤王、周武王也是返璞归真成为圣人的。

所谓返归，就是说在没有返归之前有许多过失和错误。如今的人有了一点过错便自暴自弃，认为再也不能修复到圣人的境界。殊不知盗贼都允许其改过自新，有一点过失又有什么可怕的呢？只需看看最后的结果是变成一个什么样的人，以前的过错其实都是可以原谅的。

圣人的心中混杂了许多道理。寂静的时候如高悬的天平和镜子一样，感动的时候又如同决口的江河汹涌翻滚，他们不会无缘无故地产生一个好的念头。假若生发了善良的念头，那是因为心中还没有真正达到仁善境地。所以只有在白天克服了不属于直善的想法，然后才能保持夜间之气的清明。圣人的心一直像夜气一样清明，之所以能够看清楚各种事物的真正面目，是因为心中没有了无缘无故产生的欲念。

为官的施政与教化

做人需要做人的原则和技巧，为官也是一样，为官也须有为官的原则与技巧，以求全事保身。为官须做到公正廉洁，须爱护民众，这是前面已经阐述了的洪应明所论及的为官原则。此外，"畏小民"与"畏大人"，也是洪应明所论及的另一条为官原则。

国人有传统的敬畏之心。如《论语》中就记载有孔子之言："君子有三畏：畏天命，畏大人，畏圣人之言。小人不知天命而不畏也，狎大人，侮圣人之言。"不同人或因有敬畏之心，或因无知故无畏，从而在境界中造成本质上的差异。

而在洪应明看来，为官者对于"小民"——一般的百姓民众，也应该怀着一种敬畏，有了这种敬畏，就不会招来豪强蛮横的骂名。为官者对于"大人"——今天所说的"上级"，应该怀着一种敬畏之情，有了这种敬畏，就不会产生放任恣欲的意识。

这是一种十分清醒的意识，对此，可举例来说明。

唐太宗与魏征是一对千古名君名臣，不少人知道魏征敢于触犯龙颜，敢于不顾一切地极言直谏。但是，魏征并不鲁莽，他有他的准则。魏征向唐太宗说自己可以做个良臣，却不能做个忠臣。

唐太宗不解，魏征就说出了以下一番道理：所谓的"良臣"，流传千古，能辅助君王得到美誉，同时，他的家族也能兴旺自己的名字，子子孙孙可以繁衍。所谓的"忠臣"，碰上一个无道的君王，则有随时被诛杀的可能，在国破家亡之后，就只能留下一句"曾有一位忠臣"之类的美誉。可见"忠臣"和"良臣"差别之大。

这番既在理，又包含着称誉唐太宗之意的一席话，说得唐太宗连连点头，也表达了魏征的敬畏之心。因此，魏征的直谏，并非胡意乱来，他讲究委婉在理的技巧，以求取得最佳效应。这一点，唐太宗看在眼里，记在心上。他曾对别人说："人们都说魏征举动疏慢，我却见到他的妩媚。"（即《龙文鞭影》所说的"魏征妩媚"）由此，可见居官者"畏大人"的必要。

还是再以魏征向唐太宗的劝谏之言为例，说明"畏小民"的必要。

魏征多次劝唐太宗要切实地以隋朝亡国作为治国之鉴。为此，他将君王比喻为舟，将民众比喻为水，"水能载舟，也能覆舟。"强调君王要爱护民众，要轻徭薄赋，使民众真正得到休养生息。唯有如此，才可能有国家的长治久安。身为一国之君，要做到"居安思危，戒奢以俭"，否则，用强取豪夺的手段把民众推到死亡的边缘，最终只会促令民众揭竿而起，加快整个王朝的倾覆，也会招致千古骂名，遭历史唾弃。

唐太宗很是虚心接受关于君王要敬畏民众的谏言，并落实在励精图治的施政措施中，从而开出了"贞观之治"的一代盛世。

历史上，必须敬畏民众的原因，根植于民本思想。正如西汉初期的思想家贾谊所言："夫民者，万世之本也。故夫民者，大族也，民不可不畏也。故夫民者，多力而不可适（'敌'）也。"民众是最大的族类，具有不可抗拒的力量，所以，民众是千秋万代延续的根本。民为重，君为轻，民众也就是一切为君为臣者所不能也不敢不敬畏的对象。

这些思想在思考与表述的全面性与科学性方面，虽然不足以跟今天现代民主社会所信奉的民本理论相比拟，但其中的合理认识，确实包含着真理。为官的根本在于坚持原则，廉与公、爱民及畏大人畏小民，就是这些原则的一部分。原则必须不折不扣地坚持，否则，就会玷污了自己的一生人品，毁坏了民众的事业。传统文化用了一个字："方"，以形象地比喻这种必须坚持的方方正正的原则性。

洪应明尤其强调：为人为官者在"治世"，也就是安定而又有序的时代，应坚持原则性（所谓"处治世宜方"）。否则，谁缺乏了这种原则性，缺乏真切诚恳的心思，谁也就无异于乞丐，所作所为皆是虚浮。

在坚持原则性的前提下，洪应明还强调"圆"，也就是随机应变的灵活性。正如他所指出的那样，谁为人处世倘如像个木头人，缺少应有的委婉、灵活、变通、机智和情趣，那他就易处处碰壁。从古今纵横来看，那些能建奇功、成伟业的成功者，多是虚心婉转、善于灵活变通之人；而那些因把握不住机会而成事不足、败事有余者，定是愚顽固执之人。

对此可以举无数的例子，但篇幅却不允许。于是，此处仅仅提楚汉相争的双方统帅——项羽与刘邦。

刘邦可谓虚心而又善于变通之士。他的麾下，能拥有诸如韩信、张良、萧何等一批当时的良将贤相，并直接依靠他们及他们所统率的千军万马。以人和再加把握天时地利，虽屡经挫折，历经磨难，终踏上坦途，然后一统天下。再观项羽，却一味只会逞

匹夫之勇，表妇人之仁，不听良言，一意孤行，冥顽不灵，麾下的忠臣不被重用，就是仅有的一个忠心耿耿而又谋略出众的范增，最终也免不了被气走气死。终使曾经实力雄厚、横扫天下的楚军，变成了一群草木皆兵的乌合之众。项羽本人最后也只能落个霸王别姬、自刎乌江边的结局。

就在项羽临终前，他还固执地拒绝了最后一个机会：不肯渡江到江东，不再图东山再起。显然，在大败后再求翻身的方面，项羽远远不及卧薪尝胆的勾践。项羽所争的，仅是一时之胜负、一气之长短而已。正因为在应世处事上缺少"圆"，项羽虽是一个"力拔山兮气盖世"的英雄，但也不能成为扭转乾坤的一代枭雄。

历史上，刘邦与项羽同生活在秦朝末期的乱世中，只是两人的性格有不同。处世应事的方法有圆与方、灵活与固执的差异，经过反复的较量，高下立见，成败即现，命运也就大异其趣。

另外，洪应明还论及一点：若一个人生活在叔季之世——末世（在古代以"伯仲叔季"做兄弟长少顺序的称谓中，以"伯"为大、为始，以"季"为小、为末），也就是生活在朝代的末期，即由治世转向乱世的时期，那他就应方圆并用、原则与灵活并举，做到该坚持原则则坚持原则，该机智灵活则机智灵活。

关于处世的方与圆，柳宗元还这样讲：人应"方其中，圆其外。"为人须在内心保持方正刚直，待人接物时则须灵活圆通。可见方与圆、原则性与灵活性两者之间，有着一种辩证统一的关系。显然，有圆无方的圆滑乖巧，或有方无圆的固执死板，都不是成功者所取之道。

那么，为官者的灵活性，可体现在哪些方面呢？

在洪应明看来为官者在补救时弊、应对变故时，不妨随事势的发展趋向，注意采取适宜的方法，注意运用变通的措施，因其势而利导之。比如，在惩治贪婪者时，不是单纯讲一通廉洁的道理，而是有意激化他们的贪欲，欲擒故纵，使他们为此而付出得不偿失的代价。这样，就会使已利欲熏心的他们，学会看淡利欲。再如，在调解矛盾争斗时，不一定就是劝解争斗的双方降气，而是为争斗的双方助威，把矛盾推衍到极致，让包括争斗双方在内的众人，都看到其中的荒谬处。那么，就可以真正地平息双方争斗者的怒气。

下面这个故事，能很好地说明相关的道理。

清朝同治年间，浙江鄞县县令段广清在一次出巡的路途中，看到了一群人在围观一个农民与一米店老板吵架，他即停步询问原因。

原来，这个农民在进城时，不慎踩死了米店老板所养的一只小鸡。于是，米店老板揪住了这位农民，以这个小鸡是特别的品种为由，认为只需再养数月，就可长至九斤重，按一斤鸡肉值一百文钱的市价来计算，坚持要农民赔偿九百文钱才行。

但农民身上仅带了约三百文钱。于是，双方一语不合，当街争吵了起来。了解了事情的原委后，身为父母官的段广清平静地对农民说："你走路不小心，踩死了别人的小鸡，理应赔偿。他要求九百文钱的赔偿费，并不过分。你现在所带的钱不够，你可以将你穿的衣服马上拿去典当。如果还不够的话，我替你补足。"

农民无奈，只得将衣服典当了，得了三百文钱，再加上段广清补足的部分，米店老板心安理得地收下了这九百文钱的赔偿费。此情此景，农民及旁观者多心中不平，心中都很愤怒。

正当米店老板拿钱欲离去之时，他被段广清叫住了："你的小鸡虽再养数月，就可重达九斤，但它死时，实不足九斤。人人皆知，养肥一斤鸡需一斗米。现在，你的鸡死了，可省下九斗米。既然你获得了别人的赔偿，看来，你也应将这省下的九斗米还给别人才合理嘛。"

闻此，米店老板不敢抗命，只能乖乖地向农民交出九斗米。

此时，这位农民与旁观者，才恍然大悟，意识到段广清巧惩贪婪狡猾的米店老板的良苦用心。因为当时买一斗米的钱，就可买五至六斤鸡。这样，双方的争执就平息了。贪婪的米店老板，这回是赔了鸡又赔了米，似得实失，还招来了邻人的冷嘲热讽。日后再利欲熏心时，他也就不能不有所顾忌了。

段广清不愧为一个善于为民解忧的清官。他能做到不以忧国为民之言作为哗众取宠的招牌、自卖自夸的广告，而是平平实实地做来。这不仅反映了他淳朴厚重的一面，也反映出了他老练稳重的一面：不自语自夸我有爱国忧民之心，从而不给别有用心者滋生出种种毁谤的口实。这也正是洪应明所欣赏的那类做法。

从前有位老翁，有一女一婿。在他的发妻死后，他又续弦，后妻生了一个幼子。

老翁预立下遗嘱，说明了遗产的分配方法。遗嘱上的几句话，没有一个标点符号。

老翁死后，大家把遗嘱启封。女婿看了，就想把遗产全部取去。因为按照他的点读法，遗嘱是这样写的："七十老翁产一子，人曰：'非是也。'家业尽付与女婿，外人不得干预。"

老翁的后妻不服，认为遗嘱写的，应该是说把遗产交给她的儿子。所以，她就告到官府去。

经过县官判决：遗产应该交给老翁与后妻所生的幼子。

原来，照老翁的后妻和县官的读法，那个遗嘱是这样断句的："七十老翁产一子，人曰'非'，是也，家业尽付与。女婿外人不得干预。"

至于洪应明所说的"有其语则毁来"，可结合屈原的生平际遇来思考。此处就不展开了。

此外，居官者在施政与教化时，还要讲究相应的技巧。在这方面，洪应明所论及的三点内容，即使是到了今天，也还有值得领导者思索借鉴之处，它们是：

（1）在教化百姓方面，善于启迪百姓心智的人，总是依据百姓所易于明白的事理，来逐渐开通百姓的心智，并非一味强硬地灌输为百姓所不可理解的内容；善于在社会中移风易俗者，总是以社会所易于接受的方式，逐渐通过教化，以接近乃至达到返璞归真的目标，而不是轻易地矫正社会上的那些积习难返的问题。具体到对个别人的批评与教育，在批评时，语气不必太过严厉，要想到被批评者可以接受的限度；在教育时，目标不要定得太高，要想到被教育者能否依从实行。

（2）待人处事均应留有余地，也就是人情不应堵死，话不说尽，事不做绝。正因为待人而留有余地，主事者也就可以有延绵无尽的恩惠与礼遇施予别人，就可以据此来维系人的那些永无满足——也可以说是充满了好奇与期待的心理。如果处事而留有余地，那么，主事者也就可以拥有不枯竭的才干与智慧，足以提防或应付日后的突发事变。在洪应明看来，一个人事事都留有余地，那么，即使是天地鬼神（未知与神奇事物的代称），也不敢忌恨和损害他。如果做事必求做满、求功必求全功者，即使是自己所在的团队内部不生变故，也会招致外在的忧患。想想，这也正是秉承历史智慧到今天的我们还依然强调"谦受益，满招损"的缘故之一吧。

（3）对他人（包括下级）施以恩惠，予以奖赏，应该由浅入浓，先低潮后高潮。否则，先浓后浅，由高峰跌入低谷，他人也就不会记住并感念这种恩惠奖励的。对他人显示诸如法制纪律的威严，就应该开始于从严，然后趋向于从宽，否则，先从宽后从严，他人就会埋怨执政行法者过分残酷，不近人情世理。

洪应明尤其强调，对于别人的不足，要婉转地予以弥补缝合，否则，对此予以过分的渲染张扬，那是以短攻短；对于别人的固执，要善于感化教诲，否则，对此轻动忿怒而又生嫉恨之心，那只不过是在固执之上再加固执的表现罢了。这些，举重若轻，均可视为不激化矛盾，进而最终解决矛盾的有效手段。

关于以上三点，主要是想给读者留下更多结合历史与现实的例子而做举一反三之思的机会。读者诸君，可别以为以上那么多在道在情之理，仅是针对为官从政者而言的。因为为官的原则与技巧，首先是为人的原则与技巧。否则，为人不讲原则，为官也不会有原则。

花铺好色，人为好事

"君子幸列头角"与"春至时和"，可以说是生活中最值得欢乐的事，但同时学成之后，为官为吏更该做一些善事、布些德政。既然得意风光，不妨去造化于民、布福于民，乐善好施。经常救济别人，如融融眷日鸟转好音、花铺好色一样，赢得万众称颂，终是快乐的事。

杨逸从小读书勤学好问，29岁时就被魏庄帝授任为吏部郎中、平西将军、南秦州刺史、散骑常侍。以他这样的年龄而被委以如此重任，是前所未有的。此后，又被调任平东将军、光州刺史。杨逸在任光州刺史时，为治理光州，他费尽心思，不辞劳苦。当时战争频繁，兵荒马乱，民不聊生，杨逸一心只想处理事关百姓生计的大事，以求定安民心，稳定秩序。最难得的是他能放卜刺史的官架子，时常到百姓中视察抚慰。为办理公务，夜不安寝，食不甘味。

他懂得，要想天下太平，必须争取民心，而要想获得民心，必须问民疾苦，从点滴做起。因此，每当州中有人被征召从军，他一定要亲自送行，有时风吹日

晒，有时雪飘雨狂，许多人都坚持不住，但他却毫无倦意。治政、治军要讲究宽猛相济、恩威并施，杨逸也熟谙此道。他仁爱百姓，又法令严明。恶徒狂贼都不敢在州中惹是生非，全州境内，上下肃然。他最恨那些豪强奸诈之徒，在州中四处布下耳目，随时监督，稍有动静就立即剪除。他以严格的纪律约束部属，手下的官吏士兵到下面办事，都自带口粮。如有人摆下饭菜招待，即使在密室，也不敢答应。问其缘由，他们都说杨逸有千里眼，明察秋毫。

杨逸非常关心百姓疾苦。当时因连年灾荒，饿死很多人，杨逸为此心急如焚，决定开仓放粮赈灾，救百姓于水火之中。可管粮的官吏惧怕私自动用国库存粮会招致大祸，执意不肯。杨逸也明白，不经上奏批准，擅自发粮，如果朝廷怪罪，将有性命之虞。可是要按常规具文请奏，等待批答，文书往来，颇费时日，不知又要饿死多少百姓。因此，他宁可获罪，也要放粮。他坚决地对手下人说："国以民为本，民以食为天，百姓不足，君王岂能有足。开仓放粮由我而定，责任亦由我一人担当，即使获罪，我也心甘情愿。"随即果断下令开仓，将粟米发给了饱受饥饿煎熬的百姓。然后，杨逸马上写好奏章，向朝廷申说详情。

奏章送到朝中后，庄帝与群臣议事。以右仆射元罗为首的大臣认为国库储粮不可轻易动用，杨逸之请，应予驳回。尚书令、临淮王元或则认为形势紧急，应贷粮二万。最后庄帝恩准二万。杨逸放粮后，还有为数不少的老幼病残者仍难活命，于是他便派人在州府门口摆上了大锅煮粥，施舍给这些人，使之不致饿死。杨逸之举，如同雪中送炭，解民于倒悬。那些即将饿死而因杨逸及时赈济终于活了下来的百姓竟然数以万计。庄帝闻听事情本末，也以为处置得宜，连连称赞。

后来，杨逸惨遭家祸，朱仲远派人到光州将其杀害，当时年仅32岁。全州上下，士吏百姓，听到凶讯后，如同失去了自己的亲人一般悲哀，城镇村落都摆斋设祭，追悼这位年轻仁爱的刺史，一个月始终没有断过。

超越天地，不入名利

不为身外物所累，才能活得洒脱。不受富贵名利的诱惑，具有高风亮节的君子，其胜过争名夺利的小人的一个重要因素，在于君子保持自我的人格和远大的理想，超然物外，不为任何权势所左右，甚至连造物主也无法约束他。

三国时期，管宁拒绝公孙瓒授予他的高位，管宁还谢绝了公孙瓒的挽留，不住公孙瓒为他准备好的华丽住宅，而决定到人迹罕至的深山定居。当时，来到辽东避难的士民百姓多居住在辽东郡的南部，以随时关注中原局势，准备在中原安定之后，返回故乡。独管宁定居于辽东北部深山，以表明终老于此地，不复还家之志。他在入山之初，居住在临时依山搭建的草庐之中。然后，马上着手凿岩为洞，作为自己的永久居室。

管宁道德高尚，闻名遐迩。他在深山定居不久，许多仰慕他的人都追随他到山中，以垦辟田地谋生。不久，在管宁定居的地方，都能听到鸡鸣狗叫，人烟稠密，自成邑聚。

管宁是笃信好学守死善道的儒生。他以为无论何时何地，都应该按照儒学礼制规范人们的言行。因而，在他的周围聚集了众多的避难者之后，他就向人们宣讲《诗经》《尚书》等儒家经典，并陈设俎豆，饰威仪，讲礼让。他自己则身体力行，以高尚的道德感化民众。在他们居住的深山中，地下水位很低，凿井不易。仅有的一口水井又很深，汲水困难。因此，每当打水总是男女错杂，有违儒家礼制。有时，还发生因争先恐后而吵闹以至械斗之事。管宁看在眼里，忧在心中。后来，他自己出钱买了许多水桶，命人悄悄地打满水，分置井旁，以待来打水的人。那些年轻气盛的粗莽壮汉，见到井边常有盛得满满的水桶排列整整齐齐，个个惊奇万分。他们终于打听到是管宁为避免邻里争斗而为之，不由得反躬自省而羞惭万分，遂各自责，相约不复争斗。之后，邻里和睦，安居乐业。

有一次，邻居家的一头牛，践踏管宁的田地，啃吃田中的禾苗。管宁没有把牛打跑，是怕这头无人管束的牛被山中野兽咬死。他命手下人把牛牵到阴凉之处，饮水喂食，照料得很细心。牛主失牛之后，到处寻找牛的下落。当他看到自己的牛非但没有被殴打，而且受到无微不至的照料，十分愧疚，千恩万谢地离去了。管宁以自己宽容礼让的节操感化了周围的民众。他的名声也传遍了辽东郡。原本因管宁不愿与自己合作而心怀不满，进而又对其来意疑虑重重的公孙瓒，也理解了管宁隐居求志的初衷，于是也对他放心了。

遵从大义，相信自我。一个有为的人理应锻炼自己的意志，开阔自己的心胸，铸造自己的人格，不为眼前的名利所累，具有人定胜天的气概，广阔天地任我驰骋。

看人只看后半截

"杜十娘怒沉百宝箱"是明朝文学家冯梦龙所编辑的话本集《警世通言》中的一则有名的故事。

故事的主人公杜十娘，是明朝万历年间的名妓。她在风尘中堕入烟花生涯，却久有摆脱烟花生涯、从良之志，有寻到爱情与人生归宿的强烈希冀。

七年后，杜十娘与貌似忠厚的李甲相识后，相恋相爱。她于是认定李甲就是值得自己信赖的人，并一步步地将终身希望寄托在李甲的身上。她先是设计考验李甲，然后再设计出资将自己赎出妓院。在杜十娘即将能获得一个女人的平凡而又正常的生活时，李甲却因承受不住家庭的压力和财富的诱惑，于是将她转卖给出资千金的盐商孙富。

面对这意想不到的变故，刚烈的杜十娘宁死不从，她愤然指斥了贪利忘义的李甲后，抱着价值逾万金的百宝箱同沉江底，以一死来表明她义无反顾的从良抉择，表明她对爱情与人格尊严的至死不渝的追求。这也是数百年来，作为文学形象的杜十娘，之所以赢得千万读者的唏嘘同情与怜惜的关键所在。如果说杜十娘仅是文学上的典型悲剧形象，难免有些虚假。那么，因从良而走向另一种为主流文化所认可结局的烟花女，是否真的存在过呢？

答案是肯定的。历史上那些局限在才子佳人模式中的例子，自不待言。

苏东坡曾经在一次宴会上，看到了时为歌妓的王朝云，被朝云的轻盈曼舞尤其是清新、高雅的气质所打动，于是娶她为妾，倍加宠爱。

当时，苏东坡写了历史上著名的《饮湖上初晴后雨》："水光潋滟晴方好，山色空蒙雨亦奇；欲把西湖比西子，浓妆淡抹总相宜。"这首诗，明的是写西湖旖旎风光，实际上还寄寓了他初遇朝云时为之心动的情感。

苏东坡在历史上，以性情豪爽、了无城府而著称。他常常在诗词中畅论政见，数次因得罪当朝权贵而遭贬。而在苏东坡的妻妾中，当数朝云最了解东坡心意。

有一天，苏东坡曾指着自己的腹部，向身边人发问："你们有谁知道，我这里面有些什么？"

有人说："文章。"有人答："见识。"

苏东坡频频摇头。此时朝云笑答："您满肚子都是不合时宜。"苏东坡闻言赞道："知我者，非朝云莫属。"

后来，苏东坡因"乌台诗案"被贬为黄州副使，之后再贬到广东惠州。朝云随苏轼到惠州时，才三十岁出头，而苏东坡已年近花甲。眼看主人再无东山再起的希望，苏东坡身边的侍妾都陆续离去，但是只有朝云始终如一，追随着苏东坡长途跋涉，翻山越岭到了惠州。在这期间，朝云始终紧紧相随，陪伴在苏东坡身旁，和他一起过着颠沛流离的生活。朝云的坚贞，是他艰难困苦最大的精神安慰。苏东坡在惠州的生活，和朝云的爱情密切相连。

不料造化弄人。在惠州，朝云这样一位善解人意通情达理的女子，并没有陪伴老迈的苏轼走完他的人生之路，她因突染瘟疫，反而先离开了尘世。当时，朝云已是虔诚的佛教徒，她在临终前，握着苏东坡的手，念着《金刚经》上的偈语："一切有为法，如梦、幻、泡、影，如露，亦如电，应作如是观。"这表明了她对禅道的彻悟，以及对生死智慧的洞彻。

按照朝云的遗愿，苏东坡把她安葬在惠州西湖孤山南麓栖禅寺大圣塔下的松林之中。在这个僻静的地方，经常有阵阵松涛和禅寺的暮鼓晨钟相伴。后人在朝云的墓前修了一座亭子，取《金刚经》的偈语意，名为"六如亭"，亭柱上镌有苏东坡亲自撰写的一副楹联："不合时宜，唯有朝云能识我；独弹古调，每逢暮雨倍思卿。"透射出苏东坡对一生坎坷际遇的感叹，更饱含着对红颜知己的无限深情。

后来，虽经历史变迁，朝云墓和"六如亭"经后人多次重修，至今仍是惠州西湖的重要古迹，使不同时代的瞻仰者，得以来此凭吊，发幽古之思情，感慨系之……

再以现代旅法艺术家张玉良（1899—1977年）的身世而言，也是著名的一例。

张玉良幼年时，父母双亡，十四岁时，被愚昧无知的舅舅卖到了烟花馆。一个偶然的契机，使她告别了妓女生涯，当上了当时海关监督潘赞化的妾侍，并因绘画的爱好而得以迈入艺术的殿堂。日后，她凭着对艺术的执着追求，师从于刘海粟等大师，两度出国深造，终于成为高等学

府的美术教授、驰名世界艺坛的著名画家与雕塑家。她的作品多次获国际奖，她还是第一个有作品被著名的法国现代美术馆珍藏的中国艺术家。显然，瑕不掩瑜，她的一生可说是与命运抗争的一生，自爱、自尊、自信和自强，促使她攀上了艺坛的巅峰。

结合这些事例，还有李香君、柳如是等人的风骨与遭际。不难看到，洪应明在他所生活的封建时代，能对真诚从良的妓女，抱着同情、宽容、理解乃至是褒赞的态度，的确有超越世俗之见的合理成分。放眼那些犯过错误而现在已在用实际行动补救，对那些曾失足而现在已知悔改的浪子，对弥补过失的同志……类似的态度也是可以引申过渡的。

当然，洪应明据此论证"看人只看后半截"的评人观，的确有不够全面、不够辩证的方面。因为评价一个人，应按照全面的评世议人观来评判，而不应是仅论及这个人的前半生或后半世，不应厚此薄彼，不应做任意的歪曲与主观的避讳，这是十分明确的。

同时，当我们抱着不苛求古人的态度，辩证地看待"看人只看后半截"的评人观时，可以看到其中蕴含的真理的颗粒。

其一，因为一个人的人生后半截是前半截的延续，后半生的处世融会了前半生的体悟。所以，每个人的后半生应该变得更成熟，活得更理智，而不是相反。如果说，上帝也会饶恕犯了过错的年轻人，是因为他的幼稚所致，那么，一个暮年者倘若失去了晚节，类似的辩解理由就显得苍白无力了。而且那些身处"59岁现象"的角色，也失去了从善改过的时间与空间。因此，失去晚节者往往为人所不齿。从这个意义上言，后半截确是至关重要的。

其二，一个人能否保持晚节、珍惜晚节，在人生的旅途上，也就是至为重要的浓厚一笔。中外一些深受《菜根谭》思想影响的企业家，根据洪应明此则论点，得出的结论就是——"人生最重要的是晚年"，因为这关系到人生的福祸与荣辱。

其三，人们在给一个人盖棺定论时，在内涵上，被评价者的人生后期，最可能产生升华与超越。在时间上，被评价者的后半生是离现时最近的，这也会使一般人产生错觉，认为可由他的后半生推知他的前半生。

施之不求，求之无功

人应有助人为乐的精神，并且要把它上升为一种高尚的道德情操。所谓"有心为善虽善不赏，无心为恶虽恶不罚"。假如抱着沽名钓誉的心态来行善，即使已经行了善也不会得到任何回报，出于至诚的同情心付出的可能不多，受者却足可感到人间真情。所以，施恩惠的人应该不求回报，有所求反而会没有功效。

隋朝李士谦把几千石粮食借给了同乡的人。刚巧这年粮食没有丰收，借粮的人家无法偿还。李士谦把所有的借粮人请来，摆下酒食招待他们，并当着他们的面把债券都烧了，说："债务了结了。"第二年粮食大丰收，借了粮食的人都争着来还债，李士谦一概拒绝不受。有人对他说："你积了很多阴德。"李士谦说："做了人们不知道的好事才叫阴德。而我现在的行为，都是你知道的。还不叫阴德。"

李士谦没有乘人之危，逼债逞狂，而是以慈怜为本，以爱心示人，一焚券了债，二拒人还债。有恩于人不居恩自播，确能得到人们的爱戴，他死后百姓恸哭不已就是明证。拔一毛而利天下可为，自产利他人亦可为，施者无所求，公道自在人心，他得到的

回报是无价的。

施恩惠于人而不求回报，"为善不欲人知"，是一种发自内心的真诚。

名不独享，过不推脱

从洪应明的为人处世观点中我们应该学到：做人应当敢于承担责任，不能只沾美名，逃避责任。从历史上看，一个人有伟大的政绩和赫赫的战功，常常会遭受他人的嫉妒和猜疑。

历代君主多半都杀戮开国功臣，因此才有"功高震主者身危"的名言出现，只有像张良那样功成身退善于明哲保身的人才能防患于未然。所以君子都宜明了居功之害。遇到好事，总要分一些给其他人，绝不自己独享，否则易招致他人怨恨，甚至杀身之祸。

完美名节的反面就是败德乱行，人人都喜欢美誉而讨厌污名。污名固然能毁坏一个人的名誉，然而一旦不幸遇到污名降身，也不可以全部推给别人，一定要自己面对现实承担一部分，使自己的胸怀显得磊落。只有具备这样的涵养德行的人，才算是最完美而又清高脱俗的人。对待名利的良策就是让名利引咎。

隋文帝的妻子独孤皇后。她虽然身为皇后，而且家族世代富贵，但她却并不仗势凌人、爱慕虚荣，而是以社稷为重。突厥与隋朝通商，有价值八百万的一篚明珠，幽州总管阴寿准备买下来献给皇后。皇后知道后断然回绝说："明珠不是我急用的。当今敌人屡犯边境，我军将士疲劳，不如把这八百万分赏有功将士。"皇后喜爱读书，待人和蔼，百官对她敬重有加。有人引用周礼，提议让皇后统辖百官妻室。皇后不愿开妇人涉政的先例，没有接受。大都督崔长仁是皇后的表兄弟，犯了死罪，隋文帝碍于皇后情面，想免他的罪。皇后却能从维护国家利益出发，顾全大局，她说："国家大业，焉能顾私。"崔长仁最后受到律法的严惩。

独孤皇后不收明珠，却把它分赏将士；表兄弟违法犯罪，她却不因权徇私；独孤皇后的这些举动确实做到了不露锋芒。因此，她也远离了许多祸害，更重要的是保持了名节。

放得功名，便可脱凡

许多人都说荣辱如流水，富贵似浮云，但始终摆脱不了功利、虚名、荣华，身受束缚，结果身名俱损。"人人都说神仙好，唯有功名忘不了"，结果是"荒冢一堆草没了"，这是《红楼梦》中一段很精彩的《好了歌》。说到底，只有"好"，才能"了"，关键在于"了"字。这个"了"看似容易，但做起来却极难。

严子陵，会稽余姚人，我国古代著名的隐士。他的本名叫严光，字子陵。严光年轻时就是一位名士，才学和品德都很受人推崇。当时，严光曾与后来的汉光武帝刘秀一道游学，二人是同窗好友。

后来，刘秀成为中兴汉朝的光武帝，光武帝便想起了自己的这位老同学。因为找不到叫严光的人，所以就命画家画了严光的形貌，然后派人"按图索骥"，拿着严光的画像四处去寻访。过了一段时间之后，齐国那个地方有人汇报说："发现了一个男人，和画像上的那个人长得很像，整天披着一件羊皮衣服在一个湖边钓鱼。"刘秀听后，认为严光就是那个钓鱼的人，于是就派了使者，驾着车，带着厚礼前去聘请。使者前后去了三次才把此人请来，而且此人果然就是严光。刘秀高兴极了，立刻把严光安排住处，并派了专人伺候。

司徒曹霸与严光是故人，听说严光来到朝中，便派了自己的属下侯子道拿自己的亲笔信去请严光。侯子道见了严光，严光正在床上躺着。他也不起床，就伸手接过曹霸的信，坐在床上读了一遍。然后问侯子道："君房（曹霸的字）这人有点痴呆，现在坐了三公之位，是不是还经常出岔子呀？"侯子道说："曹公现在位极人臣，身处一人之下万人之上，已经不痴了。"严光又问："你来做什么？来的时候都嘱咐你什么了?"

侯子道说:"曹公听说您来了,非常高兴,特别想跟您聊聊天,可是公务太忙,抽不开身。所以想请您等到晚上亲自见他。"严光笑着说:"你说他不痴,可是他教你的这番话还不是痴语吗?天子派人请我,千里迢迢,往返三次我才不得不来。皇上都没见呢,别说是曹公了。"

侯子道请他给曹公写封回信,严光说:"我的手不能写字。"然后口授道:"君房足下:位至鼎足,甚善。怀仁辅义天下悦,阿庚顺旨要断绝。"侯子道嫌这回信太简单了,请严光再多说几句。严光说:"这不是买菜添秤,说清楚就行了。"曹霸得到严光的回信很生气,第二天一上朝便在刘秀面前告了一状。光武帝听了只是哈哈大笑,说:"这可真是狂奴故态呀!你不能和这种书生一般见识,他这种人就是这么一副样子!"曹霸见皇上如此庇护严光,也就没说什么了。

刘秀劝过曹霸,当时便下令起驾去见严光。皇上来了,严光仍是卧床不起,也不出门迎接,光武帝明知严光作态,也不说破。只管走

进他的卧室,把手伸进被窝,抚摸着严光的肚皮说:"好你个严光啊,我费了那么大的劲把你请来,你却一点都没有帮助我。"

严光仍然装睡不应。过了好一会儿,他才张开眼睛看着刘秀说:"以前,帝尧要把自己的皇位让给许由,许由不干,和巢父说到禅让,巢父赶快到河边洗耳朵。士各有志,你干什么非要使我为难呢?"光武帝连声叹道:"子陵啊,子陵!以咱俩之间的交情,我竟然不能使你折节,放

下你的臭架子吗？"严光此时竟又翻身睡去了。刘秀没办法只好摇着头登车而去了。

几天后，光武帝派人把严光请进宫里，两人推杯论盏，把酒话旧，说了几天知心话。

刘秀问严光："我和以前相比，有变化吗？"严光说："我看你好像比以前胖了些。"

这天晚上，二人抵足而卧，睡在了一个被窝。严光睡着以后，把脚放在了刘秀的身上。第二天，主管天文的太史启奏道："昨夜有客星冲撞帝星，好像圣上特别危险。"刘秀听了大笑道："没事，那是我的故人严子陵和我共卧而已。"

刘秀封严光为谏议大夫，想把严光留在朝中。但严光坚决不肯接受那种做官的束缚，最终还是离开了刘秀，躲到杭州郊外的富春江隐居去了。后来光武帝又曾下诏征严光入京做官，但都被严光回绝了。严光一直隐居在富春江的家中，直到80岁才去世。为了表示对他的崇敬，后人把严光隐居钓鱼的地方命名为"严陵濑"。传说是严光钓鱼时蹲坐的那块石头，也被人称为"严陵钓坛"。

由于严光不屈于权势，不惑于富贵，正是孟子所说的"威武不能屈，富贵不能淫"的精神，因此成为儒教所推崇的隐士典范。可谓放得功名，便可脱俗。

穷寇勿追，为鼠留路

在征服者已经把被征服者置于必败之险境的同时，为自己留有一点余地是必要的。有三种是人在面临绝境的想法：一是坐以待毙；二是全力挣扎，以死相拼；三是竭尽自己的智慧，积极地寻求摆脱的办法。第二、三种想法深刻提醒着那些暂时得势的征服者：斩草除根固然重要，但"置人于死地"也往往容易激起更大的反弹力，反而可能会瞬间成败易位。

河北平定之后，曹仁跟随曹操包围壶关。曹操下令说："城破以后，把俘虏全部活埋。"但是连续几个月都攻不下来。曹仁对曹操说："围城一定要让敌人看到逃生的门路，这是给敌人敞开一条生路。如果你告诉他们只有死路，敌人会人人奋勇守卫。而且城池坚固粮食又多，攻则会伤亡士兵，围守便会旷日持久。今日陈兵在坚城的下面，去攻击拼命地敌人，不是好办法。"曹操采纳了他的意见，城上守军投降了。

胜败乃兵家常事。而每一战的胜利，都可能有一批降者。如何对待降者，霸主们或杀或留，自有一番主张。虽然对于降者斩尽杀绝的做法，可以起到斩草除根的作用，但是英明的霸主是不会杀降者的。曹操一生不杀降的事很多，收编青州黄巾军即为其一。

曹操打败于毒的黑山军后，于兖州东郡为立足点，做了名副其实的东郡太守。名声大振后，采纳陈宫策略，决定先平定黄巾，再图取天下。于是曹操向青州黄巾军发起进攻。当黄巾军退至济北时，已是寒冬十二月，衣食接济很困难。曹操敦促黄巾军投降。

经谈判后，黄巾军数十万人向曹操投降，愿意接受他的指挥。曹操非常高兴，宣布既往不咎，一个也不加伤害，将其中的老幼妇女缺乏作战能力的，全部安排在乡间从事生产，挑选其中精壮者五六万人，组成"青州军"。这样，曹操的军事力量得到增强，有了一支同其他势力抗衡的武装队伍。

同时，曹操也不计较像张绣那样降而复叛，叛而复降，并致使爱将典韦、长子曹昂、侄儿曹安民丧生的投归者，并表示热烈欢迎，立即任命他为扬武将军，封他为列侯，还与他结为儿女亲家，为己子曹均娶了张绣的女儿。在后来的官渡之战中，张绣为曹操打败袁绍立下了战功。

因此曹操的一生，虽然杀了很多人，但他固不杀降者，确实壮大了自己的力量，向天下人显示了自己的宽阔胸怀和不计私怨的品格，从而为曹操取信于天下，争取更多的智能之士归附他，起到了积极的作用。

不怕小人，怕伪君子

俗话说，明枪易躲，暗箭难防。生活中有很多防不胜防的暗箭。许多道貌岸然的人看上去像是忠厚的君子，其实肚子里净是阴谋诡计男盗女娼。像这种伪君子理应受到社会的唾弃。但在现实生活中，这些披着道德外衣的人往往还能得逞于一时，欺世盗名。由于披上了一层伪装，所以就更难认清了。

王安石在变法的过程中，视吕惠卿为自己最得力的助手和最知心的朋友，一再向神宗皇帝推荐，并予以重用。朝中之事，无论巨细，全都与吕惠卿商量之后才实施。所有变法的具体内容，都是根据王安石的想法，由吕惠卿事先书写成文及实施细则，再交付朝廷颁发推行。

当时，变法受到了很大的阻力，尽管有神宗的支持，但还是不知道能不能成功。在这种情况下，王安石认为，变法的成败关系到两人的身家性命，并一厢情愿地把吕惠卿当成了自己推行变法的主要助手，是可以同甘苦共患难的"同志"。然而，虽然吕惠卿千方百计讨好王安石，并且积极地投身于变法，却有自己的小九九。他不过是想通过变法来为自己捞取个人的好处罢了。对于这一点，当时一些有眼光、有远见的大臣早已洞若观火。

司马光曾当面对宋神宗说："吕惠卿可算不了什么人才，将来使王安石遭到天下人反对，一

定都是吕惠卿干的！"又说："王安石的确是一名贤相，但他不应该信任吕惠卿。吕惠卿是一个地道的奸邪之辈，他给王安石出谋划策，王安石出面去执行，这样一来，天下之人将王安石和他都看成奸邪了。"后来，司马光被吕惠卿排挤出朝廷，临离京前，一连数次给王安石写信，提醒说："吕惠卿之类的谄谀小人，现在都依附于你，想借变法为名，作为自己向上爬的资本，在你当政之时，他们对你自然百依百顺。你一旦失势，他们肯定会以出卖你作为自己新的晋身之阶。"

吕惠卿的伪君子手段果然是大见其效，王安石一点都没听进去这些话，他已完全把吕惠卿当成了同舟共济、志同道合的变法同伴，甚至在吕惠卿暗中捣鬼使他被迫辞去宰相职务时，王安石仍然觉得吕惠卿对自己如同儿子对父亲一般忠顺。并认为只有吕惠卿能够真正坚持变法，便大力推荐吕惠卿担任副宰相职务。王安石失势后，吕惠卿马上露出了小人嘴脸，不仅立刻背叛了王安石，而且为了想取代王安石的宰相之位，担心王安石还会重新还朝执政，便立即对王安石进行打击陷害。先是将王安石的两个弟弟贬至偏远的外郡，然后便将攻击的矛头直接指向了王安石。

吕惠卿真是一个伪君子，当年王安石视他为左膀右臂时，什么话都对他说。一次在讨论一件政事时，因还没有最后拿定主意，便写信嘱咐吕惠卿："这件事先不要让皇上知道。"就在当年"同舟"之时，吕惠卿便有预谋地将这封信留了下来。此时，便以此为把柄，将信交给了皇帝，告王安石一个欺君之罪，他要借皇上的刀，为自己除掉心腹大患。在封建时代，欺君可是一个天大的罪名，轻则贬官削职，重则坐牢杀头。吕惠卿就是希望彻底断送王安石的前途。虽然说最后因宋神宗对王安石还顾念旧情，而没有追究他的"欺君"之罪，但毕竟已被吕惠卿的"软刀子"刺得伤痕累累。

现实生活中，有很多这样的人。当你得势时，他恭维你、追随你，表示出愿意为你赴汤蹈火的热情；但同时也在暗中窥伺你、算计你，搜寻和积累着你的失言、失行，作为有朝一日打击你、陷害你并取而代之的秘密武器。你可以防备公开的、明显的对手，但是像这种以心腹、密友的面目出现的伪君子，实在令人防不胜防。

身居逆境，砥节砺行

居逆境固然是痛苦压抑的，但对一个有作为、能自省的人来讲，在各种磨砺中可以锻炼自己的意志，修正自己的不足，一旦有了机会，就可能由逆向顺。居顺当然是好事，但对于一个没有良好的品质和远大追求的人来讲，优裕环境中往往容易堕落腐败，这和在清苦环境中的容易发奋上进道理一样。如果生活太优裕，就容易游手好闲不肯奋斗；反之如果处在艰苦穷困的环境中，"穷则变，变则通"。所以贫与富不是绝对不变的，我们应该用辩证的观点看待人生的起落顺逆。顺与逆也是可以相互转化的。

商鞅变法后，秦国越来越强大。面对着这种趋势，其他六国不免恐慌起来。有的主张六国联合起来，共同抵抗秦，这种主张被叫作合纵；有的主张六国中的任何一国联合秦国，来攻击其他国家，这种主张被叫作连横。在这场"合纵连横"活动中出现了许多能言善辩、靠游说获得禄、进仕途的游士、说客。苏秦就是其中一个典型的代表。

苏秦出身于农民家庭，家境贫穷。他读书时，生活非常艰苦，饿极了就把自己的长发剪下去卖点钱。他还常常帮人抄写书简，这样既可以换饭吃，又可以在抄书简的同时学到很多知识。这时，苏秦以为自己的学识已差不多了，就外出游说。他想见周天子，当面陈述自己的政见、对时势的看法，但没有人为他引荐。

他来到西方的秦国，求见秦惠文王，向他献计怎样兼并六国，实现统一。秦惠文王客气地拒绝他说："你的主意很好，恐怕我还做不到啊！"苏秦想，建议不被采纳，能给个一官半职也好嘛，可是他什么也没有得到。他在秦国耐着性子等了一年多，家里带来的盘缠都花光了，生活非常困难，无奈之下，只好长途跋涉回家去。

苏秦回到家里，家人看见他狼狈的样子很不高兴，都不理他，父母不与他说话，妻子坐在织机上只顾织布，看也不看他。他放下行李，又累又饿，求嫂嫂给他弄点饭吃，嫂嫂不仅不听，还奚落了他一顿。在一家人的责怪下，苏秦非常难过。他想：我就这么没出息吗？出外游说，宣传我的主张，为什么不被接受呢？那一定是自己没有把书读透，没有把道理讲清楚。他感到很惭愧，暗暗下决心，要把兵法研习好。

有了决心，自然就要行动。白天，他跟兄弟一起劳动，晚上就刻苦学习，直到深夜。夜深人静时，他读着读着就疲倦了，总想睡觉，眼皮粘到一块儿怎么也睁不开。他气极了，骂自己没出息。他想，瞌睡是一个大魔鬼，我一定要想法治治它！结果，他找来一把锥子，当困劲上来的时候，就用锥子往大腿上一刺，血流出来了。这样虽然很疼，但这一疼就把瞌睡冲走了。精神振作起来，他又继续读书。经历一年的苦读，苏秦掌握了姜太公的兵法，他还研究了各诸侯国的特点，以及它们之间的利害冲突，他又研究了诸侯的心理，以便于游说他们的时候，自己的意见、主张能被采纳。这时苏秦觉得已有成功的条件，他再次出家，信心十足地踏上了游说之路。

公元前333年，六国诸侯正式订立合纵的盟约，大家一致推苏秦为"纵约长"，把六国的相印都交给他，让他专门管理联盟的事。苏秦的努力获得了成功。

受挫自省，不怨天尤人；刺股律己，终成大器。苏秦的成才之路，告诉我们一定要正确对待逆境，在逆境中努力拼搏，最终就会实现自己的目标。

己所不欲，勿施于人

"己所不欲，勿施于人"指的是用以己度人、推己及人的方式处理问题。这样可以形成重大局、守信用、不计前嫌、不报私仇的氛

退贪残，宽免租税，抚恤孤寡，昭雪冤案，查禁奸盗。过了不久，境内得到很好的治理，没过几年，民富国强，上下一心。

913年11月，李存勖率兵攻燕，刘仁恭父子被擒。10年之后，即923年，李存勖登基为皇帝，建国号为唐。同年出兵进攻梁。这时朱温已死，梁国皇帝是他的儿子朱友贞。朱友贞抵挡不住唐军的攻势而自杀。李存勖把朱友贞君臣的头用漆涂了收藏在太庙。

三个仇家刚收拾了两个，他却不可一世起来，开始花天酒地，打猎游玩，不然就与戏子们混在一起，亲自粉墨登场，国事家仇都抛到了脑后。戏子郭门高任亲军指挥使，部下有人作乱，事发被诛。李存勖说这是受了郭门高的指使，这使郭极为害怕，便趁李存勖的养子李嗣源造反的机会，率领部下攻入宫中，射死了李存勖。欧阳修的《伶官传序》中曾写道："故方其盛也，举天下豪杰，莫能与之争；及其衰也，数十伶人困之而身死国灭，为天下笑。"

因此，滋生自负、自满的情绪往往都是因为壮大。

天道忌盈，业不求满

俗话说，做日短、看日长。要考虑到将来的前程，设身处地地想，人生的福分就像银行里的存款，不能一下子就透支，应当好好珍惜，精打细算，方能细水长流。不因一时贪心毁坏将来的名声，抱着平常心，才是得乐的好办法。

商鞅，姓公孙，所以也叫卫鞅或公孙鞅。战国时期的卫国人，他原本在魏国宰相公叔座手下任中庶子，帮助公叔座掌管公族事务。因商鞅的才华受到公叔座的欣赏，曾建议魏惠王用商鞅为相，但魏惠王瞧不起商鞅，便没有答应。公叔座死前又向魏王建议，魏王仍没有起用商鞅。

公叔座死后，失去了靠山的商鞅便投奔到了秦国。通过宠臣景监的荐举，秦孝公多次同商鞅长谈，发现商鞅是个难得的治国奇才，便"以卫鞅为左庶长，卒定变法之令"。因为当时新兴地主阶级认为封建生产关系已经登上政治舞台，社会正处于新兴的封建制取代奴隶制的大变革时期，商鞅变法正好适应了社会变革的需要。所以秦孝公才看重商鞅，同时秦孝公也是一位奋发有为的君主，商鞅提出的一整套富国强兵的办法，也正是他所想的。

商鞅变法的主要内容是：废除井田制，从法律上确认封建土地所有制，"为田于阡陌封疆，而赋税平"。商鞅特别重视农业生产，鼓励垦荒以扩大耕地面积；建立按农、按战功授予官爵的新体制，以确立封建等级制度；废除奴隶制的分封制，普遍实行法治，主张刑无等级。

商鞅变法的内容基本都是促使社会发展的进步措施，当然会受到许多守旧"巨室"的反对。变法之初，专程赶到国都来"言初令之不便者以千数"，甚至太子还带头犯法。为了使变法顺利实施，商鞅毫不留情，"刑其傅公子虔，黥其师公孙贾"，真正做到了"王子犯法与庶民同罪"。结果，新法实行十年，秦国便国富兵强，乡邑大治。最后，秦孝公成为战国霸主。

然而，正当商鞅在秦国功勋卓著的时候，他的心情却反而感到孤寂和迷惘，他自己也弄不懂为什么会这样。于是，商鞅便去请教一个名叫赵良的隐士。他对赵良说，秦国原本和戎狄相似，我通过移风易俗加以改除，让人们父子有序，男女有别。这咸阳都城，也由我一手建造，如今冀阙高耸，宫室成区。难道我的功劳赶不上从前的百里奚吗？百里奚是秦穆公时的名臣，现在商鞅和百里奚比，当然颇有一点委屈的情绪。

但是赵良却直率地说：百里奚刚受到信任时，就劝秦穆公请蹇叔出来做国相，自己甘当副手；你却大权独揽，从来没有推荐过贤人。百里奚在位六七年，三次平定了晋国的内乱，又帮他们立了新君，天下人无不折服，老百姓安居乐业；而你呢，国人犯了轻罪，反而要用重罚，简直把人民当成了奴隶。百里奚出门从不乘车，大热天连个伞盖也不打，很随便地和大家交谈，根本不要大队警卫保护；而你每次出外都是车马几十辆，卫兵一大群，前呼后拥，老百姓吓得唯恐躲闪不及。你的身边还得跟着无数的贴身保镖，没有这些，你就不敢挪动半步。百里奚死后，全国百姓无不落泪，就好像死了亲生父亲一样，小孩子不再歌唱，舂米的也不再喊着号子干活，这是人们自觉自愿地敬重他；你却一味杀罚，就连太子的老师都被你割了鼻子。一旦主公去世，我担心有不少人要起来收拾你，你还指望做秦国的第二个百里奚，这是非常可笑的。为你着想，不如及早交出商、於之地，退隐山野，说不定还能终老林泉。否则，你很快就要败亡。

后来的事实不幸被赵良所言中，商鞅变法之所以能够成功，主要是他能够抑制上层保守派的反抗，例如刑及太子的老师。试想，太子犯法尚且不容宽恕，老百姓当然只有遵照执行了。但这同时，也就给商鞅埋下了致命的败因。"商君相秦十年，宗室贵戚多怨恨者。公子虔杜门不出已八年矣"。一旦有机可乘，上层保守派肯定会合而攻之。

秦孝公死后，太子继位，就是秦惠王，公子虔等人立即诬告"商君欲反"，并派人去逮捕商鞅。商鞅迫于无奈，最后只好回到自己的封地商邑。秦发兵攻打，商鞅被杀于渑池。秦惠王连死后的商鞅也不放过，把商鞅五马分尸外，还诛灭其整个家族。

所以，给自己留条后路，从多方面考虑事物发展的大势，无论是做什么都会有好处的。

以德御才，德才兼备

德与才是相辅相成不能分开的，德靠才来发挥，才靠德来统率。从德和才两个方面出发，可以把人分为四种：才胜德为小人，德胜才为君子，德才兼亡为愚人，德才兼备为圣人。在用人时，如果没有圣人和君子，那么与其得小人，不如得愚人。

因为"君子挟才以为善，小人挟才以为恶，而愚者虽欲为不善，但智不能周，力不能胜"。意思就是，有才而缺德的人是最危险的人物，比无才无德还要坏。人们往往只看到人的才而忽视了德。从古到今，国之乱臣，家之败子，都是才有余而德不足。

元世祖忽必烈对赵孟頫说："叶李、留梦炎两人优劣，怎样？"赵孟頫答道："梦炎，臣之父执，其人忠厚，笃于自信，好谋而能断，有大臣器；叶李所读之书，臣皆读之，其所知所能，臣皆知之能之。"忽必烈说："汝以梦炎贤于叶李耶？梦炎在宋为状元，位至丞相，贾似道误国罔上，梦炎依阿取容；叶李布衣，乃伏阙上书，是贤于梦炎也。汝以梦炎父友，不敢斥言其非，可赋诗讥之。"赵孟頫所赋诗，有"往事已非那可说，且将忠直报皇元"之语，受到忽必烈极大赞赏。

元朝的创建者，忽必烈是个有作为的皇帝。他任总领漠南汉地军国庶事，开府于金莲川（在今河南结源）时，已任用汉儒为其谋士。及灭宋后，广泛搜求宋朝名士任官，为之理政治民。宋魏国公赵孟頫是宋太祖子秦王德芳之后，宋亡，被召入朝任官。

忽必烈对叶李、留梦炎与赵孟頫的评价不同：赵孟頫赞许留梦炎有大臣之器，对叶李则认为与自己的才能差不多；忽必烈却认为叶李贤于留梦炎。这是以两人对贾似道误国罔民的不同态度而定优劣。1258年，忽必烈奉蒙哥大汗命进军围攻鄂州，宋派贾似道率军前往救援，而忽必烈因其兄蒙哥死急于回去争帝位，适贾似道派使来求和，忽必烈便顺势答应并率大军北返。贾似道却谎报"鄂州大捷"，说蒙古兵已肃清，这事虽说欺骗宋理宗，贾似道得以为相，但朝野上下是清楚的，留梦炎却依附之以取悦于贾似道。当时叶李只是个太学生，愤贾似道害国害民，便带头与同学83人，伏阙上书揭露贾似道的罪恶，责其"变乱纪纲，毒害生灵，神人共怒，以干天谴"。贾似道大怒，知书是叶李所写，使其党人逮捕叶李，叶李便逃匿。

适宋亡，叶李归隐富春山。忽必烈多次派人征召不出，后来实在没办法才入见。忽必烈问："你有什么苦衷？"又说："卿往时讼似道，朕赏识之。"言下之意，是对他表示敬意。忽必烈向他请教治国之道，叶李陈述古帝王的得失成败，忽必烈赞许，命他五日一入议事，后任资善大大、尚书左丞。叶李在宋不过是一布衣，忽必烈却如此破格重用，是因赏识其人忠直敢弹劾误国欺上的贾似道。而对留梦炎这个宋朝丞相和有名的状元，虽赏识其文才，却认为其人有私心而缺德行，便降级使用。

这样看来，忽必烈用人，德行比才学更重要，这也从说明德才兼备很重要。

修正辩、信、勇、法至合理

善于辩论却不合条理，言语真实却不合道理，勇敢却不合仁义，执法却不合事理，这就如同迷了路还乘良马快奔，癫狂了还持宝剑乱砍。大乱天下的就是这四种情况。崇尚辩，为的是所辩符合道理；崇尚信，为的是遵从道理；崇尚勇，为的是施行仁义；为做事合理而崇尚法。战国时期的吕不韦这样认为。

当时楚国有个叫直躬的人，他告发他父亲偷羊，君王捉住他父亲要杀，直躬请求代父去死。将要杀直躬时，直躬对行刑官说："父亲偷羊而揭发他，不是说真话吗？父亲将被杀而替他伏法，不是孝吗？既信又孝的人，都要被杀了，那国家还有哪些人不能被杀？"楚王听他这样说，于是将他赦免。孔子听到后说："躬的所谓信奇特了，一个父亲却两次为他获取了名声。"直躬的这种所谓信，还不如没有信。

曾经跖的徒弟问跖："盗也有学说吗？"跖说："当然有学说。猜度室内财富，揣度而中的，是圣人；入室在前的是勇者，最后离开的是义者；把握行窃的时机的是智者；均分财物的是仁者。天下大盗都通达这五种手段。"备说非议六王、五霸，认为"尧传位于舜而不传给儿子，有不慈爱的名声；舜放逐自己的父亲，有不孝的行为；禹遇涂山的女儿，有淫湎的意向；汤放桀于南巢，武杀纣王在宣室，有放杀的事；五霸吞并周室天下，有暴乱之谋。世人还都替他们隐讳，并称誉他们，这是糊涂。"所以备说死时持金槌下葬，说："下到黄泉见到六王、五霸，要敲他们的头。"像这样辩论还不如不辩论。

纣有两个同母兄弟，共三人。老大叫微子启，老二叫中衍，老三叫受德。受德就是纣，最小。纣的母亲生微子启和中衍时还是妾，后来成了正妻才生了纣。纣的父亲和母亲想立微子启做太子。太史却据法去争辩说："有妻的儿子就不能立妾的儿子。"于是最后立纣为太子，像这样用法典，还不如没有法典。

齐国有两个特别勇敢的人，一个住在东城外，一个住在西城外，突然在路上相遇，说："姑且一起饮酒吧！"饮了好几巡，说："姑且找点肉吃吧！"一个说："您有肉，我也有肉，为什么要找别的肉呢？只要准备豆豉酱就行了。"于是他们抽刀相互割肉而吃，吃到死为止。这样的勇敢还不如不勇敢。

极大的欢乐在于"无乐"

庄子认为：人世间有没有极大的欢乐呢？有没有可以存活身形的方法呢？如果有的话，现在要做些什么又依据什么？回避什么又留意什么？靠近什么又舍弃什么？喜欢什么又厌恶什么？

其实生活中所尊崇贵重的，是富有、长寿、显贵、善名；所享乐的，是身体的安适、绚丽的色彩、丰盛的食品、华丽的服饰、悦耳的声音；所认为低下的，是贫穷、夭折、卑贱、恶名；所苦恼的，是身体得不到安逸、外形得不到华丽的服饰、口里得不到美味、眼目看不到绚丽的色彩、耳朵听不到悦耳的声音。假若得不到这些，就大为忧愁、害怕。以上这些，作为形体太愚昧了。

富人劳苦身体，勤勉劳动，积累了许多钱财而不能完全享用，这样对待身体就违反了常性；贵人夜以继日地忧虑着保全厚禄和权位，这样对待自己的身体岂不是太疏忽了吗？人生在世，自然有忧愁，长寿的人糊里糊涂，久忧不死，怎么这样痛苦呀！这样对待身体也就太疏远了。

烈士被天下人所称道，可是却不足以存活自身，我不知道这是否为完善？如果认为是完善，却不足以存活自身；认为是不完善，却又足以使别人存活着。所以说："忠诚劝谏不被接纳，就应却退一旁不要再去争谏。"伍子胥因为忠心劝谏而遭残戮，如果他不争谏，就不会成名。诚然，果真有没有完善呢？

现在世俗所从事和所欢乐的，我又不知道那欢乐果真是欢乐呢，还是不欢乐？我观看民俗所欢乐的，人世间一窝蜂地追逐，专心致志地拼死竞逐，好像不取得不停止似的。大家都说这就是最大的欢乐，我不知道这算是欢乐，还是不欢乐。果真有欢乐没有呢？清静无为就是真正的欢乐。所以说："极大的欢乐在于'无乐'，极大的荣誉在于'没有荣誉'。"

天下的是非确实是无常。虽然如此，是无为的观点和态度却可以定论是非。极大的欢乐可以

存活自身，唯独"无为"才可能接近自身的存活。上天无为而自然清盛，大地无为而自然宁寂，天地无为相结合，万物才能变化生长。恍什么地方生出来！溜溜恍恍，却找不出一点儿痕迹来！万物繁多生长出来的。所以说，天和地无心作为却没有一样东西不是从啊，谁能做到无为呢！

人死了，则活着的人自然都很悲伤。然而观察人起初本来是没有生命的，不仅没有生命而且还没有形体，不仅没有形体而且还没有气息。夹杂在恍恍惚惚的境域之中，变化而成气，气又变化而成形，形经过变化又成生命，现在变化又回到死亡，这样生来死往的变化就如同四季运行。死去的人安安静静地安息天地之间，而我却在啼哭。自己认为是不明白生命的自然往复、运行的道理，所以停止了哭泣。

颜渊向东到齐国去，孔子面露忧愁。子贡离席前去问说："学生请问，颜渊去东边的齐国，先生面色忧愁，何为？"子曰："你的提问很好！从前管仲有句话，我认为说得很好。'布袋小的，不可以包藏大的东西，绳索短的不可以汲深井里的水。'如果这样，认为生命有它形成的道理，形体也有适宜的地方，这是不可以变更的。我恐怕颜回向齐侯谈论唐尧虞舜黄帝的道理，推重燧人神农的言论。齐侯必将百思不得其解，不得理解就会产生疑惑，产生疑惑颜渊自然殃及自身。从前有只海鸟飞到鲁国都城郊外停落，鲁侯把它迎接到太庙里送酒给它饮，奏'九韶'的音乐使它高兴，宰牛羊猪喂它。海鸟竟目眩心悲，不敢吃一块肉，不敢饮一杯酒，三天就死了。这是按人的生活习性

养鸟，不是用养鸟的方法去养鸟。用养鸟的方法去养鸟，就应该让鸟栖息在深山树林，游乐于河中沙洲，漂浮于江湖，啄食泥鳅、小白鱼，随鸟群队列而止息，自由自在地生活。鸟不喜欢听到人的声音，为什么还要弄得那么喧闹嘈杂呢？如果在广漠的原野演奏著名的成池、九韶之类的乐曲，鸟听到它会飞去，兽听到它会逃走，鱼听到它会沉下水底，然而众人听到它却会围过来欣赏。鱼置身于水才生存，但是如果人置身于水就会淹死。人和鱼的天性不同，他们的好恶也一定不同。所以前代圣人不求他们具有才能的划一，也不求得事物的相同。名与实相符合，事理的设施在于适性，这就称之为条理通达而福德长在。"

福不强求，去怨避祸

人们都希望多交朋友少树敌。常言道："冤家宜解不宜结。"多个朋友就多一条路，少了一个仇人便少了一堵墙。得罪一个人，就为自己堵住了条去路，而得罪了一个小人，可能就为自己埋下了颗不定时的炸弹。尤其是在权力场中，最忌四面树敌，无端惹是生非。纵是仇家，为避祸计，也该主动认错示好，免其陷害。要知时势有变化，宦海有沉浮，少一个对头，自然，便多一分平安。

范雎，是战国时期一位十分著名的政治家、外交家。

他是魏国人，早年有意效力于魏王，由于出身贫贱，无缘直达魏王，便投靠在中大夫须贾的门下。有一年，他随须贾出使齐国，齐襄王知范雎之贤，馈以重金及牛酒等物，范雎没有接受。须贾得知此事后，以为范雎一定向齐国泄露了魏国的秘密，非常生气，回国以后，便将此事报告了魏的相国魏齐。魏齐不问青红皂白，就令人将范雎一阵毒打，直打得范雎肋断骨折。范雎装死，被用破席卷裹，丢弃在茅厕中。须贾目睹了这一幕，却不置一词，还随同那些醉酒的宾客一起至茅厕中，往范雎的身上撒尿。

范雎待众人走后，从破席中伸出头对看守茅厕的人说："公公若能将我救出，我以后定当重谢公公。"守厕人便去请求魏齐允许将厕中的尸体运出。喝得醉醺醺的魏齐答应了。范雎算是捡了条命。

范雎历经千辛万苦，来到了秦国都城咸阳，更名为张禄。此时的秦国正是秦昭王当政，而实际上控制大权的，却是秦昭王之母宣太后以及宣太后之弟穰侯、华阳君和她的另外两个儿子泾阳君、高陵君。这些人以权谋私，内政外交政策多有失误，而秦昭王一无所知完全被蒙在鼓里，形同傀儡。

但范雎看出，在当时列国纷争的大舞台上，秦国是最具实力的。秦昭王也不是一个无所作为的国君，他更相信，在这里，他的抱负一定能够得以施展。于是，他几经周折，终于见到了秦昭王。他以其出色的辩才、超人的谋略向昭王指出秦国内政外交政策的失误及秦昭王的处境，并提出了自己的独到见解。

秦昭王听后悚然而惊，立即采取果断措施，废太后，驱逐穰侯、高陵、华阳、泾阳四人于关外，夺国大权，并拜范雎为相。范雎所提出的外交政策，便是闻名于后世的"远交近攻"，而他所要进攻的第一个目标，便是他的故国魏国。

秦军兵临城下，魏国大恐，派出了使臣来向秦求和。这个使臣，便是范雎原来的主人须贾。不过，须贾只知道秦的相国叫张禄，全然不知范雎就是现在的张禄。

范雎得知须贾到来，便换了一身破旧衣服，也不带随从，独自一人来到须贾的住处。须贾一见大惊，问道："范叔近来还好吗？"范雎道："勉强活着吧！"须贾又问："范叔想游说于秦国吗？"范雎道："没有。我自得罪魏的相国以后，逃亡至此，不敢说游说。"须贾问："你现在干什么呢？"范雎道："给别人帮工。"须贾不由起了一丝怜悯之情，便留下范雎吃饭，说道："没想到范叔贫寒至此！"同时送给他一件丝袍。

席间，须贾问："秦的相国张君，你认识吗？我听说如今天下之事，皆取决于这位张相国，我此行的成败也取决于他，你有什么朋友与这位相国认识吗？"范雎道："我的主人同他很熟，我倒也见过他，我可以设法让你见到相国。"须贾说："我的马病了，车轴也断了，没有大车驷马，我可是不能出门。"范雎说："我可以向我家主人借一辆车。"

第二天，范雎赶来一辆驷马大车，并亲自当驭手，将须贾送往相国府。进入相府时，所有的人都避开，须贾莫名其妙。到了相府大堂前，范雎说："你等一下，我先进去替你通报一声。"须贾在门外等了好久，也不见有人出来，便问守门人道："这位范先生怎么还不出来？"守门人说："没有什么范先生。"须贾说："就是刚才拉我进来的那个人呀！"守门人答道："那是张相国。"

须贾大惊失色，明白自己上当了，于是脱衣袒背，一副罪人的打扮，请守门人带他进去请罪。范雎雄踞堂上，身旁侍从如云。须贾膝行至范雎座前，叩头道："小人没能料到大人能置身于如此的高位，小人从此再也不敢称自己是读书的有识之士，再也不敢与闻天下之事。小人有必死之罪，请将我放逐到荒远之地，一切由大人处置！"范雎问："你有几罪？"须贾说："小人之罪多于小人之发。"

范雎道："你有三大罪：我生于魏，长于魏，至今祖先坟茔还在魏，我心向魏国，而你却诬我心向齐国，并诬告于魏齐，这是你的第一大罪。当魏齐在厕中羞辱我时，你不加阻止，这是你的第二大罪。不只如此，你还乘醉向我身上撒尿，这是你的第三大罪。我今天之所以不处死

你，是因为你昨天送了我一件丝袍，看来你还没忘旧情。我可以放你回去，不过你替我转告魏王，赶快将魏齐的脑袋送来！否则，我就要发兵血洗魏都大梁城！"

此时的秦国，威行天下，无人敢与争锋；此时的范雎，位高权重，言出令随。魏齐吓得仓皇出逃至他国，可赵、楚等国，畏于秦国的兵威，谁也不敢收留他，魏齐终于被迫自杀。

魏齐死后，范雎也不再追究须贾的责任，反而和须贾坦然处之。

居官就要爱子民

在洪应明看来，入仕为官者如果不爱自己统治的臣民，凡事不从他们的利益来考虑，那么，他们就是道貌岸然、徒有其表的衣冠强盗。

古代居官者爱民，就是要为民做主，想民之所想，忧民之所忧，乐民之所乐，权为民所用，谋为民所计，情为民所发，所以，爱民的意识，一直是支配古代清官们的言行取舍的出发点之一。

范仲淹说：先天下之忧而忧，后天下之乐而乐。他确实是事事处处都能从民众利益而不是一己之私出发，后人对此是有口皆碑的。

兹举范仲淹的两个故事：

其一，范仲淹在庆历年间施行新政，措施之一是派一批"按察使"巡回各地做视察，视察内容包括了对各地官吏的政绩的考察，然后再根据这种考察的结果，罢免那些不能胜任的官员，把他们的名字从官员登记簿上抹去。

有个朝中重臣，就劝范仲淹少勾一些，说："你一笔勾掉一个名字容易，但是，被勾掉名字的官员及其一家人生活怎么办。"范仲淹马上予以反驳："一家人哭，怎么比得一路（'路'在宋朝相当于现在的省的编制）人哭呀！"他依然不改初衷。

其二：以前，苏州有条街名叫"卧龙街"。其得名的缘起，就跟范仲淹有关。原来，范仲淹在苏州为官时，一位风水先生认为此街的南头为龙头，北头为龙尾，所以就建议他建房于街南，如此，则可保范家的子孙世代进科中举，世代有功名富贵。

不料范仲淹却予以断然拒绝。范仲淹说道：我一家的世代富贵，哪里比得上本地士大夫知识分子们的世代富贵呢？

所以，范仲淹就命人在该街的南头建孔庙，设府学，并大力聘请当时的名儒来此讲学，先后培养出了不少益国益民的才子。此地也就被众人视为藏龙卧虎之地，并称之为"卧龙街"。

正因为贯彻了爱民的原则，类似范仲淹之类的清官，能将民众的利益放于首位，爱民如子。

何谓英雄

嘴里唠唠叨叨，不干不净，整天如此，让众人讨厌，这种人可以让他管理街区，盘查坏人，发现灾祸；爱管杂事，晚睡早起，任劳任怨，这种人只能当妻子儿女的头儿；见面就问长问短，什么事都要大加议论，实际上平时言语很少，有饭大家吃，有钱大家花，像这样的人只能做管理十个人的小头目；整天忧心忡忡，一副严肃认真的样子，不听劝说，好用刑罚和杀戮，刑必见血，六亲不认，这种人可以统率百人；争辩起来总想压倒别人，遇到坏人坏事就用刑罚来惩治，总想使一群人统一起来，这种人可以统率千人；外表很谦卑，偶尔说一句话，理解人的饥饱、劳累还是轻松，这种人可以统率万人；谨小慎微，日胜一日，亲近贤能的人，又能献计献策，能让人懂得何为气节，说话不傲慢，忠心耿耿，这种人是十万人的头号将领。这是唐朝时期赵蕤的观点。

《玉钤经》中这样说："大将虽以周详稳重为贵，但是不可以犹豫不决；虽以多方了解情况为能，但不能顾忌太多，患得患失。"这可说是评论将领最精妙的言论。温良敦厚有长者之风，用心专一，举荐贤能，依法办事，这种人是百万人的将领；功勋卓著，威名远扬，出入豪门大户，但百姓也愿亲近他，诚信宽怀，对治理天下很有见识，能效法前人的伟大事业，也能补救败亡，上知天文，下知地理，普天下的老百姓，都好像他的妻子儿女一般，这种人才真正是英雄的首领，是天下的主人。

那么，真正可以称得上是"英雄"的应该具有哪些素质呢？

如果一个人的品德足以让远方的人慕名而来，如果他的信誉足以凝聚各形各色的人，如果他的见识足以照鉴古人的正误，如果他的才能足以冠绝当代，这样的人就可以称作人中之英；如果一个人的理论足以成为教育世人的体系，如果他的行为足以作为道德规范，如果他的仁爱足以获得众人的拥戴，如果他的英明足以烛照下属，这样的人就是人中之俊；如果一个人的形象足可做别人的表率，他的智慧足以决断嫌难，他的操行足以警策卑鄙贪婪，他的信誉足以团结生活习俗不同的人们，这样的人就是人中豪杰；如果一个人能恪守节操而百折不挠，如果他多有义举但受到别人的诽谤而不发怒，见到让人唾弃的人和事而不随声附和去斥责，见到利益而不随便去获取，这样的人就是人中之杰。

聪明出众，叫作"英"；胆力过人，叫作"雄"。这是对英、雄所做的大体上的区分。

聪明，是英才本来就应有的，但是英才没有雄才的胆力，其主张就不能推行；胆力，是雄才本来就应有的，但是雄才没有英才的智慧，事情也办不成。

假如能谋划在先，洞察力也能跟上去，但没有勇气实行，这就只能处理日常工作，却不能应付突然变故；假如其睿智足以在事前就有所谋划，但洞察力却看不出行动的契机，这样的人只能坐而论道，不可以让他们去具体施行；如果是力气过人，但没有勇气实行，这只可以作为出力的人，不能作为开路的先锋，更不能作为统帅。

一定要能谋划在先，洞察在后，行动果断，只有这样的人才可以称之为英才，张良就是这样；气力过人，又有勇气去做，智慧足以料事在前，这样的人才可以称之为雄才，韩信就是这样；如果能一人身兼英、雄两种素质，那就能够掌管天下，汉高祖刘邦、楚霸王项羽就是这样。

只有符合这些标准的人，才可以称作"英雄豪杰"。

人贵藏辉

杰出人物的可贵之处在于不自我夸耀，不锋芒毕露。唐朝时期的李白这样认为。

凡事糊涂一点，才能够避开意想不到的冷箭。不露锋芒、与世无争，方能解开天地所布下的罗网。

受到别人的侮辱而不动声色，那么对方所受到的侮辱就超过了你所受的侮辱；觉察到别人的欺骗而不在言语和态度上显露出来，你的诈谋就比他高。这就是高人一筹之法。

喜欢自我吹嘘的人常被别人取笑，卖弄聪明恰恰显出自欺欺人的愚蠢；喜欢揭发别人隐私的人必然会面临危险，甘愿装糊涂恰恰是保护自己的智慧。

觉察到别人在弄虚作假而不动声色，装糊涂也是很有意义的。老子曰："善行无辙迹。"是说善于行走的人不留下车痕足迹。那些有真才实学的人不愿意引起别人的注意和议论，不愿博取名声，他们只是悄然进行自己的事业。

总之，多闻善辩的人，要用浅陋自守；聪明睿智的人，要用愚蠢自守；勇武刚强的人，要用畏洪自守；仁德广施天下的人，要用谦让自守；大富大贵的人，要用节俭自守。只有这样才能不致招损害，自然也会生活得很好。

贪得不富，知足不贫

"得寸进尺，得陇望蜀"常被用来比喻贪得无厌的人。事实上，只有少数超凡绝俗的豁达之士，才能领悟知足常乐之理。

其实适度的物质财富是必需的，追求功名以求实现抱负也是对的，关键看出发点何在。有一定社会地位是现实生活迫使个人接受的一种要求；追求物质丰富是刺激市场繁荣的动力，对个人而言，绝非因为安贫乐道就否定对物质欲望的追求。但是一个人为铜臭气包围，把自己变成积累财富的奴隶，或为了财富不择手段，为了权势投机钻营，把权势当成满足私欲的工具，那么，这种人就会永远贪得无厌，为正人君子所不齿。

在印度的热带丛林里，人们用一种奇特的狩猎方法捕捉猴子：在一个固定的小木盒里面，装上猴子爱吃的坚果，盒子上开一个小口，刚好够猴子的前爪伸进去，猴子一旦抓住坚果，爪子就抽不出来了。人们常常用这种方法捉到猴子，因为猴子有一种习性，不肯放下已经到手的东西，人们总会嘲笑猴子的愚蠢：为什么不松开爪子放下坚果逃命？但想想我们自己，也许就会发现，并不是只有猴子，人类也会犯这样的错误。

有一位修道者，禁欲苦行，准备离开他所住的村庄，到无人居住的山中去隐居修行。他只带了一块布当作衣服，就到山中居住了。后来他想到当他要洗衣服的时候，他需要另外一块布来替换，于是他就下山到村庄里，向村民们乞讨一块布当作衣服。村民们都知道他是虔诚的修道者，于是毫不犹豫地就给了他一块布。

当这位修道者回到山中之后，他发觉在他居住的茅屋里面有一只老鼠，常常会在他专心打坐的时候来咬他那件准备换洗的衣服。他早就发誓一生遵守不杀生的戒律，因此他不愿意去伤害那只老鼠，但是他又没有办法赶走那只老鼠，所以他回到村庄中，向村民要一只猫来饲养。

有了猫之后，他又想到了——"猫要吃什么呢？我并不想让猫去吃老鼠，但总不能跟我一样只吃一些水果与野菜吧！"于是他又向村民要了一只乳牛，这样子那只猫就可以靠牛奶维生。

但是，在山中居住了一段时间以后，他发觉每天都要花很多的时间来照顾那只母牛。于是他又回到村庄中，他找到了一个可怜流浪汉，然后就带着这无家可归的流浪汉到山中居住，帮他照顾乳牛。

那个流浪汉在山中居住了一段时间之后，他跟修道者抱怨说："我跟你不一样，我需要一个太太，我要正常的家庭生活。"修道者觉得有道理，他不能强迫别人跟他一样，过着禁欲苦行的生活。

这个故事就这样慢慢发展下去，你可能也猜到了，到了后来，也许是半年以后，整个村庄都搬到山上去了。

欲望就像是一条锁链，一个牵着一个，永远都得不到满足。

信人尽诚，疑人己诈

诚信是传统的原则之一，真诚待人终究会感动别人。疑神疑鬼，不信任别人的人是成就不了什么大事业的。尤其是一个有创造大业雄心的人，在待人接物上必须要真诚，注意疑人莫用，用人莫疑，使大家精诚合作。但是真诚待人不是见什么人都把自己和盘托出，就是见了作奸犯科的歹徒也去真诚相待，期望以此感化他。如果人人这样，那将没人会承担社会责任法律义务。所以真诚也是相对而不是绝对的。

公元前209年，陈胜揭竿起义，一个群雄争霸的时代来临了。这个时候，阳武县户牖乡一个叫陈平的年轻人，前去投奔魏王咎，被任命为太仆，替魏王执掌乘舆和马政。

陈平自幼聪颖，抱有远大的志向，而且勤奋好学。他来投奔魏王，本来想有一番作为，但他多次献策不仅未被采纳，反而遭人诋毁。陈平认识到魏咎是一个平庸之辈，于是毅然出走，投奔到项羽麾下，参加了著名的巨鹿之战，跟随项羽进入关中，击败秦军。项羽赐给卿一级的爵位，但这种职位徒具虚名，并没有真正的权力。

公元前206年4月，楚汉战争爆发。这时，殷王司马印背楚降汉。项羽大怒，于是封陈平为信武君，率领魏王咎留在楚国的部下进击殷王，收降司马印。陈平取胜后因功被拜为都尉，赐金20镒。过了不久，汉王刘邦又率部攻占了殷地，司马印被迫投降。项羽对司马印的反复无常极为恼怒，因此而迁怒陈平，要尽斩以前参加平定殷地的全体将士。

陈平害怕被杀，又看到项羽无道乏能，难成大气候，便封好其所得黄金和官印，派人送还项羽，而自己则单身提剑抄小路逃走。

在渡黄河的时候，舶公见陈平仪表非凡，又单身独行，怀疑他是逃亡的将领，身上一定藏有金银财宝，顿起谋财害命之念。陈平察言观色，知道他心怀歹意，灵机一动，便脱掉衣服，袒露全身，帮助舶公去撑船。这样，船夫便知道他什么都没有，才没有动手。

陈平上岸后，一路直奔修武，因为当时刘邦正率领部队驻扎在那里。他通过汉军将领魏无知见到了刘邦。刘邦问陈平：

"你在楚军里担任什么官职？"陈平回答说："担任都尉。"当日刘邦就任命陈平担任都尉，让他当自己的参谋，管理监督联络各部将。

刘邦手下将领不禁哗然，纷纷议论向刘邦进谏："大王得到楚军一个逃兵，还不知道他本领有多大，就同他坐一辆车子，反倒来监督我们这些老将。"刘邦听到这些议论后，反而更加亲近陈平，同他一道东伐项王。这样一来，将领们越发不服气了。

过了一段时间，他们推举周勃、灌婴晋见刘邦说："陈平虽然看起来是一表人才，恐怕是虚有其表，我们听说他在家时就德行不佳，与嫂子通奸，而且反复无常，侍奉魏王不能容身，逃出来归顺楚王，归顺楚王不行又来投奔汉王。如今大王器重他，给予他高官，他就利用职权接受将领的贿赂。这样的人，汉王不可以加以重任。"

俗话说众口铄金，刘邦也开始怀疑起陈平来，他把推荐人魏无知叫来训斥了一番。魏无知根据刘邦豁达大度、不拘小节的特点，以及求贤若渴、争夺人才的特殊形势，回答得非常精彩。他说："我所说的是才能，陛下所问的是品行。这两者在夺天下的过程中，哪一点最重要呢？我推荐奇谋之士，是为了有利于国家，就没管是偷情还是接收贿赂了。"

刘邦听后也没有什么好说的。刘邦赐给陈平酒食，并说："吃完，就休息去吧。"陈平说："我为要事而来，我对您要说的事不能挨过今天。"刘邦听他这么一说，就跟他谈起来，两人纵论天下大事，谈得非常融洽。到这时，陈平才说出他的计谋来："项王身边就那么几个刚直之臣，如范增、钟离昧、龙且、周殷之辈。大王只要花几万金，可以行使反间计，离间他们君臣关系，使之上下离心。项王本来爱猜忌，容易听信谗言，这样，必定会引起内讧和残杀，到那时，我军再乘机进攻，一定会获胜。"

刘邦听完陈平的分析觉得有道理，于是拿出两千万两黄金给陈平，让陈平去安排这件事。于是，陈平向楚军派遣大量间谍，很多楚军中的将士被黄金所收买，让他们散布谣言说："钟离昧等人身为楚军大将,战功卓著然而却不能裂土封王,因此想同汉军结成联盟,消灭项王,瓜分楚国的土地,各自称王。"

项羽生性多疑,就派使者到汉军以探虚实。陈平让侍者准备最高规格的菜肴,叫人端去,但一见楚使,故作吃惊地说:"我还以为是亚父的使者呢,原来是项王的使者。"于是就把端上来的菜端走,送上另一份制作粗劣的食物。使者见此情景,极为生气。回去后就把自己看到的和听到的如实告诉了项王。项王于是怀疑起范增来,当时范增建议项羽迅速攻下荥阳城,但项羽就是不予采纳,气得范增发怒说:"天下大事大体上定局了。大王你自己干吧!请求赐还我这把老骨头,退归乡里。"不料,项王准其所请。范增在回家途中,因背上毒疮发作,猝然而死。陈平略施小计,使项羽失去第一谋士。以后,大将周殷在英布引诱下叛楚,钟离昧也因遭猜忌而不被重用。

所以,不要疑神疑鬼,要信人尽诚。

知天命后方可为正人

清朝时期的张英解悟《菜根谭》时认为:"不知命就不能成为正人君子。"宋代思想家朱熹对这句话的解释是:"不知命见到利益必然会追逐,见到祸害必然迅速避开,从而不能做一个正人君子。"

我少年时受教于姚端恪公,忠心信服这句话,每当遇到疑难犹豫的事,总是依据这句话来把握事情。古人说安于平易以等待天命的安排,又说执行法度、法则以等待天命的安排,又说做与不做也凭借天命。人生祸福荣辱得失,自然有一定命运,这是不可改变的。

知道了这个道理之后就会做到见利可求,而又不必追求;祸害应当避开,并不是所有的祸害都能避开。有关利害的见识已经明白了,那么为正人君子的方法就开始产生。这个"为"字很有力量,既然知道利害得失自有定数,那么也就可以落得做一个好人了。

有权有势的人,难道一定要与他相抗衡以致招来祸害吗?到了难于相随的时候，也要做到与他相随以致招来祸害吗？这个时候，要做到合乎内心不丢失自己，果真能做到谦和以相迎谢，婉转迂回以避开，别人也未必一定要加害于自己。这也是命运决定的缘故，又怎么知道甘愿屈从别人的祸害，不比与他相抗衡所招致的祸害更严重呢！假使我作为州县官吏，一定不会用官府的钱财去献媚取悦上级。用官府的钱财献媚带来的祸害，比献媚而使上级对自己的不满所招致的祸害更严重。

过去陕西米脂县知县萧某曾经派人掘开李自成的祖坟。李自成率领的农民起义军攻占京城之后，捕获了萧某关押在军中，萧某甘心等死。李自成把他押解到山西，派20人加以看守，但萧某趁夜色逃跑，后来又当了州官，写了《虎吻余生》一书记述他所亲身经历的事。李自成杀人几十万，终究没能杀掉萧某。可见生死有命，我在京城当官的时间很长，往往见到别人数说某某人应当当这个官。而当时本来就没有这个空缺的官位，于是有人竭尽全力奔走筹划。事情办妥之后，这个人却根本不适合这个官职，或者根本没有感动这个人，而且还招来这个人的辱骂。诸如此类的事情是很多的。

大家都很清楚明白，而当事人却往往执迷不悟。这其中的求速反迟，求得反失，那个人为这个人谋划，这件事因那件事而被破坏，颠倒错乱，不可追问究竟。如果人人能够将听到见到的事，都能够静心体察一番，可能会消除许多非分之想。

顺势而为，但别随心所欲

顺风行船，行驶千里也不停止；但扬帆不收，人与船就会被一起淹没。人在得势时，可以步步登天；一时失去权势，就会一落千丈。早上的鲜花，傍晚就凋零了，这种变化不胜枚举。熊熊大火会熄灭，隆隆雷声会消失，雷和火，有满耳之声，有耀眼之火，可是天会在瞬间收去雷声，地会在刹那间藏去火热。即使你高位在家，也会有鬼窥视你的内屋。元朝时期的许名奎这样认为。

在可以做的时候做能够做的事，就会顺利；相反，就会招致危险。因此，个人的言行是高洁还是谦卑，要看世道是否清明。大禹到了裸国，也不穿衣服；老子经过西戎之地，就讲少数民族的语言；墨子认为乐器没有什么用处就不喜欢，但到了荆楚之地也是穿锦衣，吹竹箫。过分认死理而不知变通，就是不识时务，就会被人称为最愚蠢的人。

自古因随心所欲而最终招致损害的事，知道的人都应引以为戒。秦始皇随心所欲于刑法，公子扶苏遂受害于矫诏；汉武帝恣意而为于征伐，而晚年则罢轮台屯田以示悔悟。

人生在世，凡事都想图个痛快。随意许诺别人者，最终会后悔；应对如流者，疏于思考；喜怒无常者，缺少度量；轻易苟合他人者，必欺骗别人。所以，与其随心所欲而失误，不如细致入微地谨慎思考。

审时度势，见机之道

三国时期的诸葛亮认为：愚笨的将领要战胜足智多谋的将领，只能听天由命；足智多谋的将领要战胜愚笨的将领，是极其自然的事；智慧相当的将领相互争夺，一方要取得胜利，就得依靠战机。

战机的精要有三方面：一是"事"，二是"势"，三是"情"。如果已发事件于我有利，却不能当机立断加以利用，便是不明智的表现；如果情势的变化于我有利，却不能抓住时机战胜敌人，这是不贤能的表现：如果士气、情况的转变于我有利，却不能趁机制服敌人，这就表现出了不勇敢果断。一个善于指挥的将领，必定会凭借有利的战机夺取最终胜利。

有一句话说：识时务者为俊杰。识时务，善变通，无论是英雄干惊天动地的伟业，还是凡人过平平常常的生活都应该如此。

识时务，方可因时而动，相机而行；善变通，方可趋利避害，取舍得宜。不识时务者则常常遭灾受压，处处碰壁，事事失意，严重的话还会倾家荡产，甚至赔上自家性命；识时务者经常能逢凶化吉，转危为安，转败为胜，变被动为主动。

凡事必须抓住最有利的时机。种田要赶着最好的季节把秧插在田里；经商要抓住物稀价贵之时抛出商品；打铁要趁铁烧得通红时奋力捶打。世上见机行事、当机立断者胜；优柔寡断、错失良机的人都会失败。

见机之道，最重要的是出其不意，抓住战机，出奇攻敌，如此则攻必克，战必胜。

杯弓蛇影，猜疑不和

对于国家而言，君臣相互猜疑不和，就要大难临头了。作为臣子，应该怎么去处理这个问题呢？是借机挑拨，以便使自己飞黄腾达，还是以自己的努力去尽量弥补君臣之间的嫌隙？桓伊从大局出发，做出了正确的选择。

桓伊是东晋孝武帝时期最出色的音乐家，他尤其擅长演奏竹笛，因此被称为"江南第一竹笛演奏家"。

当时，宰相谢安由于功劳和名声都特别大，引起了朝廷中一些小人的妒忌。他们恶意造谣中伤，在皇帝面前说谢安的坏话。所以，孝武帝与谢安之间便发生了矛盾。

一次，桓伊受孝武帝邀请去参加一个宴会，谢安也去陪同。

桓伊想利用这个机会调解他们的矛盾。因为皇帝和宰相之间不和，对国家和人民是大为不利的，何况，孝武帝是受了坏人的挑拨和蒙蔽，更不应该冤枉了德才兼备、忠心耿耿的谢安。孝武帝命令桓伊吹笛子，他吹奏一曲之后，便放下竹笛说："我对筝的演奏虽然比不上吹笛子，但还勉强可以边弹边唱，我想为大家演唱一曲助助兴，还想请一个会吹笛子的人来帮我伴奏。"

孝武帝便命令宫廷中的一名乐妓为桓伊伴奏。桓伊又说："宫廷中的乐师与我可能配合不好，我有一个奴仆，很会与我配合。"孝武帝便同意了桓伊的要求。他们边弹筝边唱道："当皇帝真不容易，当臣子也很难，忠诚老实的没好处，反而有被怀疑的祸患，周公旦一心辅助周文王和周武王，管叔和蔡叔反而对他散布流言蜚语……"桓伊唱得声情并茂，真挚诚恳，谢安听着听着，禁不住泪如雨下，沾湿了衣袖。一曲唱完，谢安离开座位来到桓伊身边，抚摸着他的胡须说："您太出色了！"孝武帝听了之后，感到非常惭愧。后来，君臣之间便消除了误会，两人和好如初。

要治理好一个国家，君臣各方都不要疑神疑鬼。为人君者，更应不受蒙蔽，要心中有数，善于用人才行。桓伊的高明之举就是在适当的场合，运用自己的音乐特长来劝谏皇帝，收到了用语言所难以达到的效果。他深知对于一个国家来讲，君臣不睦，尤其是君臣相互猜疑，那国家的灾难也就要来临了。

金无足赤，人无完人

吕不韦认为：事物的实情是很难用十全十美的标准来举荐人。有人用不慈爱自己儿子的名声诋毁尧，以不孝顺父亲的恶名诋毁舜，用内心贪图帝位来诋毁禹，用谋划放逐、弑君来诋毁汤、武王，用侵略掠夺别国来诋毁五霸。

由此可见，什么事情都没有十全十美的。所以，君子要求别人时用一般的标准，要求自己时用义的标准。用一般标准要求别人就容易得到满足，容易得到满足就能得到民心；用义的标准要求自己就难以做错事，难以做错事行为就严正。所以他们担任天地间的重任就游刃有余。不肖的人就不是这样，要求别人用义的标准，要求自己用一般人的标准。用义的标准要求别人就难以满足，难以满足就连亲人也会失去；用一般人的标准要求自己就容易做到，容易做到就行为苟且。所以天下如此之大他们却难以容身，自身招致危险、国家招致灭亡。这就是桀、纣、周幽王、周厉王的行事了。一尺长的树木一定有节结，一寸之大的玉石一定有瑕疵。先王知道事物不可能十全十美，所以选择事物时只看重其一善之长。

季孙氏掌握公室政权。孔子想晓之以理，但这样就会被疏远，于是就去接受他的衣食以便向他进言，鲁国人因此责备孔子。孔子说："龙在清水里吃又在清水里游，螭在清水里吃却在浊水里游，鱼在浊水里吃又在浊水里游。现在我往上赶不上龙，往下不像鱼，我大概像螭一样吧！"那些想建立功名的人，不可能都处处合乎规则，援救溺水的人要沾湿衣服，追赶逃跑的人就要奔跑。

魏文侯的弟弟叫季成，他的一个朋友名叫翟璜。文侯想让他们当中的一个人当相，没有拿定主意，就来问李克。李克回答说："您想立相，就看乐腾与王孙苟端哪一个好就行了。"文侯说："好。"文侯认为王孙苟端不好，而他是翟璜举荐的；认为乐腾好，而他是季成举荐的，所以就让季成当了相。凡是言论被君主听取的人，谈论别人不可不慎

重。季成是弟弟，翟璜是朋友，而文侯尚且不能了解，又怎么能了解乐腾与王孙苟端呢？对疏远低贱的人了解，对亲近熟悉的人却不了解，没这样的道理。没有这样的道理却要以此决断相位，这就错了；李克回答文侯的话也错了。虽然都是错，但就如同金和木一样，金虽然软但还是比木硬。

孟尝君问白圭说："文侯名声超过了齐桓公，可为什么功业比不上五霸？"白圭回答说："文侯从师子夏，以田子方为朋友，敬重段干木，这就是名声超过了齐桓公的原因。选择相的时候说：'季成与翟璜哪一个可以？'这是他的功业赶不上五霸的原因。相是百官之长，选择时范围要大一些。现在选择相却离不开那两个人，这与齐桓公用自己的仇人为相相差也太远了。况且以师友为相，是公义；以亲属偏爱的人为相，是私利。把私利放在公义之上，这是衰微国家的政治。因为有三位贤士的辅佐，所以他的名声才显赫荣耀。"

宁戚想向齐桓公谋取官职，但处境贫困，自己得不到推荐，于是就给商人赶着装载货物的车子到齐国去，傍晚住在城门外。桓公到郊外迎客，夜里打开城门，让装载货物的车避开，让火把很亮，且随从的人很多。宁戚正在车下喂牛，望见桓公就哀伤起自己的遭遇，就拍击着牛角大声唱起商朝的歌来。桓公听到歌声后，抚摸着自己的车夫的手说："真奇怪！那个唱歌的不是个平常人。"就命令副车载着他。

桓公回城后，到了朝廷里，跟随的人员请示桓公如何安置宁戚。桓公说"赐给他衣服帽子，我要接见他。"宁戚进见齐桓公，

告诉桓公如何治理国家的话。第二天又进见齐桓公，用如何治理天下的话劝说桓公。桓公很高兴，准备任用他。群臣劝谏他说："这位客人是卫国人。卫国离齐国不远，您不如派人去询问一下。如果确实是贤德之人，再任用他也不晚。"桓公说："不能这样。去询问他的情况，是担心他有小毛病。因为一个人的小毛病而忽略他的大优点，这是君主失去天下贤士的原因。况且人本来就难以完美，衡量以后用其所长。"于是举荐任用他，并且授予他官职。这就是得当的举荐。桓公掌握住了这个原则，所以才得以称霸。

须百炼，轻发无功

　　人生经历，求知问道，身心修养等，都是勤苦方能见效，身经百战才能成功。害怕艰苦、浅尝辄止的人，终不能为以后的人生之路打下厚实的基础。不论做人还是做事，都应有这种厚实的历练做基础。这样，遇事待人，言语行动才不会轻浮。

　　吕蒙，东吴名将。吕蒙打起仗来非常勇敢，但是他不喜欢读书，文化水平低，影响了才干的增长。

　　有一次，孙权和吕蒙一同讨论打仗的方案。吕蒙说不出多少自己的见解。孙权因此而受到启发，他认为：这些打仗勇敢的将领应该提高文化，增长才能才是。于是，孙权对吕蒙说："你现在掌握了军权，身上的担子很重，应该多读点书，努力提高自己的水平。"

　　吕蒙不以为然地回答道："军队里的事务工作已经够忙的了，更别说有时间读书了。"

　　孙权说："如果说忙，你们没有我忙，我小时候读过《诗经》《礼记》《左传》《国语》，管理国家大事以后，又读了许多历史书和兵法之类的书籍，都觉得受益匪浅。我希望你多学点历史知识，可以读读《孙子》《六韬》《左传》《国语》等书。像你们这样天资聪颖的人，再加上有多年的战争经验，只要抓紧时间学，就会有收获的。"

吕蒙说："我怕自己年龄大了，学习起来会有困难。"孙权说："学习不只是年轻人的事，从前光武帝在打仗的时候都手不释卷。还有曹操，年纪愈大愈好学。你还有什么可顾虑的呢？"吕蒙听了孙权的教导，就开始读书学习。开始读书时常打瞌睡，没有兴趣。但他仍坚持住不懈怠。学了一段时间觉得有些收获，决心就更大了。就这样，天长日久学习了各种书籍，使吕蒙成为一个知识渊博、有智有谋的人了。

有一次，鲁肃执行任务，经过吕蒙的驻地，就顺便去看望吕蒙。两人谈起关羽，说这个人很厉害，不可轻视。当时鲁肃把守的战区正好与关羽是互相邻接的。

吕蒙问鲁肃："你现在离关羽的驻地这么近，责任重大啊！怎么来防止事变？"鲁肃原本认为吕蒙是个武将，心里并不怎样看得起他，就随口回答："到时候再说吧！"吕蒙听了鲁肃这样漫不经心的回答，就批评他说："你一定要小心谨慎啊！关羽是个智勇双全的大将。我还听别人说，他特别好学，尤其对《左传》研究得更为深透。现在东吴和西蜀表面上好像很友好，但我们还是要提高警惕，防止不测。跟关羽这种人打交道，没有准备是要吃亏的啊！"

鲁肃问道："那你有什么好办法吗？"吕蒙见鲁肃征求自己的意见，就献上了有理有据的三条计策。

鲁肃听后为此感到惊讶，没有想到吕蒙会有这样高的学识水平。他连连点头，极为赞赏地拍着吕蒙的肩膀说："老弟啊！我原来只知道你是个武将。谁知道如今你的学识已有这样高的水平，再也不是从前的吕蒙了！"

吕蒙也高兴地说："士别三日，就当刮目相看嘛！"后来鲁肃把这件事告诉了孙权，孙权听后很高兴，感叹地说："像吕蒙这样的武将，读书学习之后，有这样大的进步，实在是没有想到的啊！"

鲁肃说："吕蒙能听从您的教导，刻苦学习，虚心求教，确实是一件令人高兴的事情！"后来，孙权鼓励其他将士以吕蒙为榜样也要多读点书，抽时间坚持学习，以提高自身的水平。

吕蒙受了孙权的教育，坚持读书学习，最终取得了显著的进步。

勿媚小人，宁责君子

关于"宁为小人所毁"一语，见于《论语·子路》。篇中说，子贡问曰："乡人皆好之，何如？"子曰："未可也。""乡人皆恶之，何如？"子曰"未可也。不如乡人之善者好之，其不善者恶之。"讲甜言蜜语的人是对你有所求，来搅是非人的人别有用心。人的是非标准，善恶观念是需要锤炼的，自己心中无标准，做人就不会有原则，没有原则，就喜欢关心别人对自己的评论，有时还为此忧心忡忡，这是何必呢？

徐均，明朝人，担任过阳春（今属广东）主簿。阳春地处偏僻，山高皇帝远，当地的土豪劣绅盘踞那里，为所欲为地干尽坏事。以往阳春的长官一到任，土豪就送给他很多财物行贿巴结，从而互相勾结，上行下效把持邑里。徐均到任后，邑吏告诉他按惯例应当去拜访莫大老，因为莫大老在当地很有势力。徐均说："这人不也是朝廷的属民吗？不服管就用王法来制裁他。"

于是拿出朝廷赐的两把剑给人看。莫大老很害怕，赶紧到官府拜见请罪。徐均查清他的各种违法行为，把他逮捕入狱。第二天一早，莫大老家的人想送给他两个瓜和几个石榴，实际上里面全是黄金珠宝。徐均连看都不看，就命人把送东西的人抓起来关到府里。府官因受了贿赂而私自把那个人放了回去，那个人又给徐均送来先前馈赠的礼物。徐均大为生气，要把他逮捕治罪，可是还没来得及执行，府里就又下公文调徐均去治理阳江（今属广东）。阳江在他的治理下，社会治安同样非常安定。徐均执法公正廉明，对小人的忌恨他根本不放在眼中，也不在乎受权势打击。

只要为人正直无私，那小人的伎俩也没办法。